Lehrbuch

der

Allgemeinen Hüttenkunde.

Von

Dr. Carl Schnabel,

Königl. Oberbergrat und Professor.

Zweite Auflage.

Mit 718 Textfiguren.

Berlin.

Verlag von Julius Springer.

1903.

ISBN 978-3-642-50415-0   ISBN 978-3-642-50724-3 (eBook)
DOI 10.1007/978-3-642-50724-3

Softcover reprint of the hardcover 2nd edition 1903

Aus dem Vorwort zur ersten Auflage.

Das vorliegende Buch soll den Studierenden in das umfang-
reiche Gebiet der Hüttenkunde einführen und ihm eine breite
Grundlage für das Studium der Gewinnung der einzelnen Metalle
bieten.

Ich bin daher bestrebt gewesen, die sämtlichen Gegenstände,
aus welchen sich diese Grundlage zusammensetzt, unter gebührender Berücksichtigung der neuesten Fortschritte der Wissenschaft
und Technik, in tunlichst folgerichtiger Anordnung so gründlich
und so kurz wie möglich darzulegen.

Meinen Bemühungen, die Erläuterung einzelner Gegenstände
nach Möglichkeit durch bildliche Darstellung derselben zu unter-
stützen, hat der Verleger in dankenswerter Weise Rechnung getragen, indem er die hierzu erforderlichen Figuren teils besonders
hergestellt, teils aus Werken seines Verlages (Beckerts Eisenhüttenkunde, Ballings Metallhüttenkunde, Elektrotechnische Zeitschrift)
entnommen hat.

Außer der einschlägigen Literatur habe ich bei Abfassung des
Buches auch die Erfahrungen, welche mir eine langjährige Tätigkeit
als praktischer Hüttenmann, sowie eine grosse Zahl von Instruktions-
reisen an die Hand gegeben hat, in gebührender Weise benutzt.

Daß ein Buch, in welchem Gegenstände aus den verschiedensten Gebieten der Wissenschaft und Technik zu einem zusammenhängenden Ganzen vereinigt sind, nicht frei von Gebrechen
sein kann, ist mir wohl bewußt. Indem ich dasselbe daher einer
einsichtsvollen Kritik unterbreite, erkläre ich gerne, daß Winke
und Ratschläge zur Abstellung von Übelständen mich jederzeit
zu Dank verpflichten werden.

Clausthal im August 1890.

Der Verfasser.

Vorwort zur zweiten Auflage.

Bei der Herausgabe der zweiten Auflage bin ich bestrebt gewesen, den Fortschritten in Wissenschaft und Technik auf den verschiedenen Gebieten der Allgemeinen Hüttenkunde nach Möglichkeit Rechnung zu tragen.

Den älteren Apparaten, Maschinen und Verfahren ist die für die Kenntnis der Entwickelung des Hüttenwesens erforderliche Berücksichtigung zuteil geworden.

Zur Erleichterung des Verständnisses der Verfahren der Abscheidung der Metalle aus den metallhaltigen Körpern sind nur die für den Hüttenmann besonders wichtigen Hüttenprozesse eingehend erörtert worden.

Bei den elektrometallurgischen Verfahren sind die heutigen Anschauungen über die Elektrolyse dargelegt worden.

Da die neueren Werke über Eisenhüttenkunde auch die für die Gewinnung und Verarbeitung des Eisens in Betracht kommenden Gegenstände der Allgemeinen Hüttenkunde enthalten, so dürfte das Buch besonders dem Studierenden der Metallhüttenkunde von einigem Nutzen sein, welcher das Studium der Allgemeinen Hüttenkunde dem Studium der Gewinnung der einzelnen Metalle (außer Eisen) vorausgehen lassen muß.

Berlin im November 1902.

Der Verfasser.

Inhalt.

Inhalt.

XI

Inhalt.

Siebenter Abschnitt.

Einleitung.

Die Hüttenkunde ist die Kenntnis von der Gewinnung der Metalle in großem Maßstabe.

Die Körper, aus welchen die Metalle gewonnen werden, sind entweder chemische Verbindungen der letzteren oder Gemenge von Metallen mit anderen Körpern.

Die metallhaltigen Körper finden sich entweder in der Natur als „Erze“, oder sie sind aus den Erzen „künstlich“ hergestellt.

Die Anstalten, in welchen die Metalle in großem Maßstabe gewonnen werden, nennt man „Hütten“ oder „Hüttenwerke“.

Die Verarbeitung der metallhaltigen Körper auf Hüttenwerken nennt man die „Zugutemachung“ oder „Verhüttung“ derselben.

Die Metalle, deren Herstellung in Hütten erfolgt, sind: Aluminium, Antimon, Arsen, Blei, Cadmium, Eisen, Gold, Kobalt, Kupfer, Nickel, Platin, Quecksilber, Silber, Wismut, Zink und Zinn.

Die übrigen Metalle werden wegen der Seltenheit ihres Vorkommens oder wegen der Schwierigkeit ihrer Herstellung nicht in Hüttenwerken, sondern in Laboratorien oder in chemischen Fabriken gewonnen.

Außer den gedachten Metallen werden in den Hütten auch gewisse Verbindungen derselben, sowie gewisse Metalloide und Verbindungen derselben, welche entweder absichtlich erzeugt werden oder im Verlaufe der Herstellungsarbeiten der Metalle als Nebenerzeugnisse entstehen, gewonnen, wie z. B. Arsenige Säure, Smalte, Vitriole, Schwefel, Schweflige Säure, Schwefelsäure.

Die Abscheidung der Metalle aus den metallhaltigen Körpern wird mit Hilfe von chemischen und mechanischen Verrichtungen bewirkt.

In vielen Fällen ist eine direkte Abscheidung der Metalle aus den metallhaltigen Körpern nicht ausführbar. Man stellt dann aus den letzteren Zwischenerzeugnisse her und scheidet aus denselben die Metalle direkt oder nach vorgängiger Verwandlung derselben in weitere Zwischenerzeugnisse ab.

Das Studium der Hüttenkunde setzt außer gründlichen Kenntnissen der Chemie, Physik und Probierkunst noch Kenntnisse der Mechanik, Maschinenlehre, Mineralogie, Elektrotechnik und Baukunst voraus.

Die Hüttenkunde nun zerfällt in einen allgemeinen und in einen speziellen Teil. Der allgemeine Teil, die Allgemeine Hüttenkunde, behandelt die allgemeinen Verhältnisse der Metallgewinnung, während der spezielle Teil die Gewinnung jedes einzelnen Metalles behandelt. Diesen letzteren Teil trennt man in die Eisenhüttenkunde, welche die Gewinnung des Eisens und dessen Verarbeitung zu Gegenständen des Handels lehrt, und in die Metallhüttenkunde, welche die Gewinnung der Metalle mit Ausnahme des Eisens lehrt.

Während in den neueren Werken über Eisenhüttenkunde auch die für die Gewinnung und Verarbeitung des Eisens in Betracht kommenden Gegenstände der allgemeinen Hüttenkunde enthalten sind, trifft dies für die Werke über die Gewinnung der übrigen Metalle oder für eins oder mehrere dieser Metalle nicht zu. Für den Studierenden der Metallhüttenkunde wird daher das Studium der Allgemeinen Hüttenkunde auch fernerhin notwendig sein.

Die Allgemeine Hüttenkunde nun behandelt die nachstehenden Gegenstände:

1. Die Körper, aus welchen die Metalle gewonnen werden.

2. Die Verfahren der Abscheidung der Metalle aus den metallhaltigen Körpern.

3. Die Körper, mit deren Hilfe die Abscheidung der Metalle herbeigeführt oder gefördert wird.

4. Die Erzeugung der für die Metallgewinnung erforderlichen Wärme.

5. Die Erzeugung der für die Metallgewinnung erforderlichen Elektrizität.

6. Die Vorrichtungen für die Metallgewinnung.

7. Die Erzeugnisse des Hüttenbetriebes.

Die Körper, aus welchen die Metalle gewonnen werden.

———

Das ursprüngliche Material für die Metallgewinnung bilden die in der Natur vorkommenden Verbindungen der Metalle, die Erze.

Nun können aber, wie schon erwähnt, in vielen Fällen die Metalle nicht direkt aus den Erzen abgeschieden werden. Der Abscheidung der Metalle muß in solchen Fällen die Herstellung von Zwischenerzeugnissen aus den Erzen vorausgehen. Es bilden daher außer den Erzen auch diese Zwischenerzeugnisse das Material für die Metallgewinnung. Ausserdem werden auch metallhaltige Abfälle des Hüttenbetriebes sowohl, wie der verschiedensten Zweige der Gewerbetätigkeit, z. B. von chemischen Fabriken, Färbereien, Kattundruckereien etc., in großem Maßstabe auf Metalle verarbeitet.

Wir haben daher als Material für die Metallgewinnung zu unterscheiden:

1. die natürlich vorkommenden Verbindungen der Metalle oder Erze,
2. die künstlich hergestellten Verbindungen der Metalle.

Beide Arten von Metallverbindungen werden in vielen Fällen auf einem und demselben Hüttenwerke verarbeitet.

In anderen Fällen werden die Erze sowohl, als auch die verschiedenen Zwischenerzeugnisse der Metallgewinnung auf besonderen Hüttenwerken zugute gemacht. So verarbeitet man beispielsweise in Spanien und Griechenland Silber enthaltende Bleierze auf Silber-Blei, während die weitere Verarbeitung dieser Legierung in Belgien und Deutschland bewirkt wird. Auf gewissen Hüttenwerken stellt man goldhaltiges Silber her, während die weitere Verarbeitung dieser Legierung wieder auf anderen Hüttenwerken vorgenommen wird. Gewisse Hüttenwerke befassen sich nur mit dem Reinigen von Rohmetallen, andere mit der Scheidung von Metallen aus Legierungen, dritte mit der Verarbeitung von Zwischenerzeugnissen auf weitere Zwischenerzeugnisse, wie beispielsweise die Mansfelder Spurhütten, welche Kupferstein auf einen an Silber und Kupfer angereicherten Kupferstein, den sogen. Spurstein, verarbeiten.

1. Die natürlich vorkommenden Verbindungen der Metalle oder Erze.

Unter Erzen versteht man solche Mineralien und Mineralgemenge, aus welchen sich mit wirtschaftlichem Vorteile auf Hüttenwerken Metalle gewinnen lassen. Der Hüttenmann zählt zu den Erzen auch die gediegen vorkommenden Metalle, welche zum Zwecke der Reinigung oder der Abscheidung aus Gemengen mit fremden Körpern einer hüttenmännischen Behandlung bedürfen.

Chemische Zusammensetzung.

Hinsichtlich ihrer chemischen Zusammensetzung sind die Erze:

regulinische Metalle, Legierungen, Oxyde, Hydroxyde, Verbindungen mit einem oder mehreren der Elemente Schwefel, Arsen, Antimon, Haloidverbindungen und Sauerstoffsalze.

Die **regulinisch vorkommenden Metalle** sind hauptsächlich: Gold, Silber, Platin, Quecksilber, Wismut, Kupfer, Antimon und Arsen. Dieselben sind selten chemisch rein, sondern enthalten häufig noch andere Metalle, in welchen Fällen sie Legierungen darstellen.

So enthält beispielsweise das Gold öfters Silber, das Platin die verschiedenen Metalle der Platingruppe, das Silber Gold und Kupfer, das Kupfer Eisen und Silber.

Die **Legierungen** sind die gedachten Mischungen der gediegenen Metalle mit anderen Metallen.

Einige Metalle, wie Platin und Gold (mit Ausnahme des Tellurgoldes) kommen fast nur im gediegenen Zustande in der Natur vor, während die meisten anderen Metalle sich viel häufiger in Verbindung mit anderen Körpern finden. Man nennt diese Verbindungen im Gegensatze zu den gediegenen Metallen und Legierungen: „vererzte Metalle".

Metalloxyde sind hauptsächlich: Roteisenstein bezw. Eisenglanz oder Hämatit ($Fe_2 O_3$), Kupferschwärze oder Pelokonît ($Cu\,O$), Rotkupfererz oder Cuprit ($Cu_2 O$), Rotzinkerz oder Zinkit ($Zn\,O$), Zinnstein oder Kassiterit ($Sn\,O_2$), Antimonblüte oder Valentinit ($Sb_2 O_3$).

Von **Hydroxyden** ist als das wichtigste der Brauneisenstein zu nennen. Derselbe stellt eine Verbindung des Eisenoxyds mit verschiedenen Mengen von Wasser dar, im Limonit oder älteren Brauneisenstein von der Formel: $Fe_4 H_6 O_9$ oder $2\,Fe_2 O_3,\ 3\,H_2 O$; im Xanthosiderit oder Gelbeisenstein von der Formel: $Fe_2 H_4 O_5$ oder $Fe_2 O_3,\ 2\,H_2 O$.

Aus **Schwefelmetallen** bestehende Erze finden sich sehr häufig in der Natur.

Der Schwefel kann sowohl mit einem einzigen Metalle als auch mit mehreren Metallen verbunden sein. Verbindungen des Schwefels mit einem Metalle sind:

der Bleiglanz oder Galenit (PbS),
die Zinkblende oder der Sphalerit (ZnS),
der Kupferglanz oder Chalkosin (Cu_2S),
der Kupferindig oder Covellin (CuS),
der Zinnober oder Cinnabarit (HgS),
der Silberglanz oder Argentit (Ag_2S),
der Nickelkies oder Millerit (NiS),
der Kobaltkies oder Linneït (Co_3S_4),
der Schwefelkies oder Pyrit (FeS_2),
der Antimonglanz oder Stibnit (Sb_2S_3),
das Auripigment (As_2S_3),
das Realgar (As_2S_2).

Verbindungen des Schwefels mit mehreren Metallen sind: der Kupferkies oder Chalkopyrit $(CuFeS_2)$, das Buntkupfererz oder der Bornit (Cu_3FeS_3), der Silberkupferglanz oder Stromeyerit $(Cu_2S + Ag_2S)$.

Aus **Arsenmetallen** bestehende Erze sind: der Rotnickelkies oder Nickelin $(NiAs)$ und der Weißnickelkies oder Chloantit $(NiAs_2)$, sowie der Speiskobalt oder Smaltin $(CoAs_2)$.

Von **Antimonmetallen** ist das Antimonsilber oder der Diskrasit $(Ag_2Sb - Ag_6Sb)$ zu erwähnen.

Erze, welche Verbindungen von **Schwefel und Arsen** bezw. von **Antimon und Arsen** mit **einem einzigen Metalle** darstellen, sind: der Kobaltglanz oder Kobaltin $(CoSAs)$, der Nickelglanz oder Gersdorffit $(NiSAs)$, das lichte Rotgiltigerz oder der Proustit (Ag_3AsS_3), das dunkle Rotgiltigerz oder der Pyrargyrit (Ag_3SbS_3), der Nickelantimonglanz oder Ullmannit (NiS, Sb). Erze, welche **Verbindungen von Schwefel und Arsen bezw. Antimon mit mehreren Metallen** vorstellen, sind die Fahlerze oder Tetraedrite. $[4(Cu_2S, FeS, ZnS, Ag_2S, Hg_2S) Sb_2S_3, As_2S_3$ oder $Cu_8Sb_2S_7]$.

Aus **Haloidverbindungen** bestehende Erze kommen selten vor, z. B. das Hornsilber oder der Kerargyrit $(AgCl)$. Ein aus einem Oxychlorid bestehendes Erz ist der Atakamit $(CuCl_2 + 3Cu(OH)_2)$.

Die aus **Sauerstoffsalzen** bestehenden Erze sind hauptsächlich Karbonate, Silikate, Sulfate, Arseniate und Phosphate. Salze mit anderen Säuren, wie Chromsäure, Vanadinsäure, Antimonsäure, Wolframsäure, kommen nur selten vor.

Von den **Karbonaten** sind zu erwähnen der Malachit $(CuCo_3.Cu(OH)_2)$, die Kupferlasur oder der Azurit $(2CuCO_3.Cu(OH)_2)$, der Eisenspat oder Siderit $(FeCO_3)$, der Zinkspat oder Smithsonit $(ZnCO_3)$, das Weißbleierz oder der Cerussit (Pb CO$_3$), von **Silikaten** das Kieselzinkerz oder Calamin (Zn$_2$ Si O$_4$ + H$_2$O), der Willemit (Zn$_2$ Si O$_4$ und der Garnierit, ein Nickel-Magnesiumsilikat, von den **Sulfaten** der Bleivitriol oder Anglesit (Pb S O$_4$) und der Kupfervitriol oder Chalcantit (Cu S O$_4$ + 5 H$_2$O), von den **Arseniaten** die Nickelblüte oder der Annabergit (Ni$_3$ As$_2$ O$_8$ + 8 H$_2$O), die Kobaltblüte oder Erythrin (Co$_2$ As$_2$ O$_8$ + 8 H$_2$O), von den **Phosphaten** der Pyromorphit (Pb Cl$_2$ + 3 Pb$_3$ P$_2$ O$_8$).

Aus der dargelegten Zusammensetzung der Erze ergibt sich, daß der Hüttenmann in verschiedenen Fällen, z. B. beim Fahlerz und Silberkupferglanz, aus dem nämlichen Erze mehrere Metalle zu gewinnen hat.

Aufbereitung der Erze.

Nun finden sich die verschiedenen Erze auf ihren Lagerstätten vielfach neben- und durcheinander gelagert und mit anderen Mineralien und Gebirgsarten verwachsen. Die wichtigsten der den Erzen beigemengten Mineralien sind: Quarz, Kalkspat, Bitterspat, Eisenspat, Flußspat, Schwerspat, Gips und die verschiedenartigsten Silikate. Die Gebirgsarten, mit welchen die Erze am häufigsten verwachsen sind, besitzen kalkige (Kalkstein, Dolomit) oder tonige (Ton, Tonstein, Schieferton) oder kieselige Natur (Kieselschiefer, Grauwacke, Sandstein, Gneiss, Granit, Syenit, Porphyr, Porphyrit, Melaphyr).

Die gedachten Körper sind die Ursache, daß ein großer Teil der Erze vor der Verhüttung einer mechanischen Aufbereitung unterworfen werden muß. Hierdurch will man sowohl die Gemenge von verschiedenen Erzen in verschiedene, für die Verhüttung geeignete Erzsorten zerlegen, als auch die Erze von den beigemengten anderweiten Mineralien und Gebirgsarten soweit befreien, als es die Regeln des Hüttenbetriebes erfordern. Da es nicht möglich ist, verschiedene Erze von annähernd gleichen spezifischen Gewichten durch Aufbereitung von einander zu trennen, so hat es der Hüttenmann oft mit Erzgemengen zu tun, aus welchen mehrere Metalle zu gewinnen sind. Da ferner eine völlige Trennung der Erze von den sie begleitenden Mineralien und Gebirgsarten oft mit bedeutenden Erzverlusten verbunden ist, so sucht man in vielen Fällen, besonders bei wertvollen Erzen, die Anreicherung des Erzgehaltes nur bis zu einem gewissen Grade zu bewirken. Auch können die Beimengungen der Erze bei der Zugutemachung derselben oft von Vorteil sein und zur Herbeiführung der chemischen Reaktionen, mit deren Hilfe die Metalle aus den Erzen abgeschieden werden sollen, beitragen. In solchen Fällen läßt man die Beimengungen in solchem Maße bei den Erzen, als es für das betreffende Verhüttungsverfahren erwünscht ist.

Benennung der Erze.

Der Hüttenmann benennt die Erze gewöhnlich nach dem Metalle, welches aus denselben gewonnen werden soll, z. B. Bleierze, Kupfererze, Silbererze, Zinnerze, Eisenerze, Zinkerze, Kobalterze, Nickelerze. Sind in dem nämlichen Erze mehrere Metalle in gewinnbarer Menge enthalten, so benennt er dasselbe nach demjenigen Metalle, welches den größten Wert besitzt. So bezeichnet man z. B. silberreiche Blei- und Kupfererze als Silbererze.

Andere Benennungsarten der Erze, welche man wohl mit den gedachten Bezeichnungsweisen derselben zu vereinigen pflegt, gründen sich auf ihre chemische Zusammensetzung, wie oxydische, geschwefelte, gesäuerte Erze, auf ihre Beimengungen, wie quarzige, spatige, kiesige, kalkige, tonige Erze, auf die Form, in welcher sie aus der Aufbereitung hervorgehen, wie Stufferze, Graupen, Schliche, und auf die Art der Verarbeitung, wie Laugerze, Schmelzerze, Zuschlagerze.

2. Die künstlichen Verbindungen der Metalle.

Die bei der Zugutemachung der Erze entstehenden künstlichen Verbindungen der Metalle sowie die metallhaltigen Abfälle des Hüttenbetriebes und der Gewerbetätigkeit sind: Gemenge von Metallen mit anderen Körpern, Legierungen, Oxyde, Schwefelmetalle, Arsen- und Antimonmetalle, Haloidsalze, Verbindungen der Metalle mit einem oder mehreren der Elemente Kohlenstoff, Silizium und Phosphor sowie Sauerstoffsalze der Metalle.

Die Metalle

sind gewöhnlich in feiner Verteilung oder in der Form von Körnern oder Stücken in anderen Hüttenerzeugnissen eingeschlossen, z. B. Zink im sogen. Zinkstaub, einem Gemenge von fein verteiltem metallischem Zink und Zinkoxyd, Quecksilber in der sogen. Stupp, einem innigen Gemenge von Quecksilber mit Quecksilberoxyd, Quecksilbersulfat, Zinnober und Ruß, Gold und Silber in den Schlacken vom Einschmelzen und Reinigen dieser Metalle, Silber im Flugstaub und in der sogen. Bleiglätte (Bleioxyd), welche bei der Scheidung des Silbers vom Blei erhalten wird, Kupfer in den sogen. Eisensäuen, d. i. Absätzen von metallischem Eisen auf der Sohle der Schmelzöfen, ferner in Schlacken vom Reinigen des Rohkupfers.

Die Legierungen

bilden ein sehr wichtiges Material für die Metallgewinnung, da die meisten Metalle vor ihrer Überführung in den Zustand der reinen Metalle als Legierungen erhalten werden. Die wichtigsten Legierungen sind: güldisches, d. i. goldhaltiges Silber, Blicksilber, d. i. durch fremde Metalle, besonders Blei, Kupfer, Wismut verunreinigtes Silber, Gold- und Silberamalgam, das sind: Legierungen von Quecksilber mit Gold bezw. Silber, Werkblei, d. i. Gold und Silber enthaltendes Blei, Schwarz- oder Rohkupfer, d. i. durch Eisen, Zink, Blei, Arsen, Antimon verunreinigtes Kupfer, Werkzinn, d. i. fremde Metalle enthaltendes Zinn, Werkzink, d. i. fremde Metalle, besonders Blei, enthaltendes Zink, ferner Zink-, Blei-, Silber- bezw. Goldlegierungen, welche man bei der Gewinnung von Gold und Silber aus Legierungen dieser Metalle mit Blei durch Anwendung von Zink erhält, ferner Frischstücke und Kiehnstöcke, d. s. Kupfer-Silber-Bleilegierungen, welche man bei der Gewinnung von Silber aus silberhaltigem Kupfer mit Hilfe des sogen. Saigerverfahrens erhält, und Saigerdörner, d. h. Kupfer-Bleilegierungen, welche man beim Reinigen des Bleis von Kupfer erhält.

Die Oxyde

bilden bei vielen Gewinnungsverfahren der unedlen Metalle das letzte bezw. vorletzte Material der Verarbeitung. Es müssen nämlich im Verlaufe der Metallgewinnungsverfahren viele Metallverbindungen in den Zustand der Oxyde übergeführt werden, aus welchen sie dann durch Reduktionsmittel abgeschieden werden. Als solche künstliche Oxyde sind hervorzuheben: Kupferoxyd, Kupferoxydul, Bleioxyd, Zinkoxyd, Eisenoxyd, Nickeloxyd, Kobaltoxyd, Antimonoxyd.

Als Oxyde, welche mit gewissen Mengen von Schwefelmetallen und Sulfaten gemengt sind, lassen sich: Bleioxyd, Kupferoxydul und Kupferoxyd anführen. Diese Gemenge erhält man bei der Röstung von geschwefelten Blei- und Kupfererzen bei Luftzutritt (oxydierende Röstung).

Die Schwefelmetalle

bilden nach den Erzen das Hauptmaterial für die Metallgewinnung. Sie entstehen als Zwischenerzeugnisse bei der Zugutemachung schwefelhaltiger Erze. Auch sucht man öfters den Metallgehalt schwefelfreier Erze, z. B. armer Silber- und Kupfererze, in Schwefelverbindungen anzureichern, oder Metalle aus wässrigen Lösungen als Schwefelmetalle niederzuschlagen, z. B. Kupfer aus Sulfat- und salzsauren Lösungen, Silber aus Thiosulfatlösungen.

Die durch Schmelzverfahren hergestellten künstlichen Schwefelmetalle nennt der Hüttenmann Steine oder Leche. (Der Stein, das Lech.) Er benennt dieselben entweder nach dem Metalle, welches in ihnen vorwiegt, oder nach der Arbeit, bei welcher sie fallen, oder nach der Farbe und Struktur derselben. Benennungen nach dem Metalle sind z. B. Kupferstein, Bleistein, Nickelstein, nach der Arbeit, aus welcher sie hervorgehen, Rohstein (vom Rohschmelzen), Konzentrationsstein (vom Konzentrationsschmelzen), Spurstein (vom Spuren), nach der Farbe und Struktur blauer Stein, weißer Stein, Blasenstein (in England für Kupfersteine gebräuchlich).

Die wesentlichen Bestandteile der Steine sind: Schwefel, Eisen, Blei, Kupfer, Nickel, in geringerer Menge Zink, Silber, Kobalt, Mangan, und in noch geringerer Menge Arsen und Antimon.

Sie können sowohl isomorphe Mischungen von Schwefelmetallen als auch Gemenge derselben, sowie Gemenge von Metallen und Schwefelmetallen oder von Metallen, Schwefelmetallen und Oxyden sein.

Die Metalle, welche als Halbschwefelmetalle in den Steinen vorkommen, sind Silber (Ag_2S) und Kupfer (Cu_2S). Das einfache Schwefelkupfer (CuS) ist nicht feuerbeständig, sondern zerfällt in der Hitze in Halbschwefelkupfer und Schwefel. Die Metalle außer Kupfer und Silber sind meist als einfache Schwefelmetalle im Stein vorhanden. (Fe, Pb, Zn, Ni, Mn als FeS, PbS, ZnS, NiS, MnS.) Die Verbindungen Halbschwefeleisen (Fe_2S) und Halbschwefelblei (Pb_2S), welche nach älteren Ansichten in den Steinen enthalten sein sollten, scheinen nach den neueren Untersuchungen von Stölzel, Schweder und Münster nicht in denselben zu existieren; wohl aber finden sich, wie hinreichend nachgewiesen ist, Eisen, Nickel und Blei metallisch im Steine ausgeschieden.

Reicht nun der im Steine vorhandene Schwefel nicht aus, um mit den Metallen Eisen, Blei und Nickel einfache Schwefelmetalle zu bilden, so stellt der Stein ein Gemenge von Schwefelmetallen und Metallen dar. Die gedachten Schwefelmetalle FeS, NiS, PbS haben die Eigenschaft, Eisen bezw. Nickel und Blei aufzulösen und beim Erkalten metallisch auszuscheiden. Arsen und Antimon, welche Körper in äußerst geringen Mengen im Stein vorkommen, sind wahrscheinlich mit Schwefel und elektropositiven Schwefelmetallen verbunden, z. B. zu Schwefelantimon-Blei, Schwefelantimon-Eisen.

Die Ansicht von Bredberg, wonach die Steine Verbindungen von elektropositiven mit elektronegativen Schwefelmetallen darstellen, ist nicht zutreffend, da Arsen und Antimon nur in äußerst geringen Mengen im Steine enthalten sind und die von ihm angenommenen Halbschwefelmetalle Fe_2S, Pb_2S u. Ni_2S, wie erwähnt, im Steine nicht zu existieren scheinen.

Zu den Steinen, welche soviel Schwefel enthalten, daß Kupfer und Silber als Halbschwefelmetalle, die übrigen Metalle aber als Einfachschwefelmetalle vorhanden sind, gehören z. B. die Mansfelder und Unterharzer Kupfersteine sowie die Roh- und Konzentrationssteine, welche beim englischen Kupfergewinnungsverfahren erhalten werden. Zu den Steinen, welche nicht hinreichend Schwefel zur Bildung von Eisen bezw. Blei als Einfachschwefelmetalle enthalten, gehören z. B. die Oberharzer Bleisteine, die Freiberger und Fahluner Kupfersteine, die Roh- und Spursteine der Siegener Hütten.

Arsen- und Antimon-Metalle

entstehen beim Verschmelzen arsen- und antimonhaltiger Erze und werden Speisen genannt. In denselben sammeln sich Nickel und Kobalt an, so daß sie häufig das Material für die Gewinnung dieser Metalle bilden. Außer Nickel und Kobalt enthalten sie hauptsächlich Eisen, manchmal auch Kupfer und in geringerer Menge Blei, Zink, Wismut, Gold und Silber. Häufig sind ihnen die Schwefelmetalle von Kupfer, Eisen, Blei und Zink beigemengt.

Man benennt die Speisen nach dem gewinnbaren Metalle, welches sie in größter Menge enthalten, z. B. Nickelspeise, Kobaltspeise, Kupferspeise, oder nach den metallhaltigen Körpern, bei deren Verarbeitung sie entstehen, z. B. Fahlerzspeise, welche beim Verschmelzen von Fahlerzen entsteht, Krätzschmelzspeise, welche beim Verschmelzen von Krätzen entsteht.

Die Speisen enthalten häufig Arsen und Antimon gleichzeitig, manchmal aber auch nur Arsen. Die Zusammensetzung der am häufigsten entstehenden Speisen ist R_2As, R_3As, R_4As, R_5As, wenn R ein einwertiges Radikal bedeutet.

Haloidsalze oder
Verbindungen der Metalle mit Salzbildnern.

Von den künstlichen Verbindungen der Metalle mit Salzbildnern sind die Chlorverbindungen von Kupfer, Wismut, Silber und Gold sowie das Jodsilber zu erwähnen. Dieselben werden bei der Gewinnung der gedachten Metalle durch Behandeln der metallhaltigen Körper mit Chlor oder Chlorverbindungen bezw. mit Jodverbindungen erzeugt, um dann durch besondere, später zu betrachtende Verfahrungsarten die Metalle aus ihnen zu gewinnen.

Kohlenstoffmetalle.

Als Kohlenstoffmetalle sind anzuführen die verschiedenen Arten des Roheisens, welche bei der Zugutemachung der Eisenerze fallen und entweder als fertige Erzeugnisse zur Herstellung von Gußwaren Verwendung finden oder als Zwischenerzeugnisse zur Herstellung weiterer Kohlungsstufen des Eisens, des schmiedbaren Eisens und des Stahls dienen, ferner das Ferro-Mangan, eine Verbindung von Eisen und Mangan mit Kohlenstoff, welche gleichfalls bei der Herstellung verschiedener Kohlungsstufen des Eisens Verwendung findet, und das Kohlen-Nickel, welches man beim Verschmelzen gewisser Arten von Nickelerzen (Garninerit) erhält.

Der Kohlenstoff ist im Eisen entweder vollständig gebunden (Eisenkarbid) oder teils gebunden, teils in mechanischer Beimengung (Graphit) enthalten.

Phosphormetalle.

Von den Phosphormetallen ist das Phosphoreisen zu erwähnen, welches bei der Zugutemachung phosphorhaltiger Eisenerze erhalten wird. Dasselbe enthält außer Phosphor noch Kohlenstoff und Silizium und wird entweder als Enderzeugnis zur Herstellung von Gußwaren verwendet oder dient als Zwischenerzeugnis zur Herstellung von schmiedbarem Eisen und Stahl. Mit kohlenstoffhaltigem Eisen verbindet sich der Phosphor bis gegen 20 %.

Siliziummetalle.

Das wichtigste Siliziummetall ist das Roheisen. Dasselbe enthält außer Kohlenstoff stets Silizium. Das Siliziumeisen entsteht, wenn Silikate bei Gegenwart von Eisen und Kohle einer hohen Temperatur ausgesetzt werden. (Ohne die Gegenwart von Eisen wird aus der Kieselsäure kein Silizium durch Kohle ausgeschieden.) Ebenso wie Phosphor kann das Eisen auch Silizium in den verschiedensten Verhältnissen aufnehmen.

Man stellt Ferrosilizium und Siliziumeisenmangan aus Eisen- bezw. Manganerzen, Kieselsäure und Kohle absichtlich her, um diese Körper bei der Flußstahlbereitung als Reduktionsmittel für Oxyde des Eisens und Kohlenoxyd (zur Vermeidung blasiger Güsse) zu verwenden.

Die Sauerstoffsalze der Metalle

sind hauptsächlich Sulfate, Arseniate, Antimoniate und Silikate.

Sulfate.

Von den Sulfaten sind besonders Bleisulfat, Kupfersulfat, Zinksulfat, Nickelsulfat und Silbersulfat zu erwähnen.

Dieselben werden teils bei der Verarbeitung der Schwefelmetalle mit Oxyden und Schwefelmetallen gemengt erhalten, teils werden sie durch Auslaugen sulfathaltiger Körper mit Wasser und durch Behandeln metallhaltiger Körper mit Schwefelsäure als Lösungen gewonnen (Kupfersulfat, Silbersulfat). Gewisse Sulfate, besonders Bleisulfat, finden sich auch als Flugstaub in den den Öfen entströmenden Gasen und Dämpfen.

Die Arseniate und Antimoniate

bilden sich bei der Zugutemachung arsen- und antimonhaltiger Erze und Hüttenerzeugnisse (durch Röstung oder oxydierendes Schmelzen). Sie spielen bei der Gewinnung von Nickel, Kobalt, Silber und von Antimonblei eine Rolle. Auch diese Körper bilden häufig einen Bestandteil des Flugstaubs.

Die Silikate

sind von der höchsten Wichtigkeit für den Hüttenmann. Sie entstehen bei der Zugutemachung metallhaltiger Körper durch Schmelzverfahren und enthalten die aus denselben abzuscheidenden nicht flüchtigen Säuren und Basen. Enthalten sie Metalle in gewinnbarer Menge — sei es chemisch gebunden, sei es beigemengt — so bilden sie das Material für die Metallgewinnung.

Andernfalls finden sie Verwendung zur Beförderung der Abscheidung der Metalle aus den metallhaltigen Körpern, oder werden zu nicht metallurgischen Zwecken verwertet, oder schließlich als wertlos abgesetzt. Nur ein einziges metallhaltiges Silikat, die Smalte, ist fertiges Erzeugnis.

Der Hüttenmann nennt die auf den Hüttenwerken erhaltenen künstlichen Silikate „Schlacken". Im weiteren Sinne versteht er unter Schlacken auch geschmolzene oder gefrittete Metalloxyde, welche Kieselsäure gar nicht oder nur in geringer Menge enthalten. Er nennt derartige bei der Reinigung von Metallen entstehende Schlacken Oxydschlacken, im Gegensatze zu den eigentlichen Schlacken, welche als wesentlichen Bestandteil Kieselsäure enthalten. Außer Kieselsäure können die Schlacken noch die nachstehenden Säuren enthalten: Tonerde, welche die Rolle einer Säure spielt und sogen. Aluminate bildet, Phosphorsäure, Schwefelsäure, Antimonsäure, Arsensäure, Wolframsäure, Chromsäure, Vanadinsäure, Titansäure, Molybdänsäure. Von Basen sind am häufigsten in den Schlacken enthalten: Kalk, Magnesia, Baryt, Tonerde, Manganoxydul, Eisenoxydul, Eisenoxyduloxyd, sowie die Oxyde von Kupfer, Blei, Nickel, Kobalt, Zink und Alkalien.

Außerdem enthalten die Schlacken häufig Schwefelmetalle. Die letzteren besitzen die Eigenschaft, in den verschiedensten Verhältnissen mit Schlacken zusammenzuschmelzen. Die am häufigsten in den Schlacken enthaltenen Schwefelmetalle sind: Schwefelkalzium, Schwefelbaryum, Schwefeleisen, Schwefelmangan und Schwefelzink. Auch Fluor- und Phosphorverbindungen haben die Eigenschaft, mit der Schlacke zusammenzuschmelzen.

Was nun die chemische Konstitution der Schlacke anbetrifft, so läßt sich dieselbe nicht mit Sicherheit angeben, weil die geschmolzenen Schlacken möglicherweise eine andere Konstitution besitzen können, als die der Analyse unterworfenen erstarrten Schlacken.

Wir wissen, daß die Kieselsäure mit Basen chemische Verbindungen eingeht, daß aber auch die Basen mit einander chemische Verbindungen eingehen können. So vereinigt sich die Tonerde mit Magnesia, Kalk und

Eisenoxyd zu sogenannten Aluminaten, so lassen sich Kalk und Eisenoxyd durch Zusammenschmelzen vereinigen. Wir wissen ferner, daß die Schlacken im stande sind, Oxyde, Silikate, Phosphate und Schwefelmetalle in den verschiedensten Verhältnissen aufzulösen, ohne chemische Verbindungen mit denselben einzugehen. Auch können, da Silikatschlacken mit nur einer Base auf Hüttenwerken nicht erzeugt werden, verschiedene Arten von Silikaten in den Schlacken enthalten sein.

Aus diesen Gründen nimmt man an, daß die Schlacken nicht chemische Verbindungen von bestimmten Formeln, sondern Lösungen von chemischen Verbindungen in einander sind.

Der Hüttenmann unterscheidet die Schlacken nach dem Kieselsäuregehalte in sogenannte Silizierungsstufen, weil der Kieselsäuregehalt von großem Einflusse auf die Schmelzbarkeit und das chemische Verhalten der Schlacken ist. Die verschiedenen Silizierungsstufen, welche indes nicht mit den Silikaten des Chemikers (Ortho-, Meta- und Polysilikate) verwechselt werden dürfen, sind die Subsilikate, die Singulosilikate, die Sesquisilikate, die Bisilikate und die Trisilikate. Diese Silizierungsstufen unterscheiden sich sowohl durch das Verhältnis der Summe der Wertigkeiten des Siliziums zu der Summe der Wertigkeiten der in der Schlacke enthaltenen Basenradikale, als auch durch das Verhältnis des Sauerstoffgehaltes der Kieselsäure zu dem Sauerstoffgehalte der Basen von einander. Die letztere Unterscheidungsweise ist die ältere und wird auch gegenwärtig noch häufig angewendet.

Was das Wertigkeitsverhältnis anbetrifft, so ist beim Singulosilikat die Summe der Wertigkeiten des in der Schlacke vorhandenen Siliziums gleich der Summe der Wertigkeiten der in der Schlacke enthaltenen Metalle. Bei dem Sesquisilikat ist die Summe der Siliziumwertigkeiten ein und ein halb mal so groß als die Summe der Wertigkeiten der in der Schlacke enthaltenen Metalle, bei dem Bisilikat doppelt so groß, bei dem Trisilikat drei mal so groß und bei dem Subsilikat halb so groß.

Was das Sauerstoffverhältnis zwischen Kieselsäure und Basen betrifft, so ist beim Singulosilikat der Sauerstoffgehalt der Kieselsäure gleich dem Sauerstoffgehalte der Basen, beim Sesquisilikat $1\frac{1}{2}$ mal so groß, beim Bisilikat doppelt so groß, beim Trisilikat drei mal so groß und beim Subsilikat halb so groß.

Beide Arten der Bezeichnung der Silikate sind nachstehend durch Formeln erläutert.

Für Monoxyde und 2 wertige Radikale.

	Molekularformel	Dualistische Formel
Singulosilikat	$R_2 Si O_4$	$2 R O Si O_2$
Bisilikat	$R Si O_3$	$R O Si O_2$
Trisilikat	$R_2 Si_3 O_8$	$2 R O, 3 Si O_2$
Sesquisilikat	$R_4 Si_3 O_{10}$	$4 R O, 3 Si O_2$
Subsilikat	$R_4 Si O_6$	$4 R O Si O_2$

Für Sesquioxyde und 3wertige Radikale.

	Molekularformel	Dualistische Formel
Singulosilikat	$R_4 Si_3 O_{12}$	$2 R_2 O_3, 3 Si O_2$
Bisilikat	$R_2 Si_3 O_9$	$R_2 O_3, 3 Si O_2$
Trisilikat	$R_4 Si_9 O_{24}$	$2 R_2 O_3, 9 Si O_2$
Sesquisilikat	$R_8 Si_9 O_{30}$	$4 R_2 O_3, 9 Si O_2$
Subsilikat	$R_8 Si_3 O_{18}$	$4 R_2 O_3, 3 Si O_2$.

Da dreiwertige Radikale in den Schlacken nicht vorkommen, so seien nachstehend noch die Molekularformeln für sechswertige Radikale angegeben.

$$\begin{aligned}
\text{Singulosilikat} &= R_2 Si_3 O_{12} \\
\text{Bisilikat} &= R\ Si_3 O_9 \\
\text{Trisilikat} &= R_2 Si_9 O_2 \\
\text{Sesquisilikat} &= R_4 Si_9 O_{30}.
\end{aligned}$$

Über das Trisilikat hinausgehende Silizierungsstufen der Schlacken werden wegen ihrer Schwerschmelzigkeit nicht auf Hüttenwerken erzeugt.

Die Schlacken haben fast niemals eine Zusammensetzung, welche den gedachten Silizierungsstufen genau entspricht.

Sie lassen sich aber meistens zwischen zwei der gedachten Stufen einreihen und werden dann nach derjenigen Silizierungsstufe benannt, welcher sie am nächsten stehen.

Die Schlacken enthalten die aus ihnen abzuscheidenden Metalle, wie erwähnt, sowohl chemisch gebunden als auch aufgelöst oder mechanisch eingeschlossen. Die Metalle, welche man aus ihnen gewinnt, sind hauptsächlich: Eisen, Blei, Kupfer, Zinn, Silber, Gold.

Man benennt die Schlacken sowohl nach dem Metalle, bei dessen Herstellung sie gefallen sind, wie Bleischlacke, Eisen-, Zinn-, Kupfer-, Nickelschlacke, als auch nach dem besonderen Verfahren, bei dessen Ausführung sie erzeugt sind, wie bei der Eisengewinnung: Hochofenschlacke, Puddelschlacke, Frischschlacke, Bessemer-Schlacke, Thomas-Schlacke, Schweißschlacke, bei der Bleigewinnung: Rohschlacke, Steinschlacke, Frischschlacke, Raffinierschlacke, bei der Kupfergewinnung: Rohschlacke, Spurschlacke, Konzentrationsschlacke, Schwarzkupferschlacke, Garschlacke, Raffinierschlacke.

Die metallhaltigen Abfälle der Gewerbetätigkeit

besitzen die verschiedenartigste Zusammensetzung. Besonders zu erwähnen sind die bleihaltigen Rückstände aus Färbereien, Druckereien, Bleizucker- und Bleiweißfabriken, welche man mit dem gemeinsamen Namen „Bleiaschen" zu bezeichnen pflegt.

3. Die Übernahme der metallhaltigen Körper seitens der Hüttenwerke.

Die Übernahme der metallhaltigen Körper seitens der Hüttenwerke geschieht bei wertvollen Körpern unter Zugrundelegung des Metallgehaltes derselben nach dem Gewichte, nur bei Körpern von geringem Werte nach dem Volumen. Bei der Übernahme nach dem Gewicht bedient man sich für die wertvolleren Körper der Balancier-Wagen, anderenfalls der Brücken-Wagen.

Bei der Abwage werden häufig gewisse unterhalb einer bestimmten Grenze liegende Gewichtsmengen der metallhaltigen Körper seitens der Hütte nicht berücksichtigt und kommen daher der Hütte zugute.

Ebenso werden auch häufig gewisse Teile des wirklichen Metallinhaltes nicht berücksichtigt und kommen daher gleichfalls der Hütte zugute. Diese nicht bezahlten Mengen von metallhaltigen Körpern sowohl wie von Metallen nennt man **Hütten-Remedien**.

4. Die mechanische Vorbereitung der metallhaltigen Körper für die Zugutemachung.

Die metallhaltigen Körper bedürfen in vielen Fällen vor der eigentlichen hüttenmännischen Verarbeitung gewisser mechanischer Vorbereitungsarbeiten. Die wichtigsten derselben bestehen darin, den metallhaltigen Körpern die für die Abscheidungsverfahren geeignete Form zu geben; dieselben von gewissen festen Gemengteilen zu befreien; dieselben von anhaftendem Wasser zu befreien; metallhaltige Körper von verschiedenen Gehalten eines und desselben Metalles, welche dem nämlichen Abscheidungsverfahren unterworfen werden sollen, in geeigneten Verhältnissen zusammenzumengen und schließlich die metallhaltigen Körper mit solchen Körpern zusammenzumengen, welche die Abscheidung der in ihnen enthaltenen Metalle herbeiführen oder befördern sollen.

A. Arbeiten, welche die metallhaltigen Körper in die für die Abscheidungsverfahren geeignete Form bringen sollen.

Je nach der Natur der Abscheidungsverfahren müssen die metallhaltigen Körper zerkleinert sein oder die Form von Stücken besitzen. Es sind daher einerseits gewisse in Stückform vorhandene metallhaltige Körper zu zerkleinern, andererseits gewisse in Schlich- oder Pulverform vorhandene Körper zu Stücken zu vereinigen.

Zerkleinerung metallhaltiger Körper.

Das Zerkleinern spröder Körper kann durch die verschiedenartigsten Zerkleinerungsvorrichtungen, wie sie auch in anderen Gewerbszweigen angewendet werden, geschehen. Hierhin gehören die Steinbrecher, Pochwerke, Walzwerke, Rammen, Kollermühlen, Kugelmühlen, Mahlmühlen, Schleudermühlen und Mörsermühlen. Silberhaltiges Rohkupfer wird zuerst durch Glühen spröde gemacht und dann durch Handarbeit mit Hilfe von hölzernen Hämmern zerkleinert.

Geschmeidige feste Körper, wie z. B. goldhaltiges Silber und silberhaltiges Kupfer, bringt man in die Form kleiner Körner, der sogenannten „Granalien", indem man die geschmolzenen Körper durch Wasser zerteilt. Zu diesem Zwecke läßt man die letzteren in einem dünnen Strahle in Wasser fließen oder bringt sie mit einem Wasserstrahle in Berührung.

Vereinigung zerkleinerter metallhaltiger Körper zu Stücken.

Die Vereinigung zerkleinerter metallhaltiger Körper zu Stücken bewirkt man dadurch, daß man dieselben mit Bindemitteln zu einer plastischen Masse zusammenmengt und die letztere zu Ziegeln oder Kugeln formt. Man nennt diese Arbeit Einbinden oder Anbatzen. Als Bindemittel verwendet man z. B. saure Mutterlaugen (Ferrisulfat) für Kupferkies enthaltenden Schwefelkies, Kalk für Bleiglanzschlich und Flugstaub, Thon für silberhaltige Hüttenerzeugnisse, Teer für Zinkoxyd.

B. Befreiung der metallhaltigen Körper von festen Gemengteilen.

Die mechanische Absonderung gewisser Gemengteile erfolgt bei Erzen, wenn und soweit es möglich ist, durch Aufbereitung. Auch bei Hüttenerzeugnissen wendet man zu diesem Zwecke die Grundsätze und Vorrichtungen der Aufbereitung an, soweit dieselben Platz greifen können. Körper, welche in zerkleinertem Zustande aus den Abscheidungsverfahren hervorgehen, werden durch Sieben, Setzen und Verwaschen getrennt, z. B. Zinkoxyd von Bleioxyd und Bleikörnern aus Gemengen dieser Körper, während metallhaltige Hüttenerzeugnisse in Stücken entweder nur durch Handscheidung und Sortieren von dem Unhaltigen befreit oder zu diesem Zwecke zerkleinert und aufbereitet werden.

Sind durch Wasser lösliche Salze in den Hüttenerzeugnissen enthalten, welche die Verarbeitung der letzteren erschweren, so laugt man die ersteren aus, wie z. B. Zinkvitriol aus gerösteten zinkhaltigen Bleierzen.

C. Befreiung der metallhaltigen Körper von anhaftendem Wasser.

Die Befreiung der metallhaltigen Körper von anhaftendem Wasser geschieht durch Trocknen derselben. In manchen Fällen geht dem Trocknen ein Auspressen des Wassers aus den metallhaltigen Körpern mit Hilfe von Filterpressen oder hydraulischen Pressen voraus. (Hydraulische Pressen bei Zementgold und Zementsilber; Filterpressen bei auf nassem Wege gefälltem Schwefelkupfer, basischem Zinkkarbonat etc.) Das Trocknen geschieht entweder durch die Sonnenwärme oder durch die Abhitze anderer Öfen oder in besonderen Trockenöfen oder Trockenkammern.

D. Zusammenmengen metallhaltiger Körper von verschiedenen Gehalten eines und desselben Metalles.

Das Zusammenmengen metallhaltiger Körper von verschiedenen Gehalten eines und desselben Metalles nennt man das **Gattieren** derselben und das fertiggestellte Gemenge die „**Gattierung**". Das Gattieren hat den Zweck, diese Körper in einem solchen Verhältnisse zu vereinigen, daß das günstigste Metallausbringen und bei Schmelzverfahren eine Verschlackung der Beimengungen erzielt wird. Besonders häufig findet das Gattieren bei Erzen von verschiedenen Metallgehalten bezw. mit verschiedenen Beimengungen statt. So gattiert man reiche Erze mit armen Erzen; Erze, welche Kieselsäure enthalten, mit Erzen, welche Basen enthalten.

Das Gattieren geschieht gewöhnlich in der Weise, daß die verschiedenen Sorten der metallhaltigen Körper in horizontalen Schichten so übereinander ausgebreitet werden, daß dieselben eine niedrige, aus verschiedenen Lagen bestehende abgestumpfte vierseitige Pyramide, die Masche oder Gattierung, darstellen. Von dieser Masche nimmt man die metallhaltigen Körper in senkrechten Abschnitten fort, so daß dieselben immer die durchschnittliche Zusammensetzung der Gattierung besitzen. In einzelnen Fällen (bei Eisenhochöfen) wird die Gattierung erst im Ofen hergestellt, indem man die verschiedenen Sorten der metallhaltigen Körper in dem Verhältnisse, wie es die Zusammensetzung der Gattierung erfordert, in den Ofen einschüttet.

Die Herstellung der Gattierung erfolgt auf Grund der durch die Analyse ermittelten durchschnittlichen chemischen Zusammensetzung der metallhaltigen Körper und der Gemengteile derselben.

E. Zusammenmengen metallhaltiger Körper mit Körpern, welche die Abscheidung der in ihnen enthaltenen Metalle herbeiführen oder befördern.

Die metallhaltigen Körper, gleichgültig, ob dieselben gattiert sind oder nicht, bedürfen in sehr vielen Fällen eines Zusammenmengens mit solchen Körpern, welche die Abscheidung der in ihnen enthaltenen Metalle herbeiführen oder befördern sollen. Diese Körper können feste Körper oder Flüssigkeiten sein.

Die festen Körper dieser Art nennt man „Zuschläge“. Das Zusammenmengen der metallhaltigen Körper mit Zuschlägen nennt man „Beschicken“ und das fertiggestellte Gemenge „Beschickung“, Möllerung oder Gicht.

Die Zusammensetzung der Beschickung muß so geregelt werden, daß man mit den geringsten Kosten ein möglichst hohes Metallausbringen erzielt. Man stellt sie mit Hilfe stöchiometrischer Berechnungen auf Grund der durch die Analyse ermittelten Zusammensetzung aller in Betracht kommenden Körper sowie der Zusammensetzung der zu erzielenden Schlacke unter Berücksichtigung praktischer Erfahrungen fest. Durch die Ergebnisse der Abscheidungsverfahren in Bezug auf die Menge der in einer gewissen Zeit verarbeiteten Beschickung, den Brennstoffaufwand, die Qualität und Quantität der erhaltenen Erzeugnisse sowie die chemische Zusammensetzung derselben ist man in der Lage, die Zusammensetzung der Beschickung beurteilen und dieselbe den Anforderungen eines zweckmäßigen Betriebes anpassen zu können.

Die Herstellung der Beschickung geschieht, wenn die betreffenden Körper sich in zerkleinertem Zustande befinden müssen, durch einfaches Zusammenmengen derselben oder durch Zusammenmahlen von Stücken derselben. So mengt man Zinkoxyd und Kohle zum Zwecke der Zinkgewinnung in kleinen Stücken oder in Pulverform zusammen; ferner mengt man Eisenoxyd und Kohle zum Zwecke der Gewinnung von Eisenschwamm in Pulverform zusammen; chlorierend zu röstende Erze oder Hüttenerzeugnisse mengt man innig mit Kochsalz oder mahlt sie in größeren Stücken auf Kollermühlen zusammen. Bei einer gewissen Art der Silbergewinnung (Patioprozeß) werden in fein gemahlene Silbererze Kochsalz und Kupfersulfat (sogen. Magistral) durch Menschen, Pferde oder Maulesel eingetreten (trituriert).

Soll die Beschickung aus Stücken oder teils aus Stücken, teils aus Pulver zusammengesetzt werden, so verfährt man gewöhnlich in der Art, daß die verschiedenen Körper lagenweise übereinander ausgebreitet werden, wodurch die Beschickung die Gestalt einer niedrigen, abgestumpften, vierseitigen Pyramide von großer Grund- und Endfläche erhält. Die Höhe der Beschickung ist derartig zu bemessen, daß man dieselbe ohne Mühe in senkrechten Abschnitten wegnehmen kann, welche dann die durchschnittliche Zusammensetzung der Beschickung besitzen.

Bei Schmelzverfahren macht man die einzelnen Beschickungshaufen in vielen Fällen so groß, daß sie für einen Zeitraum von 24 Stunden ausreichen. Einen derartigen Haufen nennt man auch wohl: Schicht Möller, Vormaß oder Vorlauf. Den Ort, an welchem in solchen Fällen die Beschickung hergestellt wird, nennt man Beschickungsboden, Möllerboden oder Schichtsaal.

Beim Betriebe von Eisenhochöfen stellt man meistens die Beschickung im Ofen selbst her, indem man Erze und Zuschläge in dem der Zusammensetzung der Beschickung entsprechenden Verhältnisse in den Ofen schüttet.

Das Zusammenmengen metallhaltiger Körper mit Flüssigkeiten bezweckt in vielen Fällen außer dem innigen Zusammenmengen beider Körper auch gleichzeitig die Vereinigung pulverförmiger Körper zu Stücken. Im letzteren Falle wird das plastische Gemenge zu Ziegeln oder Kugeln geformt. So mengt man z. B. pulverförmigen kupferkieshaltigen Schwefelkies mit saurer Eisensulfatmutterlauge, um durch Röstung der Massen Kupfersulfat zu bilden; man mengt Zinkoxyd mit Teer, um dasselbe durch den Kohlenstoff des Teers zu Zink zu reduzieren; man mengt quarzhaltigen Bleiglanzschlich mit Kalkmilch zum Einbinden sowohl als zur Verschlackung des Quarzes; man mengt Kupferglanz enthaltende zerkleinerte Erze mit Eisenchlorür enthaltenden Laugen, um das Kupfer durch längeres Liegenlassen der Masse in eine lösliche Verbindung überzuführen.

Die Verfahren der Abscheidung der Metalle aus den metallhaltigen Körpern.

Die Art und Weise der Abscheidung der Metalle aus den metallhaltigen Körpern hängt von dem Verbindungszustande und der Natur derselben ab. In vielen Fällen läßt sich eine direkte Abscheidung der Metalle nicht bewirken. Man ist vielmehr gezwungen, sie erst in anderweite Verbindungen überzuführen, aus welchen man sie direkt oder nach nochmaliger oder wiederholter Veränderung derselben abscheidet. Dabei läßt sich in vielen Fällen ein und dasselbe Metall aus der nämlichen Verbindung nach verschiedenen Verfahrungsarten abscheiden. Es sollen nun zuerst die Verfahren der Abscheidung der Metalle im allgemeinen dargelegt werden, worauf dann die wichtigsten Hüttenprozesse einer eingehenderen Erörterung unterzogen werden sollen.

I. Verfahren der Abscheidung der Metalle im allgemeinen.

Man unterscheidet mehrere allgemeine Verfahren der Abscheidung der Metalle.

Wendet man zum Zwecke der Abscheidung höhere Temperaturen an und schließt dabei die Anwendung von bei gewöhnlicher Temperatur flüssigen Lösungsmitteln aus, so nennt man das betreffende Verfahren: **„Verfahren auf trockenem Wege"** oder einfach **„den trockenen Weg"**.

Wendet man dagegen zur Abscheidung bei gewöhnlicher Temperatur flüssige Lösungsmittel an und schließt höhere Temperaturen (d. i. Temperaturen, welche den Siedepunkt des Wassers erheblich übersteigen) aus, so nennt man das betreffende Verfahren: **„Verfahren auf**

nassem Wege" oder einfach **"den nassen Weg"**. Man wendet zur Abscheidung entweder ausschließlich den trockenen Weg oder eine Vereinigung des trockenen und nassen Weges an. Eine Abscheidung der Metalle ausschließlich auf nassem Wege findet bis jetzt nur ausnahmsweise statt.

Geschieht die Abscheidung der Metalle — sei es auf trockenem, sei es auf nassem Wege — mit Hilfe von Elektrizität, die durch besondere Vorrichtungen erzeugt und durch die metallhaltigen Körper geleitet wird, so nennt man derartige Verfahren **elektrometallurgische Verfahren.** Dieselben bedürfen wegen ihrer Eigentümlichkeiten einer gesonderten Betrachtung.

1. Verfahren auf trockenem Wege.

Bei den Verfahren auf trockenem Wege unterscheidet man verschiedene Arten der Behandlung der metallhaltigen Körper je nach der Wirkung der zur Anwendung gebrachten Wärme auf den Aggregatzustand derselben. Es können nämlich feste Körper entweder unverändert bleiben oder verflüssigt oder verdampft werden. In manchen Fällen bleiben gewisse Körper fest, während andere Körper verflüssigt oder verdampft werden oder gewisse Körper werden verflüssigt, während andere verdampft werden.

Die Behandlung fester metallhaltiger Körper bezw. Metalle bei Temperaturen, welche ohne Einfluß auf den Aggregatzustand derselben bleiben, nennt man "Brennen", die Behandlung derselben bei Temperaturen, welche eine Verflüssigung herbeiführen, nennt man "Schmelzen". Die Behandlung fester und flüssiger Körper bei Temperaturen, welche eine Vergasung derselben herbeiführen, nennt man "Verdampfen".

In manchen Fällen besteht die Behandlung der metallhaltigen Körper bezw. der ausgeschiedenen Metalle in einer Vereinigung von Brennen und Schmelzen, Brennen und Verdampfen oder Schmelzen und Verdampfen. Man bezieht die gedachten Benennungen in der Regel auf das Verhalten der Metallverbindungen bezw. der ausgeschiedenen Metalle, nicht auf das Verhalten der metallfreien Körper bezw. der ausgeschiedenen metallfreien Körper. Verdampft beispielsweise beim Brennen von Schwefelmetallen Schweflige Säure, beim Brennen von Karbonaten Kohlensäure, so nennt man diese Behandlung nicht Verdampfen, sondern Brennen, während, wenn beim Verdampfen von Zink oder Quecksilber metallfreie Rückstände bleiben, diese Behandlungsart "Verdampfen", nicht aber Brennen genannt werden muß. Bleiben dagegen in diesen Fällen feste oder flüssige metallhaltige Rückstände, so ist die betreffende Behandlung ein vereinigtes Brennen und Verdampfen bezw. Schmelzen und Verdampfen.

A. Das Brennen

bezweckt entweder nur die physikalische oder gleichzeitig auch die chemische Veränderung von metallhaltigen Körpern. Dasselbe besteht entweder in einem einfachen Erhitzen der betreffenden Körper oder in einer Behandlung derselben mit festen oder gasförmigen Körpern in der Hitze.

Die Arten des Brennens, welche nur physikalische Änderungen bezwecken, sind:

Das Brennen von Erzen zum Zwecke der mechanischen Auflockerung derselben (z. B. von Roteisenstein), das Schweißen des Eisens, das Anwärmen von Metallen zum Zwecke der besseren Bearbeitung derselben, das Glühen von Rohkupfer zum Zwecke der Zerkleinerung desselben, das Trocknen von Erzen und Hüttenerzeugnissen in höherer Temperatur (in Flammöfen).

Eine besondere Art des Brennens, welche eine chemische Veränderung des metallhaltigen Körpers nicht beabsichtigt, wohl aber die Entfernung eines Gemengteiles desselben bezweckt, ist das Ausbrennen von Bitumen aus Kupferschiefer.

Die chemischen Änderungen, welche das Brennen bezweckt, sind:

Die Oxydation von Metallen bezw. von gewissen Bestandteilen der Verbindungen derselben, die **Reduktion** gewisser Metalloxyde (von Eisen, Nickel) zu Metallen oder zu niedrigeren Oxydationsstufen; die **Chlorierung** gewisser Metalle (d. i. Verwandlung derselben in Chlormetalle), die **Kohlung** gewisser Metalle und die **Zerlegung von Hydroxyden und Salzen der Metalle.**

Das Brennen mit oxydierender Wirkung bezweckt die Überführung von Schwefel-, Arsen-, Antimon-, Selen- und Tellurmetallen in den Zustand von Metallen bezw. Oxyden und Sauerstoffsalzen, die Oxydation gewisser Metalle (Kupfer in Kupfer-Gold-Silberlegierungen), die höhere Oxydation gewisser Metalloxyde (Spateisenstein in Eisenoxyduloxyd), die Entfernung gewisser Mengen von Kohlenstoff aus Kohleneisen (Tempern, d. i.: Die Verwandlung von weißem Roheisen in schmiedbares Eisen durch Glühen desselben mit Sauerstoff abgebenden Körpern wie Eisenoxyd).

Das Brennen mit reduzierender Wirkung bezweckt die Reduktion der Oxyde von Eisen und Nickel zu Metallen.

Das Brennen mit chlorierender Wirkung bezweckt die Überführung gewisser in Legierungen, Schwefel-, Arsen- und Antimonverbindungen sowie in Sauerstoffsalzen enthaltener Metalle (Kupfer, Silber, Gold) in den Verbindungszustand der Chlormetalle.

Das Brennen mit kohlender Wirkung bezweckt die Überführung von Eisen in Kohlenstoffeisen und von niedrig gekohltem Eisen in höher gekohltes Eisen.

Die Zerlegung von Hydroxyden bezweckt die Entfernung des Wassers aus denselben.

Die Zerlegung von Salzen bezweckt das Austreiben von flüchtigen Säuren aus Metallsalzen (Karbonaten, Sulfaten, Arseniaten; bei den Sulfaten manchmal, bei den Arseniaten immer unter Anwendung von Kohle).

Für gewisse der gedachten Arten des Brennens bestehen besondere Benennungen, nämlich: **Kalzinieren, Braten, Tempern, Zementieren, Rösten.**

Unter **Kalzinieren** versteht man gewöhnlich das Austreiben von Wasser bezw. Kohlensäure aus Galmei und kalkigen Eisenerzen. Manche Hüttenleute verstehen auch unter Kalzinieren das Brennen überhaupt.

Unter **Braten** versteht man die Vorbereitung von grauem Roheisen für das Frischen (d. i. Herstellung von schmiedbarem Eisen) durch Glühen desselben bei Luftzutritt. (Hierdurch wird ein Teil des Kohlenstoffs und Siliziums im Eisen oxydiert und der Graphit in amorphen Kohlenstoff übergeführt.)

Unter **Tempern** versteht man die Herstellung von schmiedbarem Eisen aus weißem Roheisen durch Erhitzen desselben mit Sauerstoff abgebenden Körpern (Eisenoxyd, Mangansuperoxyd), welche einen Teil des Kohlenstoffgehaltes des Eisens oxydieren.

Unter **Zementieren** versteht man zwei verschiedene Arten des Brennens.

Die eine Art des Zementierens bezweckt die Umwandlung von weichem, schmiedbarem Eisen in kohlenstoffreichen Stahl (Zementstahl) durch Glühen des ersteren in Holzkohlenpulver oder in kohlenwasserstoffhaltigen Gasen.

Die zweite Art des Zementierens bezweckt die oberflächliche Verwandlung des in Gold-Silberlegierungen enthaltenen Silbers in Chlorsilber, um diesen Legierungen das Aussehen goldreicher Legierungen zu verleihen. Sie besteht im Glühen von Blechen der betreffenden Legierungen in einem pulverförmigen Gemenge von Kochsalz, Alaun, Eisenvitriol und Ziegelmehl.

Unter **Rösten** versteht man gleichfalls verschiedene Arten des Brennens.

Die eine Art des Röstens bezweckt die gänzliche oder teilweise Entfernung von Schwefel, Arsen, Antimon, Selen, Tellur aus Verbindungen dieser Körper mit Metallen unter gleichzeitiger Überführung der Metalle in den Zustand der Metalloxyde oder Sulfate mit Hilfe von Luft oder Wasserdampf unter teilweiser Mitwirkung von dampfförmiger Schwefelsäure, manchmal auch die Oxydation von Metallen in Legierungen (Kupfer in Kupfer-Silber-Goldlegierungen). Man nennt diese Art der Röstung, da hauptsächlich Oxydationsvorgänge bei derselben stattfinden: **oxydierende Röstung**.

Die zweite Art des Röstens bezweckt die Überführung gewisser in Legierungen (silberhaltigem Rohkupfer), Schwefel-, Arsen-, Antimonmetallen und in Sauerstoffsalzen enthaltener Metalle (Kupfer, Silber, Gold) in Chlormetalle mit Hilfe von Chlorverbindungen (Chlornatrium) und Luft. Man nennt diese Art der Röstung, bei welcher hauptsächlich Oxydationsvorgänge und die Bildung von Chlormetallen stattfinden: **chlorierende Röstung**.

Die dritte Art der Röstung bezweckt die Zerlegung von Hydroxyden und Metallsalzen (Karbonate, Sulfate, Arseniate, Antimoniate) durch einfaches Erhitzen derselben bei Luftzutritt oder durch Erhitzen mit Kohle. Man nennt dieselbe **„zersetzende Röstung"**. Sie wird teils selbständig (Rösten von Spateisenstein, Galmei, Cerussit), teils in Verbindung mit der oxydierenden Röstung (Zerlegung von Sulfaten, Arseniaten und Antimoniaten) ausgeführt.

Diese verschiedenen Arten des Röstens, welche weiter unten näher erörtert werden, sind von der größten Wichtigkeit für den Hüttenmann. Charakteristisch für dieselben ist ihr Zweck, metallhaltige Körper für das Schmelzen und Verdampfen oder für den nassen Weg geeignet zu machen sowie ihre Ausführung bei Zutritt der atmosphärischen Luft.

B. Das Schmelzen

bezweckt entweder eine vollständige Verflüssigung von festen Körpern oder ein Ausschmelzen gewisser Bestandteile aus denselben. Das Ausschmelzen gewisser Bestandteile aus festen Körpern nennt man **„Saigern"**.

Aus den geschmolzenen metallhaltigen Körpern werden in manchen Fällen im Verlaufe des Schmelzverfahrens absichtlich gewisse **feste Körper ausgeschieden,** so daß das betreffende Verfahren sowohl feste bezw. teigartige als auch flüssige Erzeugnisse liefert. Das ist der Fall bei der Zerlegung gewisser Legierungen, sei es durch Abkühlung der geschmolzenen Massen (Pattinsonprozeß), sei es durch Zusammenschmelzen derselben mit gewissen Metallen (Zinkentsilberung), sei es durch Einführung von Oxydationsmitteln (Wasserdampf) in die hocherhitzten geschmolzenen Massen (Entzinkung von entsilbertem Blei), sowie bei der Herstellung von Schweißeisen aus Roheisen durch das sogen. Puddeln oder Frischen.

Wenn sich die festen Körper aus geschmolzenen Legierungen in Kristallen abscheiden, wie es bei der Zerlegung von silberhaltigem Blei durch langsame Abkühlung desselben (Pattinsonprozeß) und bei der Herstellung von Schweißeisen durch den Puddelprozeß der Fall ist, so nennt man ein derartiges Verfahren **„Kristallisationsverfahren"**.

Das Schmelzen bezweckt, wie das Brennen, entweder nur die physikalische oder gleichzeitig auch die chemische Änderung von metallhaltigen Körpern.

Diejenigen **Schmelzarten, welche nur physikalische Veränderungen** der **metallhaltigen Körper herbeiführen**, sind: das Umschmelzen von Metallen, Legierungen und Schwefelmetallen (Roheisen für die Gießerei und die Flußeisengewinnung, Legierungen zu Gießereizwecken und zur Formgebung für die Elektrolyse, Schwefelmetalle für das Kupfer-Bessemerverfahren), das Schmelzen von metallhaltigen Gesteinen, aus welchen sich die Metalle bezw. Metallverbindungen nach ihren spezifischen Gewichten ausscheiden sollen (Kupferschieferschmelzen), das Ausschmelzen (Saigern) von Wismut und Schwefelantimon aus Gangarten, von Blei aus sogen. Abstrich, einem Gemenge von Blei und antimonsaurem Blei.

Die **Schmelzarten, welche gleichzeitig auch chemische Veränderungen von Metallen und Metallverbindungen** (hierunter sind auch die Legierungen verstanden) **herbeiführen,** bezwecken hauptsächlich:

a) die Oxydation von Metallen und von mit denselben verbundenen Elementen,

b) die Reduktion von Metalloxyden zu Metallen oder zu niedrigeren Oxydationsstufen; von Sulfaten, Arseniaten und Antimoniaten zu Schwefel-, bezw. Arsen- und Antimonmetallen,

c) die Ausscheidung von Metallen aus Sulfaten, Oxyden und Schwefelmetallen durch gegenseitige Zerlegung der Schwefelmetalle einerseits mit den Oxyden, bezw. Sulfaten andererseits (Reaktionsschmelzen),

d) das Entschwefeln von Schwefelmetallen durch Metalle (Niederschlagsschmelzen),

e) das Schwefeln von Metallen durch Schwefel bezw. Schwefelmetalle,

f) das Arsenizieren von Metallen,

g) das Chlorieren von Metallen,

h) die Kohlung von Metallen,

i) das Auflösen von Metallen in anderen Metallen oder in Schwefelmetallen,

k) die Überführung gewisser von den Metallen bezw. Metallverbindungen abzuscheidender Körper in Silikate bezw. das Auflösen solcher Körper in Silikaten,

l) die Zerlegung von Legierungen,

m) die Zerlegung von Salzen.

a) Oxydierendes Schmelzen.

Die Schmelzart, deren Hauptzweck die Oxydation von Metallen bezw. von anderen mit den Metallen verbundenen Elementen (S, P, C, Si, As, Sb) ist, nennt man **oxydierendes Schmelzen.**

Die Hauptarten des oxydierenden Schmelzens sind: das Frischen des Eisens, das Treiben und das oxydierende Raffinieren.

Das **Frischen** des Eisens bezweckt die Gewinnung von schmiedbarem Eisen aus Roheisen durch Oxydation eines Teiles des Kohlenstoffgehaltes desselben sowie der fremden Beimengungen (Si, P, S etc.). Als Oxydationsmittel dienen der Sauerstoff der Luft, die Oxyde des Eisens und sogen. gare (Eisenoxyduloxyd enthaltende) Eisenfrischschlacke. Besondere Arten des Frischens sind das Herdfrischen, das Puddeln, das Bessemerverfahren, das Thomasverfahren, das Siemens-Martinverfahren.

Das **Treiben** oder Abtreiben bezweckt die Scheidung der Bestandteile von Legierungen durch Oxydation der leichter oxydierbaren Metalle zu Oxyden und die Entfernung der letzteren in geschmolzenem Zustande. Als Oxydationsmittel dient die Luft. Man treibt auf diese Weise das Blei von Gold und Silber sowie von Wismut ab.

Das **oxydierende Raffinieren** bezweckt die Entfernung fremder Elemente aus Rohmetallen durch Oxydation der ersteren. Man oxydiert die fremden Elemente im Silber mit Hilfe von Luft, Salpeter, Silbersulfat (Pb, Bi), im Blei mit Hilfe von Luft (As, Sb, Zn), Wasserdampf (Zn), Bleioxyd (Zn), im Kupfer mit Hilfe von Luft (Zn, S, As, Sb, Fe), Kupferoxydul (S), im Rohnickel mit Hilfe von Luft (Fe, C).

Das oxydierende Raffinieren ist in manchen Fällen mit anderen Arten des Raffinierens verbunden, so beim Kupfer mit einem reduzierenden Raffinieren (zur Reduktion des Kupferoxyduls), beim Blei mit einem saigernden Raffinieren (zur Entfernung des Kupfers).

b) Reduzierendes Schmelzen.

Die Schmelzart, deren Zweck die Reduktion von Oxyden und Salzen ist, nennt man **reduzierendes Schmelzen**. Als Reduktionsmittel dienen Kohle oder kohlenstoffhaltige Körper, Phosphor und Phosphormetalle sowie Schwefelmetalle.

Diese Schmelzart muß man anwenden, wenn die Reduktionstemperatur für Metalle über der Schmelztemperatur und unter der Verdampfungstemperatur derselben liegt (Pb, Sn, Sb). Aber auch in Fällen, wo die Reduktion der Metalle aus ihren Oxyden schon unter dem Schmelzpunkte der Metalle statt findet (Fe, Cu, Ni), läßt man der Reduktion ein Schmelzen folgen, um die fremden Körper zu verschlacken und Metalle und Schlacken in flüssigem Zustande von einander zu trennen.

Die Reduktion von Sulfaten zu Schwefelmetallen wird gewöhnlich nicht beabsichtigt, tritt aber bei der Gewinnung von Blei aus einem Gemenge von Bleioxyd und Bleisulfat mit Hilfe von Kohle ein. Die Reduktion von Arseniaten und Antimoniaten zu Arsen- bezw. Antimonmetallen kommt bei der Gewinnung von Nickel, Kobalt, Kupfer und Silber aus Arsen und Antimon enthaltenden Körpern, sowie bei der Gewinnung von Blei aus antimonsaurem Blei (Abstrich) vor.

c) Reaktionsschmelzen.

Die Schmelzart, welche die Abscheidung von Metallen aus Oxyden, Sulfaten und Schwefelmetallen durch gegenseitige Zerlegung der beiden ersteren mit den letzteren bezweckt, nennt man **Reaktionsschmelzen**. Sie findet Anwendung bei der Blei-, Kupfer- und Silbergewinnung durch Einwirkenlassen von Bleisulfat und Bleioxyd auf Schwefelblei bezw. von Kupferoxydul und Kupferoxyd auf Schwefelkupfer, von Bleioxyd auf Schwefelsilber.

d) Niederschlagendes Schmelzen.

Die Schmelzart, welche die Ausscheidung von Metallen aus Schwefelverbindungen derselben durch anderweite Metalle bezweckt, nennt man **niederschlagendes oder präzipitierendes Schmelzen**. Sie findet Anwendung zur Abscheidung von Blei aus Schwefelblei durch Eisen, von Silber aus Schwefelsilber durch Blei, von Antimon aus Schwefelantimon durch Eisen.

e) Schwefelndes Schmelzen.

Die Schmelzart, welche die Abscheidung gewisser Metalle aus Metallverbindungen durch Überführung der ersteren in Schwefelmetalle bezweckt, nennt man **schwefelndes Schmelzen**. Gewöhnlich bedient man sich der Schwefelmetalle als Schwefelungsmittel, nur ausnahmsweise (wegen seiner leichten Verdampfbarkeit) des Schwefels.

Das schwefelnde Schmelzen findet Anwendung zur Entfernung von Kupfer aus Gold-Silberlegierungen (Rößlers Verfahren) durch Schmelzen derselben mit Schwefelkupfer bezw. Schwefel. Früher benutzte man es auch zur Entfernung eines Teiles Silber aus Gold-Silberlegierungen (Pfannenschmieds Verfahren), indem man durch Schmelzen der Legierung mit Schwefel Schwefelsilber bildete, welches zum Teil wieder durch Aufstreuen von Bleiglätte zerlegt wurde. Die Hauptanwendung des Verfahrens ist die zur Überführung des Kupfers aus Erzen und Hüttenerzeugnissen in eine Schwefelverbindung, den Stein oder Lech.

Eine besondere hierhin gehörige Schmelzart, welche außer der Schwefelung noch die Bildung eines Antimonmetalles bezweckt, ist die früher häufig angewendete Scheidung von Silber und Gold durch „Guß und Fluß". Dieselbe besteht im Zusammenschmelzen von Gold-Silberlegierungen mit Schwefelantimon. Das Silber wird hierbei als Schwefelsilber ausgeschieden, während das Gold in Antimongold verwandelt wird, aus welchem letzteren das Antimon durch starke Hitze verflüchtigt wird.

f) Arsenizierendes Schmelzen.

Die Schmelzart, welche die Abscheidung gewisser Metalle aus ihren Verbindungen in dem Zustande von Arsenmetallen bezweckt, nennt man **arsenizierendes Schmelzen**. Als Arsenizierungsmittel wendet man Arseneisen oder Arsenschwefeleisen (Arsenikkies) an. Man scheidet mit Hilfe dieser Körper Nickel und Kobalt aus verschiedenen Verbindungen derselben, besonders aus Silikaten ab. Nickel und Kobalt werden hierbei als Speisen erhalten, während das Eisen in ein Silikat verwandelt wird.

g) Chlorierendes Schmelzen.

Die Schmelzart, welche das Chlorieren von Metallen bezweckt, das sog. **chlorierende Schmelzen,** wendet man zur Scheidung von Gold und Silber aus Legierungen dieser Metalle an (Millers Verfahren), indem man in die geschmolzene Legierung Chlorgas einleitet, wodurch das Silber in Chlorsilber verwandelt wird und sich an der Oberfläche der Legierung unter einer Boraxdecke ausscheidet.

Auch verwandelt man wohl Zink in Legierungen (Zinkblei) durch Schmelzen derselben mit Chlorverbindungen der Alkalimetalle in Chlorzink.

h) Kohlendes Schmelzen.

Die Schmelzart, welche die Bildung von Kohlenstoffmetallen bezweckt, nennt man das **kohlende Schmelzen.** Als Kohlungsmittel dienen Kohlenstoff und Kohleneisen. Diese Schmelzart findet Anwendung zur Herstellung des Tiegelflußeisens (Zusammenschmelzen von Schmiedeeisen und Roheisen), zur Gewinnung von Bessemer- und Thomaseisen (Zusatz von hochgekohltem Eisen zu entkohltem Eisen oder Durchfiltrieren des entkohlten Eisens durch Kohle), zur Herstellung von Flammofenflußeisen (Zusammenschmelzen von schmiedbarem Eisen und Roheisen), zur Herstellung von Roheisen (welches im geschmolzenen Zustande durch festen Kohlenstoff eine höhere Kohlung erfährt), zur Gewinnung von gekohltem Nickel aus Garnierit, einem Nickel-Magnesium-Silikat. Bei der Herstellung von Roheisen und Nickel erfolgt die Kohlung zum Teil durch ein dem Schmelzen vorhergehendes Brennen.

i) Metallauflösungsschmelzen.

Die Schmelzart, welche die Auflösung von Metallen in anderen Metallen oder in Schwefelmetallen bezweckt, nennt man **Metallauflösungsschmelzen.** Von den Metallen dient besonders das Blei als Auflösungsmittel für Gold und Silber. Man nennt die Gewinnung von Gold und Silber mit Hilfe von Blei „Verbleiung". Gewöhnlich ist die Verbleiung mit einem niederschlagenden, reduzierenden oder Reaktionsschmelzen, durch welche Schmelzarten das Blei aus seinen Verbindungen ausgeschieden wird, vereinigt. In anderen Fällen werden die Silber und Gold enthaltenden Körper in ein Bleibad eingerührt oder eingetaucht (Eintränken).

Von Schwefelmetallen dient als Auflösungsmittel für Silber und Gold hauptsächlich Schwefeleisen. (Schwefelkies, Magnetkies, Stein.) Das Silber wird von demselben als Schwefelsilber, das Gold als Metall aufgenommen.

k) Verschlackendes Schmelzen.

Die Schmelzart, welche die Überführung gewisser von den Metallen bezw. Metallverbindungen abzuscheidender Körper in Silikate bezw. das Auflösen solcher Körper in Silikaten bezweckt, nennt man **verschlackendes Schmelzen.** Diese Schmelzart ist mit wenigen Ausnahmefällen (Herstellung der Smalte) mit anderen Schmelzarten verbunden.

Die zu verschlackenden Körper sind Basen, Säuren, Salze und manchmal auch Schwefelmetalle.

Die Basen sind gewöhnlich alkalische Erden, eigentliche Erden und Oxyde der schweren Metalle. Die Säure ist gewöhnlich Kieselsäure, seltener Phosphorsäure; die Salze sind hauptsächlich Silikate, Sulfate und Phosphate. Als Verschlackungsmittel benutzt man natürliche und künstliche Silikate (Schlacken), Basen, Kieselsäure, Flußspat und in seltenen Fällen Borax.

Die Kenntnis der Zusammensetzung, der Schmelzbarkeit und der Bildungsbedingungen der Schlacken, welche letzteren weiter unten des näheren besprochen werden, ist für den Hüttenmann von der größten Wichtigkeit.

l) Die Zerlegung von Legierungen.

Für die Zerlegung von Legierungen bestehen verschiedene Schmelzarten. Dieselbe geschieht entweder durch das schon besprochene oxydierende, chlorierende oder schwefelnde Schmelzen, oder durch Saigern, Kristallisieren oder Zusammenschmelzen der Legierungen mit anderen Metallen.

Durch Saigern zerlegt man Kupfer-Silber-Bleilegierungen, welche man durch Zusammenschmelzen von silberhaltigem Kupfer mit Blei hergestellt hat. Es fließt nämlich beim Erhitzen dieser Legierungen bis zu einer bestimmten Temperatur eine flüssige Blei-Silberlegierung aus denselben aus, während das Kupfer mit geringen Mengen von Blei und Silber legiert zurückbleibt.

Durch Kristallisieren (Pattinsonprozeß) zerlegt man silberhaltiges Blei in einen silberreichen und einen silberarmen Teil. Der silberarme Teil scheidet sich beim langsamen Erkalten der Legierung in Kristallen aus, während der silberreiche Teil flüssig bleibt.

Durch Zusammenschmelzen mit anderen Metallen zerlegt man Blei-Silberlegierungen mit Hilfe von Zink. Man erhält beim Zusammenschmelzen derartiger Legierungen mit Zink silberfreies Blei und eine Blei-Zink-Silberlegierung, welche sich beim Erkalten des Metallbades als Kruste an der Oberfläche desselben ausscheidet.

m) Die Zerlegung von Salzen.

Auch für die Zerlegung von Salzen bestehen verschiedene Schmelzarten. Dieselbe geschieht, soweit sie nicht durch reduzierendes Schmelzen, Reaktionsschmelzen, schwefelndes Schmelzen oder arsenizierendes Schmelzen bewirkt wird, durch Zusammenschmelzen der Salze mit Säuren oder Basen, welche stärker als die in den Salzen enthaltenen Säuren bezw. Basen sind.

So zerlegt man Bleisulfat durch Kieselsäure, um dasselbe in Bleisilikat zu verwandeln; man zerlegt Bleisilikate durch Eisenoxydul, um die Kieselsäure an das Eisen zu binden; man scheidet aus Eisensilikaten durch Zusammenschmelzen derselben mit Kalk und Kohle einen großen Teil des Eisens aus.

C. Das Verdampfen.

Das Verdampfen bezweckt die Trennung flüchtiger Metalle oder Metallverbindungen von nicht flüchtigen Körpern durch Verdampfung der ersteren. Man unterscheidet je nach dem Aggregatzustande, in welchem die flüchtigen Körper niedergeschlagen werden, zwei Arten des Verdampfens, das Sublimieren und das Destillieren.

Sublimieren nennt man diejenige Art des Verdampfens, bei welcher die verflüchtigten Körper im festen Aggregatzustande niedergeschlagen werden, **Destillieren** diejenige Art, bei welcher die verflüchtigten Körper vor dem Erstarren im flüssigen Aggregatzustande niedergeschlagen werden. So schlagen sich Arsen, Arsenige Säure, Schwefelarsen und Zinnober im festen Zustande nieder, werden also durch Sublimation gewonnen, während Quecksilber, Zink und Cadmium im flüssigen Zustande aufgefangen, also durch Destillation gewonnen werden.

Bei beiden Arten der Verdampfung bleibt stets ein fester oder flüssiger Rückstand. Sie sind daher immer mit einem Brennen oder Schmelzen gewisser Körper verbunden. ·

Die Verdampfung bezweckt entweder eine unmittelbare Verflüchtigung von bereits im freien Zustande vorhandenen flüchtigen Körpern aus mit denselben gemengten Körpern oder zuerst eine vorgängige Zerlegung metallhaltiger Körper und dann eine Verflüchtigung der durch die Zerlegung frei gewordenen flüchtigen Körper. Die erste Art der Verdampfung, welche ohne chemische Reaktion verläuft, nennt man einfache Verdampfung, die andere Art zusammengesetzte Verdampfung.

a) Das einfache Verdampfen.

Durch einfache Verdampfung sublimiert man Arsen und Schwefelarsen aus Mineralgemengen, destilliert man Quecksilber aus Körpern, welche dieses Metall mechanisch eingemengt enthalten.

b) Die zusammengesetzte Verdampfung.

Bei dieser Art der Verdampfung erfolgt die der Verflüchtigung vorhergehende Zerlegung entweder durch Hitze allein oder durch Erhitzen der metallhaltigen Körper mit anderen Körpern.

α) **Die zusammengesetzte Verdampfung durch Hitze allein** findet Anwendung zur Zerlegung von Legierungen (Abdestillieren von Quecksilber aus Amalgamen, von Zink aus Zink-Blei-Silberlegierungen), zum Abscheiden von Arsen aus Arseneisen (Arsenikalkies $Fe\,As_2$), von Schwefelarsen aus Arsenikkies ($Fe\,As_2 + Fe\,S_2$).

β) **Die zusammengesetzte Verdampfung mit vorhergehender Zersetzung durch andere Körper findet Anwendung:**

1. zur Reduktion flüchtiger Metalle aus den Oxyden oder Silikaten derselben mit Hilfe von Kohle (Gewinnung von Zink aus Zinkoxyd und Zinksilikat, von Cadmium aus Cadmiumoxyd, von Arsen aus Arseniger Säure),

2. zur Gewinnung von flüchtigen Metallen aus den Schwefelverbindungen derselben durch Oxydation des Schwefels (Gewinnung von Quecksilber aus Zinnober durch Erhitzen des letzteren bei Luftzutritt),

3. zur Gewinnung von flüchtigen Metallen aus den Schwefelverbindungen derselben durch Bindung des Schwefels an andere Metalle (Gewinnung von Quecksilber aus Zinnober mit Hilfe von Eisen),

4. zur Gewinnung von flüchtigen Metalloxyden durch Erhitzen gewisser Verbindungen der betr. Metalle bei Luftzutritt (Gewinnung von Arseniger Säure durch Erhitzen von Arsenikkies bei Luftzutritt),

5. zur Gewinnung von flüchtigen Schwefelmetallen durch Erhitzen gewisser Verbindungen der flüchtigen Metalle mit Schwefelmetallen, deren Metalle nicht flüchtig sind (Gewinnung von Schwefelarsen durch Erhitzen von Arseneisen mit Schwefelkies).

Vereinigung von Brennen, Schmelzen, Verdampfen.

Wie schon erwähnt, erfolgt die Abscheidung der Metalle bezw. Metallverbindungen auf trockenem Wege meistens durch ein vereinigtes Brennen und Schmelzen bezw. Verdampfen. So geht dem Schmelzen häufig ein Brennen voraus, wie bei der Reduktion von Metalloxyden, bei der Gewinnung von Kupfer und Blei aus Schwefelmetallen; dem Verdampfen geht gewöhnlich ein Brennen voraus, wie bei der Gewinnung von Zink und Cadmium, der Gewinnung von Quecksilber aus Zinnober, in manchen Fällen auch ein Schmelzen, wie bei dem Abdestillieren von Zink aus Blei-Zink-Silberlegierungen, dem Abdestillieren des Quecksilbers aus Amalgamen.

Ein vereinigtes Brennen, Schmelzen und Verdampfen findet wohl bei der gleichzeitigen Gewinnung mehrerer Metalle statt, z. B. bei der Gewinnung von Zink und Blei aus zinkhaltigen Bleierzen oder aus bleihaltigen Zinkerzen.

2. Verfahren auf nassem Wege.

Je nach der Natur des Lösungsmittels unterscheidet man:

    A. Verfahren des nassen Weges im engeren Sinne.

    B. Amalgamationsverfahren.

Bei den Verfahren des nassen Weges im engeren Sinne dienen als Lösungsmittel Wasser oder wässrige Lösungen von Körpern, während bei den Amalgamationsverfahren Quecksilber als Lösungsmittel dient. In einigen Fällen werden beide Verfahren vereinigt (Amalgamation und Chloration von Gold, Designolleverfahren).

Die Verfahren des nassen Weges im engeren Sinne umfassen außer der Lösung auch die Ausfällung von Metallen bezw. Metallverbindungen aus den Lösungen.

Bei den Amalgamationsverfahren dagegen geschieht die Trennung des Quecksilbers von den Metallen auf trockenem Wege (durch Destillation).

A. Verfahren des nassen Weges im engeren Sinne.

Dieselben bestehen 1. in der Überführung der Metalle oder der von denselben abzuscheidenden Körper oder von beiden in die Form von bei gewöhnlicher Temperatur flüssigen Lösungen mit Hilfe geeigneter Lösungsmittel und 2. in der Abscheidung von Metallen oder von Metallverbindungen aus diesen Lösungen durch Fällungsmittel oder durch Verflüchtigung des Lösungsmittels.

Durch die Lösungsmittel sollen entweder die sämtlichen aus einem Körper abzuscheidenden Metalle in Lösung gebracht werden, so daß gar kein Rückstand oder ein wertloser Rückstand verbleibt, oder es sollen nur gewisse Metalle gelöst werden, andere Metalle aber im Rückstande verbleiben, oder es sollen nur wertlose Bestandteile aufgelöst werden, während die zu gewinnenden Metalle im Rückstande verbleiben. Man bringt z. B. die sämtlichen Metalle ohne Rückstand in Lösung bei der Behandlung einer Kupfer-Silberlegierung mit Salpetersäure oder konzentrierter Schwefelsäure zum Zwecke der getrennten Ausfällung beider Metalle aus der Lösung (Silber durch Kupfer, Kupfer durch Eisen). Man erhält einen wertlosen Rückstand beim Auflösen von Malachit oder Kupferlasur aus Kieselschiefer oder Quarz durch Säuren, beim Auflösen von Gold aus Goldsand durch Chlor. Einen metallhaltigen Rückstand und eine metallhaltige Flüssigkeit erhält man bei der Scheidung von Gold und Silber durch konzentrierte Schwefelsäure, bei der Scheidung von Kupfer und Silber durch verdünnte Schwefelsäure, beim Auslaugen von Zinksulfat aus gerösteten Bleierzen durch Wasser, von Chlorsilber aus geröstetem Kupferstein durch Natriumthiosulfatlauge oder Kochsalzlauge, von Zinkoxyd aus einem Gemenge von Zinkoxyd, Bleioxyd und silberhaltigem Blei durch Ammoniumkarbonatlösung oder verdünnte Schwefelsäure, von Silbersulfat aus geröstetem Kupferstein durch heißes mit Schwefelsäure angesäuertes Wasser. Einen metallhaltigen Rückstand und eine wertlose Flüssigkeit erhielt man früher, als die Salzsäure noch ein lästiges Nebenprodukt bei der Herstellung der Soda nach dem Leblancverfahren bildete, durch Auflösen von Kalkspat aus kalkspathaltiger Zinkblende durch Salzsäure.

Die Metalle sind entweder schon in einem solchen Verbindungszustande in den Erzen und Hüttenerzeugnissen vorhanden, daß sie ohne weiteres mit Lösungsmitteln behandelt werden können (Vitriole mit Wasser, Malachit und Kupferlasur mit Salzsäure oder Schwefelsäure, Gold mit Chlor, Gold mit verdünnter Cyankaliumlauge), oder sie müssen erst durch besondere Verfahrungsarten, gewöhnlich auf trockenem Wege, in einen für die Lösung geeigneten Verbindungszustand übergeführt werden, z. B. Silber in Schwefel- und Arsenmetallen in Chlorsilber, Silber in Kupferstein in Silbersulfat, Kupfer in Schwefelmetallen in Sulfat oder Chlorkupfer.

Die Lösungsmittel sind Wasser für Vitriole und Kupferchlorid, Säuren für Metalle, Legierungen, Oxyde, Karbonate und Kupferchlorür, Chlor und Cyankaliumlauge für Gold, Chlormetalle für Chlorsilber und Kupferchlorür, Thiosulfate für Chlorsilber, Ammoniaksalze für Zinkoxyd und Kupferoxyd

Die am häufigsten angewendeten Fällungsmittel sind Metalle, nämlich Kupfer und Eisen für Silber, Eisen für Kupfer, Zink für Gold, ferner Holzkohle für Gold, Schwefelwasserstoff für Kupfer und Gold, Schwefelverbindungen der Metalle der Alkalien und alkalischen Erden (Schwefelnatrium, Schwefelkalzium) für Silber, Eisenchlorür für Gold, Chlorkalk für Kobalt als Sesquioxyd, Sodalösung für Nickel, Eisenvitriol für Gold. Auch wendet man, wie bei den elektrometallurgischen Prozessen dargelegt werden wird, den elektrischen Strom zur Ausfällung von Metallen aus Lösungen derselben an. (Ausfällen von Gold aus Kaliumgoldcyanürlösungen.)

Das Ausfällen der Metalle aus ihren Lösungen durch andere Metalle ist, wie später dargelegt werden wird, ein elektrolytischer Prozeß, bei welchem das Metall von höherem Lösungsdruck das Metall von niedrigerem Lösungsdruck ausfällt und an dessen Stelle in Lösung geht. Es besteht für die Ausfällung der Metalle durch andere Metalle eine bestimmte Reihenfolge, welche indes in vielen Fällen Änderungen erleidet. Diese Reihenfolge läßt sich nach der abnehmenden Zersetzungsspannung der Salze der betreffenden Metalle, welche sich aus den Wärmetönungen der betreffenden Verbindungen ergibt, aufstellen. Hierbei ist indes zu berücksichtigen, daß die Verbindungsform, in welcher sich das gelöste Metall befindet, die Reihenfolge verändern kann, da komplexe Salze eine höhere Zersetzungsspannung besitzen, als neutrale Salze, daß ferner eine Reihe von Elementen gleichzeitig Säuren und Basen bilden, welche verschiedene Wärmetönungen besitzen, so daß sich dieselben nicht ohne weiteres in die

Reihenfolge einfügen lassen. Zu den Elementen, welche Säuren und Basen bilden, gehören Chrom, Molybdän, Uran, Wolfram, Arsen, Antimon, Wismut, Vanadin, Tantal, Titan, Zinn, Eisen, Mangan und Blei.

Die Reihenfolge nun, in welcher das vorhergehende Metall von dem folgenden Metalle ausgefällt wird, ist die nachstehende:

„Gold, Platin, Palladium, Silber, Quecksilber, Kupfer, Blei, Zinn, Nickel, Kobalt, Eisen, Cadmium, Zink, Mangan, Aluminium, Magnesium."

Diese Reihenfolge zeigt z. B. Abweichungen darin, daß Eisen nicht durch Zink gefällt wird, daß Quecksilber aus salpetersaurer Lösung durch Silber niedergeschlagen wird, während doch nach der Stellung dieser Metalle in der gedachten Reihenfolge der umgekehrte Fall eintreten müßte. Sind mehrere Metalle in einer Lösung vorhanden, so wird zuerst dasjenige Metall ausgefällt, welches in der gedachten Reihenfolge am weitesten von dem ausfällenden Metalle entfernt steht. Auf die gedachte Weise gewinnt man Kupfer und Silber aus den Lösungen ihrer Sauerstoffsalze.

Eine Ausfällung durch Verflüchtigung des Lösungsmittels findet statt bei Lösungen von Zinkoxyd in Ammoniumkarbonat, indem durch Kochen der betreffenden Lösung Ammoniak und Kohlensäure verflüchtigt werden, das Zink aber als basisches Karbonat niederfällt.

Mit dem Lösen und Fällen ist gewöhnlich noch eine Trennung der festen Körper von den Flüssigkeiten durch Filtrieren, Klären, Dekantieren, ein Auswaschen und Trocknen der Rückstände, ein Abdampfen oder Eindampfen von Lösungen sowie bei flüchtigen Lösungsmitteln ein Abdestillieren und Kondensieren der Lösungsmittel verbunden.

B. Die Amalgamationsverfahren.

Diese Verfahren sind Löseverfahren, bei welchen das Quecksilber als Lösungsmittel dient. Man wendet dieselben zur Gewinnung von Gold und Silber an. Diese Metalle verbinden sich mit dem Quecksilber zu sogenannten Amalgamen, welche ihrerseits wieder in einem Überschusse von Quecksilber löslich sind.

Das Gold, welches fast nur gediegen vorkommt, kann entweder direkt oder nach Freilegung der von anderen Körpern eingehüllten Teile desselben der Amalgamation unterworfen werden. Das Silber dagegen muß, soweit es nicht im gediegenen Zustande oder als reines Schwefelmetall vorhanden ist, vor der Behandlung mit Quecksilber in den metallischen Zustand oder in Chlorsilber übergeführt werden. Die Überführung in den Zustand der Chlorverbindung geschieht entweder durch Behandlung der silberhaltigen Körper mit Kupferchlorid- oder Kupferchlorürlösung oder durch Rösten derselben mit Kochsalz. Die Überführung der Silberverbindungen in den metallischen Zustand geschieht durch Verwandlung derselben in Chlorsilber auf die gedachte Weise und durch Zerlegung des in Kochsalzlauge gelösten Chlorsilbers mit Hilfe von Eisen oder Kupfer.

Das Chlorsilber, welches direkt mit Quecksilber behandelt werden soll (Patioverfahren), wird durch das Quecksilber so zerlegt, daß unter Bildung von Quecksilberchlorür das Silber metallisch ausgeschieden wird, welches letztere dann vom Quecksilber aufgenommen wird.

Das Schwefelsilber wird bei Gegenwart von Eisen direkt vom Quecksilber zerlegt, welches letztere das ausgeschiedene Silber aufnimmt.

Mit der Amalgamation ist stets eine Trennung des Amalgams von den Rückständen, ferner ein Verwaschen der letzteren zur Gewinnung von in denselben zurückgebliebenem Amalgam und Quecksilber sowie die Entfernung des überschüssigen Quecksilbers aus dem Amalgam durch Auspressen verbunden.

Die Scheidung des Quecksilbers von Gold und Silber geschieht auf trockenem Wege durch Abdestillieren desselben.

Eine Vereinigung des nassen Weges im engeren Sinne mit dem Amalgamationsverfahren findet beim Designolle-Verfahren und bei manchen Verfahren der Goldgewinnung statt. Beim Designolle-Verfahren wendet man eine Quecksilberchloridlösung an, aus welcher man durch Eisen Quecksilber ausfällt, welches seinerseits die Amalgamation bewirkt. Bei manchen Golderzen gewinnt man zuerst einen Teil des Goldes durch Amalgamation und läßt derselben dann eine Behandlung der Rückstände mit Chlor oder mit Cyankaliumlauge folgen, um das in denselben noch enthaltene Gold in Chlorgold bezw. in Kaliumgoldcyanür überzuführen.

3. Verfahren auf elektrometallurgischem Wege.

Der Hüttenmann benutzt den elektrischen Strom sowohl zum Ausfällen von Metallen aus Lösungen als auch zum Überführen der in gewissen festen Verbindungen enthaltenen Metalle in Lösungen und zum Ausfällen derselben aus diesen Lösungen. Ferner benutzt er bei einigen Metallgewinnungsprozessen den Strom zur Erzeugung der für dieselben erforderlichen Wärme. Die Verfahren, welche auf der Anwendung des Stromes zum Ausfällen von Metallen aus Lösungen bezw. zum Lösen und Ausfällen von Metallen beruhen, nennt man elektrometallurgische Verfahren oder auch „elektrochemische Verfahren der Metallgewinnung". Für diese Verfahren gelten die Grundsätze der Elektrochemie.

Die Grundlagen für das Verständnis des elektrischen Stromes sowie die Theorie der elektrometallurgischen Verfahren sind im fünften Abschnitt (die Erzeugung der für die Metallgewinnung erforderlichen Elektrizität) dargelegt.

Die Bewegung der Elektrizität in Körpern, welche dieselbe leiten, geschieht auf zweierlei Art, nämlich durch Transport geladener Teilchen, welche ihre Lage ändern, oder ohne Verschiebung materieller Teile. Im ersteren Falle nennt man den Leiter Elektrolyten oder Leiter zweiter Klasse. Die Leitung selbst nennt man „elektrolytische Leitung". Die Leitung ohne Verschiebung materieller Teilchen bezeichnet man als „metallische Leitung" und nennt den betreffenden Leiter „Leiter erster Klasse". Die wichtigsten Elektrolyten sind die wässerigen Lösungen der Salze, Säuren und Basen.

Die Pole, durch welche der Strom in den Elektrolyten eintritt bezw. aus demselben austritt (das sind diejenigen Stellen, an welchen die elektrolytische Leitung aufhört und die metallische Leitung beginnt), nennt man Elektroden, den positiven Pol bezw. den Pol, durch welchen der positive Strom eintritt, nennt man Anode, den negativen Pol bezw. den Pol, durch welchen der negative Strom eintritt, nennt man Kathode. Die Atome bezw. Atomgruppen, welche durch den Strom aus dem Elektrolyten an den Polen ausgeschieden werden, nennt man Ionen. Die Ionen, welche an den positiven Pol wandern und an demselben ausgeschieden werden, nennt man Anionen, die Ionen, welche an den negativen Pol wandern und an demselben ausgeschieden werden, Kationen. Die Anionen der gedachten Elektrolyten sind Chlor und andere Säurereste sowie die Gruppe OH; die Kationen sind Wasserstoff, Metalle und metallähnliche Gruppen wie NH_4. Den Vorgang beim Durchgang des Stromes durch den Elektrolyten nennt man „Elektrolyse". Den Behälter, in welchem sich der Elektrolyt, die Anode und die Kathode befinden, nennt man Zelle oder Bad. Bei den elektrometallurgischen Verfahren besteht der Stromkreis aus einem oder aus einer Reihe von Bädern, aus dem Stromerzeuger und aus den Metallstangen (gewöhnlich Kupfer), welche die Bäder mit dem Stromerzeuger und mit einander verbinden. Als Stromerzeuger wendet man grundsätzlich Dynamomaschinen an. Die einzelnen Teile des Stromkreises müssen Leiter des Stromes sein, da die Elektrolyse nur in einem geschlossenen, d. i. an keiner Stelle von einem Nichtleiter unterbrochenen Stromkreise möglich ist.

Um die Wirkung des Stromes darzulegen, gießen wir eine Lösung von Kupfersulfat ($CuSO_4$) in die Zelle. Als Anode verwenden wir eine Kohlenplatte, als Kathode eine dünne Kupferplatte. Beim Schließen des Stromkreises scheidet sich an der Kathode Kupfer (Cu) aus, während Schwefeltetroxyd (SO_4) an der Anode ausgeschieden wird. Der Vorgang wird durch die nachstehende Gleichung veranschaulicht.

$$CuSO_4 = Cu + SO_4$$

Elektrolyt   Kation   Anion.

Nehmen wir nun statt der Kohlenanode eine Kupferanode, so geht das Kupfer in Lösung und wird an der Kathode ausgeschieden, während eine entsprechende Menge SO_4 an die Anode geht. Bei der Fortsetzung der Elektrolyse geht allmählich die Anode, soweit sie in die Flüssigkeit taucht, in Lösung und wird an der Kathode als Kupfer ausgeschieden.

Man unterscheidet elektrometallurgische Verfahren auf trockenem Wege und elektrometallurgische Verfahren auf nassem Wege. Bei den Verfahren auf trockenem Wege befindet sich der Elektrolyt im schmelzflüssigen Zustande, während er sich bei den Verfahren auf nassem Wege in wässriger Lösung befindet.

Die elektrometallurgischen Verfahren auf trockenem Wege.

Abgesehen von der Gewinnung von Alkali- und Erdalkalimetallen finden diese Verfahren zur Gewinnung des Aluminiums Anwendung, welches Metall gegenwärtig nur noch mit Hilfe des elektrischen Stromes gewonnen wird. Als Elektrolyten benutzt man Lösungen von Tonerde in geschmolzenen Haloidsalzen der Alkalimetalle, der Erdalkalimetalle und des Aluminiums selbst. Auch sind geschmolzene Gemische von Aluminiumfluorid oder Aluminiumoxyfluorid mit Alkalikarbonaten sowie geschmolzene Lösungen von Aluminiumsulfid in Alkalichloriden vorgeschlagen worden. Die Anoden bestehen aus Kohle, die Kathoden aus Kohle oder aus einem gekühlten Metalle. Die Elektrolyten werden durch die thermische Wirkung des Stromes in Lösung gebracht. Bei der Elektrolyse geht der Sauerstoff der Tonerde zur Anode und bildet mit dem Kohlenstoff derselben Kohlenoxydgas. Das Aluminium scheidet sich in flüssigem Zustande an der Kathode ab.

Von Swinburn ist die Gewinnung von Metallen aus im Schmelzfluß befindlichen Schwefelmetallen vorgeschlagen. Die letzteren sollen in einem Bade von geeigneten geschmolzenen Chlormetallen (Chlorblei) der Elektrolyse unterworfen werden. Hierbei sollen die Metalle in flüssigem Zustande an der Kathode ausgeschieden werden, während Schwefel dampfförmig entweicht.

Die elektrometallurgischen Verfahren auf nassem Wege.

Diese Verfahren haben in der neuesten Zeit eine ausgedehnte Anwendung erfahren. Man unterscheidet dieselben in Verfahren mit unlöslichen Anoden und in Verfahren mit löslichen Anoden. Bei den letzteren ist ein viel geringerer Aufwand an elektrischer Energie erforderlich als bei den ersteren. Sie haben daher eine weite Verbreitung erlangt.

Verfahren mit unlöslichen Anoden.

Bei diesen Verfahren wird das zu gewinnende Metall außerhalb des Stromkreises in Lösung gebracht. Als Anode dient ein in dem Elektrolyten nicht löslicher Körper, welcher von den Anionen nicht angegriffen wird. Gewöhnlich nimmt man hierzu Kohlenplatten. Als Kathode dient ein dünnes Metallblech. Dasselbe besteht meistens aus dem nämlichen

Metalle, welches man niederschlagen will. Kathode und Anode werden in einem geringen, nur wenige Centimeter betragenden Abstande von einander aufgehangen. An der Kathode scheidet sich das Metall, an der Anode das Anion aus.

Man wendet derartige Verfahren zur Gewinnung von Zinn, von Gold, von Zink an. Das Zinn wird außerhalb des Stromkreises aus zinnhaltigen Abfällen durch Behandeln derselben mit Eisenchlorid oder Zinnchlorid in Lösung gebracht und dadurch in eine Zinnchlorürlösung übergeführt. Bei der Elektrolyse dieser Lösung wird an der Kathode Zinn niedergeschlagen und zeitweise in kohärentem Zustande von derselben entfernt. Die Anionen bestehen aus Chlor, welches an der Anode mit dem an Zinn entarmten Elektrolyten Eisenchlorid bezw. Zinnchlorid bildet, also das Lösungsmittel regeneriert. Dasselbe wird von neuem zur Lösung von Zinn außerhalb des Stromkreises angewendet.

Das Gold wird durch Behandeln der Golderze mit verdünnter Cyankaliumlösung außerhalb des Stromkreises als Kaliumgoldcyanür in Lösung gebracht. Als Anoden benutzt man Eisenbleche, als Kathoden Bleibleche. Das Gold wird an der Kathode ausgeschieden, während sich an der Anode Eisencyanide bilden. Da sich das Gold nur schwierig von den Kathoden entfernen läßt, so werden dieselben mit dem anhaftenden Golde eingeschmolzen und das Blei wird vom Gold abgetrieben.

Das Zink hat man aus Erzen außerhalb des Stromkreises als Chlorzink in Lösung gebracht. Die Anoden bestehen aus Kohle, die Kathoden aus Zink- oder Eisenblech. Das Zink schlägt sich auf der Kathode als Metall nieder, während das Chlor sich an der Anode ausscheidet, daselbst aufgefangen und auf Kalk geleitet wird, um es als Chlorkalk nutzbar zu machen. Das Zink wird, sobald der Niederschlag desselben eine gewisse Stärke erreicht hat, von der Kathode entfernt. Das Verfahren hat bis jetzt noch nicht definitiv Platz greifen können.

Verfahren mit löslichen Anoden.

Bei dem Verfahren mit löslichen Anoden ist das niederzuschlagende Metall in Verbindung mit anderen Metallen in der Anode enthalten. Von diesen Metallen geht beim Schließen des Stromkreises das elektropositivere Metall der Spannungsreihe vor dem elektronegativeren in Lösung, während umgekehrt aus Lösungsgemischen zuerst das elektronegativere Metall ausgeschieden wird. Durch Anwendung einer geeigneten Stromspannung ist es daher möglich, aus der Anode ein gewisses Metall oder gewisse Metalle in Lösung zu bringen, andere Metalle aber ungelöst zu lassen. Ebenso läßt sich auf diese Weise aus der Lösung ein gewisses Metall ausscheiden, während andere Metalle in derselben verbleiben. Man macht hiervon Gebrauch zur Scheidung der Metalle von einander und zur Metallraffination. So scheidet man aus Legierungen von Kupfer und Silber, welche die

Anoden des Stromkreises bilden, mit Hilfe einer geeigneten Spannung das Kupfer an der Kathode ab, während das Silber ungelöst als sogen. Anodenschlamm auf den Boden des Bades fällt. Als Elektrolyt dient in diesem Falle eine angesäuerte Kupfersulfatlösung. Als Kathoden verwendet man Kupferbleche.

Aus Gold-Silberlegierungen scheidet man bei Anwendung einer geeigneten Spannung das Silber an der Kathode ab, während das Gold als Anodenschlamm ungelöst bleibt. Als Elektrolyt benutzt man eine verdünnte Silbernitratlösung. Als Kathoden verwendet man Silberbleche.

Aus Gold-Platinlegierungen scheidet man das Gold dadurch aus, daß man beide Körper aus der Anode in Lösung überführt und mit Hilfe einer geeigneten Spannung das Gold an der Kathode ausscheidet, das Platin aber in der Lösung beläßt. Die Kathoden sind Goldbleche, der Elektrolyt ist eine mit einem Überschusse von Salzsäure versetzte Goldchloridlösung.

Da die Verfahren mit löslichen Anoden bedeutend weniger elektrische Energie erfordern als die Verfahren mit unlöslichen Anoden, so sind die Kosten der Elektrolyse bei den ersteren bei weitem niedriger als bei den letzteren. Sie haben deshalb eine große Ausbreitung erlangt, während die Verfahren mit unlöslichen Anoden, abgesehen von der Gewinnung des Goldes, nur in wenigen Fällen mit Vorteil Anwendung finden können. Besonders wird das Raffinieren des Gold und Silber enthaltenden Rohkupfers zur Zeit grundsätzlich mit Hilfe der Elektrolyse in der gedachten Weise ausgeführt.

Der Vorteil der Verringerung der anzuwendenden elektrischen Energie läßt sich auch bei Anwendung unlöslicher Anoden in einem gewissen Maße dadurch erreichen, daß man das Anion auf den Elektrolyten einwirken läßt und dieselben dadurch auf eine höhere Oxydations- oder eine höhere Chlorierungsstufe bringt, z. B. durch Überführung von Ferrosulfat in Ferrisulfat durch ausgeschiedenen Sauerstoff, durch Überführung der Chlorüre von Kupfer, Eisen und Zinn in Chloride durch ausgeschiedenes Chlor.

II. Die für den Hüttenmann besonders wichtigen Hüttenprozesse.

Die metallhaltigen Rohstoffe sind, wie dargelegt, Legierungen, Metalloxyde, Verbindungen von Metallen mit einem oder mehreren der Elemente Schwefel, Arsen, Antimon, Verbindungen von Metallen mit Salzbildnern, mit einem oder mehreren der Elemente Silizium, Phosphor, Kohlenstoff, Metallsalze sowie Gemenge der verschiedensten Art, in welchen sich regulinische Metalle, Metallverbindungen, Mineralien und Gebirgsarten befinden können.

Für die Abscheidung der Metalle aus diesen Verbindungen besteht eine große Zahl von Verfahrungsarten, welche, ebenso wie die Zahl der chemischen Trennungsverfahren im Laboratorium, von Jahr zu Jahr vermehrt wird. In vielen Fällen kann ein und dasselbe Metall aus der nämlichen Verbindung nach verschiedenen Verfahrungsarten abgeschieden werden. Der Hüttenmann wird stets dasjenige Verfahren anwenden, welches für die gegebenen Verhältnisse die meisten wirtschaftlichen Vorteile bietet.

Eine Darlegung der sämtlichen bis jetzt bekannten Verfahren der Abscheidung der Metalle aus den gedachten Verbindungen ist hier nicht am Platze. Es ist das Aufgabe der Metallhüttenkunde bezw. der Eisenhüttenkunde. Es kann sich hier nur darum handeln, die für den Hüttenmann besonders wichtigen Hüttenprozesse des näheren zu betrachten. Es sind dies:

1. Die oxydierende Röstung der Schwefel-, Arsen- und Antimonverbindungen der Metalle.
2. Die chlorierende Röstung der Schwefel-, Arsen- und Antimonverbindungen der Metalle.
3. Die Reduktion der Metalloxyde.
4. Die Abscheidung der Metalle aus Schwefelmetallen.
5. Die Verschlackung der wertlosen Körper bei Schmelzprozessen.

1. Die oxydierende Röstung der Schwefel-, Arsen- und Antimonverbindungen der Metalle.

Die oxydierende Röstung der Schwefel-, Arsen- und Antimonverbindungen der Metalle bezweckt, wie bereits dargelegt, die gänzliche oder teilweise Entfernung von Schwefel, Arsen, Antimon aus den gedachten Körpern unter gleichzeitiger Überführung der Metalle in den Zustand der Oxyde oder bei Schwefelmetallen auch der Sulfate. Als Oxydationsmittel wendet man grundsätzlich Luft an. Früher ist auch Wasserdampf als Oxydationsmittel benutzt worden.

Man benutzt die oxydierende Röstung als Vorbereitungsprozeß für die Abscheidung der Metalle aus Schwefel- bezw. Arsen- und Antimonverbindungen. Durch die Röstung werden dieselben in den meisten Fällen in Oxyde übergeführt, welche letzteren mit Hilfe von Kohle zu Metallen reduziert werden. In anderen Fällen werden die Schwefelmetalle nur zum Teil in Oxyde übergeführt, welche letzteren dann durch Schwefelmetalle reduziert werden. In noch anderen Fällen sollen die Schwefelmetalle durch die oxydierende Röstung in Sulfate übergeführt werden; die letzteren werden in wässrige Lösungen gebracht, aus welchen die Metalle niedergeschlagen werden. Nur wenige Schwefelmetalle werden durch die oxydierende Röstung direkt in Metalle übergeführt (Schwefelsilber, Schwefelquecksilber).

A. Die oxydierende Röstung der Schwefelmetalle.

Je nach der Art und Weise, wie die aus den Schwefelmetallen zu bildenden Metalloxyde reduziert werden sollen, verwandelt man die Schwefelmetalle durch oxydierende Röstung entweder ganz oder teilweise in Metalloxyde. Soll die Reduktion der Oxyde durch Kohle oder Kohlenoxyd erfolgen, so verwandelt man die Schwefelmetalle vollständig in Metalloxyde. Soll die Reduktion der Oxyde dagegen durch Schwefelmetalle (Reaktionsschmelzen) erfolgen, so verwandelt man nur einen Teil des betreffenden Schwefelmetalles in Oxyd bezw. Sulfat und reduziert die beiden letzteren Körper durch den unzersetzt gebliebenen Teil des Schwefelmetalles bei stärkerer Hitze (Röst- und Reaktionsarbeit der Blei- und Kupfergewinnung).

Eine oxydierende Röstung, bei welcher ein Teil der Schwefelmetalle schmilzt, wird zur Anreicherung des Schwefelkupfers in kupferkieshaltigem Pyrit benutzt und ist unter dem Namen der „Kernröstung" bekannt.

Oxydierende Röstung mit Hilfe von Luft.

Röstet man Schwefelmetalle bei Luftzutritt, so entwickelt sich, sobald die Temperatur erreicht ist, bei welcher die Affinität des Sauerstoffs der Luft zum Schwefel eintritt, Schweflige Säure, während das frei gewordene Metall, falls es kein Edelmetall ist, in Oxyd verwandelt wird. Ein Teil der Schwefligen Säure verwandelt sich in Schwefelsäure, welche teils entweicht, teils die Metalle in Sulfate verwandelt.

Die Umwandlung der Schwefligen Säure in Schwefelsäure geschieht teils direkt durch den Sauerstoff der atmosphärischen Luft, teils durch die sogen. Kontaktwirkung, teils durch Sauerstoff abgebende Körper, teils durch Zerfallen der Schwefligen Säure in Schwefelsäure und Schwefel.

Die sogen. Kontaktwirkung besteht darin, daß Schweflige Säure und Sauerstoff sich zu Schwefelsäure verbinden, wenn beide mit gewissen glühenden Körpern, den sogen. Kontaktsubstanzen, in Berührung kommen. Die letzteren haben die Eigenschaft, den Sauerstoff und die Schweflige Säure an ihrer Oberfläche zu verdichten, wodurch sich infolge der größeren Annäherung der Moleküle die Anziehungskraft der beiden Körper in dem Maße steigert, daß sie sich mit einander verbinden. Als derartige bei der Röstung wirksame Kontaktsubstanzen sind zu nennen: die Oxyde von Eisen, Mangan, Kupfer, Blei, Zink, Nickel, Kobalt und gebrannter Ton.

Von Sauerstoff abgebenden Körpern, welche die Schweflige Säure in Schwefelsäure verwandeln, sind besonders Eisenoxyd und Kupferoxyd zu nennen, welche sich unter Abgabe von Sauerstoff an die Schweflige Säure in Eisenoxyduloxyd bezw. Kupferoxydul verwandeln.

Ein Zerfallen der Schwefligen Säure in Schwefelsäure und Schwefel tritt dann ein, wenn dieselbe bei mangelndem Luftzutritte mit glühenden

Metallen, Schwefelmetallen und auf einer niedrigen Oxydationsstufe stehenden Oxyden zusammenkommt.

Die meisten Sulfate nun, welche auf die gedachte Weise entstanden sind, werden bei Erhöhung der Rösttemperatur ganz oder teilweise zersetzt. Nur Bleisulfat ist in höheren Temperaturen beständig, bis zu einem bestimmten Grade auch Wismutsulfat.

Die Zersetzung der Sulfate verläuft in der Weise, daß die Schwefelsäure aus denselben ausgetrieben wird und Metalloxyde (bezw. bei den Sulfaten der edlen Metalle die Metalle) zurückbleiben. Aus Sulfaten mit schwächeren Basen (Eisenoxyd, Kupferoxyd) entweicht die Schwefelsäure zum größeren Teile unzersetzt; aus Sulfaten mit stärkeren Basen wird sie teils unzersetzt, teils als ein Gemenge von Schwefliger Säure und Sauerstoff ausgetrieben. Die entweichende Schwefelsäure sowohl als auch der Sauerstoff der zersetzten Schwefelsäure wirken kräftig oxydierend auf noch unzersetzte Schwefelmetalle ein, die unzersetzte Schwefelsäure dadurch, daß sie sich in Sauerstoff und Schweflige Säure zerlegt.

Bei der niedrigsten Temperatur zersetzt sich das Eisensulfat, dann folgen Kupfersulfat, Silbersulfat, basisches Zinksulfat.

Bei hinreichender Dauer der Röstung, dem geeigneten Zerkleinerungsgrade der Schwefelmetalle und bei Anwendung der geeigneten Temperatur ist man daher in der Lage, die Schwefelmetalle mit Ausnahme von Schwefelblei und Schwefelwismut und der Schwefelmetalle der Edelmetalle in Oxyde überführen zu können. Andrerseits kann man durch langsame Röstung und rechtzeitige Unterbrechung derselben nur einen Teil der Schwefelmetalle in Oxyde überführen, den anderen Teil aber unzersetzt lassen.

Bei Anwendung der zu röstenden Schwefelmetalle in pulverförmigem Zustande nennt man den ersten Teil der Röstung, in welchem Oxyde und Sulfate gebildet werden, Vorröstung, den zweiten Teil derselben, in welchem die Sulfate zerstört und die letzten Teile der Schwefelmetalle noch oxydiert werden, Gutröstung oder Garröstung.

Verhalten der einzelnen Schwefelmetalle bei der Röstung.

Das Verhalten der einzelnen Schwefelmetalle bei der Röstung, dessen Kenntnis wir besonders den verdienstvollen Untersuchungen von Plattner (Plattner, Die metallurgischen Röstprozesse) verdanken, ist nachstehend dargelegt.

Röstung der Schwefelmetalle in Pulverform.

Schwefelgold, Schwefelplatin und Schwefelsilber verlieren ihren Schwefel in der Gestalt von Schwefliger Säure, während sich die betreffenden Metalle abscheiden.

(Schwefelquecksilber wird, wie schon erwähnt, nicht der Röstung, sondern der Destillation unterworfen. Beim Erhitzen an der Luft verwandelt sich der Schwefel desselben in Schweflige Säure, während das Quecksilber dampfförmig abgeschieden wird.)

Ist das Schwefelsilber mit anderen Schwefelmetallen verbunden, welche sich bei der Röstung teilweise in durch Hitze zerlegbare Sulfate verwandeln, so wird dasselbe durch die bei der Zerlegung der Sulfate ausgeschiedene Schwefelsäure in Silbersulfat verwandelt. Bei gesteigerter Hitze zerfällt das Silbersulfat in Silber, Schweflige Säure und Sauerstoff. Bei richtiger Leitung der Temperatur läßt sich der größte Teil des Silbergehaltes in Sulfat überführen (Ziervogels Verfahren).

Einfach-Schwefeleisen entwickelt zuerst unter Entstehung von Eisenoxyduloxyd Schweflige Säure. Ein Teil der letzteren wird in Schwefelsäure übergeführt, welche zuerst Ferrosulfat und dann basisches Ferrisulfat bildet. Das Eisenoxyduloxyd wird zu Eisenoxyd oxydiert. Bei gesteigerter Temperatur zerfällt das Ferrisulfat in Eisenoxyd und dampfförmige Schwefelsäure, welche letztere auf noch unzersetztes Schwefeleisen oxydierend einwirkt. Bei hinreichend lange fortgesetzter Röstung erhält man schließlich nur Eisenoxyd.

Zweifach-Schwefeleisen entläßt 1 Atom Schwefel in Dampfform. Dasselbe verbrennt bei Luftzutritt zu Schwefliger Säure. Im übrigen verläuft die Röstung in der nämlichen Weise wie beim Einfach-Schwefeleisen, so daß man schließlich auch nur Eisenoxyd erhält.

Schwefelkupfer. Bei der Röstung kommt nur das Halbschwefelkupfer in Betracht (Cu_2S), indem sich das Einfach-Schwefelkupfer (CuS) in der Hitze in Halbschwefelkupfer und Schwefel zerlegt.

Das Halbschwefelkupfer entwickelt zuerst Schweflige Säure, indem sich gleichzeitig Kupferoxydul bildet. Das letztere wird teilweise in Kupferoxyd übergeführt, während gleichzeitig ein Teil der Schwefligen Säure in Schwefelsäure verwandelt wird. Ein Teil des Kupferoxyds bildet mit einem entsprechenden Teile Schwefelsäure Kupfersulfat. Ein anderer Teil des Kupferoxyds wird durch die Schweflige Säure, welche dabei selbst in Schwefelsäure übergeht, zu Kupferoxydul reduziert. Ist das Halbschwefelkupfer vollständig zersetzt und damit auch die Entwickelung der Schwefligen Säure beendigt, so wird das noch verbliebene Kupferoxydul in Kupferoxyd verwandelt. Das Kupfersulfat wird durch Steigerung der Hitze in Kupferoxyd und Schwefelsäure bezw. Schweflige Säure und Sauerstoff zerlegt. Bei richtiger Leitung der Temperatur erhält man schließlich nur Kupferoxyd.

Schwefelblei wird in ein Gemenge von Bleioxyd und Bleisulfat verwandelt, welches letztere sich durch Steigerung der Rösthitze nicht zersetzen läßt. Röstet man nur soweit, daß noch ein gewisser Teil Schwefelblei unzersetzt bleibt, und steigert dann die Hitze erheblich, so zerlegt sich, wie schon erörtert, das unzersetzte Schwefelblei mit Bleioxyd und Bleisulfat in Blei und Schweflige Säure.

Schwefelwismut wird, wie das Schwefelblei, durch die Röstung in ein Gemenge von Oxyd und Sulfat verwandelt, welches in höheren Temperaturen schmilzt. Durch Steigerung der Hitze läßt sich die Schwefelsäure nur schwierig und unvollkommen aus dem Sulfat entfernen.

Schwefelzink wird in Zinkoxyd und Zinksulfat verwandelt. Das Zinksulfat zerlegt sich bei Rotglut in basisches Zinksulfat, Schweflige Säure und Sauerstoff. Das basische Zinksulfat zerlegt sich erst in der Weißglut in Zinkoxyd und Schwefelsäure bezw. Schweflige Säure und Sauerstoff. Durch richtige Steigerung der Temperatur läßt sich hiernach das Schwefelzink in Zinkoxyd überführen.

Schwefelnickel, Schwefelkobalt und Schwefelmangan verhalten sich bei der Röstung ähnlich wie Schwefelzink.

Schwefelantimon entwickelt unter Bildung von Antimonoxyd Schweflige Säure. Das Antimonoxyd verwandelt sich zum Teil in Antimonsäure, welche sich mit noch vorhandenem Antimonoxyd zu antimonsaurem Antimonoxyd verbindet. Als Ergebnis der Röstung erhält man hauptsächlich antimonsaures Antimonoxyd.

(Schwefelarsen wird nicht der Röstung, sondern der Sublimation unterworfen und verwandelt sich beim Erhitzen unter Luftzutritt in Schweflige Säure und Arsenige Säure.)

Verhalten zusammengesetzter Schwefelmetalle bei der Röstung.

Von den für den Hüttenmann wichtigen zusammengesetzten Schwefelmetallen lassen sich Kupferkies ($CuFeS_2$) und Buntkupfererz (Cu_3FeS_3) in der Rotglut in ein Gemenge von Kupferoxyd und Eisenoxyd überführen.

Ebenso läßt sich der Kupferstein, welcher aus Schwefelkupfer und Schwefeleisen besteht, durch die Röstung in ein Gemenge von Kupferoxyd und Eisenoxyd verwandeln.

Der Rohstein, eine Verbindung von Schwefeleisen mit wechselnden Mengen von Schwefelblei, Schwefelkupfer, Schwefelzink und Schwefelsilber, verwandelt sich bei der Röstung in ein Gemenge von Eisenoxyd, Bleioxyd, Kupferoxyd, Zinkoxyd, Silber, Bleisulfat, basischem Zinksulfat mit gewissen Mengen unzersetzter Schwefelmetalle.

Die Röstung pulverförmiger Schwefelmetalle ist um so vollkommener und verläuft um so rascher, je feiner die Schwefelmetalle pulverisiert sind.

Röstung der Schwefelmetalle in Stückform.

Die Röstung der Schwefelmetalle in Stückform verläuft viel langsamer und ist bei weitem unvollkommener als die Röstung pulverförmiger Schwefelmetalle.

Die Oxydation der Schwefelmetalle beginnt an der Oberfläche der Bruchstücke und schreitet von hier aus allmählich nach dem Innern derselben fort. Das Eindringen der Luft in das Innere der Stücke ist dadurch ermöglicht, daß die gerösteten Teile derselben porös und rissig werden.

Die einzelnen Stücke können um so größer sein, je höher ihr Schwefelgehalt ist. Eine Unterscheidung zwischen Vorröstung und Gutröstung fällt hier fort.

Sulfatbildung durch oxydierende Röstung.

Gewisse Schwefelmetalle lassen sich durch die oxydierende Röstung mehr oder weniger in Sulfate überführen. Die Sulfatisation läßt sich befördern durch Beimengung von Pyrit und durch Zusatz von in der Hitze leicht zersetzbaren Sulfaten bei der Röstung. Der Zusatz von Pyrit bewirkt die Bildung von leicht zersetzbarem Eisensulfat und von dampfförmiger Schwefelsäure. Die leicht zersetzbaren Sulfate entbinden bei der Zersetzung dampfförmige Schwefelsäure. Die letztere wirkt dadurch, daß sie sich in der Rösthitze in Schweflige Säure und Sauerstoff zerlegt, vermöge des letzteren kräftig oxydierend auf die Schwefelmetalle ein bezw. auf die Überführung derselben in Sulfate hin. So ist es möglich, durch eine langsame oxydierende Röstung von gepulverten schwefelkieshaltigen Kupferkiesen mit geringem Kupfergehalte, welche mit Eisensulfat innig gemengt werden, den größten Teil des Kupfers in Kupfersulfat überzuführen. Bei einem größeren Kupfergehalte wird nur ein Teil des Kupfers in Sulfat übergeführt. Ähnlich wie Eisensulfat wirkt Aluminiumsulfat. Aus dem Röstgut läßt sich das Kupfersulfat mit Wasser auslaugen und aus der Lauge das Kupfer durch Eisen fällen.

In ähnlicher Weise läßt sich aus mit Schwefelkies gemengtem Schwefelzink ein Teil des Zinks in Zinksulfat überführen. Man macht hiervon bei der Gewinnung von Zinkvitriol aus schwefelkieshaltiger Zinkblende Gebrauch.

Durch Verwitternlassen des Röstgutes wird die Sulfatbildung befördert. So verwandelt sich Schwefeleisen bei längerem Liegen an feuchter Luft in Ferro- und Ferrisulfat, Zinkblende in Zinksulfat, ein Gemenge von Schwefelkies und Kupferkies in ein Gemenge von Ferrosulfat, Ferrisulfat und Kupfersulfat. Durch Zusatz gewisser Mengen von Kalk zu Bleiglanz und Innehaltung bestimmter Temperaturen bei der Röstung läßt sich der größte Teil des Schwefelbleis in Bleisulfat überführen (Verfahren von Huntington und Heberlein).

In höherer Temperatur zersetzt sich von den bei der Röstung gebildeten Sulfaten zuerst das Ferrosulfat und dann das Ferrisulfat, dann folgt das Kupfersulfat, dann das Silbersulfat und dann das basische Zinksulfat. Das Bleisulfat zersetzt sich überhaupt nicht bei der Rösthitze, das Wismutsulfat wird nur sehr unvollkommen zersetzt.

Die gedachte Reihenfolge der Zersetzung bleibt auch bestehen, wenn mehrere Sulfate mit einander gemengt sind.

Beim Rösten einer Verbindung von Schwefelkupfer und wenig Schwefelsilber bildet sich zuerst Kupfersulfat; bei Steigerung der Temperatur zerlegt sich das Kupfersulfat in Kupferoxyd und Schwefelsäure bezw. Schweflige Säure und Sauerstoff. Die dampfförmige Schwefelsäure oxydiert das Schwefelsilber zu Silbersulfat, welches bei der Zerlegungstemperatur des Kupfersulfats beständig bleibt, bei zu hoher Temperatur aber in Sauerstoff, Schweflige Säure und Silber zerfällt. Man kann daher durch eine richtig gewählte oxydierende Röstung aus Schwefelkupfer-Schwefelsilberverbindungen bei einem bestimmten Verhältnisse des Schwefelsilbers zum Schwefelkupfer den größten Teil des Silbers in Silbersulfat überführen, das Schwefelkupfer aber in Oxyd verwandeln (Ziervogels Verfahren). Durch mit Schwefelsäure angesäuertes heißes Wasser läßt sich das Silbersulfat auslaugen und aus der Lösung durch Kupfer oder Eisen ausfällen.

Die Kernröstung.

Die Kernröstung ist eine oxydierende Röstung der Schwefelmetalle in Verbindung mit dem Schmelzen eines Teiles derselben. Sie bezweckt die Anreicherung gewisser Schwefelmetalle in Bruchstücken durch Bildung eines Kernes in der Mitte derselben. Dieselbe ist ausführbar bei Schwefelmetallen, welche Schwefelkupfer oder Schwefelnickel enthalten. Am besten läßt sich Kupferkies enthaltender Schwefelkies von dichtem Gefüge durch eine langsame oxydierende Röstung der Bruchstücke in einen Kern, in welchem sich das Halbschwefelkupfer angereichert hat, und in eine aus Eisenoxyd, wenig Kupferoxyd und Kupfersulfat bestehende Rinde zerlegen. Bei einer derartigen Röstung wird nämlich das Schwefeleisen sofort oxydiert, während das Schwefelkupfer infolge seiner großen Verwandtschaft zum Schwefel unzersetzt bleibt. Die Temperatur, welche durch die Oxydation des Schwefeleisens entwickelt wird, reicht hin, um das Schwefelkupfer zu schmelzen. Dasselbe dringt durch die infolge der Oxydation des Schwefeleisens entstandene poröse Rinde von Eisenoxyd in das Innere der Stücke und vereinigt sich hier mit den noch unzersetzten Schwefelmetallen. Es entsteht so unter der porösen Hülle von Eisenoxyd zuerst ein das unzersetzte Erz umgebender schmaler, dichter Ring von der Farbe des Kupferkieses. Derselbe rückt in dem Maße, wie die poröse Rinde dicker wird, konzentrisch nach dem Innern vor und zeigt an der Berührungsfläche mit der Rinde zuerst eine violette, dann eine blaue, dann eine graue und schließlich eine Bronzefarbe. Diese verschiedenen Ringe rücken allmählich nach dem Innern der Stücke vor, welches schließlich auch Bronzefarbe zeigt. Die bronzefarbigen Kerne bestehen aus Schwefelkupfer mit nur wenig Schwefeleisen. Ist alles Schwefeleisen oxydiert, so kann sich bei zu weit getriebener Röstung auch Schwefelkupfer oxydieren. Es entsteht Kupferoxydul, welches sich mit einem Teile Schwefelkupfer in Kupfer und Schweflige Säure zerlegt.

Die Oxydation des Schwefeleisens im Innern der Stücke findet zum großen Teile durch die bei der Röstung gebildete dampfförmige Schwefelsäure statt, da das Innere der Stücke mit Dämpfen von Schwefelsäure und Schwefel erfüllt ist.

Bei richtig geleiteter Röstung erzielt man Kerne, welche je nach dem Kupfergehalte der Erze 7—60 Prozent Kupfer enthalten, und Rinden, welche nur einige Prozente Kupfer in der Form des Sulfats und noch geringere Mengen von Kupferoxyd enthalten.

Aus den Rinden gewinnt man das Kupfer durch Auslaugen des Sulfats und Niederschlagen desselben durch Eisen, aus den Kernen durch Verarbeitung derselben auf trockenem Wege (oxydierendes Rösten) und darauf folgende Reduktion der Oxyde oder durch Verschmelzen derselben mit Oxyden des Kupfers. Auch Schwefelnickel soll eine Neigung zur Kernbildung zeigen.

Ersatz der oxydierenden Röstung der Schwefelmetalle durch oxydierendes Schmelzen derselben.

In gewissen Fällen läßt sich die teilweise Verwandlung der Schwefelmetalle in Metalloxyde durch oxydierende Röstung durch ein oxydierendes Schmelzen derselben ersetzen.

Dieses Verfahren wendet man zur Gewinnung des Kupfers aus Schwefelkupfer und Schwefelkupfer-Schwefeleisen (Kupferstein) an.

Schmilzt man Schwefelmetalle oder Verbindungen mehrerer Schwefelmetalle ein und leitet Druckluft durch die geschmolzenen Massen, so verläuft die Oxydation sehr schnell und heftig. Die Bildung von in der Schmelzhitze der Schwefelmetalle zersetzbaren Sulfaten tritt dann nicht ein. Soweit die gebildeten Metalloxyde sich mit den noch unzersetzten Schwefelmetallen zerlegen können, tritt die Bildung von Metallen und Schwefliger Säure ein.

Aus Verbindungen mehrerer Schwefelmetalle werden zuerst diejenigen Metalle oxydiert, welche die geringste Verwandtschaft zum Schwefel und die größte Verwandtschaft zum Sauerstoff besitzen. So wird aus einer Verbindung von Schwefeleisen und Schwefelkupfer zuerst das Eisen als Oxydul abgeschieden. Sorgt man dafür, daß das Eisen sofort nach seiner Oxydation in eine leichtflüssige Schlacke übergeführt wird, so läßt sich das Schwefelkupfer vollständig von demselben trennen. Leitet man nun in das so vom Eisen befreite Schwefelkupfer weiter gepreßte Luft ein, so wird es zum Teil in Kupferoxydul verwandelt, welches sich mit noch unzersetztem Schwefelkupfer in Kupfer und Schweflige Säure umsetzt.

Dieses Verfahren, welches in Konvertern ausgeführt wird, ist als Kupfer-Bessemerprozeß bekannt.

Man wendet das nämliche Verfahren an, um aus Schwefelkupfer-Schwefeleisen-, Schwefelnickelverbindungen (Rohstein) das Schwefeleisen zu entfernen und so eine Verbindung von Schwefelkupfer, Schwefelnickel zu erhalten (Nickelkupferstein).

Die Oxydation des Kupfers durch oxydierendes Schmelzen und die Einwirkung des Kupferoxyduls auf Schwefelkupfer läßt sich auch in Flammöfen bewirken. Der Engländer nennt diesen Prozeß „roasting".

Oxydierende Röstung mit Hilfe von Wasserdampf.

Diese Art der Röstung wird gegenwärtig nicht mehr angewendet, da sie wegen der Erzeugung des Wasserdampfes teuer ist und da der letztere nicht so gut oxydierend wirkt wie die atmosphärische Luft.

Nach den Versuchen von Regnault, Cumenge und Plattner (Plattner, Metallurg. Röstprozesse, S. 238) tritt beim Glühen der Schwefelmetalle in Wasserdampf nur eine sehr langsame Zersetzung derselben ein. Es bilden sich Metalloxyde bezw. bei Edelmetallen Metalle, sowie Schweflige Säure und Schwefelwasserstoff.

Schwefelsilber verwandelt sich hierbei in metallisches Silber, welches in moos- und drahtförmigen Gebilden erscheint.

(Schwefelquecksilber verflüchtigt sich teils unzersetzt, teils wird es in Metall verwandelt. Dieses Verfahren ist aber kein Röst-, sondern ein Verdampfungsverfahren.)

Schwefelkupfer wird in der Rotglut nur wenig verändert, während es in der Weißglut zum größten Teile in Metall verwandelt wird.

Schwefeleisen wird in der Rotglut in Eisenoxyduloxyd verwandelt.

Schwefelzink wird erst in der Weißglut in Zinkoxyd verwandelt.

Schwefelblei zersetzt sich langsam und unvollständig unter Ausscheidung eines geringen Teiles Blei.

Schwefelwismut verhält sich wie Schwefelblei. Schwefelantimon wird z. T. verflüchtigt, z. T. in Oxysulfuret verwandelt.

(Schwefelarsen wird z. T. verflüchtigt, z. T. in Arsenige Säure verwandelt. Auch dieses Verfahren ist ein Verdampfungsverfahren.)

B. Die oxydierende Röstung der Arsenverbindungen.

Beim oxydierenden Rösten zeigen die Arsenmetalle ein ähnliches Verhalten wie die Schwefelmetalle.

Das Arsen wird zu Arseniger Säure (As_2O_3) oxydiert, während das betreffende unedle Metall in Oxyd verwandelt bezw. das betr. Edelmetall als solches abgeschieden wird.

Die Arsenige Säure, welche flüchtig ist, entweicht zum Teil unverändert, zum Teil wird sie zu Arsensäure (As_2O_5) oxydiert. Diejenigen Metalle, welche in höherer Temperatur Arseniate bilden können (wie

Nickel, Kobalt, Eisen und Silber), verbinden sich mit einem Teile der Arsensäure zu diesen Salzen. Ein anderer Teil der Arsensäure wird sowohl durch die Berührung mit unveränderten Arsenmetallen als auch mit Metalloxyden, welche auf einer niedrigen Oxydationsstufe stehen, wieder zu Arseniger Säure reduziert.

Nach den Untersuchungen von Plattner (metallurgische Röstprozesse) entsteht die Arsensäure bei der oxydierenden Röstung aus der Arsenigen Säure auf die nämliche Weise, wie die Schwefelsäure aus der Schwefligen Säure, nämlich 1. direkt durch die Verbindung mit dem Sauerstoff der atmosphärischen Luft, 2. durch Kontaktwirkung, 3. durch Aufnahme von Sauerstoff aus Sauerstoff abgebenden Körpern (Kupferoxyd, Sulfate), 4. durch Zerfallen der Arsenigen Säure in Arsensäure und Arsen oder Arsensuboxyd bei der Berührung mit starren indifferenten Körpern oder bei der Berührung mit Metalloxyden, welche keinen Sauerstoff an Arsenige Säure abgeben, sich aber mit Arsensäure verbinden, wie z. B. Nickeloxydul.

Man erhält hiernach bei hinreichender Dauer der Röstung der Arsenmetalle ein Gemenge von Metalloxyden und Arseniaten.

Wirkt bei der Röstung dampfförmige Schwefelsäure, welche aus den Arsenmetallen beigemengten Schwefelmetallen oder Sulfaten entstanden ist, auf die Arsenmetalle ein, so werden dieselben in Sulfate verwandelt.

Bei der Röstung von Arseneisen erhält man wegen der geringen Neigung des Eisenoxyds zur Bildung von Arseniaten hauptsächlich Eisenoxyd mit nur wenig Eisenarseniat.

Arsennickel und Arsenkobalt (auch Rotnickelkies und Speißkobalt) werden durch die Röstung in basische Arseniate übergeführt.

Ist Silber in Arsenmetallen enthalten, so wird dasselbe zum größeren Teile in arsensaures Silber verwandelt, zum kleineren Teile als Metall ausgeschieden, wovon ein Teil verflüchtigt wird.

Arsenikkies (Schwefeleisen + Arseneisen) entwickelt vor dem Glühen Dämpfe von Schwefelarsen; in der Glühhitze wird er unter Entbindung von Schwefliger Säure und Arseniger Säure in ein Gemenge von Eisenoxyd, Eisensulfat und Eisenarseniat übergeführt.

Lichtes Rotgiltigerz ($3\,Ag_2S$, As_2S_3) verwandelt sich unter Entwickelung von Schwefliger Säure, Arseniger Säure und Arsensuboxyd in ein Gemenge von metallischem Silber und arsensaurem Silber. Bei wiederholtem Pulverisieren der Röstmasse während der Röstung wird nur arsensaures Silber gebildet.

Arsenfahlerze werden durch die Röstung in ein Gemenge von Metalloxyden, metallischem Silber (aus den Sulfaten des Silbers entstanden), Sulfaten und Arseniaten übergeführt.

Die Arseniate sind in der Hitze zum größten Teile beständig. Es ist daher nicht möglich, durch oxydierende Röstung alles Arsen aus denselben zu entfernen. Zur Beförderung der Entfernung dieses Elementes mengt man daher wohl Kohlenpulver oder kohlehaltige Körper (Sägemehl, Tannennadeln) unter die bei der Röstung gebildeten Arseniate. Arsensaures Eisen wird hierdurch ziemlich leicht in Eisenoxyd verwandelt, indem die Arsensäure durch die Kohle unter Bildung von Kohlensäure in Arsenige Säure und Arsensuboxyd verwandelt wird. Die Arseniate von Kobalt und Nickel werden zu Arsenmetallen reduziert, welche sich bei Luftzutritt in basisch arsensaure Salze verwandeln. Durch wiederholte Behandlung dieser Salze mit Kohle bei der Röstung und darauf folgende Oxydation der gebildeten Arsenmetalle läßt sich ein erheblicher Teil Arsen entfernen. Zur Entfernung des gesamten Arsengehaltes ist man indes gezwungen, der Röstung ein reduzierendes Schmelzen folgen zu lassen und dann die Röstung und das Schmelzen so oft zu wiederholen, bis man durch die letzte Röstung Oxyde erhält. Die erhaltenen Oxyde von Kobalt und Nickel werden durch Kohle reduziert.

Wasserdampf hat man nur selten als Oxydationsmittel bei der oxydierenden Röstung angewendet. Bei der Einwirkung desselben auf Schwefel-Arsen-Metalle wird das Arsen als Arsenige Säure, der Schwefel als Schwefelwasserstoff entfernt, während die Metalle zum größten Teile in Oxyde umgewandelt werden bezw. das Silber als Metall abgeschieden wird. Von diesem Verhalten hat man früher (zu Joachimsthal in Böhmen) zur Entfernung von Schwefel und Arsen aus Silbererzen Gebrauch gemacht.

Oxydierend geröstete silberhaltige Arsen- oder Arsenschwefelmetalle werden häufig mit bleihaltigen Vorschlägen geschmolzen, um das Silber in eine Blei-Silber-Legierung überzuführen. Die letztere wird zur Gewinnung des Silbers abgetrieben.

C. Die oxydierende Röstung der Antimonverbindungen.

Der Hüttenmann hat es gewöhnlich mit Schwefel-Antimonverbindungen zu tun (Fahlerz, Rotgiltigerz), da reine Antimonmetalle (Antimonsilber) nur selten in der Natur vorkommen.

Die Antimonmetalle bilden bei der oxydierenden Röstung zuerst Antimonoxyd (Sb_2O_3), welches sich zum Teil verflüchtigt, zum Teil in Antimontetroxyd (Sb_2O_4) verwandelt wird, und antimonsaure Salze. Die letzteren entstehen teils durch die Einwirkung des Sauerstoffs der Luft auf Antimonmetalle, z. T. (beim Vorhandensein von Antimon-Schwefelmetallen) durch Einwirkung von Antimonoxyd auf Sulfate. Im letzteren Falle oxydiert sich das Antimonoxyd auf Kosten des Sauerstoffs der Schwefelsäure unter Bildung von Schwefliger Säure zu Antimonsäure, welche sich mit den Metalloxyden verbindet. Die Antimoniate sind z. T. in hohen Temperaturen zerlegbar. Auch werden gewisse Antimoniate durch dampfförmige Schwefelsäure in Sulfate verwandelt.

Enthalten die Antimonverbindungen Silber, so wird dasselbe nach den Untersuchungen von Plattner (metallurgische Röstprozesse) in antimonsaures Silber verwandelt. Dasselbe wird in der Rösthitze nur unvollkommen unter Abscheidung eines Teiles von metallischem Silber zerlegt, von welchem letzteren sich ein Teil verflüchtigt; bei höheren Temperaturen wird es vollständig in Antimonoxyd und Silber zerlegt. Durch dampfförmige Schwefelsäure wird das Silberantimoniat in Silbersulfat verwandelt.

Das Verhalten der einzelnen für den Hüttenmann wichtigen Antimonverbindungen bei der oxydierenden Röstung ist nach den Untersuchungen von Plattner das nachstehende:

Dunkles Rotgiltigerz $(3\,Ag_2S,\ Sb_2S_3)$ entbindet Schweflige Säure und Antimonoxyd. Hierbei sintert das Erz zusammen und besteht nach einiger Zeit aus: metallischem Silber, antimonsaurem Silber und Silbersulfat.

Bei hoher Temperatur zersetzt sich das Silbersulfat und bei noch höherer Temperatur auch das Silberantimoniat (in Antimonoxyd und Silber), so daß man schließlich metallisches Silber erhält.

Antimonfahlerze entwickeln Schweflige Säure und Antimonoxyd und liefern schließlich ein Gemenge von Oxyden, metallischem Silber, Sulfaten und Antimoniaten.

Der Wasserdampf wirkt bei der Röstung auf Antimonmetalle in ähnlicher Weise ein, wie auf Arsenmetalle, findet aber keine Anwendung im großen.

Aus den oxydierend gerösteten silberhaltigen Antimonverbindungen wird das Silber durch Schmelzen mit bleihaltigen Vorschlägen in eine Blei-Silberlegierung übergeführt und aus derselben durch Abtreiben des Bleis gewonnen.

Die oxydierende Röstung von Schwefelantimon (Antimonglanz) kann entweder so geführt werden, daß man als Röstprodukt vorwaltend nicht flüchtiges antimonsaures Antimonoxyd erhält, oder so, daß man flüchtiges Antimonoxyd erhält, welches in besonderen Kondensationsvorrichtungen aufgefangen wird.

Die chemischen Vorgänge bei der ersteren Art der Röstung, wie sie grundsätzlich angewendet wird, sind die nachstehenden. Bei einer Temperatur, welche 350⁰ nicht viel übersteigen darf, entstehen Schweflige Säure und Antimonoxyd. Das letztere verwandelt sich z. T. in Antimonsäure, welche mit dem vorhandenen Antimonoxyd antimonsaures Antimonoxyd bildet. Sind anderweite Metalloxyde anwesend, welche geneigt sind, antimonsaure Salze zu bilden, so wird ein Teil des Antimonoxyds bei Zutritt der Luft in Antimonsäure verwandelt, welche sich mit den betreffenden Metalloxyden zu Antimoniaten verbindet. Eine Bildung von Antimonsulfat findet nicht statt. Sind dem Antimonglanz größere Mengen von fremden Schwefelmetallen beigemengt, welche bei der oxydierenden Röstung

Sulfate bilden, so findet noch vor der Sulfatbildung die Bildung von Antimoniaten der betreffenden Metalle statt. Wird der Luftzutritt bei der Röstung beschränkt, so bildet sich nicht antimonsaures Antimonoxyd, sondern flüchtiges Antimonoxyd.

Bei der sogenannten „verflüchtigenden Röstung", welche nur die Bildung von Antimonoxyd und die Verflüchtigung desselben bezweckt, muß die Luftzufuhr beschränkt und die Temperatur hoch gehalten werden.

2. Die chlorierende Röstung der Schwefel-, Arsen- und Antimonverbindungen der Metalle.

Die chlorierende Röstung der Schwefel-, Arsen- und Antimonverbindungen der Metalle hat den Zweck, die letzteren in Chlorverbindungen überzuführen und aus denselben die Metalle zu gewinnen. Sie wird angewendet bei den Schwefelverbindungen des Kupfers und des Silbers sowie bei den Schwefel-Arsen-Antimonverbindungen des Silbers. Die durch die Röstung gebildeten Chlorverbindungen des Kupfers (Kupferchlorür und Kupferchlorid) werden aus dem Röstgute ausgelaugt (Kupferchlorid durch Wasser, Kupferchlorür durch Salzsäure) und aus der Lauge wird das Kupfer durch Eisen niedergeschlagen. Das durch die Röstung gebildete Chlorsilber wird durch Thiosulfatlaugen oder durch Kochsalzlauge in Lösung gebracht, oder das Röstgut wird nach vorgängiger Ausscheidung des Silbers aus dem Chlorsilber durch Eisen, Kupfer oder Quecksilber der Amalgamation unterworfen.

A. Die chlorierende Röstung der Schwefelmetalle.

Dieselbe besteht in der Röstung der Schwefelmetalle mit Chlornatrium (bezw. Abraumsalzen).

Das Chlornatrium wird entweder mit den zu röstenden zerkleinerten Schwefelmetallen gemengt oder es wird mit denselben zusammen gemahlen.

Die chlorierende Röstung ist, wie schon früher erwähnt, stets mit einer oxydierenden Röstung verbunden. Durch die letztere werden die Schwefelmetalle in Oxyde und Sulfate verwandelt. Die Sulfate setzen sich zum Teil mit dem Chlornatrium in Chlormetalle und Natriumsulfat um, zum Teil werden sie durch die Hitze in Oxyde bezw. Metalle und dampfförmige Schwefelsäure zerlegt. Das Schwefelsäureanhydrid wirkt derartig auf das Chlornatrium ein, daß sich unter Bildung von Natriumsulfat Chlor entwickelt. Kommt Schwefelsäureanhydrid mit Wasserdampf zusammen, so entsteht Schwefelsäurehydrat, welches aus dem Chlornatrium unter Bildung von Natriumsulfat Chlorwasserstoff entbindet.

Das freie Chlor verwandelt Schwefel-Arsen- und -Antimonmetalle unter Bildung von Chlorschwefel bezw. Chlorantimon und Chlorarsen in Chlormetalle.

Die Chlorwasserstoffsäure wirkt auf Metalloxyde, Sulfate, Arseniate und Antimoniate chlorierend ein, wobei außer Chlormetallen noch Wasser und Chlorschwefel bezw. Chlorarsen, Chlorantimon und Chlor entstehen. Die Einwirkung der Chlorwasserstoffsäure auf die Verbindungen des Silbers verläuft nach den nachstehenden Gleichungen:

$$Ag_2O + 2\,HCl = 2\,AgCl + H_2O$$
$$Ag_2SO_4 + 8\,HCl = 2\,AgCl + SCl_2$$
$$+ 4\,H_2O + 4\,Cl$$
$$(Ag_3AsO_4)_2 + 16\,HCl = 6\,AgCl$$
$$+ 2\,AsCl_3 + 8\,H_2O + 4\,Cl$$
$$(AgSbO_3)_2 + 12\,HCl = 2\,AgCl$$
$$+ 2\,SbCl_3 + 6\,H_2O + 4\,Cl.$$

Flüchtige Chloride entstehen durch die Umsetzung von Sulfaten mit Chlornatrium oder durch die Einwirkung von Chlor bezw. von Chlorwasserstoff auf die gedachten Körper. Von denselben geben Eisenchlorid und Kupferchlorid an metallisches Silber, Schwefelmetalle, Arsen- und Antimonmetalle sowie an Sulfate, Arseniate und Antimoniate einen Teil Chlor ab, indem sie selbst in Chlorüre verwandelt werden. So wird beispielsweise Silber durch Eisenchlorid nach der nachstehenden Gleichung in Chlorsilber verwandelt:

$$Fe_2Cl_6 + 2\,Ag = 2\,AgCl + 2\,FeCl_2.$$

Durch die chlorierende Röstung wird Schwefelkupfer in Kupferchlorid und Kupferchlorür, Schwefelsilber in Chlorsilber übergeführt.

Die chlorierende Röstung von Silbererzen wird auf vielen Werken nicht so lange fortgesetzt, bis alles Silber in Chlorsilber übergeführt ist, sondern man zieht das Röstgut schon vor der vollständigen Chlorierung des Silbers aus dem Ofen und überläßt es, zu größeren Massen vereinigt, einer langsamen Abkühlung (12—30 Stunden lang), wodurch eine weitere Chlorierung des noch nicht chlorierten Silbers herbeigeführt wird (bis zu 40% des Silbergehaltes).

Kupferchlorid wird durch Wasser in Lösung gebracht, aus welcher das Kupfer durch Eisen als Metall ausgefällt wird.

Kupferchlorür ist in Wasser unlöslich. Man bringt dasselbe durch Salzsäure, sowie durch Chloride der Metalle der Alkalien oder der schweren Metalle in Lösung und fällt das Kupfer durch Eisen als Metall oder durch Kalkmilch als Oxydul aus, welches letztere durch Kohle oder Schwefelkupfer in Metall verwandelt werden kann.

Chlorsilber wird entweder durch Chlornatrium- oder durch Thiosulfatlaugen in Lösung gebracht. Das Silber wird aus den Lösungen durch Metalle als Silber bezw. aus den Thiosulfatlösungen durch Schwefelnatrium oder Schwefelkalzium als Schwefelmetall ausgefällt.

Will man aus dem Chlorsilber das Silber mit Hilfe der Amalgamation gewinnen, so wird dasselbe entweder direkt mit Quecksilber behandelt, wobei das Silber unter Bildung von Quecksilberchlorür abgeschieden und von einer weiteren Menge Quecksilber in Amalgam verwandelt wird, oder es wird zuerst durch Eisen, Kupfer oder Zink zersetzt, worauf das ausgeschiedene Silber durch Quecksilber in Amalgam verwandelt wird.

B. Die chlorierende Röstung von Arsen- und Antimonmetallen.

Die chlorierende Röstung von Arsen- und Antimonmetallen verläuft in ähnlicher Weise wie die chlorierende Röstung von Schwefelmetallen.

Bei der chlorierenden Röstung silberhaltiger Verbindungen der gedachten Art bilden sich Arseniate und Antimoniate des Silbers, welche, besonders wenn noch Schwefelmetalle anwesend sind, durch das Chlornatrium in Chlorsilber übergeführt werden. Auch etwa ausgeschiedenes metallisches Silber wird durch Chlornatrium in Chlorsilber verwandelt. Freies Chlor, welches durch die Einwirkung von Schwefelsäureanhydrid (aus Schwefelmetallen entstanden) auf Chlornatrium gebildet wird, verwandelt die Arsen- bezw. Antimonmetalle unter Bildung von Chlorarsen bezw. Chlorantimon in Chlormetalle. Durch die Einwirkung von Schwefelsäurehydrat auf Chlornatrium entstandene Salzsäure verwandelt die Arsen- bezw. Antimonmetalle unter Bildung von Arsenwasserstoff bezw. Antimonwasserstoff gleichfalls in Chlormetalle; ferner verwandelt sie die Arseniate und Antimoniate des Silbers unter Bildung von Chlor-Arsen, Chlor-Antimon und Chlor in Chlorsilber nach den Gleichungen:

$$(Ag_3 As O_4)_2 + 16\, H\, Cl = 6\, Ag\, Cl + 2\, As\, Cl_3 + 8\, H_2 O + 4\, Cl$$

bezw.

$$(Ag\, Sb\, O_3)_2 + 12\, H\, Cl = 2\, Ag\, Cl + 2\, Sb\, Cl_3 + 6\, H_2 O + 4\, Cl.$$

Flüchtige Chloride (Eisenchlorid und Kupferchlorid) geben an metallisches Silber, an Arsen- und Antimonsilber, an Arseniate und Antimoniate desselben einen Teil Chlor ab, indem sie selbst in Chlorüre verwandelt werden. Auch hier findet eine Nachchlorierung des Silbers (wie bei der chlorierenden Röstung der Schwefelmetalle) statt.

3. Die Reduktion der Metalloxyde.

Aus Metalloxyden lassen sich die Metalle auf trockenem, auf nassem und auf elektrometallurgischem Wege abscheiden.

Man nennt die Überführung der Metalloxyde in Metalle sowohl, als auch auf eine niedrigere Oxydationsstufe die Reduktion derselben. Die erstere Art der Reduktion nennt man vollkommene Reduktion, die letztere Art unvollkommene Reduktion.

A. Abscheidung der Metalle aus Metalloxyden auf trockenem Wege.

Diese Art der Abscheidung ist eine direkte.

Sie kann je nach der Natur des Oxydes durch bloßes Erhitzen desselben oder durch Erhitzen desselben mit reduzierenden Körpern oder, wie bei der Tonerde, durch den elektrischen Strom in hoher Temperatur bewirkt werden.

a) Reduktion von Oxyden durch einfaches Erhitzen derselben.

Durch bloßes Erhitzen werden nur aus den Oxyden der Edelmetalle und des Quecksilbers die betreffenden Metalle abgeschieden, indem dieselben bei einer bestimmten Temperatur in Metall und Sauerstoff zerfallen. Von den Oxyden der unedlen Metalle zerfallen nur die sog. Superoxyde beim Erhitzen in Sauerstoff und eine niedrigere Oxydationsstufe. Die übrigen Metalloxyde bleiben unzersetzt. Gewisse Metalloxyde schmelzen beim Erhitzen (Bleioxyd, Wismutoxyd, Kupferoxydul), andere werden verflüchtigt (Arsenige Säure, Antimonoxyd), noch andere Metalloxyde verändern ihren Aggregatzustand überhaupt nicht (Eisenoxyd, Kupferoxyd, Zinnoxyd, Zinkoxyd). Die Reduktion der Metalloxyde durch bloßes Erhitzen derselben findet im großen keine Anwendung.

b) Reduktion der Oxyde durch Erhitzen derselben mit reduzierenden Körpern.

Die wichtigsten Körper, welche in der Hitze Metalloxyde zu Metallen reduzieren, sind: Wasserstoff, die verschiedenen Kohlenwasserstoffe, Kohlenstoff, Kohlenoxyd, gewisse Metalle, Phosphor, Phosphormetalle und Schwefelmetalle. Die reduzierende Wirkung derselben beruht darauf, daß durch die Hitze ihre Verwandtschaft zum Sauerstoff der Metalloxyde derartig gesteigert wird, daß sie die Verwandtschaft der in den Oxyden enthaltenen Metalle zum Sauerstoff überwiegt. Die Reduktion der Metalloxyde ist nur bei solchen Temperaturen möglich, bei welchen die gebildeten neuen Sauerstoffverbindungen noch nicht vollständig zerfallen. Die Temperaturen, bei welchen ein derartiger Zerfall (Dissoziation) der letzteren eintritt, sind bis jetzt noch nicht mit Sicherheit ermittelt. (So soll nach Deville Wasserdampf bei 2500⁰ vollständig in seine Elemente zerfallen, während nach neueren Versuchen von Mallard und Lechatelier bei 3480⁰ noch keine nennenswerte Dissoziation desselben bemerkbar ist. Kohlensäure soll nach Versuchen der nämlichen Forscher bei 2000⁰ noch beständig sein, während bei 3200⁰ 30 % derselben zerfallen. Kohlenoxyd soll nach Versuchen von Langer und V. Meyer bei 1700⁰ nur in geringem Maße in Kohlenstoff und Kohlensäure zerfallen. Die angegebenen Temperaturen sind nicht genau, weil, wie später dargelegt werden wird, hohe Temperaturen bis jetzt weder durch Rechnung, noch durch Messung genau ermittelt werden können.)

Für manche Metalle liegt die Reduktionstemperatur unter dem Schmelzpunkte des abzuscheidenden Metalles, für andere Metalle über dem Schmelzpunkte desselben und für dritte Metalle über ihrem Siedepunkte. So werden Eisen, Nickel, Kobalt, Kupfer aus ihren Oxyden unter ihrem Schmelzpunkte, Blei und Zinn über ihrem Schmelzpunkte und Zink und Cadmium über ihrem Siedepunkte reduziert.

Man hat daher die Reduktion bald durch Brennverfahren, bald durch Schmelzverfahren, bald durch Verdampfungsverfahren zu bewirken. Die Brennverfahren verbindet man in vielen Fällen mit Schmelzverfahren, um die abgeschiedenen Metalle bequem von den sie begleitenden Beimengungen trennen zu können.

Die Menge der zur Reduktion der Metalloxyde erforderlichen Wärme hängt von der Art des chemischen Vorganges bei der Reduktion ab. Derselbe besteht außer in der Reduktion des Metalloxydes in einer Oxydation dritter Körper durch den Sauerstoff des Metalloxyds. Bei der Reduktion wird Wärme verbraucht, während bei der Oxydation Wärme entwickelt wird, und zwar ist zur Reduktion eines Metalloxyds die nämliche Wärmemenge erforderlich, welche bei der Bildung desselben durch die Oxydation des betreffenden Metalles entwickelt worden ist. Ist nun die bei der Oxydation des reduzierenden Körpers durch den Sauerstoff des Metalloxyds entwickelte Wärmemenge größer als die bei der Zerlegung (Reduktion) des betreffenden Metalloxyds verbrauchte Wärme, so wird Wärme entbunden und es tritt eine Erhöhung der Temperatur ein, im umgekehrten Falle wird Wärme verbraucht und muß, soll der chemische Vorgang nicht aufhören, von außen ersetzt werden. Die Menge der in diesem Falle zuzuführenden Wärme muß mindestens gleich der Differenz zwischen der verbrauchten und entwickelten Wärme sein.

Die einzelnen Reduktionsmittel.

Der Wasserstoff wird nicht absichtlich zum Zwecke der Reduktion erzeugt, sondern bildet sich zufällig bei manchen Abscheidungsverfahren durch Berührung von Wasserdampf mit glühenden Kohlen und Metallen, in welchen Fällen er als Reduktionsmittel zur Wirkung gelangen kann. Dieselbe besteht darin, daß er sich mit dem Sauerstoff des Metalloxydes zu Wasserdampf verbindet. Die Oxyde von Blei, Wismut, Eisen, Nickel und Kupfer werden durch ihn bei schwacher Rotglut zu Metallen reduziert, während Manganoxyd durch ihn nur auf eine niedrigere Oxydationsstufe gebracht wird. Die Temperatur des Zerfalles des Wasserdampfes in seine Elemente ist, wie erwähnt, noch nicht mit Sicherheit ermittelt.

Die verschiedenen Kohlenwasserstoffe werden nur selten absichtlich hergestellt (wie z. B. beim Polen des Kupfers durch trockene Destillation von Holz), sondern entstehen beim Erhitzen (trockene Destillation) unverkohlter Brennstoffe, welche letzteren bei verschiedenen Abscheidungsverfahren zur Anwendung kommen.

Die reduzierende Wirkung derselben beruht darauf, daß sich der Wasserstoff mit einem Teile des Sauerstoffs der Metalloxyde zu Wasser, der Kohlenstoff mit einem anderen Teile des Sauerstoffs zu Kohlensäure verbindet. Die schweren Kohlenwasserstoffe scheiden in der Hitze Kohlenstoff aus, welcher letztere auch die schwer reduzierbaren Metalloxyde zu Metallen reduziert. Die Kohlenwasserstoffe, welche in der Hitze keinen Kohlenstoff ausscheiden, reduzieren nur die leicht reduzierbaren Metalloxyde zu Metallen (zum Beispiel Kupfer, Wismut), während sie die höheren Oxyde von Eisen und Mangan nur auf eine niedrigere Oxydationsstufe bringen, die Oxyde von Zinn und Zink aber gar nicht reduzieren. Die Temperaturen des Zerfalles der gasförmigen Erzeugnisse der Reduktion sind bis jetzt noch nicht mit Sicherheit ermittelt.

Der Kohlenstoff ist neben Kohlenoxyd das vom Hüttenmann am häufigsten angewendete Reduktionsmittel. Gewöhnlich wird er in der Form von verkohlter Steinkohle oder von verkohltem Holz, seltener in der Form roher Brennstoffe angewendet.

Die Verwandtschaft des Kohlenstoffs zum Sauerstoff beginnt bei ca. 400°. Die reduzierende Wirkung desselben besteht darin, daß er sich mit dem Sauerstoff des Metalloxyds zu Kohlenoxyd verbindet, während das Metall ausgeschieden wird nach der Gleichung:

$$RO + C = R + CO.$$

Durch Kohlenstoff können auch schwer reduzierbare Metalloxyde reduziert werden, z. B. Tonerde in sehr hoher Temperatur, Manganoxydul, sogar Alkalimetalle aus ihren Karbonaten und Eisen und Zink aus Silikaten. Nach Borchers (Elektrometallurgie, S. 14) ist jedes Oxyd durch Kohlenstoff reduzierbar. Die Reduktionswärme muß bei schwer reduzierbaren Oxyden durch den elektrischen Strom erzeugt werden.

Das bei der Reduktion durch Kohlenstoff gebildete Kohlenoxyd wirkt seinerseits gleichfalls reduzierend auf Metalloxyde, indem es sich unter Aufnahme eines weiteren Atoms Sauerstoff in Kohlensäure verwandelt.

Der Zerfall des Kohlenoxyds ist in Temperaturen bis 1700° ein geringer, dagegen zerlegt es sich bei Gegenwart von Eisen in Temperaturen zwischen 300° und 400° in Kohlensäure und Kohlenstoff nach der Gleichung:

$$2\,CO = C + CO_2.$$

Da der Kohlenstoff im festen Aggregatzustande zur Anwendung kommt, so müssen die durch denselben zu reduzierenden Oxyde mit ihm gemengt werden und dürfen nicht in zu großen Stücken zur Anwendung kommen, weil sich die reduzierende Wirkung des Kohlenstoffs nicht tief in das Innere der Stücke erstreckt. Ebenso wie aus festen, scheidet der Kohlenstoff auch aus geschmolzenen Oxyden das betreffende Metall aus.

Durch den Kohlenstoff werden die Oxyde sämtlicher auf Hüttenwerken dargestellter Metalle reduziert.

Das Kohlenoxyd ist ein ebenso wichtiges Reduktionsmittel für den Hüttenmann wie der Kohlenstoff. Das Vereinigungsbestreben desselben zum Sauerstoff der Metalloxyde beginnt zwischen 200 und 300°. Die reduzierende Wirkung desselben besteht darin, daß es noch ein zweites Atom Sauerstoff aus den Metalloxyden aufnimmt und sich unter Abscheidung des Metalles in Kohlensäure verwandelt nach der Gleichung:

$$RO + CO = R + CO_2.$$

Durch Beimischung von Kohlensäure wird die reduzierende Kraft des Kohlenoxyds für manche Temperaturen aufgehoben. Auf gewisse Metalle (Eisen, Zink) wirkt ein Gemisch von Kohlensäure und Kohlenoxyd bei gewissen Temperaturen sogar oxydierend. Es kann daher ein Gemisch von Kohlensäure und Kohlenoxyd je nach dem Mengenverhältnis beider Körper, der Verwandtschaft der betr. Metalle zum Sauerstoff und der Höhe der Temperaturen bald oxydierend, bald reduzierend wirken, bald keinerlei Wirkung äußern. Der letzte Fall tritt z. B. nach Versuchen von Bell[1]) ein bei der Berührung von Eisen:

in Weißglut mit einem Gemenge von 90 Raumt. Kohlenoxyd und 10 Raumt. Kohlensäure;

in heller Rotglut mit einem Gemenge von 68 Raumt. Kohlenoxyd und 32 Raumt. Kohlensäure;

in dunkler Rotglut mit einem Gemenge von 40 Raumt. Kohlenoxyd und 60 Raumt. Kohlensäure.

Die Temperatur des vollständigen Zerfalles der Kohlensäure ist, wie erwähnt, bis jetzt noch nicht mit Sicherheit bekannt.

Durch Kohlenoxyd werden die Oxyde von Blei, Kupfer, Zinn, Nickel, Kobalt, Zink, Cadmium und Eisen zu Metallen reduziert.

Die höheren Oxyde des Mangans werden durch dasselbe nur auf eine niedrigere Oxydationsstufe gebracht. (Eisen und Blei werden aus ihren Silikaten nicht durch Kohlenoxyd abgeschieden.)

Oxyde, welche dichte geflossene oder gesinterte Massen bilden, werden durch Kohlenoxyd nur unvollkommen reduziert, weil es nicht in dieselben eindringen kann.

Dagegen reduziert es nicht geschmolzene oder gesinterte Metalloxyde in Stückform, da es als Gas in das Innere derselben eindringen kann.

Das Kohlenoxyd entsteht durch unvollkommene Verbrennung der Kohle, durch Reduktion von Kohlensäure bei der Berührung derselben

---

[1]) Über die Entwickelung und Verwendung der Wärme in Eisenhochöfen von verschiedenen Dimensionen. Übersetzt von P. Tunner.

mit glühenden Kohlen, bei der Reduktion von Metalloxyden durch Kohle und durch Zerfallen der Kohlensäure in hohen Temperaturen.

Bei der Reduktion durch Kohlenstoff ist mehr Wärme erforderlich, als bei der Reduktion durch Kohlenoxyd, weil die Vergasung des festen Kohlenstoffs eine gewisse Menge von Wärme erfordert.

Metalle. Von den Metallen, welche reduzierend auf Metalloxyde wirken, sind Aluminium, Kupfer, Eisen und Mangan zu erwähnen. Die reduzierenden Metalle werden hierbei in Metalloxyde verwandelt. Die reduzierende Wirkung des Kupfers auf Bleioxyd kommt beim Abtreiben des Bleis vom Silber zur Geltung, indem Kupfer, welches das Blei verunreinigt, durch das beim Abtreiben gebildete Bleioxyd oxydiert wird. Die reduzierende Wirkung des Mangans hat man wohl zur Reduktion des Kupferoxyduls beim Raffinieren des Kupfers benutzt, um ein blasenfreies Kupfer zu erhalten. Auch benutzt man dieses Metall zur Desoxydation von geschmolzenem schmiedbaren Eisen. Das Aluminium benutzt man zu dem gleichen Zwecke.

Phosphor und Phosphorkupfer reduzieren Kupferoxydul zu Metall. Man hat beide Körper zur Reduktion des Kupferoxyduls beim Raffinieren des Kupfers benutzt, um gleichfalls blasenfreies Kupfer zu erhalten. Der Phosphor wird hierbei in Phosphorsäure verwandelt.

Schwefelmetalle. Gewisse Schwefelmetalle zerlegen sich in der Hitze mit gewissen Metalloxyden in Metall und Schweflige Säure, nämlich Schwefelblei mit Bleioxyd, Schwefelkupfer mit Kupferoxydul und Kupferoxyd, Schwefelsilber mit Bleioxyd. (Andere Schwefelmetalle und Oxyde eines und desselben Metalles verbinden sich in der Hitze ohne Zerlegung mit einander zu Oxysulfureten, wie Schwefelantimon und Antimonoxyd.)

Von dem erstgedachten Verhalten macht der Hüttenmann Gebrauch zur Reduktion von Bleioxyd, Kupferoxyd und Kupferoxydul durch Schwefelblei bezw. Halb-Schwefelkupfer nach den Gleichungen:

$$2\,Pb\,O + Pb\,S = 3\,Pb + S\,O_2$$
$$2\,Cu_2\,O + Cu_2S = 6\,Cu + S\,O_2$$
$$2\,Cu\,O + Cu_2S = 4\,Cu + S\,O_2.$$

Ferner benutzt er die Reduzierbarkeit des Bleioxyds durch Schwefelsilber zur Silbergewinnung aus Schwefelsilber enthaltenden Körpern. Beim Erhitzen von Bleioxyd und Schwefelsilber wird das Silber als Metall abgeschieden und vom Blei aufgenommen, während sich gleichzeitig Schweflige Säure bildet.

Das Bleioxyd wird auch noch durch andere Schwefelmetalle zerlegt, wobei indes außer Metallen auch Metalloxyde gebildet werden.

Nach Versuchen von Berthier (Karstens Archiv XIX, 254) entsteht beim Zusammenschmelzen von 30 G.-T. Bleioxyd mit 1 G.-T. Schwefeleisen neben Blei und Schwefliger Säure ein Gemenge von Eisenoxyduloxyd und Bleioxyd. Ferner zerlegen sich 25 G.-T. Bleioxyd mit 1 G.-T.

Halbschwefelkupfer in metallisches Blei, Bleioxyd, Kupferoxydul und Schweflige Säure. 25 G.-T. Bleioxyd bilden mit 1 G.-T. Schwefelzink: Zinkoxyd, Bleioxyd und Schweflige Säure. Diese Reaktionen treten zum Teil beim Abtreiben des Bleis vom Silber ein.

B. Reduktion der Oxyde durch den elektrischen Strom.

Den elektrischen Strom wendet man an zur Abscheidung des Aluminiums aus der Tonerde. Die letztere wird zuerst durch die thermische Wirkung des Stroms in geschmolzenen Haloidsalzen der Alkalimetalle, der Erdalkalimetalle und des Aluminiums selbst gelöst und dann durch den Strom zersetzt, wobei sich das Aluminium an der aus Kohle oder einem gekühlten Metalle bestehenden Kathode ausscheidet, während der Sauerstoff an die aus Kohle bestehende Anode wandert und mit dem Kohlenstoff derselben Kohlenoxyd bildet.

Nun hat Borchers (Elektrometallurgie, S. 104) den Beweis erbracht, daß Tonerde durch Kohle in der hohen, durch den elektrischen Strom hervorgerufenen Temperatur zu Aluminium reduziert wird. Es kann daher zweifelhaft erscheinen, ob nicht auch bei der Elektrolyse ein Teil der Tonerde in den mit Kohle ausgefütterten Zersetzungsgefäßen durch den elektrisch hoch erhitzten Kohlenstoff reduziert wird. Eine derartige Reduktion der Tonerde durch Kohlenstoff findet beim Cowles-Verfahren statt, welches darin besteht, ein Gemenge von Tonerde und Holzkohle mit dem Oxyde des Metalles oder dem Metalle selbst, an welches das Aluminium gebunden werden soll, der Einwirkung des elektrischen Stromes zwischen Kohlenelektroden auszusetzen. Hierbei wird das Aluminium ausgeschieden und verbindet sich mit dem aus dem Oxyde reduzierten oder in regulinischem Zustande beigegebenen Metalle, gewöhnlich Kupfer, zu Aluminiumbronze.

C. Abscheidung der Metalle aus Metalloxyden auf dem vereinigten trockenen und nassen Wege.

Auf diesem Wege können die Metalle nur indirekt aus ihren Oxyden abgeschieden werden. Er findet Anwendung zur Abscheidung von Kupfer, Nickel, Wismut, Kobalt und Zink aus den betreffenden Oxyden.

Die Oxyde werden durch Säuren, Chlorverbindungen oder Ammoniaksalze in Lösung gebracht und aus denselben als Metalle, Schwefelmetalle, Hydroxyde oder Karbonate niedergeschlagen. Die Schwefelmetalle, Hydroxyde und Karbonate werden auf trockenem Wege weiter verarbeitet.

So wird Kupferoxyd aus in den Lösungsmitteln unlöslichen Körpern durch Salzsäure, Schwefelsäure oder Eisenchlorür (Eisenchlorürlösung löst Kupferoxyd unter Ausscheidung von Eisenoxyd z. T. auf, indem dasselbe teils in Kupferchlorid, teils in Kupferchlorür verwandelt wird nach der Gleichung:

$$3\,CuO + 2\,FeCl_2 = Fe_2O_3 + CuCl_2 + 2\,CuCl),$$

seltener durch Ammoniaksalze (kohlensaures Ammonium) in Lösung gebracht und aus den Lösungen durch Eisen als Metall, durch Schwefelwasserstoff als Schwefelmetall oder durch Abdestillieren der Ammoniaksalze als Hydroxyd bezw. Oxyd niedergeschlagen.

Nickeloxyd wird durch Salzsäure oder Schwefelsäure aufgelöst und aus den Lösungen als Hydroxyd ausgefällt. Das letztere wird durch Kohle reduziert.

Wismutoxyd wird durch Salzsäure von Bleioxyd getrennt. Aus der Wismutlösung wird durch Verdünnen derselben mit Wasser basisches Chlorwismut niedergeschlagen, aus welcher Verbindung auf trockenem Wege (durch Glühen mit Kohle und Kalk) oder auf nassem Wege (durch Eisen) das Wismut abgeschieden wird.

Zinkoxyd wird wohl von Bleioxyd und Blei durch Auflösen in Ammoniumkarbonat getrennt. Aus der Zinklösung wird durch Abdestillieren des Ammoniaks und eines Teiles der Kohlensäure basisches Zinkkarbonat niedergeschlagen, welches Salz durch Glühen von seiner Kohlensäure befreit und dann mit Hilfe von Kohle zu Zink reduziert werden kann.

Aus Hydroxyden scheidet man die Metalle in der nämlichen Weise ab wie aus Oxyden. Bei der Abscheidung der Metalle auf trockenem Wege wird der Wassergehalt vor der Reduktion der Oxyde verflüchtigt.

4. Die Abscheidung der Metalle aus Schwefelmetallen.

Aus Schwefelmetallen lassen sich die Metalle sowohl auf trockenem Wege, als auf dem vereinigten trockenen und nassen Wege, als auch auf elektrometallurgischem Wege abscheiden.

A. Abscheidung der Metalle aus Schwefelmetallen auf trockenem Wege.

Auf diesem Wege lassen sich die Metalle direkt: durch Erhitzen der Schwefelmetalle bei Luftabschluß, durch Erhitzen derselben bei Luftzutritt, durch Erhitzen derselben mit anderen Metallen, mit Metalloxyden und mit Metallsalzen, sowie durch den elektrischen Strom abscheiden, indirekt: durch Verwandlung der Schwefelmetalle in Metalloxyde und Reduktion der letzteren zu Metallen, durch Verwandlung der Schwefelmetalle in Metallsalze und Abscheidung der Metalle aus den letzteren.

Direkte Abscheidung der Metalle aus Schwefelmetallen.

a) **Durch Erhitzen von Schwefelmetallen bei Luftabschluß**
lassen sich Schwefelgold und Schwefelplatin in Metalle und Schwefel zerlegen. Von dieser Zerlegung macht man auf Hüttenwerken keinen Gebrauch.

Von den übrigen Schwefelmetallen erleiden noch FeS_2 und CuS beim Erhitzen unter Luftabschluß eine Zersetzung und zwar FeS_2 in FeS und S, CuS in Cu_2S und S.

Was die Einwirkung der Hitze auf den Aggregatzustand der Schwefelmetalle betrifft, so sind Schwefelzink und Schwefelsilber für sich nicht schmelzbar, wohl aber schmelzen sie leicht in Verbindung mit anderen Schwefelmetallen (Steine). Die übrigen Schwefelmetalle sind in der Hitze schmelzbar bezw. verdampfbar. Die Eigenschaft der Verdampfbarkeit besitzen: Schwefelquecksilber, Schwefelblei, Schwefelarsen und Schwefelantimon.

b) **Durch Erhitzen von Schwefelmetallen bei Luftzutritt**
werden aus Schwefelsilber und Schwefelquecksilber die betreffenden Metalle abgeschieden, während der Schwefel zu Schwefliger Säure oxydiert wird. Die an Schwefel gebundenen unedlen Metalle werden hierbei in Metalloxyde bezw. Sulfate verwandelt.

Man gewinnt mit Hilfe dieses Verfahrens Quecksilber aus Zinnober bezw. zinnoberhaltigen Mineralien, sowie seltener Silber aus reinem Schwefelsilber.

c) **Abscheidung durch Erhitzen der Schwefelmetalle mit gewissen Metallen.**

Erhitzt man ein Schwefelmetall mit einem Metalle, welches eine größere Verwandtschaft zum Schwefel besitzt als das an denselben gebundene Metall, so wird das letztere mehr oder weniger vollständig abgeschieden und das andere Metall in Schwefelmetall verwandelt. So werden aus Schwefelblei und Schwefelquecksilber durch Erhitzen mit Eisen Blei bezw. Quecksilber abgeschieden, während das Eisen in Schwefeleisen verwandelt wird.

Fournet hat auf Grund von Versuchen für die Affinität der Metalle zum Schwefel eine Reihe aufgestellt, in welcher das vorhergehende Metall das folgende aus seiner Schwefelverbindung abscheiden soll. Diese Reihe, welche indes unter Umständen Abweichungen erleidet, ist die nachstehende: Cu, Fe, Sn, Zn, Pb, Ag, Sb, As. Hiernach würde das Kupfer die größte Verwandtschaft zum Schwefel besitzen.

Die Fournetsche Reihe hat in der neuesten Zeit indes Abänderungen erlitten, indem man die Verwandtschaft der verschiedenen Metalle zum

Schwefel auf Grund der für die Bildungswärme der verschiedenen Schwefelmetalle ermittelten Zahlen festgestellt hat.

Nach Ostwald (Allgem. Chemie, Band II, 1893) ist diese Reihe die nachstehende: Aluminium, Magnesium, Mangan, Zink, Cadmium, Eisen, Kobalt, Blei, Kupfer, Nickel, Quecksilber, Silber. Antimon und Arsen würden nach Ostwald in der Reihe zwischen Zink und Eisen stehen. Hiernach folgt das Kupfer erst hinter dem Blei. Antimon und Arsen, welche nach Fournet die schwächste Verwandtschaft zum Schwefel besitzen sollten, stehen vor dem Eisen.

Man wendet diese verschiedene Verwandtschaft der Metalle zum Schwefel zur Zeit noch zum Ausfällen des Bleis aus Bleiglanz durch Eisen (niederschlagendes Schmelzen oder Niederschlagsarbeit) an. Man erhält dabei aber nicht das gesamte Blei im metallischen Zustande. Ein Teil des Schwefelbleis bildet mit dem Schwefeleisen einen Stein. Früher wurde auch Quecksilber aus dem Zinnober durch Eisen ausgeschieden.

Aus Antimonglanz (Sb_2S_3) hat man früher durch Schmelzen desselben mit Alkalien und Eisen Antimon ausgeschieden. Die Ausscheidung des Antimons durch Eisen steht im Widerspruche zu der Stellung des Antimons in der Reihe von Ostwald. Es scheint daher, als ob die alkalischen Zuschläge, deren Metalle eine sehr große Verwandtschaft zum Schwefel besitzen, die direkten Entschwefelungsmittel wären.

d) Abscheidung durch Erhitzen von Schwefelmetallen mit Metalloxyden.

Gewisse Schwefelmetalle und Metalloxyde zerlegen sich, wie schon bei der Reduktion der Metalloxyde dargelegt ist, derartig, daß aus den Schwefelmetallen sowohl wie aus den Metalloxyden die betreffenden Metalle unter Entwickelung von Schwefliger Säure abgeschieden werden. Man scheidet auf diese Weise aus Schwefelblei mit Hilfe von Bleioxyd, aus Schwefelkupfer mit Hilfe von Kupferoxydul oder Kupferoxyd, aus Schwefelsilber mit Hilfe von Bleioxyd Blei bezw. Kupfer und Silber ab.

Auch Alkalien und alkalische Erden wirken zerlegend auf einige Schwefelmetalle, indem sich Sulfate und Sulfide der betr. Alkali- und Erdmetalle bilden und eine gewisse Menge Metall aus dem Schwefelmetall abgeschieden wird. Man macht hiervon wohl bei der Zerlegung von Schwefelblei (durch Kalk) Gebrauch.

e) Abscheidung durch Erhitzen von Schwefelmetallen mit Metallsalzen.

Von den Metallsalzen, welche aus Schwefelmetallen Metalle abscheiden, sind zu erwähnen: Bleisulfat, Eisensilikate bei Gegenwart von Kohlenstoff, Karbonate der Alkali- und alkalischen Erdmetalle.

Das Bleisulfat zersetzt sich in der Hitze mit Schwefelblei nach der Gleichung:

$$PbS + PbSO_4 = 2\,Pb + 2\,SO_2.$$

Ist Bleioxyd im Überschusse vorhanden, so entsteht nur Bleioxyd nach der Gleichung:

$$PbS + 3\,PbSO_4 = 4\,PbO + 4\,SO_2.$$

Man benutzt dieses Verhalten des Bleisulfats gegen Schwefelblei zur Abscheidung des Bleis aus Bleiglanz (Reaktionsschmelzen) und zur Verwandlung von Bleisulfat in Bleioxyd (Huntington-Heberlein-Verfahren).

Von den Sulfaten der übrigen schweren Metalle zersetzen sich die meisten (außer Wismutsulfat) schon vor der Temperatur, bei welcher die Zerlegung der Schwefelmetalle durch Sulfate stattfinden könnte, in Metalloxyde und Schwefelsäure bezw. Schweflige Säure und Sauerstoff.

Von den Silikaten wirkt Eisensilikat bei Gegenwart von Kohle zerlegend auf Schwefelblei ein, wobei Blei abgeschieden wird und ein eisenärmeres Silikat neben Schwefeleisen und Kohlenoxyd entsteht nach der Gleichung:

$$Fe_4SiO_6 + 2\,PbS + 2\,C = Fe_2SiO_4 + 2\,Pb + 2\,FeS + 2\,CO.$$

Von dieser Reaktion macht man bei der Bleigewinnung Gebrauch.

(Kupfersilikat wirkt auf Schwefeleisen zerlegend ein, aber nicht unter Abscheidung von Metall, sondern unter Bildung von Eisensilikat und Schwefelkupfer. Diese Reaktion kommt bei der Kupfergewinnung zur Anwendung.)

Die Karbonate der Alkalien und alkalischen Erden wirken in ähnlicher Weise zersetzend auf Schwefelmetalle wie die Alkalien und alkalischen Erden. Diese Reaktionen kommen wohl bei der Bleigewinnung in gewissem Maße zur Anwendung (Kalkstein).

Es sind in der neuesten Zeit Vorschläge gemacht worden, die Schwefelmetalle in einem Bade geschmolzener Chloride aufzulösen und dann durch die geschmolzenen Massen Chlor oder Chlorschwefel durchzuleiten. Hierbei sollen sich die Metalle unter Entbindung von dampfförmigem Schwefel ausscheiden.

f) Abscheidung durch den elektrischen Strom.

Nach einem der Aluminiumindustrie-Gesellschaft in Neuhausen patentierten Verfahren (D.R.P. No. 68909) soll Aluminiumsulfid für sich allein oder in einem Bade von Chloriden oder Fluoriden der Alkalien oder alkalischen Erden elektrolysiert werden. Der Elektrolyt kann sowohl mit Hilfe äußerer Wärme als auch durch die Stromwärme geschmolzen und in flüssigem Zustande erhalten werden. Der Proceß soll am besten in mit Kohle gefütterten Kästen aus Eisen ausgeführt werden. Zur Verhütung der Oxydation des Sulfids sollen reduzierend wirkende Gase über die geschmolzenen Massen geleitet werden. Das Aluminium scheidet sich an der Kathode, der Schwefel an der Anode aus.

Swinburn löst Metallsulfide (Schwefelsilber, Schwefelblei, Schwefelzink) in einem Bade von geschmolzenen Metallchloriden auf und leitet den elektrischen Strom durch die geschmolzenen Massen, wobei die Metalle unter Entbindung von dampfförmigem Schwefel ausgeschieden werden sollen.

Indirekte Abscheidung der Metalle aus Schwefelmetallen.

Indirekt verwandelt man die Schwefelmetalle in Metalle durch Überführung derselben in Oxyde und durch Reduktion der letzteren. Die Überführung der Schwefelmetalle in Oxyde geschieht durch die schon besprochene oxydierende Röstung derselben. Die Reduktion der Metalloxyde zu Metallen geschieht in der oben besprochenen Weise durch Kohle bezw. Kohlenoxyd, in einigen Fällen auch durch Schwefelmetalle. Soll die Reduktion der Metalloxyde durch Kohle bezw. Kohlenoxyd erfolgen, so verwandelt man die Metalle durch die oxydierende Röstung vollständig in Oxyde. Soll die Reduktion dagegen durch Schwefelmetalle erfolgen, so verwandelt man nur einen Teil des betreffenden Schwefelmetalles in Oxyd bezw. Sulfat und reduziert diese beiden Körper durch den unzersetzt gebliebenen Teil des Schwefelmetalles bei stärkerer Hitze. Die Reduktion durch Oxyde bezw. Sulfate wird bei Schwefelkupfer und Schwefelblei angewendet. Bei der Röstung von Schwefelblei bildet sich neben Bleioxyd in der Rösthitze unzersetzbares Bleisulfat, welches letztere sich bei gesteigerter Temperatur mit Schwefelblei in Blei und Schweflige Säure umsetzt (Röstreaktionsarbeit).

Ist das Schwefelblei unrein, so verwandelt man dasselbe durch oxydierende Röstung bei niedriger Temperatur in ein Gemenge von Bleioxyd und Bleisulfat. Aus dem letzteren treibt man bei gesteigerter Temperatur durch Zusatz von Quarz (falls derselbe nicht schon in dem Erz vorhanden ist) die Schwefelsäure aus und erhält so ein Bleisilikat, aus welchem Salze man das Blei durch Eisenoxydul und Kohle oder durch Eisen und Kohle unter Bildung eines Eisensilikates abscheidet (Röst- und Reduktionsarbeit).

Bei Schwefelkupfer läßt sich die teilweise oxydierende Röstung durch das bereits besprochene oxydierende Schmelzen desselben ersetzen (Kupfer-Bessemerprozeß und roasting).

B. Abscheidung der Metalle aus Schwefelmetallen auf dem vereinigten trockenen und nassen Wege.

Auf diesem Wege scheidet man die Metalle nur indirekt aus ihren Schwefelverbindungen ab. Man führt die letzteren in Amalgame, Sulfate oder Chlorverbindungen über und verarbeitet diese Verbindungen dann weiter auf Metalle.

Amalgame bildet man aus Schwefelsilber durch Behandeln desselben mit Quecksilber oder mit Quecksilber und Eisen. Es bildet sich hierbei Silberamalgam unter Bildung von Schwefelquecksilber bezw. von Schwefeleisen. Aus dem Amalgam wird das Silber durch Abdestillieren des Quecksilbers abgeschieden.

Sulfate stellt man aus den Schwefelmetallen durch Verwitternlassen derselben, durch die bereits besprochene oxydierende Röstung (sulfatisierende Röstung), durch Glühen derselben mit in der Hitze zerlegbaren Sulfaten, durch oxydierende Röstung der Schwefelmetalle und Auflösen der hierbei gebildeten Oxyde in Schwefelsäure, durch Behandlung der Schwefelmetalle mit gewissen Salzlösungen her. Aus den Sulfaten wird das zu gewinnende Metall als Metall, als Oxyd, als Hydroxyd oder als Schwefelverbindung in konzentrierter Form (Schwefelkupfer) niedergeschlagen. Aus den Oxyden, Hydroxyden und Schwefelverbindungen werden die Metalle nach den bereits angegebenen Verfahrungsweisen abgeschieden.

Hinsichtlich der Sulfatbildung durch Verwitternlassen ist zu bemerken, daß sich gewisse Schwefelmetalle bei längerem Liegen an feuchter Luft in Sulfate überführen lassen. So verwandelt sich Schwefeleisen in Ferro- und Ferrisulfat, Zinkblende in Zinksulfat, ein Gemenge von Schwefelkies und Kupferkies in ein Gemenge von Ferrosulfat, Ferrisulfat und Kupfersulfat. Man benutzt dieses Verhalten zur Kupfergewinnung aus kupferkieshaltigem Schwefelkies, indem man denselben der Verwitterung überläßt, das Gemenge von Kupfersulfat und Eisensulfat auslaugt und aus der Lösung das Kupfer durch Eisen fällt.

Die Sulfatbildung durch oxydierendes Rösten, sowie die Sulfatbildung durch Erhitzen der Schwefelmetalle mit in der Hitze zersetzbaren Sulfaten sind bereits bei der oxydierenden Röstung der Schwefelmetalle besprochen.

Die Sulfatbildung durch oxydierende Röstung der Schwefelmetalle und Auflösen der gebildeten Oxyde in Schwefelsäure findet Anwendung zur Gewinnung von Kupfer und Silber aus Verbindungen von Schwefelkupfer und Schwefelsilber (silberhaltigem Kupferstein). Man röstet die betreffende Verbindung so lange und bei einer so hohen Temperatur, bis das Schwefelkupfer in Kupferoxyd, das Silber in Metall verwandelt ist. Das Kupferoxyd laugt man aus dem Röstgut durch verdünnte Schwefelsäure aus, während das Silber als Metall im Rückstande verbleibt. Aus der Kupfersulfatlösung wird das Kupfer durch Eisen als Metall niedergeschlagen oder dieselbe wird auf Kupfervitriol verarbeitet (Freiberger Verfahren).

Die Sulfatbildung durch Behandlung der Schwefelmetalle mit gewissen Salzlösungen beruht auf der Eigenschaft des Ferrisulfats, das Kupfer des Schwefelkupfers unter Bildung von Ferrosulfat als Kupfersulfat in Lösung zu bringen. Dieses Verfahren ist vorgeschlagen worden, um das Kupfer in kupferkieshaltigem Schwefelkies in Sulfat zu verwandeln und aus der Lösung des letzteren das Kupfer durch Eisen oder durch den elektrischen Strom auszufällen.

Was die Abscheidung der Metalle aus Schwefelmetallen mit Hilfe der Überführung derselben in Chlormetalle anbetrifft, so läßt sich die letztere bewirken durch Behandlung der Schwefelmetalle mit freiem Chlor sowohl wie mit Chlorschwefel in der Hitze, durch Umsetzung derselben mit gewissen Haloidsalzen in der Hitze, durch Behandlung derselben mit wässeriger oder dampfförmiger Chlorwasserstoffsäure, durch die bereits besprochene chlorierende Röstung, durch Behandeln derselben mit den Lösungen gewisser Chlormetalle (Kupferchlorid, Eisenchlorid).

Die am häufigsten angewendete Art der Überführung der Schwefelmetalle in Chlormetalle ist die bereits dargelegte chlorierende Röstung. Schwefelkupfer wird auch durch Kupferchlorid- und Eisenchloridlösungen in Chlorkupfer verwandelt. Schwefelsilber wird durch Behandeln mit Kupferchlorid- und mit Kupferchlorürlösungen in Chlorsilber übergeführt. Diejenigen Schwefelmetalle, welche am häufigsten in Chlormetalle verwandelt werden, sind Schwefelkupfer und Schwefelsilber.

Von den Chlorverbindungen des Kupfers wird das Kupferchlorid durch Wasser, das Kupferchlorür durch Salzsäure, Alkalichloride, Chloride der alkalischen Erden oder der schweren Metalle in Lösung gebracht. Aus den Lösungen wird das Kupfer durch Eisen abgeschieden.

Das Chlorsilber wird durch Chlornatriumlauge oder Natriumthiosulfat oder Kalziumthiosulfat in Lösung gebracht oder es wird der Amalgamation unterworfen. Aus der Lösung des Chlorsilbers in Chlornatrium wird das Silber durch Kupfer oder Eisen metallisch ausgefällt (Augustin-Prozeß), aus der Natriumthiosulfatlösung durch Schwefelnatrium als Schwefelsilber, aus der Kalziumthiosulfatlösung durch Schwefelkalzium als Schwefelsilber. Das so erhaltene Schwefelsilber wird gewöhnlich in ein Bleibad eingetränkt, durch welches das Silber unter Bildung von Schwefelblei aufgenommen wird. Von dem Blei wird das Silber durch Abtreiben des ersteren befreit. — Soll das Silber aus dem Chlorsilber mit Hilfe der Amalgamation abgeschieden werden, so wird dasselbe zuerst durch Eisen, Kupfer, Quecksilber, Zink oder Blei in Metall übergeführt, welches letztere durch Quecksilber in Amalgam verwandelt wird. Aus dem Amalgam wird das Silber durch Abdestillieren des Quecksilbers gewonnen.

C. Abscheidung der Metalle aus Schwefelmetallen auf elektrometallurgischem Wege.

Die Gewinnung der Metalle aus Schwefelmetallen in schmelzflüssigem Zustande ist bereits bei dem trockenen Wege der Abscheidung der Metalle aus Schwefelmetallen dargelegt worden.

Die meisten Schwefelmetalle leiten den Strom. Die künstlichen Schwefelmetalle, die sogenannten Steine oder Leche, sind gute Stromleiter.

Wenn man nun leitende Schwefelmetalle oder Verbindungen mehrerer Schwefelmetalle als Anoden des Stromes, als Elektrolyt eine angesäuerte Salzlösung eines der abzuscheidenden Metalle, als Kathode ein Kupferblech benutzt, so werden bei Anwendung einer geeigneten Spannung und Stromdichte die Metalle aufgelöst und an der Kathode niedergeschlagen, während der Schwefel an der Anode abgeschieden wird.

Bis jetzt hat man die Elektrolyse der Schwefelmetalle auf nassem Wege nur zeitweise und mit ungünstigem Erfolge zur Gewinnung des Kupfers aus Lechen benutzt. Bei Anwendung einer sauren Lösung von Kupfersulfat verläuft sie nach der Gleichung:

$$6\,CuSO_4 + (2\,Cu_2S + 4\,FeS) = 10\,Cu + 2\,(Fe_2\,(SO_4)_3) + 6\,S.$$

Es wird hierbei an der Kathode mehr Kupfer abgeschieden als an der Anode in Lösung geht, so daß der Elektrolyt sehr bald arm an Kupfer wird und durch neue Kupferlösung ersetzt werden muß.

Bei dem Verfahren von Siemens & Halske wird aus Schwefelkupfer enthaltenden Erzen das Kupfer außerhalb des Stromkreises durch Behandeln der Erze mit Ferrisulfatlösung in Lösung gebracht und die erhaltene Ferrosulfat und Kupfersulfat enthaltende Lösung der Elektrolyse unterworfen.

Bei dem Verfahren von Höpfner wird das Schwefelkupfer gleichfalls außerhalb des Stromkreises durch Behandeln der dasselbe enthaltenden Erze mit Kupferchloridlösung aufgelöst und die dadurch erhaltene Kupferchlorürlösung der Elektrolyse unterworfen.

In beiden Fällen wird die Elektrolyse so ausgeführt, daß das Lösungsmittel regeneriert wird.

5. Die Verschlackung der wertlosen Körper bei Schmelzprozessen.

Bei Schmelzverfahren führt man die nicht flüchtigen wertlosen Körper, welche mit den Metallen verbunden oder den Verbindungen derselben beigemengt sind, in leichtflüssige, sich leicht nach ihren spezifischen Gewichten von den geschmolzenen Metallen und Metallverbindungen trennende Verbindungen, die sog. „Schlacken“, über. Die Überführung der gedachten Körper in derartige Verbindungen nennt man die „Verschlackung“ derselben.

Bei vielen Schmelzprozessen sind die Schlacken dem Hüttenmann unentbehrlich, besonders bei den Schachtofenschmelzprozessen, indem sie die Metalle und Metallverbindungen vor Oxydation durch den Gebläsewind schützen und durch ihre Beschaffenheit (Farbe, Grad der Schmelzbarkeit, Flüssigkeitsgrad, Art des Erstarrens, spez. Gewicht, Zusammensetzung) die Art des Ofenganges anzeigen; der letztere wird der veränderten Zusammensetzung der zu schmelzenden Körper entsprechend durch die Zusammensetzung der Schlacke reguliert.

Die Grundsätze der Schlackenbildung und die Eigenschaften der Schlacken sind deshalb für den Hüttenmann von besonderer Wichtigkeit.

Die Regel der Verschlackung ist die Überführung der zu verschlackenden Körper in Silikate. Der Phosphor dagegen wird in Phosphate übergeführt. Außerdem werden bei einigen oxydierenden Schmelzverfahren (Raffinieren, Frischen) sogenannte Oxydschlacken gebildet, welche neben verhältnismäßig geringen Mengen von Kieselsäure hauptsächlich Oxyde der schweren Metalle enthalten.

In vielen Fällen ist es nicht zu vermeiden, daß die Schlacken außer den wertlosen Körpern auch Teile der abzuscheidenden Metalle oder Verbindungen derselben aufnehmen. Sie bilden dann, wie bereits dargelegt, ein Material für die Metallgewinnung. Auch finden sie Verwendung als Fluß- und Auflockerungsmittel bei Schmelzprozessen.

Die Silikatschlacken.

Wie schon bei der Betrachtung der Silikatschlacken als Rohstoffe für die Metallgewinnung dargelegt ist, sind dieselben als Lösungen verschiedener chemischer Verbindungen in einander aufzufassen. Dieselben werden, wie gleichfalls früher erörtert ist, hinsichtlich ihrer Silizierungsstufen in Subsilikate, Singulosilikate, Sesquisilikate, Bisilikate und Trisilikate unterschieden.

Die zur Bildung der Silikatschlacken erforderlichen Körper sind nur in seltenen Fällen den Metallen bezw. Metallverbindungen in dem richtigen Verhältnisse beigemengt. Befinden sich bei Schmelzprozessen die Brennstoffe mit den metallhaltigen Körpern in unmittelbarer Berührung, so muß auch die Asche dieser Brennstoffe in die Schlacken übergeführt werden. In den meisten Fällen müssen Kieselsäure oder Basen enthaltende Körper zur Bildung der Schlacken zugesetzt werden.. Als Kieselsäure enthaltende Körper benutzt man: Quarz, Kieselsäure enthaltende Mineralien und Gebirgsarten, sowie an Kieselsäure reiche (saure) Schlacken. Als Basen zur Verschlackung der Kieselsäure dienen Kalk, Tonerde, Magnesia, Baryterde, Eisenoxydul, Manganoxydul, sowie an Basen reiche (basische) Schlacken.

Die gedachten Körper müssen in solchem Maße zugesetzt werden, daß leichtschmelzige, sich infolge ihres geringen spezifischen Gewichtes leicht von den zu gewinnenden Metallen bezw. Metallverbindungen trennende Schlacken entstehen. Der Flüssigkeitsgrad derselben soll derartig sein, daß die einzelnen Teilchen der geschmolzenen Metalle und der zu gewinnenden Metallverbindungen sich in den Schlacken leicht vereinigen und in denselben untersinken können. Hierbei werden sie durch die flüssige Schlackendecke gegen oxydierende Einflüsse geschützt.

Die Schlacken sollen ferner, falls nicht Änderungen in der Zusammensetzung der metallhaltigen Körper oder der Zuschläge und Brennstoffe eintreten, eine konstante Zusammensetzung haben, welche derart sein muß, daß keinerlei chemische Einwirkung der Schlacken auf die fertigen Schmelzprodukte eintreten kann. Der Schmelzpunkt der Schlacken liegt in den meisten Fällen unter der Temperatur, welche zu ihrer Bildung erforderlich ist. (Aus diesem Grunde besitzen auch feuerfeste Steine, welchen die Kieselsäure nur mechanisch beigemengt ist, eine höhere Schmelztemperatur als solche Steine, welche die Kieselsäure chemisch gebunden enthalten.) Der Grund liegt darin, daß die einzelnen z. T. sehr schwer oder gar nicht schmelzbaren Bestandteile vor dem Eintritt in die Verbindung molekulären Veränderungen unterliegen.

Man wendet daher gern anstatt reiner Basen oder reiner Säuren als schlackenbildende Körper saure oder basische Schlacken an. Im allgemeinen liegt der Schmelzpunkt der Schlacken zwischen 1200 und 1900°. Derselbe muß durch die Zusammensetzung der Schlacken so gewählt werden, daß er, falls nicht reine Metalle oder Metallverbindungen ausgeschmolzen werden sollen, über der Reduktionstemperatur desjenigen Metalles, welches man gewinnen will, und unter der Reduktionstemperatur der Basen, welche verschlackt werden sollen, liegt.

Will man z. B. aus einem Gemenge von Kupferoxyd und Eisenoxyd (tot gerösteter Kupferstein) das Kupfer als Metall gewinnen, das Eisen aber verschlacken, so muß die zu bildende Schlacke bei einer Temperatur schmelzen, bei welcher das Kupferoxyd bereits zu Kupfer reduziert ist, das Eisenoxyd dagegen noch auf der Reduktionsstufe des Oxyduls steht. Würde die Schlacke bei niedrigerer Temperatur schmelzen, so würde auch das Kupfer verschlackt werden; bei höherer Schmelztemperatur derselben würde dagegen auch das Eisenoxydul zu Metall reduziert werden, so daß Eisen und Kupfer gleichzeitig abgeschieden würden. Will man dagegen aus einem Gemenge von Eisenoxyd und Kieselsäure das Eisen als Metall abscheiden, so muß die Schlacke, welche in diesem Falle durch Zusatz von Kalk (und tonerdehaltigen Körpern) gebildet wird, bei einer Temperatur schmelzen, bei welcher das Eisen bereits zu Metall reduziert ist. Andernfalls würde das Eisen verschlackt werden. Man setzt daher die Schmelzbeschickung so zusammen, daß der Schmelzpunkt der Schlacken etwas höher liegt, als der der ausgeschiedenen Metalle bezw. Metallverbindungen. Bei zu hohem Schmelzpunkt der Schlacken treten Metallverflüchtigungen (Blei) und nicht erwünschte Reduktion von Metalloxyden ein (von Eisen bei der Gewinnung von Blei, Silber, Kupfer).

Die Schmelzbarkeit der Schlacken

hängt sowohl von den Silizierungsstufen derselben als auch von der Art der Basen ab.

Die Silizierungsstufen, welche der Hüttenmann erzeugt, gehen nicht über das Trisilikat hinaus, weil die höheren Silizierungsstufen zu schwer schmelzbar sind.

Von diesen Silizierungsstufen sind beim Vorhandensein von Basen der schweren Metalle (Eisenoxydul, Manganoxydul, Bleioxyd) die Subsilikate am leichtschmelzigsten; dann folgen die Singulosilikate, dann die Bisilikate und schließlich als am schwerschmelzigsten die Trisilikate. Beim Vorhandensein von Erdbasen (Tonerde, Kalkerde, Baryterde, Magnesia) sind die Schlacken, welche hinsichtlich ihrer Silizierungsstufe zwischen dem Singulosilikat und dem Bisilikat liegen, am leichtesten schmelzbar, während diese Schlacken mit zunehmendem Kieselsäuregehalte sowohl (Trisilikate) als auch mit zunehmendem Basengehalte (Subsilikate) schwerschmelziger werden.

Die in die Schlacken überzuführenden Basen sind bei der Gewinnung von Roheisen hauptsächlich: Kalk, Magnesia, Baryt, Tonerde, Manganoxydul; bei der Gewinnung der übrigen Metalle beziehungsweise bei der Abscheidung entsprechender Metallverbindungen auch noch Eisenoxydul und Zinkoxyd; bei der Verarbeitung des Roheisens auf schmiedbares Eisen: Eisenoxyduloxyd und Manganoxydul. Hierzu gesellen sich noch Alkalien aus der Asche der Brenn- und Reduktionsmaterialien, sowie aus alkalischen Zuschlägen. Gegen den Willen des Hüttenmanns werden auch gewisse Mengen von Oxyden der Metalle, welche man gewinnen will, z. B. der Oxyde von Kupfer, Blei, Nickel, Kobalt, sowie Schwefelverbindungen von Kupfer, Silber, Blei in die Schlacken übergeführt. (In solchen Fällen bilden die Schlacken die schon besprochenen Rohstoffe für die Metallgewinnung.) Andererseits soll der Schwefel bei der Gewinnung des Roheisens in die Schlacke übergeführt werden.

Von den Verbindungen der Basen mit Kieselsäure sind die Alkalisilikate am leichtschmelzigsten, dann folgen die Silikate von Bleioxyd, Eisenoxydul, Manganoxydul, Kupferoxydul, dann als schwer schmelzbar die Silikate der alkalischen Erden und als sehr schwer schmelzbar die Silikate von Tonerde, Eisenoxyd, Zinkoxyd und Zinnoxyd.

Die für den Hüttenmann in Betracht kommenden Silikate, welche nur eine einzige Base besitzen, sind schwerer schmelzbar als die Silikate mit mehreren Basen. So sind die Tonerdesilikate äußerst schwer schmelzbar, die Magnesia- und Kalksilikate sehr schwer schmelzbar. Vereinigen sich die Tonerdesilikate aber mit Kalksilikaten oder mit Kalk- und Magnesiasilikaten, so entstehen leichtschmelzbare und leichtflüssige Doppelsilikate. Das Nämliche ist der Fall, wenn sich Tonerdesilikate mit Eisenoxydul- oder Manganoxydulsilikaten oder wenn sich Kalk- oder Magnesiasilikate mit Eisen- oder Manganoxydulsilikaten vereinigen.

Der Hüttenmann erzeugt deshalb auch nur Schlacken mit mehreren Basen und zwar gewöhnlich Schlacken mit Monoxyden und einem Sesquioxyde (Tonerde) oder Schlacken, welche nur Monoxyde (Eisenoxydul, Manganoxydul einerseits und Kalk, Magnesia, Zinkoxyd andererseits enthalten.

Was nun die Schmelzbarkeit der einzelnen Silikate anbetrifft, so ist von den Kalksilikaten das Bisilikat am leichtschmelzigsten, das

Singulosilikat und das Trisilikat sind sehr schwerschmelzig, das Subsilikat ist in unseren Öfen fast unschmelzbar.

Die **Magnesiasilikate** sind sämtlich sehr schwerschmelzig. Die verschiedenen Silizierungsstufen zeigen hinsichtlich der Schmelzbarkeit geringere Unterschiede als die der Kalksilikate.

Die **Silikate der Tonerde** sind sämtlich sehr schwer schmelzbar.

Die **Eisenoxydulsilikate** sind leichtschmelziger als die angeführten Silikate. Am schwerschmelzigsten ist das Trisilikat.

Die **Eisenoxydsilikate** sind sämtlich sehr schwerschmelzig.

Die **Manganoxydulsilikate** sind leichtschmelzig, ebenso die **Bleioxydsilikate.**

Von den **Erdsilikaten mit mehreren Basen** sind die Kalk-Tonerdesilikate am leichtschmelzigsten, dann folgen mit abnehmender Schmelzbarkeit die Kalk-Magnesia-, Baryt-Tonerde- und schließlich die Baryt-Kalk-Silikate. Die gedachten Doppelsilikate können durch Zusatz größerer Mengen von Kalk und noch mehr von Magnesia und Tonerde schwerschmelziger gemacht werden. Eine vermehrte Schmelzbarkeit derselben erreicht man durch Zusatz von Manganoxydul, Eisenoxydul, Bleioxyd und Alkalien.

Der **Eisenhüttenmann** erzeugt beim Hochofenprozeß Kalk-Tonerdesilikate, während der Metallhüttenmann bei der Gewinnung von Kupfer, Blei, Silber, Nickel das Eisen in die Schlacke führt und Eisenoxydul-Kalk-Tonerdesilikate oder Eisenoxydul-Kalksilikate erzeugt.

Der Eisenhüttenmann führt den Schwefelgehalt der Beschickung als Schwefelkalzium in die Schlacke. Die Entstehungstemperatur der letzteren wird sowohl durch Zusatz größerer Mengen von Kieselsäure als auch durch Zusatz größerer Mengen von Kalk- bezw. Tonerde zu der Beschickung erhöht. Beim Schmelzen mit Holzkohlen, welche bekanntlich keinen Schwefel enthalten, wird man die zur Erzeugung gewisser Roheisensorten (graues Roheisen, Gießereieisen) erforderliche höhere Temperatur durch Vermehrung des Kieselsäurezusatzes, also durch Bildung saurer Schlacken (Trisilikat) herbeiführen. Enthalten die Erze dagegen Schwefel oder schmilzt man mit Koks, welche stets Schwefel enthalten, so kann der Eintritt desselben in das Roheisen nur durch Überführung desselben als Schwefelkalzium in eine kalkreiche Schlacke verhindert werden. Soll daher schwefelfreies, graues Roheisen erzeugt werden, so ist die Bildung einer kalkreichen Schlacke erforderlich; man erzielt in diesem Falle die Temperaturerhöhung durch Vermehrung des Kalkzuschlags.

Die Flüssigkeit der Schlacken und die Art, wie sie erstarren.

Beide Eigenschaften sind unabhängig von der Schmelzbarkeit der Schlacken, da sowohl leicht schmelzbare als auch schwer schmelzbare Schlacken den nämlichen Grad der Flüssigkeit besitzen und in gleicher Weise erstarren können.

Im allgemeinen sind die an Kieselsäure reichen Schlacken zähflüssig und erstarren langsam, während die an Basen reichen Schlacken dünnflüssig sind und schnell erstarren. Man nennt die Schlacken der ersten Art „saiger", die der letzteren Art „frisch".

Die saigeren Schlacken durchlaufen vor dem Erstarren einen teigartigen Zustand, in welchem sie sich zu Fäden ausziehen lassen. Zu denselben gehören besonders Trisilikate, welche gleichzeitig Tonerde und Magnesia enthalten. Zu den frischen Schlacken gehören besonders kalkreiche sowie Eisenoxydul und Manganoxydul enthaltende Schlacken. Schon geringe Mengen von Eisenoxydul und Manganoxydul machen saigere Schlacken dünnflüssig.

Da die einzelnen Silizierungsstufen leicht zu gleichartigen Massen zusammenschmelzen, so erzeugt man gewöhnlich Mischungen verschiedener Silizierungsstufen, welche den erwünschten Flüssigkeitsgrad besitzen.

Die Struktur der Schlacken

hängt von der chemischen Zusammensetzung und der Art der Abkühlung derselben ab. Die Schlacken erscheinen glasig, steinig, kristallinisch, in manchen Fällen auch in deutlichen Kristallen. Die verschiedenen Arten der Struktur gehen in einander über, wie man bei Schlacken in größeren Stücken beobachten kann.

Bei raschem Erkalten der Schlacken ist die Struktur derselben in den meisten Fällen glasig oder porzellanartig, bei langsamem Erkalten steinig oder kristallinisch. An Erden reiche Schlacken behalten auch bei raschem Erkalten eine steinige Struktur, während hochsilizierte Schlacken bei raschem Erstarren stets eine glasige Struktur zeigen, welche bei langsamer Abkühlung in die steinige oder kristallinische Struktur übergeht. Ausgebildete Kristalle entstehen bei sehr langsamer Abkühlung der Schlacken in den sich in größeren Stücken derselben bildenden Drusenräumen.

An Kieselsäure reiche Schlacken kristallisieren bei weitem schwieriger als an Basen (besonders an Eisenoxydul) reiche Schlacken.

Basische, an Kalkerde reiche Schlacken zerfallen beim Erstarren oder bald nachher zu Pulver. Die Ursache ist die Zersetzung des in derartigen Schlacken enthaltenen Schwefelkalziums durch den Sauerstoff, die Kohlensäure und die Feuchtigkeit der Luft.

Manche Schlacken (saigere Schlacken) blähen sich beim Begießen mit Wasser zu bimssteinartigen Massen auf. Diese Eigenschaft, welche gleichfalls auf der Zersetzbarkeit des in den Schlacken enthaltenen Schwefelkalziums beruht, wird durch einen geringen Gehalt der Schlacke an Eisenoxydul aufgehoben.

Gewisse Schlacken zerfallen beim Begießen mit Wasser zu Pulver.

Die Farbe der Schlacken

ist eine sehr verschiedenartige.   Dieselbe wird zum Teil durch uns noch unbekannte Ursachen hervorgerufen.

So zeigen z. B. manche Schlacken von der gleichen chemischen Zusammensetzung äußerlich eine grüne Farbe bei glasiger Struktur und im Innern eine violettgraue Farbe bei kristallinischer Struktur.

Die Farbe der Erdschlacken ist weiß oder grau. Ein geringer Eisenoxydulgehalt färbt sie grünlich. Ein größerer Eisenoxydulgehalt sowie ein Gehalt an Schwefeleisen färbt die Schlacken schwarz. Manganoxydul färbt die Schlacken gelb bis braun, während Manganoxydul und Eisenoxydul zusammen dieselben gelblichgrün färben.

Bei Anwesenheit von Schwefel ruft ein mäßiger Mangangehalt in kieselsäurereichen Schlacken bei Abwesenheit oder bei dem Vorhandensein geringer Mengen von Eisenoxydul nach Ledebur (Handbuch der Eisenhüttenkunde, S. 155) blaue Farbentöne hervor. Im Übrigen ist die nähere Ursache der blauen Farbe der Schlacken noch nicht genau bekannt.

Kupferoxydul färbt die Schlacken rot bis braun, Bleioxyd weiß.

Das spez. Gewicht der Schlacken

schwankt je nach der Zusammensetzung derselben zwischen 2,5 und 5. Das größte spez. Gewicht besitzen die an schweren Metalloxyden reichen Schlacken, während die Erdschlacken, besonders wenn sie reich an Kieselsäure sind, ein spez. Gewicht von 2,5—3 besitzen.

Verhalten von Flußspat, Schwefelmetallen, Schwerspat und Gips bei der Schlackenbildung.

Der Flußspat, welcher öfters einen Gemengteil von Erzen bildet, zeichnet sich durch große Dünnflüssigkeit aus und hat die Eigenschaft, schwerschmelzige Körper (Schwerspat, Gips) unzersetzt auflösen zu können. Da derselbe außerdem die Kieselsäure infolge seines Kalkgehaltes verschlackt und einen Teil derselben in flüchtiges Fluorsilizium verwandelt, so bildet er ein sehr geschätztes Verschlackungs- und Flußmittel.

Er wirkt auf die Kieselsäure nach der Gleichung:

$$2\,CaFl_2 + 2\,SiO_2 = SiFl_4 + Ca_2SiO_4.$$

Schwefelmetalle (Schwefelbaryum, Schwefelkalzium, Schwefelzink) werden durch basische Schlacken aufgelöst. Deshalb wendet man eisenreiche Schlacken (bei der Gewinnung des Kupfers und Bleis) zum Auflösen von Schwefelbaryum und Schwefelzink, kalkreiche Schlacken (bei der Gewinnung des Roheisens) zum Auflösen von Schwefelkalzium, Schwefelbaryum und Schwefelmangan an.

Schwerspat und Gips werden entweder zu Schwefelbaryum bezw. Schwefelkalzium reduziert, welche Körper von der Schlacke aufgelöst werden, oder sie werden in höheren Temperaturen unter Austreibung der Schwefelsäure durch Kieselsäure in Baryt- bezw. Kalksilikate verwandelt.

Oxydschlacken.

Die Oxydschlacken entstehen hauptsächlich beim Herstellen des schmiedbaren Eisens durch Frischen und beim Raffinieren von Rohmetallen. Beim Frischen wird Eisenoxyduloxyd gebildet, welches von kieselsaurem Eisenoxydul aufgelöst wird und die Schlacke dadurch schwerschmelziger macht. Von kieselsaurem Manganoxydul, welches beim Frischen von manganhaltigem Eisen entsteht, wird das Eisenoxyduloxyd nicht aufgenommen.

Die Körper,
mit deren Hilfe die Abscheidung der Metalle
herbeigeführt oder gefördert wird.

———

Wie sich aus der Darlegung der Abscheidungsverfahren ergibt, ist es nur in verhältnismäßig wenigen Fällen möglich, die Abscheidung von Metallen und Metallverbindungen durch Wärme oder Elektrizität allein herbeizuführen. In der Mehrzahl der Fälle müssen die metallhaltigen Körper mit anderen Körpern in mehr oder weniger innige Berührung gebracht werden. Oft sind derartiger Körper auch schon in den Erzen oder Hüttenerzeugnissen enthalten oder werden im Verlaufe der Abscheidungsverfahren aus denselben gebildet. Die Wirkung dieser Körper ist entweder eine chemische oder eine mechanische oder eine vereinigte chemische und mechanische.

Wie schon erwähnt, nennt man die im festen Aggregatzustande zu dem gedachten Zwecke zur Anwendung kommenden Körper „Zuschläge" und das Vermengen der metallhaltigen Körper mit Zuschlägen „Beschicken".

Bei Schmelzverfahren nennt man diejenigen Zuschläge, welche zur Bildung einer flüssigen Schlacke beitragen sollen, „Flußmittel" oder „Flüsse". Sollen die Zuschläge nur zur Auflockerung der Beschickung bei Schmelzverfahren dienen, so nennt man sie „Auflockerungsmittel". In den meisten Fällen vereinigen gewisse Zuschläge (Schlacken) die Eigenschaften der Auflockerungsmittel und der Flußmittel.

Metallhaltige Zuschläge, welche bei Schmelzverfahren andere Metalle in sich aufnehmen sollen, nennt man „Vorschläge" [z. B. Blei für Silber oder Glätte (Bleioxyd) nach erfolgter Reduktion für Silber].

I. Körper, welche bei Verfahren auf trockenem Wege zur Herbeiführung oder Beförderung der Abscheidung angewendet werden.

Derartige Körper sind bei gewöhnlicher Temperatur entweder fest oder gasförmig.

1. Bei Brennverfahren.

Bei Brennverfahren mit **oxydierender Wirkung** wendet man als **Oxydationsmittel** an:

von **festen Körpern**: Eisenoxyd, Eisenoxyduloxyd, Mangansuperoxyd, Eisensulfat, Pyrit,

von **gasförmigen Körpern**: atmosphärische Luft, Wasserdampf und dampfförmige Schwefelsäure.

Die Oxyde des Eisens und Mangans dienen zur Entfernung von Kohlenstoff aus Roheisen (Tempern). Das Eisensulfat dient zur Oxydation von Schwefelmetallen bei der Röstung, indem es sich in Eisenoxyd und dampfförmige Schwefelsäure zerlegt, welche letztere einen Teil Sauerstoff zur Oxydation abgibt und sich dabei in Schweflige Säure verwandelt. Der Pyrit wird bei der Röstung zum Teil in Eisensulfat verwandelt, welches in der dargelegten Weise oxydierend wirkt.

Die atmosphärische Luft ist das am häufigsten angewendete Oxydationsmittel. Sie enthält in 100 Raumteilen 21% Sauerstoff und 79% Stickstoff, in 100 Gewichtsteilen 23% Sauerstoff und 77% Stickstoff. Der Gehalt derselben an Wasserdampf beträgt im Durchschnitte 0,8 Vol.-Prozent, an Kohlensäure 0,041 Vol.-Prozent.

Der Wasserdampf wird nur ausnahmsweise bei der oxydierenden Röstung angewendet. Das Wasser besteht aus $88,89\%$ Sauerstoff und $11,11\%$ Wasserstoff. 1 kg Wasser $= 1\,l$ liefert 1700 l Wasserdampf von 100^0 C. Das Gewicht eines Liters Wasserdampf bei 100^0 und 760 mm Barometerstand beträgt 0,80559 gr.

Dampfförmige Schwefelsäure ist ein kräftiges Oxydationsmittel. Man entwickelt dieselbe erst während der Röstung aus Sulfaten des Eisens, welche sich aus in der Röstmasse enthaltenen oder derselben zugesetzten Schwefelmetallen des Eisens bilden.

Bei dem Brennen mit **reduzierender Wirkung** wendet man als **Reduktionsmittel** von **festen Körpern**: kohlenstoffhaltige Körper (Koks, Holzkohle, Braunkohle, Steinkohle, Sägespäne pp.), von **gasförmigen Körpern**: Kohlenoxyd (neben zufällig entstandenen Kohlenwasserstoffen, Cyangas und Wasserstoff) an. Das Kohlenoxyd wird durch Verbrennen von Kohle mit Hilfe von atmosphärischer Luft erzeugt.

Die Wirkung der gedachten Reduktionsmittel ist bei den Abscheidungsverfahren des näheren besprochen worden.

Bei dem Brennen mit **chlorierender Wirkung** wendet man als **Chlorierungsmittel von festen Körpern**: Kochsalz, Abraumsalze und Chlorkalzium an. **Chlorierend wirkende Gase** werden erst während der Brennverfahren selbst (bei der chlorierenden Röstung) durch Einwirkung von dampfförmiger, durch die Zersetzung von Sulfaten entstandener Schwefelsäure auf Chlornatrium in der Gestalt von Chlor und Chlorwasserstoff erzeugt.

Bei dem Brennen mit **kohlender Wirkung** (Herstellung von Zementstahl) verwendet man als **feste Kohlungsmittel**: Holzkohlenpulver, als **gasförmige Kohlungsmittel**: Kohlenwasserstoffe und Cyangas.

2. Bei Schmelzverfahren

wendet man je nach der Art des Schmelzens: Oxydationsmittel, Reduktionsmittel, Reaktionsmittel, Niederschlagsmittel, Schwefelungsmittel, Arsenizierungsmittel, Chlorierungsmittel, Kohlungsmittel, Metallauflösungsmittel, Auflockerungsmittel, Zerlegungsmittel für Legierungen und Salze an. Von diesen Mitteln sind die Oxydations-, Reduktions- und Chlorierungsmittel fest oder gasförmig, die übrigen Mittel aber sämtlich bei gewöhnlicher Temperatur fest.

Als **Oxydationsmittel** benutzt man von **festen Körpern** die Oxyde des Eisens und Mangans, sowie basische Eisenschlacken (gare Frischschlacken) zur Entfernung von Kohlenstoff, Phosphor und Silizium aus dem Roheisen (Frischen), saures schwefelsaures Kalium oder Natrium zur Entfernung von Silber aus Gold, Salpeter zum Reinigen des Silbers und Goldes von fremden Elementen, Silbersulfat zur Oxydation fremder Metalle (Bi, Pb) im Silber, Bleioxyd zur Oxydation von Zink im Blei, Kupferoxydul (welches aber erst im Laufe des Verfahrens durch Oxydation von Kupfer mit Hilfe von atmosphärischer Luft gebildet wird) zur Oxydation von Schwefel beim Raffinieren des Kupfers;

von **gasförmigen Körpern**: Luft (bei den meisten Schmelzverfahren mit oxydierender Wirkung), Wasserdampf zur Oxydation des Zinks in Blei-Zink- und Blei-Zink-Silberlegierungen.

Die Luft wird mit Hilfe von Gebläsevorrichtungen oder Essenzug auf die zu oxydierenden geschmolzenen Massen geleitet oder sie wird mit Hilfe von Gebläsevorrichtungen durch dieselben hindurchgepreßt (Bessemerverfahren, Kupfer-Bessemerverfahren). Der Wasserdampf wird mit geeigneter Spannung durch die geschmolzenen Massen durchgeführt.

Als **Reduktionsmittel** verwendet man von **festen Körpern**: Kohle und kohlenstoffhaltige Körper, Phosphor und Phosphormetalle, sowie Schwefelmetalle; von **gasförmigen Körpern**: Kohlenoxyd, Kohlenwasserstoffe, Wasserstoff.

Die gewöhnlich angewendeten Reduktionsmittel sind Kohle und Kohlenoxyd. Phosphor und Phosphormetalle wendet man wohl zur Reduktion von Kupferoxydul beim Raffinieren des Kupfers, Schwefelmetalle (Schwefelkupfer, Schwefelblei) zur Reduktion der Oxyde von Kupfer und Blei, Kohlenwasserstoffe und Wasserstoff zur Reduction von Kupferoxydul beim Raffinieren des Kupfers an. Die gasförmigen Reduktionsmittel werden in der Mehrzahl der Fälle durch Verbrennen von kohlehaltigen Körpern mit Hilfe von atmosphärischer Luft erzeugt. Wasserstoff und Kohlenwasserstoffe bilden sich hierbei nur zufällig. Bei der Reduktion des beim Raffinieren des Kupfers entstandenen Kupferoxyduls erzeugt man Kohlenoxyd, Kohlenwasserstoffe und Wasserstoff durch trockene Destillation von Holz, indem man eine Stange von frischem Holz in das geschmolzene Metallbad einsteckt. Man nennt dieses Verfahren „Polen" und die Stange selbst „Polstange".

Reaktionsmittel dienen zur Ausscheidung von Metallen aus Sulfaten, Oxyden und Schwefelmetallen durch gegenseitige Zerlegung der Oxyde und Sulfate einerseits mit den Schwefelmetallen andererseits. Es bilden daher Sulfate und Oxyde die Reaktionsmittel für Schwefelmetalle, Schwefelmetalle dagegen die Reaktionsmittel für Sulfate und Oxyde. Sie finden Anwendung bei der Gewinnung von Blei, Kupfer und Silber. Für Schwefelblei bilden Bleisulfat und Bleioxyd die Reaktionsmittel, für Schwefelkupfer Kupferoxydul und Kupferoxyd; für Schwefelsilber bildet Bleioxyd das Reaktionsmittel. Für Schwefelblei und Schwefelkupfer werden die Reaktionsmittel gewöhnlich erst durch eine oxydierende Röstung der Schwefelmetalle gebildet, indem man die letzteren nur soweit röstet, bis das richtige Verhältnis zwischen unzersetzten Schwefelmetallen und Oxyden bezw. Sulfaten erreicht ist. Bei Schwefelkupfer schlägt man auch wohl oxydische Erze zu. Schwefelsilber wird vielfach beim Abtreiben des Bleis vom Silber eingetränkt, wobei das beim Abtreiben gebildete Bleioxyd als Reaktionsmittel wirkt.

Als **Niederschlagsmittel** dienen entweder Metalle (Eisen, Blei) oder Oxyde und Silikate, aus welchen im Verlaufe der Abscheidungsverfahren die betreffenden Metalle reduziert werden, wie Bleioxyd, Eisenoxyd, Eisenoxyduloxyd enthaltende Schlacken. Eisen, welches entweder als Metall zugesetzt oder aus Oxyden oder Schlacken desselben während des Abscheidungsverfahrens reduziert wird, benutzt man zur Zerlegung von Schwefelblei und Schwefelantimon; Blei, sei es nun als Metall zugesetzt oder sei es erst während des Abscheidungsverfahrens aus Bleioxyd reduziert, dient zur Zerlegung von Schwefelsilber (Eintränken, Verbleien); Kalk verwendet man bei Gegenwart von Kohle zur Zerlegung von Schwefeleisen (FeS + CaO + C = CaS + Fe + CO).

Als **Schwefelungsmittel** dienen gewöhnlich Schwefelmetalle, seltener Schwefel. Man benutzt dieselben zur Entfernung von Kupfer aus Legierungen, zur Ansammlung des Silbers aus armen oxydischen Erzen in einem

Lech oder Stein durch Schmelzen der Erze mit Eisenkies oder Magnetkies, zur Überführung des Kupfers aus Erzen und Hüttenerzeugnissen in einen Stein durch Schmelzen der Erze bezw. Hüttenerzeugnisse mit Schwefeleisen enthaltenden Körpern.

Als **Arsenizierungsmittel** verwendet man Arseneisen oder Arsenschwefeleisen (Arsenikkies). Man bedient sich derselben zur Überführung von Nickel und Kobalt aus Erzen und Hüttenerzeugnissen, besonders aus Silikaten in sogen. „Speisen".

Als **Chlorierungsmittel** wendet man von **festen Körpern** Chlor-Alkalien und Chlorblei an, um durch Schmelzen derselben mit Blei-Zink-oder Blei-Zink-Silberlegierungen das Zink in Chlorzink überzuführen; von **gasförmigen Körpern** benutzt man Chlorgas, um das Silber aus Gold-Silberlegierungen in Chlorsilber überzuführen.

Als **Kohlungsmittel** dienen Kohle und Kohleneisen zum Kohlen von Eisen, Kohle zum Kohlen von Nickel bei der Gewinnung dieses Metalls aus Garnierit, einem Nickel-Magnesium-Silikat.

Als **Auflösungsmittel für Metalle** wendet man Metalle und Schwefelmetalle an. Das am häufigsten als Auflösungsmittel angewendete Metall ist das Blei, welches als Metall oder in dem Verbindungszustande des Bleioxyds benutzt wird. Das letztere wird bei dem betreffenden Abscheidungsverfahren zu Blei reduziert. Das Blei dient als Auflösungsmittel für Gold und Silber.

Von Schwefelmetallen dienen Schwefeleisen und Steine (Leche) als Auflösungsmittel für Gold und Silber.

Das Gold wird von denselben als Metall, das Silber als Schwefelmetall aufgelöst.

Als **Verschlackungsmittel** verwendet man hauptsächlich: Kieselsäure sowie Kieselsäure enthaltende Mineralien und Gesteine, Tonerde, Kalkerde, Oxyde des Eisens, sowie Oxyde des Mangans enthaltende Mineralien und Gesteine, Flußspat, alkalische Zuschläge und Schlacken von der verschiedensten Zusammensetzung.

Von kieselsäurehaltigen Mineralien und Gesteinen sind zu erwähnen: Eisenkiesel, Feldspat, Hornblende bezw. Sandstein, Grauwacke, Basalt, Feldspat, Tonschiefer, überhaupt alle Gesteine, welche freie Kieselsäure oder auf einer hohen Silizierungsstufe stehende Silikate enthalten. Bereits fertige Silikate schmelzen leichter als erst aus freier Kieselsäure und Basen sich bildende Silikate. Man zieht daher fertige saure Silikate der freien Kieselsäure als Verschlackungsmittel vor. Man verwendet die gedachten kieselsäurehaltigen Körper zur Verschlackung von Basen und von an Basen reichen Silikaten.

Tonerde enthaltende Gesteine wie Lehm, Töpferton, Tonschiefer schlägt man bei kalkhaltigen Beschickungen zu, indem dieselben mit Kalk verbunden leichtflüssige Schlacken von verhältnismäßig geringem spez. Gewichte liefern.

Kalkerde enthaltende Mineralien und Gesteine (Kalkspat, Marmor, Kalkstein, Mergel) verwendet man häufig als basische Zuschläge. Wenn nur Kieselsäure verschlackt werden soll, wie bei der Roheisengewinnung aus quarzigen Eisenerzen, ist ein Gehalt der kalkhaltigen Zuschläge an Magnesia oder Tonerde erwünscht, um leichtflüssige Doppelsilikate zu bilden. Sind dagegen die Erze tonig, so genügt ein Zuschlag von reiner Kalkerde. Man schlägt den Kalk gewöhnlich in der Form des Kalziumkarbonats zu, welches in der Hitze seine Kohlensäure abgibt.

Oxyde des Eisens schlägt man zur Bildung leichtflüssiger Eisenoxyduldoppelsilikate bei der Gewinnung von Blei, Kupfer und Silber aus Kieselsäure enthaltenden Körpern zu.

Die Oxyde des Mangans werden bei der Gewinnung des Roheisens zugeschlagen. Das Manganoxydul bildet mit der Kieselsäure gleichfalls leichtflüssige Schlacken. In manchen Fällen soll das Mangan in das Eisen übergeführt werden.

Flußspat ist ein besonders nützlicher Zuschlag, da er nicht nur chemisch auf die Kieselsäure einwirkt, sondern auch durch seine Eigenschaft, sehr dünnflüssig einzuschmelzen und schwer schmelzbare Körper unzersetzt aufzulösen (Gips, Schwerspat), ein vorzügliches Flußmittel bildet. Die Kieselsäure verwandelt er teils in Kalksilikat, teils in flüchtiges Fluorsilizium nach der Gleichung:

$$2\,CaFl_2 + 2\,SiO_2 = SiFl_4 + Ca_2SiO_4.$$

Zum größten Teile wird der Flußspat unzerlegt in die Schlacke übergeführt, wo er durch seine Dünnflüssigkeit und sein Auflösungsvermögen vorteilhaft wirkt.

Alkalische Zuschläge werden wegen ihres hohen Preises nur selten als Verschlackungsmittel angewendet (Pottasche, Soda, Glaubersalz, Kochsalz, Borax). Sie wirken teils chemisch, teils nur auflösend, teils als schützende Hülle für geschmolzene Metalle und metallhaltige Körper.

Die Schlacken wirken sowohl chemisch als auch auflösend und als Flußmittel. Gewöhnlich werden diese Wirkungen derselben bei Schmelzverfahren vereinigt.

Die basischen Schlacken können noch einen Teil Kieselsäure aufnehmen und dienen daher als Verschlackungsmittel für Kieselsäure und saure Silikate. So nimmt beispielsweise eine basische Eisenschlacke noch Kieselsäure auf nach der Gleichung:

$$Fe_4SiO_6 + SiO_2 = 2\,(Fe_2SiO_4).$$

Die sauren Schlacken können noch eine gewisse Menge von Basen aufnehmen und dienen daher als Verschlacksungmittel für die letzteren und für stark basische Silikate. Beispielsweise wird Eisenoxydul von sauren Schlacken aufgenommen nach der Gleichung:

$$2\,(FeSiO_3) + 2\,FeO = 2\,(Fe_2SiO_4).$$

Die **neutralen** Schlacken dienen als Flußmittel sowie als schützende Hülle für geschmolzene Metalle und Metallverbindungen gegen Oxydation und sonstige Einflüsse. Als Flußmittel wirken sie dadurch, daß sie mit anderen Schlacken zusammenschmelzen und dieselben dadurch leichtflüssig machen. Ihre Wirkung als Schutzmittel der geschmolzenen Metalle und Metallverbindungen besteht darin, daß sie die gedachten Körper einhüllen und dieselben (wegen des geringeren spezifischen Gewichtes der Schlacken) durchsinken und zu einem Ganzen zusammenfließen lassen, über welchem sie dann eine schützende Decke bilden.

Die Auflockerungsmittel

sollen nur eine mechanische Wirkung dadurch ausüben, daß sie beim Verschmelzen pulverförmiger metallhaltiger Körper in gewissen Arten von Öfen (Schachtöfen) die Beschickung locker halten und sie dadurch für Gase durchdringbar machen.

Als solche Auflockerungsmittel dienen Schlacken oder solche stückförmige Zuschläge, welche gleichzeitig auch eine chemische oder auflösende Wirkung ausüben sollen.

Zerlegungsmittel für Legierungen.

Als Zerlegungsmittel für Legierungen wendet man außer den schon besprochenen Oxydations-, Chlorierungs- und Schwefelungsmitteln noch **Metalle** an, nämlich Blei zur Zerlegung von Kupfer-Silber- bezw. Goldlegierungen und zur Aufnahme des Silbers bezw. Goldes, Zink zur Zerlegung von Blei-Silber- bezw. Goldlegierungen und zur Aufnahme des Silbers bezw. Goldes. (Zinkentsilberung.)

Zerlegungsmittel für Salze.

Als Zerlegungsmittel für Salze wendet man außer den oben erwähnten Reduktions-, Reaktions-, Schwefelungs- und Arsenizierungsmitteln noch Kieselsäure zur Zerlegung von Bleisulfat, Eisenoxyd und Eisenoxyduloxyd nach vorgängiger Reduktion zu Oxydul zur Zerlegung von Bleisilikaten ($2\,\mathrm{FeO} + \mathrm{Pb_2\,SiO_4} = 2\,\mathrm{Pb} + \mathrm{Fe_2\,SiO_4}$), Kalk und Kohle zur Zerlegung von Silikaten des Eisens an.

3. Bei Verdampfungsverfahren

wendet man als Körper, mit deren Hilfe die Abscheidung von Metallen und Metallverbindungen herbeigeführt oder gefördert wird, Oxydationsmittel, Reduktionsmittel, Niederschlagsmittel, Schwefelungsmittel, Arsenizierungsmittel und Zerlegungsmittel für Salze an. Die **Oxydationsmittel sind gasförmig**, die **Reduktionsmittel fest** oder **gasförmig** und die **übrigen Mittel fest.**

Als **Oxydationsmittel** dient die atmosphärische Luft und zwar zur Oxydation des Schwefels im Zinnober behufs Gewinnung des gleichzeitig dampfförmig frei werdenden Quecksilbers sowie zur Oxydation von Arsen- und Arsenschwefelmetallen behufs Gewinnung von Arseniger Säure.

Als **Reduktionsmittel** dienen Kohle und Kohlenoxyd (das letztere wird bei der Reduktion erst gebildet) zur Reduktion von Zink, Cadmium und Arsen aus den Oxyden dieser Metalle.

Als **Niederschlagsmittel** dienen Eisen oder Kalk und Kohle zur Zerlegung von Schwefel-Quecksilber.

Als **Schwefelungs-** bezw. **Arsenizierungsmittel** dienen Schwefelkies bezw. Arseneisen zur Gewinnung von Schwefelarsen durch Erhitzen eines Gemenges der beiden gedachten Körper.

Als **Zerlegungsmittel für Salze** ist die Kohle zu nennen, durch welche das Zink aus Zinksilikat abgeschieden bezw. reduziert wird.

II. Körper, welche bei Abscheidungsverfahren auf nassem Wege zur Herbeiführung oder zur Unterstützung der Abscheidung angewendet werden.

Diese Körper sind bei gewöhnlicher Temperatur fest, flüssig oder gasförmig.

1. Bei Verfahren des nassen Weges im engeren Sinne

haben wir zu unterscheiden

A. die Hilfsmittel, durch welche die Metallverbindungen in den für die Lösung geeigneten Verbindungszustand übergeführt werden,

B. die Lösungsmittel,

C. die Mittel zur Vorbereitung der Laugen für die Fällung,

D. die Fällungsmittel.

A. Die Hilfsmittel für die Lösung

(ad A) sind von **Flüssigkeiten:** Wasser, Säuren (Salzsäure, Schwefelsäure), Lösungen von Chlormetallen (Chlornatrium, Chlorkalzium, Eisenchlorid, Kupferchlorid), Lösungen von Sulfaten (Ferrosulfat, Aluminiumsulfat), von **Gasen:** Luft, Wasserdampf, Schweflige Säure, Salpetersäure, Salpetrige Säure.

Durch die gedachten Körper sucht man die Schwefelverbindungen des Kupfers in lösliches Kupfersulfat bezw. Kupferchlorid überzuführen.

Von den Gasen sollen Luft und Wasserdampf das Schwefelkupfer, welches in Schwefelkies oder Speerkies oder in gerösteten Kiesen dieser Art enthalten ist, durch Verwitterung in Kupfersulfat überführen.

Kupferoxyd und Karbonate des Kupfers werden durch Schweflige Säure, Wasserdampf und Salpetergase in Kupfersulfat übergeführt.

B. Als Lösungsmittel

verwendet man hauptsächlich von **Flüssigkeiten**: Wasser zum Auflösen von Metallsalzen und Chlormetallen (Kupfervitriol, Zinkvitriol, Silbersulfat, Kupferchlorid, Goldchlorid), konzentrierte Schwefelsäure zum Auflösen von Silber aus Gold-Silberlegierungen, verdünnte Schwefelsäure zum Auflösen von Kupfer aus Kupfer-Silberlegierungen, aus gerösteten Kupfersteinen, aus oxydischen und gesäuerten Kupfererzen; Salpetersäure zum Auflösen von Silber aus Gold-Silberlegierungen, Salzsäure zum Auflösen von Kupfer aus oxydischen und gesäuerten Erzen oder gerösteten Erzen und Steinen; Königswasser zum Auflösen des Goldes aus Gold-Silberlegierungen (wobei das Silber als unlösliches Chlorsilber zurückbleibt), Chlorwasser zum Auflösen von Gold aus Erzen; verdünnte Cyankaliumlösungen zum Auflösen des Goldes aus Erzen, Lösungen von Chlormetallen (besonders Chlornatrium), zur Auflösung von Chlorsilber und Kupferchlorür; Natrium- und Kalziumthiosulfat zum Auflösen von Chlorsilber, Eisenchlorür zum Auflösen von Kupferoxyd und Karbonaten des Kupfers, Eisenchlorid zum Auflösen von Schwefelkupfer, Ferrisulfat zum Auflösen des Kupfers aus Schwefelkupfer, Eisenchlorid und Zinnchlorid zum Auflösen von Zinn aus zinnhaltigen Abfällen, Ammoniumkarbonat zum Auflösen von Zinkoxyd und Kupferoxyd; von **Gasen**: Chlor zum Auflösen des Goldes aus Golderzen, Brom zum Auflösen des Goldes aus Golderzen.

C. Die Mittel zur Vorbereitung der Lösungen für die Fällung

bezwecken die Entfernung von die gefällten Metalle oder Metallverbindungen verunreinigenden Körpern aus den Lösungen (Fällung von Eisen aus Nickellösungen durch Kalziumkarbonat) sowie die Reduktion von Ferrisulfat in Kupferlaugen zu Ferrosulfat (durch Schweflige Säure) zur Verminderung des Eisenverbrauches bei der Fällung des Kupfers.

D. Als Fällungsmittel

benutzt man von **festen Körpern**: Eisen zur Fällung von Kupfer und Silber, zur Fällung von Blei aus Lösungen des Bleisulfats in Chlornatriumlauge, Kupfer zur Fällung von Silber, Zink zur Fällung von Kupfer aus ammoniakalischen Lösungen, zur Fällung von Silber aus Chlorsilber, Holzkohle zur Fällung von Gold aus Chlorgoldlösungen, Kalk zur Fällung von Kupferhydroxyd aus Lösungen des Chlorkupfers; von **Flüssigkeiten**: Wasser zum Ausfällen von Silbersulfat aus Lösungen desselben in Schwefelsäure (bei der Goldscheidung), Schwefelnatrium und Schwefelkalziumlauge zum Ausfällen von Silber aus Thiosulfatlösungen, Kalkmilch zum Ausfällen von Kupferhydroxyd aus Kupferlaugen, von Nickelhydroxydul aus Nickellaugen, Ferrosulfatlösung zum Ausfällen von Silber aus Sulfatlösungen, von Gold aus Goldlösungen, Eisenchlorürlösung zum Ausfällen von Gold aus Goldlösungen; von **Gasen:** Schwefelwasserstoff zum Ausfällen von Kupfer und Silber aus Lösungen.

2. Bei Amalgamationsverfahren

sind zu unterscheiden:

A. Die Hilfsmittel zur Überführung der Metallverbindungen in den Zustand der Metalle.

B. Die eigentlichen Amalgamiermittel.

A. Die Hilfsmittel

dienen dazu, aus den verschiedenen Verbindungen des Silbers das letztere metallisch abzuscheiden. Dieselben sind fest oder flüssig.

Eine direkte Abscheidung des Silbers findet bei Schwefelsilber und Chlorsilber statt. Alle übrigen Silberverbindungen, besonders Antimon-Arsen-Schwefel-Verbindungen und auch durch andere Körper verunreinigtes Schwefelsilber, werden zuerst in Chlorsilber übergeführt, aus welcher Verbindung dann das Silber ausgeschieden wird.

Zur Abscheidung des Silbers aus reinem Schwefelsilber dient das Quecksilber bei Gegenwart von Eisen.

Zur Abscheidung des Silbers aus Chlorsilber dienen Quecksilber, Eisen (bei welcher Art der Abscheidung das Chlorsilber in Kochsalzlauge gelöst wird), Kupfer, Zink und Blei.

Die Mittel, durch welche die Schwefel-Arsen-Antimon-Verbindungen des Silbers auf nassem Wege in Chlorsilber übergeführt werden (auf trockenem Wege geschieht es durch Rösten derselben mit Kochsalz), sind Kupferchlorid und Kupferchlorür (der letztere Körper in Kochsalzlauge aufgelöst). Das Kupferchlorid setzt man nicht fertig gebildet zu, sondern als ein angefeuchtetes Gemenge von Kupfersulfat und Kochsalz oder als ein Gemenge von Eisensulfat und Kupfersulfat enthaltendem geröstetem Schwefelkies mit Kochsalz (Magistral). Chlornatrium und Kupfersulfat setzen sich in Kupferchlorid und Natriumsulfat um.

B. Die Amalgamiermittel.

Das Amalgamiermittel zur Verwandlung von Silber und Gold in Amalgam bezw. zum Auflösen der gedachten Metalle ist das Quecksilber. Man setzt dasselbe grundsätzlich als Metall zu. Nur ausnahmsweise scheidet man es während des Verfahrens selbst durch Eisen aus einer Quecksilberchloridlösung aus.

III. Körper, welche bei elektrometallurgischen Verfahren zur Herbeiführung der Abscheidung oder zur Unterstützung derselben angewendet werden.

Bei den elektrometallurgischen Verfahren auf trockenem Wege wendet man als Zusätze Salze an, in welchen die durch den Strom zu zersetzenden Körper aufgelöst werden. Bei diesen Verfahren auf nassem Wege mit unlöslichen Anoden setzt man den Elektrolyten zur Erhöhung der Leitungsfähigkeit derselben geeignete Flüssigkeiten (Säuren) zu.

Bei den elektrometallurgischen Verfahren auf nassem Wege mit löslichen Anoden bilden die Elektrolyten diese Zusätze. Dieselben sind geeignete Lösungen desjenigen Metalles, welches aufgelöst und an den Kathoden niedergeschlagen werden soll. So wendet man bei der Scheidung von Kupfer und Silber aus Legierungen und Lechen als Elektrolyt eine angesäuerte Lösung von Kupfervitriol, bei der Scheidung von Blei und Silber aus Legierungen dieser Metalle eine Lösung von Bleiazetat in Wasser oder von Bleiazetat in Natriumsulfat, bei der Scheidung des Silbers von Gold eine saure Lösung von Silbernitrat an.

Die Erzeugung der für die Metallgewinnung erforderlichen Wärme.

Die Wärme ist, wie die Elektrizität, die chemische Energie, die mechanische Energie und die strahlende Energie, eine besondere Energieform. Nach dem Gesetze von der Erhaltung der Energie sind die verschiedenen Energieformen in einander umwandelbar. Es können also Elektrizität, chemische Energie, mechanische Energie und strahlende Energie in Wärme umgewandelt werden.

Die für die Metallgewinnung erforderliche Wärme wird entweder durch chemische Vorgänge oder durch den elektrischen Strom erzeugt.

I. Die Wärmeerzeugung durch chemische Vorgänge.

Bekanntlich wird bei der chemischen Vereinigung von Körpern in der Mehrzahl der Fälle Wärme entwickelt, während bei der Zersetzung chemischer Verbindungen in der Mehrzahl der Fälle Wärme verbraucht wird. Die Wärmemenge, welche bei der Zersetzung von Verbindungen verbraucht wird, ist ebenso groß wie die Wärmemenge, welche bei der Bildung dieser Verbindungen entwickelt worden ist.

Nun wird auch bei den Abscheidungsverfahren durch die chemische Vereinigung gewisser Bestandteile der metallischen Körper mit einander sowohl als mit anderen Körpern Wärme entwickelt. Dieselbe genügt aber nur in wenigen Fällen (Bessemer-Verfahren, Thomas-Verfahren, Rösten von Schwefelmetallen) zur Unterhaltung der für die betreffenden Verfahren erforderlichen Temperatur. In den weitaus meisten Fällen muß die erforderliche Wärme unabhängig von der bei den Abscheidungsverfahren entwickelten Wärme durch besondere chemische Prozesse erzeugt werden. Diese Prozesse sind Oxydationsprozesse. Man nennt bekanntlich die chemische Verbindung von Körpern mit Sauerstoff „Oxydation".

Diese Oxydation kann langsam in nicht sichtbarer Weise und ohne wahrnehmbare Wärmeentwickelung vor sich gehen, wie z. B. beim Rosten des Eisens und bei der Verwesung pflanzlicher und tierischer Stoffe an der Luft, oder sie kann in lebhafter Weise unter Licht- und fühlbarer Wärmeentwickelung erfolgen.

Man nennt die in lebhafter Weise unter Licht- und Wärmeentwickelung stattfindende Oxydation „Verbrennung“. Diejenigen Körper, durch deren Vereinigung mit Sauerstoff man Wärme erzeugt, nennt man **Brennstoffe.**

Wir unterscheiden Brennstoffe, welche Bestandteile der metallhaltigen Körper bilden und bei gewissen Abscheidungsverfahren verbrennen, wie Phosphor, Schwefel, Silizium, Metalle und Kohlenstoff, und selbständige Brennstoffe, oder Brennstoffe im engeren Sinne, welche lediglich zu dem Zwecke der Wärmeerzeugung für die Metallgewinnung verbrannt werden. Derartige Brennstoffe sind: Holz, Torf, Braunkohle, Steinkohle, Holzkohle, Torfkohle, verkohlte Braunkohle, Koks, Erdöl, Wasserstoff, Kohlenoxyd und Kohlenwasserstoffe. Dieselben enthalten als brennbare Bestandteile Kohlenstoff bezw. Kohlenoxyd und Wasserstoff. Diese Brennstoffe finden sich teils fertig gebildet in der Natur, teils werden sie künstlich hergestellt.

1. Die Verbrennung.

Die Verbrennung der Brennstoffe, welche Bestandteile der metallhaltigen Körper bilden, besteht darin, daß sich dieselben bei gewissen Temperaturen mit dem Sauerstoff zu Oxyden verbinden. Der Sauerstoff wird entweder aus der Luft oder aus gewissen den metallhaltigen Körpern beigemengten Verbindungen desselben entnommen. Die wichtigsten dieser Brennstoffe sind: Silizium, Phosphor, Kohlenstoff, Eisen, Mangan, Schwefelmetalle.

Das **Silizium** wird in höherer Temperatur zu Kieselsäureanhydrid SiO_2 oxydiert und liefert hierbei, wie später dargelegt wird, sehr erhebliche Wärmemengen. Dieselben sind so bedeutend, daß sie die Herstellung von Flußeisen bei dem Bessemer-Verfahren ohne Zufuhr äußerer Wärme gestatten.

Der **Phosphor** wird zu Phosphorsäureanhydrid oxydiert und liefert gleichfalls erhebliche Wärmemengen, welche bei der Herstellung von Flußeisen aus phosphorhaltigem Eisen die für die Ausführung des Verfahrens in einem gewissen Zeitabschnitt erforderliche Wärme liefern.

Der **Kohlenstoff** wird zu Kohlenoxyd oder zu Kohlensäure oxydiert. Die Vorgänge bei der Verbrennung desselben werden bei der Verbrennung der eigentlichen Brennstoffe des näheren besprochen.

Das **Eisen** wird zu Eisenoxydul FeO, Eisenoxyduloxyd Fe_3O_4 und zu Eisenoxyd Fe_2O_3 verbrannt.

Das **Mangan** wird zu Manganoxydul (MnO), Manganoxyduloxyd (Mn_3O_4) und zu Mangandioxyd (MnO_2) oxydiert.

Die **Schwefelmetalle** werden zu Schwefliger Säure, welche dampfförmig entweicht, und zu den Oxyden der betreffenden Metalle verbrannt. In gewissen Fällen, z. B. beim Rösten mancher Schwefelmetalle, reicht die bei dieser Verbrennung entwickelte Wärme aus, um die für den betreffenden Vorgang erforderliche Temperatur zu unterhalten. (Rösten von Pyrit, von pyrithaltigem Kupferkies, von Kupferstein, von Bleistein.)

Die Verbrennung der eigentlichen Brennstoffe besteht darin, daß sich der Wasserstoff und der Kohlenstoff bezw. das Kohlenoxyd derselben bei einer gewissen Temperatur mit dem Sauerstoff der Luft verbinden.

Der **Wasserstoff** verbindet sich mit dem Sauerstoff zu Wasser, H_2O, welches $11,11\%$ Wasserstoff und $88,89\%$ Sauerstoff enthält.

Der **Kohlenstoff** bildet mit dem Sauerstoff 2 Oxydationsstufen, die Kohlensäure CO_2 mit $27,27\%$ C und $72,73\%$ O und das Kohlenoxyd mit $42,85\%$ Kohlenstoff und $57,15\%$ Sauerstoff.

Das **Kohlenoxyd** verbrennt zu Kohlensäure.

Die **Kohlenwasserstoffe** verbrennen zu Kohlensäure und Wasser.

Die Körper, welche außer den gedachten Bestandteilen in den Brennstoffen enthalten sind, wie Wasser, Stickstoff, Aschenbestandteile, verbrennen nicht und entwickeln daher keine Wärme bei der Verbrennung der Brennstoffe. Im Gegenteil nehmen sie einen Teil der entwickelten Wärme auf und wirken deshalb nachteilig bei der Wärmeerzeugung.

Die Temperaturen, bei welchen die Verbrennung stattfindet.

Bei gewöhnlicher Temperatur ist das Vereinigungsbestreben des Sauerstoffs zu dem Kohlenstoff, dem Wasserstoff und dem Kohlenoxyd der Brennstoffe nicht groß genug, um eine Verbrennung herbeizuführen. Es ist daher erforderlich, die Brennstoffe erst auf eine bestimmte Temperatur zu erhitzen. Diese Temperatur, bei welcher die Verbrennung der Brennstoffe eintritt, nennt man die **Entzündungstemperatur.** Dieselbe hängt von der chemischen Zusammensetzung und von dem Gefüge der Brennstoffe ab. Am höchsten ist sie für Gase. Sie beträgt beispielsweise für:

$$
\begin{array}{ll}
\text{Torf} & = 225^0\ \text{C.} \\
\text{Nadelholz} & = 295^0 \\
\text{Steinkohle} & = 326^0 \\
\text{Holzkohle} & \\
\text{(bei } 300^0 - 400^0 \text{ dargestellt)} & = 360^0 \\
\text{(bei } 1200^0 - 1300^0 \text{ dargestellt)} & = 600 - 700^0 \\
\text{Wasserstoff} & = 500^0 \\
\text{Methan} & = 800^0.
\end{array}
$$

Nach der Erhitzung auf die Entzündungstemperatur schreitet die Verbrennung infolge der bei derselben entwickelten Wärme von selbst fort und zwar um so leichter, je poröser die Brennstoffe sind.

Nun ist die Verbrennung der Brennstoffe nicht nur nach unten durch die Entzündungstemperatur, sondern auch nach oben durch die Temperatur, bei welcher die gebildeten Verbrennungserzeugnisse zerfallen, die sogen. „**Dissoziationstemperatur**", begrenzt. Es zerfallen nämlich bei hoher Temperatur die gasförmigen Erzeugnisse der Verbrennung: Wasser, Kohlensäure und Kohlenoxyd, in ihre Bestandteile, so daß also die chemische Verwandtschaft zwischen dem Sauerstoff und den brennbaren Körpern aufgehoben ist und deshalb die Verbrennung aufhören muß. Dieser Zerfall der gasförmigen Verbrennungserzeugnisse ist bei gewissen Temperaturen nur ein teilweiser, bei sehr hohen Temperaturen ein vollständiger. Bis jetzt ist weder die Größe dieses Zerfalles bei verschiedenen Temperaturen und unter verschiedenen Verhältnissen, noch die Temperatur, bei welcher die Dissoziation der gasförmigen Verbrennungserzeugnisse eine vollständige ist, mit Sicherheit ermittelt. Es steht nur so viel fest, daß die vollständige Dissoziation bei Temperaturen eintritt, welche bei der Metallgewinnung nicht erforderlich sind.

Von den verschiedenen sich teilweise widersprechenden Angaben über die Dissoziationstemperaturen sei angeführt, daß nach Deville Wasserdampf bei 2500⁰ vollständig in Wasserstoff und Sauerstoff zerfällt, während nach den neueren Versuchen von Mallard und Le Chatelier bei der Verbrennungstemperatur des Wasserstoffknallgases im geschlossenen Raume, d. i. bei 3480⁰, eine nennenswerte Dissoziation des Wasserdampfes nicht zu bemerken ist. Nach Langer und V. Meyer kann Kohlensäure in Platingefäßen bis 1700⁰ erhitzt werden, ohne zu zerfallen; nach den Versuchen von Mallard und Le Chatelier zeigte Kohlensäure bei 2000⁰ keine Spur von Zerfall; erst bei der Verbrennungstemperatur des Kohlenoxydgases, d. i. bei 3200⁰, zerfielen 30% der Kohlensäure. Nach anderen soll der Zerfall der Kohlensäure bei 1800 — 2000⁰ beginnen und bei 3400⁰ vollständig sein. Kohlenoxyd wird nach den Versuchen von Langer und V. Meyer bei 1700⁰ nur in geringem Maße in Kohlenstoff und Kohlensäure zersetzt.

Hierbei ist zu bemerken, daß die angegebenen Temperaturen nicht genau sein können, weil, wie später dargelegt werden wird, hohe Temperaturen weder durch Rechnung noch durch unmittelbare Bestimmung genau ermittelt werden können.

Verbrennung mit Flamme und ohne Flamme.

Wie schon erwähnt, tritt bei jeder Verbrennung eine Lichtentwickelung ein. Dieselbe gibt sich durch das Erscheinen einer Flamme oder durch ein Erglühen der brennenden Körper kund.

Die Flamme ist eine Säule oder ein Strom brennender Gase und

Dämpfe. Dieselbe kann daher nur beim Verbrennen von Gasen oder von solchen Körpern, welche beim Erhitzen brennbare Gase liefern, erscheinen. Die Flamme kann sowohl oxydierend als auch reduzierend wirken oder keinerlei chemische Reaktion ausüben. Man unterscheidet daher oxydierende, reduzierende und neutrale Flammen.

Man nennt die Eigenschaft der Brennstoffe, mit Flamme zu verbrennen, die Flammbarkeit derselben und die betreffenden Brennstoffe flammbar. Zu den flammbaren Brennstoffen gehören außer den gasförmigen Brennstoffen Erdöl, Holz, Torf, Braunkohle und Steinkohle, zu den nicht flammbaren Brennstoffen die verkohlten Brennstoffe, wie Holzkohle, Koks, Torfkohle.

Bei der Verbrennung der verkohlten Brennstoffe tritt unter gewissen Umständen eine Flammenentwickelung ein, wenn z. B. infolge mangelnden Zutritts von Sauerstoff zu denselben nur Kohlenoxyd, nicht aber Kohlensäure gebildet wird, oder wenn die gebildete Kohlensäure durch Berührung mit glühenden Kohlen zu Kohlenoxyd reduziert wird. Bei der Verbrennung flammbarer Brennstoffe befindet sich die heißeste Stelle in der Flamme und zwar am Ende derselben, bei der Verbrennung nicht flammbarer Brennstoffe an der Oberfläche derselben. Die Flamme läßt sich bei gasförmigen Brennstoffen beliebig lang machen, während die Länge bei festen Brennstoffen beschränkt ist. Man unterscheidet die festen flammbaren Brennstoffe nach der Länge der entwickelten Flamme in langflammige und kurzflammige Brennstoffe.

Vollkommene und unvollkommene Verbrennung.

Der Kohlenstoff der Brennstoffe kann, wie erwähnt, sowohl zu Kohlensäure als auch zu Kohlenoxyd verbrennen. Im ersteren Falle nennt man die Verbrennung vollkommen, im letzteren Falle unvollkommen.

Bei der Verbrennung des Kohlenstoffs zu Kohlensäure wird, wie wir sehen werden, mehr Wärme erzeugt als bei der Verbrennung zu Kohlenoxyd. Das letztere Gas kann sowohl direkt nach der Gleichung $C + O = CO$ als auch indirekt durch Berührung von bereits gebildeter Kohlensäure mit glühender Kohle nach der Gleichung $CO_2 + C = 2\,CO$ entstehen. In beiden Fällen wird die gleiche Wärmemenge entwickelt, da die Wärmemenge, welche bei der Reduktion der Kohlensäure zu Kohlenoxyd verbraucht wird, ebenso groß ist wie die Wärmemenge, welche bei der Verbrennung des Kohlenoxyds zu Kohlensäure entwickelt worden ist. Ebenso ist die Wärmemenge, welche bei der direkten Verbrennung von Kohlenstoff zu Kohlensäure entwickelt wird, die nämliche, wie sie erzeugt wird, wenn der Kohlenstoff zuerst zu Kohlenoxydgas und das letztere Gas dann zu Kohlensäure verbrennt.

Die Verbrennung des Kohlenstoffs zu Kohlensäure ist am leichtesten bei gasförmigen Brennstoffen, weil sich dieselben mit der zur Verbrennung erforderlichen Luftmenge innig mischen lassen. Bei festen Brennstoffen ist für die Verbrennung des Kohlenstoffs zu Kohlensäure oder Kohlenoxyd das Verhältnis der mit einander in Berührung kommenden Mengen von Luft und Kohlenstoff maßgebend. Ist das Verhältnis ein derartiges, daß 1 Atom Sauerstoff nur 1 Atom Kohlenstoff zur Oxydation findet, so entsteht Kohlenoxyd; ist die Luftmenge dagegen im Verhältnis zur Menge des Kohlenstoffs so groß, daß 1 Atom Kohlenstoff 2 Atome Sauerstoff findet, so entsteht vorwiegend Kohlensäure. Bei Anwendung der nämlichen Luftmenge werden daher poröse, pulverförmige oder feinstückige Brennstoffe, welche der Luft eine große Oberfläche darbieten, vorwaltend zu Kohlenoxyd verbrennen, dichte und großstückige Brennstoffe dagegen wegen der der Luft dargebotenen geringen Oberfläche zu Kohlensäure. Erreicht die Brennstoffschicht eine gewisse Höhe, so wird die gebildete Kohlensäure beim Durchstreichen durch dieselbe wieder zu Kohlenoxyd reduziert.

Nicht zu verwechseln mit vollkommener und unvollkommener Verbrennung sind die vollständige und die unvollständige Verbrennung. Die Verbrennung ist eine vollständige, wenn bei derselben keine brennbaren Bestandteile zurückbleiben, eine unvollständige, wenn der Brennstoff nicht vollständig ausgenutzt wird.

Die vollständige Verbrennung wird begünstigt durch innige Mischung der Brennstoffe mit Sauerstoff bezw. Luft und durch eine hohe Temperatur. Am besten lassen sich, wie erwähnt, gasförmige Brennstoffe mit Luft mischen. Bei festen Brennstoffen ist eine innige Mischung mit Luft nicht möglich. Zur Verbrennung derselben ist deshalb bei weitem mehr Luft erforderlich, als die Berechnung ergibt.

2. Die bei der Verbrennung entwickelte Wärme.

Wie erwähnt, wird bei der chemischen Verreinigung von Körpern in der Mehrzahl der Fälle Wärme entwickelt und bei der Zerlegung von chemischen Verbindungen in der Mehrzahl der Fälle Wärme verbraucht. Die zur Zerlegung der Verbindungen erforderliche Wärme ist ebenso groß wie die bei ihrer Bildung entstandene Wärme. Treten nun bei der chemischen Vereinigung von Körpern auch gleichzeitig Zerlegungen von chemischen Verbindungen und Änderungen des Aggregatzustandes ein, so wird nur der Überschuß der entwickelten über die zur Zerlegung von Verbindungen und zu Änderungen des Aggregatzustandes verbrauchte Wärme frei. Man nennt diese fühlbare und meßbare Wärme die Bildungswärme der betreffenden chemischen Verbindung. Besteht die chemische Vereinigung in einer Verbrennung, so nennt man den Überschuß der durch die Verbrennung gebildeten Wärme über die zur Zerlegung chemischer Verbindungen und zur Vergasung von festen und flüssigen Körpern verbrauchte Wärme die Verbrennungswärme.

Den Temperaturgrad, welchen ein Brennstoff bei seiner vollständigen Verbrennung zu entwickeln im stande ist, nennt man die Verbrennungstemperatur desselben.

A. Die Verbrennungswärme.

Die Verbrennungswärme wird gemessen durch diejenige Wärmemenge, welche nötig ist, um 1 kg Wasser von 15^0 um 1^0 zu erwärmen. Man nennt diese Wärmemenge Wärmeeinheit oder Kilogramm-Kalorie oder große Kalorie und bezeichnet sie mit „Kal." oder „W.E." (Die wissenschaftliche Maßeinheit für die Wärme ist die Gramm-Kalorie, d. i. diejenige Wärmemenge, welche erforderlich ist, um 1 g Wasser von 0^0 auf 1^0 zu erwärmen. Dieselbe wird „kleine Kalorie" genannt und mit „kal." bezeichnet. Ostwald nimmt als Einheit diejenige Wärmemenge an, welche erforderlich ist, um 1 g Wasser von 0^0 auf 100^0 zu erwärmen. Man nennt dieselbe mittlere oder Ostwaldsche Kalorie und bezeichnet sie mit „K". Unter Berücksichtigung der spezifischen Wärme des Wassers ist $K = 100{,}6$ kal.)

Nach dem Gesetz von der Erhaltung der Energie läßt sich die Wärme auch durch andere Energieformen ausdrücken. So hat man durch das Experiment gefunden, daß die Arbeitsleistung einer Kilogramm-Kalorie = 426 kgm in der Sekunde ist. Ferner ist eine Kilogramm-Kalorie 4177 Volt-Coulomb elektrischer Energie äquivalent.

Die Verbrennungswärme kann ihrer Menge nach sowohl auf die Gewichtseinheit, als auch auf die Volumeneinheit des Brennstoffs bezogen werden. Auf die Gewichtseinheit bezieht man in der Regel die Verbrennungswärme der festen und flüssigen Brennstoffe, in manchen Fällen auch die der gasförmigen Brennstoffe, auf die Volumeneinheit vielfach die Verbrennungswärme der gasförmigen Brennstoffe. Die Wärmemenge, welche die Gewichtseinheit (1 kg) eines Brennstoffs bei der Verbrennung entwickelt, ausgedrückt in Wärmeeinheiten (Kal. oder W.E.), nennt man den absoluten Wärmeeffekt desselben. Die Wärmemenge, welche die Volumeneinheit eines Brennstoffs (1 cbm) bei der Verbrennung, ausgedrückt in Wärmeeinheiten (Kal. oder W.E.) entwickelt, nennt man den spezifischen Wärmeeffekt desselben.

Ermittelung der Verbrennungswärme.

Die Verbrennungswärme der Brennstoffe läßt sich nur auf experimentellem Wege mit Hilfe des Kalorimeters mit einiger Sicherheit bestimmen. Die anderweitigen Methoden zur Ermittelung derselben sind ungenau. Hierhin gehören die Berechnung aus der elementaren Zusammensetzung der Brennstoffe mit Hilfe der Dulongschen Formel und die Berechnung aus der bei der Verbrennung verbrauchten Sauerstoffmenge nach der Methode von Berthier.

Bestimmung der Verbrennungswärme durch das Kalorimeter.

Die Bestimmung der Verbrennungswärme durch das Kalorimeter beruht auf der Ermittelung der Temperaturerhöhung, welche eine bekannte Gewichtsmenge Wasser durch die Verbrennung einer bestimmten Gewichtsmenge des betreffenden Brennstoffs erfährt.

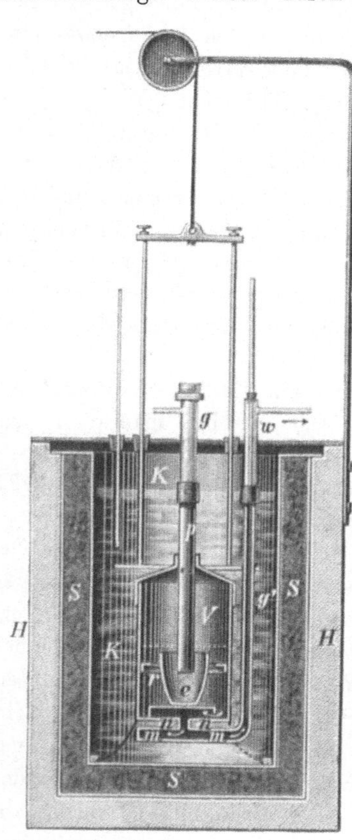

Fig. 1.

Das **Kalorimeter** stellt häufig ein zylindrisches, aus Kupferblech bestehendes, mit einer Isolierschicht umgebenes Gefäß dar, welches bis zu einem bestimmten Niveau mit Wasser gefüllt ist. In dasselbe wird das Gefäß, in welchem die Verbrennung des Brennstoffs vorgenommen wird, das sog. Verbrennungsgefäß, eingesetzt. Dasselbe besteht gewöhnlich aus Silber und besitzt ein Rohr zur Zuführung von Luft oder von reinem Sauerstoff sowie ein Rohr zur Abführung der Verbrennungsgase. Die bei der Verbrennung entwickelte Wärme wird durch die Metallwände des Verbrennungsgefäßes und des Abzugsrohres für die Verbrennungsgase an das Wasser abgegeben.

Ist die Menge des Wassers, die Temperatur desselben vor der Verbrennung und nach der Verbrennung, die Temperatur der abziehenden Verbrennungsgase, sowie diejenige Wärmemenge, welche das Gefäß selbst aufnimmt, bekannt, so läßt sich leicht berechnen, wie viel Kilogramm Wasser durch die Verbrennung von 1 kg Brennstoff um 1° C.

erwärmt worden sind, bezw. wie viel Wärmeeinheiten bei der Verbrennung des Brennstoffs entwickelt worden sind.

Wenn man genaue Resultate erhalten will, so muß auch die Menge und Natur der Verbrennungsgase, sowie die Menge des im Rückstande verbliebenen Kohlenstoffs und Wasserstoffs bestimmt und die höhere spezifische Wärme der Verbrennungserzeugnisse berücksichtigt werden. Die Wärmeleistung des Kohlenoxyds der Verbrennungsgase, des Wasserstoffs in den Verbrennungsgasen und im Rückstande, sowie des Kohlenstoffs im Rückstande sind der aus der Erhöhung der Temperatur des Wassers berechneten Wärmemenge zuzurechnen.

Von den vielen zur Bestimmung der Verbrennungswärme benutzten Kalorimetern (Kalorimeter von Dulong, Bolley, Favre und Silbermann, Scheurer-Kestner, Thomsen-Stohmann, F. Fischer, Bunte, Völkner, Schwackhöfer, Gottlieb, Berthelot, Alexejew, Hempel, Junkers) sollen nachstehend das Kalorimeter von F. Fischer, die durch Hempel verbesserte Berthelotsche Bombe und das zur Bestimmung der Verbrennungswärme von Gasen benutzte Kalorimeter von Junkers näher betrachtet werden.

Die Einrichtung des Kalorimeters von F. Fischer ergibt sich aus der Figur 1.

H ist ein Holzbehälter, in welchem sich das versilberte Kupfergefäß K befindet. Dasselbe ist durch eine Schicht Schlackenwolle S isoliert. V ist das aus Silber hergestellte Verbrennungsgefäß, in welchem sich ein Platintiegel e befindet. In denselben wird der zu verbrennende Körper eingeführt. Die Verbrennungsluft bezw. der Sauerstoff wird demselben durch das Glasrohr g bezw. durch die aus Platin bestehende Verlängerung p desselben zugeführt. Die Verbrennungsgase steigen aus dem mit einem Platinsiebe bedeckten Platintiegel zuerst aufwärts, mischen sich hier mit Sauerstoff, welcher durch Öffnungen o im Rohre p austritt, werden daselbst möglichst vollständig verbrannt, ziehen dann durch den überragenden Teil des Platinsiebes nach unten, werden durch die ringförmige Öffnung r veranlaßt, möglichst nahe an den Wänden des Platintiegels vorbeizuziehen, gelangen durch die Öffnung n in den Raum m unter dem Boden des Verbrennungsgefäßes und von hier durch das Rohr g' und das Glasrohr w, auf welchem sich ein Thermometer befindet, zuerst in 2 Chlorkalziumröhren zur Bestimmung des Wassers, dann in 3 Natronkalkröhren zur Bestimmung der Kohlensäure, dann zur Bestimmung der nicht ganz verbrannten Bestandteile in ein Rohr mit glühendem Kupferoxyd und dann abermals in Röhren mit Chlorkalzium und Natronkalk. Zur Bewegung des Wassers bei der Verbrennung ist das Kalorimeter mit einer an Seidenschnüren aufgehängten, aus versilberten Stäben bestehenden Rührvorrichtung versehen.

Die durch W. Hempel vereinfachte Berthelotsche Bombe[1]) ist in den Figuren 2, 3, 4, 5 und 6 dargestellt[2]). Man benutzt dieselbe besonders zur Bestimmung der Verbrennungswärme von Kohlen. Die zu verbrennende Kohle wird zuerst mit Hilfe der Presse, Fig. 2, zu einem kleinen, hohlen Zylinder zusammengepreßt. Die Presse besteht aus der mit einer Längsbohrung versehenen Schraube A, in welche der zylindrische, aus gehärtetem Stahl bestehende Stempel C eingeführt werden kann. Die

<hr>

[1]) Compt. rend. 115, 201.
[2]) Zeitschr. für angewandte Chemie 1892, S. 389.

Schraube A kann durch die Schraubenmutter B zusammengepreßt werden. Vor dem Einbringen des zu pressenden Kohlenpulvers in die Form legt man einen zur Zündung bestimmten Platindraht in der in Fig. 3 dargestellten Weise in das Bodenstück derselben ein. Derselbe wird in den Löchern e und in der Rinne f mit Wachs festgeklebt und so gebogen, daß er als halber Ring in den Hohlraum der Form hineinragt. Alsdann wird das Kohlenpulver eingefüllt (1,5 g) und der Stempel C mit Hilfe der Schraubenpresse heruntergedrückt. Man erhält hierdurch einen hohlen

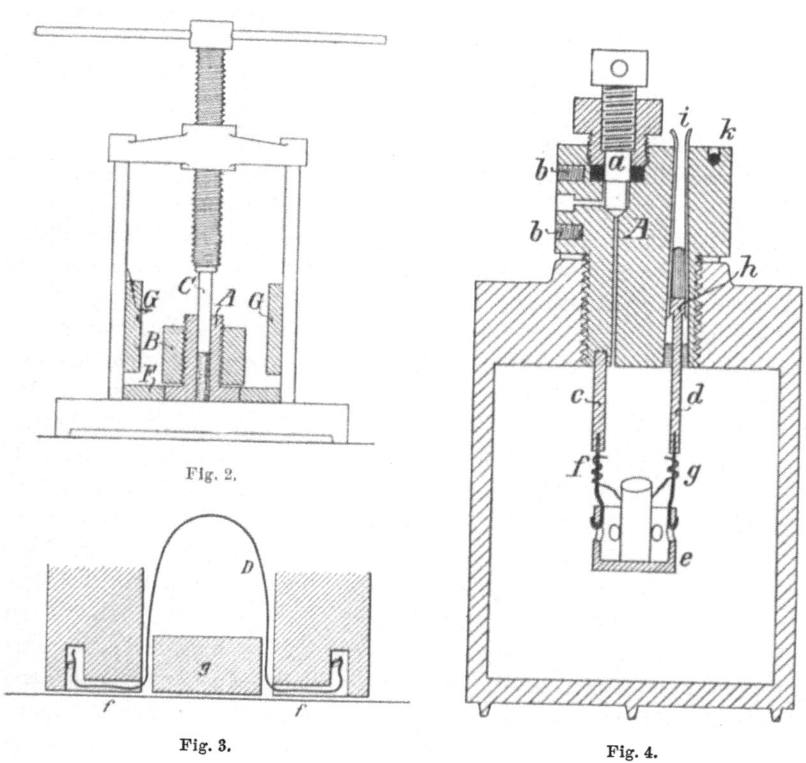

Fig. 2.

Fig. 3.   Fig. 4.

Kohlenzylinder. In demselben befindet sich ein Platindraht, dessen beide Enden an zwei Stellen herausragen. Derselbe wird aus der Form herausgenommen und dann in dem eisernen Gefäß (Autoklave), Fig. 4, verbrannt. Dasselbe hat gegen 250 ccm Inhalt und muß auf einen Druck von 50 Atmosphären geprüft sein. Es wird verschlossen durch das Kopfstück A. Dasselbe ist mit einem Schraubenventil a versehen und besitzt zwei Bohrungen b' zum Anschrauben an eine Flansche (behufs Füllung des Gefäßes mit Sauerstoff). In den unteren Teil des Kopfstücks ist ein eiserner Stift c fest eingeschraubt und ein zweiter Stift d für elektrische Ströme isoliert eingesetzt. Die Isolierung wird durch einen Gummischlauch i bewirkt, welchen man über die konische Verstärkung h des Stiftes d zieht. In die Stifte c und d sind Platindrähte f und g eingeschraubt und eingelötet, an welchen ein Näpfchen e aus feuerfestem Ton befestigt ist. Nachdem der Kohlenzylinder in das Näpfchen eingesetzt ist, werden die aus demselben hervorragenden Enden des Platindrahts in leitende Verbindung mit den Platindrähten f und g gebracht. Alsdann wird das Gefäß verschlossen und Sauerstoff in dasselbe eingefüllt. Man verbindet dasselbe zu diesem Zwecke in der durch Fig. 5 dargelegten Weise mit einer Sauerstoffflasche. Nachdem dies geschehen, wird das Ventil a des Verbrennungsgefäßes um eine ganze Drehung aufgeschraubt und dann das Ventil c der Sauerstoffflasche vorsichtig geöffnet. Zur Entfernung des Stickstoffs aus dem Gefäße schließt man die Flasche, sobald der Druck in dem ersteren 6 Atmosphären erreicht hat, und läßt den Sauerstoff aus dem Gefäße wieder heraus. Derselbe reißt den in dem Gefäße enthaltenen Stickstoff mit sich fort. Alsdann läßt man wieder so lange Sauerstoff in

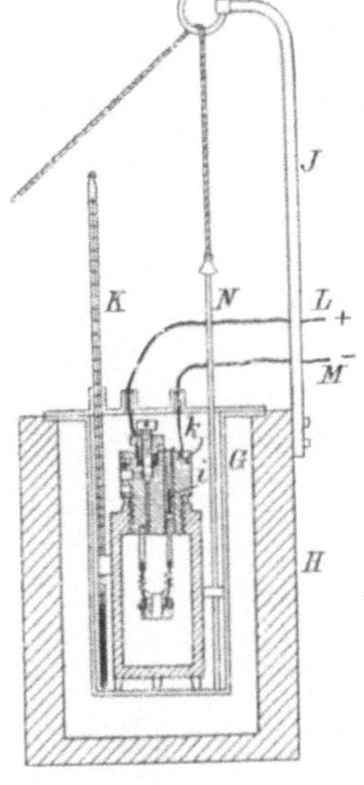

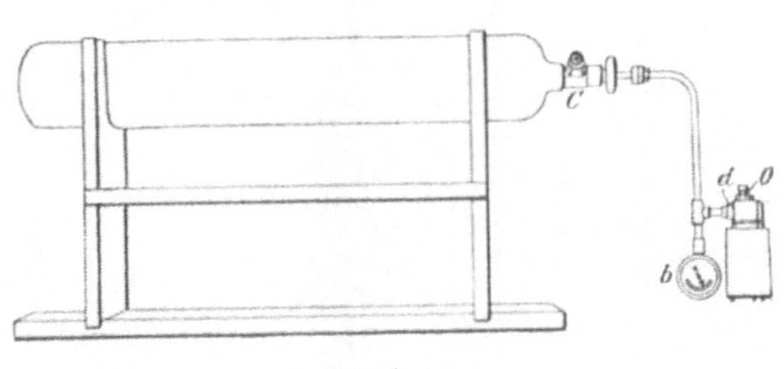

Fig. 5.　　　　　　　　　　　　　　　　　　Fig. 6.

das Gefäß einströmen, bis der Druck 12 Atmosphären erreicht hat. Darauf werden die Ventile geschlossen und das Verbrennungsgefäß wird in das in Fig. 6 dargestellte Kalorimeter eingesetzt. Das Kalorimeter besteht, wie das früher beschriebene Kalorimeter, aus einem Holzbehälter H, in welchen das Metallgefäß G eingehängt ist, und enthält 1 Liter Wasser. Ebenso besitzt es ein Thermometer, an welchem sich noch Hundertteile eines Grades abschätzen lassen, und eine aus Stange und Blechring bestehende Rührvorrichtung N, welche mit Hilfe von zwei Führungsstangen und einer Schnur auf und ab bewegt werden kann. Durch die Poldrähte L und M, welche bei i und k (Fig. 4 und Fig. 6) in Quecksilber eintauchen, wird der Apparat mit einem Stromerzeuger verbunden. Sobald die Temperatur des Wassers im Kalorimeter konstant ist, schließt man den Stromkreis und bringt dadurch den Platindraht im Kohlenzylinder zum Glühen und die Kohle zur Entzündung. Dieselbe verbrennt in dem reinen Sauerstoff sehr schnell zu Kohlensäure. Unter beständigem Umrühren wird nun das Thermometer so lange beobachtet, bis es anfängt, wieder zu sinken. Aus der Menge, der Anfangs- und der Endtemperatur des Wassers, sowie aus der Wärmekapazität des ganzen Apparates ermittelt man die Verbrennungswärme der Kohle.

Die Einrichtung des Kalorimeters von Junkers ergibt sich aus den Figuren 7 und 8[1]). Dasselbe ist aus einer Gasuhr, einem Druckregler und aus dem eigentlichen Kalorimeter zusammengesetzt (Fig. 7). Das eigentliche, aus Fig. 8 ersichtliche Kalorimeter besteht aus dem mit einem doppelwandigen Mantel umgebenen zylindrischen Rohr a, aus den in dem ringförmigen Mantelraum angebrachten senkrechten Abzugsrohren b für

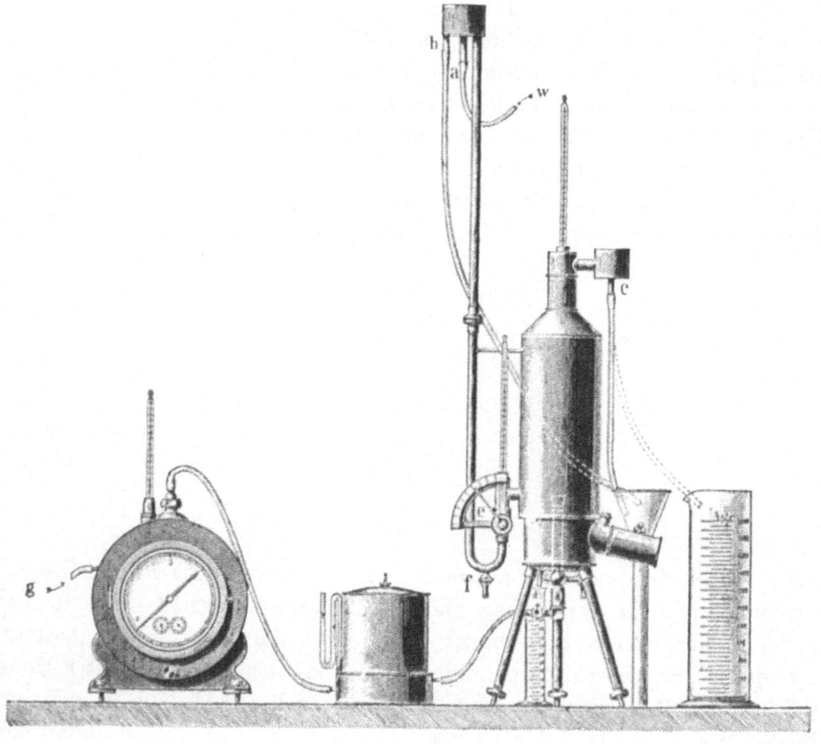

Fig. 7.

die verbrannten Gase, aus der Rauchkammer c, aus dem mit einer Drosselklappe versehenen Austrittsrohr d für die verbrannten Gase, aus dem Rohre g für die Zuführung des Wassers, aus dem an dem kegelförmigen Deckel des Instrumentes angebrachten Rohre zum Austritt des Wassers und aus dem Gaseinführungsrohre.

Der Mantelraum wird mit Wasser gefüllt. Dasselbe wird durch das Rohr e zugeführt, strömt durch das Reinigungssieb f in das Rohr g und

---

[1]) Beckert, Leitfaden der Eisenhüttenkunde I, Feuerungskunde, S. 9 u. 10.

gelangt durch dasselbe in das Kalorimeter. Der Zufluß desselben wird durch den Hahn i geregelt. Es steigt in dem Mantelraum, die Röhren b umgebend, in die Höhe und tritt, durch die geschlitzten Platten m gemischt, in ein seitliches Rohr und dann in ein Meßgefäß. Durch ein in

dem Eintrittsrohre g und ein im Austrittsrohre angebrachtes Thermometer wird die Temperatur des eintretenden und die Temperatur des austretenden Wassers gemessen. Das Gas, dessen Verbrennungswärme bestimmt werden soll, wird in dem Rohre a durch einen Bunsenbrenner verbrannt. Die heißen Verbrennungsgase treten am oberen Ende des Rohres in die Röhren b, durchziehen dieselben von oben nach unten und geben hierbei ihre Wärme an das die Röhren umgebende Wasser ab. Sie gelangen aus den Röhren b in die Rauchkammer c und dann durch das Rohr d, in welchem ihre Temperatur durch das Thermometer n gemessen wird, in das Freie. Das bei der Verbrennung des Gases gebildete Wasser tritt durch das am Boden des Kalorimeters angebrachte Rohr o aus und wird in einem Meßgefäße aufgefangen.

Will man nun die Verbrennungswärme eines Gases bestimmen, so füllt man den Mantelraum mit Wasser und entzündet das Gas. Dann regelt man vermittelst des Hahnes i den Zutritt des Wassers so lange, bis das austretende Wasser in seiner Temperatur nicht mehr schwankt. Der Austritt der Verbrennungsgase wird so lange mit Hilfe der Drosselklappe d geregelt,

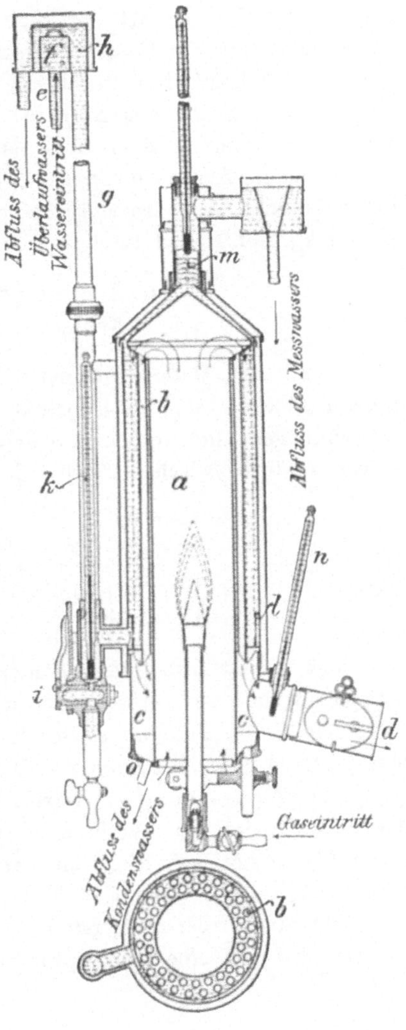

Fig. 8.

bis dieselben die Temperatur der äußeren Luft angenommen haben. Alsdann ermittelt man mit Hilfe der Gasuhr die Menge des verbrauchten Gases, sowie durch ein an derselben angebrachtes Thermometer die Temperatur und durch ein Barometer den Druck desselben. Die Menge des Gases wird dann auf 0^{0} und auf 760 mm Druck umgerechnet.

Mit Hilfe der am Kalorimeter angebrachten Thermometer ermittelt man die Temperatur des eintretenden und die des austretenden Wassers. Die Menge des durchgeflossenen Wassers ergeben die Meßgefäße. Aus der Menge des durchgeflossenen Wassers und der Temperaturerhöhung desselben, sowie aus der Wärmemenge, welche das aus den Verbrennungserzeugnissen kondensierte Wasser aufgenommen hat, läßt sich die Verbrennungswärme des Gases bestimmen.

Nachstehend sind die durch Kalorimeter ermittelten Verbrennungswärmen einer Reihe von Körpern, welche bei der Wärmeerzeugung für die Metallgewinnung eine Rolle spielen, angegeben. Für Gase sind die Verbrennungswärmen außer auf 1 kg (absolute Wärmeeffekte) auch auf 1 cbm (spezifische Wärmeeffekte) bezogen.

1 kg Kohlenstoff entwickelt bei der Verbrennung

$$\text{zu Kohlenoxyd} = 2387 \text{ W.E.}$$
$$\text{- Kohlensäure} = 8080 \quad \text{-}$$

(Nach den Untersuchungen von Favre und Silbermann ist die Verbrennungswärme des Kohlenstoffs je nach seinem Molekularzustande Schwankungen unterworfen. So bewegt sich dieselbe bei der Verbrennung zu Kohlensäure zwischen 7770 und 8080 W.E. Sie beträgt bei

Diamant	7770 W.E.
Graphit	7797 -
Retortengraphit	8047 -
Holzkohle	8080 -

Man nimmt trotz dieser Schwankungen die Verbrennungswärme des Kohlenstoffs bei der Verbrennung zu Kohlensäure zu 8080 W.E. an.

1 kg Kohlenoxyd entwickelt bei der Verbrennung zu Kohlensäure 2440 W.E., 1 cbm Kohlenoxyd = 3063 W.E.

1 kg Wasserstoff entwickelt bei der Verbrennung zu Wasserdampf 29140 W.E.; bei der Verbrennung zu flüssigem Wasser 34600 W.E. 1 cbm Wasserstoff entwickelt im ersten Falle 2620 W.E., im zweiten Falle 3110 W.E.

Von den Kohlenwasserstoffen entwickeln bei der Verbrennung zu Wasserdampf (auf eine Temperatur von 0° bezogen) und Kohlensäure

1 kg Methan	11980 W.E.
1 cbm -	8600 -
1 kg Äthylen	11295 -
1 cbm -	14185 -
1 kg Propylen	11155 -
1 cbm -	20970 -
1 kg Benzol	9710 -
1 cbm -	29495 -

Bei der Verbrennung zu flüssigem Wasser und zu Kohlensäure

1 kg Methan	13345	W.E.
1 cbm -	9580	-
1 kg Äthylen	12075	-
1 cbm -	15165	-
1 kg Propylen	11935	-
1 cbm -	22410	-
1 kg Benzol	10130	-
1 cbm -	30775	-

Es entwickeln ferner

1 kg Aluminium bei der Verbrennung zu Al_2O_3	7090	W.E.
1 kg Eisen - - - - FeO	1353	-
1 kg - - - - - Fe_3O_4	1644	-
1 kg - - - - - Fe_2O_3	1796	-
1 kg Blei - - - - PbO	243	-
1 kg Kupfer - - - - Cu_2O	321	-
1 kg - - - - - CuO	585	-
1 kg Mangan - - - - MnO	1724	-
1 kg - - - - - MnO_2	2115	-
1 kg Phosphor - - - - P_2O_5	5965	-
1 kg Schwefel - - - - SO_2	2221	-
1 kg Silizium - - - - SiO_2	7830	-
1 kg Zink - - - - ZnO	1314	-
1 kg Zinn - - - - SnO_2	1147	-
1 kg Pyrit - - - - Eisenoxyd (Fe_2O_3)	2253	-
1 kg Zinkblende (ZnS) bei der Verbrennung zu Zinkoxyd (ZnO)	1729	-

Berechnung der Verbrennungswärme aus der elementaren Zusammensetzung der Brennstoffe.

Diese Art der Bestimmung der Verbrennungswärme beruht auf der Annahme, daß die Verbrennungswärme eines zusammengesetzten Körpers gleich der Summe der Verbrennungswärmen seiner Bestandteile ist. Wenn man also durch die Analyse die elementaren Bestandteile des betreffenden Körpers ermittelt hat, so braucht man zur Ermittelung der Verbrennungswärme desselben nur die gefundenen Mengen der Elemente mit ihren bekannten Verbrennungswärmen zu multiplizieren und die Produkte zu addieren.

Sind Wasserstoff und Sauerstoff nicht im freien Zustande in dem Brennstoffe vorhanden, so berechnet man diejenige Wasserstoffmenge, welche erforderlich ist, um mit dem Sauerstoff Wasser zu bilden, zieht dieselbe von der Gesamtwasserstoffmenge ab und multipliziert nur den verbliebenen Überschuß von Wasserstoff mit seiner Verbrennungswärme. Für die rasche Ermittelung des absoluten Wärmeeffektes von Brennstoffen, welche außer Kohlenstoff und Wasserstoff noch Sauerstoff enthalten, ist von Dulong die nachstehende Formel angegeben worden:

$$A = 29\,140 \left(H - \frac{O}{8} \right) + 8080 \, C.$$

Es bedeutet in derselben

A die gesuchte Verbrennungswärme,
H die Menge des gefundenen Wasserstoffs in Hundertteilen,
O - - - - Sauerstoffs - -
C - - - - Kohlenstoffs - -
29 140 die Verbrennungswärme von 1 kg Wasserstoff,
 8080 - - - - Kohlenstoff.

$H - \dfrac{O}{8}$ ist der Überschuß des Gesamtwasserstoffs über die Menge des an Sauerstoff gebundenen Wasserstoffs. Bekanntlich verhalten sich die zur Bildung von Wasser erforderlichen Gewichtsmengen von Sauerstoff und Wasserstoff zu einander wie 16 : 2. Es ist daher die Menge Wasserstoff, welche eine gewisse Menge Sauerstoff zur Bildung von Wasser erfordert, gleich dieser Menge Sauerstoff, dividiert durch 8, also gleich $\dfrac{O}{8}$. Der freie Wasserstoff ist daher, wenn H die Gesamtmenge desselben im Brennstoff bedeutet, gleich $H - \dfrac{O}{8}$.

Nimmt man auf die für die Verdampfung des Wassers erforderliche Wärme Rücksicht, so gestaltet sich die Formel wie folgt:

$$A = 29\,140 \left(H - \frac{O}{8} \right) + 8080 \, C - 637 \, W.$$

W ist hier die Menge des im Brennstoff enthaltenen Wassers in Hundertteilen.

Will man den im Brennstoff enthaltenen Schwefel berücksichtigen (z. B. in Steinkohlen und Koks), so lautet die Formel:

$$A = 29\,140 \left(H - \frac{O}{8} \right) + 8080 \, C + 2220 \, S - 637 \, W.$$

Hier bedeutet S das Gewicht des im Brennstoff enthaltenen Schwefels in Hundertteilen und 2220 die Verbrennungswäre des Schwefels.

Die Dulongsche Formel berücksichtigt weder die Wärme, welche bei der Verbrennung zur Zerlegung von chemischen Verbindungen verbraucht wird, noch die Wärme, welche zur Vergasung des Kohlenstoffs und Wasserstoffs erforderlich ist.

Die Vergasungswärme des Kohlenstoffs ist sehr hoch, wie sich aus einem Vergleiche der Verbrennungswärmen des festen Kohlenstoffs und des im gasförmigen Zustande im Kohlenoxyd enthaltenen Kohlenstoffs ergibt. Ein Molekül fester Kohlenstoff (C_2) entwickelt bei der Verbrennung mit einem Molekül Sauerstoff (O_2) zu Kohlenoxyd (2 CO) 57 920 kal. (Gramm-Kalorien). 1 Molekül im Kohlenoxyd (2 CO) enthaltenen gasförmigen Kohlenstoffs entwickelt bei der Verbrennung mit einem Molekül Sauerstoff (O_2) zu Kohlensäure (2 CO_2) dagegen 136 640 kal.

Die Differenz zwischen diesen beiden Werten 136 640—57 920 kal. = 78 720 kal. ist diejenige Wärmemenge, welche für die Vergasung des festen Kohlenstoffs verbraucht worden ist. Diese Vergasungs- oder Verdampfungswärme des Kohlenstoffs beträgt, auf 1 kg Kohlenstoff bezogen, 3306 W. E. (große Wärmeeinheiten).

Wenn daher der Kohlenstoff frei in Gasform existierte, so müßte 1 kg desselben bei der Verbrennung zu Kohlenoxyd

$$2387 + 3306 = 5693 \text{ W. E.}$$

und bei der Verbrennung zu Kohlensäure

$$8080 + 3306 = 11\,386 \text{ W. E.}$$

entwickeln.

Trotzdem die Bestimmung der Verbrennungswärme mit Hilfe der Dulongschen Formel viel ungenauere Ergebnisse liefert als die Bestimmung mit dem Kalorimeter, wird sie doch noch zur vorläufigen Bestimmung der Verbrennungswärme von Brennstoffen benutzt.

Die Ermittelung der Verbrennungswärme aus der bei der Verbrennung verbrauchten Sauerstoffmenge nach der Methode von Berthier.

Diese Methode ist auf das sogen. Weltersche Gesetz gegründet. Dasselbe lautet:

„Die Wärmemengen, welche verschiedene Brennstoffe bei ihrer Verbrennung entwickeln, stehen unter sich genau in dem Verhältnisse, wie die Sauerstoffmengen, welche die Brennstoffe bei der Verbrennung aufnehmen."

Wenn man also die Sauerstoffmenge ermittelt, welche der zu untersuchende Brennstoff bei vollkommener Verbrennung (des Kohlenstoffs zu Kohlensäure, des Wasserstoffs zu Wasser) verbraucht und dann die Menge desselben mit der Sauerstoffmenge vergleicht, welche ein Brennstoff, dessen Verbrennungswärme bekannt ist, z. B. Kohlenstoff, bei seiner Verbrennung verbraucht, so läßt sich durch eine einfache Rechnung die Verbrennungswärme des zu untersuchenden Brennstoffs ermitteln.

Berthier nun bestimmt den Sauerstoff durch Erhitzen des zu untersuchenden Brennstoffs mit Bleioxyd, welches unter Abscheidung von Blei den Brennstoff vollkommen verbrennt. Aus der Menge des abgeschiedenen Bleis ergibt sich die Menge des verbrauchten Sauerstoffs. 1 gr ausgeschiedenes Blei entspricht hierbei 235 W. E.

Der zu untersuchende Brennstoff wird fein gepulvert, mit dem 30- bis 40fachen Gewichte Bleiglätte gemengt in einen feuerfesten Tiegel gebracht, mit einer Schicht Glätte bedeckt und dann erhitzt. Das aus dem Bleioxyd reduzierte Blei sammelt sich als König auf dem Boden des Tiegels an und wird nach dem Erkalten gewogen.

Nun ist aber das Weltersche Gesetz nicht richtig. Welter hatte die Verbrennungswärmen von Wasserstoff und Kohlenstoff nach den Ermittelungen von Despretz zu 23 600 bezw. 7800 W. E. angenommen, so daß sich dieselben ungefähr wir 3 : 1 verhielten, also ebenso wie die Sauerstoffmengen, welche Wasserstoff und Kohlenstoff zu ihrer Verbrennung zu Wasser bezw. Kohlensäure erfordern (1 G.-T. Wasserstoff verbraucht 8 G.-T. Sauerstoff zur Verbrennung zu Wasser, 1 G.-T. Kohlenstoff 2,6 G.-T. Sauerstoff zur Verbrennung zu Kohlensäure), und hatte auf diese Angaben sein Gesetz gegründet.

Durch die neueren kalorimetrischen Untersuchungen wurde aber nachgewiesen, daß die Verbrennungswärme des Wasserstoffs sich zu der des Kohlenstoffs nicht wie 3 : 1, sondern wie 4 : 1 verhält; hierdurch wurde das Weltersche Gesetz hinfällig. Dasselbe hatte auch auf die Wärmemengen, welche zur Veränderung des Aggregatzustandes der Brennstoffe und zur Zerlegung der in denselben enthaltenen chemischen Verbindungen erforderlich sind, keine Rücksicht genommen. Dasselbe kann daher nur für gasförmige Brennstoffe, bei deren Verbrennung eine Zerlegung von chemischen Verbindungen nicht eintritt (H, CO), zutreffend sein, nicht aber für feste und flüssige Brennstoffe.

Die Berthiersche Methode zur Untersuchung fester Brennstoffe kann daher keine genauen Ergebnisse liefern, weil die betreffenden Zahlen aus den erörterten Gründen zu niedrig ausfallen müssen. Man wendet diese Methode wegen der bequemen und raschen Ausführung derselben trotz ihrer Mängel doch häufig zur Untersuchung verschiedener Sorten eines und desselben Brennstoffs an.

v. Jüptner[1]) ermittelt die Verbrennungswärme aus dem Verhalten der Brennstoffe bei der trockenen Destillation so wie aus der zu ihrer vollständigen Verbrennung erforderlichen Sauerstoffmenge. Der feingepulverte Brennstoff wird nach vorgängiger Bestimmung seines Nässegehaltes im bedeckten Platintiegel so lange erhitzt, als noch brennbare Gase entweichen. Der Gewichtsverlust ergibt die Gasgiebigkeit (G). Der Rückstand (P) wird nun im offenen Tiegel vollständig verascht. Man erhält so den Aschengehalt (A) und den Gehalt an fixem oder Kokskohlenstoff (K). Die Bestimmung des Sauerstoffgehaltes (S) erfolgt nach der Methode von

---

[1]) Ahrens, Sammlung chemischer und chemisch-technischer Vorträge. II. Band. Stuttgart 1898.

Berthier. v. Jüptner hat für die Berechnung der Verbrennungswärme die Formel

$$p = 76{,}30\,K + C \cdot \frac{S_{11}}{100}$$

aufgestellt, worin p die Verbrennungswärme, K das Gewicht des Kokskohlenstoffs, S_{11} die zur vollständigen Verbrennung der gasförmigen Destillationsprodukte erforderliche Sauerstoffmenge und C einen Koeffizienten bezeichnet, welcher je nach der Art des Brennstoffes und nach dem Verhältnis der für die Verbrennung der flüchtigen Stoffe erforderlichen Sauerstoffmenge (S_{11}) zu der für die Verbrennung des Koksrückstandes erforderlichen Sauerstoffmenge $(S_1) = \dfrac{S_{11}}{S_1}$ verschieden ist. Der Wert dieses Koeffizienten ist von Jüptner für die verschiedenen Brennstoffe ausgerechnet worden.

Man erhält nach der v. Jüptnerschen Methode genauere Ergebnisse als nach der eigentlichen Berthier'schen Methode.

Die Verbrennungstemperatur.

Unter Verbrennungstemperatur oder pyrometrischem Wärmeeffekt oder Wärmeintensität verstehen wir den Temperaturgrad, welchen ein bei einer Anfangstemperatur von 0^0 und bei 760 mm Barometerstand verbrennendes Brennmaterial zu entwickeln im stande ist. Derselbe wird gemessen . an der Ausdehnung des Quecksilbers in Graden Celsius.

Wie schon erwähnt, ist die Verbrennungstemperatur nach oben hin durch die Dissoziation der Verbrennungserzeugnisse begrenzt.

Die **Verbrennungstemperatur eines Brennstoffes** läßt sich sowohl auf **theoretischem Wege durch Rechnung,** als auch **empirisch durch Messung mit Hilfe von sogen. Pyrometern** bestimmen. Aber weder auf dem einen noch auf dem anderen Wege erhält man zuverlässige Resultate.

Ermittelung der Verbrennungstemperatur durch Rechnung.

Die Ermittelung der Verbrennungstemperatur durch **Rechnung** beruht auf der nicht zutreffenden Annahme, daß die gesamte Wärmemenge, welche ein verbrennender Körper entwickelt, von den Verbrennungserzeugnissen desselben aufgenommen wird. Hiernach ist die Verbrennungstemperatur außer von der entwickelten Wärmemenge abhängig von der Menge der Verbrennungserzeugnisse und der spezifischen Wärme derselben. Je größer die spezifische Wärme der Verbrennungserzeugnisse ist, um so geringer ist ihre Temperatursteigerung.

Bezeichnet man den absoluten Wärmeeffekt eines Brennstoffs, z. B. von Kohlenstoff, mit W, die Menge des Verbrennungserzeugnisses mit q, die spezifische Wärme des letzteren mit s, die gesuchte Verbrennungstemperatur mit T, so ist

$$W = T \, (q \cdot s),$$

also

$$T = \frac{W}{s \cdot q},$$

d. h. die Verbrennungstemperatur eines einfachen Brennstoffs ist gleich dem absoluten Wärmeeffekt desselben, dividiert durch das Gewicht des Verbrennungserzeugnisses mal der spezifischen Wärme desselben.

Ist der Brennstoff ein zusammengesetzter, so erhält man verschiedene Verbrennungserzeugnisse. Bezeichnet man die Gewichtsmengen derselben mit q, q_1, q_2, q_3, q_4 u. s. w. und die entsprechenden spezifischen Wärmen derselben mit s, s_1, s_2, s_3, s_4, so ist die Verbrennungstemperatur

$$T = \frac{W}{q\,s + q_1\,s_1 + q_2\,s_2 + q_3\,s_3 + q_4\,s_4 + \ldots}$$

d. h. die Verbrennungstemperatur eines zusammengesetzten Brennstoffs ist gleich dem absoluten Wärmeeffekte desselben dividiert durch die Summe der Gewichtsmengen der Verbrennungserzeugnisse, jede dieser Gewichtsmengen multipliziert mit der spezifischen Wärme des entsprechenden Verbrennungserzeugnisses. Bei der Verbrennung mit Hilfe von Luft gilt auch der Stickstoff als Verbrennungserzeugnis.

In diesen Formeln ist angenommen, daß die spezifische Wärme (d. i. diejenige Wärmemenge, welche zur Erwärmung der Gewichtseinheit eines Körpers um 1⁰ erforderlich ist) der Verbrennungserzeugnisse für verschiedene Temperaturen gleich bleibt. Das trifft aber nicht zu. Es ist daher die Änderung der spezifischen Wärme der einzelnen Verbrennungserzeugnisse mit der Temperatur zu berücksichtigen und statt s in den Formeln der der jeweiligen Temperatur entsprechende Mittelwert einzusetzen. Aber auch nach Einsetzung dieses Mittelwertes in die Formeln können uns dieselben die Verbrennungstemperatur nicht genau angeben, weil ein uns nicht bekannter Teil der entwickelten Wärme nicht von den Verbrennungserzeugnissen, sondern infolge von Leitung und Strahlung von der Umgebung des verbrennenden Körpers aufgenommen wird und weil auf die Dissoziation der Verbrennungserzeugnisse in hohen Temperaturen keine Rücksicht genommen ist. Die Formeln werden daher stets zu hohe Werte für die Verbrennungstemperaturen ergeben. So berechnet sich die Verbrennungstemperatur bei der Verbrennung von Kohlenstoff zu Kohlensäure in reinem Sauerstoff zu 10 200⁰, in Luft zu 2730⁰, von Wasserstoff zu Wasserdampf in Sauerstoff zu 6670⁰, in Luft zu 2665⁰, während in Wirklichkeit Temperaturen über 2000⁰ durch die Verbrennung nicht erzielt werden dürften. Auch ist die Dissoziation von Kohlensäure und Wasser-

dampf in viel niedrigeren Temperaturen vollständig als bei 10 200°
bezw. 6670°.

Nichtsdestoweniger geben uns die gedachten Formeln die Grundsätze zur Erzielung hoher Verbrennungstemperaturen an. Hierbei ist zu
berücksichtigen, daß auch die zur Verbrennung erforderliche Luft, soweit
nicht der Sauerstoff derselben in die Verbrennungserzeugnisse übergegangen
ist, als Verbrennungserzeugnis zu betrachten ist.

Soll in der oben aufgestellten Formel

$$T = \frac{W}{s \cdot q}$$

T möglichst groß werden, so muß W möglichst groß und s und q müssen
möglichst klein sein, d. h. man erzielt die höchsten Verbrennungstemperaturen durch Verbrennung von Brennstoffen, welche bei der Verbrennung eine möglichst große Wärmemenge und möglichst kleine Mengen
von Verbrennungserzeugnissen mit möglichst niedriger spezifischer Wärme
liefern.

Man erzielt daher eine möglichst hohe Verbrennungstemperatur durch vollkommene Verbrennung der Brennstoffe,
durch Vorwärmung der Brennstoffe und der Verbrennungsluft,
durch möglichste Verringerung der Menge der Verbrennungserzeugnisse infolge der Anwendung eines möglichst geringen
Luftüberschusses bei der Verbrennung, durch Verwendung
aschen- und wasserarmer Brennstoffe und wasserarmer Verbrennungsluft.

Zur Erzielung einer vollkommenen Verbrennung muß die
Kohle zu Kohlensäure verbrannt werden, wodurch, wie dargelegt, eine erheblich größere Menge von Wärmeeinheiten erzeugt wird.

Durch Vorwärmung der Brennstoffe und der Verbrennungsluft erhöht man die Wärmemenge, ohne die Menge der Verbrennungserzeugnisse zu vermehren. Es wird also in der Formel W vergrößert, ohne daß auch gleichzeitig der Nenner s . q wächst. Es muß
daher T erheblich wachsen. Diese Vorwärmung ist für den Hüttenmann
das vorzüglichste Mittel zur Erzeugung hoher Temperaturen.

Die Luftzufuhr bei der Verbrennung ist so zu regeln, daß der
Luftüberschuß bei Anwendung gasförmiger Brennstoffe nicht mehr als 10%,
bei anderen Brennstoffen nicht mehr als 100% der theoretisch erforderlichen Luftmenge beträgt. Ist die Temperatur in dem Verbrennungsraume
hoch, so ist eine geringere Menge Luft zur Verbrennung erforderlich als
bei niedriger Temperatur im Verbrennungsraume. Man erzielt diese Erhöhung der Temperatur durch die schon besprochene Vorwärmung von
Luft und Brennstoffen.

Die Vorwärmung wirkt daher nach zwei Richtungen hin
auf die Erhöhung der Verbrennungstemperatur fördernd, näm-

lich durch Erhöhung der Wärmemenge ohne gleichzeitige Vermehrung der Menge der Verbrennungserzeugnisse und durch Verminderung der für die Verbrennung erforderlichen Luftmenge, wodurch wieder eine Verringerung der Menge der Verbrennungserzeugnisse bezw. eine Erhöhung der Verbrennungstemperatur gegeben ist.

Man würde bedeutend höhere Verbrennungstemperaturen erzielen, wenn man anstatt der Luft reinen Sauerstoff bei der Verbrennung verwenden könnte. Hiervon hat man aber bis jetzt absehen müssen, weil sich der Stickstoff nicht aus der Luft abscheiden läßt und weil die Herstellung des Sauerstoffs aus anderen sauerstoffhaltigen Körpern zu teuer ist.

Feuchte Luft und wasserhaltige Brennstoffe sind deshalb nach Möglichkeit zu vermeiden, weil der Wassergehalt derselben nicht nur die Menge der Verbrennungserzeugnisse vermehrt, sondern auch wegen seiner hohen spezifischen Wärme — dieselbe ist bei Temperaturen von $128—217^0$ gleich 0,4805 — die Verbrennungstemperatur erheblich herabzieht. Mit wasserhaltigen Brennstoffen lassen sich deshalb keine hohen Temperaturen erzielen.

Die Asche, welche gleichfalls den Verbrennungserzeugnissen zuzuzählen ist, hat eine spezifische Wärme von 0,20—0,25 und bindet deshalb gleichfalls große Wärmemengen. Man erzielt daher unter sonst gleichen Verhältnissen mit aschenarmen Brennstoffen höhere Temperaturen als mit aschenreichen Brennstoffen.

Nachstehend sind die spezifischen Wärmen der für den Hüttenmann hauptsächlich in Betracht kommenden Körper bei gleichbleibendem Drucke, bezogen auf gleiches Gewicht Wasser, angegeben.

	Spezifische Wärme	Innerhalb der Temperaturen
Atmosphärische Luft	0,2375	0—200
Sauerstoff	0,2175	13—207
Stickstoff	0,2438	0—200
Wasserstoff	3,4090	12—198
Methan	0,5930	18—208
Kohlenoxyd	0,2425	24—100
Äthylen	0,3880	23—99
Kohlendioxyd	0,2169	11—214
Schwefeldioxyd	0,1514	16—202
Holzkohle	0,1653	0—24
Graphit	0,355	0
Steinkohle	0,201	—
Koks	0,203	—
Asche, Schlacke	0,215	—

Ermittelung der Verbrennungstemperatur durch Messung derselben.

Während sich die Bestimmung niedriger Temperaturen sicher und ohne Schwierigkeit ausführen läßt, ist es bis jetzt noch nicht gelungen, höhere Temperaturen genau zu bestimmen. Bis 300⁰ lassen sich die Temperaturen mit Hilfe des Quecksilberthermometers ermitteln; für höhere Hitzegrade ist dieses Instrument aber wegen des bei 360⁰ liegenden Siedepunktes des Quecksilbers nur noch bei ganz besonderer Einrichtung desselben und dann höchstens bis 550⁰ anwendbar. Es sind deshalb eine große Zahl von Wärmemessern für höhere Temperaturen, sogen. Pyrometer, die sich auf die verschiedensten Naturerscheinungen gründen, erfunden worden. Aber kein einziges dieser Pyrometer gibt die höheren Temperaturen mit absoluter oder wenigstens wünschenswerter Genauigkeit an. Aus der großen Zahl dieser Instrumente sollen nur diejenigen angeführt werden, welche von besonderer Wichtigkeit sind.

Man hat die Messung höherer Temperaturen zu bewirken gesucht mit Hilfe

1. der Dimensionsänderungen fester Körper,
2. der Ausdehnung von Flüssigkeiten,
3. der Ausdehnung von Gasen,
4. mit Hilfe der Änderung der Dampfspannung gewisser Körper bei Änderungen der Temperatur,
5. mit Hilfe der Schmelzpunkte von festen Körpern,
6. mit Hilfe der Dissoziation von Körpern,
7. mit Hilfe von optischen und akustischen Erscheinungen,
8. mit Hilfe der Elektrizität,
9. mit Hilfe der Übertragung der entwickelten Verbrennungswärme auf Flüssigkeiten.

Pyrometer, welche auf die Änderungen der Dimensionen fester Körper gegründet sind.

Die älteste Bestimmung hoher Temperaturen ist auf die Volumverminderung fester Körper in der Hitze gegründet. Dieselbe wurde 1782 von Wedgewood eingeführt und bestand in der Ermittelung des sogen. Schwindmaßes (d. i. des Maßes der Zusammenschrumpfung) von Tonstücken, welche die Gestalt von Würfeln, Kugeln oder Zylindern hatten und der zu messenden Hitze ausgesetzt wurden. Diese Meßmethode erwies sich aber wegen der Ungleichmäßigkeit der Volumverminderung des Tones in der Hitze als unbrauchbar.

Die neueren auf die Dimensionsänderungen der festen Körper gegründeten Meßmethoden beruhen auf der Ausdehnung der festen Körper in der Hitze.

Aber auch mit Hilfe dieses Prinzips lassen sich genaue Messungen nicht ausführen, weil die zum Messen verwendeten festen Körper in hohen Temperaturen eine Veränderung ihrer Struktur erleiden und daher nach dem Erkalten ihre früheren Dimensionen nicht wieder annehmen. Es ergeben daher die betreffenden Meßinstrumente bei jeder Benutzung verschiedene Temperaturen.

Man hat nun die Temperatur bei den neueren Instrumenten nicht aus der Ausdehnung eines **einzigen** starren Körpers, sondern aus der **Differenz** der Ausdehnung von **zwei** starren Körpern zu bestimmen gesucht. Als starre Körper dienen entweder zwei Metalle oder außer einem Metalle auch ein nicht metallischer Körper, der Graphit. Man nennt die Pyrometer, welche auf der **Differenz der Ausdehnung** verschiedener Metalle beruhen, **Metallpyrometer,** die auf der **Ausdehnung von Metallen** und **Graphit** beruhenden Pyrometer **Graphitpyrometer.**

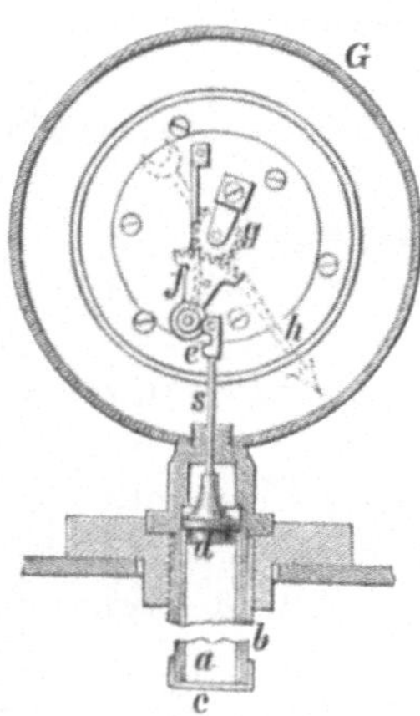

Fig. 9.

Von den **Metallpyrometern** sind zu erwähnen: das Pyrometer von Gauntlett, von Oechsle, von Zabel, von Schäffer und Budenberg, von **Graphitpyrometern** das Pyrometer von Steinle und Hartung, von Zabel und von Trampler.

Das Pyrometer von Gauntlett beruht auf der Differenz der Ausdehnung von Stäben oder Röhren aus Kupfer und Schmiedeeisen, das von Oechsle auf der Differenz der Ausdehnung von Stäben oder Röhren aus Messing und Schmiedeeisen, das von Schäffer und Budenberg auf der Ausdehnung von Spiralen der gedachten Metalle, welche sich bei Temperaturänderungen auseinander- bezw. zusammenwickeln.

Das **Pyrometer von Gauntlett** ist am häufigsten angewendet worden. Dasselbe besteht entweder aus einem Kupferstab und drei denselben umgebenden Eisenstäben oder aus einem Kupferrohr, welches in einem Eisenrohre steckt.

Das eine Ende der Eisenstäbe bezw. des Eisenrohres ist fest mit dem einen Ende des Kupferstabes bezw. Kupferrohres verbunden, das andere Ende derselben dagegen trägt ein Gehäuse mit Zeigerwerk. Auf dieses Zeigerwerk kann das andere Ende des Kupferstabes bezw. Kupferrohres durch Hebel und Zahnradübersetzung einwirken, so daß die Bewegung des Kupferstabes bezw. -Rohres (gegen Eisenstäbe oder Eisenrohre) auf einen über eine Skala hingleitenden Zeiger übertragen werden kann. Wird nun das Pyrometer erwärmt, so dehnt sich das obere Ende des Kupferstabes aus und überträgt die Ausdehnung in vergrößertem Maße auf den Zeiger.

Die Einrichtung eines aus einem Kupfer- und einem Eisenrohr bestehenden Gauntlettschen Pyrometers ergibt sich aus Fig. 9; a ist das Kupferrohr, b das Eisenrohr. Am unteren Ende sind beide Rohre durch die Kapsel c mit einander verbunden.

Das Eisenrohr (Schmiedeeisen) trägt das Gehäuse G mit Zeigerwerk. Das Kupferrohr trägt eine Haube d, welche durch die Stange s mit einem Gabelstücke e verbunden ist. Dieses Gabel- oder Gelenkstück ist durch einen Bolzen mit einem Zahnsegment f verbunden. Dasselbe greift in ein Getriebe g ein, auf dessen Ache der Zeiger h angebracht ist. Da nun beim Erwärmen das Kupferrohr mehr ausgedehnt wird als das Eisenrohr, so schiebt es die Haube bezw. die an derselben befestigte Stange nach oben, welche letztere durch das Gelenkstück auf das Zahnsegment und durch dieses auf das Getriebe bezw. den Zeiger einwirkt.

Ganz ähnlich ist das Metallpyrometer von Oechsle eingerichtet. Nur ist anstatt des Kupferrohres ein Messingrohr vorhanden.

Bei den **Graphitpyrometern** ist das Kupfer bezw. Messing durch einen Graphitstab ersetzt, welcher durch ein Rohr auf das Zeigerwerk einwirkt. Das Gehäuse wird durch ein Rohr aus Eisen getragen.

Diese sämtlichen Pyrometer sind nur vorübergehend angewendet worden.

Pyrometer, welche auf die Ausdehnung von Flüssigkeiten gegründet sind.

Auf die Ausdehnung von Flüssigkeiten ist das **Quecksilberthermometer** gegründet. Temperaturen bis 200° lassen sich bekanntlich recht genau durch die Ausdehnung des Quecksilbers messen. Sobald das Quecksilber aber seinen Siedepunkt (360°) erreicht, tritt eine plötzliche Volumzunahme desselben ein, so daß die Sicherheit der Messung aufhört. Um bei hohen Temperaturen das Destillieren des Quecksilbers in den oberen Teil des Thermometers zu verhindern. hat man die Luftleere in demselben durch eine Stickstofffüllung oder durch eine Kohlensäurefüllung ersetzt. Mit Thermometern mit Stickstofffüllung soll man Temperaturen bis 450° mit einiger Sicherheit messen können.

Quecksilberthermometer aus Jenauer Borosilikatglas 59 III mit einer Füllung von flüssiger Kohlensäure über dem Quecksilber sollen nach A. Mahlke[1]) noch Messungen bis 550° ermöglichen.

Pyrometer, welche auf die Ausdehnung von Gasen gegründet sind.

Auf die Ausdehnung gasförmiger Körper ist das **Luftpyrometer** gegründet. Dasselbe ist das sicherste von allen Pyrometern und wird als Normalthermometer für hohe Temperaturen angesehen. Es dient daher auch zur Kontrolle der Messungen mit anderen Pyrometern.

---

[1]) Zeitschr. für Instrumentenkunde 1892, 402.

Nach der Entdeckung von Gay-Lussac dehnen sich bekanntlich gasförmige Körper mit wachsender Temperatur gleichmäßig aus. Die Ausdehnung hängt aber nicht allein von der Temperatur, sondern auch vom Druck ab.

Bezeichnet man mit t den Temperaturgrad, mit v^0 das Volum der Luft bei 0^0, mit v bei t^0, mit p^0 den auf der Luft lastenden Druck bei 0^0, mit p bei t^0, mit α den Ausdehnungskoeffizienten der Luft, so haben wir die Gleichung:

$$\frac{v}{v^0\,(1+\alpha t)} = \frac{p^0}{p}.$$

Nehmen wir an, daß der Druck mit der Temperatur sich nicht ändert, also konstant erhalten wird, so ist $p^0 = p$ und wir haben

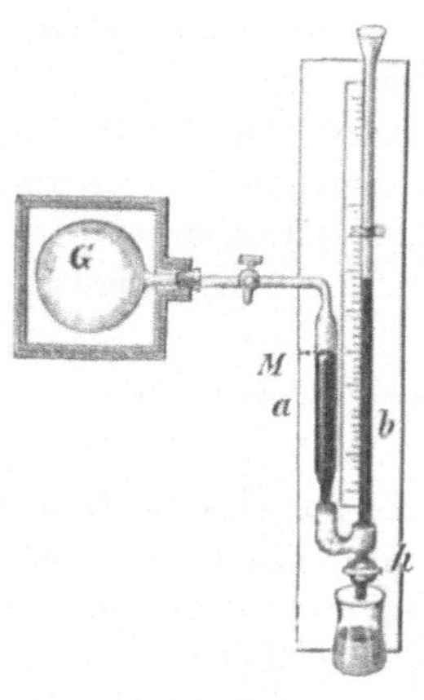

Fig. 10.

$$t = \frac{\dfrac{v}{v^0} - 1}{\alpha}.$$

Nehmen wir an, daß das Volumen der Luft durch Erhöhung des Druckes mit zunehmender Temperatur gleich erhalten wird, setzen wir also $v = v^0$, so haben wir

$$t = \frac{\dfrac{p}{p^0} - 1}{\alpha}.$$

Man kann hiernach also die Temperatur sowohl aus der Volumzunahme der Luft bei gleichbleibendem Druck derselben als auch aus der Druckzunahme der Luft bei gleichbleibendem Volumen bestimmen.

Die letztere Art der Bestimmung, welche Regnault angegeben hat, ist die gewöhnlich angewendete.

Das hierbei von den Physikern benutzte Luftpyrometer hat die durch Fig. 10 dargestellte Einrichtung.

Die Luft befindet sich in einem Glasballon G, welcher durch ein enges Rohr mit dem zweischenkligen Rohre a b verbunden ist. An dem kürzeren Schenkel befindet sich eine Marke M, an dem längeren Schenkel eine Skala in Millimetern. Am tiefsten Punkte des zweischenkligen Rohrs ist ein Hahn h zum Ablassen des Quecksilbers angebracht. Will man das Instrument gebrauchen, so umgibt man den Ballon G mit schmelzendem Schnee oder mit Eis und gießt dann Quecksilber in das Rohr, bis es in beiden Schenkeln in der Höhe der Marke M steht. Dann entfernt man den Schnee und setzt den Ballon G der zu messenden Temperatur aus. Die Luft im Ballon dehnt sich in der Wärme aus und drückt infolge dessen auf das Quecksilber, so daß es im linken Schenkel sinkt und im rechten Schenkel steigt.   Wenn dasselbe nicht weiter sinkt bezw. steigt, stellt man das ursprüngliche Volumen der Luft dadurch wieder her, daß man so lange Quecksilber durch den offenen Schenkel b zugießt, bis dasselbe im linken geschlossenen Schenkel die Marke M wieder erreicht.

Der Druck bei 0^0 war der einer Atmosphäre $= 760$ mm, der Druck bei $t^0 = 760 + 1$, wenn 1 gleich der Länge der über M stehenden Quecksilbersäule ist.   Man braucht zur Ermittelung der Temperatur nur in die Formel

$$t = \frac{\frac{p}{p^0} - 1}{\alpha}$$

die betreffenden Werthe einzusetzen. α, der Ausdehnungskoeffizient der Luft, ist gleich 0,00366, also

$$t = \frac{\frac{760 + 1}{760} - 1}{0,00366}.$$

Die Genauigkeit der Messung in diesem Falle beruht darauf, daß der Ausdehnungskoeffizient der Luft 136 mal größer ist als der des Glases.

Für hohe Temperaturen sind Gefäße aus Glas nicht anwendbar, weil dasselbe erweicht bezw. schmilzt. Gefäße aus Metall (Platin, Eisen) lassen in der Hitze Gase durch.   Man wendet deshalb für hohe Temperaturen Gefäße aus Porzellan an.

Auf absolute Genauigkeit können aber auch die Temperaturbestimmungen mit Hilfe des Luftpyrometers keinen Anspruch machen, weil der Ausdehnungskoeffizient der atmosphärischen Luft mit dem Drucke zunimmt und die Volumvergrößerung von Glas und Porzellan bei hohen Temperaturen nicht regelmäßig ist.

Das beschriebene Luftpyrometer ist wegen seiner Zerbrechlichkeit und wegen der Schwierigkeit seiner Handhabung wohl im Laboratorium, nicht aber in technischen Betrieben verwendbar.

Ein häufig zu technischen Messungen angewandtes Luftpyrometer ist das Pyrometer von Wiborgh. Dasselbe beruht darauf, daß die Luft in dem aus Porzellan bestehenden Ballon bei atmosphärischem Druck auf die zu messende Temperatur erhitzt wird (indem bei der Erhitzung der Ballon durch ein Rohr mit der Atmosphäre in Verbindung steht und die Luft, soweit sie über den Balloninhalt hinaus ausgedehnt wird, entweichen läßt), daß dann nach Abschließen des Ballons gegen die Atmosphäre eine bestimmte, nur einen Bruchteil des Balloninhaltes ausmachende Menge von kalter Luft in den Ballon hineingepreßt und gleichfalls auf die zu messende Temperatur erhitzt wird.   Da sich die eingepreßte Luftmenge in dem geschlossenen Ballon nicht ausdehnen kann, so vergrößert sich ihr Druck und wird durch ein Manometer gemessen. Aus der Druckzunahme der eingepreßten Luft ergibt sich die zu messende Temperatur. Die Druckzunahme, welche durch Einpressen der Luft von dem Volumen V' in den

8

Ballon von dem Volumen V, also durch Verdichtung von V' + V auf das Volumen V bei 0⁰ entsteht, ist bereits vorher festgestellt worden und bildet den Nullpunkt der Skala für die Druckzunahme durch die Erhitzung.

Bei dem zuerst von Wiborgh angegebenen Pyrometer (D. R.-P. No. 43958) wird die Druckzunahme durch ein Quecksilbermanometer gemessen. Das neuere Pyrometer von Wiborgh mißt den Druck durch ein Metallmanometer und gestattet dadurch, daß das Gefäß, welches die in den Ballon einzupressende Luftmenge enthält, nach Belieben zusammengedrückt werden kann, eine Korrektion des Einflusses des Barometerdrucks und der Außentemperatur.

Die Einrichtung des verbesserten Wiborghschen Pyrometers ist aus den Figuren 11 und 12 ersichtlich. V ist der zu erhitzende Porzellan-

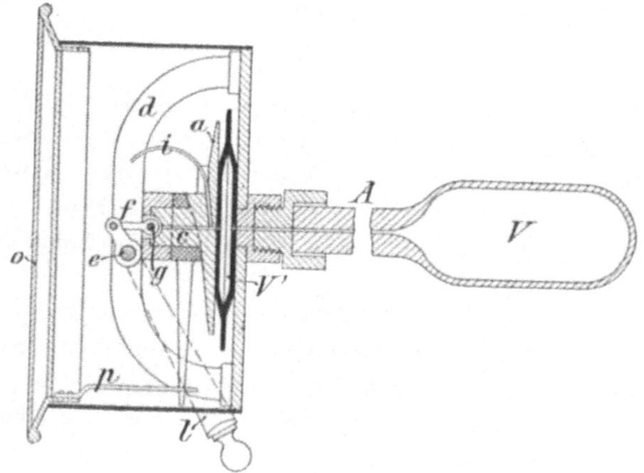

Fig. 11.

ballon. V' ist das aus Metallblech bestehende linsenförmige Gefäß, welches die in V einzupressende Luft enthält. Dasselbe läßt sich vollständig zusammenpressen und nimmt nach dem Aufhören des Drucks wieder seine frühere Gestalt an. Auf der einen Seite steht dasselbe durch ein Haarröhrchen mit dem Ballon V, auf der entgegengesetzten Seite durch ein gleiches Röhrchen mit der Atmosphäre in Verbindung. Durch das Gefäß V' steht also auch der Ballon V mit der Atmosphäre in Verbindung. Der Ballon V ist durch das Porzellanrohr A mit dem Metallgehäuse verbunden, welches das Gefäß V' und die übrigen Teile des Instrumentes enthält. Um das Gefäß V' zusammendrücken und die in demselben enthaltene Luft in den Ballon V einpressen zu können, ist an derjenigen Seite desselben, welche mit der Atmosphäre in Verbindung steht, eine Metallplatte a mit einem zylindrischen Zapfen c, durch welchen das in die Atmosphäre mündende Haarröhrchen hindurchgeht, angebracht. In dem Gehäuse befindet sich eine drehbare Welle e, welche durch einen

Hebelarm f mit einem in den kugelförmigen Pfropfen g endenden Stäbchen verbunden ist. Die Welle e wird durch den auf der Bodenplatte des Gehäuses befestigten Eisenbügel d gestützt. Die Zapfen der Welle sind in der Gehäusewand gelagert und durch einen außerhalb des Gehäuses befindlichen gabelförmigen Hebelarm l, welcher mit einem Handgriffe versehen ist, mit einander verbunden. Werden Temperaturmessungen nicht vorgenommen, so wird der Hebelarm l durch eine Spiralfeder abwärts gedrückt. Die Mündung des Haarröhrchens in die Atmosphäre ist dann unverschlossen und die Gefäße V' und V stehen mit der äußeren Luft in Verbindung. Wird nun die Welle e mit Hilfe des Hebelarms l gedreht, so geht der Stab mit dem kugelförmigen Ende g nieder, verschließt die Öffnung des in die Atmosphäre mündenden Haarröhrchens und drückt den Zapfen c mit der Platte a nieder; hierbei wird das Gefäß V' zusammengepreßt und die in demselben enthaltene Luft tritt in den Ballon V. Durch die Drehung der Welle hat man es in der Hand, das Gefäß V' ganz oder nur bis zu einem bestimmten Grade zusammenzupressen. Der Druck wird durch ein Metallmanometer gemessen, dessen Feder durch ein feines Bleirohr i mit dem Haarröhrchen des Zapfens c verbunden ist und durch Zahnradübersetzung ihre Streckung auf den Zeiger v (Fig. 12) überträgt. Der letztere gibt auf einer Skala die dem Druck entsprechende Temperatur an.

Durch die Möglichkeit, das Gefäß V' beliebig stark zusammenzudrücken und dadurch das in demselben enthaltene Luftvolumen zu vergrößern bezw. zu verkleinern, ist ein Mittel gegeben, die Einflüsse des Luftdruckes und der Außentemperatur auszugleichen.

Ist in der Gleichung

$$h = \frac{\dfrac{HV'}{1 + \alpha t}}{V} \, , \quad 1 + \alpha T$$

in welcher h den Druck nach dem Erhitzen auf die zu messende Temperatur T, t die Temperatur der äußeren Luft, H den Barometerdruck, α den Ausdehnungskoeffizienten der Luft, V' das in den Ballon einzupressende Luftvolumen und V das Luftvolumen des Ballons bezeichnet, $t = 0$, so ist

$$h = \frac{\dfrac{HV'}{V}}{1 + \alpha T} \, .$$

Ist die Temperatur der äußeren Luft in der Temperaturskala des Pyrometers zu 0^0 angegeben, während sie in Wirklichkeit t^0 beträgt, so hat man nun das Luftvolumen V' auf $V' (1 + \alpha t)$ zu vergrößern, um denselben Wert zu erhalten, als wenn $t = 0^0$ wäre.

Der Barometerdruck H wirkt umgekehrt. Je größer derselbe ist, um so kleiner muß die aus V' in den Ballon einzupressende Luftmenge sein, wenn der Wert von h sich nicht verändern soll. Temperatur und Barometerdruck stehen in einem einfachen Wechselverhältnis zu einander. Durch Rechnung findet man, daß beim Wachsen des Barometerdrucks um 78 mm das Volumen V′ entsprechend einem Sinken der Temperatur t um 30° verkleinert werden muß, wenn der Wert von h unverändert bleiben soll.

Es ist also durch entsprechende Veränderung des Luftvolumens V′ möglich, die nämliche Skala für jede Temperatur der äußeren Luft und für jeden Barometerdruck zu verwenden.

Um das Korrektionsverfahren ausführen zu können, ist der mit einer Schraubenfläche versehene Zapfen c mit einem beweglichen Ring umgeben. Das obere Ende desselben ist eben und wird durch das Gefäß V′ gegen einen Vorsprung des Bügels d angepreßt; das untere Ende hat die Form eines Schraubengewindes und greift in ein entsprechendes Gewinde des Zapfens in der Nähe der Platte a ein. Durch Drehung des Ringes wird die Metallplatte a gehoben oder gesenkt und dadurch das Volumen des Gefäßes V′ verändert. Die Drehung bewirkt man mit Hilfe des drehbaren Deckels o des Gehäuses. An dem ersteren ist ein Metallstab p befestigt, welcher gabelförmig einen am Ringe angebrachten Finger umfaßt. Wird nun der Deckel des Gehäuses gedreht, so wird die Bewegung desselben durch den Stab p und den Finger auf den Ring übertragen.

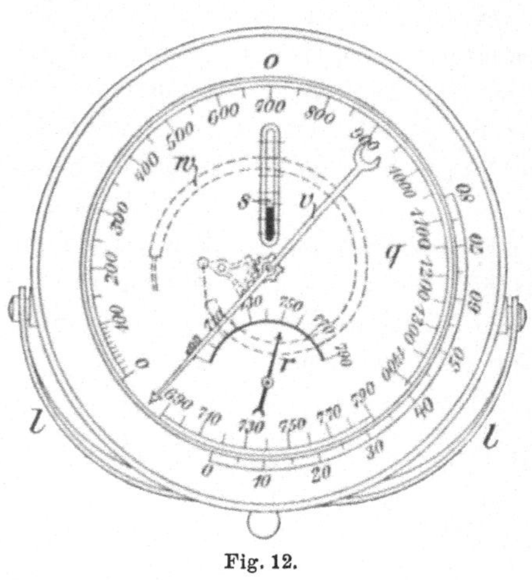

Fig. 12.

Die Temperaturskala des Instruments befindet sich auf der (aus Fig. 12 ersichtlichen) Zeigertafel q. Auf derselben befindet sich ferner eine kleinere Skala zur Korrektion des Barometerdrucks, ein Thermometer s, welches die Temperatur des Luftvolums V′ angibt, und die Skala für ein Aneroidbarometer r. Schließlich ist auf dem beweglichen Ring des Deckels o eine Temperaturskala zur Korrektion der Temperatur t angebracht.

Diese Skala ist so gradiert, daß, wenn der Ring des Gehäusedeckels o um ein Stück gedreht wird, welches dem Abstande von 0 bis t° auf der Skala entspricht, das Volumen des Gefäßes V′ auf V′ $(1 + \alpha t)$ vergrößert wird. Die Barometerskala der Zeigertafel ist so gradiert, daß ein Unterschied im Barometerdruck von 78 mm auf ihr den gleichen Raum einnimmt, wie 30° auf der Temperaturskala des Ringes. Zur Erreichung einer vollständigen Korrektion braucht man den Ring des Gehäusedeckels o nur so zu drehen, daß die vom Thermometer s angegebene Temperatur und der vom Barometer r angegebene Druck auf den betreffenden Skalen gerade untereinander stehen.   In diesem Falle gibt der Zeiger v direkt die richtige Temperatur T an.

Zur Ausführung einer Messung bringt man zuerst den Ring des Gehäusedeckels in die richtige Lage, worauf man den Knopf des Bügels l so weit als möglich empordrückt und ihn so lange festhält, bis der Zeiger v stillsteht.   Durch die Bewegung des Bügels l wird die Öffnung des Haarröhrchens verschlossen, das Gefäß V' zusammengedrückt und die in demselben enthaltene Luft in den Ballon V des Pyrometerrohrs gepreßt, in welchem das Luftvolumen V' erhitzt wird.   Die hierbei eintretende Spannung wird durch den Zeiger v des Manometers sichtbar gemacht. Nach Ablesung der Temperatur läßt man den Knopf los; derselbe springt infolge der Elastizität des Gefäßes V' und infolge der Wirkung der auf die Welle e aufgewickelten Spiralfeder zurück, das Haarröhrchen öffnet sich und der Zeiger kehrt in seine ursprüngliche Lage zurück.

Pyrometer, welche auf die Änderung der Dampfspannung gewisser Körper mit der Temperatur derselben gegründet sind. Thermodynamometer.

Wie sich beim Erhitzen von Luft in geschlossenen Gefäßen der Druck der ersteren mit der Temperatur ändert, so ändert sich auch mit der Temperatur die Spannung der Dämpfe von Flüssigkeiten, welche in

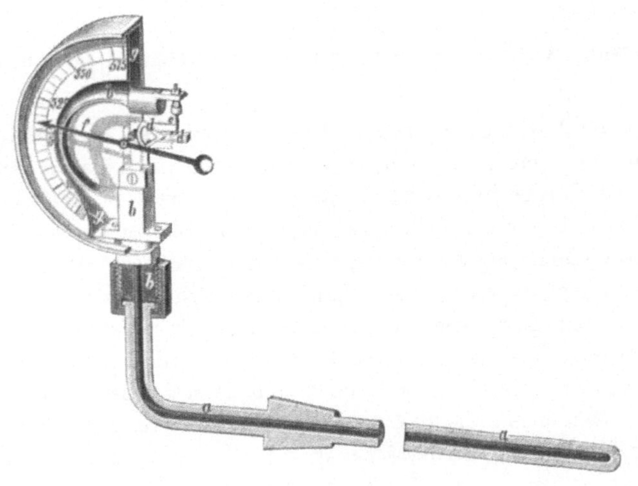

Fig. 13.

dicht verschlossenen Gefäßen über ihren Siedepunkt erhitzt werden.   Auf diese Vorgänge sind Pyrometer gegründet worden, welche man Thermodynamometer nennt.   Der Druck, dessen Beziehung zur Temperatur für jede einzelne Flüssigkeit bestimmt werden muß, wird an einem Manometer abgelesen. Das bekannteste dieser Instrumente ist das sogen. **Thal-**

potasimeter von Klinghammer. Dasselbe ist auf die Änderung der Dampfspannung von Äther, Wasser, Petroleumdestillaten und Quecksilber gegründet, zeigt aber nur Temperaturen bis 750° an, weil darüber hinaus die Gefahr des Explodierens der Instrumente vorliegt.

Dieses Instrument (Fig. 13) besteht aus einem schmiedeeisernen Rohr a und einem daran befestigten Bourdonschen Manometer.

Bei Instrumenten zum Messen höherer Temperaturen ist das Rohr zur Vermeidung der Oxydation desselben mit einem zweiten Rohre umgeben. Der Raum zwischen beiden Rohren wird mit flüssigem Blei ausgefüllt. Zur Vermeidung hoher Dampfspannungen wendet man als Füllung für das Rohr für verschiedene Temperaturen auch verschiedene Flüssigkeiten an, nämlich zum Messen der Temperaturen von

$$
\begin{aligned}
25&-\ 90° \ \text{Äther,} \\
90&-200° \ \text{Wasser,} \\
200&-360° \ \text{Petroleumdestillate,} \\
360&-750° \ \text{Quecksilber.}
\end{aligned}
$$

Das Rohr wird der zu messenden Temperatur ausgesetzt, während der Druck am Manometer abgelesen wird.

Mit diesen Instrumenten hat man genaue Temperaturbestimmungen nicht erzielt. Sie werden ganz unbrauchbar, sobald sich die Manometer nicht mehr in gutem Zustande befinden.

Pyrometer, welche auf die Schmelzpunkte von festen Körpern gegründet sind.

Auf die Verflüssigung starrer Körper, deren Schmelzpunkte bekannt sind, hat man mehrere Pyrometer gegründet. Man setzt verschiedene schmelzbare Körper in Gestalt kleinerer Stücke von regelmäßiger Gestalt in feuerfesten Untersätzen der zu messenden Temperatur aus und beobachtet die Veränderung des Aggregatzustandes derselben. Die zu messende Temperatur liegt zwischen den Schmelzpunkten des letzten geschmolzenen und des ersten starr gebliebenen Körpers. Diese Methode gibt nur an, ob ein gewisser Wärmegrad erreicht worden ist oder nicht. Sie versagt bei sinkender Temperatur, weil die betreffenden Körper dann nicht mehr anzeigen. Man nennt die Pyrometer dieser Art daher auch Pyroskope.

Die älteren und bis jetzt häufig gebrauchten Pyrometer sind auf die Schmelzpunkte von Metallen und Legierungen gegründet.

Es schmelzen:

die Legierung von

$$
\begin{aligned}
(4\,\text{Sn},\ 8\,\text{Pb},\ 15\,\text{Bi},\ 3\,\text{Cd}) & \ldots\ldots\ldots\ \text{bei}\ \ 60° \\
8\,\text{Bi}\ \ \ 3\,\text{Sn}\ \ \ 5\,\text{Pb} & \ldots\ldots\ldots\ -\ \ 100° \\
8\,\text{Bi}\ \ \ 8\,\text{Sn}\ \ \ 8\,\text{Pb} & \ldots\ldots\ldots\ -\ \ 123° \\
8\,\text{Bi}\ \ 14\,\text{Sn}\ \ 16\,\text{Pb} & \ldots\ldots\ldots\ -\ \ 143°
\end{aligned}
$$

8 Bi 36 Sn 32 Pb	. . . .	bei	160°
8 Bi 24 Sn 30 Pb	. . . .	-	172°
1 Bi 8 Sn — Pb	. . . .	-	199°
4 Sn 7 Pb	. . . .	-	216°
Sn	. . . .	-	235°
Bi	. . . .	-	249°
4 Sn 30 Pb	. . . .	-	277°
2 Sn 50 Pb	. . . .	-	292°
Pb	. . . .	-	335°
Zn	. . . .	-	420°
Al	. . . .	-	620°
Ag	. . . .	-	968°
Au	. . . .	-	1075°

Pt nach Becquerel zwischen 1460 und 1580°,
nach Deville bei 2000°, nach Violle bei
1779°. Gewöhnlich nimmt man an: . 1750° C.

Unedle Metalle haben den Nachteil, daß sie sich in der Hitze oxydieren. Man benutzt daher vorzugsweise die Schmelzpunkte von Edelmetallen oder von Legierungen der Edelmetalle zur Bestimmung höherer Temperaturen.

Prinsep benutzte zur Bestimmung von Temperaturen zwischen 954 und 1775° (Schmelzpunkte von Silber und Platin) Legierungen von Silber, Gold und Platin und stellte eine besondere Skala, die **Prinsepsche Skala** auf. Dieselbe ist in der neuesten Zeit von Erhard und Schertel in Freiberg korrigiert worden. Dieselben haben die Schmelzpunkte der verschiedenen Metalle und Legierungen bis 1400° mit Hilfe des Porzellanluftpyrometers festgestellt. Die höheren Temperaturen sind auf Grund der Angaben von Violle durch graphische Interpolation ermittelt worden.

Diese verbesserte Prinsepsche Skala ist nachstehend dargestellt. Dieselbe ist für Temperaturen bis 1200° ziemlich genau, über 1200° hinaus sollen die Schmelzpunkte der verschiedenen Legierungen unsicher sein, weil aus Gold-Platinlegierungen, welche mehr als 20% Platin enthalten, in der Hitze eine goldreichere Legierung aussaigert und weil Platin durch eine geringe Beimengung von Iridium schwerer schmelzbar, durch Aufnahme von Si (aus den feuerfesten Steinen und der Asche des Brennmaterials) dagegen leichter schmelzbar wird.

Ag = 954°	90 Au + 10 Pt = 1130°
80 Ag + 20 Au = 975°	85 Au + 15 Pt = 1160°
60 Ag + 40 Au = 995°	80 Au + 20 Pt = 1190°
40 Ag + 60 Au = 1020°	75 Au + 25 Pt = 1220°
20 Ag + 80 Au = 1045°	70 Au + 30 Pt = 1255°
Au = 1075°	65 Au + 35 Pt = 1285°
95 Au + 5 Pt = 1100°	60 Au + 40 Pt = 1320°

<table>
<tr><td>55 Au + 45 Pt = 1350⁰</td><td>25 Au + 75 Pt = 1570⁰</td></tr>
</table>

$55\ \mathrm{Au} + 45\ \mathrm{Pt} = 1350^{0}$ $25\ \mathrm{Au} + 75\ \mathrm{Pt} = 1570^{0}$

$50\ \mathrm{Au} + 50\ \mathrm{Pt} = 1385^{0}$ $20\ \mathrm{Au} + 80\ \mathrm{Pt} = 1610^{0}$

$45\ \mathrm{Au} + 55\ \mathrm{Pt} = 1420^{0}$ $15\ \mathrm{Au} + 85\ \mathrm{Pt} = 1650^{0}$

$40\ \mathrm{Au} + 60\ \mathrm{Pt} = 1460^{0}$ $10\ \mathrm{Au} + 90\ \mathrm{Pt} = 1690^{0}$

$35\ \mathrm{Au} + 65\ \mathrm{Pt} = 1495^{0}$ $5\ \mathrm{Au} + 95\ \mathrm{Pt} = 1730^{0}$

$30\ \mathrm{Au} + 70\ \mathrm{Pt} = 1535^{0}$ $\mathrm{Pt} = 1775^{0}$

Die deutsche Gold- und Silberscheideanstalt in Frankfurt a. M. liefert zum Preise von 40 Mk. 16 Metalle bezw. Legierungen zur Bestimmung der Temperaturen in der nachstehenden Reihenfolge:

$\mathrm{Cd}\ 315^{0}$ (Schmelzp.) $\mathrm{Zn} = 412^{0}$,

$\mathrm{Al} = 620^{0}$, $800\ \mathrm{Ag} + 200\ \mathrm{Cu} = 850^{0}$,

$950\ \mathrm{Ag} + 50\ \mathrm{Cu} = 900^{0}$,

$\mathrm{Ag} = 954^{0}$, $400\ \mathrm{Ag} + 600\ \mathrm{Au} = 1020^{0}$,

$\mathrm{Au} = 1075^{0}$, $950\ \mathrm{Au} + 50\ \mathrm{Pt} = 1100^{0}$,

$900\ \mathrm{Au} + 1000\ \mathrm{Pt} = 1130^{0}$,

$850\ \mathrm{Au} + \ \ 150\ \mathrm{Pt} = 1160^{0}$,

$800\ \mathrm{Au} + \ \ 200\ \mathrm{Pt} = 1190^{0}$,

$750\ \mathrm{Au} + \ \ 250\ \mathrm{Pt} = 1200^{0}$,

$700\ \mathrm{Au} + \ \ 300\ \mathrm{Pt} = 1255^{0}$,

$600\ \mathrm{Au} + \ \ 400\ \mathrm{Pt} = 1320^{0}$.

Mit Rücksicht auf die gedachten Übelstände der Skala für höhere Temperaturen ist in der neueren Zeit von Seger und später noch von Lauth und Vogt vorgeschlagen worden, die Metalle und Legierungen bei der Messung von Temperaturen über 1200⁰ durch andere Körper zu ersetzen.

Seger stellt aus Quarz, Kaolin, Feldspat und Marmor (d. i. den Rohmaterialien der Glasur des Berliner Porzellans) eine Reihe von Gemengen her, formt aus denselben kleine Tetraeder (von 6 cm Höhe und 1,5 cm Seitenkante der dreieckigen Basis) und setzt dieselben in kleinen Hängeschalen oder Hängekästchen aus Chamotte der zu messenden Temperatur aus. Beim Eintreten des Schmelzpunktes der betreffenden Mischung neigt sich das Tetraeder zuerst mit der Spitze um und fließt dann zu einem breiten Emailtropfen auseinander.

Den Segerschen Normalkegeln, welche Temperaturen von 1150 bis 1700⁰ anzeigten, sind von Cramer und Hecht[1]) durch Einführung von Borsäure auch Kegel für mittlere und niedere Temperaturen zugefügt worden.

Die vollständige Reihe, in welcher die Temperaturen teils von Hecht mit dem Le Chatelierschen elektrischen Pyrometer bestimmt, teils mit Hilfe desselben geschätzt sind, ergibt sich aus der nachstehenden Zusammenstellung.

---

[1]) Fischers Jahresber. 1892, 640; 1895, 747. Tonindustriezeitung 1896, No. 18.

Kegel-Nummer	Chemische Zusammensetzung			Geschätzte Temperatur	Kegel-Nummer	Chemische Zusammensetzung			Geschätzte Temperatur
022	$0{,}5\,Na_2O$ / $0{,}5\,PbO$	—	$\{$ 2 SiO_2 / 1 B_2O_3	590	4	$0{,}3\,K_2O$ / $0{,}7\,CaO$	$\}$ $0{,}5\,Al_2O_3$	$4\,SiO_2$	1210
021	$0{,}5\,Na_2O$ / $0{,}5\,PbO$	$0{,}1\,Al_2O_3$	$\{$ 2,2 SiO_2 / 1 B_2O_3	620	5	$0{,}3\,K_2O$ / $0{,}7\,CaO$	$\}$ $0{,}5\,Al_2O_3$	$5\,SiO_2$	1230
020	$0{,}5\,Na_2O$ / $0{,}5\,PbO$	$0{,}2\,Al_2O_3$	$\{$ 2,4 SiO_2 / 1 B_2O_3	650	6	$0{,}3\,K_2O$ / $0{,}7\,CaO$	$\}$ $0{,}6\,Al_2O_3$	$6\,SiO_2$	1250
019	$0{,}5\,Na_2O$ / $0{,}5\,PbO$	$0{,}3\,Al_2O_3$	$\{$ 2,6 SiO_2 / 1 B_2O_3	680	7	$0{,}3\,K_3O$ / $0{,}7\,CaO$	$\}$ $0{,}7\,Al_2O_3$	$7\,SiO_2$	1270
018	$0{,}5\,Na_2O$ / $0{,}5\,PbO$	$0{,}4\,Al_2O_3$	$\{$ 2,8 SiO_2 / 1 B_2O_3	710	8	$0{,}3\,K_2O$ / $0{,}7\,CaO$	$\}$ $0{,}8\,Al_2O_3$	$8\,SiO_2$	1290
017	$0{,}5\,Na_2O$ / $0{,}5\,PbO$	$0{,}5\,Al_2O_3$	$\{$ 3 SiO_2 / 1 B_2O_3	740	9	$0{,}3\,K_2O$ / $0{,}7\,CaO$	$\}$ $0{,}9\,Al_2O_3$	$9\,SiO_2$	1310
016	$0{,}5\,Na_2O$ / $0{,}5\,PbO$	$0{,}55\,Al_2O_3$	$\{$ 3,1 SiO_2 / 1 B_2O_3	770	10	$0{,}3\,K_2O$ / $0{,}7\,CaO$	$\}$ $1{,}0\,Al_2O_3$	$10\,SiO_2$	1330
015	$0{,}5\,Na_2O$ / $0{,}5\,PbO$	$0{,}6\,Al_2O_3$	$\{$ 3,2 SiO_2 / 1 B_2O_3	800	11	$0{,}3\,K_2O$ / $0{,}7\,CaO$	$\}$ $1{,}2\,Al_2O_3$	$12\,SiO_2$	1350
014	$0{,}5\,Na_2O$ / $0{,}5\,PbO$	$0{,}65\,Al_2O_3$	$\{$ 3,3 SiO_2 / 1 B_2O_3	830	12	$0{,}3\,K_2O$ / $0{,}7\,CaO$	$\}$ $1{,}4\,Al_2O_3$	$14\,SiO_2$	1370
013	$0{,}5\,Na_2O$ / $0{,}5\,PbO$	$0{,}7\,Al_2O_3$	$\{$ 3,4 SiO_2 / 1 B_2O_3	860	13	$0{,}3\,K_2O$ / $0{,}7\,CaO$	$\}$ $1{,}6\,Al_2O_3$	$16\,SiO_2$	1390
012	$0{,}5\,Na_2O$ / $0{,}5\,PbO$	$0{,}75\,Al_2O_3$	$\{$ 3,5 SiO_2 / 1 B_2O_3	890	14	$0{,}3\,K_2O$ / $0{,}7\,CaO$	$\}$ $1{,}8\,Al_2O_3$	$18\,SiO_2$	1410
011	$0{,}5\,Na_2O$ / $0{,}5\,PbO$	$0{,}8\,Al_2O_3$	$\{$ 3,6 SiO_2 / 1 B_2O_3	920	15	$0{,}3\,K_2O$ / $0{,}7\,CaO$	$\}$ $2{,}1\,Al_2O_3$	$21\,SiO_2$	1430
010	$0{,}3\,K_2O$ / $0{,}7\,CaO$	$0{,}2\,Fe_2O_3$ / $0{,}3\,Al_2O_3$	$\{$ 3,50 SiO_2 / 0,50 B_2O_3	950	16	$0{,}3\,K_2O$ / $0{,}7\,CaO$	$\}$ $2{,}4\,Al_2O_3$	$24\,SiO_2$	1450
09	$0{,}3\,K_2O$ / $0{,}7\,CaO$	$0{,}2\,Fe_2O_3$ / $0{,}3\,Al_2O_3$	$\{$ 3,55 SiO_2 / 0,45 B_2O_3	970	17	$0{,}3\,K_2O$ / $0{,}7\,CaO$	$\}$ $2{,}7\,Al_2O_3$	$27\,SiO_2$	1470
08	$0{,}3\,K_2O$ / $0{,}7\,CaO$	$0{,}2\,Fe_2O_3$ / $0{,}3\,Al_2O_3$	$\{$ 3,60 SiO_2 / 0,40 B_2O_3	990	18	$0{,}3\,K_2O$ / $0{,}7\,CaO$	$\}$ $3{,}1\,Al_2O_3$	$31\,SiO_2$	1490
07	$0{,}3\,K_2O$ / $0{,}7\,CaO$	$0{,}2\,Fe_2O_3$ / $0{,}3\,Al_2O_3$	$\{$ 3,65 SiO_2 / 0,35 B_2O_3	1010	19	$0{,}3\,K_2O$ / $0{,}7\,CaO$	$\}$ $3{,}5\,Al_2O_3$	$35\,SiO_2$	1510
06	$0{,}3\,K_2O$ / $0{,}7\,CaO$	$0{,}2\,Fe_2O_3$ / $0{,}3\,Al_2O_3$	$\{$ 3,70 SiO_2 / 0,30 B_2O_3	1030	20	$0{,}3\,K_2O$ / $0{,}7\,CaO$	$\}$ $3{,}9\,Al_2O_3$	$39\,SiO_2$	1530
05	$0{,}3\,K_2O$ / $0{,}7\,CaO$	$0{,}2\,Fe_2O_3$ / $0{,}3\,Al_2O_3$	$\{$ 3,75 SiO_2 / 0,25 B_2O_3	1050	21	$0{,}3\,K_2O$ / $0{,}7\,CaO$	$\}$ $4{,}4\,Al_2O_3$	$44\,SiO_2$	1550
04	$0{,}3\,K_2O$ / $0{,}7\,CaO$	$0{,}2\,Fe_2O_3$ / $0{,}3\,Al_2O_3$	$\{$ 3,80 SiO_2 / 0,20 B_2O_3	1070	22	$0{,}3\,K_2O$ / $0{,}7\,CaO$	$\}$ $4{,}9\,Al_2O_3$	$49\,SiO_2$	1570
03	$0{,}3\,K_2O$ / $0{,}7\,CaO$	$0{,}2\,Fe_2O_3$ / $0{,}3\,Al_2O_3$	$\{$ 3,85 SiO_2 / 0,15 B_2O_3	1090	23	$0{,}3\,K_2O$ / $0{,}7\,CaO$	$\}$ $5{,}4\,Al_2O_3$	$54\,SiO_2$	1590
02	$0{,}3\,K_2O$ / $0{,}7\,CaO$	$0{,}2\,Fe_2O_3$ / $0{,}3\,Al_2O_3$	$\{$ 3,90 SiO_2 / 0,10 B_2O_3	1110	24	$0{,}3\,K_2O$ / $0{,}7\,CaO$	$\}$ $6{,}0\,Al_2O_3$	$60\,SiO_2$	1610
01	$0{,}3\,K_2O$ / $0{,}7\,CaO$	$0{,}2\,Fe_2O_3$ / $0{,}3\,Al_2O_3$	$\{$ 3,95 SiO_3 / 0,05 B_2O_3	1130	25	$0{,}3\,K_2O$ / $0{,}7\,CaO$	$\}$ $6{,}6\,Al_2O_3$	$66\,SiO_2$	1630
1	$0{,}3\,K_2O$ / $0{,}7\,CaO$	$0{,}2\,Fe_2O_3$ / $0{,}3\,Al_2O_3$	$\{$ $4\,SiO_2$	1150	26	$0{,}3\,K_2O$ / $0{,}7\,CaO$	$\}$ $7{,}2\,Al_2O_3$	$72\,SiO_2$	1650
2	$0{,}3\,K_2O$ / $0{,}7\,CaO$	$0{,}1\,Fe_2O_3$ / $0{,}4\,Al_2O_3$	$\{$ $4\,SiO_2$	1170	27	$0{,}3\,K_2O$ / $0{,}7\,CaO$	$\}$ $20\,Al_2O_3$	$200\,SiO_2$	1670
3	$0{,}3\,K_2O$ / $0{,}7\,CaO$	$0{,}05\,Fe_2O_3$ / $0{,}45\,Al_2O_3$	$\{$ $4\,SiO_2$	1190	28	Al_2O_3 $10\,SiO_2$			1690

Hierzu ist zu bemerken, daß die Kegel No. 4 bis 27 aus Feldspat, Marmor, Quarz und Zettlitzer Kaolin bestehen und daß die Kegel 26 bis 36 bei Temperaturen schmelzen, welche in Öfen nur selten erreicht werden. Diese Kegel dienen zur Bestimmung der Feuerfestigkeit von Tonen im Devilleschen Gebläseofen. Sie sind vom Laboratorium für Tonindustrie in Berlin der Segerschen Reihe angeschlossen worden. Die gedachten Kegel sind zu beziehen von der Expedition der Tonindustriezeitung in Berlin.

Lauth und Vogt verwenden Schmelzkörper, welche aus verschiedenen Gemengen von Pegmatit, Sand, Kreide und geschmolzenem Borax zusammengesetzt und gefrittet sind.

Pyrometer, welche auf die Dissoziation von Körpern gegründet sind.

Auf die Dissoziation von kohlensaurem Kalzium ist ein Pyrometer zur Messung der Temperaturen zwischen 500 und 1000° gegründet worden. Dasselbe hat sich indes als unbrauchbar erwiesen. Bekanntlich beginnt Kohlensäure bei einer Temperatur von 500° aus dem Kalziumkarbonat auszutreten und entweicht mit steigender Temperatur in zunehmendem Maße, bis sie bei 1000° vollständig entwichen ist. Aus der Menge der entweichenden CO_2 hat man nun einen Rückschluß auf die Höhe der jeweiligen Temperatur zu machen gesucht. Da die CO_2 aber nicht in einem bestimmten Verhältnisse zur Temperatur zu entweichen scheint, auch die Zersetzbarkeit des kohlensauren Kalziums von der Struktur desselben abhängt, so können bei Anwendung dieses Verfahrens genaue Resultate nicht erzielt werden.

Pyrometer, welche auf optische und akustische Erscheinungen gegründet sind.

Von den auf optische Erscheinungen gegründeten Pyrometern sei das pyrometrische Sehrohr von Mesuré und Nouel erwähnt. Dasselbe ist aus den Figuren 14 und 15 ersichtlich und beruht auf der Polarisation der von erhitzten glühenden Körpern ausgestrahlten Lichtstrahlen[1]. Dasselbe besteht aus einem mit Okular und Objektiv versehenen Rohre, in welches, durch eine Quarzscheibe getrennt, zwei Nicolsche Prismen, der Polarisator und der Analysator so eingesetzt sind, daß die Einfallsebenen derselben unter einem Winkel von 90° zu einander stehen. a ist das Okular, b das Objektiv, d der Polarisator, f der Analysator, g die Quarzplatte. Geht nun ein Lichtstrahl durch das Prisma d, so wird derselbe in einer durch den Hauptquerschnitt desselben bestimmten Ebene polarisiert. Würde er darauf direkt in das zweite Prisma f treten, dessen

---

[1] Fischer, Die chemische Technologie der Brennstoffe, I, S. 608.

Hauptquerschnitt senkrecht zu dem ersteren steht, so müßte er vollständig erlöschen. Nun dreht aber die zwischen beiden Prismen angebrachte Quarzscheibe die Polarisationsebene derart, daß sie schief zur Einfallsebene des Prismas f steht. In Folge dessen kann der Strahl dieses letztere Prisma (den Analysator) durchdringen, ohne daß ein vollständiges Erlöschen desselben eintritt. Der Drehungswinkel der Polarisationsebene steht einerseits in geradem Verhältnisse zu der Dicke der Quarzplatte, andererseits in umgekehrtem Verhältnisse zum Quadrate der Lichtwellenlänge. Die letztere wechselt mit der Farbe der Lichtwellen, welche von

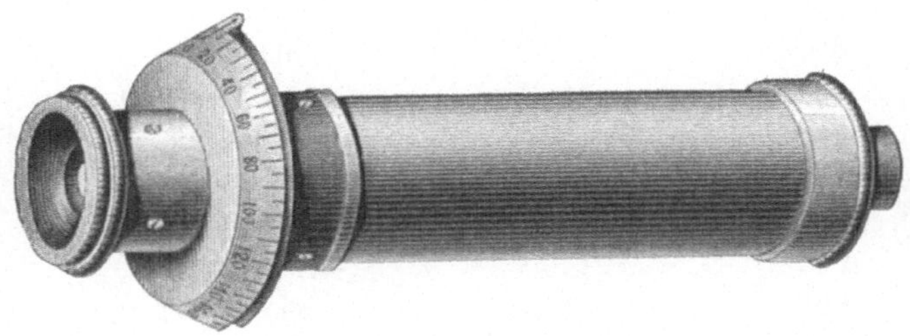

Fig. 14.

der Farbe des von dem glühenden Körper ausgesendeten ordentlichen Lichtstrahls abhängt. Die Farbe dieses ordentlichen Lichtstrahls hängt aber wieder von der Temperatur des glühenden Körpers ab. Hiernach muß sich aus der Größe des Drehungswinkels der Polarisationsebene oder des Ablenkungswinkels die Temperatur des glühenden Körpers ermitteln

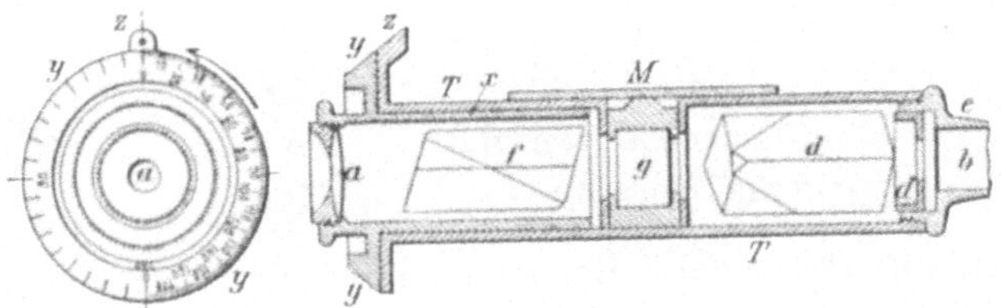

Fig. 15.

lassen. Der Analysator f ist mit einem Teile des Sehrohres (x) drehbar; an diesem Teile des Rohrs ist eine Gradeinteilung y angebracht, welche sich an einem festen Zeiger z vorbeibewegt, so daß der Drehungswinkel gemessen werden kann. Man wird nun beim Beobachten eines glühenden Körpers mittelst des Sehrohres je nach der Temperatur desselben bei langsamer Drehung des Analysators das Licht in verschiedenen Farben wahrnehmen. Erscheint nun eine bestimmte Farbe, so läßt sich aus dem Drehwinkel auf die Temperatur schließen. Man gelangt aber bei weiterer Beobachtung zu einer Drehstellung, bei welcher die Farbe von Grün in Rot übergeht. Zwischen diesen beiden Farben beobachtet man eine zitronengelbe Farbe. Diese Übergangsfarbe ist die richtige Farbe. Sobald dieselbe erscheint, wird die Drehung eingestellt und man liest den Winkel, welcher der Temperatur des glühenden Körpers entspricht, an der Gradeinteilung ab. Die Drehungswinkel zwischen den verschiedenen Temperaturgraden sind aber so gering, daß man eine genaue Angabe der Temperaturen durch dieselben nicht erwarten kann.

Die verschiedenen Drehungswinkeln entsprechenden Temperaturen und Glühfarben ergeben sich aus der nachstehenden Tabelle:

Drehungswinkel	Temperatur	Glühfarbe
33°	800	Anfang kirschrot.
40°	900	kirschrot.
46°	1000	hell kirschrot.
52°	1100	orangegelb.
57°	1200	gelb.
62°	1300	hellgelb.
66°	1400	Schweißhitze.
69°	1500	blendendweiß.

Das Pyrometer ist zu beziehen durch E. Ducretet, 75 Rue Claude de Bernard, Paris.

Nach Angaben der Physikalisch-Technischen Reichsanstalt[1]) werden folgende Temperaturen für die Glühfarben angenommen:

Beginnende Rotglut	525°
Dunkelrotglut	700°
Kirschrotglut	850°
Hellrotglut	950°
Gelbglut	1100°
Beginnende Weißglut	1300°
Volle Weißglut	1500°

Zu den auf akustische Erscheinungen gegründeten Pyrometern gehört das Thermophon von Wiborgh. Dasselbe besteht aus einer eine kleine Menge Sprengstoff von unveränderlicher Explosionstemperatur enthaltenden verschlossenen Metallkapsel, welche in einem kleinen Zylinder aus feuerfester Masse eingeschlossen ist. Wird der Zylinder der zu messenden Wärmequelle ausgesetzt, so ist der Sprengstoff nach Ablauf einer bestimmten Zeit auf die Explosionstemperatur erhitzt und explodiert mit schwachem Knall. Die bis zum Eintritt der Explosion verflossene Zeit ist das Maß für die Temperatur. Diese Zeit wird um so geringer sein, je höher die Temperatur ist. Für hohe Temperaturen ist sie sehr kurz, so daß auch die Bruchteile von Sekunden genau bestimmt werden müssen,

---

[1]) Zeitschr. f. angew. Chemie 1894, 343.

wenn die Temperaturangaben richtig ausfallen sollen. Es wird sich daher empfehlen, für bestimmte Temperaturabschnitte Thermophone von einer ganz bestimmten Größe anzuwenden.

Da die Thermophone durch die Explosion zerstört werden, so läßt sich ein Thermophon nur für eine einzelne Beobachtung verwenden.

Pyrometer, welche auf die Elektrizität gegründet sind.

Von den Pyrometern, welche mit Hilfe von Elektrizität die Temperatur angeben sollen, sind anzuführen die Widerstandspyrometer und die Thermostrompyrometer.

Das Siemenssche Widerstandspyrometer beruht auf der Zunahme des Leitungswiderstandes, welchen der galvanische Strom mit dem Wachsen der Temperatur beim Durchfließen durch Metalldrähte erfährt.

Dieser Leitungswiderstand wächst nicht proportional der Temperatur, indes läßt sich nach den Untersuchungen von C. W. Siemens die Änderung desselben mit der Temperatur durch die Formel:

$$R = \alpha\, T^{1/2} + \beta\, T\, t + \gamma$$

ausdrücken, wenn R den Widerstand, T die absolute Temperatur $= 273 + t$ (t = beobachtete Temperatur), α, β, γ aber Koeffizienten bedeuten, welche von der Natur des Metalles abhängen. Siemens wendet als Stromleiter für höhere Temperaturen Platin von großer Reinheit an, weil bei nicht vollständig reinem Platin die Resultate ungenau werden.

Den Strom, welcher durch 6 Elemente erzeugt wird, teilt Siemens in zwei Zweige. Den einen Zweig des Stromes leitet er durch die Wärmequelle, deren Temperatur zu bestimmen ist, den anderen Zweig durch einen Widerstand von bekannter Größe. Dann mißt er die Stärke jedes Zweigstromes durch ein Voltameter. Nun verhalten sich die Stromstärken in den beiden Zweigen umgekehrt wie die in denselben vorhandenen Widerstände. Ist also W^1 der Widerstand in dem einen Stromzweig, W^2 in dem zweiten Stromzweige, V^1 die durch das Voltameter gemessene Stärke des einen, V^2 des anderen Stromzweiges, so ist $\dfrac{V^1}{V^2} = \dfrac{W^2}{W^1}$.

Der bekannte Widerstand, welchen der eine Stromzweig durchläuft, ist ein Neusilberwiderstand von 17 Siemenseinheiten. (Siemenseinheit = dem Widerstand, welchen der elektrische Strom beim Durchgange durch einen Quecksilberfaden von 1 m Länge und 1 qmm Querschnitt erfährt.)

Der gesuchte Widerstand X ist der des Platindrahtes, welcher der zu messenden Temperatur ausgesetzt ist. Bei 0° beträgt der Widerstand desselben = 10 Siemenseinheiten. Es beträgt ferner der Widerstand in den Drahtleitungen des Instrumentes je 2 S.-E. und in den Voltametern je 1 S.-E. Es ist daher:

$$\frac{V^1}{V^2} = \frac{W^2}{W^1} = \frac{X+2+1}{17+2+1},$$

$$X = 20\left(\frac{V^1}{V^2} - 3\right).$$

Aus dem auf diese Weise gefundenen Widerstand läßt sich die gesuchte Temperatur T mit Hilfe der gedachten Formel

$$R = \alpha\,T^{\frac{1}{2}} + \beta\,Tt + \gamma$$

finden. In dieser Formel ist

$$\alpha = 0{,}039369$$
$$\beta = 0{,}00216407$$
$$\gamma = -\,0{,}241\ 27.$$

Zur rascheren Ermittelung der Temperatur ist eine Tabelle aufgestellt, in welcher aus den Mengen des in beiden Voltametern entwickelten Knallgases unmittelbar die Temperatur abgelesen werden kann.

Der Platindraht, welcher der zu messenden Temperatur ausgesetzt werden soll, ist in eine um einen Zylinder von hartgebranntem Pfeifenton laufende Rinne eingelegt (Fig. 16). Der Tonzylinder ist mit einem Platinmantel umgeben, welcher seinerseits in ein am unteren Ende zugeschweißtes Rohr aus Schmiedeeisen eingelegt ist. Platinmantel und Eisenrohr sind durch eine Lage von Asbest getrennt.

Bei der Messung sehr hoher Hitzegrade ist das Eisenrohr durch ein Platinrohr ersetzt.

Das eine Ende des Platindrahtes ist mit einem stärkeren Platindrahte, das andere Ende mit zwei stärkeren Drähten verbunden, so dass beim Durchleiten des elektrischen Stromes ein Zweigstrom entsteht, welcher durch den erwähnten Neusilberwiderstand geleitet wird. Diese beiden letzteren Drähte sind in der Mitte des langen Rohres mit Kupferdrähten verlötet. Die gedachten drei Drähte führen zu je einer Klemmschraube am Ende des Rohres. Mit jeder der drei Klemmschrauben K, K^1, K^2, Fig. 17, ist ein isolierter Kupferdraht verbunden.

Diese Kupferdrähte sind so mit der Batterie bezw. den Voltametern verbunden, daß der der Hitze ausgesetzte Stromzweig durch das eine Voltameter A, der andere durch den Neusilberwiderstand n geführte Stromzweig durch das andere Voltameter B geht. Zwischen der Batterie und den Voltametern ist ein Gyrotrop (Stromwender) G eingeschaltet, dessen Klemmen mit s t u v bezeichnet sind. Derselbe muß beim Gebrauch des Instrumentes alle 10 Sekunden umgestellt werden, um eine ungleichmäßige Polarisation zu vermeiden.

Mit Hilfe dieses Pyrometers lassen sich für nicht sehr hohe Temperaturen ziemlich genaue Messungen machen, jedoch hat es die Nachteile, daß es kostspielig und schwierig zu handhaben, durch die Batterie und die Voltameter zerbrechlich ist und daß die Einstellung des Apparates, das Ablesen der entwickelten Gasvolumina, die Berechnung des Widerstandes und das Aufsuchen der entsprechenden Temperatur nach der Tabelle für die Praxis sehr umständlich ist.

Ein anderes Siemenssches Widerstandspyrometer beruht darauf, daß der durch eine Trockenbatterie erzeugte Strom in zwei Zweigströme geteilt wird, von welchen der eine in der beschriebenen Weise durch die zu messende Wärmequelle geführt wird und daß beide Stromzweige auf ein

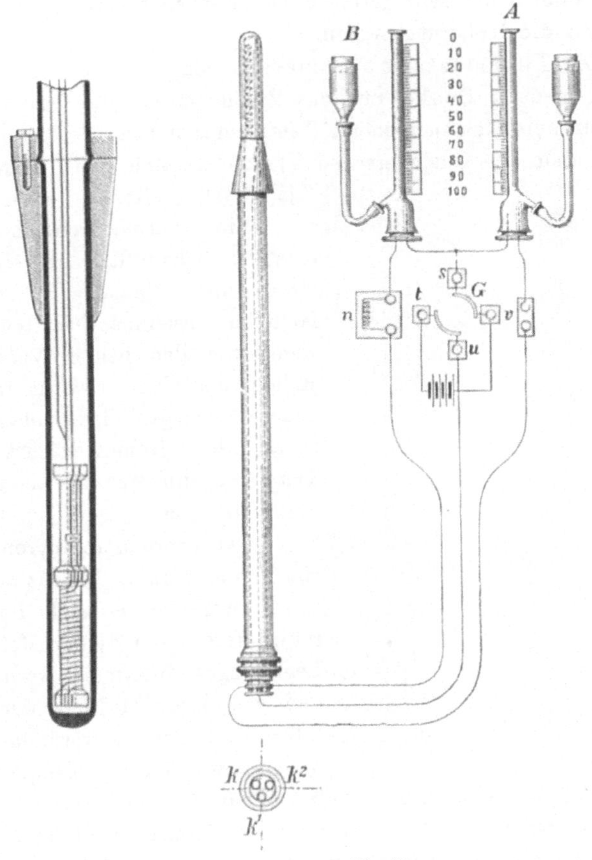

Fig. 16.Fig. 17.

Galvanometer wirken. Bei gleichem Widerstande beider Stromkreise wird eine Ablenkung der Galvanometernadel nicht erfolgen, wohl aber wenn durch Erhitzen des Leiters des einen Stromkreises der Widerstand desselben gestiegen ist. Soll die Nadel nun wieder auf Null gebracht werden, so werden mit Hilfe eines Stöpselrheostaten so viele Widerstände in den nicht erhitzten Stromkreis eingeschaltet, als die Zunahme des Widerstandes in dem erhitzten Stromkreise beträgt. Die diesem Widerstande entsprechende Temperatur wird in einer dem Apparate beigefügten Tabelle abgelesen.

Auf den nämlichen Prinzipien beruht das Widerstandspyrometer von Hartmann und Braun.

Nach Holborn und Wien sollen die Widerstandspyrometer für sehr hohe Temperaturen nicht mehr zuverlässig sein, weil man kein Material besitzt, welches dann noch genügende Isolierfähigkeit besitzt.

Diesen Nachteil sollen die Thermostrompyrometer nicht besitzen, da dieselben infolge der sehr geringen elektrischen Spannung geringe Anforderungen an die Isolierung stellen.

Von den Thermostrompyrometern sind anzuführen das Pyrometer von Siemens & Halske und das Pyrometer von Le Chatelier. Das erstere ist nur zum Messen niederer Temperaturen (bis 600°) verwendbar, während mit dem Le Chatelierschen Pyrometer auch hohe Temperaturen (bis 1600°) bestimmt werden können.

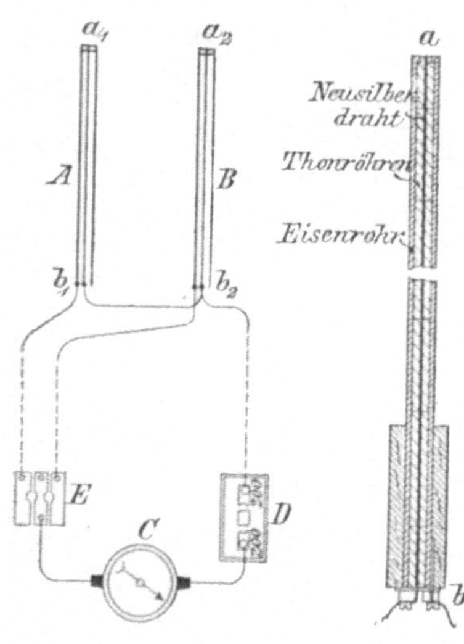

Fig. 18.

Fig. 19.

Ein thermoelektrischer Strom entsteht bekanntlich in einem aus zwei mit einander verbundenen Metallen zusammengesetzten Kreise, wenn von den beiden Verbindungsstellen die eine erwärmt wird, die andere dagegen kalt bleibt. Die Stärke des Stromes wächst mit der Temperaturdifferenz der beiden Verbindungsstellen.

Die Thermostrompyrometer beruhen nun darauf, daß aus der Stärke des Thermostromes auch die Temperaturdifferenz der beiden Metalle oder Legierungen bestimmt werden kann und daß durch Messung der Temperatur der nicht erwärmten Verbindungsstelle sich die Temperatur der hitzten Verbindungsstelle ergibt, indem man zu den ersteren nur die durch die Stromstärke ermittelte Temperaturdifferenz zu addieren braucht.

Das Siemenssche Thermostrompyrometer wendet als mit einander verbundene Metalle Eisen und Nickel an. Die Einrichtung desselben ist aus den Figuren 18 und 19 ersichtlich. Dasselbe besitzt 2 Thermoelemente A und B. Jedes derselben besteht aus einer am oberen Ende a geschlossenen eisernen Röhre (Fig. 19); das oben mit Eisen geschlossene Ende derselben ist mit einem Draht aus Neusilber zusammengelötet, welcher durch das Rohr hindurchgeht und durch als Isoliermittel dienende Tonröhrchen von der Rohrwandung getrennt ist. An dem unteren offenen Ende b jedes Rohres ist ein Holzaufsatz mit 2 Klemmen angebracht. Die eine dieser Klemmen ist mit der Rohrwandung, die andere mit dem Neusilberdraht verbunden. Die eine Verbindungsstelle von Eisen und Neusilber ist hiernach am Ende a des Rohres, die andere am andern Ende b desselben. In den Stromkreis sind ein Widerstandskasten D, ein Stöpselumschalter E und ein Spiegelgalvanometer C eingeschaltet. Wird nun das Ende des Rohres a der Wärmequelle ausgesetzt, so zeigt die Ablenkung der Galvanometernadel den Temperaturunterschied zwischen der erhitzten Stelle a und dem Ende des Rohres b an. Man mißt nun mit Hilfe eines Thermometers die Temperatur des Rohrendes b und addiert dieselbe zu dem gefundenen Temperaturunterschied, wodurch man die Temperatur der Wärmequelle erhält.

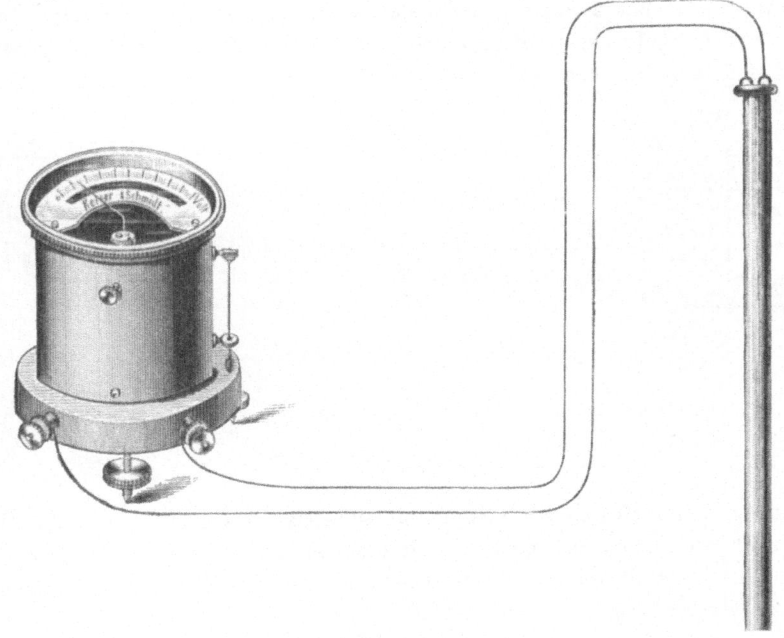

Fig. 20.

Das Pyrometer von Le Chatelier wird gegenwärtig vielfach zum Messen hoher Temperaturen angewendet. Dasselbe benutzt zur Erzeugung des thermoelektrischen Stroms einerseits chemisch reines Platin, andererseits eine Legierung, welche aus chemisch reinem Platin mit 10% Rhodium besteht. Beide Körper werden in Gestalt von Drähten benutzt. Die Verbindungsstelle des Platins und der Platin-Rhodiumlegierung ist zu einem 1 mm starken Kügelchen zusammengeschmolzen, während die nicht zusamen geschmolzenen Drahtenden mit einem Galvanometer verbunden sind. In Deutschland wird das Pyrometer von W. C. Heraeus in Hanau und von der Firma Kaiser und Schmidt in Berlin hergestellt. Die Physikalisch-Technische Reichsanstalt hat die Vergleichung aller für die Thermoelemente zur Verwendung kommenden Drähte mit den an das Luftthermometer angeschlossenen Drähten übernommen. Jedes Element wird von derselben mit einer Tabelle versehen, welche die den Ablenkungen des Galvanometers entsprechenden Temperaturen angibt.

Die Länge des Platindrahtes sowie des Platin-Rhodiumdrahtes beträgt 1,5 m, die Stärke 0,6 mm. Die beiden Drahtenden können anstatt durch Zusammenschmelzen auch auf mechanischem Wege fest mit einander verbunden werden. Der äußere Widerstand der Zuleitungsdrähte des Thermoelements zum Galvanometer darf 1 Ohm nicht wesentlich überschreiten.

Die äußere Ansicht des Pyrometers ist in Fig. 20 dargestellt. Das Galvanometer hat 2 Skalen, auf welchen ein einziger Zeiger spielt. Auf der einen Skala wird die elektromotorische Kraft in Volt angegeben, während auf der anderen direkt die Temperaturgrade abgelesen werden

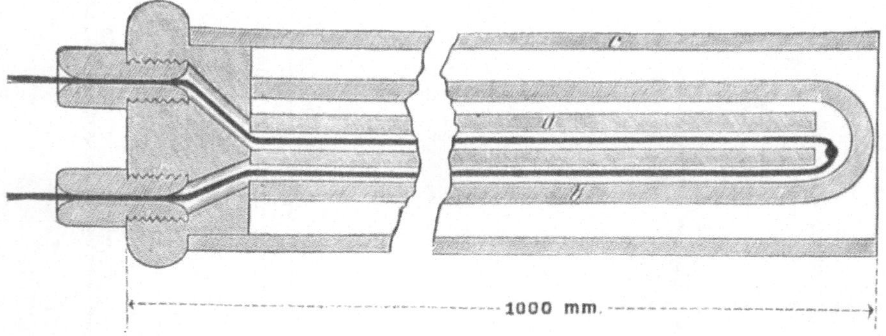

Fig. 21.

können. Beim Messen der Temperatur setzt man das 1 mm starke Kügelchen der zusammengeschmolzenen Drahtenden der zu messenden Temperatur aus. Um dasselbe vor den Feuergasen und vor Körpern zu schützen, welche Verbindungen mit dem Platin eingehen, ist dasselbe nebst den Drähten mit einem Schutzrohre aus Porzellan umgeben. Ein weiteres Porzellanrohr dient zum Isolieren der Drähte von einander. In Fig. 21 ist b das Schutzrohr, a das Rohr zur Isolierung der Drähte; c ist ein Eisenrohr zum Schutze der Porzellanrohre.

Die am Galvanometer angebrachten beiden Klemmen sind mit + und — bezeichnet. An der + Klemme wird der Platin-Rhodiumdraht, an der — Klemme der Platindraht befestigt. Oben am Galvanometer befindet sich ein Kurbelgriff zum Einstellen des Zeigers auf den Nullpunkt der Skala.

Das Galvanometer gestattet Messungen von 500—1500°. Für noch höhere Temperaturen lassen sich auch Instrumente herstellen, deren Skala bis 1600° geht. In diesem Falle sind für das Thermoelement besondere Schutzvorrichtungen aus schwer schmelzbarem Metall erforderlich. Die Verbindungsstellen des Platins und Platin-Rhodiums mit der Zuleitung zum Galvanometer dürfen Zimmertemperatur nicht erheblich übersteigen. Die

Längenverhältnisse des Elements müssen deshalb derartig sein, daß die Lötstellen auch ohne besondere Kühlung diese Temperatur behalten. Andernfalls ist die über die Zimmertemperatur hinausgehende Temperatur zu bestimmen und in Rechnung zu ziehen.

Pyrometer, welche auf die Übertragung der Wärme an Flüssigkeiten gegründet sind.

Auf die Verteilung der Wärme eines erhitzten Körpers in solcher Weise, daß dieselbe mit Hilfe des Quecksilberthermometers gemessen werden kann, sind mehrere Pyrometer gegründet. Die besten sind diejenigen, welche die Wärme eines festen, auf die zu messende Temperatur erhitzten Körpers auf eine größere Menge Wasser übertragen. Pyrometer dieser Art sind von Siemens, Salleron, Fischer und Weinhold angegeben worden.

Die der Wärmequelle ausgesetzten Körper sind Zylinder oder Kugeln aus Kupfer, Eisen, Nickel oder Platin. Man bringt dieselben in mit einer bestimmten Menge Wasser gefüllte, gut isolierte zylindrische Gefäße aus Kupfer- oder Messingblech, in welchen sich die Wärme der erhitzten Körper auf das Wasser verteilt und mit Hilfe des Thermometers gemessen werden kann. Derartige Instrumente nennt man Kalorimeter. Kennt man nun den Wasserwert des Instrumentes und des in das Wasser eingetauchten (der Hitze ausgesetzt gewesenen) festen Körpers, sowie die Temperatur des Wassers vor und nach dem Eintauchen des Körpers, so läßt sich die Temperatur berechnen.

Besteht beispielsweise das Gefäß (Kalorimeter) aus Kupferblech und stellt der der Wärmequelle auszusetzende Körper einen kleinen Zylinder aus Eisen dar, so ergibt sich die gesuchte Temperatur wie folgt.

Ist T die gesuchte Temperatur, t^1 die Temperatur des Kalorimeters vor dem Eintauchen des erhitzten eisernen Zylinders in das Wasser, t^2 die Temperatur nach dem Eintauchen des Zylinders in das Wasser, W der Wasserwert des Kalorimeters, W^1 der Wasserwert des eisernen Zylinders, so ist

$$W\,(t^2-t^1) = W^1\,(T-t^2)$$

oder

$$T = \frac{(W + W^1)\,t^2 - W\,t^1}{W^1}.$$

W ist gleich dem Gewichte (g) der Kupferteile des Kalorimeters, multipliziert mit der spezifischen Wärme (s) des Kupfers, plus dem Gewichte des im Kalorimeter befindlichen Wassers (g^1) mal der spezifischen Wärme desselben $(= 1)$ oder

$$W = g \cdot s + g^1 \cdot 1.$$

W^1 ist gleich dem Gewichte des eisernen Zylinders (g^2) mal der spezifischen Wärme des Eisens (s_2) oder

$$W_1 = g_2\, s_2.$$

Nun ändert sich aber die spezifische Wärme mit der Temperatur, und zwar wächst sie mit zunehmender Temperatur nach Weinhold in dem nachstehenden Verhältnisse:

$$s_2 = 0{,}105907 + 0{,}00006538\, t + 0{,}000000066477\, t^2.$$

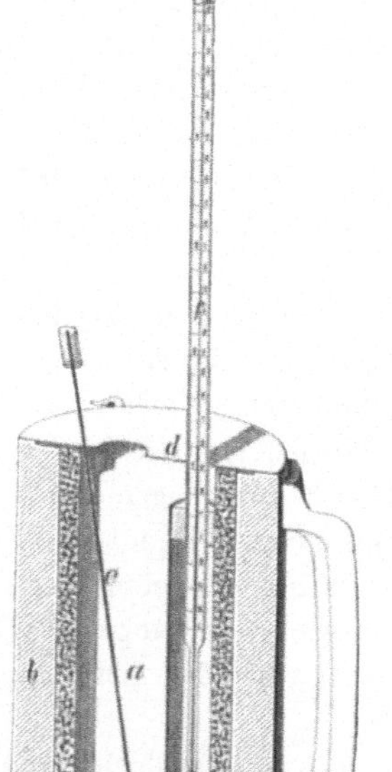

Für s_2 bei verschiedenen Temperaturen ist in der Regel eine Tabelle ausgerechnet, so daß sich aus der oben angeführten Formel die Temperatur leicht berechnen läßt.

Es ist bei der Berechnung der Temperatur auf diese Weise zu berücksichtigen, daß infolge von Strahlung ein erheblicher Teil Wärme an die Luft abgegeben wird, so daß die Temperatur zu niedrig ermittelt wird.

Ein gutes Instrument dieser Art ist das **Kalorimeter** von **Fischer** (Fig. 22).

Dasselbe besteht aus einem 50 mm weiten, dünnen Zylinder a aus Kupferblech, welcher in eine Holzbüchse b eingehängt ist. Der Raum

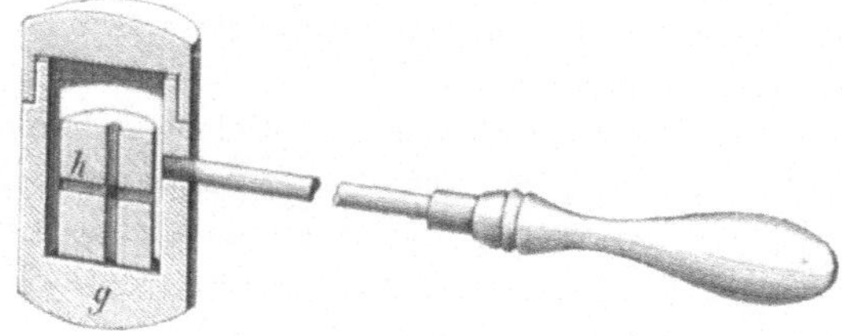

Fig. 22.

Fig. 23.

zwischen Kupferzylinder und Holzbüchse ist mit langfaserigem Asbest oder Glaswolle gefüllt. Auf dem Apparate befindet sich ein Deckel d aus Messingblech, welcher mit einer kleinen Öffnung zum Einbringen eines Thermometers und einer größeren Öffnung zum Einführen des erhitzten Körpers, eines Zylinders aus Schmiedeeisen, sowie eines Rührers e versehen ist. Die Zylinder aus Schmiedeeisen (h, Fig. 23) haben 12 mm im Durchmesser, 20—22 mm Höhe und wiegen ca. 20 gr. Man setzt sie in einem mit Stiel und Holzgriff versehenen eisernen Gefäße g der zu messenden Temperatur aus, wirft sie dann in das Kalorimeter, dessen Temperatur vorher bestimmt worden ist, und bewegt den Rührer, welcher aus Kupfer besteht und an einem Glasstab befestigt ist, so lange auf und ab, bis die Temperatur nicht mehr steigt (was innerhalb einer Minute eintritt). Die Berechnung der Temperatur geschieht in der angegebenen Weise.

In der neuesten Zeit ist sowohl der Behälter zur Aufnahme der durchbohrten Zylinder als auch das Kalorimeter selbst von Fischer verbessert worden.

Der Behälter zur Aufnahme der Zylinder Fig. 24 und 25 besteht aus Schmiedeeisen und ist mit einem Auschnitt v versehen. An den Behälter ist ein Stiel mit Holzgriff angeschraubt. Zum Schutze der Hand gegen die Hitze befindet sich am Ende des Holzgriffs eine Asbestscheibe d.

Das Kalorimetergefäß besteht aus Messingblech und besitzt eine innere Auskleidung aus Asbestpappe. Über dem Boden des inneren Gefäßes ist ein Siebboden angebracht, welcher verhindert, daß der einge-

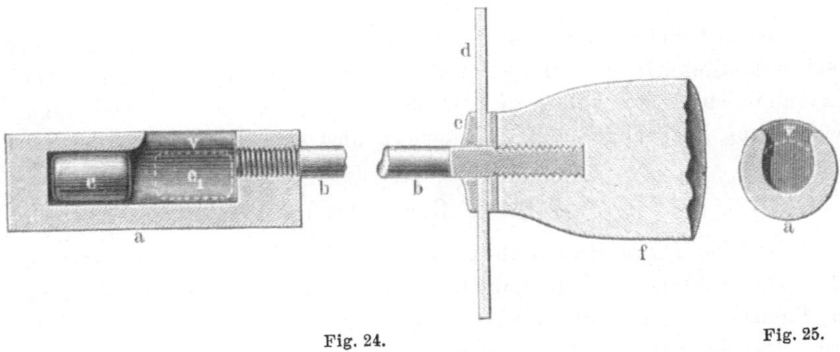

Fig. 24.　　　　　　　　　　　　Fig. 25.

worfene Metallzylinder mit dem eigentlichen Boden des Gefäßes in Berührung kommt und dadurch Wärmeverluste herbeiführt.

Das **Weinholdsche Kalorimeter** besteht aus dünnem Messingblech und faßt 1 Liter. Es ist unten zylindrisch, oben stark konisch. Das Gefäß aus Messingblech ist mit einem Gefäße aus Weißblech umgeben. Die Körper, welche die Wärme der Wärmequelle aufnehmen, sind eiserne Kugeln von 60—80 gr Gewicht mit kreuzförmiger Durchbohrung. Das Wasser wird nach dem Einbringen des erhitzten Körpers durch ein Flügelrad, welches an einer Schnurrolle sitzt, bewegt. Die erhitzten Kugeln werden in einen Korb aus Messingdraht geworfen, welcher im Kalorimeter niedersinkt.

Die Berechnung der Temperatur geschieht wie bei dem Kalorimeter von Fischer.

---

[1] F. Fischer, Chem. Technologie der Brennstoffe. I, S. 620.

3. Die Brennstoffe im engeren Sinne.

Die Brennstoffe im engeren Sinne unterscheidet man in natürliche und in künstlich hergestellte Brennstoffe.

Die in der Natur vorkommenden Brennstoffe sind: Holz, Torf, Braunkohle, Steinkohle, flüssige und gasförmige Kohlenwasserstoffe. Die künstlich hergestellten Brennstoffe sind: Holzkohle, Torfkohle, Koks, Verkohlungsgase, Generatorgas und Wassergas.

Es sollen diese Brennstoffe in der angeführten Reihenfolge und bei den künstlichen auch die Art ihrer Herstellung, sowie schließlich die Einrichtungen zur Verbrennung der Brennstoffe nachstehend des näheren betrachtet werden.

A. Natürliche Brennstoffe.

Die natürlichen Brennstoffe unterscheidet man in feste, flüssige und gasförmige Brennstoffe. Zu den festen Brennstoffen gehören Holz, Torf, Braunkohle und Steinkohle, zu den flüssigen Erdöl, zu den gasförmigen gewisse aus Erdspalten oder Bohrlöchern austretende Kohlenwasserstoffe.

a) Feste Brennstoffe.

Von den festen Brennstoffen stellt das Holz Teile lebender Pflanzenarten dar, während Torf, Braunkohle und Steinkohle aus der Zersetzung von Pflanzen unter völligem oder teilweisem Luftabschluß hervorgegangen sind. Das jüngste Zersetzungserzeugnis ist der Torf, dann folgt Braunkohle, dann Steinkohle. Die älteste als Brennstoff benutzte Steinkohlenart ist der Anthrazit. Die Hauptbestandteile dieser Brennstoffe sind Sauerstoff, Wasserstoff und Kohlenstoff. Das Verhältnis des Sauerstoffs zum Wasserstoff ist beim Holze (Zellulose) wie $8:1$, also das nämliche, wie es zur Bildung von Wasser erforderlich ist. In den übrigen Brennstoffen ist mehr Wasserstoff enthalten als zur Bildung von Wasser erforderlich ist, indem das Verhältnis des Sauerstoffs zum Wasserstoff beim Torf $6:1$, bei der Braunkohle $(6—4):1$, bei der Steinkohle $3:1$ ist.

Man nennt den über das Verhältnis der Wasserbildung hinaus in den Brennstoffen enthaltenen Wasserstoff: „disponibelen Wasserstoff". Daß derselbe aber wirklich frei ist, hält man für unwahrscheinlich. Die Menge desselben ist von großem Einflusse auf die Eigenschaften der Brennstoffe, besonders auf die Flammbarkeit und Backfähigkeit derselben. Sie beträgt bei

$$\text{Zellulose} = 0$$
$$\text{Torf} = 1\tfrac{1}{2} - 2\,^0/_0$$
$$\text{Braunkohle} = 1\tfrac{1}{2} - 3\tfrac{1}{2}\,^0/_0$$
$$\text{Steinkohle} = 2{,}4 - 4{,}7\,^0/_0.$$

Beim Erhitzen der Brennstoffe unter Luftabschluß tritt ein Teil dieses Wasserstoffs mit Kohlenstoff verbunden in der Form verschiedener Kohlenwasserstoffe (Gase und Teer) aus.

Der Gehalt der gedachten Brennstoffe an Kohlenstoff, Wasserstoff und Sauerstoff mit zunehmendem Alter ist aus der nachstehenden Zusammenstellung ersichtlich.

	Zusammensetzung des aschenfreien Brennstoffs			Auf 100 G.-T Kohlenstoff sind darin enthalten Wasserstoff		
	C	H	O + N	disponibel	gebunden	Summe
Zellulose	44,44	6,17	49,30	0	138,8	138,8
Holz (Eiche)	50,64	6,03	43,33	12,1	107,0	119,1
Torf	59,30	5,76	34,94	22,9	74,2	97,1
Lignit	57,62	6,06	36,32	26,3	78,8	105,1
Gemeine Braunkohle	67,82	6,10	26,08	44,3	45,6	89,9
Jüngere Steinkohle aus dem Wälderton	82,79	5,37	11,84	49,5	15,4	64,9
Steinkohle (Flammkohle) von Saarbrücken	75,75	4,87	19,38	32,3	22,3	64,7
Steinkohle (Gaskohle) aus Niederschlesien	85,13	5,02	9,85	44,5	14,4	59
Steinkohle (Kokskohle) aus Westfalen	88,31	5,35	6,34	51,7	9	60,7
Steinkohle (Magere Kohle) von Aachen	90,77	3,70	5,52	33,2	7,6	40,8
Anthrazit von Osnabrück	82	14,80	3,2	180,5	4,9	185,4

Das Holz.

Unter Holz versteht man die festen Bestandteile von Bäumen und Sträuchern, welche den Wechsel der Jahreszeiten überdauern und auch nach dem Absterben der betreffenden Pflanzen nicht sofort in Verwesung übergehen. Die verschiedenen Holzarten, welche in Europa Verwendung als Brennstoffe finden, sind hauptsächlich von Laubhölzern: Die Eiche, die Rotbuche, die Hain- oder Weißbuche, die Ulme oder Rüster, die Esche, die Erle und die Birke, von Nadelhölzern die Weiß- oder Edeltanne, die Fichte oder Rottanne, die Föhre oder Kiefer und die Lärche.

Einteilung der Hölzer.

Abgesehen von der botanischen Einteilung der Hölzer in Laub- und Nadelhölzer, unterscheidet man dieselben nach ihren spezifischen Gewichten in harte und weiche Hölzer. Hölzer, deren spezifisches Gewicht im trockenen Zustande (einschließlich des Saftes) über 0,55, im frischen Zustande über 0,90 beträgt, nennt man „harte Hölzer", Hölzer mit niedrigeren spezifischen Gewichten „weiche Hölzer".

Zu den harten Hölzern gehören: die Eiche, die Buche, der Ahorn, die Birke, die Erle, die Esche und die Ulme, zu den weichen Hölzern: die Nadelhölzer, die Linde, die Pappel und die Weide.

Nach seiner Herkunft aus den verschiedenen Teilen der Pflanze unterscheidet man ferner Stammholz, Astholz oder Knüppelholz und Wurzel- oder Stukenholz.

Zusammensetzung des Holzes.

Nähere Zusammensetzung.

Das Holz besteht aus der eigentlichen Holzfaser oder Zellulose, aus Saft- und Aschenbestandteilen, welche auch unter dem Namen der „inkrustierenden Materie" zusammengefaßt werden, und aus hygroskopischem Wasser.

Die Holzfaser oder Zellulose.

Dieselbe hat bei allen Holzarten die gleiche Zusammensetzung. Sie besteht aus Kohlenstoff, Wasserstoff und Sauerstoff und hat die Formel:

$$C_6 H_{10} O_5.$$

Sie besteht aus:

$$Kohlenstoff \quad 44,40\%,$$
$$Wasserstoff \quad 6,17\%,$$
$$Sauerstoff \quad 49,39\%.$$

Sauerstoff und Wasserstoff sind in dem Verhältnisse vorhanden, wie es zur Bildung von Wasser erforderlich ist.

Das spezifische Gewicht der Holzfaser von verschiedenen Hölzern schwankt zwischen 1,4599 und 1,5344.

Die inkrustierende Materie.

Dieselbe besteht aus verschiedenen organischen und unorganischen Körpern, welche teils in Wasser gelöst, teils in demselben suspendiert sind. Sie bildet mit Wasser zusammen den sogen. „Pflanzensaft", welcher sich im Herbste verdickt und dann neue Zellulose bildet. Ohne Wasser macht die inkrustierende Materie 4% des völlig trockenen Holzes aus. Ihre organischen Bestandteile sind hauptsächlich: Harz, Gummi, Farbstoffe, Coniferin, Pflanzensäuren und Pflanzeneiweiß, ihre unorganischen Bestandteile: Kalk, Magnesia, Kali, Natron, Eisenoxyd, Manganoxyd, Kieselerde, Chlor, Schwefel, Schwefelsäure, Phosphor und Phosphorsäure.

Die Basen sind teils an unorganische Säuren, teils an Pflanzensäuren gebunden.

Bei der Verbrennung des Holzes bleiben die unorganischen Bestandteile der inkrustierenden Materie zurück und bilden zusammen mit der Kohlensäure, welche bei der Verbrennung ihrer organischen Bestandteile entsteht, die Asche. Der Aschengehalt der Hölzer steigt bis 3%, beträgt aber im großen Durchschnitt 1%. Derselbe ist in der Rinde, den Blättern, dem Zweigholze und in den faserigen Teilen der Wurzeln größer als im Stammholze. Der Hauptbestandteil der Asche ist kohlensaures Kalzium.

Nach Moser[1]) enthalten 100 Teile trockenes Holz:

	Asche	Schwefelsäure	Phosphorsäure	Kieselsäure	Chlor	Kali	Natron	Kalk	Magnesia
Roßkastanie .	2,8	—	0,59	0,02	0,04	0,55	—	1,43	0,15
Buche . . .	0,5	0,01	0,03	0,03	—	0,09	0,02	0,31	0,06
Eiche . . .	0,5	0,01	0,03	0,01	—	0,05	0,02	0,37	0,02
Lärche . . .	0,27	0,01	0,01	0,01	—	0,04	0,02	0,07	0,07
Kiefer . . .	0,26	0,01	0,02	0,04	—	0,03	0,01	0,13	0,02
Birke . . .	0,26	—	0,02	0,01	—	0,03	0,02	0,15	0,02
Tanne . . .	0,24	0,01	0,01	0,02	—	0,04	0,02	0,12	0,01
Fichte . . .	0,21	0,01	0,01	0,01	—	0,01	0,06	0,10	0,01

Die Zusammensetzung der Asche verschiedener Holzarten ergibt sich aus den nachstehenden Analysen von Berthier:

	Linde	Birke	Erle	Tanne	Fichte
CO_2	38,71	28,76	25,17	24,93	35,66
SO_3	0,81	0,37	1,24	0,80	1,67
P_2O_5	2,51	3,61	6,25	3,14	0,91
HCl	0,19	0,03	0,06	0,08	—
SiO_2	1,97	4,78	4,06	6,23	4,19
K_2O $\}$ Na_2O $\}$	6,55	12,72	—	16,80	7,94
CaO	46,35	43,85	40,76	29,72	38,51
MaO	1,79	2,52	2,03	3,28	9,56
Fe_2O_3	0,09	0,42	2,92	10,53	0,09

Das hygroskopische Wasser.

Dasselbe bildet zusammen mit den Saft- und Aschenbestandteilen den Saft des Holzes.

Der Gehalt der Hölzer an hygroskopischem Wasser ist sehr verschieden je nach der Holzart, der Jahreszeit, dem Standorte und dem Alter des Holzes, sowie nach den verschiedenen Teilen des Baumes.

Im Frühjahr und Sommer ist der Saftgehalt und dementsprechend auch der Wassergehalt des Holzes größer als im Herbst und Winter. Er ist ferner bei weichen Hölzern, bei jungen Hölzern, bei auf fettem Boden

---

[1]) Moser, Chem. für Land- und Forstwirte. Wien 1870.

gewachsenen Hölzern größer als bei harten, bezw. alten und auf magerem Boden gewachsenen Hölzern. Das Holz vom Gipfel des Baumes ist saftreicher als das Holz vom Stamme desselben.

Der Gehalt verschiedener frisch gefällter Hölzer an hygroskopischem Wasser wurde von Schübler und Neuffer bestimmt und stellte sich wie folgt:

Hainbuche	18,6 %		Rotbuche	39,7 %
Birke	30,8 -		Erle	41,6 -
Traubeneiche	34,7 -		Espe	43,7 -
Salweide	26 -		Ulme	44,5 -
Ahorn	27 -		Rottanne	45,2 -
Esche	28,7 -		Linde	47,1 -
Stieleiche	35,4 -		Pappel	48,2 -
Edeltanne	37,1 -		Lärche	48,6 -
Kiefer	39,7 -		Baumweide	50,6 -

Das frisch gefällte Holz verliert an der Luft einen Teil seines Wassers durch Verdunsten desselben. Hierdurch vermindert sich der Wassergehalt im Durchschnitte auf 20%. Man nennt ein derartiges Holz „lufttrocken".

Die Wassermenge, welche das Holz bis zum Eintritt der Lufttrockenheit abgibt, beträgt 36—44 % des Gewichtes bei der Fällung desselben.

Wird das Holz auf 125°—140° erhitzt, so verliert es das gesamte hygroskopische Wasser. Man nennt ein solches Holz „gedarrtes Holz". In noch höherer Temperatur tritt eine Zersetzung der Holzsubstanz ein.

Das lufttrockene Holz sowohl wie das gedarrte Holz sind hygroskopisch. Diese Eigenschaft beruht auf der Kapillaranziehung der Zellen des Holzes und auf der Anziehung des Wassers durch die in der inkrustierenden Materie enthaltenen Salze und Extraktivstoffe.

Weitere Zusammensetzung des Holzes.

Die weitere Zusammensetzung des Holzes ist, wenn man von dem Aschengehalte absieht, die nachstehende:

a) Völlig trockenes Holz:

Kohlenstoff: 50
Sauerstoff: 44
Wasserstoff: 6.

Nimmt man Sauerstoff und Wasserstoff zu Wasser verbunden an, so ist die Zusammensetzung:

50% Kohlenstoff,
50% chemisch gebundenes Wasser.

Mit Einschluß der Asche ist die Zusammensetzung:

Kohlenstoff: 49,5%,
Wasserstoff: 6 %,
Sauerstoff: 43,5%,
Asche: 1 %.

b) Das lufttrockene Holz mit 20% hygroskopischem Wasser ist, wenn man von dem Aschengehalte absieht, zusammengesetzt, wie folgt:

Hygroskopisches Wasser: 20%,
Kohlenstoff: 40%,
Chemisch gebundenes Wasser: 40%.

Chevandier[1]) erhielt bei seinen Untersuchungen ohne Einbeziehung des Aschengehaltes für die durchschnittliche Zusammensetzung von Stammholz mit Rinde und Ästen die nachstehenden Ergebnisse:

	Kohlenstoff	Wasserstoff	Sauerstoff	Stickstoff
Kiefer	51,76	6,12	41,36	0,76
Tanne	51,63	6,11	41,20	1,06
Weide	51,12	6,02	42	0,86
Birke	51,05	6,27	41,84	0,84
Eiche	50,42	5,99	42,69	0,90
Erle	50,38	6,26	42,54	0,82
Buche	49,76	6,05	43,31	0,87
Hainbuche	49,46	6,08	43,68	0,78

Spezifisches Gewicht.

Das spezifische Gewicht des von aller Luft befreiten Holzes beträgt 1,48—1,53.

Das spezifische Gewicht des lufttrockenen Holzes, dessen Poren noch mit Luft erfüllt sind, ist bei verschiedenen Hölzern das nachstehende:

Harte Hölzer	Weiche Hölzer
Buche = 0,77,	Kiefer = 0,55,
Eiche = 0,71,	Tanne = 0,48,
Esche = 0,67,	Fichte = 0,47,
Birke = 0,55,	Linde = 0,44,
	Pappel = 0,39.

Von der Dichtigkeit des Holzes hängt sein Wert als Brennstoff ab. Der Ankauf des Holzes geschieht nach dem Maße.

Die genaue Ermittelung des Volumens des gefällten Holzes ist durch die Schwankungen in dem Verhältnisse zwischen der eigentlichen Holz-

---

Compt. rend. 24, 269.

masse und den Zwischenräumen zwischen den aufgeschichteten Holzstücken sehr erschwert. Bei gespaltenen und in Stößen aufgestellten Hölzern rechnet man häufig $\frac{1}{3}$ Zwischenräume und $\frac{2}{3}$ Holzmasse.

Als Durchschnittsgewicht des Holzes nimmt man pro cbm bei

harten Hölzern: 400—500 kg
Nadelholz: 300—400 kg
weichen Laubhölzern: 200—300 kg.

Brennbarkeit.

Das lufttrockene Holz entzündet sich bei einer durchschnittlichen Temperatur von 300° C. Weiche Hölzer, besonders die Nadelhölzer, sind leichter entzündbar als harte Hölzer. Auch brennen die weichen Hölzer schneller und mit längerer Flamme als die harten Hölzer.

Absoluter Wärmeeffekt.

Für Hölzer von gleichem Grade der Trockenheit sind die absoluten Wärmeeffekte infolge der gleichen chemischen Zusammensetzung nur wenig verschieden.

Nach den Ermittelungen von Erhard beträgt der absolute Wärmeeffekt für vollkommen trockenes Holz (also ohne Gehalt an hygroskopischem Wasser) 3800 W.E.

Für Holz mit 20% Wasser ist der absolute Wärmeeffekt zu 3000 bis 3200 W.E. ermittelt.

In Wirklichkeit dürfte er, da der durch das Kalorimeter ermittelte Wärmeeffekt bei der praktischen Ausführung der Verbrennung nicht erreicht wird (er beträgt höchstens 80% des theoretischen Wärmeeffekts), 2500 W.E. nicht übersteigen.

Die Verdampfungskraft des Holzes für Wasser ist durch Brix wie folgt ermittelt:

Es verdampft kg Wasser

	ungetrocknet	getrocknet
1 kg Kiefernholz	3,79 kg Wasser	5,11 kg Wasser
1 - Birkenholz	3,72 - -	4,38 - -
1 - Buchenholz	3,51 - -	4,11 - -
1 - Eichenholz	3,53 - -	4,58 - -

Verbrennungstemperatur.

Wie dargelegt, sind die Zahlen für die Verbrennungstemperaturen ungenau. Die Verbrennungstemperatur von lufttrockenem Holz in Luft ohne Pressung wird zu 1122° C. angegeben.

Gewinnung und Vorbereitung des Holzes.

Das Fällen des Holzes geschieht im Winter, weil in dieser Jahreszeit der Saft desselben verdickt ist. Die gefällten Hölzer werden in Stücke zersägt und die letzteren, erforderlichen Falles nach vorgängiger Zerspaltung in Scheite, zu Haufen vereinigt, um das Holz lufttrocken zu machen. Die Haufen müssen so aufgestellt werden, daß die Luft durch dieselben hindurchziehen kann. Die Aufstellungsorte müssen trocken, luftig und der Sonne ausgesetzt sein. Es sind zwei Jahre, mindestens aber zwei Sommer erforderlich, um den Wassergehalt des Holzes auf 20% herunterzubringen.

Das lufttrockene Holz läßt sich zum Eindampfen und Verdampfen von Flüssigkeiten, sowie bei Brennverfahren, Schmelzverfahren und Verdampfungsverfahren, welche keine hohen Temperaturen erfordern, verwenden. Sollen höhere Temperaturen mit dem Holze erzeugt werden, so muß vorher das hygroskopische Wasser durch eine künstliche Trocknung desselben entfernt werden.

Darren des Holzes.

Diese Trocknung, das sogen. Darren, wird bei einer Temperatur von $125-140^{0}$ vorgenommen. Bei 125^{0} verliert das Holz seinen gesamten Gehalt an hygroskopischem Wasser, während schon bei 150^{0} eine Zersetzung der Holzsubstanz eintritt. Man geht aus diesem letzteren Grunde mit der Trockentemperatur nicht über 140^{0} hinaus.

Das gedarrte Holz ist sehr hygroskopisch und zieht wieder $13-16\%$ Wasser an. Es muß deshalb sofort nach dem Darren verwendet werden.

Das Darren geschieht vielfach in Kammern aus Mauerwerk, den sogenannten Darrkammern. Zur Erhitzung des Holzes verwendet man Feuergase oder erhitzte Luft. Die Feuergase werden entweder in besonderen Feuerungen lediglich zum Zwecke des Darrens erzeugt oder sie sind bereits zu anderen Heizzwecken verwendet worden (Abhitze). Man bringt die heißen Gase entweder in direkte Berührung mit dem zu darrenden Holze oder leitet sie durch in den Darrkammern angebrachte Eisenrohre, welche letztere die ihnen mitgeteilte Wärme auf das Holz ausstrahlen. Im ersteren Falle werden die Darrkammern mit einer Vorkammer, der sogen. Funkenkammer, versehen, in welcher die Feuergase durch zugeführte kalte Luft soweit abgekühlt werden, daß eine Entzündung des zu darrenden Holzes nicht mehr eintreten kann. Das Durchleiten der Gase durch die Darrkammern geschieht entweder mit Hilfe von Essenzug oder mit Hilfe von Exhaustoren.

Der Torf.

Der Torf ist ein durch Zersetzung von Pflanzen unter Wasser entstandener Brennstoff. Obwohl das Wesen der Vertorfung zur Zeit noch nicht vollständig klargelegt ist, so steht doch soviel fest, daß die Zersetzung der torfbildenden Pflanzen beginnt, sobald dieselben vom Wasser bedeckt werden. Die Zersetzung findet hiernach bei Luftabschluß statt. Hierbei tritt zuerst[1]) eine Zunahme des Kohlenstoffgehaltes und eine Abnahme des Wasserstoffgehaltes der betreffenden Pflanzen ein, woraus man schließt, daß anfangs Methan und Wasser abgeschieden werden. Später entwickelt sich auch Kohlensäure. Nach Früh[2]) sind die wichtigsten Produkte der Zersetzung: Ulminsäure, Ulmin, Huminsäure, Humin sowie Salze der beiden Säuren.

An der Torfbildung nehmen mit Ausnahme von Pilzen alle Pflanzenarten teil. Die Pflanzen, welche das Hauptmaterial für die Torfbildung liefern, sind die Torfmoose (Sphagnum und Hypnum), Heidekräuter (Calluna vulgaris und Erica tetralix), Wollgräser (Eriophorum vaginatum, angustifolum), Riedgräser (Carex limosa, teretiuscula, ampullacea, vesicaria, pulicaris etc.), Binsen (Scirpus silvaticus, setaceus, caespitosus), Simsen (Juncus conglomeratus, silvaticus, filiformis etc.), das Borstengras (Nardus stricta), die Zwergkiefer (Pinus pumilio und mughus), das Schilfrohr (Typha latifolia und angustifolia), Kalmus (Acorus calamus), die Wasserlilie (Iris pseudacorus), die Wassergräser (Poa aquatica und calamagrostis), der Froschlöffel (Alisma), der Igelkolben (Sparganium), das Pfeilkraut (Sagittaria), die Minze (Mentha aquatica), die Sumpfdistel (Carduus palustris und crispus), der Schachtelbalm (Equisetum palustre), der Weiderich (Epilobium palustre), die Heidelbeerarten (Vaccinium Vitis Idaea und Myrtillus) und die Weiden (Salix aurita und repens).

Der Torf bildet sich an solchen Orten, an welchen das Wasser keinen Abfluß hat. Man nennt solche Orte „Torfmoore“.

Man unterscheidet Hochmoore und Wiesenmoore oder nach Früh[3]) auch Hochmoore, Wiesenmoore und Mischmoore.

Die Hochmoore entstehen nach Früh sowohl in Seeen und Teichen mit kalkfreiem Wasser als auch auf kalkfreiem Untergrunde, welcher von weichem Wasser berieselt wird. Bei den Seeen und Teichen entsteht zuerst am Rande eine Pflanzendecke, welche das Sumpfmoos Sphagnum in großer Menge enthält (daher auch Sphagnetum genannt). Dieselbe schreitet nach dem Innern der Seeen und Teiche hin fort und bildet nun

---

[1]) Ber. d. deutsch. chem. Ges. 8, 634. — Annalen d. Chemie, 109, 185. — Journal für prakt. Chemie 92, 65.

[2]) J. Früh, Torf und Dopplerit, Zürich 1883.

[3]) a. a. O. S. 4.

eine schwimmende Decke. Dieselbe wird durch die Ansiedelung weiterer Pflanzen (Algen, Droseraarten, Vacciniumarten) auf ihr derartig beschwert, daß sie untersinkt und dadurch einer neuen Decke Platz macht. Nach Ablauf einer gewissen Zeit sinkt auch diese zweite Decke unter und macht einer weiteren Vegetation Platz u. s. f. Die untergesunkenen Pflanzen fallen der Zersetzung anheim und werden in Torf verwandelt.

Die Bildung des Torfes auf kalkfreiem Untergrunde, welcher von weichem Wasser berieselt wird, setzt voraus, daß der Untergrund wasserdicht ist, d. i. aus Ton oder aus Sand, welcher mit fettem, tonigem Schlamm gemengt ist, besteht. Die Pflanzen sind hauptsächlich Heidekräuter neben Sphagnum. Der Untergrund dieser Moore liegt über dem Sommerwasserspiegel. In den übrigen Jahreszeiten sind die Pflanzen mit Wasser bedeckt und werden zersetzt. Die zersetzten Pflanzen bilden den Boden für eine neue Vegetation, welche nach Ablauf einer bestimmten Zeit gleichfalls wieder in Torf verwandelt wird und der weiter folgenden Vegetation als Boden dient.

Die Wiesenmoore, auch Gras-, Grünlands- oder Niederungsmoore genannt, entstehen sowohl in Seeen mit kalkreichem Wasser als auch an solchen Orten, an welchen die Erdoberfläche — gleichviel ob von kalkiger oder toniger Beschaffenheit — fortwährend oder wiederholt durch hartes Wasser befeuchtet wird.

In den Seeen mit kalkreichem Wasser beginnt die Torfbildung bei einiger Tiefe derselben wieder in der gedachten Weise vom Ufer aus. Die Pflanzen (Carex, Scirpus, Phragmites, Hypnum etc.) wachsen zu einer Decke aus, welche bei einer gewissen Dichte wieder untersinkt und der Zersetzung anheimfällt. An seichten Stellen bildet sich die Pflanzendecke auch in der Mitte und im Innern der Seeen.

Da, wo die Erdoberfläche fortwährend oder wiederholt durch hartes Wasser befeuchtet wird, entstehen die sogen. „sauren Wiesen“. Die Vegetation derselben steht während des Herbstes und Winters unter Wasser, so daß dann eine Zersetzung der Pflanzen eintritt.

Die Wiesenmoore erreichen in Norddeutschland eine Tiefe von 2 bis 3 m, in Südbayern sogar eine Tiefe bis zu 10 m. Der Untergrund derselben liegt in und unter der Höhe des Sommerwasserspiegels.

Die Mischmoore sind aus Hochmooren und Wiesenmooren zusammengesetzt. Die Hochmoore ruhen bei denselben auf Wiesenmooren. Derartige Moore finden sich in Ungarn, Böhmen, in den Ost- und Zentralalpen, im Jura, in Ostpreußen und in Holland. Es ist nicht unwahrscheinlich, daß die meisten Hochmoore zuerst Wiesenmoore gewesen und später durch Änderung der chemischen Zusammensetzung des zufließenden Wassers in Hochmoore verwandelt worden sind.

Die Torfbildung geht unter unseren Augen, wenn auch langsam, vor sich. So hat man auf einigen Mooren in 100 Jahren, auf anderen in 30 bis 50 Jahren eine Zunahme der Torfschicht um 0,75 m festgestellt. An anderen Orten hat man eine Zunahme der Torfschicht um 2 m in 70 Jahren, an noch anderen Orten um 1,25 bis 2 m in 30 Jahren beobachtet.

Durch das Wasser werden den Mooren sandige und schlammige Teile zugeführt, welche sich zu Boden setzen und zu Bestandteilen des Torfes werden. Oft bilden diese erdigen Teile, welche sich beim Verbrennen des Torfs in der Asche desselben wiederfinden, förmliche Schichten zwischen den einzelnen Torflagen.

Die tiefsten Torflagen sind in der Zersetzung am weitesten vorgeschritten und außerdem durch das Gewicht der über ihnen liegenden Massen verdichtet worden.

Der Torf findet sich auf der ganzen Erde verbreitet, in Europa besonders in England, Irland, Schweden und Norwegen, Deutschland, Rußland und Österreich-Ungarn.

Nach den Pflanzenarten, aus welchen der Torf entstanden ist, unterscheidet man:

1. Moostorf, welcher hauptsächlich aus Sphagnumarten entstanden ist,

2. Heidetorf, aus den eigentlichen Heidepflanzen (Erica und Calluna) gebildet,

3. Grastorf, aus Gräsern gebildet,

4. Schilftorf, aus Schilfarten gebildet,

5. Holztorf, hauptsächlich aus Holzarten entstanden.

Je nach dem Grade der Zersetzung unterscheidet man Faser-, Rasen- oder Moostorf und Specktorf, Pechtorf oder amorphen Torf.

Der Fasertorf besteht aus deutlich erkennbaren Resten der Pflanzen, aus welchen er entstanden ist. Er stellt ein verfilztes Gewebe dieser Reste von gelber oder hellbrauner Farbe dar und ist sehr leicht. Er findet sich in den der Erdoberfläche zunächst liegenden Torfschichten.

Der Specktorf läßt gar keine Pflanzenreste oder nur noch die gröbsten Teile derselben erkennen. Er ist von dunkelbrauner bis schwarzer Farbe, schwer, und findet sich in den tieferen Teilen der Torflager.

Zwischen diesen beiden Arten des Torfes finden noch die verschiedensten Übergänge statt.

Es ist daher erklärlich, daß das absolute sowohl wie das spezifische Gewicht des Torfes in sehr weiten Grenzen schwanken. Dieselben hängen nicht nur von dem Grade der Zersetzung des Torfes und dem Drucke, welchem er ausgesetzt war, sondern auch vom Aschen- bezw. Sand- und Tongehalte desselben ab.

Zusammensetzung.

Der Torf besteht aus sogen. Torfsubstanz, aus unorganischen Bestandteilen und aus hygroskopischem Wasser.

Infolge der verschiedenartigen Grade der Zersetzung der Pflanzen im Torfe sowie infolge des außerordentlich schwankenden Aschen- und Wassergehaltes desselben läßt sich die mittlere Zusammensetzung desselben nicht einmal annähernd genau angeben.

Die Zusammensetzung des getrockneten Torfes aus verschiedenen Mooren ist aus der nachstehenden Zusammenstellung ersichtlich[1]).

Torfanalysen (Trockensubstanz)	Kohlenstoff	Wasserstoff	Sauerstoff	Stickstoff	Asche	
Dichter Torf von Bremen	57,84	5,85	32,76	0,95	2,60	Breuninger
Desgleichen	57,03	5,56	34,15	1,67	1,57	
Grunewald	49,88	6,50	42,42	1,16	3,72	
Harz	50,86	5,80	42,70	0,77	0,57	
Desgleichen	62,54	6,81	29,24	1,41	1,09	Websky
Linum	59,47	6,52	31,51	2,51	18,53	
Hundsmühl	59,70	5,70	33,04	1,66	2,92	
Finnland, vom Ladogasee	49,92	5,95	—	1,88	0,57 bis 58,71	Johanson (Pharm. Z. Rußl. 1883)
Fast schwarzer Torf aus Prockuln in Kurland	48,23	5,34	26,34	2,33	17,73	Thoms (Landw. Vers. Riga, 1887)
Schwarzbrauner Torf aus Kurland .	49,69	5,33	30,76	1,01	13,23	
Fast schwarzer Torf aus Koltzen in Livland	56,00	6,04	27,16	2,30	8,50	
Heller Moostorf aus Kurtenhof in Livland	50,38	6,96	40,98	0,82	0,84	
Lony, dunkelbrauner Torf	58,09	5,93	31,77		4,61	Regnault (nach Hausding)
Voulkaire bei Abbeville, dunkelbrauner Torf	57,03	5,63	29,67	2,09	5,58	
Champ du Feu bei Framont . . .	57,79	6,11	30,77		5,33	
Friesland, dichter Torf	57,16	5,65	33,39		3,80	Mulder (nach Hausding)
Holland	50,85	5,64	30,25		14,25	
Friesland, leichter Torf	59,86	5,52	33,71		0,91	
Princetown bei Tavistock	54,00	5,40	30,40		10,00	Vaux
Torf von Cappege in Irland . . .	51,05	6,85	39,55		2,55	Kaun
Torf von Kulbeggen in Irland . .	61,04	6,67	30,46		1,83	
Blaßrotbrauner Torf mit Wurzeln von Philipstown in Irland . .	58,69	6,97	32,88	1,45	1,99	
Tiefschwarzbrauner, fester, dichter Torf von Wood of Allen in Irland	61,02	5,77	32,40	0,81	7,90	

Die unorganischen Bestandteile des Torfs sind teils und zwar zum geringeren Teile Aschenbestandteile der Pflanzen, aus welchen der Torf gebildet ist, teils und zwar zum weitaus größten Teile Körper, welche

---

[1]) F. Fischer, Die chemische Technologie der Brennstoffe, S. 439.

das Wasser in den Torfmooren abgelagert hat (Sand und Ton). Es ist daher erklärlich, daß der Gehalt des Torfes an unorganischen Bestandteilen ein sehr wechselnder sein muß. Er schwankt zwischen 1 und 58% vom Gewichte des lufttrockenen Torfes. Diese Bestandteile, welche beim Verbrennen des Torfes als Asche zurückbleiben, sind hauptsächlich Kieselsäure, Eisenoxyd, Tonerde, Kalk, Alkalien, Magnesia, Phosphorsäure, Schwefelsäure. Auch Pyrit sowie Gips und Phosphate finden sich öfters im Torfe. In der Asche findet sich auch noch Kohlensäure.

Im allgemeinen kann man den mittleren Aschengehalt des lufttrockenen Torfs zu 5 — 10% annehmen. Torfarten mit mehr als 30% Asche lassen sich nicht mehr mit Vorteil als Brennstoffe verwerten.

Der Torf aus den Wiesenmooren ist der Verunreinigung durch schlammiges Wasser und Sand in viel höherem Maße ausgesetzt als der Torf der Hochmoore. Es gehören daher die aschenreichen Torfarten den Wiesenmooren, die aschenarmen Torfarten den Hochmooren an.

Analysen von Torfaschen nach Senft.

Aschenbestandteile	Torf aus dem Havellande					Bei Cassel	Bei Hamburg
	schwerer, dichter, brauner Torf mit wenig Pflanzenresten	leichter, lockerer, fast nur aus Pflanzenresten bestehender	Filz von Moosen und Riedgräsern	schwerer, aus dem Moor von Linum	schwerer, aus dem Moor von Friesack		
Kali	0,85	0,20	0,25	0,28	0,51	0,15	3,64
Natron	--	0,84	0,26	0,27	0,58	0,50	5,73
Kalk	45,73	33,29	37,00	39,34	33,32	5,81	14,72
Magnesia	—	3,03	3,04	2,43	1,65	0,69	24,39
Eisenoxyd	6,88	25,28	8,65	13,23	22,28	71,29	4,88
Tonerde	0,90	1,38	2,35	1,46	1,14	1,73	2,14
Kieselsäure	2,26	1,03	0,62	1,61	2,70	0,74	—
Schwefelsäure . . .	8,68	5,69	4,49	5,79	5,23	10,98	17,94
Chlor	0,64	0,29	0,31	0,39	0,21	0,06	2,07
Kohlensäure	17,12	18,79	30,59	20,47	18,27	—	—
Phosphorsäure . . .	3,58	1,13	1,07	5,47	1,43	6,29	3,83
Kohle	—	—	0,58	—	0,58	—	0,49
Sand	14,42	6,79	9,00	4,08	11,94	1,78	16,11
Lufttrockener Torf enthielt							
Asche	8,13	5,33	5,51	8,36	8,91	18,27	1,89
Wasser	17,63	19,32	18,89	31,34	21,82	26,60	18,83

Die Zusammensetzung einiger Torfaschen nach Senft ist aus der vorstehenden Zusammenstellung ersichtlich[1]).

Der Wassergehalt des frischen Torfes ist sehr schwankend. Er steigt bis 80%. Durch längeres Liegen an der Luft geht der Wassergehalt auf 17—30% herunter. Man nennt derartigen Torf lufttrockenen Torf. Erhitzt man den Torf bis 120°, so läßt sich der gesamte Gehalt an hygroskopischem Wasser austreiben.

Beim Erhitzen des Torfes über 120° tritt eine Zersetzung der Torfsubstanz ein.

Das mittlere spezifische Gewicht des Torfes schwankt im allgemeinen zwischen 0,113 und 1,033. Das mittlere Gewicht von 1 cbm lufttrockenem Fasertorf nimmt man wohl zu 250 kg, von Specktorf zu 350—400 kg an.

Die Entzündungstemperatur des lufttrockenen Torfes ist 250° C. Die Brennbarkeit desselben hängt vom Wasser- und Aschengehalt sowie von der Dichtigkeit desselben ab. Der leichte sowie der trockene und aschenarme Torf brennt leichter und schneller wie das Holz, der schwere sowie der wasser- und aschenfreie Torf schwieriger und langsamer als dasselbe. Was die Flammbarkeit des Torfes anbetrifft, so brennt der gewöhnliche lufttrockene Torf mit kürzerer Flamme als das Holz.

Die Verbrennungswärme des Torfes ist ebenso schwankend wie sein Wasser- und Aschengehalt. Trockener und aschenarmer Torf entwickelt wegen seines höheren Kohlenstoffgehaltes mehr Wärme als Holz. Wenn man die mittlere Zusammensetzung der Torfsubstanz zu 60% C, 6 H, 32 O, 2 N annimmt, so berechnet sich die Verbrennungswärme derselben nach der Dulongschen Formel zu 5237 W.E. F. Fischer[2]) bestimmte mit Hilfe des Kalorimeters die Verbrennungswärme von gepreßtem Torf von Gifhorn mit 2,51% Asche und 11,90% Wasser zu 5430 W.E., auf flüssiges Wasser als Verbrennungsprodukt bezogen, und zu 4961 W.E., auf Wasserdampf bezogen. Bei einem Wassergehalte des Torfes von 25 bis 30% und bei 6—8% Aschengehalt wird der absolute Wärmeeffekt desselben gegen 3000 W.E. betragen, also dem absoluten Wärmeeffekt des lufttrockenen Holzes gleichkommen. Die Verbrennungstemperatur des Torfes wird zu 1160° angegeben.

Nach Karmarsch entsprechen hinsichtlich der Wärmeleistung (absoluter Wärmeeffekt):

100 kg gelber Torf	=	94,6 kg lufttrockenem Fichtenholz		
100 - brauner -	=	107,6 -	-	-
100 - Erdtorf	=	104,0 -	-	-
100 - Pechtorf	=	110,7 -	-	-

---

[1]) Fischer l. c. S. 441.

[2]) a. a. O. S. 441.

$$100 \text{ cbm gelber Torf} = 33,2 \text{ cbm Fichtenholz}$$
$$100 \text{ - brauner -} = 89,7 \text{ -} \qquad \text{-}$$
$$100 \text{ - Erdtorf} = 144,6 \text{ -} \qquad \text{-}$$
$$100 \text{ - Pechtorf} = 184,3 \text{ -} \qquad \text{-}$$

Nach Brix verwandelt 1 kg lufttrockenen Torfes je 4,62—6,49 G.-T. Wasser von 0° in Dampf von 100°.

Gewinnung des Torfes.

Der Torf wird in Gestalt von regelmäßig geformten Stücken verwendet. Besitzt er hinreichende Festigkeit, so erhält er diese Gestalt schon bei der Gewinnung, indem er durch Handarbeit oder mit Hilfe von Maschinen in prismatischen Stücken aus den nötigenfalls vorher entwässerten Torfmooren ausgestochen wird. Man nennt den auf diese Weise gewonnenen Torf „Stichtorf“. Derselbe wird im Freien oder in Schuppen getrocknet. Von neueren Maschinen für die Gewinnung von Stichtorf sei die Torfstechmaschine von Brosowsky (D.R.P. 16790, 19668 und 63737) erwähnt.

In neuerer Zeit wird auch der Torf dieser Art, anstatt ihn durch Maschinen in Stücken auszustechen, durch Maschinen in unregelmäßigen Massen aus den Mooren ausgehoben, dann durch Messer zerschnitten und durcheinandergemengt (oder falls er reich an unorganischen Beimengungen ist, erst geschlämmt) und dann geformt. Die Formgebung geschieht entweder so, daß man die Torfmasse mit Wasser anmengt, auf einem Trockenfelde ausbreitet, eine Zeit lang trocknet und dann in Stücke von der gewünschten Gestalt schneidet, welche nun in Haufen völlig lufttrocken gemacht werden (Maschinenbacktorf), oder so, daß man die Torfmasse nach dem Zerschneiden und Mengen durch Maschinen formt (Maschinenformtorf). Mit der Formgebung durch Maschinen ist auch häufig eine Verdichtung des Torfes (Preßtorf) verbunden. Als Maschinen hierfür seien erwähnt die Torfmaschinen von Schlickeysen (Beschreibung siehe Fischer, Chem. Technologie der Brennstoffe, I, S. 450, 451) und von Lucht.

Läßt sich der Torf wegen breiartiger Beschaffenheit nicht aus den Torfmooren ausstechen, so wird er ausgegraben oder aus tiefen wasserreichen Mooren ausgebaggert (Baggertorf). Der so gewonnene Torf wird gehörig durcheinandergemengt und (als Brei) entweder in Formen gestrichen, wodurch er die Gestalt prismatischer Stücke erhält, welche getrocknet werden (Streichtorf, Modeltorf), oder auf einem Trockenfelde ausgebreitet, eine Zeit lang der Trocknung überlassen, dann durch Treten oder Schlagen gedichtet und schließlich in Stücke geschnitten, welche zu Haufen vereinigt und völlig lufttrocken gemacht werden (Backtorf, Breitorf).

Das Formen des Breies kann auch mit Hilfe von Maschinen ausgeführt und es kann auch hier mit der Formgebung eine Verdichtung verbunden werden.

Den mit Hilfe von Maschinen gewonnenen Torf nennt man Kunsttorf. Derselbe ist gleichmäßiger und dichter wie der mit Hilfe von Handarbeit gewonnene Torf und läßt sich transportieren, ohne daß ein Abbröckeln von Torfteilen erfolgt, wie es beim Handtorf der Fall ist.

Das Pressen des Torfes geschieht sowohl bei gewöhnlicher Temperatur als auch nach vorgängiger Erhitzung desselben, stets aber nach vorhergegangener Zerkleinerung des Torfes. Der zerkleinerte Torf wird gewöhnlich getrocknet und dann mit einer kleinen Menge Wasser angefeuchtet gepreßt. Von Torfmaschinen bezw. Torfpressen seien angeführt die Maschinen von Dolberg (D.R.P. 9412), Friedrich (D.R.P. 18115), Mecke und Sander (D.R.P. 14645) und von der Zeitzer Eisengießerei (D.R.P. 38404).

Erhöhung des Wärmeeffektes des Torfes.

Die Erhöhung des Wärmeeffektes des Torfes geschieht, wie beim Holze, durch gänzliche oder teilweise Entfernung des hygroskopischen Wassers aus demselben und zwar im ersteren Falle durch Trocknung desselben an der Luft, im letzteren Falle durch Darren.

Durch das Trocknen des Torfes an der Luft, welches entweder im Freien oder in Schuppen geschieht, wird der Wassergehalt desselben auf 25 % herabgebracht.

Das Darren des Torfes geschieht in der nämlichen Weise wie das Darren des Holzes, mit Hilfe von Feuergasen oder von erhitzter Luft bei einer 120° C. nicht übersteigenden Temperatur. Die Darrvorrichtungen sind Kammern aus Mauerwerk, bei Anwendung von erhitzter Luft auch wohl Trichter aus Eisenblech.

Die Welknersche Darrvorrichtung stellt einen solchen Trichter dar, welcher an dem engeren unteren Ende mit einer Entladungstüre versehen ist. An diesem Ende wird ein Strom von erhitzter Luft eingeführt, welcher die in dem Trichter befindlichen Torfstücke bestreicht und dadurch entwässert.

Der gedarrte Torf ist, wie das gedarrte Holz, sehr hygroskopisch und muß deshalb unmittelbar nach dem Darren verwendet werden. Man verwendet den Torf hauptsächlich zum Verdampfen und Eindampfen von Flüssigkeiten. Will man hohe Hitzegrade mit demselben erzielen, so muß er in Torfgas umgewandelt werden. Eine besondere Bedeutung hat er bis jetzt für den Metallurgen nicht zu erlangen vermocht.

Die Braunkohle.

Unter Braunkohle versteht man eine durch Zersetzung von Pflanzen entstandene Kohlenart, welche in jüngeren Gebirgsbildungen als die Kreideformation vorkommt. Die Kohle, welche in den Gebirgsbildungen von der Kreideformation abwärts vorkommt, nennt man Steinkohle. Die Zersetzung der Pflanzensubstanz ist bei der Braunkohle weiter fortgeschritten als beim Torf, aber noch nicht soweit gediehen wie bei der Steinkohle. Zur Unterscheidung der Braunkohle von der Steinkohle sind verschiedene chemische Reaktionen vorgeschlagen worden, welche indes in vielen Fällen versagen. Dieselben sind auf das Verhalten der Kohlen beim Erhitzen unter Luftabschluß, beim Erhitzen mit Kalilauge und auf die Einwirkung schmelzender Ätzalkalien auf dieselben gegründet.

Beim Erhitzen in einem Probierglase liefert die Braunkohle Essigsäure enthaltende und daher sauer reagierende Dämpfe, während die Steinkohle infolge ihres Stickstoffgehaltes Ammoniak enthaltende und daher alkalisch reagierende Dämpfe liefert.

Beim Erhitzen mit Kalilauge färbt Braunkohle die Flüssigkeit infolge der Bildung von Kaliumhumat braun, während Steinkohle die Flüssigkeit nicht färbt. Die braune Färbung tritt bei gewissen Braunkohlenarten (aus der alpinen Tertiärformation) nicht ein.

Bei der Einwirkung schmelzender Ätzalkalien auf Braunkohle entsteht Brenzkatechin, während die Bildung desselben bei Steinkohlen nicht eintritt.

Ferner soll die Braunkohle durch ein Gemisch von Kaliumchromat und Schwefelsäure leicht zerstört werden, die Steinkohle aber nur teilweise.

Einteilung der Braunkohlen.

Man kann die Braunkohlen vorwiegend nach der Struktur in drei Hauptarten unterscheiden, zwischen welchen indes wieder die verschiedensten Übergänge stattfinden, nämlich in **Lignit**, in **erdige Braunkohle** und in **eigentliche** oder **gemeine Braunkohle**. Außerdem kann man unabhängig von der Struktur noch als besondere Braunkohlenart die fette asphaltartige Braunkohle hinstellen.

Der **Lignit**, welcher auch fasrige Braunkohle oder fossiles Holz genannt wird, besitzt noch die Struktur des Holzes, aus welchem er entstanden ist. Er zeigt sowohl Übergänge zur eigentlichen Braunkohle als auch zu den Asphaltarten. Im ersteren Falle nennt man ihn bituminöses Holz, im letzteren Falle bituminöse Braunkohle.

Die **erdige Braunkohle** ist aus ähnlichen Pflanzenarten wie der Torf entstanden. Sie ist dunkelbraun gefärbt und bildet eine weiche, zerreibliche Masse.

Die **eigentliche** oder **gemeine Braunkohle** ist fester und härter als der Lignit und die erdige Braunkohle und zeigt häufig Holzstruktur. Der Bruch ist erdig bis muschelig.

Zwischen der erdigen und eigentlichen Braunkohle steht noch die sogen. „Moorkohle“. Dieselbe zeigt keine Holzstruktur, hat muscheligen Bruch, ist stark zerklüftet und ähnelt manchen Steinkohlenarten. Zu den Braunkohlen mit schwarzer Farbe und muscheligem Bruche gehören noch die Glanzkohle und die Pechkohle (Gagat).

Die **fette asphaltartige** Braunkohle hat sowohl muscheligen als auch unebenen und erdigen Bruch. Sie zeichnet sich durch hohen Kohlenstoff- (70—80 %) und Wasserstoffgehalt (6—8 %), sowie durch geringen Sauerstoffgehalt (12—24 %) aus, ist leicht entzündlich und brennt mit langer, rauchender Flamme. Sie wird hauptsächlich zur Herstellung von Teerprodukten (Solaröl und Paraffin) benutzt und kommt daher als Brennstoff nur wenig in Betracht.

Zusammensetzung.

Die Braunkohle besteht aus eigentlicher Braunkohlensubstanz, aus Aschenbestandteilen und aus hygroskopischem Wasser.

Die **eigentliche Braunkohlensubstanz** ist nach Gruner zusammengesetzt wie folgt:

	C	H	O + N
Lignit	57—67	5—6	28—37
Erdige Braunkohle	64—70	5—6	25—30
Gemeine Braunkohle	65—75	4—6	21—29.

Die Zusammensetzung verschiedener Arten von Braunkohle ist aus der nachstehenden Zusammenstellung ersichtlich:

Braunkohle von	C	H	O	N	S	Wasser	Asche
Uslar	30,04	2,10	14,80	0,76	1,12	50,12	1,06
Webau	61,38	6,03	13,41	0,50	0,37	—	8,31
Bauersberg (Bayern) Lignit	60,44	5,30	22,01	Spur	0,86	10,74	0,65
Valkenstein (Bayern) Pechkohle	75,10	4,30	18,80	—	—	2,70	1,10
Bauersberg (Bayern) erdig	24,60	2,59	23,00	—	4,32	17,00	28,50
Wüstensachsen (Preußen) Pechkohle	76,17	3,90	17,52	—	0,30	0,55	1,56
Leoben (Steiermark) Grieskohle	70,97	4,88	23,35	0,80	0,33	11,34	10,22
Stückkohle	72,53	4,91	21,73	0,83	0,40	10,58	6,10
Carpano-Tal (Istrien)	63,69	5,03	13,12	1,79	7,53	1,46	8,84
Wolfsegg (Oberösterreich)	66,69	4,75	27,27	1,29	0,32	30,09	9,35
Aussig (Böhmen)	60,85	5,49	33,02	0,64	0,92	25,90	4,77
Dux (Böhmen)	72,76	5,51	19,57	2,16	0,24	28,55	5,03
Neufeld (Ungarn)	67,00	5,35	26,35	1,30	2,09	23,92	27,07

Die nähere Zusammensetzung der Braunkohle läßt sich ebensowenig angeben wie die der Steinkohle.

Die **Aschenbestandteile** rühren, wie beim Torf, zum geringeren Teile aus den Pflanzen, welche die Braunkohle gebildet haben, zum größeren Teile aus eingemengten Mineralien und Gesteinsteilen her.

Dieselben sind hauptsächlich: Kieselsäure, Tonerde, Kalk, Magnesia, Eisenoxyd, Manganoxyd, Alkalien, Schwefel, Schwefelsäure und in manchen Fällen auch Phosphorsäure.

Der Gehalt an Schwefel rührt teils von Pyrit her, teils ist er an organische Körper gebunden. Der Gehalt an Schwefelsäure rührt von Pyrit her. Der Pyrit findet sich öfters in solcher Menge in der Braunkohle, daß dieselbe bei gleichzeitigem Vorhandensein von tonigen Bestandteilen zur Herstellung von Alaun benutzt wird. In diesem Falle nennt man sie „Alaunerde".

Der Gehalt der Braunkohle an Aschenbestandteilen ist sehr schwankend. Er beträgt im großen Durchschnitte 5—15%, kann aber auch bis 50% hinaufgehen. Am größten ist er bei der erdigen Braunkohle.

Die Zusammensetzung der Asche von 3 Braunkohlensorten ergibt sich aus den nachstehenden Analysen. I ist die Asche von Lignit von Trifail, II von Lignit von Herault, III von Braunkohle von Dioszyor (Ungarn).

	I	II	III
Kieselsäure	26,15	12	34,53
Tonerde	7,58	9	16,86
Eisenoxyd	9,97	56,21	14,53
Kalk	23,96	12,50	13,33
Magnesia	8,98	2,25	0,86
Alkalien	5,39	Spur	6,06
Schwefelsäure	15,38	7,50	13,40
Phosphorsäure	2,11	0,54	0,84
Zink	0,05	—	—
Kupfer	Spur	—	—
Mangan	Spur	—	—

Ebenso schwankend ist der Gehalt der Braunkohle an **hygroskopischem Wasser.** Derselbe beträgt bei frisch geförderter Kohle bis 50%. Durch Trocknung der Kohlen an der Luft vermindert er sich bei Lignit auf 10—15%, bei gemeiner Braunkohle auf 5—10% und bei erdiger Braunkohle auf 22%.

Spezifisches Gewicht der Braunkohle.

Das spezifische Gewicht der Braunkohle schwankt zwischen 0,5 und 1,5. Im großen Durchschnitte beträgt dasselbe 1,20—1,25.

Das Gewicht von 1 cbm Braunkohle in Stücken schwankt zwischen 550 und 780 kg.

Verbrennungswärme.

Die Verbrennungswärme der Braunkohlensubstanz (ohne Wasser und Asche) beträgt bei Lignit 5500 W.E., bei eigentlicher Braunkohle 7000 bis 8000 W.E.

Unter Berücksichtigung des Wasser- und Aschengehaltes nimmt man die Verbrennungswärme des Lignits zu 3400 W.E., der eigentlichen Braunkohle zu 5500 W.E. an.   Die **Verbrennungstemperatur** der lufttrockenen Braunkohle wird zu 1200° angegeben.

Vorbereitung der Braunkohle.

Die Vorbereitung der Braunkohle besteht im Trocknen derselben an luftigen, vor Regen geschützten Orten und in der Verarbeitung der erdigen Braunkohle und des Braunkohlenkleins zu zusammengepreßten Stücken, sogen. Preßkohlen oder Briketts.

Eine Erhöhung des Wärmeeffektes der Braunkohlenstücke durch Darren, wie beim Holz und beim Torfe, wird nicht vorgenommen, weil die Braunkohlen beim Erhitzen zerspringen.

Durch langes Liegen an der Luft verlieren die Kohlen infolge einer langsamen Zersetzung derselben an Heizkraft.

Die Herstellung der Preßkohlen.

Das Klein mancher Braunkohlensorten läßt sich ohne künstliche Bindemittel oder mit Hilfe von Wasser allein zu Preßsteinen verarbeiten. Dasselbe wird entweder mit Wasser gemischt, gepreßt und dann getrocknet oder es wird zuerst von dem größeren Teile seines Wassers befreit und im warmen Zustande gepreßt. Die nach dem ersten Verfahren hergestellten Preßziegel nennt man „Naßpreßsteine", die nach dem zweiten Verfahren hergestellten Ziegel „Braunkohlenbriketts".

Für viele Braunkohlensorten lassen sich auf dem gedachten Wege Preßsteine nicht herstellen.   Das Klein derselben ist unverwertbar, wenn es nicht mit Hilfe von künstlichen Bindemitteln zusammengebacken wird. Dieses Verfahren hat sich aber bis jetzt als zu teuer herausgestellt.

Die Herstellung der **Naßpreßsteine** besteht im Zerkleinern der Braunkohlen mit Hilfe von Brech- und Walzwerken, im Mischen des Kohlenkleins unter Zuführung von Wasser, im Pressen der Masse zu einem durch die Preßform hindurchgehenden Strang, im Zerschneiden des Stranges in Ziegel und im Trocknen der Preßsteine an der Luft in Trockenschuppen. Eine künstliche Trocknung der Steine ist öfters versucht worden, aber wegen der hiermit verbundenen hohen Kosten nur vereinzelt zur Anwendung gelangt.

Die Naßpreßsteine enthalten noch bis 40% Wasser und besitzen nur geringe Festigkeit, so daß sie nicht auf weite Strecken transportiert werden können.   Ihr Brennwert ist wegen des hohen Wassergehaltes ein vergleichsweise geringer.

Die nach **vorgängiger Trocknung** des Braunkohlenkleins hergestellten Preßziegel (Briketts) besitzen einen viel geringeren Wassergehalt (15 bis 20%) und eine viel größere Festigkeit als die Naßpreßsteine und werden daher gegenwärtig in viel höherem Maße dargestellt als die letzteren.

Die Herstellung der Briketts besteht im Aussieben des Kohlenkleins bezw. der Zerkleinerung der ausgesiebten gröberen Stücke, im künstlichen Trocknen des gesiebten Kleins zur Entfernung des größeren Teiles des Wassergehaltes und im Pressen der noch warmen Kohle zu Briketts unter einem Druck von 1000—1500 Atmosphären. Ein Bindemittel ist nicht erforderlich, da bei dem zum Pressen angewendeten hohen Druck das in heißem Zustande in die Presse eingeführte Kohlenklein eine

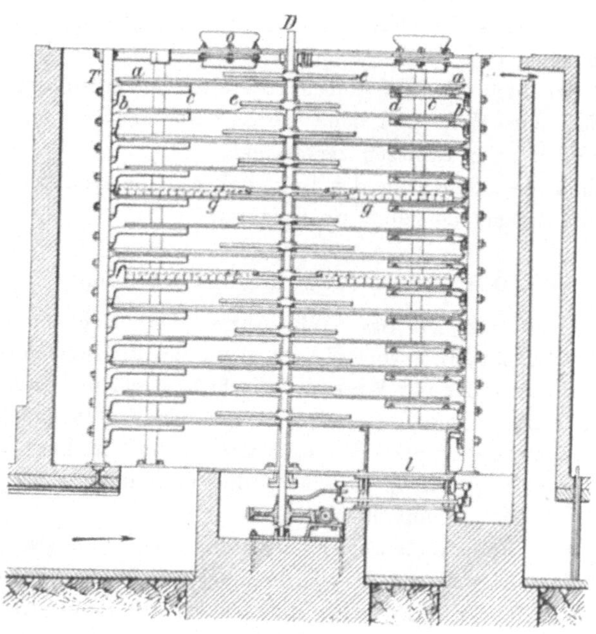

Fig. 26.

derartige Temperaturerhöhung erfährt, daß das in demselben enthaltene Bitumen schmilzt und die einzelnen Kohlenteilchen zu einer zusammenhängenden festen Masse vereinigt.

Die Brikettierfähigkeit der Braunkohlen hängt von dem Gehalte derselben an Bitumen und von der chemischen Zusammensetzung des letzteren sowie von der Belassung eines gewissen Wassergehaltes in dem getrockneten Kohlenklein ab. Ist das Kohlenklein zu scharf getrocknet, enthält es also zu wenig Wasser, so zerbröckeln die aus demselben hergestellten Briketts. Der erforderliche Wassergehalt schwankt je nach der Beschaffenheit der Braunkohle zwischen 5 und 20%. Bitumenreichere Kohlen erfordern einen geringeren, bitumenärmere Kohlen einen größeren Wassergehalt und dementsprechend bei der Trocknung eine niedrigere bezw. eine höhere Temperatur. Es ist nicht festgestellt, ob das für die Herstellung guter Briketts erforderliche Wasser Konstitutionswasser ist oder ob bei nicht genügender Menge desselben bezw. bei zu weit gehender Trocknung eine chemische Veränderung des Bitumens und damit eine Verminderung der Backfähigkeit der Kohle eintritt.

Das Aussieben der Kohlen geschieht auf Rüttelsieben. Die durchgesiebten feineren Kohlen (10—15 mm Korngröße) werden den Trocken-

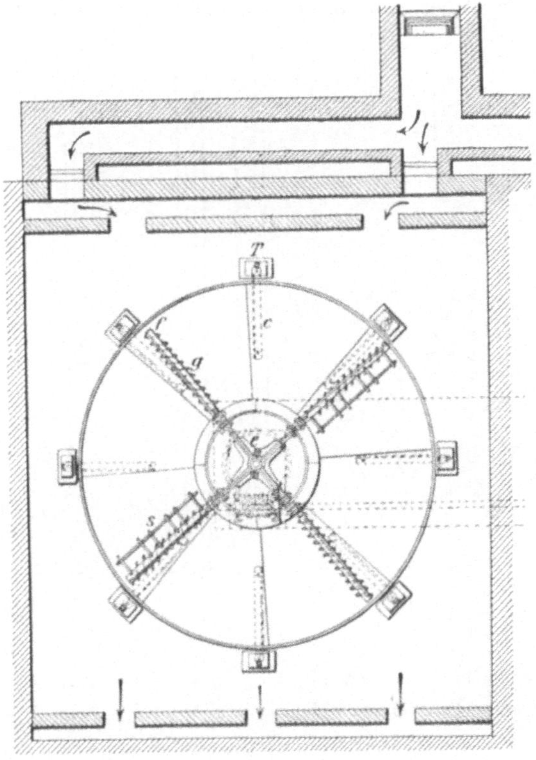

Fig. 27.

apparaten zugeführt, während die gröberen Kohlen einem ein- oder mehrmaligen Walzen und darauf folgenden Sieben unterworfen werden. Das hierdurch erhaltene Korn von der gewünschten Größe wird gleichfalls den Trockenapparaten zugeführt. Der Kohlenabfall wird zur Kesselheizung benutzt.

Das Trocknen des Kohlenkleins geschieht entweder unter Zuhilfenahme von Feuergasen oder von heißer Luft oder von Wasserdampf.

Im Laufe der Zeit sind eine ganze Reihe von Trockenvorrichtungen erfunden worden und es werden auch jetzt gegenwärtig noch derartige

Vorrichtungen ausgebildet. Von der großen Zahl derselben sollen nachstehend nur die wichtigsten angeführt werden.

Die Vorrichtungen, bei welchen die Trocknung durch unmittelbare Berührung des Braunkohlenkleins mit Feuergasen erfolgt, die sogen. „Feuertelleröfen", bestehen aus einer Reihe übereinanderliegender gußeiserner Teller, über welche das Trockengut mit Hilfe von Rührarmen und an denselben befestigten Schaufeln geführt wird und durch Öffnungen am Rande bezw. in der Mitte der Teller von dem jedesmaligen oberen auf den unteren Teller fällt, bis es am unteren Ende des Ofens ankommt.

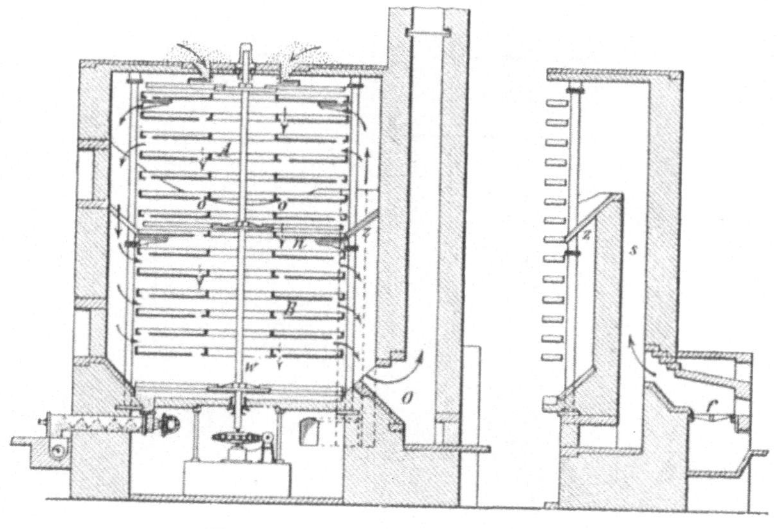

Fig. 28. Fig. 29.

Die Feuergase leitet man zweckmäßig gleichfalls von oben nach unten über die Teller. Ein Ofen dieser Art ist aus den Fig. 26 und 27 ersichtlich[1]). a und b sind die übereinander angeordneten gußeisernen Teller. Dieselben besitzen je 4 m Durchmesser und sind an eisernen Säulen T befestigt. D ist eine mit Rührarmen g versehene stehende Welle. An den Rührarmen sind schräg stehende Blechschaufeln angebracht und so gestellt, daß sie bei dem einen Teller die Kohlen von der Mitte nach dem Rande desselben, bei dem darunter befindlichen nächsten Teller von dem Rande nach der Mitte hin bewegen. Die Teller besitzen entsprechende Ausschnitte in der Mitte bezw. am Rande, so daß die Kohlen durch dieselben von einem Teller auf den andern fallen und so über die sämtlichen Teller in der Richtung von oben nach unten wandern können. Vom letzten Teller gelangen die Kohlen in den Sammelraum. Die Teller befinden sich

---

[1]) Fischer, Die chem. Technologie der Brennstoffe II, S. 5.

in einem Ofen, dessen Heizgase die Teller von oben nach unten bestreichen und schließlich durch einen Kanal in die Esse ziehen.

Nach dem Vorschlage von Jacobi (D. R. P. 27 546) ist der Raum des viereckigen Ofens durch einen Mauerscheider z (Fig. 28, 29 und 30) der Höhe nach in zwei Abteilungen A und B zerlegt. Die Feuergase treten aus der Feuerung f durch die senkrechten Kanäle s zuerst in die obere Abteilung A und gelangen, nachdem sie die in derselben befindlichen Teller bestrichen haben, durch im Scheider z angebrachte Öffnungen d (Fig. 29, 30) in die untere Abteilung B, bestreichen hier die Teller und ziehen dann, mit Wasserdampf beladen, durch den Kanal O in den Schornstein. Die abziehenden Gase besitzen eine Temperatur von 90—100°.

Die Leistungsfähigkeit eines Tellerofens in 24 Stunden beträgt gegen 12,5 t trockenes Kohlenklein.

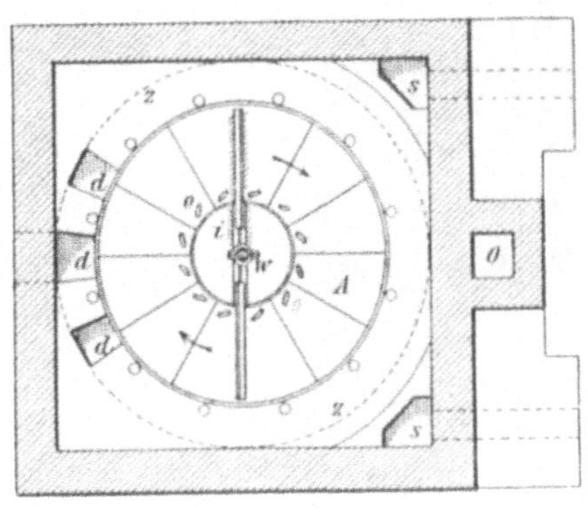

Fig. 30.

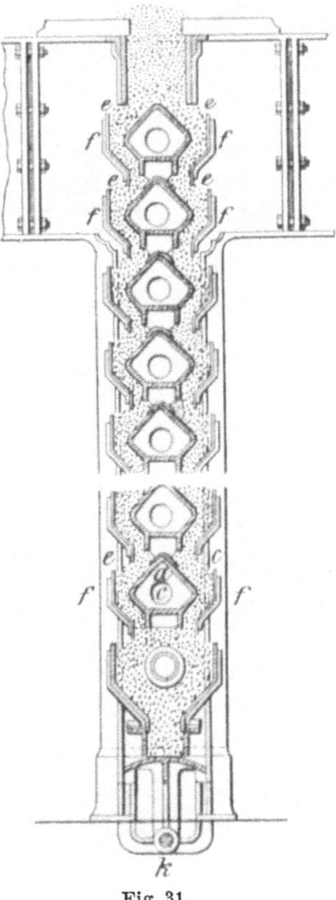

Fig. 31.

Die Feuertelleröfen sind nur für Kohlen mit einem verhältnismäßig geringen Bitumengehalte, welche infolge dessen eine höhere Temperatur zum Trocknen erfordern, geeignet. Für staubige, klebrige und blähende Kohlen sind sie nicht anwendbar. Neue Öfen dieser Art werden wegen der Vorzüge der mit Dampf betriebenen Trockenapparate vor denselben nicht mehr gebaut.

Bei den mit heißer Luft betriebenen Trockenapparaten rutscht das Kohlenklein auf geneigten Blechen von oben nach unten, während die heiße Luft entweder durch seitliche Schlitze des Apparates oder am unteren Ende desselben unter Druck eingeführt wird und dem herabrutschenden Kohlenklein entgegen durch den Apparat zieht. Die Erwärmung der Luft geschieht durch den Abdampf der Betriebsdampfmaschinen. Die Einrichtung des Ofens von Jacobi ist aus der Fig. 31 ersichtlich (D. R. P. 22653, 26426, 27546)[1]). Das Kohlenklein rutscht zwischen den Blechen e f und den fünfeckigen Dampfrohren a von oben nach unten. Das Nachrutschen desselben wird durch einen Schieber k geregelt. Die heiße Luft wird im untersten Teile des Apparates eingeführt.

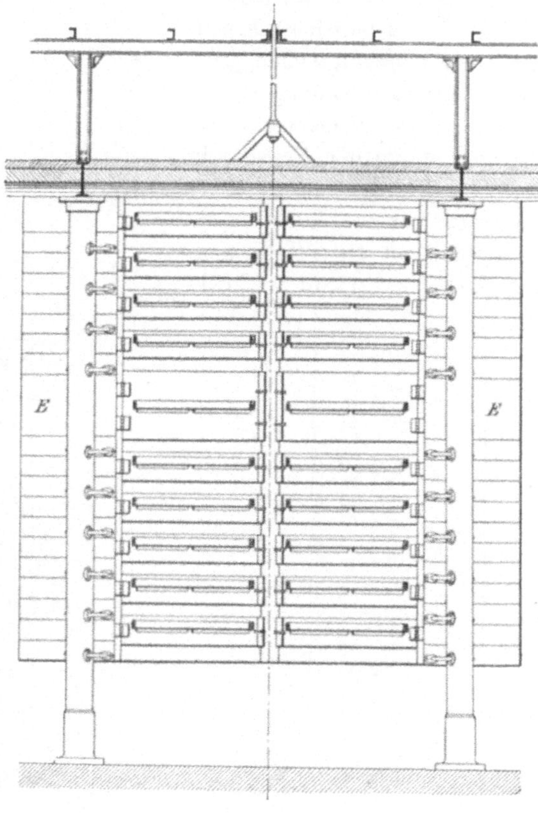

Fig. 32.

Die Öfen dieser Art besitzen eine im Verhältnis zum Anlagekapital geringe Leistungsfähigkeit und sind durch die Dampftrocknungsapparate überholt worden.

Die Dampftrockenvorrichtungen sind entweder Tellertrockner oder Röhrentrockner.

Die Tellertrockner sind ähnlich eingerichtet wie die Feuertelleröfen, nur sind die Teller hohl und in dem hohlen Raume derselben zirkuliert Dampf. Die Einrichtung eines Dampftellertrockners der Zeitzer

---

[1]) Fischer, Chem. Technologie der Brennstoffe II, S. 13.

Eisengießerei und Maschinenbau-Aktiengesellschaft in Zeitz ist aus den Fig. 32—34 ersichtlich[1]) (Maßstab 1:50). n sind die hohlen Teller von 5 m äußerem Durchmesser. Sie sind zwischen 4 Säulen S aufgebaut und mit einem Eisenblechmantel E umgeben. Die Entfernung je zweier übereinanderliegender Teller von einander beträgt 200 mm. In den Zwischenraum zwischen denselben tritt durch entsprechende Schlitze des Blech-

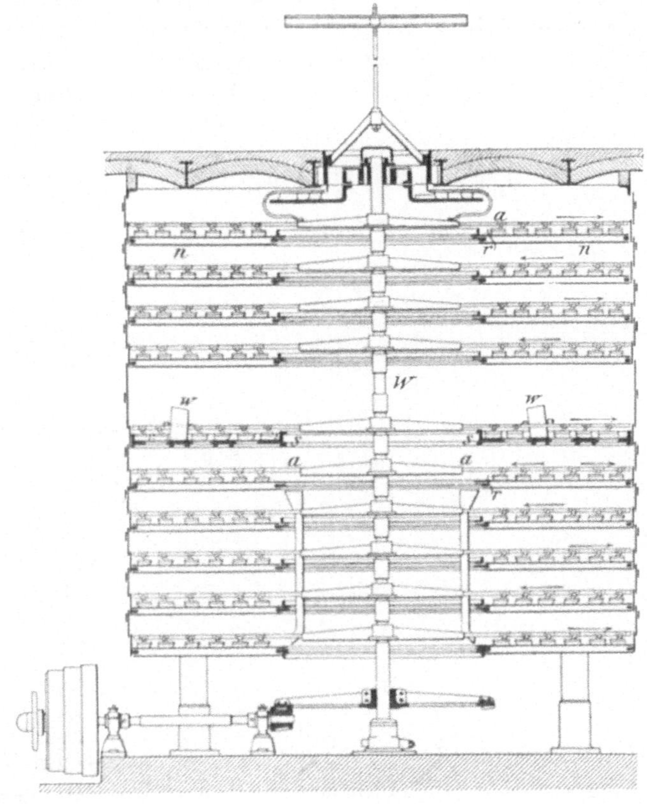

Fig. 33.

mantels Luft ein. a sind die an der Welle W angebrachten Rührarme. Durch dieselben wird das gegen 6 cm hoch auf den Tellern liegende Kohlenklein mit Hilfe der an ihnen befestigten Schaufeln r abwechselnd an den Rand und in das Zentrum der Teller geschoben und fällt durch entsprechende Öffnungen auf die verschiedenen Teller, bis in die Mitte des Ofens. Hier fällt es auf einen Siebteller s, welcher aus 3 ringförmigen Sieben und 2 zwischen denselben angebrachten ringförmigen Platten zusammengesetzt ist. Das Kohlenklein fällt durch die zentrale Öffnung

---

[1]) F. Fischer, Chem. Technologie der Brennstoffe II, S. 15.

des über dem Siebteller befindlichen Tellers in die Mitte des Siebtellers und wird durch das Rührwerk nach dem Rande desselben zu geschoben. Hierbei gelangt es zuerst auf das innerste Sieb, durch welches das trockene Mehl hindurchfällt, während das verbliebene gröbere Kohlenklein auf die erste Ringplatte gelangt und durch auf derselben laufende Kollerwalzen w zerkleinert wird. Die zerkleinerte Masse wird durch das Rührwerk auf das zweite Sieb geschoben, durch welches das Mehl wieder hindurchfällt. Die durch das Rührwerk weiter geschobenen Massen gelangen auf die zweite Ringplatte, wo sie eine zweite Walzung erfahren und dann nach dem letzten Siebe weiter geschoben werden. Das Mehl fällt wieder durch

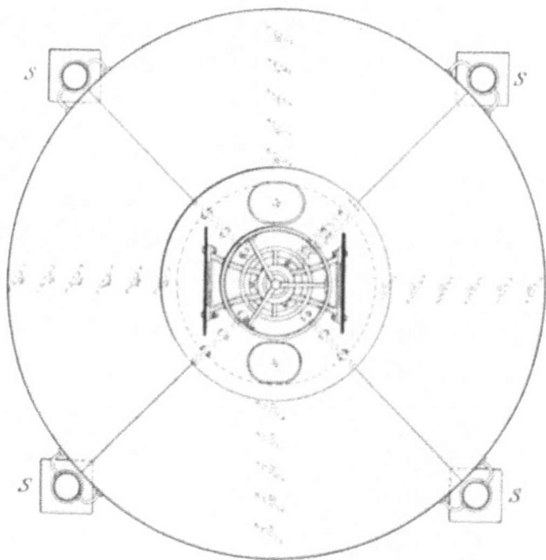

Fig. 34.

dasselbe hindurch, während die auf dem Siebe liegen gebliebenen Verunreinigungen von dem Rührwerk in einen an der einen Seite des Apparates angebrachten Sammeltrichter geschoben werden. Das auf dem innersten Siebe ausgesiebte Mehl gelangt von dem nächst unteren Teller direkt auf den letzten Teller und vereinigt sich hier mit dem über die übrigen Teller gegangenen Trockengut, um mit demselben gemischt ausgetragen und zu den Pressen transportiert zu werden. Durch verschließbare Öffnungen im Mantel des Apparates kann man zu jedem Teller gelangen.

Explosionen durch die Entzündung von Kohlenstaub sind im Dampftellertrockner noch nicht vorgekommen.

Die Röhrentrockner sind geneigt liegende Röhren, welche in einem rotierenden Kessel liegen und durch äußeren Dampf geheizt werden. Das Kohlenklein wird am oberen Ende der Röhren aufgegeben und bewegt sich infolge des langsamen Rotierens derselben allmählich durch dieselben hindurch. Zur Erhöhung der Leistungsfähigkeit derselben werden in der neuesten Zeit verschiebbare Einsätze in die Röhren geschoben. Dadurch, daß man diese Einsätze kürzer macht als die Röhren, ist eine getrennte Vor- und Nachtrocknung der Kohlen ermöglicht. Die Umdrehungsgeschwindigkeit des Kessels bezw. der Röhren läßt sich derart regeln, daß das Kohlenklein in getrocknetem Zustande aus den Röhren austritt.

Der am meisten angewendete Röhrentrockenapparat ist von Schulz angegeben (D. R. P. 32 220). Derselbe ist 6·m lang, hat 2,2 m äußeren

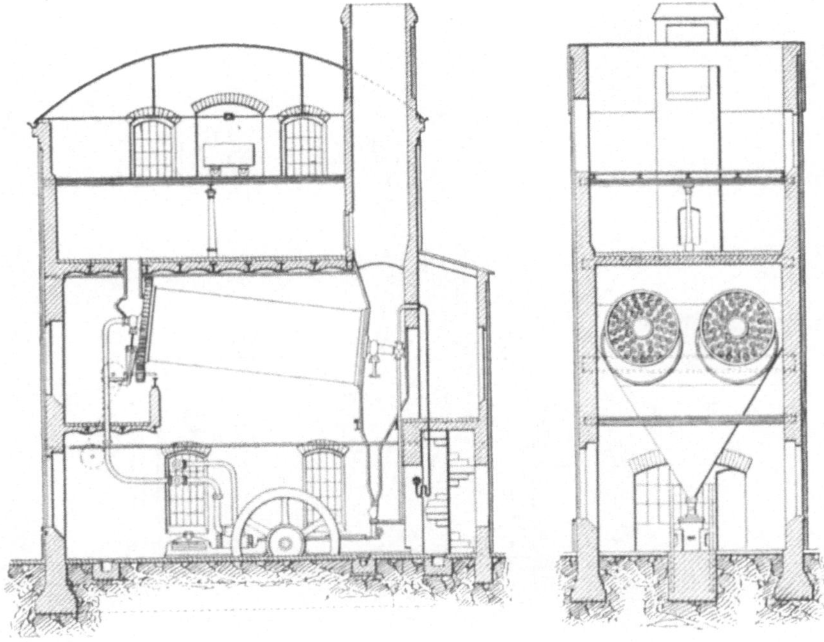

Fig. 35.   Fig. 36.

Durchmesser und enthält 200—240 Röhren von 95 mm Durchmesser. Die Heizung der Röhren geschieht durch den Abdampf der Betriebsmaschinen. Der Dampf tritt durch den hohlen oberen Drehzapfen des Kessels des Trockners ein und verbreitet sich in demselben gleichmäßig durch die mit Löchern versehene hohle Welle desselben. Das Einfüllen des Kohlenkleins in die Röhren geschieht durch einen Füllrumpf, welcher an der oberen Stirnwand des Apparates angebracht ist. Bei der Drehung des Kessels wird jedes Rohr bis zur Hälfte des Durchmessers desselben mit Kohle gefüllt. Der über den Kohlen verbleibende freie Raum dient zum Durchzug der Luft und zum Abführen der beim Trocknen entweichenden Wasserdämpfe. Die Luft wird vor der Einführung in die Rohre in dem hohlen Mantel des Apparates vorgewärmt. Die beim Trocknen entweichenden Wasserdämpfe nebst Luft und Staubteilen treten am unteren Ende des

Apparates in einen Schornstein. Die Einrichtung einer Anlage, welche sich über der Brikettpresse befindet, ist aus den Fig. 35 und 36 ersichtlich. Das getrocknete Kohlenklein gelangt aus dem Trockenapparat in einen Rumpf und aus dem letzteren auf Trockenschnecken mit Wasserkühlung, welche dasselbe den Pressen zuführen.

Die getrocknete Kohle gelangt aus den verschiedenen Trockenapparaten in einen Sammelraum, aus welchem sie durch Schnecken oder Elevatoren den Pressen zugeführt wird. In dem Sammelraum findet eine

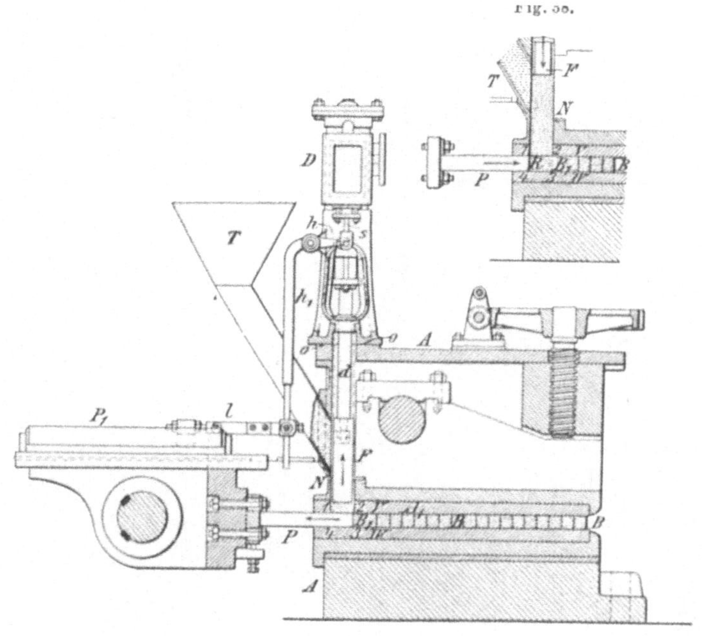

Fig. 37.

Nachtrocknung der Kohle statt und gleichzeitig werden etwaige Unterschiede im Wassergehalt derselben ausgeglichen.

Zur Verhütung der Selbstentzündung der getrockneten Kohle beim Lagern in den Sammelräumen muß sie denselben mit einer bestimmten, für jede Kohlensorte zu ermittelnden Temperatur zugeführt werden. Bei Dampftellertrocknern läßt man zum Zwecke der Abkühlung des Trockengutes die untersten Teller kalt gehen. Bei den Schulzeschen Röhrentrocknern sind zum Zwecke der Abkühlung besondere Kühlvorrichtungen erforderlich.

Das Pressen des getrockneten Braunkohlenkleins geschieht in Pressen, nach Art der Torfpressen mit offenen Formen, sogen. Reibungspressen, bei welchen die Reibung der zu pressenden Masse an der Formwand den der Presse entgegengesetzten Widerstand bildet. Bei denselben wird ein Preßstempel in horizontaler Richtung in die gegen 1 m lange horizontal liegende Form aus Hartguß oder Gußstahl eingetrieben. Ist der Stempel, dessen Bewegung durch die Drehungen einer gekröpften Welle erfolgt, am weitesten zurückgezogen, so fällt vor denselben eine gewisse Menge getrockneten Kohlenkleins. Dasselbe wird beim Vorwärtsgange des Stempels durch denselben in die sich nach vorne hin verengernde Form gepreßt. Durch den Stempel werden die bereits in der Form vorhandenen Briketts (gegen 20 Stück) gleichzeitig vorwärts geschoben. Hierbei ist die Reibung derselben an den Formwänden so groß, daß der Widerstand gegen 1500 Atmosphären ausmacht. Die Preßform ist in einen sehr schweren Preßkopf eingelagert und besteht aus einem oberen und aus einem unteren Stück sowie aus 2 Seitenschienen. Die gekröpfte Welle, durch welche der Preßstempel bewegt wird, hat an jedem Ende ein Schwungrad. Jedes Schwungrad wird durch eine vom liegenden Zylinder der Maschine aus getriebene Kurbelstange bewegt. Die Maschine hat nur während eines kurzen Zeitabschnittes eine große Arbeit zu leisten.

Die Einrichtung der Presse der Zeitzer Eisengießerei- und Maschinenbau-Aktiengesellschaft ist aus Fig. 37 und 38 ersichtlich[1]). Hierbei ist zu bemerken, daß sich an dieser Presse auch noch eine hier nicht in Betracht kommende Vorrichtung zum Vorpressen von sehr lockerem Preßgut (Sägespäne, Torf) durch Dampfkraft befindet.

A ist der Preßkopf, A_1 die Preßform und P der Preßstempel; B sind die fertigen Briketts; N ist das Füllrohr. In Fig. 38 ist R der Raum, in welchen beim Zurückziehen des Stempels die zu pressenden Massen aus dem Füllrohr hineinfallen. Ist der Stempel P bis IV . V gedrückt, so sind die Briketts bis zu ihrer äußersten Grenze vorgeschoben. Der Stempel geht dann bis 1 . 4 zurück und das im Füllrohr N vorhandene Kohlenklein fällt in den Raum R, um beim Vorwärtsgange des Stempels zusammengepreßt zu werden, wobei die fertigen Briketts weiter vorgeschoben werden.

Die heiß aus der Presse austretenden Briketts neigen zur Selbstentzündung und müssen zur Vermeidung des Eintritts derselben vor dem Lagern gekühlt oder in dünnen Schichten gelagert werden. Mit der Abkühlung tritt eine Ausdehnung der Briketts um $1/30$ der Länge derselben ein.

Man verwendet die Braunkohlen zum Abdampfen und Verdampfen von Flüssigkeiten sowie zum Betriebe von Flammöfen. Auch verwendet man sie zur Herstellung von Gas.

---

[1]) F. Fischer, Chem. Technologie der Brennstoffe II, S. 32.

Die Steinkohle.

Unter Steinkohlen versteht man diejenigen fossilen Kohlen, welche in älteren Gebirgsgliedern als die Tertiärformation vorkommen. Diejenigen Steinkohlen, welche älter sind als die Kohlen der eigentlichen Steinkohlenformation, nennt man „Anthrazit".

Infolge der weit vorgeschrittenen Zersetzung der Pflanzensubstanz, aus welcher sie entstanden ist, zeigt die Steinkohle höheren Kohlenstoffgehalt, dunklere Farbe, geringere Härte, größere Zerreiblichkeit und ein höheres spezifisches Gewicht als die Braunkohle. Auch zeigt sie keine Holztextur. Der Kohlenstoffgehalt ist am größten bei der ältesten Steinkohle, dem Anthrazit.

Zusammensetzung.

Die Steinkohle besteht aus eigentlicher Steinkohlensubstanz, aus hygroskopischem Wasser, aus Aschenbestandteilen und aus mechanisch eingeschlossenen Gasen.

Die **Steinkohlensubstanz** besteht im großen Durchschnitte aus

$$C \quad 70{-}95\%$$
$$H \quad 2{-} \ 6\%$$
$$O + N \quad 3{-}24\%.$$

Der Gehalt an disponibelem Wasserstoff (d. i. der Überschuß über den zur Wasserbildung erforderlichen Wasserstoff) beträgt 2,4 — 4,7%. Derselbe tritt beim Erhitzen der Kohlen unter Luftabschluß zum Teil mit Kohlenstoff verbunden in der Form verschiedener Kohlenwasserstoffe aus. Der Stickstoffgehalt der Steinkohlensubstanz beträgt bis 2%.

Die nähere Zusammensetzung der Steinkohlensubstanz ist nicht bekannt, da es bis jetzt noch nicht möglich gewesen ist, die näheren Bestandteile derselben aufzufinden und zu isolieren.

Man nimmt an, daß die Steinkohle überhaupt keinen freien Kohlenstoff enthält, sondern ein Gemenge verschiedener und vielleicht sehr mannigfaltiger Verbindungen des Kohlenstoffs mit Wasserstoff und Sauerstoff ist. (Muck, Steinkohlenchemie.) Der Wasserstoff dürfte in der Steinkohle in verschiedener Bindung vorhanden sein und die Wasserstoffatome dürften teils unmittelbar, teils durch Vermittelung des Sauerstoffs an Kohlenstoff gebunden sein.

Der Gehalt der Steinkohle an **hygroskopischem Wasser** beträgt 1—7%. Er geht nur selten über 5% hinaus. Hierdurch unterscheidet sich die Steinkohle wesentlich von der Braunkohle, welche nach dem Trocknen bei 100° 10—24% Wasser aus der Luft wieder aufnimmt.

Die **Aschenbestandteile** der Steinkohle sind teils mineralische Bestandteile der Pflanzensubstanz, aus welcher die Steinkohle entstanden ist, teils eingemengte Mineralien und Gebirgsarten. Die letzteren und ein Teil der Mineralien sind während Bildung der Steinkohlen in dieselben eingeschwemmt worden. Ein anderer Teil der Mineralien ist durch chemische Einflüsse aus Lösungen und Einschwemmungen gebildet. Die Aschenbestandteile sind hauptsächlich Silikate des Aluminiums, Eisens, Kalziums, Magnesiums und der Alkalimetalle, ferner in geringerer Menge Sulfate, Phosphate und Schwefelmetalle. Die Menge derselben geht bis 30%. Bei den besseren Kohlen beträgt der Aschengehalt 4 — 7%, bei Kohlen von mittlerer Qualität 7—14% und bei aschenreichen Kohlen über 14%. Der Kieselsäuregehalt der Aschen beträgt im Mittel 50%.

Die Zusammensetzung verschiedener Steinkohlenaschen ergibt sich aus den nachstehenden Analysen (Muck, Steinkohlenchemie):

	I.	II.	III.	IV.	V.
Kieselsäure	60,230	45,310	27,365	10,639	1,700
Tonerde	31,630	22,470	22,552	15,224	2,210
Eisenoxyd	6,360	25,830	46,900	51,366	60,790
Kalk	1,080	2,800	2,686	12,298	19,220
Magnesia	0,350	0,520	—	6,702	5,030
Kali	0,110	0,600	0,300 ⎱ Nicht		0,350
Natron	—	0,280	0,237 ⎰ bestimmt		0,080
Schwefelsäure	0,240	2,370	—	2,103	10,730
Phosphorsäure	—	—	0,541	0,390	—

Aschen, welche nur Tonerdesilikate und Eisenoxyd enthalten, sind unschmelzbar. Aschen mit mehreren Silikaten (Eisen- und Kalksilikaten) sind schmelzbar und veranlassen dadurch beim Verbrennen der Kohle Schlackenbildung bezw. Verstopfen der Rostfugen und Verluste an Brennstoff durch Einhüllen von Kohlenteilchen.

Schwefelkies, welcher häufig in den Steinkohlen enthalten ist, gibt beim Verbrennen der Kohlen Schwefel ab, welcher letztere die Bildung von leicht schmelzbarem Einfach-Schwefeleisen aus dem Eisen der Roststäbe veranlaßt.

Die **Gase**, welche die Steinkohlen mechanisch eingeschlossen enthalten, sind bei der Zersetzung der Pflanzensubstanz, welche das Material für die Kohlen geliefert hat, entstanden und konnten infolge der Bedeckung der Steinkohlenflötze nicht entweichen. Sie sind hauptsächlich Grubengas und Kohlensäure, daneben Sauerstoff und Stickstoff. Die Menge derselben ist außerordentlich schwankend. Sie bewegt sich in den nachstehenden Grenzen:

$$CH_4 = 0 \ - 90\%$$
$$CO_2 = 0,2 \ - 54\%$$
$$O = Spur - 17\%$$
$$N = 10 \ - 90\%.$$

Spezifisches Gewicht.

Das spezifische Gewicht der Steinkohlen beträgt 1,25—1,60. 1 cbm Steinkohlen wiegt im Durchschnitte 700—900 kg.

Verhalten der Steinkohlen beim Erhitzen unter Luftabschluß.

Beim Erhitzen unter Luftabschluß zerfällt die Kohle in eine Reihe flüchtiger Körper (Kohlenwasserstoffe, Kohlensäure, Wasser, Ammoniakwasser) und in einen festen Rückstand, welcher die Hauptmenge des Kohlenstoffs und die Aschenbestandteile enthält, die sogen. Koks. Wird nun gepulverte Kohle in einem bedeckten Gefäße rasch und stark bis zur Entfernung der gedachten flüchtigen Körper erhitzt, so zeigt der verbliebene Rückstand je nach der angewendeten Kohlensorte ein verschiedenes Aussehen. Er ist entweder pulverförmig, oder teils pulverförmig, teils zusammengesintert, oder zusammengesintert, ohne aufgebläht zu sein, oder zusammengesintert und etwas aufgebläht, oder zusammengeschmolzen und stark aufgebläht.

Man nennt die Kohlen mit pulverförmigem Rückstande **Sandkohlen,** die Kohlen, deren Rückstand nur zum Teil zusammengesintert ist, **gesinterte Sandkohlen,** die Kohlen, deren Rückstand zusammengesintert, aber nicht aufgebläht ist, **Sinterkohlen,** die Kohlen, deren Rückstand zusammengesintert und etwas aufgebläht ist, **backende Sinterkohlen** und die Kohlen, deren Rückstand zusammengeschmolzen und stark aufgebläht ist, **Backkohlen.**

Die Ursache des Zusammenschmelzens oder Zusammenbackens der Kohlen ist uns bis jetzt unbekannt. Dieselbe hängt nicht von der elementaren Zusammensetzung, sondern von der uns nicht bekannten chemischen Konstitution der Steinkohlen ab. Es kommt vor, dass von zwei Kohlensorten, deren weitere chemische Zusammensetzung die gleiche ist, die eine Sorte gut, die andere schlecht oder gar nicht backt. Kohlen, welche sehr reich an Sauerstoff und Wasserstoff sind, schmelzen oft ebensowenig wie Kohlen, welche arm an Sauerstoff und Wasserstoff sind.

Man nimmt daher an, daß die Schmelzbarkeit der Kohlen durch die Anwesenheit gewisser uns noch unbekannter Verbindungen des Kohlenstoffs mit Wasserstoff und Sauerstoff bedingt ist.

Durch teilweise Entgasung der Kohlen bei allmählichem Erhitzen derselben, sowie durch teilweise Oxydation derselben bei nicht genügendem Abschlusse der Luft wird die Schmelzbarkeit derselben beeinträchtigt. Durch andauerndes Erhitzen derselben bei 300^0 wird die Schmelzbarkeit sogar vollkommen aufgehoben.

Der feste Rückstand, welcher beim Erhitzen der Kohlen unter Luftabschluß verbleibt, beträgt je nach dem Gehalte der Kohlen an flüchtigen Bestandteilen 50—93 % (Koks). Er ist am geringsten bei den wasserstoffreichsten Kohlen, da ein Gew.-T. Wasserstoff

mindestens 4 mal so viel Kohlenstoff verflüchtigen kann, als ein Gewichts-
teil Sauerstoff. Durch allmähliches, wenig starkes Erhitzen erhöht sich
die Menge des festen Rückstandes.

Es ist deshalb auch die Menge der beim Erhitzen unter Luftabschluß aus der Steinkohle entweichenden flüchtigen Bestandteile bei den
an Wasserstoff reichen Kohlen am größten. Je größer dieselbe ist, um so
leichter lassen sich die Kohlen entzünden und mit um so längerer Flamme
verbrennen dieselben.

Man nennt daher die an Wasserstoff reichen Kohlen langflammige
Kohlen oder Flammkohlen, die an Wasserstoff armen Kohlen kurzflammige
Kohlen.

Verhalten der Steinkohle beim Liegen an der Luft.

Bei längerem Liegen an der Luft verwittert die Steinkohle, indem
sie Sauerstoff aufnimmt. Durch einen Teil desselben wird Wasserstoff
und eine kleine Menge Kohlenstoff oxydiert. Hierbei tritt der Wasserstoff
als Wasser, der Kohlenstoff als Kohlensäure aus.

Außerdem hat die Steinkohle die Eigenschaft, bedeutende Gasmengen
und darunter auch Sauerstoff in ihren Poren zu verdichten. Infolge dieses
Umstandes soll bei der Verwitterung mancher Kohlen trotz des Verlustes
an Wasserstoff und Kohlenstoff eine Gewichtszunahme eintreten. Nun
nehmen aber andere Kohlen an Gewicht ab und bei noch anderen Kohlen
bleibt das Gewicht unverändert.

Nach F. Fischer[1]) hängt die Veränderung des Gewichtes der Steinkohlen bei der Verwitterung von der Art und den Mengenverhältnissen der
verschiedenen Gemengteile derselben ab. Diejenigen Kohlen, welche rasch
Sauerstoff aufnehmen, sollen größere Mengen für Sauerstoff ungesättigter
Verbindungen enthalten. Je nach den gegenseitigen Mengenverhältnissen
der gesättigten und ungesättigten Verbindungen der Kohle soll dann eine
Kohle beim Lagern an der Luft an Gewicht zunehmen, unverändert bleiben
oder an Gewicht abnehmen.

Eine unbestreitbare Tatsache aber ist es, dass die Kohlen durch das
Lagern an der Luft an Wert verlieren, indem die Schmelzbarkeit derselben
dadurch zerstört wird und zwar um so schneller, je kleiner die Kohlen
sind, je größer also die dem Sauerstoff dargebotene Oberfläche derselben
ist. Es wird also durch die Verwitterung die nämliche Wirkung herbeigeführt, wie durch ein andauerndes schwaches Erhitzen der Kohlen bei
Luftzutritt.

Die Aufnahme von Sauerstoff durch die Steinkohle bezw. die hierdurch veranlaßte Wärmeentwickelung wird als die Hauptursache der
Selbstentzündung der Steinkohlen angesehen. Als eine weitere Ursache

---

[1]) Chem. Technologie der Brennstoffe II, S. 174.

der Selbstentzündung wird die Oxydation des in der Steinkohle enthaltenen Schwefelkieses angesehen, welche besonders in feuchter Luft eintritt. Die letztere Ursache ist aber nach Erfahrungen und Versuchen der neueren Zeit nur von untergeordneter Bedeutung. Die Ansicht, dass die Selbstentzündung von Kohlenanhäufungen durch eine gute Lüftung derselben verhindert werde, trifft daher nicht zu. Im Gegenteile wird die Selbstentzündung der Kohlen durch künstliche Ventilation begünstigt. Die Kleinkohlen neigen mehr zur Selbstentzündung als die Stückkohlen, weil sie dem atmosphärischen Sauerstoff mehr Oberfläche zur Einwirkung bieten als die letzteren.

Verbrennungswärme.

Die Verbrennungswärme der Steinkohlen schwankt je nach der Kohlenart zwischen 8000 und 9600 W. E. Die Verdampfungskraft der Kohlen für Wasser beträgt je nach der Kohlenart 6,70 bis 9,5 kg Wasser für 1 kg Steinkohle.

Einteilung der Kohlen.

Man unterscheidet die Kohlen nach der Struktur in Pech-, Ruß-, Schiefer-, Blätter-, Faserkohlen und in Anthrazit.

Nach der Beschaffenheit der Flamme beim Verbrennen, nach der elementaren Zusammensetzung, nach der Menge und dem Aussehen des beim Erhitzen unter Luftabschluß verbliebenen Rückstandes (Koks) hat Gruner (Traité de métallurgie. Première partie) die Kohlen in 5 oder mit Einschluß des Anthrazits in 6 Klassen eingeteilt, nämlich in

1. trockene Kohlen mit langer Flamme,
2. fette Kohlen mit langer Flamme,
3. eigentliche Fettkohlen (mit mittlerer Flamme),
4. fette Kohlen mit kurzer Flamme,
5. magere oder anthrazitische Kohlen mit kurzer Flamme,
6. Anthrazit.

Diese Einteilung, welche auch dem geologischen Alter der Kohlen entspricht, ist trotz mancher Mängel derselben fast allgemein angenommen worden. Die Mängel sind die, daß eine scharfe Trennung der verschiedenen Kohlenarten wegen der bei denselben stattfindenden Übergänge nicht möglich ist, daß sich die Einteilung nicht für alle Kohlendistrikte durchführen läßt und daß die Menge der Koksrückstände auch bei gleicher Beschaffenheit derselben in weiten Grenzen schwankt.

Die Zusammensetzung der gedachten Kohlenarten, das Koksausbringen aus denselben, das Aussehen der Koks und die spezifischen Gewichte derselben sind aus der nachstehenden Tabelle ersichtlich.

1. Die trockenen Kohlen mit langer Flamme sind hart, besitzen ebenen oder muscheligen Bruch und brennen mit langer Flamme unter starker Rauchentwickelung.

Von den mageren Kohlen, mit welchen sie gleiches Aussehen des Koksrückstandes gemein haben, unterscheiden sie sich durch das bei weitem geringere Koksausbringen, die erheblich größere Menge von flüchtigen Bestandteilen (40 % — 50 %) und durch die Flamme, welche lang und rußig ist, während sie bei den mageren Kohlen kurz und hell ist.

Art der Kohlen	Elementare Zusammensetzung			Koks-ausbringen	Aussehen der Koks	Spe-zifisches Gewicht
	C%	H%	O+N%	%		
1. Trockene Kohle mit langer Flamme	75—80	4,5—5,5	15—19,5	50—60	pulverförmig, höchstens zusammengefrittet	1,25
2. Fette Kohle mit langer Flamme (Gaskohle)	80—85	5—5,8	10—14,2	60—68	geschmolzen, aber stark zerklüftet	1,28—1,30
3. Eigentliche Fettkohle (Schmiedekohle)	85—89	5—5,5	5,5—11	68—74	geschmolzen, mittelmäßig kompakt	1,30
4. Fette Kohle mit kurzer Flamme (Kokskohle)	88—91	4,5—5,5	5,5—6,5	74—82	geschmolzen, sehr kompakt	1,30—1,35
5. Magere oder sandige Kohle mit kurzer Flamme	90—93	4—4,5	3—5,5	82—90	gefrittet oder pulverförmig	1,35—1,40
6. Anthrazit	93—95	2—4	3	über 90	pulverförmig	1,6

Ihr absoluter Wärmeeffekt beträgt 8000—8500 W. E. 1 kg Kohle verdampft 6 bis 6,50 kg Wasser. Das Gewicht von 1 cbm Kohlen beträgt ca. 700 kg.

Sie finden sich in Deutschland im Kohlenbezirk von Oberschlesien und in geringer Menge im Saarbrücker Bezirke. In Frankreich kommen sie bei Blanzy und Montceau, in Belgien im Bezirk von Mons vor. Die größte Verbreitung besitzen sie in Großbritannien (Schottland, Staffordshire, Northumberland).

2. Die fetten Kohlen mit langer Flamme (Gaskohle) sind hart und besitzen blättrige Struktur. Sie brennen wie die besprochene Kohlenart mit langer, rauchender Flamme. Sie liefern beim Erhitzen unter Luftabschluß eine geringere Menge flüchtiger Körper (32—40 %) als die trockenen Kohlen mit langer Flamme (40—50 %), dagegen hat das aus ihnen verflüchtigte Gas eine stärkere Leuchtkraft als das Gas der letzteren Kohlenart. Man verwendet sie deshalb vorzugsweise zur Herstellung von Leuchtgas sowie bei metallurgischen Prozessen zur Erzeugung langer Flammen und nennt sie deshalb „Gaskohle", bezw. „Flammkohle".

Ihr absoluter Wärmeeffekt beträgt 8500—8800 W. E. 1 kg Kohle verdampft 7—7,5 kg Wasser. Das Gewicht von 1 cbm dieser Kohlen beträgt 700—750 kg.

Sie finden sich in Deutschland in den Kohlenbezirken von Oberschlesien, Westfalen und Saarbrücken, in Belgien bei Mons und Charleroi, in Frankreich in den Bezirken des Pas de Calais und der Loire, in Großbritannien in den Bezirken von Northumberland und Lancashire etc.

3. **Die eigentlichen Fettkohlen (Schmiedekohle)** sind weniger hart als die beiden besprochenen Kohlenarten, besitzen blättrige Struktur, lebhaften Glanz und eine tiefschwarze Farbe.

Sie verbrennen mit kürzerer Flamme und weniger Rauch als die trockenen und die fetten Kohlen mit langer Flamme.

Bei dem Erhitzen unter Luftabschluß liefern sie 26—32% flüchtige Körper. In Westfalen liefern sie das Hauptmaterial für die Koksgewinnung und führen deshalb dort den Namen „Kokskohle“·

Infolge ihrer Eigenschaft, im Feuer zu schmelzen und zusammenzubacken, wendet man sie auch als Brennstoff für Schmiedefeuer an. Bei denselben bilden sie eine schützende Hülle um das zu bearbeitende Eisenstück und verhindern, daß noch nicht entschwefelte Kohlen mit demselben in Berührung kommen. Sie führen deshalb auch den Namen „Schmiedekohlen“.

Ihr absoluter Wärmeeffekt beträgt 8800—9300 W. E., ihre Verdampfungskraft pro kg Kohle = 8,8 kg Wasser.

Das Gewicht von 1 cbm Kohlen beträgt 750—800 kg.

Sie finden sich in Deutschland in dem westfälischen und dem Aachener Kohlendistrikte, in Belgien in den Distrikten von Lüttich und Charleroi, in Frankreich im Loiredistrikt und im nordfranzösischen Distrikte, in Großbritannien in Nord-Yorkshire, Durham, Northumberland und im östlichen Teile des Beckens von Süd-Wales, in Amerika in Westvirginien und Pennsylvanien.

4. **Die fetten Kohlen mit kurzer Flamme** sind zerreiblich und zeigen die Struktur der eigentlichen Fettkohlen. Sie entzünden sich schwer und brennen mit kurzer, heller, wenig rauchender Flamme.

Beim Erhitzen unter Luftabschluß liefern sie einen dichteren Koksrückstand als die eigentlichen Fettkohlen und 18—26% flüchtige Körper. Diese Kohlen finden vielfach Verwendung zur Koksbereitung und führen deshalb den Namen „Kokskohlen“. In Westfalen, wo die eigentlichen Fettkohlen „Kokskohlen“ genannt werden, nennt man diese Kohlenart „Halbfette Kohlen“ oder wegen ihrer Verwendung zum Betriebe von Schmiedefeuern „Eßkohlen“.

Ihr absoluter Wärmeeffekt beträgt 9300—9600 W. E. und ist größer als bei allen übrigen Steinkohlenarten. Ihre Verdampfungskraft beträgt 9,25—10 kg Wasser pro kg Kohle.

Sie finden sich in Deutschland im westfälischen und niederrheinischen Kohlenbezirk, in Belgien in den Bezirken von Charleroi und Lüttich, in

Frankreich in den Bezirken des Creusot der Rive de Gier und des Gard, in England in Süd-Wales, Cardiff.

5. **Die magere oder sandige Kohle mit kurzer Flamme** besitzt geringe Festigkeit, ist schwer entzündlich und verbrennt mit kurzer, rauchloser Flamme.

Beim Erhitzen unter Luftabschluß liefert sie einen sandigen Koksrückstand und $10-18\%$ flüchtige Körper. In Westfalen führt sie den Namen „magere Kohle" oder „Sandkohle".

Ihr absoluter Wärmeeffekt beträgt 9200—9500 W.E., ihre Verdampfungskraft pro kg Kohle $= 8{,}12-9{,}5$ G.-T. Wasser.

Sie findet sich in Deutschland im westfälischen und niederrheinischen Kohlenbezirk, am Piesberg bei Osnabrück, in Belgien im Bezirk von Charleroi und Lüttich, in Frankreich in den Bezirken von Valenciennes, der Sarthe, des Roannais, der unteren Loire, des Gard und der Creuse, in England in Süd-Wales.

6. **Der Anthrazit** ist spröde, besitzt muscheligen oder unebenen Bruch und eine tiefschwarze Farbe. Er ist sehr schwer entzündlich und brennbar und verbrennt mit wenig leuchtender, aber rauchloser Flamme, wobei er zum Teil zerspringt. Er unterscheidet sich äußerlich von den übrigen Steinkohlenarten dadurch, daß er keine Faserkohle enthält, welche letztere sich auf den Absonderungsflächen der übrigen Steinkohlen findet.

Beim Erhitzen unter Luftabschluß liefert er $8-10\%$ flüchtige Körper.

Sein absoluter Wärmeeffekt beträgt 9000—9200 W.E., seine Verdampfungskraft $= 9$ kg Wasser pro kg Anthrazit.

Man benutzt ihn als Brennstoff und Reduktionsmittel bei der Gewinnung des Roheisens und zum Abdampfen von Flüssigkeiten. Er findet sich in der größten Verbreitung in den Vereinigten Staaten von Nordamerika.

Vorbereitung der Steinkohlen.

Die durch Mineralien und Gesteinsarten verunreinigten Steinkohlen sowie das zur Herstellung von Koks bestimmte Klein der backenden Steinkohlen werden in der Regel einer Aufbereitung unterworfen, wodurch der Aschengehalt bei guten Steinkohlen auf $3-4\%$, bei schlechten Kohlen auf $5-8\%$ heruntergebracht wird. Das Klein von mageren Steinkohlen und von Anthrazit läßt sich nicht selbständig verkoken und hat deshalb im Vergleich zu den Stücken dieser Kohlensorten einen niedrigen Wert. Der letztere läßt sich aber dadurch erhöhen, daß man das Klein mit Hilfe von Bindemitteln zu Stücken, sogen. Briketts oder Kohlenziegeln vereinigt. Von den vielen als Bindemittel vorgeschlagenen Körpern (Steinkohlenteer, hartes und weiches Steinkohlenpech, Asphalt, Zellulose, Stärkekleister aus Kartoffeln oder Getreidemehl, Melasse, Gallerte aus Moosen oder Algen, Lehm, Gips, Alaun, Zement, Kalk, Kochsalz, Wasserglas) hat sich das harte Steinkohlenpech, ein Nebenerzeugnis von der Destillation des Steinkohlenteers, am besten bewährt.

Das Steinkohlenklein, dessen Korngröße bis 7 mm beträgt, wird mit dem vorher zerkleinerten Pech zusammengemengt und zwar in dem Verhältnisse von $4^1/_2$—7 G.-T. Pech auf 100 G.-T. Kohlenklein, worauf die Masse durch Erhitzen in Flammöfen (Weichöfen) zum Erweichen gebracht wird.

Die erweichte Masse wird zu Briketts gepreßt.

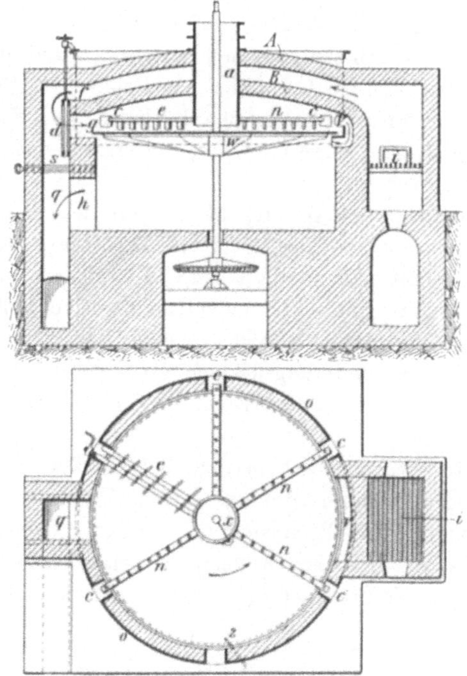

Fig. 39 u. 40.

Das Pech, welches bei der Destillation des Steinkohlenteers als Rückstand erhalten wird, erfährt zuerst eine Zerkleinerung auf einem Kollergange und wird dann mit dem Steinkohlenklein, dessen Korngröße bis 7 mm beträgt, gemischt. Das Mischen geschieht in einer Schleudermühle. Die Mischung wird nun in den Weich- oder Wärmofen eingeführt.

In Fig. 39 und 40 ist der Wärmofen von Heim (D. R. P. No. 26 901) dargestellt[1]). i ist die Feuerung, B das Gewölbe des Ofens. Über dem letzteren befindet sich ein zweites Gewölbe A. Durch den Zwischenraum zwischen beiden Gewölben ziehen die Feuergase in die durch ein Register verschließbare Öffnung g und aus der letzteren in den

---

[1]) F. Fischer, Chem. Technologie der Brennstoffe II, S. 48.

Ofen. Nachdem sie den Herd desselben bestrichen haben, gelangen sie durch den Fuchs V unter die Ofensohle und durch die Öffnung h in den Kanal q, welcher sie nach der Esse führt. Durch die Schieber d und s wird die Hitze im Ofen reguliert. Der Herd des Ofens dreht sich mit einer Welle w, welche durch konische Räder bewegt wird. Das Umrühren der auf dem Herde liegenden Massen geschieht durch mit Stiften ver-

Fig. 41.

sehene Eisenstangen n, das Fortbewegen derselben durch verstellbare schräge Schaufeln e, welche zur Veränderung ihrer Stellung gleichzeitig an einer beweglichen und an einer festen Stange befestigt sind. a ist der Aufgabezylinder für die Mischung. Die letztere wird durch den Abstreicher x auf den Heerd geschoben und durch die Rührstäbe und die schrägen Schaufeln vom Zentrum des sich drehenden Herdes allmählich nach der Peripherie desselben vorgeschoben, wo sie durch den Abstreicher z aus dem Ofen entfernt wird. Die Masse erhält im Ofen eine Temperatur von 80⁰, bei welcher das Pech weich wird. Sie fällt auf Transport-schnecken, welche sie der Presse zuführen.

Das Pressen kann sowohl in Maschinen mit offenen Formen als auch in Maschinen mit geschlossenen Formen geschehen. Man wendet meist Maschinen mit geschlossenen Formen an und bevorzugt in Deutschland die Maschinen von Couffinhall, deren Einrichtung sich aus den Figuren

Fig. 42.

41 und 42 ergibt[1]). Die Briketts werden in denselben unter einem doppel-seitigen Drucke (von 2 Kolben) hergestellt. Der Druck beträgt 160 bis 180 kg auf 1 qcm.

Die Formen befinden sich zu 12 in radialer Richtung in der rotie-renden Formplatte w. Das Einführen des knetbaren Gemisches von Kohle und Pech in dieselbe geschieht durch die rotierenden Arme des zylin-drischen Gefäßes x. Durch eine Öffnung im Boden desselben fällt das

---

¹) Beckert, Leitfaden der Eisenhüttenkunde, S. 49 und 50.

Gemisch in die durch die Drehung der Formplatte unter demselben vorbeigeführten Formen. In das Gefäß x gelangt das Gemisch aus dem Knetfasse y, welchem es durch eine Schnecke vom Weichofen aus zugeführt wird. Die Menge des dem Gefäße x zuzuführenden Gemisches wird durch einen mittelst des Handrades C bewegten Schieber geregelt. Das Zusammenpressen der Masse in den Formen geschieht von oben durch den Preßkolben l und von unten durch den Kolben q vermittelst Hebeln. Die Entfernung der fertigen Briketts aus den Formen geschieht durch einen Ausstoßkolben m, unter welchen die Formen bei der Drehung der Formplatte gelangen. Sie werden durch den Kolben auf einen schwingenden Tisch v gestoßen, welcher sie auf ein Transportband gleiten läßt.

Die Bewegung des Preßkolbens l und des Ausstoßkolbens m geschieht durch die Hebel k k′, auf welche vermittelst der Achsen h und h′ und der Zugstangen i und i′ die Bewegung des zweiteiligen Querhauptes g g′ übertragen wird. Die Bewegung des Querhauptes geschieht mit Hilfe von Pleuelstangen f und f′ durch die Kurbelscheiben e und e′. Dieselben sitzen auf Wellen d und d′ mit Zahnrädern c und c′, welche letzteren mittels des Getriebes b von der Welle a der Maschine angetrieben werden. Als Führung für den Preßkolben und den Ausstoßkolben dient das Mittelstück n. Der Kolben q wird durch die Gegenhebel o und o′ bewegt. Die in den Formen befindlichen Massen werden zuerst durch den Preßkolben l von oben zusammengedrückt.

Erreicht der Widerstand, welchen der Preßkolben bei seinem Niedergange erfährt, infolge der Reibung des Gemisches an den Formwänden und des Widerstandes des unteren Kolbens q einen gewissen Betrag, so verlegt sich der Drehpunkt der Hebel k k_1 von ihrem linken Ende in die den Preßkolben führende Achse. Es wird nun der Kolben q mittels der Zugstangen p und p_1 und des Gegenhebels o o_1 aufwärts bewegt und preßt so den Inhalt der Form von unten zusammen.

Die Führung der Formplatte w wird teils durch das Mittelstück n, teils durch die Grundplatte z bewirkt. Die Bewegung der Formplatte geschieht mit Hilfe der auf der Welle d sitzenden Trommel A. Dieselbe besitzt eigentümlich gestaltete Nuten, welche die Führungsrollen der Formplatte erfassen. Die die Bewegung der letzteren vermittelnden Nuten besitzen die Richtung steiler Schraubengänge, während die den Stillstand der Platte herbeiführenden Nuten dem Umfang der Trommel parallel sind.

Das Gewicht der Briketts beträgt 1—10 kg. In 10 Stunden beträgt die Leistung einer Maschine bei Briketts von 1 kg = 20 t, von 3 kg = 50 t, von 5 kg = 80 t und von 10 kg = 160 t. Die erforderliche Betriebskraft beträgt 18 bezw. 40, 60 und 90 Pferde.

b) Flüssige Brennstoffe.

Die natürlich vorkommenden flüssigen Brennstoffe sind Kohlenwasserstoffe und führen den Namen Erdöl, Petroleum oder Naphta.

Das Erdöl findet sich in Nordamerika, Rußland (Baku), Galizien, Rumänien, Java sowie in geringen Mengen in Deutschland (Peine in Hannover, Pechelbronn im Elsaß u. a. O. Die bedeutendsten Vorkommen sind die von Nordamerika (Pennsylvanien, Ohio, Virginien, Kentucky, Tennessee) und von Baku am kaspischen Meere.

Das Erdöl stellt im reinen Zustande eine bewegliche Flüssigkeit von wasserheller Farbe und eigentümlichem Geruche dar, ist aber gewöhnlich dunkel (schwarz) gefärbt.

Sein spez. Gewicht schwankt zwischen 0,777 und 0,957. Dasselbe ist um so geringer, je lichter das Erdöl ist.

An der Luft verflüchtigt sich ein Teil desselben, während der zurückgebliebene Teil dicker wird. Die Flüchtigkeit an der Luft steigt mit dem Gehalte des Erdöls an Wasserstoff und sinkt mit dem Kohlenstoffgehalte.

Der Siedepunkt des Erdöls schwankt je nach seiner Zusammensetzung zwischen 110^0 und 300^0.

Die Zusammensetzung des Erdöls schwankt nach H. Höfer[1]) in den nachstehenden Grenzen:

Kohlenstoff: 79,5—88,7 %
Wasserstoff: 9,6—14,8 %
Sauerstoff: 0,9— 6,9 %.

Der Stickstoffgehalt, wenn vorhanden, geht nicht über 1,10 %.

Erhitzt man das Erdöl unter Luftabschluß, so destillieren flüchtige Öle über und es verbleibt ein Rückstand. In der Praxis unterscheidet man 1. leichtflüchtige Öle, welche bei 150^0 überdestillieren, 2. schwerflüchtige Öle, welche bei 300^0 überdestillieren, oder Leuchtöle und 3. Rückstände. Aus diesen Produkten lassen sich bei Anwendung geeigneter Temperaturen wieder anderweite Destillate herstellen.

Die Verbrennungswärme des Erdöls ist je nach seiner Herkunft und Zusammensetzung schwankend. Nach Gintl[2]) sind die Verbrennungswärmen von 1 kg Erdöl aus verschiedenen Bezirken die nachstehenden:

Erdöl von Westvirginien: 10 180 W. E.
  -   - Pennsylvanien: 9 963 -
  -   - Java: 10 831 -
  -   - Baku: 11 460 -

---

[1]) Hans Höfer, Das Erdöl und seine Verwandten, S. 37.
[2]) Höfer a. a. O. S. 64.

Erdöl von Ostgalizien: 10 085 W. E.
 -     -   Westgalizien: 10 231   -
 -     -   Rumänien: 10 005   -

Man verwendet das rohe Erdöl sowohl als auch die bei der Herstellung des Leuchtöls (Kerosin) aus demselben verbleibenden flüssigen Rückstände als Brennstoff.

Abgesehen von der Heizung von Dampfkesseln und Destillierkesseln finden rohe Naphta bezw. der flüssige Rückstand, welcher beim Abdestillieren des Kerosins verbleibt, Anwendung zum Betriebe von Puddel- und Schweißöfen (Nordamerika), sowie zum Verschmelzen von Kupfererzen und zum Raffinieren des Kupfers (Kaukasus).

c) Gasförmige Brennstoffe.
(Naturgas.)

Die natürlich vorkommenden gasförmigen Brennstoffe sind **gewisse Kohlenwasserstoffe,** welche in Naphtabezirken aus Erdspalten oder Bohrlöchern austreten und oft nach einer gewissen Zeit versiegen. Man nennt dieselben „Naturgas".

Dasselbe findet sich in den größten Mengen in der Gegend von Pittsburg und Alleghany in Pennsylvanien, wo es durch Bohrlöcher aufgefangen und durch Rohrleitungen, deren Länge oft viele Meilen beträgt, den Verbrauchsorten zugeführt wird. Der Druck, unter welchem dasselbe in den Bohrlöchern steht, beträgt 7—14 kg/qcm.

Man benutzt dasselbe als Brennstoff bei der Gewinnung des Zinks und bei der Herstellung von Flußeisen und Flußstahl in Flammöfen. So werden auf den Homesteadwerken bei Pittsburg 24 Stahlschmelzöfen mit Naturgas geheizt.

Die Zusammensetzung des Naturgases schwankt in den nachstehenden Grenzen:

Methan:	68,4—94,0	Volumprocent
Äthylen:	0,6— 0,8	- -
Wasserstoff:	2,9—29,8	- -
Kohlenoxyd:	0,4— 0,8	- -
Kohlendioxyd:	0— 0,8	- -
Sauerstoff:	0,4— 2,6	- -
Stickstoff:	0— 4,29	- -

Die Verbrennungswärme des Naturgases schwankt je nach seiner Zusammensetzung zwischen 6060 und 9000 W. E. pro cbm.

B. Die künstlichen Brennstoffe.

Man unterscheidet dieselben wie die natürlichen Brennstoffe in feste, flüssige und gasförmige Brennstoffe.

Die festen Brennstoffe sind: Holzkohle, Torfkohle, Braunkohlenkoks und Steinkohlenkoks, die flüssigen: Petroleum und Naphtarückstände, die gasförmigen: Verkohlungsgase (Leuchtgas, Koksofengas), Generatorgas, Gichtgase und Wassergas.

a) Die künstlichen festen Brennstoffe.

Dieselben werden durch die Verkohlung fester natürlicher Brennstoffe gewonnen. Die Verkohlung ist eine trockene Destillation der Brennstoffe, durch welche der Kohlenstoffgehalt derselben in einem festen Rückstande konzentriert wird, während der Wasserstoff-, Sauerstoff- und Stickstoffgehalt sowie ein Teil des Kohlenstoffgehaltes derselben in verschiedenen Verbindungen verflüchtigt werden.

Die Holzkohle

ist das Erzeugnis der vollständigen Verkohlung des Holzes.

Beim Erhitzen des Holzes unter Luftabschluß verliert dasselbe zuerst sein hygroskopisches Wasser. Steigt die Temperatur über 150°, so zersetzt es sich, indem es zuerst eine rotbraune Farbe annimmt und das sogen. Rotholz bildet, darauf (zwischen 270° und 350°) in eine leicht zerreibliche, lockere Kohle von braunroter Farbe, die sogen. Rotkohle übergeht und schließlich zwischen 350° und 400° eine harte Kohle von schwarzer Farbe, die Holzkohle oder Schwarzkohle, bildet.

Die hierbei gasförmig entweichenden Zersetzungserzeugnisse sind hauptsächlich Wasser, Wasserstoff, Kohlensäure, Kohlenoxyd, Kohlenwasserstoffe, sowie die näheren Bestandteile des Holzessigs und des sogen. Holzteers. Die beiden letzteren Körper werden durch Verdichtung gewisser Teile der Zersetzungserzeugnisse zu einer Flüssigkeit gewonnen. Der Holzessig stellt eine wässerige Flüssigkeit, der Holzteer ein Öl von gelblicher oder brauner Farbe dar.

Der Holzessig besteht aus Wasser, Essigsäure, etwas Ameisensäure, Propionsäure, Buttersäure, Valeriansäure, kleinen Mengen von Brenzkatechin, Kreosot und Holzgeist, welcher letztere ein Gemenge von Methylalkohol, Allylalkohol, Azeton und essigsaurem Methyl darstellt.

Der Holzteer besteht aus Brandharzen, Farbstoffen, Paraffin, Naphtalin, Kreosot, Pyrogallussäure und mehreren flüssigen Kohlenwasserstoffen wie Benzol, Toluol, Chylol.

Das erste Zersetzungserzeugnis des Holzes, das **Rotholz**, wird nicht selbständig dargestellt, sondern nur als Nebenerzeugnis bei der Herstellung von Holzgeist, Azeton und Kreosot aus Buchenholz gewonnen, in welchem Falle es als Brennstoff verwendet wird.

Dasselbe besteht aus:

52,66 % Kohlenstoff
5,78 - Wasserstoff
0,43 - Asche
4,49 - Wasser
36,64 - Sauerstoff.

Das zweite Zersetzungserzeugnis, die **Rotkohle,** wird nur zur Herstellung von Schießpulver verwendet.

Sie besteht aus:

74 % Kohlenstoff
24,5 - chem. gebundenem Wasser
1,5 - Asche.

Das letzte Zersetzungserzeugnis ist die **eigentliche Holzkohle** oder **Schwarzkohle.**

Sie ist porös, hart, glänzend, besitzt bläulich-schwarze Farbe und klingt beim Anschlagen. Man unterscheidet die Kohle je nach der Herstellung derselben aus harten oder weichen Hölzern in harte und in weiche Kohle. Die Holzkohle für metallurgische Prozesse, welche in Schachtöfen ausgeführt werden, muß hart sein.

Zusammensetzung der Holzkohle.

Die Holzkohle besteht aus Kohlenstoff, hygroskopischem Wasser, Aschenbestandteilen und mechanisch eingeschlossenen Gasen.

Der **Kohlenstoffgehalt** beträgt, wenn man von dem Gehalte der Kohle an absorbierten Gasen absieht, 85%, mit Einrechnung dieser Gase 80,1 %.

Den mittleren Gehalt der Kohle an **hygroskopischem Wasser** kann man zu 12% annehmen. Sie ist also sehr hygroskopisch. Dieselbe zieht um so geringere Mengen von Wasser an, je höher die Temperatur bei ihrer Herstellung war.

Es ist daher erforderlich, die Holzkohle an trockenen Orten zu lagern oder bald nach ihrer Herstellung zu verbrauchen.

Die **Aschenbestandteile** sind die nämlichen wie die des Holzes, aus welchem sie hergestellt worden ist. Der mittlere Aschengehalt beträgt 3%.

Die in der Holzkohle enthaltenen **Gase** rühren von der Eigenschaft derselben, Gase zu absorbieren, her. Bei hoher Temperatur werden dieselben zum größten Teil ausgetrieben. Daher enthalten die frischen Holzkohlen um so weniger Gase, je höher die Temperatur bei ihrer Her-

stellung war. Im Mittel kann man den Gasgehalt der lufttrockenen Holzkohlen zu 1,8 % Wasserstoff und 3,1 % Sauerstoff und Stickstoff annehmen.

Hiernach ist die durchschnittliche Zusammensetzung der
Holzkohlen ohne Einrechnung des Gasgehaltes: Kohlenstoff
85 %, hygroskopisches Wasser 12 %, Asche 3 %, mit Einrechnung der
Gase: Kohlenstoff 80,1 %, Wasserstoff 1,8 %, Sauerstoff + Stickstoff = 3,1 %,
hygroskopisches Wasser 12 %, Asche 3 %.

Spezifisches Gewicht.

Das spezifische Gewicht der Holzkohle hängt von der Art des Holzes,
aus welchem sie hergestellt wurde, und von dem Gange der Verkohlung
ab. Hartes Holz liefert dichtere Kohle als weiches Holz; bei raschem
Gange der Verkohlung fällt die Kohle lockerer aus, als bei langsamerem
Gange derselben. Sieht man von den Poren ab, so beträgt das spezifische Gewicht der harten Kohlen = 0,35 — 0,50, der weichen Kohlen
0,20 — 0,40.

Das Gewicht von 1 cbm lufttrockener Holzkohle beträgt bei Nadel-
holzkohlen 125 — 180 kg, bei weichen Laubholzkohlen 140 — 200 kg, bei
harten Laubholzkohlen 200 — 240 kg.

Brennbarkeit.

Die Entzündungstemperatur der Holzkohle hängt von ihrer Dichtigkeit und von der Temperatur ihrer Herstellung ab. Sie beträgt für Holzkohle, welche bei 350 — 400° hergestellt ist, 360 — 370°, für Kohle, welche
bei Stahlschmelzhitze hergestellt ist, 600 — 800°, für Kohle, welche in
Platinschmelzhitze hergestellt ist, 1250°. Die Holzkohle brennt ohne Rauch
und ohne Flamme. Die letztere erscheint nur bei nicht hinreichend verkohlten Stücken und bei der Reduktion der durch die Verbrennung gebildeten Kohlensäure zu Kohlenoxyd durch die glühenden Kohlen.

Verbrennungswärme.

Ohne Berücksichtigung des Aschengehaltes, des Wassergehaltes und
der absorbierten Gase ist die Verbrennungswärme der Holzkohle gleich
der des reinen Kohlenstoffs (8080 W. E.). Im allgemeinen nimmt man
dieselbe zu 7000 — 8000 W. E. an. Bei der gelagerten Kohle beträgt sie
6000 — 6900 W. E.

Das Holz, welches zur Herstellung einer gewissen Menge Holzkohle
erforderlich ist, entwickelt doppelt so viele Wärmeeinheiten bei der Verbrennung als die gedachte Menge Holzkohle. Die Ursache hiervon ist die,
daß bei der Verkohlung des Holzes gegen 40 % des Kohlenstoffgehaltes
desselben durch Vergasung verloren gehen.

Verwendung der Holzkohle.

Zu ihrer Verwendung bedarf die Holzkohle keiner Vorbereitung. Beim Lagern erleidet sie durch Abreibung gewisser Teile, den sogen. Einrieb, und durch die langsame Oxydation zu Kohlensäure einen bis 5% betragenden Verlust. Es empfiehlt sich daher, sie sobald als möglich nach der Herstellung zu verbrauchen.

Die Holzkohle ist wegen ihres geringen, gleichbleibenden und gutartigen Aschengehaltes bei solchen metallurgischen Verfahren ein geschätzter Brennstoff, welche eine unmittelbare Berührung des Brennstoffs mit dem zu erhitzenden Körper erfordern. In der neueren Zeit ist sie indes durch die billigeren Steinkohlenkoks ersetzt worden. Sie findet gegenwärtig nur noch Verwendung an solchen Orten, wo große Wälder vorhanden und mineralische Brennstoffe teuer sind, sowie bei solchen Hüttenverfahren, durch welche Erzeugnisse von besonderer Reinheit hergestellt werden sollen.

Die Darstellung der Holzkohle.

Wird die Verkohlung des Holzes rasch bewirkt, so ist bereits ein Teil desselben in Holzkohle übergeführt, während der andere Teil noch Wasserdampf entwickelt. Der letztere führt bei Berührung mit den glühenden Kohlen einen Teil des Kohlenstoffgehaltes derselben an Sauerstoff und Wasserstoff gebunden in Gasform fort. Das Ausbringen an Kohle muß daher bei rascher Verkohlung geringer sein als bei langsamem Gange der Verkohlung, bei welcher die Überführung des Holzes in Kohle erst nach Entfernung des Wassers eintritt. Es ist daher im Interesse eines hohen Kohlenausbringens erforderlich, die Verkohlung langsam zu führen und zu derselben möglichst wasserarmes Holz zu verwenden. Nur in solchen Fällen, in welchen dio Gewinnung von Holzkohle Nebenzweck, dagegen die Herstellung von Holzgeist und Teer Hauptzweck ist, wird die Verkohlung im Interesse der Gewinnung möglichst vieler kohlenstoffhaltiger Destillationserzeugnisse rasch geführt.

Die Vorrichtungen zur Ausführung der Verkohlung sind Meiler, Haufen, Gruben und Öfen. Die zur Verkohlung erforderliche Temperatur wird entweder durch Verbrennung eines Teiles des zu verkohlenden Holzes oder durch besondere Feuerungen hervorgebracht. Ist neben der Verkohlung auch die Gewinnung von Destillaten Hauptzweck, so wird die Verkohlung in Meileröfen oder in Retorten ausgeführt.

Wir haben zu unterscheiden:

1. Die Verkohlung, bei welcher der Hauptzweck die Gewinnung der Holzkohle ist.

2. Die Verkohlung, bei welcher sowohl die Gewinnung von Holzkohle als auch die Gewinnung von Destillaten Hauptzweck ist.

3. Die Verkohlung, bei welcher der Hauptzweck die Gewinnung von Destillaten ist.

1. Die Verkohlung, bei welcher der Hauptzweck die Gewinnung der Holzkohle ist.

Hierhin gehört die Verkohlung in Meilern, Haufen, Gruben und Öfen. Die Meiler- und Haufenverkohlung, welche stationäre Verkohlungsplätze nicht erfordern, werden in unseren Klimaten am besten im Sommer und Herbst ausgeführt, weil in diesen Jahreszeiten die Witterung am günstigsten ist und die für diese Arten der Köhlerei erforderlichen Materialien (Rasen, Moos, Laub, Reisigholz, Wasser) am leichtesten zu beschaffen sind.

Die Verkohlung in Meilern.

Unter einem Meiler versteht man einen aus zu verkohlenden Holzstücken nach bestimmten Regeln zusammengesetzten Haufen von annähernd halbkugelförmiger Gestalt, welcher durch eine bewegliche Hülle (aus Rasen, Tannenreisig, Laub, Kohlenpulver, Erde) von der äußeren Luft in einem gewissen Grade abgeschlossen ist. Das zu verkohlende Holz wird in der Form von Scheiten, Kloben, Schwarten und Holzabfällen angewendet.

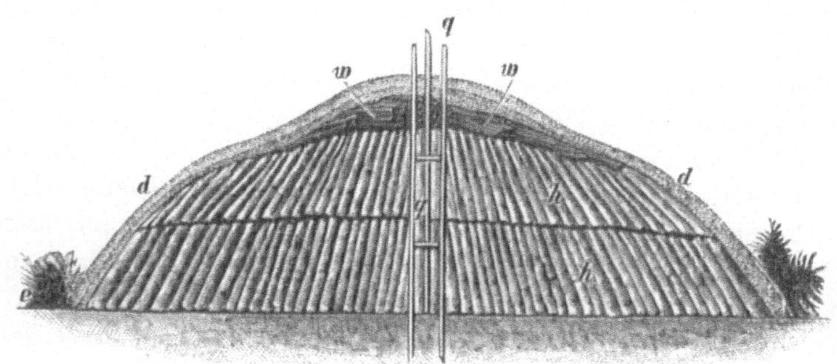

Fig. 43.

Man unterscheidet die Meiler nach der Lage des zu verkohlenden Holzes in denselben in **stehende Meiler** und in **liegende Meiler**.

Bei den **stehenden Meilern** wird das Holz in konzentrischen Ringen so um die Achse des Meilers aufgestellt, daß die einzelnen Scheite bezw. Kloben und Schwarten nur wenig gegen dieselbe geneigt sind.

Bei den **liegenden Meilern** werden die Holzscheite bezw. Kloben horizontal gelegt, so daß sie in radialer Richtung von der Achse des Meilers auslaufen.

Die **stehenden Meiler** unterscheidet man nach der Art des Aufbaues in 3 Arten, nämlich in

> welsche Meiler,
> slavische Meiler und
> Schwartenmeiler.

Der **welsche Meiler** besitzt um die senkrechte Achse einen aus 3—4 Holzstangen (welche durch horizontale Spreizen auseinander gehalten werden) gebildeten Schacht, den sogen. „Quandelschacht". Die Holzmasse des Meilers besteht aus zwei oder drei Schichten. Die oberste Schicht, die sogen. Haube, ist, um dem Meiler oben die gehörige Rundung

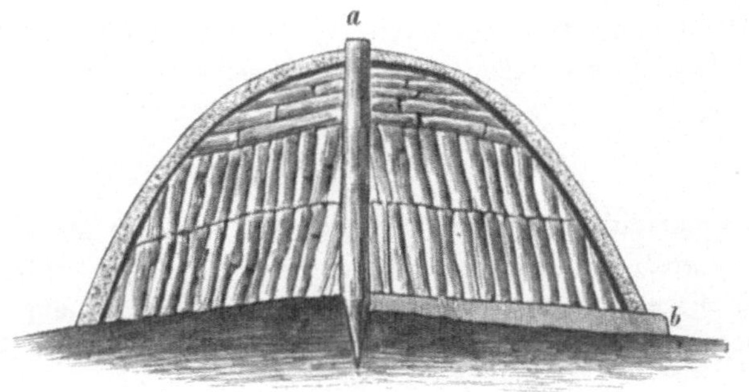

Fig. 44.

zu geben, aus horizontal liegenden Scheiten oder aus Astholz gebildet. In Fig. 43 ist ein welscher Meiler dargestellt. q bezeichnet den Quandelschacht, h sind die Holzscheite, w ist die Haube, d ist die aus zwei Lagen bestehende Decke des Meilers, e ist die die Decke tragende sogen. Unterrüstung.

Der **slavische Meiler** unterscheidet sich vom welschen Meiler nur dadurch, daß er anstatt des Quandelschachtes einen in die Meilerstätte

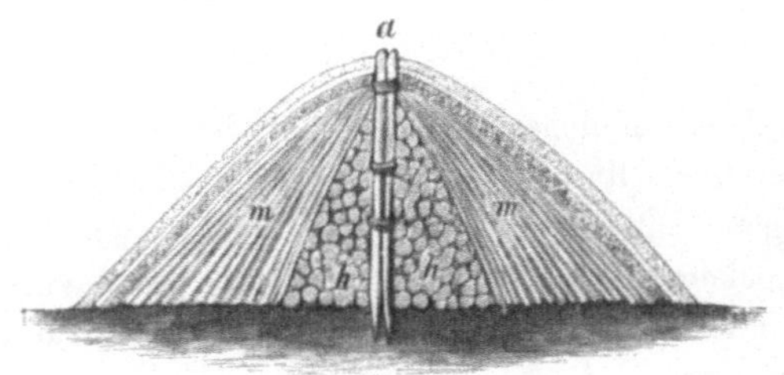

Fig. 45.

eingerammten Pfahl, den sogen. „Quandel" (a in Fig. 44) besitzt, welcher mit der Peripherie des Meilers durch einen auf der Sohle desselben ausgesparten Kanal, die sogen. Zündgasse, verbunden ist.

Der (in Norwegen gebräuchliche) **Schwartenmeiler** (Fig. 45) besitzt wie der welsche Meiler, einen Quandelschacht a, ist aber anstatt aus Scheiten und Kloben aus unregelmäßig geformten, dünnen Brettern, sogen. Schwarten m zusammengesetzt, welche sich an einen kegelförmigen Haufen h von größeren Holzabfällen anlehnen.

Die **liegenden Meiler** besitzen, wie die stehenden Meiler, entweder einen Quandelschacht oder einen Quandelpfahl und werden hiernach in Meiler mit Quandelschacht und in Meiler mit Quandelpfahl unterschieden.

Herstellung des Meilers.

Die Herstellung des Meilers umfaßt das Anlegen der Meilerstätte, das Richten des Meilers und das Decken desselben.

Anlage der Meilerstätte.

Die Meilerstätte (d. i. der Ort, an welchem der Meiler aufgeführt werden soll) wird möglichst nahe an den Ort der Holzgewinnung gelegt. Sie muß so ausgewählt werden, daß sie eine bequeme Zufuhr des Holzes und eine bequeme Abfuhr der Kohlen ermöglicht, gegen Wind und Wetter

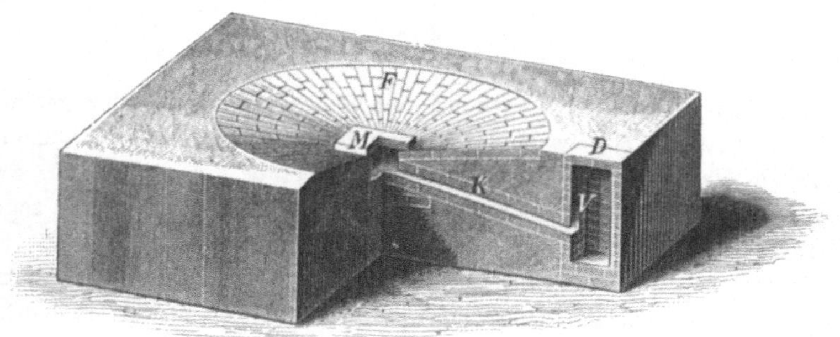

Fig. 46.

geschützt ist und die mühelose Beschaffung der bei der Verkohlung erforderlichen Materialien (Rasen, Erde, Wasser, Reisig) gestattet. Sie muß einen durchlässigen Untergrund besitzen, welcher weder zu feucht, noch zu locker und trocken sein darf, da ein feuchter Boden die gleichmäßige Verkohlung verhindert, ein zu trockener und lockerer Boden dagegen einen zu starken Luftzug veranlaßt.

Die Meilerstätte verändert sich in der Regel mit dem Standort des zu verkohlenden Holzes. Nur dann, wenn der Verkohlungsplatz die Verkohlung einer größeren Menge in der Nähe befindlichen Holzes gestattet, schreitet man wohl zur Anlage einer festen Meilerstätte.

Das Herrichten der beweglichen oder veränderlichen Meilerstätten besteht in der Entfernung von Rasen, Steinen und Wurzeln von dem ausgesuchten Platze und in der Einebnung desselben in solcher Weise, daß die Meilerstätte nach der Mitte zu ein wenig vertieft ist. Ist der Platz feucht, so erhält er einen Rost aus Holz, welcher $\frac{1}{4} - \frac{1}{3}$ m hoch mit Kohlenlösche bedeckt wird.

Die festen Meilerstätten werden aus Ziegelmauerwerk hergestellt und gewöhnlich so eingerichtet, daß ein Teil der flüchtigen Zersetzungserzeugnisse des Holzes gewonnen werden kann. Die Einrichtung einer derartigen Meilerstätte zeigt Fig. 46. F ist die nach dem Mittelpunkte M zu gleichmäßig geneigte Fläche, auf welcher der Meiler errichtet wird. Infolge dieser Neigung sammeln sich die flüssigen Erzeugnisse der Verkohlung in der unter M angebrachten Vertiefung an und fließen aus derselben durch den geneigten Kanal K in den Sammelbehälter V, aus welchem sie nach dem Abheben der Deckplatte D ausgeschöpft werden.

Richten des Meilers.

Nach dem Anlegen der Meilerstätte erfolgt das Richten des Meilers.

Richten des stehenden Meilers.

Beim stehenden Meiler wird zuerst der Quandelschacht hergestellt (indem man die ca. 3 m langen Stangen in einem gleichseitigen Dreieck von ca. 20 cm Seitenlänge in die Meilerstätte einrammt) bezw. der Quandelpfahl in die Meilerstätte eingesteckt. Am Fuße des Quandelschachtes häuft man wohl einen Zündkegel aus leicht entzündlichen Körpern (Kienspäne, Brände, kleingespaltenes Holz) an, um mit Hilfe desselben das Anzünden des Meilers zu bewirken. Um den Fuß des Quandelpfahls stellt man dünnes, leicht entzündliches Holz. Darauf wird beim welschen und slavischen Meiler das Holz in konzentrischen Ringen so um Schacht bezw. Pfahl gestellt, daß das dünnste Ende der einzelnen Scheite nach oben gerichtet ist. Die stärksten Hölzer legt man in die unterste Schicht und läßt auf dieselbe eine zweite und manchmal auch eine dritte Schicht folgen. Der oberste Teil des Meilers, die Haube, wird, wie erwähnt, aus horizontal liegenden Scheiten oder aus Astholz gebildet. Das sämtliche Holz wird so gesetzt, daß möglichst wenig Zwischenräume entstehen, um zu starken Luftzutritt und infolge dessen Kohlenverbrand zu vermeiden. Die Rindenseite der Scheite kehrt man nach außen, die Kernseite nach dem Quandel zu. Bei manchen welschen Meilern verbindet man die Sohle des Quandelschachtes durch einen in der untersten Holzschicht ausgesparten horizontalen Kanal, die sogen. Zündgasse, mit der Peripherie desselben. Durch diese Gasse wird das Anzünden des Meilers bewirkt. Beim Fehlen der Zündgasse geschieht das Anzünden des Meilers direkt durch den Quandelschacht.

Beim slavischen Meiler wird stets eine bis an den Quandelpfahl heranreichende Zündgasse hergestellt. Zu diesem Zwecke legt man vor dem Richten des Meilers eine der Weite und Länge der Zündgasse entsprechende Holzstange (von 10 cm Dicke) auf die Meilerstätte und zieht dieselbe nach erfolgtem Richten des Meilers heraus.

Beim Schwartenmeiler stellt man den Quandelschacht aus Schwarten (das sind dünne unregelmäßig geformte Bretter, welche nur eine größere

ebene Fläche besitzen, auf der entgegengesetzten Seite aber von der Rindenseite des Baumes begrenzt werden) her und häuft zur bequemen Entzündung des Meilers um den Fuß desselben leicht entzündliche Körper
wie Holzspäne und Holzklein an. Um dieselben schichtet man einen
kegelförmigen Haufen von groben Holzabfällen und läßt dann die Schwarten
folgen. Dieselben werden so um den gedachten Kegel aufgestellt, daß ihre
dicken und breiten Enden nach unten gekehrt sind und daß ihre ebenen
Enden radial um den Quandelschacht liegen. Eine Zündgasse wird gewöhnlich nicht hergestellt.

Richten des liegenden Meilers.

Das Richten des liegenden Meilers beginnt, wie das Richten des
stehenden Meilers, mit der Aufstellung des Quandelschachtes bezw. Quandel-
pfahles. Um den Quandelschacht bezw. -Pfahl setzt man einen kegelförmigen Kern von stehenden Scheiten und legt dann die Holzscheite in zwei
bis drei konzentrischen Ringen in horizontalen Schichten übereinander.
Infolge dieser Anordnung der Scheite gestatten die liegenden Meiler der
Luft zu viel Zutritt. Die Hohlräume im Meiler werden noch dadurch vermehrt, daß sich die Holzscheite beim Verkohlen um 10—12% ihrer Länge
verkürzen. Beim stehenden Meiler werden diese Räume durch den Druck
der Holzmasse wieder ausgefüllt, was beim liegenden Meiler nicht der Fall
ist. Wegen dieser Übelstände werden die liegenden Meiler kaum noch
angewendet.

Größe des Meilers.

Die Höhe des Meilers macht man zwischen $\frac{1}{3}$ und der Hälfte des
Meilerdurchmessers. Der letztere beträgt in der Regel 7—10 m und geht
nur ausnahmsweise bis 16 m. Die Holzmasse des Meilers beträgt gewöhnlich 120—150 cbm, selten bis 300 cbm.

Decken des Meilers.

Nach dem Richten des Meilers füllt man die an der Außenfläche
desselben bemerkbaren Zwischenräume mit dünnen Holzstücken aus und
bedeckt ihn dann mit Nadelholzreisig bezw. Laub, Moos, Rasen, Schilf
in einer Stärke von 10—15 cm.

Den Fuß des Meilers läßt man auf eine Höhe von 18—36 cm unbedeckt, damit die nach dem Anzünden des Meilers gebildeten Gase und
besonders der Wasserdampf möglichst schnell austreten können. Um
das Herabrutschen der Decke zu verhüten, stützt man dieselbe durch einen
Kranz von Holz oder Reisig, welcher seinerseits auf Holz- oder Steinpfeilern ruht oder durch Holzgabeln getragen wird. Man nennt diese Vorrichtung Fußrüstung oder Unterrüstung.

Auf die Meilerdecke bringt man schließlich noch einen 3—12 cm
starken Bewurf von Sand, Erde, Kohlenlösche oder von einem Gemenge

dieser Körper. Die Bedeckung des Meilers muß am stärksten über der Haube sein, weil die Hitze hier am größten ist und das Feuer deshalb hier am leichtesten durchbricht.

Verkohlungsbetrieb.

Der Verkohlungsbetrieb wird in den verschiedenen Ländern und auch in verschiedenen Gegenden eines und desselben Landes verschieden geführt. Es sollen daher nachstehend nur die allgemeinen Grundsätze dieses Betriebes dargelegt werden.

Die Inbetriebsetzung des Meilers beginnt mit dem **Anzünden** desselben, wozu man gewöhnlich den frühen Morgen wählt. Bei den Meilern ohne Zündgasse schüttet man zu diesem Zwecke glühende Kohlen in den Quandelschacht ein, welche die in und um denselben angehäuften leicht entzündbaren Körper in Brand setzen. Bei den Meilern mit Zündgasse führt man an einer langen Stange, der sogen. Zündrute oder Zündstange, ein Bündel brennender Kienspäne bis an den Quandel. Dieselbe setzt das hier befindliche dünne Holz in Brand.

Bei dem Betriebe des Meilers hat man im Interesse der Vermeidung von Kohlenverlusten durch Verbrennung von Kohlenstoff und Vergasung desselben durch Wasserdampf und Kohlensäure darauf zu achten, daß die Verkohlung langsam vor sich geht, daß die gasförmigen Verbrennungs- und Zersetzungserzeugnisse nicht mit den glühenden Kohlen in Berührung kommen und daß die Luft möglichst vom unangebrannten zum brennenden Teil des Meilers geführt wird.

Schwitzen.

Nach dem Anzünden des Meilers beginnt das Schwitzen desselben. Es entwickeln sich nämlich aus dem Holze Wasserdämpfe und werden infolge der noch niedrigen Temperatur im Innern des Meilers an der Decke desselben zu Wasser kondensiert. Das letztere dringt durch die Decke hindurch und veranlaßt, daß dieselbe äußerlich feucht erscheint oder schwitzt. Außer Wasserdampf treten während des Schwitzens noch Verbrennungsgase des Holzes und von der Zersetzung der Cellulose herrührende Dämpfe aus. Im Interesse der raschen Ausbreitung des Feuers sowohl, als auch zur Verhütung der Vergasung von Kohlenstoff durch die Wasserdämpfe läßt man die Gase und Dämpfe möglichst schnell aus dem Meiler austreten. Zur Erreichung dieses Zweckes ist der Fuß des Meilers noch unbedeckt, so daß die Dämpfe hier und beim Vorhandensein eines Quandelschachtes auch teilweise durch den letzteren austreten können. Dadurch, daß am Fuße des Meilers atmosphärische Luft eindringt und sich mit Kohlenoxyd und gasförmigen Kohlenwasserstoffen mischt, treten, wenn das Gemisch mit glühenden Kohlen in Berührung kommt, Explosionen ein, welche die Decke des Meilers oder Teile derselben abwerfen. Man nennt derartige Explosionen das Werfen, Stoßen oder Schütteln des Meilers. Dieselben treten in den ersten 18—24 Stunden nach dem Anzünden des Meilers ein. Hierdurch sowohl wie durch das Verbrennen eines Teiles des Holzes und durch die Volumverminderung, welche das Holz infolge der Verkohlung erleidet, entstehen leere Räume im Meiler, welche schnell und sorgfältig ausgefüllt werden müssen. Zu diesem Zwecke werden nach Entfernung der Decke des Meilers von der Haube desselben die Hohlräume mit Hilfe einer Stange (Füllstange) zusammengestoßen, so daß sich dieselben mit Holz bezw. Kohle füllen. Die hierdurch entstehenden neuen Räume werden mit gespaltenem Holz ausgefüllt, worauf die Decke wieder aufgelegt wird. Diese Arbeit wird bis zu Ende des Schwitzens wiederholt. Das Schwitzen des Meilers ist beendigt, sobald die am Fusse desselben austretenden Dämpfe den charakteristischen starken Geruch der flüchtigen Verkohlungserzeugnisse zeigen. Alsdann verschließt man den bis dahin offenen Fuß des Meilers mit Rasen, Erde oder Kohlenlösche, schlägt die Decke überall fest an den Meiler an, verstopft alle Öffnungen und Risse in derselben und überläßt den Meiler eine Zeit lang sich selbst.

Treiben.

Während dieser Zeit erfolgt die Verkohlung, da die Luft nur noch durch den porösen Boden und die poröse Decke des Meilers zutreten kann, durch die im Innern desselben herrschende Hitze. Man nennt diesen Zeitabschnitt der Verkohlung „das Treiben" des Meilers.

Die im Meiler entwickelten Gase treten durch die poröse Decke desselben aus. Ist der Austritt derselben erschwert, so stößt man Löcher, sogen. Raumlöcher, durch die Decke des Meilers. Nach Ablauf der gedachten Zeit ist der die Haube bildende Teil, sowie der zunächst der Achse des Meilers liegende Teil des Holzes verkohlt. Der letztere hat die Gestalt eines umgekehrten Kegels. Die Zeit des Treibens beträgt je nach der Größe des Meilers 4—7 Tage.

Zubrennen.

Es handelt sich jetzt darum, die Verkohlung des noch um den verkohlten Kern stehen gebliebenen Teiles des Holzes zu bewirken. Man nennt diesen letzten Zeitabschnitt der Verkohlung das „Zubrennen des Meilers".

Man lenkt das Feuer dadurch nach den unverkohlten Teilen des Meilers, daß man an den betreffenden Stellen durch Bewurf und Decke Raumlöcher von ca. 2 cm Weite stößt. Dieselben werden in verschiedenen Höhen gewöhnlich in 2 Reihen rings um den Meiler angebracht. An manchen Orten stößt man zuerst Raumlöcher im oberen Teile des Meilers (Kopfräume) und dann im unteren Teile desselben, so daß das Feuer von oben nach unten gezogen wird. An anderen Orten stößt man zuerst die unteren Raumlöcher (die sogen. „Fußräume") und dann erst die Raumlöcher im oberen Teile des Meilers, die sogen. „Mittelräume" oder „Brusträume" und die Kopfräume.

Die Verkohlung ist beendigt, wenn das Feuer aus den Fußräumen austritt. Die Raumlöcher werden dann verschlossen und der Meiler wird mit nasser Erde beworfen, um das Feuer zu ersticken. Aus dem nun der Abkühlung überlassenen Meiler werden die Kohlen nach und nach herausgeholt, welche Arbeit man das **„Kohlenziehen** oder **Langen"** nennt. Dieselbe beginnt an der dem Winde entgegengesetzten Seite des Meilers, indem man mit dem Ziehhaken eine Öffnung am Fuße desselben macht, eine gewisse Menge Kohlen herauszieht und dann die Öffnung wieder mit Sand oder Lösche schließt, um die Berührung der Luft mit den noch im Meiler befindlichen glühenden Kohlen zu verhindern. In ähnlicher Weise verfährt man an anderen Stellen des Meilers und holt so die Kohlen nach nach und nach heraus. Die im oberen Teile des Meilers befindlichen Kohlen stürzen in dem Maße, wie die Kohlen aus dem unteren Teile desselben entfernt werden, nach unten. Sind die gezogenen Kohlen noch glühend, so werden sie mit Wasser abgelöscht.

Die Zeit des Zubrennens und Ziehens beträgt 4—6 Tage.

Die beim Meilerbetrieb erhaltenen Kohlen besitzen verschiedene Größe. Außer größeren und mittleren Stücken erhält man kleinere leicht zerdrückbare Stücke aus der Nähe des Quandels, die sogen. Quandelkohlen, staubförmige Kohlen, sogen. Kohlenlösche, welche zur Herstellung der Meilerdecken und Meilerstätten verwendet wird, und unvollkommen verkohltes Holz, sogen. „Brände", welche bei der Herstellung der Meiler als leicht entzündliche Körper um den Quandel herumgestürzt werden.

Die Dauer des Meilerbetriebes beträgt je nach der Größe des Meilers 15—20 Tage.

Das Ausbringen an Kohle richtet sich nach der Art und dem Alter des Holzes, sowie nach der Leitung des Betriebes. Dasselbe beträgt im allgemeinen 20—25 % vom Gewichte und 50—60 % vom Volumen des Holzes.

Von dem Kohlenstoffgehalt des Holzes gehen im Durchschnitte 40 % durch Verbrennung und Vergasung verloren.

Die Haufenverkohlung.

Die Verkohlung des Holzes in Haufen findet nur noch selten und nur in holzreichen Gegenden (Rußland, Schweden) Anwendung. Dieselbe wird ähnlich geführt wie die Meilerverkohlung. Das Holz wird sowohl in der Form von Stämmen als auch in der Form von Kloben und Scheiten angewendet. Die Haufen besitzen oblongen Grundriß und sind, wie die Meiler, mit einer Decke umgeben, welche bei Haufen mit senkrechten Seitenwänden seitlich durch eine Verschalung festgehalten wird. Nach der Art der Zusammensetzung unterscheidet man deutsche, schwedische und mährisch-schlesische Haufen.

Die ersteren sind aus Stämmen, die mährisch-schlesischen Haufen aus Scheitholz zusammengesetzt.

Der **deutsche Haufen** ist 1—2 m hoch, $2^1/_2$ m breit und 9—12 m lang. Die einzelnen Baumstämme werden entweder den kurzen oder den langen Seiten des Haufens parallel gelegt. Die Decke wird aus Reisig, Blättern oder Kohlenlösche hergestellt und seitlich durch eine Holzverschalung, welche durch Pfähle gestützt ist, fest zusammengehalten. An der vorderen schmalen Seite, dem sogen. Fußende des Haufens ist ein Raum

Fig. 47.

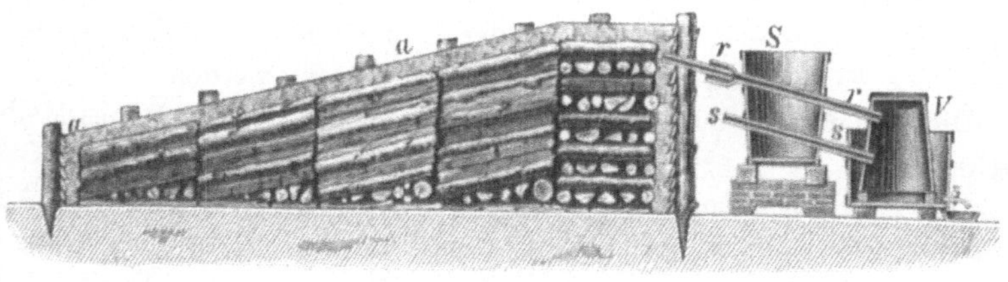

Fig. 48.

ausgespart, in welchem man leicht entzündliche Körper anhäuft, mit deren Hilfe das Anzünden des Haufens erfolgt. An der hinteren kurzen Seite des Haufens, dem sogen. Segel, bringt man wohl Vorrichtungen zum Auffangen flüchtiger Verkohlungserzeugnisse an.

Fig. 47 stellt einen Haufen mit quer liegenden Hölzern, Fig. 48 einen solchen Haufen mit längs liegenden Hölzern dar. Bei dem ersteren Haufen sind die Verschalung der Decke V, die Pfähle P zum Zusammenhalten derselben, die Decke und die Öffnung O zum Einbringen leicht entzündbarer Körper in den Haufen ersichtlich. Bei dem zweiten Haufen, welcher an der höheren kurzen Seite (Segel) durch einen Holzstoß unterstützt ist, sind die Decke a und die Vorrichtungen zum Auffangen flüssiger

Verkohlungserzeugnisse (Holzessig und Teer) ersichtlich. Die Gase treten durch Rohre r und s, welche in dem Gefäße S durch Wasser gekühlt werden, in die Vorlage V, in welcher sich die verflüssigten Teile derselben ansammeln.

Der **schwedische Haufen** ist ähnlich eingerichtet wie der deutsche Haufen. Man errichtet ihn gewöhnlich aus 6 m langen Rundhölzern auf einem Roste von lang gelegten Stämmen und macht ihn 6 m lang, 6 m breit und eben so hoch wie die deutschen Haufen.

Der **mährisch-schlesische Haufen** wird aus Scheitholz, welches gewöhnlich 1 m Länge besitzt, hergestellt. Man macht ihn in der Regel

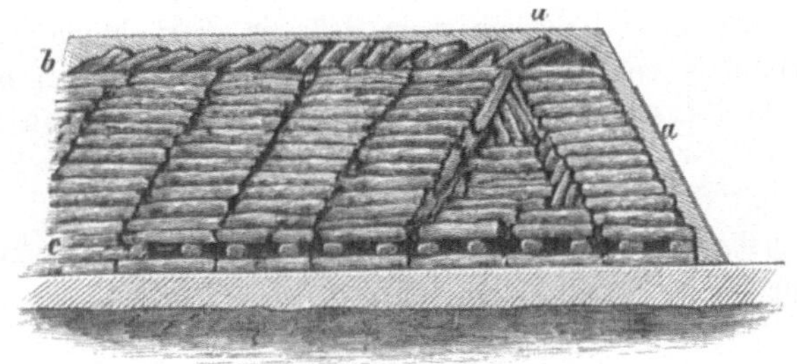

Fig. 49.

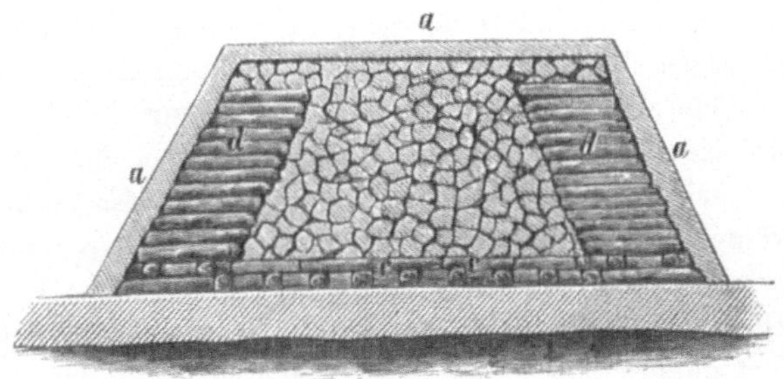

Fig. 50.

20 m lang, 6 m breit und 2 m hoch. Die Scheite werden auf einem gleichfalls aus Scheiten hergestellten Doppelrost und zwar parallel der langen Seite des Haufens so aufgeschichtet, daß der Haufen eine Seitenböschung von ca. 60° erhält. An den beiden langen Seiten wird der Haufen durch parallel den kurzen Seiten desselben gelegte Holzscheite zusammengehalten. Die obere Fläche wird mit schräg liegenden kleinen Scheiten bedeckt. Die eigentliche Decke wird aus Lösche, Rasen oder Lehm hergestellt. In den Figuren 49 und 50 bedeutet

     a die Decke aus Kohlenlösche,
     b die Decke aus schräg liegenden Holzscheiten,
     c den Holzrost,
     d die Holzscheite zur Abböschung des Haufens.

Verkohlungsbetrieb.

Nach dem Anzünden der Haufen leitet man die Verkohlung durch Einstoßen von Raumlöchern in die Decke derselben ein. Man bringt dieselben zuerst an derjenigen kurzen Seite, an welcher der Haufen angezündet worden ist, dann an den beiden langen Seiten in verschiedenen Höhen und in horizontalen Entfernungen von je $\frac{1}{2}$ m an. Die Verkohlung wird nun mit Hilfe dieser Raumlöcher so geleitet, daß sie in horizontaler Richtung täglich um ca. $\frac{1}{3}$ m fortschreitet, wobei der obere Teil des Haufens dem unteren Teile desselben immer um mehrere Raumlöcher voraus ist. Bei dieser Betriebsweise ist die Verkohlung im vorderen Teile des Haufens schon beendigt, wenn der mittlere Teil noch in der Periode des Treibens (s. Meiler) und der hintere Teil noch in der Periode des Schwitzens ist. Man kann daher schon während des Betriebes der Verkohlung mit dem Kohlenziehen beginnen.

Das Ausbringen an Kohle in Haufen wird dem Volumen nach zu 60—70% angegeben.

Verkohlung in Gruben.

Die Verkohlung des Holzes in Gruben wird noch in unkultivierten Ländern und in Kulturländern an solchen Stellen ausgeführt, wo Meiler oder Haufen wegen der Bodenbeschaffenheit nicht errichtet werden können, z. B. in Hochgebirgen. Die Kosten der Verkohlung in Gruben sind geringer als die Kosten der Meilerverkohlung, dagegen sind die Kohlen von schlechterer Qualität. Im Kaukasus steht diese Art der Verkohlung neben der Meilerköhlerei in Anwendung. Die letztere wird an solchen Stellen ausgeführt, zu welchen Fahrwege geführt werden können, während an den übrigen Stellen die Verkohlung des Holzes in kleinen in der Erde angebrachten Vertiefungen ausgeführt wird. Dieselben werden mit Holz und Holzabfällen ausgefüllt und mit Reisig oder Erde bedeckt. Der Zutritt der Luft erfolgt nur von oben. — In China wendet man bei sandigem Boden offene Gruben, bei tonigem Boden überwölbte Kammern an. Auch hat man die Gruben wohl mit einem in dieselben hinabreichenden Feuerkanal und mit Abzugessen versehen.

Die Verkohlung in Öfen.

Die Verkohlung in Öfen findet, wenn nicht gleichzeitig Destillate gewonnen werden sollen, nur noch ausnahmsweise statt. Hierbei wird die zur Verkohlung erforderliche Temperatur entweder durch Verbrennung eines Teiles des zu verkohlenden Holzes oder durch besondere Feuerungen erzeugt.

Die Öfen der ersteren Art besitzen gewöhnlich die Gestalt von

Meilern oder Haufen und werden, weil die Verkohlung in denselben ähnlich verläuft wie in Meilern, wohl Meileröfen genannt. Die Öfen der zweiten Art nennt man Verkohlungsöfen.

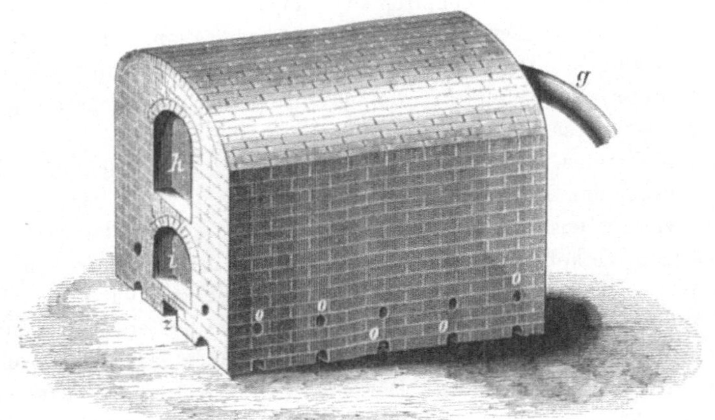

Fig. 51.

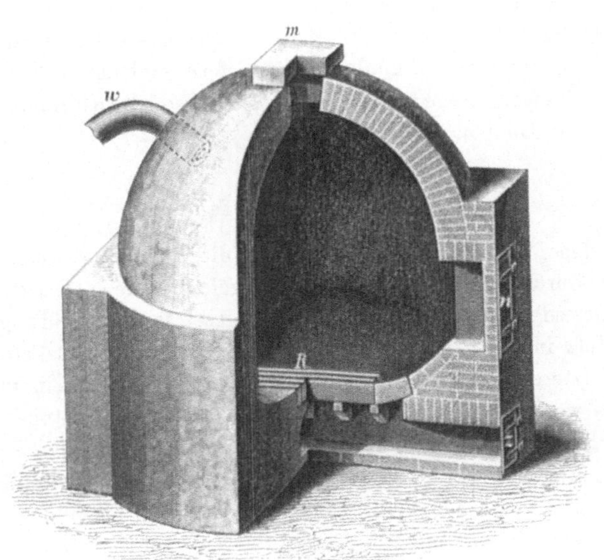

Fig. 52.

Meileröfen.

Bei den Meileröfen geschieht der Zutritt der Luft entweder durch in den Wänden derselben angebrachte verschließbare Öffnungen, welche die Raumlöcher der Meiler und Haufen vertreten, oder durch einen den Boden des Ofens bildenden Rost.

Einen Ofen der ersteren Art von der Gestalt des Haufens zeigt Fig 51. h und i sind Öffnungen zum Eintragen des Holzes und zum Ziehen der Kohlen. Dieselben sind während der Verkohlung zugemauert. o o sind zylindrische mit Tonpfropfen verschließbare Öffnungen, welche die Raumlöcher der Meiler und Haufen vertreten. Beim Aufschichten des Holzes wird eine Zündgasse ausgespart, welche in die Öffnung z mündet. g ist ein Rohr zur Abführung der gasförmigen Verkohlungserzeugnisse, welche in besonderen Gefäßen kondensiert werden können.

Ein Meilerofen der zweiten Art ist in Fig. 52 abgebildet. Das Holz, welches durch die Öffnungen m und n eingetragen wird, ruht auf dem Roste R, welcher aus auf die hohe Kante gestellten Ziegelsteinen besteht. Die flüchtigen Verkohlungserzeugnisse ziehen durch das Rohr w ab. Das Anzünden des Holzes geschieht durch die Flamme von unter dem Roste angehäuften leicht entzündbaren Körpern, welche letztere bei geöffneter Türe z in Brand gesteckt werden. Den ersten Rauch läßt man durch die Öffnung im Gewölbe abziehen. Dieselbe wird durch den Deckel m geschlossen, sobald das Holz über dem Roste in Brand geraten ist. Die Regulierung des Luftzuges geschieht mit Hilfe der Türe z.

Die Öfen der gedachten Art besitzen den Übelstand, daß die bei der Verkohlung entstehenden Hohlräume nicht ausgefüllt werden können, erfordern lange Zeit zur Abkühlung und liefern schlechtere Kohlen als die Meiler und Haufen. Dagegen geben sie ein besseres Ausbringen an Kohlen als Meiler und Haufen.

Verkohlungsöfen.

Bei den Verkohlungsöfen geschieht die Erhitzung und Verkohlung des Holzes durch von außen in den Ofen geleitete heiße Gase. Dieselben werden entweder durch in den Ofen eingesetzte Eisenrohre geleitet, so daß das Holz indirekt erhitzt wird, oder direkt in das Holz eingeführt, in welchem letzteren Falle sie möglichst frei von Sauerstoff sein müssen. In der Regel werden diese Öfen mit Kondensationsvorrichtungen für die flüchtigen Erzeugnisse der Verkohlung verbunden.

Sie sollen den Vorteil gewähren, daß man auch Holzabfälle in ihnen verkohlen kann. Sie haben den Nachteil, daß bei Anwendung von Eisenrohren die Verkohlungszone zu beschränkt ist, während bei direkter Einführung der Feuergase in das Holz der Gehalt derselben an Sauerstoff, Wasserdampf und Kohlensäure einen erheblichen Teil Kohlenstoff vergast. Sie sind nur vereinzelt angewendet worden.

2. Die Verkohlung, bei welcher sowohl die Gewinnung von Holzkohle als auch die Gewinnung von Destillaten Hauptzweck ist.

Diese Art der Verkohlung wird grundsätzlich in Retorten ausgeführt. In Nordamerika bedient man sich hierzu auch der Meileröfen.

Die Retortenverkohlung.

Dieselbe besteht in der Verkohlung des Holzes in geschlossenen, von außen erhitzten Gefäßen, aus welchen die flüchtigen Zersetzungserzeugnisse des Holzes durch Abzugsrohre in besondere Kondensationsvorrichtungen geführt werden. Die hierbei erhaltenen Kohlen sind schlechter als die Meilerkohlen.

Das Ausbringen an Kohle beträgt 25—27% vom Gewichte des Holzes und 60—65% vom Volumen desselben, ist also größer als das Ausbringen bei der Meilerverkohlung. Die Arbeitslöhne sind geringer als

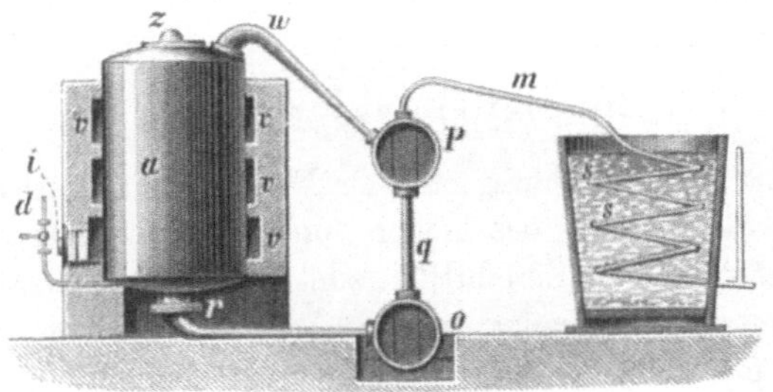

Fig. 53.

bei der Meilerköhlerei, dagegen ist ein erheblicher Brennstoffaufwand erforderlich, welcher zum größeren Teil durch Verbrennen der nicht kondensierten Gase von der Verkohlung bestritten wird. Die Retorten stehen entweder aufrecht oder sie liegen geneigt.

Eine Verkohlungseinrichtung mit stehender Retorte ist der in Fig. 53 abgebildete Thermokessel. a ist der aus Eisenblech hergestellte, ungefähr 8 cbm Holz fassende Kessel. Das Einbringen des Holzes in denselben geschieht durch die Öffnung z, die Entfernung der Kohlen durch die Öffnung i. Der Eintritt der Feuergase erfolgt bei i, von wo aus dieselben durch die Züge v um den Kessel herumgehen. Durch ein Rohr d leitet man Wasserdampf auf den Boden des Kessels, um das Holz möglichst schnell vorzuwärmen. Die im Kessel selbst kondensierten Körper (Teer) fließen durch das Rohr r am Boden desselben in das Gefäß o. Die gasförmigen Verkohlungserzeugnisse treten durch das Rohr w in das Gefäß P, aus

13*

welchem die daselbst kondensierte Flüssigkeit durch das Rohr q in das Gefäß o gelangt. Die in P nicht verdichteten Gase treten durch das Rohr m in das gekühlte Schlangenrohr s, in welchem die verdichtbaren Dämpfe verflüssigt werden.

Die hier nicht verdichteten Gase werden in die Kesselfeuerung zurückgeführt.

Geneigt liegende eiserne Retorten besitzen die Form von Walzenkesseln; ihr Durchmesser beträgt 1 m, ihre Länge 5—7 m. Sie sind in einer Reihe nebeneinander eingemauert. Sie werden am oberen Ende geladen und am unteren Ende entladen. Die Feuerung befindet sich am unteren Ende der Retorte. Als Brennmaterial dienen hauptsächlich die nicht kondensierten Gase der Verkohlung, außerdem unreine Teer- und Pechrückstände. Die abdestillierten Gase und Dämpfe werden in Vorlagen verdichtet. Dieselben stehen mit Sammelbehältern in Verbindung, in welchen sich Teer und Teerwasser absetzen. Die nicht verdichteten Gase werden durch Exhaustoren nach den Feuerungsanlagen der Retorten geführt, wo sie verbrannt werden.

Anlagen für diese Art der Verkohlung sind z. B. in Rübeland im Harz und in Trzyniec bei Teschen errichtet worden.

Die Meilerofenverkohlung.

Diese Art der Verkohlung steht in Nordamerika in Anwendung. Die Öfen besitzen die Gestalt des Meilers und sind aus Ziegelsteinen hergestellt. Sie besitzen eine Einfahrttür zum Füllen des Ofens, welche vor der Inbetriebsetzung vermauert wird. Die Gase ziehen durch ein im oberen Teile des Ofens seitlich angebrachtes Gasrohr nach den Kondensationsvorrichtungen. Die Heizung geschieht durch die nicht kondensierten Gase, welche durch einen zentralen Kanal in den Ofen gelangen. Im Gewölbe des Ofens befindet sich eine Beleuchtungsöffnung, welche während des Betriebes durch eine Eisenplatte verschlossen ist.

Diese Art der Verkohlung ist in Amerika als Pierceprozess bekannt.

Das Ausbringen aus dem Holz wird nach Gewichtsprozenten angegeben wie folgt:

$$
\begin{array}{rl}
25,3 \ \% & \text{Holzkohle} \\
0,75 \ \text{-} & \text{Methylalkohol} \\
1,00 \ \text{-} & \text{Essigsäure} \\
4,00 \ \text{-} & \text{Teer} \\
45,95 \ \text{-} & \text{Wasser} \\
24,00 \ \text{-} & \text{Gase.}
\end{array}
$$

3. Die Verkohlung, bei welcher der Hauptzweck die Gewinnung von Destillaten ist.

Bei dieser Art der Verkohlung erhält man die Holzkohle nicht mehr in Stückform, sondern als Pulver, welches sich für metallurgische Zwecke nicht verwenden läßt. (Es läßt sich durch Bindemittel vereinigen und in der Form von Briketts als Heizstoff verwenden, welcher indes zu metallurgischen Zwecken keine Anwendung findet.) Als Material für die Verkohlung benutzt man Holzabfälle, besonders Sägespäne. Als Apparate dienen ausschließlich Retorten. Gewöhnlich ist mit der Verkohlung eine Vortrocknung der nassen Sägespäne in Retorten verbunden. Es werden sowohl festliegende als auch liegende rotierende Retorten angewendet. Damit die Bildung von Krusten und Schalen an den Retortenwänden vermieden wird, muß bei den feststehenden Retorten die Masse im Innern derselben beständig durch Rührwerke bewegt werden. Die rotierenden Retorten sind zu diesem Zwecke entweder mit am Innenmantel festsitzenden Längsrippen versehen, welche das Verkohlungsmaterial durchmischen, oder sie enthalten eine Schneckenwelle, welche der Bewegung der Retorte entgegenläuft und das an den Wandungen angesetzte Material stetig abkratzt.

Durch die Rührwerke wird bei den festliegenden Retorten das Material auch vorwärts geschoben und ausgetragen. Es liegen gewöhnlich eine Reihe von horizontalen Retorten übereinander, welche so mit einander verbunden sind, daß das Verkohlungsmaterial dieselben von oben nach unten durchwandert. In den oberen Retorten findet die Vortrocknung, in den unteren die Verkohlung statt.

Bei den rotierenden Retorten geschieht das Durchmischen und Weiterführen des Verkohlungsgutes durch die am Innenmantel derselben sitzenden Längsrippen. Die Retorten müssen in diesem Falle konische Gestalt besitzen. Das Eintragen des Verkohlungsgutes geschieht am engeren Ende derselben. Bei zylindrischen Retorten müssen die Rippen zum Zwecke der Fortbewegung des Verkohlungsgutes in Form einer Schraubenlinie verlaufen.

Die rotierenden Retorten haben vor den festliegenden Retorten den Vorteil einer gleichmäßigen Beheizung, dagegen ist das Abführen der Destillationsprodukte aus demselben weniger einfach als bei den festliegenden Retorten. Larsen ordnet zu diesem Zwecke am Umfange der Retorten eine Reihe von Ventilen an, welche mit einem Gasabführungsrohr in Verbindung stehen und durch Federdruck geschlossen werden. Dieselben werden selbsttätig so bewegt, daß stets mindestens eins von ihnen geöffnet ist und die Destillationsprodukte abziehen läßt. Dies wird dadurch bewirkt, daß oberhalb der Retorte ein Kurvenstück angebracht ist, welches die an ihm vorbeigehenden Ventile nach unten drückt und sie dadurch für den Durchtritt der Gase öffnet. Nach dem Vorbeigang an dem Kurvenstück schließen sich die Ventile selbstthätig wieder.

In die rotierende Retorte von Schneider ist eine Schneckenwelle eingesetzt, welche der Bewegung der Retorte entgegenläuft und nicht nur das an den Wandungen angesetzte Material abkratzt, sondern auch die Fortbewegung desselben bewirkt.

Die Torfkohle.

Dieselbe wird durch Verkohlung von Torf hergestellt. Die Torfmasse zersetzt sich beim Erhitzen derselben unter Luftabschluß zwischen 200 und 360°, indem der Sauerstoff, Wasserstoff, Stickstoff und ein Teil des Kohlenstoffs verflüchtigt werden und ähnliche Verbindungen bilden wie die bei der Verkohlung des Holzes verflüchtigten Körper, der größere Teil des Kohlenstoffs aber nebst dem Aschengehalte und einer geringen Menge der übrigen Bestandteile der Torfmasse als „Torfkohle" zurückbleiben. Am meisten geeignet für die Herstellung derselben ist möglichst aschenarmer gepreßter Maschinentorf. Da der ganze Aschengehalt des Torfes in der Kohle, auf eine kleine Menge Brennstoff verteilt, zurückbleibt, so würde die Kohle aus aschenreichen Torfen nur eine geringe Wärmeleistung besitzen.

Die Torfkohle besitzt gewöhnlich noch die Struktur des Torfes, aus welchem sie hervorgegangen ist. Sie enthält 60—86% Kohlenstoff, 2,2—4,4% Wasserstoff, 6—17% Sauerstoff und 10—15% hygroskopisches Wasser. Ihr Aschengehalt beträgt im Durchschnitte 10—20%, steigt aber auch bis 50%, während er selten unter 4—5% heruntergeht.

Ihre Verbrennungswärme beträgt im Durchschnitte 6300 W. E., die Verbrennungstemperatur 2050—2400° C. Das Gewicht von 1 cbm aschenarmer Torfkohle beträgt 230—250 kg, von aschenreicher Torfkohle 300—350 kg.

Die Torfkohle ist kleinstückig und bröcklig, leicht zerdrückbar und besitzt oft einen hohen Aschengehalt. Sie findet deshalb nur selten Verwendung als Brennstoff zu metallurgischen Zwecken. Sie dient zum Heizen von Pfannen und Kesseln.

Darstellung der Torfkohle.

Die Torfkohle wird in ähnlicher Weise wie die Holzkohle in Meilern, Haufen, Öfen oder Retorten hergestellt.

Meiler- und Haufenverkohlung.

Bei der **Meiler- und Haufenverkohlung** wird der Torf in der Form von Ziegeln angewendet. Derselbe schwindet bei der Verkohlung viel unregelmäßiger als das Holz. Die Meiler- und Haufenverkohlung bedürfen daher einer sehr sorgfältigen Wartung. Das Ausbringen an Torfkohle beträgt 30% vom Gewichte und 60% vom Volumen des Torfs.

Ofenverkohlung.

Bei der **Ofenverkohlung** wird die erforderliche Temperatur entweder durch Verbrennung eines Teiles des zu verkohlenden Torfes oder durch Verbrennung von in die Öfen eingeführten Gasen (Generatorgasen) oder durch in die Öfen eingeführten überhitzten Wasserdampf hervorgebracht.

Die Öfen werden aus Mauerwerk oder Gußeisen hergestellt und stellen gewöhnlich stehende Kammern oder Zylinder, seltener liegende Kammern dar. Auch hat man wohl Hoffmannsche Ringöfen zur Torfverkohlung verwendet.

Um die Übelstände, welche durch das unregelmässige Schwinden der Torfstücke herbeigeführt werden, nach Möglichkeit zu beseitigen, läßt man die Verkohlung bei den stehenden Öfen von oben nach unten fortschreiten und saugt die Gase unterhalb der Torfsäule durch einen Exhaustor ab, wie z. B. bei den Öfen von Wagenmann, von Schenk, von Hall und Bainbridge.

Bei dem Ofen von Wagenmann, welcher durch Entzünden der Torfmasse am oberen Ende desselben in Brand gesetzt wird, ruht die Torfmasse auf einem Roste am unteren Ende desselben.

Bei dem Ofen von Schenk wendet man Generatorgase an, welche durch ein in dem verschlossenen oberen Ende desselben angebrachtes Rohr in den Ofen geleitet und daselbst durch zugeführte Luft verbrannt werden.

Der Ofen von Hall und Bainbridge besteht nicht, wie die beiden vorigen Öfen, aus Mauerwerk, sondern aus Gußeisen und arbeitet, wie der Ofen von Schenk, mit Generatorgas. Gewöhnlich sind mehrere Gußeisenzylinder um ein Rohr gruppiert, aus welchem mit Luft gemischte Generatorgase in den oberen Teil der Zylinder geführt werden. Die Verbrennungsgase werden zusammen mit den flüchtigen Erzeugnissen der Verkohlung durch seitliche Öffnungen im unteren Teile der Zylinder abgesaugt.

Zu den liegenden Öfen gehört der Ofen von Barff und Thursfield. Derselbe stellt eine lange niedrige Kammer dar, in welche mit dem zu verkohlenden Torfe gefüllte Wagen eingeschoben werden. Die Erhitzung des Torfes geschieht durch überhitzten Wasserdampf. Die Verkohlung in diesem Ofen soll eine unvollständige sein.

Das Ausbringen an Torfkohle in Verkohlungsöfen beträgt bis 45% vom Gewichte und bis 76% vom Volumen des Torfes.

Retortenverkohlung.

Mit der Verkohlung des Torfes in Retorten verbindet man die Gewinnung von Teer, Essigsäure und Ammoniak, welcher letztere Körper infolge des Stickstoffgehaltes des Torfes entsteht.

Die Retortenverkohlung wird wegen des hohen Brennstoffaufwandes bei der Destillation, welcher 30% vom Gewichte des zu verkohlenden Torfes beträgt, sowie wegen des verhältnismäßig geringen Erlöses aus den gewonnenen Destillationserzeugnissen nur selten angewendet.

Die Retorten, welche sowohl stehend als auch liegend angeordnet werden, bestehen aus Eisen oder feuerfestem Ton. Sie werden entweder von den Feuergasen umspült oder die letzteren werden in Eisenrohren durch die Retorten geleitet.

Das Ausbringen an Kohle soll mindestens 40% vom Gewichte des Torfes betragen.

Braunkohlenkoks.

Die Versuche der Verkohlung von Braunkohlen haben bisher ungünstige Ergebnisse geliefert, indem man entweder pulverförmige Koks oder verkohlte rissige Stücke erhielt, welche nach einiger Zeit zerfielen, so daß dieselben als Brennstoffe nicht zu verwenden waren. Auch die Versuche, durch Beimischung backender Körper zu den Braunkohlen brauchbare Koks zu erhalten, haben keine günstigen Ergebnisse geliefert. Der Vorschlag[1]), die Braunkohlen zu entgasen und die erhaltenen Rückstände mit Steinkohle gemischt zu verkoken, ist nicht zur Ausführung gelangt. Versuche, die Braunkohle vorsichtig zu entgasen und die entgaste Kohle als Ersatz der Holzkohle bei Eisenhochöfen zu verwenden, sind, obwohl sie die technische Möglichkeit des teilweisen Ersatzes der Holzkohle durch die entgaste Braunkohle darlegten, nicht dauernd fortgesetzt worden.

Bei der trockenen Destillation gewisser Braunkohlenarten zum Zwecke der Gewinnung von Teer für die Herstellung von Leuchtmaterialien erhält man eine Art Koksklein, welches unter dem Namen „Grude“ zum Hausbrand und zur Erzeugung von Generatorgas benutzt wird.

Aus derartigen Kohlen erhält man

$$
\begin{array}{ll}
40\text{—}50\,\% & \text{Grude} \\
10\text{—}20\ \text{-} & \text{Wasser} \\
14\text{—}35\ \text{-} & \text{Teer} \\
15\text{—}25\ \text{-} & \text{Gase.}
\end{array}
$$

Die Steinkohlenkoks oder Koks.

Dieselben sind das Erzeugnis der Verkohlung der Steinkohlen. Man nennt die Verkohlung der Steinkohlen zum Zwecke der Koksgewinnung die „Verkokung“ derselben.

Beim Erhitzen der Steinkohle unter Luftabschluß zum Zwecke der Verkohlung derselben entweicht zuerst das in derselben enthaltene Wasser.

---

[1]) Weeren, D. R. P. 68 766.

Der vor Eintritt der Rotglut entweichende Teil desselben geht unzersetzt fort, bei Rotglut dagegen wirkt es auf die Kohle ein und bildet unter Freiwerden von Wasserstoff mit derselben Kohlenoxyd und Kohlensäure. Die in der Kohle und in der Verkokungsvorrichtung enthaltene Luft verbrennt gleichfalls einen Teil der Kohle zu Kohlensäure und Kohlenoxyd. Die Zersetzung der Steinkohlensubstanz fängt schon bei 100° an und steigert sich mit zunehmender Temperatur, bis sie bei 1200° ihren Höhepunkt erreicht hat.

Es entweichen hierbei Methan, schwere Kohlenwasserstoffe, Wasserstoff, Kohlenoxyd, Kohlensäure, Schwefelwasserstoff und Stickstoff, während Koks als Rückstand verbleiben.

Die Menge der erhaltenen Koks hängt, wie wir gesehen haben, von der Art der Steinkohlen, ferner von dem Gehalte derselben an hygroskopischem Wasser, der Lockerheit derselben und der Einrichtung der Verkokungsvorrichtungen ab. Das wirkliche Koksausbringen bleibt 5 bis 18% hinter dem oben (bei der Steinkohle) angegebenen theoretischen Ausbringen zurück.

Die Koks stellen poröse Stücke von schwarzgrauer bis silberweißer Farbe dar. Die Wände der Poren sind bei gewissen Kokssorten (Gaskoks) dünn und leicht zerbrechlich, so daß die Koks leicht zerreiblich und zerdrückbar sind; bei anderen Kokssorten sind die Wände der Poren hart und fest, so daß die Koks hart sind. Die Porenräume schwanken zwischen 15 und 50 Vol. Prozent.

Die Poren selbst sind bei einigen Kokssorten groß, so daß dieselben locker erscheinen, bei anderen Kokssorten klein, so daß dieselben dicht erscheinen. Der Hüttenmann verlangt nur feste und harte Koks, da dieselben in den Öfen das Gewicht der metallhaltigen Körper, Zuschläge und Flüsse zu tragen haben. Je größer die zu tragende Last ist bezw. je höher die Öfen sind, um so fester müssen die Koks sein.

Die guten, bei hoher Temperatur hergestellten Koks müssen metallischen Glanz besitzen und beim Anschlagen einen hellen Klang geben, während aus wenig backenden Kohlen bei niedriger Temperatur erzeugte Koks weder Glanz noch Klang besitzen.

Die Koksmassen besitzen eine beim Erkalten derselben entstandene stengelige oder säulenförmige Struktur und zeigen häufig traubenförmige Überzüge und haarförmige Auswüchse. Diese Gebilde unterscheiden sich von den wirklichen Koks dadurch, daß sie keine Asche enthalten. Sie sind nämlich durch Ausscheidung von Kohlenstoff aus Kohlenwasserstoffen entstanden.

Die letzteren sind bis zur Kohlungsstufe des Grubengases (CH_4) in höherer Temperatur unter Ausscheidung von Kohlenstoff zersetzbar, z. B. $C_2H_4 = C + CH_4$. Von dem auf solche Weise ausgeschiedenen Kohlenstoff rührt auch die mattschwarze Farbe der Gaskoks her.

Zusammensetzung.

Die Koks bestehen aus

> Kohlenstoff,
> hygroskopischem Wasser,
> Aschenbestandteilen,
> Wasserstoff und
> Sauerstoff.

Der **Kohlenstoff** rührt, wie wir gesehen haben, zu einem geringen Teile aus den bei der Verkokung gebildeten flüchtigen Kohlenstoffverbindungen her. Der Gehalt an Kohlenstoff schwankt im großen Durchschnitte zwischen 83 und 93 %.

Der Gehalt der Koks an **hygroskopischem Wasser** geht selten über 5—6 %. Er wächst mit der Größe der Poren. Sie sind viel weniger hygroskopisch als die Holzkohle, so daß schon wenige Prozente Wasser die Koks fühlbar naß machen. Aus der Luft sollen sie im trockenen Zustande nicht über 2 % Wasser aufnehmen können.

Das beim Ablöschen der glühenden Koks in die Poren derselben eindringende Wasser verdunstet sehr rasch bis auf Bruchteile eines Prozentes beim Zerschlagen der Koks in kleinere Stücke.

Die **Koksasche** ist ähnlich zusammengesetzt wie die Steinkohlenasche. Sie enthält hauptsächlich Kieselsäure, Tonerde, Eisenoxyd, Kalk und Schwefel.

Der Schwefelgehalt der Koks ist meist geringer als der Schwefelgehalt der Steinkohle, weil bei der Verkokung ein Teil desselben entfernt wird, beträgt aber immerhin im Durchschnitt noch 0,8—2,5 %. Derselbe rührt teils von Pyrit und Eisensulfat, teils von in der Steinkohlensubstanz enthaltenen organischen Verbindungen desselben mit Kohlenstoff, Wasserstoff und Sauerstoff her. Bei der Verkokung wird aus dem Pyrit ein Teil Schwefel ausgetrieben, während Eisensulfid (Fe_7S_8) zurückbleibt. Das in den Aschenbestandteilen enthaltene Eisenoxyd wird zu Eisen reduziert, welches durch Schwefel und Schwefelkohlenstoff gleichfalls in Eisensulfid verwandelt wird. Der glühende Kalk der Aschenbestandteile wird durch Schwefelkohlenstoff, welcher aus den organischen Schwefelverbindungen gebildet ist, in Schwefelkalzium verwandelt. Ein erheblicher Teil des organisch gebundenen Schwefels bleibt in den Koks zurück. Nach beendigter Verkokung wird noch ein sehr geringer Teil Schwefel beim Ablöschen der glühenden Koks mit Wasser in der Form von Schwefelwasserstoff entfernt.

Der Aschengehalt der Koks ist selbstverständlich größer als der Aschengehalt der Steinkohlen. Er beträgt 5 — 20 %. Derselbe darf bei den für metallurgische Zwecke verwendeten Koks nicht viel über 12 % betragen. Die besten Koks enthalten unter 10 % Asche. Große Werke des Niederrheins, welche ihre Koks selbst herstellen, nehmen an, daß Koks aus gesiebten Kohlen 10% Asche, 0,5% Schwefel und 0,15% Phosphor, Koks aus gewaschenen Kohlen 7% Asche, 0,3% Schwefel und 0,01% Phosphor enthalten.

Der Sauerstoff und der Wasserstoff der Koks sollen entweder gasförmig in den Poren derselben enthalten oder mit Kohlenstoff zu feuerbeständigen Verbindungen vereinigt sein (Muck). Der Wasserstoffgehalt der aschenfreien Kokssubstanz beträgt 0,27 — 2,2%, der Sauerstoffgehalt 1,7 — 6,1%. Freier Sauerstoff ist nachteilig, weil er bei Reduktionsverfahren zu einem unnützen Koksverbrande Anlaß gibt.

Die Zusammensetzung verschiedener Kokssorten ohne Einschluß des hygroskopischen Wassers ergibt sich aus den nachstehenden Analysen.

	C	H	O	Asche
I	93,040	0,260	1,610	5,090
II	86,460	1,980	3,020	8,540
III	83,487	0,737	5,467	10,309.

Ohne Berücksichtigung des Aschengehaltes ist die Zusammensetzung wie folgt:

	C	H	O
I	98,029	0,274	1,697
II	94,533	2,164	3,303
III	93,083	0,821	6,096.

Das spezifische Gewicht der Koks schwankt nach dem Aschengehalte. Bei Kokspulver (also ohne Einrechnung der Poren) schwankt es nach Muck zwischen

$$1,2 \text{ und } 1,9.$$

Das Gewicht von 1 cbm Koks beträgt je nach der Größe der Poren 350—450 kg. Die Druckfestigkeit schwankt zwischen 44 und 92 kg/qcm.

In England verlangt man von guten Koks, daß der Gehalt an Asche nicht über 8%, an Wasser nicht über 4% und an Schwefel nicht über 0,5% beträgt. Das Gewicht von 1 ccm Koks soll 800—900 mg betragen. Die Koks sollen eine Pressung von 80—90 kg auf den Quadratcentimeter aushalten, ohne zu zerbrechen.

Die Koks **verbrennen** ohne Flamme: Zur Entzündung bedürfen sie einer starken Glühhitze und zum Fortbrennen eines lebhaften Luftzuges.

Die **Verbrennungswärme** der Koks nimmt man zu 8000 W.E. an.

Man verwendet die Koks als Brennstoff bei allen Verfahren, welche eine direkte Berührung des Brennstoffs mit dem zu erhitzenden Körper erfordern, sowie als Reduktionsmittel.

Verwendbarkeit der Kohlen zu Verkokung.

Der Hüttenmann verlangt von den Koks Stückform, Festigkeit, Härte, geringen Aschen- und Schwefelgehalt.

Zur Erzielung der Stückform können schlecht backende oder sinternde Kohlen, welche selbständig verkokt werden sollen, nur in der Gestalt von Stücken verwendet werden, während die backenden Steinkohlen Pulverform besitzen können.

Zur Erzielung der Festigkeit und Härte dürfen die Kohlen nicht zu reich an Wasserstoff sein, da wasserstoffreiche Kohlen Koks mit wenig festen, weichen Porenwänden liefern, welche sich leicht zerdrücken lassen.

Am meisten geeignet zur Herstellung fester und harter Koks sind die wasserstoffarmen Fettkohlen, d. i. die Fettkohlen mit mäßiger und mit kurzer Flamme. (Kokskohlen, gasarme Backkohlen.) Die Koks fallen um so härter aus, je länger man sie nach der Gare bei hoher Temperatur im Ofen läßt.

Der Eisenhüttenmann verlangt feste Koks mit größeren Poren, welche im Ofen infolge ihrer großen Oberfläche vorwiegend zu Kohlenoxyd verbrennen.

Um möglichst aschen- und schwefelarme Koks zu erzielen, unterwirft man die Steinkohlen vor der Verkokung einer Aufbereitung (Verwaschen), durch welche ein Teil der Aschenbestandteile und des Pyrits entfernt wird.

Die backende Kohle kommt daher in der Regel nicht in Stückform, sondern in zerkleinertem Zustande zur Verkokung.

Eine Ausnahme in dieser Hinsicht machen die Kohlen von Connelsville bei Pittsburg in Nord-Amerika, welche wegen ihrer Reinheit und Weichheit ohne vorgängige Aufbereitung als Förderkohle verkokt werden, sowie manche belgische Kokskohlen, welche trotz ihres hohen Aschengehaltes nicht gewaschen, sondern einfach gesiebt werden. Der Durchfall von diesen Kohlen wird verkokt, während die Stücke als Brennstoffe verkauft werden. Bei zu hohem Aschengehalte ($13-15\%$) wird der Durchfall, mit gewaschenen Kohlen gemengt, der Verkokung unterworfen. Man nennt die aus gewaschenen Kohlen hergestellten Koks „gewaschene Koks" im Gegensatze zu den aus nicht gewaschenen Kohlen hergestellten „ungewaschenen Koks".

In Westfalen wird der Aschengehalt der Kokskohle durch Verwaschen auf durchschnittlich $4-5\%$ (entsprechend $8-10\%$ Aschengehalt der Koks) heruntergebracht. Man verwäscht daselbst Kohlenklein von 3 bis 10 mm Korngröße und setzt das Kokskohlenklein von geringerem Korn ungewaschen der gewaschenen Kohle zu. Man erhält hierdurch ein Material von durchschnittlich 4 mm Korngröße, 6% Asche und 7% Wasser, welches sich infolge des Wassergehaltes im Ofen fest zusammensetzt und nur wenig Luft einschließt, so daß nur wenig Kohle während des Verkokens verbrennen kann.

Die Zusammensetzung der westfälischen Kokskohle ist die nachstehende:

Kohlenstoff	79,775
Wasserstoff	4,734
Stickstoff und Sauerstoff	10,457
Asche	5,034
Schwefel	1,146
Phosphor	0,007.

Sie hat $1 - 3,5\%$ Grubenfeuchtigkeit und ein spezifisches Gewicht von 1,46. Das Koksausbringen aus derselben beträgt $77,32\%$.

Zur Verkokung erfordern gasarme Kohlen eine hohe, gasreiche Kohlen eine niedrige Temperatur.

Nicht backende Kohlen lassen sich nicht selbständig verkoken, sondern müssen zum Zwecke der Verkokung in einem gewissen Verhältnisse mit backenden Kohlen gemischt werden.

Aus derartigen Gemischen lassen sich aber nur dann feste Koks erhalten, wenn die Mischung der Kohlen eine sehr innige ist.

Zur Erzielung einer solchen Mischung werden die entsprechenden Kohlenmengen mit Hilfe von Trichtern über Tischen, welche sich unter den ersteren drehen, abgemessen und dann in Schleudermühlen gemischt. Die Menge der mageren Kohlen hat man bis zu 25% der Mischung gesteigert, Anthrazit vom Piesberg bei Osnabrück bis zu 15% derselben.

Aus Gemischen von Kohlen, welche während des Kokens stark blähen (und deshalb weiche Koks liefern) und von mageren Kohlen oder Anthrazit lassen sich feste Koks erhalten, wenn sie im halbgeschmolzenen Zustande zusammengedrückt werden. Die Schwierigkeiten bei der Ausführung dieses Verfahrens waren indes so groß, daß es aufgegeben worden ist.

Man versuchte nun das Zusammenpressen der Kohlen vor der Einführung derselben in den Ofen und erhielt beim Verkoken der gepreßten Kohlen gute Koks.

In Belgien geschieht das Zusammenpressen der Kohlen in Brikettpressen. Die hierbei erhaltenen Stücke werden in den Koksofen eingeführt.

Quaglio stellt einen einzigen Kohlenblock her, welcher den ganzen Ofen ausfüllt und mit Hilfe der Kokspresse in denselben eingeschoben wird. Zu diesem Zwecke ist vor dem Ofenblock, an der Seite, an welcher sich die Kokspresse befindet, ein Wagen von der Länge der Koksöfen angeordnet. Die Bodenplatte desselben liegt in der Höhe der Sohle der Koksöfen. Auf derselben sind zwei Längswände angebracht, welche niedergelegt werden können. In den Raum zwischen denselben wird die Kohle durch Arbeiter so eingestampft, daß sie einen ziemlich festen Block bildet.

Ist der Block fertig, so werden die Längswände niedergelegt und der Kohlenblock wird durch die Kokspresse in den Ofen geschoben. Man erhält mit Hilfe dieses Verfahrens aus Gemischen von westfälischen Fettkohlen und Anthrazit (vom Piesberge bei Osnabrück) sehr gute Koks.

Die Herstellung der Koks.

Die Verkokung der Steinkohlen wird ähnlich wie die Verkohlung des Holzes entweder unter Luftzutritt oder unter Abschluß der Luft ausgeführt. Im ersteren Falle wird die für die Verkokung erforderliche Temperatur durch Verbrennen eines Teiles der zu verkokenden Kohle hervorgebracht. Bei der Verkokung unter Luftabschluß dagegen bilden die brennbaren Gase, welche während der Verkokung aus den Steinkohlen ausgetrieben werden (Kohlenwasserstoffe, Wasserstoff und Kohlenoxyd) den hauptsächlichsten Brennstoff zur Unterhaltung der erforderlichen Temperatur.

Die Verkokung unter Luftabschluß ergibt selbstverständlich ein höheres Koksausbringen als die Verkokung bei Luftzutritt und wird daher gegenwärtig grundsätzlich angewendet.

Die Verkokung unter Luftzutritt wird in Meilern, Haufen, Stadeln und Öfen, die Verkokung unter Luftabschluß in geschlossenen Öfen ausgeführt. Bei dem Betriebe vieler Koksöfen werden auch die in den Verkokungsgasen enthaltenen wertvollen Bestandteile, Teer, Benzol und Ammoniak gewonnen.

Die Verkokung unter Luftzutritt.

Die Verkokung in Meilern, Haufen und Stadeln ist fast überall durch die Verkokung in geschlossenen Öfen verdrängt worden. Sie wird gegenwärtig nur an wenigen Orten ausgeführt.

Verkokung in Meilern und Haufen.

Die Meilerverkokung ist die älteste Methode der Koksgewinnung. Sie erfordert aschenarme Kohlen in Stückform und eignet sich am besten für gasreiche Sinterkohlen. Steinkohlenklein würde das Feuer des Meilers ersticken und kann daher nur zur Bedeckung desselben verwendet werden. Backkohlen liefern wegen des mangelnden Druckes in den Meilern weiche Koks.

Sie steht in Oberschlesien in Anwendung, wo gasreiche (langflammige) Sinterkohlen verkokt werden.

Der Meiler wird rings um einen Quandelschacht aufgeführt, welcher entweder aus Mauerwerk oder aus Steinkohlenstücken hergestellt ist. Dieser Quandelschacht wird zunächst auf der Sohle des Meilers durch aus Ziegelsteinen oder Steinkohlenstücken hergestellte Zugkanäle mit der Peripherie derselben verbunden. Die Aufschichtung der Steinkohlen um den Quandelschacht geschieht so, daß die größeren Stücke dem Quandelschacht zunächst gelegt werden und dann die kleineren Stücke mit abnehmender Größe nach der Peripherie hin folgen. Die Decke des Meilers wird aus Kohlenklein oder Kokslösche (pulverförmige Koks) hergestellt. Der Durchmesser des Meilers schwankt zwischen 4 und 7 m, die Höhe desselben zwischen $2^{1}/_{2}$ und 5 m.

Das Anzünden des Meilers geschieht am besten vom Quandelschachte aus, manchmal auch am äußeren Rande des Meilers oder gleichzeitig innen und außen. Die gleichmäßige Verbreitung des Feuers im Meiler läßt sich, wie bei den Holzmeilern, durch Anbringen von Raumlöchern bewirken.

Die aus dem Meiler austretenden Gase brennen mit gelbroter rußiger Flamme, welche nach beendigter Verkokung verschwindet. Man verschließt dann die sämtlichen Luftzuführungsöffnungen des Meilers, deckt den Quandelschacht zu, verstärkt erforderlichen Falles die Decke und überläßt den Meiler 3 — 4 Tage der Abkühlung, worauf man zum Ziehen der Koks schreitet und die noch glühenden Koks mit Wasser ablöscht.

Die Dauer der Verkokung beträgt je nach der Größe der Meiler 2 bis 10 Tage, die Kühlzeit 3—4 Tage.

In Oberschlesien (Königshütte) betrug das Ausbringen an Meilerkoks ca. 63—64 % vom Gewichte der Kohlen.

Die Haufenverkokung erfordert die nämlichen Steinkohlen wie die Meilerverkokung und zeigt einen ähnlichen Verlauf wie dieselbe. Sie steht in Oberschlesien in Anwendung.

Die Haufen erhalten 25—100 m Länge, 2—4 m Breite an der Sohle und 1—2 m Höhe bei einem Böschungswinkel der Wände von 45°. Man gibt ihnen, wie den Meilern, an der Sohle Luftzuführungskanäle, welche man mit Quandelschächten verbindet. Die letzteren stehen in Abständen von 2 — 2,5 m in der Mitte des Haufens. Das Anzünden geschieht von den Quandelschächten aus. Der Betrieb wird ähnlich wie bei der Meilerverkokung geführt.

Verkokung in Stadeln.

Zur Verkokung in Stadeln lassen sich sowohl die für die Meilerund Haufenverkohlung geeigneten Kohlen als auch backendes Kohlenklein verwenden. Vor den Meilern und Haufen haben sie die Vorzüge eines besseren Zusammenhaltens der Wärme, einer besseren Regulierung des Luftzuges sowie der Verwendbarkeit von backendem Kohlenklein zur Verkokung, dagegen haben sie mit ihnen die Nachteile eines geringen Koksausbringens (60 — 65 %) und der Erzeugung ungleichmäßiger Koks gemein. Sie werden daher auch nur ausnahmsweise angewendet (Obernkirchen).

Die Stadeln oder Schaumburger Öfen sind teilweise von Mauerwerk begrenzte, oben offene Räume, mit oblongem Grundriß, welche entweder an den beiden kurzen Seiten oder nur an einer kurzen Seite offen sind. Zur Regulierung des Luftzutritts besitzen sie horizontale und vertikale Kanäle.

Die Einrichtung derselben ergibt sich aus Figur 54. R R sind die beiden Längsmauern. Man macht dieselben 10—30 m lang, 1—2,3 m hoch und stellt sie in einer lichten Entfernung von 2,5 — 4,4 m von einander auf. Z Z sind Teile der kurzen Wände, welche hinreichenden Raum zum Füllen und Entleeren des Stadels zwischen sich lassen. a und c sind in Entfernungen von 0,5—0,6 m von einander angebrachte horizontale Kanäle, welche in Verbindung mit den vertikalen Kanälen b bezw. d stehen. Sie besitzen einen lichten Querschnitt von je 16 qcm und können durch Steine verschlossen werden.

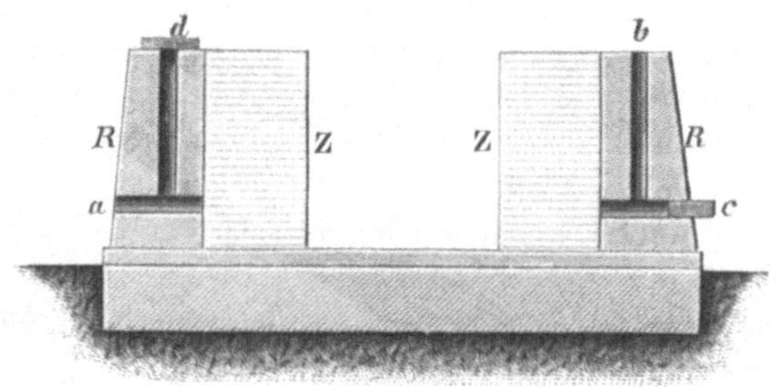

Fig. 54.

Das Besetzen des Ofens geschieht so, daß man zuerst den unteren Teil desselben bis zum Niveau der horizontalen Kanäle mit Kohlenklein anfüllt, hierauf Stückkohlen in nach oben hin abnehmender Größe füllt und schließlich auf denselben eine Decke von nassem Kohlenklein, Cinders oder Lehm herstellt.

Das Anzünden geschieht an den beiden langen Seiten durch die horizontalen Züge a und c. Um das Feuer von der einen langen Seite nach der anderen langen Seite zu ziehen, schließt man die vertikalen Kanäle der einen und die horizontalen Kanäle der anderen Seite. Nach einiger Zeit verschließt man die offen gebliebenen Kanäle und öffnet die verschlossenen Züge. In dieser Weise wechselt man die Richtung des Zuges von Zeit zu Zeit.

Die Verkokung ist beendigt, wenn die aus den vertikalen Zügen austretenden rußigen Flammen verschwinden oder eine blaue oder weiße Farbe annehmen. Man verschließt dann die sämtlichen Züge, überläßt die Koks 2 Tage der Abkühlung und schreitet darauf zum Ausziehen derselben. Die Dauer der Verkokung beträgt bei Stadeln von mittlerer Größe 6—8 Tage.

Verkokung in Öfen.

Die Verkokungsöfen, in welche während der Verkokung Luft eingeleitet wird, nennt man Backöfen oder wegen ihrer Gestalt Bienenkorböfen.

Sie stellen geschlossene mit Kuppelgewölben überdeckte Räume von kreisförmigem oder quadratischem Grundriß dar. Die für die Verkokung erforderliche Temperatur wird in denselben durch Verbrennung der Gase, welche aus den zu verkokenden Steinkohlen durch die glühenden Ofenwände ausgetrieben werden, sowie durch Verbrennung eines Teiles der Steinkohlen und der Koks selbst hervorgebracht. Das Einführen der Kohlen erfolgt durch eine Öffnung in der Mitte des Gewölbes. Die für die Verbrennung erforderliche Luft wird durch Öffnungen in der Seitentüre des Ofens eingeführt. Die Verkokungsgase ziehen durch eine Öffnung im Gewölbe ab. Das Ausziehen der Koks erfolgt nach Ablöschen derselben mit Wasser im Ofen durch seitliche Öffnungen.

Will man einen Ofen in Betrieb setzen, so werden zuerst die Wände desselben durch ein Kohlenfeuer in Glut versetzt. Alsdann füllt man ihn mit Kohlen und verschließt die Türen. Durch die Glut des Ofens werden die Kohlen zersetzt. Die zur Verbrennung der entwickelten Gase zugeführte Luft verbrennt auch einen Teil der Steinkohlen und Koks. Ist die Verkokung beendigt (nach 48 — 72 Stunden), so wird die Türe geöffnet und die Koks werden mit Wasser abgespritzt, worauf sie mit Haken aus dem Ofen gezogen werden. Alsdann wird der Ofen von neuem besetzt. Die Hitze desselben reicht zur Zersetzung der eingefüllten Kohlen und zur Entzündung der aus denselben entwickelten Gase aus. Die Gase läßt man entweder in das Freie entweichen oder man nutzt ihre Wärme in verschiedener Weise aus. Der Einsatz in einen Ofen beträgt gegen $3^1/_2$ t. Die Verkokungszeit desselben beträgt 48—72 Stunden.

Das Ausbringen an Koks ist niedrig. Dasselbe beträgt bei Kohlen mit 80% festem Rückstand 58—65%.

Um die starke Abkühlung, welche die Bienenkorböfen vom Boden aus erleiden, zu beseitigen, ist von Strachan[1] die Einrichtung getroffen worden, daß die aus dem Ofen abziehenden Gase unter die Sohle geleitet werden und diese heizen. Auch werden bei diesem Ofen die Wände durch die abziehenden Gase geheizt. Ein anderer Ofen mit Sohlenheizung und Heizung der Wände ist von J. Berres und J. Reiter[2] angegeben worden.

Adams hat den Ofen zur schnelleren Entleerung mit einem beweglichen Boden versehen[3].

Die Bienenkorböfen haben die Nachteile eines geringen Ausbringens an Koks und, falls eine Heizung des Bodens nicht vorhanden ist, eines

---

[1] Glückauf 1894, 499.
[2] D.R.P. No. 55064.
[3] Fischers Jahresber. 1891, 10.

unvollständigen Brennens der Kohle am Fuße der Ladung. Sie eignen sich nur zur Verkokung gut backender Kohlen.

An den meisten Orten sind sie durch die geschlossenen Koksöfen mit äußerer Heizung verdrängt worden. Sie stehen noch in Anwendung in England und Amerika. In Deutschland sind nur wenige Öfen und zwar in Westfalen vorhanden.

Bei dem langsamen Fortschreiten der Verkokung in den Bienenkorböfen erhält man poröse, leicht entzündliche Koks, welche für manche Zwecke (Heizung von Tiegelschmelzöfen) vorteilhafte Verwendung finden.

Zur Gewinnung von Teer, Benzol und Ammoniak aus den Verkokungsgasen sind die Bienenkorböfen von Otto und von der Gesellschaft Hibernia und Shamrock mit Wärmespeichern zur Erhitzung der Verbrennungsluft für die kalten, von den Kondensationsanstalten zurückkehrenden Gase versehen worden.

Verkokung unter Luftabschluſs.

Dieselbe geschieht in geschlossenen Öfen, welche von außen geheizt werden. Den Brennstoff bilden die bei der Verkokung aus den Steinkohlen ausgetriebenen Gase, welche in Kanälen um die Öfen herumgeführt und mit Hilfe von zugeführter Luft verbrannt werden. (Nur ein geringer Teil der Hitze wird durch die Verbrennung des zu verkokenden Materials im Verkokungsraume selbst erzeugt.)

Die bei dieser Verbrennung entwickelte Hitze reicht hin, um die Kohlen vollständig zu verkoken. Bei gasreichen Kohlen können die verbrannten Gase noch zu anderweiten Heizzwecken benutzt werden.

Um die durch die Verbrennung der gedachten Gase entwickelte Hitze nach Möglichkeit für die Verkokung ausnutzen zu können, erhalten die Öfen eine im Vergleich zum Inhalt möglichst große Oberfläche, indem man ihnen die Gestalt von langen liegenden oder hohen stehenden prismatischen Kammern gibt. Aus dem nämlichen Grunde macht man die Wände derselben möglichst dünn.

Beim Verkoken von gasarmen Kohlen, welche, wie schon erwähnt, einer hohen Temperatur bedürfen, müssen die Kammern enger und die Wände derselben dünner sein als beim Verkoken gasreicher Kohlen.

Im Interesse einer guten und systematischen Ausnutzung der Wärme, sowie im Interesse der Ersparung an Anlagekosten vereinigt man eine größere Zahl von Öfen zu einem Ganzen, einer sogenannten Batterie. In der neueren Zeit hat man an vielen Orten die geschlossenen Koksöfen so eingerichtet, daß aus den Verkokungsgasen vor dem Verbrennen derselben Teer, Benzol und Ammoniak gewonnen werden.

Das Koksausbringen in den geschlossenen Öfen schwankt je nach der Zusammensetzung der angewandten Kohlen und je nachdem man aus den Verkokungsgasen Nebenprodukte (Teer, Benzol, Ammoniak) gewinnt oder nicht.

Das Ausbringen ist um so größer, je gasärmer die Kohlen sind. Bei Öfen mit Gewinnung von Nebenprodukten aus den Verkokungsgasen ist das Ausbringen um 5—6% höher als bei Öfen, welche nicht auf eine solche Gewinnung eingerichtet sind. Bei den ersteren ist stets ein geringer Gasüberdruck vorhanden, so daß die Luft nicht in den Ofen eintreten kann. Bei den Öfen ohne Gewinnung der Nebenprodukte ist dagegen ein geringer Unterdruck vorhanden, so daß Luft durch Risse im Mauerwerk und bei den Türen in den Ofen gelangt und hier einen kleinen Teil der Ofenfüllung verbrennt.

Die Verkokung in den Öfen der gedachten Art verläuft so, daß zuerst die an den heißen Ofenwänden befindlichen Kohlen verkokt werden und gewissermaßen eine Kruste um die Kohlenmasse bilden, von welcher die Verkokung allmählich nach der Mitte des Ofens hin fortschreitet. Das in den Kohlen enthaltene Wasser entweicht aus dem äußeren Teile der Kohlenmasse unzersetzt. Aus dem inneren Teile derselben kann es bei der schlechten Wärmeleitungsfähigkeit der Kohlen erst entweichen, wenn sich der äußere Teil derselben schon in Glut befindet. Beim Durchdringen dieses Teiles wird der Wasserdampf zerlegt und vergast einen Teil der Kohle, indem sich Wasserstoff, Kohlenoxyd und Kohlensäure bilden.

Die Entwickelung der Verkokungsgase aus der Steinkohle beginnt schon bei 100° und erreicht bei 1200° ihren Höhepunkt. Die Beendigung der Verkokung erkennt man am Aufhören des Flammens im Ofen.

Man unterscheidet Öfen mit **intermittierendem Betriebe** und Öfen mit **kontinuierlichem Betriebe**.

Bei den Öfen mit **intermittierendem Betriebe** wird eine bestimmte Menge von Steinkohlen in den Ofen eingetragen, verkokt und dann ganz aus dem Ofen entfernt, worauf der Ofen wieder in gleicher Weise besetzt bezw. entleert wird.

Die Öfen mit **kontinuierlichem Betriebe** bleiben stets gefüllt, indem immer nur ein Teil der Füllung aus dem Ofen entfernt und gleichzeitig durch eine entsprechende Steinkohlenmenge ersetzt wird.

Während die Koksöfen mit intermittierendem Betriebe eine ganze Reihe verschiedener Konstruktionen umfassen, ist nur eine einzige Art der Öfen mit kontinuierlichem Betriebe bekannt, welche indes keinerlei Verbreitung erlangt hat.

Öfen mit intermittierendem Betriebe.

Diese Öfen unterscheidet man in solche mit **vertikaler** und in solche mit **horizontaler Hauptachse**.

Die Öfen mit vertikaler Hauptachse sind an ihrem oberen Ende durch Deckel, an ihrem unteren Ende durch Schieber oder Türen verschlossen. Die Heizgase erhitzen die Seitenwände derselben. Das Ein-

14*

füllen der Steinkohlen geschieht am oberen Ende, die Entfernung der Koks am unteren Ende derselben.

Die Öfen mit horizontaler Hauptachse sind an den beiden kurzen Seiten durch eiserne Türen verschlossen. Die Heizgase erhitzen die langen Seitenwände und die Sohle, manchmal auch einen Teil der Decke der Öfen. Das Einfüllen der Kohlen geschieht durch verschließbare Öffnungen in der Decke der Öfen, während die Koks nach Öffnung der Seitentüren mit Hilfe von maschinellen Vorrichtungen an den kurzen Seiten der Öfen ausgedrückt werden.

Die Öfen mit senkrechter Hauptachse finden bei weitem seltener Anwendung als die Öfen mit wagerechter Hauptachse.

Ofen mit senkrechter Hauptachse.

Der bekannteste Ofen mit senkrechter Hauptachse ist der Ofen von Appolt.

Derselbe besteht aus einer Anzahl (12—18) senkrechter Schächte, welche von einem gemeinschaftlichen Gemäuer (Rauhgemäuer) umgeben sind. Gewöhnlich liegen dieselben in zwei Reihen nebeneinander.

Die Schächte besitzen 5 m Höhe. Der innere Querschnitt beträgt am oberen Ende 1100/330 mm, am unteren Ende 1240/470 mm. Jeder derselben bildet einen besonderen Ofen. Am oberen Ende besitzt jeder Ofen eine durch einen Deckel verschließbare Öffnung zum Einfüllen der zu verkokenden Steinkohlen. Die Sohle des Schachtes, auf welcher die Kohlensäule ruht, wird durch eine in Scharnieren bewegliche Türe gebildet. Wird dieselbe geöffnet, was mit Hilfe eines Schlüssels oder durch Aufstoßen der Riegel der Türe geschieht, so rutscht der Inhalt des Ofens in einen unter demselben stehenden Wagen. Zur Erleichterung der Entleerung des Ofens divergieren die Wände desselben nach unten zu, wie die angeführten Abmessungen ergeben. Die Koks werden entweder in den Wagen oder auf einem besonderen Platze abgelöscht.

Die langen Seitenwände der Schächte ruhen auf Trägern aus Eisen, welche im Rauhgemäuer verlagert sind und außerdem noch durch Mauerbogen unterstützt werden. Unter diesen Mauerbogen stehen die Wagen zur Aufnahme der Koks.

Um jeden Ofen laufen in seiner ganzen Höhe Kanäle, welche die bei der Verkokung entwickelten Gase und die zur Verbrennung derselben erforderliche Luft aufnehmen.

In diese Kanäle gelangen die Verkokungsgase durch im oberen und unteren Teile der Seitenwände der Öfen angebrachte spaltförmige Öffnungen. Die zur Verbrennung derselben erforderliche Luft wird den Kanälen teils von unten, teils von der Seite durch Öffnungen im Rauhgemäuer des Ofens zugeführt.

Die einzelnen Öfen, welche durch die gedachten Kanäle von einander getrennt sind, werden durch Ziegelsteine, sogen. Binder, gegen einander sowohl wie gegen das dieselben umgebende Rauhgemäuer abgesteift.

Die verbrannten Gase werden möglichst nach unten geführt, treten daselbst durch horizontale Kanäle, steigen in denselben nach oben und treten dort in horizontale nach der Esse führende Kanäle.

In der neuesten Zeit hat man Mauerzungen zwischen den Schächten angebracht und dadurch sowohl die Wege der Verkokungsgase vorgeschrieben als auch die Haltbarkeit der Wände erhöht.

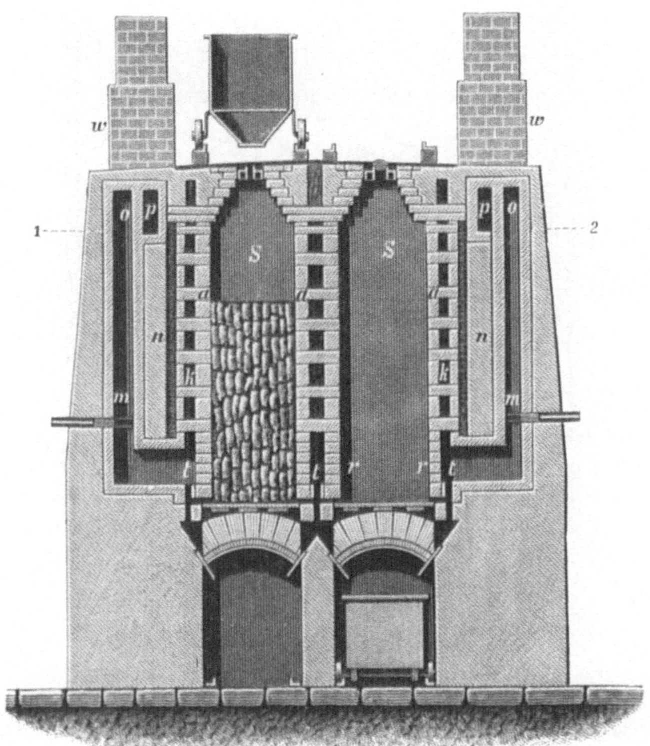

Fig. 55.

Die nähere Einrichtung des alten Appoltschen Ofens ist aus den Figuren 55 und 56 ersichtlich. S S sind die einzelnen Schächte, b die Binder, k die Kanäle, in welchen die Gase verbrannt werden, a die Wände der Schächte, r die Austrittsöffnungen für die Verkokungsgase, t Luftzuführungskanäle, m und n Kanäle zur Abführung der verbrannten Gase in die horizontalen Kanäle o bezw. p, w Essen, in welche die verbrannten Gase aus den Kanälen o und p geführt werden. Über jeder Reihe von Öfen ist ein Schienenlauf angebracht, um den einzelnen Öfen die erforderlichen Steinkohlen in Wagen zuführen zu können.

Soll ein Appoltscher Ofen in Betrieb gesetzt werden, so erhitzt man die einzelnen Schächte so lange, bis die Wände derselben rotglühend geworden sind, und füllt sie dann mit den zu verkokenden Steinkohlen, welche letzteren alsbald durch die glühenden Ofenwände auf die Zersetzungstemperatur erhitzt werden. Zum Schutze der unteren Türe gegen die Hitze werden vor den Kohlen gegen 2 hl Kokslösche eingeführt. Es würde nun, wenn sich alle Öfen gleichzeitig in dem nämlichen Zeitabschnitte der Verkokung befänden, mit abnehmender Gasentwickelung aus den Kohlen ein

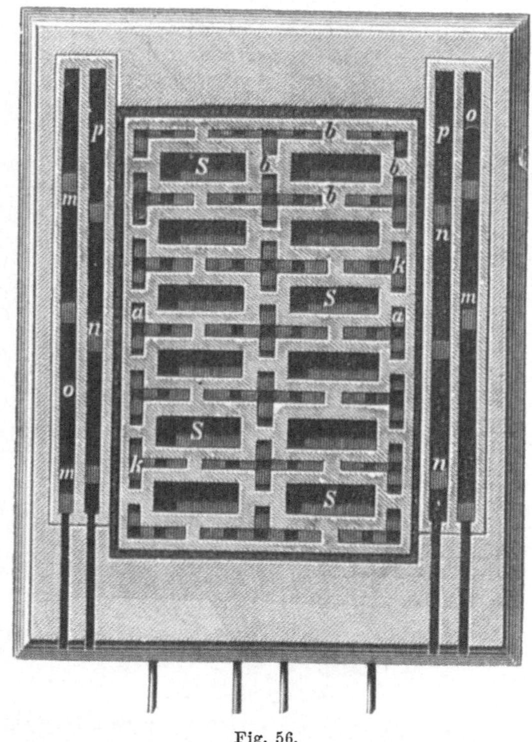

Fig. 56.

Erkalten der Ofenwände eintreten, so daß dieselben nach dem Entleeren des Ofens nicht mehr heiß genug wären, um die frisch eingefüllten Kohlen zu entgasen. Man richtet daher den Betrieb so ein, daß ein frisch gefüllter Ofen immer zwischen zwei in der stärksten Gasentwickelung befindlichen Öfen steht, in welchem Falle er durch die Gase dieser Öfen geheizt wird. Die Unregelmäßigkeiten in der Gasentwickelung und besonders der durch die Verschiedenheiten in der Gasspannung hervorgerufene unregelmäßige Zutritt der Verbrennungsluft zu den Gasen werden in dem Appoltschen Ofen nicht so fühlbar wie bei den Öfen mit horizontaler Hauptachse, weil bei dem ersteren eine verhältnismäßig große Zahl von Schächten ihre Gase in gemeinschaftliche Kanäle abführen.

Die Verkokung in einem Ofen, welcher bis 1400 kg Kohlen faßt, dauert 24 Stunden. Der Ofen wird dann durch Öffnen der Klapptür am Boden entleert und nach vorgängiger Reinigung wieder gefüllt. Die Koks werden, wie schon erwähnt, mit Wasser abgelöscht.

Der Ofen ist auch für die Gewinnung von Teer und Ammoniak eingerichtet worden.

Das Ausbringen an Koks ist das nämliche wie bei den Öfen mit horizontaler Hauptachse.

Der Appoltsche Ofen gestattet infolge seiner im Verhältnis zum Inhalte sehr ausgedehnten feuerberührten Fläche (auf 1 cbm Ofenraum 6,37 qm Heizfläche) eine rasche Verkokung bei hoher Temperatur und liefert infolge des starken Druckes, welchem die im Ofen befindlichen Kohlen durch die hohe Kohlensäule ausgesetzt sind, dichte Koks. Er eignet sich daher besonders zum Verkoken nicht gut backender Kohlen, wie sie in Belgien vorkommen. Er hat die Nachteile hoher Anlagekosten und der Notwendigkeit der Außerbetriebsetzung des ganzen Ofens bei der Reparaturbedürftigkeit eines einzigen Schachtes. Wegen dieser Nachteile hat der Appolt-Ofen trotz seiner Vorzüge keine große Verbreitung gefunden.

Auch die in der neuesten Zeit ausgeführten Verbesserungen des Appolt-Ofens haben eine weitere Verbreitung desselben nicht veranlaßt.

Von diesen verbesserten Öfen sind zu erwähnen der Ofen von Palm (D. R. P. 10 934), der Ofen von M. Kleist (D. R. P. 56 488 und 56 489), der Ofen der Lothringer Eisenwerke (D. R. P. 32 841), der Ofen von J. Collin (D. R. P. 36 518), der Ofen von Bauer und Gödecke (D. R. P. 7825), der Ofen von Bauer (D. R. P. 28 530), der Ofen von Bauer und Riederer (D. R. P. 50 331).

Ofen mit horizontaler Hauptachse.

Diese Öfen besitzen die größte Verbreitung von allen Koksöfen. Sie erfordern eine größere Grundfläche als die Öfen mit senkrechter Hauptachse, sind aber in Bezug auf Anlage und Unterhaltung billiger als dieselben. Ihre Länge macht man im Interesse einer zweckmäßigen Bedienung und gleichmäßigen Erhitzung nicht über 10 m (zwischen 6 und 10 m), während man ihnen eine Breite von 0,5—1 m und eine Höhe von 1—2 m gibt.

Für schlecht backende Kohlen, welche eine rasche Erhitzung und eine hohe Temperatur zur Verkokung erfordern, sind schmälere Öfen erforderlich als für gasreiche Kohlen, welche einer langsamen Verkokung bei niedriger Temperatur bedürfen. Zur Erzielung einer großen feuerberührten Fläche wendet man grundsätzlich schmale Öfen an und stellt sich beim Vorhandensein gasreicher Kohlen das geeignete Material für die Verkokung wohl durch Zusammenmengen von gasreichen und gasarmen Kohlen her.

Die kurzen Seiten der Öfen sind mit Türen versehen, welche beim Entfernen der Koks geöffnet werden, während die langen Seiten und die Sohle, manchmal auch ein Teil der Decke, mit Kanälen umgeben sind, in welchen die Verbrennung der bei der Verkokung entwickelten Gase durch von außen zugeführte Luft erfolgt. Die Verkokungsgase treten aus den Öfen durch Öffnungen in der oberen Hälfte der langen Seiten derselben in die Verbrennungskanäle und zwar entweder nur an einer langen Seite oder an beiden langen Seiten. Die Zahl dieser Öffnungen schwankt zwischen 2 und 30. Die Verbrennungsluft für die Gase tritt, gewöhnlich im Mauerwerke der Öfen vorgewärmt, durch die Decke, durch die Sohle und auch wohl durch die Seitenwände derselben in die gedachten Verbrennungs- oder Heizkanäle.

Um die Ofenwände auf gleich hoher Temperatur zu erhalten, muß sich ein frisch gefüllter Ofen immer zwischen zwei in der stärksten Gasentwickelung begriffenen Öfen befinden. Derselbe wird dann durch die Wände der beiden Öfen so lange geheizt, als er noch Wärme verbraucht. (Eine Ausnahme machen die unabhängig von einander arbeitenden Semet-Solvayöfen.)

Da die Gasentwickelung in den verschiedenen Stadien der Verkokung nicht gleichmäßig ist, so muß der Luftzutritt zu den Gasen der Entwickelung derselben entsprechend geregelt werden.

Die Verkokungsgase werden an den langen Seiten der Öfen entweder durch senkrechte oder durch wagerechte Kanäle unter die Sohle des Ofens geführt. Die senkrechten Kanäle bilden den kürzesten Weg nach den Sohlenkanälen und werden durch zwischen je zwei Nachbaröfen aufgeführte senkrechte Mauerzungen gebildet. Da die letzteren die Stabilität der Öfen erhöhen, so lassen sich die Wände derselben dünner herstellen als bei Öfen mit horizontalen Zügen, bei welchen in den meisten Fällen nur eine einzige horizontal liegende Mauerzunge vorhanden ist. Die Öfen mit senkrechten Kanälen haben hiernach die Vorteile einer guten Heizung der Sohle und eines guten Eindringens der Hitze in das Innere derselben.

Bei den Öfen mit horizontalen Gaskanälen werden die Gase parallel den langen Seiten derselben hin- und rückwärts geführt, ehe sie unter die Sohle treten. Auf dem langen Wege, welchen sie auf diese Weise zu machen gezwungen sind, wird die Wärme besser ausgenützt als bei den Öfen mit senkrechten Zügen, indes gelangen die Gase so abgekühlt unter die Sohle, daß die letztere nicht mehr so stark wie die Seitenwände erhitzt werden kann. Wegen dieses Übelstandes werden die Öfen mit horizontalen Zügen seltener angewendet als die Öfen mit vertikalen Zügen.

Das Einfüllen der Steinkohlen in die Öfen mit horizontaler Achse geschieht durch verschließbare Öffnungen in der Decke derselben. Gewöhnlich sind auf der letzteren Schienenbahnen angebracht, auf welchen Trichterwagen laufen, deren Inhalt in die Öfen entleert wird.

Die Entfernung der Koks aus den Öfen geschieht durch Ausdrücken derselben mit Hilfe sogen. Kokspressen. Es sind das gewöhnlich Lokomobilen mit stehenden oder liegenden Röhrenkesseln, kleinen rasch gehenden Zwillingsmaschinen und Räderübersetzung auf das Rad zum Antriebe einer am Ende mit einem Kolben versehenen gezahnten Stange. Wie Fig. 57 erläutert, wird nach Öffnung der beiden Türen a a an den kurzen Seitenwänden des Ofens ein an einer Zahnstange b befestigter Kolben c von der Form des Ofenquerschnitts durch die eine Türöffnung in den Ofen geführt und allmählich vorwärts geschoben, so daß er die im Ofen befindliche Koksmasse durch die entgegengesetzte Türöffnung herausdrückt. Die ausgedrückten Koks werden auseinandergezogen und zur Verhütung des Verbrennens mit Wasser abgelöscht, wobei, wie erwähnt, ein Teil des Schwefelgehaltes derselben in der Form von Schwefelwasserstoff verflüchtigt wird.

Fig. 57.

Die Bewegung des Kolbens bezw. der Zahnstange geschieht durch eine Dampfmaschine (M), welche vor jeden der zu entleerenden Öfen gefahren werden kann.

Nach dem Entleeren wird der Ofen in der gedachten Weise sofort wieder besetzt.

Zur Erleichterung des raschen Entleerens der Öfen läßt man die langen Wände derselben nach der Ausdrückseite (Koksseite) hin divergieren. Die hierdurch bewirkte Erweiterung des Ofens beträgt 60—100 mm. Die beiden Türen der Öfen zieht man am besten durch Winden in die Höhe, da Türen, welche in Angeln hängen, durch den Temperaturwechsel leicht verbogen werden.

Die Dauer der Verkokung steht im geraden Verhältnisse zum Querschnitte des Ofens. Sie beträgt z. B. bei Coppée-Öfen mit 0,5 qm Querschnitt 18—20 Stunden, mit 0,96 qm Querschnitt 36 Stunden.

Ofen mit vertikalen Zügen.

Die wichtigsten Öfen dieser Art sind die Öfen von François-Rexroth, Coppée, Hoffmann-Otto und Otto.

Bei dem Ofen von François-Rexroth (Fig. 58 und 59) treten die

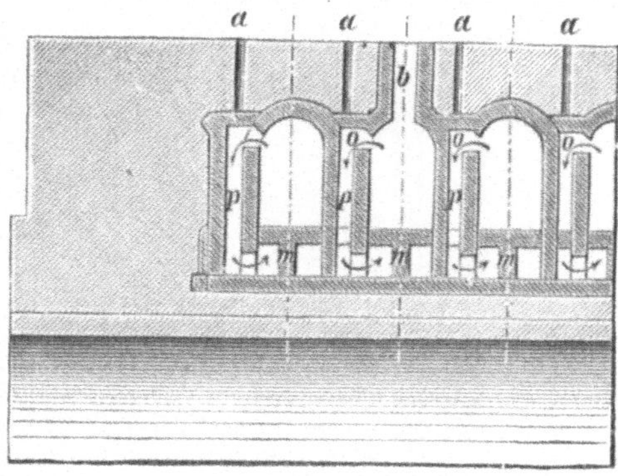

Fig. 58.

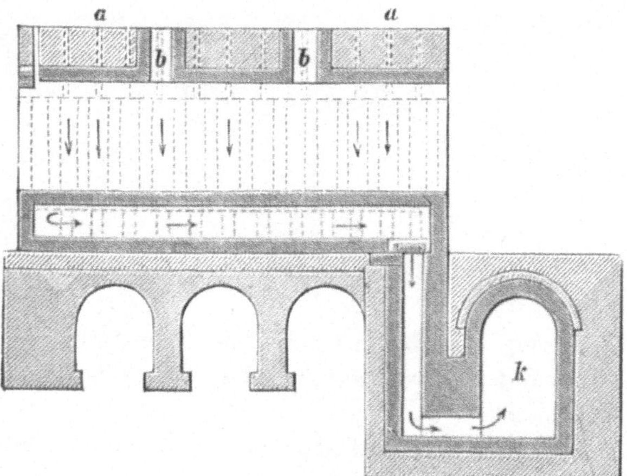

Fig. 59.

Gase durch 14 Öffnungen o o in der oberen Hälfte der einen langen Seite desselben aus und ziehen durch eben so viele senkrechte parallele Kanäle p unter die Sohle. Der Sohlenkanal ist der Länge nach durch eine Mauerzunge m in zwei Hälften geteilt. Die Gase durchziehen zuerst die eine und dann die andere Hälfte desselben und ziehen darauf durch einen Kanal k in die Esse. Die Richtung des Gasstroms ist durch Pfeile angedeutet. Die Verbrennungsluft tritt sowohl von oben durch die Kanäle a a in die Züge, als auch von den Seiten aus in den Sohlenkanal. Die Steinkohle wird durch die Öffnungen b b in den Ofen eingeführt.

Die Breite des Ofens beträgt bei gasarmen Kohlen 0,6 m, bei gasreichen Kohlen 0,9 m. Die Höhe ist 1,425 m. Die Dauer der Verkokung beträgt 24—48 Stunden. Je 18—24 Öfen sind zu einer Batterie vereinigt.

Coppée-Ofen.

Bei dem Ofen von Coppée, dem verbreitetsten aller Koksöfen, vereinigen sich die Gase von je zwei benachbarten Öfen in dem Sohlenkanale des einen Ofens, gelangen, nachdem sie denselben durchzogen haben, in den Sohlenkanal des anderen Ofens, heizen denselben und ziehen dann durch einen allen Öfen einer Batterie gemeinschaftlichen horizontalen Sammelkanal nach der Esse. Durch diese Art der Vereinigung der Gase von je zwei abwechselnd beschickten Öfen wird der nachteilige Einfluß der unregelmäßigen Gasentwickelung der Einzelöfen erheblich beschränkt.

Die Verbrennungsluft leitet man entweder von der Decke der Öfen aus durch vertikale Kanäle in einen über den vertikalen Zügen hinlaufenden horizontalen Kanal, aus welchem sie vorgewärmt durch Öffnungen in die senkrechten Züge tritt, oder man läßt sie von dem Kopfende des Ofens aus durch kleine horizontale Kanäle über die Öfen und dann durch senkrechte Kanäle in die Züge treten. Auch läßt man wohl von den Kopfenden der Sohlenkanäle aus Luft in die letzteren treten. Zum Schutze der Sohlenkanäle laufen unter denselben Luftkanäle hin, durch welche frische Luft hindurchgeführt wird.

Die Einrichtung eines Coppée-Ofens ist aus Fig. 60 ersichtlich. g sind Öffnungen zum Einfüllen der Steinkohlen. a sind die Öffnungen, durch welche die Gase in die vertikalen Seitenkanäle b b ziehen. Der Ofen O wird durch die an seiner linken Seite und an der linken Seite des Nachbarofens O^1 austretenden Gase geheizt. Die Heizung seiner Sohle erfolgt durch die Gase von O^1 bezw. des rechts von O^1 liegenden Ofens (in der Figur nicht sichtbar).

Die Gase dieser beiden Öfen vereinigen sich in dem Sohlenkanal c des Ofens O^1, durchziehen den ersteren, treten am Ende desselben in den Sohlenkanal d und fallen an dessen Ende durch den senkrechten Kanal e, in der Zeichnung nur bei dem rechts vom Ofen O^1 gelegenen Ofen sichtbar, in den Essenkanal f. Ebenso wird der Sohlenkanal des rechts von O^1 liegenden Ofens durch die Gase, welche aus dem Sohlenkanal des rechts von diesem liegenden Ofens austreten, geheizt.

h h sind die Kühlkanäle für die Sohlenkanäle, welchen aus den Kanälen i durch aus ihnen aufsteigende Schlitze frische Luft zugeführt wird. Dieselbe tritt am Ende der Kanäle in den Essenkanal. Die Verbrennungsluft tritt teils durch horizontale Kanälchen in der Decke der Öfen und von diesen ausgehende Abzweigungen, teils durch Öffnungen am Kopfende der Sohlenkanäle zu den Gasen.

Fig. 60.

Die Coppée-Öfen sind durch Dr. C. Otto & Co. in Dahlhausen a. d. Ruhr in Bezug auf Steinschnitt, Luftzuführung und Regelung der Luftmenge für jeden Ofen und die einzelnen Teile desselben verbessert worden. Sie verdanken diesen Verbesserungen ihre große Verbreitung.

Der Coppée-Otto-Ofen ist durch die Figuren 61 und 62 erläutert. Die Buchstaben derselben bezeichnen die nämlichen Gegenstände wie die der Figur 60.

Die Gase eines Ofens werden zur Hälfte unter die Sohle desselben, zur anderen Hälfte unter die Sohle des Nachbarofens geführt. Die Luft zur Verbrennung der Gase wird durch einen über dem eigentlichen Mauerwerk angebrachten Kanal (welcher eine Weite von 16 cm im Quadrat

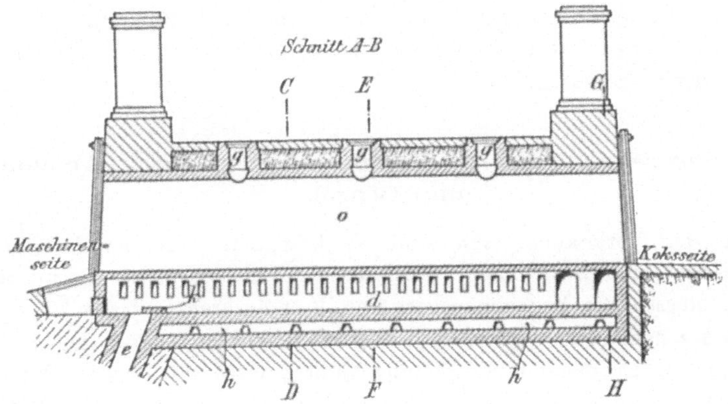

Fig. 61.

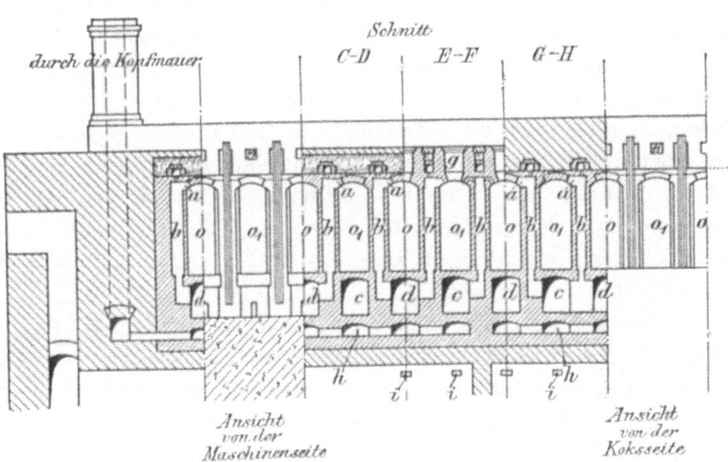

Fig. 62.

besitzt) direkt in die Seitenkanäle geleitet. Dieser Kanal steht durch 2 bis 3 senkrechte durch das Deckmauerwerk durchgeführte Schächte mit der Außenluft in Verbindung. Durch Schieber an der Außenmündung der Schächte läßt sich die Menge der für die Verbrennung erforderlichen Luft regeln. Die Wände der Verbrennungskanäle sind glatt, so daß sich nur wenig Graphit an denselben ansetzen kann.

Die Coppée-Otto-Öfen sind 10 m lang, 0,55—0,6 m breit und bis zum Widerlager des flachen Deckgewölbes 16 m hoch. Die Pfeilhöhe desselben beträgt 0,08 m. Sie fassen 6 t Kohlen, welche in 36—42 Stunden verkokt sind.

Die Heizfläche (28,4 qm bei 9,6 cbm Inhalt) beträgt auf 1 t Beschickung (1,6 cbm Inhalt) 4,73 qm, auf 1 cbm Inhalt 2,96 qm.

Je nach der Natur der Kohlen werden in einem Ofen in 24 Stunden 2,5—3 t Koks hergestellt.

Der Coppée-Ofen für die Gewinnung von Teer, Ammoniak und Benzol.

In den Verkokungsgasen sind als besonders wertvolle Bestandteile Teer, Benzol und Ammoniak enthalten. Um diese Körper gewinnen zu können, müssen die Verkokungsgase vor ihrer Verbrennung abgekühlt und mit Wasser behandelt werden, indem durch Abkühlung der Gase der Teer verflüssigt, durch Behandlung der abgekühlten Gase mit Wasser das Ammoniak absorbiert wird. Das Benzol wird aus den Gasen durch Waschen derselben mit schweren Teerölen ausgeschieden. Durch die Abkühlung sowohl wie durch das Ausscheiden von Teer und Benzol aus den Gasen vermindert sich ihre Heizkraft derartig, daß sie beim Verbrennen nicht mehr die zur Herstellung brauchbarer Koks erforderliche Temperatur liefern. Um dieselbe hervorzubringen, ist es erforderlich, die Gase und die zur Verbrennung derselben erforderliche Luft oder die letztere allein stark vorzuwärmen und die Heizkanäle der Koksöfen in passender Weise einzurichten. Beim Coppée-Ofen für die Gewinnung von Teer und Ammoniak bezw. Benzol, wie er durch Hoffmann und Otto eingerichtet worden ist, wird nur die Verbrennungsluft in sogen. Wärmespeichern (dieselben werden bei den Einrichtungen zur Verbrennung der gasförmigen Brennstoffe besprochen) vorgewärmt.

Die Einrichtung des Hoffmann-Otto-Ofens ist aus Fig. 63 ersichtlich. Die Einführung der Kohlen geschieht durch die Füllschächte f.

Die Verkokungsgase treten durch Öffnungen in der Decke des Ofens und durch die sich an dieselben anschließenden Rohre a in die Sammelrohre c. Dieselben laufen über die ganze Ofenbatterie hin und vereinigen sich am Ende derselben zu einem einzigen Rohre, welches nach den Kondensationsanstalten führt. (Die Einrichtung derselben und die Gewinnung von Teer, Ammoniak und Benzol ist am Schlusse des Kapitels über die Koksöfen dargelegt.)

Die von den Kondensationsanstalten zurückkehrenden Gase gelangen mit einer Temperatur von 25° unter Druck (frei von Teer und Ammoniak) in einen Gasometer und aus diesem durch die Rohre d d' nach den Öfen. Aus den Rohren treten sie durch Düsen e in den Sohlenkanal g der einen Hälfte des Ofens und werden mit Hilfe von hoch erhitzter Luft, welche

durch die Öffnungen h in den Kanal tritt, verbrannt. Die Luft wird durch
einen Ventilator eingeblasen und gelangt in die mit gitterförmig gestellten
glühenden Ziegelsteinen gefüllte Kammer i, wird beim Aufsteigen in derselben erhitzt und tritt durch die Öffnungen h h zu den Gasen, welche in
Berührung mit derselben verbrennen. Die brennenden Gase ziehen durch
seitliche Öffnungen im Sohlenkanal in die Vertikalzüge k k der einen

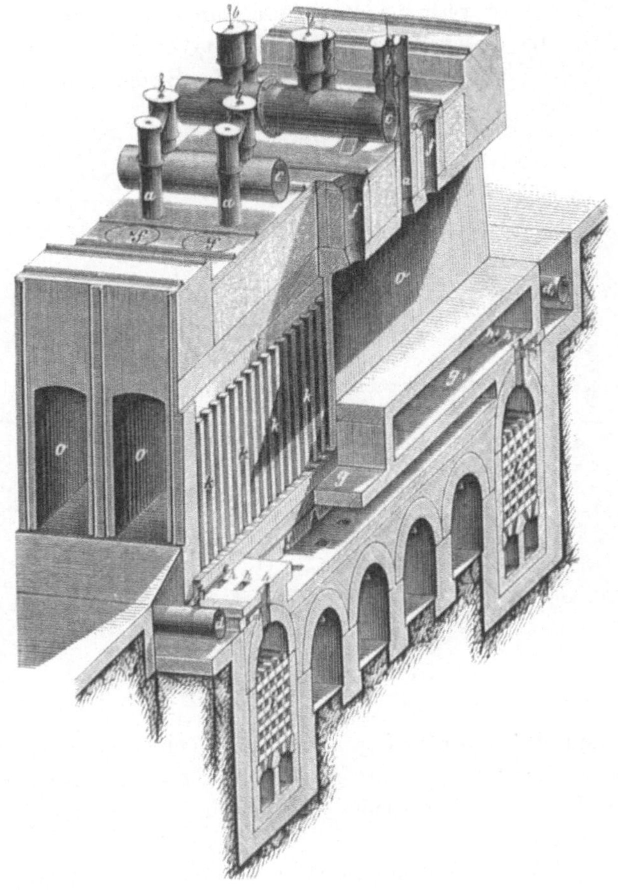

Fig. 63.

Hälfte des Seitenkanals, treten am Ende derselben in den Horizontal-
kanal l, welcher sich auch über die vertikalen Seitenzüge der zweiten Hälfte
des Seitenkanals erstreckt. Sie durchziehen die Vertikalzüge k' dieser zweiten
Hälfte des Seitenkanals und gelangen aus denselben in die zweite Hälfte
des Sohlenkanals g' und aus dieser durch die mit Ziegelsteinen gefüllte
Kammer (Wärmespeicher) i' in die Esse. Beim Durchziehen des Wärmespeichers geben die Gase den größten Teil ihrer Wärme an die Stein-

füllung desselben ab. Sind die verbrannten Gase eine Zeit lang ($\frac{1}{2}$ Stunde)
durch i' nach der Esse gezogen, so ändert man die Richtung des Stromes
derselben mit Hilfe einer später zu besprechenden Umschaltungsvorrichtung,
indem man dieselben durch den zuerst gedachten Wärmespeicher nach der
Esse ziehen läßt. Die Richtung des Stromes der Verbrennungsluft ändert
man gleichzeitig so, daß die letztere jetzt durch den erhitzten zweiten
Wärmespeicher in die zweite Hälfte des Sohlenkanals eintritt, in welche
man nun auch die zu verbrennenden Gase durch das Rohr d' bezw. die
Düsen e' führt. In dieser Weise fährt man in Zwischenräumen von je
$\frac{1}{2}$ Stunde mit der Umkehrung der Richtung der Ströme von verbrannten

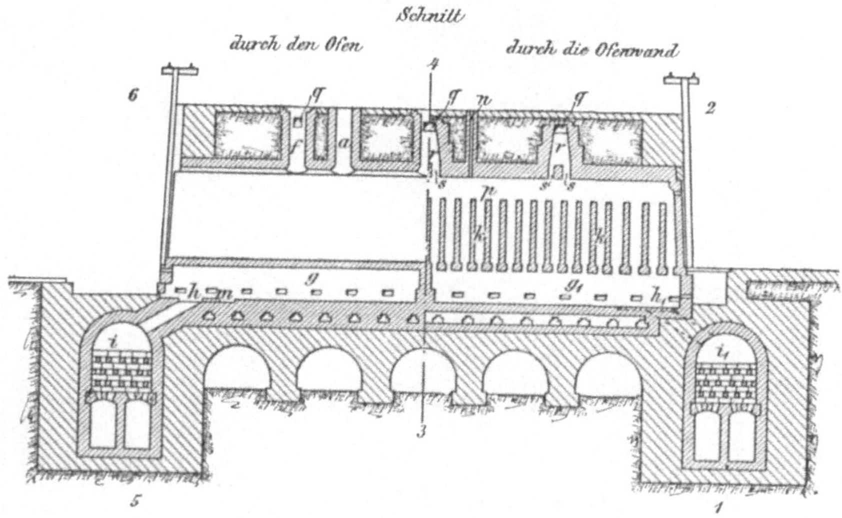

Fig. 64.

Gasen, Luft und unverbrannten Gasen fort. Die auf solche Weise bewirkte
Vorwärmung der Luft genügt, um mit den von Teer und Ammoniak befreiten Gasen die für die Herstellung brauchbarer Koks erforderliche Temperatur zu erzeugen.

Ein verbesserter Hoffmann-Otto-Ofen, bei welchem das Hauptgewicht
auf eine gute Heizung der Seitenkanäle bei vergrößerter Höhe desselben gelegt ist, während die Sohlenkanäle zur Zuführung und Verteilung der erhitzten Luft und zur Leitung der verbrannten Gase in die Wärmespeicher
dienen, ist aus den Figuren 64 und 65 ersichtlich. In denselben sind die
Vorlagen und Gasleitungen nicht dargestellt. Die von den Kondensationsanstalten kommenden Gase werden in die neben den Sohlenkanälen (g
bezw. g_1) befindlichen Kanäle 1 geführt. Um die Wände derjenigen Ofenhälfte, in welcher die Gase jeweilig abwärts ziehen, auf der erforderlichen
Temperatur zu halten, ist eine Hilfsheizung eingerichtet. Dieselbe besteht

in der ununterbrochenen Zufuhr von Gasen in den Kanal p durch ein Rohr n. Der Strom dieser Gase bezw. der Flamme derselben zieht mit dem Hauptstrom der verbrennenden Gase, je nach der Leitung desselben, bald durch den einen, bald durch den anderen Wärmespeicher.

Bei der Inbetriebsetzung des Ofens läßt man die Verkokungsgase so lange durch die Kanäle q, die Schächtchen r und die Schlitze s in den Längskanal p treten, bis der Ofen die erforderliche Hitze hat. Ist dies der Fall, so werden die Mündungen der Kanäle q durch Steine geschlossen und die Gase nehmen nun ihren Weg zu den Kondensationsvorrichtungen.

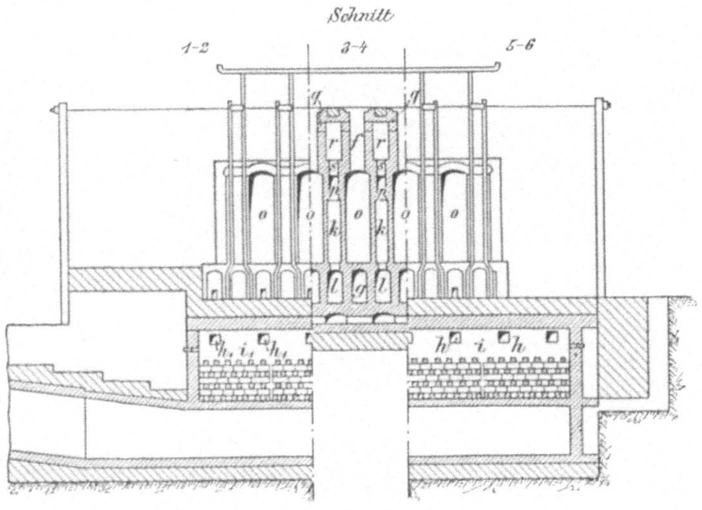

Fig. 65.

Bei diesem Ofen beträgt die Breite 530 mm, die Höhe 1900 mm. Der Einsatz in denselben beträgt 72 t Kohlen. Die Zeit des Verkokens beträgt 34 Stunden. In 24 Stunden werden in einem Ofen 4 t Koks hergestellt.

Der neueste von Dr. Otto angegebene Ofen hat keine Wärmespeicher mehr, sondern wird durch das in Bunsenbrennern verbrennende Gas von unten geheizt. Die Einrichtung desselben ergibt sich aus den Figuren 66 und 67, in welchen gleichfalls die Vorlagen weggelassen sind. Die von den Kondensationsanstalten zurückkommenden Gase werden in das in einem Kanal angebrachte Rohr d geleitet. Kanal wie Rohr erstrecken sich über die ganze Länge der Ofenbatterie. Unter jeder Ofenwand geht von dem Rohr d ein Zweigrohr e ab. Dasselbe führt das Gas in 8 große Bunsenbrenner e_1 und dann in den Kanal l, von welchem aus die verbrennenden Gase in die Vertikalzüge k und dann in den oberen

horizontalen Kanal l gelangen, welcher durch die Scheidewand t der Länge
nach in zwei Hälften geteilt ist. Die Gase ziehen nun aus dem Kanal l
zu beiden Seiten der Scheidewand in die Züge k_1 und gelangen aus denselben in die durch zwei Scheidewände gebildete Abteilung l_2 des Längs-

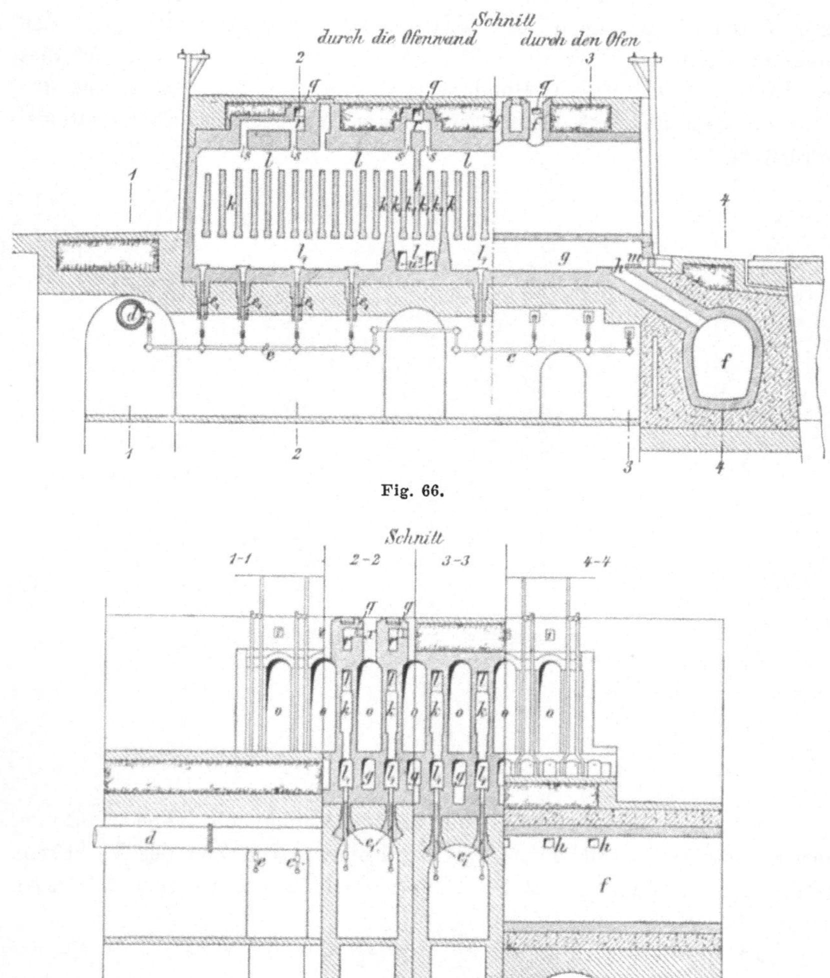

Fig. 66.

Fig. 67.

kanals l_1. Aus derselben gelangen sie durch Öffnungen u in den Sohlenkanal g und dann aus dem letzteren durch die Schlitze h in den Essenkanal f. Die zur Verbrennung erforderliche Luft saugt das unter Druck
ausströmende Gas aus dem Freien an. Dieselbe wird an dem Mauerwerke
des Ofenunterbaues erwärmt. Obwohl die Luft nur noch an den Düsen-

wänden eine weitere Erwärmung erfährt, so ist die Temperatur in den Kanälen doch mindestens ebenso hoch wie bei Anwendung von Wärmespeichern. Der Fortfall der letzteren und der Umschaltungsvorrichtungen erniedrigt die Kosten der Anlage und vereinfacht den Betrieb.

Von weiteren Öfen mit vertikalen Zügen sind zu erwähnen der Ofen von Th. Bauer (D.R.P. 67275), der Ofen von F. Brunck (D.R.P. 73504), der Ofen von Ruppert (D.R.P. 24404 und 26307) und der Ofen von Neinhaus (D.R.P. 94016).

Öfen mit horizontalen Gaszügen.

Die bekannteren Öfen mit horizontalen Gaszügen sind die Öfen von Haldy, Smet, Wintzeck und Carvès, welcher letztere für die Gewinnung von Teer und Ammoniak eingerichtet ist.

Bei dem ältesten Ofen dieser Art, dem Haldyschen Ofen, treten die Gase durch eine Reihe von Öffnungen im Gewölbeansatz der einen Seite des Ofens und zwar in der ganzen Länge desselben in den Seitenkanal zwischen diesem und dem Nachbarofen. Dieser Seitenkanal ist durch eine wagerechte Zunge in 2 Hälften geteilt. Der Sohlenkanal ist gleichfalls durch eine Zunge der Länge nach in 2 Hälften geteilt. Die Gase durchziehen zuerst die obere Hälfte des Seitenkanals, dann die untere Hälfte desselben, treten dann in den Sohlenkanal, durchziehen zuerst die eine, dann die andere Hälfte desselben und gelangen dann in einen Hauptkanal, welcher sie nach der Esse führt.

Eine Verbesserung hat dieser Ofen durch Smet erfahren, welcher die Gase nur in der einen Hälfte der Seitenwand austreten läßt.

Ein Ofen dieser Art ist in Fig. 68 dargestellt. In derselben ist der Weg der Gase durch Pfeile angedeutet. Dieselben treten aus dem Ofen in die eine Hälfte des Seitenkanals ein, durchziehen dieselbe in der Richtung der Pfeile von oben nach unten und gelangen dann in den Sohlenkanal. Derselbe ist durch eine nicht durchgehende Längszunge in zwei Hälften geteilt. Die dem Seitenkanal zunächst liegende dieser Hälften ist durch einen Querscheider in 2 Abteilungen geteilt, während die andere Längshälfte ungeteilt ist. Die aus der einen Hälfte des Seitenkanals kommenden Gase treten nun in die erste Abteilung der ersten Hälfte des Sohlenkanals, durchziehen dann die ganze zweite Hälfte des Sohlenkanals, gelangen dann in die zweite Abteilung der ersten Hälfte des Sohlenkanals, treten aus dieser in die zweite Hälfte des Seitenkanals, durchziehen dieselbe von unten nach oben und gelangen dann in den über den Ofen hinlaufenden Essenkanal.

Bei diesen Öfen wird die zweite Hälfte des Ofens von weniger heißen Gasen geheizt als die erste Hälfte. Der Ofen hat 8,5 m Länge, 0,680 bezw. 0,760 m Breite und 1,65 m Höhe bis zum Scheitel des Gewölbes. Die Heizfläche auf 1 t Beschickung beträgt 4,34 qm. Der Einsatz beträgt 5000 kg, die Verkokungszeit desselben 42—48 Stunden.

Der Ofen von Wintzeck (D.R.P. 2005) hat eine ähnliche Gasführung wie der Ofen von Smet, hat aber zwei übereinander befindliche Sohlenkanäle, von welchen der obere zur Heizung der Sohle dient. Die Einrichtung des Ofens ist aus den Fig. 69—72[1]) ersichtlich.

Die zur Heizung der Ofenwände dienenden Gase treten durch zwei Züge c in den Wandkanal d, ziehen, jeder Strom für sich, in der entsprechenden Hälfte des Kanals von oben nach unten in die ent-

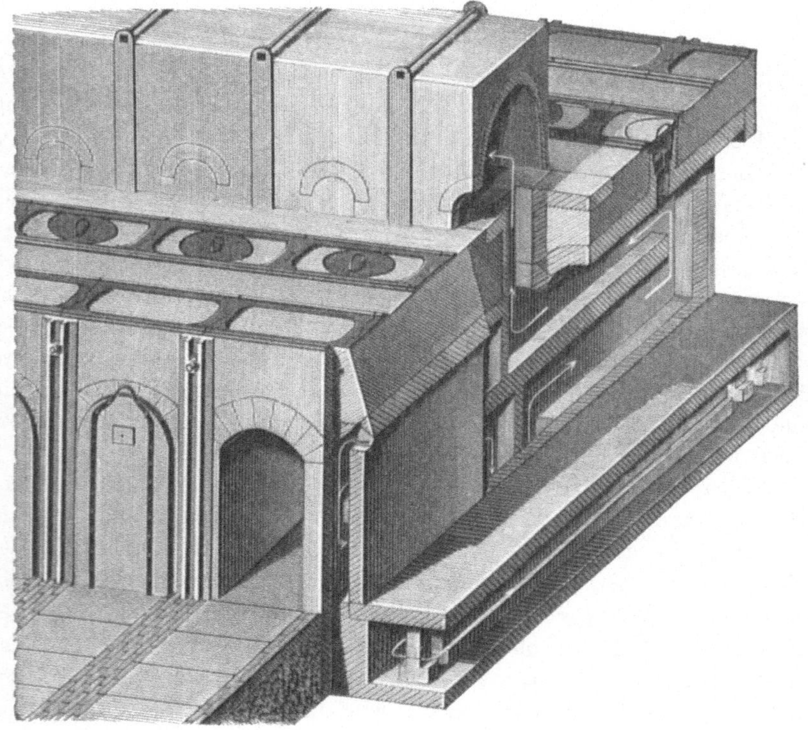

Fig. 68.

sprechenden Hälften des unteren Sohlenkanals l und gelangen aus diesen in die senkrechten Kanäle f, welche sie in die mit der Esse verbundenen Sammelkanäle g führen. In den oberen Sohlenkanal h wird durch Öffnungen i Luft eingeführt. In denselben treten durch Schlitze in der Sohle des Ofens die am Boden des Ofens sich entwickelnden Gase und werden durch die zugeführte Luft verbrannt, so daß eine starke Erhitzung der Sohle eintritt. Durch in dem Sammelkanale g angebrachte horizontale Schieber e werden Gasableitung und Luftzuführung geregelt.

----

[1]) Fischer, Chem. Technologie der Brennstoffe II, S. 94.

Nach einem Zusatzpatente (26131) sollen die Verkokungsgase durch die Schlitze in der Sohle abgeführt werden. Sie sollen in den oberen Sohlenkanal und dann in den unteren Sohlenkanal gelangen, dann von unten nach oben die Wandkanäle durchziehen und darauf in den Sammelkanal treten.

Der Ofen von Wintzeck, welcher besonders für die Verkokung gasreicher Kohlen geeignet ist, steht in Oberschlesien in Anwendung. Dilla (D.R.P. 53860) hat Züge für die Gewinnung von Teer und Ammoniak und andererseits Züge ohne diese Gewinnung angegeben.

Von den Öfen mit horizontalen Zügen zur Gewinnung der Nebenprodukte hat der Carvèsofen ein besonderes Interesse, weil er der erste Koksofen gewesen ist, mit welchem Carvès 1867 eine Gewinnung von Teer und Ammoniak verbunden und gleichzeitig gute Koks erhalten hat. Derselbe erhitzt sowohl die von Teer und Am-

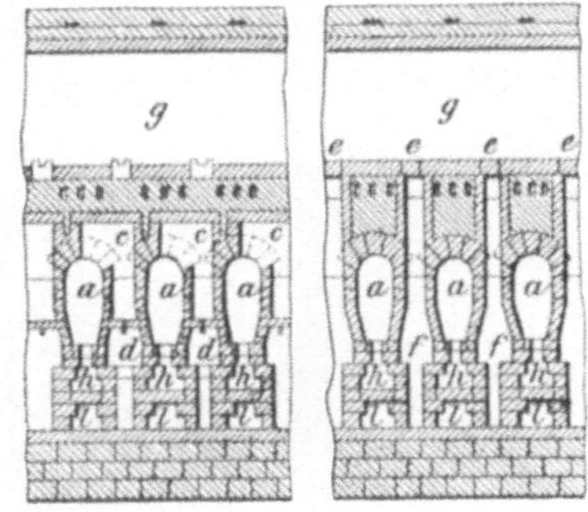

Fig. 69.   Fig. 70.

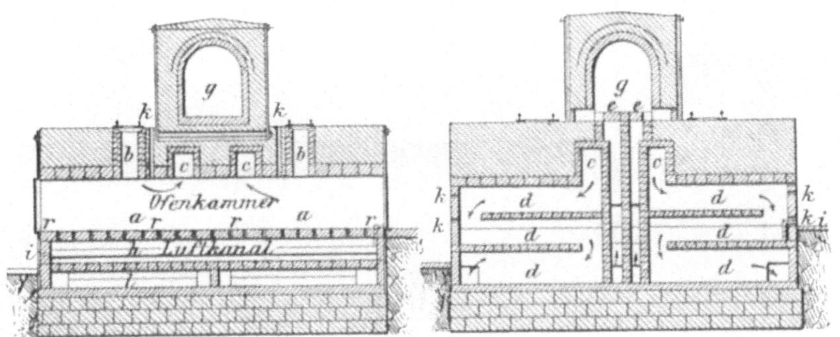

Fig. 71.   Fig. 72.

moniak befreiten Gase als auch die für die Verbrennung derselben erforderliche Luft. Die Einrichtung desselben erhellt aus Fig. 73.

Die im Ofen erzeugten Gase treten durch das Rohr r in Sammelrohre aa, welche dieselben in ähnliche Kondensationsvorrichtungen führen, wie wir sie beim Coppéeofen kennen gelernt haben. Nachdem sie in denselben von Teer und Ammoniak befreit worden sind, werden sie durch das Rohr v nach dem Ofen zurückgeführt. Aus diesem Rohre treten sie durch horizontale Düsen m über den Rost w, auf welchem eine Koksfeuerung unterhalten wird. Die so erwärmten Gase werden durch Luft, welche durch den Rost durchgeführt wird und beim Durchdringen der

Kokssäule gleichfalls erhitzt wird, verbrannt. Die brennenden Gase ziehen zuerst in dem durch eine Längszunge in zwei Hälften geteilten Sohlenkanal t hin und zurück, steigen darauf durch den Zugkanal k in den obersten Zug z des Seitenkanals und ziehen dann durch Horizontalzüge h h' wieder nach unten, um in den gemeinschaftlichen Sammelkanal S zu ziehen.

Die Bewegung der Gase geschieht auch hier mit Hilfe eines Exhaustors.

Der Carvèsofen ist durch Hüssener verbessert und leistungsfähiger gemacht worden. Die Einrichtung dieses verbesserten Ofens ist aus den

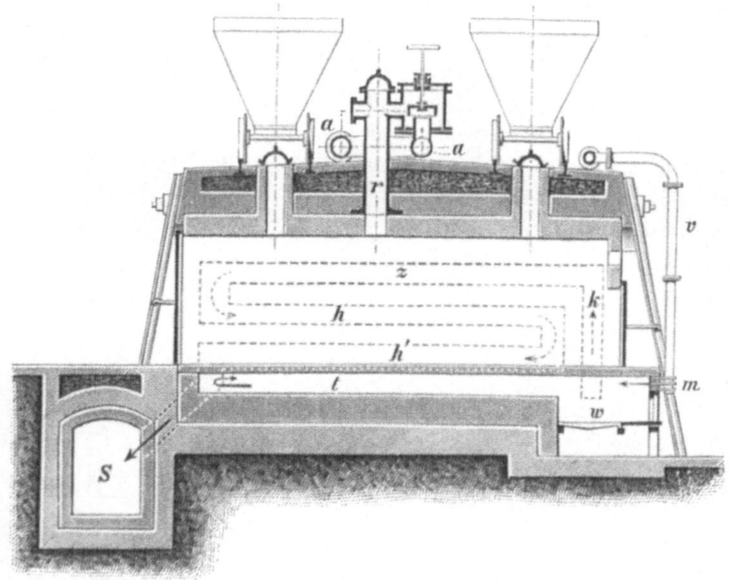

Fig. 73.

Figuren 74, 75 und 76[1]) ersichtlich. Die Verkokungsgase der durch die 4 Kanäle g in den Verkokungsraum A eingefüllten Kohle werden durch das Rohr h nach den Kondensationsanstalten gesaugt. Die von den letzteren zurückkehrenden Gase werden teils durch das Rohr e in den Feuerraum d, teils durch ein an der entgegengesetzten Seite des Ofens befindliches Rohr bei u in den oberen Wandkanal a gedrückt. Das Rohr e endigt in ein ringförmiges Doppelrohr. Durch das innere Rohr desselben wird Luft eingeführt, während das Gas durch den ringförmigen Raum zwischen beiden Rohren strömt.

Durch Einführung des Gases bei u wird die Temperatur derartig gesteigert, daß die Rostfeuerung nicht mehr erforderlich ist. Die Luft

----

1) Fischer l. c. S. 97.

wird durch Kanäle w zugeführt, in welchen sie auf 300° erwärmt wird. Sie steigt aus denselben in den Wandstrebepfeilern t durch die senkrechten Kanäle f aufwärts, um schließlich bei i in den Feuerraum d und

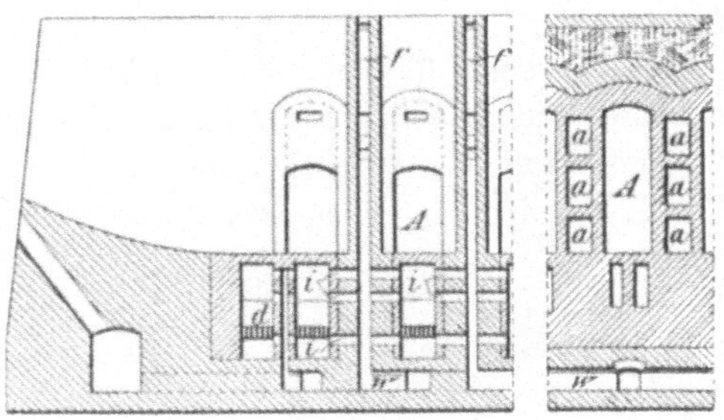

Fig. 74.

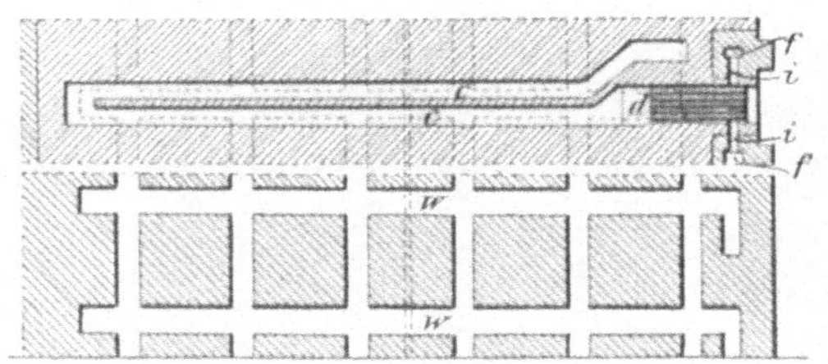

Fig. 75.

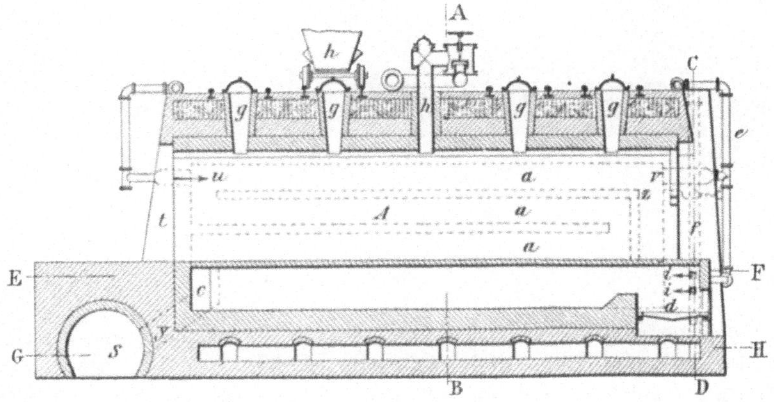

Fig. 76.

bei z in den oberen Wandkanal a zu gelangen.   Die gemauerten Pfeiler t sollen die Stirn der zwischen je zwei Öfen befindlichen Wände abstreben und die Kanäle gegen den Eintritt der Luft schützen.

Die Öfen stehen in der Nähe von Essen in Anwendung. (Werke der Aktiengesellschaft für Kohlendestillation.)   Der Verkokungsraum derselben ist 9 m lang, 0,575 m breit und 1,8 m hoch und faßt 5,5 t Kohlen. Die Verkokungsdauer beträgt 56—60 Stunden.

Das Ausbringen von Fettkohlen beträgt an Stückkoks 75%, an Kleinkoks 0,8%, an Lösche 1,2%, an Teer 2,77%, an schwefelsaurem Ammoniak 1,10%.

Die Gase in den Vorlagen über den Öfen stehen unter einem Druck von 2 mm Wassersäule und haben eine Temperatur von 75 — 80°. Die von den Kondensationsanstalten zurückkehrenden Gase haben eine Temperatur von 15° und stehen unter einem Druck von 90—110 mm Wassersäule.

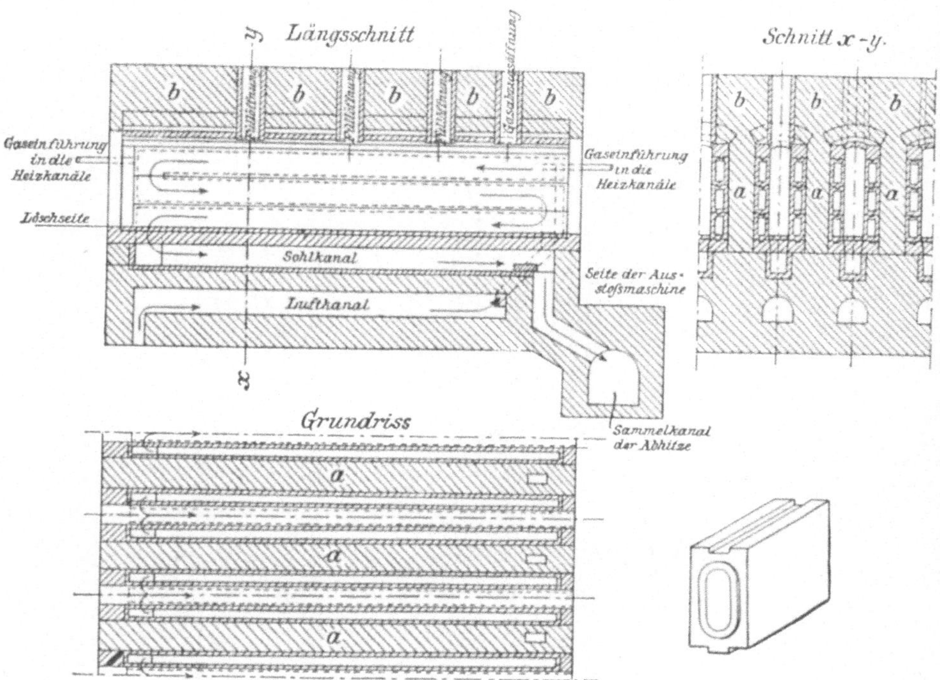

Fig. 77 bis 80.

Von sonstigen Koksöfen mit horizontalen Wandkanälen und Gewinnung der Nebenprodukte sind zu erwähnen der Ofen von Festner-Hoffmann, welcher in Niederschlesien in Anwendung steht (D.R.P. 67395 und 103577) und der Ofen von Semet-Solvay, welcher hauptsächlich in Belgien angewendet wird.

Die Einrichtung des Semet-Solvay-Ofens (D.R.P. 18935) ist aus den Figuren 77—80 ersichtlich[1]). Das Gewölbe b des Ofens wird durch starke Pfeiler a getragen. Zu beiden Seiten dieser Mauern befinden sich

[1]) Beckert, Feuerungskunde, S. 73.

die Seitenwände des Verkokungsraumes. Diese Seitenwände bestehen aus drei Lagen von Hohlsteinen (Fig. 80), welche wagerechte Züge bilden. In den obersten Zug werden durch je ein Rohr an jedem Ende die von den Kondensationsanstalten kommenden Gase eingeführt. Die Luft zur Verbrennung derselben tritt durch einen Kanal unter dem Sohlenkanal zu. Die Pfeiler a geben die in ihnen aufgesammelte Wärme an die dünnwandigen Züge ab, sobald dieselben sich abkühlen, wie es z. B. beim Füllen des Verkokungsraumes mit nassen Steinkohlen der Fall ist.

Der Ofen hat den Vorteil niedriger Anlagekosten.

Koksöfen mit kontinuierlichem Betriebe.

Der einzige bis jetzt angegebene Ofen mit kontinuierlichem Betrieb ist der von Lürmann. Derselbe hat sich aber keinen Eingang verschaffen können. Eine Beschreibung desselben dürfte aber immerhin Interesse bieten.

Er besteht im wesentlichen aus einer Verkokungskammer mit horizontaler Hauptachse und einer sich daran schließenden Kühlkammer zur Aufnahme und Abkühlung der aus der Verkokungskammer herausgedrückten Koks.

Die Verkokungskammer erweitert sich von der einen kurzen Seite nach der andern kurzen Seite durch Neigung ihrer Sohle. An dem engeren Ende derselben werden die Steinkohlen durch einen Fülltrichter in die Kammer eingeschüttet und durch einen Kolben mit hin- und hergehender Bewegung oder durch eine Schraube mit horizontaler Achse in den Ofen geschoben. Der hierdurch ausgeübte Druck pflanzt sich auf die im Ofen befindlichen Massen fort, so daß am entgegengesetzten offenen Ende der Kammer ebenso viele Koks ausgedrückt werden, als Steinkohlen in dieselbe eingeführt werden.

Die Kühlkammer ist eine durch Luft gekühlte, mit einer luftdicht schließenden Türe versehene Kammer, in welche die Koks, welche aus der Verkokungskammer ausgedrückt werden, hineinfallen. Aus derselben werden sie zeitweise nach Öffnung der luftdicht schließenden Türe entfernt.

Durch die Verkokungsgase wird die Verkokungskammer an den beiden langen Seiten, an der Sohle und an der Decke erwärmt. Die feuerberührte Fläche der Kammer beträgt 80 % von der Gesamtoberfläche derselben. Die Verbrennungsluft wird in den Wänden der Kühlkammer vorgewärmt. Die Menge derselben läßt sich infolge der gleichmäßigen Gasentwickelung genau regeln.

Die nähere Einrichtung des Ofens erhellt aus Fig. 81. K ist die Verkokungskammer, welche aus dünnen feuerfesten Steinen hergestellt ist, M die Kühlkammer mit der luftdicht schließenden Türe T. f ist der Fülltrichter für die zu verkokenden Steinkohlen, o der Kolben, welcher die Steinkohlen in die Verkokungskammer herein- bezw. die Koks aus derselben herausdrückt. Über der Decke der Verkokungskammer befindet sich ein Heizkanal, welcher durch eine Mauerzunge w der Länge nach in zwei Hälften geteilt ist. Die Verkokungsgase gelangen aus der Kammer in die linke Hälfte des gedachten Kanals, treten dann in die (punktiert angegebenen) vertikalen Seitenkanäle, darauf in die Sohlenkanäle s s und aus diesen durch vertikale Seitenkanäle an der rechten Seite der Kammer in die rechte Hälfte des über der Decke der Kammer befindlichen Kanals. Am Ende dieser Kanalhälfte gelangen sie in den absteigenden Kanal g und aus diesem durch den geneigten Kanal u in den Essenkanal a. Die Regulierung des Zuges geschieht durch den mit Wasser gekühlten Schieber l.

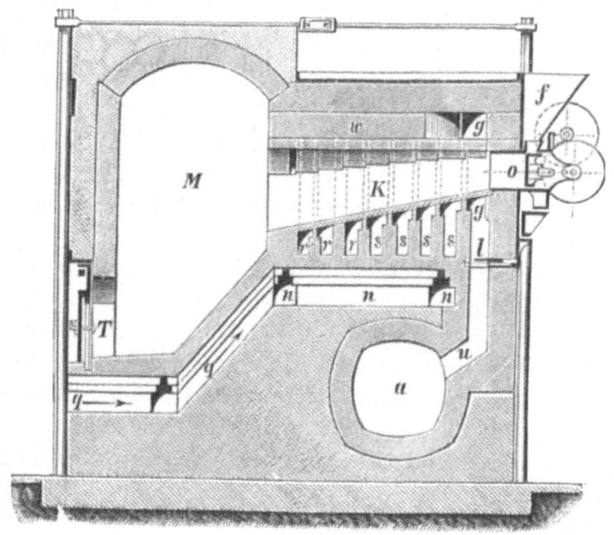

Fig. 81.

Die zur Verbrennung der Koksgase erforderliche Luft wird teils in Kanälen q, welche die Kühlkammer umgeben, teils in Kanälen r, welche sich unter der Verkokungskammer befinden, teils in Kanälen n′, welche unter den Heizkanälen derselben angebracht sind, vorgewärmt.

In diesem Ofen wurden Gemische von Backkohlen und Anthrazit verarbeitet. Dieselben wurden, nachdem sie erweicht waren, zusammengepreßt und lieferten dichte und feste Koks.

Die Gewinnung von Teer, Ammoniak und Benzol aus den Koksofengasen.

Der Teer scheidet sich bei der Abkühlung der Koksofengase auf 20 bis 25° aus. In denselben geht nur ein sehr geringer Teil Benzol über. Das Ammoniak wird aus den abgekühlten Gasen durch Waschen derselben mit kaltem Wasser, welches dasselbe absorbiert, gewonnen.

Das Benzol wird durch schwere Teeröle absorbiert. Man gewinnt dasselbe durch Waschen der von Teer und Ammoniak befreiten Gase mit schweren Teerölen und durch Abscheiden desselben aus den letzteren durch Destillation.

Auf manchen Koksanstalten werden nur Teer und Ammoniak gewonnen, während der Benzol in den Gasen bleibt.

Der Gang der Gewinnung der Nebenprodukte ist der, daß zuerst in den Leitungsrohren und nach vorgängiger Entfernung des Flugstaubs in besonderen Wasserkühlapparaten (Gaskühler) der Teer nebst einem Teil Ammoniakwasser gewonnen wird, daß dann in Absorptionsapparaten (Vorreiniger und Glockenwascher) das Ammoniak aus den Gasen durch Wasser absorbiert wird und daß schließlich aus den Gasen in Absorptionsapparaten durch schwere Teeröle das Benzol ausgewaschen wird.

Das Niederschlagen des Teers aus den Gasen beginnt schon in den Vorlagen und Sammelröhren, in welchen sich aber nur die bei hoher Temperatur siedenden Bestandteile desselben kondensieren. Der Teer verdichtet sich erst vollständig bei Abkühlung der Dämpfe derselben bis auf 20^0. Die Abkühlung bis auf diese Temperatur geschieht in Kühlapparaten.

Vor der Einführung in die Kühlapparate werden die Gase, welche eine Temperatur von 140^0 besitzen von dem mitgerissenen Flugstaub befreit, weil andernfalls durch Absatz desselben in den Kühlapparaten die Wirkung der letzteren verringert werden würde. Die Gase werden zu diesem Zweck durch mehrere hintereinander angeordnete Blechzylinder von 1,5—2 m Weite und 6—6,5 m Höhe geführt und treten dann in die Kühlapparate. Dieselben sind Blechtürme von rechteckigem oder kreisförmigem Horizontalquerschnitt, in welchen das Gas indirekt durch Wasser gekühlt wird.

Die Einrichtung des gewöhnlich angewendeten Gaskühlers ist aus den Figuren 82 und 83 ersichtlich. Derselbe hat rechteckigen Grundriß $(1{,}65 \times 1{,}25$ m) und eine Höhe von 7 m. Der Kühlraum B von 5,5 m Höhe ist von 90 Röhren (von je 100 mm Durchmesser) durchzogen und der Höhe nach durch eine Scheidewand in 2 Abteilungen geteilt. Über B befindet sich ein Wasserbehälter A, in welchen durch das Rohr b kaltes Wasser eintritt. Dasselbe fällt durch die eine Hälfte der Röhren in den unter dem Kühlraum befindlichen Behälter C und steigt dann in der zweiten Hälfte der Röhren wieder aufwärts in den Behälter D. Aus dem letzteren fließt es in einen folgenden Kühlapparat von gleicher Einrichtung wie der beschriebene und durchfließt denselben in gleicher Weise wie den ersten. Die Gase treten durch das Rohr d in den Kühlraum B, durchziehen denselben von oben nach unten und gelangen, durch die Berührung mit den Röhren abgekühlt, in einen zweiten Kühlapparat und so fort, bis sie auf 25^0 abgekühlt sind. Auf dem Boden des Kühlraums schlagen sich Teer und Ammoniakwasser nieder und werden durch das

Rohr f in einen Sammelbehälter geleitet. Gewöhnlich sind 4 Kühlapparate hintereinander geschaltet. Aus dem letzten derselben leitet man das bis 60^0 erwärmte Wasser zum Zwecke der Abkühlung auf ein Gradierwerk und benutzt es dann von neuem als Kühlwasser. Soll eine Wiederbenutzung des Wassers zum Kühlen nicht stattfinden, so verwendet man das heiße Wasser zur Dampfkesselspeisung.

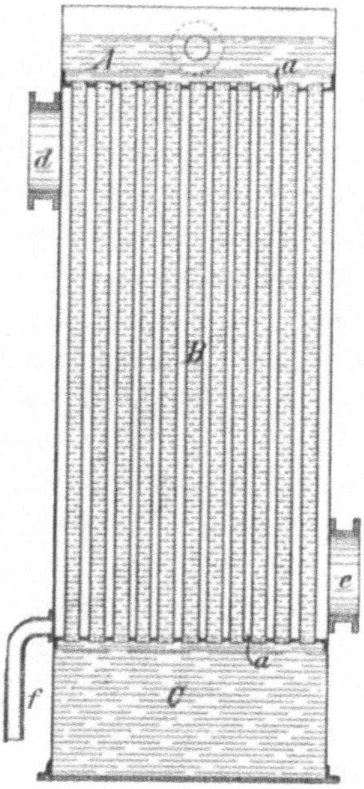

Die von Dr. C. Otto & Co. auf vielen Werken eingerichteten Kondensationsanlagen besitzen für 60 Koksöfen 8 Kühler, welche in zwei Gruppen von je 4 Kühlern nebeneinander geschaltet sind. Die Gase werden in denselben von 75^0 auf 25^0 abgekühlt.

Es werden auch zylindrische Kühlapparate angewendet, bei welchen die Gase durch die im Kühlraum befindlichen Eisenrohre von oben nach unten geleitet werden, während das Wasser den Kühlraum durchfließt.

Aus den Gaskühlern gelangen die Gase in Apparate, in welchen das in denselben enthaltene Ammoniak durch kaltes Wasser absorbiert wird. Man läßt zu diesem Zwecke die Gase, in Blasen verteilt, wiederholt durch Wasserschichten emporsteigen. Zu diesem Zwecke führt man die Gase zuerst durch die sogen. Vorreiniger und dann durch Glockenwascher.

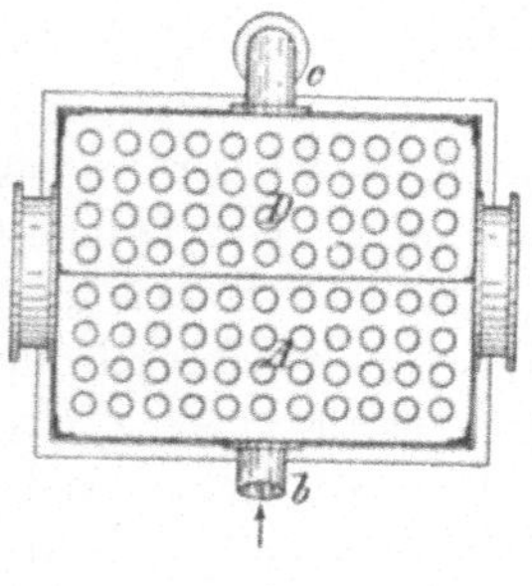

Fig. 82.

Fig. 83.

Zwischen den Vorreinigern und Glockenwaschern befinden sich die Gassauger. Dieselben sind Flügelpumpen, welche bei 450 mm lichter Weite des Einströmungsrohres, 1000 mm Durchmesser des äußeren Zylinders und 80 Umdrehungen je 2300 cbm Gase in der Minute bewegen. Dieselben saugen die Gase aus den Koksöfen durch die Rohrleitungen, Flugstaubreiniger, Kühlapparate und Vorreiniger und drücken sie dann durch die Glockenreiniger nach dem Gasometer, von wo aus sie in die Koksöfen zurückgedrückt werden. Die Depression beträgt vor den Kühlern und Vorreinigern (von welchen je 3 nebeneinander geschaltet sind) — 30 mm Wassersäule, vor den Flügelpumpen (von welchen je 2 zusammen arbeiten) — 95 mm Wassersäule. Der Druck unmittelbar hinter den Flügelpumpen beträgt 540 mm Wassersäule. Durch das Zusammenpressen werden die Gase um 4^0—5^0 in ihrer Temperatur erhöht. Zur Abkühlung werden sie durch einen Kühlapparat geleitet.

Die Einrichtung der Vorreiniger, in welche die Gase gesaugt werden, ist aus der Figur 84 ersichtlich[1]). In einem Blechkasten von quadratischem Grundriß von 2 m Seitenlänge und 1,2 m Höhe befindet sich 0,25 m von der Decke desselben entfernt eine horizontale Zwischenwand a, in welche 25 Rohre b (von 200 mm Durchmesser und 775 mm Länge) mit ihrem oberen Rande eingelassen sind. Diese Rohre sind an ihrem unteren Ende gezahnt und tauchen 55 mm tief in die Absorptionsflüssigkeit (verdünntes Ammoniakwasser aus den Flugstaubscheidern und Kühlapparaten)

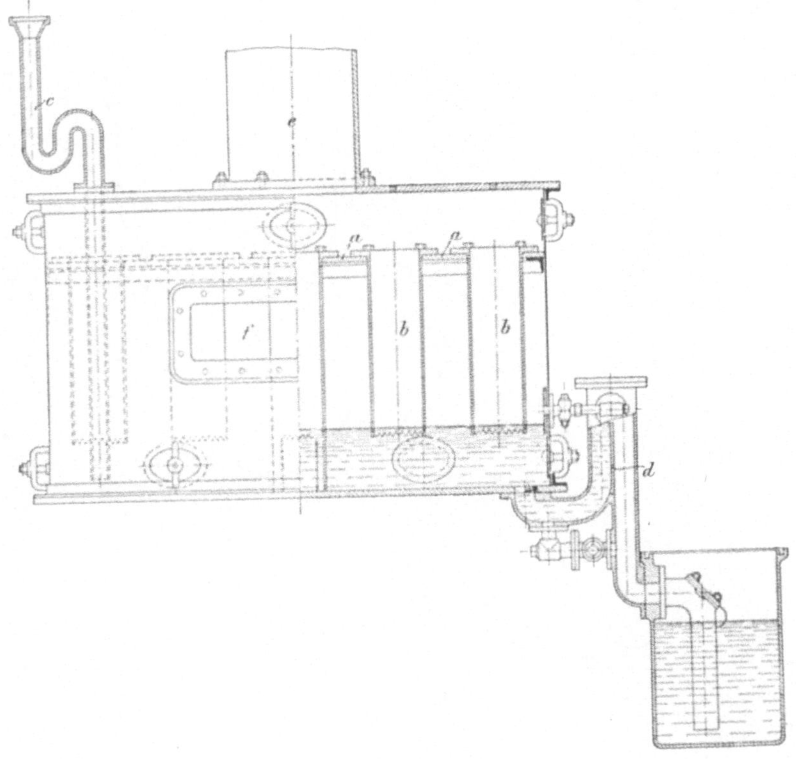

Fig. 84.

ein. Dieselbe fließt durch das Rohr o zu und durch das Überlaufrohr d ab, wobei die Flüssigkeit im Kasten auf einem bestimmten Niveau gehalten wird. Die durch das Rohr e eintretenden Gase gelangen durch die Rohre b zu der Flüssigkeit, werden durch dieselbe hindurchgesaugt, treten in den Raum über der Flüssigkeit und dann durch ein an den Stutzen f angeschlossenes Rohr aus. Durch den gezahnten Rand des Rohres b werden die Gase in einzelne Blasen geteilt, welche durch den

---

[1]) Beckert, Feuerungskunde, S. 82 (Fig. 51).

obersten Teil der Flüssigkeit emporsteigen und hierbei von derselben eines Teiles Ammoniak beraubt werden. Die Flüssigkeit wird hierdurch in konzentriertes Ammoniakwasser verwandelt, welches in einen besonderen Behälter abgelassen wird.

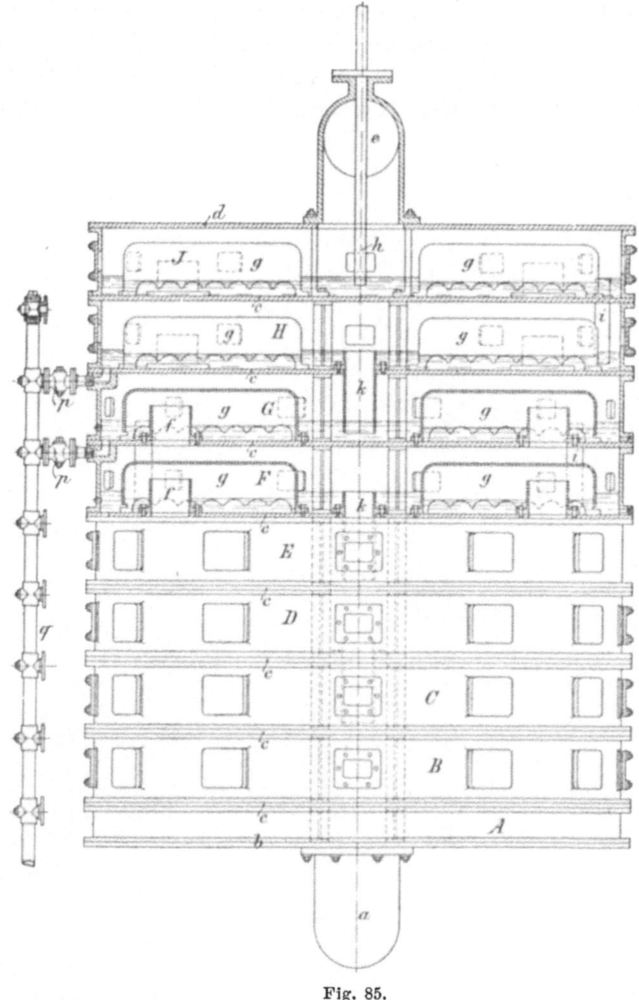

Fig. 85.

Aus dem Vorreiniger gelangen die Gase zur Flügelpumpe und werden durch dieselbe zuerst in einen Kühlapparat (Schlußkühler) und dann in drei nebeneinander geschaltete Glockenwascher gedrückt.

Der Glockenwascher, in welchem die Gase wiederholt durch Flüssigkeitsschichten hindurchgedrückt werden, ist aus den Figuren 85 und 86 ersichtlich[1]). Derselbe besteht aus einer Reihe übereinander angebrachter

---

[1]) Beckert a. a. O. S. 84.

Waschvorrichtungen von zylindrischer Gestalt. Dieselben haben je 2,75 m Durchmesser i./L. und 0,350 m Höhe i./L. Die Gase treten von unten durch das Rohr a in den Wascher, gelangen zuerst in den Raum A und treten aus demselben durch 12 auf dem Zwischenboden c angebrachte Rohrstutzen f in den Raum B. Diese Rohrstutzen führen die Gase in Glocken g, welche mit ihrem unteren gezahnten Rand in die Absorptionsflüssigkeit tauchen. Aus diesen Glocken werden die Gase durch den gezahnten Rand derselben in einzelne dünne Ströme geteilt, in die Absorptionsflüssigkeit gedrückt, an welche sie ihr Ammoniak abgeben. Aus der Absorptionsflüssigkeit treten sie in den Raum über den Glocken und dann durch die

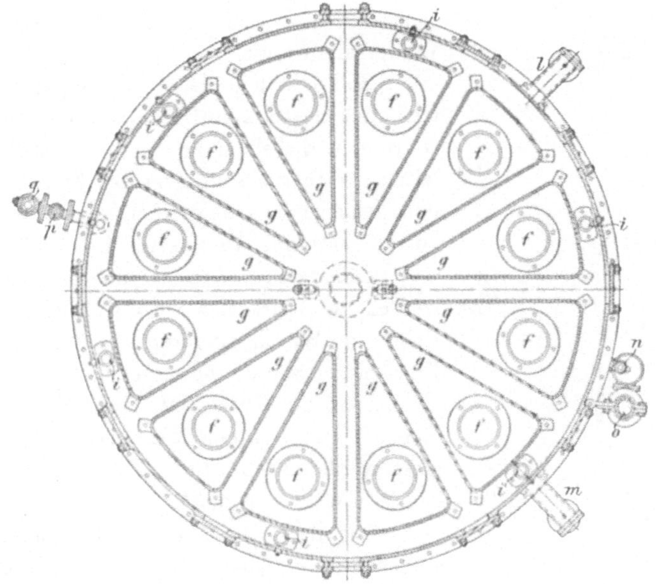

Fig. 86.

12 Stutzen f auf dem zweiten Zwischenboden c unter die Glocken des Waschers C. Aus denselben gelangen sie wieder durch die Absorptionsflüssigkeit in den Wascher D und s. f., bis sie aus dem obersten Wascher austreten und in das Rohr e gelangen. Die austretenden Gase haben eine Temperatur von 16⁰ — 20⁰. Bei niedrigeren Temperaturen schlägt sich Naphtalin nieder und verursacht Verstopfungen. Als Absorptionsflüssigkeit verwendet man in den oberen Waschern Wasser, in den unteren Waschern schwaches Ammoniakwasser. Das Wasser tritt durch das Rohr h in den obersten Wascher J ein, in welchem es eine Schicht von 100 mm Höhe bildet und durch die Rohre i in den Wascher H gelangt. Aus dem letzteren fließt es durch das in der Mitte desselben angebrachte Rohr k in den Wascher G und aus diesem durch die Rohre i in den Wascher F (Fig. 86 und 87). Aus demselben fließt es durch den Überlauf l (Fig. 87) in den

Behälter für schwaches Ammoniakwasser. In den unter F liegenden Waschern benutzt man als Absorptionsflüssigkeit schwaches Ammoniakwasser. Dasselbe sammelt sich im untersten Wascher B als starkes Ammoniakwasser an und fließt durch den Überlauf m in einen Sammelbehälter. Soll die gesamte Flüssigkeit aus dem ganzen Waschapparat entfernt werden, so läßt man das Wasser bezw. Ammoniakwasser durch die Hähne n und das Trichterrohr o austreten, während der auch in den Waschern

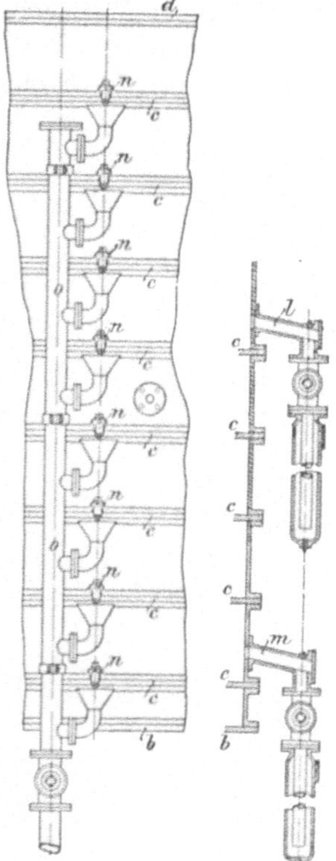

Fig. 87.

noch in geringer Menge niedergeschlagene Teer durch die Hähne p und das Rohr q entfernt wird. Zur Entfernung des im Waschapparat ausgeschiedenen Naphtalins wird derselbe in kurzen Zwischenräumen (alle 3 Wochen) mit Dampf ausgespült.

Soll den aus den Waschapparaten austretenden Gasen kein Benzol entzogen werden, so werden dieselben in einen Gasbehälter geleitet, welcher sie auf gleichen Druck bringt, und gelangen aus demselben mit einem Druck von 20—40 mm Wassersäule in die Koksöfen.

Soll dagegen den Gasen Benzol entzogen werden, so führt man sie durch eine weitere Reihe von Waschapparaten von der nämlichen Einrichtung wie die beschriebenen, in welchen als Absorptionsflüssigkeit schwerere Teeröle dienen. Die aus den Waschern austretenden Gase werden nach dem Gasbehälter und dann in die Koksöfen geführt.

Aus den Teerölen, welche das Benzol aufgenommen haben, wird das letztere bei einer bestimmten Temperatur abdestilliert.

Von anderweiten Verfahren der Benzolgewinnung aus Koksofengasen sind zu erwähnen das Verfahren von Hirzel (D.R.P. 96228, 112452), von Heinzerling (D.R.P. 66664), der Compagnie pour la fabrication des compteurs et matériel d'usines à gaz (D.R.P. 99380) und von Theisen (D.R.P. 111825).

b) Die künstlichen flüssigen Brennstoffe.

Zu den künstlichen flüssigen Brennstoffen gehören **Kerosin** und die flüssigen Rückstände von der Verarbeitung des rohen Erdöls auf Kerosin, die sogen. „**Naphtarückstände**" (Masut von Baku). Das Kerosin wird in der Großindustrie nicht als Brennstoff verwendet, wohl aber die beim Abdestillieren desselben aus der Rohnaphta verbleibenden

Rückstände, welche bis 65% vom Gewichte des rohen Erdöls ausmachen. Dieselben besitzen 0,90—0,91 spezifisches Gewicht und werden hauptsächlich als Heizstoff beim Destillieren des Rohöls, sowie zum Heizen von Dampfkesseln angewendet. Sie lassen sich auch als Brennstoff bei metallurgischen Verfahren anwenden. (Kedabeg im Kaukasus bei Schmelzprozessen für Kupfererze und beim Raffinieren des Kupfers.)

c) Die künstlichen gasförmigen Brennstoffe.

Die künstlichen gasförmigen Brennstoffe sind die sogen. Verkohlungsgase, das Generator- oder Luftgas und das Wassergas, sowie Gemische von Luftgas und Wassergas, das sogen. Mischgas.

Die Benutzung brennbarer Gase als Brennstoffe stammt aus dem vorigen Jahrhundert und hat sich erst seit den vierziger Jahren desselben verbreitet.

Durch die Verbrennung von Gasen läßt sich eine höhere Temperatur erzeugen als durch die Verbrennung fester und flüssiger Brennstoffe, weil sich die Verbrennungsluft auf das innigste mit den Gasen mischen läßt und deshalb ein erheblicher Luftüberschuß, wie bei der Verbrennung fester und flüssiger Brennstoffe, nicht erforderlich ist. Infolgedessen verteilt sich die erzeugte Wärme auf eine verhältnismäßig geringe Menge von gasförmigen Verbrennungserzeugnissen, wodurch die Verbrennungstemperatur erhöht wird.

Ferner lassen sich bei der Erzeugung hoher Temperaturen durch Verbrennung gasförmiger Brennstoffe die verbrannten Gase, die sogen. Abhitze, noch vorteilhaft zum Vorwärmen der Verbrennungsluft und der zu verbrennenden Gase verwerten, was bei der Verbrennung fester und flüssiger Brennstoffe nicht in gleichem Maße möglich ist.

Brennstoffe, welche wegen hohen Wassergehaltes zur direkten Verbrennung wenig geeignet sind, lassen sich noch vorteilhaft zur Herstellung von Gasen verwenden, weil es möglich ist, den Wasserdampf aus dem erzeugten Gasgemenge vor der Verbrennung desselben auszuscheiden. Ebenso lassen sich auch pulverförmige und geringwertige feste Brennstoffe, welche gleichfalls zur direkten Verbrennung wenig geeignet sind, mit Vorteil zur Herstellung von Gasen verwenden.

Man bedient sich daher der Gasfeuerung, wenn sehr hohe Temperaturen zu erzeugen sind (so daß die verbrannten Gase den Verbrennungsraum noch mit sehr hoher Temperatur verlassen müssen und eine nützliche Verwendung zur Vorwärmung von Verbrennungsluft und Gasen finden), wenn große Räume eine gleichmäßig hohe Temperatur erhalten sollen, welche durch direkte Feuerung nicht zu erreichen ist, und wenn es sich um Verwertung wasserhaltiger oder geringwertiger Brennstoffe handelt. In allen diesen Fällen wird die erzeugte Wärme besser ausgenuzt als bei der direkten Verbrennung fester und flüssiger Brennstoffe. Dagegen wird die durch Verbrennung fester und flüssiger Brennstoffe entwickelte Wärme besser ausgenutzt, wenn es sich um Erhitzung kleiner Räume und um nicht hohe Temperaturen handelt und wenn die in den Verbrennungserzeugnissen enthaltene Wärme bis zu Temperaturen von 300—200° herunter ausgenutzt werden kann. (Dampfkessel, Fortschaufelungsöfen.) (Siehe Eichhorn. Stahl und Eisen 1888, No. 9.)

α) Die Verkohlungsgase.

Die Verkohlungsgase entstehen bei der Verkohlung von Holz, Torf, Braunkohle und Steinkohle unter Luftabschluß. Als Brennstoff benutzt man hauptsächlich die bei der Verkokung der Steinkohlen entweichenden Gase in der bereits dargelegten Weise. Die Koksofengase weichen in ihrer Zusammensetzung nicht erheblich von dem durch trockene Destillation von Gaskohlen hergestellten Leuchtgase ab, wie sich aus den nachstehenden Analysen ergibt.

	Koksofengase	Leuchtgas
Benzindampf	0,61	1,53
Äthylen	1,63	1,19
Schwefelwasserstoff	0,43	—
Kohlensäure	1,41	0,87
Kohlenoxyd	6,49	5,40
Wasserstoff	53,32	55,00
Methan	36,11	36,00

Die Verbrennungswärme des Leuchtgases (von 1 kg) wird zu 10160 W. E. angegeben, von 1 cbm zu 5350 W. E.

Das Generatorgas oder Luftgas.

Das **Generator-** oder **Luftgas** enthält als hauptsächlichsten brennbaren Bestandteil Kohlenoxyd und wird durch Vergasung fester Brennstoffe mit Hilfe von Luft gewonnen. Dasselbe wird sowohl absichtlich in besonderen Gaserzeugern, den sogen. „Generatoren", hergestellt, als auch als Nebenerzeugnis bei der Roheisengewinnung in Schachtöfen und beim Verschmelzen von Kupferschiefern in Schachtöfen gewonnen. Im ersteren Falle nennt man es Generatorgas, im letzteren Falle „Gichtgas".

Das Generatorgas.

Das **Generatorgas** kann sowohl durch die Vergasung verkohlter als auch unverkohlter Brennstoffe erhalten werden.

In beiden Fällen werden die zu vergasenden Brennstoffe in einem später noch näher zu besprechenden schachtförmigen Raume, dem Generator, in einer bestimmten Höhe aufgeschüttet und durch von unten in denselben eingeführte Luft verbrannt. Je höher die Temperatur, um so mehr wird der Kohlenstoff derselben in Kohlenoxyd verwandelt; je niedriger die Temperatur, um so mehr wird der Kohlenstoff in Kohlensäure verwandelt. Die Bildung von Kohlenoxyd ausschließlich erfolgt bei ungefähr 1000^0. Unter dieser Temperatur bilden sich Gemische von Kohlenoxyd und Kohlensäure, bis bei niedriger Temperatur nur Kohlensäure entsteht.

Das Generatorgas, welches man bei der Vergasung verkohlter Brennstoffe erhält, besteht im wesentlichen aus Kohlenoxyd und Stickstoff, neben geringen Mengen von Kohlensäure und Wasserstoff, während das aus unverkohlten Brennstoffen hergestellte Generatorgas außer diesen Bestandteilen auch noch Kohlenwaserstoffe enthält und gewissermaßen ein Gemenge von Luftgas und Verkohlungsgasen darstellt.

Die Zusammensetzung des aus verkohlten Brennstoffen hergestellten Gases, wie es die Gasanstalten aus Retortenkoks herstellen, ist ungefähr die nachstehende:

	CO_2	CO	N
Volumprozente	3,3	30	66,7
Gewichtsprozente	4,5	25,7	69,8

Die Verbrennungswärme von 1 kg dieses Gases beträgt 630 W. E., von 1 cbm desselben 920 W. E.

Je nach der Lebhaftigkeit der Verbrennung bezw. der Höhe der Temperatur schwankt die Zusammensetzung des Gases. Dieselbe ist bei aus unverkohlten Brennstoffen hergestelltem Gas (nach Beckert) ungefähr die nachstehende:

bei schwachem Zuge bezw. kaltem Gang des Gaserzeugers

	CO	CO_2	H	Kohlenwasserstoffe	N
Volumprozente	23,3	5,1	6,3	2,2	63,1
Gewichtsprozente	24	8,3	0,5	2,2	65,0

bei lebhafter Verbrennung bezw. heißem Gang des Gaserzeugers

	CO	CO_2	H	Kohlenwasserstoffe	N
Volumprozente	27,7	2,1	7,8	2,2	60,2
Gewichtsprozente	29,5	3,5	0,6	2,3	64,1

Die Vorgänge bei der Vergasung verkohlter Brennstoffe sind einfacher als bei der Vergasung unverkohlter Brennstoffe, weil eine Entgasung bei den ersteren nicht mehr eintreten kann.

Der Sauerstoff der atmosphärischen Luft bildet bei der ersten Berührung mit den zu vergasenden Brennstoffen hauptsächlich Kohlensäure. In größerer Höhe der Brennstoffschicht, wo der Sauerstoff eine höhere Temperatur erlangt hat, wird hauptsächlich Kohlenoxyd gebildet. Die bei der Oxydation des Kohlenstoffs entbundene Wärme wird von den gedachten Gasen aufgenommen und auf ihrem Wege durch die Brennstoffschicht auf die festen Brennstoffe übertragen, welche letzteren hierdurch bis zum Glühen erhitzt werden. Beim Durchstreichen durch die glühende Brennstoffschicht wird die anfangs gebildete Kohlensäure in Kohlenoxyd verwandelt. Die Höhe der Kohlensäule muß derartig bemessen werden, daß der gesamte Sauerstoffgehalt der eingeleiteten Luft in derselben verzehrt wird. Man erhält daher schließlich als Erzeugnis der Vergasung ein Gemenge von Kohlenoxyd, Stickstoff, wenig Kohlensäure und geringen Mengen von Wasserstoff. Der letztere rührt in der Regel von der Zersetzung des den Gasen beigemengten Wasserdampfes durch glühende Kohlen her, kann aber zum Teil auch als Gas in den Brennstoffen enthalten gewesen sein.

Da die Kohlensäure nicht nur nicht brennbar ist, sondern auch durch ihre Reduktion zu Kohlenoxyd Wärmeverluste herbeiführt, so muß ihre Bildung durch hohe Temperatur im Gaserzeuger und durch eine passende Höhe der Brennstoffe in demselben nach Möglichkeit beschränkt werden, da erfahrungsmäßig niedrige Temperatur und eine niedrige Brennstoffsäule im Generator die Bildung der Kohlensäure befördern.

Das aus verkohlten Brennstoffen hergestellte Generatorgas findet gegenwärtig wohl kaum noch bei der Metallgewinnung Anwendung, dagegen wendet man es bei der trockenen Destillation der Steinkohlen zum Zwecke der Leuchtgasgewinnung an, indem man die bei diesem Verfahren erhaltenen festen Rückstände der Destillation, die sogen. Retortenkoks, vergast.

Bei der Verwendung unverkohlter Brennstoffe, welche die Regel für die Erzeugung des Generatorgases bildet, muß zuerst eine Verkohlung derselben und dann erst die Vergasung des Kohlenstoffs in der beschriebenen Weise eintreten.

Die Verkohlung verläuft in der nämlichen Weise, wie wir sie bei der Verkohlung des Holzes oder der Verkokung der Steinkohlen kennen gelernt haben. Sie geschieht im Schachte des Gaserzeugers durch die in demselben aufsteigenden Gase, nämlich Stickstoff, Kohlenoxyd und Kohlensäure, welche aus den unverkohlten Brennstoffen Kohlenwasserstoffe, Wasserstoff und Wasser austreiben, während verkohlte Brennstoffe (Holzkohle, Torfkohle, Koks) zurückbleiben. Die ausgetriebenen Gase mischen sich mit den erhitzenden Gasen und bilden mit denselben zusammen das Generatorgas. Der verkohlte Brennstoff rückt im Gaserzeuger herunter und wird in demselben in der nämlichen Weise vergast, wie es von den verkohlten Brennstoffen dargelegt ist. Die hierbei entstandenen Gase erhitzen die unverkohlten Brennstoffe im oberen Teil des Generators auf die Zersetzungstemperatur.

Nur bei einem einzigen Gaserzeuger geschieht die Verkohlung durch die Abhitze von Flammöfen. In demselben mischen sich die ausgetriebenen Gase mit den Gasen des in besonderen Räumen vergasten verkohlten Brennstoffs und bilden das Generatorgas.

Die Zusammensetzung des aus unverkohlten Brennstoffen hergestellten Gases ist oben angegeben.

Man nennt bei der Gaserzeugung aus rohen Brennstoffen die zuerst eintretende Verkohlung die „**Entgasung**", welcher dann die „**Vergasung**" des zurückgebliebenen Kohlenstoffs folgt.

Durch die Entgasung werden Wärmeverluste herbeigeführt, wodurch bei Entgasung und Vergasung in dem nämlichen Raume die Reduktion der Kohlensäure zu Kohlenoxyd beeinträchtigt wird. Zur Vermeidung dieses Übelstandes muß man den Gaserzeuger möglichst heiß gehen lassen, weil andernfalls in dem Generatorgas die Kohlensäure zunimmt und das Kohlenoxydgas abnimmt, wie aus der oben angeführten Zusammensetzung des Gases hervorgeht.

Soll der im Generatorgas enthaltene Wasserdampf aus demselben ausgeschieden werden, so muß das Gas auf die Lufttemperatur abgekühlt werden, wobei es aber die verhältnismäßig großen im Gaserzeuger aufgenommenen Wärmemengen verliert. Hiernach ist die Ausscheidung des Wasserdampfes aus dem Generatorgas nur dann vorteilhaft, wenn der hierdurch entstehende Wärmegewinn größer ist als der mit der Abkühlung der Gase verbundene Wärmeverlust. Das ist nur dann der Fall, wenn es sich um sehr wasserreiche Brennstoffe bezw. um die Kondensation sehr großer Mengen von Wasserdampf handelt. Außer Wasserdampf wird auch wohl Teer aus den Gasen ausgeschieden. Das ist der Fall, wenn es sich um Vorwärmung von Gasen, welche reich an schweren Kohlenwasserstoffen sind, in sogen. Wärmespeichern (d. i. ein System von kleinen Kanälen mit glühenden Wänden) handelt. Die schweren Kohlenwasserstoffe scheiden nämlich in den heißen Kanälen Kohlenstoff aus und rufen dadurch eine Verstopfung derselben hervor. Diesem Übelstande hilft man durch Ausscheidung der schweren Kohlenwasserstoffe aus dem Gase in der Form von Teer ab. Die Ausscheidung desselben ist mit den nämlichen Übelständen verbunden wie die Ausscheidung des Wassers aus dem Gase.

Man nimmt die Verbrennungswärme des Generatorgases aus unverkohlten Brennstoffen je nach der Lebhaftigkeit des Zuges zu 1000 bis 1240 W. E. an.

Die Vorrichtungen zur Herstellung des Generatorgases.

Die Vorrichtungen zur Herstellung des Generatorgases nennt man Generatoren. Dieselben stellen mit einer Ausnahme einen einzigen schachtartigen Raum dar, in welchem sowohl die Entgasung als auch die Vergasung der Brennstoffe stattfindet. Die einzige Ausnahme bildet der Gröbe-Lürmann-Generator, welcher aus einem Entgasungsraum und aus einem Vergasungsraum besteht. Die Entgasung findet hier nicht, wie bei den anderen Generatoren, durch die bei der Verbrennung der zu vergasenden Brennstoffe gebildeten heißen Gase, sondern durch die Fuchsgase von fremden Öfen (Flammöfen) statt, welche um den Entgasungsraum herumgeführt werden.

Die Generatoren (mit Ausnahme des Gröbe-Lürmann-Generators) stellen von Mauerwerk umgebene Räume mit senkrechter Hauptachse und senkrechten oder geneigten, oder teils senkrechten, teils geneigten Seitenwänden dar.

Sie sind mit den erforderlichen Vorrichtungen zum Einbringen der Brennstoffe, zum Herausschaffen der Asche derselben, zum Einführen der zur Vergasung erforderlichen Luft, zum Abführen der Gase sowie zur Beobachtung der Vorgänge im Generator und zur Bearbeitung der Massen in demselben versehen. Der erforderliche Zug wird mit Hilfe von Essen oder mit Hilfe von Gebläsewind hervorgerufen. Bei Zuggeneratoren beträgt die Höhe der Kohlenschicht 1 m, während sie bei Anwendung von Gebläseluft 2 m und darüber beträgt.

Bei den Gebläsegeneratoren wird die Luft durch Ventilatoren unter einem Druck von 80—100 mm Wassersäule eingeführt. Dieselben besitzen deshalb eine erheblich größere Leistung und liefern bei der in ihnen herrschenden hohen Temperatur an Kohlenoxyd reicheres Gas als die Zuggeneratoren. Da außerdem das Gas an den Ort der Verbrennung gedrückt wird, kann dasselbe durch Ansaugen von Luft nicht verdünnt werden.

Die Gebläsegeneratoren haben seit einiger Zeit, besonders in der Eisenindustrie, große Verbreitung gefunden und dürften die in dieser Industrie bis vor nicht langer Zeit allgemein angewendeten Zuggeneratoren verdrängen.

Die Generatoren sind entweder zu Gruppen vereinigt und stehen dann in einer mehr oder weniger großen Entfernung von dem Verbrennungsraume der Gase oder sie sind unmittelbar mit dem Ofen, in welchem die Gase verbrannt werden, verbunden.

Wenn eine Kondensation von Teer und Wasserdampf, wie sie beim alten Siemens-Generator stattfand, nicht bewirkt werden soll, so stellt man die Generatoren im Interesse der Ausnutzung der Wärme, welche die Gase in ihnen erhalten haben, so nahe als möglich an die Öfen heran, in welchen die Verbrennung der Gase erfolgen soll. (In den neueren Generatoren zersetzt man den Teer dadurch, daß man das Gas in einem tieferen Niveau abzieht.)

Von den zu einem Blocke vereinigten Zuggeneratoren ist der Gruppengenerator von Siemens anzuführen, welcher sich früher einer weiten Verbreitung erfreute, gegenwärtig aber vielfach durch die Gebläsegeneratoren verdrängt ist. Derselbe besteht aus vier zu einem Block vereinigten Einzelgeneratoren.

Jeder derselben (Fig. 88) stellt einen infolge der starken Neigung seiner Vorderwand nach unten verjüngten Schacht A dar. Die Vorderwand b endigt nach unten in einem kurzen Treppenrost e, an welchen sich ein horizontal liegender Planrost d anschließt. Die Decke des Generators bildet ein Gewölbe, in welchem sich mehrere (4) Öffnungen C¹ C² C³ C⁴ zum Einfüllen der Brennstoffe befinden. Durch dieselben kann man auch Gezähstücke in das Innere der Generatoren einführen und Ansätze oder Verstopfungen beseitigen, welcher Fall bei Generatoren mit Treppenrost häufig eintritt. Manche Generatoren besitzen zu diesem Zwecke auch noch besondere Öffnungen. Auf der schrägen Vorderwand b des Generators werden die unverkohlten Brennstoffe entgast, während sie im

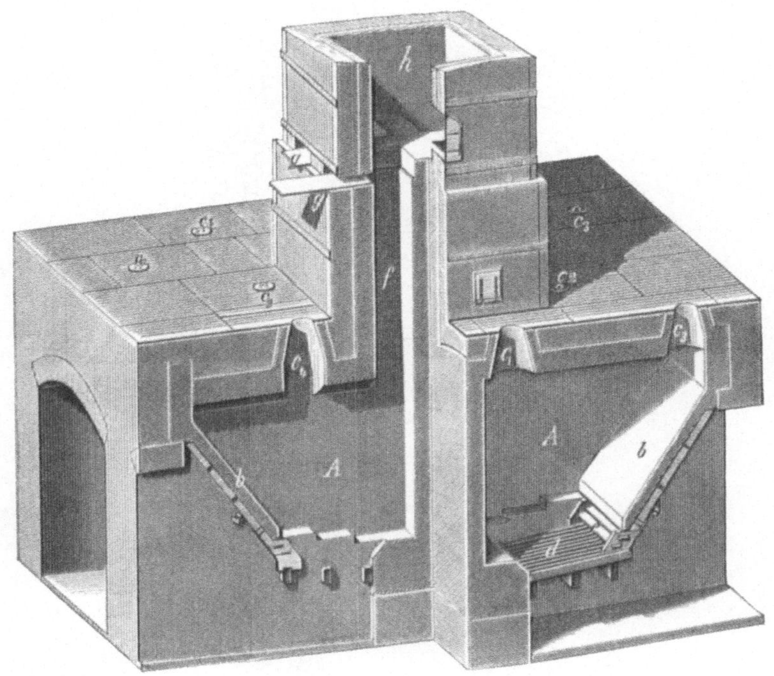

Fig. 88.

unteren Teile desselben vergast werden. Die Gase treten an der Hinterwand des Generators durch den Kanal f und den Sammelkanal h in die aus Eisenblech hergestellte Hauptgasleitung, in welcher Teer und Wasser niedergeschlagen werden.

Die Einzelkanäle können durch Schieber g von der Hauptgasleitung abgesperrt werden. Durch die Vereinigung der Generatoren und die abwechselnde Beschickung derselben erhält man in der Hauptleitung Gase von konstanter Zusammensetzung.

Der Generator hat den Nachteil, daß die Wärme, welche das Gas, die Wasser- und die Teerdämpfe mit sich führen, verloren geht.

Von den in enger Verbindung mit dem Heizraum der Öfen stehenden Zuggeneratoren seien die Generatoren von Boëtius und Bicheroux erwähnt.

Der **Generator von Boëtius** (Fig. 89) besitzt eine geneigte Vorderwand a, auf welcher der Brennstoff in den unteren durch einen Planrost abgeschlossenen Teil desselben herabrutscht. Der Brennstoff wird durch einen Spalt S zwischen der Oberkante der geneigten Wand des Generators und der Rückwand des Ofens, in welchem die Verbrennung der Gase erfolgt, aufgegeben. Dieser Spalt wird durch den Brennstoff selbst verschlossen.

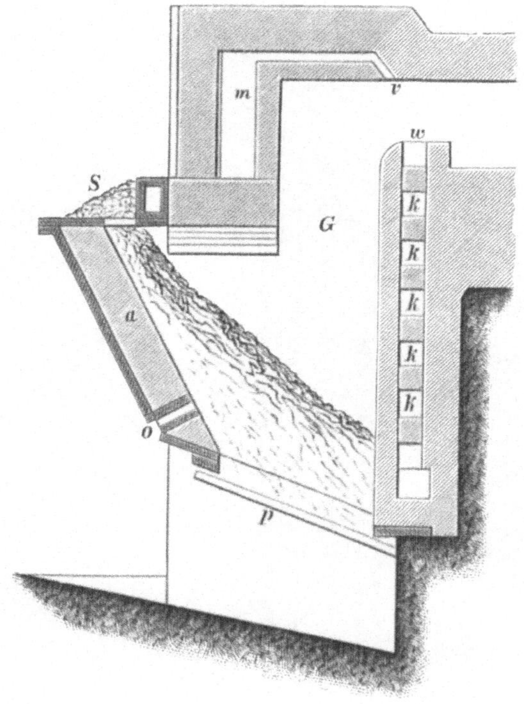

Fig. 89.

In dem unteren Teile der geneigten Wand befinden sich Öffnungen O, die sowohl zur Einführung von Luft in den Generator, als auch zur Entfernung gesinterter Massen aus demselben dienen.

Die Gase treten durch den Kanal G in den Ofen.

Die zur Verbrennung derselben erforderliche Luft wird in den Kanälen k und m vorgewärmt. Die in k k vorgewärmte Luft tritt durch den Schlitz w, die in m vorgewärmte Luft durch den Schlitz v zu den Gasen.

Der **Generator von Bicheroux** (Fig. 90) ist dadurch gekennzeichnet, daß nicht allein die Hinterwand, sondern auch die derselben gegenüberliegende Wand geneigt ist, so daß er einen großen Fassungsraum hat.

Infolge dieser Einrichtung wird der Generator nicht allzu dicht an den Ofen herangelegt, sondern durch einen Kanal k mit demselben verbunden. Die Verbrennungsluft für die Gase wird in Kanälen des Mauerwerks vorgewärmt.

Das Einfüllen des Brennstoffs geschieht in ähnlicher Weise wie bei dem Generator von Boëtius durch einen Spalt s an der vorderen oberen Kante desselben.

Ein bei dem Betrieb von Siemens-Martinöfen in der neuesten Zeit häufig angewendeter Gebläsegenerator ist aus den Figuren 91 — 94 ersichtlich[1]).

Der Schacht stellt einen Raum von der Gestalt einer vierseitigen, oben und unten abgestumpften Doppelpyramide dar. Derselbe besitzt ein

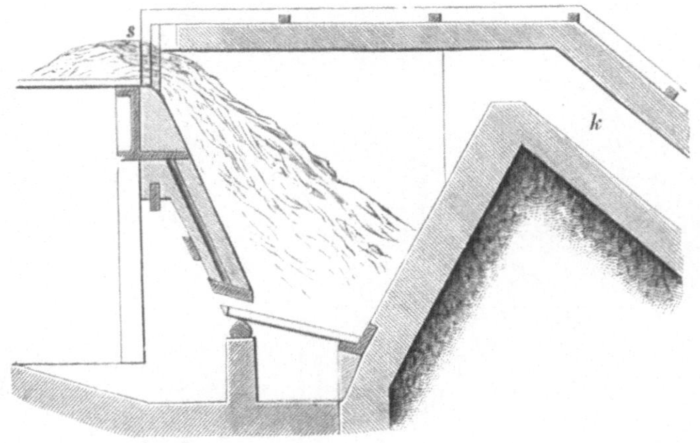

Fig. 90.

feuerfestes Futter, welches in gewöhnlichem Mauerwerk steckt. Das letztere ist von einem Blechmantel umgeben. Eine Reihe dieser Öfen stehen nebeneinander in einer Mauernische. Hinter derselben befindet sich ein hoher Kanal, welcher zum Auffangen des Flugstaubs und als Sammelkanal für die Gase sämtlicher Generatoren dient. Am unteren Ende ist der Schacht durch einen schrägen Rost abgeschlossen. Der unter demselben befindliche Aschenfall ist durch metallene Türen verschlossen. In denselben münden unter dem Rost zwei Luftzuführungsrohre. (Dieselben können auch zur Zuführung von Wasserdampf oder teils von Luft, teils von Wasserdampf dienen.) Der Brennstoff gelangt durch die aus den Figuren 91 und 92 ersichtliche Aufgebevorrichtung in den Schacht.

Das Gas tritt durch zwei Öffnungen im oberen Teile des Schachtes in einen zuerst aufwärts und dann abwärts gerichteten Kanal und dann

---

[1]) Dürre, Vorlesungen über allgem. Hüttenkunde, S. 233.

in den Sammelkanal. Aus dem letzteren gelangt es durch das senkrechte Hauptgasrohr und das am Ende desselben angebrachte würfelförmige Kniestück in ein horizontales Rohr, welches es an den Ort des Verbrauchs führt. Das Kniestück ist mit einer Explosionsklappe versehen.

Der Generator von Taylor ist bei den Generatoren zur Erzeugung von Mischgas beschrieben.

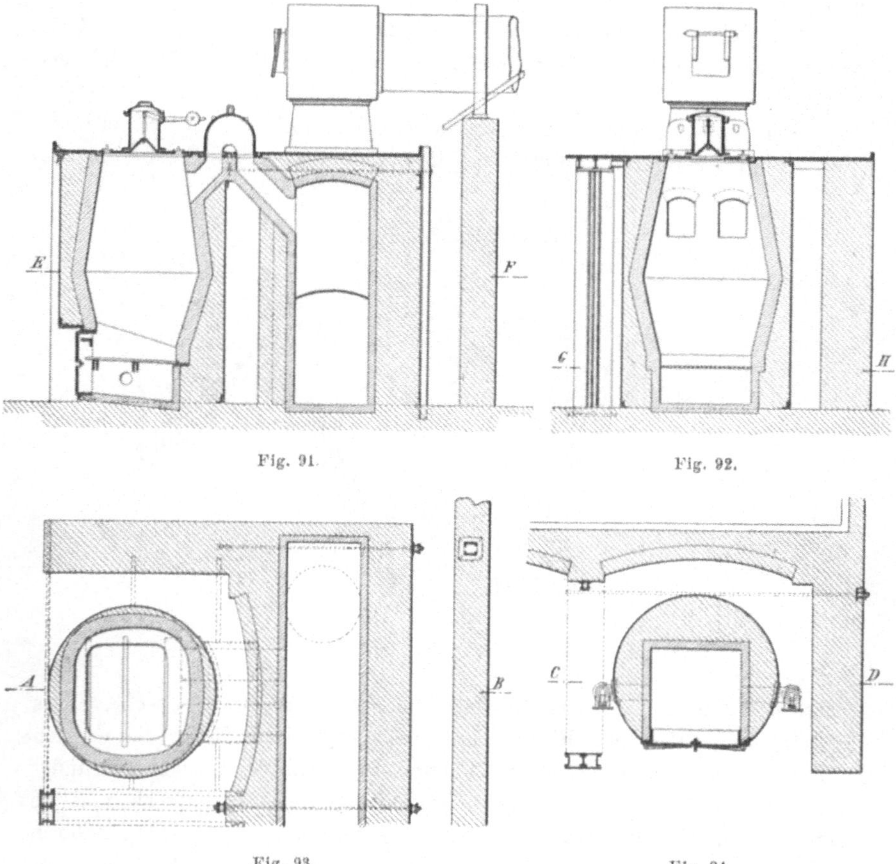

Fig. 91.   Fig. 92.

Fig. 93.   Fig. 94.

Der einzige Generator mit getrennter Entgasung und Vergasung, der Generator von Groebe-Lürmann ist aus den Figuren 95 und 96 ersichtlich.

Derselbe liegt in unmittelbarer Nähe des zu erhitzenden Ofens. Die aus dem letzteren entweichenden verbrannten Gase werden um den Entgasungsraum des Generators geleitet und bewirken dadurch die Entgasung der in demselben befindlichen Kohlen.

Er besteht aus dem retortenartigen, sich nach dem Vergasungsraume hin erweiternden Entgasungsraume A und dem sich an denselben an-

schließenden für eine ganze Anzahl von Entgasungsräumen gemeinschaftlichen Vergasungsraume B. Die zur Gaserzeugung bestimmten Steinkohlen

Fig. 95.

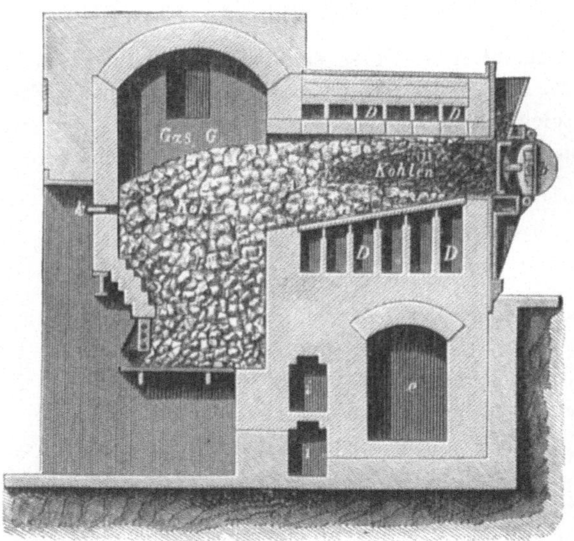

Fig. 96.

werden, wie bei dem Lürmannschen Koksofen, durch eine mechanische
Beschickungsvorrichtung b kontinuierlich in den Entgasungsraum eingeführt und gelangen nach geschehener Entgasung in den nach unten zu

durch einen Rost abgeschlossenen Vergasungsraum B. Durch die Spalten dieses Rostes tritt die zur Vergasung erforderliche Luft in den Vergasungsraum. Die im Entgasungsraume entwickelten Gase treten aus dem ersteren in den Vergasungsraum, mischen sich hier mit den daselbst gebildeten Gasen und ziehen dann gemeinschaftlich aus dem Vergasungsraum durch eine Öffnung in der Nähe des Gewölbes desselben nach dem Ofen, dessen Abhitze den Entgasungsraum heizt.

D sind die den Entgasungsraum umgebenden Heizkanäle. e ist ein Kanal zur Aufnahme derjenigen Gase, welche bei starker Gasentwickelung nicht von den Heizkanälen aufgenommen werden können. ii sind Kanäle zur Vorwärmung der Verbrennungsluft für die Gase.

Die letzteren ziehen durch eine Öffnung am Ende des Vergasungsraumes ab.

Die Breite des Generators beträgt 3,65 m, während die Länge von der Zahl der Entgasungsräume abhängt. Dieselbe beträgt für zwei Entgasungsräume 3,78 m, für jeden folgenden Entgasungsraum 1,75 m.

Von Lürmann sind auch Doppelgeneratoren dieser Art angegeben worden. Bei denselben sind zu beiden Seiten des Vergasungsraums Entgasungsräume vorhanden.

Eine weitere Verbreitung hat der Gröbe-Lürmann-Generator nicht erlangt.

Verwendung der Generatorgase.

Die Generatorgase finden eine sehr ausgebreitete Verwendung, wenn es sich um sehr hohe Temperaturen oder um lange Flammen handelt, ferner in solchen Fällen der Flammofenfeuerung, in welchen die zu erhitzenden Körper durch Staub und Flugasche nicht verunreinigt werden sollen.

Das Gichtgas.

Unter Gichtgas versteht man das aus der oberen Öffnung der Schachtöfen, der sogen. Gicht, austretende Gasgemenge. Bei einigen metallurgischen Verfahren, besonders bei der Gewinnung des Roheisens durch Reduktion der Oxyde und Silikate des Eisens durch Kohlenoxyd und Kohlenstoff hat dasselbe einen so hohen Gehalt an Kohlenoxyd, daß es als Brennstoff Verwendung findet. In der neuesten Zeit findet es auch Verwendung als Kraftgas zum Betrieb von Motoren.

Die durchschnittliche Zusammensetzung des Gichtgases der Eisenhochöfen ist nach Lürmann[1] die nachstehende:

---

[1] Stahl und Eisen 1898, S. 245, Anlage III.

Volumproz.

Kohlenoxyd	26
Kohlensäure	9
Wasserstoff	3,6
Stickstoff	51,3
Wasserdampf	10

Die Verbrennungswärme (absoluter Wärmeeffekt) beträgt 879,6 W.E., die Verbrennungstemperatur 1650⁰.

Das Gichtgas ist ärmer an Stickstoff als das Generatorgas, weil im Schachtofen ein Teil des Kohlenstoffs nicht durch den Sauerstoff der atmosphärischen Luft, sondern durch den Sauerstoff des Eisenoxyds oxydiert wird.

Das aus der Gicht austretende Gas enthält noch eine Reihe staubförmiger Körper beigemengt. Das Auffangen des Gases geschieht mit Hilfe besonderer Vorrichtungen, der sogen. Gasfänge, deren Einrichtung bei den Vorrichtungen für die Metallgewinnung besprochen wird. Aus den Gasfängen führt man das Gas durch Rohre aus Schmiedeeisen in Vorrichtungen, in welchen es von Staubteilen befreit wird, die Staubfänge. In denselben schlägt sich auch der noch nicht kondensierte Wasserdampf nieder. Diese Vorrichtungen sind gewöhnlich durch Wasser nach außen hin abgeschlossen.

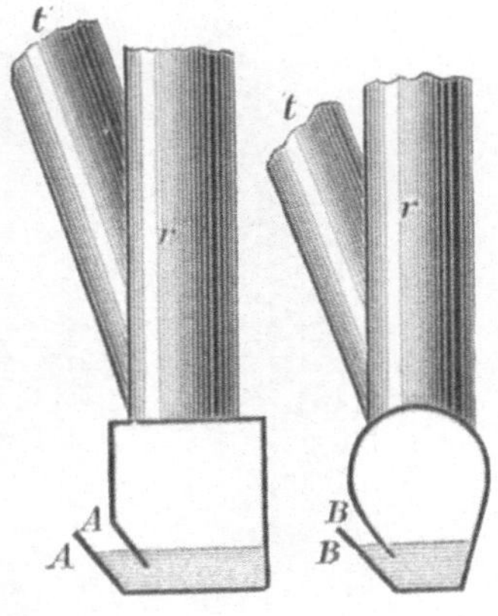

Fig. 97.   Fig. 98.

Aus den Figuren 97 und 98 sind derartige Staubfänge ersichtlich. Dieselben lassen sich durch die Schlitze A bezw. B entleeren, ohne daß der Gasstrom unterbrochen zu werden braucht. Derselbe tritt durch die Rohre rr ein und durch die Rohre tt aus.

Ein anderer Staubfang ist aus Fig. 99 ersichtlich. Durch das Rohr a wird der Gasstrom in den weiten Raum b geführt, kehrt am Ende dieses Rohres um und tritt durch das Rohr c aus. Der untere zylindrische Teil der Vorrichtung steht in Wasser. Der Schlamm wird durch eine in demselben befindliche Öffnung entfernt. Zum Niederschlagen des Staubs werden auch Wasserbrausen und Streudüsen angewendet.

Die Fortleitung der Gase aus den Staubfängen nach dem Orte ihrer Verwendung geschieht gleichfalls durch Rohre aus Schmiedeeisen. Um die Wirkung von Explosionen der Gase zu beschränken, bringt man in der Rohrleitung schräg liegende, in Scharnieren bewegliche, sich nach außen öffnende Klappen, sogen. Explosionsklappen, an, welche sich bei erhöhter Spannung der Gase von selbst öffnen. Eine derartige Explosionsklappe ist aus Fig. 100 ersichtlich. Näheres über das Auffangen, Entstauben und Fortleiten der Gichtgase enthalten die Werke über Eisenhüttenkunde von Wedding, Dürre, Ledebur, Beckert.

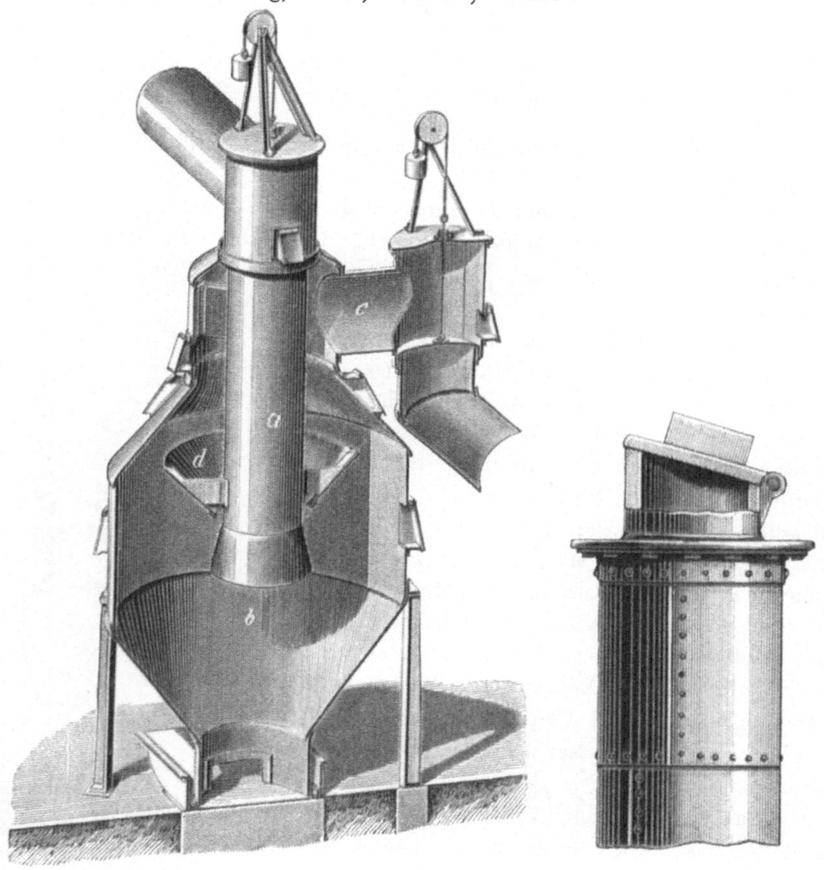

Fig. 99.　　　　　　　　　　　　　Fig. 100.

Verwendung des Gichtgases.

Das Gichtgas verwendet man zum Erhitzen des für die Hochöfen erforderlichen Gebläsewindes, zum Heizen von Dampfkesseln, besonders der Dampfkessel für die Maschinen, welche den gedachten Gebläsewind liefern, sowie zum Betriebe von Gasmotoren.

Vergasung des Kohlenstoffs durch Kohlensäure.

Kohlensäure vergast bei einer Temperatur von 1000° den Kohlenstoff nach der Gleichung:

$$C + CO_2 = 2\,CO.$$

Hierzu ist aber Wärme erforderlich, indem bei der Zerlegung der Kohlensäure mehr Wärme erfordert wird, als bei der Oxydation des Kohlenstoffs zu Kohlenoxyd entwickelt wird. Die Zerlegung der Kohlensäure in Kohlenstoff und Sauerstoff, auf das Atomgewicht bezogen, erfordert 12 (Atomgewicht des Kohlenstoffs) $\times$ 8080 W.E. = 96960 W.E., die Oxydation des Kohlenstoffs zu Kohlenoxyd dagegen $2 \times 12 \times 2387 = 57288$ W.E. Es werden daher bei der Vergasung von 12 kg Kohlenstoff durch Kohlensäure 96960 — 57288 W.E. = 39672 W.E. verbraucht. In der Praxis würde es zu teuer sein, reine Kohlensäure zur Vergasung anzuwenden. Man würde auf die Gase der Feuerungen oder auf Gichtgase angewiesen sein. Es ist hierbei zu bedenken, dass im Vergasungsraum die für die Bildung von Kohlenoxyd erforderliche Temperatur von 1000° herrschen muß und daß die für die Reaktion erforderliche Wärme, wenn sie nicht von den Feuergasen mitgeführt wird, durch Verbrennung von Kohlenstoff mit Luft beschafft werden muß. Ferner sind die kohlensäurehaltigen Verbrennungsgase mit großen Mengen von Stickstoff gemischt, dessen Zirkulation mit großen Wärmeverlusten verbunden ist. Dabei ist die Zusammensetzung des erhaltenen Gases die nämliche wie die des Luftgases.

Wenn nun auch der Kohlenstoff der kohlensäurehaltigen Gase zur Verwendung kommt und dadurch eine scheinbare Ersparnis an Brennstoff eintritt, so läßt sich ein Vorteil durch die Einführung von Verbrennungsgasen in den Gaserzeuger gegenüber der Herstellung von Luftgas doch nicht erzielen.

Das Verfahren ist von Fr. Siemens praktisch ausgeführt worden[1]), ohne daß es eine Nachahmung gefunden hätte.

Es ist wiederholt vorgeschlagen worden, die Gichtgase der Eisenhochöfen durch Generatoren zu leiten, um die Kohlensäure derselben zur Vergasung des Kohlenstoffes zu verwenden und dadurch ein an Kohlenoxyd reiches Gas zu erhalten[2]). Die Gichtgase haben gegenüber den Verbrennungsgasen den Vorteil, daß sie stickstoffärmer als dieselben sind und schon einen großen Teil Kohlenoxyd enthalten.

Der Heizwert des mit Hilfe derselben erzeugten Gases ist daher ein höherer als des mit Hilfe von Verbrennungsgasen gewonnenen Gases. Das vorgeschlagene Verfahren ist indes nicht zur Ausführung gelangt, da schon das Gichtgas allein einen wertvollen Brennstoff bildet, welcher den Eisenhochöfen im Übermaß zu Gebote steht.

Das Wassergas.

Das Wassergas ist ein Gemisch von Kohlenoxyd und Wasserstoff, welches durch Überleiten von Wasserdampf über glühende Kohlen bei einer Temperatur von ungefähr 1000° erhalten wird nach der Gleichung:

$$C + H_2O = CO + H.$$

---

[1]) (Englisches Patent 1889 No. 4644.) — Fischers Jahresber. 1890, 189; 1897, 83.

[2]) Fischers Jahresber. 1884, 1300.

Bei niedrigerer Temperatur entstehen Gemische von Kohlensäure, Kohlenoxyd und Wasserstoff. Die Kohlensäure bildet sich nach der Gleichung:

$$C + 2\,H_2O = CO_2 + 4\,H.$$

Nun ist die zur Zerlegung des Wasserdampfes verbrauchte Wärmemenge erheblich größer als die bei der Oxydation des Kohlenstoffs zu Kohlenoxyd (und Kohlensäure) entwickelte Wärmemenge. Nimmt man an, daß der Kohlenstoff nur zu Kohlenoxyd verbrannt wird (was in Wirklichkeit nicht ganz zutrifft), so gilt die Gleichung:

$$C + H_2O = CO + H_2.$$

Zur Zerlegung des Wasserdampfs sind, bezogen auf das Atomgewicht $2 \times 29140 = 58280$ W.E. erforderlich, während durch die Verbrennung des Kohlenstoffs (auf das Atomgewicht (12) bezogen) zu Kohlenoxyd $12 \times 2387 = 28644$ W.E. entwickelt werden. Es müssen also nach der gedachten Gleichung $58280 - 28644 = 29636$ W.E. zugeführt werden.

Die zuzuführende Wärme erzeugt man durch Verbrennung eines Teiles der zu vergasenden Kohle mit Hilfe von Luft, d. i. durch die Erzeugung von Generatorgas. (Bei einem der neuesten Generatoren verbrennt man den Kohlenstoff zu Kohlensäure.) Als zu vergasenden Brennstoff verwendet man am besten Koks oder Anthrazit, weil Steinkohlen zusammenbacken, infolge dessen nicht gleichmäßig im Schachte niedergehen und das gleichmäßige Durchdringen von Wasserdampf verhindern. Es müssen, um 1 cbm Wassergas zu erzeugen, gleichzeitig $3 - 5$ cbm Generatorgas hergestellt werden.

Die Zusammensetzung des Wassergases berechnet sich unter der Voraussetzung, daß alle Kohle in Kohlenoxyd verwandelt wird, auf

         93,3 Gewichtsprozente Kohlenoxyd
         6,67   -   Wasserstoff.

Dieses Gas würde bei seiner Verbrennung 4220 W.E. liefern.

Diese ideale Zusammensetzung des Gases wird aber in Wirklichkeit nicht erreicht, da es nicht möglich ist, ein von Stickstoff und Kohlensäure freies Gas herzustellen.

Das im Großen hergestellte Wassergas enthält im Durchschnitt[1] in Gewichtsprozenten:

Kohlensäure	9,4 Proz.
Kohlenoxyd	76,9 -
CH_4	0,5 -
Wasserstoff	6,1 -
Stickstoff	7,1 -

Dasselbe hat eine Verbrennungswärme von 3715 W.E.

---

[1] Beckert a. a. O. S. 96.

Nach Volumprozenten besteht es aus 3,4 CO_2, 43,6 CO, 0,5 CH_4, 48,5 H und 4 N.

Die Verbrennungswärme von 1 cbm beträgt 2650 W. E.

Die Herstellung des Gases im Großen wird so ausgeführt, daß man in eine in dem schachtartigen Generator befindliche glühende Kokssäule zuerst eine Zeitlang Luft einbläst, wodurch die Kokssäule die nötige Temperatur (1000°) erhält und dann eine kurze Zeit hindurch Wasserdampf durch die Brennstoffsäule führt, worauf man wieder Luft durchleitet u. s. f. Bei dem Durchleiten von Luft, dem sogen. Heißmachen, erhält man Generatorgas, welches bei den älteren Vorrichtungen im Generator verbrannt und zum Erhitzen von Wärmespeichern verwendet wurde, bei den neueren Vorrichtungen für sich abgeführt wird. Man benutzt dasselbe zu Heizzwecken. Bei einem der neuesten Generatoren verbrennt man den Kohlenstoff zu Kohlensäure und läßt dieselbe in das Freie entweichen. Bei dem Durchleiten von Wasserdampf, dem sogen. Gasmachen, erhält man Wassergas, welches gleichfalls für sich abgeleitet wird. Bei Anwendung mehrerer Generatoren läßt sich ein gleichmäßiger Strom von Wassergas sowohl wie von Generatorgas erzielen.

Das Wassergas dient nicht nur als Brennstoff, sondern auch, nachdem es vorher karburiert worden ist, als Leuchtgas.

Die Einrichtung eines Gaserzeugers ergibt sich aus den Zeichnungen Fig. 101 und 102.

A ist der Generator, K ein durch Wasser gekühlter Ring. An demselben setzt sich die Schlacke an und läßt sich in erstarrtem Zustande leicht ablösen. Dieselbe wird durch 4 Türen entfernt. Ist ein Kühlring nicht vorhanden, so wird die Schlacke in flüssigem Zustande entfernt, wodurch man einen kontinuierlichen Betrieb erhält, aber auch mehr Reparaturen als bei Anwendung eines Kühlringes hat. Beim Vorhandensein eines Kühlringes muß der Generator außer Betrieb gesetzt werden, wenn die Schlacke von demselben entfernt werden soll. Die Luft wird durch das Rohr x zugeführt und tritt unter dem Kühlring durch n in den Generator. Das beim Durchströmen der Luft durch die glühende Kohlensäule gebildete Generatorsgas strömt im oberen Teile des Generators bei B in das durch ein Ventil G verschliessbare Rohr Z, in welchem es nach dem Orte seiner Verwendung geleitet wird. Der Wasserdampf tritt durch das Rohr D in den oberen Teil des Generators und durchdringt die Kokssäule von oben nach unten. Das hierdurch gebildete Wassergas tritt in dem unteren Teile des Generators durch n in das Rohr g und aus diesem in den Waschturm (Scrubber) V. Da das Rohr g in Wasser eintaucht, so muß das Wassergas zuerst eine Wassersäule von einer gewissen Höhe überwinden, ehe es im Scrubber aufsteigen kann. In demselben wird es durch einen herabfallenden Wasserregen gewaschen und gelangt dann durch das Rohr w nach dem Gasbehälter.

Das Einfüllen der Kohlen in den Generator geschieht durch die Aufgebevorrichtung E. Der Eintritt des Dampfes wird durch das Schieberventil v reguliert. Der Windkanal wird durch einen mit Wasser gekühlten Schieber abgesperrt, sobald der Gaskanal zum Ausströmen des Wassergases geöffnet ist. und umgekehrt. In dem Windleitungsrohr ist eine Drosselklappe d angebracht, welche geschlossen wird, sobald der Schieber den Ausströmungskanal für das Wassergas öffnet. Dieser doppelte Abschluß des Windes bezweckt die Verhütung von Explosionen durch Berührung desselben mit dem heißen Gase.

Auf dem Schieber S sind zwei Ständer angebracht, welche eine Welle $\mathfrak{W}^1$ tragen, die ihrerseits mit der Steuerwelle $\mathfrak{W}^2$ verbunden ist. Durch die an der Welle $\mathfrak{W}^1$ angebrachten Hebel wird das Öffnen und Schließen der Drosselklappe d, des Schiebers für den Eintritt des Dampfes v und des oberen Teiles des Schiebers S bewirkt.

Das Generatorgasventil G wird durch einen an der Welle $\mathfrak{W}^2$ angebrachten Hebel geöffnet bezw. geschlossen.

Die gedachte Welle ist durch das Handrad H drehbar. Durch Drehung desselben nach der einen Richtung werden der Windkanal und die Drosselklappe im Windleitungsrohr geschlossen, der Wassergasausströmungskanal und der Dampfeinlaßschieber geöffnet, während durch Drehung nach der anderen Richtung der Wassergasausströmungskanal und der Dampfeinlaßschieber geschlossen, der Windkanal, die Drosselklappe und das Ventil im Generatorgasrohr geöffnet werden. Durch Drehung des Rades H kann man hiernach den Generator sowohl auf Heißblasen als auch auf Gasmachen stellen. In Essen (Werke von Schulz & Knaudt) wird abwechselnd 11 Minuten lang Generatorgas und 4 Minuten lang Wassergas gemacht. Man benutzt das Wassergas hier zum Schweißen von Wellblechrohren.

Für größere Anlagen verbindet man wohl je zwei Generatoren mit einem Waschturm für das Wassergas (Scrubber) und mit einem zweiten Waschturm für das Generatorgas (Staubsammler). Im letzteren Falle geht allerdings die Eigenwärme des Generatorgases verloren, so daß das Verfahren nur bei niedrigem Preise der Brennstoffe vorteilhaft erscheint. Eine derartige Einrichtung ist in den Figuren 103, 104 und 105 dargestellt und erläutert sich von selbst.

In Wittkowitz besitzen die Generatoren je 10 cbm Inhalt, die Scrubber je 18,5 cbm.

Die Luft beim Warmblasen wird durch Ventilatoren geliefert und hat 800 mm Wassersäule Pressung. Das Generatorgas strömt durch eine 800 mm weite Leitung zu 4 Cornwallkesseln.

Der Gasometer für das Wassergas hat 1200 cbm Inhalt.

Früher wurde das Wassergas in Wittkowitz (bei Mährisch-Ostrau) zum Heizen von Siemens-Martin-Öfen angewendet. Diese Art der Anwendung ist aber aufgegeben worden. Dagegen benutzt man es jetzt zum Schweißen, Schmelzen von Metalllegierungen sowie zur Beleuchtung.

Auf dem Werke der Firma Julius Pintsch in Fürstenwalde[1]) wird das Wassergas zum Schweißen von Gassammelkesseln, von Bojen für Seebeleuchtung, von Zellulosekochern, von Blechen von 10—40 mm Dicke zum Löten von Gasbehältern, zum Schmelzen von Phosphorbronze und Metallen[1]) benutzt.

In der neuesten Zeit ist von Dellvik in Stockholm ein Verfahren der Wassergaserzeugung eingeführt worden, bei welchem während des Heißblasens soviel Luft eingeführt wird, daß nicht Kohlenoxyd, sondern Kohlensäure erzeugt wird. (D. R. P. 105 511.)

Hierdurch wird eine größere Wärmemenge entwickelt und an Koks gespart. Man erhält beim Heißblasen ein kohlensäurehaltiges Gas, welches höchstens als Abhitze verwertbar ist.

Bei diesem Verfahren ist es erforderlich, die Höhe der Brennstoffschicht im Generator bezw. den Druck des Windes so zu regeln, daß nur Kohlensäure beim Heißblasen entsteht. Man regelt entweder bei gleich bleibendem Winddruck die Höhe der Koksschicht oder man regelt den Winddruck entsprechend der Höhe der gegebenen und konstant zu haltenden Koksschicht.

Das Heißblasen dauert nur wenige Minuten, während das Gasmachen 12—17 Minuten dauert.

Der Gaserzeuger hat einen Rost, auf welchem die Brennstoffschicht ruht.

Die Einrichtung desselben ist aus den Figuren 106 und 107 ersichtlich[2]). Fig. 107 stellt einen Gaserzeuger dar, welcher zur Bestimmung der Höhe der für einen gegebenen Winddruck erforderlichen Brennstoffschicht mit einem verstellbaren gußeisernen Kohlenbehälter versehen ist, während Fig. 106 einen Apparat darstellt, welcher nach Ermittelung der passenden Höhe der Brennstoffschicht anstatt des gußeisernen Kohlenbehälters einen solchen aus Schamotte erhalten hat.

In Fig. 107 stellt B den in der Stopfbüchse D verschiebbaren Kohlenbehälter dar, während in Fig. 106 der Kohlenbehälter B aus Schamott besteht. Durch die Klappe C werden beide Behälter nach dem Einführen von Brennstoff in dieselben dicht verschlossen. Durch das Rohr L wird Luft unter den Rost des Generators geführt. Der Dampf gelangt durch die Öffnung S' unter den Rost. Außerdem befindet sich im oberen Teile des Generators noch eine zweite Öffnung S zum Einblasen des Dampfes. Die Luft wird außer dem Rohr L noch durch ein zweites senkrechtes Rohr G welches mit vielen Luftdüsen versehen ist, in die Brennstoffschicht geleitet. Während des Einblasens von Luft entweichen die Verbrennungserzeugnisse durch das Rohr E. Dasselbe wird während des Einführens von Wasserdampf durch das Ventil F geschlossen. Der

---

[1]) Fischer a. a. O. S. 228.
[2]) Fischer a. a. O. S. 235.

Wasserdampf wird, um eine gleichmäßige Temperatur in der Kohlenschicht zu erhalten, abwechselnd durch die Öffnungen S und S' eingeleitet. Wird er durch S eingeführt, sò wird das Wassergas durch das Rohr J abgeleitet; strömt er dagegen durch die Öffnung S' ein, so tritt das Wassergas durch das Rohr J' aus.

Das auf der Anlage in Warstein hergestellte Wassergas hatte nach Leybold[1]) die nachstehende Zusammensetzung:

$$\begin{array}{lr}
\text{Kohlensäure (und } H_2S) & 5{,}2\,\% \\
\text{Kohlenoxyd} & 40{,}4\ \text{-} \\
\text{Methan} & 0{,}5\ \text{-} \\
\text{Wasserstoff} & 48{,}3\ \text{-} \\
\text{Stickstoff} & 5{,}6\ \text{-}
\end{array}$$

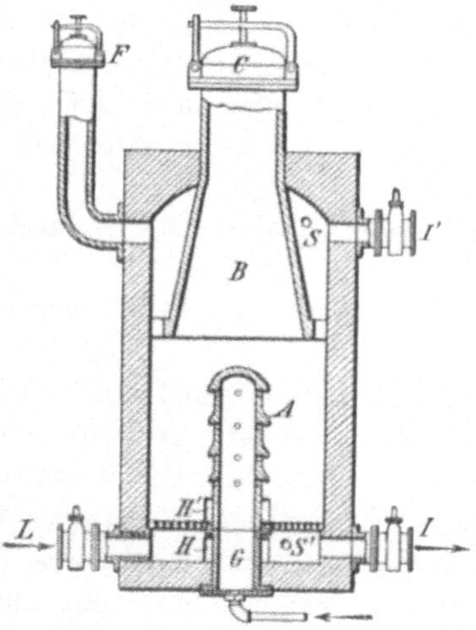

Fig. 106.

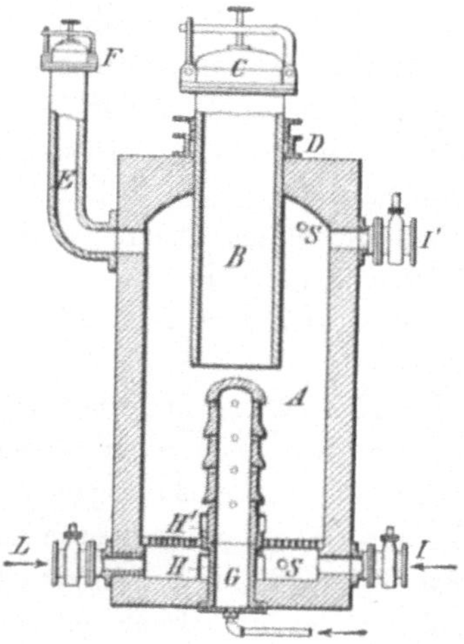

Fig. 107

Fleischer betreibt den Dellvik-Generator mit 300 mm Wassersäule Windpressung.

Ein Dellvik-Fleischer-Generator auf der Gasanstalt in Königsberg lieferte aus Koks mit 82,5 % Kohlenstoff pro kg 2 cbm Wassergas. Die Menge des in 1 Stunde von einem Generator gelieferten Gases beträgt 260 cbm. Das Gas wird mit Benzoldampf karburiert und zur Beleuchtung benutzt.

Das Dellvik-Verfahren dürfte dem gewöhnlichen Verfahren der Wassergasbereitung dann vorzuziehen sein, wenn für Generatorgas eine Verwendung nicht vorhanden ist und wenn es sich um die Erzeugung sehr hoher Temperaturen handelt.

---

[1]) Journal für Gasbeleuchtung 1898. 1528.

Mischgas.

Das Mischgas ist ein Gemisch von Luftgas und Wassergas. Man erhält dasselbe durch gleichzeitiges Einleiten von Luft und Wasserdampf in einen mit glühenden Koks gefüllten Generator.

Nach Bunte können in einen derartigen Generator auf 1 kg Kohlenstoff 0,75 kg Wasserdampf zugeführt werden, ohne daß die Temperatur unter die für die Gasbildung erforderliche Grenze sinkt.

Das Gas wird aus dem Gaserzeuger mit hoher Temperatur (gegen 500°) abgeleitet. Man verwendet dieses heiße Gas zweckmäßig zur Vorwärmung des Wasserdampfes und der Luft, welche in den Generator eingeführt werden, wodurch ein an Wasserstoff reiches Gas erzeugt wird.

Die Zusammensetzung des Gases, wie es von Dowson in seinem Generator erhalten wurde, ist die nachstehende[1]):

	Volumproz.
Kohlensäure	6,57
Kohlenoxyd	25,07
Methan	0,31
Ölbildendes Gas	0,31
Wasserstoff	18,73
Sauerstoff	0,03
Stickstoff	48,98.

J. Fischer[2]) untersuchte das in der Körtingschen Fabrik in Hannover erzeugte Mischgas und fand es im Durchschnitte zusammengesetzt wie folgt:

	Volumproz.
Kohlensäure	7,2
Kohlenoxyd	26,8
Methan	0,6
Wasserstoff	18,4
Stickstoff	47.

Als kohlenstoffhaltiger Körper wurde Anthrazit verwendet. 1 kg desselben lieferte 4,8 cbm Gas. 1 cbm Gas hatte eine Verbrennungswärme von 1345 W. E. Die Temperatur der Gase beim Verlassen des Generators betrug 495°.

Nach Knapp[3]) ist das auf der Deutzer Gasmotorenfabrik bei Köln erzeugte Mischgas zusammengesetzt wie folgt:

---

[1]) Engineering 39, 418.
[2]) Fischers Jahresber. 1891, 84; 1893, 108; 1894, 81.
[3]) Vortrag im Kölner Bezirksverein deutscher Ingenieure. 9. Februar 1898.

	Volumproz.
Wasserstoff	17
Kohlenoxyd	23
Kohlenwasserstoff	2
Kohlensäure	6
Stickstoff	52.

Man verwendet das Mischgas als Brennstoff für hohe Temperaturen und in ausgedehntem Maße als Kraftgas für den Betrieb von Motoren.

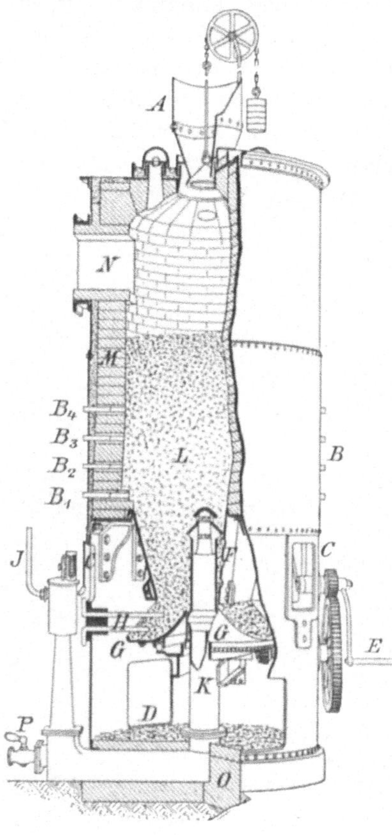

Fig. 108.

Das als Kraftgas zu verwendende Mischgas wird zum Zwecke der Reinigung durch Scrubber geführt.

Aus der großen Zahl der Generatoren für Mischgas ist als einer der verbreitetsten der Generator von Taylor (D.R.P. 50 137) anzuführen. Derselbe ist aus der Fig. 108 ersichtlich. Der Schacht ist aus Eisenblech hergestellt und mit einem feuerfesten Futter M versehen. A ist die Aufgebevorrichtung. N ist das Abzugsrohr für das Mischgas. Der Aschenfall ist durch Türen D verschlossen. Durch ein Dampfstrahlgebläse J wird Luft angesaugt und mit dem Wasserdampf durch das Rohr K in den Schacht geführt. Die Menge der zuzuführenden Luft läßt sich durch den Hahn P regeln.

G ist ein Drehtisch, dessen gerundete Kegelfläche das Rohr K umgibt. Der Drehtisch kann mit Hilfe der Kurbel E gedreht werden. H sind vom Mantel des Generators ausgehende Stäbe von verschiedener Länge zum Auflockern der auf dem Drehtisch liegenden Verbrennungsrückstände. B_1 bis B_4 sind Schaulöcher zur Beobachtung der Verbrennungsvorgänge im Generator. Die Verbrennung des Brennstoffes soll 0,1 m über dem oberen Ende des Rohres K ihren Anfang nehmen. Unter diesem Niveau, in dem durchlöcherten gußeisernen Trichter F sollen sich nur Verbrennungsrückstände befinden. Dieselben gelangen auf den Drehtisch G und fallen beim Drehen desselben mit Hilfe der Kurbel E in den Aschenfall, aus welchem sie durch die Türen D entfernt werden. Der Drehtisch wird in

Bewegung gesetzt, sobald die Verbrennungszone zu hoch steigt, was durch die Schaulöcher B_2 und B_3 bemerkt wird. Infolge der Entfernung der Asche sinkt auch die Brennstoffsäule.

Der Taylor-Generator hat sich sehr gut bewährt.

Er hat eine Verbesserung durch Fichet und Heurty erfahren (D. R. P. 74 982), welche Luft und Wasserdampf vor ihrer Einführung in den Generator durch die Hitze des aus demselben austretenden Mischgases vorwärmen.

Die Einrichtung eines derartig verbesserten Generators ist aus der Fig. 109 ersichtlich[1]).

Der kleine stehende Kessel w dient zur Erzeugung des Dampfes. Derselbe strömt durch das Rohr a in das Schlangenrohr s, welches sich

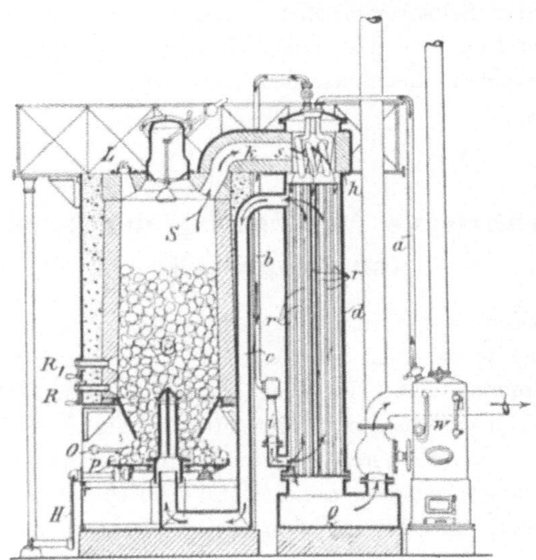

Fig. 109.

im oberen Teile des Vorwärmers befindet. Hier wird er durch das aus dem Generator durch den Kanal k austretende Mischgas erwärmt und gelangt dann durch das Rohr b nach dem Dampfstrahlgebläse i, um nach Ansaugung der erforderlichen Menge von Luft mit derselben in den unteren Teil des Vorwärmers einzutreten und denselben, die von dem heißen Mischgas durchzogenen Röhren r umspülend, von unten nach oben zu durchziehen. Aus dem oberen Teil des Vorwärmers treten Luft und Wasserdampf durch das Rohr c in den Generator. Das Mischgas gelangt durch den Kanal k und die Röhren r des Vorwärmers in den Raum Q. Aus dem letzteren gelangt es an den Ort des Verbrauches oder, falls es als Kraftgas für Motorenbetrieb benutzt werden soll, zuerst in Reinigungs-

---

[1]) Fischer a. a. O. S. 258.

apparate und dann in ein Gasometer. Zum Zwecke der Reinigung des Vorwärmers ist der obere Deckel desselben leicht abnehmbar. Die Entfernung der Asche aus dem Generator geschieht durch Drehen der rotierenden Scheibe P mit Hilfe der Handkurbel H. Durch die Löcher O wird mit Hilfe von Eisenstäben die Asche gelockert. L sind Störlöcher, durch welche Gezähe eingeführt werden, um beim unregelmäßigen Sinken des Brennstoffs denselben herunterzustoßen. R und R_1 sind Schaulöcher.

Bei Anwendung von Gaskohlen scheidet sich aus dem Mischgas bei der Abkühlung desselben Teer ab. In diesem Falle stellt man den Vorwärmer möglichst nahe an dem Ofen auf, in welchem die Verbrennung des Mischgases stattfindet, damit das Gas ohne Abscheidung von Teer verbrennen kann. Selbstverständlich kann hier das Mischgas nicht zum Vorwärmen von Luft und Wasserdampf dienen, sondern man muß die Vorwärmung durch die Fuchsgase des Ofens bewirken.

4. Die praktische Ausführung der Verbrennung der Brennstoffe.

Die praktische Ausführung der Verbrennung der Brennstoffe gestaltet sich verschieden, je nachdem man feste, flüssige oder gasförmige Brennstoffe zu verbrennen hat. In allen diesen Fällen müssen die Verbrennungsvorrichtungen aber mit Einrichtungen zur Zufuhr der Luft zu den zu verbrennenden Körpern und zur Abführung der gasförmigen Verbrennungserzeugnisse versehen sein. Diese Einrichtungen sind Essen, in einigen Fällen auch Gebläsevorrichtungen. Wir haben hiernach zu unterscheiden

A. die Einrichtungen zur Verbrennung der verschiedenen Brennstoffe und

B. die Einrichtungen, welche die Zufuhr der Luft zu den Brennstoffen und die Abführung der gasförmigen Verbrennungserzeugnisse bewirken.

A. Die Einrichtungen zur Verbrennung der Brennstoffe.

a) Die Verbrennung fester Brennstoffe.

Die Verbrennung fester Brennstoffe wird entweder so ausgeführt, daß die Brennstoffe sich getrennt von den zu erhitzenden Körpern in einem besonderen Raume befinden oder so, daß dieselben in unmittelbarer Berührung mit den zu erhitzenden Körpern sind, oder so, daß die Brennstoffe in einem besonderen Raume verbrennen, in welchem erst nach be-

endigter Verbrennung der zu erhitzende Körper eingeführt wird (Bäckeröfen). Im ersteren Falle ist eine besondere Feuerungsanlage erforderlich,
aus welcher die Flamme der Brennstoffe in oder um den Raum, in
welchem sich die zu erhitzenden Körper befinden, den sogen. Erhitzungsraum, geleitet wird. In den beiden letzten Fällen fällt die Feuerungsanlage mit dem Erhitzungsraum zusammen.

Wir haben hiernach die Verbrennung fester Brennstoffe in besonderen
Feuerungsanlagen und die Verbrennung derselben ohne besondere
Feuerungsanlagen zu unterscheiden.

Die Verbrennung fester Brennstoffe in besonderen Feuerungs-anlagen.

Die meisten Feuerungsanlagen für feste Brennstoffe sind so eingerichtet, daß die Verbrennung auf einer durchbrochenen Unterlage, dem
sogen. Rost erfolgt. Nur ausnahmsweise findet sie auf einer nicht durchbrochenen Unterlage statt. Man unterscheidet hiernach Rostfeuerungen und
Feuerungen ohne Rost. Die Rückstände der Verbrennung scheiden sich
bei den Rostfeuerungen in fester Gestalt als Asche und zwar in der Form
von Pulver oder von zusammengesinterten Stücken aus.

Die Rostfeuerungen.

Jede Rostfeuerung besteht aus dem eigentlichen Feuerraum, dem
Rost und dem Aschenfall.

Der Feuerraum, in welchem die Verbrennung der festen Körper erfolgt, wird nach unten durch den Rost abgeschlossen.

Die Flamme der auf demselben liegenden Brennstoffe sowie die verbrannten Gase ziehen aus dem Feuerraum entweder direkt in den Er-
hitzungsraum, so daß sie in unmittelbare Berührung mit den zu erhitzenden Körpern kommen, oder ganz oder teilweise um denselben herum, so
daß der Erhitzungsraum von außen geheizt wird und die zu erhitzenden
Körper nicht von der Flamme und den verbrannten Gasen berührt werden.
Der Aschenfall bildet die Verlängerung des Feuerraumes unter dem
Rost. Er dient zur Aufnahme der Asche und zur Zuführung der für die
Verbrennung erforderlichen Luft unter den Rost. Derselbe ist nach der
Vorderseite des Feuerraumes hin geöffnet, wenn die Einführung der Luft
in denselben durch Essenzug erfolgt; er ist verschlossen, wenn die Verbrennungsluft durch Gebläsevorrichtungen (Unterwind) in denselben eingeführt wird. Das Einführen des Brennstoffs in den Feuerraum geschieht
durch Öffnungen, welche entweder durch Türen oder durch den Brennstoff
selbst verschlossen werden.

Man unterscheidet je nach der Einrichtung des Rostes eine ganze
Reihe von Rostfeuerungen. Die am meisten verbreitete Feuerung ist die
mit Planrost.

Der Planrost.

Derselbe stellt eine horizontal oder geneigt liegende Platte dar, welche aus einer Anzahl nebeneinander liegender Stäbe, Roststäbe genannt, besteht. Nur ausnahmsweise stellt er eine durchlöcherte Gußeisenplatte dar. Der Brennstoff wird auf dem Rost ausgebreitet. Die Verbrennungsluft tritt durch die zwischen den Roststäben gelassenen freien Räume, die Rostfugen, zu dem Brennstoff.

Was nun die Einrichtung des Rostes anbetrifft, so ist die Gestalt der ihn zusammensetzenden Röststäbe außerordentlich mannigfaltig. Für niedrige Temperaturen werden am meisten Roststäbe aus Gußeisen mit trapezförmigem Querschnitt angewendet. An den Enden sind sie mit Köpfen versehen, welche die Spaltweite regeln. Um sie haltbarer zu machen, hat man sie nach unten hin ausgebaucht oder auch wohl durchbrochen hergestellt. Sie sind oben 15—20 mm, unten 10 mm stark. Die Höhe beträgt in der Mitte 100 mm, an den Enden 40—50 mm. Zur Erhöhung der Haltbarkeit werden sie häufig aus kohlenstoffarmem Eisen hergestellt und an der Feuerseite durch Abschrecken beim Gusse gehärtet.

Roststäbe, welche hohe Temperaturen auszuhalten haben (z. B. bei Flammöfen), werden aus Schmiedeeisen hergestellt und erhalten quadratischen Querschnitt von 30—40 mm Seite.

Die Roststäbe liegen auf Trägern aus Eisen von dem verschiedensten Querschnitt. Dieselben sind gewöhnlich in die Längsseiten des Feuerraumes eingemauert. Bei langen Rosten bringt man 2 Reihen von Roststäben hintereinander an, in welchem Falle noch ein weiterer Rostbalken in der Mitte des Feuerraums angebracht wird.

Die Größe des Zwischenraumes zwischen je zwei Roststäben (Rostfugen) hängt von der Stückgröße und der Art des Brennstoffs ab und schwankt zwischen 2 und 10 mm.

Die Länge des Rostes macht man so groß, daß noch ein bequemes Beschicken desselben möglich ist, und geht nicht über 2 m.

Man nennt die Gesamtfläche des Rostes totale Rostfläche, die Gesamtfläche der Rostfugen freie Rostfläche.

Die Leistungsfähigkeit eines Rostes hängt von der Größe desselben und von der Menge der zugeführten Luft ab. Die Größe der Luftzufuhr hängt von der Größe der freien Rostfläche, der Zugkraft der Esse und der Schichthöhe des Brennstoffs ab.

Nach Beckert[1]) erhalten die Roste für 100 kg in 1 Stunde zu verbrennenden Brennstoffs bei Koks 1,32 — 2 qm Rostfläche, bei Steinkohle 0,75—1,4, bei Braunkohle 0,25—1, bei Holz und Torf 0,75—1,25 qm.

Das Verhältnis der freien zur totalen Rostfläche ist bei Koks wie 1 : 3—1 : 2, bei Steinkohle wie 1 : 3,3—1 : 2, bei Braunkohle wie 1 : 5 bis 1 : 3, bei Torf und Holz wie 1 : 7—1 : 5.

---

[1]) Beckert a. a. O.

Die Verbrennung auf den Rosten gestaltet sich verschieden je nach der Anwendung von **verkohlten** oder von **unverkohlten** Brennstoffen. Verkohlte Brennstoffe sucht man im Interesse der Entwickelung der größten Wärmemenge nach Möglichkeit zu Kohlensäure zu verbrennen.

Liegt **verkohlter** Brennstoff in hoher Schicht auf dem Rost, so verbrennt die unterste Schicht desselben in Berührung mit der durch die Öffnungen des Rostes zutretenden Luft zu Kohlensäure. Ein Teil der letzteren wird beim Durchstreichen durch die heiße Brennstoffschicht zu Kohlenoxyd reduziert, wobei Wärme verbraucht wird. Diese nachteilige Bildung von Kohlenoxyd läßt sich nur dann vermeiden, wenn man die Brennstoffschicht niedrig macht und einen Überschuß von Luft durch dieselbe streichen läßt, so daß nicht Kohlensäure und Stickstoff, sondern ein Gemisch von Luft und Kohlensäure durch die Brennstoffschicht streicht. Wendet man aber zu viel Luft an, so wird die Temperatur zu niedrig. Es ist daher erforderlich, die Verbrennung mit einem nicht zu großen Luftüberschuß zu bewirken. Während man früher annahm, daß ein Luftüberschuß von 100 Prozent über die theoretisch erforderliche Luftmenge am zweckmäßigsten für die Verbrennung sei, ist man zur Zeit durch richtige Bedienung der Rostfeuerungen auf eine erheblich niedrigere Zahl gekommen. Der Luftüberschuß beträgt bei vorzüglich bedienten Feuerungen nur $12—25\,\%$, bei gut bedienten Feuerungen $33—70\,\%$ über die theoretisch erforberliche Luftmenge. Mehrere Volumprozente von Kohlenoxyd sind immer in den Verbrennungsgasen vorhanden.

Bei Anwendung **unverkohlter** Brennstoffe liegt die Absicht vor, dieselben zuerst zu entgasen, die hierbei ausgetriebenen brennbaren Gase vollständig zu verbrennen und den verkohlten Rückstand zu Kohlensäure zu verbrennen. Beide Vorgänge treten gleichzeitig bei der Verbrennung ein, indem das frisch aufgegebene Brennmaterial entgast wird, während das entgaste Brennmaterial zu Kohlensäure verbrannt wird. Die Menge der Verbrennungsluft muß hierbei so bemessen werden, daß dieselbe nicht nur zur Verbrennung des entkohlten Rückstandes zu Kohlensäure, sondern auch zur Verbrennung der Verkohlungsgase (Kohlenwasserstoffe, Wasserstoff, Kohlenoxyd) ausreicht. Man regelt dieselbe so, daß nur wenige Volumprozente Kohlenoxyd in den Verbrennungsgasen enthalten sind. Auch hier ist der Luftüberschuß ein ähnlicher, wie bei der Verbrennung verkohlter Brennstoffe.

Ein besonderer Übelstand bei der Verbrennung tritt beim Aufwerfen frischer Brennstoffe auf die in der Verbrennung begriffene Brennstoffschicht des Rostes ein. Derselbe besteht in dem Entweichen von unverbrannten, brennbaren Gasen und in der Rauch- oder Rußbildung.

Es tritt, sobald die frischen Brennstoffe auf die brennende Brennstoffschicht gelangen, eine teilweise Entgasung der ersteren ein. Die durch den Rost zutretende Luft reicht nicht aus, um die Gase (Kohlenwasserstoffe) zu verbrennen. Aber auch beim Vorhandensein der erforderlichen

Luftmenge würden die Gase nicht verbrennen können, weil sie nicht auf die Entzündungstemperatur erhitzt werden. Es tritt nämlich durch die Berührung der kalten Außenfläche der frischen Brennstoffe mit den verbrennenden Brennstoffen sowohl als auch durch die Entbindung von Gasen und Wasserdampf aus denselben eine so starke Temperaturerniedrigung ein, daß die Entzündungstemperatur der ausgetriebenen brennbaren Gase nicht erreicht wird. Dieselben entweichen deshalb unverbrannt.

Die Rauchbildung tritt ein infolge des Herabsinkens der Temperatur unter die Entzündungstemperatur der schweren Kohlenwasserstoffe. Es kann dann der in der leuchtenden Kohlenwasserstoffflamme ausgeschiedene Kohlenstoff nicht mehr verbrennen, sondern scheidet sich als Ruß aus. Weiter bildet sich Ruß, wenn schwere Kohlenwasserstoffe mit den glühenden Ofenwänden in Berührung kommen, indem sie dann in Ruß und leichte Kohlenwasserstoffe zerlegt werden. Der Ruß und Rauch ziehen unverbrannt in die Esse, wodurch gleichfalls Brennstoff verloren geht.

Diesen Übelstand hat man bei Planrosten durch die Art der Beschickung, durch die gleichzeitige Verbrennung von rohen und verkohlten Brennstoffen auf geneigten Rosten oder Doppelrosten, durch Verbrennung der Destillate mit vorgewärmter Luft zu beseitigen oder zu beschränken gesucht.

Bei anderen Arten der Rostfeuerung wird die Rauchbildung durch die Konstruktion des Rostes und die Art der Beschickung vermindert.

Die Beschickung soll im Interesse der Vermeidung der Rauchbildung in dünner Schicht gleichmäßig über den ganzen Rost verteilt werden. Dieser Zweck wird mit Hilfe von mechanischen Beschickungsvorrichtungen erreicht. Bei der Cariofeuerung, welche einen rückenförmigen, aus geneigt liegenden Roststäben mit horizontalen Ansätzen zusammengesetzten Rost besitzt, geschieht die Beschickung durch eine Mulde. Dieselbe wird, mit Kohlen gefüllt, über den Rücken des Rostes geschoben und dann umgekehrt, so daß die Kohlen auf den Rücken fallen und sich in dünner Schicht auf den geneigten Flächen des Rostes ausbreiten. Beim weiteren Beschicken werden die auf dem Rücken des Rostes liegenden entgasten Kohlen auf die geneigten Flächen des Rostes geschoben, so daß die Koks auf die wagerechten Ansätze der Roststäbe fallen und die frischen Kohlen sich in dünner Schicht auf den brennenden Kohlen verteilen. Derartige Vorrichtungen werden bei Dampfkesselfeuerungen verwendet.

Der geneigte Rost (von Tenbrink) ist nur für nicht backende Brennstoffe mit Vorteil anwendbar. Der Brennstoff wird auf dem oberen Teile des geneigten Rostes, auf welchem die Entgasung stattfindet, aufgegeben. Der entgaste Brennstoff rutscht allmählich nach unten und wird hier vergast. Die frische Luft dringt durch die Schicht des verbrennenden entgasten Brennstoffs und erlangt in derselben eine hinreichend hohe Temperatur, um die bei der Entgasung des Brennstoffs entwickelten Gase zu verbrennen.

Der Doppelrost (von Fairbairn) besteht aus zwei nebeneinander liegenden, durch eine Scheidewand von einander getrennten horizontalen Planrosten. Auf dem einen dieser Roste verbrennen frische, auf dem anderen bereits entgaste Brennstoffe. Die Verbrennungsgase beider Roste vereinigen sich hinter der Scheidewand, wo die aus den frischen Brennstoffen auf dem ersten Roste entwickelten Gase durch die heißen sauerstoffhaltigen Gase von der Verbrennung der verkohlten Brennstoffe auf dem zweiten Roste verbrannt werden.

Bei der Verbrennung der Destillate mit vorgewärmter Luft erscheint es am vorteilhaftesten, mit höherer Brennstoffschicht und geringem Luftüberschusse zu arbeiten, so daß sich ein erheblicher Teil Kohlenoxyd bildet, welchen man gleichzeitig mit den Destillaten verbrennt.

Man nennt diese Art der Feuerung „Halbgasfeuerung“. Außer Planrosten wendet man auch andere Rostarten (Treppenroste) bei derselben an. Von den vielen Halbgasfeuerungen sei die ohne Rauch arbeitende Feuerung von Wilmsmann angeführt. Dieselbe ist in der Figur 110 dargestellt[1]). g ist der mit Brennstoff beschickte Planrost. Über demselben ist in der Nähe der Feuerbrücke ein den Feuerraum nach hinten abschließender, aus feuerfesten Steinen hergestellter Bogen f angebracht, welcher im Interesse seiner Haltbarkeit durch Wasser oder Luft zu kühlen ist.

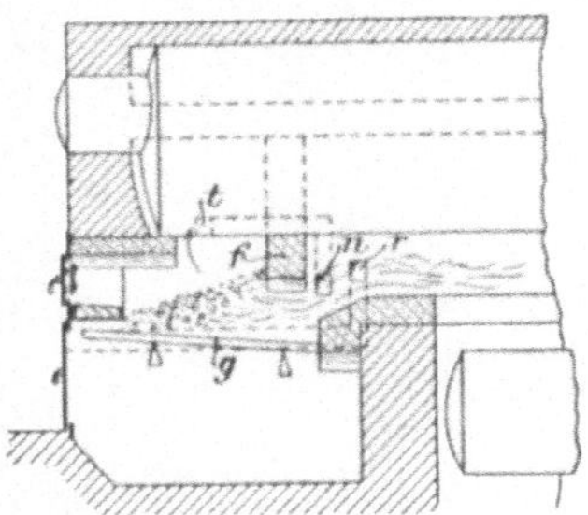

Fig. 110.

Die Brennstofflage auf dem Roste ist so hoch, daß über dieselbe keine Luft hinter den Bogen gelangen kann. Auf der vorderen Hälfte des Rostes geht die Entgasung des Brennstoffes vor sich, während auf der hinteren Hälfte desselben der entgaste Brennstoff verbrennt. Die entbundenen Gase treten bei t in einen Kanal im Seitenmauerwerk ein, aus dessen Mündung n sie unmittelbar in die heiße Flamme gelangen und mit Hilfe von erwärmter Luft, welche durch den Kanal r zugeführt wird, verbrannt werden. Diese Feuerung arbeitet ohne jeglichen Rauch, erfordert aber eine große Rostfläche.

Der Treppenrost.

Derselbe (Fig. 111) besteht aus einer Reihe von Eisenplatten, welche in regelmäßigen Zwischenräumen so untereinander gelegt sind, daß sie eine Treppe von 40—45° Neigung bilden.

---

[1]) Beckert a. a. O. S. 108.

Diese Platten ruhen auf aus Gußeisenstäben vorspringenden Leisten, welche ersteren an den Seitenwänden und in der Mitte des Rostes angebracht sind. An das untere Ende des Treppenrostes ist ein Planrost angeschlossen, durch welchen die Asche des Brennstoffes hindurchfällt.

Diesen Treppenrost hat man auch zum Zwecke der leichten Reinigung desselben beweglich gemacht. Der Brennstoff wird am oberen Ende des Rostes durch einen Fülltrichter oder durch eine Füllöffnung in der Stirnseite des Feuerraums aufgegeben. Auf dem oberen Teile des Rostes findet die Entgasung bezw. Verkohlung des Brennstoffs statt. Der ent-

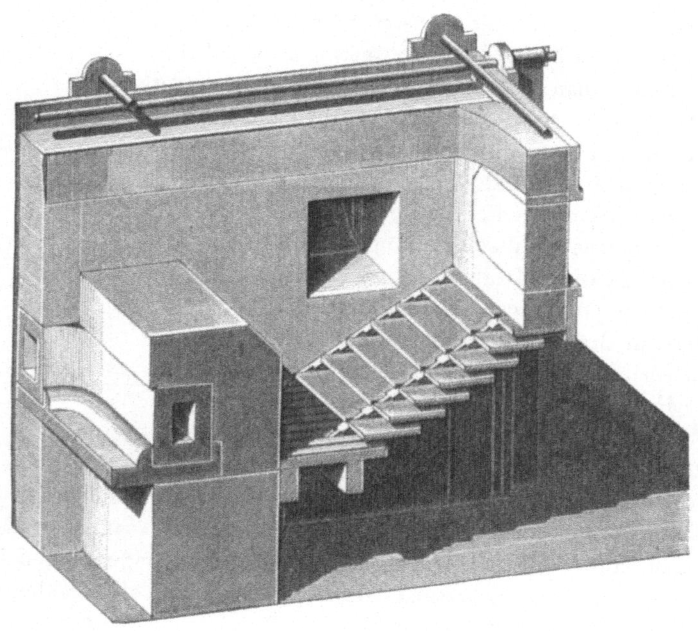

Fig. 111.

gaste Brennstoff wird von dem Schürer auf den unteren Teil des Rostes herabgestoßen, wo er vollständig verbrennt.

Beim Treppenrost tritt während des Nachschüttens von frischem Brennstoff keine kalte Luft in den Feuerraum. Die Rauchbildung wird durch den Treppenrost vermindert, indes läßt sie sich nicht vollständig beseitigen.

Dieser Rost eignet sich besonders zum Verbrennen von kleinstückigen Brennstoffen, welche bei Planrosten durch die Rostfugen hindurchfallen würden. Nur backendes Brennstoffklein eignet sich nicht für Treppenroste. Bei sehr feinem Brennstoff ist die Anwendung von Unterwind erforderlich.

Der Etagenrost.

Derselbe ist dadurch charakterisiert, daß der nachzufüllende frische Brennstoff nicht auf die verbrennende Brennstoffschicht, sondern unter dieselbe gelegt wird.   Derselbe (Fig. 112) besteht aus mehreren stufenförmig übereinanderliegenden, zum Teil gebrochenen Einzelrosten ee und einem unter dem tiefsten Roste liegenden Planrost p. Der Winkel der geneigten Rostfläche beträgt 28°.   Die horizontal liegenden Teile der Einzelroste endigen nach der Stirne des Feuerraumes hin in Eisenplatten gg zur Aufnahme des Brennstoffs.   Die Asche des letzteren fällt auf den Planrost und wird von demselben durch eine verschließbare Öffnung o entfernt.

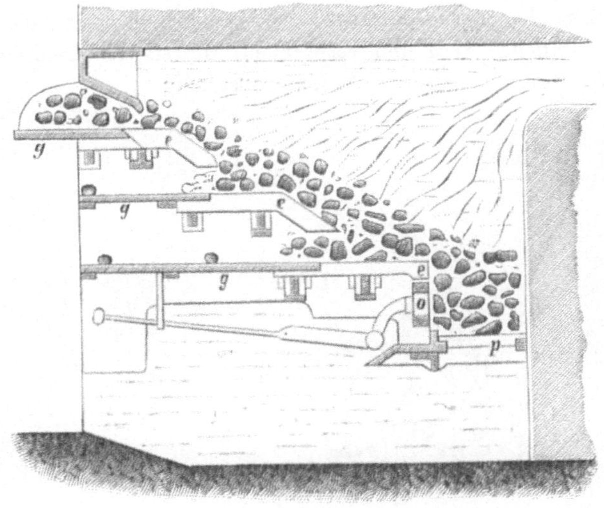

Fig. 112.

Der Brennstoff wird zuerst auf die Eisenplatten ggg gelegt und, nachdem er auf denselben vorgewärmt ist, unter die brennende Brennstoffschicht vorgeschoben, wo er entgast wird.

Die entbundenen Gase streichen durch den brennenden Brennstoff, werden hierbei bis auf die Entzündungstemperatur erhitzt und durch die Luft, welche durch die Rostfugen tritt und gleichfalls durch die brennende Brennstoffschicht streicht, vollständig verbrannt.   Der verkohlte Brennstoff wird durch Nachschieben von frischem Brennstoff vorwärts geschoben und rutscht auf der schrägen Rostfläche auf den nächst unteren Rost herab, wo er den frisch aufgegebenen Brennstoff bedeckt.

Das Aufgeben geschieht so, daß man zuerst den Brennstoff auf der untersten Platte vorwärts schiebt, so daß der auf dem unteren Roste liegende verkohlte Brennstoff auf den Planrost fällt, dann in gleicher Weise den Brennstoff auf der nächst höheren Platte vorschiebt u. s. f.

Durch den Etagenrost, welcher sich auch für nicht zu feines Brennstoffklein eignet, wird die Rauchbildung erheblich beschränkt. Er hat bis jetzt nur Anwendung zur Dampfkesselfeuerung gefunden. Eine verbesserte Form desselben wird durch die Maschinenbauanstalt Humboldt in Köln-Kalk hergestellt.

Die Pultrostfeuerung.

Die Pultrostfeuerung wendet man bei der Verbrennung unverkohlter Brennstoffe an. Sie ist dadurch charakterisiert, daß die zur Verbrennung des Brennstoffs dienende Luft von oben nach unten zieht und zwar zuerst durch den unverkohlten und dann durch den verkohlten Brennstoff. Die bei der Entgasung des Brennstoffs entbundenen Gase machen den nämlichen Weg und verbrennen, da sie auf demselben steigenden Temperaturen ausgesetzt werden, vollständig.

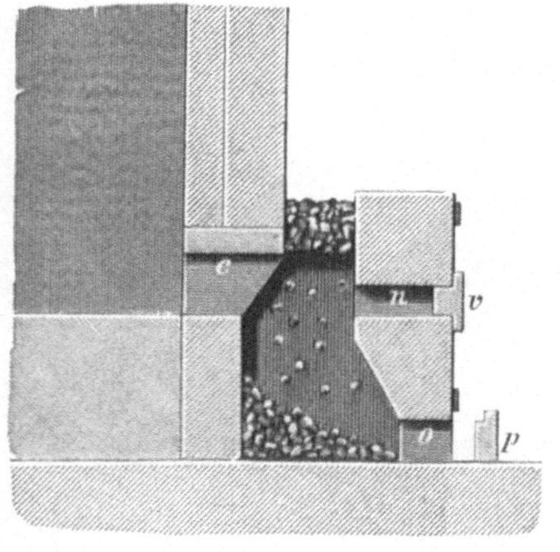

Fig. 113

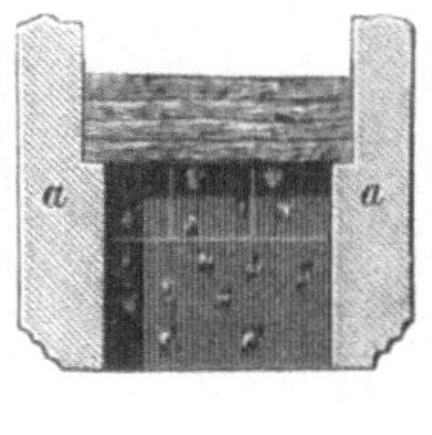

Fig. 114.

Der Rost ist ein Planrost oder ein stehender Rost. In manchen Fällen ist derselbe auch durch die untersten Brennstofflagen ersetzt.

Die Pultrostfeuerung für Großbetrieb hat die Nachteile, daß die Roste der vollen Wirkung der Flamme ausgesetzt und deshalb wenig haltbar sind, sowie daß die mitgerissene Flugasche leicht eine Verstopfung der Rostfugen herbeiführt. Eine Pultrostfeuerung für Holz, bei welcher der Rost durch die zu verbrennenden Holzstangen gebildet wird, ist nachstehend in Fig. 113 und 114 dargestellt.

Das Holz wird auf zwei gegenüberliegende Vorsprünge a des Feuerraums gelegt. Die Scheite fallen, ehe sie gänzlich verbrannt sind, auf die Sohle des Feuerraums, wo sie vollständig verbrennen. Die hierzu erforderliche Luft tritt durch eine Öffnung o im Aschenfall, welche durch den

Vorsetzstein p verschlossen werden kann, ein. Die Flamme zieht nun durch den Pultrost abwärts in den Kanal c, durch welchen sie an den Ort ihrer Verwendung geführt wird. Die Flamme, welche bei der Verbrennung des auf die Sohle heruntergefallenen Holzes entwickelt wird, vereinigt sich in c mit der Flamme des Pultrostes. n ist ein durch den Vorsatzstein v verschließbares Schauloch zur Beobachtung der Vorgänge im Innern der Feuerung.

Rostfeuerungen für feinkörnige Brennstoffe.

Von den Feuerungen für feinkörnige oder staubförmige Brennstoffe, welche entweder Abfälle von Brennstoffen oder absichtlich hergestellter

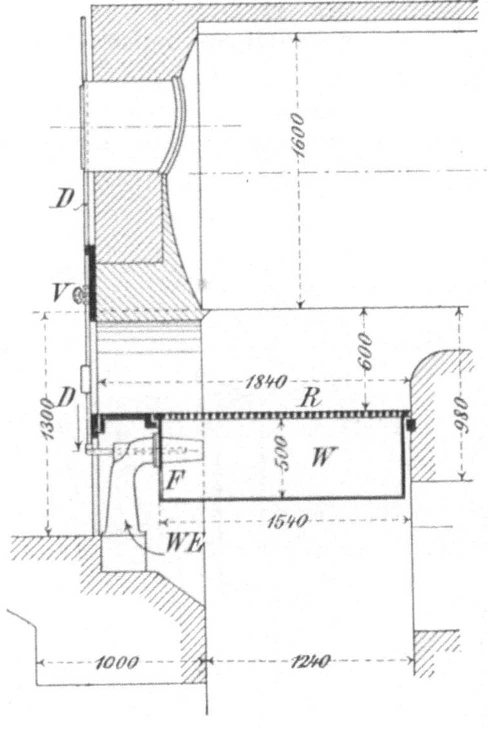

Fig. 115.

Kohlenstaub sein können, sei die Kudliczfeuerung erwähnt. Dieselbe ist aus den Fig. 115 und 116 ersichtlich[1]). Sie besteht aus einem Rost, welcher eine durchlöcherte Platte (mit kegelförmigen Löchern) darstellt, einem unter dem Rost angebrachten geschlossenen Windkasten und einem Gebläse. Der durch die Löcher des Rostes dringende Wind bläst die Brenn-

---

[1]) Beckert a. a. O. S. 111.

stoffteilchen aufwärts und hält sie in der Schwebe, in welcher Lage sie verbrennen. Diese Feuerung hat sich gut bewährt.

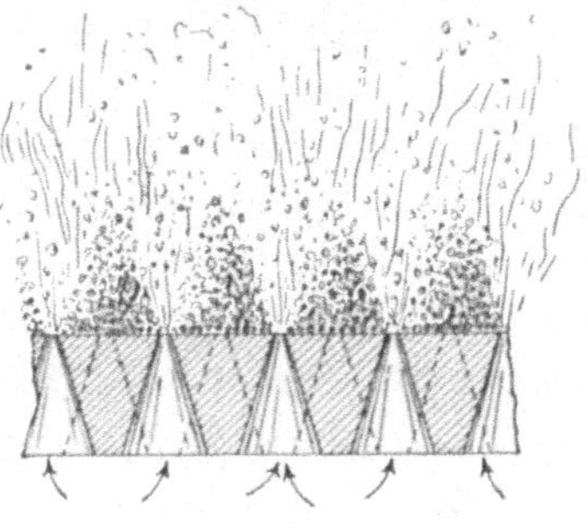

Fig. 116.

Feuerungsanlagen ohne Rost.

Hierhin gehören die Kohlenstaubfeuerungen. Durch dieselben soll die durch Zerkleinerungsmaschinen in Staub verwandelte Kohle in inniger Mischung mit Luft verbrannt werden. Die Verbrennung erfolgt

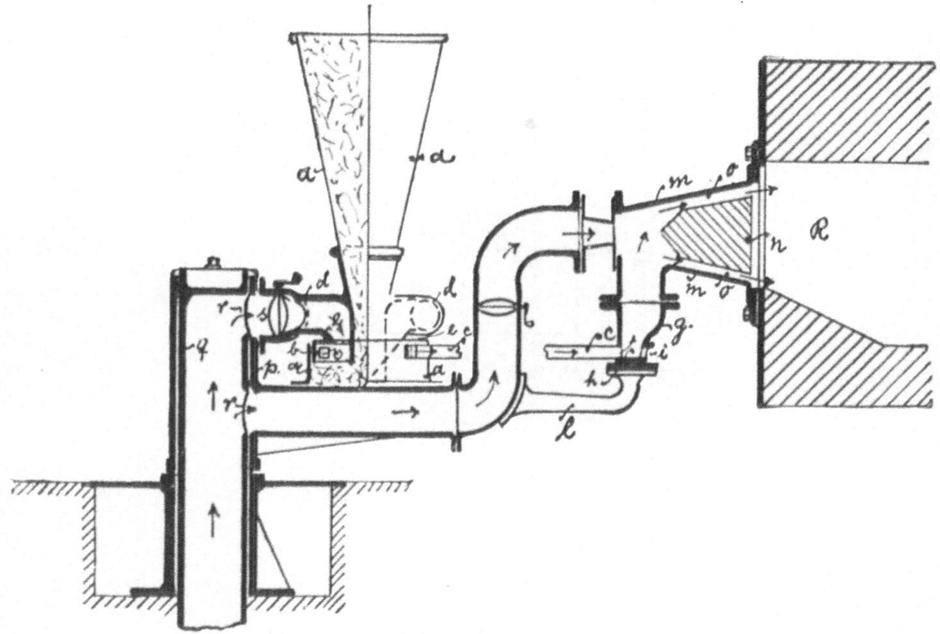

Fig. 117.

ohne Rauchbildung, indes wird unter Umständen die entgaste Kohle nicht vollständig verbrannt und tritt als schwarzes Pulver aus dem Schornstein.

Von den vielen Feuerungen dieser Art sei die von Friedeberg erwähnt, welche mit Erfolg zum Betriebe von Tiegelschmelzöfen in der Metallgießerei angewendet wird. Die Einrichtung derselben ist aus der Fig. 117 ersichtlich.

Der Trichter, durch welchen der Kohlenstaub eingeführt wird, mündet in einen Kasten a. In dem oberen Teile des letzteren befinden sich zwei nach unten offene, sich gegenüberliegende Taschen b. Durch dieselben ist aus dem Luftzuführungsrohr d je eine Düse hindurchgeführt. Die Düsen sind so gerichtet, daß der durch sie in den Kasten a geführte Wind den Kohlenstaub emporwirbelt und durch die Taschen in die Kanäle c führt. Aus den letzteren wird er, innig mit Luft gemischt, in das Steigrohr g befördert. Am Ende desselben wird er durch einen zweiten Luftstrom, welcher aus dem Hauptluftrohr q bei r in ein erst horizontal laufendes, dann gebogenes und schließlich wieder horizontal laufendes Rohr tritt, auf einen Zerstäubungskegel n getrieben und dann fein verteilt durch den ringförmigen Raum zwischen dem Zerstäubungskegel und der Düse m in den Feuerraum geführt, wo er verbrennt. In dem Maße. wie der Kohlenstaub aus dem Kasten a fortgeblasen wird, sinkt der Kohlenstaub aus dem Trichter nach. Durch die Rohre d sowie durch Versteifungsrippen ist die Vorrichtung an einer über das Hauptluftrohr geschobenen Hülse p befestigt. Durch dieselbe können die Windöffnungen r geschlossen werden, falls die Feuerung abgestellt werden soll.

Durch die Verbrennung des Kohlenstaubs wird eine sehr hohe Temperatur entwickelt.

Die Verbrennung fester Brennstoffe ohne besondere Feuerungs-Anlagen.

Bei der Verbrennung fester Brennstoffe ohne besondere Feuerungs-Anlage fällt der Erhitzungsraum mit dem Verbrennungsraume zusammen. Das ist der Fall bei den sogen. Haufen, Stadeln, Herden, Schachtöfen und Bäckeröfen, welche sämtlich bei den Vorrichtungen für die Metallgewinnung betrachtet werden.

Bei den Haufen, Stadeln, Herden und Schachtöfen ist der Brennstoff in freiliegenden oder ummauerten Haufen, in niedrigen Feuerstätten oder in schachtförmigen Räumen in unmittelbarer Berührung mit den zu erhitzenden Körpern. Die Verbrennungsluft tritt entweder frei zu, wie bei den Haufen, Stadeln, einem Teil der Herde und Schachtöfen, oder sie wird durch Gebläsevorrichtungen zugeführt, wie bei einem Teile der Herde und Schachtöfen. In gewissen Fällen wird pulverförmiger Brennstoff (Kohlenpulver) mit Luft in die Öfen eingeblasen.

Bei den Bäckeröfen ist der Brennstoff nicht in unmittelbarer Berührung mit den zu erhitzenden Körpern, sondern wird zuerst in einem überwölbten Raum verbrannt und gibt die entwickelte Hitze an die Wände des Ofens ab. Nach beendigter Verbrennung wird der zu erhitzende Körper in den Ofen eingeführt und durch die glühenden Wände desselben erhitzt. Derartige Öfen wendet man bei der Verkokung der Steinkohle und beim Vorrösten von Kupferstein (Mansfeld) an.

b) Die Einrichtungen zur Verbrennung flüssiger Brennstoffe.

Als flüssige Brennstoffe wendet man gewisse Kohlenwasserstoffe, wie Petroleum, Teer und besonders die flüssigen Rückstände von der Herstellung des Petroleums aus Naphta, die sogen. Naphtarückstände (Masut), an. Außerdem wird in einigen Fällen durch die Verbrennung gewisser in geschmolzenen Körpern enthaltener Elemente (Silizium und Phosphor im Roheisen, Schwefel und Eisen in Kupfersteinen) die zur Flüssigerhaltung dieser Körper erforderliche Temperatur erzeugt.

Die am häufigsten angewendete Art der Feuerung mit flüssigen Kohlenwasserstoffen ist die sogenannte „Zerstäubungsfeuerung". Bei derselben wird die Flüssigkeit durch einen Dampf- oder Luftstrahl oder mit Hilfe der Zentrifugalkraft zerstäubt und in dieser Form in den Verbrennungsraum eingeführt. (Druckluft wendet man zur Erzielung hoher Temperaturen an.) Die zur Verbrennung erforderliche Luft tritt infolge des

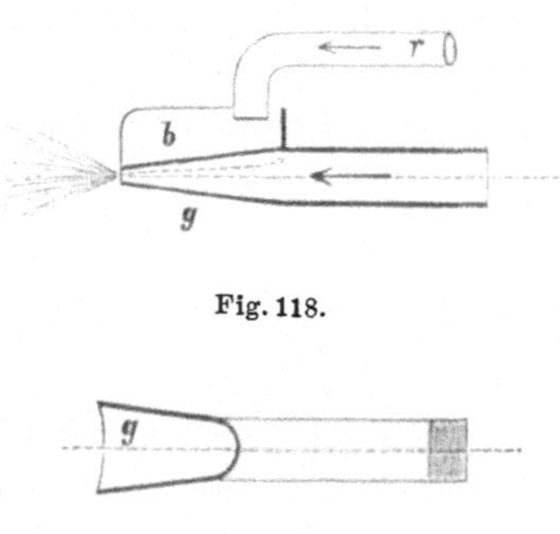

Fig. 118.

Fig. 119.

durch diese Strahlen erzeugten Zuges in den Verbrennungsraum. Die brennende zerstäubte Flüssigkeit leitet man in oder um die zu erhitzenden Räume.

Von der großen Zahl der Zerstäubungsfeuerungen, welche zur Destillation der Rohnaphta, zum Heizen von Schiffs- und Lokomotivkesseln und auch zu metallurgischen Zwecken angewendet werden, seien nachstehend die Vorrichtungen von Lenz und Brandt, sowie die Vorrichtung von Tentelew erläutert. Diese Vorrichtungen nennt man „Forsunken" (Forsunka).

Die Vorrichtung von Lenz ist aus Fig. 118 und 119 ersichtlich.

g ist ein vorne plattgeschlagenes Eisenrohr zum Zuleiten von Wasserdampf, r ist ein Rohr zur Zuführung der Naphtarückstände. Dasselbe mündet in einen kleinen Behälter b, an dessen Vorderende die Flüssigkeit über dem Dampfschlitz ausfließt, durch den Dampf zerstäubt und dann verbrannt wird. Der Zutritt des Dampfes und der Flüssigkeit wird durch Hähne reguliert.

Die Vorrichtung von Brandt (Fig. 120) besteht aus zwei Messingrohren, von welchen das eine a die Flüssigkeit, das andere b den Wasserdampf zuführt. Das Rohr für die Flüssigkeit trägt am Ende einen verstellbaren Kegel k, welcher in einem gleichfalls verstellbaren Kopfstücke i beweglich ist. Die Rückstände treten durch einen ringförmigen, mit Hilfe des Kegels verstellbaren Schlitz aus, während der Wasserdampf durch einen zweiten Schlitz, welcher den ersten Schlitz umgibt, austritt. In dem ringförmigen

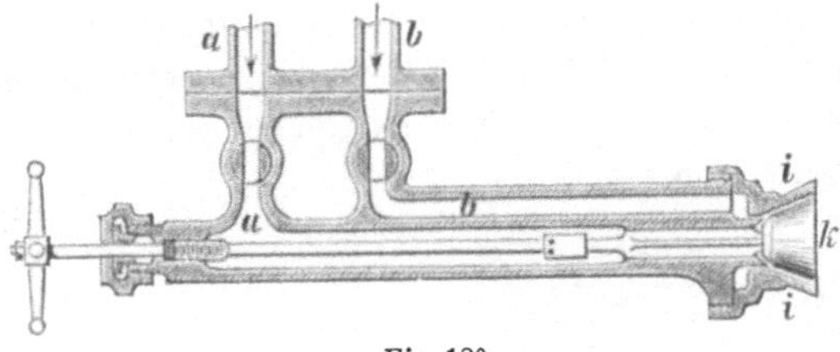

Fig. 120.

Raum zwischen Kegel und Kopfstück vermischen sich die zu verbrennende Flüssigkeit und der Wasserdampf und treten in Gestalt eines feinen Strahlenbüschels aus demselben aus, um zu verbrennen.

Die Forsunka von Tentelew beruht auf der Zerstäubung durch die Zentrifugalkraft. Dieselbe ist den Körtingschen Streudüsen ähnlich und besteht, wie die Fig. 121 darlegt, aus einem inwendig mit einer Schraube versehenen Mantel.

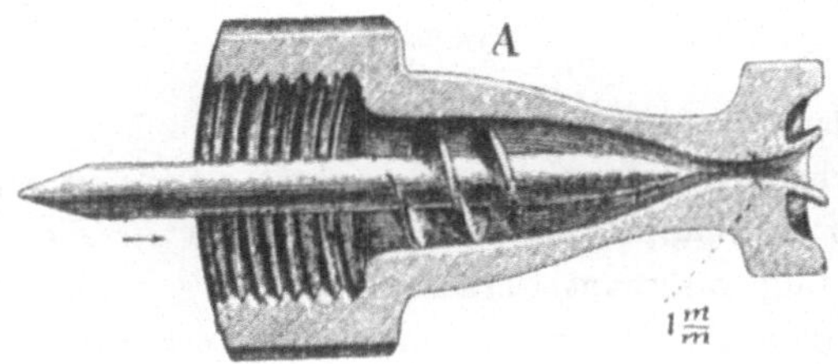

Fig. 121.

Durch die Schraube wird die vorher filtrierte und durch Dampf auf 70°—80° erwärmte Naphta, welche unter einem Druck von 7 kg/qcm in die Forsunka eingeführt wird, in eine drehende Bewegung versetzt und durch die Zentrifugalkraft zerstäubt. Die Regulierung des Austritts der Naphta geschieht durch einen kegelförmig zugespitzten Stift.

Eine nicht auf dem Prinzip der Zerstäubung des flüssigen Brennstoffs, sondern auf der Verbrennung der Dämpfe desselben beruhende Feuerung ist von Ludwig Nobel angegeben worden.

Dieselbe ist durch die Figur 122 erläutert. Sie besteht aus einer Reihe untereinander in der Stirnwand eines Ofens angebrachter mit Naphta gefüllter gußeiserner Tröge, in welchen die Naphta erhitzt wird, verdampft und verbrennt.

Die Naphta wird aus dem Behälter durch ein Trichterrohr in den Napf a des obersten Troges geführt und gelangt dann durch ein Überlaufrohr b in den Napf des zweiten Troges u. s. f. bis in den Napf des untersten Troges, aus welchem die überschüssige Naphta durch ein Überlaufrohr in den Sammelbehälter G fließt. Die Tröge werden durch die Flamme der Naphtadämpfe erwärmt, so daß die in denselben enthaltene Naphta verdampft und die Dämpfe verbrennen. Die Verbrennungsluft wird von außen teils durch die Stirnwand des Ofens, teils vorgewärmt durch den Luftkanal L zugeleitet. Die Verbrennung erfolgt hauptsächlich in der Mischkammer K. Die Nobel-Feuerung ist sehr geeignet zur Erzeugung hoher Temperaturen. Sie läßt sich daher vorteilhaft zum Betriebe von Tiegelöfen verwenden.

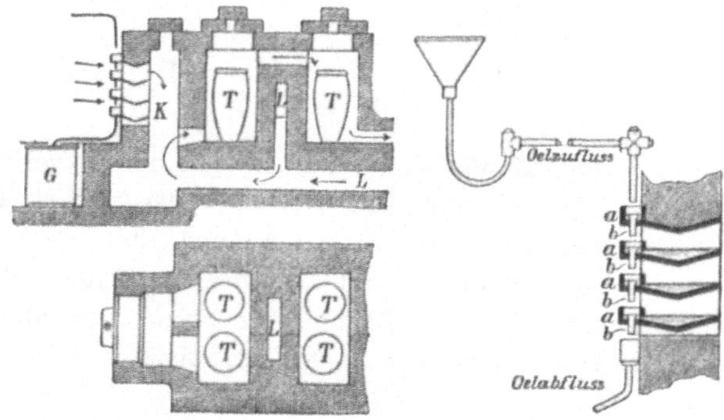

Fig. 122.

In Südrußland verdampft man die Naphta in Wärmespeichern von Flammöfen, welche für Gasfeuerung eingerichtet sind, und führt die beim Durchziehen der Wärmespeicher erhitzten Dämpfe in die Öfen, wo sie mit zugeführter Luft verbrannt werden.

Die Verbrennung gewisser in geschmolzenen Metallverbindungen enthaltener Elemente wird dadurch bewirkt, dass man durch die geschmolzenen, in besonderen Gefäßen (Bessemer-Birnen bei der Herstellung von Flußeisen aus Roheisen, bei der Herstellung von Kupfer aus Kupferstein) oder Öfen befindlichen Massen gepreßten, in viele Strahlen verteilten Wind durchführt.

c) Die Einrichtungen zur Verbrennung gasförmiger Brennstoffe.

Die Verbrennung gasförmiger Brennstoffe geschieht so, daß die Flamme derselben durch den Erhitzungsraum oder ganz oder teilweise um denselben geleitet wird. Sie erfolgt daher in der Regel in denjenigen Räumen, in welchen die Hitze nutzbar gemacht werden soll; seltener wird sie in besonderen von diesen Räumen getrennten Verbrennungskammern ausgeführt. Das Letztere ist z. B. der Fall, wenn infolge rascher Abgabe der erzeugten Wärme die Temperatur derartig sinkt, daß dadurch die Verbrennung beeinträchtigt wird, wie bei der Erhitzung von Dampfkesseln und eisernen Windleitungsrohren. In diesem Falle findet die Verbrennung in einer engen, aus feuerfesten Steinen hergestellten Verbrennungskammer statt, deren glühende Wände die für die Entzündung der Gase nötige Hitze liefern.

Zu ihrer Verbrennung bedürfen die gasförmigen Brennstoffe einer Mischung mit atmosphärischer Luft und der Erhitzung auf die Entzündungstemperatur. Diese Temperatur liegt in heller Rotglut. Die Mischung der Gase mit Luft darf aber erst an der Entzündungsstelle vorgenommen werden, weil andernfalls explodierbare Gasgemische entstehen würden.

Die Verbrennung erfolgt um so leichter, je inniger die Mischung von Gas und Luft und je höher die Temperatur dieser Körper ist.

Die Mischung der Gase mit Luft geschieht entweder so, daß man Luft und Gas unter einem Winkel (am besten 90^{0}) zusammentreffen läßt, oder so, daß man Luft und Gas in einer Reihe von parallelen Strömen nebeneinander hinführt. Sie ist um so inniger, je dünner diese parallelen Ströme sind. Sie wird erleichtert durch verschiedene Geschwindigkeit beider Ströme, welche zweckmäßig dadurch erreicht wird, daß man dem Luftstrome eine etwas kleinere Geschwindigkeit gibt als dem Gasstrom. Je inniger die Mischung von Luft und Gas ist, um so schneller erfolgt die Verbrennung und um so kürzer ist die Flamme; je weniger innig die Mischung dieser Körper ist, um so langsamer erfolgt die Verbrennung und um so länger ist die Flamme. Will man die Hitze auf einen kleinen Raum konzentrieren, so wird man eine kurze Flamme erzeugen, will man einen größeren Raum erhitzen, so wird man eine längere Flamme erzeugen. Das erstere Ziel erreichte man früher dadurch, daß man Gebläsewind unter einem Winkel in den Gasstrom einführte, indem man ihn aus einer Reihe nebeneinanderliegender Düsen ausströmen und sich mit dem Gasstrom kreuzen ließ. Hierdurch erhielt man aber nur in der Nähe der Düsen eine hohe Temperatur, welche nach den entfernt liegenden Teilen des Ofens hin rasch abnahm. Gegenwärtig erreicht man das gedachte Ziel mit Hilfe von Essenzug, indem man Gas- und Luftstrom sich kreuzen läßt oder dieselben in möglichst viel dünne parallele Ströme verteilt so nebeneinander hinführt, daß ein Gasstrom immer zwischen 2 Luftströmen liegt. Die Verbrennung erfolgt hierbei um so schneller, je höher die Temperatur von Gas und Luft ist.

Die gleichmäßige Erhitzung eines großen Raumes erreicht man dadurch, daß man Gas und Luft in dicken parallelen Strömen durch den Verbrennungsraum führt. Die Hitze ist hierbei um so größer und gleichmäßiger, je heißer Gas und Verbrennungsluft sind.

Die Menge der Verbrennungsluft beträgt bei heißen Gasen und bei vorgewärmter Luft 10% mehr als die theoretisch erforderliche Luftmenge. Bei kalten Gasen nimmt man vorteilhaft eine größere Luftmenge, weil andernfalls die Verbrennung zu langsam vor sich geht.

Erhitzung der Gase und der Verbrennungsluft.

Kalte Gase bedürfen zur Verbrennung einer Erhitzung auf die Entzündungstemperatur. Die Erhitzung erfolgt durch Überleiten der Gase über einen mit verbrennenden Brennstoffen bedeckten Rost, durch Vorfeuerungen, deren hocherhitzte Wände die zur Entzündung erforderliche Hitzel iefern, durch Durchleiten der Gase durch Kammern, welche ein System von Kanälen enthalten, deren Wände glühend gemacht werden, durch Mischen der Gase mit hocherhitzter Luft beim Eintritt in den Verbrennungsraum. Die Generatorgase und Verkokungsgase, welche vor ihrer Verbrennung keine Abkühlung erfahren haben, besitzen beim Verlassen des Generators bezw. des Verkokungsraums eine solche Temperatur, daß sie sich in Berührung mit der vorgewärmten Verbrennungsluft sofort entzünden.

Wassergas wird beim Eintritt in den Verbrennungsraum durch Mischung mit hocherhitzter Luft auf die Entzündungstemperatur gebracht.

Man erzielt eine höhere Verbrennungstemperatur durch Vorwärmung der Verbrennungsluft. Diese Vorwärmung bewirkt man entweder durch die Hitze des Mauerwerks der Gasgeneratoren und der Öfen, in welchen die Verbrennung stattfindet, indem man die Luft durch in diesem Mauerwerk ausgesparte Kanäle in den Ofen leitet, oder: durch die aus dem Ofen abziehenden Verbrennungsgase mit Hilfe von Wärmespeichern. Die Wärmespeicher sind gitterartig mit feuerfesten Ziegeln ausgesetzte Kammern, in welchen die verbrannten Gase vor ihrem Eintritt in die Esse den größten Teil ihrer Wärme abgeben. Die Ziegelfüllung der Kammern nimmt diese Wärme auf und überträgt sie an die Verbrennungsluft für den gasförmigen Brennstoff. Hierzu sind zwei Wärmespeicher erforderlich, durch welche man abwechselnd verbrannte Gase und Luft durchführt, und zwar so, daß die Luft durch den erhitzten Wärmespeicher streicht, während die verbrannten Gase ihren Weg durch den zu erhitzenden Wärmespeicher nehmen. Die Rekuperatoren sind Kammern, in welchen die verbrannten Gase auf ihrem Wege nach der Esse Kanäle umspülen, in welchen die Verbrennungsluft für die Gase vorgewärmt wird. Die Wärmespeicher und Rekuperatoren werden angewendet, wenn es sich um Erzeugung hoher Temperaturen handelt.

Von den Feuerungen, bei welchen die Luft in Kanälen im Mauerwerk des Generators bezw. des Ofens vorgewärmt wird, seien die Boëtius-Feuerung und die Bicheroux-Feuerung erwähnt.

Die Boëtius-Feuerung.

Diese Feuerung, deren Generator schon früher beschrieben ist, ergibt sich aus den untenstehenden Abbildungen Fig. 123 und 124.

Die Luft zieht in verschiedenen Zweigen durch Kanäle k in der

Hinterwand, sowie durch Kanäle o in den Seitenwänden des Generators in die Höhe.

Aus der Hinterwand tritt die Luft durch die Öffnungen i in den Ofen.

Die in den Seitenwänden durch die Kanäle o aufgestiegene Luft tritt in zwei Kanäle p in der Rückwand des Generators und dann aus diesen durch schräge Schlitze x in den Ofen.

Das Generatorgas tritt zwischen den beiden Luftströmen in den Ofen. Diese Feuerung hat sich gut bewährt.

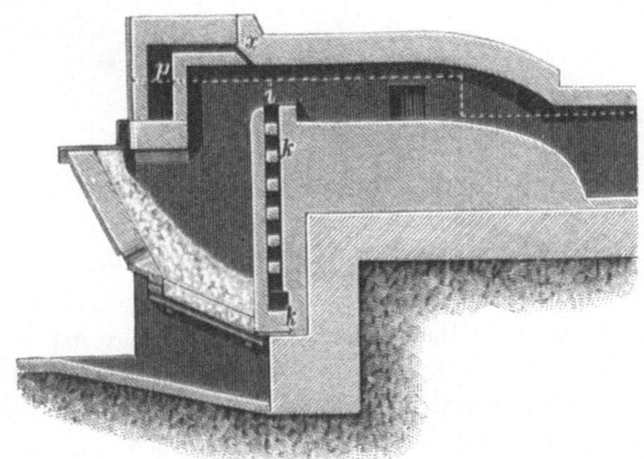

Fig. 123.

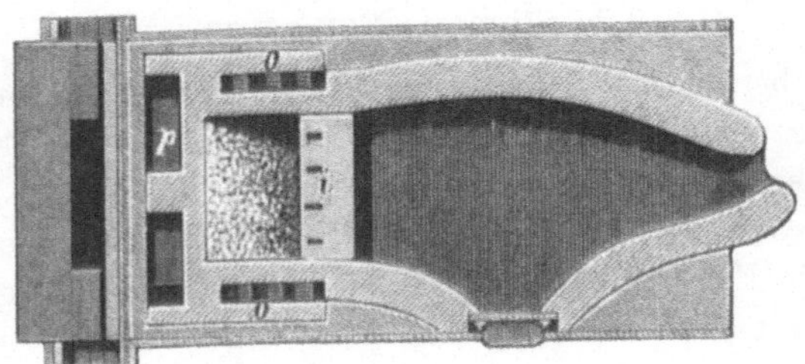

Fig. 124.

Die Bicheroux-Feuerung.

Bei der Feuerung von Bicheroux, deren Generator bereits beschrieben ist, findet die Erwärmung der Luft in dem Gemäuer des Ofens statt. Die Anordnung der Kanäle, durch welche die Luft geleitet wird, ist eine verschiedenartige. Schließlich münden dieselben aber in einen Kanal hinter der Feuerbrücke des Ofens. Eine Feuerung dieser Art ist aus Fig. 125 ersichtlich. Die Luft tritt in den Kanal g ein und aus diesem durch Schlitze h aus, um sich mit dem im Kanal f aufsteigenden Gas zu mischen.

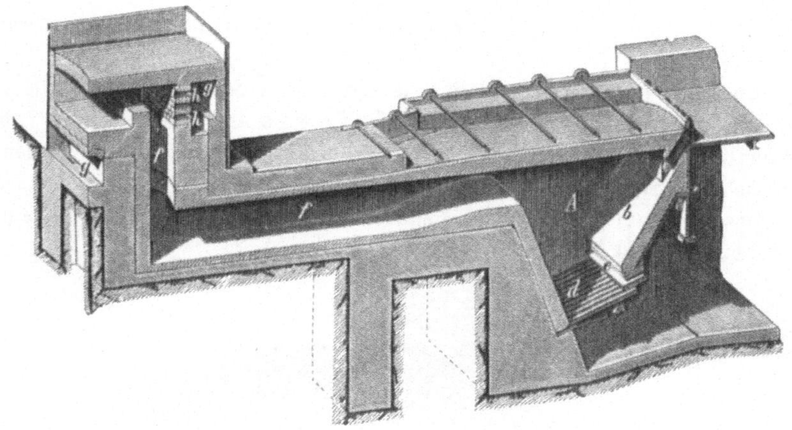

Fig. 125.

Feuerungen mit Wärmespeichern.

Die Feuerungen mit Wärmespeichern wendet man zur Erzielung hoher Temperaturen an. Man erhitzt in den Wärmespeichern entweder Gas und Luft oder nur die Luft. Die Erhitzung von Gas und Luft findet bei der Siemens-Feuerung statt, während bei den übrigen Feuerungen (ausgenommen die Rekuperatorfeuerung, bei welcher auch das Gas erwärmt werden kann) nur die Luft vorgewärmt wird.

Die Siemens-Feuerung.

Dieselbe beruht auf der Benutzung der Wärme der aus dem Verbrennungsraum abziehenden Gase zur Erwärmung des zu verbrennenden Gases und der Verbrennungsluft. Zu diesem Zwecke führt man die aus den Öfen austretenden gasförmigen Verbrennungserzeugnisse vor ihrem Eintritt in die Esse durch zwei mit Ziegelsteinen gitterartig ausgesetzte Kammern, die sogen. Wärmespeicher oder Regeneratoren. Beim Durchstreichen durch diese Kammern geben die gedachten Gase den größten Teil ihrer Wärme an die Ziegelsteine ab und erhitzen dieselben dadurch über die Entzündungstemperatur des Generatorgases. Unterbricht man nun nach Ablauf einer bestimmten Zeit die Durchleitung der Gase durch die Wärmespeicher und läßt in umgekehrter Richtung durch die eine Kammer Luft, durch die andere Kammer Gas durchstreichen, so werden diese Körper so stark erhitzt, daß beim Vereinigen derselben im Ofen sofort eine Entzündung und Verbrennung des Gases eintritt. Damit die Verbrennung während dieser Zeit keine Unterbrechung erfährt, leitet man den Strom der gasförmigen Verbrennungserzeugnisse durch ein zweites an der entgegengesetzten Seite des Ofens befindliches Paar von Wärmespeichern, welches gleichfalls über die Entzündungstemperatur des Gases erhitzt wird. Nach Ablauf einiger Zeit, während welcher das erste Paar der Wärmespeicher einen Teil seiner Wärme an Gas und Luft abgegeben, das zweite aber einen großen Teil Wärme aus den verbrannten Gasen aufgenommen hat, läßt man Generatorgas und Luft durch das zweite Paar der Wärmespeicher in den Ofen treten, während man die verbrannten Gase wieder durch das erste Wärmespeicherpaar in die Esse leitet. Die Umkehrung der Stromrichtungen von Generatorgas und Luft einerseits, der verbrannten Gase andererseits geschieht mit Hilfe besonderer Umschaltungsvorrichtungen. Diese Umschaltung bewirkt man in Zeiträumen von je $1/_2$—1 Stunde. Bei Feuerungen mit kleinen Wärmespeichern muß dieselbe öfters erfolgen als bei Feuerungen mit großen Wärmespeichern. Durch die Durchleitung der verbrannten Gase bald durch das erste, bald durch das zweite Wärmespeicherpaar nach der Esse sowie durch die Durchleitung des Gases und der Verbrennungsluft bald durch das zweite, bald durch das erste Wärmespeicherpaar in den Ofen erzielt man eine unausgesetzte Erhitzung des Generatorgases und der Verbrennungsluft. Da infolge der fortgesetzten Umschaltung der Wege der verbrannten Gase die Wärmespeicher immer größere Wärmemengen aufnehmen, so werden auch Gas und Luft stetig stärker erhitzt und infolgedessen wird auch die Verbrennungstemperatur stetig zunehmen. Diese Zunahme erreicht ihre Grenze durch die Schmelzbarkeit der Steine der Wärmespeicher und durch die Dissoziation der gasförmigen Verbrennungserzeugnisse. Die Temperatur regelt man durch die Vermehrung bezw. Verminderung der in die Wärmespeicher einzuführenden Luft- und Gasmengen.

Die aus den Wärmespeichern in die Esse tretenden Gase müssen zur Aufrechterhaltung des Essenzuges noch eine Temperatur von ca. 200^0 besitzen.

Die Siemens-Feuerung wendet man für solche eine hohe Temperatur und einen kontinuierlichen Betrieb erfordernde Verfahren an, bei welchen eine Verstopfung der Zwischenräume der Ziegelfüllung der Wärmespeicher nicht zu befürchten steht. Auch erfordert diese Feuerung eine vorgängige Entfernung von Teer aus den Generatorgasen, weil derselbe (sowie schwere Kohlenwasserstoffe) andernfalls durch Ausscheidung von Kohlenstoff gleichfalls die Züge der Wärmespeicher verstopfen würde.

Die Einrichtung der Siemens-Feuerung, wie sie für Stahlschmelzöfen in Anwendung steht, ist aus den nachstehenden Figuren 126—129 ersichtlich. o ist der eigentliche Ofen. Zu beiden Seiten desselben befindet sich je ein Wärmespeicherpaar. g g' sind die Wärmespeicher, durch welche das Gas abwechselnd in den Ofen tritt, l l' die Wärmespeicher, durch welche die Verbrennungsluft abwechselnd in den Ofen tritt. Die letzteren sind größer als die Gaswärmespeicher.

Die Wärmespeicher sind mit sich kreuzenden Lagen von feuerfesten Ziegeln ausgesetzt. Zur Verlängerung des Weges der Gase sind die Ziegel in den einzelnen übereinanderliegenden Reihen gegeneinander versetzt. Der Zwischenraum zwischen je zwei benachbarten Ziegeln entspricht der Stärke eines Ziegels, so daß die Hälfte des räumlichen Inhalts des Wärmespeichers für den Durchzug der Gase frei bleibt.

Die Luft tritt durch die Schlitze u und u′, das Gas durch t und t′ in den Ofen. Dadurch, daß die Luft über dem Gas in den Ofen eintritt,

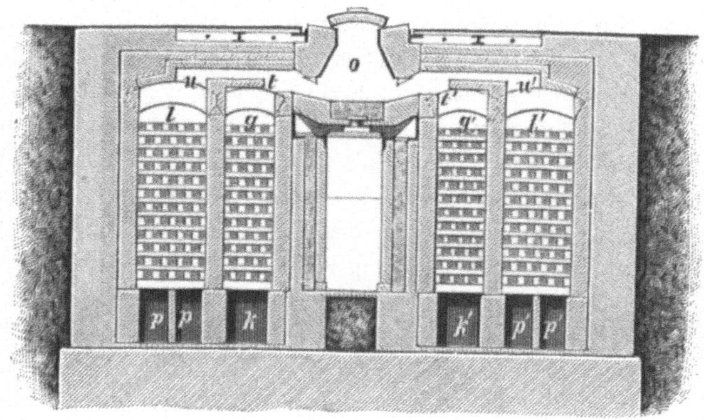

Fig. 126.

wird, da das Gas leichter als die Luft ist, die Mischung beider Körper befördert. Die verbrannten Gase ziehen an der entgegengesetzten Seite des Ofens gleichzeitig durch den Luftschlitz u′ und den Gasschlitz t′ in die beiden unter denselben befindlichen Wärmespeicher, gelangen am

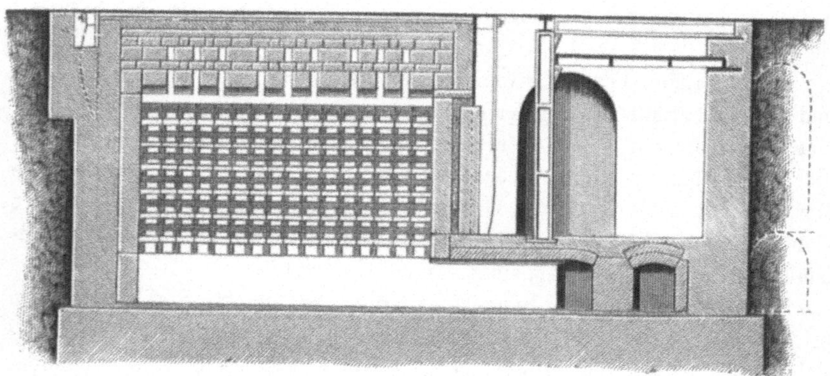

Fig. 127.

unteren Ende derselben in die Kanäle k′ und p′ und aus diesen in die Esse.

Die Umschaltung der Stromrichtung erfolgt durch zwei Vorrichtungen; durch die eine derselben tritt das Gas, durch die andere die Luft zu, während die verbrannten Gase gleichzeitig durch beide Vorrichtungen in die Esse abgeleitet werden.

Die Gasumschaltungsvorrichtung ist aus Fig. 128 ersichtlich, die Luftumschaltungsvorrichtung aus Fig. 129.

Die Gasumschaltungsvorrichtung, wie sie früher allgemein angewendet
wurde, stellt eine aus Gußeisen hergestellte Haube h dar, welche einer-

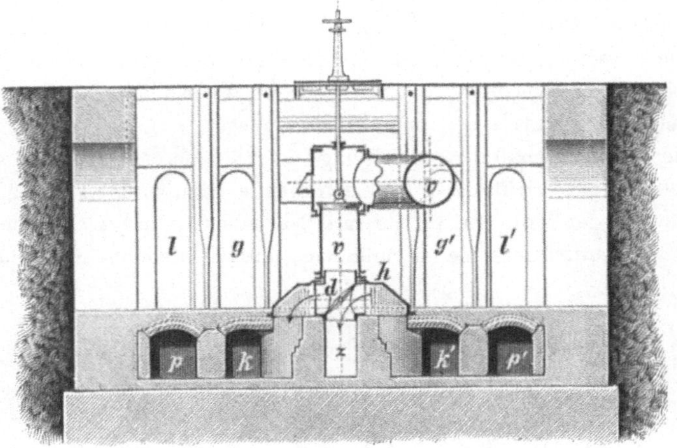

Fig. 128.

seits mit den Kanälen k und k' (welche das Gas in die betreffenden Gaswärmespeicher führen), andrerseits mit dem Gaszuleitungsrohr v und
dritterseits mit dem Essenkanal z verbunden ist. Durch eine in der Haube
befindliche Drosselklappe d wird die gleichzeitige Verbindung des einen

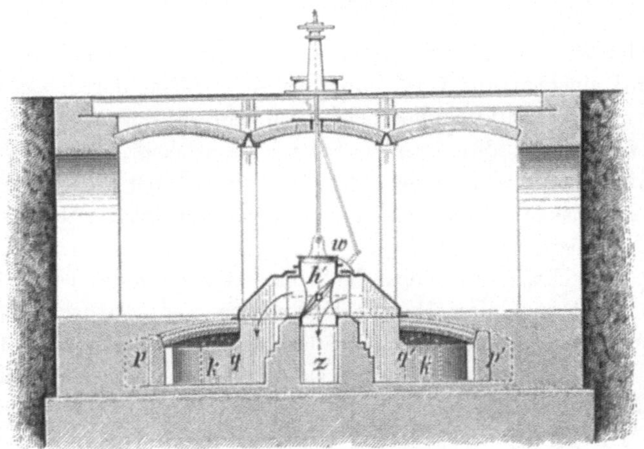

Fig. 129.

Gaswärmespeichers g' mit dem Essenkanal, des anderen g mit dem Gaszuleitungsrohr oder umgekehrt die gleichzeitige Verbindung von g mit der
Esse und von g' mit dem Gaszuleitungsrohr hergestellt. Befindet sich also
die Drosselklappe in der auf der Zeichnung angedeuteten Lage, so zieht

das Gas aus dem Zuleitungsrohre durch den Kanal k und den Wärmespeicher g in den Ofen, während die gasförmigen Verbrennungserzeugnisse, soweit sie nicht durch den Luftwärmespeicher l' abziehen, durch den zweiten Gaswärmespeicher g' und den Kanal k' unter der Drosselklappe hindurch in den Essenkanal z ziehen.

Wird die Drosselklappe vermittelst eines an der horizontalen Drehungsachse derselben angebrachten Hebels bezw. mit Hilfe einer an demselben befestigten Zugstange um 90° gedreht, so machen das Gas und die Verbrennungserzeugnisse den umgekehrten Weg.

Die Luftumschaltungsvorrichtung ist ähnlich eingerichtet wie die Gasumschaltungsvorrichtung. Die betreffende Haube h' Fig. 129 steht einerseits mit der Luft, andrerseits mit 2 Kanälen q und q', welche in die betreffenden Luftwärmespeicher münden, und schließlich noch mit dem

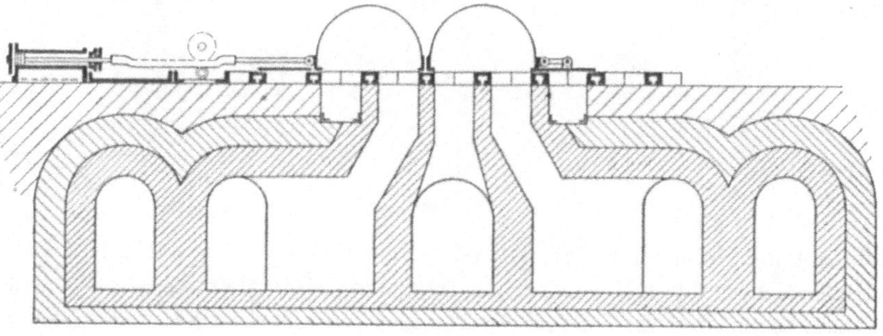

Fig. 130.

Essenkanal z in Verbindung. Durch die in derselben befindliche Drosselklappe wird einerseits die Verbindung der Luft, welche durch das Ventil w abgeschlossen werden kann, mit dem einen Luftwärmespeicher und andrerseits die Verbindung des zweiten Luftwärmespeichers mit der Esse hergestellt, während bei der Drehung derselben um 90° der zweite Luftwärmespeicher mit der Luft und der erste Luftwärmespeicher mit der Esse in Verbindung gesetzt ist.

Durch gleichzeitige Drehung der Drosselklappen in den beiden Hauben um 90° bewirkt man hiernach eine Umkehrung der Stromrichtung, ohne eine Unterbrechung in der Erhitzung des Ofens herbeizuführen. Der Zutritt von Luft und Gas wird durch auf dem Gas- bezw. Luftzuführungsrohr angebrachte Ventile geregelt.

Die Drosselklappen sind der Einwirkung der Feuergase ausgesetzt und werden infolgedessen leicht undicht. Zur Vermeidung dieses Übelstandes und der durch denselben herbeigeführten Gasverluste hat man Tellerventile sowie Muschelschieber angewendet. Ein derartiger Muschelschieber von Schmidhammer[1]) ist aus Fig. 130 ersichtlich.

---

[1]) Beckert a. a. O. S. 121.

Die Gasleitung, durch welche das Gas aus den isoliert stehenden Generatoren nach der Umschaltungsvorrichtung geführt wird, steigt zuerst von den Generatoren aus in die Höhe, läuft dann horizontal bis zum Ofen und fällt dann senkrecht bis zur Haube der Umschaltungsvorrichtung. Durch diese Einrichtung wird eine Kondensation des Teers, dessen Kohlenstoff sonst zur Ausscheidung kommen und die Wärmespeicher verstopfen würde, gleichzeitig aber auch eine Abkühlung des Gases bewirkt. Durch die letztere gehen $30\,\%$ von der Verbrennungswärme des Gases verloren.

Dieser Wärmeverlust sowie die hohen Anlagekosten und die Möglichkeit der Verstopfung der Gaswärmespeicher durch aus den Gasen ausgeschiedenen Kohlenstoff sind die Schattenseiten der Siemensfeuerung. Dieselben sind so groß, daß man jetzt vielfach Feuerungen bevorzugt, bei welchen nur die Luft in Wärmespeichern vorgewärmt und das Gas mit seiner Eigenwärme aus dem unmittelbar neben dem Ofen stehenden Generator in den Verbrennungsraum geleitet wird. Hierhin gehört z. B. die Feuerung von Pütsch.

Die Pütsch-Feuerung (D.R.P. 1034)

beruht auf der Erhitzung der Verbrennungsluft in Wärmespeichern. Die Einrichtung derselben ergibt sich aus den Fig. 131 und 132.

G ist der Generator für das Gas, O ist der Ofen, w^1 und w^2 sind die beiden Wärmespeicher.

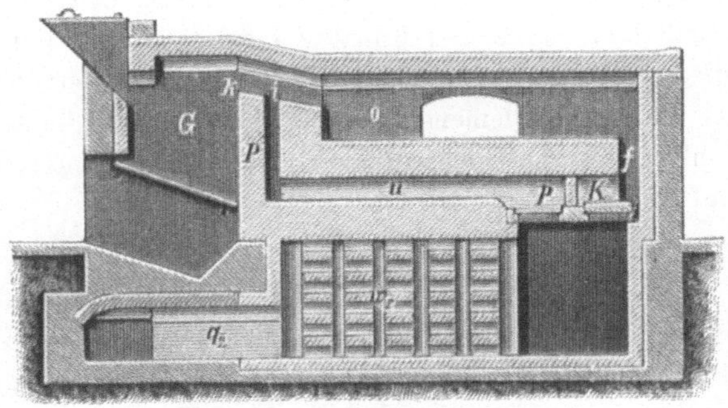

Fig. 131.

Aus dem Generator treten die Gase durch den Kanal über dem Schlitz i in den Ofen und mischen sich hier mit der aus dem Schlitz i aufsteigenden vorgewärmten Verbrennungsluft. Die verbrannten Gase treten aus dem Ofen durch den Kanal f in eine Verteilungskammer K. Dieselbe steht durch Öffnungen r^1 und r^2, welche von außen durch Schieber verschlossen werden können, mit den Wärmespeichern w^1 bezw. w^2 in Verbindung.

Je nach der Stellung der Schieber treten die verbrannten Gase in den einen oder den anderen Wärmespeicher und ziehen, nachdem sie den größten Teil ihrer Wärme abgegeben haben, durch die Kanäle q^1 bezw. q^2 in die Esse. Die Verbindung dieser Kanäle mit dem Essenkanal z wird durch eine Drosselklappe t hergestellt bezw. aufgehoben.

Die Verbrennungsluft für das Generatorgas wird durch einen senkrechten Kanal m angesaugt, welcher mit Hilfe der Drosselklappe t mit dem einen oder dem anderen Wärmespeicher in Verbindung gebracht werden kann. Die Luft durchzieht den mit dem Luftkanal in Verbindung gesetzten Wärmespeicher und gelangt am oberen Ende desselben durch

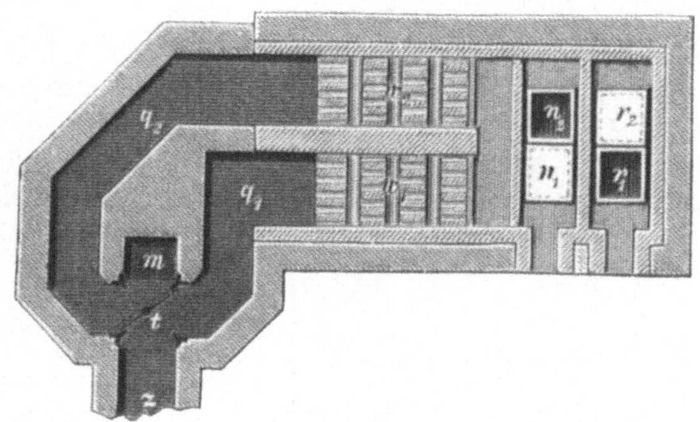

Fig. 132.

die Öffnungen n^1 bezw. n^2, von welchen immer nur die eine offen steht, während die andere durch einen Schieber verschlossen gehalten wird, in den Raum P und dann durch den Kanal u und den Schlitz i in den Ofen.

Durch diese Feuerung erzielt man gleichfalls hohe Temperaturen.

Auch bei der neuen Siemens-Feuerung, bei welcher die Kohle z. T. durch die Kohlensäure von Feuergasen vergast wird, wärmt man nur die Verbrennungsluft vor.

Die Rekuperatorfeuerungen.

Bei diesen Feuerungen sind die ununterbrochen aus dem Verbrennungsraum abziehenden verbrannten Gase durch Wände von der in entgegengesetzter Richtung ununterbrochen in den Verbrennungsraum strömenden Verbrennungsluft getrennt. Die durch die verbrannten Gase erhitzten Wände geben ihre Wärme an die Verbrennungsluft ab. Die Erhitzung geschieht in einer von den Kanälen für die verbrannten Gase und den Kanälen für die Verbrennungsluft durchzogenen Kammer, dem sogen. „Rekuperator“. Ebenso wie Luft, läßt sich auch Gas im Rekuperator vorwärmen.

Die Rekuperatorfeuerung hat vor den Wärmespeicherfeuerungen den Vorteil, daß die Umschaltung des Luftstroms bezw. Gasstroms fortfällt.

Eine ältere, in Frankreich angewendete Rekuperatorfeuerung ist von Ponsard angegeben worden.

Die Kanäle sind bei derselben so angeordnet, daß ein Luftkanal immer von vier Kanälen, durch welche die verbrannten Gase abwärts ziehen, umgeben ist. Diese letzteren Kanäle sind oben und unten offen,

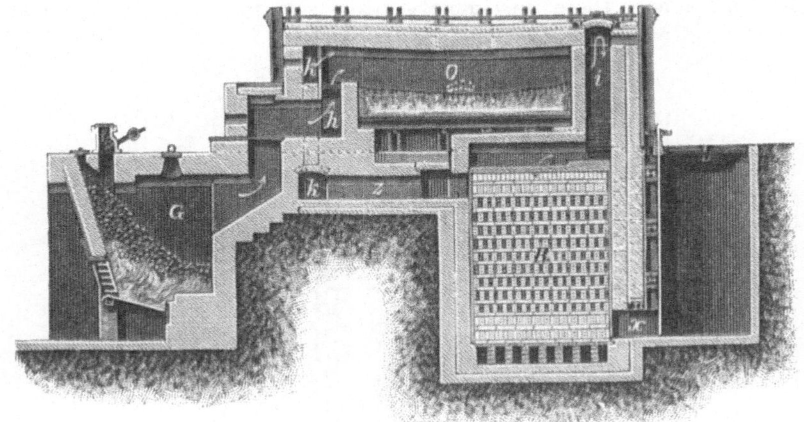

Fig. 133.

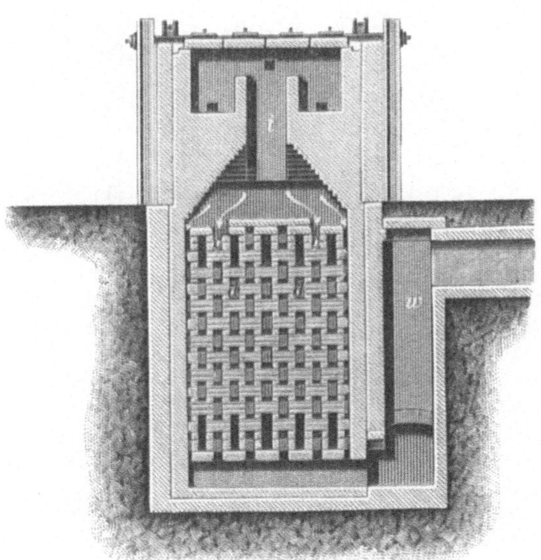

Fig. 134.

während die Luftkanäle zur Verhinderung des Eintretens von Luft in die Kanäle zur Abführung der verbrannten Gase oben und unten geschlossen sind. Der Eintritt der kalten Luft in die Kanäle sowohl wie der Austritt der erhitzten Luft aus denselben erfolgt daher an den unteren bezw. oberen Enden der Seitenwände des Rekuperators. Um die Berührungsflächen zwischen Luft und verbrannten Gasen möglichst groß zu machen und den

Durchzug der Luft und der Gase durch die Kanäle zu verlangsamen, sind
je zwei benachbarte Luftkanäle sowohl als auch je zwei benachbarte Gaskanäle (Kanäle für die verbrannten Gase) durch Horizontalkanäle miteinander verbunden. Diese Verbindungskanäle sind in Schamotteziegeln an-

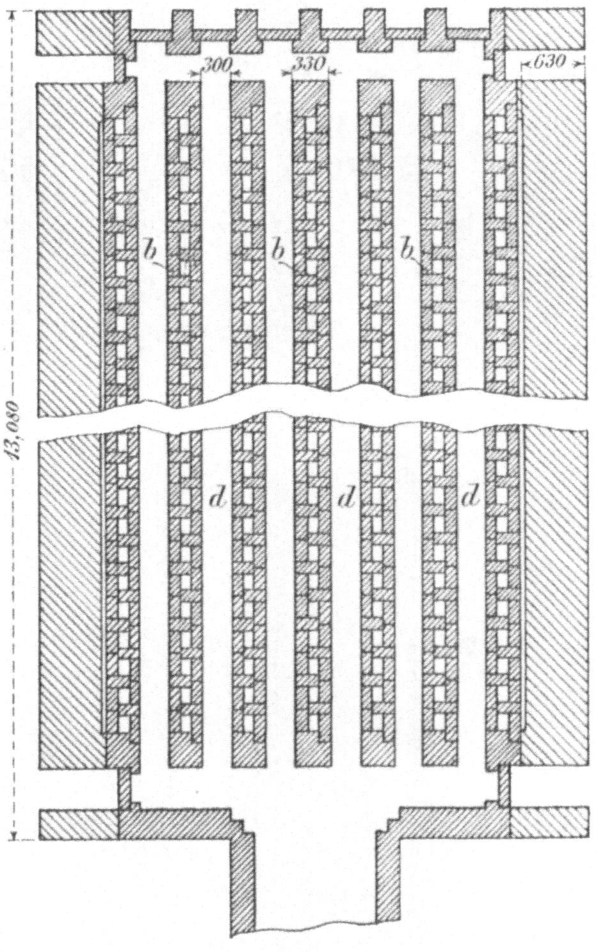

Fig. 135.

gebracht, welche zwischen den vertikalen Kanälen eingemauert und zur
Erhöhung ihrer Haltbarkeit mit inneren Scheidewänden versehen sind.

    Die Einrichtung der Ponsard-Feuerung ist aus den vorstehenden
Figuren 133 und 134 ersichtlich. G ist der Gasgenerator, O der Ofen, in
welchem die Verbrennung erfolgt, R der Rekuperator. Die Gase treten
aus dem Generator bei h in den Ofen und mischen sich hier mit der über
ihnen bei k in den Ofen eintretenden erhitzten Luft. Die verbrannten

Gase ziehen durch i in den Rekuperator, durchstreichen die Gaskanäle v
desselben von oben nach unten und ziehen durch den Kanal w in die
Esse. Die Luft tritt bei x seitlich in die Luftkanäle d, durchzieht dieselben
von unten nach oben, tritt erwärmt seitlich bei z aus und gelangt durch
den Kanal k über den Generatorgasen in den Ofen.

Die Ponsard-Feuerung hat den großen Übelstand, daß die dünnen
Ziegelwände der einzelnen Kanäle leicht reißen, in welchem Falle die Luft
in die Gaskanäle dringt und mit den verbrannten Gasen in die Esse zieht.

In der neueren Zeit hat man besser eingerichtete Rekuperator-Feuer-
ungen gebaut, welche eine zunehmende Anwendung finden. Hierhin gehören die Feuerungen von Lürmann, von Daelen und Blezinger, von
Pietzka.

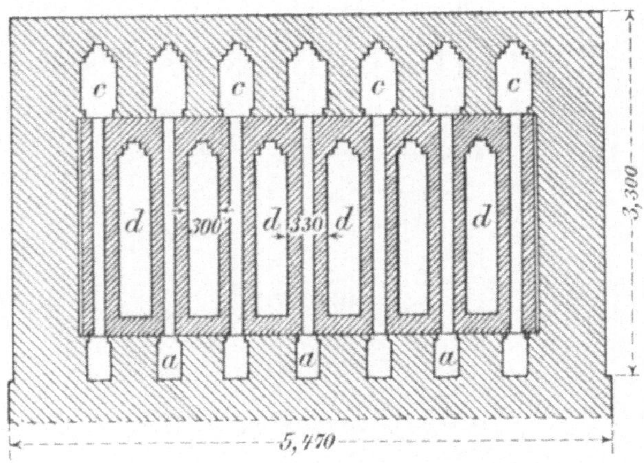

Fig. 136.

Der Rekuperator von Lürmann ist aus den Figuren 135 und 136
ersichtlich[1]). Derselbe stellt eine aus feuerfesten Steinen hergestellte
Kammer dar, in welcher sich die Kanäle für den Durchzug der verbrannten
Gase und für den Durchzug der Verbrennungsluft befinden. Die verbrannten
Gase durchziehen auf ihrem Wege vom Verbrennungsraum zur Esse die
horizontalen Kanäle d, an deren Wände sie Wärme abgeben. Die Luft
tritt durch die horizontalen Kanäle a ein, gelangt aus denselben in
die senkrechten Kanäle b, in welchen sie aufsteigt und erwärmt wird,
und tritt dann in die horizontalen Kanäle c, welche sie nach dem Verbrennungsraum führen. Die Kanäle b haben 165×220 mm Querschnitt.
Die Kanäle d sind 300 mm weit.

Die Lürmannsche Feuerung hat in Glashütten Anwendung gefunden
und sich daselbst gut bewährt.

---

[1]) Beckert a. a. O. S. 124.

Bei dem in den Figuren 137 und 138 dargestellten Rekuperator von Daelen und Blezinger[1]) werden die verbrannten Gase durch feuerfeste Rohre aus Ton von 25 — 30 mm Wandstärke abwechselnd auf- und abwärts geführt, während die Verbrennungsluft diese Rohre von außen umspült. Ebenso wie die Verbrennungsluft läßt sich auch das Gas erhitzen, in welchem Falle zwei Rekuperatoren erforderlich sind. Werden Luft und

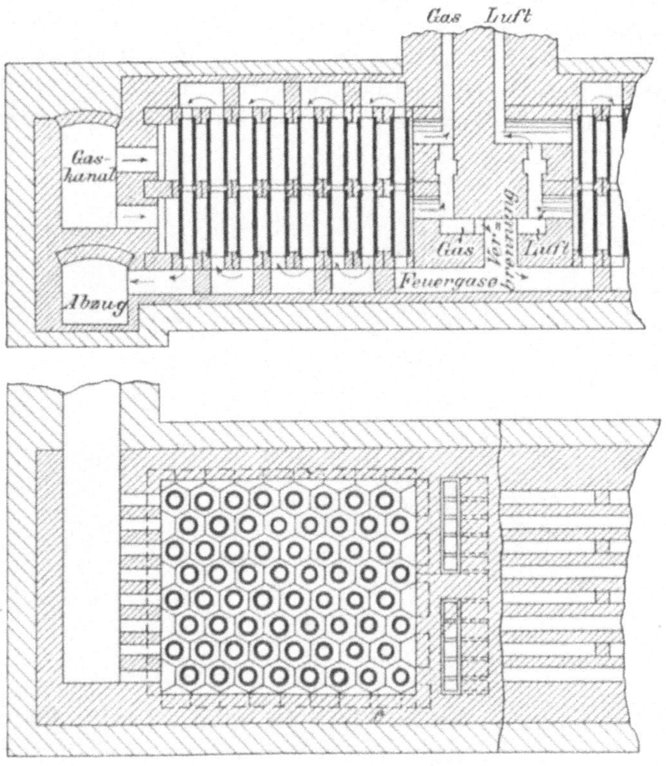

Fig. 137 u. 138.

Gas erhitzt, so wird ein geringer Teil von erhitztem Gas und erhitzter Luft in eine vor den beiden Rekuperatoren befindliche Verbrennungskammer geführt. Die verbrannten Gase dienen dann zur Heizung der Rekuperatoren.

Bei dem Rekuperator von Pietzka liegen die Rohre horizontal. Durch dieselben werden die zu erhitzenden Gase geführt. Die aus dem Verbrennungsraum austretenden verbrannten Gase umspülen diese Rohre.

———————————

[1]) Stahl und Eisen 1893, 464.

Wassergasfeuerungen.

Bei Wassergasfeuerungen wird die Luft in Wärmespeichern so hoch vorgewärmt, daß das Wassergas bei der Mischung mit derselben sofort auf die Entzündungstemperatur erhitzt wird.

Man läßt Luft und Gas (das letztere aus Düsen) unter einem Winkel von 90° zusammentreten. Die Wärmespeicher für die Erhitzung der Luft sind ähnlich eingerichtet wie die beschriebenen Wärmespeicher.

Feuerungen für Kohlenwasserstoffe.

Auch bei natürlichen Kohlenwasserstoffen (Pittsburg in Pennsylvanien) wendet man die Erhitzung der Verbrennungsluft durch Wärmespeicher an und läßt sie dann mit dem nicht erhitzten Gas zusammentreten.

B. Die Einrichtungen, welche die Zufuhr der Luft zu den Brennstoffen und die Abführung der gasförmigen Verbrennungserzeugnisse bewirken.

Derartige Einrichtungen sind entweder Essen oder drückende oder saugende Gebläsevorrichtungen. Die Essen wendet man bei den meisten Arten der Rost- und Gasfeuerungen an. Die drückenden bezw. saugenden Gebläsevorrichtungen kommen bei der Verbrennung fester Brennstoffe in Schachtöfen oder Herdöfen und in solchen Fällen zur Anwendung, in welchen Wind durch die Fugen der Roste gedrückt oder gesaugt werden soll.

Die Esse.

Unter Esse (Schornstein, Schlot, Kamin) versteht man einen aufsteigenden, gewöhnlich senkrechten Kanal, welcher an seinem unteren Ende mit einer Feuerstätte, an seinem oberen Ende mit der Atmosphäre in Verbindung steht. Dieselbe soll einerseits die gasförmigen Verbrennungserzeugnisse von der Feuerstätte wegleiten, andrerseits bei festem Brennmaterial das Zuströmen von frischer Luft zu demselben oder bei Anwendung gasförmiger Brennstoffe das Zuströmen frischer Gase und frischer Verbrennungsluft veranlassen. Ihre Wirkung beruht darauf, daß die heißen Verbrennungserzeugnisse, welche aus der Feuerung in die Esse steigen, durch den Druck der kälteren und schwereren Luft bezw. der zu verbrennenden Gase außerhalb der Esse durch die letztere hindurch in das Freie gedrückt werden.

Unter der **Zugkraft** der Esse versteht man die Menge der in einer Sekunde durch dieselbe hindurchgesaugten Luft. Bezeichnet man dieselbe mit Q, die Geschwindigkeit der Luft in der Esse mit v, den Querschnitt der Esse mit s, das Volumgewicht der Luft bei der Essentemperatur mit d', so ist

$$Q = v\,s\,d'.$$

Die Geschwindigkeit v ist, wie bei Flüssigkeiten $= \sqrt{2\,g\,h}$. In der Hydrostatik bezeichnet man mit h die Druckhöhe, mit g die Beschleunigung durch die Schwere. Im vorliegenden Falle ist die Druckhöhe h gleich der Höhe der Luftsäule, um welche eine außerhalb der Esse befindliche kalte Luftsäule von der Höhe der Esse wachsen würde, wenn sie auf die Temperatur der Luftsäule in der Esse erhitzt würde. Bezeichnet man die kalte Luftsäule von der Höhe der Esse mit L, den Ausdehnungskoeffizienten der Luft bei der Erhitzung um 1^0 C. mit α (bekanntlich beträgt die Ausdehnung der Luft für jeden Grad Celsius $= {}^1\!/_{273}$ ihres Volumens bei $0^0 = 0{,}00366$), die Temperatur in der Esse mit t', die Temperatur der kalten Luftsäule außerhalb der Esse mit t, so ist, wie sich durch eine einfache Berechnung ergibt,

$$h = \frac{L\,\alpha\,(t'-t)}{1+\alpha\,t}.$$

$\alpha\,t$ (Temperatur der Luft außerhalb der Esse multipliziert mit 0,00366) ist sehr klein und kann vernachläissgt werden, so daß man erhält

$$h = L\,\alpha\,(t'-t).$$

Bei Einsetzung dieses Wertes in die Formel

$$v = \sqrt{2\,g\,h}\ \text{ist}\ v = \sqrt{2\,g\,\alpha\,L\,(t'-t)}.$$

Bezeichnet man das Volumgewicht der Luft bei 0^0 mit d^0, die Temperatur derselben in der Esse mit t', so ergibt sich das Volumgewicht der Luft bei der Temperatur der Esse d' durch eine einfache Rechnung,

$$d' = \frac{d^0}{1+\alpha\,t'};$$

bei Einsetzung der Werte für v und d' in die obige Formel

$$Q = v\,s\,d'$$

erhält man

$$Q = s\,d^0\,\frac{\sqrt{2\,g\,\alpha\,L\,(t'-t)}}{1+\alpha\,t'};$$

bezeichnet man in dieser Formel $s\,d^0\,\sqrt{2\,g\,\alpha}$ mit K, so ist

$$Q = K\,\sqrt{L}\left(\frac{\sqrt{t'-t}}{1+\alpha\,t'}\right).$$

Die Zugkraft (Q) der Esse ist hiernach proportional $\sqrt{L}$ und $\dfrac{\sqrt{t'-t}}{1+\alpha\,t'}$, d. h proportional der Quadratwurzel aus der Differenz der Temperaturen der Luft innerhalb und außerhalb der Esse, diesen Wert dividiert durch $1 + a\,t'$, d. i. $1 +$ dem Produkte aus dem Ausdehnungskoeffizienten der Luft bei der Erhitzung mal der Essentemperatur.

Betrachten wir zuerst den Ausdruck $\sqrt{L}$, so sehen wir, daß die Zugkraft der Esse mit der Höhe nur im Verhältnis der Quadratwurzel aus derselben, also in ungünstigem Verhältnisse wächst. Dagegen wachsen die Reibung des Gasstroms an den Wänden der Esse und die Wärmeverluste durch Ausstrahlung in geradem Verhältnisse mit der Höhe derselben. Es muß hiernach eine Grenze in der Höhe der Esse geben, über welche hinaus die Leistung derselben nicht mehr zunimmt. Diese Grenze liegt erfahrungsgemäß bei einer Essenhöhe von 50 m.

Man gibt den Essen nur dann eine größere Höhe, wenn sie schädliche Gase in möglichst hohe Luftschichten abführen sollen. Im allgemeinen schwankt die Höhe der Essen, je nach der gewünschten Lebhaftigkeit der Verbrennung, der Höhe der Brennstoffschicht, der Summe der bis zum Fuße der Esse zu überwindenden Widerstände und der Temperatur der Essengase zwischen 10 und 60 m. (So nimmt man für Glühöfen mit nicht lebhafter Verbrennung und geringen Reibungswiderständen die Essenhöhe zu 10 m, für Schweiß- und Puddelöfen mindestens zu 15 m, bei Benutzung der aus den Öfen abziehenden Gase zu sonstigen Heizzwecken (Wärmespeicher, Dampfkessel) zu 20—30 m.) Für Dampfkessel ergibt sich die Essenhöhe nach Redtenbacher, wenn H die Höhe über der Rostoberkante, d die obere Weite der Esse und N die Pferdekräfte des Kessels bezeichnen, aus der nachstehenden Zusammenstellung:

H	d	N
16	0,43	18
21	0,57	35
24	0,65	50
27	0,72	66
30	0,81	87
32	0,86	100.

In vielen Fällen führt man vorteilhaft die Gase mehrerer Feuerungen in eine gemeinschaftliche Esse (Zentralesse) und gibt derselben, je nach der Anzahl der Feuerungen, der Lebhaftigkeit der Verbrennung und der Größe der Widerstände des Gasstroms, eine Höhe von 40—60 m. Den Essen zur Abführung schädlicher Gase gibt man über 100 m Höhe. So ist die Esse der Bleihütte zu Mechernich 131,1 m, die der Bleihütte zu Halsbrücke bei Freiberg 140 m hoch über der Erdoberfläche. Bei der Halsbrücker Esse läuft der Essenkanal an einem Bergabhang hinauf; bei Einrechnung desselben liegt die Mündung der Esse 198 m über der Sohle der Öfen.

Betrachten wir nun den Ausdruck $\dfrac{\sqrt{t' - t}}{1 + a\,t'}$ in der Formel für die Zugkraft der Esse, so ersehen wir daraus, daß die Zugkraft nur mit der Quadratwurzel aus der Differenz der Temperaturen der

Luft innerhalb und außerhalb der Esse wächst, daß sie aber in ihrem Wachsen durch die Ausdehnung der Luft mit zunehmender Temperatur beschränkt wird $(1 + \alpha\, t')$. Es muß daher eine Grenze der Temperatur in der Esse geben, über welche hinaus die Zugkraft derselben nicht mehr wächst.

Diese Grenze läßt sich berechnen, wenn man in dem Ausdrucke $\dfrac{\sqrt{t' - t}}{1 + \alpha\, t'}\, t'$ sich vergrößern läßt. Das Maximum für t' berechnet sich dann zu 297^0. Man nimmt daher als Maximaltemperatur für die Essengase 300^0 C. an.

Die über diese Temperatur hinaus der Esse zugeführte Wärme würde verschwendet sein, da sie zur Erhöhung der Zugkraft der Esse nichts mehr beiträgt. Nun weichen aber auch die zwischen 200^0 und 300^0 C. angesaugten Luftmengen nur wenig von einander ab, so daß man als Regel für die Temperatur der in die Esse tretenden Gase 200^0 C. annimmt. Mit höherer Temperatur aus dem Erhitzungsraum austretende Gase, wie sie bei vielen Abscheidungsverfahren entstehen, sucht man vor ihrem Eintritt in die Esse durch nützliche Verwendung der Wärme derselben, wie zum Heizen von Wärmespeichern, von Dampfkesseln etc., auf die gedachte Temperatur abzukühlen.

Den Querschnitt der Esse für einen gegebenen Fall ermittelt man aus dem Volumen der Verbrennungserzeugnisse und der dem Gasstrome zu erteilenden Geschwindigkeit. Bezeichnet man das Volumen der heißen Verbrennungserzeugnisse mit v^1, die Geschwindigkeit des Gasstroms mit c, so ist der Essenquerschnitt $F = \dfrac{v^1}{c}$.

Bezeichnet man die Temperatur der Esse mit t, das Volumen der Verbrennungserzeugnisse bei 0^0 mit v, so ist $v^1 = v\,(1 + 0{,}00366\,t)$, $F = v\left(\dfrac{1 + 0{,}00366\,t}{c}\right)$.

Die Geschwindigkeit c des Gasstroms nimmt man je nach der Länge und dem Querschnitt der Kanäle, welche der Gasstrom vor seinem Eintritt in die Esse durchzieht, zu 2—5 m in der Sekunde.

Im allgemeinen nimmt man den Querschnitt der Esse lieber zu groß als zu klein, da sich Essen von großem Querschnitt mit Hilfe eines Schiebers oder einer Klappe verengern lassen, zu enge Essen sich aber nicht erweitern lassen. (Bei 15—30 m hohen Essen mit Steinkohlenfeuerung macht man den Querschnitt gleich $1/3$—$3/5$ der freien Rostfläche, bei höheren Essen $1/3$—$1/6$ derselben.)

Man gibt dem Essenquerschnitt die Gestalt des Quadrats, eines Polygons oder des Kreises. Mit Rücksicht auf die Stabilität der Esse läßt man ihn sich gewöhnlich mit zunehmender Höhe verjüngen.

Das Material, aus welchem die Essen hergestellt werden, ist Eisen oder Mauerwerk.

Essen aus Eisen lassen sich schneller und billiger herstellen als gemauerte Essen und bieten den durchziehenden Gasen geringere Reibungs-Widerstände als die letzteren. Dagegen besitzen sie die Nachteile, daß sie den Gasstrom abkühlen und wenig dauerhaft sind.

Aus diesen Gründen zieht man gemauerte Essen, welche eine große Dauerhaftigkeit besitzen und den Gasstrom viel weniger abkühlen als Essen aus Eisen, den letzteren vor. Bei gemauerten Essen läßt sich der Nachteil größerer Reibungswiderstände des Gasstromes durch gutes Verputzen der inneren Flächen der Essen erheblich beschränken.

Die obere Fläche der Esse läßt man in schräger Richtung nach außen hin abfallen, um horizontalen Windströmen eine Richtung nach aufwärts zu geben und dadurch eine Störung des Essenzuges zu verhindern.

Zur Regulierung des Zuges erhalten die Essen, wie schon erwähnt, Schieber (sogen. Register) oder Klappen.

Die gedachten Gebläsevorrichtungen werden zur Verstärkung des Essenzuges sowohl als auch in solchen Fällen angewendet, in welchen Essen nicht verwendbar sind.

Zum Durchsaugen der Luft durch den Rost dient der Dampfstrahlsauger, welcher in der Esse angebracht wird. Auch können Exhaustoren angewendet werden. Die Einrichtung dieser Apparate ist bei den Gebläsen im sechsten Abschnitt dargelegt. Zum Durchpressen von Luft durch den Rost dienen sowohl Dampfstrahlgebläse als auch die weiter unten beschriebenen drückenden Gebläsevorrichtungen.

Die für die Verbrennung fester Brennstoffe in Schachtöfen und Herdöfen erforderlichen Gebläse sind im sechsten Abschnitte beschrieben.

Beurteilung der Feuerungen.

Zur Beurteilung der Feuerungen ist die Ermittelung der Zusammensetzung des Brennstoffs (durch chemische Analyse), die Ermittelung der Verbrennungswärme desselben (am besten mit Hilfe des Kalorimeters), die Untersuchung der Verbrennungserzeugnisse desselben und zwar der unverbrannten festen Rückstände sowohl als der Rauchgase, die Ermittelung der Temperatur der Rauchgase und die Ermittelung der Zugkraft der Esse erforderlich.

Aus der Verbrennungswärme der unverbrannt gebliebenen Kohle und der in den Rauchgasen enthaltenen brennbaren Bestandteile (Kohlenoxyd, Methan, Wasserstoff, Ruß) ergibt sich der durch unvollkommene Verbrennung herbeigeführte Wärmeverlust. Die durch die Rauchgase fortgeführte Wärme ergibt sich aus der Temperatur der Gase, der Menge und der spezifischen Wärme derselben.

Die Temperatur der Rauchgase wird mit Hilfe von Thermometern (am besten mit Stickstofffüllung) bestimmt. Bei Temperaturen über 360° bedient man sich der Pyrometer.

Bei Dampfkesselfeuerungen bestimmt man zur Beurteilung derselben gewöhnlich nur die Temperatur und den Kohlensäuregehalt der Rauchgase. Zur Beurteilung der Tätigkeit des Heizers, welcher den Luftüberschuß nach Möglichkeit zu beschränken hat, genügt nur eine fortgesetzte Bestimmung des Kohlensäuregehaltes der Fuchsgase. Der Gehalt an Kohlensäure gibt an, ob mit zu großem Luftüberschuß gearbeitet wird oder nicht.

Die Bestimmung der Kohlensäure geschieht am besten selbsttätig durch die sogen. Gaswagen. Dieselben sind auf die Änderung des Volumgewichts von Gasgemischen mit der Änderung der Zusammensetzung derselben gegründet. Im vorliegenden Falle wird das Volumgewicht der Rauchgase mit zunehmendem Kohlensäuregehalt größer. Derartige Gaswagen sind das Dasymeter von Siegert & Dürr, das Ökonometer von Arndt, die Gaswagen von Lux und Precht.

Zur Bestimmung des Unterdrucks in der Esse sind Vorrichtungen von Scheurer-Kästner, von Aron und Seger, von Siegert und Dürr angegeben worden.

II. Die Wärmeerzeugung durch den elektrischen Strom.

Beim Durchleiten des elektrischen Stromes durch einen Leiter wird infolge der Überwindung des Leitungswiderstandes desselben ein Teil der elektrischen Energie in eine äquivalente Menge von Wärme umgewandelt. Je größer der Leitungswiderstand ist, umsomehr elektrische Energie wird in Wärme umgesetzt.

Nach Joule beträgt die Wärmemenge c, welche bei einer gegebenen Stromstärke J (in Ampère) und bei einem bekannten Widerstande W (in Ohm) in s Sekunden erzeugt wird, in Grammkalorien $C = 0{,}24 \cdot J^2 \cdot W \cdot s$. Hiernach beträgt die Wärmemenge, welche ein Strom von 1 Ampère Stärke in einem Widerstande von 1 Ohm erzeugt: 0,24 Grammkalorien.

Mit Hilfe dieser Art der Wärmeerzeugung erzielt man bei Anwendung des Lichtbogens Temperaturen, bei welchen der Kohlenstoff verdampft. Dieselben liegen zwischen 3500 und 4000°.

Die Wärme läßt sich an einer bestimmten Stelle des Stromkreises erzeugen, wenn man an derselben einen Widerstand einschaltet, welcher gegenüber dem Widerstande der sonstigen Leitung sehr hoch ist. Dieser Widerstand wird entweder durch die zu erhitzenden Körper selbst oder durch einen mit denselben in Berührung befindlichen fremden Körper oder durch Luft gebildet. Im letzteren Falle bildet der elektrische Strom in dem mit Luft erfüllten Zwischenraume der Leitung einen elektrischen Lichtbogen.

Die mit Hilfe der beiden ersten Arten von Widerständen erzeugte Wärme ist nicht auf so kleine Räume beschränkt als die Wärme des Lichtbogens. Sie wird deshalb häufig benutzt. Die Erwärmung mit Hilfe des Lichtbogens, welche eine hohe Spannung bei niedriger Stromstärke erfordert, ist auf einen sehr kleinen Raum beschränkt, so daß die Erhitzung größerer Räume auf die hohe Temperatur des Lichtbogens nicht zu ermöglichen ist. Dabei hat der Lichtbogen eine viel höhere Temperatur (3000^{0}—4000^{0}), als sie bei metallurgischen Verfahren erforderlich ist.

Der zur Wärmeerzeugung erforderliche elektrische Strom wird durch Dynamomaschinen geliefert.

Im Vergleich mit der durch Verbrennung erzeugten Wärme stellt sich die mit Hilfe des elektrischen Stromes erzeugte Wärme, falls nicht sehr billige Wasserkraft zu Gebote steht, als sehr teuer heraus.

Die Menge der mit Hilfe des Stromes erzeugten Wärme macht bei dem Betriebe der Dynamomaschinen durch Dampfkraft nur wenige Prozente der durch Verbrennen von Brennstoffen unter dem Dampfkessel entwickelten Wärmemenge aus.

Wenn nun auch die Wärmeerzeugung durch den elektrischen Strom den Vorteil einer sehr schnellen Erhitzung auf sehr hohe Temperaturen und der schnellen Regulierung der letzteren, sowie der Erhitzung der betreffenden Körper im luftleeren Raum sowohl wie in jeder Atmosphäre bietet, so wird sie doch meistens nur in solchen Fällen angewendet, in welchen mit Hilfe der durch die Verbrennung von Brennstoffen erzeugten Wärme das Ziel gar nicht oder nur unvollkommen erreicht wird.

Die Wärmeerzeugung mit Hilfe von Widerständen, welche entweder durch die zu erhitzenden Körper selbst oder durch einen mit denselben in Berührung befindlichen fremden Körper gebildet werden, erfordert bei großer Stromstärke eine niedrige Spannung.

Die erstere Art derselben findet beispielsweise Anwendung zur Gewinnung von Aluminium und von Aluminiumlegierungen, auch bei Schweißverfahren ist sie angewendet worden.

Die Wärme des elektrischen Lichtbogens ist zuerst von Carl Wilhelm Siemens[1]) zu metallurgischen Zwecken benutzt worden. Derselbe schmolz schon zu Anfang der achtziger Jahre Metalle in einem Tiegel, welcher in den Stromkreis eingeschaltet war. Derselbe wurde in ein Metallgefäß eingesetzt. Der Zwischenraum zwischen Tiegel und Gefäß war mit gepulverter Retortenkohle oder Sand ausgefüllt. Der Strom trat am Boden des Tiegels durch einen Stab von Eisen, Platin oder Gaskohle in das auf dem Boden des Tiegels befindliche, zu schmelzende Metall ein und gelangte aus demselben durch die zwischen der Oberfläche des Metalles und der Kathode gelassene Luftschicht unter Bildung eines Lichtbogens

---

[1]) Wilh. Siemens, Einige wissenschaftlich-technische Fragen der Gegenwart. Zweite Folge. Berlin 1883, S. 25 ff. und 90 ff.

zur Kathode, welche aus einem verschiebbaren Kohlenstab bestand. Das zu schmelzende Metall bildete hier die Verlängerung der Anode. Dasselbe muß an der Anode liegen, weil an dem positiven Pol des Lichtbogens die größte Menge der Wärme erzeugt wird.

Für die Metallschmelzung hat der Lichtbogen indes keine Anwendung gefunden, weil sich die Metalle billiger mit Hilfe der Verbrennungswärme schmelzen lassen.

Man hat den Lichtbogen auch zum Schweißen von Eisen angewendet.

Aber auch hier stellt sich das Schweißen mit Hilfe der Verbrennungswärme billiger.

Die Apparate, in welchen metallurgische Verfahren mit Hilfe der Stromwärme ausgeführt werden, nennt man elektrische Öfen. Dieselben sind im sechsten Abschnitt beschrieben.

Die Erzeugung der für die Metallgewinnung erforderlichen Elektrizität.

I. Grundlagen für das Verständnis des elektrischen Stromes.

Die Elektrizität ist eine besondere Energieform, gleich der Wärme, der chemischen Energie, der machanischen Energie und der strahlenden Energie. Diese Energieformen sind nach dem Gesetze von der Erhaltung der Energie in einander umwandelbar. Nach diesem Gesetze entsteht für eine geleistete Arbeit stets eine äquivalente Menge anderer Energie. Um nun zwischen zwei Punkten einen dauernden elektrischen Strom herzustellen, muß beständig Elektrizität aus mechanischer oder chemischer Energie oder aus Wärme neu erzeugt werden. An der Stelle, an welcher die Elektrizität erzeugt wird, tritt zwischen zwei überaus nahe gelegenen Punkten eine Spannungsdifferenz auf. Dieselbe hat das Bestreben, durch jede Verbindung, welche den Elektrizitätsübergang zwischen den beiden Punkten ermöglicht, sich auszugleichen. Wird diese Verbindung durch einen elektrischen Leiter hergestellt, so strömt Elektrizität von der Erzeugungsstelle in einem Kreislauf durch den Leiter zum Ursprungspunkte so lange zurück, als die Spannungsdifferenz aufrecht erhalten wird. Die Spannungsdifferenz hängt ihrer Größe nach von der Natur des Vorganges ab, durch welchen sie erzeugt wird. Man nennt dieselbe die elektromotorische Kraft des Vorganges oder des Apparates, durch welchen der Vorgang verwirklicht wird[1]).

Die Leitung der Elektrizität kann entweder durch den Transport geladener Teilchen, welche ihre Lage ändern, oder ohne Verschiebung materieller Teile geschehen. Im ersteren Falle nennt man die Leitung eine elektrolytische und den Leiter selbst Leiter zweiter Klasse, während man im zweiten Falle die Leitung eine metallische und den Leiter selbst Leiter

---

[1]) Haber, Grundriß der technischen Elektrochemie, 1898, S. 4.

erster Klasse nennt. Die Leiter zweiter Klasse (Elektrolyte) sind chemisch zusammengesetzte Körper, deren Moleküle bei der Auflösung oder beim Schmelzen, manchmal schon im festen Zustande, in elektrisch geladene Ionen zerfallen. Aus jedem zerfallenden Molekül entsteht ein negativ geladenes Ion, das Anion, und ein positiv geladenes Ion, das Kation. Die Ionen vermitteln die elektrische Leitung, indem die Kationen positive Elektrizität in der einen, die Anionen negative Elektrizität in der entgegengesetzten Richtung fortführen. Dabei geben die Ionen ihre Ladungen an die Elektroden ab und gehen in den molekularen Zustand über.

Die Leiter setzen dem Durchgange der Elektrizität einen gewissen Widerstand entgegen. Dieser Widerstand, welchen man Leitungswiderstand nennt, ist dem spezifischen Widerstande und der Länge des Leiters direkt proportional, dem Querschnitte desselben umgekehrt proportional. Dieses Gesetz gilt nicht nur für Leiter erster Klasse, sondern auch für die Leiter zweiter Klasse. Körper, welche einen so großen spezifischen Widerstand besitzen, daß auch bei geringer Länge und großem Querschnitt kein meßbarer Strom entsteht, nennt man Nichtleiter oder Isolatoren. Der Widerstand eines Leiters verändert sich mit der Temperatur. Im allgemeinen nimmt der Widerstand der Metalle mit steigender Temperatur zu, der der Flüssigkeiten dagegen ab.

Die Einheit des Leitungswiderstandes ist das Ohm, d. i. derjenige Widerstand, welchen eine Quecksilbersäule von 106,3 cm Länge und 1 qmm Querschnitt bei 0^0 besitzt. Ist der Widerstand eines Körpers $= W$, so ist seine Leitungsfähigkeit $= \dfrac{1}{W}$ oder in Ohm ausgedrückt $= \dfrac{1}{\text{Ohm}}$.

Die Widerstandszunahme von 1 Ohm bei einer Erwärmung um 1^0 C. nennt man den Temperaturkoeffizienten des betreffenden Materials.

	Spezifischer Widerstand	Temperaturkoeffizient
Aluminium	0,03 — 0,05	0,004
Blei	0,208	0,00387
Eisen	0,10—0,12	0,0048
Kupfer	0,0172	0,0038
Platin (geglüht)	0,094	0,00243
Quecksilber	0,95	0,0009
Silber (geglüht)	0,016	0,00377
Zink (gepreßt)	0,06	0,0037
Zinn	0,14	0,0037
Neusilber	0,3	0,00037
Patentnickel (75 % Kupfer, 25 % Nickel)	0,342	0,00019

Die spezifischen Widerstände (für 15⁰ C.) und Temperaturkoeffizienten einiger Metalle und Legierungen sind vorstehend zusammengestellt.

Der Gesamtwiderstand eines Stromkreises setzt sich zusammen aus dem inneren Widerstande der Stromquelle und dem Widerstande des äußeren Stromkreises.

Die Menge der Elektrizität nun, welche in der Zeiteinheit durch den Querschnitt des Leiters fließt, die sogen. Stromstärke, hängt ab vom Widerstand des Leiters und von dem Spannungsunterschied an den Enden desselben.

Die Maßeinheit für die Elektrizitätsmenge ist das Coulomb. Dasselbe stellt diejenige Elektrizitätsmenge dar, welche ohne Rücksicht auf die Zeit aus Silberlösung 1,1183 mg Silber bezw. aus der Lösung eines anderen Metalles eine dem Silber äquivalente Menge desselben ausscheidet. (0,328 mg Kupfer, 0,337 mg Zink.) Die Maßeinheit für die Stromstärke ist das Ampère, d. i. diejenige Stromstärke, welche in jeder Sekunde eine Elektrizitätsmenge von 1 Coulomb durch den Stromkreis schickt. Die Stromstärke ist in allen aufeinander folgenden Leiterquerschnitten die gleiche, unabhängig davon, ob diese Querschnitte gleiche oder verschiedene Größe haben. Ist ein Leiter gegabelt, so ist sie im ungegabelten Stück gleich der Summe der Stromstärken in den Zweigen hinter der Gabelung.

Die elektromotorische Kraft ist die (z. B. in einer Dynamomaschine tätige) Kraft, welche die vorhandene neutrale Elektrizität in positive und negative Elektrizität scheidet und beide entgegen der zwischen ihnen bestehenden Anziehung in entgegengesetzter Richtung durch den gesamten Widerstand des Stromkreises treibt. Sie ist dem Anfangsdruck zu vergleichen, mit welchem eine Wassermenge durch ein Rohr getrieben wird. Das Potential oder die Spannung, bezw. die Potentialdifferenz oder die Spannungsdifferenz ist der längs der Leitung wechselnde „elektrische Druck" an den einzelnen Stellen des Stromkreises. Die Potentialdifferenz an den Polen der Elektrizitätsquelle nennt man die Klemmenspannung oder Polspannung.

Die Einheit für die elektromotorische Kraft, die Spannung oder das Potential, bezw. die Spannungsdifferenz oder die Potentialdifferenz ist das Volt. Dasselbe stellt diejenige Spannkraft dar, welche einen Strom von 1 Ampère Stärke durch einen Gesamtwiderstand von 1 Ohm treiben kann.

Die Beziehungen zwischen Stromstärke, Widerstand und elektromotorischer Kraft werden durch das nach seinem Entdecker benannte Ohmsche Gesetz zum Ausdruck gebracht. Nach demselben ist die Stromstärke direkt proportional der elektromotorischen Kraft und umgekehrt proportional dem Widerstande. Nun sind die Einheiten von Stromstärke, elektromotorischer Kraft und Widerstand so gewählt, daß bei dem Vorhandensein einer elektromotorischen Kraft von 1 Volt und eines

Widerstandes von 1 Ohm im Stromkreise die Stromstärke $= 1$ Ampère ist. Es ist also

$$\text{Ampère} = \frac{\text{Volt}}{\text{Ohm}},$$

oder abgekürzt:

$$A = \frac{V}{O}.$$

Das Ohmsche Gesetz läßt sich daher auch ausdrücken wie folgt: **Eine elektromotorische Kraft V (gemessen in Volt) ruft in dem zugehörigen Widerstande O (gemessen in Ohm) einen Strom von der Stärke**

$$A = \frac{V}{O} \text{ in Ampère}$$

hervor.

Dieses Gesetz gilt sowohl für den gesamten Stromkreis als auch für jeden beliebigen Teil desselben. In dem letzteren Falle tritt an die Stelle der elektromotorischen Kraft die Potentialdifferenz. Es ist dann in einem einzelnen Teil des Stromkreises V die Potentialdifferenz oder der Spannungsunterschied zwischen den beiden Enden dieses Teiles.

Sind in der Gleichung $A = \frac{V}{O}$ zwei Größen durch Rechnung oder Messung bekannt, so läßt sich auch die dritte ermitteln, da $O = \frac{V}{A}$ und $V = A \times O$ ist.

Die elektrische Energie ist das Produkt aus einer Spannung in eine Elektrizitätsmenge. **Die Einheit der elektrischen Energie** $= 1$ Volt $\times 1$ Coulomb nennt man **Voltcoulomb** oder **Joule.** Für die geleistete elektrische Arbeit, den elektrischen Effekt, kommt es auf die **in der Sekunde** verbrauchten Voltcoulomb, d. i. auf die Voltampère an. **Die Einheit für den elektrischen Effekt ist** $= 1$ Volt $\times 1$ Ampère $= 1$ Watt.

1000 Watt nennt man 1 Kilowatt, 1000 Ampère 1 Kiloampère. Man hat ferner noch die Bezeichnungen Ampèrestunde und Wattstunde eingeführt. In einer Ampèrestunde gehen 3600 Coulomb durch einen Leiter. Unter einer Wattstunde versteht man die Überführung von 3600 Voltcoulomb in andere Energieformen.

Die besprochenen elektrischen Größen sind nachstehend zusammengestellt:

$$1 \text{ Volt} \times 1 \text{ Coulomb} = 1 \text{ Voltcoulomb oder } 1 \text{ Joule}$$
$$\frac{1 \text{ Coulomb}}{1 \text{ Sekunde}} = 1 \text{ Ampère}$$
$$1 \text{ Volt} = 1 \text{ Ampère} \times 1 \text{ Ohm}$$
$$1 \text{ Volt} \times 1 \text{ Ampère} = 1 \text{ Watt}$$
$$1000 \text{ Watt} = 1 \text{ Kilowatt}$$
$$1000 \text{ Ampère} = 1 \text{ Kiloampère}$$
$$1 \text{ Wattstunde} = 1 \text{ Watt} \times 3600 \text{ Sekunden}$$
$$= 3600 \text{ Voltcoulomb}$$
$$1 \text{ Kilowattstunde} = 1000 \text{ Wattstunden.}$$

Nach dem Gesetz von der Erhaltung der Energie läßt sich die elektrische Energie auch in andere Energieformen umwandeln. Wir haben hier die Umwandlung derselben in Wärme, in mechanische Energie und in chemische Energie zu betrachten.

Die technische Maßeinheit für die Wärme ist die Kilogrammkalorie (Kal.), d. i. diejenige Wärmemenge, welche nötig ist, um 1 kg Wasser von 15^0 um 1^0 zu erwärmen. Die wissenschaftliche Einheit ist die Grammkalorie, d. i. diejenige Wärmemenge, welche erforderlich ist, um 1 g Wasser von 0^0 auf 1^0 zu erwärmen. Durch Versuche hat man gefunden, daß 1 Voltcoulomb $= 0,2394$ Grammkalorien bezw. $0,000239$ Kilogrammkalorien ist. Hieraus berechnet sich 1 Grammkalorie zu 4,177 Voltcoulomb bezw. eine Kilogrammkalorie zu 4177 Voltcoulomb. Man nennt diese letzteren Zahlen, welche angeben, wie viele elektrische Einheiten einer Wärmeeinheit (Gramm- bezw. Kilogrammkalorie) äquivalent sind, das elektrische Wärmeäquivalent.

In der Technik nimmt man 1 Voltcoulomb zu 0,240 Grammkalorien bezw. zu 0,000240 Kilogrammkalorien an.

Die technische Einheit der mechanischen Energie ist das Kilogrammmeter (kgm), d. i. die Arbeit, welche zu leisten ist, um 1 kg-Gewicht 1 m hoch zu heben. Die wissenschaftliche Einheit der mechanischen Energie ist einerseits das Grammzentimeter (gcm), andererseits das Erg des Zentimetergrammsekundensystems. [Das Erg bedeutet diejenige Arbeit, welche nötig ist, um die Masseneinheit (die Grammmasse) durch die Krafteinheit (die Dyne) um die Wegestrecke von 1 cm fortzubewegen. Die Dyne ist diejenige Kraft, welche der Grammmasse in der Sekunde die Beschleunigung von 1 cm erteilt. Die Grammmasse ist die Masse eines Wasserwürfels von 1 cm Kantenlänge bei 4^0 C. Die Grammmasse ist unveränderlich, während das Grammgewicht, d. i. die Kraft, mit welcher die Grammmasse von der Erde angezogen wird, auf der Oberfläche der Erde veränderlich ist. Unter der Breite von 45^0 beträgt die Beschleunigung eines Körpers durch die Erdanziehung 980,6 cm in der Sekunde. Das Grammgewicht ist daher $= 980,6$ Dynen. Die technische Arbeitseinheit von 1 kgm ist $= 10^5$ gcm $= 10^5 . 980,6$ Erg]. Durch das Experiment hat man gefunden, daß die Arbeitsleistung einer Kilogrammkalorie 426 Kilogrammmeter bezw. einer Grammkalorie 42 600 gcm beträgt. Man nennt diese Zahl bekanntlich das mechanische Wärmeäquivalent. Da nun, wie wir gesehen haben, eine Kilogrammkalorie 4177 Voltcoulomb äquivalent ist, so ergibt sich durch Rechnung 1 Voltcoulomb $= 0,102$ kgm (bezw. $= 10 200$ gcm).

Man nennt diese Zahl das mechanisch-elektrische Äquivalent.

$$1 \text{ kgm ist} = \frac{1}{0,102} = 9,803 \text{ Voltcoulomb äquivalent.}$$

Da 1 Voltcoulomb $= 0,102$ kgm, so ist 1 Watt $= 0,102$ kgm pro Sekunde.

In der Technik nimmt man als Einheit für den mechanischen Effekt die **Pferdestärke (PS)** an, d. i. diejenige Arbeitsfähigkeit, welche in der Sekunde 75 kgm mechanische Arbeit leistet. Dieselbe berechnet sich zu 736 Watt.

Für die chemische Energie ist eine Maßeinheit nicht vorhanden. Die Wärme, welche bei der chemischen Verbindung zweier Substanzen frei oder absorbiert wird, die sogen. „Wärmetönung" entspricht nicht direkt dem Unterschiede der chemischen Energie, welche in den reagierenden Substanzen vor der Umsetzung, in den Reaktionsprodukten nach der Umsetzung vorhanden ist. Sie gibt uns daher kein genaues Maß für die chemische Energie. Wohl aber gibt sie uns Näherungswerte und wird daher häufig als Maß der Änderung der chemischen Energie benutzt. Ist die Wärmetönung einer Reaktion bekannt, so läßt sich, da

$$1 \text{ Voltcoulomb} = 0,24 \text{ Grammkalorien}$$

ist, die elektrische Energie berechnen, welche aufgewendet werden muß, um die Reaktion im umgekehrten Sinne verlaufen zu lassen.

Wärmetönungen

der Oxyde und Hydroxyde, gebildet aus R, O und R, O, H_2O			der Sulfide und Sulfhydrate, gebildet aus R, S und R, S, Aq	
	Grammkal.	Grammkal.		Grammkal.
Na_2O, Aq in Lösung	155 260		Na_2S, Aq in Lösung	104 000
MgO, H_2O	148 960		MnS, x H_2O	46 400
Na_2O, H_2O	135 380	Na_2O 99 760	ZnS, x H_2O	41 580
$\frac{1}{3} Al_2O_3, 3H_2O$	129 640		CdS, x H_2O	34 360
MnO, H_2O	94 770		FeS, x H_2O	23 780
ZnO, H_2O	82 680		CoS, x H_2O	21 740
FeO, H_2O	68 280		PbS	20 430
SnO, H_2O	68 090		Cu_2S	20 270
$\frac{1}{2} SnO_2, H_2O$	66 750		NiS, x H_2O	19 400
CdO, H_2O	65 680		HgS	16 890
$\frac{2}{3} Fe_4O_3, 3H_2O$	63 720		Ag_2S	5 340
CoO, H_2O	63 400			
NiO, H_2O	60 840			
$\frac{1}{3} Sb_2O_3, 3H_2O$	55 810			
PbO, H_2O	?	PbO 50 300		
$\frac{1}{3} As_2O_3, 3H_2O$	49 010	$\frac{1}{3} As_2O_3$ 51 530		
$\frac{1}{3} Bi_2O_3, 3H_2O$	45 910			
$\frac{1}{5} As_2O_5, 3H_2O$	45 236	$\frac{1}{5} As_2O_5$ 43 880		
Hg_2O, H_2O	?	Hg_2O 42 200		
CuO_2, H_2O	?	Cu_2O 40 810		
CuO, H_2O	37 520	CuO 37 160		
HgO, H_2O	?	HgO 30 670		
Ag_2O, H_2O	?	Ag_2O 5 900		
$\frac{1}{3} Au_2O_3, 3H_2O$	?	$\frac{1}{3} Au_2O_3$ 4 400		

Wärmetönungen der Chloride.

Der festen Salze	Grammkal.	Der Salze in wäßriger Lösung	Grammkal.
$2\,Na\,Cl$	195 380		193 020
$Mg\,Cl_2$	151 010		186 930
$Mn\,Cl_2$	111 990		128 000
$\tfrac{1}{3}\,Al_2\,Cl_6$	107 320		158 550
$Zn\,Cl_2$	97 210		112 840
$Cd\,Cl_2$	93 240		96 250
$Pb\,Cl_2$	82 770		75 970
$Hg\,Cl_2$	82 550		—
$Fe\,Cl_2$	82 050		99 950
$Sn\,Cl_2$	80 790		81 140
$Co\,Cl_2$	76 480		94 820
$Ni\,Cl_2$	74 530		93 700
$2\,Cu\,Cl$	65 750		—
$\tfrac{1}{2}\,Sn\,Cl_4$	63 630		78 590
$\tfrac{1}{3}\,Fe_2\,Cl_6$	62 030		85 150
$Hg\,Cl_2$	63 160		59 860
$\tfrac{2}{3}\,Sb\,Cl_3$	60 930		—
$\tfrac{2}{3}\,Bi\,Cl_3$	60 420		—
$2\,Ag\,Cl$	58 760		—
$Cu\,Cl_2$	51 630		62 710
$\tfrac{2}{3}\,As\,Cl_2$	46 930		88 970
$\tfrac{1}{2}\,Pt\,Cl_4,\,KCl$	44 750		37 870
$\tfrac{2}{5}\,Sb\,Cl_5$	41 950		—
$\tfrac{2}{3}\,Au\,Cl_3$	15 210		18 180
$2\,Au\,Cl$	11 620		—

Wärmetönungen der Sulfate und Nitrate, gebildet aus R_2^I, O, SO_3 (R^{II}, O, SO_3) und R_2^I, O, NO_2 (R^{II}, O, N_2O_5) in wäßriger Lösung

	Grammkal.		Grammkal.
$Na_2\,SO_4$	186 640	$Na_2\,N_2\,O_6$	182 620
$Mg\,SO_4$	180 180	$Mg\,N_2\,O_6$	176 480
$Mn\,SO_4$	121 250	$Mn\,N_2\,O_6$	117 720
$Zn\,SO_4$	106 090	$Zn\,N_2\,O_6$	102 510
$Fe\,SO_4$	93 200	$Fe\,N_2\,O_6$	?
$Cd\,SO_4$	89 880	$Cd\,N_2\,O_6$	86 300
$Co\,SO_4$	88 070	$Co\,N_2\,O_6$	84 540
$Ni\,SO_4$	86 950	$Ni\,N_2\,O_6$	83 420
$\tfrac{1}{3}\,Fe_2\,3(SO_4)$	74 970	$Fe_2\,6(NO_3)$	?
$Pb\,SO_4$	73 800	$Pb\,N_2\,O_6$	68 070
$Cu\,SO_4$	55 960	$Cu\,N_2\,O_6$	52 410
$Hg_2\,SO_4$	?	$Hg\,N_2\,O_6$	47 990
$Hg\,SO_4$	?	$Hg\,N_2\,O_6$	37 070
$Ag_2\,SO_4$	20 390	$Ag_2\,N_2\,O_6$	16 780

Die Bildungswärme für Bleiazetat in wäßriger Lösung beträgt 65 760, desgleichen die des Doppelsalzes von Cyansilber-Cyankalium $(2\,Ag\,CN,\ 2\,KCN)$ 15 780 Grammkalorien.

Vorstehend sind die Wärmetönungen nach Thomsen zusammengestellt. Dieselben sind auf diejenigen Mengen der verschiedenen Metalle bezogen, welche Äquivalente von zwei Atomen Chlor oder einem Atom Sauerstoff (bezw. Schwefel) sind. Die Äquivalentgewichte sind hierbei in Grammen, die Wärmetönungen in Grammkalorien angegeben.

Können wir aus den Wärmetönungen annähernd die zur Zersetzung von Verbindungen erforderliche elektrische Energie in Voltcoulomb ermitteln, so ist uns damit noch nicht die zur Zersetzung nötige Spannung gegeben. Wir können dieselbe ermitteln, wenn uns die zur Zerlegung erforderliche Elektrizitätsmenge, d. i. die Zahl der Coulomb, bekannt ist. Dieselbe ist durch das Faradaysche Gesetz gegeben. Dieses wichtige Gesetz sagt aus, daß die durch gleiche Elektrizitätsmengen an den Elektroden ausgeschiedenen Stoffmengen im Verhältnis ihrer chemischen Äquivalente zu einander stehen. Um 1 Grammäquivalent irgend einer leitenden Verbindung zu zersetzen, müssen 96 540 Coulomb durch den Elektrolyten gehen. Diese Anzahl Coulomb stellt die elektrochemische Einheit der Elektrizitätsmenge dar. Dieselbe wird mit 1 F bezeichnet. Beispielsweise werden von einer Silbernitratlösung durch 1 F 169,97 g Silbernitrat zersetzt. Die Menge des ausgeschiedenen Silbers beträgt 107,93 g. Werden durch 96 540 Coulomb 107,93 g Silber ausgeschieden, so werden durch 1 Coulomb $\dfrac{107,93}{96\,540} = 0,00118$ g Silber ausgeschieden. (Das Faradaysche Gesetz ist des näheren bei der Theorie der Elektrolyse erörtert.) Bezeichnen wir nun mit $F = 96\,540$ Coulomb, mit n die Anzahl der Grammäquivalente, welche bei der Zerlegung eines Grammmoleküls entstehen, mit W die Wärmetönung einer Reaktion, so ist die

$$\text{aufzuwendende Spannung in Volt} = \frac{W}{0,24 \cdot n \cdot F}.$$

Diese Beziehung ist als Thomsonsche Regel bekannt. Dieselbe gibt aus den erörterten Gründen nur einen Näherungswert für die Spannung an.

Beim Durchgange von Elektrizität durch den Stromkreis wird in allen Teilen desselben eine gewisse Menge der ersteren in Wärme umgewandelt. Diese Wärme entsteht durch die Überwindung des Leitungswiderstandes. Lassen wir die gesamte elektrische Energie sich in Wärme umwandeln und ist V die Spannungsdifferenz in Volt zwischen den beiden Enden eines Drahtstückes, J die zugehörige Stromstärke, a die Wärmemenge, welche in der Zeiteinheit aus elektrischer Energie entsteht, und K ein Proportionalitätsfaktor, so ist

$$V\,J = a\,K.$$

Nach dem Ohmschen Gesetz ist

$$V = J \cdot W \cdot K'.$$

Hier bedeutet W den Widerstand und K' einen Proportionalitätsfaktor. Setzen wir J . W . K' für V in die erste Gleichung ein, so erhalten wir die Gleichung:

$$J^2\,W = a\,.\,K''.$$

Hiernach ist die in einem Stromkreise oder in einem Teile desselben in der Zeiteinheit entwickelte Wärmemenge proportional dem Widerstand und dem Quadrate der Stromstärke. Dieses Gesetz wird nach seinem Entdecker das Joulesche Gesetz genannt.

Nehmen wir für die in der Zeiteinheit zur Verfügung stehende elektrische Energie als Einheit das Voltampère = 0,24 Grammkalorien, für die Stromstärke das Ampère und für den Widerstand das Ohm als Einheit, so ist die in 1 Sekunde entwickelte Wärmemenge in Grammkalorien =

$$0{,}24 \,.\, \text{Ampère}^2 \,.\, \text{Ohm}.$$

II. Die Stromerzeugung.

Galvanische Elemente und Thermosäulen liefern verhältnismäßig schwache Ströme. Starke Ströme, wie sie die elektrometallurgischen Verfahren erfordern, werden gegenwärtig fast ausschließlich durch Induktionsmaschinen geliefert. Durch diese Maschinen wird mechanische Energie in elektrische Energie umgewandelt. Die Erzeugung der Elektrizität geschieht durch Magnetinduktion.

Nach dem Gesetze der Induktion wird in einer in einem magnetischen Felde befindlichen Spule eine elektromotorische Kraft erzeugt, wenn die Zahl der durch dieselbe hindurchgehenden magnetischen Kraftlinien sich ändert. (Man denkt sich das magnetische Feld, d. i. die Umgebung eines Magnetpoles, eines Magnets oder einer Vereinigung von Magneten von Kraftlinien durchzogen, welche für jeden Punkt des Feldes die Richtung der resultierenden magnetischen Kraft angeben.) Die Änderung der Zahl der Kraftlinien kann bewirkt werden durch Bewegung der Spule oder durch Bewegung des Magneten oder durch Änderung des magnetischen Feldes.

Die Größe der elektromotorischen Kraft wächst mit der Geschwindigkeit, mit welcher sich die Zahl der durch die Spule gehenden Kraftlinien ändert, mit der Verstärkung des magnetischen Feldes und mit der Windungszahl der Spule. Man kann sie also erhöhen durch schnellere Bewegung der Spule bezw. des Magneten, durch Verstärkung des magnetischen Feldes und durch Vermehrung der Windungen der Spule, in welchem letzteren Falle die elektromotorischen Kräfte der einzelnen Windungen sich addieren.

Die Richtung der induzierten elektromotorischen Kraft ist bei Vermehrung der Zahl der Kraftlinien die entgegengesetzte wie bei der Verminderung der Zahl der Kraftlinien.

Lassen wir eine Spule in einem homogenen magnetischen Felde rotieren, so wächst die elektromotorische Kraft in dem ersten Quadranten des bei der Rotation beschriebenen Kreises von Null bis zu einem bestimmten Maximum, geht im zweiten Quadranten wieder bis auf Null zurück, wechselt dann die Richtung, steigt im dritten Quadranten wieder von Null bis zu dem gedachten Maximum und fällt im vierten Quadranten wieder auf Null. Die elektromotorische Kraft ändert also während einer vollständigen Umdrehung der Spule zweimal ihre Richtung. Verbindet man die Spule mit einem äußeren Stromkreise, indem man die Enden derselben zu zwei auf der Achse derselben sitzenden und von einander isolierten Metallringen führt und auf denselben Federn schleifen läßt, so entsteht ein Strom, welcher allen Änderungen der elektromotorischen Kraft folgt. Diesen Strom, welcher periodisch von Null bis zu einem Maximum steigt, dann wieder bis Null abnimmt und darauf die Richtung wechselt, nennt man „Wechselstrom".

Soll der Strom im äußeren Stromkreise stets in gleicher Richtung fließen, so muß eine Vorrichtung angebracht werden, durch welche jedesmal, wenn die elektromotorische Kraft in der Spule ihre Richtung ändert, die Verbindung der Spule mit dem äußeren Stromkreise vertauscht wird. Dies läßt sich bewirken durch Verbindung der Spulenenden mit zwei auf der Rotationsachse befestigten von einander isolierten Halbzylindern, auf welchen zwei Federn schleifen. Die Federn müssen so gestellt sein, daß sie den einen Halbzylinder verlassen und auf den anderen übergehen, wenn die elektromotorische Kraft ihre Richtung wechselt. Man nennt diese Vorrichtung Stromwender oder Kommutator.

Die Induktionsmaschinen bestehen im wesentlichen aus dem Anker oder Induktor, einem mit Kupferdraht bewickelten Körper, welcher im magnetischen Felde rotiert und in dessen Bewickelung durch die Rotation ein elektrischer Strom induziert wird, aus den Feldmagneten zur Erzeugung des magnetischen Feldes und aus dem Stromsammler oder Kollektor bezw. Kommutator, in welchen die Bewickelung des Ankers endigt. Der Anker und der Stromsammler sind auf einer gemeinschaftlichen Drehachse befestigt, auf deren Riemscheibe die Kraft des Motors übertragen wird. Auf dem Stromsammler schleifen metallische Bürsten, welche mit den Klemmschrauben der Maschine leitend verbunden sind.

Der Anker hat in der Regel ringförmige oder zylindrische Gestalt. Im ersteren Falle bildet der Anker einen eisernen Ring und wird Ringanker genannt. Man unterscheidet Flachringanker und Zylinderringanker. Die Anker von zylindrischer Gestalt nennt man Trommelanker. Der Anker hat in der Regel einen Eisenkern. Derselbe hat den Zweck, für den Übergang der Kraftlinien vom einen Pole zum anderen einen möglichst geringen magnetischen Widerstand zu bieten und dadurch das magnetische Feld zu verstärken. Zur Vermeidung der Entstehung von Wirbelströmen stellt man den Anker aus dünnen Scheiben von Eisenblech her, welche, durch Papier oder dergl. von einander isoliert, an einander gepreßt werden. Der Anker ist entweder so angeordnet, daß er sich im

Zwischenraum der Polschuhe der Magnete bewegt, oder so, daß er die Feldmagnete einschließt. Die erstere Art der Anordnung ist die gewöhnliche und man nennt die betreffenden Maschinen „Außenpolmaschinen". Die letztere Anordnung, welche einen ringförmigen Anker erfordert, wendet man an, wenn bei großen Maschinen die Tourenzahl nicht zu groß sein soll. Man nennt diese Maschinen „Innenpolmaschinen".

Die Ankerbewickelung umgibt entweder einen einzigen Eisenkern von einfacher Gestalt oder sie zerfällt in eine Anzahl räumlich getrennter Spulen mit oder ohne Eisenkerne oder sie bildet keine Spule. Zu der ersten Art der Bewickelung gehören:

1. Anker, deren Bewickelung einen zusammenhängenden Stromleiter bildet. Hierunter befinden sich Ringanker (Gramme, Schuckert) und Trommelanker (von Hefner-Alteneck, Edison).

2. Anker, deren Bewickelung aus mehreren getrennten Stromleitern besteht. Hierunter befinden sich Ringanker (Brush) und Trommelanker (Thomson-Houston).

Zu der zweiten Art der Bewickelung gehören:

3. Anker, bei denen die Achsen der Spulen senkrecht zur Drehungsachse des Ankers stehen, Polanker.

4. Anker, bei denen die Achsen der Spulen parallel zur Drehungsachse des Ankers stehen, Spulenanker.

Zu der dritten Art der Bewickelung gehören:

5. Anker, bei denen die Drähte auf einer Scheibe oder strahlenartig angeordnet sind, Scheibenanker, Radanker.

Die Feldmagnete zur Erzeugung des magnetischen Feldes sind entweder Stahlmagnete oder Elektromagnete. Die Maschinen, deren Magnete Stahlmagnete sind, nennt man Magnetmaschinen. Die Elektromagnete werden allgemein vor den Stahlmagneten bevorzugt, da sie bei gleicher Größe stärker gemacht werden können als die Stahlmagnete und da das magnetische Feld durch Änderung des erregenden Stromes beliebig verstärkt oder geschwächt werden kann. Die Elektromagnete werden entweder durch eine besondere Stromquelle erregt oder sie empfangen den erregenden Strom von der Maschine selbst. Die Maschinen, deren Elektromagnete von einer besonderen Stromquelle erregt werden — die Maschinen mit Sondererregung — werden nur in großen Anlagen angewendet.

Die Regel ist die Anwendung der Maschinen mit Selbsterregung, der sogen. Dynamomaschinen. Dieselben beruhen auf dem von Werner Siemens angegebenen dynamoelektrischen Prinzip. Nach demselben genügt der geringe Magnetismus, welcher in den Eisenkernen der Elektromagnete von einer früheren Magnetisierung zurückgeblieben ist (remanenter Magnetismus), um in dem rotierenden Anker eine geringe elektromotorische Kraft zu induzieren. Es fließt infolgedessen ein schwacher Strom um die Magnetschenkel, welcher verstärkend auf das magnetische Feld wirkt, das letztere wirkt wieder verstärkend auf die elektromotorische Kraft u. s. f.

Bei größeren Maschinen wendet man, um die Abmessungen des Magnetgestelles nicht zu groß werden zu lassen, mehrere Magnete, 4, 6, 8 und mehr, an, welche mit abwechselnden Polen gleichzeitig auf den Anker wirken. Man unterscheidet die Maschinen nach der Zahl der Magnete in zweipolige, mehrpolige und vielpolige Maschinen.

Der Stromsammler, Kollektor, Stromabgeber bezw. Kommutator stellt einen hohlen, aus Kupfersegmenten (Lamellen) zusammengesetzten zylindrischen Körper dar. Die Lamellen sind von einander und von der Achse (durch Glimmer, Mikanit, zubereitetes Papier, vulkanische Fiber) isoliert. An denselben sind die Ankerdrähte durch Schrauben oder durch Löten befestigt. Der Kollektor gibt den Strom an die auf demselben schleifenden beiden Metallbürsten ab, welche mit den Klemmschrauben der Maschine leitend verbunden sind. Die Bürsten bestehen aus Drähten, dünnen Blechen, aus Drahtlitzen oder aus Drahtgewebe. Sie schleifen entweder tangential oder sie stehen schräg oder steil am Stromabgeber. Durch die Klemmschrauben wird die Verbindung mit dem äußeren Stromkreis hergestellt.

Man unterscheidet die Induktionsmaschinen in Wechselstrommaschinen und in Gleichstrommaschinen.

Die Wechselstrommaschinen liefern, wie dargelegt, einen Strom, dessen Richtung wechselt. Man unterscheidet dieselben in Maschinen für einphasigen und für mehrphasigen Wechselstrom (Drehstrom).

Die Gleichstrommaschinen liefern einen pulsierenden Strom von gleicher Richtung. Derselbe wird, wie dargelegt, dadurch gebildet, daß man die wechselnden Strompulse des Ankers durch einen Kommutator in gleich gerichtete Strompulse umwandelt. Durch geeignete Bewickelung des Ankers wird der pulsierende Gleichstrom in einen wirklichen Gleichstrom umgewandelt.

Für die elektrolytischen Verfahren ist ein Strom von gleichbleibender Richtung und Stärke erforderlich. Es lassen sich daher für dieselben nur Gleichstrommaschinen anwenden. Dagegen lassen sich Wechselstrommaschinen bei solchen Verfahren anwenden, bei welchen der elektrische Strom lediglich zur Wärmeerzeugung dient.

Die Dynamomaschinen für Gleichstrom unterscheidet man nach der Art der Schaltung von Anker- und Schenkelbewickelung in Hauptstrommaschinen, Nebenschlußmaschinen und Maschinen mit gemischter Bewickelung.

Die Hauptstrommaschinen sind solche Maschinen, bei welchen Anker, Magnetschenkel und äußerer Stromkreis hintereinander geschaltet sind. Der Strom geht, wie in Fig. 139 dargestellt ist, von der einen (in der Figur nach oben liegenden) Bürste B durch die Magnetwickelung in der Richtung der Pfeile in den äußeren Stromkreis zwischen den Klemmen $K_D K_D$ und dann zur anderen Bürste.

Die Maschine verlangt eine Magnetbewickelung von geringem Widerstand, also von starkem Draht, damit der Spannungsverlust in der Maschine selbst nicht zu groß wird. Soll sie in Betrieb genommen werden, so muß sie zunächst durch einen kleinen äußeren Widerstand geschlossen werden. Alsdann wird der Anker A nebst Kommutator in Bewegung gesetzt. Der geringe Magnetismus, welcher in den Eisenkernen der Elektromagnete von einer früheren Magnetisierung zurückgeblieben ist (remanenter Magnetismus), erzeugt ein schwaches magnetisches Feld und es tritt im Anker eine geringe elektromotorische Kraft auf. Dieselbe wirkt verstärkend auf das magnetische Feld und letzteres wirkt wieder verstärkend auf die elektromotorische Kraft im Anker und mit ihr auf die Stromstärke. Da der

Widerstand der Magnetwickelung sowohl wie der Widerstand des äußeren Stromkreises gering ist, so entsteht bald ein kräftiger Strom. Feldstärke und elektromotorische Kraft verstärken sich gegenseitig, bis die Sättigung des Eisenkerns erreicht ist, in welchem die Kraftlinien nicht über eine gewisse Dichte getrieben werden können. Die Maschine läuft nur bei kleinem äußeren Widerstande richtig an. Die elektromotorische Kraft der Maschine ist bei großem Widerstande klein und wächst bei abnehmendem Widerstand erst rascher, dann langsamer bis zu einem oberen Grenzwert. Bei der Elektrolyse tritt, wie späterhin erörtert wird, eine elektromotorische Gegenkraft auf, welche bei einem Versagen der Antriebsmaschine einen Strom in entgegengesetzter Richtung erzeugt. Die Magnetpole werden umgekehrt, die Kathode wird zur

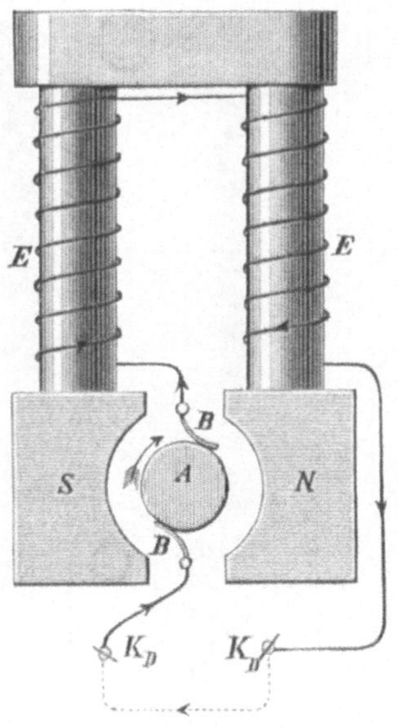

Fig. 139.

Anode und der elektrolytische Vorgang geht bis zur Abstellung des Übelstandes rückwärts. Diese Möglichkeit der Umkehrung der Magnetpole bei der Elektrolyse sowie die Notwendigkeit eines nur geringen äußeren Widerstandes macht die Hauptstrommaschinen sehr wenig geeignet zur Elektrolyse. Sie werden deshalb bei derselben nicht angewendet.

Die Nebenschlußmaschinen (Fig. 140) sind solche Maschinen, bei welchen die Bürsten durch zwei Stromkreise verbunden sind. Der eine geht von der ersten Bürste um den Magnetschenkel zur anderen Bürste, der andere von der zweiten Bürste durch den äußeren Stromkreis zur ersten Bürste. Es sind hier Feldmagnete und äußerer Stromkreis parallel geschaltet. Die Stromstärke in beiden Stromzweigen ist dem Widerstande derselben umgekehrt proportional. Da nur der durch den äußeren Stromkreis gehende Stromzweig zur Elektrolyse verwendbar ist, so wird man die Stromstärke in dem um die Magnete laufenden Stromkreise möglichst klein, also den Widerstand der Magnetwickelung groß machen. Man wird daher dünnen Draht anwenden, die Zahl der Windungen desselben aber im Interesse einer starken Erregung der Magnete möglichst groß machen. Diese Maschinen sind von den Vorgängen im äußeren Stromkreise unabhängig. Bei denselben behält der durch die Magnetwickelung gehende Strom seine ursprüngliche Richtung bei, selbst wenn der äußere Strom bei der Elektrolyse infolge des Überwiegens der elektromotorischen Gegenkraft seine Richtung umkehrt.

Für die elektrometallurgischen (elektrolytischen) Verfahren wendet man daher grundsätzlich Nebenschlußmaschinen an.

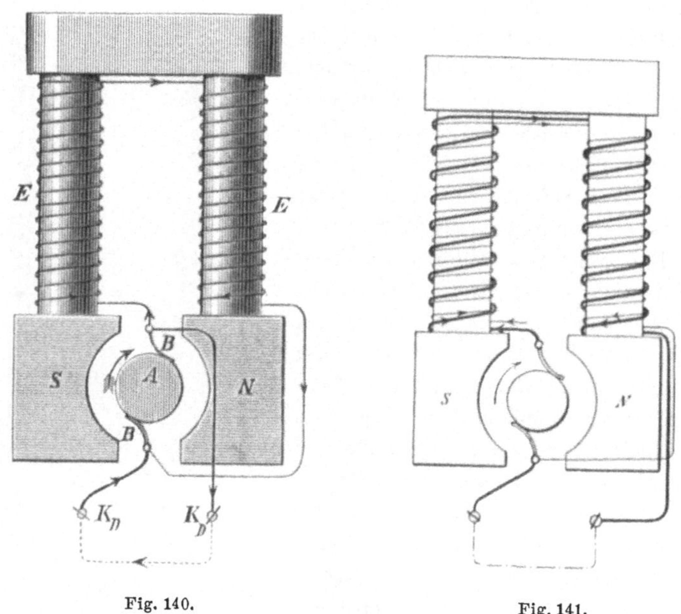

Fig. 140.   Fig. 141.

Die Maschinen mit gemischter Bewickelung, Fig. 141, stellen eine Vereinigung der Hauptstrommaschinen und der Nebenschlußmaschinen dar. Der Strom geht von der einen (in der Figur nach oben liegenden) Bürste um die Magnete in 2 Leitungen, von welchen die eine aus dünnem und die andere aus dickem Draht besteht. Die Leitung aus dünnem Draht führt direkt zur zweiten Bürste, während die Leitung aus dickem Draht zu dem äußeren Stromkreis und am Ende desselben zu der zweiten Bürste führt.

Derartige Maschinen vermögen, da sie Hauptschluß- und Nebenschlußwickelungen auf ihren Magneten vereinigen, bei erheblich wechselnden äußeren Widerständen die gleiche Klemmspannung festzuhalten. Sie können auch so gebaut werden, daß sie bei stark schwankendem äußeren Widerstand dauernd dieselbe Stromstärke liefern. Für elektrometallurgische Verfahren haben sie keine Anwendung gefunden.

Eine neuere Dynamomaschine der Gesellschaft Siemens & Halske in Berlin für die elektrolytische Kupferraffination ist in Fig. 142 abgebildet. Der Trommelanker derselben, der Kommutator, die Bürsten, Klemmschrauben, die Feldmagnete und die Bewickelung derselben, die Polschuhe und die Riemscheibe zur Übertragung der Kraft des Motors auf die Maschine ergeben sich ohne weitere Erläuterung aus der Figur. Die Schenkelkerne sind mit den Polschuhen und dem Magnetgestell aus einem Stück gegossen.

Fig. 142.

Die Verhältnisse der neueren, von der Gesellschaft Siemens & Halske gebauten Maschinen für die elektrolytische Kupferraffination ergeben sich aus der nachstehenden Zusammenstellung.

Dynamomodell	$c\,H_7$	$c\,H_7$	$c\,H_8$	$c\,H_{14}$	$c\,H_{17}$	$c\,H_{19}$	$c\,H_{20}$
Klemmspannung in Volt . .	40	20	35	30	50	75	100
Stromstärke in Ampère . .	120	240	240	400	400	400	400
Kraftverbrauch in Pferdestärken	7	7	13	19	31	47	62
Anzahl der hintereinander geschalteten Bäder . . .	32	16	32	28	45	65	90
Kupferniederschlag in 24 Stunden kg	100	100	200	300	500	700	1000

III. Theorie der Elektrolyse.

Die heutigen Anschauungen über die Elektrolyse beruhen auf der Theorie der elektrolytischen Dissoziation von Arrhenius sowie auf den von van 't Hoff, Ostwald und Nernst aufgestellten Grundsätzen und Lehren.

Für diejenigen, welche sich hierüber näher unterrichten wollen, sei auf die Werke von Ostwald (Lehrbuch der allgemeinen Chemie, Leipzig 1893; Elektrochemie, Leipzig 1894), Nernst (Theoretische Chemie, Stuttgart 1893), Wiedemann (Elektrizität, Braunschweig 1894) und Le Blanc (Lehrbuch der Elektrochemie, Leipzig 1900) verwiesen. Nachstehend soll die Theorie der Elektrolyse nur in ihren wesentlichsten Zügen kurz dargelegt werden.

Nach van 't Hoff enthalten gleiche Raumteile der verschiedensten Lösungen bei gleichem osmotischen Druck und gleicher Temperatur eine gleiche Anzahl von Molekülen und zwar diejenige, welche bei derselben Spannkraft und Temperatur in einem dieser Raumteile enthalten ist.

Der osmotische Druck wird durch den nachstehenden Versuch verständlich. In ein mit Wasser gefülltes Gefäß stellen wir ein oben offenes, unten durch eine sogen. halbdurchlässige Membran verschlossenes Rohr hinein, welches mit einer Zuckerlösung soweit gefüllt wird, daß das Flüssigkeitsniveau in beiden Gefäßen gleich ist. Die auf eine besondere Weise hergestellte halbdurchlässige Membran läßt nur dem Wasser freien Durchtritt, nicht aber dem gelösten Zucker. Es dringt nun, sobald das Rohr mit der Zuckerlösung in das Gefäß mit Wasser eingesetzt ist, Wasser aus dem letzteren durch die Membran in das Rohr und die Flüssigkeit im Rohr steigt, so daß also die Flüssigkeitssäule in demselben höher wird. Soll das Steigen verhindert werden, so muß auf die Flüssigkeitssäule ein Druck ausgeübt werden. Dieser Druck, welcher erforderlich ist, um die Flüssigkeitssäule in ihrer ursprünglichen Lage zu erhalten, zeigt uns den osmotischen Druck an. Es ist das der Druck, welcher durch das Ausdehnungsbestreben der in Lösung befindlichen Zuckermoleküle hervorgerufen wird.

Nun zeigte sich bei der Bestimmung des Molekulargewichtes der Elektrolyte oder Leiter zweiter Klasse mit Hilfe des osmotischen Drucks, daß die so bestimmten Molekulargewichte derselben bedeutend kleiner waren, als sich nach den Dampfdichtebestimmungen und nach dem chemischen Verhalten derselben erwarten ließ. Sie wiesen mit anderen Worten in ihren wäßrigen Lösungen zu hohe osmotische Drucke auf. Diese Unstimmigkeit wurde durch die 1887 von Arrhenius aufgestellte Theorie der elektrolytischen Dissoziation aufgeklärt. Nach derselben tritt bei der Lösung der Elektrolyte eine Dissoziation der Moleküle derselben in freie, entgegengesetzt elektrische Ionen ein. (Die

Dissoziation der Moleküle ist nicht ganz vollständig, sie wächst mit der Verdünnung der Lösungen bis zu einer gewissen Grenze.)

Schon früher hatte man die Ionen als Elektrizitätsträger angesehen (Hittorf, Kohlrausch) und zwar Wasserstoff und Metalle als Träger positiver Ladungen (Kationen), die Säureradikale als Träger negativer Ladungen (Anionen), aber man betrachtete sie nicht als im Zustande der Freiheit befindliche Ionen. Erst durch die Theorie von Arrhenius wurden sie als freie Ionen erklärt. Nach dieser Theorie muß also beispielsweise eine wäßrige Lösung von Kochsalz freie Natriumionen und freie Chlorionen, von Natronlauge freie Natriumionen und freie Hydroxylionen, von Schwefelsäure freie Wasserstoffionen und freie Schwefeltetroxydionen enthalten.

Die Ionen erscheinen vom Entstehungsmoment an geladen und zwar auf eine Spannung, welche wir nicht kennen, und mit einer Elektrizitätsmenge, welche nach dem Faradayschen Gesetz 1 F (96540 Coulomb) pro Grammäquivalent beträgt. Da die Ladungseinheit (1 F) am Grammäquivalente haftet, während unsere Formelzeichen Grammmoleküle bedeuten, so ist mit jedem Formelgewicht eines zweiwertigen Ions die doppelte Elektrizitätsmenge, mit jedem Formelgewicht eines drei- und vierwertigen Ions die drei- und vierfache verknüpft.

Von den elementaren Atomen unterscheiden sich die Ionen durch ihre elektrischen Ladungen. Wie diese Ladungen entstehen, läßt sich noch nicht mit Bestimmtheit angeben. Man kann nur sagen, daß, wenn ein Atom in den Ionenzustand übergeht, die ihm anhaftende Energie eine Umformung erleidet, daß ein Teil derselben sich unter dem Einflusse des Lösungsmittels in elektrische Energie umwandelt und die elektrischen Ladungen bildet. (Bei der Ionenbildung ändert sich aber auch der Gesamtgehalt an Energie, indem einige Elemente Energie in Form von Wärme abgeben, andere solche aufnehmen.)

Daß positiv und negativ geladene Teilchen nebeneinander in Lösung bestehen können, ohne sich zu elektrisch neutralen Teilchen zu vereinigen, muß den besonderen Eigenschaften des Lösungsmittels zugeschrieben werden.

Die Ionen haben das Bestreben, ihre Elektrizitätsladungen zu behalten und im Ionenzustande zu verharren. Die Elektrizitätsmengen haften an ihnen daher mit einer gewissen Kraft, der sogen. Haftintensität.

Taucht man nun in einen Elektrolyten zwei Elektroden ein, welche von einer Stromquelle aus mit Elektrizität gespeist werden, und zwar die eine mit positiver, die andere mit negativer Elektrizität, so kommen die Ionen des Elektrolyten in Bewegung. Durch den Querschnitt des Elektrolyten gehen in jedem Augenblick eine bestimmte Anzahl positiver Ionen in der einen Richtung und negativer Ionen in der entgegengesetzten Richtung. Es geht, wie man sagt, ein elektrischer Strom durch die Flüssigkeit, wobei der Transport der Elektrizität durch die Ionen geschieht. Während in den metallischen Leitern des Stromkreises, den Leitern erster Klasse, stets die gleiche Menge von positiver und negativer Elektrizität durch den Querschnitt des Leiters geht, ist dies bei den Leitern zweiter Klasse, den Elektrolyten, nicht (oder nur höchst selten) der Fall. Es ist die Zahl der in einer bestimmten Zeit durch die Elektrolyten wandernden positiven und negativen Ionen nicht gleich. Diese Tatsache hängt mit der verschiedenen Beweglichkeit der Ionen zusammen. Werden z. B. das Wasserstoffion und das Chlorion den gleichen Kräften unterworfen, so wandert das Wasserstoffion etwa fünfmal so schnell als das Chlorion. (Die Wanderungsverhältnisse der Ionen in den wichtigsten Elektrolyten sind von F. Kohlrausch und L. Holborn in dem Buche „Das Leitvermögen der Elektrolyte" übersichtlich zusammengestellt.)

Die spezifische Leitfähigkeit der Elektrolyte ($= \dfrac{1}{W}$, wenn W den spezifischen Widerstand in Ohm bedeutet) nimmt mit steigender Temperatur zu und zwar um so langsamer, je größer sie schon ist. Sie nimmt ferner mit steigender Konzentration bis zu einem gewissen Maximalwerte zu, um dann wieder abzunehmen.

Da es die Ionen sind, welche die Elektrizität transportieren, und da jedes Grammäquivalent der wandernden Ionen mit der nämlichen Elektrizitätsmenge behaftet ist, so hat man anstatt der sich auf die Dimensionen der Flüssigkeit (1 cm Länge und 1 qcm Querschnitt) beziehenden spezifischen Leitfähigkeit die molekulare Leitfähigkeit eingeführt, d. i. die Leitfähigkeit solcher Lösungen, welche 1 Grammäquivalent oder 1 Grammmolekül gelöst enthalten. Bezieht man die Leitfähigkeit auf die in einem Liter Lösung enthaltene Zahl der Äquivalente, so nennt man sie äquivalente Leitfähigkeit. Für einwertige Stoffe ist die äquivalente Leitfähigkeit gleich der molekularen. Auch gibt man bei den Beziehungen zwischen Leitfähigkeit und Konzentration der Lösungen die Konzentration nicht durch die Prozente, sondern durch die Zahl der Grammäquivalente, welche in einem bestimmten Volumen der Lösung enthalten sind, an.

Durch eine Reihe von Untersuchungen ist festgestellt, daß, während die spezifische Leitfähigkeit mit zunehmender Verdünnung abnimmt, die äquivalente Leitfähigkeit mit zunehmender Verdünnung wächst und bei sehr großer Verdünnung in der Regel einen Grenzwert erreicht. Zur Erklärung ist anzuführen, daß die Leitung der Elektrizität nur durch die Wanderung freier Ionen, nicht aber durch undissoziierte Moleküle bewirkt werden kann. Wenn also die äquivalente Leitfähigkeit mit wachsender Verdünnung zunimmt, so muß sich mit derselben die Zahl der freien Ionen vermehren, indem eine Anzahl von Molekülen, welche vorher noch nicht dissoziiert waren, mit wachsender Verdünnung in Ionen zerfällt. Sind alle Moleküle dissoziiert, so ist die maximale Leitfähigkeit erreicht. Denjenigen Bruchteil der vorhandenen Moleküle des Elektrolyten, welche in ihre Ionen zerfallen sind, nennt man Dissoziationskoeffizient oder Dissoziationsgrad. Der Dissoziationskoeffizient einer Lösung ist gleich dem Verhältnis der äquivalenten Leitfähigkeit dieser Lösung zu der maximalen Leitfähigkeit. Der Wert der maximalen Leitfähigkeit ist gleich der Summe zweier Einzelwerte, welche den beiden Bestandteilen des Elektrolyten entsprechen und den Wanderungsgeschwindigkeiten der Ionen proportional sein müssen. Denn je größer die Geschwindigkeit der wandernden Ionen ist, eine um so größere Elektrizitätsmenge wird in der gleichen Zeit fortgeleitet und um so größer ist die Leitfähigkeit des Elektrolyten. Mit anderen Worten: Die Leitfähigkeit eines Elektrolyten ist gleich der Summe der Leitfähigkeiten seiner Ionen. Dieses von Kohlrausch aufgestellte Gesetz nennt man das Gesetz der unabhängigen Wanderungsgeschwindigkeiten.

Wie schon erwähnt, kommt die gleiche Elektrizitätsladung nur äquivalenten freien Ionen zu. Unterwerfen wir der Elektrolyse zwei Elektrolyte, in welchen mit dem nämlichen Anion dasselbe Metall in verschiedener Wertigkeit verbunden ist, z. B. Cu_2Cl_2 und $CuCl_2$, so wird stets die gleiche Menge Chlor (Cl_2) ausgeschieden, d. h. es wandert stets die gleiche Anzahl von Cl-Ionen mit gleichen Ladungen zur Anode; es muß also das Cu-Ion in dem einen Falle (Cu_2Cl_2) mit der einfachen, in dem anderen Falle mit der doppelten Ladung behaftet sein.

Es wandern nun beim Durchgange des Stromes durch den Elektrolyten die positiv geladenen Ionen, die Kationen, an die Kathode, die negativ geladenen Ionen, die Anionen, an die Anode. Nun kann ein Körper im Ionenzustande nur dann existieren, wenn er mit einer bestimmten Menge Elektrizität geladen ist. Wird ihm diese Elektrizitätsmenge genommen, so tritt er aus dem Ionenzustande heraus und scheidet sich an der Stelle, an welcher ihm die Ladung genommen ist, im neutralen oder Molekularzustande aus. Diese Ausscheidung unterbleibt nur dann, wenn er an der Entladungsstelle an weiteren Umsetzungen, sogen. sekundären Prozessen, teilnimmt.

Nun wird den mit positiver Elektrizität geladenen Kationen ihre Elektrizität an den Kathoden abgenommen; den mit negativer Elektrizität geladenen Anionen wird ihre Elektrizität an den Anoden abgenommen.

So lange also die Anoden mit positiver und die Kathoden mit negativer Elektrizität geladen werden, gehen die Kationen an die Kathode und die Anionen an die Anode, um sich, nachdem ihnen ihre elektrische Ladung abgenommen ist, daselbst im molekularen oder neutralen Zustande auszuscheiden. Um nun die Elektrolyse kontinuierlich zu gestalten, muß dafür gesorgt werden, daß die Stromquelle eine ununterbrochene Ladung der Elektroden bewirkt. Die Ladung der Ionen mit Elektrizität erfolgt bei elektrometallurgischen Prozessen, wie dargelegt ist, durch Dynamomaschinen.

Zur Erläuterung der Elektrolyse mögen die nachstehenden Beispiele dienen. Wird Chlorzink ($ZnCl_2$) in Wasser aufgelöst, so zerfällt es in mit positiver Elektrizität geladene Zinkionen (Zn) und in mit negativer Elektrizität geladene Chlorionen (Cl). So lange sich Zink und Chlor im

Ionenzustande befinden, sind sie nicht wahrnehmbar. Sie können erst wahrgenommen werden, wenn sie ihre elektrischen Ladungen verloren haben und dadurch in den neutralen oder molekularen Zustand übergehen. Wir wollen diese Lösung in ein Bad gießen, in welches die Pole eines durch eine Dynamomaschine erzeugten Stromes eintauchen. So lange der Strom nicht in die Lösung geleitet wird, der Stromkreis also nicht geschlossen ist, tritt keinerlei Ionenwanderung ein. Sobald aber der Stromkreis geschlossen und die Anode dadurch mit positiver, die Kathode mit negativer Elektrizität geladen wird, wandern die Zinkionen an die Kathode, entladen hier ihre positive Elektrizität, gelangen hierdurch in den neutralen oder molekularen Zustand und scheiden sich als Zink ab. Die Chlorionen wandern an die Anode, geben hier ihre negative Elektrizitätsladung ab und scheiden sich als Chlor aus.

In vielen Fällen treten an einer oder an beiden Elektroden noch chemische Veränderungen der im neutralen Zustande ausgeschiedenen Körper, sogen. sekundäre Prozesse, ein, indem sie daselbst noch auf andere Körper chemisch einzuwirken Gelegenheit finden. Eine Veränderung des an der Anode ausgeschiedenen Körpers tritt z. B. bei der Elektrolyse des Kupfersulfats ($CuSO_4$) zwischen Kohlenelektroden ein. Es bilden sich bei der Auflösung des Kupfersulfats in Wasser Kupferionen und Schwefeltetroxyd (SO_4)-Ionen. Das Kupfer scheidet sich im molekularen Zustand an der Kathode aus, während der Schwefelsäurerest SO_4 an die Anode geht und dort nach erfolgter Entionisierung unter Zersetzung des Wassers des Elektrolyten und unter Entwickelung von Sauerstoff Schwefelsäure bildet nach der Gleichung:

$$2\,SO_4 + 2\,H_2O = 2\,H_2SO_4 + O_2.$$

Eine Veränderung der an beiden Elektroden ausgeschiedenen Körper tritt z. B. bei der Elektrolyse von Kaliumsulfat, K_2SO_4, ein. An der Anode wird der Schwefelsäurerest SO_4 ausgeschieden, welcher sich in der eben dargelegten Weise unter Entwickelung von Sauerstoff in Schwefelsäure verwandelt. Die Kaliumionen wandern nach der Kathode. Das nach der Entionisierung im neutralen Zustande ausgeschiedene Kalium kann aber dort in Gegenwart vom Wasser des Elektrolyten nicht für sich bestehen. Es bildet mit dem Sauerstoff desselben unter Ausscheidung von Wasserstoff Ätzkali nach der Gleichung:

$$2\,K + 2\,H_2O = 2\,KOH + H_2.$$

Es wird also an der Kathode Wasserstoff und an der Anode Sauerstoff ausgeschieden, während sich gleichzeitig an der ersteren Ätzkali, an der letzteren freie Schwefelsäure ansammelt.

Unterwerfen wir Chlorkupfer der Elektrolyse und an der Anode befindet sich eine Lösung von Kupferchlorür, so wird Kupferchlorid gebildet. Befindet sich bei der Elektrolyse von Chlorzink an der Anode eine Lösung von Eisenchlorür, so wird Eisenchlorid gebildet. Befindet sich bei der

Elektrolyse von Chlorzinn an der Anode eine Lösung von Zinnchlorür, so wird Zinnchlorid gebildet.

Nun bezwecken die elektrometallurgischen Verfahren auch das Überführen von Metallen in Lösung und die Ausscheidung derselben aus den betreffenden Lösungen. Wollen wir ein Metall in Lösung bringen (und dasselbe aus der Lösung ausscheiden), so muß dasselbe aus dem molekularen Zustand in den Ionenzustand übergeführt werden. Wir haben gesehen, daß einem im Ionenzustand befindlichen Metalle seine gesamte Elektrizitätsladung abgenommen werden muß, um es in den molekularen Zustand überzuführen. Umgekehrt muß ein Metall, welches aus dem molekularen Zustand in den Ionenzustand übergeführt werden soll, mit der nämlichen Menge positiver Elektrizität geladen werden, welche ihm bei seiner Entionisierung abgenommen wird.

Nun haben feste Körper das Bestreben, in Berührung mit einem Lösungsmittel mit einer gewissen Kraft in den gelösten Zustand überzugehen. Dieses Bestreben hält so lange an, bis der osmotische Gegendruck der in Lösung gegangenen Moleküle das Eindringen weiterer Moleküle ausschließt, in welchem Falle die Lösung gesättigt ist.

Ist der feste Körper ein solcher, welcher bei seiner Lösung Ionen bildet, so hat er in Berührung mit dem Lösungsmittel ein Bestreben, in den Ionenzustand überzugehen. Wir nennen den Druck, mit welchem er seine Ionen in eine Lösung hineinschickt, **elektrolytischen Lösungsdruck** oder **elektrolytische Lösungstension**. Dieser Druck ist bei den verschiedenen Ionen bildenden Körpern verschieden. Gewisse im molekularen Zustande befindliche Metalle von hohem elektrolytischem Lösungsdruck sind imstande, ohne daß es einer äußeren Zufuhr von Elektrizität bedarf, anderen im Ionenzustande befindlichen Metallen, welche im molekularen Zustande einen niedrigen elektrolytischen Lösungsdruck besitzen, oder dem im Ionenzustande befindlichen Wasserstoff ihre Elektrizitätsladung zu entziehen und dabei unter Ausscheidung der betreffenden Metalle bezw. von Wasserstoff im molekularen Zustande selbst in den Ionenzustand überzugehen. So werden beispielsweise durch eine gewisse Menge von Zink äquivalente Mengen von Wasserstoff, Blei, Kupfer und Edelmetallen aus ihren Lösungen ausgeschieden, während das Zink selbst in Lösung geht. Durch Eisen wird in gleicher Weise Kupfer, durch Kupfer Silber aus Lösungen ausgeschieden. Der elektrolytische Überdruck eines sich lösenden Körpers über den osmotischen Gegendruck der in Lösung befindlichen Ionen stellt bei den galvanischen Elementen die elektromotorische Kraft derselben dar.

Nun bilden die Metalle (und der Wasserstoff) positive Ionen. Sie müssen deshalb zum Zwecke der Lösung mit positiver Elektrizität geladen werden. Die zu lösenden Metalle läßt man in diesem Falle den positiven Pol, die Anode, bilden. Nehmen wir beispielsweise Kupfer als Anode, eine annähernd gesättigte Lösung von Kupfervitriol als Elektrolyt und eine

Kupferplatte als Kathode und speisen mit Hilfe einer Dynamomaschine die Anode mit positiver Elektrizität, die Kathode mit negativer Elektrizität, so treten Kupferionen an der Anode in Lösung und bewirken die sofortige Abscheidung einer äquivalenten Menge von Kupfer im molekularen Zustande an der Kathode.

Da die Lösung annähernd gesättigt ist, so ist der osmotische Druck derselben ein für die Ausscheidung der gelösten Substanzen günstiger. Der Lösungsdruck der Kupferteile der Anode ist ein geringer; demselben wird durch den osmotischen Gegendruck der in der Lösung bereits vorhandenen Kationen das Gleichgewicht gehalten. Dadurch nun, daß die Anode mit positiver Elektrizität von geringer Spannung geladen wird, erhält das Kupfer einen geringen Überdruck über den osmotischen Druck der in der Lösung befindlichen Kationen, welcher bewirkt, daß große Mengen von Kupfer von der Anode nach der Kathode wandern und sich hier im molekularen Zustande ausscheiden. Die von den Kupferionen hier aufgegebenen Elektrizitätsladungen gelangen durch die Leitung wieder an die Anode. Man ist daher imstande, mit einer geringen Stromspannung (0,2 bis 0,4 Volt) große Kupfermengen aus der Anode nach der Kathode wandern zu lassen und an derselben im molekularen Zustande niederzuschlagen.

Die in der Spannungsreihe höher stehenden Metalle gehen vor den in dieser Reihe niedriger stehenden Metallen in Lösung, während umgekehrt aus Lösungsgemischen die in der Spannungsreihe am niedrigsten stehenden Metalle zuerst ausgeschieden werden. Durch Anwendung einer geeigneten Spannung läßt es sich daher ermöglichen, aus einer Legierung das höher in der Spannungsreihe stehende Metall in Lösung zu bringen und an der Kathode auszuscheiden, das niedriger in der Spannungsreihe stehende Metall ungelöst zu lassen.

Man scheidet auf diese Weise das in Kupfersilberlegierungen enthaltene Kupfer vom Silber, das in Gold-Silberlegierungen enthaltene Silber vom Gold. Im ersten Falle wird die Spannung so bemessen, daß nur das Kupfer in Lösung geht und an der Kathode ausgeschieden wird, im letzteren Falle so, daß nur das Silber in Lösung geht und an der Kathode ausgeschieden wird.

Auf Grund der vorstehenden Darlegungen über die Elektrolyse dürfen wir dieselbe nach Borchers[1]) definieren als einen Transport von Elektrizität durch Ionen, wobei die Kationen positive Elektrizität in der einen, die Anionen negative Elektrizität in der entgegengesetzten Richtung fortführen, verbunden mit dem Übergange neutraler Körper in Ionen bezw. der Ionen in neutrale Körper oder verbunden mit der Veränderung der Ladungsfähigkeit oder der Valenz der Ionen.

Betrachten wir nun das oben angeführte Faradaysche Gesetz,

---

[1]) Elektrometallurgie I, 1895, S. 8.

wonach 96540 Coulomb Elektrizitätsmenge erforderlich sind, um 1 Gramm-äquivalent irgend einer leitenden Verbindung zu zersetzen, im Lichte der dargelegten Theorie der Elektrolyse, so lautet dasselbe nach Ostwald:

„Alle Elektrizitätsbewegung erfolgt im Elektrolyten nur unter gleichzeitiger Bewegung der Ionen und zwar so, daß mit gleichen Elektrizitätsmengen sich chemisch äquivalente Mengen der verschiedenen Ionen bewegen." „Es haben daher äquivalente Mengen verschiedener Ionen gleichen Fassungsraum für elektrische Energie."

Mit jeder Valenz von 1 Grammmolekül eines Ions wandert in jeder Richtung die Elektrizitätsmenge 96540 Coulomb (v. Helmholtz).

Die Gewichtsmengen der Stoffe, welche durch 1 Coulomb in der Sekunde d. i. 1 Ampère aus Elektrolyten zur Abscheidung gelangen bezw. in den Ionenzustand übergehen, sind die nämlichen Mengen, welche im Ionenzustande die Einheit der Strommenge, 1 Coulomb, transportieren können. Man nennt dieselben elektrochemische Äquivalente. Dieselben sind für die metallurgisch wichtigen Elemente für 1 Coulomb in mg und für 1 Ampèrestunde in g in der nachstehenden Tabelle[1]) zusammengestellt. Gleichzeitig sind die Atomgewichte, die Wertigkeiten und die Äquivalentgewichte angegeben.

Element	Zeichen	Atom-gewicht	Valenz	Äquivalent-gewicht α	Elektrochemisches Äquivalent für 1 Coulomb mg	für 1 A.S. g
Aluminium . . .	Al	27,0	3	9,0	0,0935	0,337
Antimon	Sb	119,6	3	39,9	0,414	1,492
Blei	Pb	206,4	2	103,2	1,071	3,852
Brom	Br	79,8	1	79,8	0,829	2,984
Cadmium	Cd	111,6	2	55,8	0,580	2,087
Chlor	Cl	35,36	1	35,36	0,367	1,322
Eisen	Fe	55,87	2	27,94	0,290	1,045
			3	18,62	0,193	0,696
Gold	Au	196,8	3	65,6	0,681	2,452
Jod	I	126,5	1	126,5	1,313	4,727
Kalium	K	39,02	1	39,02	0,405	1,459
Kalzium	Ca	39,9	2	19,95	0,207	0,746
Kobalt	Co	58,7	2	29,35	0,305	1,097
			3	19,57	0,203	0,732
Kohlenstoff . . .	C	11,97	4	2,99	0,0311	0,112
Kupfer	Cu	63,2	1	63,2	0,656	2,362
			2	31,6	0,328	1,181
Magnesium . . .	Mg	24,3	2	12,15	0,126	0,454

[1]) Hilfsbuch der Elektrotechnik von Grawinkel und Strecker. Berlin 1900.

Element	Zeichen	Atom-gewicht	Valenz	Äquivalent-gewicht α	Elektrochemisches Äquivalent	
					für 1 Coulomb mg	für 1 A.S. g
Mangan	Mn	54,8	2	27,4	0,284	1,022
			3	18,3	0,190	0,684
Natrium	Na	23,0	1	23,0	0,239	0,860
Nickel	Ni	58,6	2	29,3	0,304	1,094
			3	19,5	0,202	0,727
Phosphor	P	30,9	3	10,3	0,107	0,385
Platin	Pt	194,4	4	48,6	0,504	1,814
Quecksilber . . .	Hg	199,8	1	199,8	2,075	7,470
			2	99,9	1,037	3,733
Sauerstoff	O	15,96	2	7,98	0,0829	0,298
Schwefel	S	31,98	2	15,99	0,166	0,598
Silber	Ag	107,66	1	107,66	1,118	4,025
Stickstoff	N	14,0	3	4,67	0,0485	0,175
Wasserstoff . . .	H	1	1	1	0,0104	0,037
Wismut	Bi	208,4	3	69,5	0,721	2,597
Zink	Zn	65,1	2	32,55	0,338	1,217
Zinn	Sn	118,8	2	59,4	0,617	2,221
			4	29,7	0,309	1,112

Aus der Tabelle ist ersichtlich, daß gewisse Metalle verschiedene Wertigkeiten oder Valenzen haben und daß dementsprechend auch die Ionen derselben verschiedene Ladungskapazität besitzen. So haben wir ein einwertiges Kupfer und ein zweiwertiges Kupfer, ein zweiwertiges Kobalt und ein dreiwertiges Kobalt, ein zweiwertiges Eisen und ein dreiwertiges Eisen, ein zweiwertiges Zinn und ein vierwertiges Zinn. Beispielsweise werden aus der Lösung von einwertigem Kupfer, d. i. aus der Lösung eines Kupferoxydul- oder Cuprosalzes durch 1 Coulomb 0,656 mg Kupfer ausgeschieden, während aus der Lösung von zweiwertigem Kupfer d. i. aus der Lösung eines Kupferoxyd- oder Cuprisalzes durch 1 Coulomb nur die Hälfte = 0,328 mg Kupfer ausgeschieden werden. Das Ion des zweiwertigen Kupfers hat also eine doppelt so große Ladungskapazität und dementsprechend eine doppelt so große Elektrizitätsmenge transportiert wie das Ion des einwertigen Kupfers.

Die aus einem Elektrolyten durch eine Dynamomaschine in der Stunde abscheidbare Metallmenge läßt sich aus der zur Verfügung stehenden Kraft der Maschine, aus der für den betreffenden elektrolytischen Prozeß durch Versuche zu ermittelnden Zersetzungsspannung, sowie aus dem elektrochemischen Äquivalent des betreffenden Metalles ermitteln.

Bezeichnet man mit P die Anzahl der Pferdestärken, welche der Dynamomaschine zur Verfügung stehen, mit w den Wirkungsgrad der

Dynamomaschine (welcher gegen 0,8 beträgt), mit V die Zersetzungsspannung in Volt, mit Q die bei 736 Ampère pro Stunde ausgeschiedene Metallmenge in kg, so ist das Gewicht der von der aufgewendeten Kraft pro Stunde zu erwartenden Metallmenge in kg $= \dfrac{Pw\,Q}{V}$ kg.

Die Berechnung der Spannung aus dem osmotischen Druck und der Lösungstension der Metalle nach den von Nernst aufgestellten Formeln ist für elektrometallurgische Prozesse noch nicht praktisch geworden.

Man ermittelt bei denselben die Spannung durch Versuche oder man berechnet einen Näherungswert für dieselbe mit Hilfe der oben (Seite 308) entwickelten Formel:

$$S = \frac{W}{0{,}24 \cdot n \cdot F},$$

worin S die Spannung in Volt, W die Wärmetönung der betreffenden Reaktion, $F = 96\,540$ Coulomb und n die Anzahl der bei der Zerlegung eines Grammmoleküls entstehenden Grammäquivalente bezeichnen.

Polarisation. Leitet man einen Strom durch einen Elektrolyten, welcher sich zwischen zwei unangreifbaren Elektroden befindet, so tritt eine Schwächung der zur Zerlegung des Elektrolyten angewendeten elektromotorischen Kraft ein. Diese Erscheinung nennt man Polarisation. Läßt man beispielsweise bei Anwendung von Platinelektroden einen Strom durch einen Elektrolyten gehen, unterbricht denselben nach einiger Zeit und verbindet die Elektroden unter Einschaltung eines Galvanometers miteinander, so zeigt das letztere einen Strom an, welcher eine dem angewendeten Strome entgegengesetzte Richtung hat. Man nennt diesen Strom Polarisationsstrom. Die elektromotorische Kraft desselben nennt man die elektromotorische Kraft der Polarisation. Diese Kraft besteht aus zwei einzelnen Potentialdifferenzen, welche ihren Sitz an den beiden Elektroden haben.

Das Ohmsche Gesetz

$$A = \frac{V}{O}$$

erhält durch die Polarisation die Gestalt

$$A = \frac{V - V'}{O},$$

wenn man mit A die Stromstärke, mit V die elektromotorische Kraft des Stromes, mit V' die elektromotorische Gegenkraft der Polarisation und mit O den Gesamtwiderstand des Stromkreises bezeichnet.

Eine dauernde Zersetzung eines Elektrolyten ist erst mit Erreichung des Maximums der Konzentrationen der an den beiden Elektroden ausgeschiedenen Stoffe von einer bestimmten elektromotorischen Kraft an möglich. Das zur Zersetzung erforderliche Minimum der elektromotorischen Kraft, den sogen. „Zersetzungswert" hat Le Blanc durch Versuche für eine Anzahl von Elektrolyten ermittelt.

Derselbe beträgt für:

$$ZnSO_4 = 2{,}35 \text{ Volt}$$
$$ZnBr_2 = 1{,}80 \text{ -}$$
$$NiSO_4 = 2{,}09 \text{ -}$$
$$NiCl_2 = 1{,}85 \text{ -}$$
$$Pb(NO_3)_2 = 1{,}52 \text{ -}$$
$$AgNO_3 = 0{,}70 \text{ -}$$
$$CdSO_4 = 2{,}03 \text{ -}$$
$$CdCl_2 = 1{,}88 \text{ -}$$
$$CoSO_4 = 1{,}92 \text{ -}$$
$$CoCl_2 = 1{,}78 \text{ -}$$

Sobald die Spannung unter diese Werte sinkt, werden nicht in Betracht kommende oder unwägbare Mengen des betr. Metalles ausgeschieden.

Für die Säuren und Basen ermittelte Le Blanc einen maximalen Zersetzungswert von 1,7 Volt.

Unter Haftintensität der Ionen versteht man, wie dargelegt, die Kraft, mit welcher die Ionen ihre elektrischen Ladungen festzuhalten suchen. Die zur Zersetzung erforderliche elektromotorische Kraft muß demnach größer sein als die algebraische Summe der Haftintensitäten beider Ionen.

Aus einem Lösungsgemisch verschiedener Elektrolyte mit gemeinsamem Anion werden zuerst die Kationen mit der kleinsten Haftintensität durch Anwendung der geeigneten Stromspannung ausgeschieden. Ist nach der Ausscheidung derselben die Spannung noch nicht auf den für die nächst höhere Haftintensität erforderlichen Betrag erhöht worden, so hört der Strom auf. Wird dagegen die Spannung erhöht, so werden die übrigen Kationen in der Reihenfolge ihrer Haftintensitäten ausgeschieden.

Stromdichte. Unter Stromdichte versteht man das Verhältnis der Stromstärke zu der Elektrodenoberfläche oder die Stromstärke pro qcm, bei elektrometallurgischen Prozessen pro qm Elektrodenoberfläche. Die Stromdichte ist von großem Einfluß auf das Ergebnis dieser Prozesse und auf die physikalische Beschaffenheit des Metallniederschlages. Da die Metalle an der Kathode niedergeschlagen werden, so ist bei elektrometallurgischen Verfahren für die Wahl der geeigneten Stromdichte in erster Linie die Kathodenfläche zu berücksichtigen. Man drückt bei denselben daher auch gewöhnlich die Stromdichte durch die Zahl der Ampère pro qm Kathodenfläche aus. In manchen Fällen, z. B. bei der Elektrolyse geschmolzener Alkali- und Erdalkalisalze, kommt es nach Borchers (Grawinkel und Strecker, Hilfsbuch für die Elektrotechnik, 1900, S. 533) vor, daß unterhalb einer gewissen Stromdichte an der Kathode keine Spur von Metall ausfällt, trotzdem bei hinreichend kleiner Anode die berechnete oder durch Versuche ermittelte Spannung weit überschritten ist. Hier ist es erforderlich, die günstigste Stromdichte für beide Elektroden, event. auch für den Querschnitt des Elektrolyten festzustellen. Sind die Elektrolyten wäßrige Lösungen von Körpern, so nimmt man, wenn es sich einrichten läßt, die

Anodenfläche größer als die Kathodenfläche, weil sich mit der Vergrößerung der Anodenfläche gegenüber der Kathodenfläche die Stromspannung im Bade bis zu einer gewissen Grenze vermindert. Es ist dann die Stromdichte an der Anode kleiner als an der Kathode. Bei der Elektrolyse geschmolzener Körper, bei welcher häufig das Schmelzgefäß die Kathode bildet, muß von dieser Einrichtung meistens abgesehen werden.

Die Stromdichte muß für jeden einzelnen Fall durch Versuche ermittelt werden.

Wenn die zum Ausscheiden eines Metalles aus dem Elektrolyten erforderliche Spannung berechnet ist, wird diejenige Stromdichte die richtige sein, bei welcher unter Anwendung einer von der berechneten nicht erheblich abweichenden Spannung das Metall die gewünschten Eigenschaften besitzt. Bei gewissen Stromdichten erzielt man geschmeidige und kompakte Metallniederschläge, während bei anderen Stromdichten grobkrystallinische und lose zusammenhängende, oder auch pulverige und schwammige Metallniederschläge entstehen.

Ein sogen. Widerstand des Überganges tritt an den Elektroden ein, wenn sich an denselben Stoffe absondern, welche entweder schlechte Leiter sind oder mit den Elektroden eine schlecht leitende chemische Verbindung eingehen. Beispielsweise bleibt bei der Lösung schwefelhaltiger Anoden Schwefel an denselben zurück oder es scheidet sich unter Umständen bei der Elektrolyse von Schwefelsäure Kupferoxyd an der Anode aus, wodurch eine Unterbrechung des Stromes herbeigeführt wird.

IV. Praktische Ausführung der elektrometallurgischen Verfahren.

Die praktische Ausführung der elektrometallurgischen Verfahren ist bei der Gewinnung der einzelnen Metalle (Metallhüttenkunde Band I und II) dargelegt.

Die Nutzleistung des Stromes bei der Elektrolyse ist abhängig von dem Widerstande des Elektrolyten, von den Übergangswiderständen, von Konzentrationsschwankungen, von elektrothermischen Vorgängen, von Polarisationswirkungen, von chemischen und Formveränderungen der Elektroden, von der Bildung schädlich auf den Hauptvorgang wirkender Ionen und von der Stromdichte. Da die meisten dieser Faktoren fortwährenden Veränderungen unterworfen sind, so ergibt die theoretische Berechnung des Arbeitsverbrauches nur Annäherungswerte. Die Berechnung der Spannung ist oben dargelegt worden. Die Spannung an den Polklemmen (Klemmenspannung) ist infolge der gedachten Umstände höher als die Berechnung ergibt. Man muß daher die geeignete Stromspannung und Stromdichte sowie den geeignetsten Abstand der Elektroden von einander, die passende Konzentration und Temperatur des Elektrolyten durch fortgesetzte Versuche mit einem nicht zu kleinen Probebade ermitteln.

Nach der Theorie der Elektrolyse soll im Interesse der möglichsten Ausnutzung der von außen zugeführten elektrischen Energie an derjenigen Elektrode, an welcher Stoffe als Ionen in Lösung geführt werden, der osmotische Gegendruck der Ionen des zu lösenden Stoffes ein möglichst niedriger sein. Die Konzentration der hier befindlichen Lösung des Elektrolyten muß daher sehr gering sein. An der Kathode dagegen, an welcher die Stoffe ausgeschieden werden, muß der osmotische Druck der auszufällenden Ionen ein hoher sein. Der Elektrolyt muß daher hier eine hohe Konzentration besitzen. In der Praxis läßt sich diesen Anforderungen aber nur durch verwickelte Konstruktion der Apparate und Erschwerung der Arbeitsweise entsprechen. Man zieht es daher vor, einkammerige Bäder anzuwenden, die Konzentration des Elektrolyten möglichst hoch zu nehmen und denselben in steter lebhafter Bewegung zu erhalten, um eine Verdünnung desselben an der Kathode und eine Konzentration an der Anode zu vermeiden.

Die Bewegung des Elektrolyten geschieht durch Zirkulierenlassen desselben und auch durch Umrühren desselben mit Hilfe von eingeblasener Luft.

Vereinzelt kommen Fälle vor, in welchen die Menge des in einem Bade vorhandenen Salzes von Einfluß auf den Erfolg des Verfahrens ist. So vermehrte Bunsen[1]) bei gleichbleibender Stromstärke und Polfläche allmählich den Chromchlorürgehalt einer Lösung und erreichte bald einen Punkt, wo sich mit dem Chromoxydul auch Chrom ausschied und schließlich nur Chrom niedergeschlagen wurde.

Bei gegebener Arbeitskraft kann die nämliche Menge von Metall sowohl durch Maschinen mit hoher Stromstärke und niedriger Spannung als auch durch Maschinen mit niedriger Stromstärke und hoher Spannung erhalten werden. Beispielsweise ist es gleichgültig, ob eine Maschine mit 30 Volt Klemmspannung und 120 Ampère Stromstärke oder eine solche mit 15 Volt Klemmspannung und 240 Ampère Stromstärke angewendet wird. Es ist nur erforderlich, daß in beiden Fällen die Stromdichte die nämliche ist, d. i. daß auf eine bestimmte Elektrodenfläche die gleiche Stromstärke kommt. Früher arbeitete man bei der elektrolytischen Kupferraffination mit Stromdichten von 20—30 Ampère pro qm Kathodenfläche, während man gegenwärtig bis 200 Ampère und darüber geht. Die Badspannung schwankt hierbei zwischen 0,2 und 0,4 Volt. Die Maschinen mit niedriger Spannung erfordern kurze und dicke Leitungen. Der Betrieb mit denselben ist durch die geringsten Widerstandserhöhungen in den Bädern viel leichter Störungen ausgesetzt als bei Anwendung höherer Spannungen. Die Verhältnisse der neueren von der Gesellschaft Siemens

---

[1]) Poggendorffs Annalen Bd. XCI, 1854, S. 619.

& Halske gebauten Maschinen für die Kupferraffination mit höherer Spannung sind aus der nachstehenden Zusammenstellung ersichtlich.

Dynamomodell	cH_7	cH_7	cH_8	cH_{14}	cH_{17}	cH_{19}	cH_{20}
Klemmspannung in Volt . .	40	20	35	30	50	75	100
Stromstärke in Ampère . .	120	240	240	400	400	400	400
Kraftverbrauch in Pferdestärken	7	7	13	19	31	47	62
Anzahl der hintereinander geschalteten Bäder . . .	32	16	32	28	45	65	90
Kupferniederschlag in 24 Stunden kg	100	100	200	300	500	700	1000

Sind bei einer elektrolytischen Anlage die Produktion und durch eine Reihe von Versuchen der Kraftbedarf bestimmt, so läßt sich die Zahl der Bäder und die Größe derselben frei wählen, wodurch dann die Klemmspannung und die Stromstärke der Maschine feststehen, oder Klemmspannung und Stromstärke werden frei gewählt und hieraus die Zahl und Größe der Bäder festgestellt. Liefert beispielsweise von 3 Maschinen die erste 3 Volt und 1200 Ampère = 3600 V. A., die zweite 15 Volt und 240 Ampère = 3600 V. A., die dritte 30 Volt und 120 Ampère = 3600 V.A. und beträgt die Badspannung 0,3 Volt, so lassen sich bei der ersten $\frac{3}{0,3} = 10$, bei der zweiten $\frac{15}{0,3} = 50$, bei der dritten $\frac{30}{0,3} = 100$ Bäder hintereinander schalten. Jede der drei Anlagen liefert dabei in der Zeiteinheit die gleiche Menge Metall. Die Elektrodenoberfläche jedes einzelnen Bades ist der Quotient der Stromdichte in die Gesamtstromstärke. Der räumliche Inhalt der Bäder läßt sich berechnen, wenn die Entfernung der Elektroden von einander fest steht. Dieselbe beträgt beispielsweise bei der Kupferraffination 5 cm.

Die Vorrichtungen für die Metallgewinnung.

Die Vorrichtungen für die Metallgewinnung sind die eigentlichen Abscheidungsvorrichtungen, ferner diejenigen Vorrichtungen, welche die Vorbereitung der bei den Abscheidungsverfahren zur Verwendung kommenden Körper, die Zufuhr derselben zu dem Orte ihrer Verwendung, die Abfuhr der Hüttenerzeugnisse von den Erzeugungsstätten, die Formgebung der Hüttenerzeugnisse sowie die Ausscheidung schädlicher sowohl wie wertvoller Körper aus gewissen gasförmigen Hüttenerzeugnissen bewirken sollen.

Von diesen Vorrichtungen stehen einige in so unmittelbarem Zusammenhange mit den eigentlichen Abscheidungsvorrichtungen, dass sie ein Ganzes mit denselben bilden, wie die Vorrichtungen zum Aufgeben der Beschickung und der Brennstoffe, zum Ableiten von Gasen und Dämpfen.

Andere Vorrichtungen bilden zwar keine unmittelbaren Teile der eigentlichen Abscheidungsvorrichtungen, wohl aber steht ihr Betrieb in so unmittelbarem Zusammenhange mit dem Betriebe der Abscheidungsvorrichtungen, daß sie in betrieblicher Hinsicht als Zubehör derselben angesehen werden müssen. Hierhin gehören die Vorrichtungen zur Ausscheidung schädlicher sowohl wie wertvoller Körper aus gas- oder dampfförmigen Erzeugnissen des Hüttenbetriebes, die Vorrichtungen zur Beschaffung, Erwärmung und Fortleitung der für die Abscheidungsverfahren erforderlichen Luft, sowie die Vorrichtungen zum Transport von metallhaltigen Körpern, Zuschlägen und Brennstoffen auf die Gicht (d. i. die obere Öffnung) der Öfen.

Noch andere Vorrichtungen stehen in keinem Zusammenhange mit den eigentlichen Abscheidungsvorrichtungen und können daher unabhängig von denselben betrieben werden. Hierhin gehören die Vorbereitungsvorrichtungen, ein großer Teil der Transportvorrichtungen und die Formgebungsvorrichtungen.

Wir haben daher zu unterscheiden

1. die Abscheidungsvorrichtungen nebst Zubehör,

2. die unabhängig von den Abscheidungsvorrichtungen betriebenen Vorrichtungen.

I. Die Abscheidungsvorrichtungen nebst Zubehör

unterscheidet man in Vorrichtungen für Abscheidungsverfahren auf trockenem Wege, auf nassem Wege und auf elektrometallurgischem Wege.

1. Die Abscheidungsvorrichtungen auf trockenem Wege.

Die eigentlichen Abscheidungsvorrichtungen auf trockenem Wege sind die **Öfen.** Die mit den Öfen zusammenhängenden bezw. gleichzeitig mit denselben betriebenen Vorrichtungen sind die Begichtungsvorrichtungen, die Gasfänge, die Vorrichtungen zum Auffangen von Flugstaub, von Gasen und Dämpfen aus dem Hüttenrauch, die Vorrichtungen zur Beschaffung, Erwärmung und Fortleitung der für die Abscheidungsverfahren erforderlichen Luft, sowie die Vorrichtungen zur Förderung von Erzen, Hüttenerzeugnissen, Zuschlägen und Brennstoffen auf die Gicht der Schachtöfen, die sogen. Gichtaufzüge.

A. Die Öfen.

Öfen sind Vorrichtungen, in welchen Erze, Hüttenerzeugnisse, Brennstoffe und die Körper zur Herbeiführung oder Beförderung der Abscheidung erhitzt werden. Die Erzeugung der Hitze geschieht, wie bereits ausgeführt, durch Verbrennung von Brennstoffen oder durch Oxydation gewisser Bestandteile der zu erhitzenden Körper oder durch den elektrischen Strom.

Unter Wirkungsgrad eines Ofens (Ledebur: Die Öfen für metallurgische Prozesse) versteht man das Verhältnis der in demselben nutzbar gemachten Wärme zu der Wärmeleistungsfähigkeit des in demselben verbrannten Brennstoffs. Hiernach ist der Wirkungsgrad eines Ofens gleich der in ihm nutzbar gemachten Wärme, dividiert durch den absoluten Wärmeeffekt des verbrauchten Brennstoffs. Bezeichnet man mit W die Menge der nutzbar gemachten Wärme, mit B die Wärmeleistungsfähigkeit von 1 kg Brennstoff, mit Q die Gewichtsmenge des verbrannten Brennstoffs, so ist der Wirkungsgrad des Ofens =

$$\frac{W}{B\,Q}.$$

Die nutzbar gemachte Wärmemenge besteht in der von den festen bezw. flüssigen und gasförmigen Erzeugnissen des betreffenden Verfahrens aufgenommenen Wärme und in der zur Zerlegung chemischer Verbindungen verbrauchten Wärme. Die Wärmemenge, welche bei der Bildung chemischer Verbindungen (Oxydation) entstanden ist, muss dem absoluten Wärmeeffekte des verbrauchten Brennstoffs zugezählt werden.

Die Ermittelung des Wirkungsgrades der Öfen kann von Wert sein, wenn für das nämliche Verfahren verschiedene Ofenarten anwendbar sind.

Die Materialien zum Ofenbau.

Mit Ausnahme derjenigen Fälle, in welchen die Öfen durch einfaches Zusammenhäufen der zu erhitzenden Körper auf einer Brennstoffunterlage gebildet werden (Haufen) und nur so lange bestehen, als die Erhitzung dauert, müssen die der Hitze ausgesetzten Teile der Öfen aus einem Stoffe bestehen, welcher sowohl der Hitze allein als auch der chemischen Einwirkung der heißen Körper, mit welchem er in Berührung kommt, zu widerstehen vermag. Die Hitze allein hebt entweder den Zusammenhang der nicht widerstandsfähigen Stoffe mehr oder weniger auf, ohne ihren Aggregatzustand zu verändern, indem dieselben bersten, zerspringen, abblättern, abbröckeln oder zerfallen, oder sie verflüssigt dieselben.

Durch chemische Einflüsse werden derartige Stoffe zersetzt oder aufgelöst.

Bei der Verschiedenartigkeit der Temperaturen und der chemischen Wirkungen, welche die verschiedenen Abscheidungsverfahren verlangen, kann sich die Widerstandsfähigkeit eines Stoffes nur immer auf bestimmte Temperaturen und auf bestimmte chemische Einflüsse beziehen. So wird z. B. ein Stoff, welcher bei gewissen Brennverfahren der Hitze widersteht, bei vielen Schmelzverfahren durch dieselbe verflüssigt werden. Bei Schmelzverfahren werden an Kieselsäure reiche Stoffe durch basische Beschickungen, an Basen reiche Stoffe durch an Kieselsäure reiche Beschickungen aufgelöst.

Aber auch für bestimmte Temperaturen und bestimmte chemische Einwirkungen ist die Widerstandsfähigkeit der gedachten Stoffe nur eine beschränkte. Dieselben werden im Laufe der Zeit auf mechanischem oder chemischem Wege zerstört.

Man nennt nun solche Stoffe, welche im gegebenen Falle der Hitze bezw. Temperaturwechseln und chemischen Einflüssen möglichst lange zu widerstehen vermögen, „feuerfeste Materialien". Dieselben bilden die inneren Wände und die Sohle der Öfen. Die inneren Ofenwände werden durch äußere, nicht feuerfeste Wände aus Mauerwerk, das sogen. Rauhgemäuer, oder durch Mäntel, Ringe oder Platten aus Eisen zusammengehalten.

In manchen Fällen bilden auch gekühlte Metallwände die einzige seitliche Umfassung des Ofenraumes.

Während die als Umfassung der inneren Ofenwände dienenden Materialien nicht von den gewöhnlichen Baukonstruktionsmaterialien abweichen, bedürfen die feuerfesten Materialien einer besonderen Betrachtung.

Die feuerfesten Materialien.

Für die Mehrzahl der Fälle gilt als Regel, daß die feuerfesten Materialien durch die in den Öfen erhitzten Körper nicht angegriffen werden dürfen. Nur bei einigen Schmelzverfahren soll ein Teil dieser Materialien zur Verschlackung gewisser Körper (Oxyde des Eisens, Phosphorsäure) beitragen. So verschlackt man Oxyde des Eisens durch die Kieselsäure des Ofenfutters bei der Herstellung von Flußeisen nach dem Bessemer-Verfahren, beim Garmachen und Raffinieren des Kupfers, bei der Gewinnung des Kupfers nach dem Kupfer-Bessemer-Verfahren, Phosphorsäure durch einen Teil Kalk und Magnesia des Ofenfutters bei der Herstellung von Flußeisen nach dem Thomas-Verfahren. Bei den elektrischen Öfen findet die Wärmeerzeugung im Innern der zu erhitzenden Massen statt. Die feuerfesten Materialien bestehen hier aus der nämlichen Substanz, aus welcher der Elektrolyt oder Teile der Ofenbeschickung bestehen.

Diejenigen Körper, welche die wesentlichen Bestandteile der feuerfesten Materialien bilden, sind Kieselsäure, Tonerde, Kalk, Magnesia, Oxyde des Eisens, Silikate, Kohlenstoff und Metalle.

Die freie **Kieselsäure** widersteht sehr hohen Temperaturen. Im Knallgasgebläse ist sie schmelzbar. Sie dehnt sich in der Hitze dauernd aus und zerspringt leicht. Wenn sie in hohen Temperaturen mit gewissen Basen in Berührung kommt, verbindet sie sich mit denselben zu schmelzbaren Silikaten (Alkalien, Bleioxyd). Mit einer einzigen schwer schmelzbaren Base (Eisenoxyd, Kalk, Magnesia) schmilzt sie nur in hohen Temperaturen zusammen. Dagegen bildet sie mit mehreren schwer schmelzbaren Basen gut schmelzbare Verbindungen (siehe: Schlacken). Bereits fertig gebildete Silikate schmelzen, wie schon bei der Schlackenbildung erwähnt ist, leichter als sich aus Gemengen erst bildende Silikate.

Die **Tonerde** ist noch viel schwerer schmelzbar als die Kieselsäure. Sie läßt sich aber mit Hilfe des elektrischen Stromes schmelzen. Die Verbindungen derselben mit Kieselsäure allein sind sehr schwer schmelzbar. Je größer der Tonerdegehalt der betreffenden Verbindung, um so schwerer ist dieselbe schmelzbar. Dagegen bilden die Tonerdesilikate mit anderen Basen leichter schmelzbare Doppelsilikate.

Kalk und **Magnesia** sind fast unschmelzbar. Dagegen bilden sie mit Kieselsäure beim Vorhandensein noch anderer Basen schmelzbare Doppelsilikate.

Von den Oxyden des Eisens kommen **Eisenoxyd** und **Eisenoxyduloxyd** in Betracht.

Diese Körper erweichen erst in hohen Temperaturen. Dagegen werden sie durch an Kieselsäure reiche Silikate — das Eisenoxydul auch durch Kieselsäure allein — zu schmelzbaren Verbindungen aufgelöst. Sie werden in solchen Fällen als feuerfestes Futter verwendet, in welchen andere feuerfeste Materialien der Einwirkung eisenhaltiger Schlacken nicht widerstehen.

Von den Silikaten bilden die **Tonerdesilikate** in der Regel die Bestandteile der feuerfesten Materialien. Magnesiasilikate finden nur selten Verwendung. Die reinen Tonerdesilikate sind, wie erwähnt, außerordentlich schwer schmelzbar. Sie verbinden sich indes mit Alkalien, alkalischen Erden und Monoxyden der schweren Metalle sowie mit anderen Silikaten zu schmelzbaren Doppelsilikaten.

Der **Kohlenstoff** ist unschmelzbar, wird aber in der Hitze durch Sauerstoff oder Sauerstoff abgebende Körper vergast.

Von **Metallen** wird besonders das Eisen als feuerfestes Material benutzt. In manchen Fällen wendet man auch Kupfer und Legierungen (Bronze) an. Diese Körper widerstehen hohen Temperaturen, wenn sie durch Wasser gekühlt werden.

Von den angeführten Körpern werden nur Metalle, Legierungen und Oxyde des Eisens im reinen Zustande als feuerfeste Materialien verwendet. Die übrigen Körper enthalten teils größere oder geringere Mengen von Verunreinigungen, teils werden sie absichtlich mit anderen Körpern gemengt, um ihre Feuerfestigkeit zu erhöhen.

Man verwendet die feuerfesten Materialien, soweit sie nicht Metalle oder Legierungen sind, in der Form von Steinen oder von losen Massen. Man benutzt sie — nach vorheriger Formgebung — entweder so, wie sie in der Natur vorkommen, oder man stellt sie künstlich aus verschiedenen Gemengteilen her. Sie lassen sich nach ihren wesentlichen Bestandteilen unterscheiden in 1. feuerfeste Materialien mit Kieselsäure als wesentlichem Bestandteil; 2. mit Tonerde; 3. mit Kalk bezw. Magnesia; 4. mit Oxyden des Eisens; 5. mit Silikaten; 6. mit Kohlenstoff als wesentlichem Bestandteil bezw. wesentlichen Bestandteilen und 7. in aus Metallen oder Legierungen bestehende feuerfeste Materialien.

Die einzelnen Materialien dieser Art unterscheidet man wieder nach der Form, in welcher sie Verwendung finden, und nach der Art ihrer Herstellung.

1. Die feuerfesten Materialien mit Kieselsäure als wesentlichem Bestandteile.

Dieselben finden in der Form von Steinen und von losen Massen Verwendung.

Die Steine werden entweder durch Behauen von in der Natur vorkommenden an Kieselsäure reichen Gesteinen oder künstlich aus gepulvertem Quarz und Bindemitteln hergestellt.

Der in der Natur vorkommende Quarz läßt sich nicht direkt zu Steinen verwenden, indem er schwierig zu behauen ist und in der Hitze Risse erhält. Er wird daher zerkleinert und in diesem Zustande zur Herstellung von künstlichen Steinen oder von losen Massen verwendet.

Dagegen werden Gesteine, welche Quarz als Gemengteil enthalten, häufig als feuerfeste Steine benutzt. Hierhin gehören besonders die Sandsteine, welche aus Quarzkörnern mit kieseligem oder tonigem Bindemittel bestehen (mit 92—95% Kieselsäure), und der sogen. Puddingstein, welcher aus abgerundeten, nuß- und faustgroßen Quarzstücken mit kieseligem Bindemittel besteht und in England und Belgien vorkommt.

Granit, Gneiß und Glimmerschiefer, welche Gemenge von Quarz, Feldspat und Glimmer mit gegen 81% Kieselsäure darstellen, haben gleichfalls Verwendung als feuerfeste Steine gefunden, sind indes wegen des Gehaltes an Silikaten mit mehreren Basen nicht so feuerbeständig wie die zuerst angeführten Gesteine. Ebenso verhält sich der Quarzporphyr, welcher aus Quarz, Orthoklas und einer felsitischen Grundmasse besteht und 74% Kieselsäure enthält.

Die natürlichen Steine müssen vor ihrer Verwendung hinreichend getrocknet werden. Gehören sie den geschichteten Gesteinen an, so müssen sie zur Verhütung des Abblätterns so in den Ofen eingesetzt werden, daß ihre Schichtungsflächen rechtwinklig gegen die der Hitze ausgesetzten Flächen des Ofens liegen.

Die künstlichen Quarzsteine werden aus zerkleinertem Quarze und geringen Mengen eines Bindemittels (Kalk, Sirup, Kleister) hergestellt. Da der Quarz die Eigenschaft hat, sich im Feuer auszudehnen, so wird er häufig vor der Zerkleinerung gebrannt. Die durch ihre Beständigkeit in hoher Temperatur am meisten bekannten Quarzsteine sind die Dinassteine, welche aus dem Quarze des Dinasfelsens bei Neath in England angefertigt werden. Der Quarz wird gemahlen, mit Wasser und 1% gebranntem Kalk angemengt, dann geformt und schließlich gebrannt.

Die losen Massen werden entweder in der Gestalt von natürlich vorkommendem Sand oder von zerkleinertem Quarz oder von zerkleinerten quarzhaltigen Gesteinen (Sandstein, Ganister) angewendet.

2. Feuerfeste Materialien mit Tonerde als wesentlichem Bestandteile.

Dieselben finden wegen der Seltenheit ihres Vorkommens nur ausnahmsweise Anwendung. Das einzige Vorkommen ist der Bauxit, ein Hydrat der Tonerde und des Eisenoxyds, welches zuerst bei Baux in der Nähe von Arles in Frankreich gefunden wurde. Derselbe enthält 50 bis 78% Tonerde, 1—35% Eisenoxyd, bis 25% Kieselsäure und 12—15% Wasser. Derselbe wird nur vereinzelt bei Öfen für basische Beschickungen als Futter verwendet. Zu diesem Zwecke wird er zuerst (zur Austreibung des Wassers) gebrannt, dann gepulvert, mit Hilfe von Bindemitteln (Kalk oder Chlorkalzium) zu Ziegeln geformt und dann nochmals gebrannt. Auch aus Gemengen von Bauxit und Ton lassen sich feuerfeste Steine herstellen.

3. Feuerfeste Materialien mit Kalk bezw. Magnesia als wesentlichen Bestandteilen.

Man bedient sich derselben sowohl in der Form von Ziegeln als auch in der Form von losen Massen.

Die Ziegel werden nur künstlich hergestellt und bestehen aus Magnesia oder aus Gemengen von Kalk und Magnesia. Man wendet dieselben an, wenn in hohen Temperaturen basische Schlacken erzeugt werden sollen (Herstellung von Flußeisen nach dem Thomas- und nach dem basischen Martin-Verfahren, Raffinieren des Bleies). Zur Herstellung dieser Steine dienen gebrannter Dolomit und gebrannter Magnesit.

Der gebrannte Dolomit wird mit 8—12% heißem Teer gemengt. Das Gemenge wird unter einem Druck von 200—300 kg/qcm zu Steinen gepreßt, welche direkt in die Öfen eingesetzt werden. Man stampft auch aus dem Gemenge mit glühenden Stampfern in besonderen Formen Formstücke. Die Formen mit den in denselben befindlichen Formstücken werden zur Verkokung des Teers und zum Verdampfen des überschüssigen Teers schwach geglüht.

Aus Magnesit werden Magnesiaziegel ohne Zusatz von Teer hergestellt. Zu Veitsch in Steiermark (Werke der Firma Spaeter in Koblenz) wird der Magnesit zuerst in Stücken in hoher Temperatur in mit Magnesiaziegeln ausgesetzten Öfen gebrannt. Der gebrannte Magnesit wird zerkleinert und dann unter einem Druck von 300 kg/qcm zu Ziegeln gepreßt, welche getrocknet und dann in mit Magnesiaziegeln ausgesetzten Kammern gebrannt werden.

Die Magnesiaziegel wendet man auch, abgesehen von den erwähnten Fällen, zur Ausfütterung von solchen Öfen an, welche ein basisches Futter erfordern.

Von losen Massen verwendet man gebrannten Kalk zur Herstellung von Schmelzvorrichtungen für Platin; Mergel, Holzasche und Knochenasche als Herde für das Abtreiben des Bleies von Silber und Gold sowie für das Raffinieren (Feinbrennen) des Silbers. In den Vereinigten Staaten von Nordamerika verwendet man zur Herstellung der Treibherde häufig Portlandzement oder ein Gemenge von Portlandzement und Schamotte.

Der Mergel ist ein Gemenge von Kalziumkarbonat und Ton. Derselbe findet sich an manchen Orten fertig gebildet in der Natur vor, wird aber meistens künstlich hergestellt durch Zusammenmengen von zerkleinertem Kalkstein und Ton. Auch wird kalkarmem, natürlichem Mergel Kalkstein, tonarmem, natürlichem Mergel Ton in dem erforderlichen Maße zugesetzt. Gute Mergelsorten enthalten:

65—66% Kalziumkarbonat
5— 7 - Tonerde
21—24 - Kieselsäure
3 – 5 - Eisenoxyd
1— 2 - Magnesiumkarbonat.

Enthält der Mergel zu viel Ton, so wird er leicht rissig; enthält er zu viel Kalziumkarbonat, so wird der Herd zu locker und wirft starke Blasen in der Hitze. Der Mergel oder die Gemengteile desselben werden gepocht, gesiebt, schwach angefeuchtet und dann zusammengemengt.

Ausgelaugte Holzasche und Knochenasche, welche gleichfalls Kalk als wesentlichen Bestandteil enthalten, wurden vor der Einführung des Mergels zur Herstellung der Treibherde verwendet. Gegenwärtig benutzt man Knochenasche nur noch selten zur Herstellung der kleinen sogen. englischen Treibherde und mancher Herde zum Raffinieren des Silbers (Silberfeinbrennherde). Die Knochen werden zum Zwecke der Herstellung der Knochenasche zuerst gebrannt, dann zerstampft und geschlämmt.

4. Die feuerfesten Materialien mit Oxyden des Eisens als wesentlichen Bestandteilen.

Als solche Körper verwendet man Roteisenstein und zwar sowohl in Stücken als auch in Pulverform, ferner Abbrände von der Röstung des Pyrits (Eisenoxyd), Eisenhammerschlag (Eisenoxyduloxyd), Schlacken mit einem hohen Gehalte an Eisenoxyduloxyd (gare Frischschlacken). Man bedient sich dieser Materialien als Ofenfutter bei der Herstellung von Schweißeisen (Puddelofen).

5. Feuerfeste Materialien mit Silikaten als wesentlichen Bestandteilen.

Derartige Körper sind der Ton und einige Magnesiasilikate.

Der **Ton** ist das wichtigste aller feuerfesten Materialien. Derselbe ist ein Aluminiumdoppelsilikat, bestehend aus wasserhaltigem Aluminiumsilikat mit Silikaten der Metalle, der alkalischen Erden, der Alkalien und des Eisens. Er enthält stets Quarzsand beigemengt. Im großen Durchschnitte enthält der feuerfeste Ton mit Einschluß der eingemengten Kieselsäure (Quarzsand) 45—65% Kieselsäure, 25—35% Tonerde, 10 bis 15% Wasser. Er ist um so feuerbeständiger, je größer sein Gehalt an Tonerde ist. Durch Alkalien, Eisenoxyd, Kalk und Magnesia wird seine Feuerbeständigkeit beeinträchtigt, weil diese Körper, die sogen. Flußmittel des Tons, mit dem Aluminiumsilikat schmelzbare Doppelsilikate bilden. Wenn diese Körper 10% des Tons ausmachen, so läßt sich derselbe nicht mehr als feuerfester Ton verwenden.

Die Zusammensetzung einer Reihe von Tonsorten, welche als Normaltone betrachtet werden, ergibt sich aus der nachfolgenden Zusammenstellung (Dr. C. Bischof, Die feuerfesten Tone, Leipzig 1895):

Bestandteile	I. Klasse. Schieferton von Altwasser	II. Klasse. Geschlämmter Kaolin von Zettlitz in Böhmen	III. Klasse. Ton von Briesen in Mähren	IV. Klasse. Bester belgischer Ton von Stroud Maiseroul bei Andenne
Tonerde	36,30	38,54	39,25	34,78
Kieselsäure				
chemisch gebunden .	38,94⎫ 43,84	40,53⎫ 45,68	44,76	39,69⎫ 49,64
als Sand	4,90⎭	5,15⎭		9,95⎭
Magnesia	0,19	0,38	0,36	0,41
Kalk	0,19	0,08	0,26	0,68
Eisenoxyd	0,46	0,90	0,48	1,80
Kali	0,42	0,66	1,55	0,41
Glühverlust	17,78	13,00	13,41	12,00
	99,18	99,24	100,07	99,72
Grad der Feuer- festigkeit . . .	100 (höchst feuerfest)	70 (sehr hoch feuerfest)	60 (sehr hoch feuerfest)	50 (sehr feuerfest)

Bestandteile	V. Klasse. Ton von Grünstadt in der Pfalz	VI. Klasse. Ton von Oberkaufungen bei Kassel	VII. Klasse. Ton von Tschirne in Schlesien
Tonerde	35,05	27,97	26,27
Kieselsäure			
chemisch gebunden .	39,32⎫ 47,33	33,59⎫ 57,99	61,35
als Sand	8,01⎭	24,40⎭	
Magnesia	1,11	0,54	0,52
Kalk	0,16	0,97	0,10
Eisenoxyd	2,30	2,01	1,12
Kali	3,18	0,53	3,15
Glühverlust	10,51	9,43	7,53
	99,64	99,44	100,04
Grad der Feuer- festigkeit . . .	30 (mäßig feuerfest)	20 (ziemlich feuerfest)	10 (wenig, aber noch feuerfest)

Die Klasse I, von Altwasser, ist ein ausgesucht reiner und strengflüssiger Ton, während die Klasse VII von Tschirne in Schlesien noch
eben feuerfest ist.

Der Ton hat die Eigenschaft, mit Wasser angefeuchtet, eine plastische
Masse zu bilden. Diese Eigenschaft verliert er durch Trocknen und

Brennen. Hierbei verliert er sein gesamtes Wasser, vermindert sein Volumen und wird rissig und hart. Die Volumenverminderung des Tons in der Hitze nennt man „Schwinden". Der reine Ton besitzt die Eigenschaft, beim Anfeuchten mit Wasser bildsam zu werden und in der Hitze zu schwinden, in viel höherem Maße als sandiger Ton. An Quarz bezw. Sand armen Ton nennt man „fetten" Ton, an diesen Körpern reichen Ton „mageren" Ton.

Man verwendet den Ton sowohl in der Form von Steinen als auch in der Form von losen Massen.

Die Tonsteine werden stets künstlich hergestellt, da sich der Ton wegen seiner Eigenschaft, in der Hitze zu schwinden und rissig zu werden, nicht direkt zu Steinen verarbeiten läßt. Man muß ihn deshalb zuerst mit feuerfesten Körpern mengen, welche die Eigenschaft des Schwindens nicht besitzen oder sich in der Hitze schwach ausdehnen, dann formen und schließlich brennen. Die so hergestellten Tonsteine nennt man Schamott- (Chamotte-) Steine.

Die Körper, welche man dem Ton aus dem angeführten Grunde zusetzt, nennt man Magerungsmittel und verwendet als solche gebrannten Ton, Quarz und kohlenstoffhaltige Körper. Das am häufigsten angewendete Magerungsmittel ist der gebrannte Ton, welcher gleichfalls den Namen Schamott führt. Derselbe wird entweder durch Brennen von Ton und darauf folgendes Zerkleinern der gebrannten Stücke hergestellt oder durch Zerkleinern von bereits gebrauchten Schamottsteinen bezw. von Abfällen derselben erhalten. Je gröber die Körner des gebrannten Tons sind, um so besser vertragen die Tonsteine Temperaturwechsel. Die Tonsteine enthalten bis zwei Drittel Schamottkörner. Bei den besseren Tonsorten zieht man den gebrannten Ton dem Quarz als Magerungsmittel vor, während man schlechtere Tonsorten durch Zusatz von Quarz oder Sand in ihrer Feuerbeständigkeit erhöht.

Den Quarz bereitet man dadurch vor, daß man ihn zuerst brennt, in Wasser abschreckt und dann zerkleinert.

Von kohlenstoffhaltigen Körpern (Graphit, Koks, Holzkohle) findet der Graphit Verwendung als Magerungsmittel, jedoch nur zur Herstellung von Tiegeln. Vor der Verwendung muß er nach Möglichkeit von solchen Einmengungen befreit werden, welche mit dem Ton schmelzbare Verbindungen bilden (Alkalien, Erden, Metalloxyde).

Vor seiner Verwendung setzt man den Ton an vielen Orten dem Auswintern oder Ausfrieren aus, wodurch infolge von Eisbildung im Ton und Aufhebung des Zusammenhanges desselben eine leichtere mechanische Bearbeitung desselben ermöglicht wird. Ein sogen. Auswittern läßt man bei manchen Schiefertonen eintreten, indem man den Ton längere Zeit hindurch der Einwirkung der Atmosphärilien aussetzt. Hierdurch wird der Ton von eingemengtem Pyrit befreit, indem der letztere in Sulfate des Eisens verwandelt wird, welche durch Wasser ausgelaugt werden. Gleichzeitig vorhandenes Kalziumkarbonat wird durch die Sulfate des Eisens in Kalziumsulfat verwandelt, welches letztere gleichfalls durch den Regen ausgelaugt wird. Ebenso werden unlösliche Verbindungen der Alkalien in lösliche Salze übergeführt. Nach dem Auswintern wird der Ton häufig noch geschlämmt.

Die Herstellung der Schamottsteine umfaßt das Zerkleinern und Sieben des vorbereiteten Tons, das Mengen desselben mit Magerungsmitteln, das Homogenmachen des Gemenges, das Formen, Pressen, Trocknen und Brennen desselben.

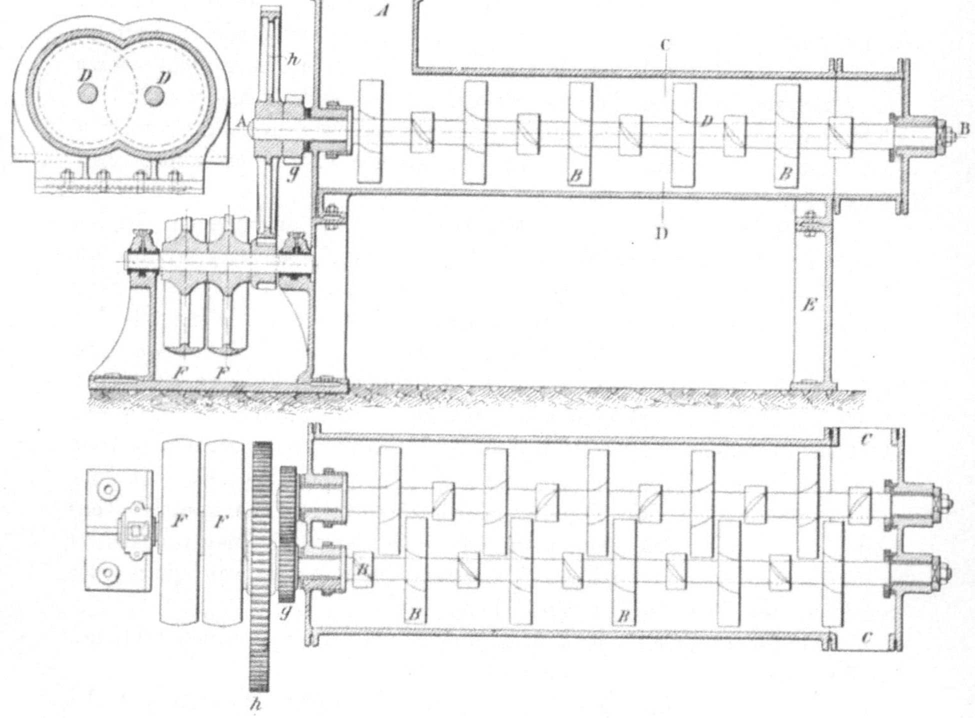

Fig. 143 bis 145.

Die Zerkleinerung geschieht mit Hilfe von Steinbrechern, Walzwerken, Mörsermühlen, Kugelmühlen, Schleudermühlen und Kollergängen. Das Sieben geschieht durch Handsiebe, Wurfsiebe, Trommelsiebe, Rüttelsiebe, Stoßsiebe, Schwingsiebe und Rätter.

Das Zusammenmengen der Materialien und das Zuführen von Wasser zu denselben geschieht mit der Hand mittelst Kneten, Schaufeln, Schlagen, durch Treten oder mit Hilfe von Maschinen.

Die Maschinen, die Knetmaschinen oder Tonschneider, bewirken nicht nur das Zusammenmengen der Materialien, sondern auch das Homogenmachen des Gemenges.

Der Tonschneider besteht aus einem Mischgefäß aus Eisen zur Aufnahme der zu mengenden Materialien und aus einer vertikalen oder horizontalen, mit Messern besetzten Welle zum Mengen der Materialien. Die Welle macht 4—5 Umdrehungen in der Minute Die Messer sind schräg gestellt. Das Wasser zum Annässen wird entweder auf einmal zugeführt oder es fließt kontinuierlich zu.

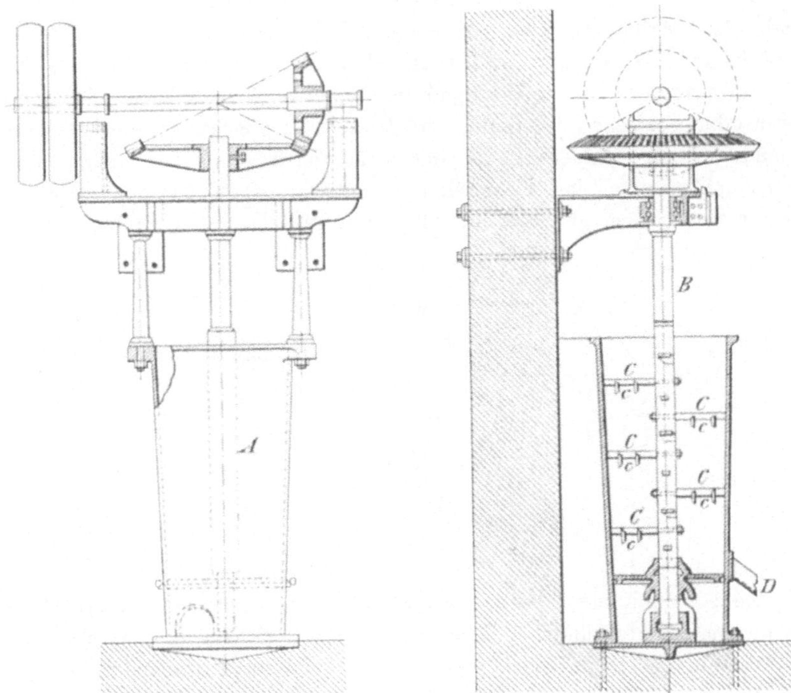

Fig. 146.   Fig. 147.

Die liegenden Tonschneider erfordern mehr Kraftaufwand und Flächenraum als die stehenden Tonschneider, dagegen ist die Mischung der Materialien in denselben eine vollkommenere. Sie besitzen häufig zwei Messerwellen.

Ein derartiger Tonschneider (Tonknetmaschine) ist in den Figuren 143—145 dargestellt[1]) und zwar in Fig. 143 im Längsschnitt, in Fig. 144 im Horizontalschnitt und in Fig. 145 im Querschnitt nach der Linie C D. Die zu mischenden Materialien werden bei A eingetragen und durch die sich in entgegengesetzter Richtung bewegenden Mischflügel B durchgeknetet. Der Austritt des Gemenges erfolgt bei C.

---

[1]) Bischof, Die feuerfesten Tone, S. 224.

Die Einrichtung eines vertikalen Tonschneiders ist aus den Figuren 146 — 149 ersichtlich[1]). A ist das Mischgefäß, an dessen oberem Ende die Materialien eingetragen werden. An der durch die Spindel B in Rotation versetzten stehenden Welle sind Arme C angebracht, an welchen die Messer c befestigt sind. Durch die Messer wird das Gemenge durchgeknetet und dann durch die Öffnung D aus dem Gefäße herausgedrückt.

Das Formen geschieht wegen der exakteren Arbeit meistens mit der Hand. Die Arbeiter stellen auf einem Tische Ballen von der Größe des zu bildenden Steines her, rollen dieselben in trockenem Schamottpulver oder Formsand und füllen sie dann in die innen gleichfalls mit Schamottpulver oder Formsand bestreute, aus Holz, Eisenblech oder Gußeisen bestehende Form. Nachdem die Masse tüchtig in die Form hineingepreßt ist, schneidet man das Überstehende mittelst eines Drahtes oder des Streichmessers oben ab, streicht glatt und rüttelt nun den Stein heraus.

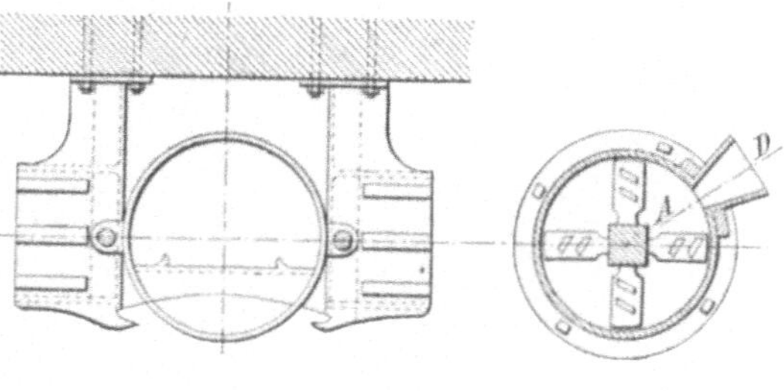

Fig. 148. Fig. 149.

Derselbe wird mit einer Reihe gleicher Steine auf die Trockengerüste gebracht, um bei gewöhnlicher Temperatur auszutrocknen. Sehr große Formsteine werden nach und nach in die oft aus mehreren Stücken zusammengesetzten Formen eingestampft.

Das Formen wird auch mit Hilfe von Maschinen bewirkt. Hierbei wird das Gemenge aus dem Tonschneider durch ein Mundstück gepreßt, so daß ein Strang gebildet wird, welcher mit Hilfe von Drähten gleichmäßig durchschnitten wird. Die so hergestellten Steine werden im lederweichen Zustande noch mit Hand- oder Dampfpressen nachgepreßt, damit sie ein gleichmäßiges Format erhalten und dichter werden. Man wendet auch Pressen an, um Steine von großer Druckfestigkeit, Wärmeleitungsfähigkeit und Dichtigkeit herzustellen. Die Pressen dieser Art sind entweder mit Hand betriebene Hebelpressen oder Dampfpressen oder hydraulische Pressen.

Soll das Material im trockenen Zustande gepreßt werden, so wendet man Trockenpressen an. Dieselben finden besonders in England (zum Pressen des Schiefertons) und in Nordamerika Anwendung.

---

[1]) Bischof l. c. S. 224.

Das Trocknen findet entweder zuerst auf Trockengerüsten bei gewöhnlicher Temperatur und dann in besonderen Räumen bei erhöhter Temperatur oder von Anfang an in künstlichen Trockenvorrichtungen statt. Das künstliche Trocknen wird bewirkt durch direkte Heizung der Steine in einer Trockenkammer, durch Einleiten der Abhitze der Brennöfen oder des Abdampfes von Maschinen in Röhren, welche die Trockenkammer durchziehen, oder durch Einführen von Feuergasen in mit Schamott- oder Eisenplatten überdeckte Kanäle, welche die Sohle des Trockenraumes bilden.

Das Brennen der Steine geschieht gewöhnlich in prismatischen überwölbten Räumen, bei allmählich bis zur Rotglut gesteigerter Temperatur.

Außer Steinen stellt man aus Schamotte auch Muffeln für die Zinkgewinnung, Formen für Bessemerbirnen, Stopfen und Durchläufe für Gießpfannen etc. her.

Diese Gegenstände formt man entweder durch Schlagen des Gemenges der Materialien in eiserne Formen oder durch Pressen desselben. Große Muffeln werden auch mit der Hand in Holzformen hergestellt. (Näheres über die Behandlung des Tons und die Herstellung der Schamottsteine siehe Bischof, Die feuerfesten Tone, Leipzig 1895.)

In der Gestalt von losen Massen verwendet man den Ton sowohl im natürlichen Zustande als auch nach vorgängigem Zusammenmengen desselben mit Schamott, Quarz, Magnesiasilikaten oder Kohle.

Den natürlichen Ton verwendet man zur Herstellung der Herde gewisser Schmelzöfen für die Gewinnung von Blei aus Bleiglanz.

Gemenge von Ton mit Schamott und Quarz (manchmal auch mit Serpentin, Koksklein, Graphit) nennt man „Masse“. Man benutzt dieselben nach vorgängigem Anfeuchten mit Wasser zur Herstellung von feuerfesten Ofenteilen, indem man den bildsamen Gemengen mit Hilfe von Schablonen bezw. durch Feststampfen erst im Ofen selbst die erforderliche Form gibt und dieselben dann brennt. (Herstellung der Wände von Schachtöfen.)

Mit magnesiahaltigen Gesteinen (Talkschiefer) gemengten Ton hat man wohl zur Herstellung des Herdes von Kupferraffinieröfen benutzt. Auch Gemenge von Asbest und feuerfestem Ton hat man als Ofenfutter verwendet.

Gemenge von Ton oder Lehm mit Kokspulver oder Holzkohlenpulver nennt man Gestübbe. Dasselbe dient zum Auskleiden der unteren Teile von Schmelzöfen, sowie zur Herstellung der Abflußwege und Sammelräume für die geschmolzenen Massen. Das Gestübbe schützt das Ofengemäuer, hält als schlechter Wärmeleiter die Hitze zusammen, gestattet die bequeme Entfernung von geschmolzenen Massen aus den Öfen, wirkt infolge des Gehaltes an Kohlenstoff reduzierend und wird durch Schwefelmetalle nicht angegriffen.

Man unterscheidet leichtes, mittleres und schweres Gestübbe. Das mittlere Gestübbe besteht gewöhnlich aus gleichen Raumteilen von Kohle und Ton (oder Lehm oder Tonschiefermehl); das schwere Gestübbe enthält mehr Ton, das leichte mehr Kohle. Kokspulver gibt dem Gestübbe größere Haltbarkeit als Holzkohlenpulver.

Feuerfeste Materialien mit Magnesiasilikaten als wesentlichen Bestandteilen sind Talkschiefer, Chloritschiefer, Serpentin und Speckstein. Der Gehalt dieser Gesteine an Kieselsäure beträgt bis 64 %, an Magnesia bis 43 %. Ein Teil der letzteren ist öfters durch Eisenoxydul ersetzt.

Man verwendet diese Körper nur selten, und dann in der Gestalt behauener Steine (als Futter für Eisenhochöfen und Kupferschmelzöfen). Als lose Massen finden sie im Gemenge mit Ton oder Tonschiefer nur ausnahmsweise Anwendung.

6. Feuerfeste Materialien mit Kohlenstoff als wesentlichem Bestandteil.

Der Kohlenstoff (Graphit, Holzkohle, Koks) ist schon als Magerungsmittel für Ton (Graphit) und als Bestandteil des Gestübbes (Holzkohlenpulver, Kokspulver) angeführt worden.

Außerdem hat man Koksklein mit Lehmwasser angemengt zur Herstellung von Ziegeln, sogen. Kokssteinen, angewendet. Derartige Ziegel hat man zur Ausfütterung der Schmelzräume von Eisenhochöfen sowie von Bleiöfen angewendet.

Bindemittel für feuerfeste Steine.

Falls man die feuerfesten Steine nicht an den Auflagseiten und an den Stoßseiten zusammenschleifen kann, bedürfen sie bei der Einmauerung eines Bindemittels. Für niedrige Temperaturen bedient man sich hierzu des Lehms und des Tons, für höhere Temperaturen stellt man einen Tonmörtel oder einen Mörtel aus den nämlichen Materialien her, aus welchen die feuerfesten Steine zusammengesetzt sind. In diesen Mörtel taucht man die Steine ein und bringt sie dann an ihren Platz im Ofen. Der feuerfeste Mörtel darf im Feuer nicht schwinden und wird deshalb mit verhältnismäßig großen Zusätzen von Magerungsmitteln (fein gepulverter Quarz oder Schamotte) versehen.

7. Aus Metallen oder Legierungen bestehende feuerfeste Materialien.

In neuerer Zeit bilden häufig hohle Metallwände die unmittelbare Umfassung des Ofenraums. Derartige Wände bedürfen einer starken Abkühlung durch in den Hohlräumen derselben zirkulierendes Wasser. An der inneren Seite dieser Wände bildet sich eine dünne Kruste von erstarrten Massen, welche die Metalle vor der Einwirkung der Hitze sowohl wie der im Ofen befindlichen erhitzten Körper schützt.

Als Metalle verwendet man Eisen, seltener Kupfer, als Legierung (für Formen) Bronze.

Allgemeine Einrichtung der Öfen.

Abgesehen von den Haufenöfen besteht jeder Ofen in der Regel aus zwei Teilen, nämlich aus dem inneren Teile, welcher den Ofenraum einschließt, und aus dem äußeren Teile, welcher den inneren Teil zusammenhält und in vielen Fällen auch gegen Wärmeverluste schützen soll. Der innere Teil besteht aus den schon besprochenen feuerfesten Materialien, in der Mehrzahl der Fälle aus Mauerwerk. Besteht er aus gekühlten hohlen Metallwänden, so fällt der äußere Teil des Ofens fort.

Der äußere Teil des Ofens besteht aus Mauerwerk, wenn es sich außer dem Zusammenhalten des inneren Ofenteils auch um Vermeidung von Wärmeverlusten handelt; er besteht aus einer Umfassung von Gußeisen oder Schmiedeeisen oder aus Ringen, Platten bezw. Stangen von Eisen (den sogen. Armaturstücken), wenn der Ofen nur zusammengehalten werden soll.

Beim Vorhandensein von Mauerwerk nennt man den äußeren Teil, welcher seinerseits auch wieder durch Eisenteile zusammengehalten wird, das Rauhgemäuer und den inneren Teil das Kernmauerwerk.

Der äußere Teil des Ofens hängt in Einrichtung und Gestalt wesentlich von dem inneren Teile desselben ab.

Die Einrichtung und Gestalt des inneren Teiles hängen von der Art der Erhitzung der Körper im Ofen und von den besonderen Arten der im Ofen auszuführenden Abscheidungsverfahren ab.

Einteilung der Öfen.

Je nach der Art der Erzeugung der Hitze in den Öfen unterscheidet man:

I. Öfen, in welchen die Hitze durch Verbrennung von Brennstoffen erzeugt wird. (Die Brennstoffe sind in einigen Fällen in dem zu erhitzenden Körper enthalten.)

II. Öfen, in welchen die Hitze mit Hilfe des elektrischen Stromes erzeugt wird.

I. Öfen, in welchen die Hitze durch Verbrennung von Brennstoffen erzeugt wird.

Nach der Art der Erhitzung der Körper in diesen Öfen lassen sich vier Hauptarten derselben unterscheiden, nämlich:

1. Öfen, in welchen die Erhitzung durch die unmittelbare Berührung der zu erhitzenden Körper mit festen oder flüssigen Brennstoffen

(bezw. mit den Erzeugnissen der Verbrennung) geschieht. Bei diesen Öfen befinden sich die Brennstoffe und die zu erhitzenden Körper im Ofenraum selbst. Es fallen daher bei diesen Öfen besondere Feuerungsanlagen fort.

2. Öfen, in welchen die Erhitzung durch die Flamme der Brennstoffe (von festen, flüssigen und gasförmigen Brennstoffen) und zwar sowohl durch die Berührung der Flamme und der gasförmigen Erzeugnisse der Verbrennung mit den zu erhitzenden Körpern als auch durch die Wärmestrahlung der Flamme und der heißen Ofenwände geschieht. Man nennt derartige Öfen „Flammöfen".

3. Öfen, in welchen die Erhitzung lediglich durch die glühenden Ofenwände geschieht. In denselben ist vor der Einführung der zu erhitzenden Körper fremder Brennstoff verbrannt worden und hat die entwickelte Wärme an die Wände des Ofens abgegeben. Man nennt derartige Öfen, welche, ebenso wie die zuerst angeführten Öfen, keine besondere Feuerungsanlage besitzen, „Bäckeröfen".

4. Öfen, in welchen die Erwärmung mittelbar durch äußerliche Erhitzung von Gefäßen geschieht, welche die zu erhitzenden Körper eingeschlossen enthalten. Die Erhitzung geschieht hier durch die Übertragung der entwickelten Wärme auf die Gefäßwände und von diesen aus auf die innerhalb der Gefäße befindlichen Körper. Man nennt derartige Öfen „Gefäſsöfen".

a) Öfen, in welchen die Erhitzung durch die unmittelbare Berührung der zu erhitzenden Körper mit festen oder flüssigen Brennstoffen geschieht.

Bei diesen Öfen ist entweder festes oder flüssiges Brennmaterial in unmittelbarer Berührung mit den zu erhitzenden Körpern.

Das **feste** Brennmaterial ist entweder fremder Brennstoff oder es wird durch die zu erhitzenden Körper selbst gebildet, indem durch die Oxydation gewisser Bestandteile derselben die erforderliche Wärme geliefert wird.

Das **flüssige** Brennmaterial wird nur durch die zu erhitzenden Körper selbst gebildet, indem gewisse Bestandteile der in geschmolzenem Zustande in den Ofen gelangenden Körper durch zugeführte Luft verbrannt werden und so die erforderliche Wärme entwickeln. So sind Silizium und Phosphor Brennstoffe bei der Herstellung von Flußeisen aus Roheisen nach dem Bessemer- und Thomas-Verfahren, Schwefel und Eisen bei der Gewinnung von Kupfer aus Kupferstein nach dem Kupfer-Bessemer-Verfahren.

α) **Öfen mit Erhitzung durch feste Brennstoffe.**

Die Öfen, bei welchen die Erhitzung durch feste Brennstoffe geschieht, unterscheidet man in Haufenöfen, Herdöfen und Schachtöfen.

Die **Haufenöfen** sind Vorrichtungen, in welchen größere in denselben angehäufte Massen ohne Veränderung ihrer Lage und ihres Aggregatzustandes gleichzeitig erhitzt werden. Sie haben deshalb eine sehr große Grundfläche und eine verhältnismäßig geringe Höhe.

Die **Herdöfen** sind niedrige Feuerstätten oder Gruben, in welchen nur geringe Mengen von Körpern auf einmal erhitzt werden. Die Vertikal-Projektion des Ofeninnern ist kleiner an Flächeninhalt als die Horizontal-Projektion desselben.

Die **Schachtöfen** sind von feuerfestem Materiale umschlossene Räume mit meist senkrechter Hauptachse, deren Vertikalprojektion mindestens den nämlichen Flächeninhalt besitzt, wie die größte Horizontalprojektion. Die zu erhitzenden Körper und die Brennstoffe bewegen sich in denselben von oben nach unten.

Die Haufenöfen

(Vorrichtungen zur Erhitzung größerer in denselben angehäufter Massen ohne Lageveränderung) besitzen stets eine unbewegliche Sohle, während die seitliche und obere Umschließung des Ofenraums beweglich oder ganz oder teilweise unbeweglich sind.

Öfen, deren seitliche und obere Umschließung (d. i. Wände und Decke) beweglich sind, nennt man Haufen; Öfen, deren Wände allein oder deren Wände und Decke unbeweglich sind, nennt man Stadeln.

Die bewegliche Umschließung der Haufen wird gewöhnlich durch einen Teil der zu erhitzenden Körper, seltener durch fremde Körper gebildet.

Die unbewegliche Umschließung der Stadeln wird durch Mauerwerk gebildet.

Die Haufenöfen dienen ausschließlich zur Ausführung von Brennverfahren und zwar meistens von Röstverfahren, in welchem Falle man dieselben Rösthaufen bezw. Röststadeln nennt.

Der Haufen.

Der Haufen wird aus Bruchstücken, seltener aus Schlichen der zu erhitzenden Körper zusammengesetzt und erhält gewöhnlich die Gestalt einer 4 seitigen abgestumpften Pyramide, nur ausnahmsweise die eines Kegels.

Die zu brennenden Körper besitzen in den meisten Fällen einen solchen Gehalt an Schwefel oder Bitumen, daß der Haufen nach dem Anzünden desselben von selbst fortbrennt.

Man errichtet die Haufen unter freiem Himmel, wenn sie aus leicht brennenden Erzen oder Hüttenerzeugnissen, welche beim Brennen keine auflöslichen Salze liefern, zusammengesetzt werden sollen. Andernfalls errichtet man sie in mit Dächern versehenen Räumen, sogen. Rösthallen oder Röstschuppen.

Die Sohle der Haufen wird aus Ton, Schlacken, Gestübbe, Röstklein oder Lehm hergestellt. Besitzen die zu brennenden bezw. zu röstenden Körper einen solchen Gehalt an bituminösen Stoffen, daß sie sich ohne weiteres entzünden lassen (Kohleneisenstein, Kupferschiefer), so werden sie unmittelbar auf dieser Sohle (beim Rösten „Röstsohle" genannt) aufgehäuft; sind sie dagegen schwer entzündlich, so häuft man sie auf einer auf der Sohle ausgebreiteten Schicht von Brennstoff, dem sogen. Bett bezw. Rostbett, an. Dasselbe stellt man gewöhnlich aus Scheitholz oder in Ermangelung desselben auch aus Reisigholz, Steinkohlen, Holzkohlen oder

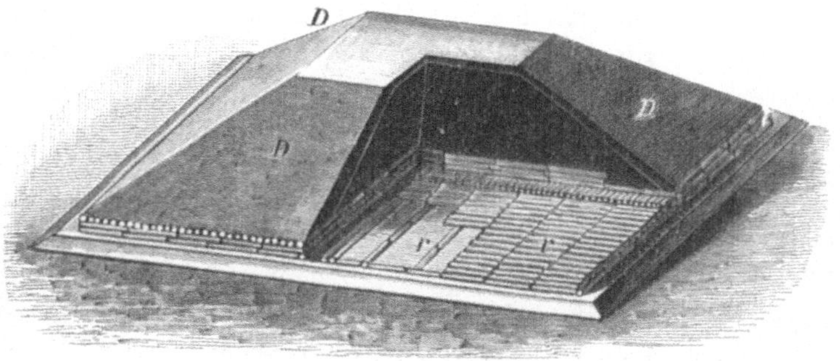

Fig. 150.

Heidekraut her. In dem Bett müssen horizontale Kanäle für den Zutritt der Luft offen gehalten werden. Auch spart man wohl zur Beförderung des Zuges und zur Abführung der Gase senkrechte Kanäle in den Haufen aus und verbindet dieselben mit den Kanälen in der Brennstofflage. Auch führt man wohl zu dem gleichen Zwecke durchbrochene Essen aus Steinen durch den Haufen auf.

Das Aufschichten der zu brennenden Körper auf der Sohle bezw. auf dem Bett des Haufens geschieht so, daß die gröbsten Stücke die unterste Lage, die feinsten Stücke oder Schliche die oberste Lage des Haufens bilden. Auf die gröbsten Stücke legt man die nächst gröberen Stücke, darauf wieder kleinere Stücke mit nach oben abnehmender Größe, bis zuletzt die kleinsten Stücke bezw. Schliche folgen. In manchen Fällen wird der ganze Haufen mit einer Schlichdecke versehen. Die letztere ist in manchen Fällen (Röstung pyritischer Kupfererze) für den Erfolg der Röstung von ganz besonderem Wert. Die Schliche wurden früher auch wohl in Kalk eingebunden, damit sie bei dem Brennen zusammenbackten und das Feuer nicht erstickten. Schliche, deren Kupfergehalt in Kupfersulfat übergeführt werden soll, werden wohl mit Eisenvitriollauge gemengt, zu kleinen Kugeln oder abgestumpften Kegeln geformt und dann zu Haufen vereinigt.

Außer der Brennstofflage auf der Sohle der Haufen bringt man auch in dem Haufen selbst noch Brennstofflagen an, wenn die zu brennenden oder zu röstenden Körper nicht von selbst fortbrennen oder wenn Schliche in Haufen geröstet werden sollen oder wenn Sulfate, Arseniate und Antimoniate, welche sich bei der Röstung gebildet haben, zerstört werden sollen. Zur Zerstörung dieser Salze schichtet man Holzkohlen ein.

Die Stärke und Zahl der Brennstofflagen richtet sich nach dem Schwefel- und Bitumengehalte der zu brennenden Körper. Bei stark bituminösen Körpern, z. B. Kupferschiefern, werden die Haufen an der Sohle nur mit einem Kranze von Reisigholz (Wellholz) umgeben.

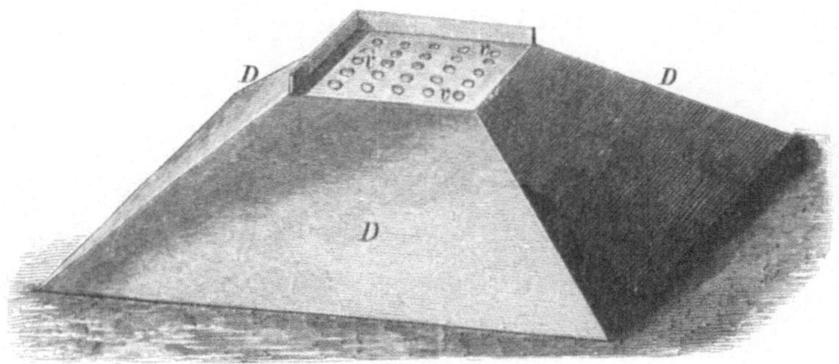

Fig. 151.

Die Einrichtung eines Haufens mit Rostbett zum Rösten schwefelkieshaltiger Bleierze ist aus den Figuren 150 und 151 ersichtlich. r ist das aus Holzscheiten gebildete Rostbett, auf welchem die Erze aufgeschichtet werden, D ist die aus geröstetem Erzklein gebildete Decke. In den aus Fig. 151 ersichtlichen halbkugelförmigen Vertiefungen v derselben wird ein Teil des aus dem Schwefelkies entweichenden Schwefels aufgefangen.

Wo es sich um die Herstellung einer Reihe von großen Haufen handelt, wie bei der Röstung pyrithaltiger Kupfererze, geschieht das Aufstürzen der Erze auf das Röstbett auf manchen Werken der Vereinigten Staaten von Nordamerika mit Hilfe von Wagen, welche auf einer Schienenbahn in angemessener Entfernung über der Sohle der Röststätte laufen. Die Schienenbahn liegt auf Böcken in der Mittellinie der Rösthaufen. An dieselbe lassen sich transportabele Drehscheiben anschließen, welche wieder mit auf provisorischen Böcken ruhenden transportabelen Schienensträngen verbunden werden können. Mit Hilfe dieser Einrichtung ist man in der Lage, die Erze an jeder beliebigen Stelle der Rösthaufen aufstürzen zu können. Dieselbe ist aus den Fig. 152 und 153 ersichtlich. Die ge-

rösteten Erze werden in Wagen gestürzt, welche sie nach den Schmelzöfen führen.

Die Größe der Haufen wird, da große Haufen verhältnismäßig
weniger Brennstoff erfordern als kleine Haufen, nicht unter 5 t genommen.
Man giebt ihnen meistens 300—500 t Inhalt. Ausnahmsweise (Rio tinto
in Spanien) geht man auch bis 1500 t. Soll ein Haufen sehr schnell
brennen, so gibt man ihm den Grundriß eines langgezogenen Rechtecks.
Die Höhe der Haufen macht man im Interesse des bequemen Aufschichtens
der Stücke selten über 2,5 m.

Die Haufen besitzen die Nachteile einer langen Dauer des Brennens
bezw. Röstens und der Unmöglichkeit einer genauen Regulierung des betreffenden Brenn- bezw. Röstverfahrens. Die Haufenröstung ist deshalb
bei vielen Erzsorten unvollkommen in ihren Ergebnissen. Auch gestattet

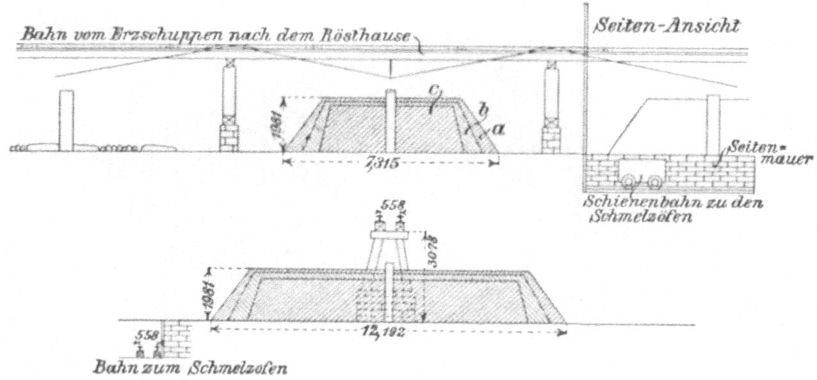

Fig. 152 u. 153.

sie keine Unschädlichmachung bezw. Verwertung der Röstgase und ist
beim Mangel von Rösthallen mit Metallverlusten durch Auslaugen von
Metallsulfaten verbunden. Dagegen erfordert sie geringe Anlagekosten,
geringe Arbeitslöhne und bei schwefelreichen sowie bei bituminösen Erzen
auch einen geringen Brennmaterialaufwand. Sie findet nur noch unter
bestimmten Umständen Anwendung, wie zum Brennen bituminöser Erze
(Kupferschiefer, Kohleneisenstein), zum Rösten armer pyritischer Kupfererze, bei der beabsichtigten Bildung gewisser Vitriole (Kupfersulfat, Zinksulfat), bei der Kernröstung, bei der Röstung von Blei- und Kupfersteinen
sowie bei der Nachröstung von in Schachtöfen vorgerösteten Erzen und
Steinen.

Wenn größere Mengen von Schwefliger Säure bei der Röstung entbunden werden, so lassen sich Rösthaufen nur noch in solchen Gegenden
anwenden, in welchen der Grund und Boden einen so geringen Wert hat,
daß die Beschädigung desselben durch die Röstgase nicht schwer in das
Gewicht fällt.

Der Stadel.

Die Stadeln dienen ausschließlich zum Rösten und werden deshalb auch Röststadeln genannt.

Sie sind ganz oder teilweise von Mauerwerk umschlossene Räume mit rechteckigem, quadratischem oder seltener kreisförmigem Grundrisse. Sie besitzen entweder gemauerte Seitenwände und eine gemauerte Decke oder nur gemauerte Seitenwände. Im letzteren Falle wird die Decke wie bei den Haufen durch einen Teil der zu röstenden Massen gebildet.

Die Seitenmauern umschließen die Röststätte entweder vollständig oder nur teilweise. Im ersteren Falle sind die Seitenmauern mit den erforderlichen Öffnungen zum Einführen der Brennstoffe und der zu röstenden Körper, zum Einführen der für die Röstung erforderlichen Luft sowie zum Herausschaffen der gerösteten Massen (des sogen. Röstgutes) versehen.

Bei nur teilweiser Umschließung der Röststätte durch Mauerwerk, wie es vielfach bei oben offenen Stadeln von rechteckigem oder quadratischem Grundrisse der Fall ist, fehlt häufig eine Seitenmauer, so daß das Besetzen und Entleeren des Stadels von der offenen Seite her geschieht. Während der Röstung ist die letztere gewöhnlich durch eine provisorische trockene Mauer geschlossen.

Die zur Röstung erforderliche Luft tritt durch Kanäle am Fuße der Seitenwände sowie beim Vorhandensein einer provisorischen Mauer durch in derselben ausgesparte Öffnungen ein.

Die Sohle der Stadeln ist gepflastert, gemauert oder festgestampft und liegt horizontal oder geneigt.

Man legt gewöhnlich mehrere Stadeln an einer gemeinschaftlichen Hinterwand neben einander an. Auch legt man wohl zwei Stadelreihen einander gegenüber und schließt sie in eine gemeinschaftliche Umfassungsmauer ein.

Flüchtige Körper, welche kondensiert oder unschädlich gemacht werden sollen, fängt man bei nicht überwölbten Stadeln entweder in den oberen, kälteren Teilen des Rösthaufwerks (Hg,S) auf, oder man leitet sie durch Kanäle in der Hinterwand des Stadels oder durch durchbrochene Essen in die Kondensationsvorrichtungen bezw. zum Zwecke der bloßen Unschädlichmachung in hohe Essen. Aus überwölbten Stadeln leitet man diese Körper durch in das Gewölbe mündende Kanäle in die Kondensationsvorrichtungen bezw. in hohe Essen.

Man unterscheidet Stadeln mit Rostbett und Stadeln ohne Rostbett. Bei den ersteren werden die zu röstenden Körper in der nämlichen Weise wie bei den Haufen auf einer Brennstoffunterlage aufgeschichtet. Das Anzünden geschieht durch Entzünden des Rostbettes. Bei den Stadeln ohne Rostbett werden die zu röstenden Körper direkt auf der Sohle aufgeschichtet. Das Anzünden geschieht in diesem Falle durch in den Seitenwänden des Stadels angelegte Rostfeuerungen.

Zu den Stadeln mit Rostbett gehören die gewöhnlichen Stadeln mit horizontaler Sohle und rechteckigem Grundriß, die ungarischen Stadeln mit kreisförmigem Grundrisse, die steirischen Stadeln mit rechteckigem Grundriß und Vorrichtungen zum Auffangen von Schwefel, die böhmischen Stadeln mit rechteckigem Grundriß und geneigter Sohle; zu den Stadeln ohne Rostbett gehören die Wellnerschen Stadeln.

Die Einrichtung gewöhnlicher zu je einer Reihe verbundener Stadeln erhellt aus den Fig. 154 und 155. Aus Fig. 154 ist das Rostbett, der

Fig. 154.

Fig. 155.

Verschluß der Vorderseite durch eine bewegliche Mauer und die Abführung der Röstgase ersichtlich. Man gibt diesen Stadeln im Interesse des bequemen Füllens und Entleerens grundsätzlich rechteckigen Grundriß.

Die Einrichtung einer Doppelreihe von Stadeln, deren Dämpfe durch einen zwischen beiden Reihen liegenden gemeinschaftlichen Kanal in eine Esse geführt werden, ist aus den Fig. 156 und 157 ersichtlich. Zwischen beiden Stadelreihen befindet sich der Kanal K, welcher die Röstdämpfe in die mit ihm verbundene Esse E führt. In den gedachten Kanal gelangen die Röstgase durch in der Hinterwand jedes Stadels angebrachte Kanäle v v. Die Luft tritt teils durch die vordere offene Seite der Stadeln, teils durch Kanäle o o in den Seitenwänden derselben ein. Auf dem Kanal K befindet sich ein Schienengeleise, auf welchem die zu röstenden Erze den Stadeln zugeführt werden. Am Fuße jeder Stadelreihe läuft gleichfalls ein Schienengeleise hin, auf welchem das Röstgut abgefahren wird. Stadeln dieser Art werden in den Vereinigten Staaten von Nordamerika zum Rösten von Kupfererzen benutzt.

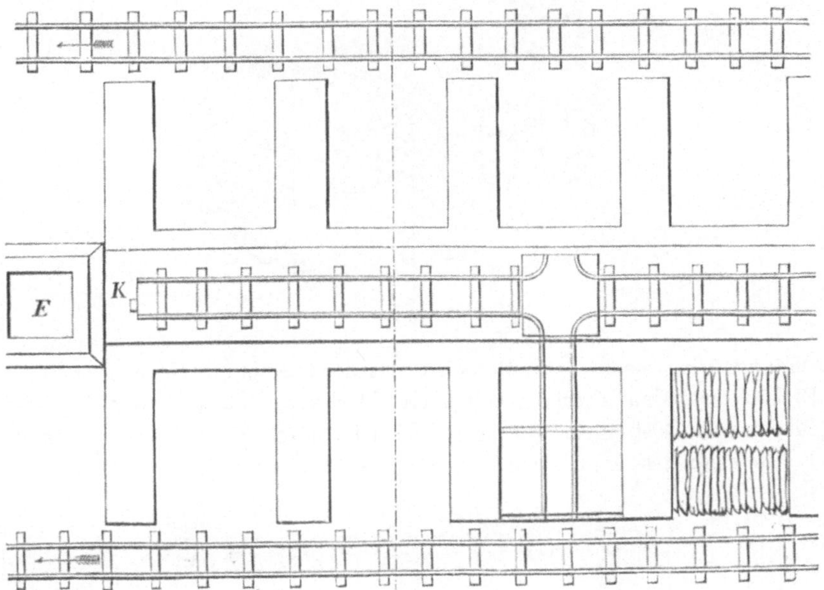

Fig. 156.

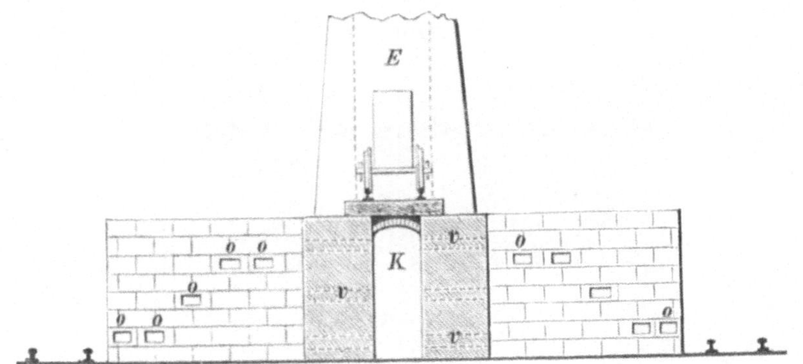

Fig. 157.

Der jetzt nicht mehr angewendete böhmische Stadel ist durch Fig. 158 erläutert. s ist die geneigte Sohle; k k sind die in der Hinterwand angebrachten Abzugskanäle, durch welche die Röstgase in die Flugstaubkammern v (in welchen mitgerissener Flugstaub niedergeschlagen

wird) und am Ende derselben in die Esse E gelangen. Die zu röstenden
Körper werden durch eine Öffnung in der einen (in der Figur nicht sichtbaren) schmalen Seitenwand des Stadels in denselben eingeführt. Diese

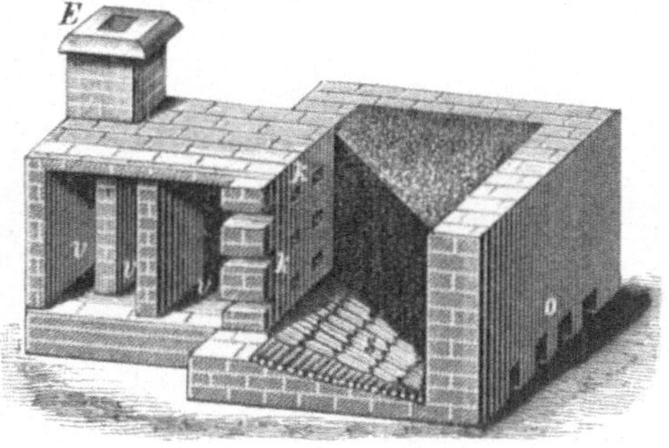

Fig. 158.

Öffnung wird nach dem Besetzen des Stadels mit Steinen geschlossen.
Die zu röstenden Massen erhalten eine Decke von Schlich oder Röstklein.
Die für die Röstung erforderliche Luft tritt durch die Öffnungen o in der
Vorderwand des Stadels ein.

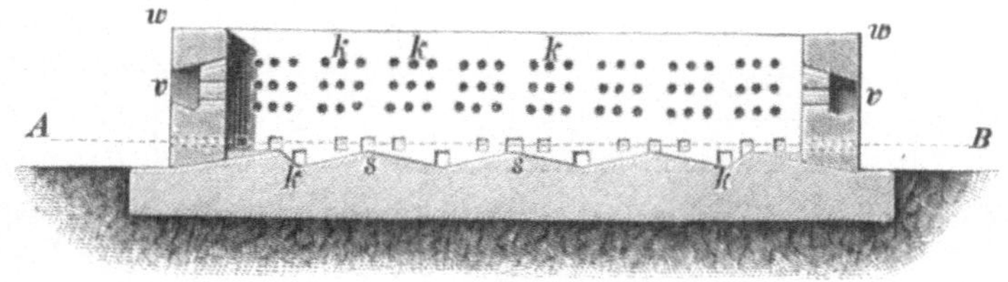

Fig. 159.

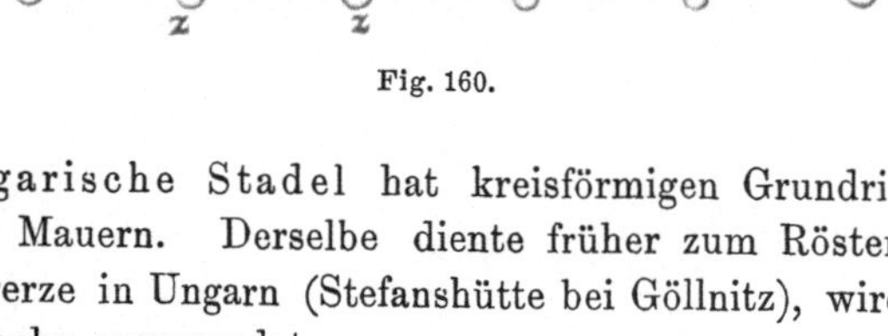

Fig. 160.

Der ungarische Stadel hat kreisförmigen Grundriß mit Seitentüren in den Mauern. Derselbe diente früher zum Rösten quecksilber-
haltiger Kupfererze in Ungarn (Stefanshütte bei Göllnitz), wird aber gegenwärtig nicht mehr angewendet.

Der steirische Stadel, welcher in den Fig. 159 und 160 dargestellt ist, besitzt in der Sohle s und in den Wänden w Kanäle k k zur
Abführung des bei der Röstung verflüchtigten Schwefels. Derselbe gelangt

durch diese Kanäle in flüssigem Zustande in Sammelbehälter, welche sich teils vor den Stadeln (z), teils in Nischen der Seitenwände derselben (v) befinden.

Der Wellnersche Stadel Fig. 161 hat eine geneigte Sohle und ist gewöhnlich aus 2 Hälften A und B zusammengesetzt, deren jede einen Stadel für sich bildet. (Figur.) In jeder schmalen Seite s sind mehrere (bis 4) Rostfeuerungen r angebracht, durch welche das Anzünden der zu röstenden Massen geschieht. Das Eintragen derselben erfolgt durch die Öffnungen O in den langen Seitenwänden des Stadels. Man läßt im Haufwerk Kanäle frei, durch welche die Verbrennungsgase der Rostfeuerungen hindurchziehen können. Das Feuern auf dem Roste wird eingestellt, sobald die unterste Lage des Haufwerks in Brand geraten ist. Es wird dann durch die Oxydation der Schwefelmetalle die für die Röstung erforderliche Wärme erzeugt. Soll die Röstung des nämlichen Haufwerks mehrere Male geschehen, so wird nur die eine Hälfte des Stadels besetzt und die andere Hälfte für die Wiederholung der Röstung frei gelassen.

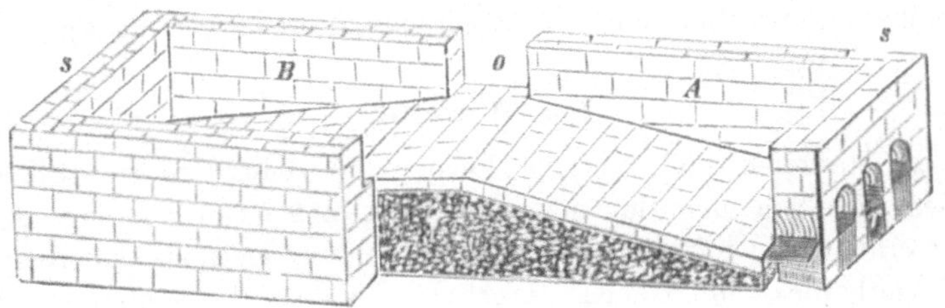

Fig. 161.

Die Stadeln, welche mit Essen verbunden sind und eine sorgfältige Regulierung des Zuges gestatten, gewähren die Vorteile einer schnelleren und gleichmäßigeren Röstung als die Haufen, während Stadeln mit unvollkommenem Zuge viel ungünstigere Resultate als die Haufenröstung ergeben. Da sich der Zug um so schwieriger regulieren läßt, je größer die Stadeln sind, so macht man die letzteren im Interesse einer guten und schnellen Durchröstung nicht groß. Man wendet daher zweckmäßig anstatt großer Stadeln eine größere Zahl kleiner Stadeln mit Abführung der Röstgase in gut ziehende Essen an. Den Einsatz eines Stadels nimmt man am besten zu 20 t.

Stadeln ohne Gasabführungskanäle und Essen erfordern die nämliche Zeit zur Röstung wie die Haufen. Sie gewähren nur Schutz gegen Wind und Wetter, halten die Wärme besser zusammen als die Rösthaufen und verhüten das Auslaugen von in Wasser löslichen Sulfaten durch Regen.

Große Stadeln (ohne Essenzug) wendet man nur an, wenn die Röstung langsam erfolgen soll, wie bei der Kernröstung und bei der Sulfatisation geschwefelter Kupfererze. (Steirische Stadeln.)

23*

Die Stadelröstung ist mit einem erheblichen Zeitaufwand verbunden, welcher aber geringer ist als der Zeitaufwand bei der Haufenröstung. Sie erfordert ein größeres Anlagekapital und mehr Arbeitsaufwand als die Haufenröstung und belästigt die Gesundheit der Arbeiter beim Entleeren der Stadeln. Sie gestattet das Ableiten der Röstgase in hohe Essen und damit eine teilweise Unschädlichmachung derselben, nicht aber die Verarbeitung derselben auf Schwefelsäure. Bei richtiger Leitung des Zuges gewährt sie eine bessere und gleichmäßigere Röstung als die Haufenröstung und ein besseres Zusammenhalten der Wärme. Die Stadelröstung ist daher der Haufenröstung vorzuziehen. Sie findet Anwendung an solchen Orten, an welchen die Verwertung der Röstgase zur Herstellung von Schwefelsäure wegen des mangelnden Marktes für letztere zwecklos ist und an welchen die nachteiligen Einwirkungen der Röstgase auf die Vegetation durch Einleiten derselben in hohe Essen beseitigt oder beschränkt werden können, ferner in solchen Fällen, in welchen in Schachtöfen vorgeröstete Erze und Steine noch einer weiteren in Schachtöfen nicht zu erreichenden Abröstung bedürfen, und schließlich an solchen Orten, an welchen Kernröstung oder sulfatisierende Röstung beabsichtigt wird.

Die Herdöfen.

Die Herdöfen sind niedrige Feuerstätten oder Gruben. Sie unterscheiden sich von den Haufenöfen dadurch, daß sie nur geringe Mengen der zu erhitzenden Körper aufnehmen können und meistens (mit Ausnahme des Saigerherdes) mit Gebläse arbeiten, von den Schachtöfen dadurch, daß ihre Vertikalprojektion kleiner an Flächeninhalt ist als ihre Horizontalprojektion.

Sie dienen sowohl zur Ausführung von Brennverfahren (Schweißen und Braten des Eisens) als von Schmelzverfahren (Saigern, Frischen, Raffinieren, Garmachen, Reaktionsschmelzen) und von Verdampfungsverfahren (Gewinnung von Zinkweiß aus Erzen).

Je nach der Art der Luftzuführung unterscheidet man Herde mit natürlichem Luftzuge und Herde mit Zuführung der Luft durch Gebläsevorrichtungen oder Gebläseherde.

Herde ohne Gebläse.

Zu den Herden mit natürlichem Luftzuge gehört nur ein einziger Herd, der **Saigerherd**. Derselbe diente früher zum Aussaigern von silberhaltigem Blei aus Blei-Kupfer-Silberlegierungen. Gegenwärtig wird er nicht mehr angewendet.

Die Einrichtung des Herdes ergibt sich aus Fig. 162.

Er besteht aus zwei langen Wänden, den sogen. Saigerbänken S und einer kurzen Rückwand b. Die Saigerbänke sind an ihren oberen Enden abgeschrägt und mit Gußeisenplatten c, den sogen. „Saigerschwarten" belegt.

Zwischen diesen Saigerschwarten bleibt nur eine schmale Ritze, die sogen. Saigerritze, frei. Der Boden des Herdes wird durch eine von der Rückwand aus nach vorne geneigte Rinne, die sogen. „Saigergasse“, d gebildet, welche in eine vor dem Herde liegende Vertiefung, die sogen. „Bleigrube“, P endigt.

Fig. 162.

Die auszusaigernden Stücke werden auf die Saigerschwarten gestellt und mit Holzkohlen umgeben.

Nachdem dieselben angezündet sind, saigert silberhaltiges Blei aus, fällt durch die Saigerritze in die Saigergasse und fließt in die Bleigrube.

Die Gebläseherde.

In diesen Herden werden Brenn-, Schmelz- und Verdampfungsverfahren ausgeführt. Die Brennverfahren sind das Zusammenschweißen von Eisen und Stahl, sowie das Braten.

Als Herd für Brennverfahren sei das **Schweifsfeuer für Stahl**, Fig. 163, erwähnt.

a ist der zum Zusammenhalten der Hitze oben mit einem Gewölbe b überdeckte Herd. Der Wind wird in denselben durch die Form d eingeführt. Die Sohle des Herdes ist nach der Vorderseite desselben hin geneigt. Die Schlacke fließt auf der geneigten Sohle in den Schlackenstich c (d. i. einen Kanal zum Abführen der Schlacke). Der Herd hat eine im Verhältnis zu seiner Höhe große Tiefe, um die Oxydation der zu schweißenden Stücke zu vermeiden. Man verwendet aus diesem Grunde auch stark poröse Brennstoffe, wie Holzkohle oder gasreiche Steinkohle. Gewöhnlich vereinigt man, wie in der Figur, zwei Herde unter einer gemeinschaftlichen Esse e.

Die in den Gebläseherden ausgeführten Schmelzverfahren sind sowohl oxydierendes Schmelzen (Frischen, Garmachen, Raffinieren), als auch

reduzierendes Schmelzen (Hammergarmachen des Kupfers) und Reaktionsschmelzen (Bleigewinnung).

Von den Schmelzherden seien erwähnt: der Eisenfrischherd, die
Herde zur Bleigewinnung und der Kupfergarherd.

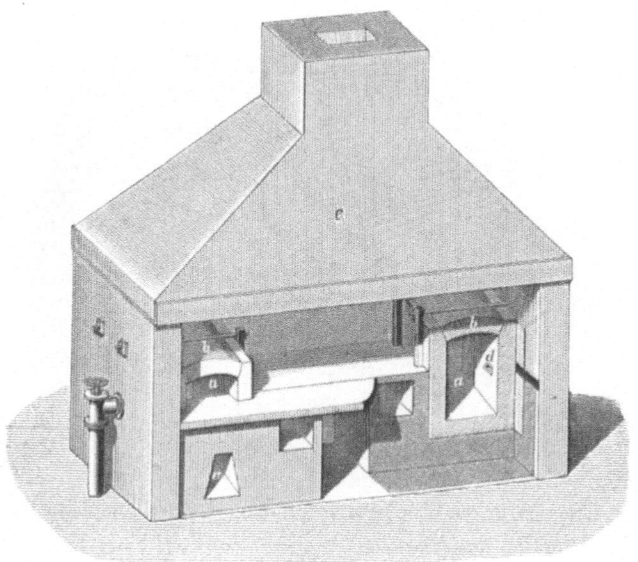

Fig. 163.

Der Eisenfrischherd

dient zur Herstellung von schmiedbarem Eisen (Schweißeisen) aus Roheisen. Die Einrichtung desselben ist aus den Fig. 164, 165, 166 ersichtlich. Gegenwärtig findet er nur noch selten Anwendung.

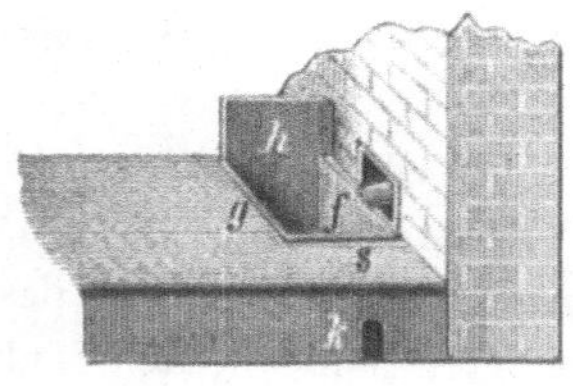

Fig. 164.

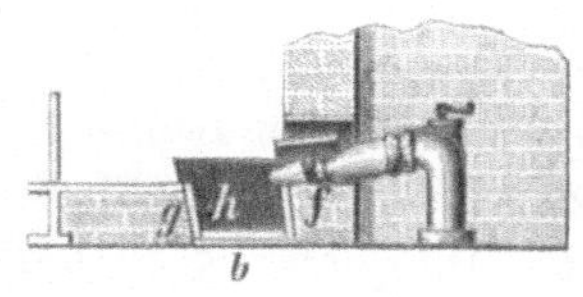

Fig. 165.

Derselbe stellt einen aus Eisenplatten hergestellten, oben offenen
Kasten dar, welcher sich unter einem Rauchfange befindet. Gewöhnlich
sind, wie bei den Schweißfeuern, zwei Frischherde unter einem gemeinschaftlichen Rauchfange vereinigt (Fig. 166). Man unterscheidet die den
Herd zusammensetzenden Eisenplatten in die Seitenplatten oder Zacken
und in die Bodenplatte. Die einzelnen Zacken, welche zum Teil geneigt

sind, haben besondere Namen. h ist der Hinter- oder Aschenzacken,
g ist der Gichtzacken, f ist der Formzacken und s der Schlackenzacken,
welcher letztere auch wohl durch eine Gestübbewand ersetzt wird. b ist
die Bodenplatte. E ist die Esse. Der Gebläsewind wird über dem
Formzacken f durch eine Metallhülse, die sogen. Form v (siehe Gebläsevorrichtungen) in den Herd geführt. Die im Herd gebildete Schlacke

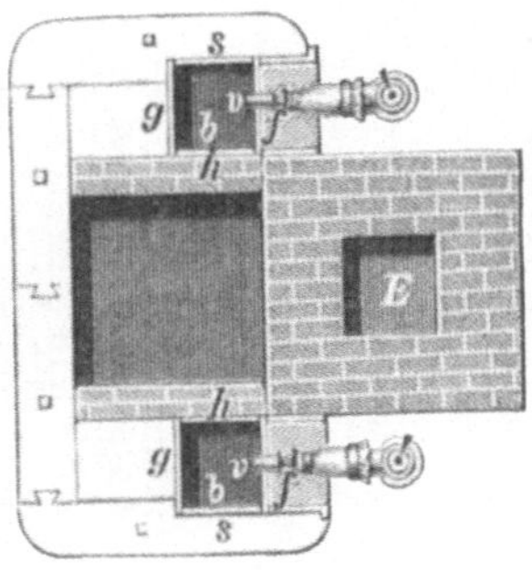

Fig. 166.

kann durch eine Öffnung im tiefsten Teile desselben, welche mit
Gestübbe verschlossen wird, abgelassen werden und fließt dann durch den
Kanal k aus. Der Arbeiter steht am Schlackenzacken. Das Roheisen
wird auf diesem Herde durch verkohlten Brennstoff (Holzkohle) eingeschmolzen und durch Oxydation eines Teiles des Kohlenstoffgehaltes
sowie durch Entfernung der verunreinigenden Elemente in Schweißeisen
verwandelt.

Die Herde für die Gewinnung von Blei.

Zu den Herden dieser Art gehören der schottische Bleiherd, der
amerikanische Herd mit Luftkühlung oder Rossie-Ofen, der amerikanische
Herd mit Wasserkühlung, der Jumbo-Herd oder Moffet-Herd mit Luft-
und Wasserkühlung. In denselben findet die Gewinnung von Blei aus
Bleiglanz durch ein sogen. „Reaktionsschmelzen" (teilweise Oxydation des
Bleiglanzes zu Bleisulfat und Bleioxyd, welche Körper sich mit unzersetztem
Schwefelblei in Blei und schweflige Säure umsetzen) statt. Erze und
Brennstoffe schwimmen bei dieser Art der Bleigewinnung auf dem Blei.

Nachstehend sollen der schottische Herd und der amerikanische
Herd mit Luftkühlung beschrieben werden.

Der schottische Bleiherd
(Fig. 167 u. 168)

bildet einen Kasten A mit einer niedrigen Vorderwand. Der Boden a und
die Seitenwände außer der Vorderwand bestehen aus Gußeisen, während
die Vorderwand f aus einem Gemenge von Knochenasche und Bleiglanz

besteht.　An diese Vorderwand schließt sich eine geneigte mit einer Rinne b versehene Eisenplatte an, vor welcher sich ein Sammelherd c befindet.　Der Wind tritt durch die Hinterwand des Herdes ein.　Das

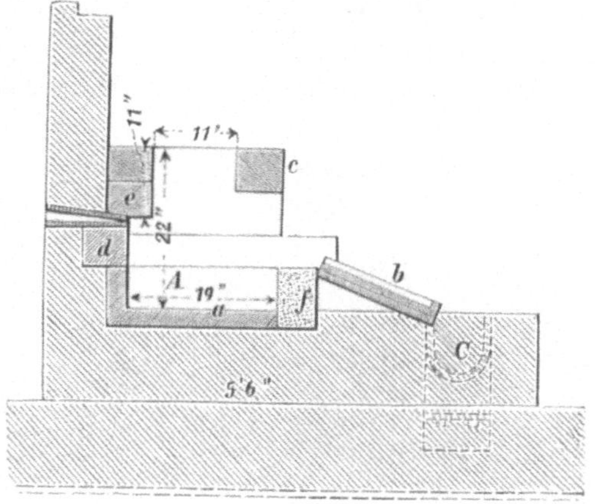

Fig. 167.

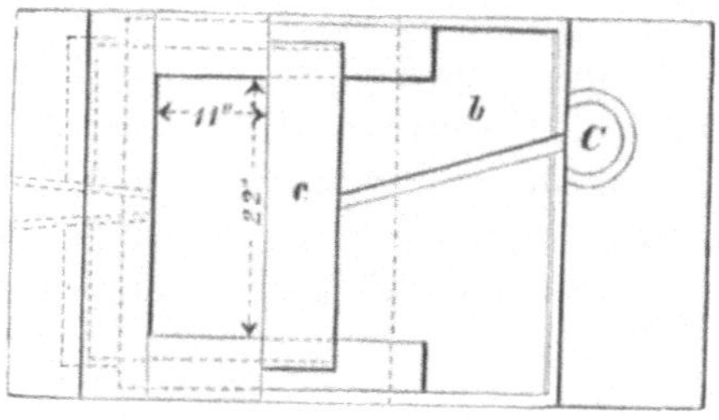

Fig. 168.

aus dem Bleiglanz ausgeschmolzene Blei fließt, sobald der Herd gefüllt ist, über die Vorderwand desselben hinüber und gelangt durch die Rinne b in den Sammelherd c.

Der amerikanische Bleiherd mit Luftkühlung
(Fig. 169 u. 170)

ist ein oben offener, aus 4 Seitenwänden und dem Boden zusammengesetzter Eisenkasten, an welchen sich, wie beim schottischen Bleiherd, ein Vorherd anschließt.　Über dem Herde ist ein hohler Eisenrahmen (Windkasten) B angebracht, welcher sich über den beiden Seitenwänden und der Hinterwand desselben erhebt.　In diesem Rahmen wird der Gebläsewind vorgewärmt.　Derselbe tritt bei a in den Rahmen ein und verläßt ihn bei b, um durch ein Rohr in der Richtung der Pfeile in die in der Hinterwand des Herdes angebrachte Form c und aus dieser in den Herd zu strömen.　Das ausgeschmolzene Blei fließt, sobald der Herd mit demselben angefüllt ist, über die Vorderwand in die Rinne d und aus dieser in den Sammelherd D.

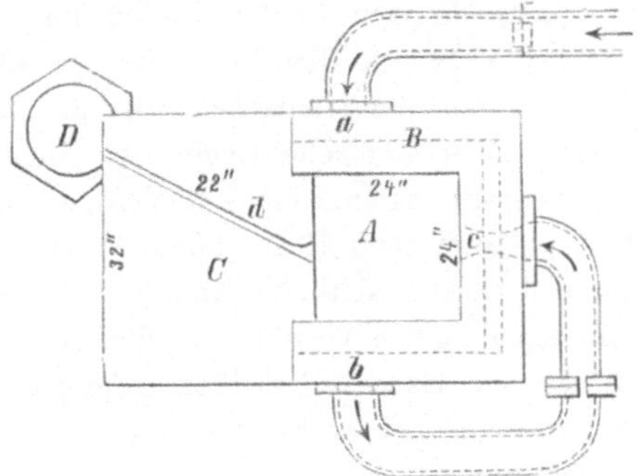

Fig. 169.

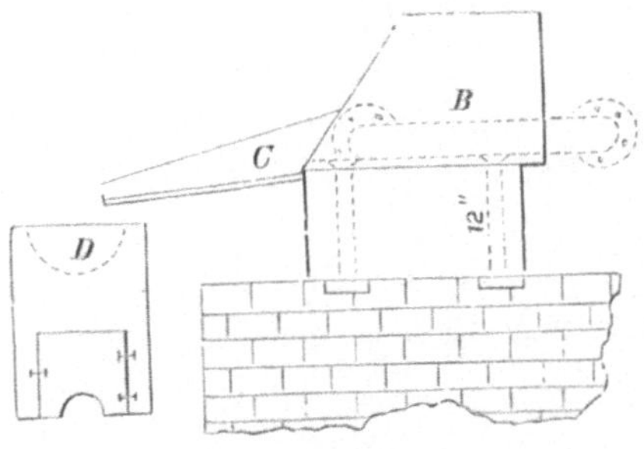

Fig. 170.

Der Kupfergarherd
(Fig. 171)

ist eine in schweres Gestübbe oder Ton eingeschnittene halbkugelförmige Vertiefung v, über welcher sich ein Rauchfang (in der Figur nicht sichtbar) befindet. Durch eine hinter dieser Vertiefung angebrachte Wand w tritt Gebläsewind in die Form n und aus dieser auf den Herd. Man oxydiert in diesem Herde die Verunreinigungen des Rohkupfers und verwandelt dasselbe dadurch in Garkupfer.

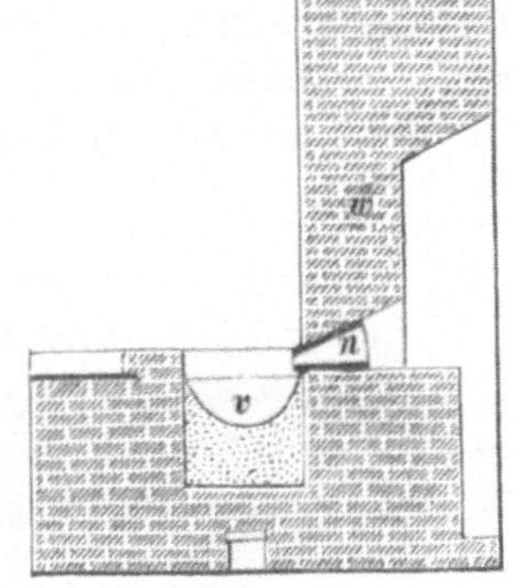

Fig. 171.

Gegenwärtig findet derselbe nur noch ausnahmsweise Anwendung.

Früher wurde dieser Herd auch vielfach zum Hammergarmachen, d. i. zur Reduktion des im Garkupfer enthaltenen Kupferoxyduls verwendet.

Ein Herd zur Ausführung von Verdampfungsverfahren ist der Herd zur Gewinnung von Zinkweiß aus Franklinit und Willemit von Wetherill.

Der Wetherill-Herd.

Derselbe stellt einen an den beiden Enden mit Türen versehenen überwölbten Kanal dar, wie er aus den Fig. 172 und 173 ersichtlich ist. In demselben befindet sich ein Wetherillscher Rost a. Derselbe stellt eine Gußeisenplatte dar, in welcher konische Löcher so angebracht sind, daß das kleinere Ende des abgestumpften Kegels nach oben, das größere Ende nach unten gekehrt ist. Unter dem Roste befindet sich ein geschlossener Aschenfall b, in welchen durch seitliche Kanäle c Unterwind einströmt. In dem den Ofen überspannenden Gewölbe befinden sich Füchse g zur Abführung der Dämpfe und Gase. Dieselben gelangen aus den Füchsen in einen Sammelkanal h oder auch wohl zuerst in aufsteigende Eisenrohre und dann in ein Sammelrohr.

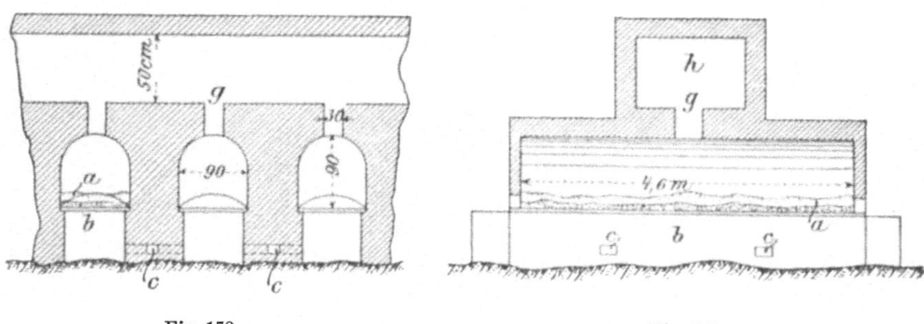

Fig. 172.   Fig. 173.

Das Zinkerz wird auf eine auf dem Roste liegende Anthrazitschicht gelegt und durch den Anthrazit zu Zink reduziert, welches letztere unmittelbar nach seiner Entstehung durch Luft und durch in den Verbrennungs- und Reduktionsgasen enthaltene Kohlensäure zu Zinkoxyd verbrannt wird. Das letztere gelangt mit den Gasen und Dämpfen aus dem Sammelkanal bezw. Sammelrohr zuerst in Türme, in welchen noch nicht verbrannte Zinkdämpfe verbrennen und mitgerissene Aschen- und Brennstoffteile niedergeschlagen werden, dann in Kühlkammern und schließlich in Sackräume zum Auffangen des Zinkoxyds.

Beurteilung der Herde.

Die Herde besitzen bei ihrer geringen Höhe den Nachteil einer unvollkommenen Ausnutzung der entwickelten Wärme, von welcher ein großer Teil unbenutzt entweicht. Auch ist es in den meisten Fällen nicht möglich, größere Massen in denselben zu verarbeiten. Sie sind bei Brenn- und Schmelzverfahren, bei welchen es sich um die Verarbeitung größerer Mengen von metallhaltigen Körpern handelt, durch Schacht- oder Flammöfen, die Eisenfrischherde auch durch Konverter, verdrängt worden. Der Wirkungsgrad der Herde beträgt 0,03—0,07.

Die Schachtöfen.

Die Schachtöfen sind von feuerfestem Materiale umschlossene Räume mit senkrechter Hauptachse, deren Vertikalprojektion mindestens den nämlichen Flächeninhalt besitzt wie die größte Horizontalprojektion. Die zu erhitzenden Körper und die Brennstoffe werden am oberen Ende des Ofens aufgegeben. Die festen und flüssigen Erzeugnisse der Erhitzung werden durch Öffnungen im untersten Teile des Ofens entfernt. In dem Maße, wie diese Erzeugnisse entfernt werden, sinken die am oberen Ende des Ofens aufgegebenen Massen nach unten. Die gasförmigen Erzeugnisse der Erhitzung werden am oberen Ende des Ofens abgeleitet. Sie machen also den umgekehrten Weg wie die zu erhitzenden Körper. In denjenigen Fällen, in welchen besondere Brennstoffe mit den zu erhitzenden Körpern aufgegeben werden, findet die Verbrennung derselben im unteren Teile des Ofens durch daselbst eingeführte Luft statt. Es werden also die festen Körper auf ihrem Wege nach dem unteren Teile des Ofens durch die sich nach oben bewegenden heißen Gase vorgewärmt, während diese Gase selbst ihre Wärme allmählich verlieren und beim Verlassen des Ofens den größten Teil derselben abgegeben haben. Durch diese Bewegung der Wärme aufnehmenden und Wärme abgebenden Körper in entgegengesetzter Richtung, das sogen. „Gegenstromprinzip", wird die Wärme sehr gut ausgenutzt. (Das Nämliche ist der Fall bei den Schachtöfen mit Flammenfeuerung, welche indes zu den Flammöfen gehören.) Der Wirkungsgrad dieser Öfen ist 0,3—0,5.

In denjenigen Fällen, in welchen fremde Brennstoffe mit den zu erhitzenden Körpern nicht aufgegeben werden, die letzteren selbst also die Brennstoffe bilden (Schwefelmetalle), findet die Wärmeentwicklung, welche gleichfalls durch in den unteren Teil des Ofens eingeführte Luft bewirkt wird, hauptsächlich im oberen Teile des Ofens statt (weil die frisch aufgegebenen Körper die meiste Wärme entwickeln). Die Gase verlassen daher den Ofen mit hoher Temperatur. (Rösten von Schwefelmetallen in Schachtöfen.) Die Ausnutzung der Wärme ist daher hier eine viel unvollkommenere als bei der Verbrennung fremder Brennstoffe.

Gestalt der Schachtöfen.

Vom allgemeinen theoretischen Standpunkt aus erscheint für Schachtöfen, in welchen nicht sehr hohe Temperaturen erzeugt werden sollen, die Gestalt des Zylinders am vorteilhaftesten, weil wegen des kreisförmigen Horizontalquerschnittes des letzteren die Wärmeverluste durch Abgabe von Wärme nach außen am geringsten sind und weil auch die Reibung der im Ofen niedergehenden festen Körper an den Wänden des Zylinders gering ist. Bei Öfen für hohe Temperaturen dagegen muß der Raum, in welchem die Verbrennung stattfindet, zusammengezogen werden. Die

heißen Gase erhalten in diesem Falle eine größere Geschwindigkeit, müssen
also den Verbrennungsraum mit hoher Temperatur verlassen, so daß die
Erhitzung infolgedessen eine sehr starke wird.

Die gedachte Gestalt des Schachtofens erleidet indes mancherlei
Abweichungen durch die Art des Abscheidungsverfahrens, durch die Form
des im Ofen niedergehenden Haufwerks, durch die im Ofen zu erzielende
Temperatur, durch bauliche Rücksichten sowie durch örtliche Verhältnisse
und Gewohnheiten. Sie wird bei Erörterung der verschiedenen Arten der
Schachtöfen des näheren besprochen werden.

Brennstoffe.

Als Brennstoffe für die Schachtöfen benutzt man in der Regel verkohlte Brennstoffe (Koks, Holzkohle). Unverkohlte Brennstoffe (Braunkohle, Anthrazit) werden nur ausnahmsweise angewendet. Dieselben erleiden nämlich im oberen Teile des Ofens eine mit Wärmeverbrauch
verbundene Zersetzung. Die hierbei entwickelten brennbaren Gase (Wasserstoff, Kohlenwasserstoffe, Kohlenoxyd) kommen aber im Ofen nicht mehr
zur Verbrennung, sondern ziehen mit den anderen Gasen ab und vermehren noch in nachteiliger Weise das Volumen derselben.

Backende oder sinternde unverkohlte Brennstoffe lassen sich überhaupt nicht anwenden, weil sie den Ofen verstopfen würden.

Einteilung der Schachtöfen.

Man unterscheidet die Schachtöfen nach der Art der in denselben
ausgeführten Abscheidungsverfahren in

1. Schachtöfen für Brennverfahren,

2. Schachtöfen für Schmelzverfahren oder Schmelzschachtöfen und in

3. Schachtöfen für Verdampfungsverfahren.

Diese Arten der Schachtöfen unterscheidet man wieder nach der
Art der Einführung der für die Verbrennung bezw. Oxydation erforderlichen Luft in

1. Schachtöfen, in welche die Luft eingesaugt wird, indem die
Spannung im Ofen mit Hilfe von Essen oder mit Hilfe der Essenwirkung
der Öfen selbst oder mit Hilfe anderer Saugvorrichtungen unter die
Spannung der Atmosphäre herabgesetzt wird und

2. Schachtöfen, in welche die Luft mit Hilfe drückender Gebläsevorrichtungen eingepreßt wird.

Man nennt die Schachtöfen der ersten Art Zugschachtöfen, die
der zweiten Art Gebläseschachtöfen.

Schachtöfen für Brennverfahren.

In diesen Schachtöfen werden vorwiegend Röstverfahren ausgeführt, weshalb man sie auch „Röstschachtöfen" nennt. Dieselben sind fast ausnahmslos „Zugschachtöfen". Sie besitzen vor den Stadeln und Haufen die Vorzüge einer besseren Ausnutzung der Wärme, eines kontinuierlichen Betriebes und der Möglichkeit der Verwertung der gasförmigen Erzeugnisse der Erhitzung.

Man unterscheidet sie in Ofen, bei welchen die Erhitzung durch fremden Brennstoff erfolgt, und in Öfen, bei welchen die zu erhitzenden Körper selbst die erforderliche Temperatur liefern. Beide Ofenarten unterscheidet man wieder in Öfen für die Erhitzung von Bruchstücken und in Öfen für die Erhitzung zerkleinerter metallhaltiger Körper.

Öfen mit Erhitzung durch fremden Brennstoff.
Öfen für die Erhitzung von Bruchstücken.

Derartige Öfen finden hauptsächlich Anwendung zum Brennen bezw. Rösten von Eisenstein und Galmei.

Man gibt denselben am besten kreisförmigen Horizontalquerschnitt und läßt den letzteren, da durch das Verbrennen des Brennstoffs eine Volumverminderung hervorgerufen wird, häufig nach unten hin abnehmen. Dem Horizontalquerschnitt gibt man die Form des Kreises, des Rechtecks oder des Quadrats. Die Öfen sind unten entweder ganz offen, so daß das Haufwerk auf dem Erdboden ruht, oder sie besitzen eine aus Mauerwerk oder aus Rosten gebildete Sohle. Die gemauerte Sohle ist entweder eben oder sattelförmig oder kegelförmig. Die die Sohle bildenden Roste sind Planroste, Treppenroste, Kegelroste oder Sattelroste.

Den inneren Teil des Ofens, den sogen. Kernschacht, umgab man früher zum Schutz gegen Wärmeverluste mit einem starken Rauhgemäuer. Da sich indes die Wärmeverluste bei Öfen ohne Rauhgemäuer als unbedeutend herausgestellt haben, so läßt man in der neueren Zeit das Rauhgemäuer fortfallen und umgibt den Kernschacht bei kreisförmigem Horizontalquerschnitt mit einem Eisenmantel oder mit Eisenringen, bei Öfen mit oblongem oder quadratischem Horizontalquerschnitt mit Eisenplatten, welche durch Ankerstangen gehalten werden.

Die Entfernung der gebrannten bezw. gerösteten Massen geschieht bei den Öfen ohne Sohle durch einfaches Wegnehmen derselben. Bei den Öfen mit gemauerter Sohle oder mit Rosten sind gewöhnlich besondere Öffnungen angebracht, durch welche das Röstgut ausgezogen wird. Dieselben dienen gleichzeitig als Eintrittsöffnungen für die Luft. Soll im Ofen eine starke oxydierende Wirkung stattfinden, wie z. B. beim Rösten schwefelkieshaltiger Eisenerze, so erhält derselbe in seiner ganzen Höhe Lufteintrittsöffnungen.

Die Einrichtung eines Ofens mit Rauhgemäuer und Planrost, wie er früher zum Rösten von Eisenerzen angewendet wurde, ist aus den Figuren 174 und 175 ersichtlich. S ist der Schacht, k das Kernmauerwerk, r das Rauhgemäuer, P ist der Planrost, A der Aschenfall. z z sind Ziehöffnungen zum Herausschaffen des Röstgutes aus dem Ofen. Dasselbe wird aus diesen Öffnungen auf den Boden der Seitengewölbe G gestürzt und dann durch das Hauptgewölbe H nach außen gebracht.

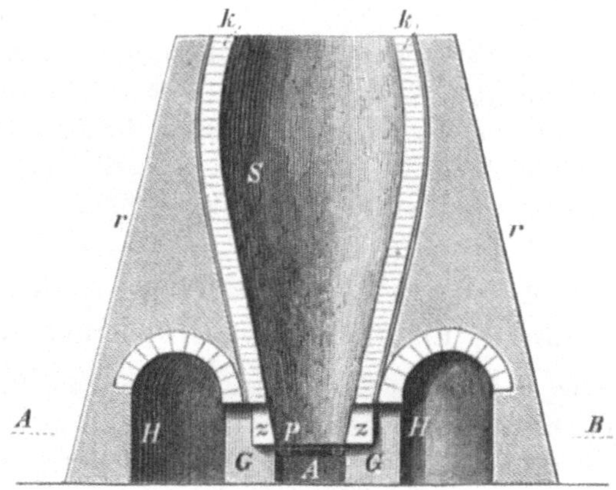

Fig. 174.

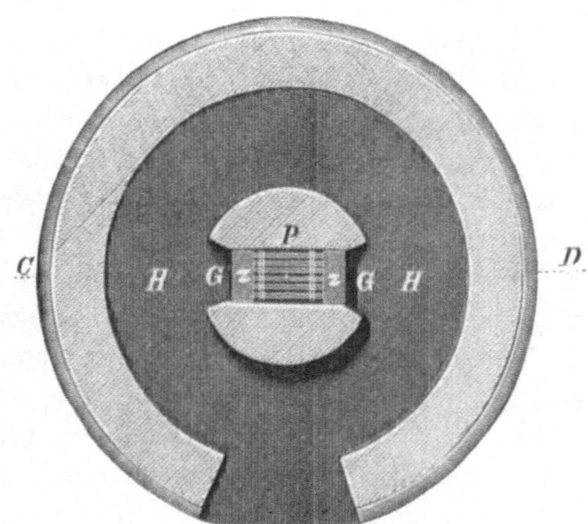

Fig. 175.

Ein Ofen mit Rauhgemäuer und Treppenrost zum Rösten von Spateisenstein von Wagner ist in Fig. 176 dargestellt.

S ist der Schacht, k ist das Kernmauerwerk, E das Rauhgemäuer, g der aus Eisenstäben gebildete Treppenrost. O ist die sattelförmige Sohle des Ofens, von welcher das Röstgut durch die Ziehöffnungen z in die Lutten l gezogen wird und aus denselben in (unter w) untergeschobene Wagen gelangt.

Die Einrichtung eines Röstofens für pyrithaltige Spateisensteine, gleichfalls von Wagner, ist aus Fig. 177 ersichtlich. Je zwei Öfen S sind durch die Scheider M von einander getrennt. In der Längenerstreckung ist jeder Ofen (19,9 m lang, 0,94 m breit) durch dachförmige Mauern D in 10 Abteilungen (von je 1,34 m Länge) zerlegt, deren jede eine Ziehöffnung z besitzt. Die Luft tritt in der ganzen Höhe des Ofenschachtes durch Öffnungen o in denselben. Die aus dem Ofen gezogenen glühenden Eisensteine werden mit Wasser (welches durch die Rohre h zufließt) abgelöscht.

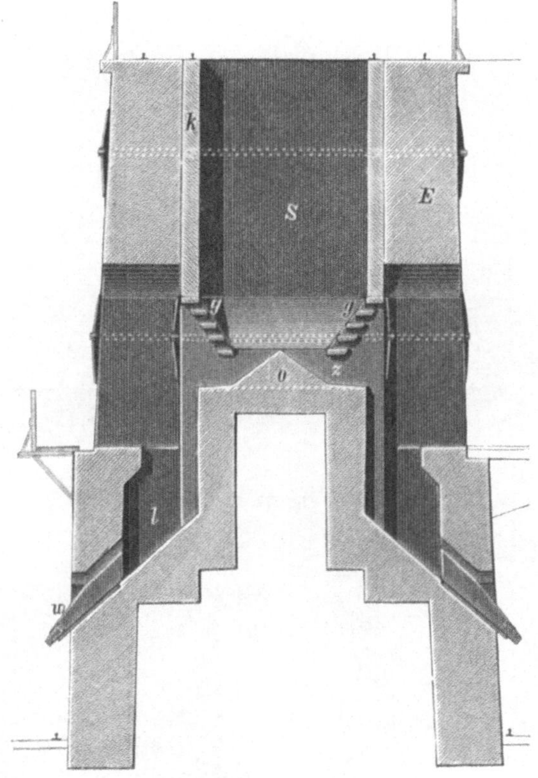

Fig. 176.

Ein in der neuesten Zeit häufig angewendeter Ofen zum Rösten von Spateisenstein ist in Fig. 178 abgebildet. Derselbe stellt einen umgekehrt kegelförmig gestalteten, mit feuerfesten Steinen gefütterten, durch Säulen getragenen Blechmantel dar. Die Erze ruhen auf dem Boden auf. Die Luft tritt durch den unteren Teil des Ofens ein.

Ein Ofen mit Blechmantel und Abrutschkegel, wie er in Cleveland zum Rösten toniger Sphärosiderite in Anwendung steht (Ofen von Gjers), ist in Fig. 179 abgebildet. S ist der Schacht, k der Abrutschkegel mit

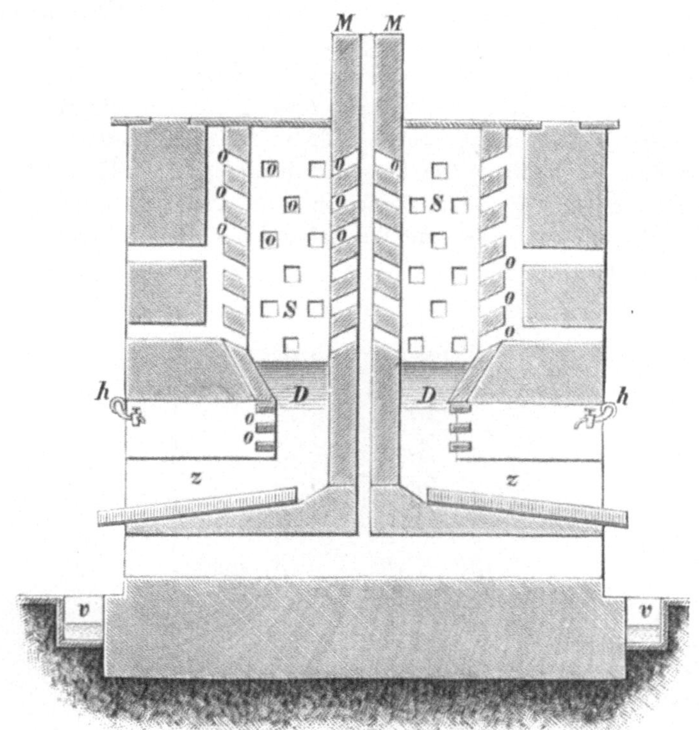

Fig. 177.

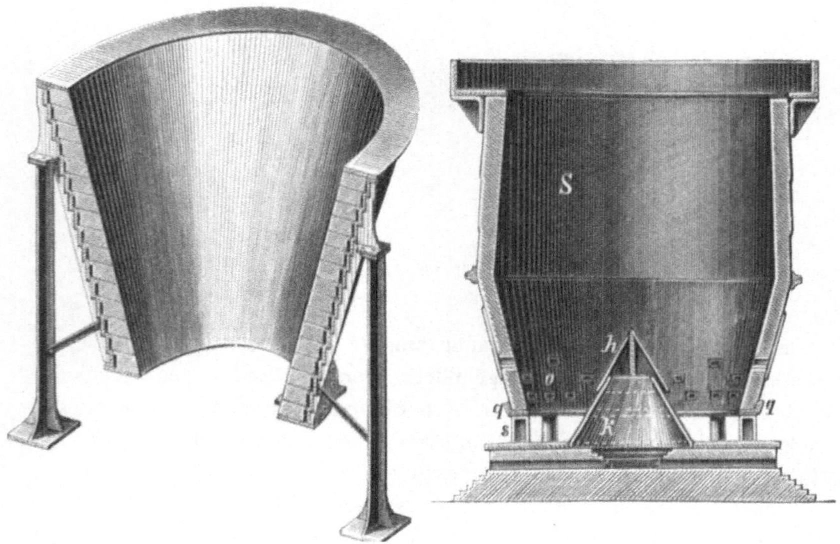

Fig. 178.						Fig. 179.

der Haube h; o sind Öffnungen zur Beseitigung von Verstopfungen im Ofen; s sind Säulen, welche einen Kranz aus Gußeisen q tragen. Auf diesem Kranz ruht der Ofenschacht.

Öfen zur Erhitzung zerkleinerter metallhaltiger Körper.

Der einzige Ofen dieser Art von Whelpely und Storer ist nicht zur definitiven Anwendung gelangt. Derselbe bedingt, da der Brennstoff gleichfalls in Pulverform aufgegeben wird, eine Konstruktion und Betriebsweise, welche das Gegenstromprinzip ausschließen. Die Einrichtung dieses Ofens, welcher für die Röstung von Kupfererzen bestimmt war, ist aus Fig. 180 ersichtlich.

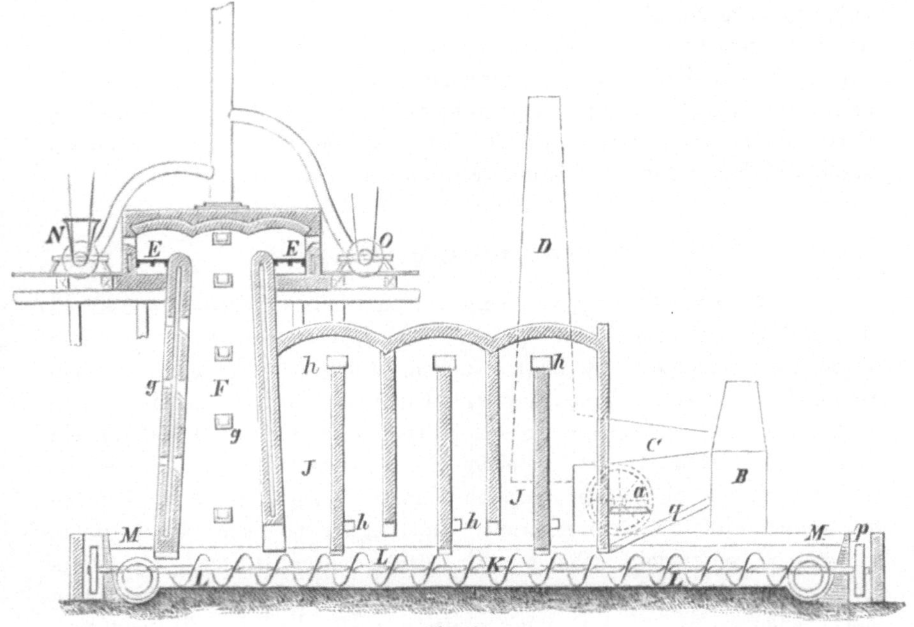

Fig. 180.

Derselbe stellt einen sich nach unten zu erweiternden Schacht F mit quadratischem oder oblongem Horizontalquerschnitt dar, in welchen durch Ventilatoren einerseits ein Gemenge von Erz- und Kohlenpulver, andererseits heiße Luft eingeblasen wird.

Das Gemenge von Erz- und Kohlenpulver wird durch den Ventilator N, die Luft, welche sich in den hohlen Wänden des Schachtes vorgewärmt hat, durch den Ventilator O eingeblasen. Mit dem Schachte ist eine Reihe von Flugstaubkammern J verbunden, in deren letzter die nach der Esse D ziehenden Gase durch das Sprührad a mit Wasser benetzt werden, um metallische Körper und Schweflige Säure aus denselben zu entfernen. Der Boden des Schachtes und der Flugstaubkammern ist mit Wasser bedeckt.

Das sich hier ansammelnde Röstgut wird durch die Transportschnecke K ausgetragen. Der Ofenschacht wird zu Anfang des Betriebes durch die Rostfeuerungen E in Glut versetzt (erforderlichenfalls auch später noch darin erhalten). Der eingeblasene Kohlenstaub entzündet sich und unterhält durch seine Verbrennung die Rösttemperatur. Durch verschließbare Öffnungen g und h im Mauerwerk des Ofens bezw. der Flugstaubkammern lassen sich die Vorgänge im Innern des Ofens beobachten.

Öfen mit Erhitzung durch die in den metallhaltigen Körpern enthaltenen Brennstoffe.

Derartige Öfen finden vielfach Anwendung zur Röstung von Schwefelmetallen. Die zur Röstung erforderliche Wärme wird durch die Oxydation der Schwefelmetalle geliefert. Die Röstung kann daher, nachdem sie zu Anfang des Betriebes durch Verbrennung von fremdem Brennstoff eingeleitet worden ist, beliebig lange fortgesetzt werden. Bei einer derartigen Betriebsweise erhält man Schweflige Säure, welche frei von Verbrennungsgasen und daher zur Fabrikation von Schwefelsäure geeignet ist.

Röstöfen für Bruchstücke.

Die Öfen zur Röstung von Schwefelmetallen in Bruchstücken besitzen in der Regel oblongen oder quadratischen Horizontalquerschnitt. Diese Form des Querschnitts ist durch bauliche Rücksichten bedingt, weil gewöhnlich eine ganze Reihe derartiger Öfen zu einem einzigen Massive verbunden sind, so daß die Anlage billiger wird als bei kreisförmigem Querschnitt. Sind die zu röstenden Stücke sehr reich an Schwefel, so erweitert man wohl die Öfen nach oben, um Sinterungen und Schmelzungen zu vermeiden. Bei schwefelarmen Erzen gibt man dem Ofenschachte gewöhnlich senkrechte Wände. Ein Rauhgemäuer ist auch bei diesen Öfen gewöhnlich nicht vorhanden. Dieselben werden durch Eisenplatten oder Schienen und Ankerstangen zusammengehalten. Das Rösthaufwerk ruht entweder auf einem aus Eisenstäben gebildeten Rost oder auf der massiven (ebenen oder sattelförmigen) Sohle der Öfen. Der Eintritt der Luft erfolgt durch die Rostfugen oder dnrch Öffnungen in den Seitenwänden der Öfen. Die Entfernung des Röstgutes aus dem Ofen geschieht beim Vorhandensein eines Rostes durch Drehung der Roststäbe, andernfalls durch Wegnehmen desselben von der Sohle mit Hilfe von Gezähstücken, gewöhnlich durch seitliche Öffnungen. (Ziehöffnungen.)

Man unterscheidet diese Art der Röstöfen in Kiesbrenner und in Kilns. Die Kiesbrenner sind niedrige Öfen, bei welchen die zu röstenden Körper gewöhnlich auf einem aus drehbaren Roststäben bestehenden Roste liegen. Die Kilns, auch kurzweg „Schachtöfen" genannt, sind höhere Öfen mit oder ohne Rost.

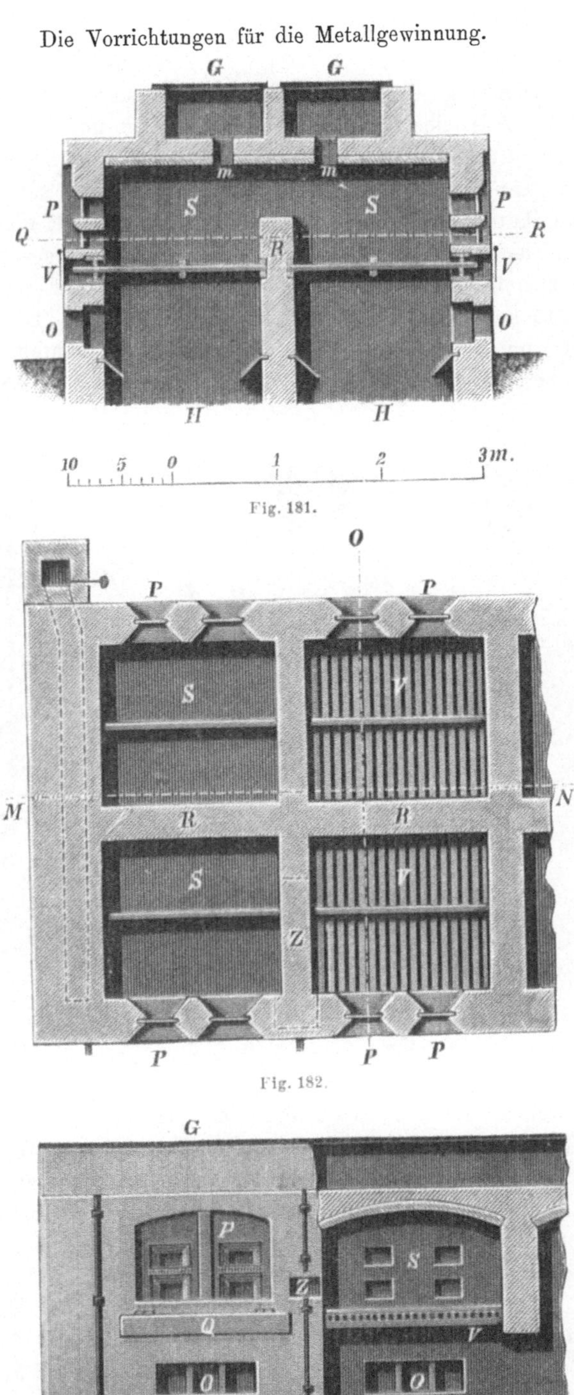

Fig. 181.

Fig. 182.

Fig. 183.

Die Einrichtung der Kiesbrenner ergibt sich aus den Fig. 181, 182 und 183. S ist der Schacht. Je 8 derselben sind zu einem System vereinigt. Die Rückwand R, welche je zwei gegenüberliegende Schächte von einander trennt, geht nicht bis zur Decke durch, sondern gestattet eine Kommunikation der Gase. (In manchen Fällen geht diese Rückwand auch bis zur Decke, so daß die Schächte von einander abgeschlossen sind.) V sind die aus drehbaren Stäben gebildeten Roste, auf welchen die zu röstenden Stücke (meistens Erze) ruhen. Die Luft tritt durch die Öffnungen O unter den Rost. Die Röstgase treten durch Öffnungen m in der Decke der Schächte in die über derselben hinlaufenden Gas-

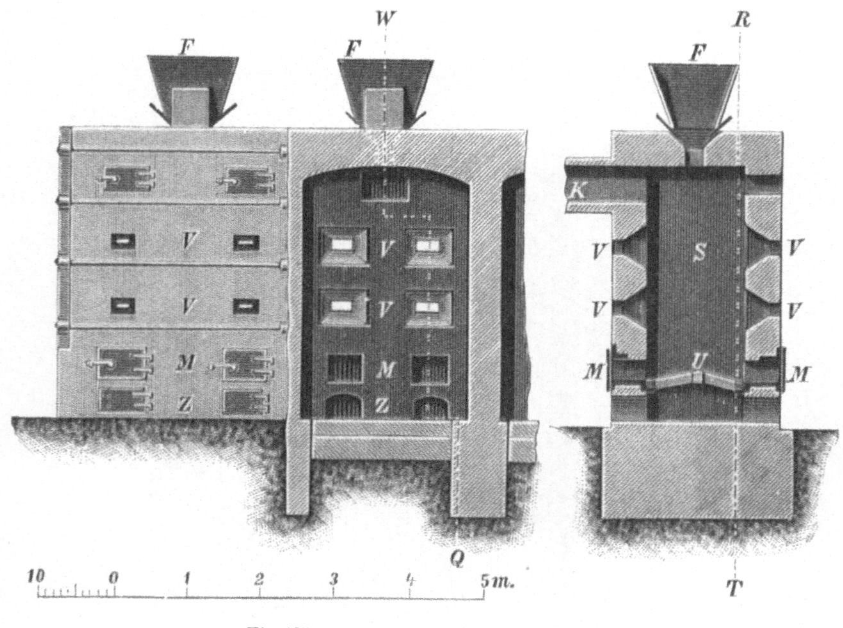

Fig. 184.　　　　　　　　　　　　　　Fig. 185.

kanäle G, welche die Gase nach der Schwefelsäurefabrik führen. Die gerösteten Erze werden durch Drehung der Roststäbe in Wagen entleert, welche in den unter dem Roste befindlichen Kanal geschoben werden. P P sind Arbeitsöffnungen, durch welche man mit Gezähstücken in das Innere der Öfen gelangen kann. Durch die obersten dieser Öffnungen werden die Erze aufgegeben. Q ist eine Klapptüre, welche beim Entfernen des Röstgutes aus dem Ofen durch Drehung der Roststäbe aufgeklappt wird. Z ist ein Kanal, in welchem die für die Schwefelsäuregewinnung erforderliche Salpetersäure (aus Chilisalpeter und Schwefelsäure) erzeugt wird.

Die Einrichtung der Freiberger Kilns ist aus den Fig. 184 und 185 ersichtlich. S ist der Schacht, welcher rechteckigen Horizontal-

querschnitt besitzt. Durch eine mit Fülltrichter F versehene Öffnung im
Gewölbe des Ofens werden die zu röstenden Stücke in denselben eingeführt. Dieselben ruhen auf einem Sattelroste U. Die Luft tritt

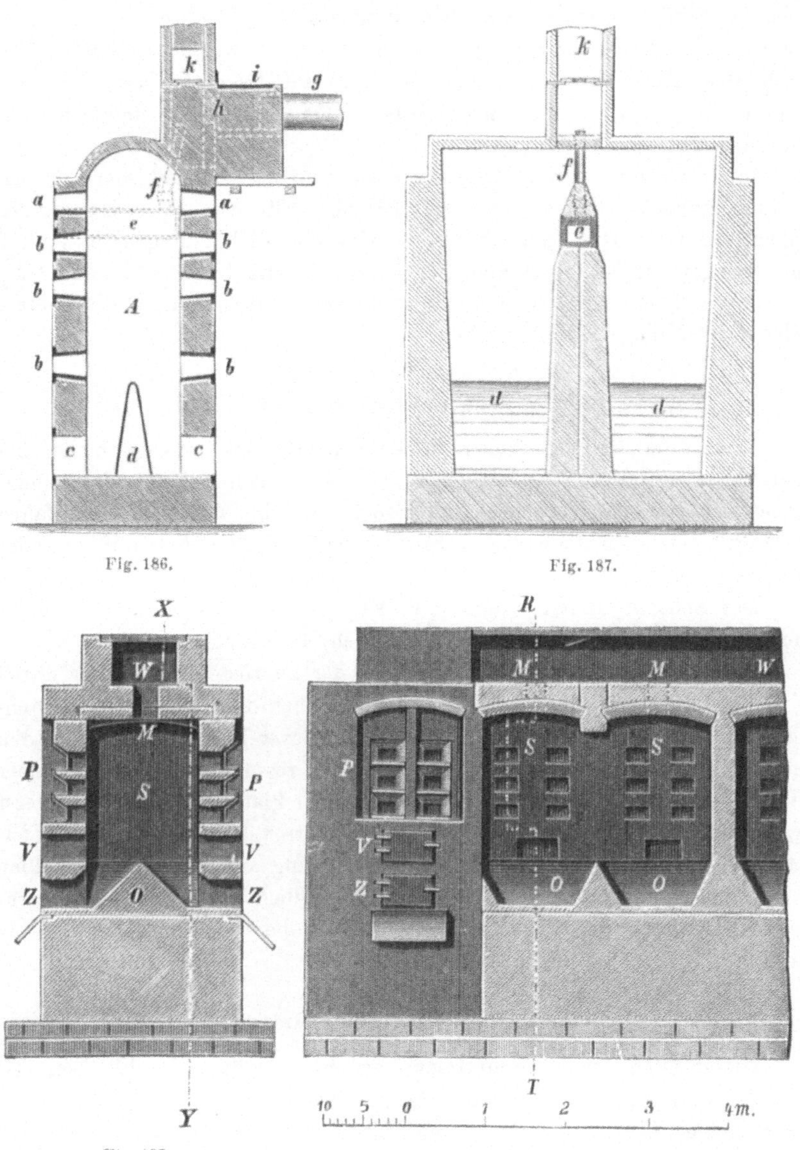

Fig. 186.　　　　　　　　　　Fig. 187.

Fig. 188.　　　　　　　　　　Fig. 189.

durch die Öffnungen Z ein. Die Röstgase werden durch den Kanal K
abgeleitet. Das Röstgut wird durch die Ziehöffnungen M aus dem Ofen
entfernt. V V sind Arbeitsöffnungen zur Bearbeitung der im Ofen befindlichen Massen.

Die Einrichtung eines Kilns zu Altenau im Oberharz (zum Rösten von Bleistein) ist aus den Fig. 186 und 187 ersichtlich. A ist der Schacht, d der Sattel (Abrutschdach); c sind Öffnungen zum Ausziehen des Röstgutes, b Störöffnungen, a Aufgabeöffnungen. Die Röstgase ziehen durch Öffnungen in das Rohr g, welches sie in die Schwefelsäurefabrik führt. Durch den Kanal k können die Gase in eine Esse abgelassen werden. e ist ein Kanal, in welchem Salpetersäure (aus Chilisalpeter und Schwefelsäure) erzeugt wird.

Eine dritte Art von Kilns (wie sie zu Oker im Unterharz in Anwendung stehen) ist aus den Fig. 188 und 189 ersichtlich. S ist der Schacht, O die sattelförmige Sohle; Z sind die Ziehöffnungen, P und V Störöffnungen, M ist die Öffnung, durch welche die Röstgase in den Gaskanal W ziehen. Die zu röstenden Körper werden durch die oberste Reihe der Öffnungen P aufgegeben.

Röstöfen für zerkleinerte Schwefelmetalle.

Diese Öfen besitzen keinen freien Schachtraum, wie die bisher betrachteten Öfen. Der Schachtraum ist vielmehr mit horizontal oder geneigt liegenden Platten oder Prismen ausgesetzt, welche das freie Herabfallen der zerkleinerten metallhaltigen Körper im Schachte beschränken oder vollständig verhindern.

Der Schacht besitzt senkrechte Wände und hat quadratischen oder oblongen (ausnahmsweise auch kreisförmigen) Horizontalquerschnitt.

Eine Beschränkung des freien Falles der zu röstenden Körper durch im Schachte angebrachte Hindernisse findet bei dem Ofen von Gerstenhöfer und bei dem älteren Ofen von Hasenclever-Helbig statt. Bei den sogen. Plattenöfen dagegen ruhen die zu röstenden Körper auf einer Reihe übereinander angebrachter horizontaler Platten. Bei dem zuerst angewendeten Plattenofen von Ollivier & Perret bleiben die Schwefelmetalle während der ganzen Dauer der Röstung auf einer und derselben Platte liegen, während bei dem jetzt grundsätzlich angewendeten Plattenofen von Malétra die zu röstenden Körper über die sämtlichen Platten wandern.

Der Ofen von Gerstenhöfer.

Dieser Ofen, auch „Schüttofen" genannt, stellt, wie die Fig. 190 und 191 darlegen, einen Schacht dar, welcher mit horizontal liegenden prismatischen Tonstäben von dreieckigem Querschnitte ausgesetzt ist. Diese Tonstäbe oder „Träger" sollen die zu röstenden Körper, welche am oberen Ende des Schachtes durch gerippte Walzen aufgegeben werden, im freien Falle aufhalten und dadurch zu längerem Verweilen im Schachte zwingen. Zu diesem Zwecke sind die einzelnen Träger so gelegt, daß ihre nach oben gekehrte Fläche eine horizontale Ebene bildet und daß das von den Trägern einer oberen Reihe herunterfallende Pulver stets auf die Träger der nächst unteren Reihe fällt. Das Pulver (Klein) sammelt sich auf den Trägern der obersten Reihe so lange an, bis es seinen natürlichen Böschungswinkel (33°) erreicht hat. Alsdann fällt es nach beiden Seiten hin verteilt auf die nächst untere Trägerreihe, wo sich der nämliche Vorgang wiederholt u. s. f.

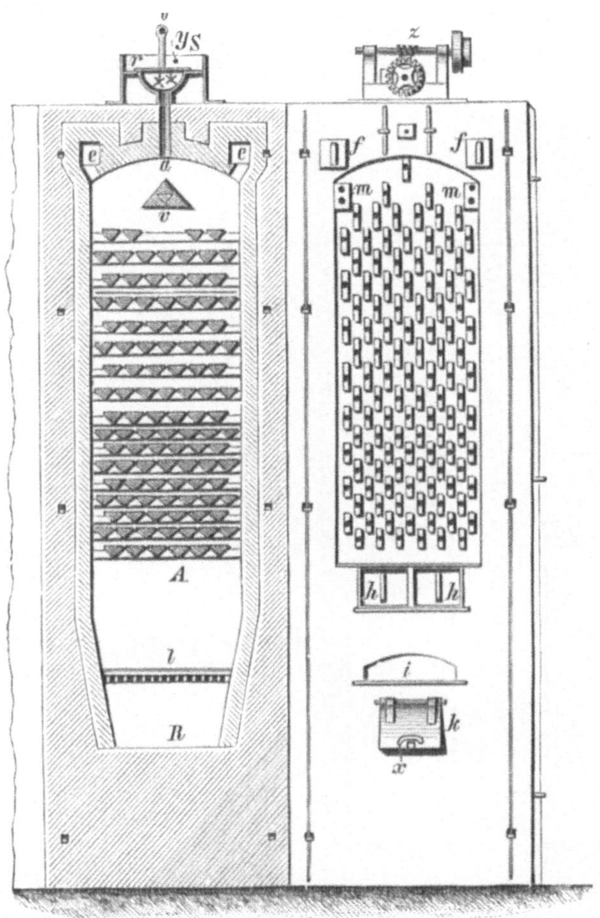

Fig. 190.

Hat nun das Pulver auf allen Trägern seinen natürlichen Böschungswinkel erreicht, so kann das oben aufgegebene Pulver nicht mehr auf den Trägern liegen bleiben. Es gelangt vielmehr, in seinem freien Falle durch das auf den einzelnen Trägern angesammelte Haufwerk vielfach aufgehalten, allmählich bis auf die Sohle des Ofens. Die für die Röstung erforderliche Luft tritt am unteren Ende des Ofens durch seitliche Öffnungen ein und kommt beim Aufsteigen im Schachte in vielfache Berührung mit den zu

röstenden Schwefelmetallen. Der Betrieb wird dadurch eingeleitet, daß
die Ofenwände durch Verbrennung von fremdem Brennstoff auf einem
provisorischen Roste in Glut versetzt werden. Alsdann gibt man die zu
röstenden Körper auf. Dieselben entwickeln durch die Verbrennung ihres
Schwefels so viel Wärme, daß die Röstung von selbst fortschreitet. Die

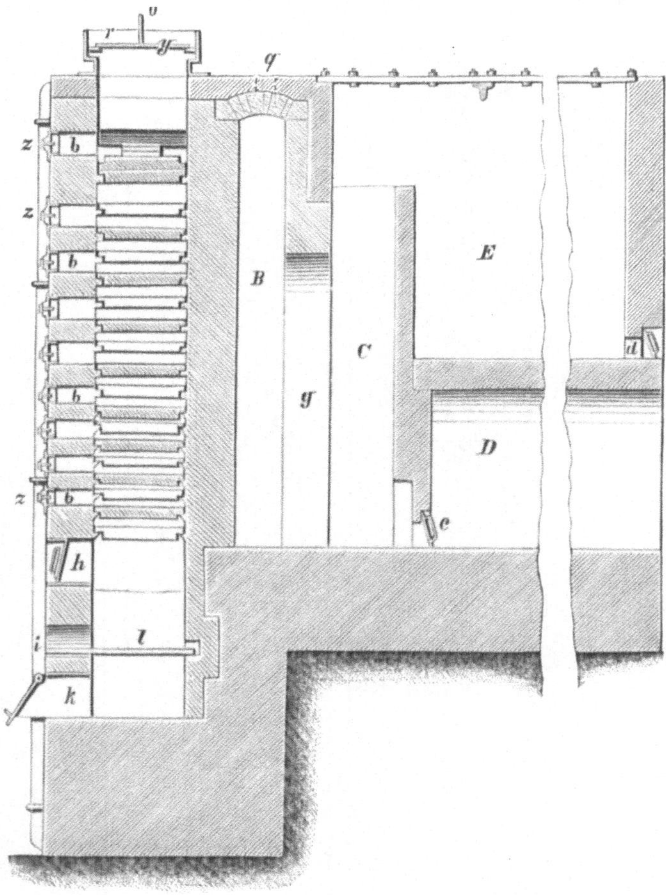

Fig. 191.

Röstgase treten am oberen Ende des Ofens zuerst in eine Kammer, in
welcher sie die mitgerissenen metallhaltigen Körper fallen lassen sollen,
und dann in die Schwefelsäurefabrik. Zur Beobachtung des Ganges der
Röstung sowie zum Reinigen der Träger (von zusammengesinterten Massen)
und zum Freihalten der Zwischenräume zwischen den Trägern sind in der
Vorderwand des Ofens Öffnungen angebracht, welche durch Büchsen aus
Gußeisen verschlossen werden. Jede dieser Öffnungen entspricht einem

Träger. In der Vorderseite der gedachten Büchsen sind durch Tonpfropfen zu verschließende „Spählöcher" (Schaulöcher) angebracht.

In den Fig. 190 und 191 bezeichnet: A den Ofenschacht, y die Aufgebevorrichtung; a sind Schlitze, durch welche das Pulver auf Verteilungsträger v fällt; B und C sind die Kanäle zur Abführung der Röstgase, E ist die Flugstaubkammer, D der Kanal, welcher die Gase zur Schwefelsäurefabrik führt; h und i sind Luftzuführungsöffnungen; k ist die Ziehöffnung; l ist ein provisorischer Rost, welcher nur bei der Inbetriebsetzung des Ofens benutzt, später aber aus demselben herausgezogen wird; b b sind die Öffnungen zum Reinigen der Träger; z sind die Eisenbüchsen zum Verschließen dieser Öffnungen.

Der Gerstenhöfer-Ofen hat die Nachteile einer großen Flugstaubbildung und einer unvollkommenen Abröstung. Er steht nur noch in Anwendung, wenn eine vollkommene Röstung nicht beabsichtigt wird.

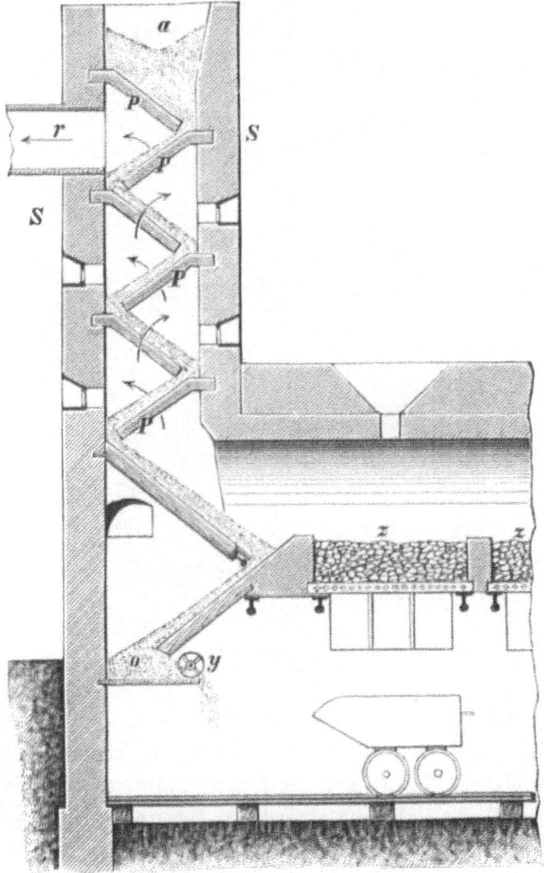

Fig. 192.

Der Ofen von Hasenclever & Helbig.
(Älterer Ofen.)

Derselbe ist die Kombination eines Kiesbrenners mit einem Schachte bezw. Turme, der mit abwechselnd parallel liegenden Platten von 38° Neigung ausgesetzt ist. Das am oberen Ende des Schachtes aufgegebene

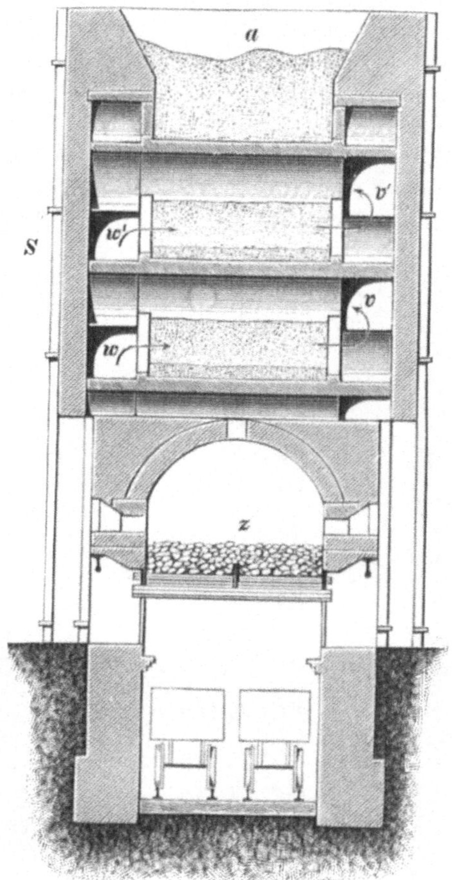

Fig. 193.

Pulver rutscht infolge dieser Lage der Platten an der Oberfläche seines natürlichen Böschungswinkels von 33° allmählich herunter und fällt entweder von der letzten Platte in einen freien Raum oder wird durch eine kleine Walze kontinuierlich von derselben entfernt. Die im Kiesbrenner entwickelten Gase ziehen im Schachte erst unter, dann über jeder einzelnen Platte hin, indem sie durch in den schmalen Seitenwänden des Schachtes angebrachte Kanäle von unten nach oben gelangen, mischen sich mit den im Schachte entwickelten Gasen und treten durch ein im oberen Teile desselben angebrachtes Rohr in die Schwefelsäurefabrik.

Die Einrichtung dieses Ofens, dessen Prinzip also die Erwärmung des Pulvers durch die heißen Gase von der Röstung der Stücke ist, ergibt sich aus den Figuren 192 und 193. S ist der mit den Platten P ausgesetzte Schacht. z sind die Kiesbrenner. w w' und v v' sind die Kanäle, durch welche die Gase in der durch Pfeile angedeuteten Richtung emporsteigen. Die Schliche werden bei a aufgegeben und bei o durch die Walze y ausgetragen. Die Gase machen den durch die Pfeile angedeuteten Weg und ziehen durch das Rohr r in die Schwefelsäurefabrik.

Dieser Ofen hat den Nachteil, daß er die Röstung des Pulvers von der Röstung der Bruchstücke abhängig macht und wird deshalb gegenwärtig nicht mehr angewendet.

Der neuere Ofen von Hasenclever & Helbig ist ein mit geneigten Platten ausgesetzter Schacht ohne Kiesbrenner, welcher indes keine Anwendung erlangt hat.

Der Ofen von Ollivier & Perret.

Derselbe ist die Kombination eines Kiesbrenners mit einem Plattenofen. Der letztere ist ein über dem Kiesbrenner angebrachter Schacht, welcher in bestimmten Abständen (je 30 cm) so mit horizontalen Platten

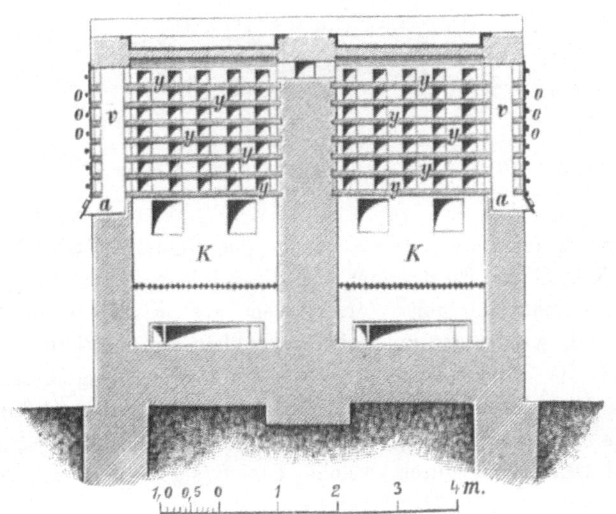

Fig. 194.

aus feuerfestem Ton ausgesetzt ist, daß die heißen Gase des Kiesbrenners unter und über diese Platten ziehen können. Auf den Platten wird das zu röstende Erzklein ausgebreitet und bleibt bis zur Beendigung der Röstung auf denselben liegen. Die heißen Gase der Kiesbrenner, welche, wie bei den Hasenclever-Öfen, durch Kanäle in den Seitenwänden des Ofens von unten nach oben gelangen, erhitzen die Platten und mischen sich mit den aus dem Schlich entwickelten Gasen. Durch einen im oberen Teile des Ofens angebrachten Kanal (w) ziehen die Gase nach der Schwefelsäurefabrik. Das geröstete Erzpulver wird in einen vor den Platten befindlichen senkrechten Kanal entleert. Dieser Kanal wird während des Betriebes mit Röstgut gefüllt erhalten, welches letztere gewissermaßen die Vorderwand des Ofens bildet.

Bei diesem Ofen wandert also das Pulver nicht von oben nach unten, sondern bleibt während des Betriebes auf den Platten liegen.

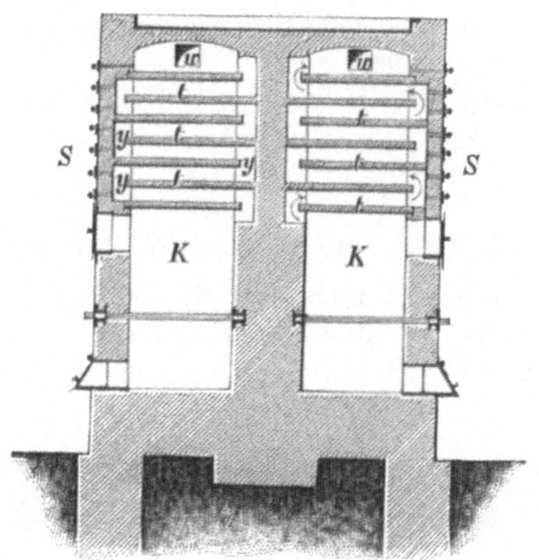

Fig. 195.

Die Einrichtung dieses Ofens ist aus den Figuren 194 und 195 ersichtlich. KK sind die Kiesbrenner, SS die mit Tonplatten t ausgesetzten Schächte. o o sind die mit Vorsetztüren aus Eisen verschließbaren Öffnungen, durch welche das zu röstende Erzklein auf die Platten gebracht wird. y sind die Kanäle, durch welche die Röstgase emporsteigen; w sind die Kanäle, durch welche die Gase nach der Schwefelsäurefabrik ziehen. vv sind die senkrechten Kanäle, in welche das Röstgut entleert wird. a sind Öffnungen, durch welche das Röstgut aus dem Ofen gezogen wird.

Dieser Ofen hat ebenso wie der Ofen von Hasenclever-Helbig den Nachteil, daß die Röstung des Pulvers von der Röstung der Bruchstücke abhängig gemacht ist.

Er ist ebenso wie der Ofen von Hasenclever-Helbig durch den Ofen von Malétra verdrängt worden.

Der Ofen von Malétra.

Dieser Ofen, dessen Prinzip jetzt grundsätzlich für die Röstung von Pyrit und kupferhaltigem Pyrit angewendet wird, ist ein mit horizontalen Tonplatten ausgesetzter Schacht ohne Kiesbrenner. Die Tonplatten liegen in gewissen Abständen so übereinander, daß das Erzklein, welches auf der obersten Platte aufgegeben wird, über die sämtlichen Platten wandern und von der untersten Platte in abgeröstetem Zustande abgezogen werden kann. Zu Anfang des Betriebes wird der Ofen durch Verbrennen von fremdem Brennstoff in Glut versetzt und dann mit Erzklein besetzt. Die Röstung desselben schreitet dann von selbst fort, indem die bei der Oxydation der Schwefelmetalle erzeugte Wärmemenge zur Unterhaltung der Rösttemperatur genügt. Die Verbindung des Plattenofens mit Kies-

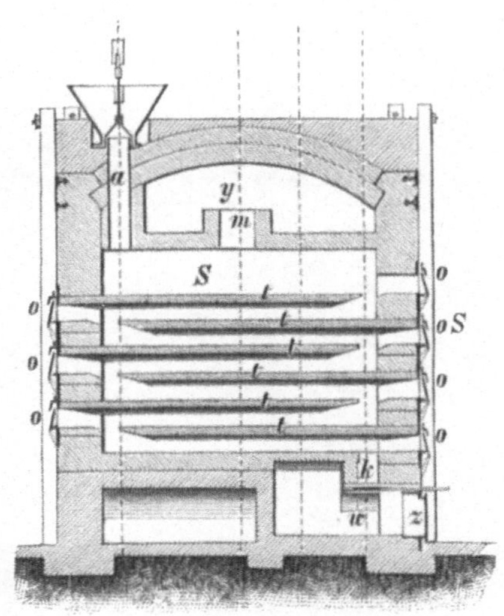

Fig. 196.

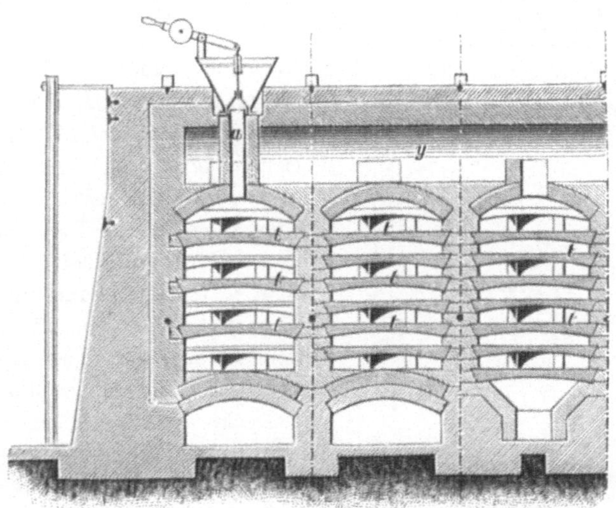

Fig. 197.

brennern, wie bei den beschriebenen Öfen, ist also nicht erforderlich. Am besten ist es, wenn jede Platte eine besondere Türe zur Bedienung derselben besitzt.

Die Einrichtung des Ofens erhellt aus den Figuren 196—200. S ist
der Schacht, t t sind die Tonplatten; a ist die mit einem Fülltrichter versehene Öffnung zum Eintragen des zu röstenden Schlichs auf die oberste

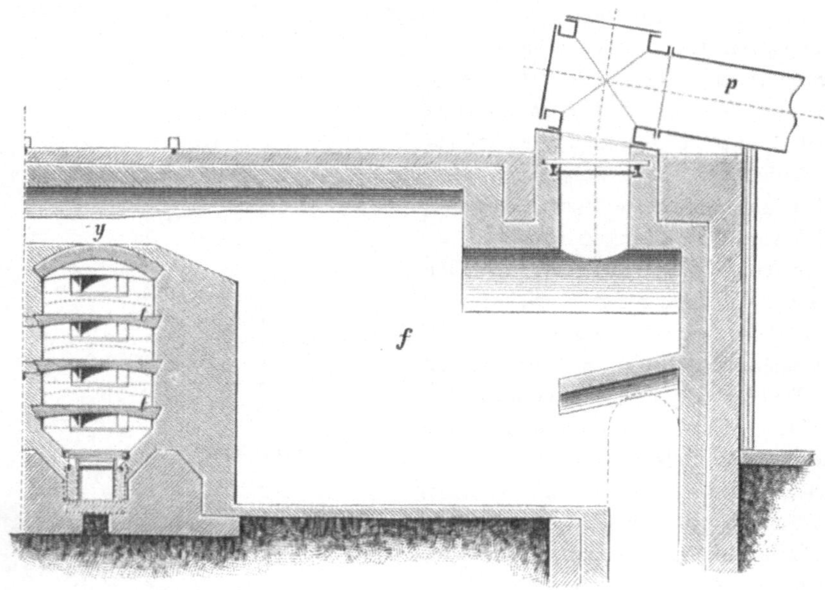

Fig. 198.

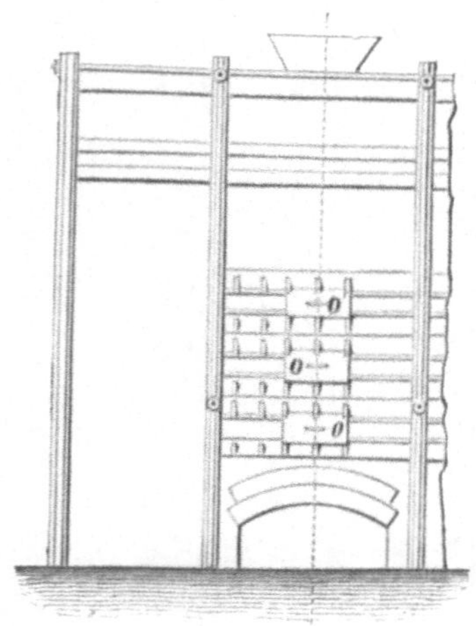

Fig. 199.

Platte; o o sind die den einzelnen
Platten entsprechenden Türen. Dieselben werden beim Durchkrählen
des Schlichs und beim Transport
desselben von einer Platte auf die
andere geöffnet. Der abgeröstete
Schlich wird durch den senkrechten
Kanal k in den Raum w gestürzt,
aus welchem er durch die Ziehöffnung z ausgezogen wird. Die Röstgase steigen durch die Öffnung m in
der Decke der Öfen in einen für eine
Reihe von Öfen gemeinschaftlichen
Kanal y, gelangen aus demselben in
die Flugstaubkammer f und aus dieser
in den Kanal p, welcher sie in die
Schwefelsäurefabrik führt.

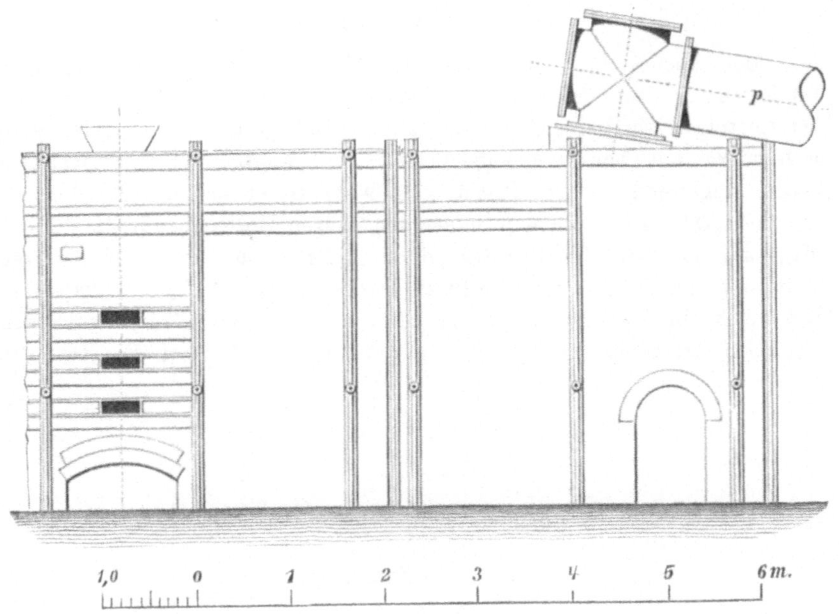

Fig. 200.

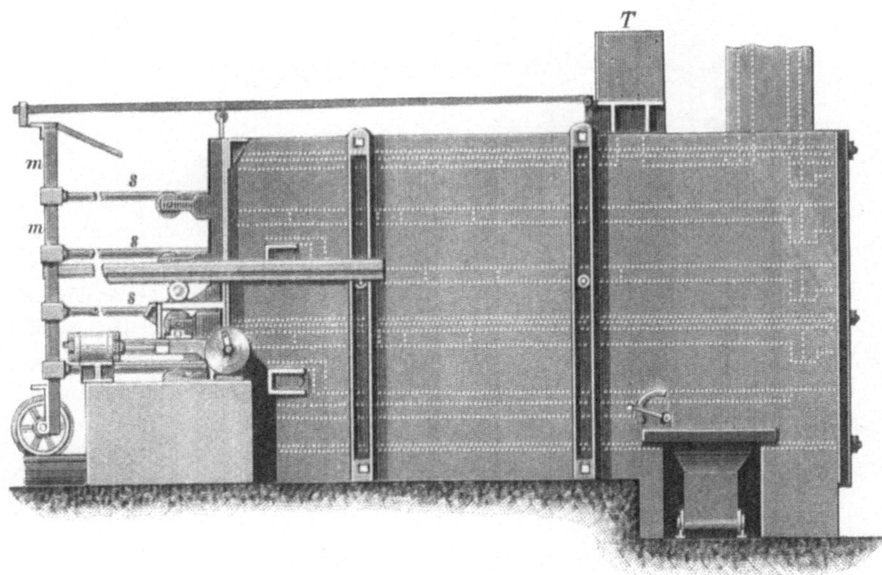

Fig. 201.

Der Ofen von Spence.

Der Spence-Ofen ist ein Malétra-Ofen, bei welchem das Eintragen des Erzes in den Ofen das Fortschieben desselben über die Platten und das Austragen des gerösteten Erzes automatisch geschieht. Derselbe wird in Ländern mit hohen Arbeitslöhnen zum Abrösten von kupferhaltigen Pyriten angewendet. Das Prinzip des Ofens ergibt sich aus den Figuren 201 und 202. Die Platten p füllen den ganzen Horizontalquerschnitt des Ofens aus, besitzen aber Schlitze, durch welche das Erz von der oberen Platte auf die nächst untere gestürzt werden kann. Auf jeder Platte befindet sich ein Röstkrähl r, dessen Stiel an einer auf Rädern ruhenden vertikalen Stange m befestigt ist. Die letztere wird durch Dampf- oder

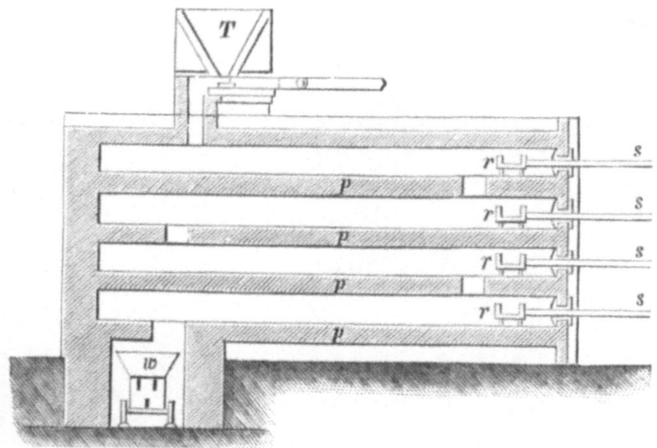

Fig. 202.

Wasserdruck periodisch vorwärts und rückwärts bewegt, so daß auch der Krähl im Ofen diese Bewegung machen muß. Die Einführung des Erzes in den Ofen geschieht mit Hilfe eines am unteren Ende des Aufgebetrichters T befindlichen Schiebers. Derselbe ist gleichfalls mit der Stange m verbunden und läßt bei seiner Rückwärtsbewegung stets eine kleine Menge Erz in den Ofen fallen. Das Erz wird nun allmählich über die Platten p geschoben und im abgerösteten Zustande in den unter dem Ofen befindlichen Wagen w geschüttet. Der Ofen hat 4 Herdräume. In der neueren Zeit hat man auch Öfen mit 5 Herdräumen gebaut.

Der Ofen von Herreshof.

Derselbe ist, wie der Spence-Ofen, ein Plattenofen, bei welchem die Bewegung der Erze mit Hilfe von Maschinenkraft geschieht. Die Einrichtung desselben ist aus der Figur 203 ersichtlich. Der Schacht des Ofens hat zylindrische Gestalt und die Platten sind kreisrund. Die letzteren besitzen abwechselnd im Zentrum und an der Peripherie Öffnungen, durch welche das Erz von oben nach unten wandert. Durch den Ofen geht eine senkrechte hohle Welle, an welcher den einzelnen Platten entsprechende Krählarme angebracht sind. Die Luft durchzieht die hohle Welle von unten nach oben und tritt am oberen schornsteinartig verlängerten Ende derselben aus. Das Erz wird durch die Bewegung eines Kolbens, welcher unter der unteren Mündung des Aufgebetrichters angebracht ist, in den Ofen gepreßt. Von der obersten Platte desselben wird es durch die

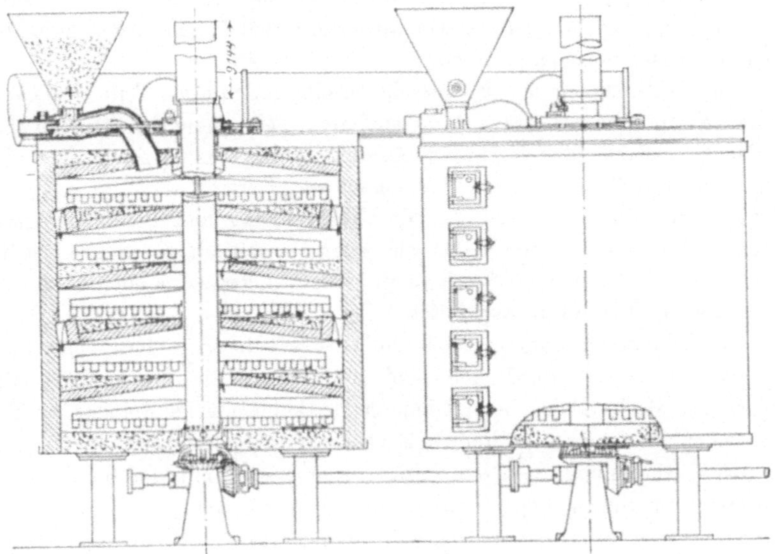

Fig. 203.

Drehung der Welle bezw. die Bewegung der an derselben befestigten Krähle allmählich auf die unteren Platten gebracht, indem es abwechselnd im Zentrum und an der Peripherie derselben herunterfällt. Schließlich kommt es abgeröstet auf der Sohle des Ofens an. Die Röstgase treten am oberen Ende des Ofens in ein Rohr, welches sie in die Schwefelsäurefabrik führt. Die senkrechte Welle macht in 2 Minuten eine Umdrehung, während der unter dem Aufgebetrichter angebrachte Kolben in der nämlichen Zeit 2 Spiele macht. Der Ofen besitzt einen Mantel aus genietetem Stahlblech, welcher den aus feuerfesten Ziegelsteinen bestehenden Schacht desselben umschließt.

Der Herreshof-Ofen steht in großer Zahl in den Vereinigten Staaten von Nordamerika in Anwendung.

Schachtöfen für Schmelzverfahren.

Diese Öfen werden stets mit eingeschichteten Brennstoffen betrieben. Die zur Verbrennung derselben erforderliche Luft wird entweder in die Öfen eingesaugt (bei leichtschmelzigen Beschickungen) oder sie wird in dieselben eingepreßt.

Jeder Schmelzschachtofen besitzt im oberen Teile eine Öffnung zum Einführen der zu erhitzenden Körper und der Brennstoffe, die sogen. „Gicht", eine oder eine Reihe von Öffnungen in dem unteren Teil der Seitenwände zur Einführung der Verbrennungsluft, die sogen. „Formöffnungen" bezw. „Windschlitze", die erforderlichen Behälter zur Aufnahme der geschmolzenen Massen, sowie die erforderlichen Öffnungen zum Ablassen der geschmolzenen Massen.

Die Verbrennung der Brennstoffe erfolgt im unteren Teile des Ofens vor den Formöffnungen bezw. Windschlitzen. Man nennt denjenigen Teil des Ofens, welcher den Verbrennungsraum bildet, das „Gestell" und den unter dem Gestell befindlichen Teil desselben „Herd".

Die gasförmigen Erzeugnisse der Verbrennung und Erhitzung treten entweder durch die offene Gicht aus oder sie werden durch Schlitze im oberen Teil der Öfen oder durch in dieselben eingesteckte oder über denselben angebrachte Rohre abgeleitet.

Der Schmelzschachtofen erhält die Gestalt des Zylinders, wenn hohe Temperaturen nicht erforderlich sind und wenn die Beschickung aus Körpern besteht, welche beim Niedergange keine starke Reibung an den Ofenwänden verursachen. Sind hohe Temperaturen erforderlich, so zieht man den Verbrennungsraum des Ofens zusammen, damit der Wind bis zur Ofenachse vordringen kann und damit die Verbrennungsgase eine große Geschwindigkeit erhalten, so daß sie den Verbrennungsraum mit hoher Temperatur verlassen müssen.

Dem Horizontalquerschnitt des Ofens gibt man die Gestalt des Kreises, des Rechtecks, der Ellipse und des Quadrats. Früher wendete man auch wohl trapezförmigen Horizontalquerschnitt an.

Der quadratische Querschnitt gewährt keinerlei Vorteile vor dem kreisförmigen Querschnitt, wird aber wohl wegen der Einfachheit der Ofenkonstruktion angewendet.

Man läßt nun bei zusammengezogenem Verbrennungsraum den Horizontalquerschnitt des Ofens entweder gleichmäßig von der Gicht nach dem Gestell hin abnehmen oder man läßt ihn auf eine bestimmte Entfernung hin gleich bleiben oder zunehmen und schließt dann einen sich gleichmäßig bis zum Gestelle verjüngenden Schachtteil, die sogen. „Rast", an.

Eine gleichmäßige Verjüngung des Ofenquerschnitts wendet man bei nicht sperrigen Beschickungen und Brennstoffen an, weil andernfalls durch das Zusammenziehen des Ofens nach unten die Reibung der Beschickung an den Wänden des Ofens ein ungleichmäßiges Niedergehen oder Hängenbleiben derselben veranlassen würde.

Die Verjüngung des Ofenquerschnitts nach unten gewährt den Vorteil, daß die Geschwindigkeit der heißen Gase in dem Maße abnimmt, wie sich der Ofen nach oben zu erweitert. Hierdurch wird sowohl die chemische Einwirkung der Gase auf die Beschickung als auch die Abgabe der Wärme derselben an Beschickung und Brennstoffe befördert. Ferner verhindert diese Ofengestalt infolge der Reibung ein ungleichmäßiges Niedergehen von Beschickung und Brennstoff, besonders bei zerkleinerten Körpern und befördert das Abreiben von Körpern, welche sich an den Wänden des Ofens angesetzt haben, der sogen. „Ofenbrüche".

Eine Erweiterung der Öfen von der Gicht bis zur Rast läßt man eintreten, wenn die Erze längere Zeit mit reduzierenden Gasen in Berührung bleiben sollen. Von der weitesten Stelle des Ofens, dem Kohlensack, aus läßt man dann durch Einschaltung der Rast wieder eine Verengerung des Schachtes bis zum Verbrennungsraume eintreten (Eisenhochöfen).

Will man im Ofen hohe Temperaturen erzielen, ohne daß der Verbrennungsraum desselben verengt wird bezw. eine Verjüngung des Ofenquerschnittes von der Gicht aus nach unten eintritt, so gibt man ihm den Horizontalquerschnitt eines Oblongums, dessen kurze Seiten möglichst klein sind.

Beim Bleierzschmelzen hat man früher Öfen angewendet, welche sich im Verbrennungsraum erweitern. Von dieser Ofengestalt ist man indes wegen des Überwiegens der Nachteile derselben über ihre vermeintlichen Vorteile längst abgekommen. Die Nachteile derselben sind: zu niedrige Temperatur und infolgedessen unvollständige Abscheidung des Bleis aus Schlacken und Bleistein, zu große Geschwindigkeit des Gasstroms im oberen engeren Teile des Ofens und infolgedessen unvollkommene Wärmeabgabe und Mitreißen von Flugstaub und Bleidämpfen. Als Vorteile glaubte man zu erreichen: Schonung des Ofenfutters, Vermeidung der Verflüchtigung von Blei infolge der niedrigen Temperatur, gute Trennung von Bleistein und Schlacke auf dem durch die Erweiterung des Ofenraums verlängerten Wege der flüssigen Massen.

Die Gestalt des untersten Teiles des Ofens hängt von der Art der Ansammlung der geschmolzenen Massen und von der Art der Entfernung derselben aus dem Ofenraume ab. Die Einrichtung bezw. Herstellung des untersten Teiles des Ofens nennt man die „Zustellung" desselben. Nach der Art der Zustellung unterscheidet man Spuröfen, Tiegelöfen und Sumpföfen. Bei der **Spurofenzustellung** sammeln sich die sämtlichen geschmolzenen Massen ganz außerhalb des Ofens an; bei der **Tiegelofenzustellung** sammeln sich entweder nur die geschmolzenen metallhaltigen Massen oder die sämtlichen geschmolzenen Massen innerhalb des Ofens an; bei der **Sumpfofenzustellung** sammeln sich die geschmolzenen metallhaltigen Massen in einer sich über die Sohle des Ofens hinaus erstreckenden Vertiefung, also teils innerhalb, teils außerhalb des Ofens an.

Die Spurofenzustellung.

Bei der Spurofenzustellung gibt man der Sohle des Ofens nach der Abflußseite hin eine gewisse Neigung und führt die geschmolzenen Massen durch eine Öffnung in der Seitenwand des Ofens aus dem letzteren heraus in Sammelbehälter, in welchen sich die geschmolzenen Massen nach ihren spezifischen Gewichten trennen. Die geneigte Sohle des Ofens nennt man „Spur“, die Öffnung, durch welche die geschmolzenen Massen aus dem Ofen ausfließen, „Auge“ und die außerhalb des Ofenschachtes befindlichen Behälter zum Ansammeln der geschmolzenen Massen „Spurtiegel“. Die Schlacken läßt man aus diesen Behältern entweder über den oberen Rand derselben oder, falls sie geschlossen sind, durch eine in einer bestimmten Höhe derselben angebrachte Öffnung abfließen.

Die metallhaltigen Massen werden bei offenen Spurtiegeln ausgeschöpft oder nach erfolgtem Erstarren ausgehoben, bei geschlossenen Spurtiegeln durch eine Öffnung am tiefsten Punkte derselben abgelassen. Man unterscheidet Spuröfen mit „offenem Auge“ und Spuröfen mit „verdecktem Auge“. Bei den ersteren liegt das Auge offen und die geschmolzenen Massen fließen durch offene Rinnen in die (stets offenen) Behälter. Bei den letzteren mündet das Auge in einen verdeckten Kanal, durch welchen die geschmolzenen Massen in den offenen oder verdeckten Sammelbehälter gelangen. Die Spurofenzustellung mit verdecktem Auge hat den Zweck, die geschmolzenen Massen auch außerhalb des Ofens gegen Oxydation und Abkühlung zu schützen.

Die Spuröfen mit offenem Auge erhalten in manchen Fällen zwei Augen, deren jedes mit einem besonderen Spurtiegel in Verbindung steht. Man nennt derartige Spuröfen „Brillenöfen“. Dieselben werden so betrieben, daß die geschmolzenen Massen abwechselnd aus dem einen und dem anderen Auge ausfließen. Es ist daher immer nur ein Auge geöffnet.

Die Spurofenzustellung gewährt den Vorteil des Zusammenhaltens der Wärme im Ofen und der Beschränkung der Bildung von Ansätzen in demselben — das letztere, weil die geschmolzenen Massen nicht lange Gelegenheit haben, im Ofen zu verweilen, wodurch nicht nur das Ausscheiden von Ansätzen aus den geschmolzenen Massen wegfällt, sondern auch die Bildung von leeren Räumen im Ofen und in Verbindung damit das Herabfallen von ungeschmolzenen Massen auf die Sohle des Ofens vermieden wird. Die Bildung von leeren Räumen tritt stets beim periodischen Ablassen der geschmolzenen Massen aus dem Ofen (Tiegelöfen, Sumpföfen) ein.

Die Spurofenzzustellung hat den Nachteil, daß sich die verschiedenen geschmolzenen Massen in den außerhalb des Ofens liegenden Behältern wegen der hier herrschenden niedrigen Temperaturen weniger vollkommen von einander trennen, als dies im Innern des Ofens der Fall sein würde. Auch ist die Entfernung von Ansätzen aus dem Ofen schwierig.

Man wendet diese Zustellungsart an, wenn man die geschmolzenen metallhaltigen Massen möglichst schnell dem oxydierenden Einflusse der in den Ofen eingeführten Luft entziehen und wenn man die Ausscheidung

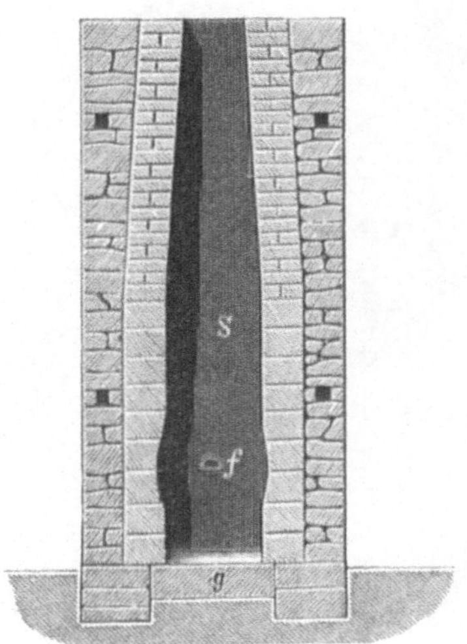

Fig. 204.

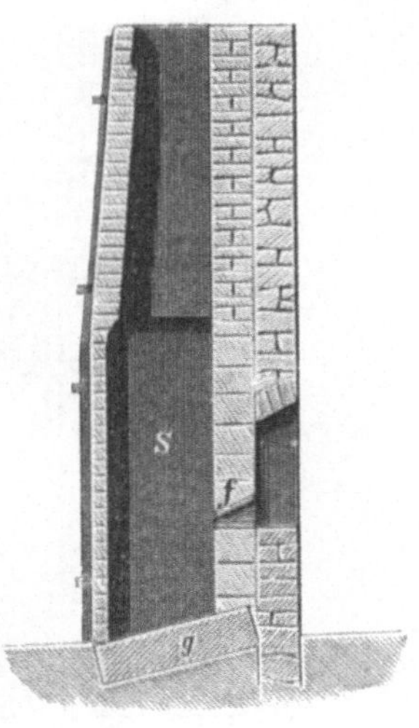

Fig. 205.

von Eisen auf der Ofensohle (die sogen. Eisensauen oder Eisensäue) vermeiden will. Die häufigste Anwendung ist bei der Herstellung des Rohkupfers (Schwarzkupfers). Auch beim Schmelzen von Kupfererzen und Zinnerzen sowie beim Umschmelzen des Roheisens werden häufig Spuröfen benutzt. Früher fanden sie auch beim Frischen der Glätte (Reduktion von Bleioxyd) Anwendung.

Fig. 206.

Die Figuren 204—209 stellen Spuröfen mit offenem Auge, die Figuren 210—214 Spuröfen mit verdecktem Auge dar.

Der als Brillenofen zugestellte Spurofen zur Gewinnung von Rohkupfer ergibt sich aus den Figuren 204, 205 und 206. S ist der Schacht, g der Bodenstein desselben; xx sind die beiden Augen, durch welche die geschmolzenen Massen abwechselnd ausfließen; pp sind die durch Rinnen mit den Augen verbundenen Spurtiegel; f ist die Windform.

Der Grundriß eines anderen Brillenofens ist aus Fig. 207 ersichtlich. s ist die Spur; xx sind die Augen; pp sind die Spurtiegel.

Ein Spurofen mit nur einem offenen Auge ist der in den Figuren 208 und 209 dargestellte Ofen zum Verschmelzen von Zinnerzen. A ist

Fig. 207.

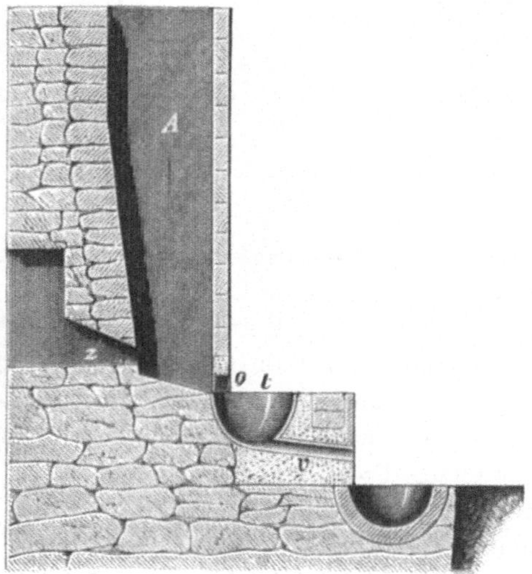

Fig. 208.

der Schacht, s die Spur, o das offene Auge, t der Spurtiegel, v ein Kanal, durch welchen das Zinn in einen anderen Behälter (Stechherd) abgelassen werden kann. Die Schlacke fließt über den Rand des Spurtiegels t und über die geneigte Eisenplatte M in einen mit Wasser gefüllten Behälter Q. z ist die Formöffnung.

Zu den Spuröfen mit **verdecktem Auge** gehören der ältere Glättfrischofen, der Krigarsche Kupolofen, sowie verschiedene Öfen zum Verschmelzen von Kupfererzen und Kupfersteinen.

Fig. 209.

Fig. 210.	Fig. 211.

Der ältere Glättfrischofen, welcher gegenwärtig nur noch sehr selten angewendet wird, ist in den Figuren 210 und 211 dargestellt. S ist der Schacht, w die Spur, c das verdeckte Auge, t der Spurtiegel, welcher durch einen Kanal mit dem Stechherd h verbunden ist. Die Schlacke fließt aus dem offenen Spurtiegel über dessen Rand aus, während das Blei aus dem Spurtiegel in den Stechherd entleert wird. v ist die Form. Spur und Spurtiegel sind aus Gestübbe hergestellt.

Beim Krigarschen Kupolofen zum Schmelzen von Roheisen, Fig. 212, fließen Eisen und Schlacke durch das verdeckte Auge b in den vor dem Ofen liegenden geschlossenen Sammelbehälter. Die Schlacke kann in verschiedenen Höhen dieses Behälters durch die Öffnungen c abgelassen werden. Das Eisen wird von Zeit zu Zeit am tiefsten Punkte des Behälters durch die Öffnung e entleert. Die Formöffnungen des auf Säulen ruhenden Ofens sind durch 3 Windschlitze a ersetzt. Die Sohle

Fig. 212.

des Ofens ist beweglich und zum Umklappen eingerichtet. Durch eine Schauöffnung d im oberen Teile des Sammelbehälters läßt sich das Niveau der flüssigen Massen beobachten.

Die Zustellung des in den Vereinigten Staaten von Nordamerika zum Verschmelzen von Kupfererzen angewendeten sogen. Water-jacket-Ofens ist aus den Figuren 213 und 214 ersichtlich. Der Schacht S dieser Öfen ist aus hohlen, durch Wasser gekühlten Metallwänden zusammengesetzt. v ist die Sohle des Ofens, o das verdeckte Auge, T der auf Rädern ruhende Sammelbehälter für die geschmolzenen Massen. Die Schlacke fließt aus demselben durch die Öffnung p aus, während die metallhaltigen Massen zeitweise durch die Öffnung m abgelassen werden.

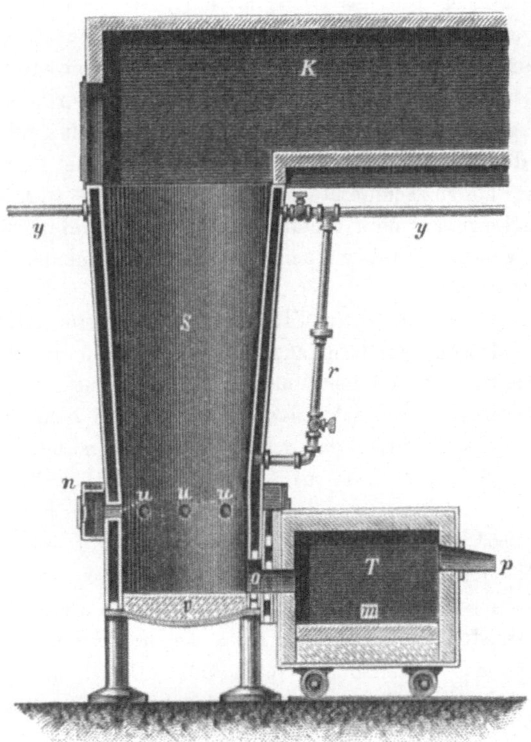

Fig. 213.

Fig. 214.

Das Kühlwasser fließt durch das Rohr r in die hohle Ofenwand und tritt durch das Rohr y aus derselben aus. Der Wind tritt aus dem Windkasten n durch die Öffnungen u in den Ofen. Die Ofengase ziehen durch den Kanal K ab.

Die Tiegelofenzustellung.

Bei der Tiegelofenzustellung sammeln sich die geschmolzenen Massen ganz innerhalb des Ofens und zwar im tiefsten Teile desselben, dem sogen. „Tiegel“, an. Dieser Teil des Ofens ist entweder ausgehöhlt und besteht aus Gestübbe oder er besitzt eine ebene, aus feuerfesten Steinen hergestellte Sohle. Man unterscheidet Augentiegelöfen und geschlossene Tiegelöfen. Bei den Augentiegelöfen sammeln sich nur die metallhaltigen Massen im Tiegel an, während die Schlacken durch eine oder mehrere im oberen Teil des Tiegels angebrachte Öffnungen, die Augen, beständig abfließen. Bei hohen Temperaturen (Eisenhochöfen) werden die Augen durch aus Legierungen oder Metallen bestehende doppelwandige Rohre, welche durch Wasser gekühlt werden, gebildet. Man nennt derartige Augen „Schlackenformen“.

Bei den geschlossenen Tiegelöfen sammeln sich nicht nur die metallhaltigen Massen, sondern auch die Schlacken im Tiegel an und werden gleichzeitig mit den metallhaltigen Massen entfernt.

Die Entfernung der geschmolzenen Massen aus dem Tiegel geschieht entweder periodisch durch das sogen. Abstechen oder kontinuierlich durch den Stich von Arent (auch automatischer Stich oder Selbststich genannt).

Das gewöhnliche Abstechen besteht darin, daß man an dem tiefsten Punkte des mit metallhaltigen Massen bezw. bei geschlossenen Tiegelöfen mit metallhaltigen Massen und Schlacken gefüllten Tiegels mit Hilfe einer Eisenstange eine Öffnung, das sogen. Stichloch, stößt und die flüssigen Massen aus derselben austreten läßt. Dieselben fließen entweder durch einen bedeckten Kanal, den Stichkanal, in Behälter, die sogen. Stichherde oder Stechherde, oder sie werden aus dem Stichloch durch offene Rinnen in Formen geleitet. Sobald der Tiegel leer ist, wird das Stichloch durch einen Ton- oder Gestübbepfropfen wieder verschlossen.

Die kontinuierliche Entfernung der geschmolzenen metallhaltigen Massen aus dem Tiegel findet bis jetzt nur bei der Gewinnung des Bleis statt. In diesem Falle kommuniziert der Tiegel, welcher stets bis zu einer bestimmten Höhe mit Blei gefüllt erhalten werden muß, durch ein Rohr mit einem außerhalb des Ofens liegenden Sammelgefäß. Der Bleispiegel in dem letzteren stellt sich in gleiches Niveau mit dem Bleispiegel im Tiegel. Man schöpft nun entweder das Blei zeitweise aus dem Sammelgefäße aus oder läßt es aus demselben in ein zweites Sammelgefäß abfließen.

Die Tiegelofenzustellung gestattet eine gute Ausnutzung der Wärme und eine gute Trennung der verschiedenen geschmolzenen Massen von einander im Ofen selbst. Sie hat den Nachteil, daß bei dem periodischen Ablassen der geschmolzenen Massen aus dem Tiegel ein leerer Raum entsteht, in welchen ungeschmolzene Massen aus dem darüber liegenden Teile des Ofens hineinfallen und die Bildung von Ansätzen veranlassen. Dieser Übelstand läßt sich dadurch vermeiden, daß man stets eine gewisse Menge flüssiger Massen im Tiegel läßt. Bei kontinuierlichem Ablassen der geschmolzenen Massen läßt sich dieser Übelstand dadurch beseitigen, daß das Blei aus dem Sammelgefäße nur bis zu einem bestimmten Niveau des Bleispiegels ausgeschöpft bezw. abgelassen wird.

Die Bildung von Ansätzen, deren Entfernung mit Schwierigkeiten verbunden ist, läßt sich durch eine geeignete Zusammensetzung der Beschickung und eine passende Pressung bezw. Vorwärmung des Windes vermeiden oder beschränken.

Man wendet die Tiegelofenzustellung bei den meisten Schachtofenschmelzprozessen an.

Die Zustellung als Augentiegelofen sei nachstehend durch den Freiberger Bleierzschmelzofen und durch einen Bleierzschmelzofen mit Arentschem Stich erläutert, die Zustellung als geschlossener Tiegelofen durch den Blauofen.

Bei dem **Freiberger Bleierzschmelzofen** (Fig. 215, 216, 217) ist S der Schacht, G das Gestell, T der Tiegel; m m (Fig. 217) sind an die Schlackenaugen angeschlossene, aus Gußeisen hergestellte Rinnen, aus welchen die Schlacke in Töpfe fließt; n n sind an die Stichlöcher angeschlossene Rinnen, durch welche die metallhaltigen Massen in fahrbare Stechherde o fließen. Das Gestell besteht aus hohlen Wänden mit Wasserkühlung.

Bei dem **Bleierzschmelzofen mit Arentschem Stich**, Fig. 218,

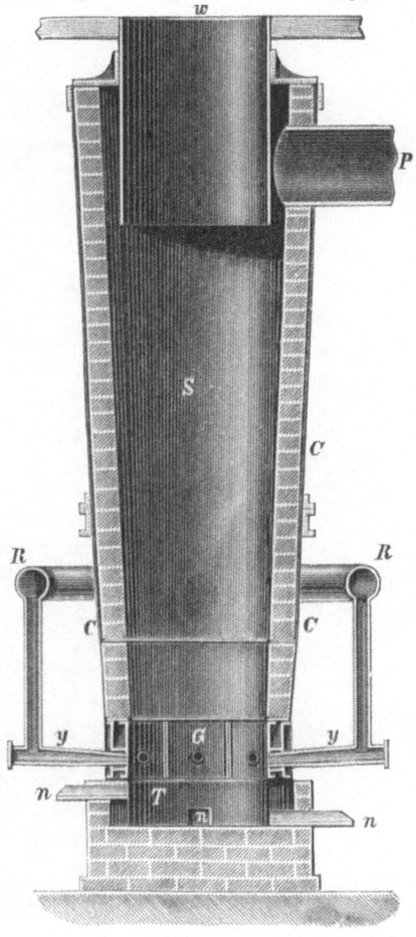

Fig. 215.

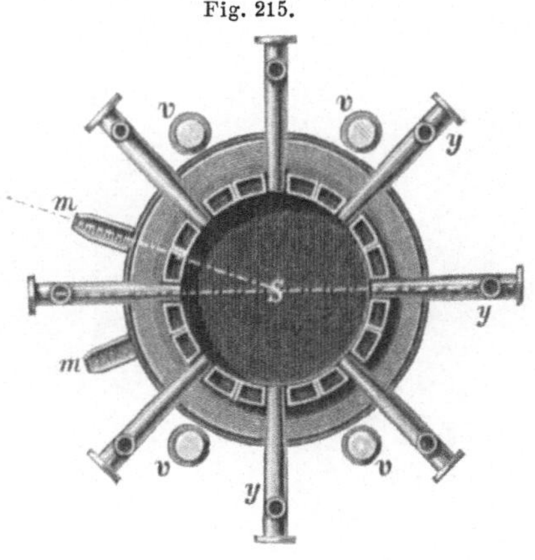

Fig. 216.

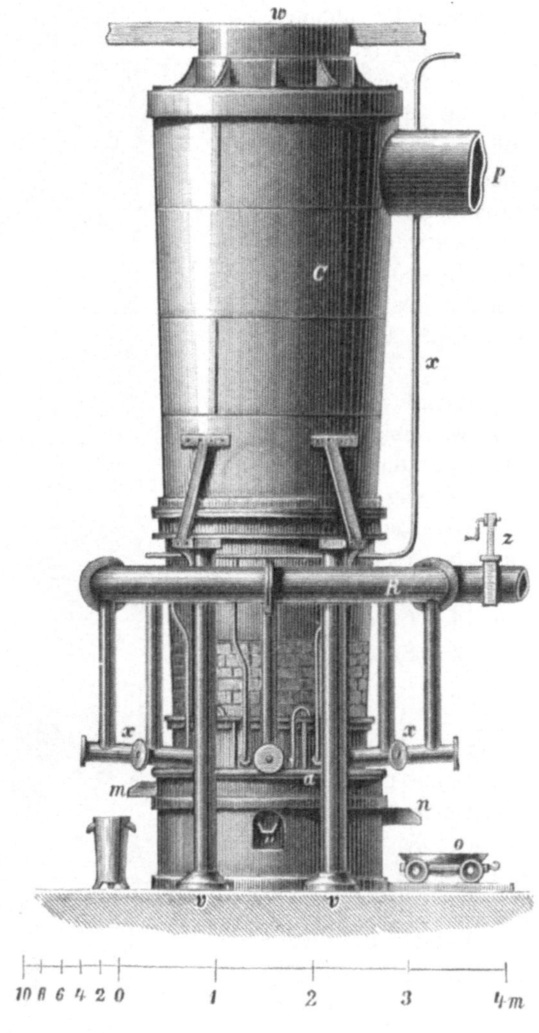

Fig. 217.

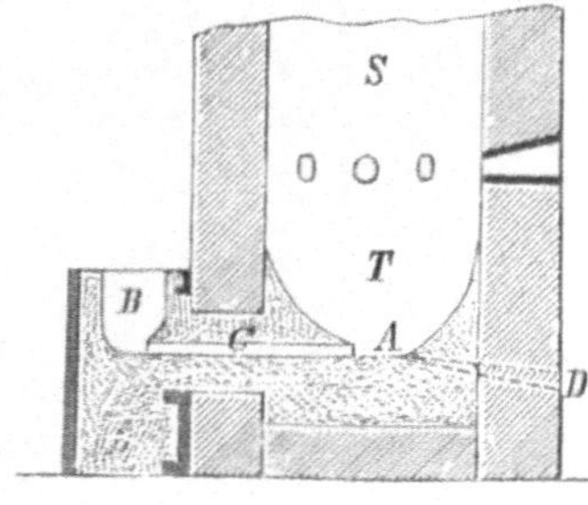

Fig. 218.

ist S der Schacht, T der aus Gestübbe hergestellte Tiegel, B der durch das Rohr C mit dem Sammelbehälter B kommunizierende Tiegel. Das Blei stellt sich im Behälter B eben so hoch wie im Tiegel T und wird aus dem ersteren ausgeschöpft.

Bei den Eisenhochöfen, welche als Augentiegelöfen zugestellt sind, bildet das Auge für den Schlackenabfluß (zum Schutze des Mauerwerks gegen die fressende Wirkung der Schlacke) ein kurzes, durch Wasser gekühltes, hohlwandiges Rohr, die sogen. Lürmannsche Schlackenform. Dieselbe steckt, wie aus Fig. 219 erhellt, in einem gleichfalls durch Wasser gekühlten Kasten.

Der Blauofen (ein Eisenhochofen, der als geschlossener Tiegelofen zugestellt ist) erhellt aus Fig. 220. S ist der Schacht, R das Rauhgemäuer des Ofens; f sind Gewölbe, durch welche man zu den Formen gelangt. G ist eine Öffnung, welche während des Betriebes zugemauert ist.

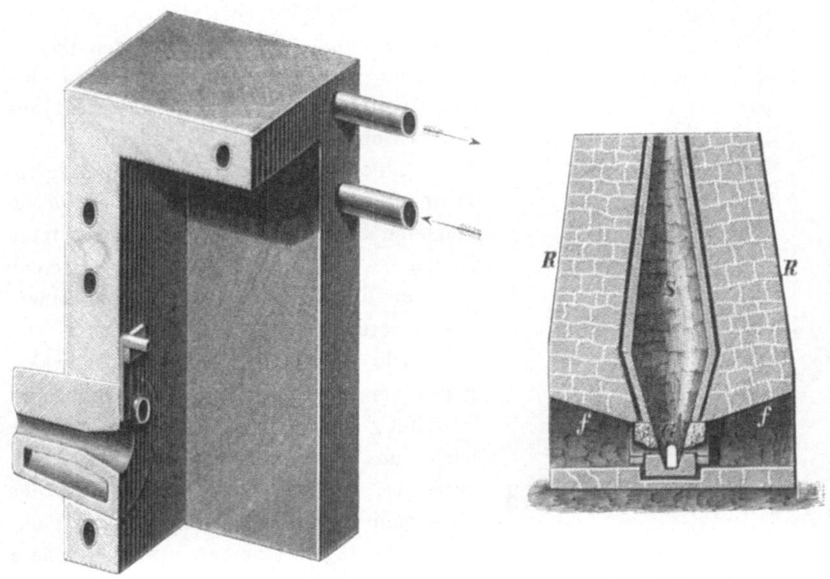

Fig. 219.Fig. 220.

Am tiefsten Punkte derselben wird das mit Gestübbe verschlossene Stichloch angebracht, durch welches Eisen und Schlacke periodisch aus dem Ofen abgelassen werden. Dieser Ofen wird gegenwärtig nicht mehr angewendet.

Die Sumpfofenzustellung.

Bei der Sumpfofenzustellung sammeln sich die geschmolzenen Massen in einem Behälter an, welcher zum Teil innerhalb des Ofenschachtes, zum Teil außerhalb desselben liegt. Man nennt diesen Behälter „Sumpf". Die metallhaltigen Massen bleiben im Sumpfe, während die Schlacke aus dem außerhalb des Ofenschachtes liegenden Teil des Sumpfes, dem sogen. Vorsumpfe oder Vortiegel, sobald derselbe gefüllt ist, austritt und auf einer geneigten Rinne, der sogen. Schlackengasse oder Schlackenspur, auf die Hüttensohle oder in besondere Behälter fließt.

Sobald der Sumpf mit geschmolzenen metallhaltigen Massen angefüllt ist, werden dieselben abgestochen oder aus dem Vorsumpfe ausgeschöpft. (Auch der Arentsche Selbststich würde bei dieser Art der Zustellung angebracht werden können.)

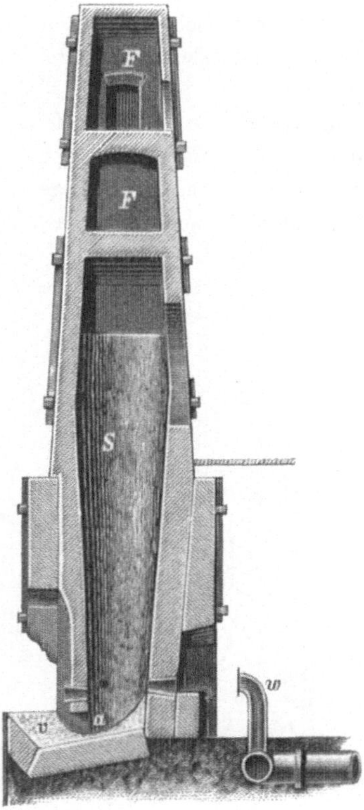

Das Abstechen ist die am häufigsten angewendete Art der Entfernung der metallhaltigen Massen aus dem Sumpfe und wird in der nämlichen Weise ausgeführt wie bei den Tiegelöfen, indem man im tiefsten Teile des Sumpfes eine Öffnung anbringt. Das Ausschöpfen der metallhaltigen Massen aus dem Vorsumpfe wird nur selten (bei der Herstellung von Gußwaren direkt aus dem Eisenhochofen) angewendet.

Eine besondere Art der Sumpfofenzustellung zeigt der Raschette-Ofen. Derselbe besitzt zwei an entgegengesetzten Seiten des Ofens liegende Sümpfe, welche sich in der Mitte des Ofens zu einem Sattel vereinigen.

Die Sumpfofenzustellung gewährt gegenüber der Tiegelofen- und Spurofenzustellung den Vorteil, daß sich Ansätze leicht aus dem tiefsten Teile des Ofens entfernen lassen, indem man unter der Ofenwand her durch den Vorsumpf leicht mit Reinigungsinstrumenten in das Innere des Ofens gelangen kann.

Fig. 221.

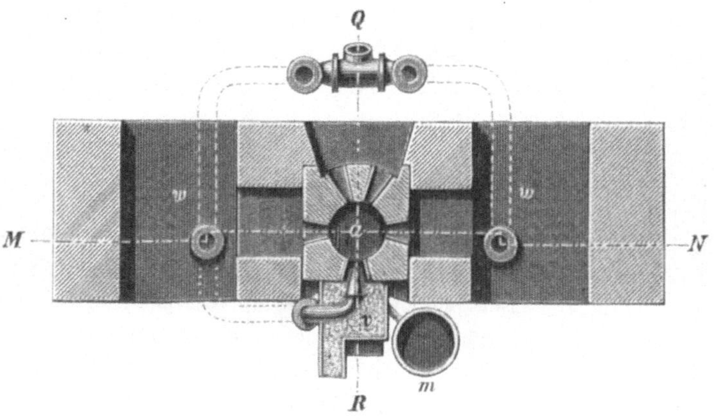

Fig. 222.

Dagegen wird, da ein Teil des Behälters zur Ansammlung der geschmolzenen Massen außerhalb des Ofens liegt, die Wärme im unteren Teile des Ofens weniger zusammengehalten als bei Tiegelöfen und Spuröfen, so daß die scharfe Trennung der verschiedenen geschmolzenen Massen erschwert ist. Bis zu einem gewissen Grade läßt sich dieser Übelstand durch Bedeckung des Vorsumpfes mit Kohlenlösche oder anderen schlechten Leitern der Wärme beseitigen.

Ein Übelstand, welchen die Sumpföfen mit den Tiegelöfen gemein haben, ist die Entstehung von leeren Räumen im unteren Teile derselben nach dem Ablassen der metallhaltigen Massen aus dem Sumpfe.

Man wendet die Sumpfofenzustellung beim Verschmelzen von solchen Beschickungen an, welche die Bildung von erstarrten Massen im unteren Teile des Ofens und infolgedessen eine häufige Reinigung desselben während des Betriebes veranlassen.

Bei der Herstellung des Roheisens wurde sie früher häufig angewendet, ist aber gegenwärtig an den meisten Orten durch die Tiegelofenzustellung verdrängt worden.

Auf vielen Werken wird die Sumpfofenzustellung auch aus örtlichen Gründen (langjährige Gewohnheit der Arbeiter an die Betriebsweise der betreffenden Öfen) angewendet.

Als Beispiele für die Sumpfofenzustellung seien der ältere Oberharzer Bleierzschmelzofen, der ältere schwedische Kupfererzschmelzofen, der Raschetteofen und der ältere Eisenhochofen angeführt.

Bei dem älteren Oberharzer Bleierzschmelzofen, Fig. 221 und 222, ist S der Schacht, a der Sumpf, m der Stechherd, v der Vorherd; F F sind Flugstaubkammern; w ist die Windleitung. Sumpf und Vorherd sind aus Gestübbe hergestellt.

Der ältere schwedische Kupfererzschmelzofen oder Suluofen ist in Fig. 223 und 224 dargestellt. u ist der Schacht, s der Sumpf, v der Vorsumpf; t sind die Wind-Einströmungsöffnungen (Formen). Der Sumpf ist aus Gestübbe (f) hergestellt. Unter dem Gestübbe befindet sich eine Lehmlage (e) und darunter eine Schlackenlage d.

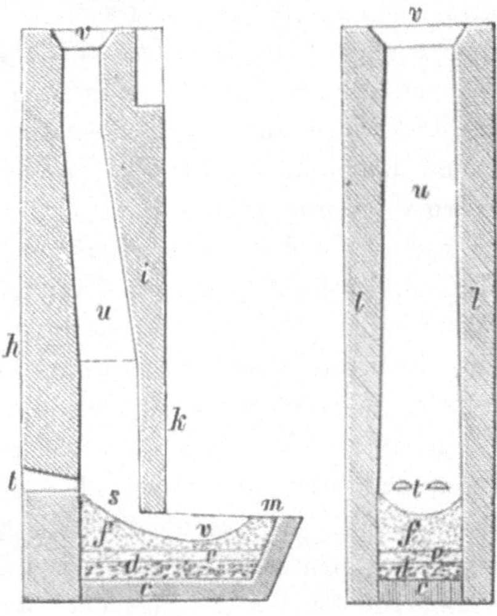

Fig. 223.　　　Fig. 224.

Bei dem Raschetteofen (Fig. 225, 226) sind e e die beiden Sümpfe (die Stichlöcher derselben sind durch schwarze Punkte angegeben), s s ist die sattelförmige Sohle des Ofens, d d sind die beiden Vorherde. Der Sumpf ist aus Gestübbe hergestellt.

Bei dem älteren Eisenhochofen, Fig. 227, ist S der Schacht, R die Rast, G das Gestell, v der Sumpf, p der den Vorsumpf begrenzende sogen. Wallstein, über welchen die Schlacke abfließt. u ist der sogen. Tümpelstein. Derselbe ist an der Vorderseite mit einer Eisenplatte, dem sogen. Tümpelblech, an der Unterseite mit einem starken Eisenbarren, dem sogen. Tümpeleisen, armiert.

Bau der Schmelzschachtöfen.

Der innere Teil der Schachtöfen für Schmelzverfahren besteht entweder aus Mauerwerk (bezw. im unteren Teile auch aus feuerfesten Massen) oder er wird durch gekühlte Metallwände gebildet.

Besteht er aus Mauerwerk, so nennt man ihn Kernschacht. Die der Hitze am meisten ausgesetzten Teile desselben werden häufig durch gekühlte Metallwände gebildet, welche man „Gestellringe" nennt. Dieselben überziehen sich bei dem betreffenden Schmelzverfahren mit einer dünnen Schicht erstarrter Massen, welche sie vor Beschädigung schützt.

Der Kernschacht ist, soweit er nicht zum Zwecke der Abkühlung teilweise frei liegt, entweder mit einer Hülle umgeben, oder er liegt ganz frei. Die Hülle wird aus Mauerwerk oder Eisen gebildet. Der ganz freiliegende Kernschacht wird durch Eisenringe oder durch Eisenplatten und Ankerstangen zusammengehalten.

Die Hülle aus Mauerwerk, welche den Kernschacht umgibt, nennt man „Rauhgemäuer". Dasselbe hält den Ofen zusammen und schützt den inneren Teil desselben vor Abkühlung. Bei Öfen, in welchen hohe Temperaturen erforderlich sind, veranlaßt dieser Schutz aber häufig eine zu starke Erhitzung und infolgedessen eine Zerstörung des Kernschachtes. Öfen ohne Rauhgemäuer haben den Nachteil, daß eine gewisse Menge Wärme verloren geht. Dieser Nachteil wird aber durch eine längere Haltbarkeit des Kernschachtes mindestens ausgeglichen. Hierzu kommt noch der Vorteil einer leichteren Zugänglichkeit des unteren Teiles des Ofens. Man wendet daher in der neueren Zeit nur selten starke Rauhgemäuer an. Entweder macht man das Rauhgemäuer nur so stark, daß es im stande ist, den Kernschacht zusammenzuhalten, oder man ersetzt es durch einen Eisenmantel oder man läßt Rauhgemäuer sowohl wie Eisenmantel wegfallen und hält den frei stehenden Kernschacht durch Eisenringe bezw. Eisenstangen und Eisenplatten zusammen.

Bei Öfen mit Rauhgemäuer muß dasselbe seinerseits gleichfalls durch Verankerungen bezw. Ringe oder Mäntel zusammengehalten werden. Dasselbe ist durch einen kleinen Zwischenraum, den sogen. „Füllschacht", vom Kernschachte getrennt.

Dieser Zwischenraum, welcher entweder leer oder mit lose liegenden schlechten Wärmeleitern, der sogen. „Füllung" (Asche, Schlacken, Sand, Ziegelstücke), ausgefüllt ist, hat den Zweck, der Ausdehnung des Kern-

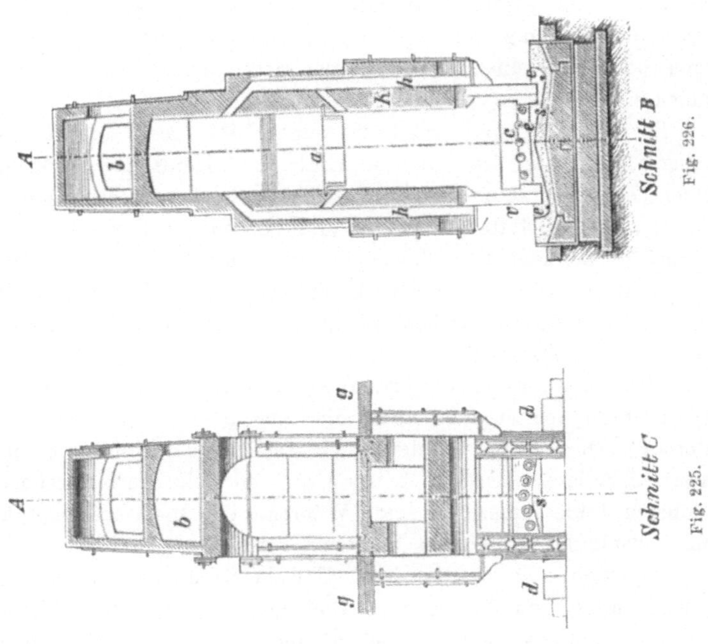
Schnitt B
Fig. 226.
Schnitt C
Fig. 225.

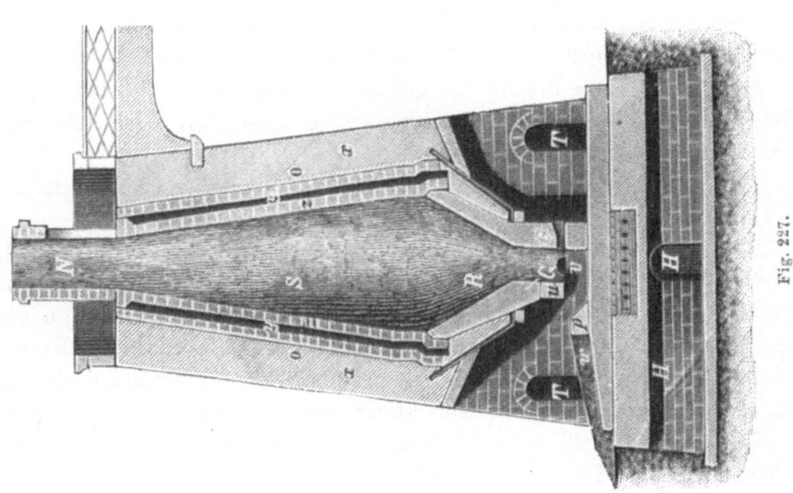
Fig. 227.

schachtes durch die Hitze den erforderlichen Raum zu bieten. Zur Ableitung der Feuchtigkeit aus dem Ofen sind in dem Rauhgemäuer Abzugskanäle, die sogen. „Abzüchte" ausgespart. Wenn das Gestell zum Zwecke der Kühlung frei liegt, so ruht das Rauhgemäuer auf Pfeilern und Bogen oder auf einem durch Säulen getragenen Eisenkranz oder Eisenrahmen.

Bei Öfen, deren Kernschacht eine Hülle aus Eisen anstatt des Rauhgemäuers hat, ist zwischen Hülle und Kernschacht gleichfalls ein kleiner Zwischenraum belassen, welcher eine gewisse Ausdehnung des Kernschachtes gestattet. Nur bei frei liegendem Kernschacht schließen die zum Zusammenhalten desselben dienenden Ringe bezw. Platten dicht an denselben an. Bei beiden Arten von Öfen ruhen der Mantel bezw. der obere Teil des Kernschachtes gleichfalls auf durch Säulen getragenen Kränzen bezw. Rahmen.

Wenn die ganze Innenwandung der Öfen durch Metall gebildet wird, so besteht auch die Außenwand derselben aus diesem Materiale. Diese Wände bilden einen geschlossenen Hohlraum, in welchem Wasser zirkuliert. Dasselbe tritt im unteren Teile des Hohlraums ein und am oberen Ende desselben aus. Während des Betriebes muß der Hohlraum vollständig mit Wasser ausgefüllt sein.

Derartige Öfen werden beim Umschmelzen des Roheisens sowie bei der Gewinnung von Kupfer und Blei angewendet. Die Abkühlung der Ofenwandungen hat keinen nachhaltigen Einfluß auf den Schmelzgang und den Brennstoffverbrauch. Es wird nämlich infolge der Aufnahme von Wärme durch die Ofenwände nur in der unmittelbaren Nähe der letzteren eine schmale Kühlzone hergestellt, welche sich nicht weit in das Innere des Ofens erstrecken kann, weil die Wärmeleitungsfähigkeit der die Kühlzone von der heißen Zone des Ofeninnern scheidenden Gase nur eine sehr geringe ist. Der Einfluß der gekühlten Ofenwände muß daher um so geringer sein, je größer der Durchmesser des Ofens ist. Derartige Öfen ruhen häufig auf eisernen Säulen.

Mit den Schmelzschachtöfen ist in vielen Fällen ein außerhalb des Ofenschachtes liegender Teil, der sogen. „Vorherd", verbunden.

Derselbe enthält bei der Sumpfofenzustellung den Vorsumpf, die Abflußwege für die Schlacken, die sogen. Schlackentrift und den sogen. Stichkanal, durch welchen die abgestochenen metallischen Massen in den Stechherd bezw. in Formen oder auf die Hüttensohle fließen. Bei der Spurofenzustellung enthält er die Behälter für die Ansammlung der geschmolzenen Massen und die Abflußwege für die Schlacken. In einigen Fällen ruht er bei dieser Zustellungsart auf Rädern (z. B. bei amerikanischen Öfen zum Schmelzen der Kupfererze).

Bei der Tiegelofenzustellung enthält er (falls er vorhanden ist) die Abflußwege für die Schlacken und auch wohl den Stichkanal. Die Masse des Vorherdes besteht aus Gestübbe, Schlackensand, Lehm, feuerfestem

Ton oder feuerfesten Steinen, und wird gewöhnlich durch Gußeisenplatten zusammengehalten.

Bei den Öfen, deren Horizontalquerschnitt durch gerade Linien begrenzt wird, unterscheidet man, falls der Abfluß der geschmolzenen Massen nur nach einer Seite hin stattfindet, die Vorderwand oder Stirnmauer, d. i. diejenige Wand, nach welcher hin die geschmolzenen Massen abfließen, die Rückwand, Brandmauer oder Hinterwand, d. i. die der Vorderwand gegenüberliegende Ofenwand und die beiden Seitenwände oder Ulmen.

Den unteren Teil der Vorderwand nennt man „Vorwand“ und das untere Ende der Vorwand „Brust“. Reicht dieses untere Ende ganz in die Herdmasse hinein, so daß der Ofen dadurch abgeschlossen wird, so nennt man die betreffenden Öfen „Öfen mit geschlossener Brust“; berührt dasselbe dagegen die eigentliche Herdmasse nicht, so daß die geschmolzenen Massen unter demselben hindurch aus dem Ofen herauskommen können, wie bei der Sumpfofenzustellung, so nennt man die betreffenden Öfen „Öfen mit offener Brust“.

Die gedachten Bezeichnungen der Ofenwände, welche bei den früher gebräuchlichen Schmelzöfen angewendet wurden, lassen sich aber weder für Öfen mit geradliniger Begrenzung und mehreren Abflußrichtungen der geschmolzenen Massen (wie z. B. bei den Raschetteöfen), noch für Öfen mit kreisförmigem Horizontalquerschnitt anwenden.

Wohl aber läßt sich die Bezeichnung der geschlossenen und offenen Brust für sämtliche Schmelzschachtöfen beibehalten, je nachdem der ganze über dem Herde befindliche Teil der Ofenwandung in die Herdmasse hineinragt oder dieselbe an gewissen Stellen nicht berührt.

Höhe der Schmelzschachtöfen.

Nach der Höhe unterscheidet man die Schmelzschachtöfen in Krummöfen, deren Höhe bis 2 m geht, in Halbhochöfen, deren Höhe 2—7 m beträgt, und in Hochöfen, deren Höhe 7 m übersteigt. Die größte Höhe, welche man den letzteren bis jetzt gegeben hat, beträgt 32 m.

Je höher die Öfen sind, um so besser wird die Wärme in denselben ausgenutzt (indem die heißen Gase beim Aufsteigen ihre Wärme an die Beschickung und den Brennstoff abgeben), um so mehr sind die Gase in der Lage, chemisch auf die Beschickung einwirken zu können, um so geringer ist der Metallverlust durch Verflüchtigung, weil die Metalldämpfe sich in den oberen Teilen der Beschickungssäule wieder niederschlagen, um so größere Mengen von Beschickungsmasse können bei entsprechender Weite der Öfen in denselben verschmolzen werden. Andererseits muß mit der Höhe der Öfen auch die Pressung des Verbrennungswindes erhöht werden.

Man wendet Hochöfen an bei der Gewinnung des Roheisens sowie in manchen Fällen beim Verschmelzen von Kupfer- und Bleierzen. Halbhochöfen wendet man bei der Gewinnung leicht reduzierbarer Metalle sowie bei der Gewinnung von Lechen, Speisen und beim Umschmelzen von Metallen an. Es sollen bei der Gewinnung von leicht reduzierbaren Metallen, Lechen und Speisen die Oxyde des Eisens verschlackt werden. Bei Anwendung hoher Öfen würden dieselben zu Eisen reduziert werden. Ferner wendet man diese Öfen bei leicht zerdrückbaren metallhaltigen Körpern und Brennstoffen, sowie bei pulverförmigen metallhaltigen Körpern an. Bei hohen Öfen würde in diesen Fällen der Wind nur unregelmässig durch die Beschickungssäule durchdringen. Die Krummöfen sind wegen der mit dem Betrieb derselben verbundenen Nachteile — hoher Brennstoffaufwand, starke Metallverluste durch Verflüchtigung und geringe Leistungsfähigkeit — außer Gebrauch gekommen.

Ein hoher Zinkgehalt der Beschickung gebietet, sofern es nicht möglich ist, den größten Teil des Zinks zu verschlacken, eine Beschränkung der Ofenhöhe. Das nicht verschlackte Zink wird aus dem Oxyde zu Metall reduziert, steigt als Dampf in dem Ofen auf und wird durch die Kohlensäure der Ofengase oxydiert oder, falls es mit Schwefliger Säure und glühenden Kohlen oder mit Schwefeldämpfen in Berührung kommt, in Schwefelmetall verwandelt. Schwefelzink und Zinkoxyd setzen sich in den kälteren Teilen des Ofens an den Wänden fest, so daß der Ofenraum verengert und schließlich verstopft wird. Bei niedrigen Öfen finden die gedachten Körper weniger Gelegenheit, sich im Ofen festzusetzen, indem sie durch den Gasstrom mit fortgerissen werden.

Die geeignete Ofenhöhe muß in jedem einzelnen Falle mit Rücksicht auf die Art des Abscheidungsverfahrens und die durch dasselbe bedingte Temperatur, die Menge der in einer bestimmten Zeit im Ofen zu verarbeitenden Körper, die beste Ausnutzung des Brennstoffs, den Kohäsionszustand der Beschickung, die Schmelzbarkeit der abgeschiedenen Körper und die Erzielung eines möglichst hohen Metallausbringens festgestellt werden.

Einführung des Windes in den Ofen.

Der Wind wird entweder in den Ofen eingesaugt oder in denselben eingepreßt. Im ersteren Falle wendet man Essen oder anderweite Saugvorrichtungen, im letzteren Falle drückende Gebläsevorrichtungen an. In beiden Fällen strömt der Wind durch in den Seitenwänden des Ofens angebrachte kreisförmige Öffnungen oder durch Schlitze in denselben ein. Besteht der Ofen aus Mauerwerk, so werden gewöhnlich in die kreisförmigen Öffnungen noch besondere Rohre aus Metall, welche doppelwandig sind und durch Wasser gekühlt werden, eingelegt. Man nennt derartige Rohre „Formen". Ist der Ofenschacht ganz oder in seinem unteren Teile aus hohlen gekühlten Metallwänden zusammengesetzt, so vertreten durch die gekühlten Wände durchgesteckte, von Wasser umgebene Rohre die Stelle der Formen. In seltenen Fällen sind die Formen durch Tonrohre vertreten.

Windschlitze wendet man wohl bei schwachen Windpressungen an. Dieselben bilden entweder mehrere schlitzförmige Öffnungen in den Seitenwänden des Ofens oder sie laufen rings um denselben herum. Im letzteren Falle macht man den unteren Teil des Ofens beweglich, so daß durch Heben bezw. Senken dieses Teiles der Schlitz verengert bezw. erweitert werden kann (Ofen von Herbertz). Der obere Teil des Ofens muß bei derartigen ringförmigen Schlitzen im Interesse der Stabilität desselben gestützt werden.

Die Windeinströmungsöffnungen bringt man in der Regel in gleicher Höhe über der Herdsohle an, um die Hitze in einer bestimmten Zone zu konzentrieren. In manchen Fällen hat man auch zwei Reihen von Formen übereinander gelegt und hierdurch eine Verminderung der Schmelzkosten erzielt.

Die Höhe der Formen bezw. Windeinströmungsöffnungen über der Herdsohle muß in jedem einzelnen Falle mit Rücksicht auf die Art des Abscheidungsverfahrens, die Beschaffenheit der Beschickung und der Erzeugnisse des Schmelzverfahrens festgestellt werden. Ist sie zu groß, so rückt die Schmelzzone nach oben und die im Herde sich ansammelnden geschmolzenen Massen sind der Abkühlung mehr ausgesetzt als bei geringer Höhe. Die Formen bezw. Windeinströmungsöffnungen müssen deshalb um so tiefer liegen, je strengflüssiger die sich im Herde ansammelnden geschmolzenen Massen sind. Bei zu geringer Höhe der gedachten Öffnungen über der Herdsohle findet eine starke oxydierende Einwirkung des Gebläsewindes auf die geschmolzenen Massen statt.

Die Zahl der Formen hängt vom Durchmesser des Ofengestelles ab. Durch eine einzige Form erreicht man keine gleichmäßige Erhitzung des Ofenraumes. Man wendet dieselbe nur selten und dann bei Öfen mit quadratischem oder rechteckigem Horizontalquerschnitt des Gestelles an, wenn die Weite des letzteren unter $1/_2$ m bleibt. Bei Eisenhochöfen mit Sumpfofenzustellung legt man in diesem Falle die Form in die eine Seitenwand, damit durch den hier anzuwendenden stark gepreßten Wind kein Ausblasen durch den Sumpf stattfinden kann. Bei Öfen zur Gewinnung von Blei, Kupfer und Silber dagegen legt man die Form, da hier nur schwach gepreßter Wind zur Anwendung kommt, in die Hinterwand.

Bei Öfen von mehr als $1/_2$ m Gestellweite wendet man mehrere Formen an. Dieselben müssen bei kreisförmigem Horizontalquerschnitt des Gestelles in gleichen Abständen von einander an der Peripherie desselben verteilt werden. Der Durchmesser des Gestelles der Öfen geht selten über 2,5 m hinaus; nur ausnahmsweise hat man denselben bei Eisenhochöfen bis 3,20 m groß gemacht. Die Zahl der Formen eines Ofens geht bis 20 (Neuester Freiberger Ofen).

Bei Öfen mit kreisförmigem Horizontalquerschnitt von über 2,5 m Durchmesser des Gestelles kann der Wind, falls nicht eine für den betreffenden metallurgischen Prozeß zu hohe Pressung angewendet wird, nicht mehr gut bis zur Ofenachse vordringen. Es entsteht daher leicht ein sogen. toter Kern in der Mitte des Ofens. Zur Vermeidung dieses Übelstandes wendet man statt der Öfen mit rundem Horizontalquerschnitt schmale Öfen mit rechteckigem Horizontalquerschnitt an und legt die Formen an die langen Seiten. Je kleiner die kurzen Seiten des Rechtecks sind, um so besser kommt der Wind zur Wirkung. Sind die kurzen Seiten nicht länger als 0,70 m, so genügt eine einzige Reihe von Formen an der Hinterwand des Ofens; andernfalls bringt man an beiden langen Seiten des Ofens Formen an, in manchen Fällen auch noch an den kurzen Seiten.

Die Formen legt man einander so gegenüber, daß die Windstrahlen sich nicht treffen, sondern parallel aneinander vorbeigehen, weil andernfalls eine Stauung der Windströme eintreten würde. Nur bei weiten Öfen, bei welchen eine solche Stauung nicht zu befürchten ist, kann man die Formen einander gegenüber legen.

In der Regel läßt man die Formen mit der Ofenwand abschneiden. Will man aber zur Schonung der Ofenwände die größte Hitze in die Mitte des Ofens verlegen, so läßt man die Formen über die Ofenwände hinausragen.

Beispiele verschiedener Arten von Schmelzschachtöfen.

1. Zugschachtöfen.

Man unterscheidet Zugschachtöfen, bei welchen die Einführung des Windes mit Hilfe von Essenzug geschieht, und Zugschachtöfen, bei welchen der Wind durch andere Saugvorrichtungen (Exhaustoren) in den Ofen geführt wird.

Die Zugschachtöfen der ersteren Art nennt man auch „atmosphärische Schachtöfen".

Dieselben werden nur bei leichtschmelzigen Beschickungen in solchen Gegenden angewendet, in welchen es an Brennstoffen zum Heizen der Dampfkessel für den Betrieb von Gebläsemaschinen und an Wasserkraft für den nämlichen Zweck fehlt. Sie standen früher vielfach in der Sierra von Cartagena zum Schmelzen von Bleierzen in Anwendung, sind aber gegenwärtig zum größeren Teile durch Gebläseschachtöfen verdrängt. Diese Öfen sind durch Kanäle, welche sich an Bergabhängen in die Höhe ziehen, mit hohen Essen verbunden. Der Wind dringt durch Formen in den Ofen. Da eine hohe Pressung desselben nicht zu erreichen ist (höchstens 5 mm Quecksilbersäule), so darf die Beschickungssäule nicht hoch sein.

Die Einrichtung eines derartigen atmosphärischen Ofens, wie er in der Sierra von Cartagena in Anwendung stand, ist aus Figur 228 ersichtlich.

Derselbe ist als Augentiegelofen zugestellt, im oberen Teile mit einem Rauhgemäuer umgeben und besitzt 6 aus Ton hergestellte Formen l. Das obere Ende des Ofenschachtes endigt in einen Kanal v, welcher den Ofen mit einer hohen Esse verbindet. Das Einbringen der Beschickung und des Brennstoffs erfolgt durch die Öffnung e, welche im Interesse der Aufrechterhaltung des Zuges durch eine Türe verschlossen gehalten wird.

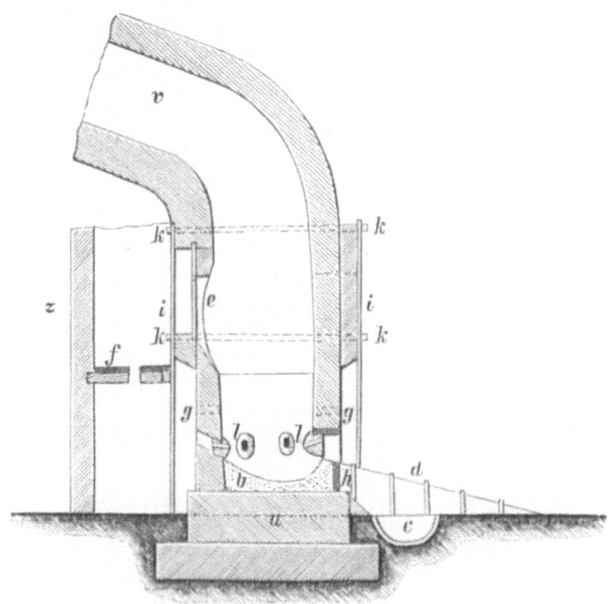

Fig. 228.

Die Schlacke fließt durch ein Auge auf die im Vorherd d angebrachte Schlackentrift. Das im Tiegel b sich ansammelnde Blei wird in den Stechherd c abgestochen. Zur Erzielung einer gleichmäßigen Einströmung der Luft in die Formen ist um den unteren Teil des Ofens eine Mauer z aufgeführt.

Von den Zugschachtöfen, bei welchen die Einführung des Windes durch anderweite Saugvorrichtungen geschieht, sind die Öfen mit Dampfstrahl die wichtigsten. Bei denselben geschieht das Einsaugen der Luft in den Ofen durch einen über der Gicht desselben angebrachten Dampfstrahl. Die bekanntesten Öfen dieser Art sind die Öfen von Herbertz. Dieselben finden Anwendung zum Umschmelzen des Roheisens. Auch sind sie zum Schmelzen von leichtflüssigen Beschickungen anderer Metalle benutzt worden. Der Wind tritt bei diesen Öfen durch einen

ringförmigen Schlitz, welcher erweitert und verengert werden kann, in
den Ofen. Diese Erweiterung bezw. Verengerung des Schlitzes ist dadurch ermöglicht, daß der Herd des Ofens gehoben bezw. gesenkt werden
kann. Zu diesem Zwecke sind zwei Konstruktionen von Herbertz angegeben worden.

Bei der ersten Konstruktion ruht der mit einem Mantel von Schmiede-

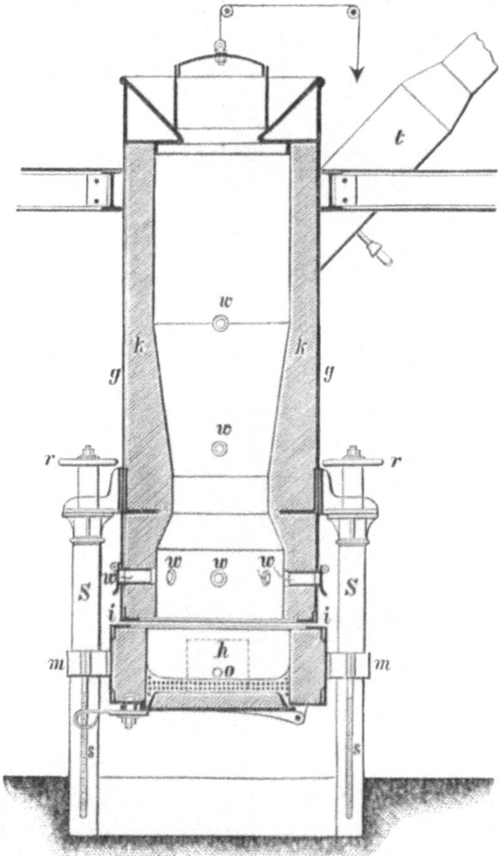

Fig. 229.

eisen umgebene Schacht auf vier hohlen Säulen, in deren jeder eine mit
einem Stellrad versehene Schraubenspindel angebracht ist. Den Schraubenspindeln entsprechen vier am Herde angebrachte Schraubenmuttern. Mit
Hilfe dieser Vorrichtungen läßt sich der Herd heben und senken. Man
ist hierdurch nicht nur in der Lage, die Windeinströmung regulieren zu
können, sondern auch den Herd soweit herabzulassen, daß er gereinigt
bezw. neu zugestellt werden kann.

Bei der zweiten Konstruktion ruht der Schacht auf Ständern. Dieselben sind mit Füßen versehen, auf welchen Schraubenspindeln sitzen.

Diese Spindeln tragen den Herd und vermitteln das Heben bezw. Senken desselben. Unter der Gicht mündet ein Rohr ein, durch welches die Gase abziehen. In diesem Rohre ist ein zweites Rohr angebracht, in welchem sich der Dampfinjector befindet. Das äußere Rohr mündet in eine Esse, falls nicht vorher gewisse Bestandteile aus den Gichtgasen gewonnen werden sollen.

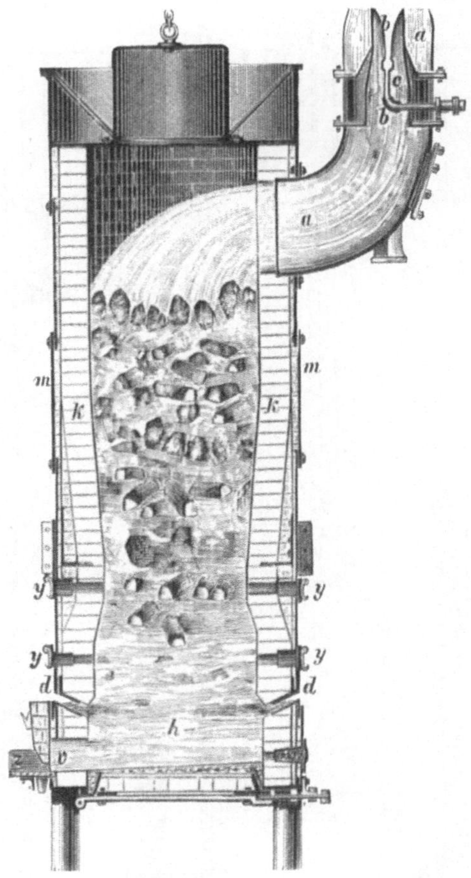

Fig. 230.

Ein Ofen der ersteren Art ist aus Fig. 229 ersichtlich. S sind die den Ofen stützenden hohlen Säulen mit den Stellrädern r und den Schraubenspindeln s. m sind die mit dem beweglichen Herde h verbundenen Schraubenmuttern; i ist die ringförmige Lufteinströmungsöffnung, welche durch Senken bezw. Heben des Herdes vergrößert bezw. verkleinert werden kann. Der Ofen ist als Tiegelofen zugestellt. o ist das Stichloch. w sind Schaulöcher. t ist das Rohr, durch welches die Gase aus dem Ofen gesaugt werden. k ist der Kernschacht; g der denselben umgebende Mantel aus Schmiedeeisen.

Die Abführung der Gase bezw. das Ansaugen der Luft ist aus
Figur 230 ersichtlich, welche einen Ofen zum Umschmelzen von Roheisen
darstellt. a ist das in den Ofen mündende Gasrohr. In demselben be-

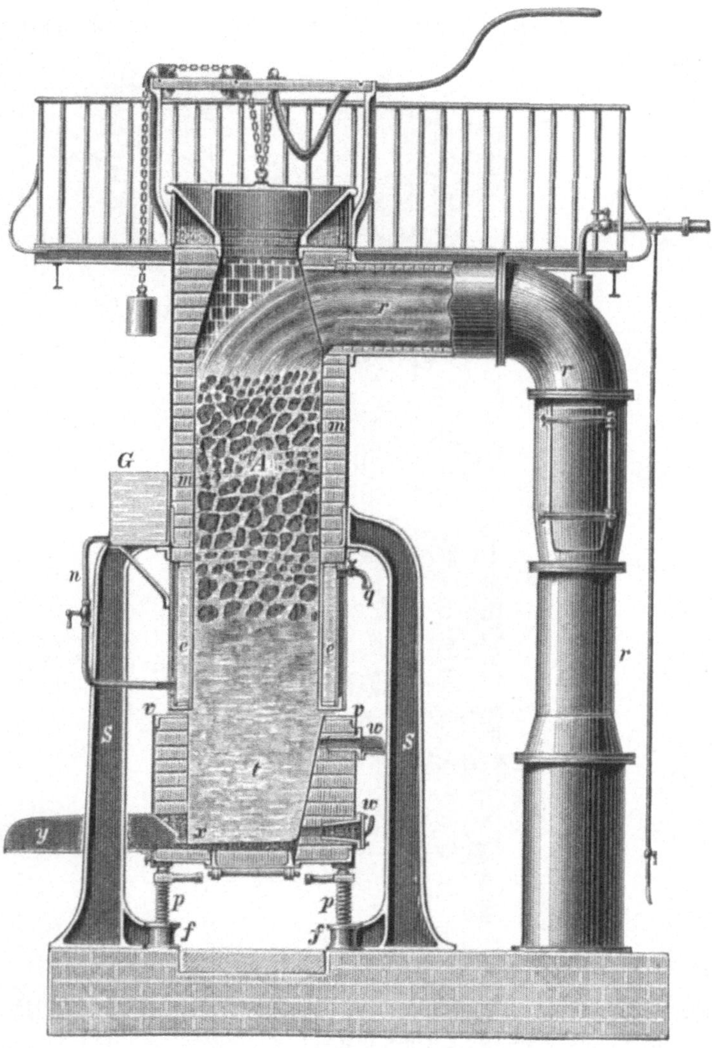

Fig. 231.

findet sich das nach oben hin verjüngte Rohr b und in diesem der Injektor c. Die Luft tritt durch den Schlitz d ein, während die Gase durch
das Rohr a austreten und teils in dem Injektorrohr b, teils in dem ringförmigen Raum zwischen Gasrohr und Injektorrohr aufsteigen. h ist der
bewegliche Herd bezw. Tiegel, v das Stichloch, z die Abflußrinne für die

geschmolzenen Massen. y y sind Schaulöcher, k ist der Kernschacht; m der Mantel aus Schmiedeeisen.

Einen durch Ständer unterstützten Ofen mit auf Schraubenspindeln ruhendem Herde bezw. Tiegel, welcher für die Gewinnung von Blei eingerichtet ist, stellt die Figur 231 dar. A ist der Schacht. Derselbe besteht in seinem oberen Teile aus Mauerwerk m, während er über dem Tiegel t durch eine hohle Eisenwand e, in welcher Wasser zirkuliert, gebildet ist. S sind die am Mantel des Schachtes befestigten Ständer.

In den Füßen f derselben befinden sich die Schraubenspindeln p, welche den Tiegel t tragen und die Aufwärts- bezw. Niederwärtsbewegung desselben ermöglichen. v ist der ringförmige Windschlitz; w sind Schaulöcher; x ist das Stichloch des Tiegels, y eine Abflußrinne. Die Gase ziehen durch das Rohr r in Kondensationsvorrichtungen zum Niederschlagen von Flugstaub bezw. zum Unschädlichmachen von schädlichen Gasen. Das Kühlwasser für die hohle Eisenwand des Ofens tritt aus dem Gefäße G durch das Rohr n in den unteren Teil der Wand ein und am oberen Ende derselben durch das Rohr q aus.

Das in den Herbertz-Öfen erzielte Vakuum entspricht bei Dampf von 4 — 5 Atm.-Spannung 1 m über der Windeinströmungsöffnung einer Wassersäule von 40—60 mm.

Die Herbertz-Öfen können nur bei solchen Schmelzprozessen Anwendung finden, welche eine niedrige Windpressung erfordern.

2. Gebläseschachtöfen.

Schachtöfen mit Rauhgemäuer.

Von den Schachtöfen dieser Art mit kreisförmigem Horizontalquerschnitt und gleichmäßiger Verjüngung desselben nach unten seien erwähnt: der ältere Zinnerzschmelzofen, der ältere Oberharzer Bleierzschmelzofen und der Schemnitzer Bleierzschmelzofen.

Der Zinnerzschmelzofen ist in Figur 232 dargestellt. Derselbe ist als Augentiegelofen zugestellt. k ist der Kernschacht, e das Rauhgemäuer, v die Vorwand, f das Formgewölbe, t der Tiegel, a das Auge, s der Stechherd, w der Vorherd.

Der ältere Oberharzer Bleierzschmelzofen ist in Figur 233 dargestellt. Derselbe ist als Sumpfofen zugestellt. S ist der Schachtraum, x der Kernschacht, y das Rauhgemäuer, t der Sumpf; z z sind die Formen, w die Windleitungsrohre, F F die Flugstaubkammern, N N ist ein gewölbter Gang, durch welchen man zu den Formen gelangt. Derartige Öfen mit nicht frei liegendem Gestelle und mit Flugstaubkammern über der Gicht werden gegenwärtig nicht mehr gebaut.

Der Schemnitzer Bleierzschmelzofen ist in der Figur 234 dargestellt. Derselbe ist als Tiegelofen mit Selbststich (Arentscher Stich) zugestellt. A ist der Schacht, k der Kernschacht, r das von Säulen s ge-

tragene Rauhgemäuer; m sind die aus Eisen hergestellten durch Wasser
gekühlten Gestellwände; f sind die Windeinströmungsöffnungen. a ist der
Selbststich für das Blei, welches in den Herd h und aus diesem in den
Herd w fließt. z ist ein Selbststich für den Stein. In noch größerer
Höhe liegen die auf der Figur nicht sichtbaren Schlackenaugen. c ist ein
ringförmiger Kanal zum Aufsaugen und seitlichen Abführen der Gichtgase.
g ist die Gicht.

Fig. 232.

Von den Schachtöfen mit Rauhgemäuer und kreisförmigem
Horizontalquerschnitt im Schacht und in der Rast, mit rechteckigem Horizontalquerschnitt im Gestell ist der ältere Eisenhochofen mit Sumpfofenzustellung zu erwähnen. Derselbe ist in
Figur 235 dargestellt.

S ist der sich bis zur Rast R erweiternde Schacht von kreisförmigem
Horizontalquerschnitt; R ist die sich bis zum Gestell G verjüngende Rast
von dem nämlichen Querschnitte; G ist das Gestell von rechteckigem
Horizontalquerschnitte. Der Kernschacht z ist durch den Füllschacht y
von einem zweiten Mauerwerk o getrennt, welches an das Rauhgemäuer x
anstößt. Das Gestell des Ofens steht frei, während die über demselben
befindlichen Teile des Ofens von dem auf 4 Pfeilern, dem sogen. Vierpaß,

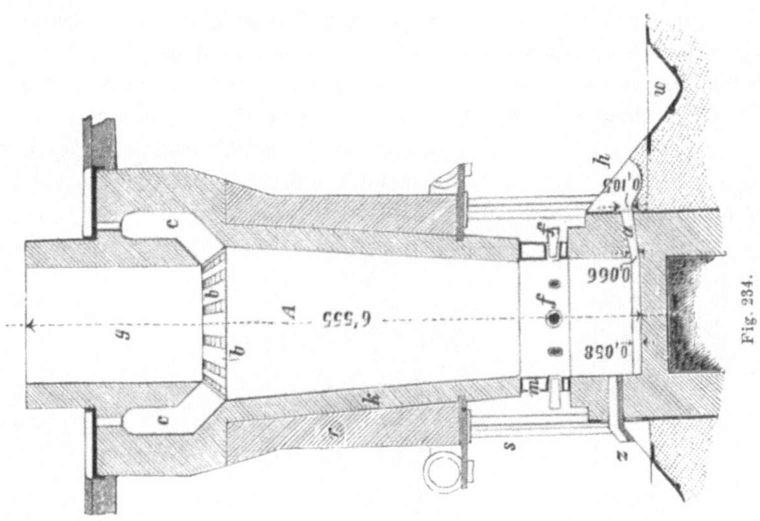

Fig. 234.

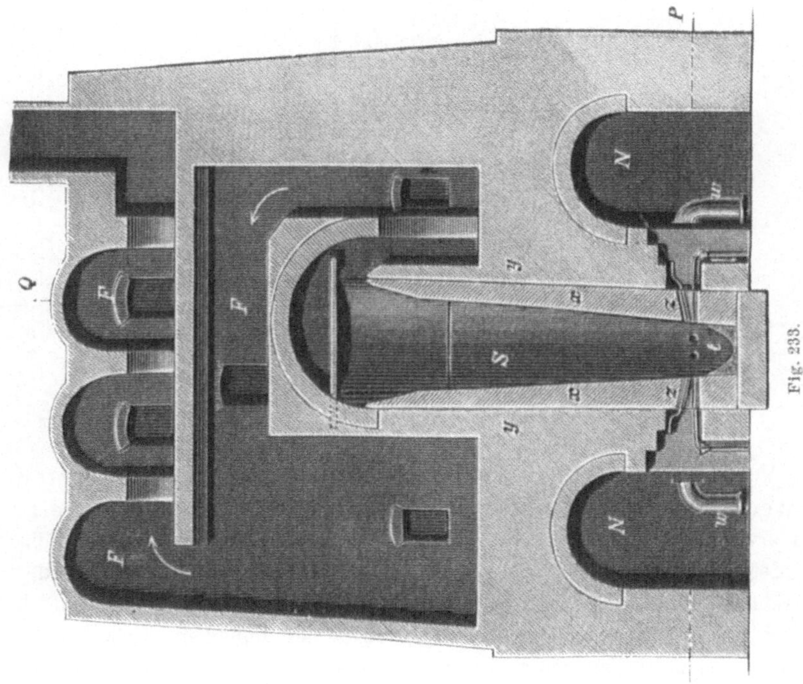

Fig. 233.

stehenden Rauhgemäuer getragen werden. Die drei Windleitungsrohre sind durch Gewölbe im Rauhgemäuer in das Gestell eingeführt. Durch ein viertes Gewölbe ist der vordere Teil des Ofens mit dem Tümpel u, dem Wallstein p, der Schlackentrifft w und dem in der Figur nicht sichtbaren Stichloche zugänglich gemacht. Ein gewölbter Gang T gestattet bequem zu den Formen zu gelangen. Derartige Öfen, welche früher häufig in Anwendung standen, werden aus den oben erörterten Gründen gegenwärtig nicht mehr gebaut.

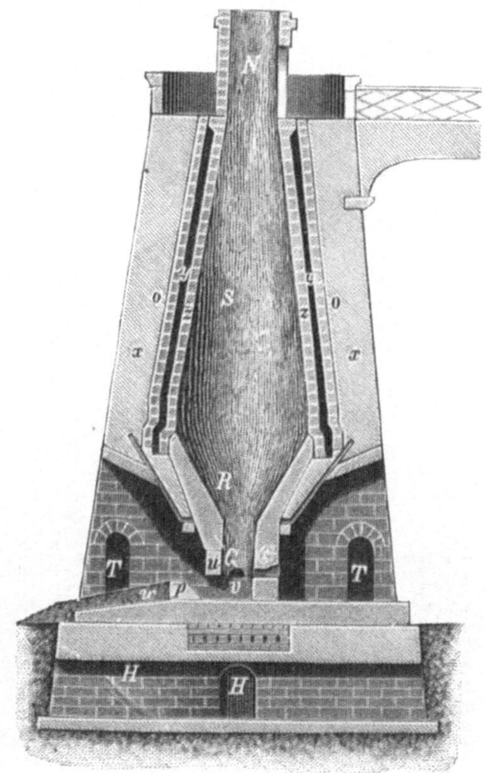

Fig. 235.

Von den Öfen mit rechteckigem Horizontalquerschnitt und senkrechten Wänden sei der ältere Przibramer Bleierzschmelzofen erwähnt. Derselbe ist als Augentiegelofen zugestellt. Die Einrichtung desselben ergibt sich aus den Figuren 236, 237 und 238. k ist der Kernschacht, w der Füllschacht, l das Rauhgemäuer, a die Vorwand; h ist der an 3 Seiten mit gekühlten Eisenwänden umgebene Gestellraum. t ist der Tiegel, s das Schlackenauge, z das Stichloch, b die Schlackenrinne, c der Stichherd; d ist die Aufgabeöffnung, e ein Kanal zur Ableitung der Gichtgase.

Von Öfen mit rechteckigem Horizontalquerschnitt und nach dem Gestelle hin konvergierenden langen Seitenwänden ist der Raschette-Ofen zu nennen. Derselbe dient zum Verschmelzen von Blei- und Kupfererzen. Die Einrichtung desselben erhellt aus den Figuren 239 und 240. Er ist als doppelter Sumpfofen zugestellt, indem

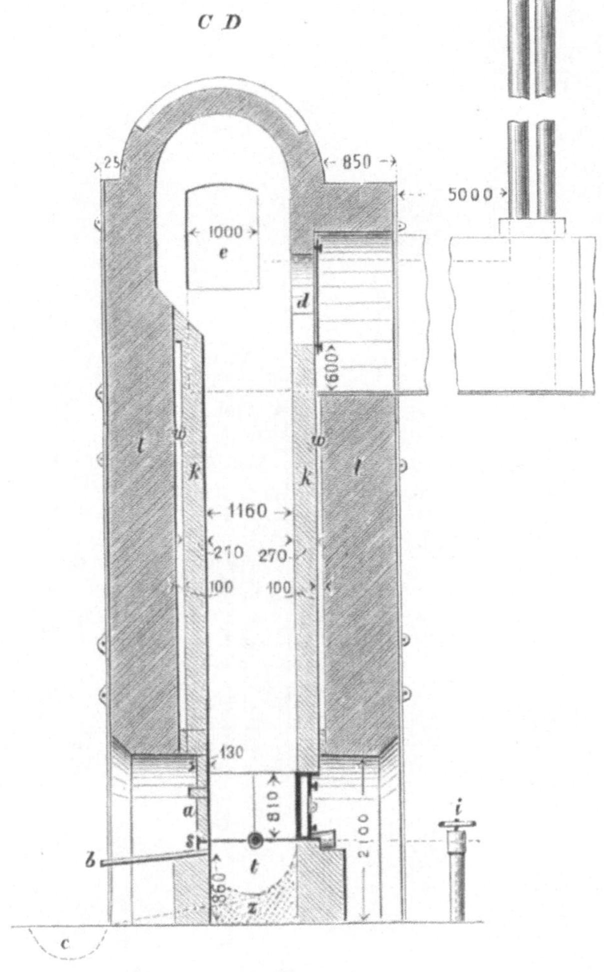

Fig. 236.

er zwei Sümpfe besitzt, welche sich in der Mitte des Ofens zu einem Sattel vereinigen. Die langen Seiten des rechteckigen Horizontalquerschnitts verjüngen sich nach unten, während die kurzen Seiten in allen Höhen gleiche Größe besitzen.

k ist der Kernschacht, r das Rauhgemäuer; e e sind die beiden Sümpfe, v v die beiden Vorwände; h h sind Kanäle, welche die aus dem

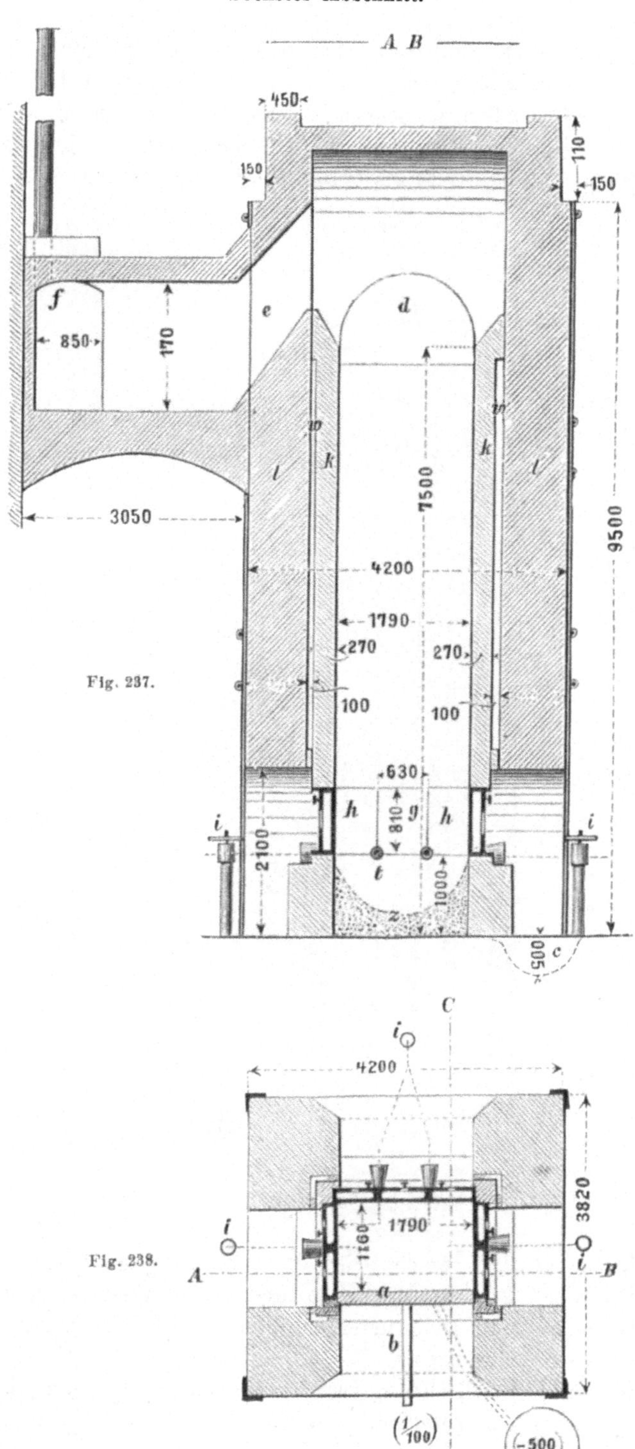

Fig. 237.

Fig. 238.

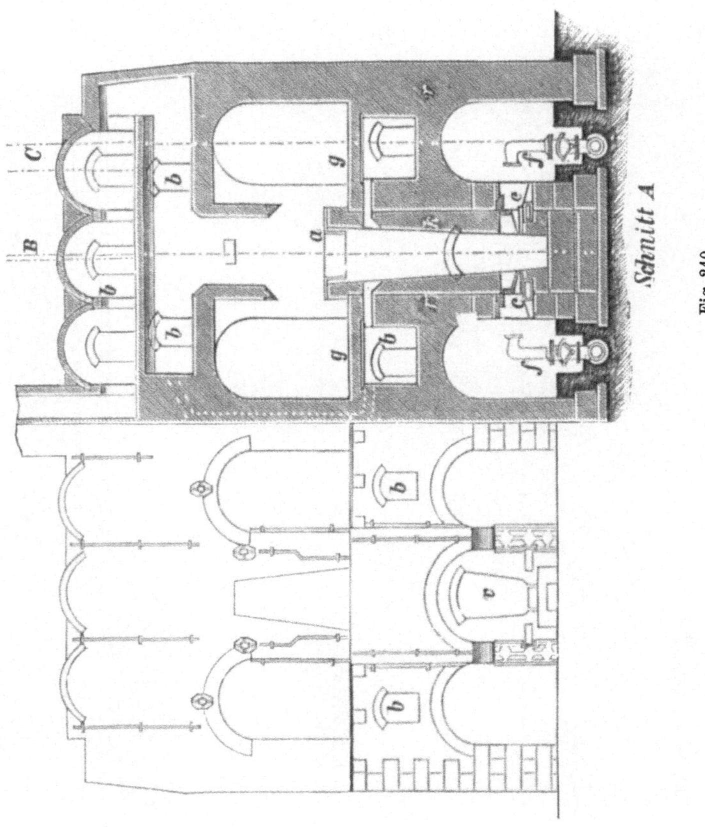

Fig. 240.

Fig. 239.

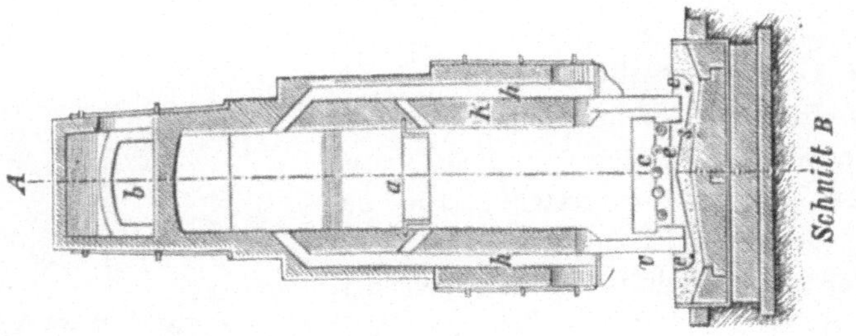

Ofen austretenden Bleidämpfe in die Flugstaubkanäle b abführen; c sind
die Formen, f die Windleitungsrohre; a ist die Gichtöffnung.

Von Öfen mit trapezförmigem Horizontalquerschnitt und
Verjüngung desselben nach dem Gestelle hin sei der sogen. Stol-

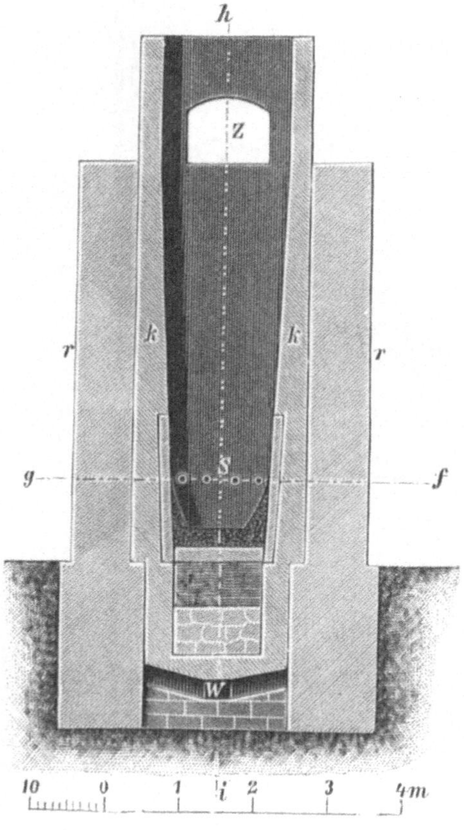

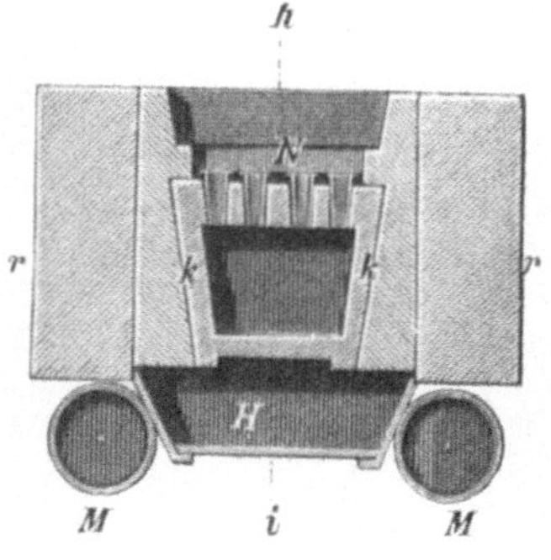

Fig. 241.

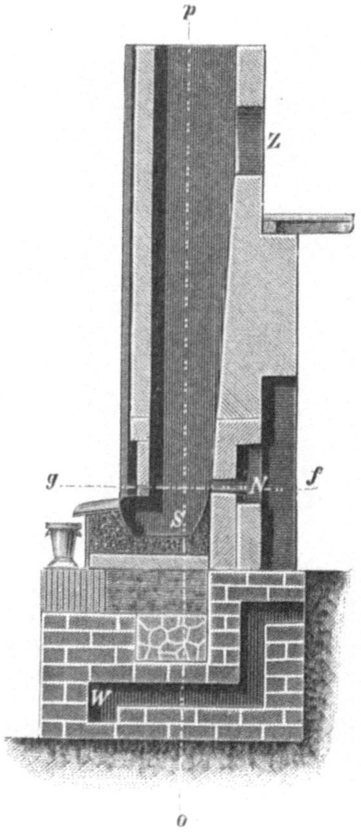

Fig. 242.

berger Ofen zum Bleierzschmelzen,
welcher früher in Freiberg in Anwendung
stand, erwähnt. Derselbe ist in den Figuren
241, 242 und 243 dargestellt. Die Zustellung desselben ist die des Sumpfofens.
k ist der Kernschacht, r das Rauhgemäuer,
S der Sumpf, H ist der Vorherd. M M
sind zwei aus Gestübbe hergestellte Stechherde, N die Formen; Z ist die Aufgabeöffnung; W sind Abzüchte, d. h. Kanäle zur
Abführung der Feuchtigkeit.

Fig. 243.

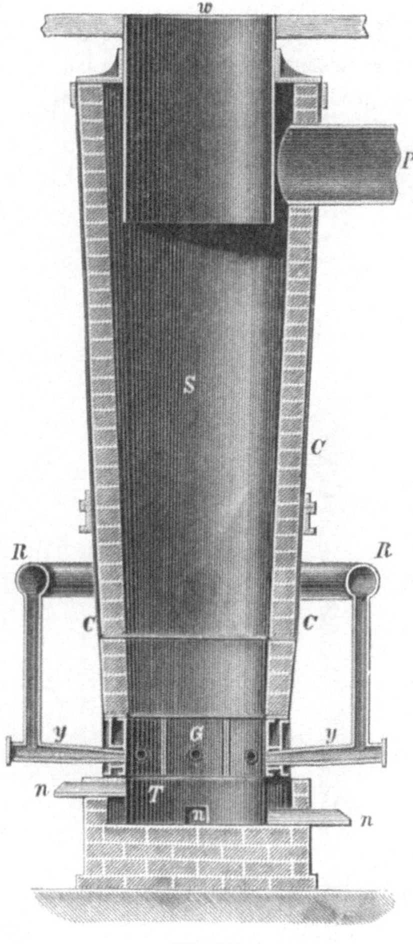

Fig. 244.

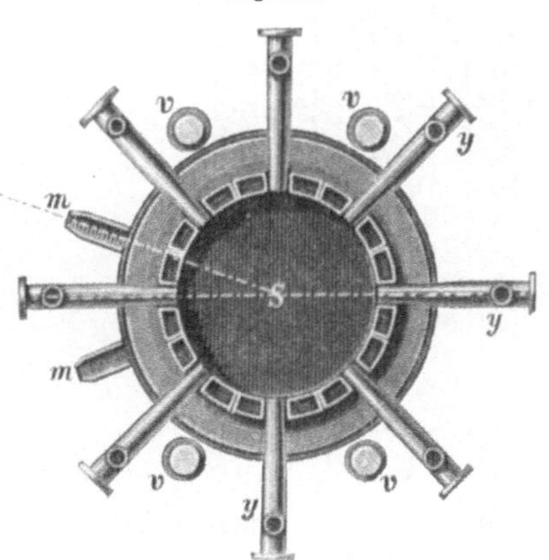

Fig. 245.

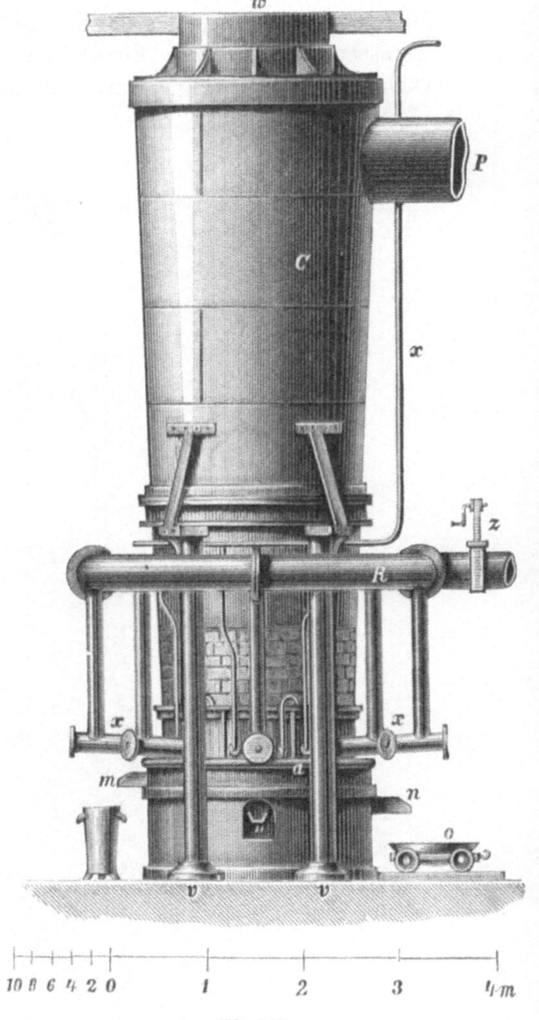

Fig. 246.

Schachtofen ohne Rauhgemäuer.

Zu den Öfen dieser Art, welche mit einem Mantel aus Schmiedeeisen umgeben sind, gehören der Pilzsche Bleierzschmelzofen, die neueren Eisenhochöfen und manche Öfen zum Umschmelzen des Roheisens.

Der Pilz-Ofen, welcher zuerst in Freiberg angewendet wurde, ist in den Figuren 244, 245 und 246 dargestellt.

Derselbe ist als Augentiegelofen zugestellt. S ist der Schacht, C der den
Kernschacht umgebende Eisenmantel (Schmiedeeisen); v sind Säulen aus
Gußeisen, welche den Eisenmantel und den größten Teil des Mauerwerks

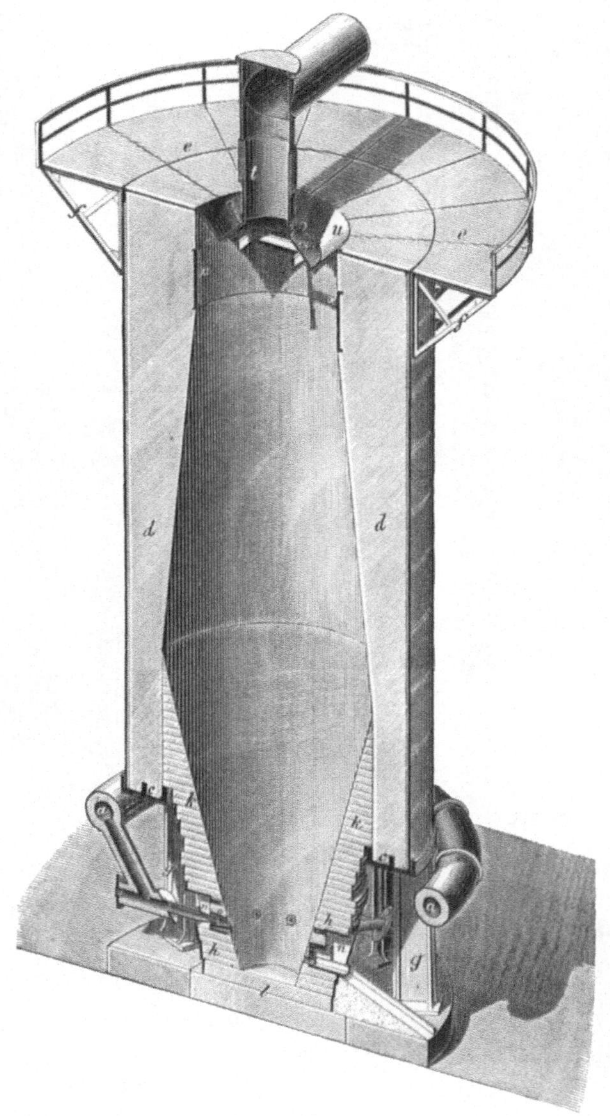

Fig. 247.

tragen. G ist das Gestell, T der Tiegel; m m sind die Schlackenrinnen.
Das Gestell besteht aus hohlen durch Wasser gekühlten Eisenwänden
(Segmenten). w ist ein in die Gicht eingehängter Zylinder, um die im

Ofen aufsteigenden Gase zu veranlassen, in das Gasabführungsrohr P zu treten.

Ein neuerer Eisenhochofen ist in Figur 247 dargestellt. Derselbe ist als Tiegelofen zugestellt. Das Gestell desselben steht frei, während der Schacht d und der denselben umgebende Eisenmantel (Schmiedeeisen) auf einem Kranze aus Gußeisen c ruhen, der seinerseits durch die Säulen g getragen wird. Eisenmantel und Kernschacht sind durch einen kleinen Füllschacht von 10 — 20 cm Weite von einander getrennt. a ist

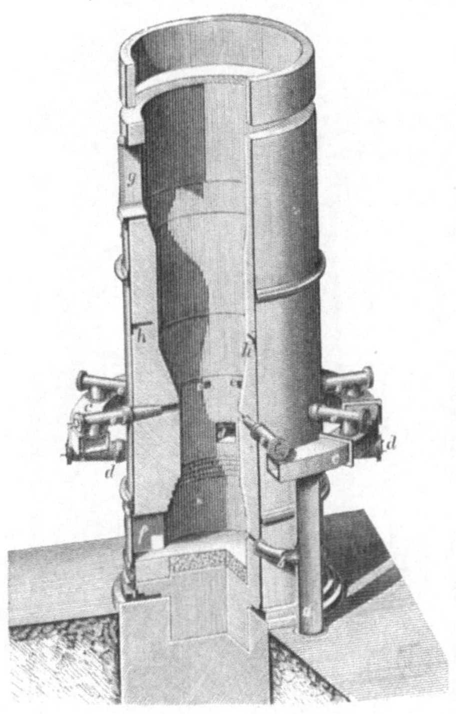

Fig. 248.

die Windleitung. Dieselbe ruht auf Konsolen, welche an die Säulen angeschraubt sind (in der Figur nicht sichtbar). An dem oberen Teile des Mantels sind Konsolen f befestigt, welche das Gichtplateau e tragen. t ist ein Rohr zum Auffangen der Gichtgase.

Von den Schachtöfen zum Umschmelzen des Roheisens (Kupolöfen) ist vorstehend in Figur 248 der sogen. Ireland-Kupolofen abgebildet. Derselbe ist als Tiegelofen zugestellt. Der mit einem zylindrischen Eisenmantel umgebene Kernschacht h ist nach unten hin zusammengezogen. Der Wind strömt in drei verschiedenen Höhen durch die Öffnungen e, d und b in den Ofen. a ist ein Windleitungsrohr, c ein Kranzrohr. g ist die Aufgabeöffnung. Das Stichloch ist in der Figur nicht sichtbar.

Ein Ofen, dessen Kernschacht nur durch Eisenbänder zusammengehalten wird, ist in Figur 249 dargestellt. Derselbe ist ein als Tiegelofen zugestellter Eisenhochofen. d ist der Schacht, k die Rast, h das Gestell. b sind die horizontalen und vertikalen Eisenbänder. g sind

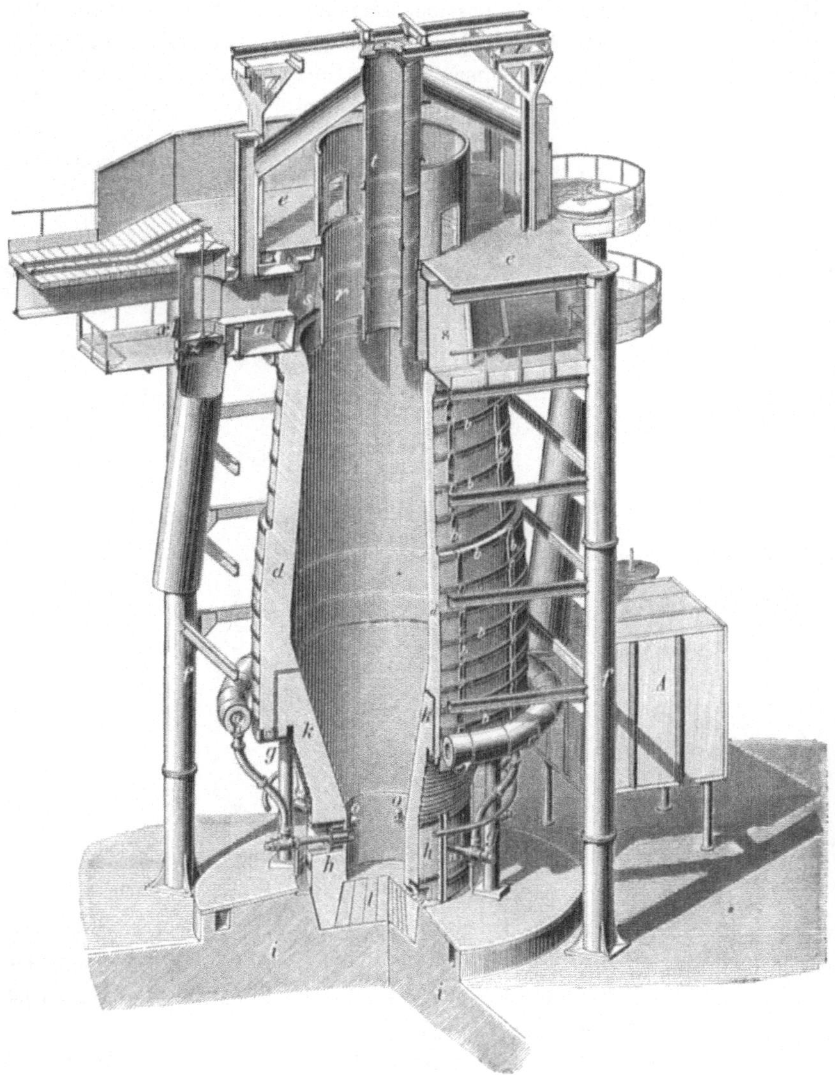

Fig. 249.

die den Ofenschacht tragenden Säulen; f sind Blechsäulen, welche das Gichtplateau e tragen.

Die vertikalen Eisenbänder läßt man häufig fortfallen. In diesem Falle besteht die Umkleidung des Ofens nur aus Eisenreifen (von 70 bis

100 mm Breite und 10—20 mm Stärke), welche um jede dritte oder vierte Steinlage des Kernschachtes gelegt sind.

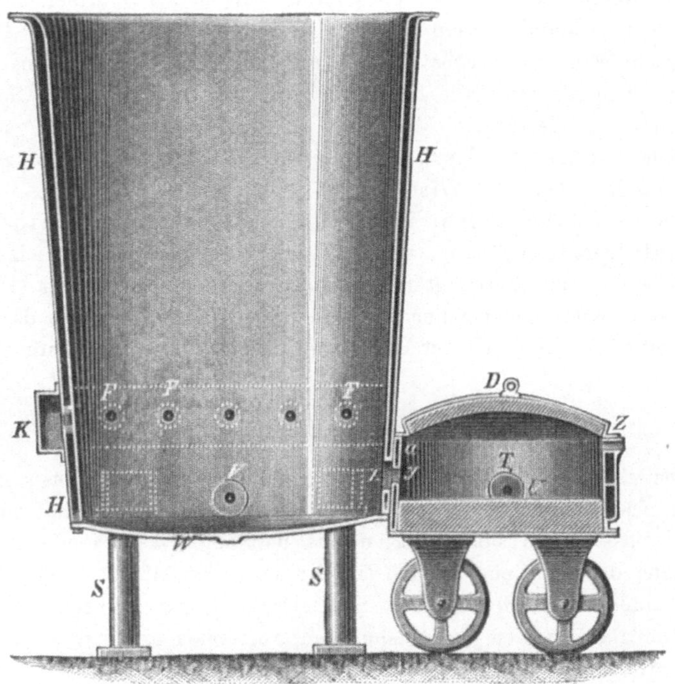

Fig. 250.

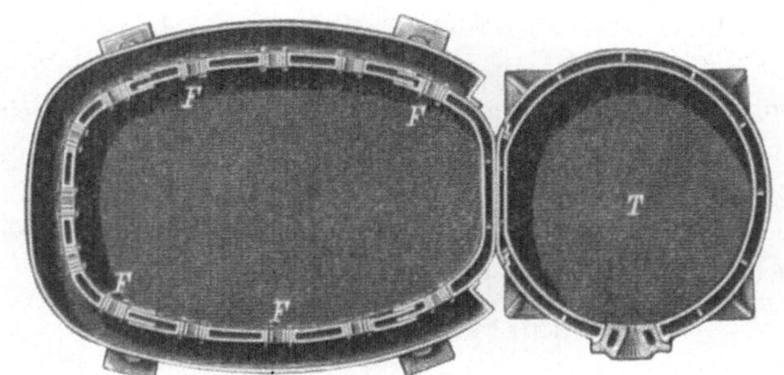

Fig. 251.

Schachtöfen mit hohlen Metallwänden.

Bei diesen Öfen, welche man Water-jacketöfen nennt, tritt Wasser in den unteren Teil der Metallwand ein und aus dem oberen Teile derselben aus. Ein derartiger Ofen mit kreisförmigem Horizontalquerschnitte ist bereits in den Figuren 213 und 214 dargestellt worden.

Ein Ofen mit elliptischem Horizontalquerschnitt ist aus den Figuren 250 und 251 ersichtlich. Derselbe dient zum Verschmelzen von Kupfererzen in den Vereinigten Staaten von Nordamerika und ist als Spurofen zugestellt. H ist die aus Schmiedeeisen hergestellte hohle Wand des Ofens. Dieselbe wird durch Wasser, welches in den unteren Teil des Hohlraums eintritt und aus dem oberen Teile desselben ausfließt, gekühlt. Der Ofen wird durch Säulen S getragen. T ist der auf Rädern ruhende, mit gekühlten Eisenwänden versehene Spurtiegel. K ist der Windkanal. F sind gekühlte Rohre, durch welche der Wind in den Ofen strömt.

Die Ansicht eines Water-jacketofens mit rechteckigem Horizontalquerschnitte, welcher gleichfalls zum Verschmelzen von Kupfererzen in den Vereinigten Staaten von Nordamerika dient (Henrich-Ofen), ist aus der nebenstehenden Figur 252 ersichtlich. w ist das Windleitungsrohr, v v sind die verschiedenen Ein- und Ausflußrohre für das Kühlwasser.

Der Betrieb der Schmelzschachtöfen.

Der Betrieb der verschiedenen Arten von Öfen mit Ausnahme der Schmelzschachtöfen ist ein so verschiedenartiger, daß er sich nicht gut von gemeinsamen Gesichtspunkten aus betrachten läßt, sondern bei der Gewinnung der einzelnen Metalle (in der speziellen Hüttenkunde) erörtert werden muß. Der Betrieb der Schmelzschachtöfen dagegen bietet eine Reihe von gemeinsamen Gesichtspunkten, von welchen aus er nachstehend des näheren betrachtet werden soll.

Abwärmen.

Vor der Inbetriebsetzung wird der Schmelzschachtofen gehörig abgewärmt, um die Feuchtigkeit aus dem Mauerwerk und aus der Zustellungsmasse zu entfernen. Bei Eisenhochöfen legt man gewöhnlich eine Rostfeuerung vor dem Ofen an und leitet die Verbrennungsgase durch den Ofen, welcher letztere in diesem Falle als Esse wirkt. Bei anderen Schachtöfen bringt man auf der Sohle derselben eine Rostfeuerung oder ein Holzfeuer an.

Inbetriebsetzung der Öfen.

Nach dem Abwärmen wird der Ofen bis zu einer gewissen Höhe mit Brennstoff gefüllt und der letztere von unten entzündet. Ist die Glut bis vor die Formen gelangt (oder in anderen Fällen, wenn die erste Schlacke vor den Formen erscheint), so läßt man einen schwachen Windstrom in den Ofen eintreten, welcher allmählich verstärkt wird. Zur Verschlackung der Asche der Koks gibt man bei der Inbetriebsetzung von Eisenhochöfen Kalkstein und dann Schlacke auf. Die Menge der letzteren läßt man allmählich zunehmen. Die Beschickungssätze läßt man mit den Brennstoffsätzen abwechseln. Bei anderen Öfen beginnt man in der

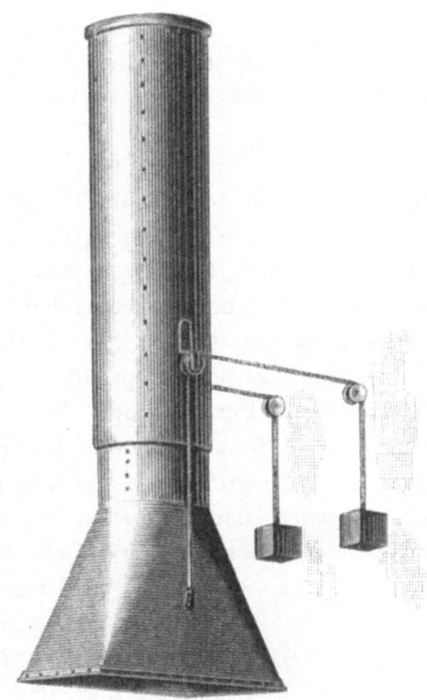

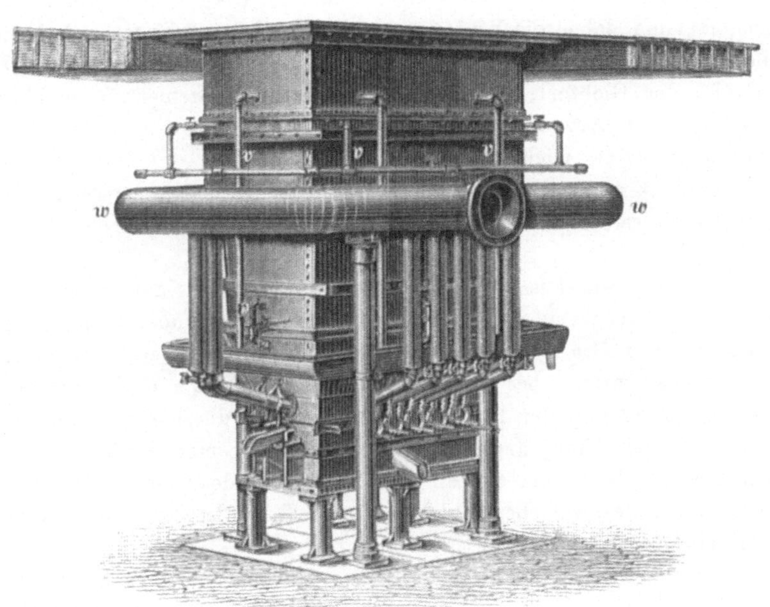

Fig. 252.

Regel mit einem Schlackensatz, welchem man dann Beschickungsmasse in kleinen Sätzen abwechselnd mit Brennstoffsätzen folgen läßt. Die Beschickungsmengen vergrößert man allmählich bis zur Erreichung des normalen Verhältnisses zwischen Beschickungs- und Brennstoffmenge.

Begichtung.

Die Menge von Brennstoff, welche auf einmal in den Ofen gebracht wird, nennt man Kohlengicht bezw. Koksgicht oder Kohlensatz bezw. Kokssatz, während die gleiche Menge von Beschickung „Erzsatz" oder „Erzgicht" genannt wird. Man unterscheidet bei den Erzgichten: volle Gichten, d. i. den normalen Erzsatz, leichte Gichten, das sind kleinere Gichten als dem normalen Erzsatz entspricht, und schwere Gichten, welche größer als der normale Erzsatz sind. Das Verhältnis der Kohlengicht zur Erzgicht nennt man Satzführung. Das Einbringen der Gichten in den Ofen nennt man „das Begichten", „Aufgichten" oder „Gichtensetzen". Die Zeit zwischen dem Aufgeben einer Erz- bezw. Kohlengicht und dem Aufgeben der nächsten Erz- bezw. Kohlengicht nennt man „Gichtenwechsel". Als Regel gilt die Unveränderlichkeit der Kohlen- bezw. Koksgicht während des Betriebes. Wird eine Veränderung in der Satzführung notwendig, so verändert man die Erzgichten, nicht aber die Brennstoffgichten. Der Grund hierfür ist der, daß die Erze infolge ihres höheren spezifischen Gewichtes weniger Raum im Ofen einnehmen, als die Brennstoffe, und daher die Veränderung der Erzgichten mit weniger Unzuträglichkeiten verbunden ist, als die Veränderung der Brennstoffgichten. Die Größe der Gichten hängt von der Natur des Brennstoffs und der Beschickung, der Art des Abscheidungsverfahrens, sowie von der Größe des Ofens bezw. der Gichtöffnung ab.

Die Gichten werden meistens gewogen, seltener gemessen. Das Einbringen derselben in die Öfen geschieht in Wagen, Karren, Trögen oder Körben.

Brennstoff und Beschickung werden entweder so aufgegeben, daß sie im Ofen abwechselnd horizontale Lagen übereinander bilden, oder so, daß sie vertikale Säulen im Ofen bilden. Bei der letzteren Art des Aufgebens, welche bei Öfen mit quadratischem oder oblongem Horizontalquerschnitte und der Einführung des Windes durch die Hinterwand des Ofens früher häufig angewendet wurde, bringt man die Erzgicht an die Hinterwand, die Brennstoffe an die Vorderwand des Ofens. Man nennt die erstere Art des Aufgebens „horizontale Begichtung", die letztere „vertikale Begichtung".

Horizontale Begichtung.

Bei der horizontalen Begichtung wird die bei der Verbrennung der Brennstoffe entwickelte Wärme sowohl als auch die reduzierende Wirkung von Kohle und Kohlenoxyd viel besser ausgenutzt, als bei der vertikalen

Begichtung. Früher fand die horizontale Begichtung hauptsächlich bei Eisenhochöfen und Öfen zum Umschmelzen von Eisen Anwendung, während sie gegenwärtig auch bei der Gewinnung der meisten übrigen Metalle mit Vorteil benutzt wird.

Bei offener Gicht hält man die Brennstoffgicht durch die Erzgicht bedeckt, um einem unnützen Brennstoffverbrauch vorzubeugen, während man bei verschlossener Gicht gewöhnlich umgekehrt verfährt. Die Sätze werden in der Regel so aufgegeben, daß die dicken Erzstücke der Beschickung und der Brennstoff in die Mitte des Ofens, die kleinen Stücke aber an den Rand desselben zu liegen kommen. Hierdurch werden die Gase gezwungen, in der Mitte und nicht am Rande des Ofens aufzusteigen, so daß ihre Wärme besser ausgenutzt wird und daß sie erforderlichen Falles auch besser chemisch einwirken können.

Bei offener Gicht verteilt man die mit Hilfe von Trögen, Körben, Karren, Wagen in den Ofen gestürzten Massen so, daß sie die gedachte Lage erhalten. Bei geschlossener Gicht, welche angewendet wird, wenn man die im Ofen aufsteigenden Gase auffangen und nutzbar machen will, z. B. bei Eisenhochöfen, bedient man sich besonderer weiter unten besprochener Vorrichtungen, der sogen. Begichtungsvorrichtungen, welche ein Aufgeben der Erz- und Kohlensätze in der gedachten Weise ohne Gasverlust ermöglichen.

Beim Niedergange der Gichten werden die am Rande des Ofens befindlichen Stücke derselben durch die Reibung an den Ofenwänden länger zurückgehalten, als die Stücke in der Mitte, so daß die Schichten in der Mitte des Ofens einsinken. Da hierdurch die Regelmäßigkeit des Niederganges der Sätze beeinträchtigt wird, so sucht man nach Möglichkeit (bei offener Gicht) die Oberfläche der Schichten eben zu machen.

Vertikale Begichtung.

Beim Aufgeben der Erz- und Brennstoffgichten in vertikalen Säulen können sich die reduzierenden Gase nicht so gleichmäßig im Ofen verteilen wie bei der Horizontalbegichtung. (Gegenwärtig wendet man deshalb grundsätzlich die horizontale Begichtung an.) Man hat die vertikale Begichtung da angewendet, wo leicht reduzierbare Oxyde reduziert, andere Oxyde (Eisenoxyd) aber verschlackt werden sollten, wie bei der Gewinnung von Kupfer, Silber, Blei.

Nasenschmelzen.

Bei der vertikalen Begichtung schmilzt man mit einer sogen. „Nase". Unter der Nase versteht man eine Verlängerung der Form in den Ofen hinein durch einen röhrenförmigen Ansatz von Schlacke. Die Bildung derselben bewirkt man durch Aufgeben einer gewissen Menge von Schlacke an der Brandmauer des Ofens vor dem Aufgeben der Beschickung. Die Nase wird durch die niedrige Temperatur des durch dieselbe in den Ofen

strömenden Windes vor dem Zusammenschmelzen geschützt. Durch die
Nase wird die höchste Temperatur in die Mitte des Ofens gelegt, so daß
sowohl die Formen als auch die Brandmauer gegen die nachteilige Einwirkung zu großer Hitze, geschützt sind. Man kann ferner durch Richten
der Nase mit Hilfe eines spitzen Eisenstabes, des sogen. Formspießes, den
Wind an diejenige Stelle des Ofens führen, wo er notwendig ist, und
durch Einstoßen von Löchern in die Nasenwandung denselben in richtiger
Weise verteilen. Beim Verschmelzen von Schlichen wird die Bildung von
Flugstaub durch das Nasenschmelzen beschränkt, indem die Beschickung
nicht den vollen Windstrahlen ausgesetzt ist und dadurch nur ein geringer
Teil derselben verstäubt wird.

Der Gang des Ofens wird beim Nasenschmelzen nach der Farbe und
Größe der Nase beurteilt. Bei zu niedriger Temperatur im Ofen wächst
die Nase an und ist dunkel, während sie bei zu hoher Temperatur hell
wird und schließlich abschmilzt. Durch geeignete Änderung der Erzgicht sowie durch Richtung und Bearbeitung der Nase mit Hilfe des
Formspießes ist man in der Lage, derselben die normale Beschaffenheit
zu geben.

Das Nasenschmelzen findet gegenwärtig nur noch bei Krummöfen
und in manchen Fällen auch bei Halbhochöfen Anwendung.

In der neueren Zeit ist man auf den meisten Werken von der vertikalen Begichtung und dem Nasenschmelzen zur horizontalen Begichtung
und dem Schmelzen ohne Nase übergegangen.

Durch Kühlung der Wände der Schmelzräume und der Formen,
durch passende Ofenkonstruktion, richtige Zusammensetzung der Beschickung,
richtige Satz- und Windführung hat man nicht nur die Nachteile des
Schmelzens ohne Nase vermieden, sondern auch einen besseren Schmelz-
erfolg erzielt.

Entfernung der Erzeugnisse des Schmelzbetriebes
aus den Öfen.

Die Entfernung der Erzeugnisse des Schmelzens aus dem Ofen geschieht, wie bereits oben erörtert ist, auf verschiedene Arten.

Bei Spuröfen fließen die geschmolzenen Massen von selbst aus dem
Ofen. Bei Tiegel- und Sumpföfen werden die metallhaltigen Massen, soweit nicht ein sogen. automatischer Stich vorhanden ist, abgestochen,
während die Schlacken bei Sumpföfen immer, bei Tiegelöfen in den meisten
Fällen (ausgenommen sind nur die Tiegelöfen mit geschlossenem Auge)
von selbst abfließen. In der neueren Zeit werden auf vielen Werken die
Schlacken periodisch abgestochen, wobei sie den Ofen heiß und flüssig verlassen. Die Schlacken erstarren entweder auf der langen Schlackentrift
und werden von derselben abgehoben, oder sie fließen in Wagen oder
Schlackentöpfe oder in besondere Schlackenformen, in welchen sie zu Bausteinen geformt oder getempert werden, oder in Wasser, in welchem sie

zu Granalien zerfallen, oder sie werden zum Zwecke der Herstellung von Schlackenwolle in einem dünnen Strahle mit einem Strome von Wasserdampf oder Gebläseluft zusammengebracht. Enthalten die Schlacken Metalle oder metallhaltige Körper (Schwefelmetalle) beigemengt, so läßt man sie in Töpfe laufen, welche sich nach unten zu konisch verjüngen. Die metallhaltigen Massen setzen sich in der Spitze des Konus ab und können leicht von den Schlacken abgeschlagen bezw. wieder gewonnen werden.

Die geschmolzenen Metalle und metallhaltigen Massen werden, wie schon früher dargelegt, aus dem Sumpf bezw. Tiegel durch Öffnen des Stiches mit Hilfe einer Eisenstange, des sogen. Stecheisens, abgestochen und fließen in Formen, Gräben, Betten, Schalen oder Herde, aus welchen sie durch Ausschöpfen bezw. durch Ausheben (nach erfolgter Erstarrung) entfernt werden. (Bei Anwendung des sogen. automatischen Stiches zur Entfernung von Blei und Steinen aus dem Ofen ist das Abstechen durch das kontinuierliche Austreten dieser Körper aus dem Ofen ersetzt.)

Sobald die geschmolzenen Massen aus dem Tiegel bezw. Sumpf ausgetreten sind, wird die Austrittsöffnung, das Stichloch, durch einen Gestübbe- oder Lehmpfropf oder durch ein Holzstück verschlossen.

Reinigung des Herdes.

Nach dem Abstechen sucht man soweit als möglich den Herd zu reinigen. In den Herden der Schachtöfen sammeln sich nämlich während des Betriebes erstarrte Massen von Schwefelmetallen, Schlacke und Eisen an (Geschur, Gekrätz, Bühnen und Sauen), welche mit Hilfe von Brechstangen und Brecheisen entfernt werden.

Ofengang.

Den Ofengang beurteilt man nach der Beschaffenheit der Erzeugnisse des betreffenden Schmelzverfahrens, besonders der Schlacken, nach der Beschaffenheit des Herdes, des Schachtes, nach dem Gichtenwechsel, nach der Beschaffenheit der Formen bezw. der Nase und nach der Beschaffenheit der Gicht.

Die Schlacke kann sowohl zu dickflüssig als auch zu dünnflüssig werden. Man bringt dieselbe durch Änderung der Zusammensetzung der Beschickung, sowie durch Änderung der Satz- und Windführung in ihren normalen Zustand zurück. Im Herde können sich, wie schon erwähnt, Ansätze von erstarrten Massen bilden, während im Schachte Verstopfungen durch die Bildung von Ofenbrüchen eintreten können, welche Unregelmäßigkeiten im Gichtenwechsel zur Folge haben. Diese Unregelmäßigkeiten können soweit gehen, daß der Betrieb des Ofens eingestellt werden muß. Dieselben werden sowohl durch mechanische als auch durch chemische Ursachen hervorgerufen. Die hauptsächlichsten derselben sind: falsche Ofenkonstruktion, unrichtige Beschickung, unzweckmäßiger Brenn-

stoff, zu niedrige Temperatur, mangelhafte Windführung, mangelhafte Satzführung. Durch geeignete Änderung in den gedachten Verhältnissen sowie durch gründliches Ausräumen des Herdes bezw. durch Wegkeilen oder
Wegschmelzen der Ofenbrüche, Bühnen oder Sauen lassen sich die gedachten Unregelmäßigkeiten zum großen Teile beseitigen.

Die Form kann zu hell oder zu dunkel sein, die Nase kann zu groß
oder zu klein und gleichfalls zu hell oder zu dunkel werden. Die Ursache
hiervon ist zu hohe oder zu niedrige Temperatur. Durch Vermehrung
oder Verminderung des Erzsatzes und durch Abänderung der Windführung
hilft man diesen Übelständen ab.

Schmelzen mit heller und mit dunkler Gicht.

Man kann sowohl mit heller als auch mit dunkler Gicht arbeiten.
Die Gicht geht hell, wenn die aus derselben austretenden Gase eine so
hohe Temperatur besitzen, daß sie sich bei der Berührung mit der atmosphärischen Luft entzünden. Sie geht dunkel, wenn die austretenden
Gase eine unter ihrer Entzündungstemperatur liegende Temperatur besitzen.
Bei dunkler Gicht wird die Wärme im Ofen besser ausgenutzt als bei
heller Gicht. Auch ist die Verflüchtigung von metallischen Körpern geringer als im letzteren Falle. Man schmilzt deshalb grundsätzlich mit
dunkler Gicht. Bei Eisenhochöfen und einigen Kupferöfen sind diese Gase
so reich an Kohlenoxyd, daß sie, wie bereits erörtert, als Brennstoffe benutzt werden. Die Vorrichtungen zum Auffangen der Gase, die sogen.
Gasfänge, sind weiter unten erörtert.

Zeitweise Außerbetriebsetzung der Öfen.

Die Außerbetriebsetzung eines Ofens für ganz kurze Zeit, z. B. wegen
Ausführung von Reparaturen am Ofen oder der Gebläsemaschine, wegen
vorübergehenden Mangels an Erzen oder Brennstoffen, nennt man
„Dämpfen“. In diesem Falle wird zuerst die Beschickung durchge-
schmolzen, dann werden leichte Gichten und schließlich nur Brennstoffgichten (so daß der Ofen schließlich nur Brennstoff enthält) aufgegeben;
das Gebläse wird abgestellt; der Herd wird geleert und alle Öffnungen
des Ofens werden mit Lehm verstopft. In diesem Zustande kann der
Ofen viele Tage lang glühend erhalten werden.

Außerbetriebsetzung der Öfen.

Die definitive Außerbetriebsetzung des Ofens, das Niederblasen
oder Ausblasen desselben, findet statt, wenn die Schmelzräume soweit
ausgebrannt sind, daß sich die Schmelzarbeit unvorteilhaft gestaltet; wenn
Störungen des Betriebes eingetreten sind, welche sich auf andere Weise
nicht beseitigen lassen, und wenn anderweite außerhalb des Schmelzverfahrens liegende Gründe es erfordern. In diesem Falle stellt man das

Aufgeben der Gichten ein und läßt die im Ofen befindlichen Gichten niedergehen. Nach der letzten Gicht gibt man noch eine geringe Menge Schlacken auf, um etwaige Ansätze im Ofen niederzuschmelzen.

Wenn der letzte Satz vor der Form angekommen ist, stellt man den Wind ab und schreitet zum Abstechen; dann reißt man die Ofenbrust ein und entfernt die glühenden Massen mit Hilfe von Brechstangen aus dem Ofen bezw. dem Herde. Eine neue Zustellung des Ofens kann erst nach dem vollständigen Erkalten desselben und nach der Entfernung der in demselben verbliebenen erstarrten Massen vorgenommen werden.

Die Zeit, während welcher ein Ofen im Betriebe gestanden hat, nennt man Kampagne (Schmelzkampagne) oder Hüttenreise. Die Dauer derselben hängt von der Beschaffenheit des Ofenbaumaterials, der Art der Beschickung und der Geschicklichkeit der Betriebsführung ab. Sie schwankt von mehreren Tagen bis zu einer Reihe von Jahren.

Schachtöfen für Verdampfungsverfahren.

Die bis jetzt angewendeten Schachtöfen für Verdampfungsverfahren sind die Öfen zur Gewinnung des Quecksilbers aus Zinnober enthaltenden Gesteinen.

Man hat auch vielfach versucht, Zink in Schachtöfen zu gewinnen, bis jetzt aber ohne Erfolg.

Die Schachtöfen für Verdampfungsverfahren — mögen die in denselben verbleibenden Rückstände ihren Aggregatzustand beibehalten oder mögen sie zusammenschmelzen — müssen immer mit Kondensationsvorrichtungen zum Auffangen der Dämpfe der zu gewinnenden Metalle versehen sein.

Sollen die Rückstände in diesen Schachtöfen ihren Aggregatzustand beibehalten, so werden dieselben ebenso eingerichtet wie die Schachtöfen für Brennverfahren; sollen die Rückstände dagegen in den Schachtöfen verschlackt werden oder zusammenschmelzen, so muß man sie als Schmelzschachtöfen einrichten.

Da Öfen der letzteren Art nicht betrieben werden, so sind nur diejenigen Öfen zu betrachten, in welchen die Rückstände ihren Aggregatzustand beibehalten. Derartige Öfen werden zur Gewinnung des Quecksilbers aus Zinnober, und zwar nur für Stückerze, an-

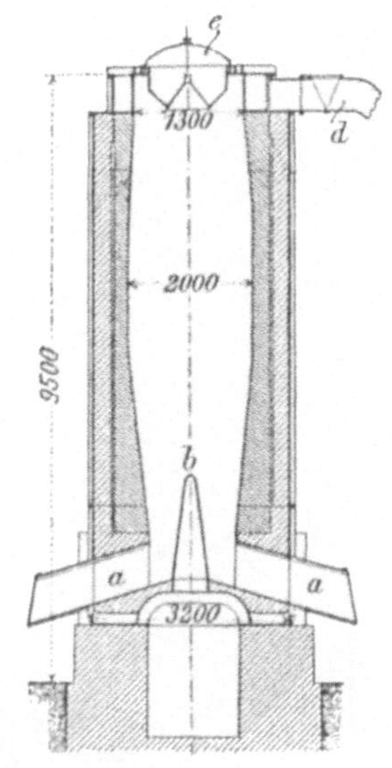
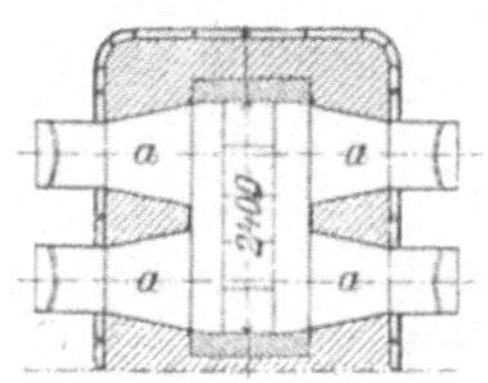

Fig. 253 u. 254.

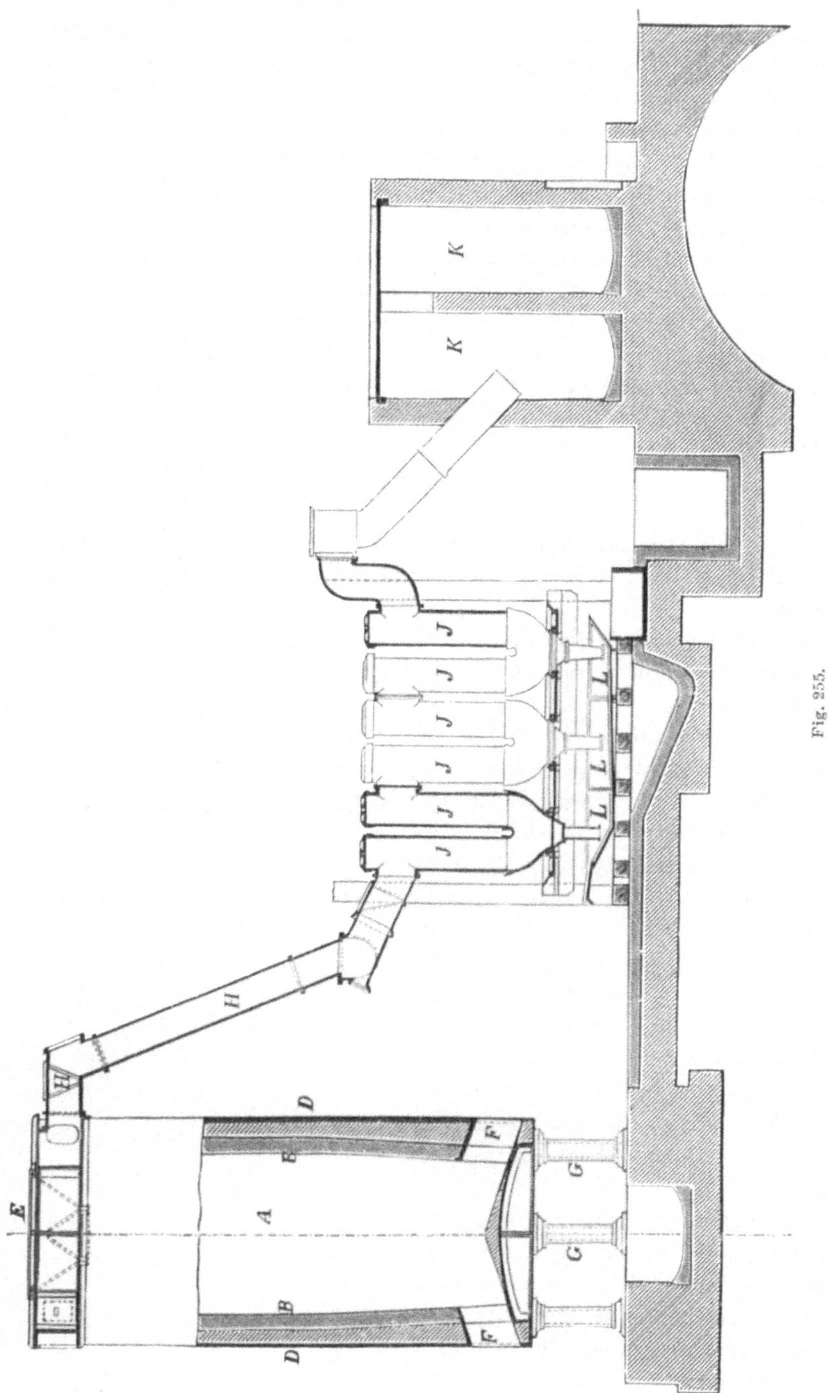

Fig. 255.

gewendet. (Für die Gewinnung des Quecksilbers aus Erzklein wendet man Schachtflammöfen oder Flammöfen an.)

Die Einrichtung eines derartigen Ofens von Novak, welcher zu Idria in Anwendung steht, ist aus den Fig. 253 und 254 ersichtlich. In demselben schichtet man Zinnober enthaltende Stückerze mit Holzkohlen. Derselbe besitzt rechteckigen Horizontalquerschnitt und 4 Ziehöffnungen. Der Kernschacht ist mit einem Rauhgemäuer umgeben, a sind die Ziehöffnungen; b ist ein mit vielen kleinen Öffnungen versehenes Abrutschdach. In dasselbe zieht von der Sohle des Ofens Luft ein und gelangt in angewärmtem Zustande durch die gedachten Öffnungen in den Ofen. c ist die Aufgebevorrichtung, d das Abzugsrohr für die Gase und Quecksilberdämpfe. Zur Vermeidung von Quecksilberverlusten ist der Ofen mit einem Eisenmantel umgeben. Die Gase und Quecksilberdämpfe ziehen in Kondensatoren aus Steinzeug und dann in Flugstaubkammern. Die Kondensationsvorrichtungen (mit einem älteren Ofen verbunden) sind aus Figur 255 ersichtlich. J sind die Steinzeugkondensatoren, K die Flugstaubkammern.

β) **Öfen mit Erhitzung durch flüssige Brennstoffe.**

Bei diesen Öfen wird der flüssige Brennstoff durch die geschmolzenen Massen selbst gebildet, indem durch Oxydation gewisser Bestandteile derselben die für das betreffende Verfahren erforderliche Wärme geliefert wird.

In Öfen dieser Art werden nur oxydierende Schmelzverfahren mit bereits in anderen Öfen eingeschmolzenen Massen ausgeführt. Derartige Öfen sind die Bessemerbirne, der schwedische Bessemerofen und die Kupferbessemerbirne. Die beiden ersten Öfen dienen zur Umwandlung von Roheisen in Flußeisen; die Kupferbessemerbirne dient zur Überführung von Schwefelkupfer bezw. von kupferhaltigen Schwefelmetallen in Rohkupfer.

Die Einrichtung der Bessemerbirne, in welcher die erforderliche Wärme hauptsächlich durch die Oxydation von Silizium oder von Phosphor entwickelt wird, ist aus Fig. 256 ersichtlich.

Dieselbe ist an Zapfen f und e aufgehängt und läßt sich mit Hilfe von maschinellen Vorrichtungen derartig drehen, daß geschmolzenes Roheisen in dieselbe eingegossen bezw. Flußeisen aus derselben ausgegossen werden kann.

Sie besteht aus einem mit feuerfester Masse ausgefütterten Mantel aus Schmiedeeisen, aus dem feuerfesten Boden und dem an denselben angeschlossenen Windkasten, sowie aus der Windleitung. Das feuerfeste Futter ist je nach der Art des anzuwendenden Verfahrens entweder sauer, d. i. reich an Kieselsäure, oder basisch, d. h. aus Kalk oder aus gebranntem Dolomit hergestellt. Der Wind tritt durch den Boden b der Birne ein. Unter demselben befindet sich der Windkasten d, in welchen das Windleitungsrohr g einmündet. Das letztere ist mit der Birne dreh-

bar und geht durch den hohlen Zapfen f derselben. Aus dem Windkasten
tritt der Wind durch eine Reihe von Öffnungen c, die in dem feuerfesten
Futter des Bodens der Birne angebracht sind, in die Birne. Er muß
selbstverständlich die erforderliche Pressung besitzen, um die flüssigen
Massen durchdringen zu können. Die gasförmigen Erzeugnisse der Erhitzung bezw. des Verfahrens treten durch den Hals der Birne aus. Durch
die Einwirkung des Sauerstoffs der eingeführten Luft auf das im Eisen
enthaltene Silizium bezw. den Phosphor, welche Körper zu Kieselsäure
bezw. zu Phosphorsäure oxydiert werden, sowie durch eine Überhitzung
des phosphorhaltigen Eisens vor der Einführung desselben in die Birne

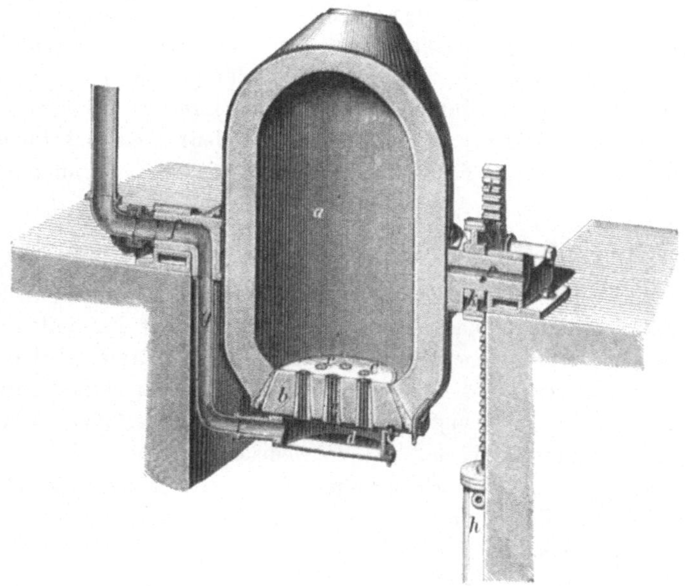

Fig. 256.

wird die zum Flüssigerhalten der Massen bezw. zum Durchführen des Verfahrens erforderliche Wärme geliefert.

Der schwedische Bessemerofen wird gegenwärtig nur noch vereinzelt angewendet. Derselbe ist gewissermaßen ein zylindrischer, als
Tiegelofen zugestellter Schachtofen, in welchem durch eine seitliche Öffnung
flüssiges Roheisen eingelassen und mit Hilfe von gepreßter durch dasselbe
hindurchgeführter Luft in schmiedbares Eisen (Flußeisen) verwandelt wird.
Der Wind wird in einen um den unteren Teil der Ofenwandung herum-
gelegten Kasten aus Eisen geleitet und tritt aus demselben durch eine
Reihe seitlicher Öffnungen in den Ofen bezw. das flüssige Eisen. Die
gasförmigen Erzeugnisse des Verfahrens treten durch einen Kanal im
oberen Teile des Ofens aus, während das Flußeisen durch ein Stichloch
abgelassen wird. Die Einrichtung dieses Ofens ergibt sich aus den Figuren
257 und 258. S ist der aus feuerfesten Steinen hergestellte, mit einem

Mantel aus Schmiedeeisen umgebene Ofen. O ist die Vorrichtung zum Einführen des flüssigen Roheisens in den Ofen; z ist das Stichloch zum Ablassen des Flußeisens. w ist der rings um den Ofen herumgeführte Windkasten aus Gußeisen. m m sind die Formen aus Ton, durch welche

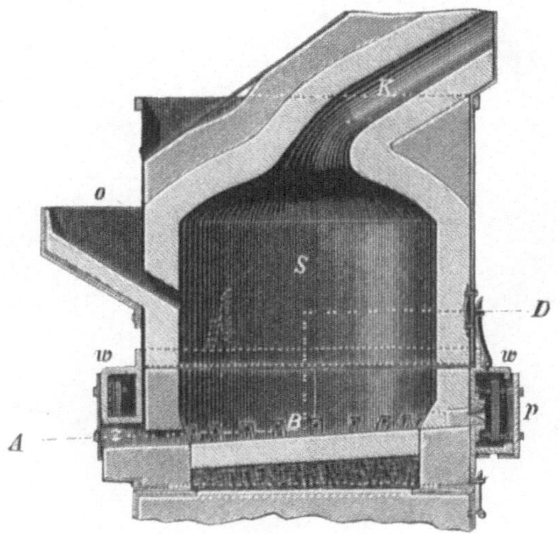

Fig. 257.

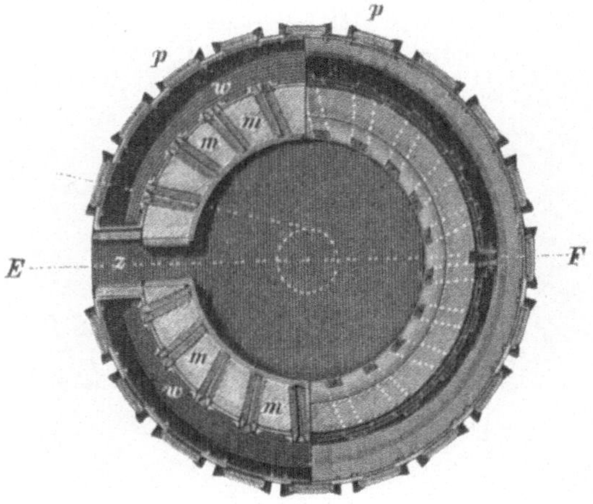

Fig. 258.

der Wind aus dem Windkasten in den Ofen strömt. k ist der Kanal, durch welchen die gasförmigen Erzeugnisse abziehen. p p p sind am äußeren Teile des Windkastens angebrachte Keile aus Eisen, welche entfernt werden, wenn man zu den einzelnen Formen gelangen will. In diesem Ofen werden die nämlichen Verfahren ausgeführt, wie in der Bessemerbirne.

28*

Die **Kupferbessemerbirne** ist ähnlich eingerichtet wie die eigentliche Bessemerbirne, nur ist sie viel kleiner und hat eine andere Art der Einführung des Windes in den Ofen. Der letztere wird nämlich nicht

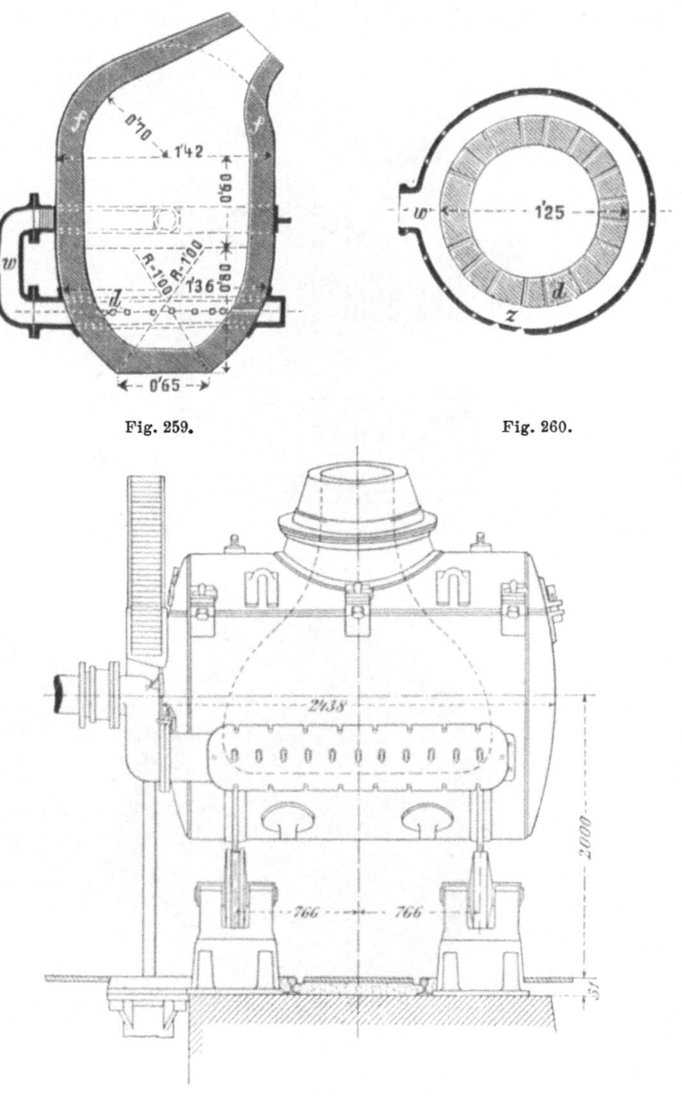

Fig. 259.   Fig. 260.

Fig. 265.

durch den Boden, sondern durch die Seitenwand eingeführt, weil andernfalls ein Erstarren des am Boden ausgeschiedenen Rohkupfers eintreten würde. Die Figuren 259 und 260 zeigen die Einrichtung einer solchen Birne. Dieselbe hat ein Futter f aus feuerfester (quarziger) Masse. w ist das mit der Birne drehbare Windleitungsrohr; z ist der um die Birne herumlaufende Windkasten, aus welchem die Luft durch die Düsen d in den Ofen bezw. in die flüssigen Massen strömt. Die Oxydation des Schwefels liefert die zum Flüssighalten der Massen und zur Durchführung des Verfahrens (Gewinnung von Kupfer aus Schwefelmetallen) erforderliche Wärme.

Die in Anaconda (Montana) angewendete Kupfer- Bessemerbirne (Konverter) ist aus den Figuren 261—264 ersichtlich.

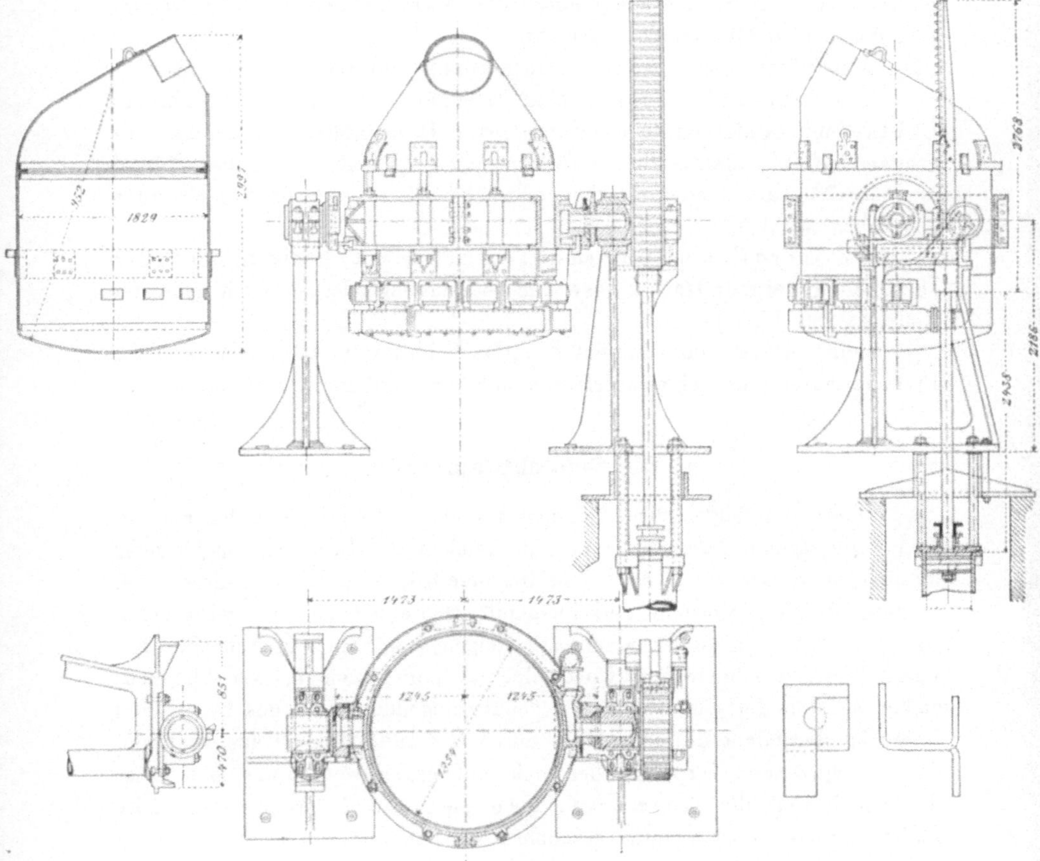

Fig. 261 bis 264.

Anstatt der Birnen werden auch um ihre Achse drehbare horizontal liegende Zylinder angewendet. Ein derartiger Konverter ist aus der Fig. 265 ersichtlich. Bei demselben liegen die Formen an der einen Seite des Zylinders. Der Windkasten ist mit dem Zylinder drehbar. Durch Drehung des Zylinders läßt sich der Wind an jede gewünschte Stelle hinleiten. Man ist daher in der Lage, den Gebläsewind immer in den geschmolzenen Stein leiten zu können.

Ein kugelförmiger Konverter für die Verarbeitung von Kupferstein ist von David angegeben worden.

b) Die Flammöfen.

Die Flammöfen sind Öfen, bei welchen die Erhitzung durch die Flamme von Brennstoffen und zwar sowohl durch die Berührung der Flamme und der gasförmigen Erzeugnisse der Verbrennung mit den zu erhitzenden Körpern als auch durch die Wärmestrahlung der Flamme und der heißen Ofenwände geschieht.

Man unterscheidet Schachtflammöfen und Herdflammöfen.

Die Schachtflammöfen sind Flammöfen von schachtförmiger Gestalt mit **senkrechter oder geneigter Hauptachse,** in welchen die erhitzenden Gase gewöhnlich aufwärts ziehen, die zu erhitzenden Körper aber abwärts sinken oder rutschen oder über Platten von oben nach unten geschoben werden.

Die Herdflammöfen sind Flammöfen mit **horizontaler oder schwach geneigter Hauptachse** und horizontaler oder schwach geneigter Richtung der Flamme.

Beide Arten von Flammöfen unterscheidet man wieder in Öfen für Brennverfahren, für Schmelzverfahren und für Verdampfungsverfahren.

α) **Die Schachtflammöfen.**

Diese Öfen bilden den Übergang von den Schachtöfen zu den Flamm-öfen. Sie stellen Schachtöfen dar, in welchen die Erhitzung nicht mehr durch direkte Berührung der zu erhitzenden Körper mit festem Brennstoff, sondern durch Berührung derselben mit verbrennenden und verbrannten Gasen erfolgt. Die erhitzenden Gase steigen gewöhnlich im Schachte auf-wärts [nur ausnahmsweise (Quecksilbergewinnungsöfen in Neu-Almaden) ziehen sie von der einen zu der gegenüberliegenden Seite des Ofens] und treten an der Gicht desselben oder durch besondere Kanäle aus, während die zu erhitzenden Körper an der Gicht aufgegeben werden und sich unter der Einwirkung der Schwere von oben nach unten bewegen oder über Platten von oben nach unten geschoben werden.

Die Schachtflammöfen besitzen entweder im unteren Teile Rost-feuerungen oder sie werden durch Gas geheizt, welches im unteren Teile des Ofens in gleichmäßiger Verteilung einströmt und durch zugeführte Luft verbrannt wird.

Schachtflammöfen für Brennverfahren.

Man unterscheidet dieselben in Öfen zum Erhitzen von Bruchstücken und in Öfen zum Erhitzen von zerkleinerten Körpern.

Schachtflammöfen für Bruchstücke.

Öfen mit Rostfeuerung.

Man wendet diese Öfen zum Rösten von Eisenstein und zum Kalzinieren des Galmeis an.

Die Feuerungsanlage befindet sich entweder im Innern des Ofenschachtes oder in den Seitenwänden desselben. Im ersteren Falle ist

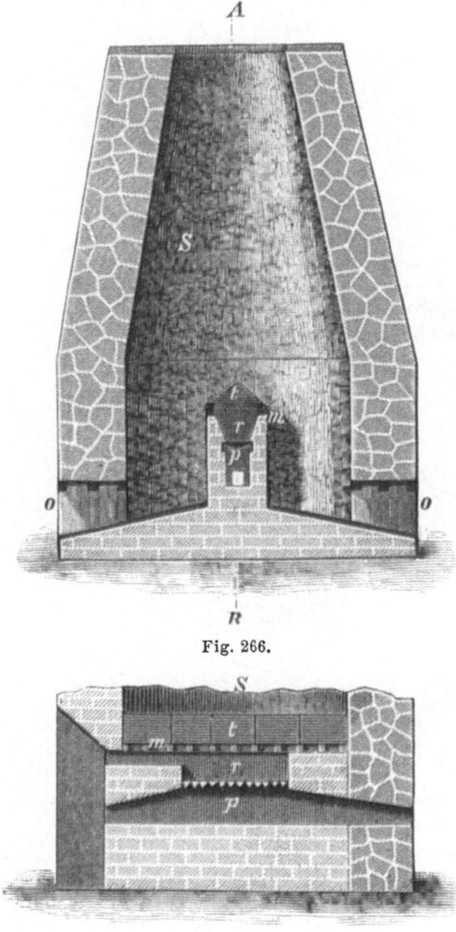

Fig. 266.

Fig. 267.

nur ein einziger mit einem Dache versehener Rost vorhanden, während bei seitlicher Feuerung mehrere Roste (gewöhnlich drei) in gleichen Abständen von einander in dem unteren Teile des Ofengemäuers angebracht sind.

Ein Ofen mit Innenfeuerung, welcher nur noch selten zum Rösten von Eisenerzen (in Schweden) angewendet wird, ist in den Fig. 266 und 267 dargestellt. S ist der Ofenschacht. r ist der Rost, p der Aschenfall und t das über dem Roste angebrachte Dach, der sogen. „Schweinerücken“. Derselbe besteht aus Gußeisen und ruht auf Gußeisenpfeilern m.

Die Flamme zieht durch die Zwischenräume zwischen diesen Pfeilern in den Schacht und steigt in demselben aufwärts. Die gerösteten Erze werden durch die Öffnungen o ausgezogen.

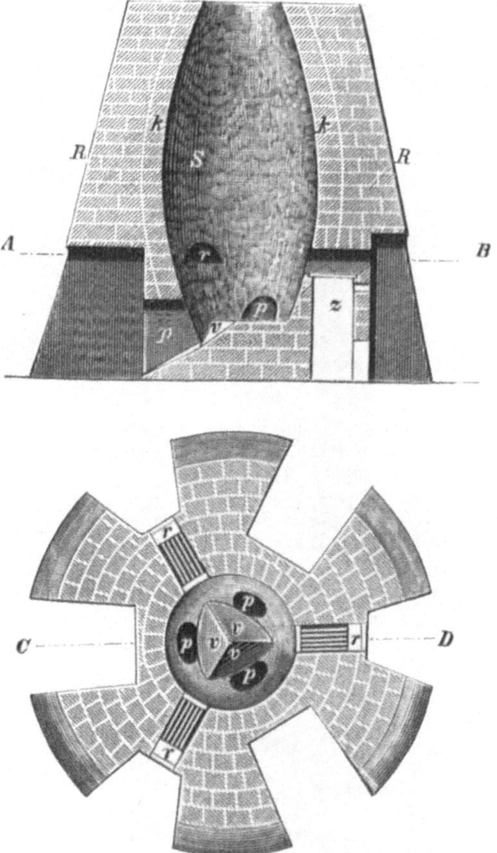

Fig. 268 u. 269.

Ein älterer Ofen mit seitlicher Feuerung, welcher gleichfalls zum Rösten von Eisenerzen dient und große Ähnlichkeit mit einem Kalkbrennofen hat, ist aus den Fig. 268 und 269 ersichtlich. S ist der Schacht. Im unteren Teile desselben befinden sich drei Rostfeuerungen r, deren jede einen Aschenfall z hat, sowie drei Öffnungen p zum Ausziehen des Röstgutes. Das letztere rutscht auf den Abschrägungen v der Ofensohle gleichmäßig nach den Ziehöffnungen. Der Ofen besitzt einen Kernschacht k und ein Rauhgemäuer R. In dem letzteren befinden sich überwölbte Räume, durch welche man zu den Ziehöffnungen und zu den Feuerungen gelangt.

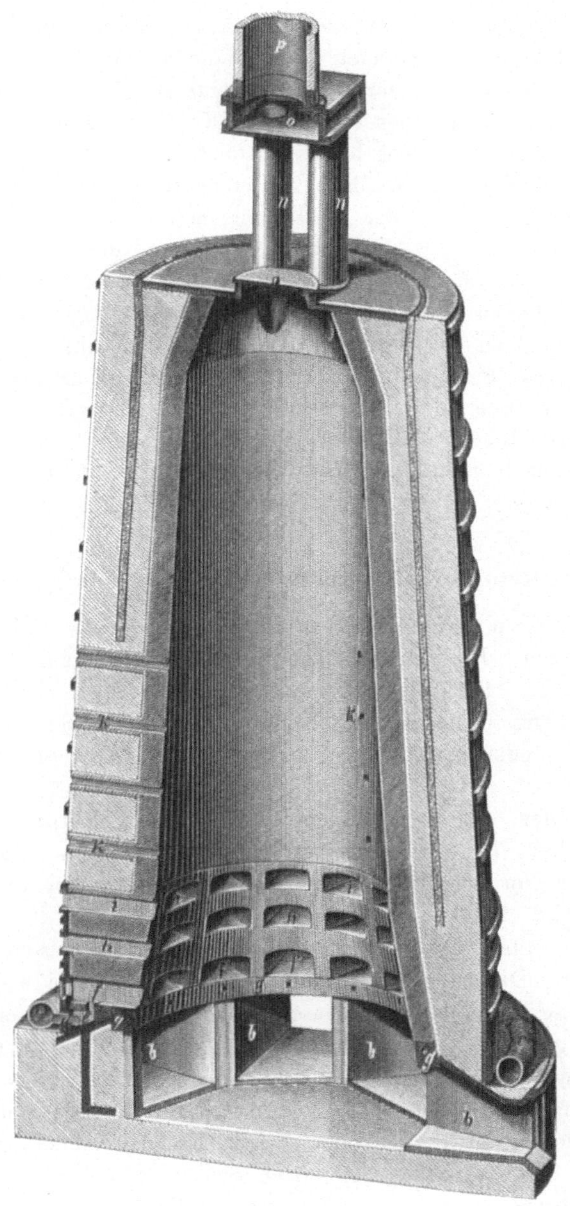

Fig. 270.

Öfen mit Gasfeuerung.

Schachtflammöfen mit Gasfeuerung finden Anwendung zum Rösten von Eisenerzen. Als Gase benutzt man die Gichtgase der Eisenhochöfen (welche letzteren in diesem Falle die Feuerungsanlagen ersetzen).

Ein derartiger Ofen ist der in Fig. 270 dargestellte Ofen von Westmann, welcher in Schweden zum Rösten von Eisenerzen angewendet wird.

Die Gichtgase werden zuerst in ein rings um den Ofen herumlaufendes Rohr c geführt und treten dann durch Rohrstutzen d in im Mauerwerk des Ofens angebrachte senkrechte Kanäle e und aus diesen in die in den Ofen mündenden horizontalen Kanäle f. Dieselben sind durch das Rauhgemäuer des Ofens hindurchgeführt, so daß man von der Außenseite des Ofens her mit Gezähstücken in denselben gelangen und Ansätze entfernen kann. Unter den Gaseintrittskanälen befinden sich Öffnungen b zum Ausziehen des Röstgutes. Dieselben dienen gleichzeitig als Eintrittsöffnungen für die Verbrennungsluft. Über den Gaseintrittsöffnungen befinden sich zwei Reihen von Störöffnungen h und i, durch welche man gleichfalls Gezähstücke in den Ofen führt, um Ansätze zu entfernen bezw. Betriebsstörungen zu verhindern. Zur Beobachtung der Vorgänge im Innern des Ofens sind über den gedachten Öffnungen in verschiedenen Höhen Schauöffnungen K angebracht. Der Ofenschacht erweitert sich nach unten, um das Hängenbleiben der Erze in demselben zu verhindern.

Schachtflammöfen für zerkleinerte metallhaltige Körper.

Diese Öfen verwendet man zum Rösten von Schwefelmetallen und Eisenerzen. Die Feuerung kann sowohl Rostfeuerung als auch Gasfeuerung sein. Die letztere wendet man indes nur selten und nur dann an, wenn Gichtgase zur Verfügung stehen. Die zu erhitzenden Körper fallen oder rutschen im Schachte herab oder werden über Platten geschoben.

Ein Ofen, bei welchem die zu röstenden Körper im Schachte frei herabfallen, ist der Stetefeldt-Ofen, welcher in den Vereinigten Staaten von Nordamerika zur chlorierenden Röstung von Silbererzen angewendet wird.

Dieser Ofen stellt einen mit seitlicher Rostfeuerung versehenen Schacht dar. Das zu röstende Erz fällt in demselben frei herab, während die Feuergase emporsteigen. Durch eine Öffnung im obersten Teil des Schachtes gelangen sie in einen zweiten gleichfalls mit einer seitlichen Rostfeuerung versehenen Schacht, in welchem sie abwärts ziehen und dann in eine aus mehreren Abteilungen bestehende Flugstaubkammer gelangen. Dieselbe steht mit einer hohen Esse in Verbindung. Das Erzpulver fällt auf der Sohle des ersten Schachtes und die von dem Gasstrome mitgerissenen Teile desselben auf der Sohle des zweiten Schachtes und in den Flugstaubkammern nieder. Der Ofen ist in Fig. 271 dargestellt. S ist der Hauptschacht, e der zweite Schacht; A A A sind die Rostfeuerungen, b b die Eintrittsöffnungen für die Luft; B ist der mit einem Schieber versehene Boden des Hauptschachtes; C ist die Flugstaubkammer, D der Essenkanal. Die unteren Teile der verschiedenen Abteilungen der Flugstaubkammer werden durch Blechtrichter gebildet, deren engeres Ende durch Schieber verschlossen bezw. geöffnet werden kann. Die Öffnungen c und f sind sogen. Störöffnungen (durch welche man Gezähe zum Reinigen des Ofens durchsteckt). Die Öffnung d ist eine Schauöffnung.

Ein durch Gas (Gichtgase) geheizter Ofen, in welchem die zu erhitzenden Körper herabrutschen, ist der Mosersche Eisenerzröstofen. Derselbe stellt einen Kanal von 45⁰ Neigung und 3,5—5,5 m Länge dar. Auf der Sohle desselben rutschen die am oberen Ende aufgegebenen Erze langsam herab, während am unteren Ende des Ofens die Gichtgase und die Verbrennungsluft eintreten.

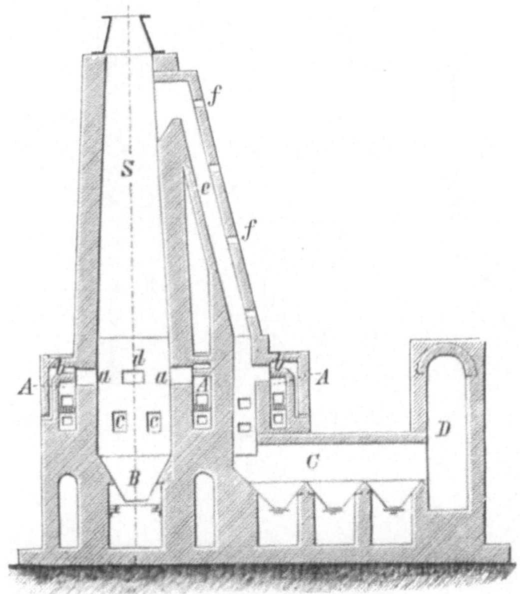

Fig. 271.

Die Ofen, in welchen die zu erhitzenden Körper auf Platten von oben nach unten geschoben werden, unterscheiden sich von den oben besprochenen Malétraöfen nur dadurch, daß sie mit einer kontinuierlich betriebenen Rostfeuerung versehen sind. Man wendet dieselben bei der chlorierenden Röstung von Silbererzen (Kapnik in·Ungarn) an.

Schachtflammöfen für Schmelzverfahren

werden nicht angewendet.

Schachtflammöfen für Verdampfungsverfahren.

Dieselben finden bei der Gewinnung des Quecksilbers aus Zinnober enthaltenden Erzen Anwendung und zwar sowohl für Bruchstücke als auch für Erzklein.

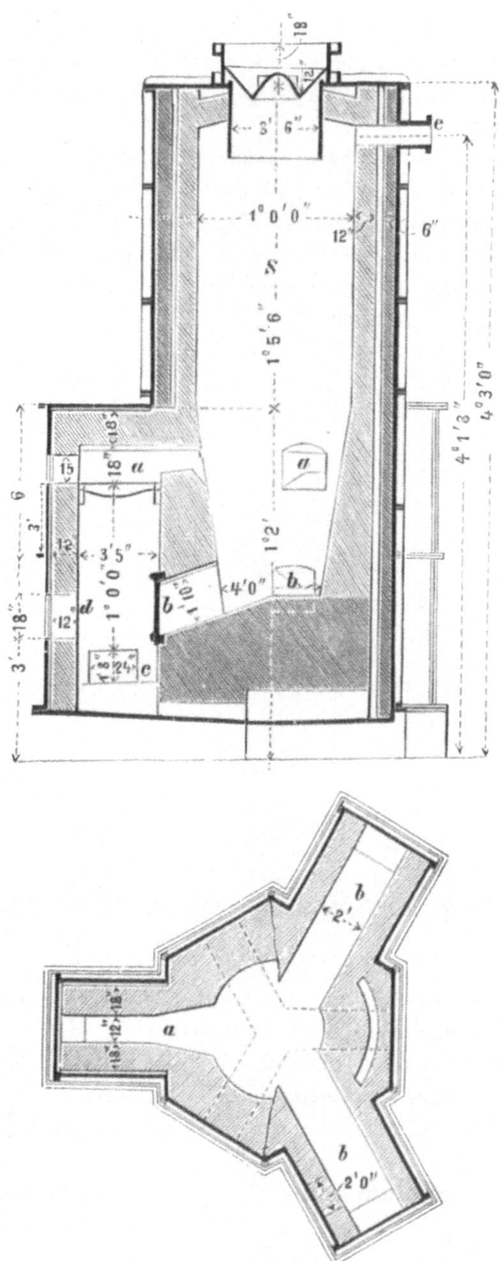

Fig. 272 u. 273.

Öfen für Bruchstücke.

Diese Öfen unterscheiden sich nicht wesentlich von den Röstöfen
für Bruchstücke, nur sind sie mit einem Eisenpanzer zur Verhütung von

Quecksilberverlusten und mit Kondensationsvorrichtungen zum Auffangen der Quecksilberdämpfe versehen.

Die Einrichtung eines derartigen zu Idria in Anwendung stehenden Ofens, welcher von Exeli angegeben ist, erhellt aus den vorstehenden Fig. 272 und 273. S ist der mit einem Eisenpanzer umgebene Ofenschacht. Derselbe hat drei Rostfeuerungen a und drei darunter befindliche Öffnungen b zum Ausziehen der festen Rückstände. Die Gicht des Ofens wird verschlossen gehalten und ist mit einer Aufgebevorrichtung versehen. Durch das Rohr e treten die entbundenen Dämpfe in die (hier nicht sichtbaren) Kondensationsvorrichtungen. Die durch die Öffnungen b ausgezogenen Rückstände werden im Raume c, der gleichzeitig als Aschenfall dient, abgekühlt, indem sie ihre Wärme an die unter den Rost tretende Verbrennungsluft abgeben. Will man Rückstände aus dem Ofen entfernen, so führt man durch die Türe d Gezähe in die Ziehöffnungen b ein.

Bei älteren Öfen (Neu-Almaden in Californien) sind zwei gegenüberliegende Schachtwände mit Öffnungen in ihrer ganzen Höhe versehen. Die Flamme zieht durch die eine Schachtwand ein und durch die andere Wand aus, hat also horizontale Richtung.

Öfen für Erzklein.

Die Schachtflammöfen dieser Art besitzen große Ähnlichkeit mit den Röstschachtöfen für pulverförmige Körper. Die Schächte sind hier nicht mehr frei, sondern mit Hindernissen besetzt, welche das Erzklein im freien Falle oder im Herabrutschen aufhalten und in zweckmäßiger Weise verteilen.

Der Ofenschacht ist entweder senkrecht oder geneigt.

Ein Ofen mit senkrechtem Schacht, der in Californien angewendete sogen. Granzitaofen, ist aus den Fig. 274, 275 und 276 ersichtlich. Der Ofen ist mit um 45° geneigten wechselständigen Tonplatten ausgesetzt, auf welchen das Erz periodisch herabrutscht. Das Herabrutschen geschieht, sobald die Destillationsrückstände aus dem Ofen ausgezogen werden. Bei anderen Öfen (Tierrasöfen) wird das Ausziehen der Destillationsrückstände bezw. das Herabrutschen des Erzes mit Hilfe von Schüttelvorrichtungen bewirkt. Beim Herabrutschen des Erzes werden die obersten Tonplatten frei und von neuem mit Erz besetzt. Das Einführen des Erzes in den Schacht geschieht durch den Trichter a. Die Feuergase und die Luft ziehen in Serpentinen von unten nach oben so durch den Schacht, daß sie das Erz in horizontaler Richtung bestreichen. Der Weg derselben ist durch die aus feuerfesten Steinen hergestellten Scheider w und w' vorgeschrieben. Sie ziehen von dem unter w liegenden Roste aus in den Raum g', indem sie in horizontaler Richtung über das im ersten Drittel des Ofens befindliche Erz streichen; dann ziehen sie, durch w' verhindert, in g′ höher emporzusteigen, durch das zweite Drittel des Ofens in den Raum g und aus diesem durch das letzte Drittel in das Rohr r, welches

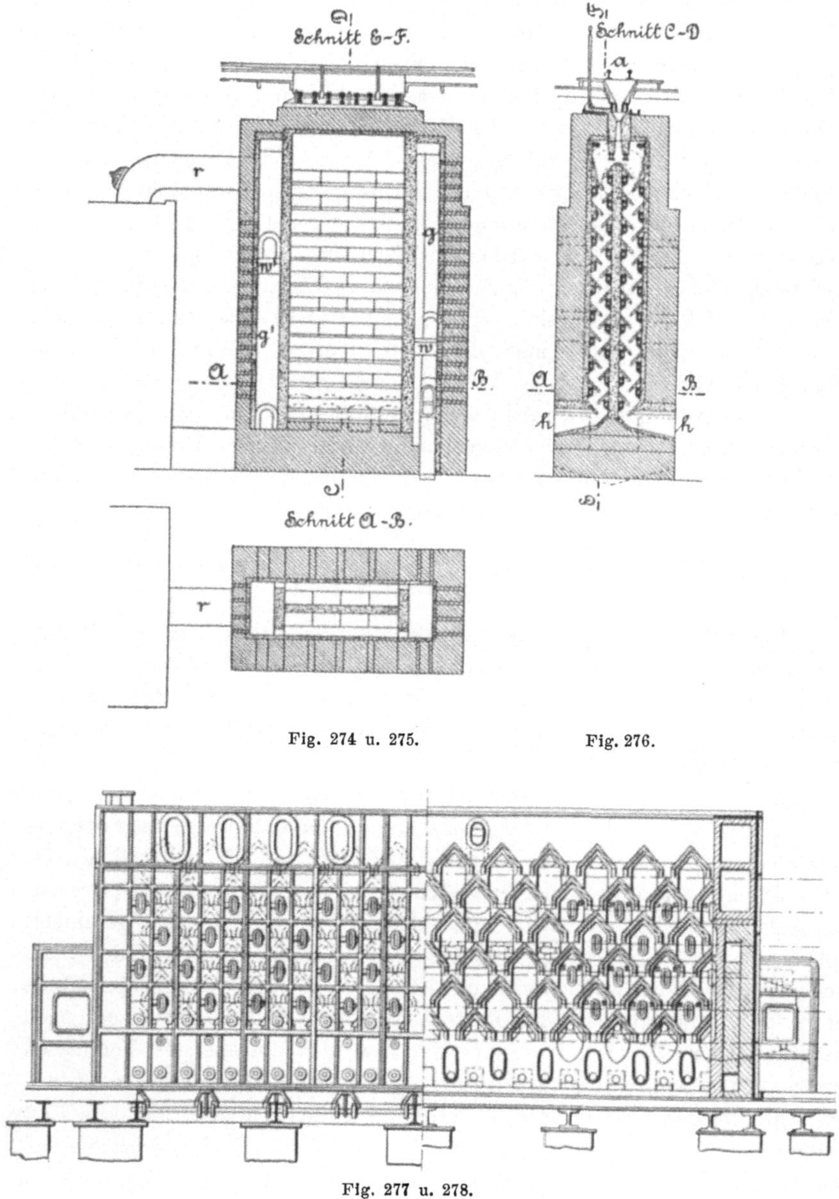

Fig. 274 u. 275.				Fig. 276.

Fig. 277 u. 278.

sie in die Kondensationsvorrichtungen führt. Die Destillationsrückstände werden in Zwischenräumen von je 40 Minuten ausgezogen und ebenso oft wird eine entsprechende Menge Erz in den Ofen nachgesetzt.

Der neueste Ofen für Erzklein von Czermak-Spirek, welcher in Idria und in Italien (Monte amiata) Anwendung findet, besteht aus übereinander liegenden Dächern aus feuerfestem Ton, auf welchen das Erz periodisch herabrutscht. Die Flamme zieht, wie bei dem Granzitaofen, so von unten nach oben, daß sie das Erz in horizontaler Richtung bestreicht. Längsansicht und Längsschnitt des Ofens sind aus den Fig. 277 und 278 ersichtlich.

Fig. 279.

Als Ofen mit geneigtem Schacht ist der Livermooreofen anzuführen, welcher in Californien zur Gewinnung von Quecksilber angewendet wird. Derselbe ist in Fig. 279 abgebildet. S ist der geneigte Schacht. Derselbe wird durch die einer ganzen Reihe von Schächten (von 16 cm Breite) gemeinschaftliche Rostfeuerung R geheizt. v sind aus feuerfestem Ton hergestellte Hindernisse zur Verteilung des Erzkleins und zum Aufhalten desselben im Schachte; z sind Vorsprünge aus dem nämlichen Materiale, welche die Flamme auf das Erzklein leiten sollen. Das letztere wird bei w aufgegeben. Die Destillationsrückstände gelangen durch den Kanal u in den Behälter B, aus welchem sie ausgezogen werden.

Die Quecksilberdämpfe ziehen mit den gasförmigen Verbrennungserzeugnissen durch den Kanal y am oberen Ende des Schachtes in die Kondensationsvorrichtungen T T. P ist eine zweite Rostfeuerung, durch welche, falls es erforderlich erscheint, die untere geneigte Seite des Schachtes äußerlich geheizt werden kann. (Hierdurch erhält der Ofen gleichzeitig den Charakter der Gefäßöfen.)

β) Die Herdflammöfen.

Bei den Heerdflammöfen streichen die Heizgase durch horizontale oder schwach geneigte Kammern, auf deren Sohle sich die zu erhitzenden Körper befinden. Die Erhitzung der letzteren erfolgt teils durch unmittelbare Berührung der Flamme und der gasförmigen Verbrennungserzeugnisse mit denselben, teils durch die von der Decke und den Wänden der Kammer sowie die von der Flamme ausgestrahlte Wärme. Wegen des großen Anteils der Wärmestrahlung an der Erhitzung nennt man die Herdflammöfen auch „Reverberieröfen“.

Da in diesen Öfen die Erhitzung hauptsächlich von oben stattfindet, so kann die Wärme in denselben nicht in dem Maße ausgenutzt werden wie bei den Schachtöfen und Schachtflammöfen.

Die Wärmeausnutzung ist am ungünstigsten, wenn eine gleichmäßig hohe Temperatur im ganzen Erhitzungsraum herrschen soll, wie es für die Schmelzverfahren und auch für manche Brennverfahren erforderlich ist. In diesem Falle müssen die gasförmigen Erzeugnisse der Verbrennung den Ofen mit der nämlichen oder einer höheren Temperatur verlassen, als das betreffende Verfahren erfordert.

Die Wärmeausnutzung gestaltet sich günstiger, wenn gleichmäßige Temperaturen im Ofen nicht erforderlich sind und wenn die zu erhitzenden Körper von der kältesten Stelle des Erhitzungsraums allmählich nach der heißesten Stelle desselben vorgeschoben werden. Dieser Fall, in welchem die zu erhitzenden Körper den umgekehrten Weg machen wie die erhitzenden Gase, wo das Gegenstromprinzip also in einem gewissen Grade zur Anwendung gebracht ist, liegt bei vielen Röstverfahren vor. Bei hinreichender Länge des Erhitzungsraums verlassen die gasförmigen Verbrennungserzeugnisse denselben mit verhältnismäßig niedriger Temperatur.

Um nun bei Anwendung hoher Temperaturen die Wärme der abziehenden Verbrennungsgase nicht zu verlieren, benutzt man dieselben (bis auf die zur Erhaltung des Essenzuges erforderliche Temperatur herab) zum Heizen von Dampfkesseln, Trockenöfen, Röstöfen, Generatoren (Lürmann) oder bei Anwendung von Gasfeuerung zum Heizen der oben besprochenen „Wärmespeicher“ und läßt sie nach Abgabe ihres Wärmeüberschusses mit einer Temperatur von 200—300⁰ in die Esse ziehen.

Bei Rostfeuerungen lassen sich Wärmespeicher, welche zur Vorwärmung der Brennstoffe und der Verbrennungsluft dienen, wegen des festen Aggregatzustandes der Brennstoffe und der raschen Zerstörung der Roststäbe bei Anwendung von heißem Wind nicht gut verwenden.

Der Wirkungsgrad der Herdflammöfen beträgt 0,08 — 0,10. Bei Nutzbarmachung der Abhitze zum Vorwärmen von Gas und Luft steigt er auf 0,14—0,18.

Vor den Schachtöfen besitzen die Herdflammöfen den Vorteil der Übersichtlichkeit der in ihnen ausgeführten Verfahren und der Verwendbarkeit roher Brennstoffe zur Erhitzung.

Jeder Herdflammofen besteht aus drei Hauptteilen, nämlich aus der Feuerungsanlage, aus dem Raume, in welchem die Erhitzung der betreffenden Körper stattfindet, dem sogen. Erhitzungsraum oder der Erhitzungskammer, und aus einer Vorrichtung zur Abführung der gasförmigen Erzeugnisse der Verbrennung und der sonstigen bei der Erhitzung entbundenen Gase und Dämpfe.

Die Feuerungsanlage.

Bei Anwendung fester Brennstoffe wendet man gewöhnlich Rostfeuerung an; nur ausnahmsweise bedient man sich der Feuerungen ohne Rost. Bei Anwendung flüssiger Brennstoffe besteht die Feuerungsanlage aus den Zuführungs- und Zerstäubungsvorrichtungen für die flüssigen Brennstoffe sowie aus den Luftzuführungsvorrichtungen und dem Verbrennungsraum. Bei Anwendung gasförmiger Brennstoffe besteht die Feuerungsanlage, abgesehen vom Gaserzeuger, aus den Vorrichtungen zum Zuführen und Vorwärmen der Brennstoffe, zum Zuführen und Vorwärmen der Verbrennungsluft sowie aus dem Verbrennungsraume. Bei flüssigen und gasförmigen Brennstoffen ist der Verbrennungsraum in der Regel auch gleichzeitig der Raum, in welchem die Hitze nutzbar gemacht werden soll, also die Erhitzungskammer der Flammöfen.

Die Einrichtung dieser verschiedenen Feuerungsanlagen ist im vierten Abschnitt eingehend besprochen worden.

Die Rostfeuerung wendet man an, wenn sehr hohe Temperaturen nicht erforderlich sind und wenn eine Verunreinigung der zu erhitzenden Körper durch Flugasche nicht nachteilig ist.

Die Feuerung mit flüssigen Brennstoffen wendet man in Gegenden an, in welchen dieselben billig sind, besonders in Erdölbezirken.

Die Gasfeuerung wendet man an, wenn hohe Temperaturen erzielt werden sollen; wenn größere Erhitzungskammern an allen Stellen eine gleichmäßige Temperatur erfordern und wenn die zu erhitzenden Körper nicht mit Flugasche in Berührung kommen dürfen.

Bei Anwendung der Rostfeuerung liegt die Feuerungsanlage unmittelbar neben dem Erhitzungsraum. Man verwendet bei derselben nur

unverkohlte Brennstoffe. Verkohlte Brennstoffe geben wegen des Nicht-
vorhandenseins von Kohlenwasserstoffen in denselben eine geringere Wärmeintensität als unverkohlte Brennstoffe und verbrennen bei vollständiger
Verbrennung des Kohlenstoffs ohne Flamme.

Die Flamme der Brennstoffe tritt bei der Rostfeuerung aus dem
Feuerraum über eine niedrige Mauer, die sogen. Feuerbrücke in die
Erhitzungskammer. Die Öffnung, durch welche die Flamme in die Erhitzungskammer eintritt, nennt man „Flammloch". Durch eine oder
mehrere andere Öffnungen der Erhitzungskammer, das sogen. „Fuchsloch" bezw. die Fuchslöcher, treten die gasförmigen Erzeugnisse der
Verbrennung mit den bei der Erhitzung entbundenen Gasen und Dämpfen
entweder direkt in die Esse oder vorher noch in Vorrichtungen zur Nutzbarmachung der Wärme der heißen Gase oder zur Abscheidung von Flugstaub oder von schädlichen Bestandteilen (Schweflige Säure, Salzsäure)
aus denselben. In gewissen Fällen besitzt der Ofen zwei einander gegenüberliegende Rostfeuerungen, auf welchen gleichzeitig gefeuert wird. Das
Fuchsloch bezw. die Fuchslöcher befinden sich dann in der Mitte der
Decke des Erhitzungsraums.

Als flüssige Brennstoffe wendet man Naphta und Naphtarückstände an.

Zur Gasfeuerung verwendet man Generatorgas, Wassergas, Mischgas und natürliche Kohlenwasserstoffe.

Bei Anwendung von Generatorgas liegt der Gaserzeuger entweder
unmittelbar neben der Erhitzungskammer oder er steht isoliert.

Bei Anwendung von Wassergas muß der Gaserzeuger immer isoliert
stehen.

Die natürlichen Kohlenwasserstoffe werden den Öfen durch Röhren-
leitungen, oft aus großen Entfernungen, zugeführt.

Die Gase und die Verbrennungsluft vereinigen sich entweder erst in
der Erhitzungskammer selbst oder sie mischen sich unmittelbar vor der
Erhitzungskammer in einem in dieselbe führenden Kanal. Die gasförmigen
Verbrennungserzeugnisse treten durch eine oder mehrere Öffnungen aus
der Erhitzungskammer in die Esse oder vorher in Vorrichtungen zur Abscheidung von Flugstaub und schädlichen Bestandteilen oder in Vorrichtungen, in welchen ihre Wärme nutzbar gemacht wird, besonders in
Wärmespeicher.

Die Anwendung der im vierten Abschnitt beschriebenen Siemens-
Feuerung mit Wärmespeichern erfordert isoliert stehende Gaserzeuger
(zur vorgängigen Ausscheidung von Teer aus den Generatorgasen). Auch
bedingt dieselbe, wie früher dargelegt ist, eine zeitweise Umkehrung der
Richtung des Gas- und des Luftstroms bezw. des Stromes der verbrannten
Gase. Es müssen daher auch die Eintrittsöffnungen für die frischen Gase
und die Luft bezw. die Austrittsöffnungen für die verbrannten Gase von
Zeit zu Zeit umgewechselt werden.

Soll nur die Luft in Wärmespeichern erhitzt werden, so müssen bei einigen Arten der Gasfeuerung die Eintrittsöffnungen für die Luft und die Austrittsöffnungen für die gasförmigen Erzeugnisse der Verbrennung zeitweise verwechselt werden.

Die Erhitzungskammer,

auch Arbeitskammer, Arbeitsraum, Herdraum, Erhitzungsraum genannt, ist eine aus feuerfestem Materiale hergestellte Kammer mit den erforderlichen Öffnungen für den Eintritt der Flamme bezw. der flüssigen und gasförmigen Brennstoffe, der Luft für die Verbrennung der Brennstoffe und für die Oxydation gewisser Körper, für den Austritt der gasförmigen Erzeugnisse der Verbrennung, zum Eintragen und zur Bearbeitung der zu erhitzenden Körper und zur Entfernung der festen und flüssigen Erzeugnisse der Erhitzung. Wie schon erwähnt, nennt man die Öffnung, durch welche bei Rostfeuerungen die Flamme in die Erhitzungskammer tritt, „Flammloch“, und die Öffnung bezw. die Öffnungen, durch welche die verbrannten Gase abziehen, „Fuchsloch“ bezw. „Fuchslöcher“. Die Öffnungen zur Bearbeitung der Massen nennt man „Arbeitsöffnungen“. Den unteren Teil der Erhitzungskammer, welcher die zu erhitzenden Körper aufnimmt, nennt man „Herd“, den oberen Teil derselben „Decke“ bezw., falls er gewölbt ist, „Herdgewölbe“.

Man unterscheidet feststehende Erhitzungskammern, ferner Erhitzungskammern, von welchen während des Betriebes ein Teil feststeht, ein anderer Teil aber bewegt wird, und Erhitzungskammern, welche während des Betriebes bewegt werden.

Die feststehenden Erhitzungskammern

sind sowohl mit der Feuerungsanlage als auch mit dem Kanale, durch welchen die gasförmigen Erzeugnisse der Verbrennung abziehen, dem sogen. „Fuchskanal“ (oder kurz „Fuchs“ genannt) fest verbunden. Sie stellen gewissermaßen einen Kanal dar, durch welchen die erhitzenden Gase von der Feuerung nach dem Fuchskanal ziehen. Bei gewissen Verfahren (Brennverfahren) legt man wohl mehrere Erhitzungskammern übereinander. Diese Kammern werden entweder durch eine einzige Feuerungsanlage geheizt, in welchem Falle die Flamme bezw. die Verbrennungserzeugnisse durch Öffnungen in der Decke der unteren Kammer in die obere Kammer treten, oder jede Kammer besitzt eine besondere Feuerungsanlage. Die in der oberen Kammer erhitzten Körper werden in solchen Fällen gewöhnlich durch besondere Öffnungen in der Sohle der oberen bezw. der Decke der unteren Kammer in die letztere herabgelassen.

Die Gestalt und Größe der Kammer hängen von der Art des

in derselben auszuführenden Verfahrens, von der Höhe der anzuwendenden
Temperatur sowie von der Art der Feuerung ab.

Sie ist kreisrund, elliptisch, rechteckig, quadratisch, unsymmetrisch,
ringförmig und hufeisenförmig. Je höher die Temperatur, um so kleiner
ist die Erhitzungskammer. Bei Schmelzprozessen geht die Länge derselben bis 10 m, die Breite bis 5 m. (Amerikanische Kupfererzschmelzöfen.)
Bei Röstprozessen geht die Länge bis 55 m (Hufeisenröstofen), die Breite
bis 4,88 m (Amerikanische Kupfererzröstöfen).

Der Herd stellt eine ebene Fläche dar, wenn die zu erhitzenden
Körper fest sind und ihren Aggregatzustand bei der Erhitzung nicht
ändern. Tritt eine Verflüssigung von festen Körpern ein, so ist er vertieft
oder wohl bei geneigter Lage zuerst eben und am unteren Ende mit einer
Vertiefung (Sumpf) versehen.

Soll der Herd an seiner unteren Seite abgekühlt oder erhitzt werden,
so wendet man als Unterlage für denselben Platten an, unter welchen ein
freier Raum gelassen bezw. ein System von Kanälen angebracht ist. Es
erfolgt dann die Abkühlung an der unteren freiliegenden Seite des Herdes
durch Luft oder die Erhitzung der letzteren durch die aus der Erhitzungskammer abziehenden Feuergase.

Die Decke der Erhitzungskammer bew. das Herdgewölbe besteht
aus feuerfesten Steinen oder aus Eisen, welches auf der Innenseite mit
feuerfestem Material ausgekleidet ist. Dieselbe bildet eine Kuppel oder in
den meisten Fällen ein zylindrisches Gewölbe. Sehr häufig ist das Herdgewölbe auch über die Feuerungsanlage gespannt. Die Decke der Erhitzungskammer ist entweder fest mit den Seitenwänden derselben verbunden oder sie läßt sich ganz oder teilweise in die Höhe heben. Derartige bewegliche Decken oder Hauben bestehen entweder ganz aus Eisenblech, welches mit einem feuerfesten Futter versehen ist, oder sie bilden
ein Gerippe aus Schmiedeeisen, in welches feuerfeste Steine eingefügt
sind. Man verwendet dieselben bei Erhitzungskammern, welche einer
häufigen Erneuerung des Herdes bedürfen, so daß nach dem Abheben der
Decke die Kammer rasch abkühlt und die schnelle und bequeme Erneuerung des Herdes ermöglicht ist. (Treiböfen, Silberfeinbrennöfen, Spleiß-
öfen, Raffinieröfen.)

Bei Gewölben, welche mit den Seitenwänden des Erhitzungsraums
fest verbunden sind, liegen die erzeugenden Linien entweder senkrecht
oder parallel zur Ofenachse. Im ersteren Falle, in welchem die Füße
des Gewölbes auf der Feuer- bezw. Fuchsseite der Kammer ruhen, werden
die Wärmestrahlen mehr auf die ganze Herdfläche und auf die Seitenwände der Kammer zurückgeworfen, als in letzterem Falle, in welchem
die Wärmestrahlen mehr nach der Achse der Kammer hin reflektiert
werden und auf die Seitenwände keine Wärmestrahlen fallen. Im Interesse
der Haltbarkeit des Ofens gibt man indes den Gewölben der letzteren Art
den Vorzug. Die Höhe des Gewölbes über dem Herde muß mindestens

so groß sein, daß die zu erhitzenden Körper bequem in den Ofen eingetragen, in demselben bearbeitet und aus demselben herausgenommen werden können.

Sollen hohe und gleichmäßige Temperaturen in dem Erhitzungsraume herrschen bezw. große Mengen von Brennstoff in der Zeiteinheit verbrannt werden, so vergrößert man den Ofenraum nach Erreichung der zulässigen Länge und Breite desselben durch Hebung des Gewölbes.

Am haltbarsten sind die aus einer dünnen Schicht feuerfester Steine hergestellten Gewölbe, welche äußerlich durch Luft abgekühlt werden.

Die Gewölbe vieler Erhitzungskammern enthalten verschließbare Öffnungen, durch welche die zu erhitzenden Körper in die ersteren eingeführt werden.

Die Wände der Erhitzungskammer bestehen aus Mauerwerk, Masse oder Eisen, welches letztere durch Wasser gekühlt wird.

Die Wände müssen derartig angeordnet sein, daß die von ihnen aufgenommene Wärme in der einfachsten Weise auf den Herd zurückgestrahlt wird.

Bei Rostfeuerungen nennt man denjenigen Wandteil, welcher die Erhitzungskammer von dem Feuerraum trennt, „Feuerbrücke“. Die zwischen der oberen Fläche der Feuerbrücke und der Decke der Erhitzungskammer befindliche Öffnung nennt man, wie schon erwähnt, das „Flammloch“. Die durchschnittliche Größe desselben nimmt man zu 0,5 der totalen Rostfläche. Bei Anwendung hoher Temperaturen ist die Feuerbrücke hohl und wird durch Luft oder Wasser gekühlt. Je höher die Oberkante der Feuerbrücke über dem Herde liegt, desto schwieriger ist die Erhitzung der auf demselben liegenden Körper. Der Abstand der Oberkante der Feuerbrücke von der Herdsohle beträgt je nach dem Grade der Erhitzung einige Zentimeter bis 0,5 m.

Je höher die Oberkante der Feuerbrücke über der Rostfläche liegt, desto stärker kann die Brennstoffschicht auf dem Roste sein. Je stärker diese Brennstoffschicht ist, desto vollständiger wird der durch die Rostspalten eintretende Sauerstoff der atmosphärischen Luft verzehrt, desto geringer ist die Wärmeentwickelung und desto mehr wirkt die Flamme reduzierend. Je schwächer die Brennstoffschicht, desto vollständiger wird der Brennstoff verzehrt, desto höher ist die Verbrennungstemperatur und desto mehr wirkt die Flamme oxydierend.

Will man eine hohe Temperatur und eine oxydierende Flamme erhalten, so macht man den Abstand zwischen der Oberkante der Feuerbrücke und der Rostfläche gering; will man dagegen eine neutrale oder reduzierende Flamme erhalten, so macht man diesen Abstand groß. Derselbe schwankt zwischen 0,3 und 1 m.

Bei Anwendung von Gasfeuerung ist eine eigentliche Feuerbrücke nicht mehr vorhanden. Das Flammloch ist hier durch die Eintrittsöffnungen für Luft und Gas bezw. bei Mischung von Luft und Gas vor der Erhitzungskammer durch die Eintrittsöffnung dieses Gemisches bezw. der Flamme desselben ersetzt. In vielen Fällen läßt man Luft und Gas durch horizontale Schlitze in die Kammer treten. Den Luftschlitz legt man dann über den Gasschlitz und läßt ihn den letzteren überragen. Da das Gas ein geringeres Volumgewicht besitzt, als die Luft, so steigt es in die Höhe, während die Luft in demselben herabsinkt, so daß hierdurch eine gute Mischung von Gas und Luft erzielt wird.

In den Wänden der Erhitzungskammer befinden sich in sehr vielen Fällen auch die Öffnungen zur Abführung der gasförmigen Erzeugnisse der Erhitzung, zur Bearbeitung der erhitzten Massen, zur Entfernung der letzteren aus der Erhitzungskammer, zum Eintragen der zu erhitzenden Körper und zum Einführen von Zug- oder Gebläsewind in die Kammer.

Sehr häufig dienen die Eintrageöffnungen auch als Arbeitsöffnungen.

Je enger die Öffnungen, durch welche die Gase austreten, die Fuchslöcher, sind, desto gleichmäßiger ist die Temperatur im Ofen. Man macht die Fläche derselben bei Rostfeuerungen zwischen $\frac{1}{16}$ und $\frac{1}{10}$ der totalen Rostfläche. Die letztere muß um so größer sein, je geringer die Leistungsfähigkeit der Esse ist.

Das Fuchsloch (bezw. die Fuchslöcher) liegt gewöhnlich in der Richtung der Hauptachse der Kammer.

Bei einigen Arten der Gasfeuerung liegen das Fuchsloch sowohl wie die Eintrittsöffnungen für die Gase an der nämlichen Seite der Erhitzungskammer.

Bei Öfen mit Siemensscher Gasfeuerung dienen die Fuchsöffnungen abwechselnd als Eintrittsöffnungen für die frischen Gase und die Verbrennungsluft und als Austrittsöffnungen für die verbrannten Gase.

Soll der Herd der Erhitzungskammer auch von unten geheizt werden, so bildet der Fuchs einen senkrechten Schlitz in der Herdsohle.

Wenn zwei gegenüberliegende Rostfeuerungen die nämliche Erhitzungskammer heizen sowie wenn mehrere übereinanderliegende Herde durch eine einzige Feuerung geheizt werden sollen, oder wenn die zu erhitzenden Körper mit der Flamme nicht in Berührung kommen sollen, bildet das Fuchsloch einen Schlitz in der Decke der Erhitzungskammer.

Bei feststehenden Erhitzungskammern wird nur die Oberfläche der auf dem Herde befindlichen Körper direkt erhitzt. Die weitere Erwärmung derselben muß durch Fortleitung der Wärme geschehen. Zur Beförderung der Erhitzung sowohl wie zur Herbeiführung von chemischen Reaktionen ist es in vielen Fällen erforderlich, die zu erhitzenden Körper sowohl mit den Gasen, welche über den Herd streichen, als auch mit einander in Berührung zu bringen. Dieser Zweck wird durch Rühren, Wenden, Krählen der zu erhitzenden Massen mit Hilfe besonderer Gezähe unter Anwendung von menschlicher Arbeit oder mit Hilfe von Maschinen erreicht.

Erhitzungskammern, von welchen während des Betriebes ein Teil feststeht, ein anderer Teil aber bewegt wird.

Derartige Erhitzungskammern bezwecken eine kontinuierliche Bewegung der zu erhitzenden Massen durch Maschinenarbeit. Zu diesem Zwecke dreht sich der Herd der Erhitzungskammer um eine senkrechte oder geneigte Achse. Der Horizontalquerschnitt der Arbeitskammer ist kreisförmig. Die Drehung des Herdes wird durch Eingreifen eines Getriebes oder einer Schnecke in einen zur Drehungsachse konzentrischen Zahnkranz bewirkt. Bei Brennverfahren (Rösten) ist der ganze Herd mit den zu erhitzenden pulverförmigen Körpern bedeckt. Dieselben werden bei der Drehung des Herdes durch einen feststehenden oder in radialer Richtung beweglichen Krähl durcheinander gerührt bezw. mit der Luft in Berührung gebracht. Bei Schmelzverfahren wird der Herd nur zum Teil von den zu erhitzenden Körpern bedeckt. Derselbe bietet daher infolge der durch die Drehung bewirkten Lageveränderung der erhitzten Körper stets eine neue Oberfläche dar und gestattet eine Erhitzung der vorher von den erhitzten Körpern bedeckten Fläche.

Die Erhitzungskammern der gedachten Art besitzen den Vorteil des Ersatzes der menschlichen Arbeit durch Maschinenarbeit und einer gleichmäßigen Bearbeitung und Erhitzung der Massen. Dagegen haben sie den Nachteil einer kostspieligen Anlage und hoher Reparaturkosten. Sie werden deshalb nur selten angewendet.

Erhitzungskammern, welche während des Betriebes bewegt werden.

Man unterscheidet dieselben in kontinuierlich bewegte und in periodisch bewegte Erhitzungkammern.

Die Erhitzungskammern, welche kontinuierlich bewegt werden, bezwecken, wie die Erhitzungskammern mit beweglichem Herde, ein Durchrühren und eine Lageveränderung der zu erhitzenden Massen mit Hilfe von Maschinenarbeit. Sie werden entweder in eine schwingende Bewegung versetzt oder gedreht. Die Kammern der ersten Art finden nur ausnahmsweise Anwendung (Schaukelofen von Menessier). Die Erhitzungskammern mit drehender Bewegung haben bei einigen Verfahren Eingang gefunden. Dieselben besitzen zylindrische, eiförmige, tonnenförmige, doppelkegelförmige oder kugelförmige Gestalt. Die Drehung geschieht, wie bei den beweglichen Herden, durch Eingreifen eines Getriebes oder einer Schnecke in einen am Umfange der Kammer angebrachten, zu der Drehungsachse konzentrischen Zahnkranz. Bei diesen Kammern fallen die Unterschiede zwischen Herd, Seitenwänden und Decke fort. Die Eintrittsöffnungen für die Flamme bezw. die Gase und die Austrittsöffnungen für die gasförmigen Verbrennungserzeugnisse liegen entweder einander gegenüber oder über- bezw. nebeneinander. Die Achse der Kammer ist entweder horizontal oder geneigt.

Diese Kammern finden bei Brennverfahren und Schmelzverfahren Anwendung.

Die Erhitzungskammern, welche periodisch bewegt werden, bezwecken eine zeitweilige stärkere Erhitzung der in ihnen befindlichen Massen. Dieselben stellen um eine senkrechte Achse drehbare, langgestreckte Kammern mit zwei hintereinander befindlichen Herden dar. Der an der Feuerungsseite befindliche Herd wird stärker erhitzt als der an der Fuchsseite befindliche Herd. Soll auch der an der Fuchsseite befindliche Herd stärker erhitzt werden, so wird die Erhitzungskammer um 180° gedreht, wodurch der an der Fuchsseite befindliche Herd an die Feuerseite und der andere Herd an die Fuchsseite zu liegen kommt. Derartige Kammern finden beim Puddeln des Eisens Anwendung (Ofen von Pietzka.)

Die Vorrichtung zur Abführung der gasförmigen Erzeugnisse der Verbrennung und der sonstigen bei der Erhitzung entbundenen Gase und Dämpfe.

Diese Vorrichtung ist in der Regel eine Esse. Nur ausnahmsweise wendet man Exhaustoren oder pressende Gebläsevorrichtungen an.

Die Fuchslöcher in der Erhitzungskammer sind durch einen Kanal, den sogen. „Fuchskanal" oder „Fuchs" entweder direkt oder indirekt mit der Esse verbunden. Eine direkte Verbindung ist vorhanden, wenn eine Verwertung der Abhitze (der Wärme der gasförmigen Verbrennungserzeugnisse) des betreffenden Ofens und die Abscheidung von Flugstaub oder schädlichen Bestandteilen aus den Ofengasen nicht stattfinden soll. Andernfalls ist die Erhitzungskammer durch den Fuchskanal oder Fuchs bezw. die Fuchskanäle oder Füchse mit Wärmespeichern, Feuerungsanlagen bezw. Flugstaubkammern und Kondensationsvorrichtungen verbunden und erst diese Vorrichtungen stehen durch Kanäle mit der Esse in Verbindung.

Man darf die Länge des Fuchskanals nicht zu groß machen, weil sonst infolge der vermehrten Reibung des Gasstroms die Arbeit der Esse zu groß werden würde. Bei gewissen Öfen läßt man durch den geneigten Fuchskanal Schlacken aus der Arbeitskammer austreten und durch eine Öffnung aus diesem Kanale ausfließen.

Zur Regulierung des Zuges sind in den Fuchskanälen Schieber, sogen. Register, angebracht.

Die Essen selbst sind bereits im vierten Abschnitt des näheren besprochen worden.

Einteilung der Herdflammöfen.

Man unterscheidet Herdflammöfen für Brennverfahren, für Schmelzverfahren und für Verdampfungsverfahren. Jede dieser Ofenarten unterscheidet man wieder in Öfen mit feststehender, mit teilweise beweglicher und mit ganz beweglicher Erhitzungskammer.

Herdflammöfen für Brennverfahren.

Die Öfen dieser Art wendet man hauptsächlich zum Rösten, zum Schweißen, sowie zum Glühen von Metallen und Legierungen an.

Die gewöhnliche Feuerungsart ist die Rostfeuerung; seltener wendet man Gasfeuerung und nur ausnahmsweise flüssige Brennstoffe an.

Öfen mit feststehender Erhitzungskammer.

Derartige Öfen wendet man zur Röstung zerkleinerter metallhaltiger Körper, zum Brennen des Galmeis, zum Schweißen des Eisens und zum Glühen von Metallen an. Der Herd dieser Öfen ist eben. Der Grundriß desselben ist rechteckig, oval, ringförmig, hufeisenförmig oder, wenn die ganze Herdfläche von einer einzigen Öffnung aus mit Gezähen erreicht werden soll, unsymmetrisch.

Das Eintragen der zu erhitzenden Körper geschieht durch Öffnungen im Gewölbe oder in den Seitenwänden der Kammer, das Austragen durch Öffnungen in den Seitenwänden oder in der Sohle der Kammer.

Röstöfen.

Die Röstöfen werden mit Rostfeuerung betrieben. Nur ausnahmsweise wendet man flüssige Brennstoffe (Rösten von Kupfererzen zu Kedabeg im Kaukasus) an. Das Durchrühren und die Fortbewegung der Röstmasse geschieht entweder durch Handarbeit oder durch Maschinenkraft.

Die Öfen mit Handbetrieb werden entweder so betrieben, daß die Gesamtmenge der zu erhitzenden Körper auf einmal in den Erhitzungsraum eingetragen und nach beendigter Röstung auch auf einmal aus demselben entfernt wird (Öfen mit diskontinuierlichem Betrieb), oder so, daß die zu röstenden Körper den Ofen von einem Ende zum andern durchwandern, wobei stets die nämliche Menge Röstgut, welche am einen Ende des Ofens aus demselben entfernt worden ist, am anderen Ende desselben zugeführt wird (Öfen mit kontinuierlichem Betrieb).

Von den Öfen mit diskontinuierlichem Betrieb sei der englische (Cornwaller) Bleiglanzröstofen erwähnt. Derselbe ist in den Figuren 280 und 281 dargestellt. R ist die Rostfeuerung, F die hohle, durch Luft gekühlte Feuerbrücke, K die Erhitzungskammer, H der Herd, N die Decke der Erhitzungskammer (Herdgewölbe), y der Fuchs (Fuchs-

loch); V ist die Eintrageöffnung für das zu röstende Erz; W sind die
Arbeitsöffnungen; z z sind verschließbare Öffnungen im Herde, durch
welche das geröstete Erz in Kanäle unter der Herdsohle gestürzt wird.
Öfen dieser Art werden nur noch vereinzelt angewendet.

Die Röstöfen mit kontinuierlichem Betriebe besitzen entweder
eine einzige oder mehrere übereinander liegende Erhitzungskammern. Sind
die letzteren langgestreckt, so nennt man die betreffenden Öfen wegen

Fig. 280.

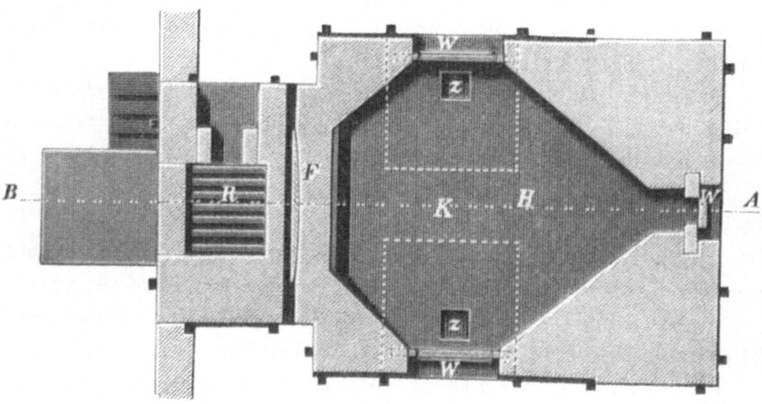

Fig. 281.

der Notwendigkeit des Fortschaufelns der zu röstenden Körper von dem
einen Ende zum anderen Ende der Erhitzungskammer „Fortschaufelungsöfen". Bei manchen Erzen (Bleiglanz) sucht man am Schlusse der
Röstung die Massen zu schmelzen, in welchem Falle der Herd in der
Nähe der Feuerbrücke konkav und mit einem Stichloche versehen ist.

Die vollkommensten Fortschaufelungsöfen besitzen an beiden langen
Seiten der Erhitzungskammer Arbeitsöffnungen.

Ein derartiger zum Rösten von Bleiglanz in Przibram angewendeter
Ofen ist nachstehend (Figur 282, 283, 284) dargestellt. E ist die Erhitzungskammer, f die hohle durch Luft gekühlte Feuerbrücke, F die Feuer-

ung, H der Herd. Die Erze werden durch die verschließbare, in der Nähe des Fuchses befindliche Öffnung a im Gewölbe der Kammer in die letztere eingelassen und von dort allmählich bis zur Feuerbrücke fortgeschaufelt. Hier werden sie entweder durch die beiden letzten Arbeitsöffnungen ausgezogen oder durch senkrechte (mit Steinen verschließbare) Kanäle d im Herde in einen unter demselben befindlichen Raum e gestürzt. m m sind die Arbeitsöffnungen. Die Feuergase durchziehen die Erhitzungskammer in ihrer ganzen Länge und treten dann durch den Fuchskanal z in zwei

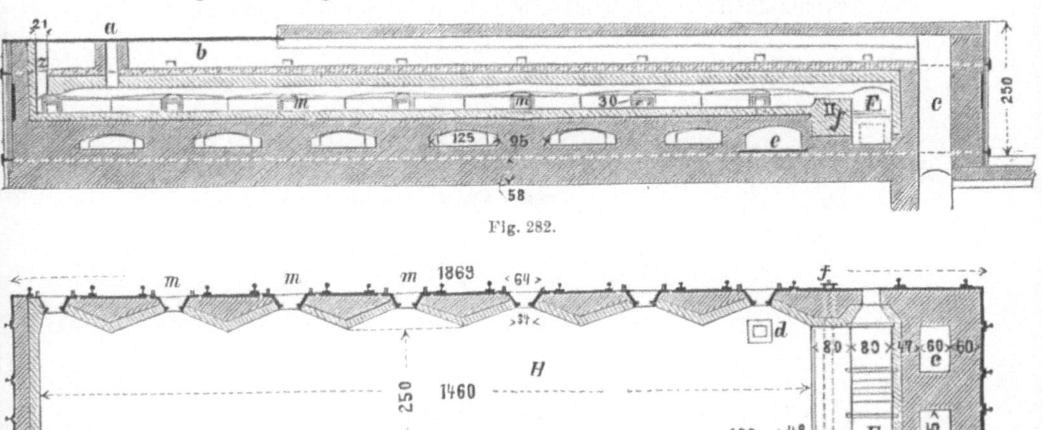

Fig. 282.

Fig. 283.

über dem Gewölbe der Kammer und Rostfeuerung hinlaufende Kanäle b b, aus welchen sie durch den Kanal c in die Esse gelangen. In dem Maße, wie das fertige Röstgut aus der Kammer entfernt wird, schiebt man die vor den einzelnen Arbeitsöffnungen befindlichen Teile der Röstmasse vor und bringt eine frische Röstpost vor die beiden ersten Arbeitsöffnungen.

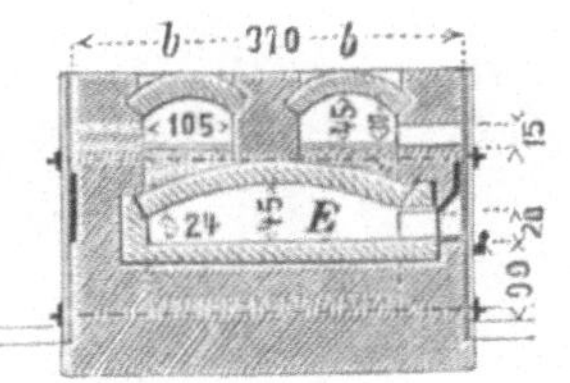

Fig. 284.

Ein Fortschaufelungsofen zum Rösten von Bleiglanz mit **zwei übereinander liegenden Erhitzungskammern**, mit Arbeitsöffnungen an nur einer langen Seite der Kammer und mit einem an der Feuerbrücke befindlichen Sumpfe zum Zusammenschmelzen des Röstgutes ist in den Figuren 285 und 286 dargestellt. E E' sind die beiden Erhitzungskammern, H H' die entsprechenden Herde; S ist der das Ende des unteren Herdes bildende Sumpf; F ist der Fuchskanal der unteren Erhitzungskammer (der Fuchskanal der oberen Erhitzungskammer ist in der Figur nicht sichtbar). R ist der Rost, u die Schüröffnung des Feuerraums G, a die Aufgebeöffnung für die Erze; v sind Arbeitsöffnungen. Die Feuer-

gase ziehen aus dem Feuerraum G über die Feuerbrücke z in die untere
Kammer und am Ende derselben durch den Fuchs F in die obere Kammer,
durchstreichen dieselbe und treten dann durch den Fuchskanal derselben
in die Esse. Die Erze werden durch die obere Kammer fortgeschaufelt
und am Ende derselben durch den Fuchs F in die untere Kammer gestürzt; in derselben werden sie bis zum Sumpf S fortgeschaufelt und hier
(zum Austreiben der Schwefelsäure aus dem bei der Röstung gebildeten
Bleisulfat durch Kieselsäure) zusammengeschmolzen. Die flüssige Masse
wird gewöhnlich durch ein Stichloch aus dem Sumpfe abgelassen.

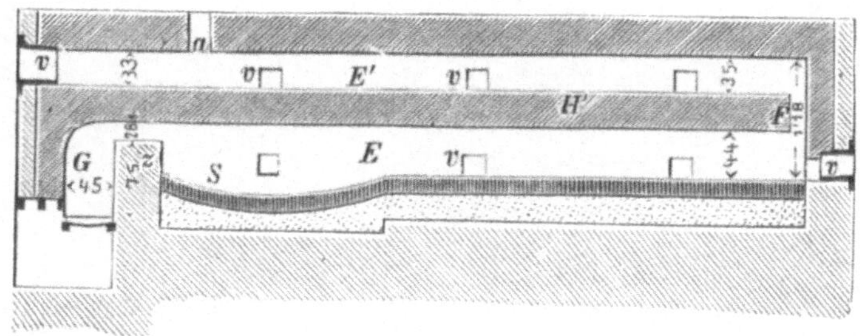

Fig. 285.

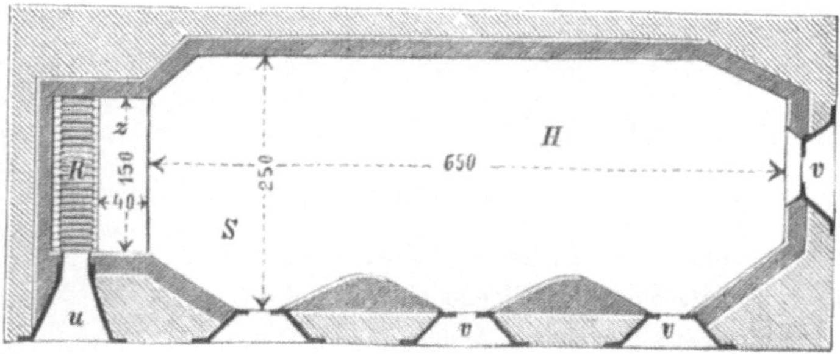

Fig. 286.

Die Öfen mit Maschinenbetrieb werden mit wenigen Ausnahmen
kontinuierlich betrieben. Das Durchrühren und Bewegen der Massen geschieht bei denselben durch an einer Stange oder an einem Halter befestigte Zinken oder Platten. Man nennt diese Vorrichtungen „Röstkrähle".
Dieselben sind an einer stehenden Welle oder an Ketten oder Drahtseilen
ohne Ende befestigt.

Ein älterer Ofen mit stehender Welle ist der Parkes-Ofen, dessen
Einrichtung aus der Figur 287 ersichtlich ist.

Derselbe besitzt zwei Herde. a ist der untere Herd, b der obere
Herd, n die Rostfeuerung, o die Feuerbrücke, m die Welle mit den
Krählen für jeden Herd. Das Röstgut kann durch einen Kanal von dem
oberen Herde auf den unteren Herd gestürzt werden. Die Feuergase treten

von dem unteren Herde durch einen Kanal auf den oberen Herd und
dann durch den Fuchs q in die Esse r.

Fig. 287.

Ein neuerer sehr leistungsfähiger Ofen mit Röstkrählen, die mit
Hilfe von Armen an einer Nabe befestigt sind, ist der durch die Figuren
288 und 289 erläuterte Ofen von Pearce. Derselbe besitzt einen ringförmigen Herd, dessen beide Enden nicht ganz zusammenstoßen. An dem
einen Ende wird das Erz aufgegeben und durch 2 an den Armen einer
Nabe befestigte Röstkrähle allmählich nach dem anderen Ende vorgeschoben, wo es ausgetragen wird. Die Nabe bewegt sich um eine stehende
Säule im Zentrum des von dem ringförmigen Herde umgebenen inneren
Raumes. Die hohlen, innerlich durch kalte Luft gekühlten Krählarme
reichen durch einen in der Innenwand des Ringherdes ausgesparten Schlitz
in den Herd hinein. Dieser Schlitz wird durch ein mit den Krählarmen
sich drehendes Stahlband ohne Ende, welches fest an den ersteren angepreßt wird, so geschlossen, daß der Eintritt kalter Luft in den Herd-

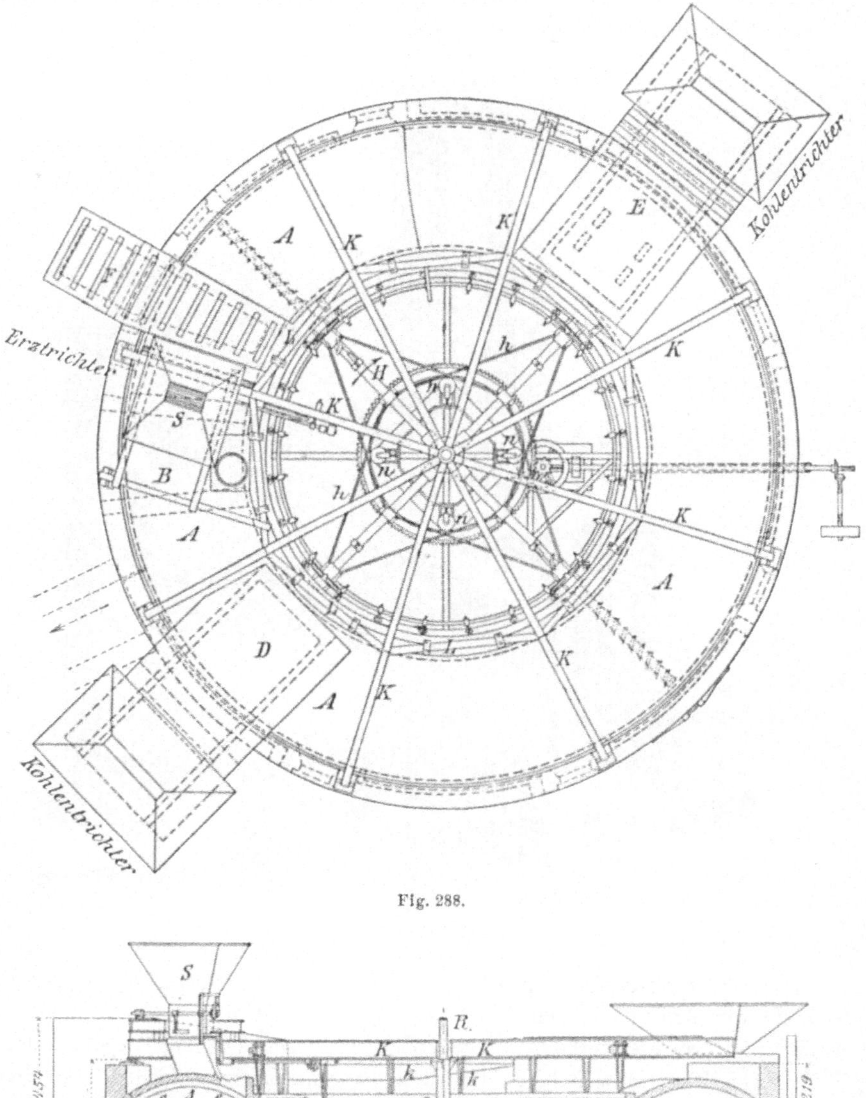

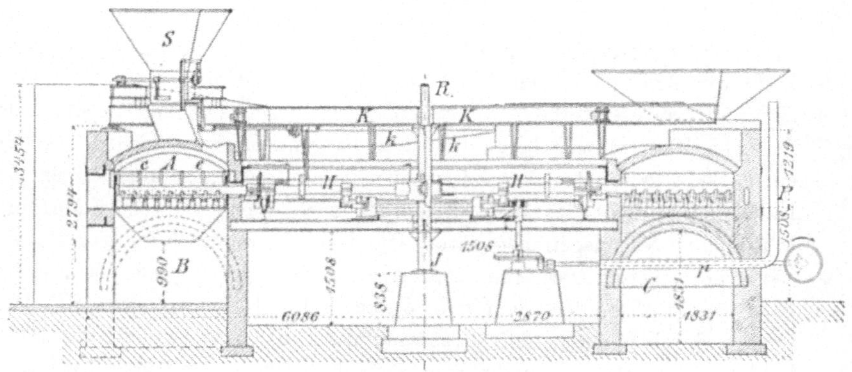

Fig. 288.

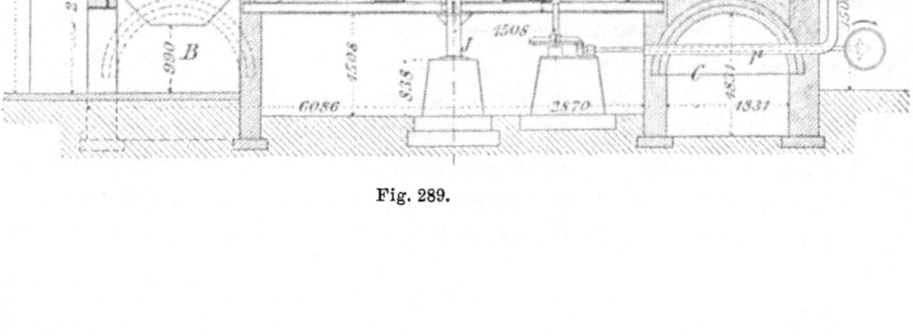

Fig. 289.

raum durch denselben ausgeschlossen ist. Die Feuerungen (2—3) sind an der Außenseite des Ofens angebracht. Der obere Teil der inneren Herdmauer ist an starken Balken aufgehangen, deren Enden einerseits durch die im Zentrum des inneren Ofenraumes befindliche Säule, andererseits durch die äußeren Ofenmauern getragen werden. Der Ofen wird durch Ringe um die Außenmauern und durch zwischen der Säule im Zentrum und der Innenmauer angebrachte radiale Balken zusammengehalten.

A ist der Herd, B der keilförmige Ausschnitt desselben zum Austragen des Röstgutes. C ist eine unter dem Herde hinlaufende Flugstaubkammer. D und E sind Rostfeuerungen. Die Feuergase treten aus denselben über ein Schutzgewölbe in den Herdraum und ziehen mit den Röstgasen durch einen absteigenden Kanal in den Flugstaubkanal C. Um die feststehende zentrale Säule ist die hohle Nabe J gelegt, an welcher die Krählarme H befestigt sind. Die Bewegung derselben geschieht mit Hilfe eines Zahnradgetriebes durch 2 Räder, von welchen das größere durch die Gleitrollen n in seiner richtigen Lage gehalten wird. Der Wind tritt durch das hohle Rohr R und die hohle Säule in die Nabe J, aus welcher er in die hohlen Krählarme H gelangt. Die letzteren besitzen Öffnungen und kleine Rohransätze, durch welche der Wind in den Herdraum ausgeblasen wird. Das Erz wird durch den Trichter S mit Hilfe einer automatischen Vorrichtung auf den Herd aufgegeben, durch die Krähle allmählich fortbewegt und bei B in einen Wagen ausgetragen.

Von den Öfen mit Bewegung der Röstkrähle durch ein Kabel bezw. eine Kette ohne Ende seien erwähnt der Ofen von Ropp, der Ofen von Keller-Gaylord-Cole und der Hufeisenofen von Brown.

Der Ofen von Ropp Figur 290 und 291 stellt einen langgestreckten Ofen mit einem rechteckigen Herde dar. Auf dem letzteren bewegen sich in bestimmten Entfernungen von einander 4 Röstkrähle. Jeder Röstkrähl ist durch einen senkrechten Arm an einem vierrädrigen Wagen befestigt, welcher in einem Kanal unter der Herdmitte in der Längsachse des Herdes läuft. Dieser Kanal steht durch einen entsprechenden Längsschlitz in seiner ganzen Länge mit dem Herde in Verbindung. Die Wagen sind an einem durch Maschinenkraft bewegten Stahldrahtseil ohne Ende befestigt.

Durch an den beiden kurzen Enden des Ofens aufgestellte horizontale Scheiben wird der Lauf des Seils derart geregelt, daß die Wagen aus dem Herdkanal in das Freie treten und hier auf parallel der Längsachse des Ofens gelegten Schienen entlang der einen langen Seite desselben von dem einen bis zum anderen Ende geführt werden, von welchem letzteren aus sie wieder in den Herdkanal gelangen. Den nämlichen Weg machen die an den Wagen befestigten Röstkrähle und werden auf demselben abgekühlt, so daß sie beim Wiedereintritt in den Herdraum durch die Hitze desselben nicht leiden. Die Zahl der Rostfeuerungen beträgt 3—4. Das Erz wird durch eine mechanische Aufgebevorrichtung an dem einen Ende des Herdes aufgegeben, durch die Krähle vorwärts geschoben und an der entgegengesetzten Seite in Wagen ausgetragen. Die Feuer- und Röstgase durchziehen den Ofen in entgegengesetzter Richtung wie das Erz und treten durch den Fuchskanal in den Essenkanal. Der Ofen ist an den beiden Enden durch Klapptüren geschlossen.

Fig. 290.

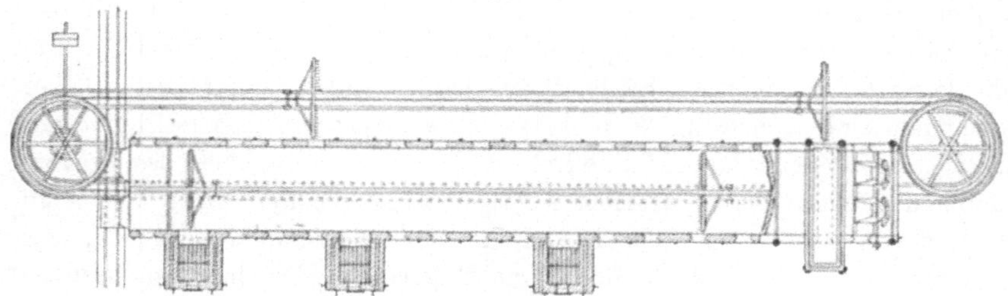

Fig. 291.

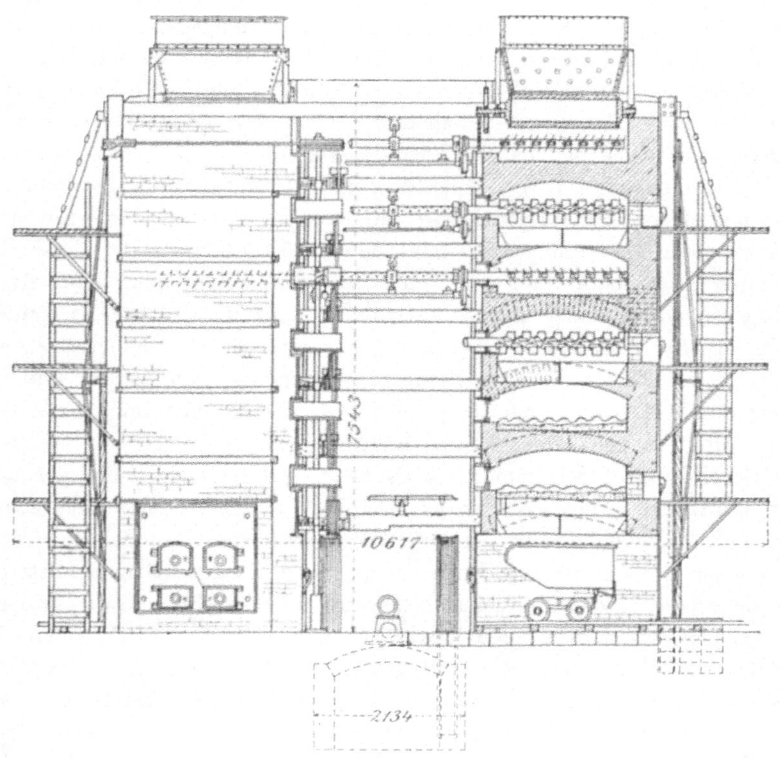

Fig. 292.

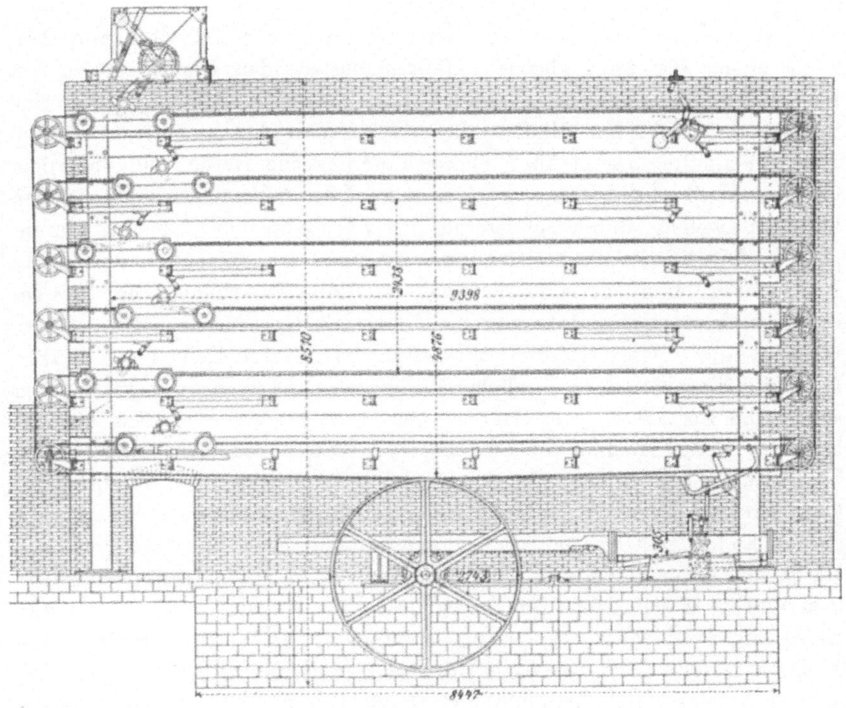

Fig. 293.

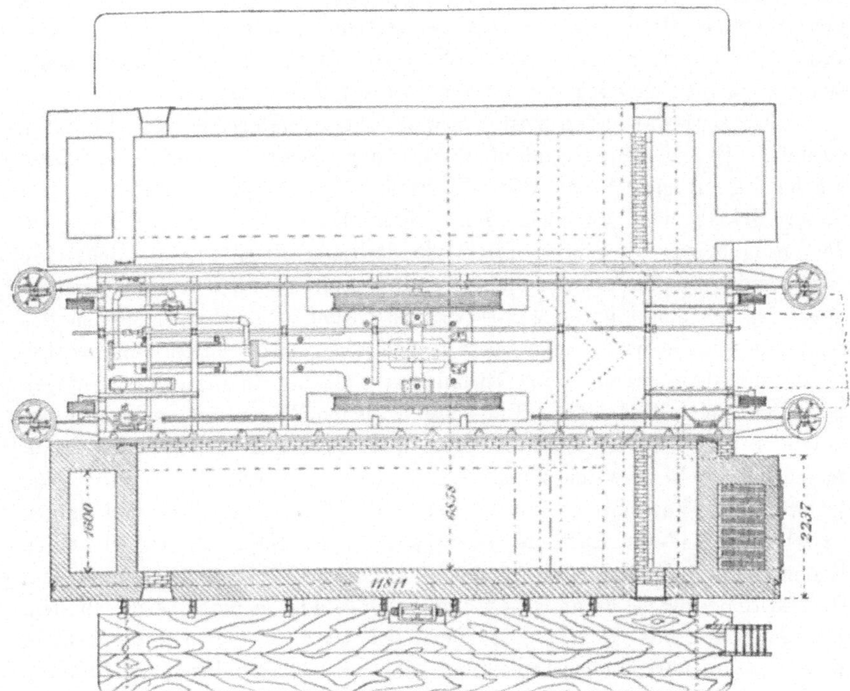

Fig. 294.

Der Ofen von Keller-Gaylord-Cole, Fig. 292, 293 und 294, stellt einen aus zwei gleichen Hälften bestehenden Etagenröstofen mit rechteckigen, langgestreckten Herden dar, dessen Röstkrähle durch eine zwischen den beiden Hälften befindliche Vorrichtung bewegt werden. Jede Ofenhälfte besitzt fünf übereinanderliegende Herde und über dem obersten Herd noch einen Trockenherd. Die Röstkrähle sind an Armen befestigt, welche durch Schlitze in den Längsseiten des Ofens hindurchgehen. Die Röstkrähle besitzen zwei um 180° gegeneinander verwendete Reihen alternierend gestellter Zinken. Die Röstkrähle können um 90° gedreht werden, so daß entweder die unteren Zinken im Erzpulver stehen, während die oberen in die Luft ragen, oder beide Reihen von Zinken horizontal liegen und von jeglicher Berührung mit dem Erze ausgeschlossen sind. Die Röstkrähle jedes Herdes werden zuerst hin- und dann zurückbewegt. Beim Hingange bestreichen die Zinken das Erz, während sie beim Rückgange infolge der Drehung des Röstkrähls um 90° horizontal über dem Erz liegen. Das rohe Erz wird durch kannelierte Walzen am oberen Ende des Ofens aufgegeben und wandert dann über die einzelnen Herde, bis es in geröstetem Zustande in einen unter dem untersten Herde befindlichen Wagen fällt. Die Bewegung der an Wagengestellen befestigten Krählarme geschieht durch Drahtseile, welche über Rollen und ein großes Treibrad laufen. Auf der Welle des letzteren ist ein Zahnrad angebracht, in welches eine durch hydraulischen Druck bewegte Zahnstange eingreift. Jeder Herd hat einen Rost. Die Feuergase bestreichen gewöhnlich nur den obersten Herd, um die auf demselben liegenden Erze auf die Entzündungstemperatur zu erhitzen. Wird vollständige Entschwefelung beabsichtigt, so müssen auch die unteren Herde geheizt werden.

Der Hufeisenofen von Brown besitzt ringförmige oder elliptische Gestalt. Bei beiden Gestalten nimmt der Herdraum nicht die ganze Fläche des Ringes bezw. des elliptischen Ringes ein, sondern ein Teil dieser Fläche liegt zwischen den beiden Enden des Ofens. Der so in dem Ring bezw. der Ellipse frei bleibende Raum dient dazu, die denselben passierenden Röstkrähle abzukühlen. Die Einrichtung eines ringförmigen Ofens ist aus den Figuren 295 — 299 ersichtlich. Zu beiden Seiten des Herdraums laufen ringförmige Abteilungen hin, welche durch einen breiten Spalt mit dem ersteren in Verbindung stehen. In diesen Abteilungen laufen an einem Kabel ohne Ende auf Schienen Wagen, auf welchen Röstkrähle ruhen. Diese Krähle, deren 2 abwechselnd in Tätigkeit sind, schieben das Erz, welches an dem einen Ende des Ofens durch eine automatische Vorrichtung aufgegeben wird, über den Herd und tragen dasselbe am anderen Ende des Ofens aus. Der Herdraum ist an beiden Enden durch in Scharnieren hängende Türen aus Eisenblech geschlossen. Die Rostfeuerungen, deren 3 — 4 vorhanden sind, befinden sich an dem äußeren Rande des Ofens. Die Feuergase treten aus dem Feuerraum in einen kurzen, horizontalen Kanal und aus dem letzteren durch eine Öffnung

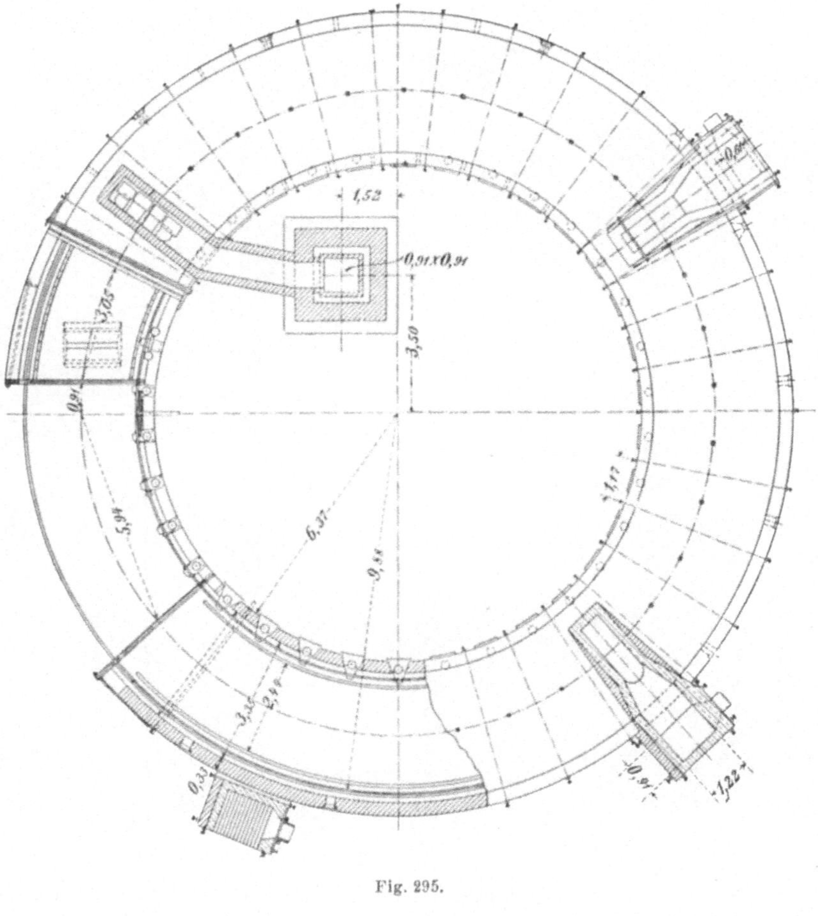

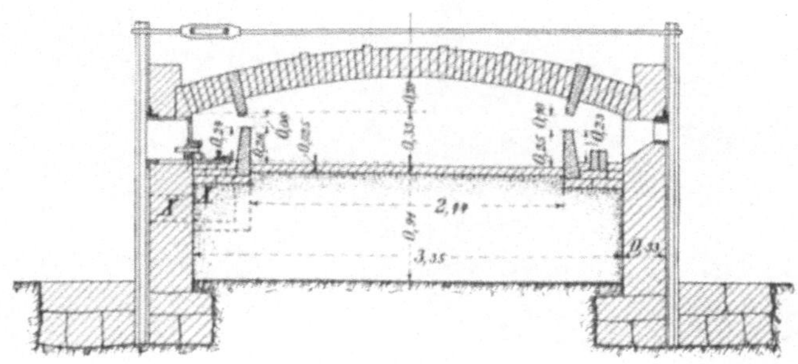

Fig. 295.

Fig. 296

Feuerung
Essencanal
Aufgebevorrichtung
Maschine
Kühl-
raum
Kabel
B
A
C
D
H
1043
1043
2016
18288
2963

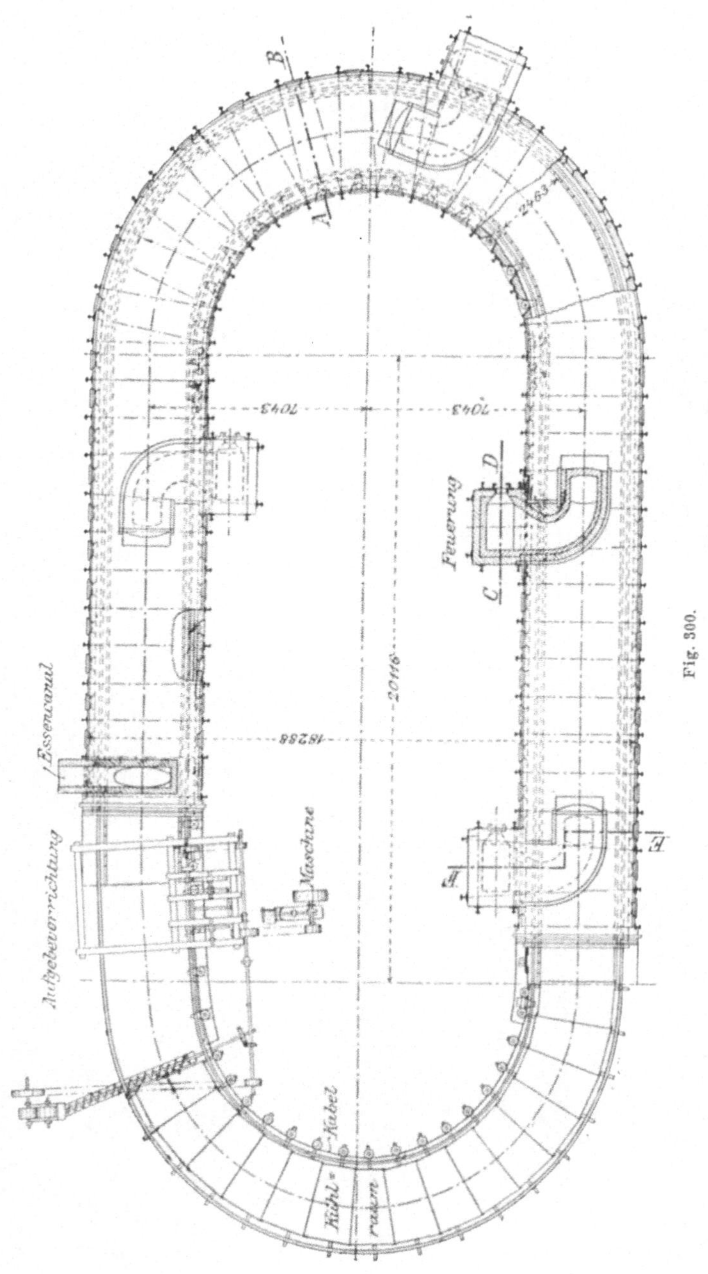

Fig. 300.

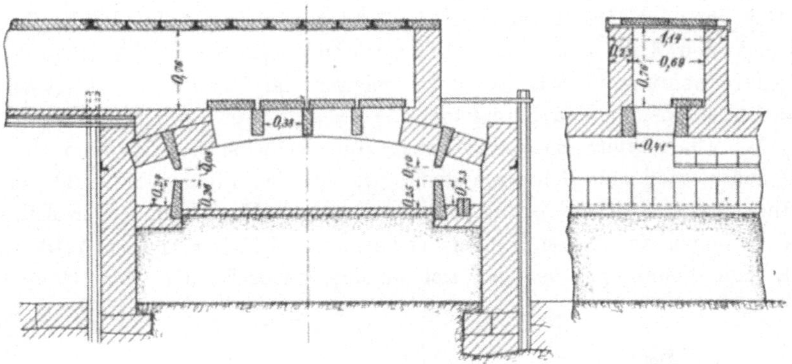

Fig. 297.   Fig. 298.

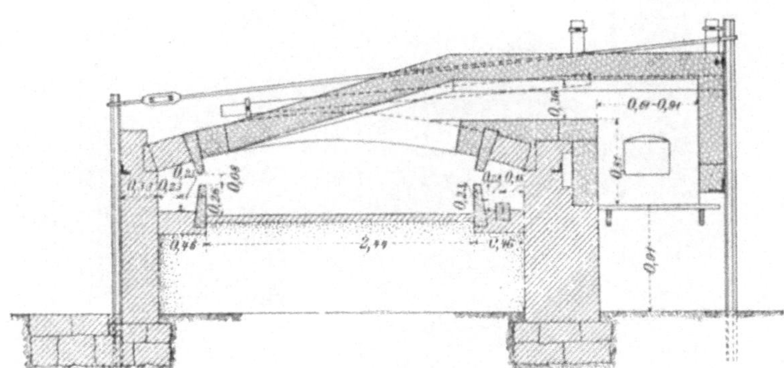

Fig. 299.

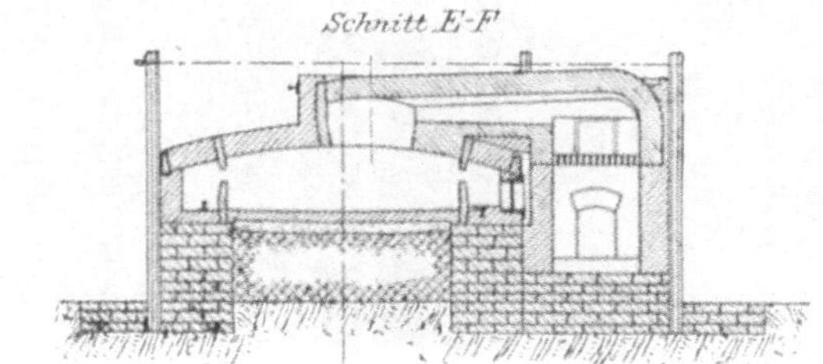

Schnitt E-F

Fig. 301.

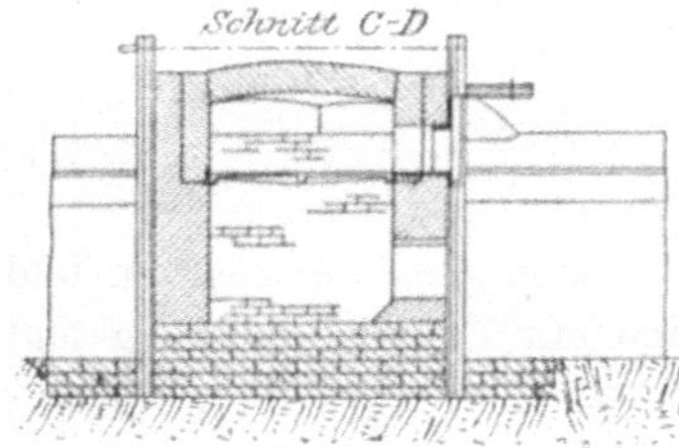

Schnitt C-D   Schnitt A-B

Fig. 302.   Fig. 303.

im Gewölbe des Herdraums in den letzteren selbst. Sie durchziehen vereinigt den Herdraum und treten am Ende desselben in der Nähe der Aufgebevorrichtung für das Erz durch mehrere im Gewölbe des Ofens angebrachte Füchse in den Essenkanal.

Die Einrichtung eines elliptischen Hufeisenofens, welcher zum chlorierenden Rösten von Golderzen dient, ist aus den Figuren 300—303 ersichtlich. Der Röstherd ist 54,86 m lang und 2,438 m breit. Der Kühlraum zwischen den beiden Enden des Ofens ist 23,774 m lang und 2,438 m breit. Die Feuerungen befinden sich an der Innenseite des Ofens.

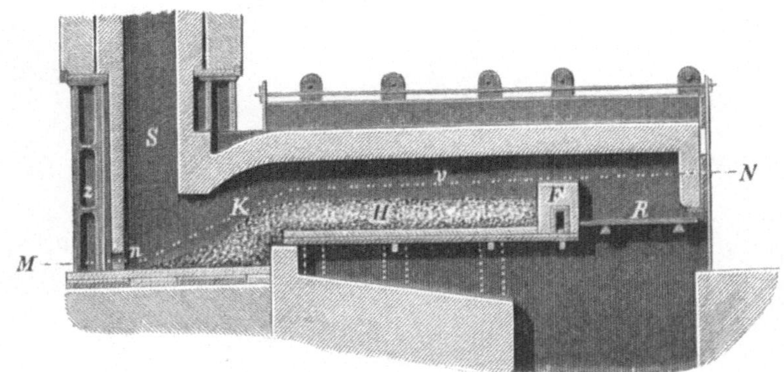

Fig. 304.

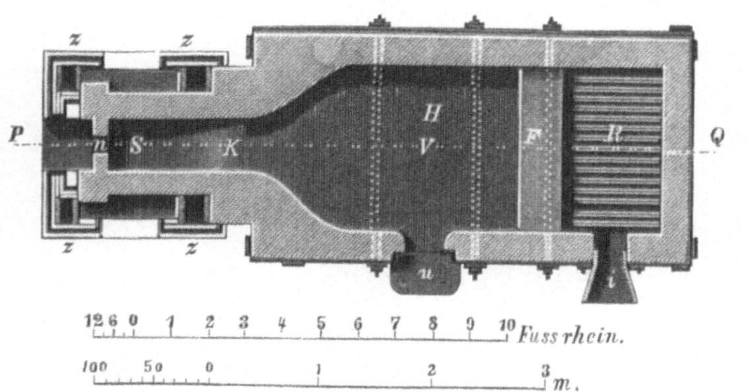

Fig. 305.

Schweißöfen.

Von den Schweißöfen seien ein Schweißofen mit Rostfeuerung und zwei Schweißöfen mit Gasfeuerung, der eine mit Ponsard-Feuerung und der andere mit Siemens-Feuerung, erwähnt.

Der Schweißofen mit Rostfeuerung ist in den Figuren 304 und 305 dargestellt.

R ist die Rostfeuerung; F ist die hohle, mit Luftkühlung versehene Feuerbrücke; V ist die Erhitzungskammer; H ist der Herd. Derselbe ist aus einer quarzigen Masse hergestellt und ruht auf einer Eisenplatte. K ist der nach abwärts gezogene Fuchskanal. In demselben fließt Schlacke herab und wird durch die Öffnung n abgelassen. S ist die Esse; u ist die Arbeitsöffnung; dieselbe bildet gleichzeitig die Eintrageöffnung für die zu schweißenden Eisenstücke und die Ausziehöffnung für die zusammengeschweißten Stücke.

Durch die Öffnung i werden die Steinkohlen auf den Rost aufgegeben. z sind Eisenträger für die Esse.

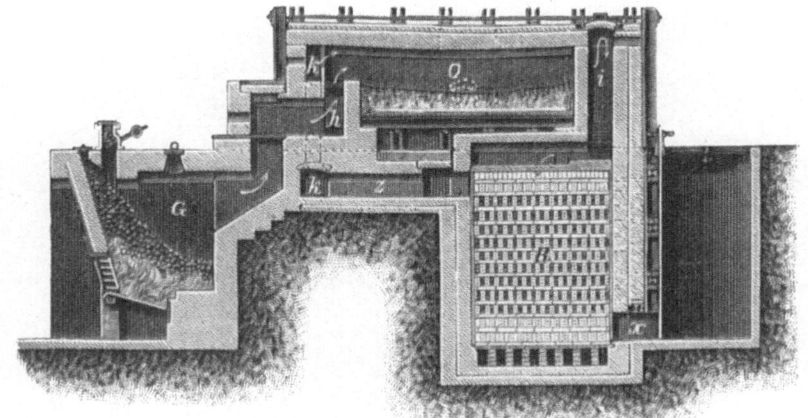

Fig. 306.

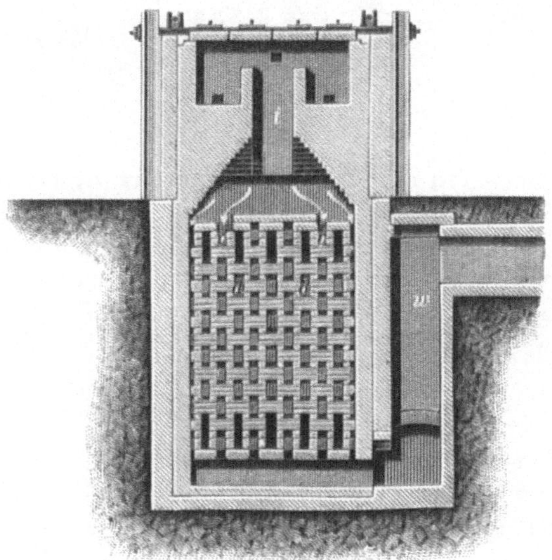

Fig. 307.

Ein Schweißofen mit Ponsard-Feuerung ist in Figur 306 und 307 dargestellt. G ist der Generator, O die Erhitzungskammer, R der im vierten Abschnitt betrachtete Wärmespeicher (Rekuperator). Die Gase treten bei h in den Ofen, während die im Rekuperator vorgewärmte Luft bei k eintritt. Die verbrannten Gase ziehen aus der Erhitzungskammer O durch den Fuchskanal i in den Rekuperator und dann durch den Kanal w in die Esse. Der Herd besteht aus einer quarzhaltigen Masse, welche auf einer Eisenplatte ruht. Dieser Ofen hat wegen des Undichtwerdens der Kanäle im Rekuperator nur wenig Anwendung gefunden.

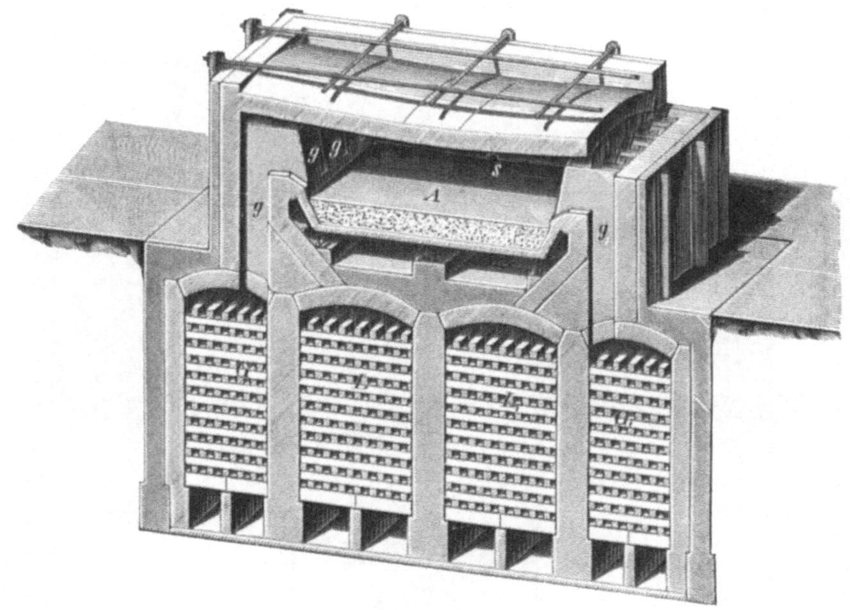

Fig. 308.

Ein Schweißofen mit Siemens-Feuerung ist in Figur 308 dargestellt. A ist der aus Sand hergestellte, auf einer Eisenplatte ruhende Herd. G G′ sind die Wärmespeicher zum Vorwärmen des Gases, L L′ die Wärmespeicher zum Vorwärmen der Luft; g g′ sind die Gaszuführungskanäle, l l′ die Luftzuführungskanäle. s ist eine Öffnung zum Ablassen der beim Schweißen gebildeten Schlacke.

Glühöfen.

Ein Ofen zum Glühen von Flußstahlblöcken, der sogen. „Rollofen“, ist in Figur 309 dargestellt. An dem Fuchskanal der Erhitzungskammer (a′) werden durch die Arbeitsöffnung a Stahlblöcke in den Ofen eingeschoben und allmählich bis zur Feuerbrücke vorgerollt, wo sie durch die Arbeitsöffnung 1 ausgezogen werden. Auf dem langen Wege

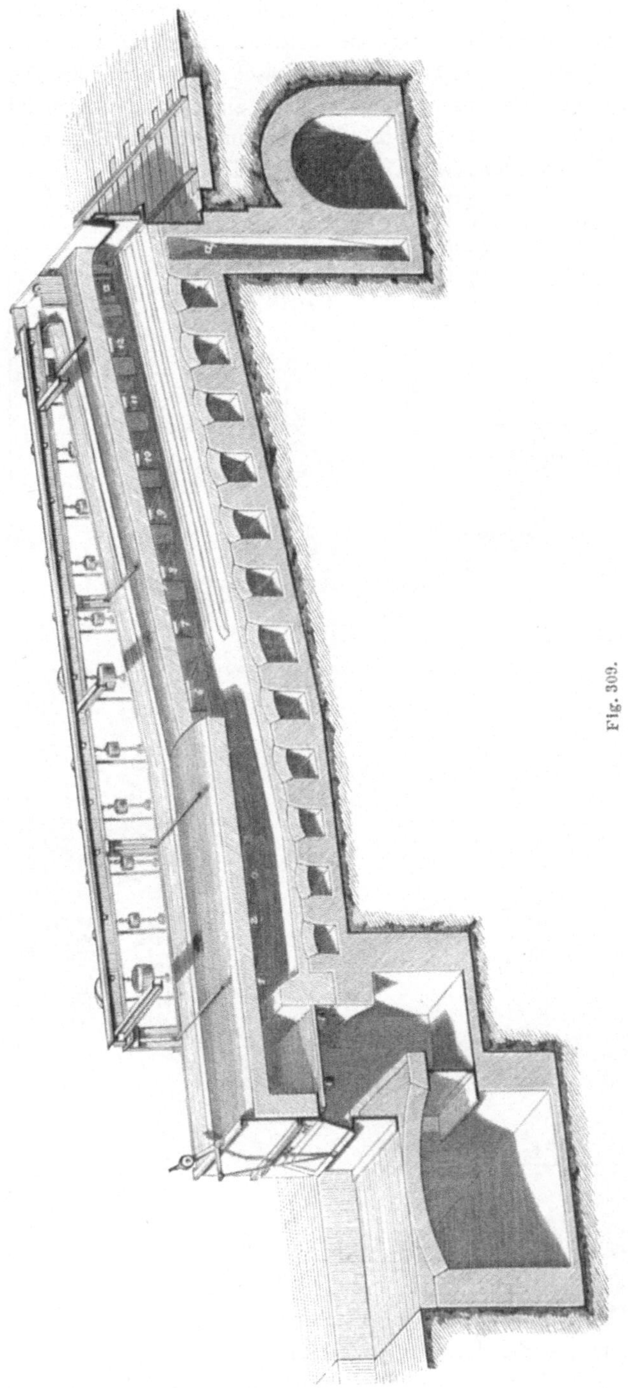

Fig. 309.

von der letzten bis zur ersten Arbeitsöffnung der Erhitzungskammer
werden die Stahlblöcke bis auf Schweißtemperatur erhitzt. Damit sich
die Blöcke besser vorwärtsbewegen lassen und auch an der Unterseite
von den Feuergasen bestrichen werden, sind in dem geneigten hinteren
Teile der Kammer zwei Stahlschienen auf den Herd gelegt. Die Rostfeuerung dieses Ofens wird mit Unterwind betrieben.

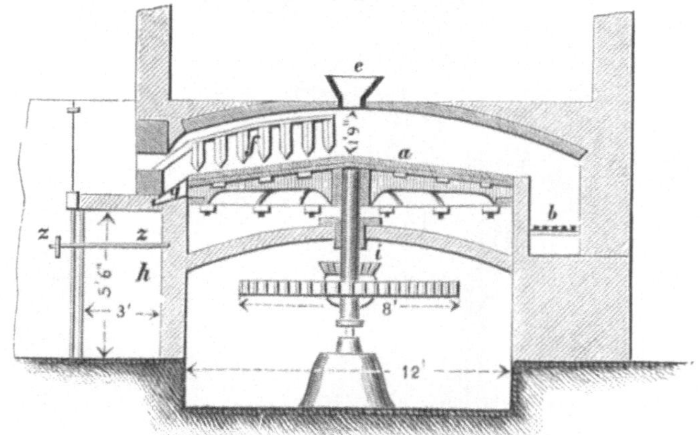

Fig. 310.

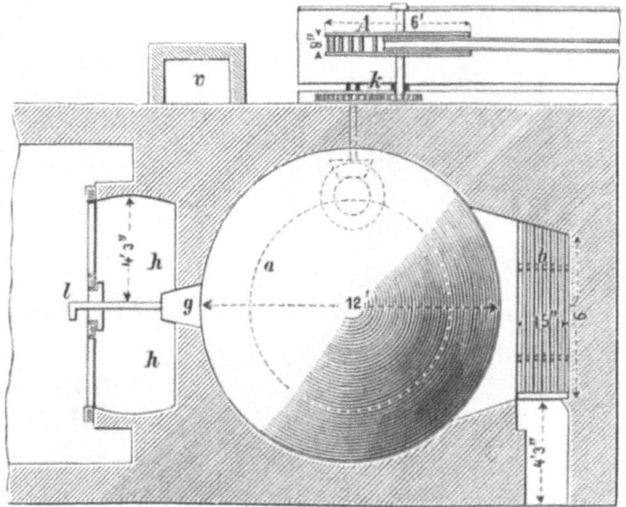

Fig. 311.

Öfen mit teilweise beweglicher Erhitzungkammer.

Die Öfen dieser Art finden bei der Röstung zerkleinerter metall-
haltiger Körper Anwendung (Kupfererze und Zinnerze). Da eine hohe
Temperatur bei der Röstung nicht erforderlich ist, so besitzen dieselben
Rostfeuerung. Der während des Betriebes bewegte Teil des Ofens ist der

Herd. Derselbe ist eben und hat kreisförmigen Grundriß. Das Eintragen der zu röstenden Körper in die Erhitzungskammer geschieht durch eine Öffnung im Gewölbe derselben; das Austragen des Röstgutes erfolgt kontinuierlich durch eine Öffnung in der Seitenwand derselben.

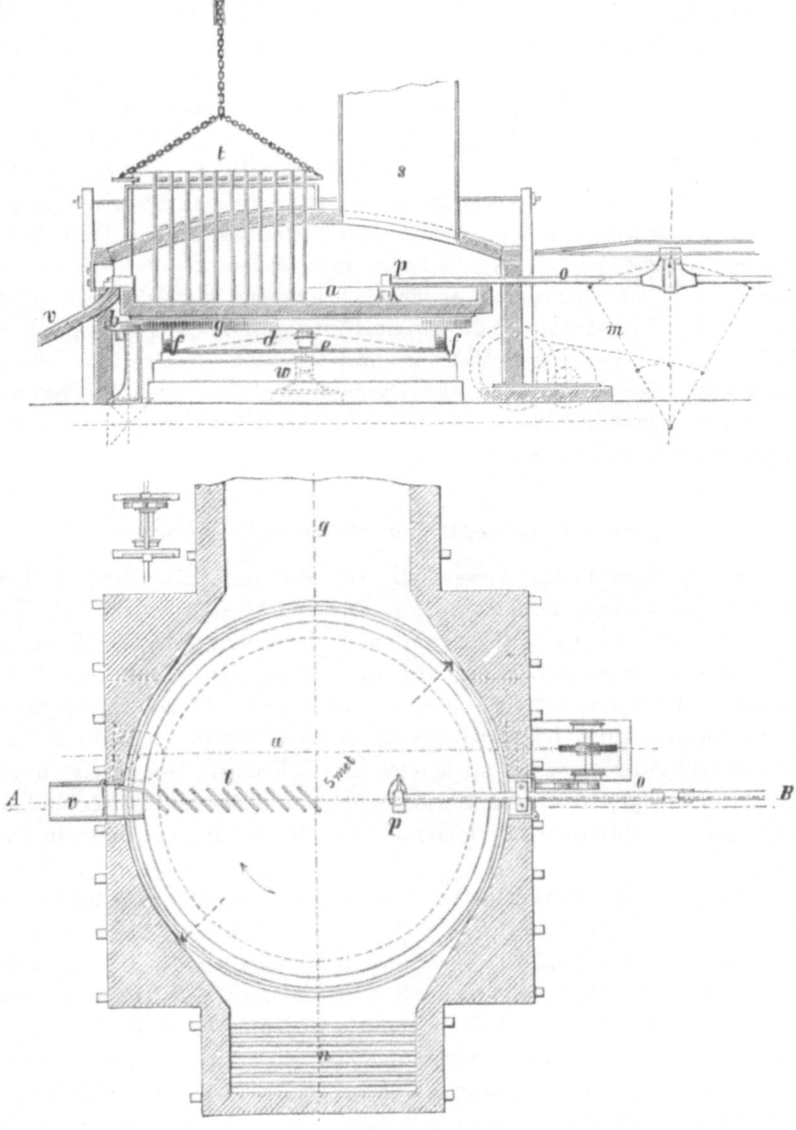

Fig. 312 u. 313.

In den Figuren 310 und 311 ist ein solcher Ofen zum Rösten der den Zinnerzen beigemengten Schwefel- und Arsenmetalle dargestellt (Brunton-Ofen). a ist der auf einer stehenden Welle befestigte

Herd; b ist der Rost; e ist ein Fülltrichter zum Eintragen der Erze in die Erhitzungskammer; f ist ein feststehender Krähl, welcher bei der Drehung des Herdes das Erz durchkrählt und allmählich von der Mitte des Herdes nach der Austrageöffnung g schiebt, durch welche es je nach der Stellung der Klappe z in einen der beiden Kühlräume h fällt. Das Fuchsloch, welches mit der Esse v in Verbindung steht, ist in den Figuren nicht sichtbar.

Ein Ofen zum Rösten von Kupfererzen (Ofen von Gibbs und Gelstharp) ist in den Figuren 312 und 313 dargestellt. a ist der auf einer stehenden Welle e befestigte tellerförmige Herd. Derselbe besteht aus Eisenblech und ist mit einem Futter von feuerfesten Steinen versehen. Er ruht auf einer Scheibe g, welche durch eine Kette ohne Ende in Bewegung versetzt wird. Diese Scheibe ruht außer auf der Welle e auf Gleitrollen f und wird durch seitliche Gleitwalzen b geführt. n ist der Rost, q der Fuchskanal, s die Eintrageöffnung für die Erze; p ist ein Krähleisen, welches durch Maschinenkraft in eine hin- und hergehende Bewegung versetzt wird und das Durchkrählen des Erzpulvers bewirkt; t sind schief gestellte Platten, welche das Erz allmählich nach der Austrageöffnung v vorschieben.

Öfen mit beweglicher Erhitzungskammer.

Diese Öfen finden Anwendung zur Röstung pulverförmiger Erze. Sie besitzen, da hohe Temperaturen in ihnen nicht erforderlich sind, Rostfeuerung. Sie stellen mit feuerfesten Steinen ausgekleidete, horizontal oder geneigt liegende Zylinder aus Eisen dar, welche um ihre Achse rotieren. Bei horizontal liegenden Zylindern geschieht das Eintragen der zu röstenden Körper und das Austragen des Röstgutes periodisch durch eine verschließbare Öffnung im Mantel des Zylinders. Bei geneigt liegenden Zylindern geschieht das Eintragen der zu röstenden Körper und das Austragen des Röstgutes kontinuierlich am oberen bezw. am unteren Ende des Zylinders.

Die Öfen der gedachten Art wendet man besonders zur Röstung von Kupfer- und Silbererzen an.

Ein Ofen mit horizontal liegender Erhitzungskammer ist der in den Figuren 314, 315, 316 dargestellte Brückner-Ofen. A ist der drehbare Zylinder, B der Rost, C der mit dem Zylinder drehbare Fuchskanal, E die Esse. Das in Fig. 314 in den Zylinder eingezeichnete Diaphragma d wird jetzt nicht mehr angewendet. Der Zylinder ist mit zwei Leitkränzen w und mit einem Zahnkranze z versehen. Die Leitkränze ruhen auf den Gleiträdern a, während der Zahnkranz in das Getrieberad h eingreift. Durch die Rotation des letzteren wird der Zylinder in Bewegung gesetzt. e ist die Öffnung zum Einfüllen der Erze und zum Austragen des Röstgutes. Soll Erz eingetragen werden, so dreht man den Zylinder so, daß diese Öffnung oben ist, und läßt durch den Füllrumpf N das Erz in den Zylinder rutschen. Soll der Zylinder entleert werden, so dreht man ihn so, daß die gedachte Öffnung nach unten gekehrt ist. Zwischen Fuchskanal und Esse werden in der Regel Flugstaubkammern eingeschaltet.

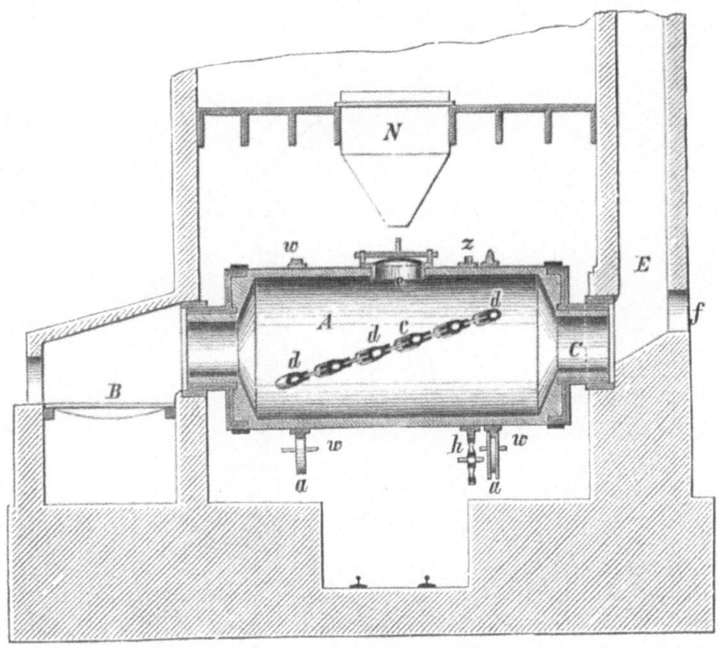

Fig. 314.

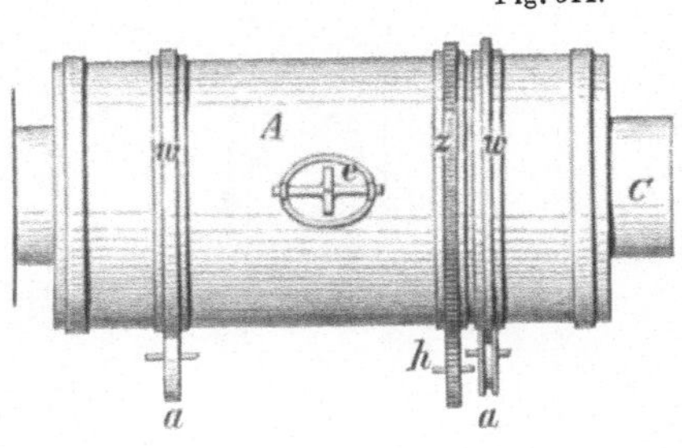

Fig. 315.

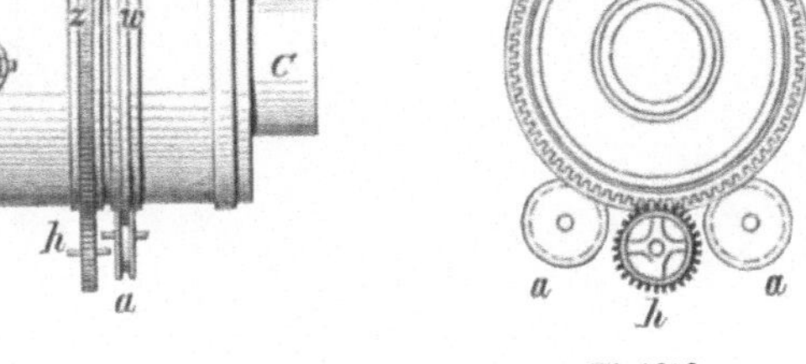

Fig. 316.

Bei den geneigten Zylindern werden die zu röstenden Körper an dem höheren Ende des Ofens, dem Fuchsende, durch eine automatische Füttervorrichtung kontinuierlich aufgegeben, wandern durch den sich langsam drehenden Zylinder hindurch und fallen am unteren Ende desselben aus. Um die zu röstenden Körper im Interesse einer guten Röstung mit Luft und Feuergasen möglichst in Berührung zu bringen, läßt man aus dem feuerfesten Futter des Ofens Längsrippen, welche aus feuerfesten Steinen gebildet sind, herausstehen, wie aus Fig. 317 ersichtlich ist. a ist

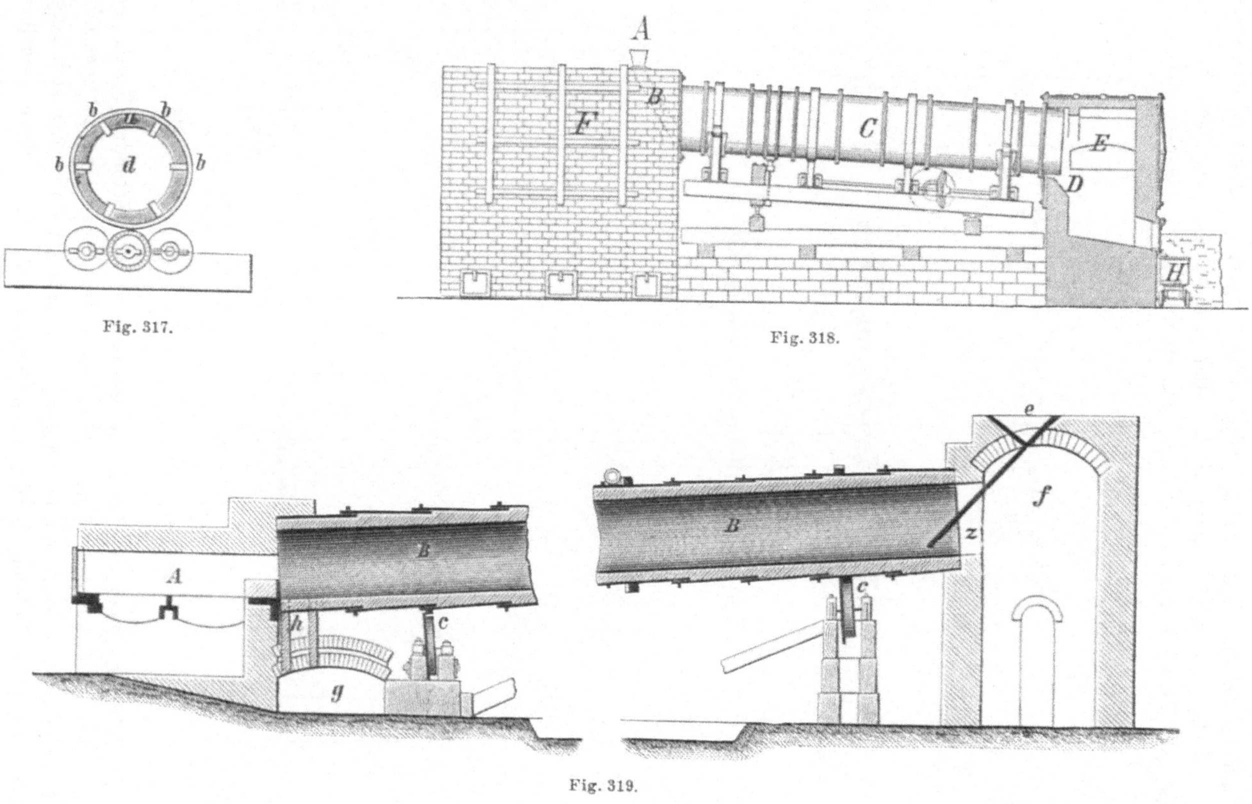
Fig. 317.
Fig. 318.
Fig. 319.

das aus feuerfesten Ziegeln hergestellte feuerfeste Futter des Ofens, b sind die vorstehenden Ziegelsteinrippen. Bei der Bewegung des Zylinders wird das Pulver der zu röstenden Körper durch die Längsrippen gehoben und fällt, sobald sein natürlicher Böschungswinkel erreicht ist, durch die Feuergase herab.

Derartige Öfen dienen zur oxydierenden Röstung von Kupfererzen und Kupfersteinen, von pyritischen Zinnerzen sowie zur chlorierenden Röstung von Silbererzen.

Die Einrichtung des Whiteofens ist aus der Fig. 318 ersichtlich. C ist der Zylinder, A die Fütterungsvorrichtung. Das Röstgut fällt bei D aus dem Zylinder heraus und gelangt in den Wagen H. Die Feuerung befindet sich in dem Raume E. Die Feuergase ziehen am oberen Ende des Zylinders in die Flugstaubkammer F und aus dieser in die Esse. Die zur Röstung erforderliche Luft kann sowohl durch die Feuertüre als auch durch besondere Öffnungen neben derselben eintreten. Der Ofen ist verstellbar, so daß dem Zylinder die für verschiedene Erzsorten erforderliche Neigung gegeben werden kann.

Der Ofen von Hocking-Oxland ist in Fig. 319 dargestellt. B ist der Zylinder; A ist die Rostfeuerung, z der Fuchskanal; f sind Flugstaubkammern. Die Erze werden durch den Fülltrichter e in den Ofen eingeführt und durch den Kanal h am unteren Ende des Zylinders (in das Gewölbe g) ausgetragen. Die Bewegung des Zylinders geschieht durch eine Schnecke, welche in einen am Umfange des Zylinders angebrachten Zahnkranz eingreift. c c sind Gleiträder.

Ein in Cornwall angewendeter Ofen von Hocking und Oxland zum Rösten von pyritischen und arsenhaltigen Zinnerzen mit Flugstaubkammern zum Auffangen von Arseniger Säure ist in den Figuren 320 und 321 dargestellt.

Der Zylinder (von 9—12 m Länge und 1,2—1,8 m Durchmesser) ist aus Kesselblech angefertigt und besitzt 4 aus dem feuerfesten Futter desselben herausstehende Längsrippen. Er ist mit 3 Laufkränzen versehen, welche ihrerseits auf Gleiträdern c ruhen. Die Bewegung des Zylinders erfolgt durch Eingreifen des konischen Zahnrades Z in den Zahnkranz D. H ist die Rostfeuerung. Die für die Oxydation erforderliche Luft tritt durch den im Gewölbe A der Rostfeuerung angebrachten Kanal i in angewärmtem Zustande in den Zylinder. Das Erz wird mit Hilfe einer automatischen Aufgebevorrichtung durch den Trichter h am oberen Ende des Zylinders aufgegeben und gelangt am unteren Ende des Zylinders durch den Schlitz e in die gewölbte Kammer F, aus welcher es nach Öffnung des Tors f herausgezogen wird. Der Zylinder macht je nach der Natur der Erze 3—8 Umdrehungen in der Minute. Die heißen Gase und Dämpfe treten am oberen Ende des Zylinders aus und gelangen in ein System von Flugstaubkammern, in welchen die Arsenige Säure niedergeschlagen wird.

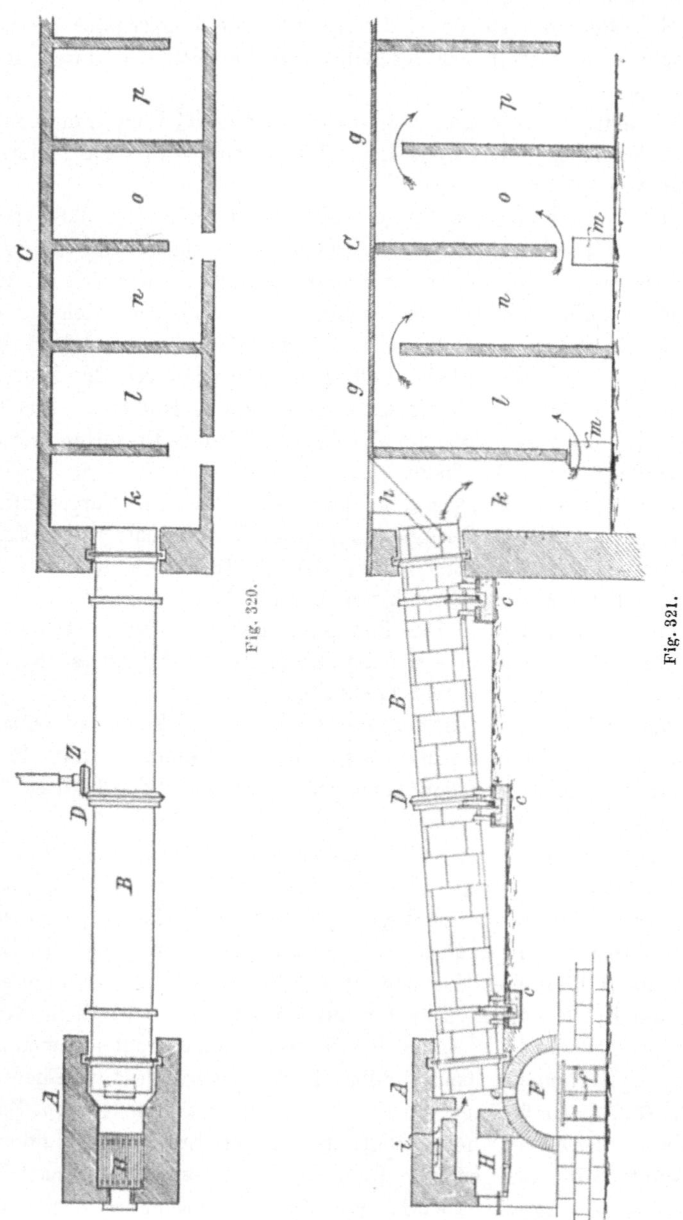

Fig. 320.

Fig. 321.

Herdflammöfen für Schmelzverfahren.

Diese Öfen finden ausgedehnte Anwendung bei den verschiedensten Schmelzverfahren.

Öfen mit feststehender Erhitzungskammer.

Mit Rostfeuerung.

Die Öfen dieser Art wendet man bei allen Schmelzverfahren an, welche keine übermäßig hohen Temperaturen erfordern.

Die Arbeitskammer hat eine verhältnismäßig geringe Ausdehnung. Zur Erzielung hoher Temperaturen in derselben sind die Decke und die Seitenwände der Kammer nach dem Fuchse hin zusammengezogen. Die Hauptachse der Kammer ist horizontal oder geneigt.

Der Herd wird, je nach der Art des Schmelzverfahrens, aus feuerfesten Steinen, gepochtem Quarz (Kupfergewinnungsverfahren und Kupferraffinieren), Ton (Bleigewinnung), Gestübbe (Frischen der Glätte, Saigern des Abstrichs), Mergel (Abtreiben), Knochenasche (Abtreiben), Schlacken (Puddeln) hergestellt.

Er ist gleichmäßig vertieft, wenn geschmolzene Massen längere Zeit hindurch einer gleichmäßigen Temperatur ausgesetzt werden sollen (Puddelöfen, Treiböfen, Kupferschmelzöfen). Er stellt eine geneigte Fläche mit an dieselbe angeschlossener Vertiefung dar, wenn die festen Körper an der höchsten Stelle des Herdes aufgegeben und die geschmolzenen Massen am tiefsten Punkte desselben angesammelt werden sollen. Der tiefste Punkt befindet sich an der Feuerbrücke, wenn schwer schmelzbare Körper durch die Hitze flüssig erhalten werden sollen (Öfen zum Umschmelzen des Roheisens). Er befindet sich an der der Feuerbrücke gegenüberliegenden Seite des Herdes, wenn leichtflüssige und flüchtige Körper vor Verdampfung oder Oxydation geschützt werden sollen. Er bildet eine geneigte Rinne, wenn die geschmolzenen Massen außerhalb des Ofens angesammelt werden sollen. Der Grundriß des Herdes ist rechteckig, oval, kreisförmig, polygonal oder, wenn man von einer einzigen Öffnung in den Seitenwänden der Erhitzungskammern aus die ganze Herdfläche mit Gezähen erreichen muß, unsymmetrisch (Puddelöfen).

Die innerhalb des Ofens angesammelten flüssigen Massen sticht man entweder am tiefsten Punkte des Herdes ab (ähnlich wie bei Schachtöfen) oder man schöpft sie aus dem Herde aus (Kupfer) oder man läßt sie durch Öffnungen in den Seitenwänden des Ofens, welche mit sinkendem Flüssigkeitsspiegel vertieft werden, allmählich abfließen (Glättgasse der Treiböfen). Die in der Kammer verbliebenen oder neugebildeten festen Massen (Saigern, Puddeln) werden durch die Arbeitsöffnungen ausgezogen.

Bei oxydierenden Schmelzverfahren wird die erforderliche Luft entweder durch die Arbeitsöffnungen oder durch besondere Luftkanäle in die

Erhitzungskammer eingeführt und zwar entweder mit Hilfe von Essenzug oder durch Gebläsevorrichtungen. In manchen Fällen (Abtreiben, Raffinieren des Bleis) führt man auch Gebläseluft unter den Rost (Unterwind).

Öfen mit geneigter Erhitzungskammer.

Diese Öfen werden bei gewissen Bleigewinnungs- und Saigerverfahren angewendet.

Die geschmolzenen Massen sammeln sich bei denselben entweder ganz außerhalb der Erhitzungskammer oder in einem Sumpfe innerhalb derselben an.

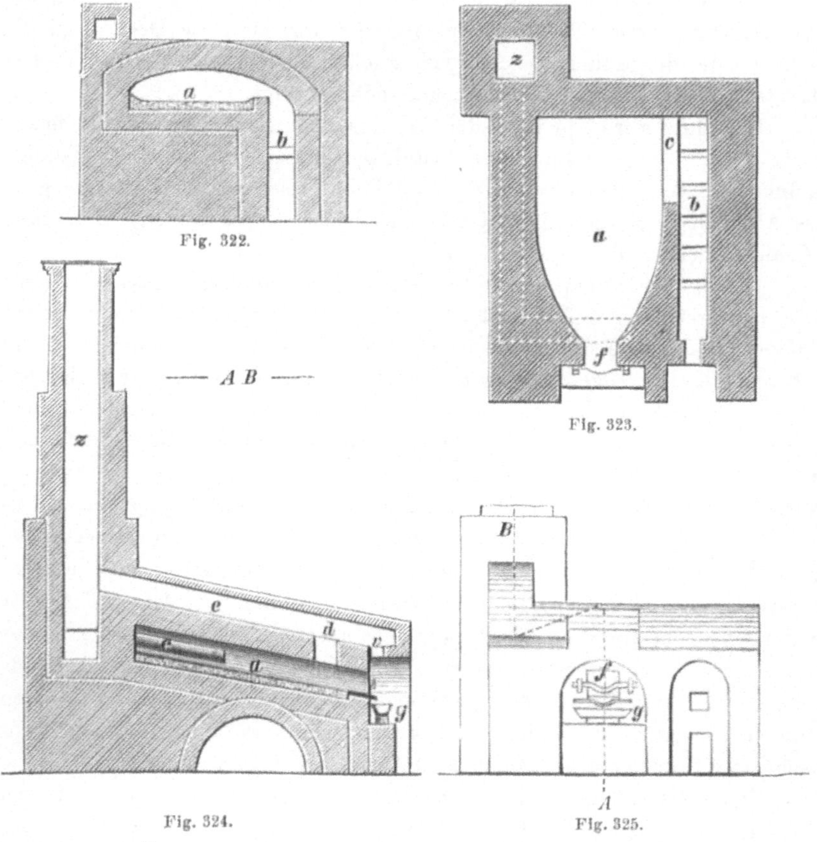

Fig. 322.

Fig. 323.

Fig. 324.

Fig. 325.

Zu den Öfen der ersteren Art gehört der vorstehend (Figuren 322 bis 325) abgebildete Kärntener Bleigewinnungsofen. a ist die geneigte nach vorne zusammengezogene Erhitzungskammer mit einem muldenförmigen Herde, welcher aus einem Gemenge von Ton und Schlacken hergestellt ist; b ist der für Holzfeuerung eingerichtete Rost (Gurtrost), c das Flammloch, d der Fuchskanal, aus welchem die gasförmigen Verbrennungserzeugnisse durch den Kanal e in die Esse z ziehen. Das in diesem Ofen

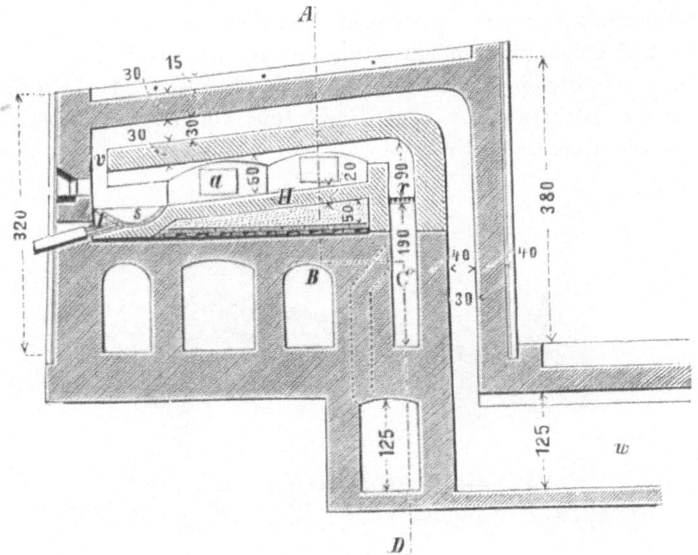

Fig. 326.

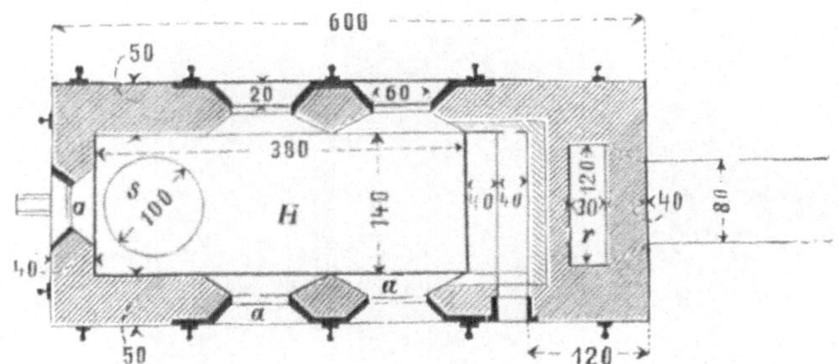

Fig. 327.

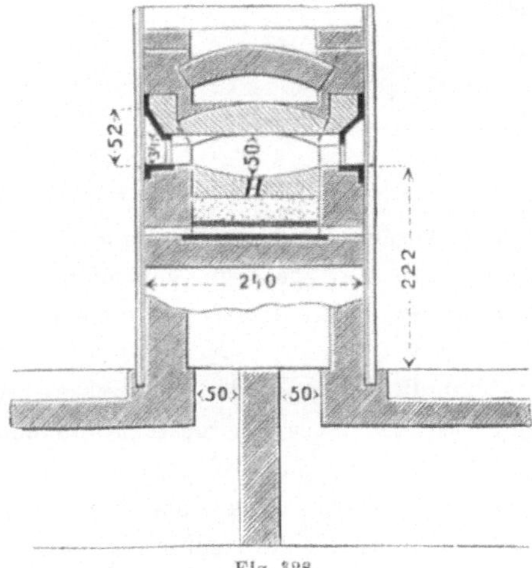

Fig. 328.

(durch Röstreaktionsarbeit) gewonnene Blei fließt auf dem geneigten Herde abwärts und gelangt durch eine Rinne in der Arbeitsöffnung f in ein vor dem Ofen aufgestelltes erhitztes Gefäß g aus Gußeisen. Die aus dem Ofen austretenden Bleidämpfe werden durch die Öffnung v in den Kanal e bezw. in die Esse geführt.

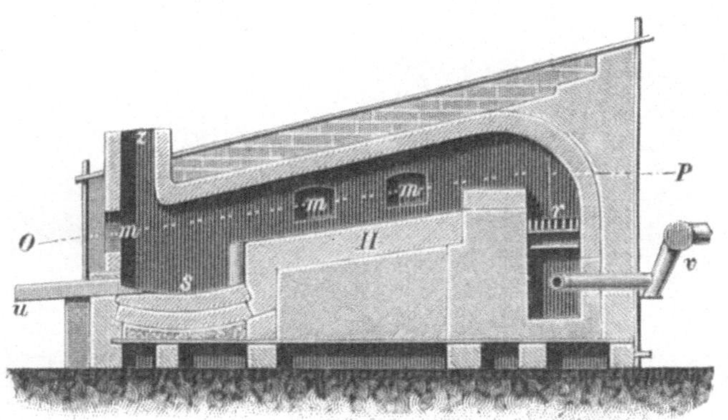

Fig. 329.

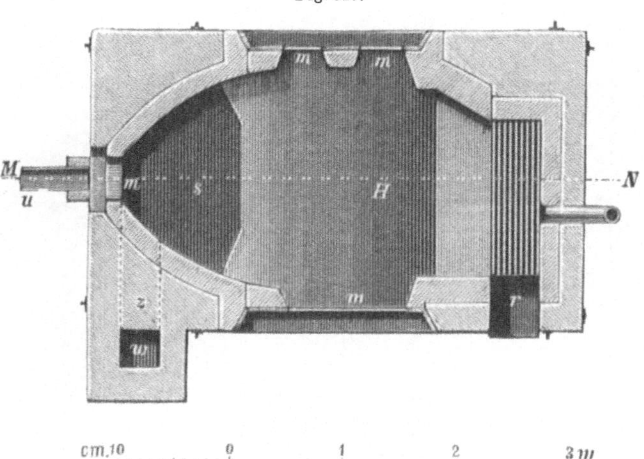

Fig. 330.

Zu den Öfen mit Ansammlung der geschmolzenen Massen innerhalb der Erhitzungskammer gehören verschiedene Saigeröfen. Die vorstehend dargestellten zwei Öfen dieser Art dienen zum Absaigern des Bleis vom Kupfer.

In den Figuren 326, 327, 328 ist der Przibramer Ofen abgebildet. Der Herd H desselben ist aus Mergel hergestellt und endigt in einen aus Gestübbe geschlagenen Sumpf s, aus welchem das Blei zeitweise durch den Stichkanal t abgelassen wird. Das dem Saigern zu unterwerfende kupferhaltige Blei wird durch die Arbeitsöffnungen a a auf den Herd gebracht. Das Blei schmilzt daselbst ein und fließt in den Sumpf, während das Kupfer mit einem Teile Blei legiert als feste Masse (Saigerdörner oder Saigerkrätzen) auf dem Herde zurückbleibt, welche durch die Arbeitsöffnungen aus der Kammer entfernt wird. r ist der Rost, v der Fuchskanal, w der Essenkanal.

In den Figuren 329 und 330 ist der mit Unterwind betriebene ältere Freiberger Saigerofen dargestellt.

H ist der Herd, r der Rost; v ist das Rohr zum Einführen von Unterwind unter den Rost; s ist der Sumpf; z ist der Fuchskanal; w ist die Esse; m m sind die Arbeitsöffnungen; u ist eine aus Gußeisen hergestellte Rinne zum Ablassen des Bleis aus dem Sumpfe.

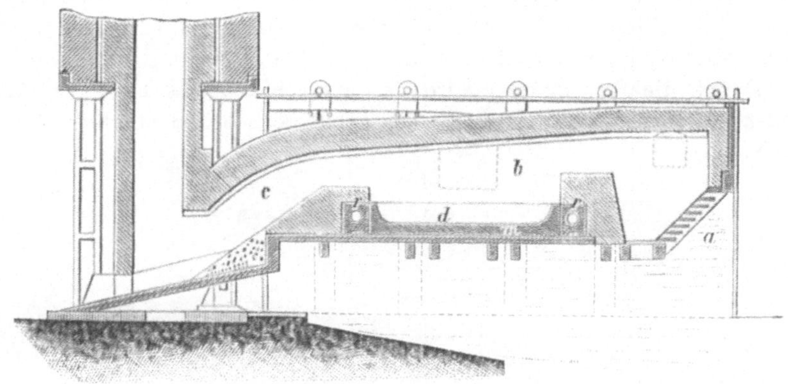

Fig. 331.

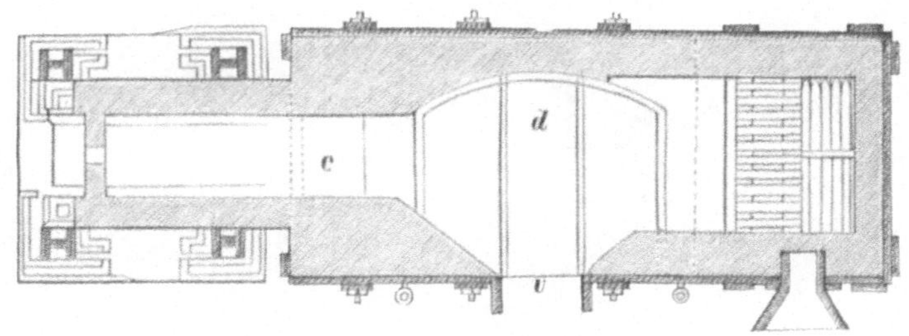

Fig. 332.

Öfen mit horizontal liegender Erhitzungskammer.

Diese Öfen wendet man bei den verschiedensten Schmelzverfahren an, besonders beim Umschmelzen von Metallen, bei der Herstellung von Schweißeisen, beim Reinigen (Raffinieren) von Kupfer, Blei, Zink, Silber, bei der Scheidung von Silber und Blei durch Abtreiben, bei der Gewinnung von Blei, Kupfer, Silber, Zinn, Nickel, Antimon. Der Betrieb derselben ist ein intermittierender.

Der Ofen zur Herstellung von Schweißeisen, der sogen. Puddelofen, ist in den Figuren 331 und 332 dargestellt. a ist der Rost (Treppenrost), b die Erhitzungskammer, c der Fuchskanal, d der Herd. Die Arbeitskammer hat eine eigentümliche, unsymmetrische Gestalt, welche dadurch bedingt ist, daß der Arbeiter mit Gezähen, welche durch eine kleine Öffnung in der Einsatztüre v eingeführt werden, den ganzen Herd bestreichen muß. Zur Erzielung einer hohen Temperatur ist die Erhitzungskammer nach dem Fuchse hin zusammengezogen.

Die Sohle m des Herdes besteht aus Gußeisen und wird von unten durch Luft gekühlt. Dieselbe ruht auf Trägern aus Eisen oder auf Pfeilern. Auf die Herdsohle sind hohle Wände aus Gußeisen r r gelegt. Dieselben bilden zusammen das sogen. Herdeisen, welches durch in dem Hohlraume desselben zirkulierendes Wasser gekühlt wird. Der eigentliche Herd wird aus an Eisenoxyduloxyd reicher Schlacke gebildet.

Durch die Einsatztüre v wird das auf schmiedbares Eisen zu verarbeitende Roheisen eingesetzt und das gebildete schmiedbare Eisen ausgezogen.

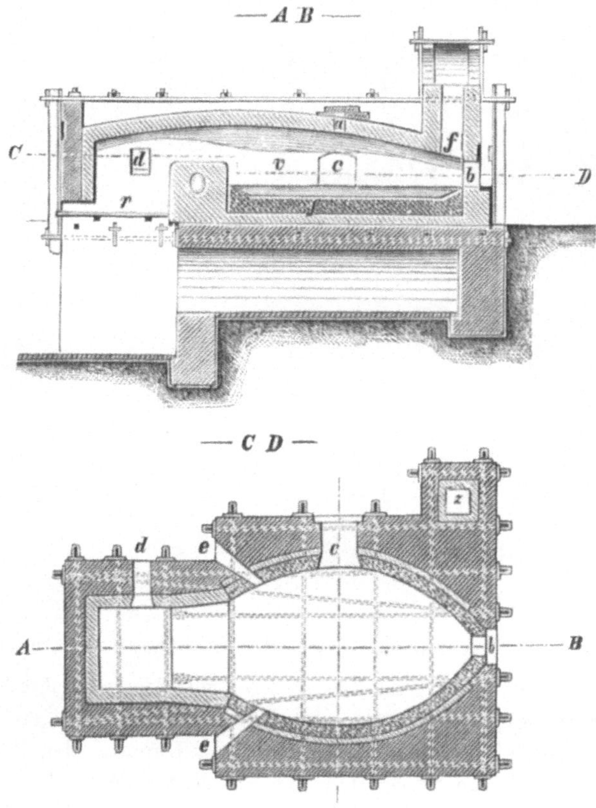

Fig. 333 u. 334.

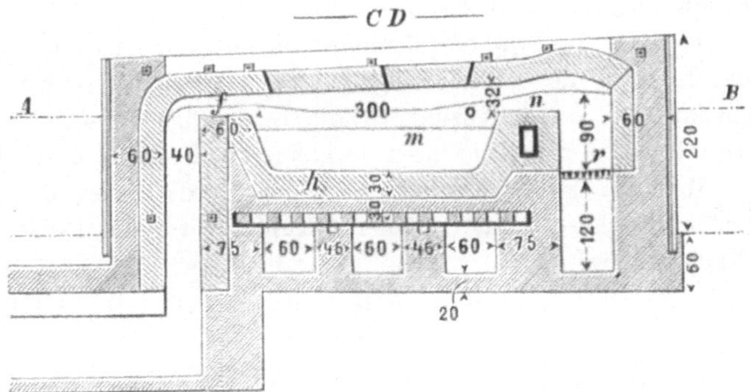

Fig. 335.

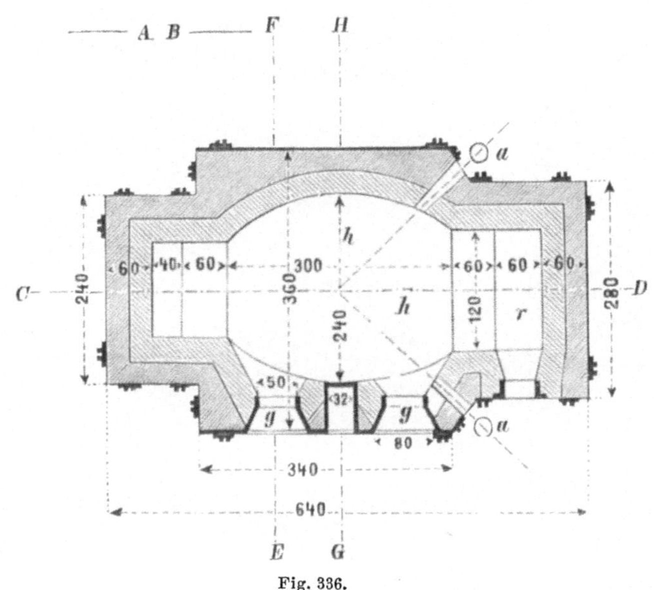

Fig. 336.

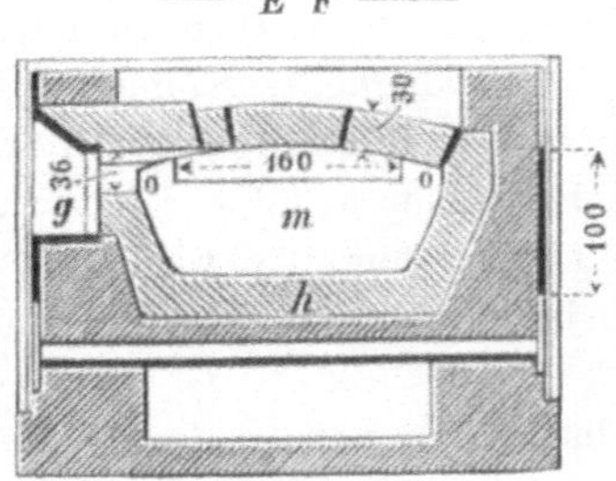

Fig. 337.

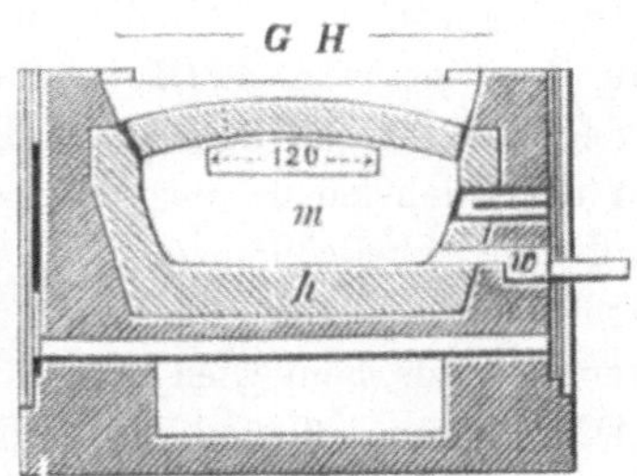

Fig. 338.

Die Figuren 333 und 334 stellen einen Ofen zum Raffinieren des
Kupfers dar. v ist die Erhitzungskammer mit dem aus Quarz hergestellten
Herd, r der Rost, d die Schüröffnung, f der Fuchskanal; e e sind Kanäle
zur Einführung der Oxydationsluft in die Erhitzungskammer; a ist eine
Öffnung im Gewölbe zum Einführen zerkleinerter Körper, c ein Einsatz-
tor zum Einbringen größerer Stücke auf den Herd; b ist die Arbeitsöffnung; z ist die Esse. Das raffinierte Kupfer wird durch die Arbeitsöffnung b ausgeschöpft.

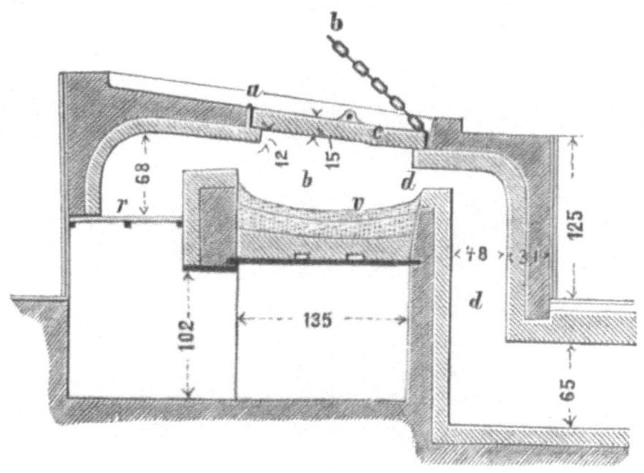

Fig. 339.

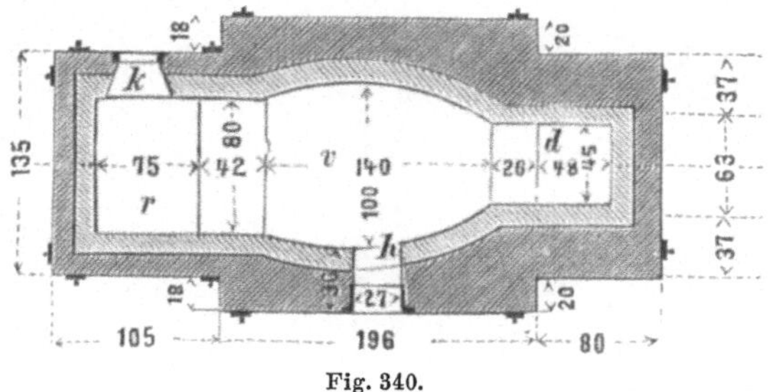

Fig. 340.

Die Figuren 335, 336, 337 und 338 stellen einen Ofen zum Raffinieren von unreinem Blei (durch ein oxydierendes Schmelzen) dar.
h ist der aus Mergel hergestellte Herd, m die Erhitzungskammer, r der
Rost, f der Fuchskanal; n ist die hohle durch Luft gekühlte Feuerbrücke;
g g sind die Arbeitsöffnungen. Das zu raffinierende Blei wird durch die
Arbeitsöffnungen eingetragen und nach beendigter Reinigung durch den
Stichkanal w aus dem Ofen abgelassen.

Die Figuren 339 und 340 stellen einen Ofen zum Raffinieren des
Silbers (d. i. oxydierendes Schmelzen) dar. r ist der Rost, b die Er-
hitzungkammer mit der beweglichen Decke c, v der aus Mergel hergestellte
Herd. Derselbe ruht auf einer zweiten Mergelschicht, welche ihrerseits

auf Mauerwerk ruht. d ist der Fuchskanal, h die Arbeitsöffnung, k die Schüröffnung.

Die Öfen zum Abtreiben des Bleis vom Silber nennt man Treiböfen.

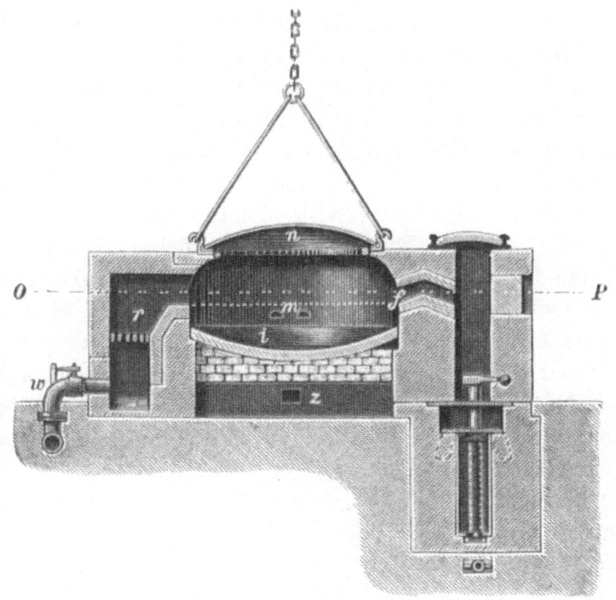

Fig. 341.

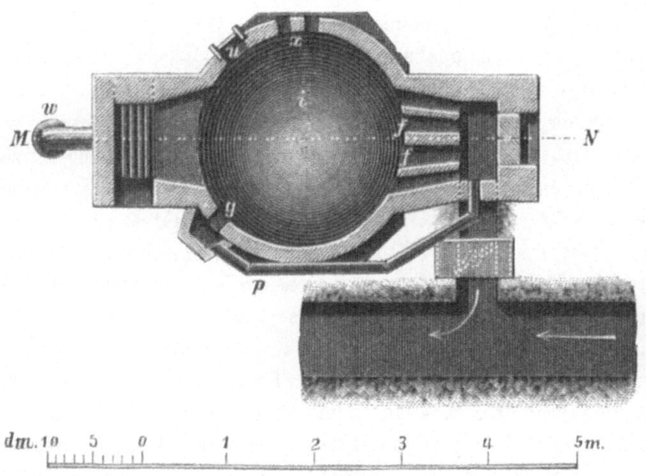

Fig. 342.

Man unterscheidet große Treiböfen mit festliegendem Herde oder deutsche Treiböfen, und kleine Öfen mit Herden, welche aus dem Ofen herausgezogen werden können, englische und amerikanische Treiböfen.

Die Einrichtung eines deutschen Treibofens ergibt sich aus den

Figuren 341 und 342. r ist der Rost, unter welchen durch die Windleitung w Unterwind geleitet wird: m ist die Erhitzungskammer, f der durch feuerfeste Steine in mehrere Abteilungen geteilte Fuchskanal, durch welchen die Gase in Flugstaubkammern und dann in die Esse treten. n ist die bewegliche Haube der Erhitzungskammer. Der Herd i wird aus Mergel hergestellt. Derselbe ruht auf einer Backsteinlage. Durch zwei sich kreuzende Kanäle (z) wird die Feuchtigkeit aus dem Mauerwerk entfernt. Der Oxydationswind tritt durch zwei Öffnungen x ein. Das silberhaltige Blei wird durch die Öffnung u eingesetzt. Das durch die Einwirkung des Windes gebildete geschmolzene Bleioxyd (Bleiglätte) wird in dem Maße, wie es sich bildet, durch die Öffnung g, das sogen. Glättloch, entfernt. Die Sohle dieser Öffnung besteht aus Mergel und erhält eine Rinne, die sogen. Glättgasse. Die letztere wird in dem Maße vertieft, wie das Niveau des Metallbades mit der Entfernung der Glätte aus dem Ofen sinkt. Das schließlich zurückbleibende Silber, das sogen. Blicksilber, wird als feste Masse aus dem Ofen herausgehoben. Zum Schutz der Arbeiter gegen Bleidämpfe ist vor der Glättgasse ein mit den Flugstaubkammern durch ein Blechrohr p verbundener Rauchmantel angebracht.

Man gibt dem Herde der Treiböfen auch elliptische oder rechteckige Form.

Die Einrichtung des älteren englischen Treibofens ist aus den Figuren 343—346 ersichtlich. A ist der Rost, B die Erhitzungskammer, c der Herd, g der in zwei Abteilungen geteilte Fuchskanal. Der Herd besteht aus Mergel oder Knochenasche und wird in einem Eisengerippe, welches aus der Erhitzungskammer ausgezogen werden kann, hergestellt. Das Eisengerippe (Fig. 345), der sogen. Testring, besteht aus dem elliptischen Bandeisen a und aus den Eisenplatten b. Der Testring wird von einem in der Erhitzungskammer angebrachten Ringe, dem sogen. Kompaßring, aufgenommen. An der einen kurzen Seite des Herdes werden Glättgassen d d d eingeschnitten, aus welchen die Glätte durch senkrechte Löcher am Ende derselben in unter den Herd geschobene Gefäße fließt. Das abzutreibende Blei wird entweder in besonderen Kesseln eingeschmolzen und aus denselben in den Herd eingelassen oder es wird in die Kanäle f f gelegt, in welchen es einschmilzt und dann in den Herd fließt. i ist die Arbeitsöffnung. e ist eine Öffnung zur Einführung von Gebläsewind in die Erhitzungskammer. Soll in dem Ofen nur eine Anreicherung des Bleis an Silber durch Abtreiben eines Teiles des Bleis bewirkt werden, so wird das angereicherte Blei durch ein in der Herdsohle angebrachtes Stichloch in ein unter dem Herde befindliches Gefäß abgelassen.

Die amerikanischen Treiböfen sind ebenfalls kleiner als die deutschen Treiböfen und besitzen auch wohl Kühlung durch einen Wassermantel. Die Einrichtung eines amerikanischen Ofens mit rechteckigem Herde ohne Wasserkühlung ist aus den Fig. 347—351 ersichtlich. x ist der

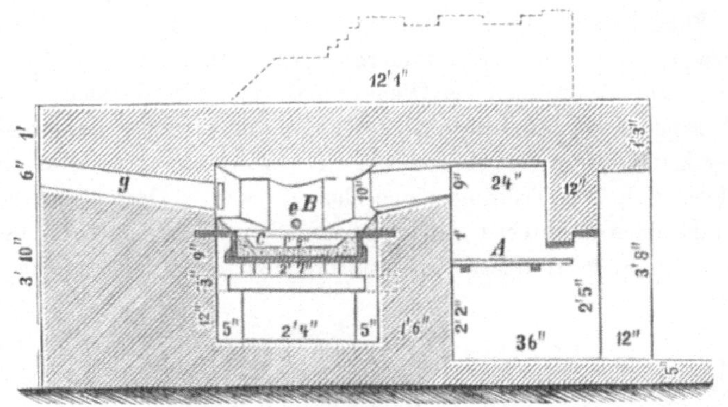

Fig. 343.

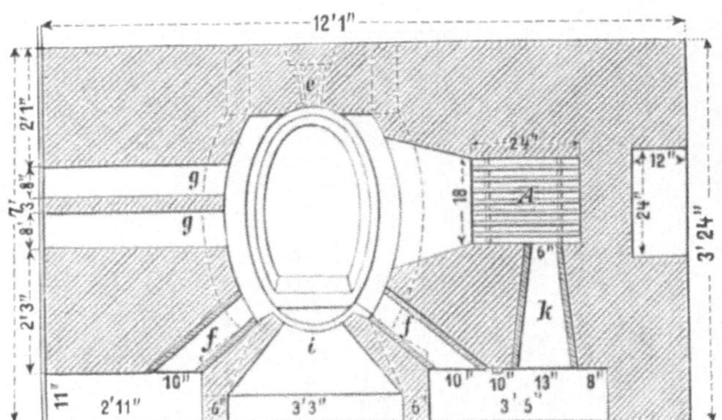

Fig. 344.

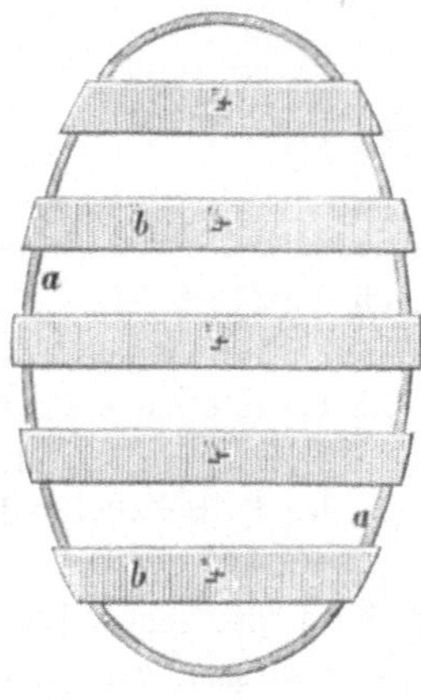

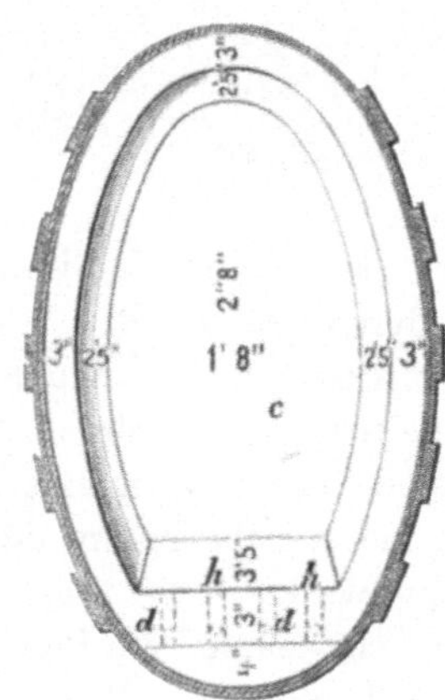

Fig. 345.   Fig. 346.

Rost, B die Erhitzungskammer, F der durch Mauerzungen in drei Teile
geteilte Fuchskanal. G ist ein senkrechter Kanal zur Abführung der
Feuergase in die Flugstaubkammern. Der Ofen ist mit Gußeisenplatten
umgeben. Das Gewölbe des Ofens y ist von der Rostseite nach dem
Fuchs herabgezogen, um die nötige Temperatur im Ofen hervorzubringen.
k ist der Kompaßring, in welchen der in den Zeichnungen nicht sichtbare,
auf Rädern ruhende Testring eingeschoben wird. Der Kompaßring hat
die Gestalt eines Rechtecks mit abgerundeten Ecken, dessen Zusammenhang nur an der Glättgasse q unterbrochen ist. n ist eine an der

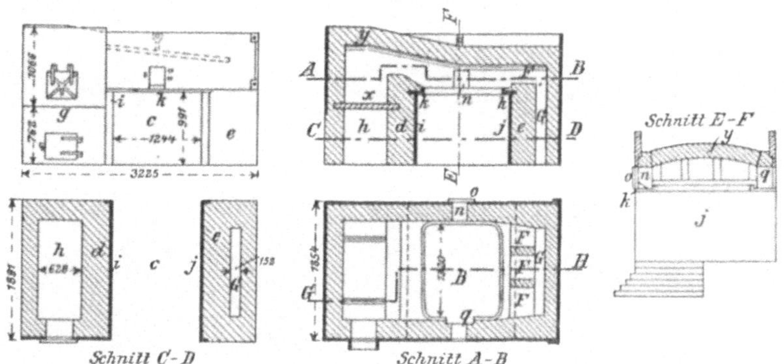

Fig. 347 bis 350.   Fig. 351.

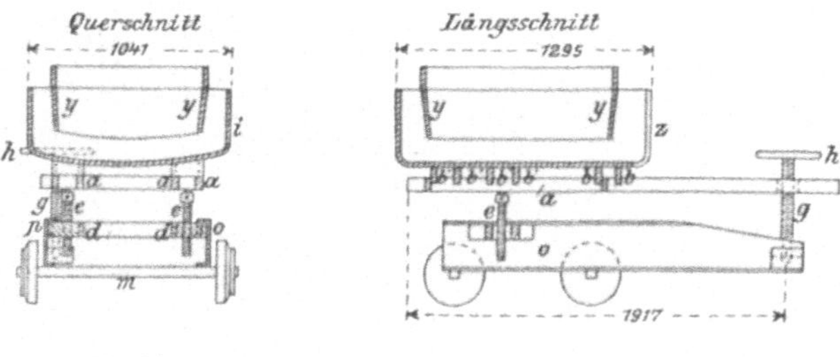

Fig. 352.   Fig. 353.

Hinterseite des Ofens befindliche, durch eine Schiebetüre o verschließbare
Öffnung, durch welche das Windleitungsrohr geführt ist. Der Testring
hat die aus den Fig. 352 und 353 ersichtliche Einrichtung. Er ruht auf
Rädern, besteht aus Gußeisen und hat die Gestalt eines Rechtecks mit
abgerundeten Ecken. y ist eine nur beim Herdschlagen eingesetzte eiserne
Schablone, um welche herum die Herdmasse der Seitenwände des Herdes
eingestampft wird.

Von den Öfen für die Bleigewinnung (durch die sogen. Röstreaktions-
arbeit, d. i. Rösten von Bleiglanz und Einwirkenlassen von Bleisulfat und
Bleioxyd auf unzersetztes Schwefelblei) sind nachstehend der englische
Flammofen und der Tarnowitzer Flammofen dargestellt.

Die Fig. 354, 355, 356, 357 stellen den in Stiperstones in England angewendeten Ofen dar.

z ist der Rost mit der Schüröffnung g, A die Erhitzungskammer; c c sind die Fuchskanäle; e ist der Essenkanal; H ist der aus einem

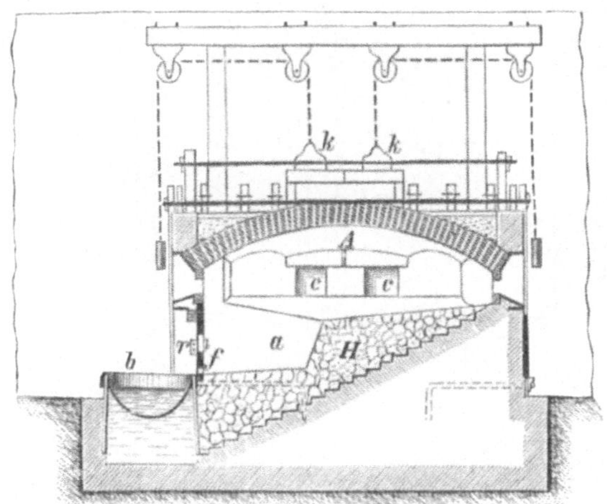

Fig. 354.

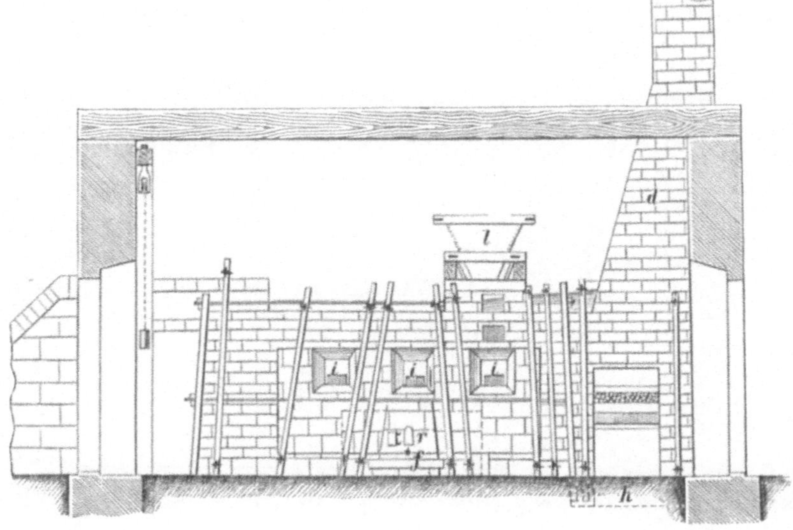

Fig. 355.

Gemenge von Schlacken und Quarz hergestellte Herd, welcher in einen Sumpf a abfällt; i i sind die Arbeitsöffnungen. Die Erze werden durch den Fülltrichter l und eine entsprechende Öffnung im Gewölbe der Erhitzungskammer in die letztere eingeführt. Das im Sumpfe a angesammelte Blei wird zeitweise durch das Stichloch f in den Stichherd b abgelassen.

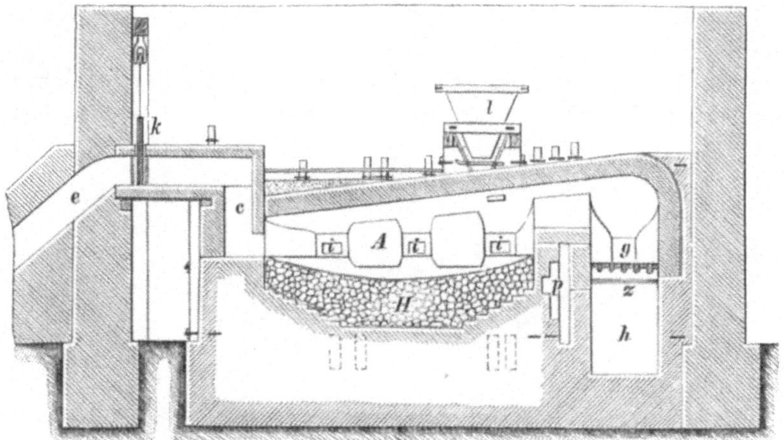

Fig. 356.

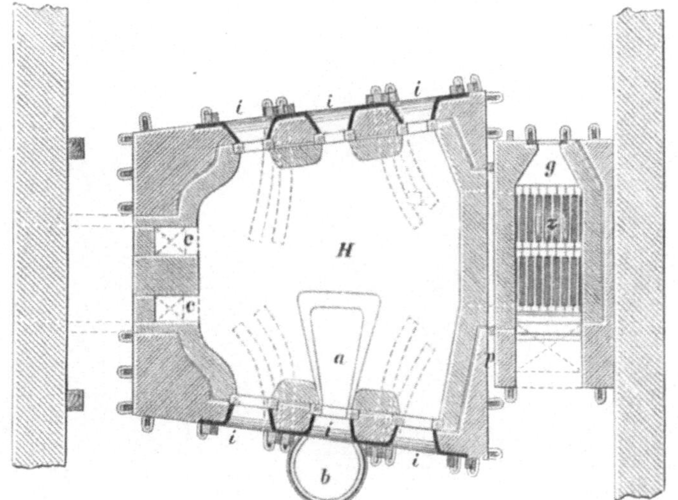

Fig. 357.

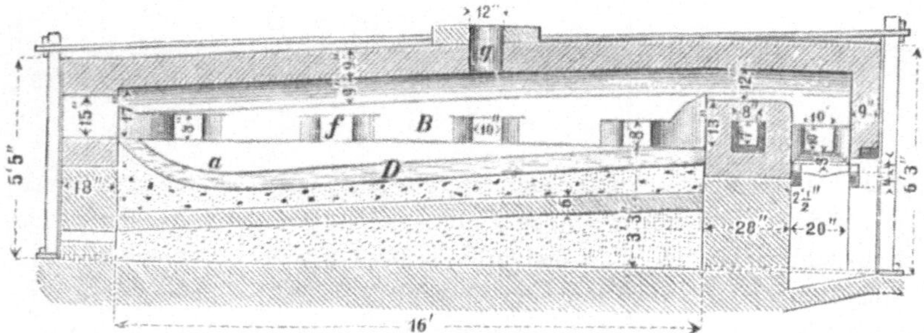

Fig. 358.

Der Tarnowitzer Ofen ist in den Fig. 358 und 359 abgebildet.
A ist der Rost, B die Erhitzungskammer, c der durch Mauerzungen in
verschiedene Abteilungen geteilte Fuchskanal, D der aus einem Gemenge
von Gestübbe und Frischschlacken hergestellte Herd, welcher vor dem
Fuchskanale in einen Sumpf a endigt (wo das Blei vor dem Verdampfen
geschützt ist). ff sind Arbeitsöffnungen; g ist die im Gewölbe angebrachte
Öffnung zum Eintragen der Erze. Das flüssige Blei wird aus dem Sumpfe
a in den Stechherd b abgestochen. Die festen Rückstände werden durch
die Arbeitsöffnungen aus der Erhitzungskammer entfernt.

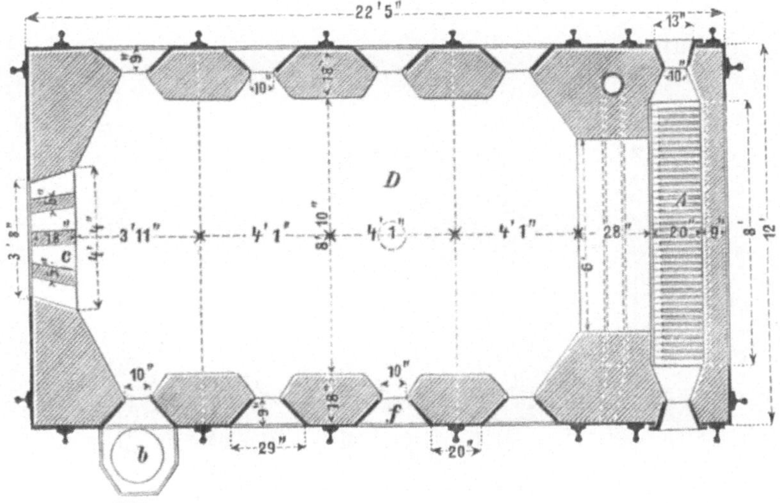

Fig. 359.

Ein älterer englischer Flammofen, sogen. „Waleser Ofen", zur
Verarbeitung geschwefelter Kupfererze ist aus den Fig. 360, 361, 362 und
363 ersichtlich. A ist die Rostfeuerung mit dem Schürloch a; F ist die
hohle, nach dem Aschenfall hin geöffnete Feuerbrücke. B ist die Erhitzungskammer, C der aus Quarzsand hergestellte Herd. f ist der in die
Esse E mündende Fuchskanal. Die Erze werden durch eine im Gewölbe
der Erhitzungskammer befindliche, dem Fülltrichter M entsprechende
Öffnung in den Ofen eingeführt. Gewisse Zuschläge (Schlacken) trägt man
auch durch die Arbeitsöffnung v ein. Die flüssigen metallhaltigen Massen
werden durch das Stichloch S abgelassen, während die Schlacken durch
die Arbeitsöffnung ausgezogen werden.

Bei manchen Öfen dieser Art werden auch die metallhaltigen Massen
und die Schlacken zusammen oder getrennt von einander abgestochen.
Im ersteren Falle fließen die metallhaltigen Massen und die Schlacken,
im letzteren Falle nur die Schlacken mit einem geringen Teile der metallhaltigen Massen in mehrere Reihen untereinander stehender kegelförmiger
Gefäße aus Gußeisen, in welchen die Scheidung der metallhaltigen Körper

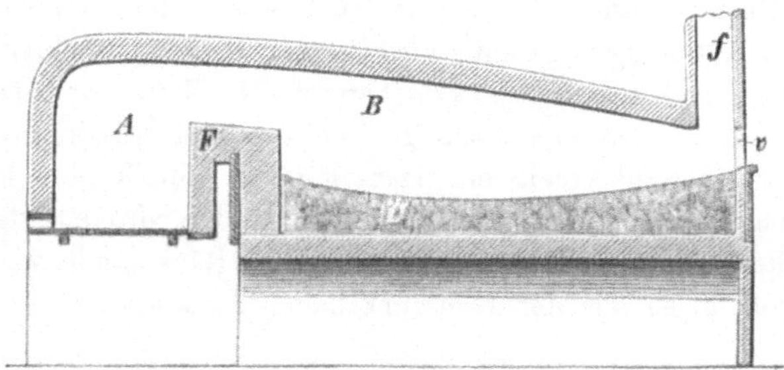

Fig. 360.

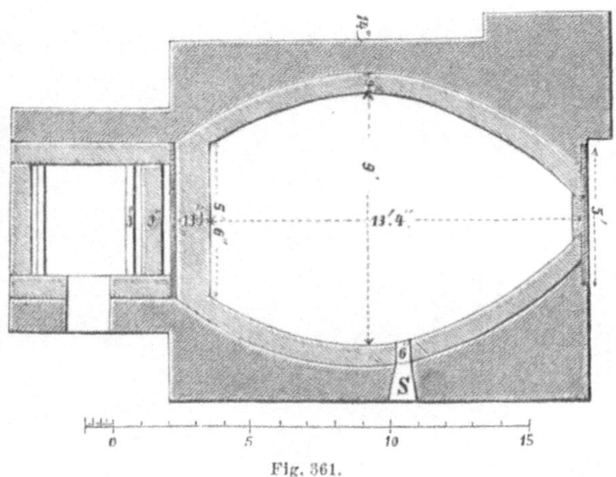

Fig. 361.

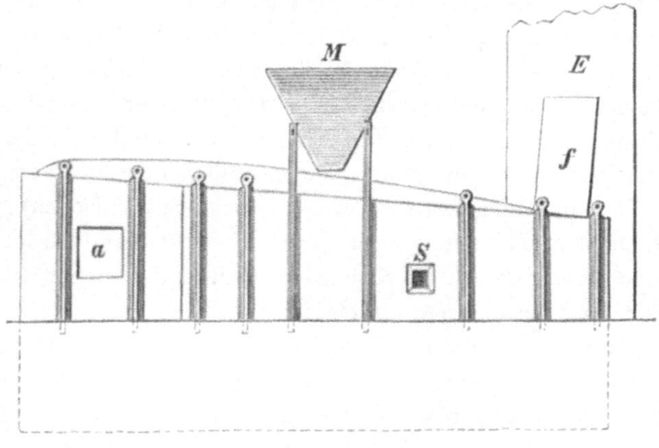

Fig. 362.

(Stein) von den Schlacken nach den spezifischen Gewichten derselben stattfindet. Bei vielen der beschriebenen Öfen liegt die Arbeitsöffnung über dem Stichloch.

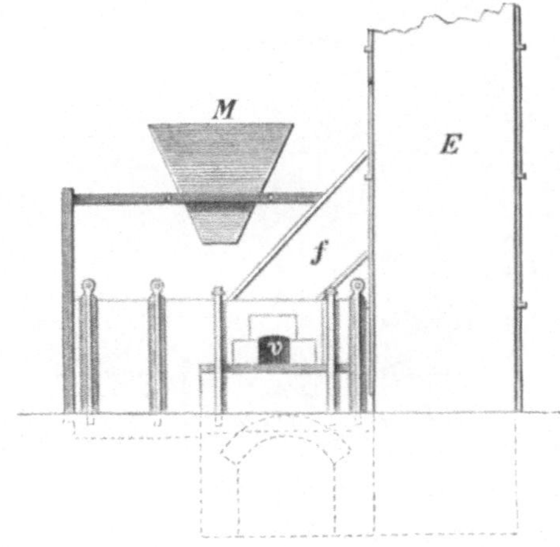

Fig. 363.

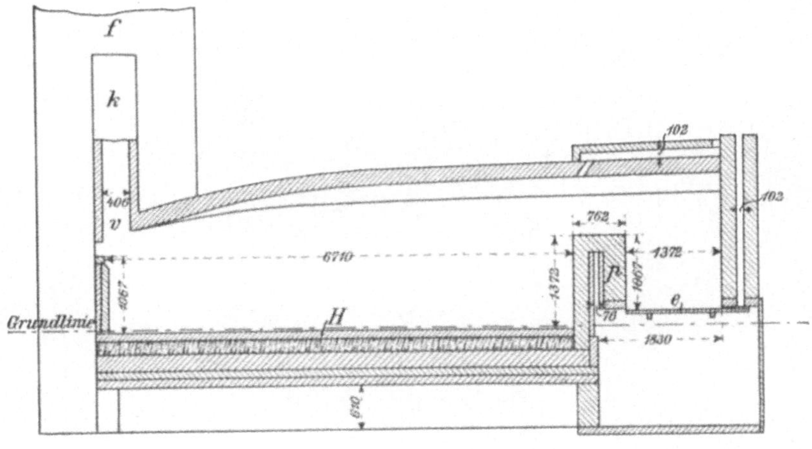

Fig. 364.

Die Einrichtung eines neueren amerikanischen Flammofens zur Verarbeitung geschwefelter Kupfererze ist aus den Fig. 364—368 ersichtlich. H ist der Herd, e die Feuerung, d die Schüröffnung, c die Abstichöffnung für den Stein, a eine Art Arbeitsöffnung, b eine Öffnung zum Abfließenlassen der Schlacke, h die eigentliche Arbeitsöffnung, v die Fuchsöffnung, welche durch einen ansteigenden Fuchskanal k mit der Esse f in Verbindung steht, p die Feuerbrücke. Die Schlacke läßt man in vor dem Ofen angebrachte Schlackentöpfe und aus den letzteren durch guß-

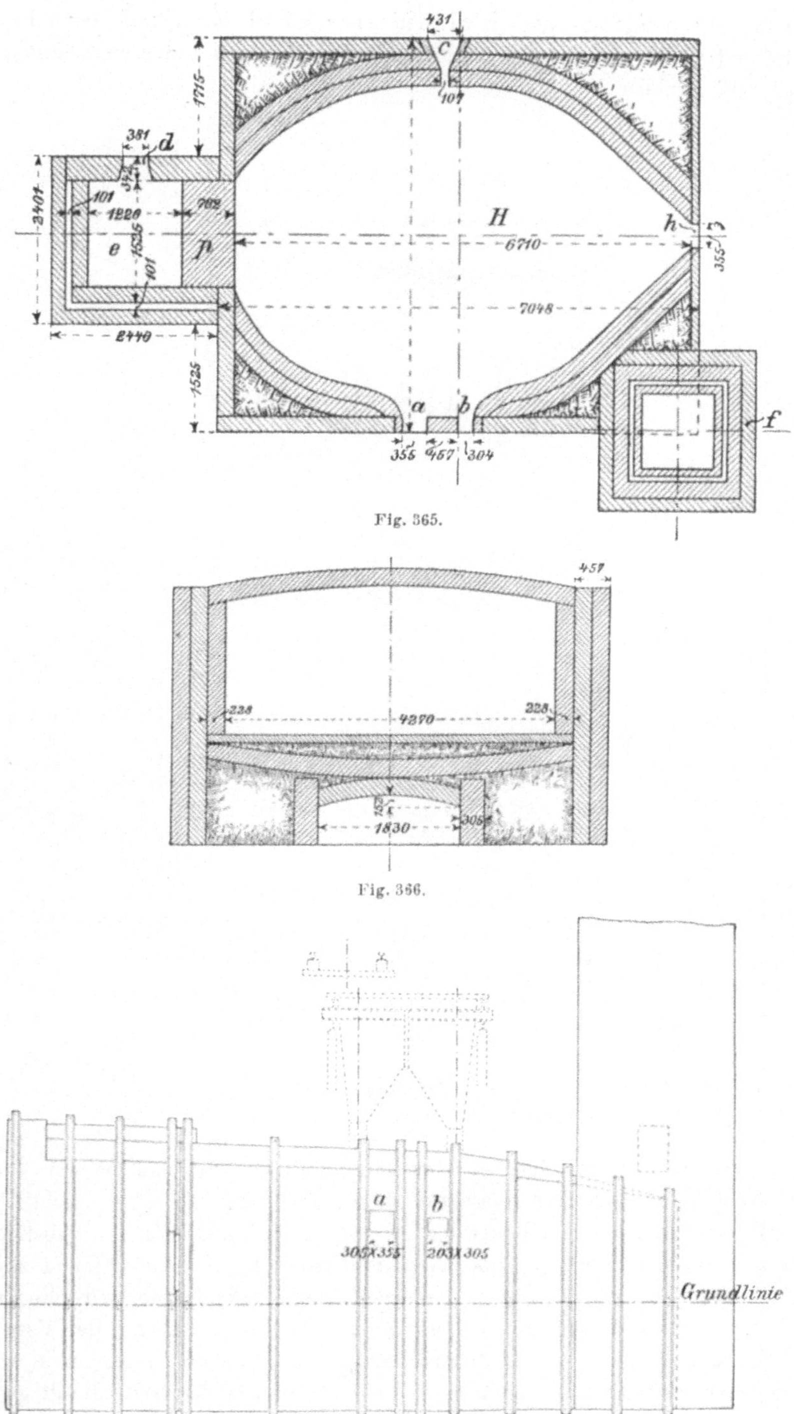

Fig. 365.

Fig. 366.

Fig. 367.

eiserne Rinnen vor das Hüttengebäude fließen. Ist die Schlackenmenge sehr groß, so läßt man die Schlacke auch noch durch die Arbeitsöffnung h ausfließen.

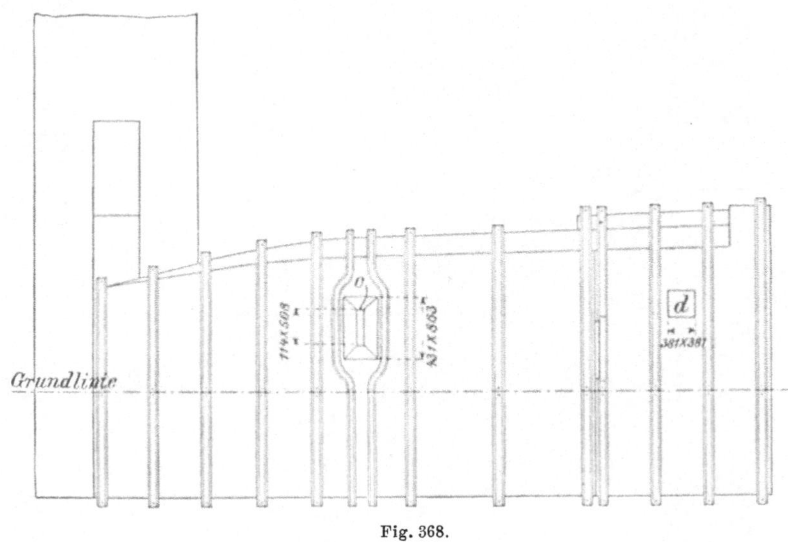

Fig. 368.

Öfen mit feststehender Erhitzungskammer und Feuerung durch flüssige Brennstoffe.

Als Brennstoff verwendet man Rohnaphta oder Naphtarückstände (Masut).

Ein von Friedrich Siemens angegebener, durch Naphta geheizter Flammofen zum Verschmelzen von geschwefelten pyrithaltigen Kupfererzen in Verbindung mit einem geneigten Röstflammofen (Fortschaufelungsofen), wie er zu Kedabeg im Kaukasus in Anwendung steht, ist aus den Fig. 369—372 ersichtlich. Fig. 369 stellt den Grundriß vom Schmelz- und Röstofen, Fig. 370 einen Vertikallängsschnitt durch beide Öfen, Fig. 371 einen Vertikalquerschnitt durch den Röstofen und Fig. 372 eine Ansicht der Ofenanlage mit Schornstein dar. Die Naphta gelangt zerstäubt durch die beiden in Fig. 369 ersichtlich gemachten Brenner in den Flammofen und entzündet sich. Die Flamme zieht an der inneren Seite des Ofens hin und gelangt dann durch den Röstofen in den Schornstein.

Öfen mit feststehender Erhitzungskammer und Gasfeuerung.

Die Gasfeuerung wendet man hauptsächlich bei der Herstellung von schmiedbarem Eisen an. Bei der Herstellung der übrigen Metalle in Flammöfen findet sie nur selten Verwendung, weil hohe Temperaturen hier nicht erforderlich sind.

32*

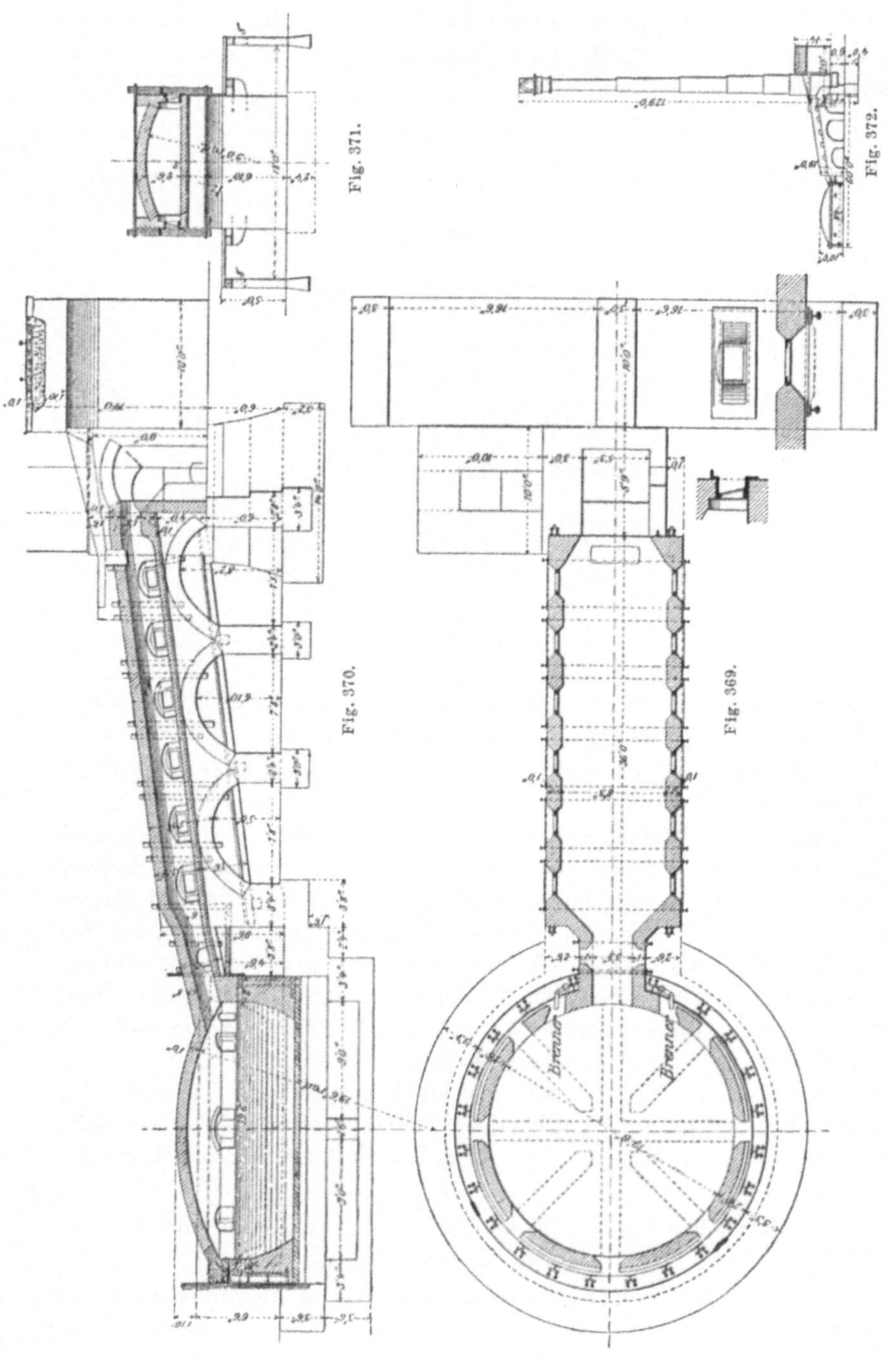

Fig. 371.
Fig. 372.
Fig. 370.
Fig. 369.
Brenner
Brenner

Als Gas verwendet man Generatorgas, Wassergas oder natürliches Gas, sogen. Erdgas. Das Wassergas benutzt man nur selten und nur bei sehr hohen Temperaturen; das Erdgas nur ausnahmsweise (Pittsburgh in Pennsylvanien). Die verbrannten Gase werden, da sie mit sehr hoher Temperatur aus den Öfen treten, zur Heizung von Wärmespeichern verwendet. Die Erhitzungskammer besitzt eine symmetrische Gestalt.

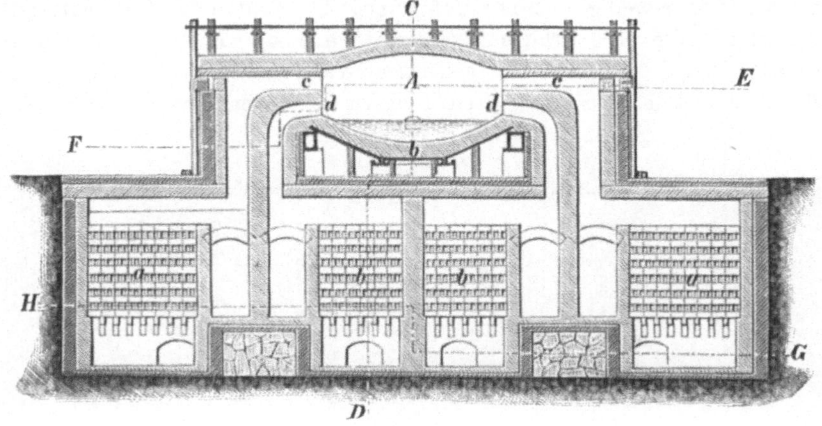

Fig. 373.

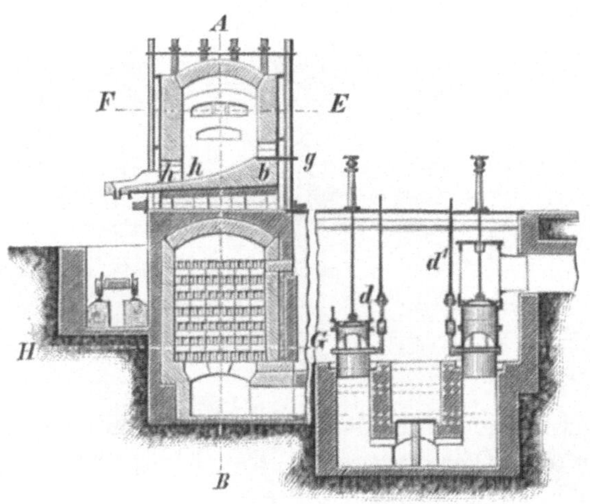

Fig. 374.

Die Einrichtung eines Ofens dieser Art mit Siemens-Feuerung, des Friedrich Siemens'schen Stahlschmelzofens (Ofen für Flußstahlgewinnung nach dem Martin-Verfahren), ist aus den Fig. 373—376 ersichtlich.

A ist die Erhitzungskammer. Das Gewölbe derselben ist im Interesse der Ausnutzung der strahlenden Wärme der Flamme nach oben gezogen. b ist der nach dem Stichloche h hin geneigte Herd. Derselbe ist je nach der Art des Verfahrens (saures oder basisches Verfahren) aus einem sauren (an Kieselsäure reichen) oder basischen (an Kalk bezw. Magnesia reichen) feuerfesten Materiale hergestellt. a a sind die Wärmespeicher zur Erhitzung der Luft, b b die Wärmespeicher zur Erhitzung des Gases. c c sind die Eintrittsöffnungen für Luft in die Erhitzungskammer, d d die Eintrittsöffnungen für Gas. Die verbrannten Gase treten an der den jeweiligen Eintrittsöffnungen für Luft und Gas entgegengesetzten Seite der Erhitzungskammer durch die Luft- und Gaskanäle daselbst in die zu denselben gehörigen Wärmespeicher und dann in die Esse. d und d' sind die Umschaltungsvorrichtungen für Luft bezw. Gas.

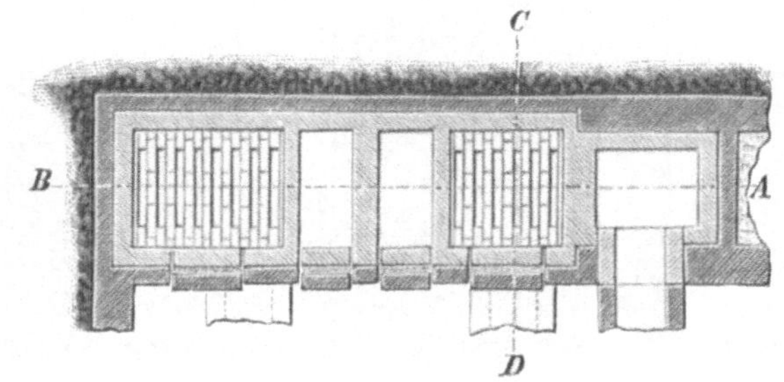

Fig. 375.

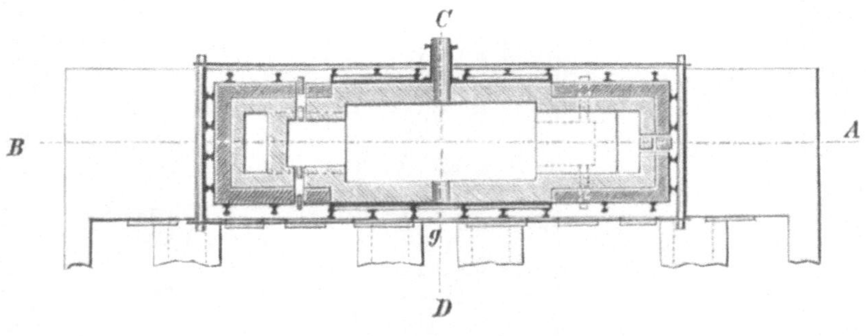

Fig. 376.

Die zur Flußstahlerzeugung dienenden Materialien werden durch die Öffnung g in den Ofen eingesetzt. Das flüssige Erzeugnis wird durch das Stichloch h aus dem Ofen abgelassen.

Ein Martin-Ofen (Ofen zur Herstellung von Flußeisen bezw. Flußstahl) mit Wassergasheizung ist in den Fig. 377 und 378 dargestellt.

A ist die mit einem abhebbaren Kugelgewölbe K versehene Erhitzungskammer. Dieselbe besitzt kreisförmigen Horizontalquerschnitt. H ist der aus basischem oder saurem Materiale hergestellte, nach dem Stichloche S hin geneigte Herd. B B sind die durch die verbrannten Gase geheizten Wärmespeicher, durch welche die Verbrennungsluft (nicht

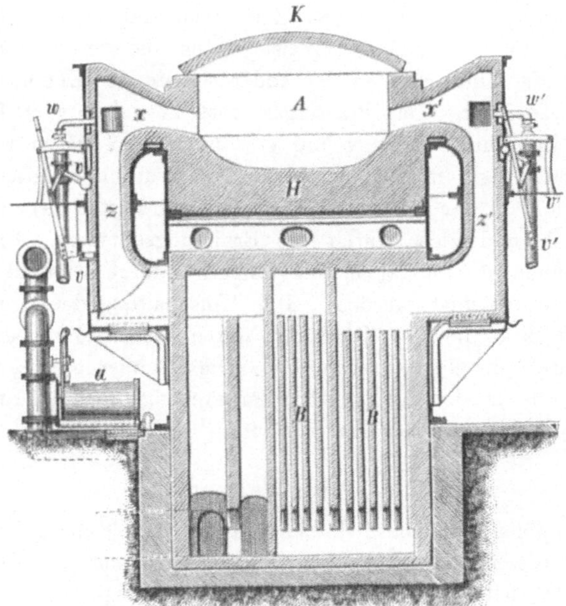

Fig. 377.

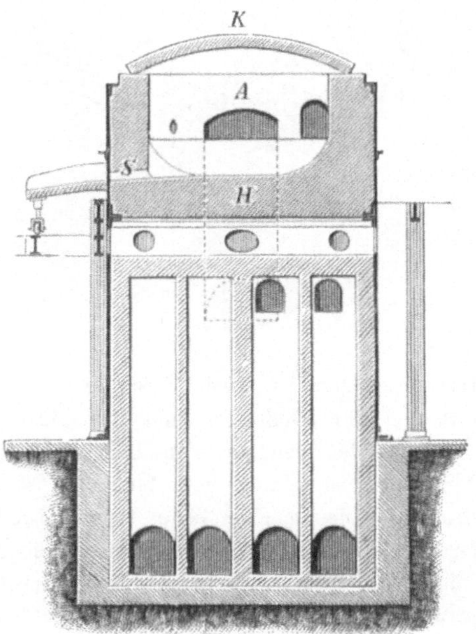

Fig. 378.

das Gas) vorgewärmt wird. Luft und Gasstrom treten, wie bei der
Siemens-Feuerung, abwechselnd an der einen und an der anderen Seite
der Kammer ein. In gleicher Weise treten die verbrannten Gase abwechselnd an der einen und an der anderen Seite der Kammer aus bezw.
in die Wärmespeicher. Das Wassergas tritt aus den vom Gaserzeuger
kommenden Zuleitungsröhren v und v' durch je 5 Düsen w und w' in
die Kanäle x bezw. x', mischt sich hier mit der durch die Kanäle z bezw.
z' aufsteigenden, in den Wärmespeichern hoch erhitzten Verbrennungsluft,
entzündet sich und zieht durch die Erhitzungskammer. Die einzelnen
Gasdüsen können durch Hähne, die Gasrohre durch Drosselklappen verschlossen bezw. geöffnet werden. Die Umschaltung der Drosselklappen
wird durch Hebel, die der Gasdüsen durch Zugstangen bewirkt. Die
Luft wird durch ein Gebläse zugeführt. Die Regulierung des Luftstromes
geschieht durch in dem Luftzuführungsrohre angebrachte Drosselklappen
bezw. durch Schieber in den Luftkanälen.

Kippöfen.

Die Kippöfen besitzen Erhitzungskammern, welche gekippt werden
können, um die in denselben befindlichen geschmolzenen Massen nach
Beendigung des betreffenden Schmelzprozesses auszugießen.

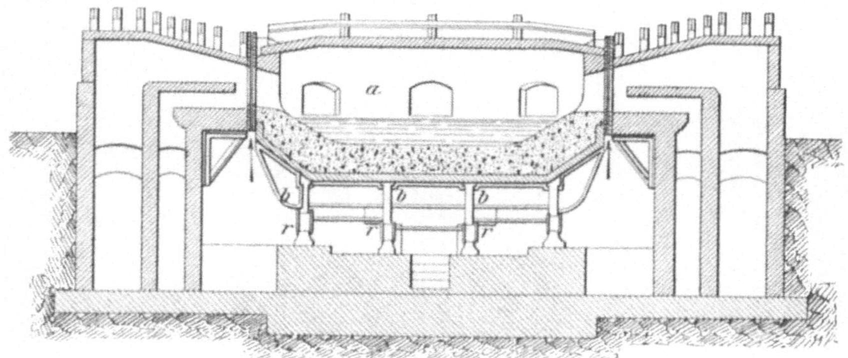

Fig. 379.

Man wendet diese Öfen in den Vereinigten Staaten von Nordamerika zur Herstellung von Flußeisen nach dem Martin-Verfahren sowie
zum Schmelzen von Kupfererzen an. In beiden Fällen wird mit Gas
gefeuert. Ein Ofen zur Herstellung von Flußeisen ist aus den Fig. 379
und 380 ersichtlich[1]). Die in eine feste Eisenrüstung eingeschlossene
Erhitzungskammer a ruht auf Eisenträgern b mit kreisbogenförmiger Lauf-
fläche. Diese Träger sind ihrerseits wieder durch Längsträger verbunden.
Die Träger ruhen auf einer Reihe von Rollen r mit festem Lager. Das

---

[1]) Dürre, Vorlesungen über allgemeine Hüttenkunde, S. 314.

Kippen des Ofens wird durch eine kleine, seitlich im Fundament angeordnete Dampfmaschine bewirkt. Bei diesem Ofen wird durch Kippen der ganze flüssige Inhalt desselben ausgegossen.

Bei den Kupfererzschmelzöfen zu Great Falls in Montana wird die Erhitzungskammer mit Hilfe eines hydraulischen Kolbens zuerst soweit gekippt, daß die Schlacke schnell und rein abfließt; alsdann wird durch weiteres Kippen der Kupferstein in mit Ton ausgeschlagene eiserne Behälter gegossen.

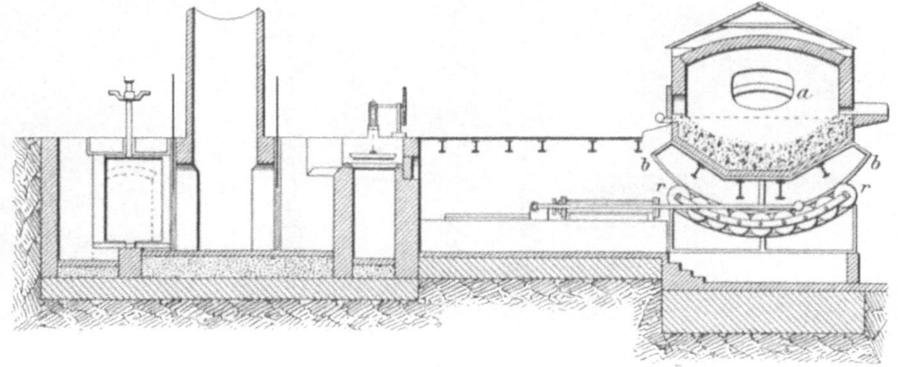

Fig. 380.

Öfen mit teilweise beweglicher Erhitzungskammer.

Derartige Öfen hat man zeitweise bei der Darstellung von Schweißeisen aus Roheisen (Puddeln) verwendet. Gegenwärtig werden sie nicht mehr angewendet. Dieselben besitzen einen tellerförmigen drehbaren Herd und werden deshalb auch „Telleröfen" genannt.

Ein bekannter Tellerofen, der **Ofen von Pernot**, ist in den Fig. 381 und 382 dargestellt. A ist der Rost, B die Erhitzungskammer, C der aus Eisenblech hergestellte und mit einem feuerfesten Futter versehene drehbare Herd, D der Fuchskanal. Der Herd ist an der geneigten, in einer Nabe n drehbaren Achse v befestigt und ruht außerdem noch auf Rollen r, welche auf der Eisenplatte z laufen. An der Grundplatte w des Herdes ist ein Zahnkranz u befestigt, in welchen eine Schraube ohne Ende S eingreift und durch ihre Bewegung die Drehung des Herdes bewirkt. Der letztere wird während der Drehung durch Hebel und Gegengewichte fest an die Erhitzungskammer angedrückt. Er kann, da er auf Rädern ruht, für sich aus dem Ofen ausgefahren werden.

Das Roheisen wurde in flüssigem Zustande in die Erhitzungskammer eingeführt, mit Hilfe von Eisenoxyduloxyd enthaltender Schlacke (Garschlacke), welche durch die Drehung des Herdes mit ihr in innige Berührung gebracht wurde, entkohlt und dann durch die Drehung zu Luppen vereinigt.

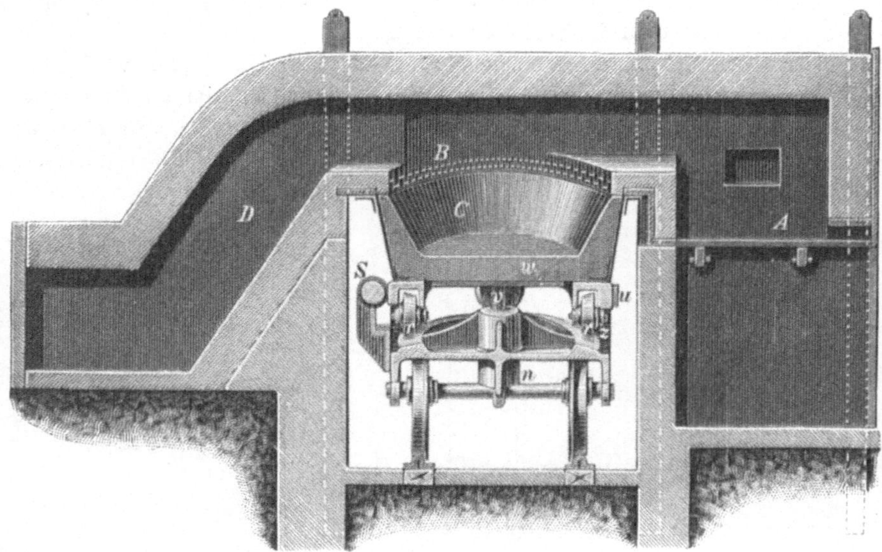

Fig. 381.

Fig. 382.

Öfen mit beweglicher Erhitzungskammer.

Mit kontinuierlicher Bewegung.

Diese Öfen dienten zur Herstellung von Schweißeisen aus Roheisen und sind auch versuchsweise zur direkten Darstellung von Flußeisen aus Erzen angewendet worden. Gegenwärtig stehen sie außer Anwendung. Die Erhitzungskammer rotierte in der Regel um eine horizontale Achse; nur ausnahmsweise gab man ihr anstatt der rotierenden eine oszillierende Bewegung.

Die rotierenden Erhitzungskammern besaßen zylindrische, eiförmige, kugelförmige oder doppelkegelförmige Gestalt.

Die Fig. 383 stellt einen Ofen mit rotierender Erhitzungskammer von der Gestalt eines Doppelkegels und Rostfeuerung dar. Dieser von

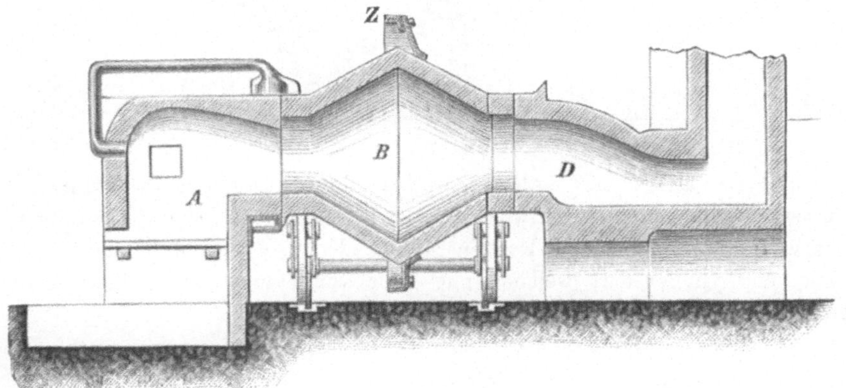

Fig. 383.

Howson & Thomas angegebene Ofen diente zur Herstellung von Schweiß- eisen aus Roheisen. A ist die Rostfeuerung, B die auf Rollen laufende Erhitzungskammer, D der Fuchskanal. Die Erhitzungskammer besitzt einen Mantel aus Eisenblech. Auf demselben ist ein Zahnkranz Z be- festigt, in welchen ein Getriebe eingreift und dadurch die Drehung der Kammer bewirkt.

In Fig. 384 ist der Zylinderofen von Danks, welcher gleich- falls zur Herstellung von Schweißeisen diente, abgebildet. A ist die feststehende mit Unterwind betriebene Feuerung, B die bewegliche, gleichfalls auf Rollen r laufende, mit einem Futter aus Eisenoxyd ver- sehene Erhitzungskammer. Dieselbe wird durch Eisenrippen zusammen- gehalten. C ist der Fuchskanal. Derselbe ist an einer Kette K auf- gehängt und kann in die Höhe gezogen werden, so daß man in die Erhitzungskammer gelangen kann. m m m sind Eisenröhren, durch welche in die Wand der Erhitzungskammer und des Fuchses Kühlwasser ein-

geführt bezw. warmes Wasser ausgeführt wird. Um die Erhitzungskammer
ist ein Zahnkranz Z gelegt, in welchen ein Getriebe eingreift und die
Rotation der Kammer bewirkt.

Bei den rotierenden Öfen der gedachten Art mit Gasfeuerung traten
Gas und Luft an der nämlichen Seite der Erhitzungskammer ein, an
welcher die verbrannten Gase austraten. (Ofen von Sellers, von Siemens.)

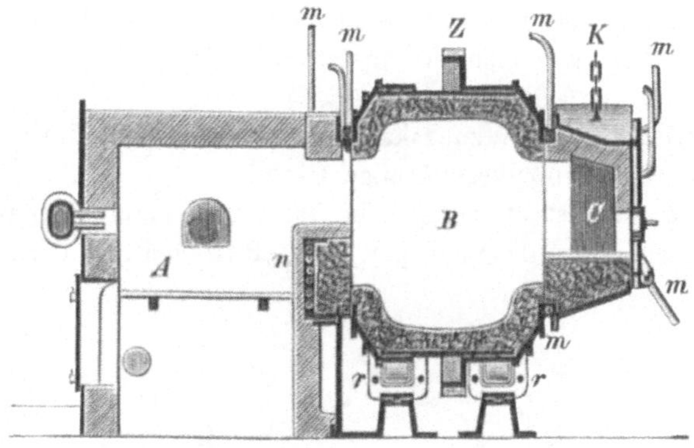

Fig. 384.

Als ein Ofen mit schwingender Bewegung der Erhitzungskammer ist der Puddelofen von Menessier zu nennen. Derselbe stellte
einen zwischen einer festen Rostfeuerung und einem festen Fuchs angebrachten Zylinder dar, welcher mit Hilfe von Stangen in oszillierende
Bewegung versetzt wurde.

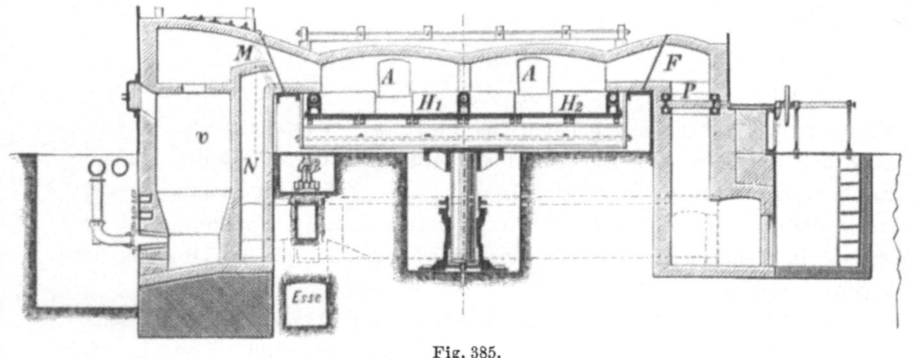

Fig. 385.

Mit periodischer Bewegung.

Ein Ofen dieser Art ist der Drehpuddelofen von Pietzka.
Derselbe stellt einen Puddelofen mit zwei in der nämlichen Erhitzungskammer hintereinander liegenden Herden dar. Auf dem einen Herd wird
in hoher Temperatur gepuddelt, während gleichzeitig auf dem anderen
Herde in weniger hoher Temperatur Roheisen eingeschmolzen wird. Die

Erhitzungskammer ist nun derartig beweglich, daß der Herd, auf welchem gepuddelt wird, der Eintrittsöffnung der Flamme, der zweite Herd, auf welchem das Roheisen eingeschmolzen wird, der Fuchsöffnung zugewendet werden kann. Ist das Puddeln auf dem einen Herde beendigt, so ist auf dem zweiten Herde das Roheisen eingeschmolzen. Durch die nun folgende Drehung der Erhitzungskammer wird der das flüssige Eisen enthaltende Herd vor die Einströmungsöffnung der Flamme gebracht, während der zweite Herd gleichzeitig vor das Fuchsloch gelangt und daselbst

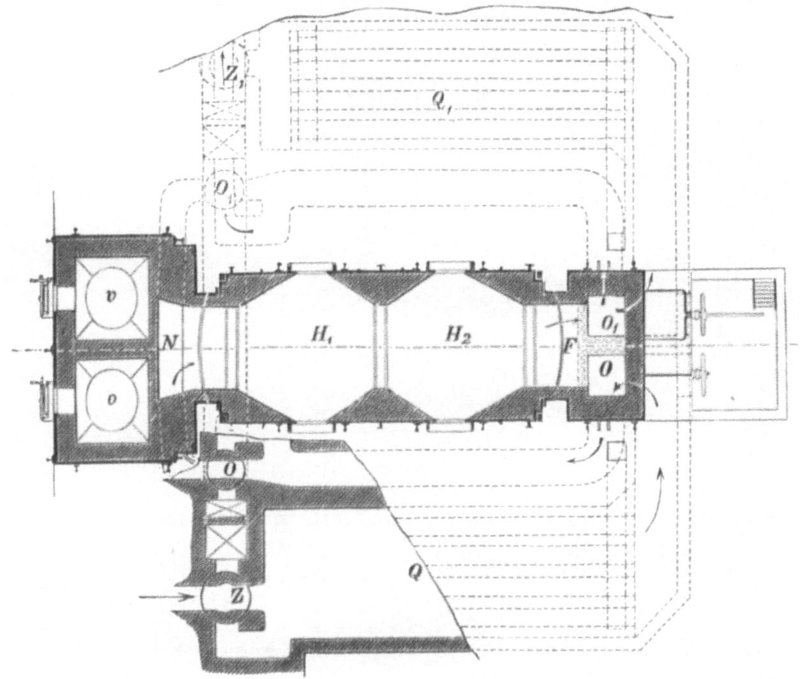

Fig. 386.

wieder mit frischem Roheisen besetzt wird. Der Ofen wird durch Gasfeuerung geheizt und ist mit Wärmespeichern zur Vorwärmung der Verbrennungsluft versehen.

Der gedachte Ofen ist in den Fig. 385—388 dargestellt. A ist die auf einem hydraulischen Kolben ruhende Erhitzungskammer. H_1 und H_2 sind die beiden hintereinander liegenden Herde. M ist die Eintrittsöffnung für das Gas, F der Fuchs. Die erstere Öffnung sowohl wie die Fuchsöffnung sind derartig abgeschrägt, daß die Erhitzungskammer über dieselben hinausgehoben und dann gedreht werden kann. Nach der Drehung um 180° wird die Kammer wieder gesenkt und zwischen Fuchsloch und Flammloch eingesetzt. Hierdurch erhalten beide Herde die entgegengesetzte Lage wie vor der Drehung.

v v sind die mit Gebläsewind betriebenen Gaserzeuger. Das Generatorgas trifft bei M mit der durch den Kanal N aufsteigenden erhitzten Verbrennungsluft zusammen. Die verbrannten Gase ziehen durch den Fuchs F abwechselnd in die durch Schieber verschließbaren Kanäle P bezw. P' und aus diesen in die Wärmespeicher Q bezw. Q'. Ebenso zieht die Verbrennungsluft abwechselnd durch diese Wärmespeicher in die Erhitzungs-

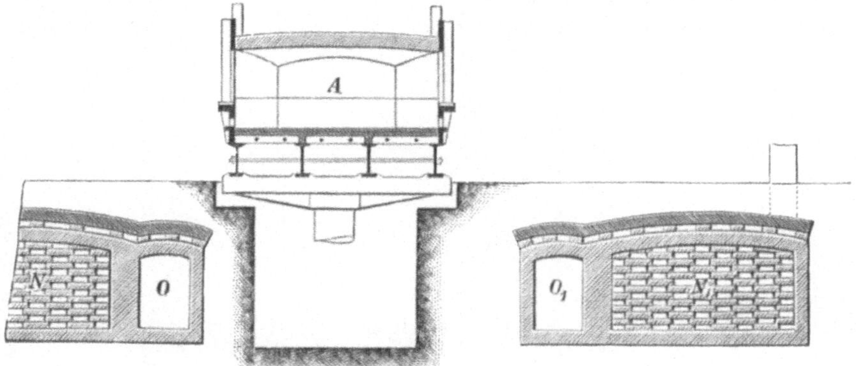

Fig. 387.

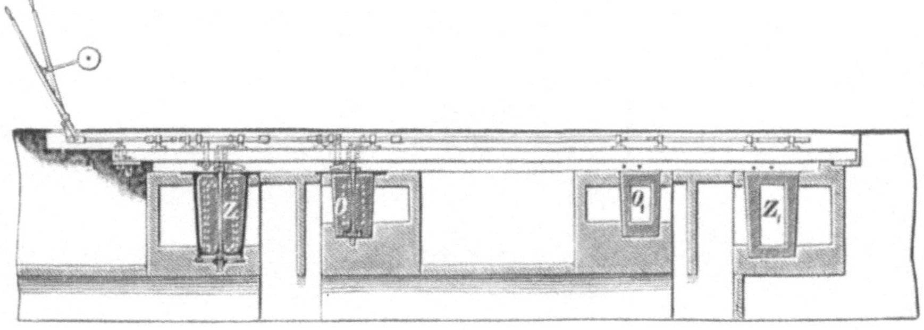

Fig. 388.

kammer. Durch den einen Wärmespeicher zieht also Verbrennungsluft in die Erhitzungskammer, während gleichzeitig durch den anderen Wärmespeicher die verbrannten Gase nach der Esse ziehen. Die abwechselnde Verbindung der Wärmespeicher mit der Esse bezw. mit dem Luftzuführungskanal geschieht durch die in Fig. 388 dargestellte Umschaltungsvorrichtung.

Herdflammöfen für Verdampfungsverfahren.

Diese Öfen wendet man bei der Gewinnung von Quecksilber aus Zinnober enthaltenden Erzen und bei der Gewinnung von Arseniger Säure aus Arsenikkies an.

Dieselben besitzen eine feststehende Erhitzungskammer.

Da die Rückstände bei den betreffenden Verdampfungsverfahren nicht schmelzen, so ist der Herd eben. Die Öfen sind ähnlich eingerichtet wie die Röstöfen, nur sind sie mit Vorrichtungen zum Auffangen des verflüchtigten Quecksilbers bezw. der Arsenigen Säure versehen.

Bei den Öfen zur Gewinnung von Quecksilber wendet man Rostfeuerung, bei den Öfen zur Gewinnung von Arseniger Säure, wenn dieselbe als Haupterzeugnis gewonnen werden soll, Gasfeuerung an.

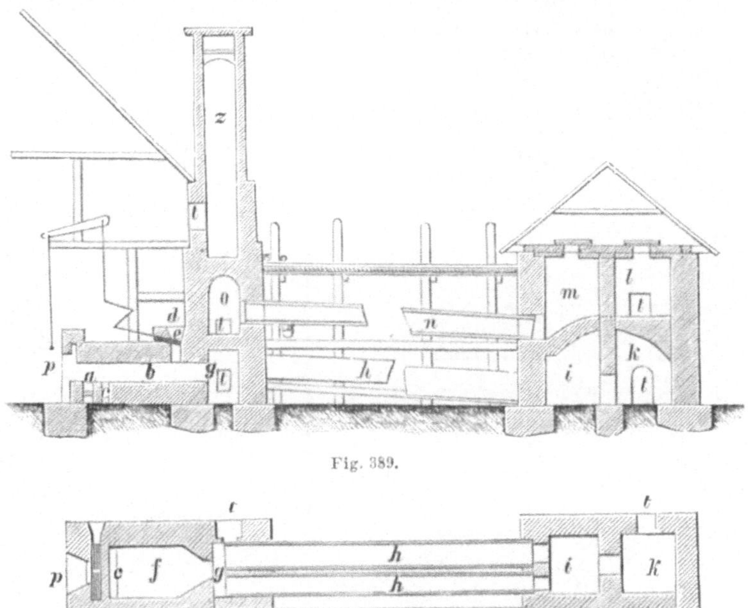

Fig. 389.

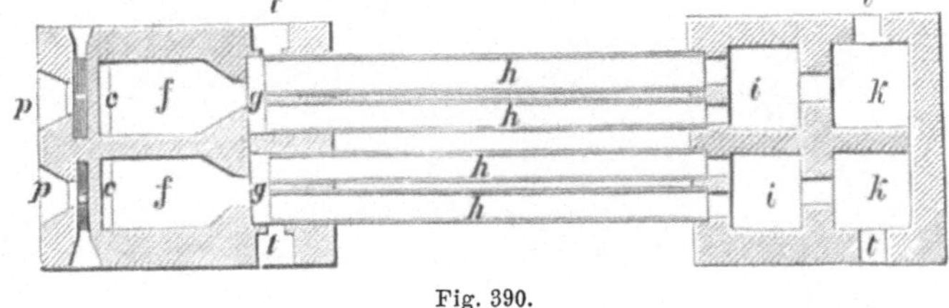

Fig. 390.

Die Einrichtung eines früher in Idria angewendeten Ofens zur Gewinnung von Quecksilber, des sogen. Alberti-Ofens, ergibt sich aus den Fig. 389 und 390, welche zwei vereinigte Öfen darstellen. a ist der Rost, b die Erhitzungskammer, f der ebene Herd, g der Fuchs, durch welchen die Gase in die Kondensationsvorrichtungen h i k l m n o und dann in die Esse z ziehen. In denselben schlägt sich das Quecksilber nieder, während die Feuergase und die aus dem Zinnober entwickelte Schweflige Säure in die Esse ziehen. Durch die Öffnung e im Gewölbe der Erhitzungskammer werden die Erze in dieselbe eingeführt. p ist die Arbeitsöffnung, c ein Schlitz zur Aufnahme der Destillationsrückstände.

Gegenwärtig sind die Alberti-Öfen in Idria durch mit einem Eisenpanzer umgebene Fortschaufelungsöfen von Czermak-Spirek ersetzt.

Die Einrichtung des Czermak-Spirek-Ofens ist aus den Fig. 391 bis 394 ersichtlich.

Je zwei Öfen befinden sich in einem Massiv. Der Ofen steht auf einer genieteten Blechtasse zum Auffangen durchgegangenen Quecksilbers.

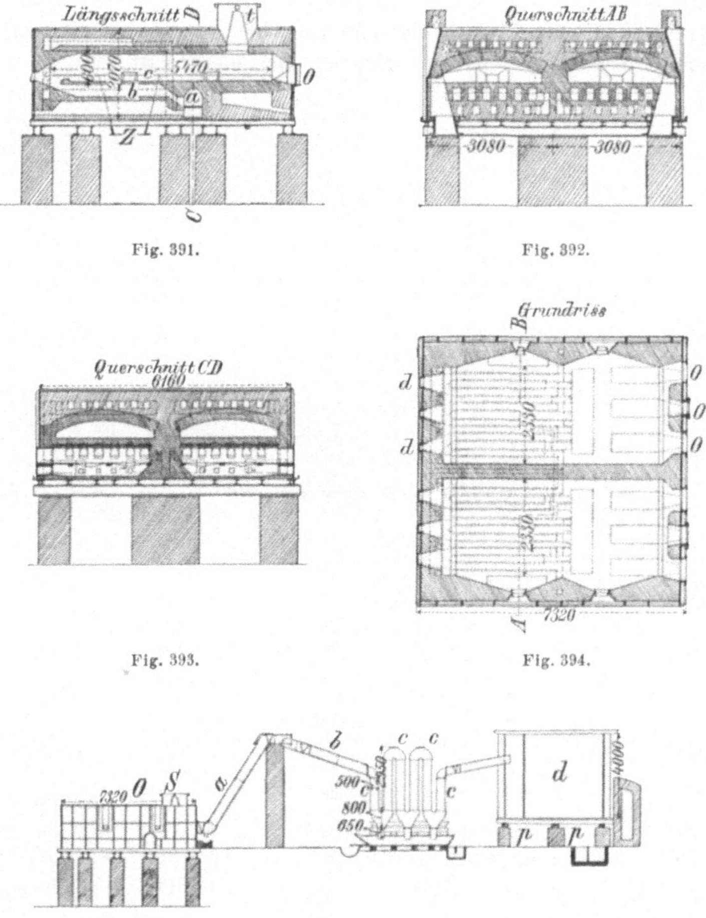

Fig. 391.   Fig. 392.

Fig. 393.   Fig. 394.

Fig. 395.

a ist die Rostfeuerung. Die Flamme zieht in Zügen b unter der Sohle des Ofens hin, um dann den Herd c zu bestreichen. Die Gase und Dämpfe ziehen durch drei Öffnungen in die Kondensationsvorrichtungen, d. i. in Röhrenstränge aus glasiertem Steinzeug und dann in Kammern aus Holz. t ist der Aufgebetrichter. Die Destillationsrückstände werden bei Z abgelassen. Die Überführung der Gase und Dämpfe in die Kondensationsvorrichtungen ist aus der Fig. 395 ersichtlich.

c) Die Bäckeröfen.

Die Bäckeröfen sind solche Öfen, in welchen die Erhitzung lediglich durch die glühenden Wände des Ofens geschieht. Sie stellen gewissermaßen Flammöfen ohne Feuerungsanlage dar. Die Brennstoffe werden in der Erhitzungskammer selbst verbrannt, wobei ein großer Teil der entwickelten Wärme von den Ofenwänden aufgenommen wird. Sind die Wände hinreichend erhitzt, so wird der Brennstoff aus dem Ofen entfernt und die zu erhitzenden Körper werden in denselben eingetragen. Die Erhitzung derselben erfolgt teils durch die von den Wänden des Ofens ausgestrahlte Wärme, teils durch die Berührung der zu erhitzenden Körper mit den heißen Ofenwänden.

Derartige Öfen finden wegen der geringen Ausnutzung der Wärme der Brennstoffe in denselben nur unter ausnahmsweisen Verhältnissen bei Abscheidungsverfahren Anwendung, z. B. beim Vorrösten des Mansfelder Kupfersteins nach Ziervogels Verfahren. Dagegen verwendet man sie, wie schon früher dargelegt, bei der Verkokung der Steinkohlen.

d) Die Gefäſsöfen.

Gefäßöfen sind solche Öfen, in welchen die Erhitzung der betreffenden Körper mittelbar durch äußerliche Erhitzung von Gefäßen geschieht, welche die zu erhitzenden Körper eingeschlossen enthalten. Die Erhitzung dieser Gefäße erfolgt entweder durch unmittelbare Berührung der Gefäßwände mit festen Brennstoffen oder mit brennenden und verbrannten Gasen. Die Wärmeübertragung auf die zu erhitzenden Körper erfolgt hier durch die Leitung der erzeugten Wärme durch die Gefäßwände hindurch, also indirekt. Aus diesem Grunde ist die Ausnutzung der entwickelten Wärme eine viel geringere als in Flammöfen und eine noch viel unvollkommenere als in Schachtöfen. Der Wirkungsgrad ist 0,02—0,05.

Man wendet diese Öfen an, wenn die zu erhitzenden Körper oder die Erzeugnisse der Erhitzung nicht mit den Brennstoffen oder Verbrennungsgasen oder nicht mit der atmosphärischen Luft in Berührung kommen dürfen oder wenn die gasförmigen Erzeugnisse der Erhitzung in möglichst konzentrierter Form kondensiert werden sollen.

Zur Erhitzung der Gefäße wendet man, wie bei den Flammöfen, feste, flüssige und gasförmige Brennstoffe an.

Die gasförmigen Erzeugnisse der Verbrennung werden entweder aus den Verbrennungsräumen direkt in Essen geführt oder in ähnlicher Weise wie bei Herdflammöfen vorher noch zu Heizzwecken verwendet. Bei Anwendung von Gasfeuerung dienen die verbrannten Gase auch zur Heizung von Wärmespeichern.

Die Räume, in welchen die Gefäße erhitzt werden, hängen nach Gestalt und Größe von der Gestalt, der Größe und der Zahl der Gefäße ab. Sie sind bald schachtförmig, bald kammerförmig, bald kuppelförmig.

Die zu erhitzenden Gefäße sind Tiegel, Röhren, Kisten, Retorten, Muffeln, Glocken, Kessel, Töpfe. Sie sind entweder lose in den Heizraum eingesetzt oder fest mit demselben verbunden, so daß sie einen wesentlichen Teil der Ofenkonstruktion ausmachen. Im ersteren Falle werden sie entweder nach beendigter Erhitzung aus dem Heizraum herausgenommen oder sie bleiben solange in demselben liegen, bis sie schadhaft werden und durch neue Gefäße ersetzt werden müssen. Die Gefäße werden entweder ganz oder nur teilweise vom Feuer umgeben. Im ersteren Falle sind sie während der Erhitzung vollständig geschlossen, während sie im zweiten Falle entweder teilweise offen bleiben (Kessel) oder an der offenen Seite mit Vorlagen verbunden sind.

Einteilung der Gefäfsöfen.

Man unterscheidet Gefäßöfen für Brennverfahren, für Schmelzverfahren und für Verdampfungsverfahren.

Gefäfsöfen für Brennverfahren.

Die Öfen dieser Art finden Anwendung beim Tempern, beim Rösten, bei der Zementstahlbereitung, bei der Gewinnung von Kobalt und Nickel aus den Oxyden dieser Metalle, bei der Herstellung von Eisenschwamm aus Oxyden des Eisens.

Die Ofen zum Tempern (Herstellung von schmiedbarem Guß aus Roheisen bezw. teilweise Entkohlung des Eisens) enthalten die zu erhitzenden Gegenstände entweder in Behältern aus feuerfesten Steinen oder in Töpfen (Glühtöpfe) aus Gußeisen oder Schmiedeeisen. Ein Temperofen der letzteren Art mit Rostfeuerung ist in den Fig. 396 und 397 dargestellt. a a sind die Roste, deren Flamme die Glühtöpfe b b, welche zu je dreien übereinander gestellt sind, erhitzt. Die gasförmigen Verbrennungserzeugnisse ziehen durch die Fuchsöffnung c in die Esse d.

Von den Röstöfen sind zu nennen die Öfen für die chlorierende Röstung von Kupfererzen sowie die Öfen für die oxydierende Röstung von Zinkblende, Kupferkies und Kupferstein.

Die Öfen für die oxydierende Röstung von Kupferkies, Kupferstein und Zinkblende wendet man an, wenn die hierbei entwickelte Schweflige Säure unschädlich gemacht bezw. nützlich verwendet werden soll.

Ein Ofen für die chlorierende Röstung von Kupfererzen ist in den Fig. 398—400 dargestellt.

R R sind zwei Roste; W ist das Gefäß, in welchem die Erhitzung stattfindet, oder die Muffel. Die Flamme zieht in den Kanälen v zuerst über der Muffel hin, fällt dann abwärts und zieht in den Kanälen z z in

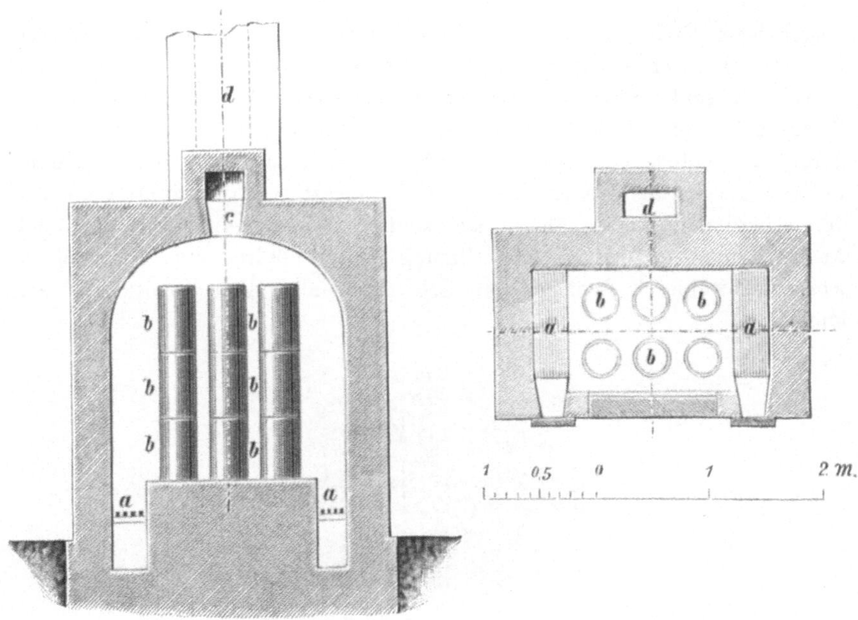

Fig. 396.   Fig. 397.

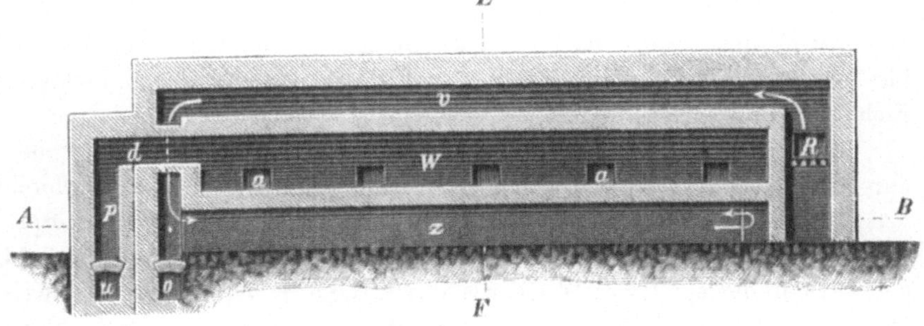

Fig. 398.

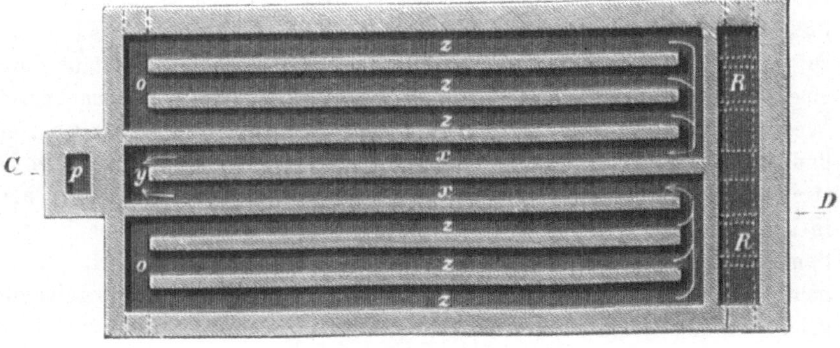

Fig. 399.

umgekehrter Richtung unter der Muffel hin, um dann nach abermaliger
Umkehrung ihrer Richtung in zwei Zweigen durch die Kanäle x x und
durch den senkrechten Kanal y in den Essenkanal o zu ziehen. Die
Röstgase, welche Chlor und Salzsäure enthalten, treten aus der Muffel
durch die Öffnung d und den senkrechten Kanal p in den Kanal u,
welcher sie in mit Wasser berieselte Kondensationstürme zum Auffangen
der schädlichen Gase führt. a a sind Arbeits-, Luftzuführungs- und
Ausziehöffnungen. w ist eine Öffnung zum Einführen der zu röstenden
Körper (gewöhnlich Gemenge von Schwefelmetallen und Kochsalz) in die
Muffel.

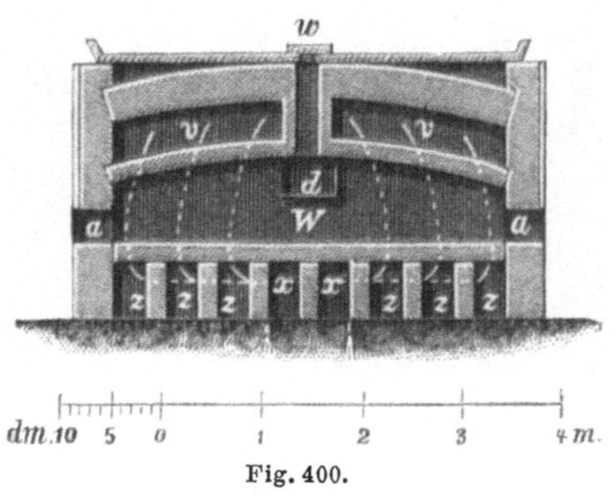

Fig. 400.

Öfen zum oxydierenden Rösten von Zinkblende bezw. von Kupferkies und Kupferstein sind die Öfen von Hasenclever und von Liebig &
Eichhorn.

Der Hasenclever-Ofen besteht aus mehreren übereinander liegenden
durch vertikale Kanäle mit einander verbundenen Muffeln, welche durch
die Flamme einer Rostfeuerung erhitzt werden. Die zu röstenden Körper
werden durch einen Fülltrichter in die oberste Muffel gebracht und in
derselben in der nämlichen Weise wie das Röstgut in den Fortschaufelungsöfen von Zeit zu Zeit vorwärts geschoben. Durch einen senkrechten
Kanal am Ende dieser Muffel werden sie in eine zweite unter derselben
befindliche Muffel gestürzt, in welcher sie wieder in der nämlichen Weise
fortgeschaufelt werden, um schließlich noch in eine dritte Muffel u. s. f.
zu gelangen. Am Ende der untersten Muffel wird das Röstgut durch
eine Arbeitsöffnung ausgezogen. Die Flamme macht den umgekehrten
Weg, wie die zu röstenden Körper, indem sie von unten nach oben zieht
und auf ihrem Wege die Sohlen und Decken der einzelnen Muffeln bestreicht. Die Röstgase treten aus den einzelnen Muffeln durch Öffnungen
in der Hinterwand derselben in senkrechte Kanäle und aus diesen in einen
Sammelkanal, welcher sie nach der Schwefelsäurefabrik führt. In der
neuesten Zeit hat man auch wohl je zwei Muffeln direkt übereinander
gelegt und die Flamme die Sohle der unteren und die Decke der oberen
Muffel bestreichen lassen.

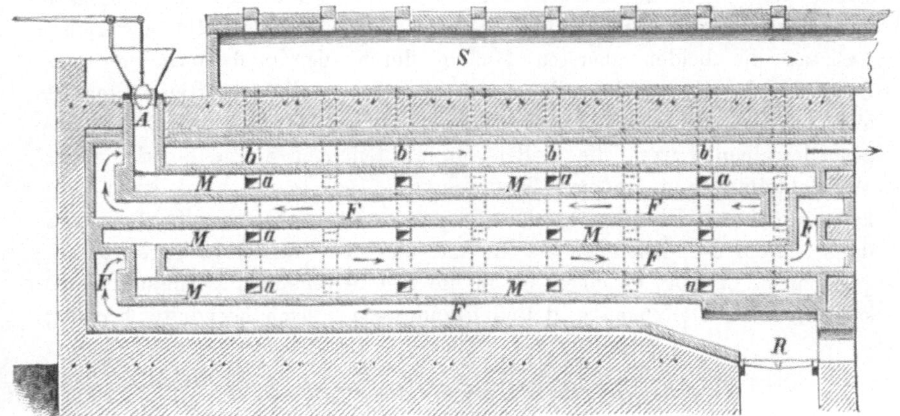

Fig. 401.

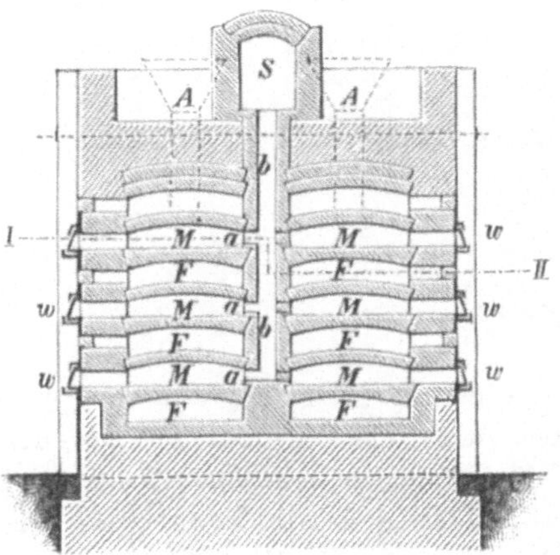

Fig. 402.

Die Fig. 401 und 402 zeigen zwei vereinigte Hasenclever-Öfen. R ist der Rost des einen Ofens; M M sind die einzelnen Muffeln; F F sind die Feuerzüge, welche von der Flamme in der durch die Pfeile angedeuteten Richtung durchzogen werden. A A sind die Aufgabeöffnungen für die zu röstenden Körper. Die letzteren durchwandern die einzelnen Muffeln von oben nach unten. w sind die Arbeitsöffnungen. Die Röstgase treten durch die Öffnungen a in die senkrechten Kanäle b und aus diesen in den Sammelkanal S, welcher mit der Schwefelsäurefabrik verbunden ist.

Bei den neuesten Hasenclever-Öfen für die Abröstung von Zinkblende sind die einzelnen Muffeln durch in der Mitte derselben aufgeführte senkrechte Wände in zwei Hälften geteilt, so daß die Zinkblende nur die

Hälfte des Weges zu machen hat. Gleichzeitig läßt man die Feuergase bei schwefelreichen Erzen nur die beiden untersten Muffeln erwärmen, während die beiden obersten Muffeln durch die Oxydationswärme des Schwefels der Schwefelmetalle geheizt werden. Ein derartiger Ofen ist aus den Fig. 403 und 404 ersichtlich. f ist der Treppenrost. Die Feuergase desselben heizen die beiden Muffelabteilungen e und die Sohle der Muffelabteilungen d, indem sie durch die Züge g und h in den Essenkanal i ziehen. Die Erze werden auf der Decke des Ofens getrocknet und dann durch die Öffnungen a a in die obersten Muffelabteilungen b aufgegeben. Von dort gelangen sie in die den betreffenden Ofenhälften entsprechenden Abteilungen c, d und e und werden nach beendigter Röstung

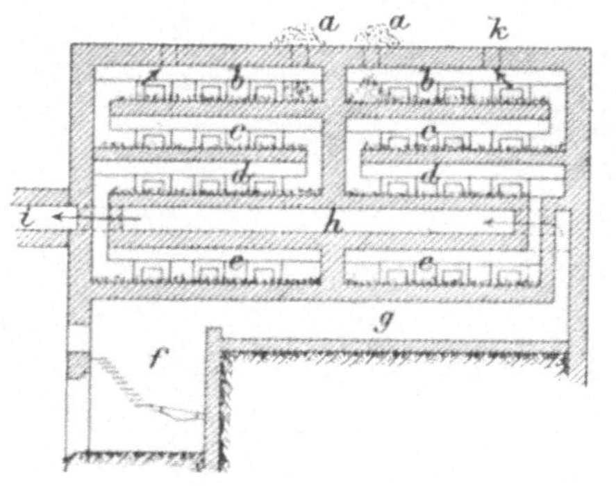
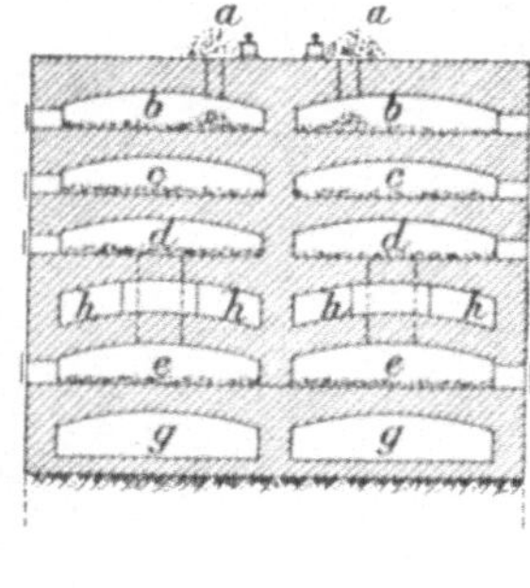

Fig. 403.   Fig. 404.

aus den Abteilungen e ausgezogen. Die Röstgase durchziehen die einzelnen Muffeln von unten nach oben und treten aus den obersten Muffelabteilungen durch die Öffnungen k in einen Sammelkanal ein.

Der Ofen von Liebig & Eichhorn ist in den Fig. 405 und 406 dargestellt. Derselbe besteht aus einer Anzahl nebeneinander liegender Muffelsysteme, welche durch eine gemeinschaftliche Feuerung erhitzt werden. Jedes Muffelsystem besteht aus einer Reihe übereinander liegender langgestreckter Muffeln a, welche durch in den Zügen c zirkulierende Feuergase erhitzt werden. Das zu röstende Erz (Blende) wird durch die Öffnung k in die oberste Muffel je eines Systems eingeführt und nach einiger Zeit durch den senkrechten Kanal l in die darunter liegende Muffel gestürzt. Aus dieser Muffel wandert es nach einiger Zeit in die nächst untere Muffel u. s. f., bis es abgeröstet aus der untersten Muffel durch den Kanal g entfernt wird. Die für die Röstung erforderliche Luft tritt in vorgewärmtem Zustande in die unterste Muffel jedes Systems ein. Die Vorwärmung geschieht durch das heiße Mauerwerk des Ofens, indem man die Luft durch ein Rohr e in den Sohlenkanal f und aus diesem durch den Kanal g in die Muffel treten läßt. Die Röstgase machen den umgekehrten Weg wie das Erz und treten aus der obersten Muffel durch die Öffnung h in den Flugstaubkanal i und aus diesem in die Schwefelsäurefabrik.

Als Brennstoff benutzt man Generatorgas. Dasselbe wird im Generator b erzeugt und mischt sich bei d mit der in Kanälen des Mauerwerks vorgewärmten Luft. Die Flamme zieht durch die Heizkanäle c

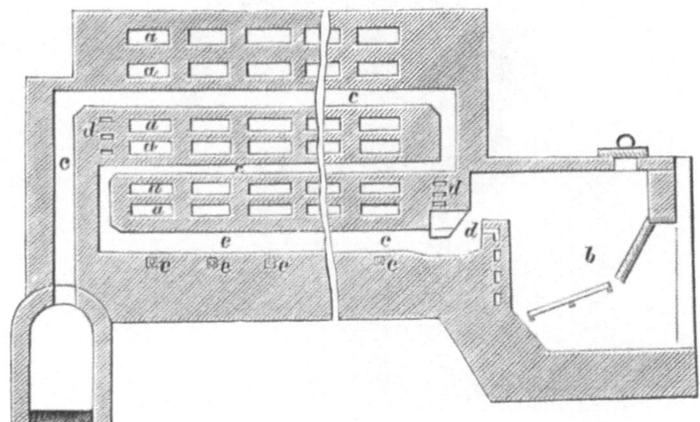

Fig. 405.

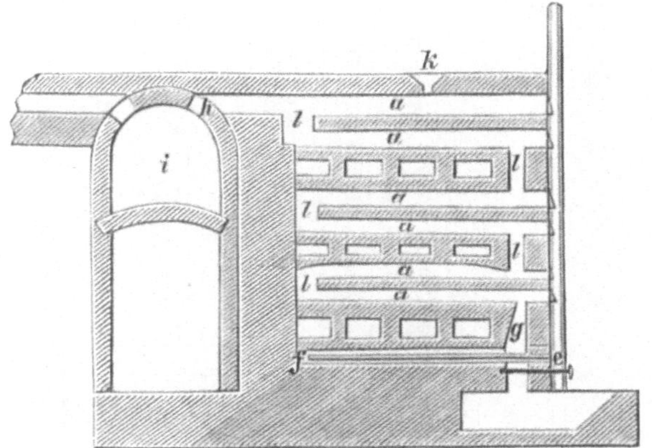

Fig. 406.

und gelangt schließlich in den Essenkanal. Auf ihrem Wege am die Muffeln wird den Gasen in verschiedenen Höhen bei d noch Luft zugeführt. Dieser Ofen ist in der letzten Zeit von Liebig noch verbessert worden.

Für die Röstung der Zinkblende hat man auch Muffelöfen mit mechanischen Krählvorrichtungen und rotierende zylindrische Muffeln angewendet.

Ein Ofen zur Herstellung von Zementstahl ist in den Figuren 407 und 408 dargestellt. R ist der Rost; K sind die Gefäße, nämlich aus feuerfestem Ton oder aus feuerfesten Steinen hergestellte Kisten, welche

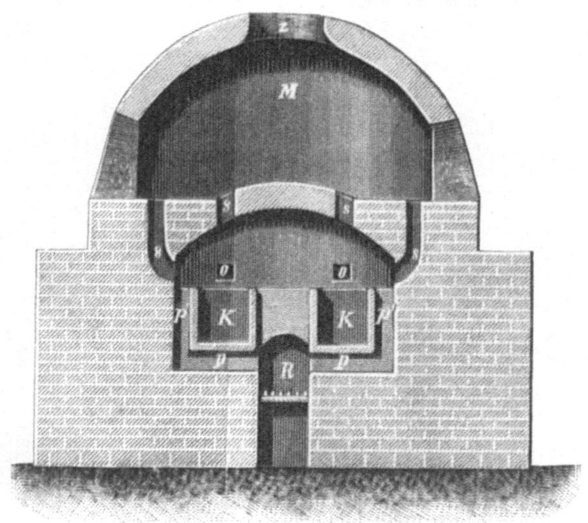

Fig. 407

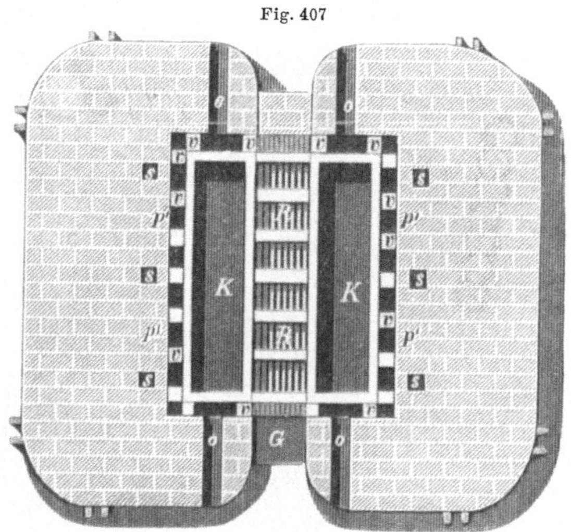

Fig. 408.

die zu erhitzenden Gegenstände (Schmiedeeisen in Kohlen eingepackt) aufnehmen. Dieselben stehen auf einer Reihe von Tonsteinen, zwischen welchen die Flamme hindurchstreichen kann, und werden auch seitlich durch derartige Steine v v unterstützt. Die Flamme zieht vom Roste aus teils in dem Raume zwischen den beiden Kisten hindurch nach oben, teils durch Kanäle p zwischen den gedachten Tonsteinen unter der Sohle derselben hin in die aufsteigenden Seitenkanäle p' und gelangt durch die senkrechten Kanäle s aus dem Heizraum in den Raum M und aus diesem durch die Öffnung z in die Esse. Der Raum M dient zum Brennen von feuerfesten Steinen. o o sind Öffnungen zum Herausnehmen von Probestäben aus den Kisten. G ist die Schüröffnung.

Die Oxyde von Nickel und Kobalt werden in Tiegeln, Röhren oder Muffeln reduziert.

Die Einrichtung eines Ofens für die Reduktion von Nickeloxydul zu schwammförmigem Nickel mit einer einzigen Muffel ist aus der Fig. 409 ersichtlich. Die Muffel ist an den kurzen Seiten offen und wird daselbst während des Betriebes durch mit Gegengewichten versehene und mit einem feuerfesten Futter ausgekleidete Türen k geschlossen. Der Ofen wird mit Gas gefeuert. l sind die Feuerzüge, durch welche die Flamme um die Muffel zieht. Das Nickeloxydul wird mit dem Reduktionsmittel in eiserne Reduktionskästen m gefüllt. Dieselben werden an der dem Generator entgegengesetzten Seite des Ofens in die Muffel eingesetzt, allmählich in derselben vorgeschoben und schließlich am anderen Ende ausgezogen.

Gefäfsöfen für Schmelzverfahren.

Dieselben finden hauptsächlich Anwendung zum Schmelzen von Metallen und Legierungen, zum Reinigen (Raffinieren) von Metallen, zur Herstellung und zur Zerlegung von Legierungen, zum Aussaigern von

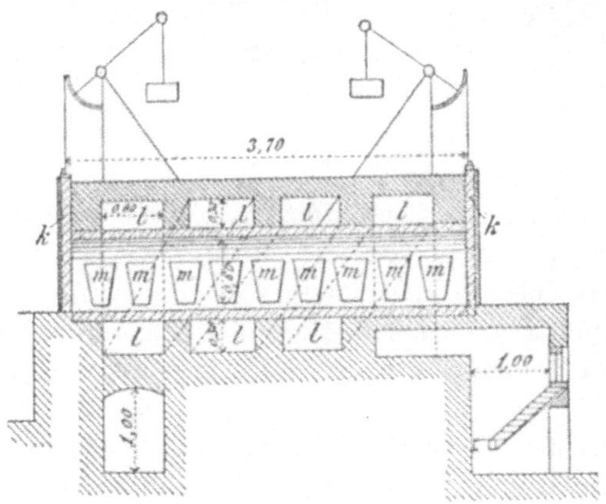

Fig. 409.

Metallen und Metallverbindungen aus Mineralien, Gesteinen und Hüttenerzeugnissen, zur Smaltebereitung. Die Gefäße besitzen die verschiedensten Gestalten. Häufig sind es Tiegel, Röhren, Muffeln oder Kessel.

Die Öfen, deren Gefäße Tiegel sind, finden Anwendung zum Umschmelzen des Roheisens (zum Zwecke der Herstellung von schmiedbarem

Guß), zur Herstellung von Tiegelgußstahl, zur Herstellung der Smalte, zum Umschmelzen von Gold und Silber, zum Raffinieren des Silbers, zur Scheidung von Gold und Silber mit Hilfe von Chlor, zur Gewinnung von Antimon aus Schwefelantimon durch niederschlagendes Schmelzen, zum Raffinieren des Antimons, zum Aussaigern von Wismut und Schwefelantimon aus Mineralien und Gebirgsarten.

Ein häufig angewendeter Tiegelofen ist der sogen. „Windofen", dessen Einrichtung aus Fig. 410 erhellt. Die zu erhitzenden Tiegel werden auf einen Untersatz gestellt, welcher seinerseits auf dem Roste a ruht und ringsum mit verkohltem Brennstoff umgeben. Das Einsetzen der Tiegel in den Heizraum bezw. das Herausnehmen derselben nach beendigter Erhitzung geschieht durch die am oberen Ende des Schachtes angebrachte,

Fig. 410.   Fig. 411.

durch eine Falltüre verschließbare Öffnung x. Die Verbrennungsluft (Zugluft oder Gebläseluft) tritt unter dem Roste ein. Die verbrannten Gase ziehen durch den Kanal w in die Esse v.

Bei Anwendung kleiner Tiegel wendet man zur Erzeugung hoher Temperaturen häufig den Ofen von Sefström an, welcher in Fig. 411 abgebildet ist.

Ein senkrechter Zylinder aus Eisenblech ist so in einen weiteren Zylinder aus demselben Materiale eingeschoben, daß zwischen den Mänteln und Böden beider Zylinder ein freier Raum z bleibt.

Die Zylinder sind an ihrem oberen Ende durch eine ringförmige Platte p verbunden. Der innere Zylinder ist an seiner Innenseite mit einem feuerfesten Futter f versehen und besitzt in einem bestimmten Niveau eine Reihe von radialen Windeinströmungsöffnungen x. Der äußere Zylinder besitzt am Boden eine Öffnung v, durch welche Gebläsewind in den Hohlraum z und aus diesem durch die Öffnungen x in den Heizraum einströmt. Den Schmelztiegel t, welcher mit verkohltem Brennstoff umgeben wird, stellt man auf einen Untersatz u aus feuerfestem Ton.

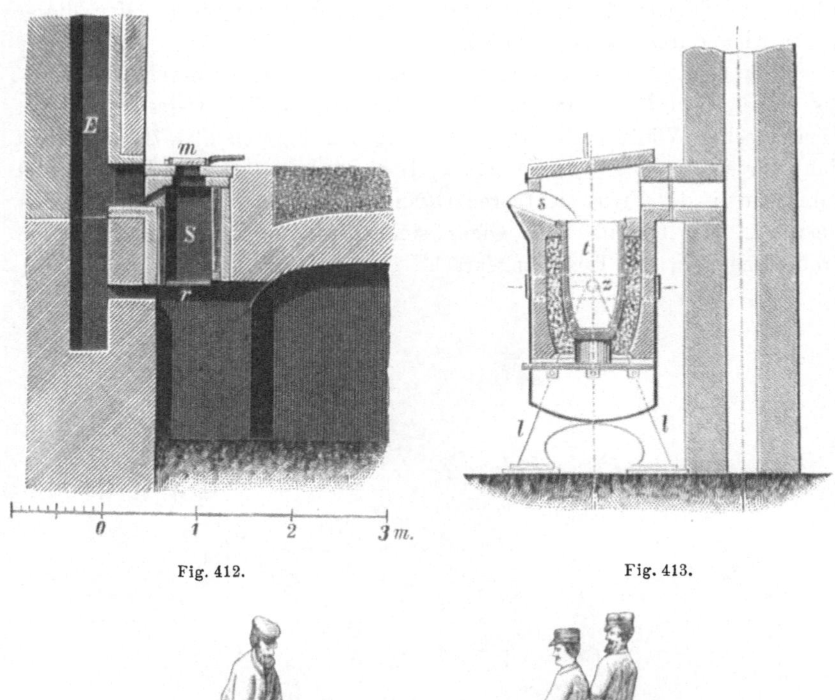

Fig. 412.   Fig. 413.

Fig. 414.

Ein Tiegelofen zur Herstellung von Tiegelgußstahl mit Koksfeuerung ist in Fig. 412 dargestellt. r ist der Rost, S der Heizraum, welcher quadratischen Horizontalquerschnitt besitzt, E die Esse. Die Tiegel werden nach Entfernung des Deckels m in den Schacht eingesetzt bezw. aus demselben herausgenommen.

Ein beweglicher Tiegelofen, welcher das Entleeren des Tiegels ohne Herausnahme desselben aus dem Ofen gestattet, ist der in den Figuren 413 und 414 dargestellte Ofen von Piat zum Umschmelzen des Roheisens. Derselbe ist mit einem Mantel aus Eisenblech umgeben, an welchem zwei Zapfen z befestigt sind. An diesen Zapfen ist der Ofen in Lagerböcken aus Gußeisen l aufgehängt.

Will man den im Ofen befestigten Tiegel t entleeren, so werden die Zapfen durch Handhaben h gefaßt und der Ofen wird so geneigt, daß der Inhalt des Tiegels durch die Schnauze s ausfließt. Größere Öfen dieser Art werden durch Krane gehoben.

Ein Ofen zur Herstellung von Tiegelstahl, welcher durch Generatorgas geheizt wird, ist in der Fig. 415 dargestellt. Derselbe ist mit Siemensschen Wärmespeichern (wie sie in den Figuren 69—72 dargestellt sind) versehen. G ist ein Gasschlitz, L ein Luftschlitz. Die Flamme tritt durch die in der Figur sichtbaren Öffnungen aus dem Mischraum in den Heizraum. Im Gewölbe des Ofens sind Öffnungen zum Einführen von Probestangen in die Tiegel angebracht.

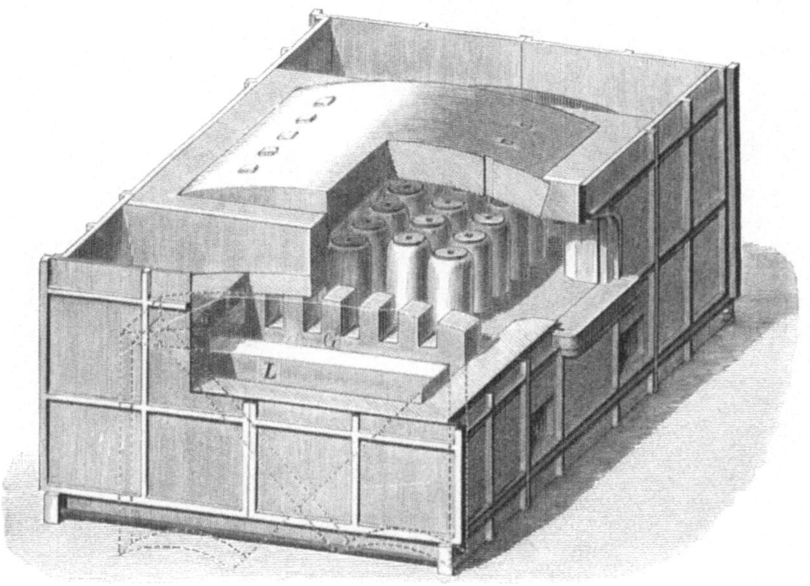

Fig. 415.

Ein Gußstahlofen mit Heizung durch einen flüssigen Brennstoff, Naphta, ist aus den Figuren 416 und 417[1]) ersichtlich. Der Ofen besitzt 6 Tiegel, welche nacheinander von der Flamme bestrichen werden. Dieselbe tritt in dem unteren Teile des ersten Tiegelraums ein und am oberen Ende desselben aus, um den zweiten Tiegelraum von oben nach unten und den dritten wieder von unten nach oben zu durchziehen. Am oberen Ende des dritten Tiegelraumes tritt die Flamme in die Esse. Die Naphta fließt durch eine Leitung und mehrere Speiseröhren in eine Reihe von Trögen, welche in einer Öffnung der Stirnseite des Ofens untereinander

---

[1]) Dürre, Vorlesungen über allgem. Hüttenkunde, S. 324.

angebracht sind. Aus dem obersten Trog gelangt die überfließende Naphta in den nächst unteren breiteren Trog u. s. f. bis in den untersten Trog. Die Verbrennungsluft tritt neben und zwischen den Trögen und noch durch besondere Kanäle ein.

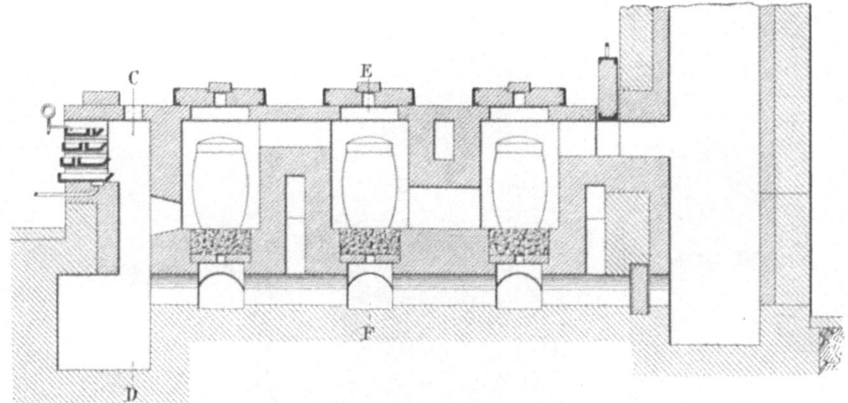

Fig. 416.

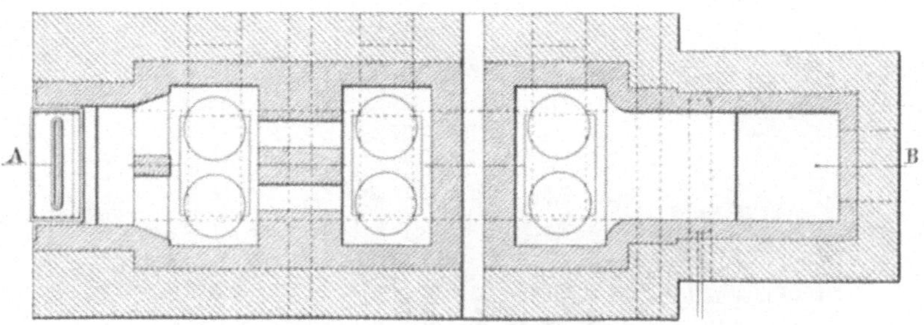

Fig. 417.

Ein Ofen zur Herstellung von Smalte, eines durch Kobaltoxyd blau gefärbten Glases, ist in den Figuren 418 und 419 dargestellt. Auf der Sohle des kuppelförmigen Heizraumes T sind eine Anzahl Schmelztiegel (Häfen) t t auf Ziegelsteinen um eine Öffnung z aufgestellt, aus welcher die Flamme des auf den beiden Rosten E E verbrennenden Brennstoffs emporsteigt. Dieselbe tritt, nachdem sie die Tiegel umspült hat, durch die Öffnungen m, welche gleichzeitig auch Arbeitsöffnungen sind, aus dem Heizraume heraus. Durch die Öffnungen v, welche während des Betriebes durch Mauerwerk verschlossen sind, werden die Tiegel in den Heizraum eingesetzt bezw. aus demselben herausgenommen. N ist der Aschenfall, H die Hüttensohle.

Öfen mit Röhren als Gefäßen finden Anwendung zum Aussaigern von Wismut und Schwefelantimon aus Mineralien und Gebirgsarten. Je nach der Zahl der nebeneinander liegenden Röhren kann der Heizraum dieser Öfen sowohl schachtförmig als auch gestreckt sein.

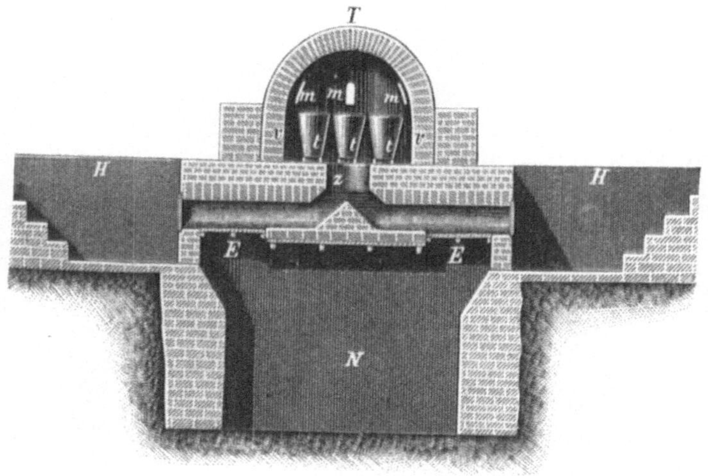

Fig. 418.

Fig. 419.

Ein älterer Röhrenofen zum Aussaigern von Wismut, wie er von Plattner angegeben wurde, ist in Fig. 420 dargestellt. r ist der Rost, E der Heizraum; f f sind Essen. s s sind die geneigt liegenden, aus Gußeisen hergestellten Saigerröhren. Dieselben werden von der hinteren Seite aus beschickt. Das ausgesaigerte Wismut fließt aus den Röhren durch die Öffnung o in die geneigte Rinne a und aus dieser in die bewegliche Kelle b. Ist der Heizraum gestreckt, so sind zwei nach der Mitte des Ofens hin geneigte Rinnen vorhanden. Die Rückstände von der Saigerung werden am hinteren Ende der Röhren ausgezogen und gelangen über eine geneigte Fläche in einen mit Wasser gefüllten Kasten.

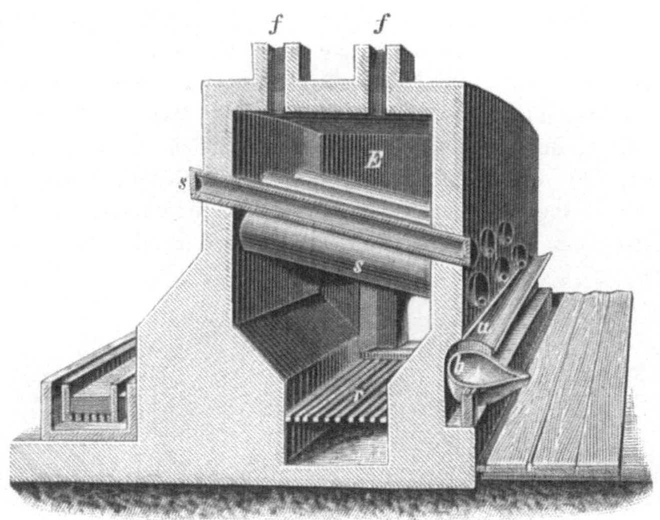

Fig. 420.

Von den Öfen mit einer Muffel als Gefäß ist der Ofen zum Raffinieren des Silbers (Silberfeinbrennofen) zu erwähnen. Derselbe ist in den Figuren 421—423 dargestellt. E ist der Heizraum. Die Muffel besteht

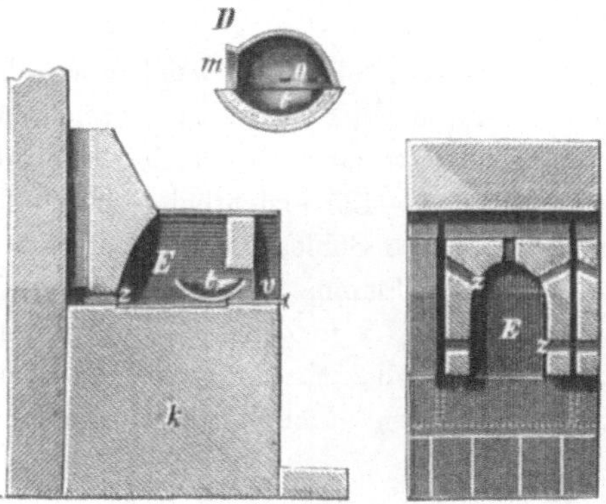

Fig. 421 bis 423.

aus der Testpfanne t und dem Deckel D, welcher von der Pfanne abgenommen werden kann. Die Testpfanne besteht aus Eisen und erhält ein Futter aus Mergel oder ausgelaugter Knochenasche. Der Deckel (Muffel genannt) besteht aus feuerfestem Ton. Die Vorderseite des Heizraums

wird erst nach dem Einsetzen der Muffel in denselben durch lose gestellte Barnsteine bis auf eine frei bleibende Arbeitsöffnung v geschlossen.
Das zu raffinierende Silber (Blicksilber) wird durch die Öffnung m,
durch welche auch die Oxydationsluft eintritt, in die Muffel eingetragen.
Durch Öffnungen o tritt dieselbe aus. Die Muffel wird mit verkohltem
Brennstoffe umgeben. Die Verbrennungsluft für denselben tritt teils
durch die Arbeitsöffnung v, teils durch Züge z im Mauerwerk des Ofens zu.

Die Öfen, deren Gefäße Kessel sind, finden Anwendung bei der
Entsilberung des Bleis durch Zink, bei der Anreicherung des Silbers im
Blei durch das sogen. Pattinsonverfahren, beim Aussaigern des Bleis aus
Legierungen, beim Eintränken von Schwefelsilber in Blei, beim Raffinieren
des Bleis.

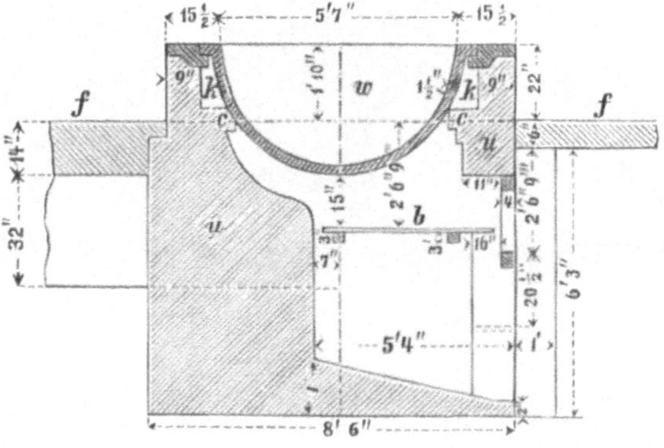

Fig. 424.

Die Gefäße sind aus Gußeisen oder aus Gußstahl hergestellte
Kessel.

Die Einrichtung eines Kesselofens, welcher sowohl zum Entsilbern
von silberhaltigem Blei durch Zink als zum Anreichern des Silbers im
Blei durch das sogen. Pattinsonverfahren als auch zum Raffinieren des Bleis
dient, ist aus den Figuren 424—425 ersichtlich. w ist der im Mauerwerk
u aufgehängte Kessel. f ist die Sohle, auf welcher die Arbeiter stehen.
Die auf dem Roste b erzeugte Flamme heizt zuerst den Boden des Kessels,
steigt dann durch eine Öffnung v in den Kanal k, durchzieht denselben
in der Richtung der Pfeile, wobei sie den oberen Teil des Kessels heizt,
und tritt am Ende des ersteren durch den absteigenden Kanal d in den
Essenkanal z.

Die Einrichtung eines Kesselofens für das Pattinsonverfahren
mit Wasserdampf (Rozanverfahren) erhellt aus den Figuren 426, 427
und 428. A ist der im schachtförmigen Heizraume R auf Mauerfüßen
x x und auf der ringförmigen Mauer y ruhende Entsilberungs-(Krystalli-
sations-)kessel. Über demselben befinden sich zwei Einschmelzpfannen
B, in welchen das zu entsilbernde Blei eingeschmolzen wird. Das einge-
schmolzene Blei wird aus diesen Pfannen in den Entsilberungskessel ein-

geführt. Zu diesem Zwecke werden dieselben mit Hilfe eines Krans so gekippt, daß das Blei durch die Rinne m in den gedachten Kessel fließt. k ist der Rost, dessen Feuergase den Boden und die Seitenwände des

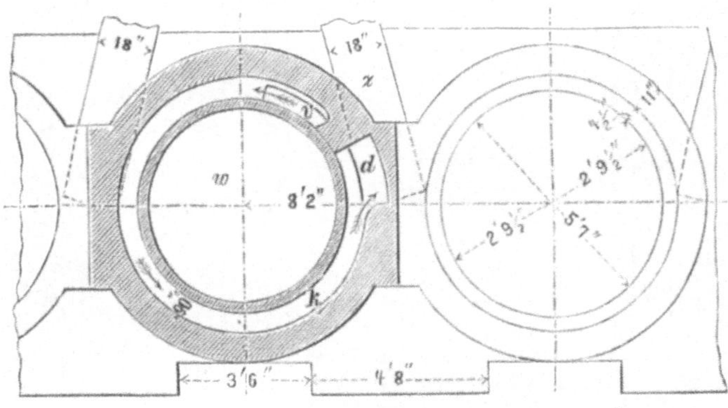

Fig. 425.

Kessels unterhalb der ringförmigen Eisenplatte n umspülen und dann in den Kanal o fallen. Der über der Platte n befindliche Teil des Kessels wird durch die Feuergase, welche zur Feuerung der Einschmelzpfannen

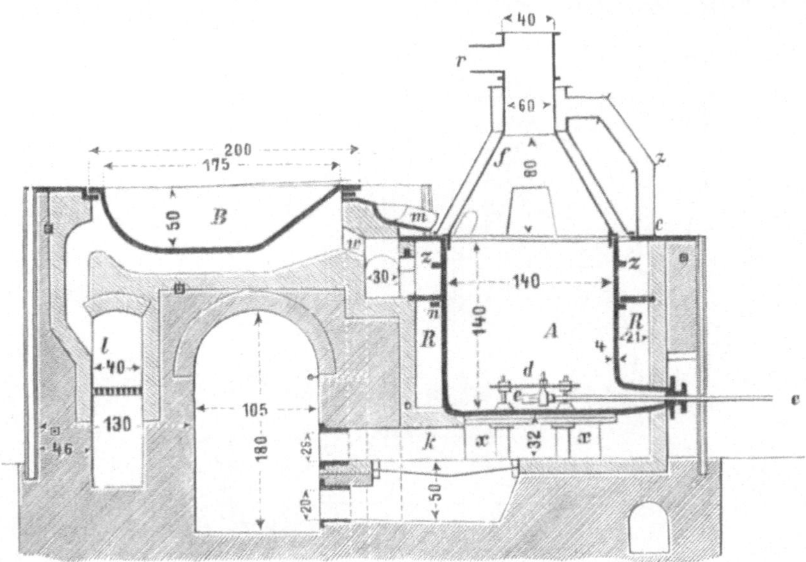

Fig. 426.

gedient haben, geheizt. Dieselben ziehen von den Rosten l unter die Einschmelzpfannen und gelangen dann durch den Kanal w zu dem Krystallisierkessel, umspülen denselben oberhalb der Platte n im Kanal z und ziehen am Ende desselben in den Kanal p.

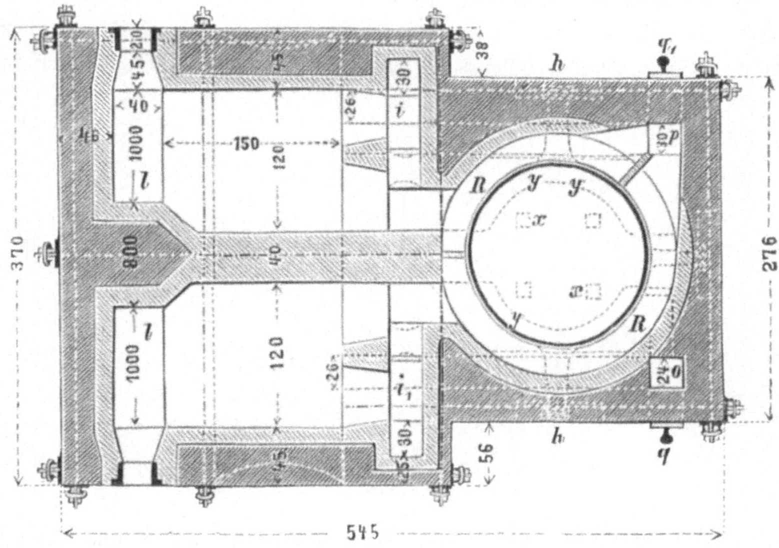

Fig. 427.

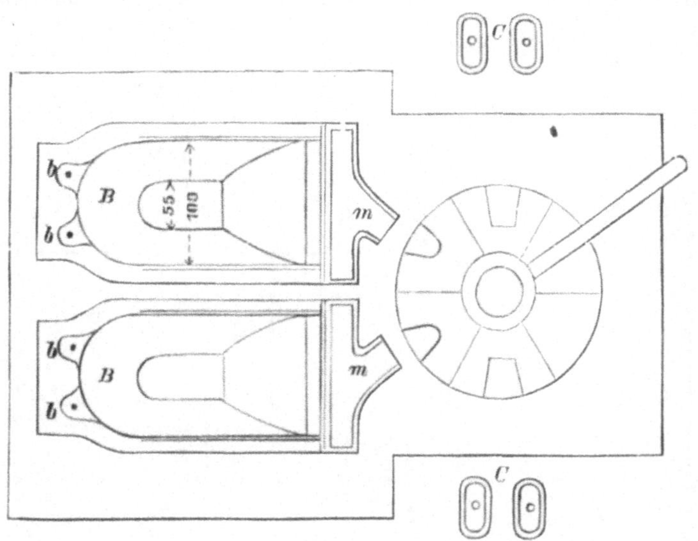

Fig. 428.

Durch das Rohr e wird Wasserdampf in den Kessel gepreßt, welcher sich unter der Platte d verteilt. f ist eine Haube aus Eisenblech, aus welcher der in den Kessel geleitete Wasserdampf (durch r) ausströmt. Das Ablassen des an Silber angereicherten Bleis (der sogen. Mutterlauge) geschieht durch die beiden mit Friktionsplatten versehenen Rohre h.

In den Figuren 429—431 sind 2 Kessel dargestellt, welche zum Absaigern von Blei aus Blei-Zink-Silberlegierungen (Zinkschaum) dienen. Dieselben sind am Boden mit Abflußöffnungen für das abgesaigerte Blei versehen. Dasselbe gelangt aus dem Saigerkessel a in einen unter demselben befindlichen Stechheerd b.

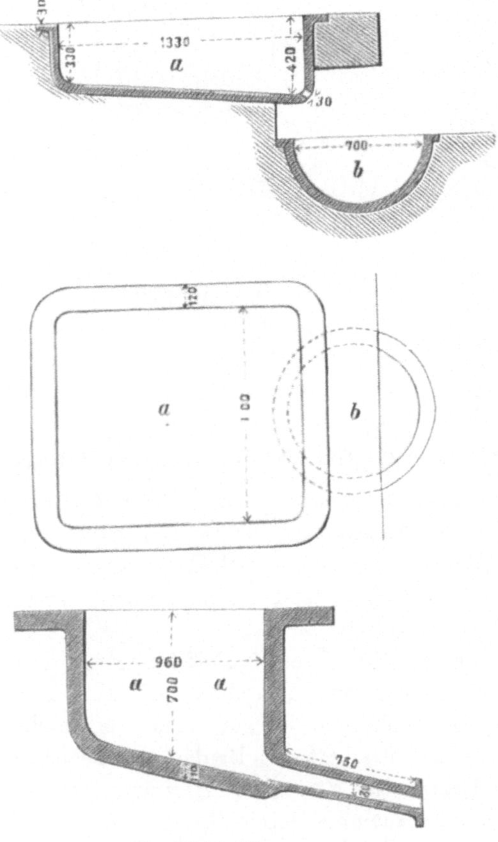

Fig. 429 bis 431.

Ein eigentümlicher Ofen ist der von Montefiore angegebene Ofen zum Ausschmelzen von Zink aus einem Gemenge von Zinkoxyd und Zink (Zinkstaub), welches bei der Gewinnung des Zinks als Neben-Erzeugnis erhalten wird. Dieser Ofen ist in den Figuren 432 und 433 dargestellt. In dem durch Scheider s in zwei Hälften geteilten gestreckten Heizraum sind eine Anzahl von stiefelförmigen Tongefäßen t aufgestellt, welche an der Spitze des Stiefels Öffnungen besitzen. In jeder derselben befindet sich ein beweglicher, an einer Stange m befestigter Kolben a aus Ton. Durch den Druck, welchen der Kolben auf den in die Röhren eingeführten erhitzten Zinkstaub ausübt, wird das flüssige Zink aus dem

34*

letzteren ausgepreßt und fließt durch die Öffnungen o am Boden des Stiefels aus. r ist der Rost, von welchem aus die Flamme durch die Öffnungen b in den Heizraum tritt und, nachdem sie die Röhren umspült hat, durch den Kanal z in die Esse v zieht.

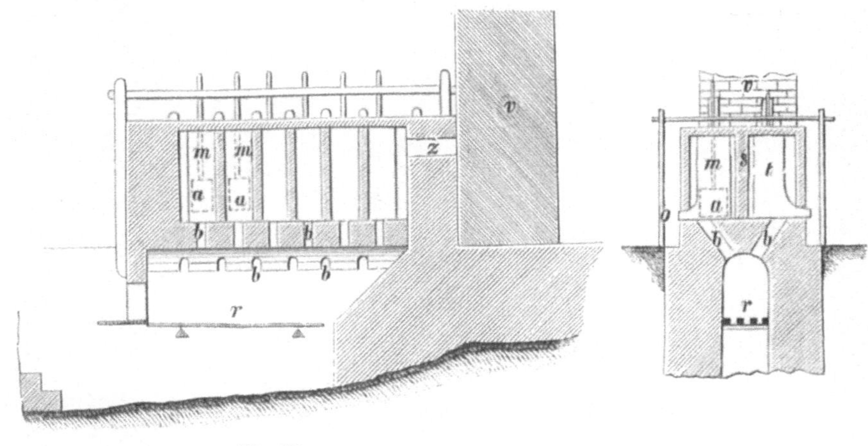

Fig. 432.　　　　　　　　　　　　　　　　　　　　Fig. 433.

Gefäßöfen für Verdampfungsverfahren.

Die Öfen dieser Art wendet man an zur Zerlegung von Blei-Zink-Silberlegierungen und Amalgamen, zur Reinigung der Arsenigen Säure, zur Gewinnung von Zink, Cadmium, Quecksilber, Arsen, Arseniger Säure und Schwefelarsen. Die Gefäße sind Tiegel, Flaschen, Glocken, Retorten, Röhren, Muffeln und Kessel.

Die Zerlegung der Blei-Zink-Silberlegierungen wird durch Abdestillieren des Zinks aus denselben bewirkt. Ein Ofen für diesen Zweck, welcher als Gefäß einen Tiegel enthält, ist in Fig. 434 abgebildet. t ist der mit einer abnehmbaren Haube v versehene Graphittiegel zur Aufnahme der Legierung. E ist der Heizraum, x der Rost. Aus dem Tiegel werden die Zinkdämpfe durch das Tonrohr m in eine aus Gußeisen hergestellte Vorlage P geführt, in welcher sich dieselben verflüssigen. Der Tigel steht auf einem Untersatze z und kann nach dem Aufheben des Deckels D aus dem Heizraum herausgenommen werden. Als Brennstoff benutzt man Koks, welche um den Tiegel herum auf dem Roste aufgehäuft werden. Die Verbrennungsgase treten durch den Kanal u in eine Esse.

Ein zu dem gleichen Zwecke angewendeter beweglicher Ofen, ein sogen. Kippofen, mit einem flaschenförmigen Gefäß ist in den Figuren 435 und 436 abgebildet. Derselbe ist in Zapfen aufgehängt und kann so gedreht werden, daß der flüssige Inhalt des Destilliergefäßes ohne Herausnahme des letzteren aus dem Ofen ausgegossen werden kann. Das aus Graphit hergestellte Destilliergefäß A wird mit Koks umgeben, welche

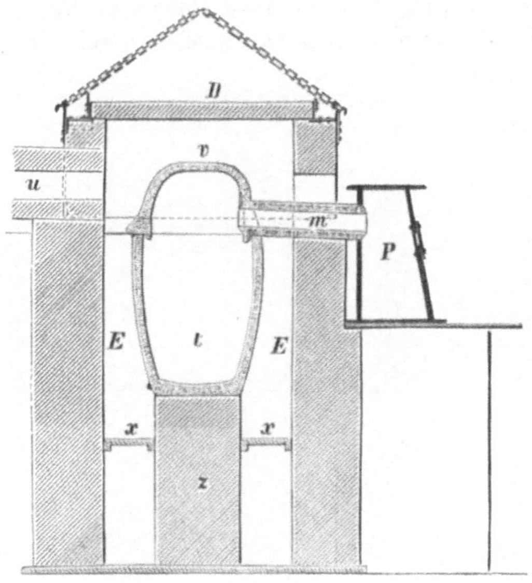

Fig. 434.

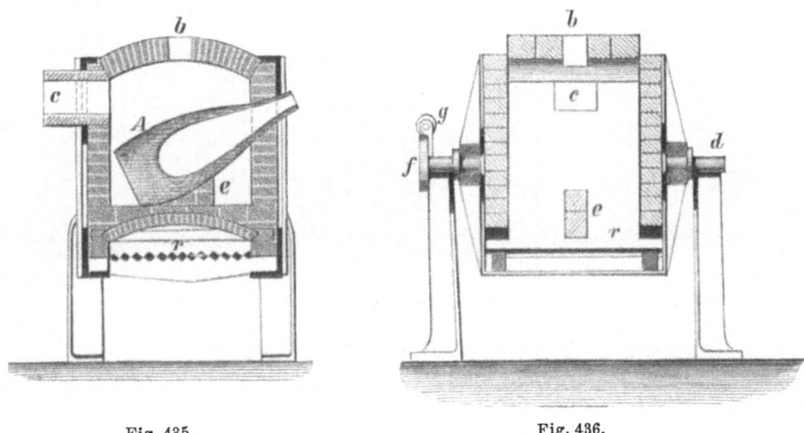

Fig. 435.   Fig. 436.

auf dem Roste r ruhen. Die Verbrennungsgase ziehen durch den Kanal c
in eine Esse. Durch die Öffnung b werden die Koks in den Ofen eingetragen.

Ein mit Gas gefeuerter Ofen, dessen Gefäße Röhren sind, ist in den
Fig. 437, 438 und 439 dargestellt. H ist der Generator, R der Heizraum.
Die Verbrennungsluft tritt bei y ein, durchzieht die Kanäle k k und
gelangt vorgewärmt durch den Schlitz v in den Raum w, wo sie sich
mit dem Gas mischt. x sind die aus Graphit und feuerfestem Ton
hergestellten Destilliergefäße; u sind die Vorlagen zum Auffangen des

Zinks. Das bei der Destillation zurückgebliebene flüssige Blei wird bei p abgestochen. Die Verbrennungsgase ziehen durch den Kanal n in die Esse J J.

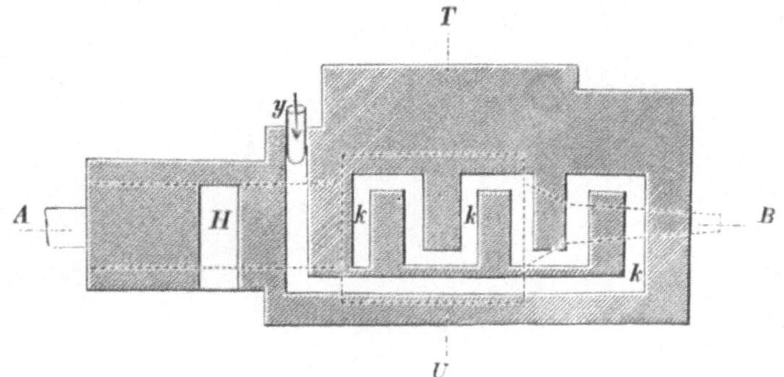

Fig. 437.

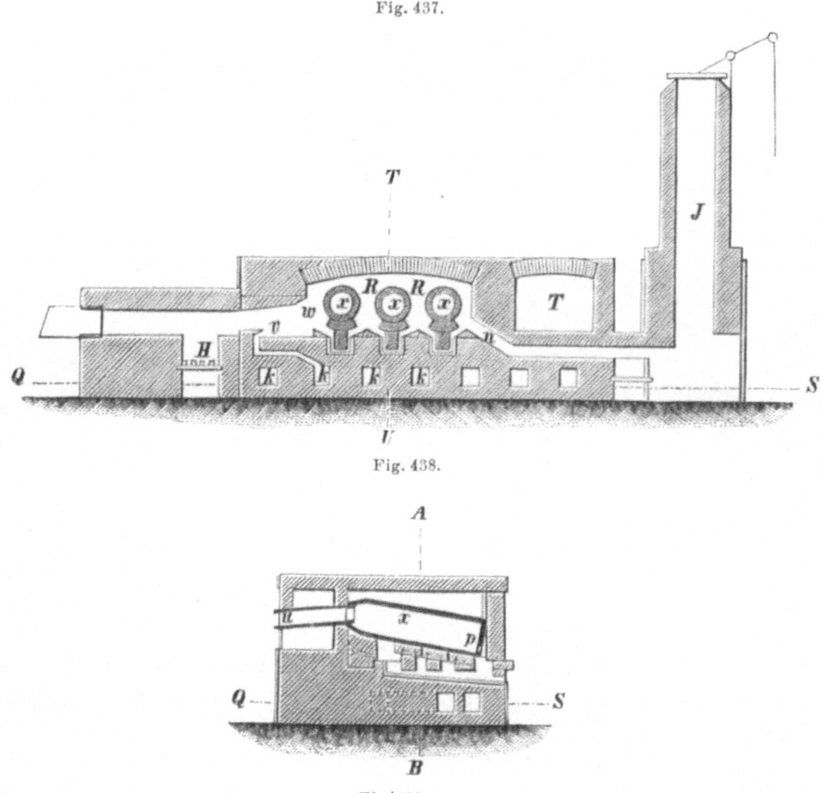

Fig. 438.

Fig. 439.

    Die Öfen zur Zerlegung von Gold- und Silberamalgam enthalten als Gefäße Glocken, Retorten, stehende und liegende Röhren. Das Material dieser Gefäße ist Gußeisen oder Bronze.

Die Einrichtung des Glockenofens ergibt sich aus den Fig. 440 und 441.

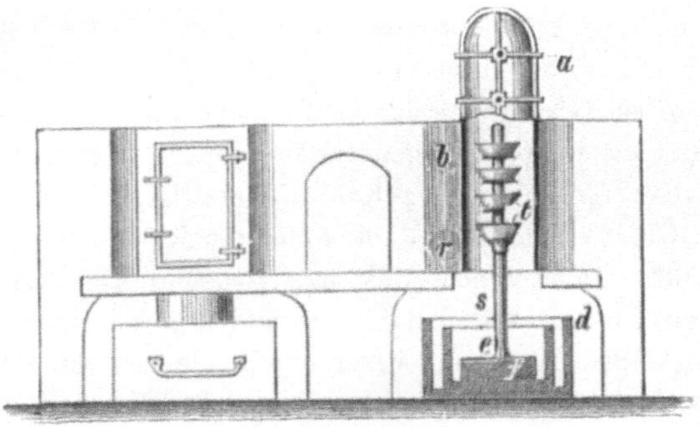

Fig. 440.

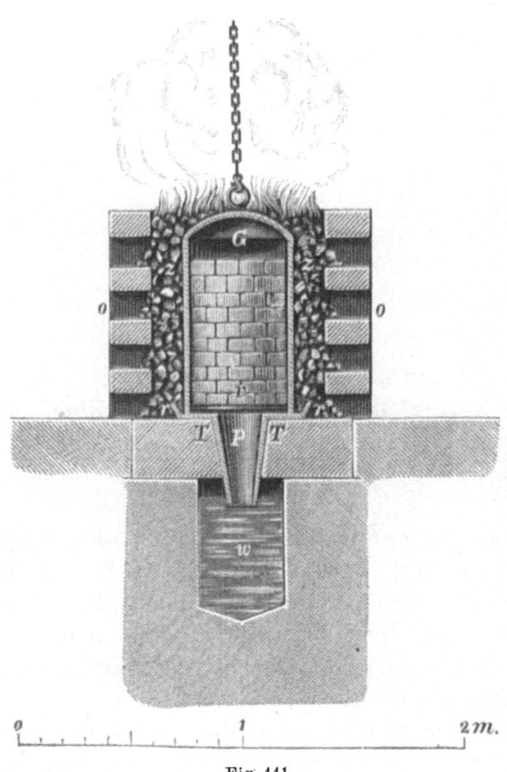

Fig. 441.

In Fig. 440 ist a die im Schachte b aufgestellte, unten offene Glocke. Unter derselben befindet sich ein mit Wasser gefülltes Gefäß d, welches ein zweites, kleineres Gefäß e enthält. Auf dem Boden des letzteren ist eine mit der Fußplatte f versehene Stange s aufgestellt, auf welche die Teller t zur Aufnahme des Amalgams aufgeschoben werden.

Der Raum r zwischen Glocke und den Seitenwänden des Schachtes wird mit Holzkohlen ausgefüllt. Das beim Erhitzen der Glocke aus dem Amalgam ausgetriebene Quecksilber sammelt sich in dem mit Wasser gefüllten Gefäße, während das Silber bezw. Gold auf den Tellern zurückbleibt.

In Fig. 441 ist G die an einer Kette aufgehängte Glocke. Dieselbe steht auf einem aus Kupfer angefertigten Teller T mit aufgebogenem Rande r. An dem Teller ist ein Rohr P befestigt, welches in das mit Wasser gefüllte Gefäß w taucht. Im untersten Teile der Glocke ist ein Rost v angebracht, auf welchem das zu zerlegende Amalgam ruht. Der Raum z zwischen Glocke und den Seitenwänden des Schachtes wird mit Holzkohlen ausgefüllt. Die zur Verbrennung der letzteren erforderliche Luft tritt durch die Öffnungen o in den Schacht. Die Quecksilberdämpfe gelangen aus der Glocke durch das Rohr P in das Gefäß w, wo sie verflüssigt werden.

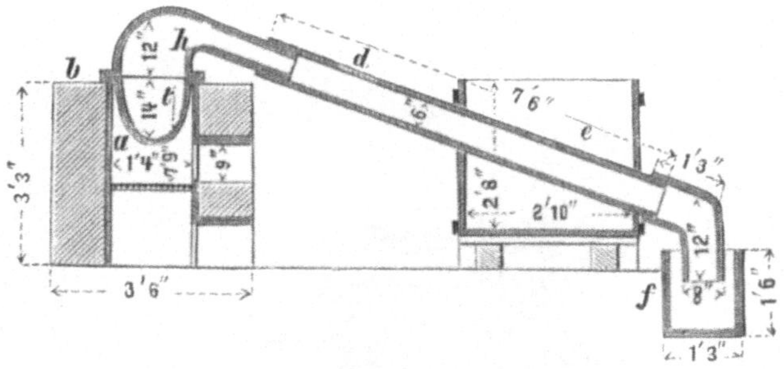

Fig. 442.

Ein Retortenofen ist in Fig. 442 dargestellt. a ist der Heizraum, b die gußeiserne Retorte, d ein Kühlrohr, e ein Kühlgefäß, f ein mit Wasser gefülltes Gefäß zur Aufnahme des Quecksilbers. Die Retorte besteht aus zwei Teilen, dem sogen. Retortentiegel t und dem abnehmbaren Helm h.

Ein Ofen mit liegender Röhre ist in Fig. 443 dargestellt. R ist der Heizraum, c der Rost, a das gußeiserne Gefäß zur Aufnahme des Amalgams. e ist ein Kühlrohr, f ein Kühlkasten, g ein Gefäß zum Auffangen der verflüssigten Quecksilberdämpfe. Das Gefäß wird durch die Eisenplatte b verschlossen. Die Feuergase ziehen aus dem Heizraum durch den Kanal k in die Esse E.

Ein Ofen, dessen Gefäß ein stehendes Rohr darstellt, ist in Fig. 444 abgebildet. R ist der Heizraum, von kreisförmigem Horizontalquerschnitt; a ist das auf dem Roste b stehende, unten offene Gefäß. Das Amalgam wird auf Teller t aus Eisenblech gelegt, welche über die Eisenstange m geschoben werden. Ein glockenförmiger Deckel D verschließt das obere Ende des Rohrs. Der Brennstoff (Holzkohle) wird in dem Raum r zwischen den Seitenwänden des Ofens und dem Gefäße angehäuft. Die Verbrennungsgase ziehen durch die Esse g ab. Die Quecksilber-

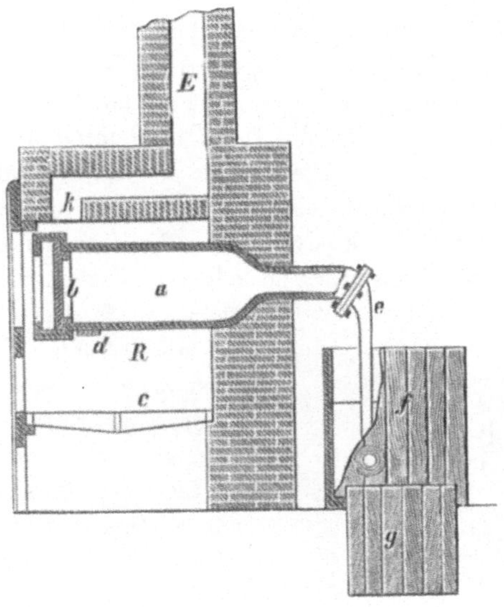

Fig. 443.

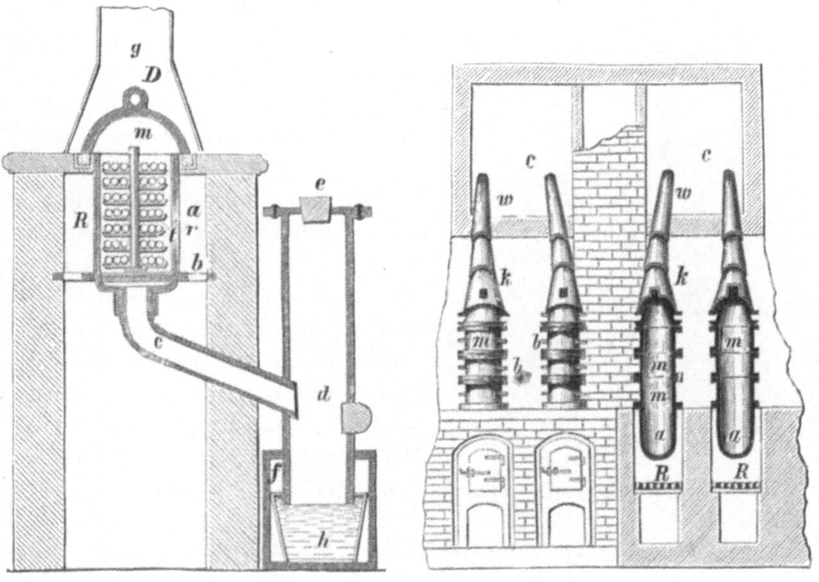

Fig. 444.   Fig. 445.

dämpfe treten durch das Rohr c in das Gefäß d, welches in das mit
Wasser gefüllte Gefäß h eintaucht, und sammeln sich als Flüssigkeit auf
dem Boden des letzteren an.

Zum Reinigen der Arsenigen Säure durch Sublimation wendet
man Öfen an, welche als Gefäße Kessel enthalten. Ein solcher Ofen ist
in Fig. 445 dargestellt. R ist der Heizraum, a der in denselben ein-

gehängte gußeiserne Sublimierkessel. Auf denselben sind mit Handhaben b
versehene Rohre m aus Eisenblech aufgesetzt. Dieselben endigen in einen
Bleihut k, welcher durch Blechrohre w mit Flugstaubkammern c verbunden
ist. Der größte Teil der durch die Hitze verflüchtigten Arsenigen Säure
setzt sich als Sublimat an den Blechrohren an, während der Rest in den
Flugstaubkammern niedergeschlagen wird.

Die Ofen für die Zinkgewinnung besitzen als Gefäße Röhren
aus Schamottmasse von kreisförmigem oder elliptischem Querschnitt, oder
Muffeln von der Gestalt prismatischer, oben überwölbter Kästen. Früher wurden auch Tiegel angewendet. Zur Heizung benutzt man sowohl feste als gasförmige Brennstoffe.

Ein Ofen, dessen Röhren kreisförmigen Querschnitt besitzen und welcher durch feste Brennstoffe geheizt wird, ist in den Fig. 446 und 447 dargestellt. a ist der Rost; c sind die röhrenförmigen Destilliergefässe. Dieselben liegen mit ihrem hinteren Ende auf Konsolen d des Mauerwerks, mit ihrem vorderen Ende auf Tonplatten e auf, an welche Eisenplatten k angeschlossen sind. Das Zink, welches in Dampfform entbunden wird, tritt aus den Gefäßen c in aus Ton hergestellte Vorlagen i, in welchen es kondensiert wird. An die Vorlagen sind Blechtüten g angeschlossen. In denselben werden durch die Gase mitgerissene Zinkdämpfe und Zinkoxyd zurückgehalten. Die Feuergase treten aus dem Heizraum durch die Öffnung l in

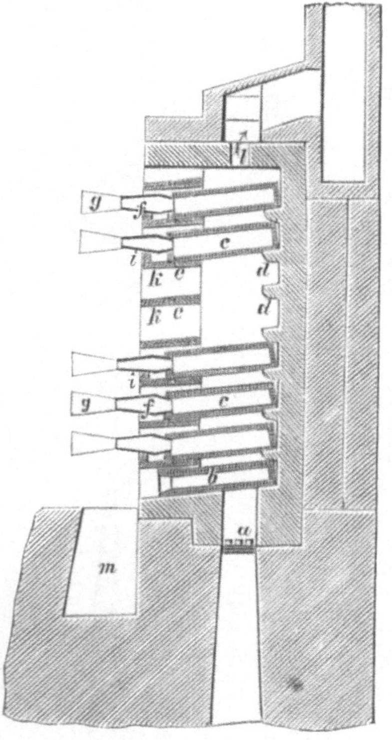

Fig. 446.

die Esse. Der Graben m dient zur Aufnahme der Rückstände aus den
Destilliergefäßen.

Ein Ofen gleicher Art mit Siemensscher Gasfeuerung und
Wärmespeichern ist in Fig. 448 dargestellt. RR sind die beiden durch
den Scheider m getrennten Heizräume; r sind die Röhren; WW sind die
Wärmespeicher. Gas und Luft mischen sich in den Räumen PP. Die
brennenden Gase steigen in dem einen Erhitzungsraum aufwärts, ziehen
dann durch den anderen Heizraum abwärts und gelangen darauf durch
die unter demselben befindlichen Wärmespeicher in die Esse. Nach Ablauf einer gewissen Zeit wird die Richtung derselben umgekehrt, so daß
sie in dem zweiten Heizraum aufwärts und im ersten Heizraum abwärts

ziehen, um durch das zweite Paar von Wärmespeichern in die Esse zu gelangen.

Ein Ofen mit Gasfeuerung, dessen Röhren elliptischen Querschnitt besitzen, ist in den Fig. 449—453 dargestellt.[1]

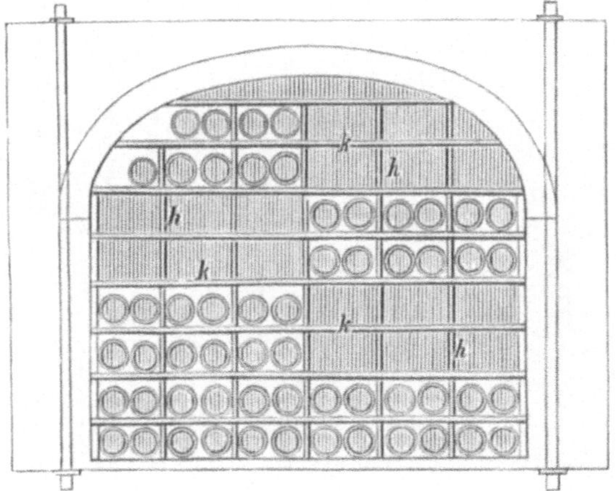

Fig. 447.

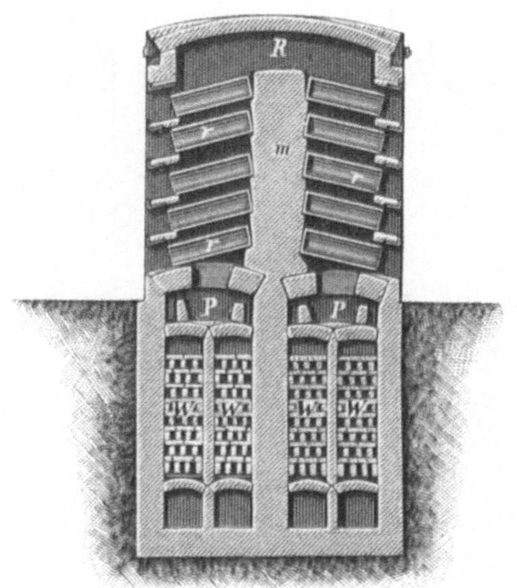

Fig. 448.

Die Röhren m liegen in drei Etagen übereinander. Vor denselben befinden sich die Vorlagen zum Auffangen des Zinks. Der Ofen enthält im ganzen 216 Röhren. An jeder der beiden kurzen Seiten des Ofens

[1] Dürre, Ziele und Grenzen der Elektrometallurgie, S. 207, Leipzig 1896.

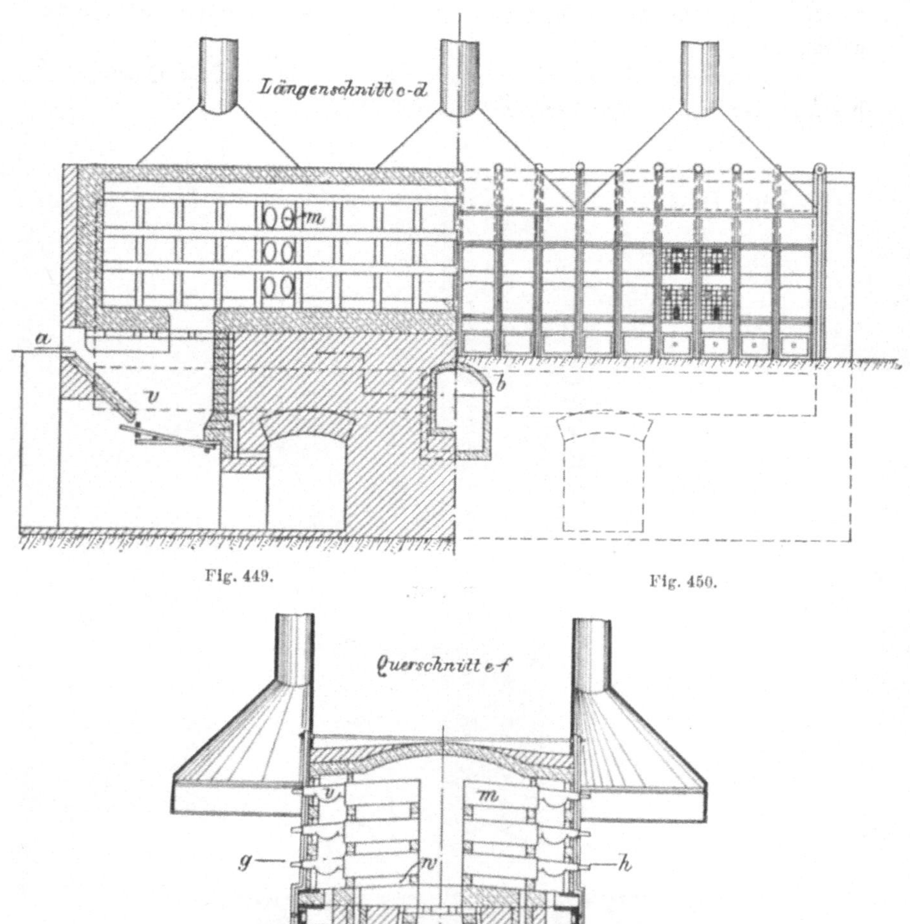

befindet sich ein Gasgenerator v. Die Verbrennungsluft wird im Mauerwerk des Ofens vorgewärmt. Die Verbrennungsgase treten, nachdem sie
die Röhren umspült haben, durch senkrechte Kanäle in die Sammelkanäle z, welche ihrerseits mit den Essenkanälen verbunden sind.

Ein früher in Oberschlesien angewendeter Zinkgewinnungsofen mit
Muffeln als Gefäßen und Rostfeuerung, der sogen. ältere schlesische

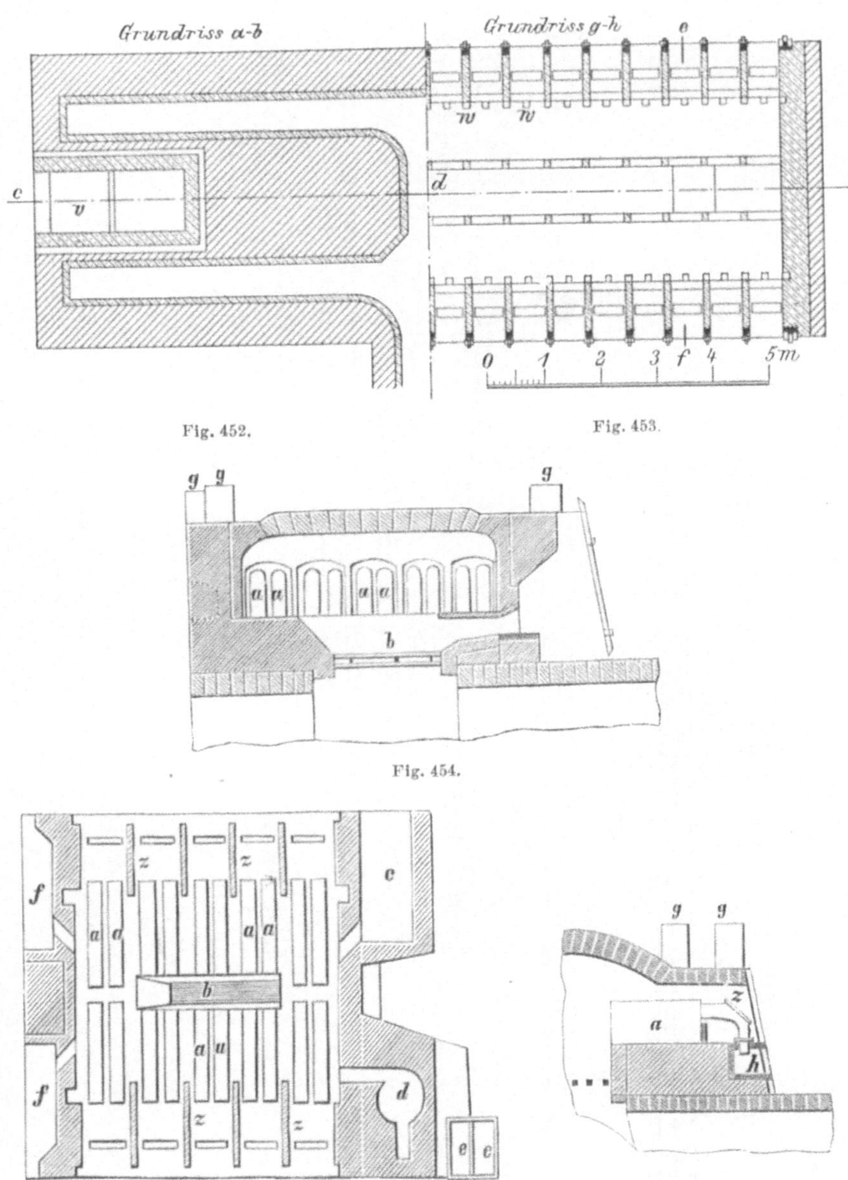

Fig. 452.

Fig. 453.

Fig. 454.

Fig. 455.

Fig. 456.

Zinkdestillierofen, ist in den Fig. 454, 455 und 456 abgebildet. b ist der Rost; a a sind die aus feuerfestem Ton hergestellten Destilliergefäße, die sogen. Zinkmuffeln; h sind die durch Tonröhren z — sogen. Tropfröhren — mit den Muffeln verbundenen Vorlagen zur Aufnahme des Zinks. (Tropfkammern.) Die Flamme steigt vom Roste aus in die Höhe, umspült

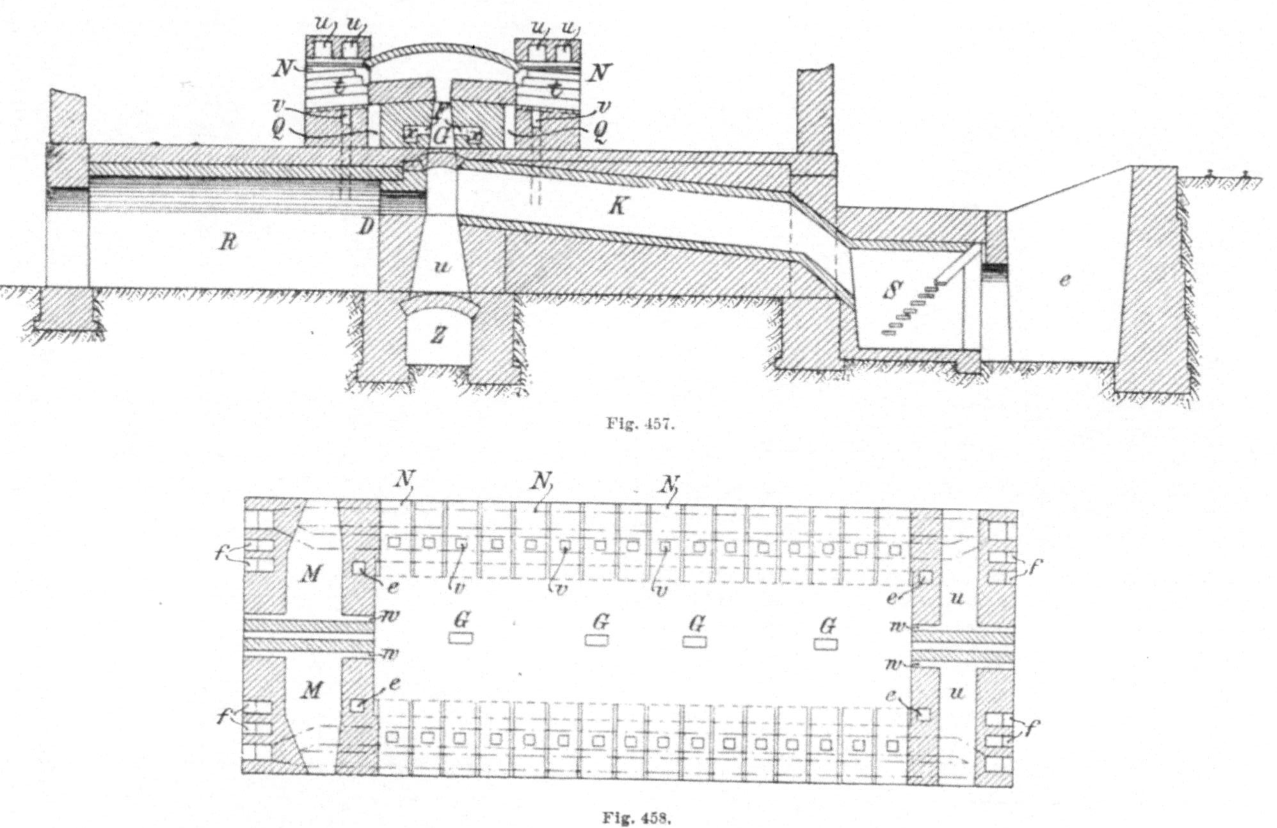

Fig. 457.
Fig. 458.

die zu beiden Seiten der oberen Öffnung der Feuerungsanlage aufgestellten
Muffeln und zieht dann teils durch Öfen f f zum Brennen von Galmei,
teils durch die Räume c und d, von welchen der erstere zur Vorwärmung
der Retorten, der letztere zum Umschmelzen des in den Vorlagen erhaltenen Zinks dient, in kleine Essen g g g.

Ein neuerer Zinkmuffelofen mit Gasfeuerung ist aus den Fig. 457
und 458 ersichtlich. Der Ofen hat zwei Generatoren S. Die Generatorgase ziehen durch den Kanal K in vier senkrechte Schächte G und werden
in denselben durch Zumischung von Luft verbrannt. Die Verbrennungsluft wird durch Ventilatoren in den Kanal Z gedrückt, gelangt aus demselben in kleine, um den Heizschacht laufende Kanäle x und aus diesen

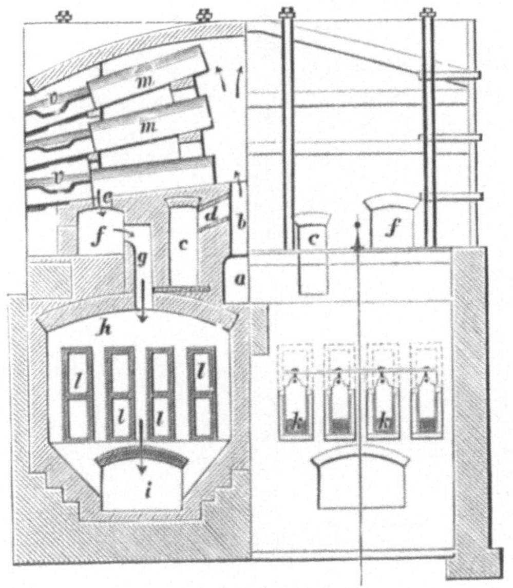

Fig. 459.

durch Schlitze F in den Heizschacht. Zur Aufnahme der Flugasche läuft
der Heizschacht nach unten in den Raum u aus. Die Reinigung desselben
erfolgt von der Rösche R aus, welche durch einen Kanal D mit diesem
Raum verbunden ist. Die Feuergase ziehen, nachdem sie die Muffeln geheizt haben, zum größeren Teile durch die Kanäle w an den beiden Enden
des Ofens in die Kammern M und u zum Tempern der Muffeln bezw.
zum Kalzinieren des Galmeis. Aus diesen Räumen ziehen die Verbrennungsgase durch die Fuchskanäle f in die Esse. N sind Nischen zur Aufnahme
von je zwei Vorlagen.

Ein Zinkgewinnungsofen mit Gasfeuerung und Vorwärmung der Verbrennungsluft ist in Fig. 459 dargestellt. Im Heizraume liegen drei Reihen von Muffeln m übereinander; v sind die Vor-

lagen (aus Ton) zur Ansammlung des Zinks. Das Gas (Generatorgas) gelangt aus dem auf der Zeichnung nicht sichtbaren Generator durch den Kanal a in den senkrechten Kanal b und mischt sich hier mit der Verbrennungsluft, welche durch die Kanäle l in den Kanal c und aus diesem durch den Kanal d nach b strömt.

Die Flamme steigt bis zum Gewölbe des Heizraums empor, kehrt dann um und fällt durch Öffnungen e in den Kanal f, aus welchem sie durch g in den Kanal h und dann in den Essenkanal i gelangt. Auf ihrem

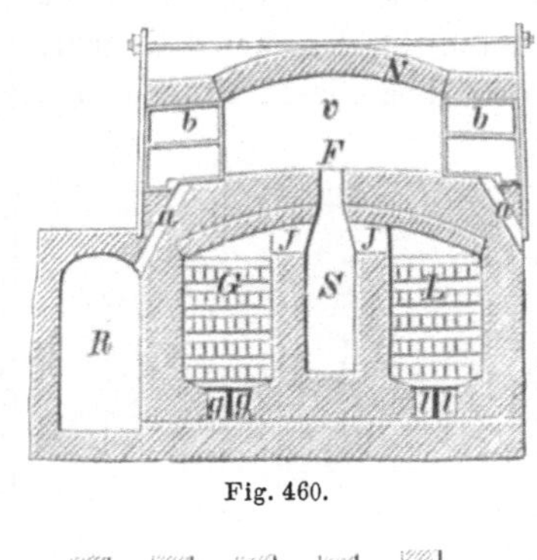

Fig. 460.

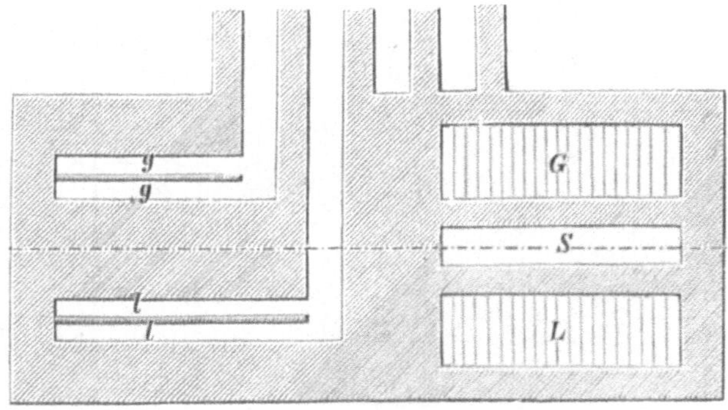

Fig. 461.

Wege durch den Kanal h umspült sie die Luftzuführungskanäle l, in welchen die Verbrennungsluft vorgewärmt wird.

Ein Zinkgewinnungsofen mit Siemens-Feuerung ist in den Fig. 460 und 461 abgebildet. L sind die Wärmespeicher für die Luft, G für das Gas. g g sind die Kanäle für den Eintritt des Gases, 11 für den Eintritt der Luft in die betreffenden Wärmespeicher bezw. für den Austritt dieser Körper aus den Wärmespeichern. Gas und Luft treten vorgewärmt durch die Kanäle J J in den Mischraum F.

Die Flamme steigt zuerst in der einen Hälfte des Heizraums v bis zum Gewölbe N, tritt dann in die andere Hälfte und gelangt am Ende derselben in die Wärmespeicher, durchstreicht dieselben und zieht dann in die Esse. Durch die Kanäle a werden die Destillationsrückstände in die Rösche R gestürzt.

Von den Öfen mit Tiegeln als Gefäß ist nur der gegenwärtig nicht mehr angewendete englische Zinkgewinnungsofen zu nennen. Derselbe ist in Fig. 462 abgebildet. In dem kuppelförmigen Heizraum R stehen eine Anzahl Tiegel t um eine kreisförmige Öffnung o in der Sohle desselben, durch welche die Flamme einer in der letzteren liegenden Rostfeuerung emporsteigt. Die Feuergase treten, nachdem sie die aus feuerfestem

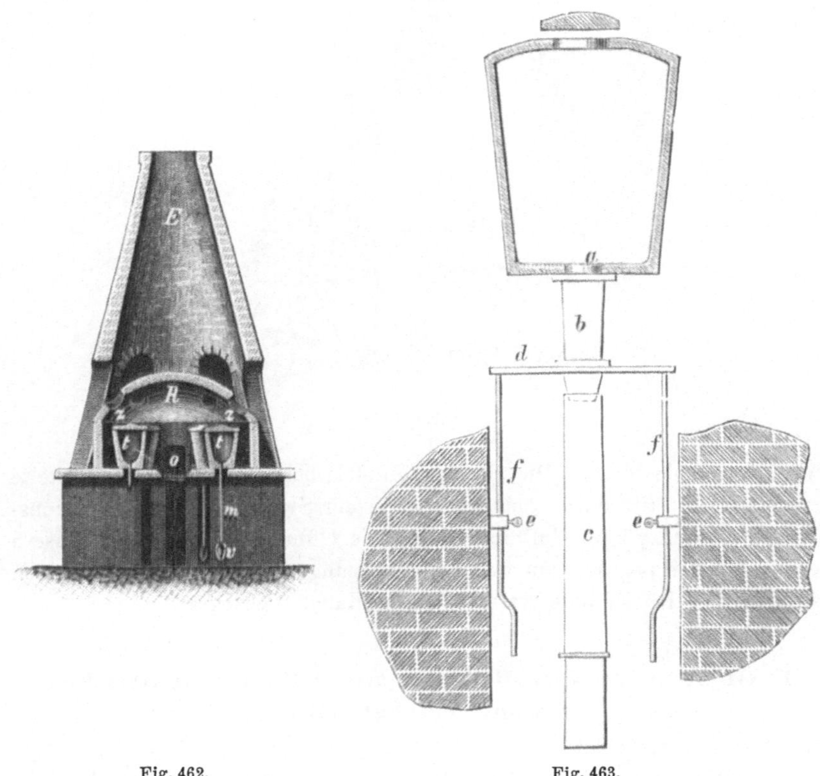

Fig. 462.   Fig. 463.

Ton hergestellten Tiegel umspült haben, durch Öffnungen z im Gewölbe des Heizraumes in die Esse E. Die Zinkdämpfe treten durch eine Öffnung im Boden der Tiegel in ein senkrechtes Eisenrohr m, welches in eine auf dem Boden der Hütte stehende Vorlage v zur Aufnahme des Zinks mündet.

Die Einrichtung des Tiegels nebst dem Rohr zur Abführung der Zinkdämpfe ist aus Fig. 463 ersichtlich. Das Abführungsrohr besteht aus zwei Teilen b und c. Der obere Teil b wird durch das Eisenkreuz d getragen, welches an den Eisenstangen f angenietet ist. Die letzteren können durch die Schrauben e gestellt werden.

Die Gewinnung von Arseniger Säure aus Arsenikkies wird in manchen Fällen in Muffelöfen ausgeführt. Ein derartiger Ofen ist in Fig. 464 dargestellt. b ist die Muffel, c der Rost. Die Feuergase ziehen in fünf unter der Sohle der Muffel befindlichen Kanälen l nach dem hinteren Teile des Ofens, fallen dann in den Querkanal e und ziehen aus demselben an den beiden langen Seiten der Muffel hin durch die Kanäle

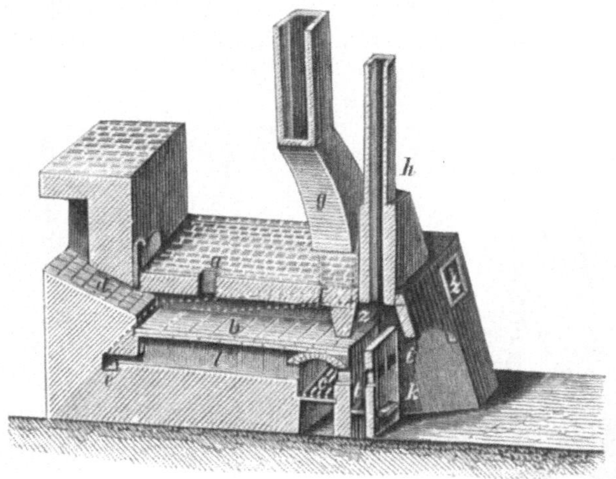

Fig. 464.

f in die Gabelesse g. Die in der Muffel bei Luftzutritt entwickelte Arsenige Säure tritt durch den Kanal d in ein System von Kondensationsräumen. Die Oxydationsluft tritt durch die Öffnungen i ein. Die Esse h dient zur Ableitung der an der Arbeitsöffnung z der Muffel austretenden Dämpfe. Die Rückstände werden in den Kanal t gezogen.

II. Öfen, in welchen die Hitze mit Hilfe des elektrischen Stromes erzeugt wird.

Man unterscheidet

1. Öfen, bei welchen die Erhitzung durch den Leitungswiderstand des zu erhitzenden Körpers selbst bewirkt wird,

2. Öfen, bei welchen die Erhitzung durch den Widerstand eines mit dem zu erhitzenden Körper in Berührung befindlichen fremden Körpers bewirkt wird, und

3. Öfen, bei welchen die Erhitzung durch den elektrischen Lichtbogen bewirkt wird.

Die Erhitzung der unter 1 und 2 angeführten Öfen nennt Borchers[1] „Widerstandserhitzung".

---

[1] Borchers, Entwicklung, Bau und Betrieb der elektrischen Öfen, Halle a. S., 1897.

Bei den elektrischen Öfen findet die Wärmeerzeugung im Innern der zu erhitzenden Körper statt. Das Futter der Öfen läßt man daher am besten aus den zu erhitzenden Körpern bestehen. Durch äußere Kühlung des Ofens veranlaßt man einen Teil des zu erhitzenden Körpers, an den Ofenwänden zu erstarren und so ein festes Futter zu bilden.

1. Öfen, bei welchen die Erhitzung durch den Leitungswiderstand des zu erhitzenden Körpers bewirkt wird.

Derartige Öfen werden zur Herstellung von Aluminiumlegierungen und von Aluminium angewendet. Hierhin gehören der Ofen von Cowles, der Ofen von Héroult, der Ofen von Borchers. Diese Öfen arbeiten mit verhältnismäßig niedrigen Spannungen und großen Stromstärken.

Der Ofen von Cowles wurde früher zur Herstellung von Aluminiumlegierungen verwendet. Die Einrichtung desselben ist aus den Fig. 465 und 466 ersichtlich[1]).

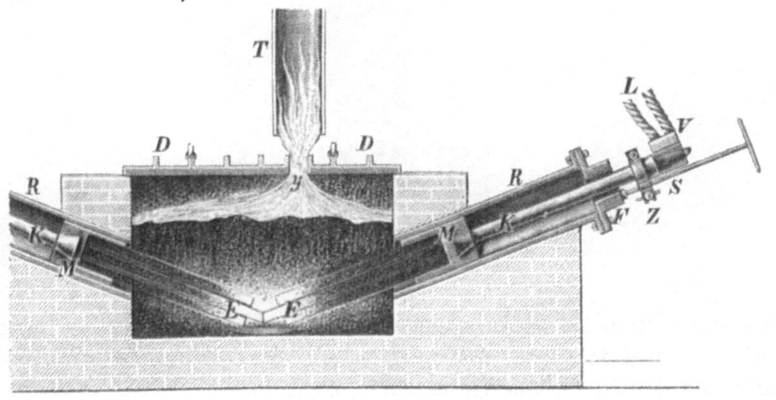

Fig. 465.

Der Ofen stellt einen Kasten von rechteckigem Querschnitt dar, dessen Wände und Sohle aus Schamottsteinen hergestellt sind. E E sind die Elektroden. Dieselben sind Bündel von Kohlenstäben, welche in zylindrischen Metallhülsen M aus Eisen oder Kupfer stecken. In die Kopfstücke der Hülsen sind Kupferstäbe K eingelassen, durch welche die Elektroden in leitender Verbindung mit den Stromleitungskabeln L stehen. Zu diesem Zwecke sind aus Kupfer hergestellte Verbindungsstücke v vorhanden, in welche einerseits die konisch zugespitzten Enden der Kupferstäbe eingesteckt und andererseits die Enden der Kupferdrahtkabel L eingeklammert sind. R sind geneigt liegende Rohre aus Gußeisen, in welchen die Elektroden mit Hilfe der an einem Handrade befestigten Schraubenspindel S vorwärts und rückwärts bewegt werden können. D ist der aus

---

[1]) Borchers, Elektrometallurgie, S. 100.

Gußeisen hergestellte Deckel des Apparates. Durch eine in demselben angebrachte Öffnung y entweicht das bei der Reduktion der Tonerde durch Kohle gebildete Kohlenoxyd in das Rohr T, welches mit einer Flugstaubkammer in Verbindung steht. o ist eine Stichöffnung zum Ablassen der geschmolzenen Legierung in den Stichtiegel x. Die Beschickung stellt ein Gemenge von Tonerde, Holzkohle und Kupfer dar. Zu Anfang des Betriebes berühren sich zwei aus den Kohlenbündeln herausragende Kohlenstäbe. Dieselben erhitzen sich sehr hoch und werden dann allmählich zurückgezogen, wobei sich die Beschickung als Widerstand in den Stromkreis einschaltet. Man erhitzt solange, bis der größte Teil der Beschickung geschmolzen ist, schaltet dann den Ofen aus und räumt die Rückstände nach dem Erkalten aus, worauf er wieder in Betrieb gesetzt wird. Die Beschickung wird in diesem Ofen so hoch erhitzt, daß die Tonerde durch

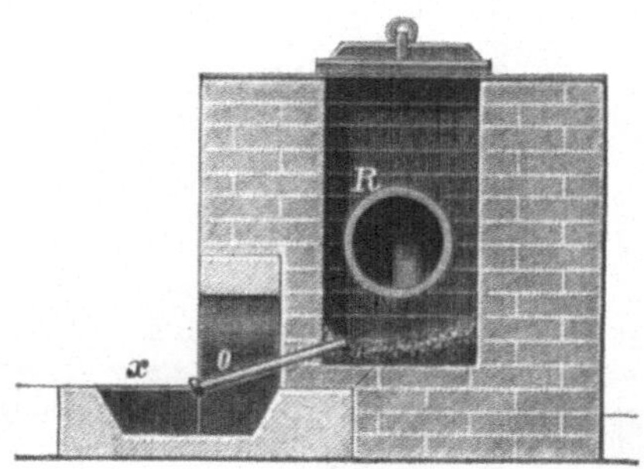

Fig. 466.

die hoch erhitzte Kohle zu Aluminium reduziert wird, welches letztere sich mit dem geschmolzenen Kupfer legiert. Eine Elektrolyse der Tonerde findet, wie Borchers dargelegt hat, hier nicht statt.

Man kann zur Erhitzung sowohl Gleichstrom als auch Wechselstrom anwenden. Bei der einen sowohl wie bei der anderen Art der Erhitzung wird die gleiche Menge Aluminium reduziert.

Der Ofen von Héroult dient zur Herstellung von Aluminiumlegierungen und von Aluminium durch Elektrolyse von geschmolzener Tonerde. Die Einrichtung desselben ist aus den Fig. 467 und 468 ersichtlich. Der Ofen ist ein Kasten aus Gußeisen a, welcher mit einem starken Futter aus Kohlenplatten versehen ist. Das Leitungskabel für den negativen Strom wird durch Stifte a_1 aus Kupfer mit dem Kasten in leitende Verbindung gesetzt.

Die Anode B besteht aus einer Anzahl von Kohlenplatten b, b_1, b_2 etc., welche in den Ofen bezw. in die geschmolzenen Massen eintauchen. Am oberen Ende sind die Kohlenplatten durch das Rahmenstück g, in der Mitte durch das Rahmenstück h zusammengehalten. Das Rahmenstück g besitzt eine Öse e. Durch eine in der letzteren befestigte Kette wird die Anode eingestellt und kann nach Bedarf in die Höhe ge-

zogen oder herabgelassen werden. An dem Rahmenstück h wird das
Leitungskabel für den positiven Strom befestigt. Der Kasten wird an
seinem oberen Ende durch Graphitplatten geschlossen, welche die erforderlichen Öffnungen zum Durchführen der Anode, zur Einführung der Beschickung, zum Ablassen der Legierung bezw. des Metalles und zum Ablassen der bei dem Prozesse entwickelten Gase besitzen. i ist die Aus-
sparung für die Anode. n und m sind die Öffnungen zum Einführen der
Beschickung und zum Ablassen der Gase. o und o_1 sind die mit Hand-
griffen versehenen Platten zum Verschluß dieser Öffnungen. C ist der

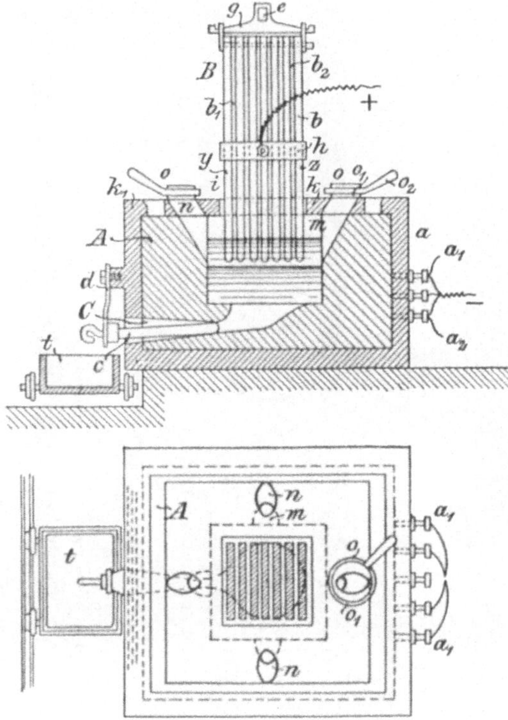

Fig. 467 u. 468.

Kanal zum Abstechen der Legierung bezw. des Metalles in die mit Kohle
gefütterte Form t. Als Verschluß des Kanals C dient ein am Bügel d
befestigter Kohlenstab c.

Zur Herstellung von Aluminiumbronze bringt man zuerst zerkleinertes
Kupfer auf den Boden des Ofens und bringt dasselbe mit Hilfe des
elektrischen Lichtbogens zum Schmelzen. Auf das geschmolzene Kupfer,
welches nun die Kathode bildet, bringt man Tonerde. Dieselbe schmilzt,
wird als geschmolzene Masse leitend und durch den durch dieselbe hindurchgehenden Strom in Aluminium und Sauerstoff zersetzt. Das Aluminium bildet mit dem Kupfer Aluminiumbronze, während der Sauerstoff

zur Anode geht und mit dem Kohlenstoff derselben Kohlenoxyd bildet. Das letztere entweicht durch die oben erwähnten Öffnungen. Die Legierung wird von Zeit zu Zeit unter Herausnehmen der Anode aus dem Bade abgestochen, während Tonerde und Kupfer nach Bedarf nachgefüllt werden.

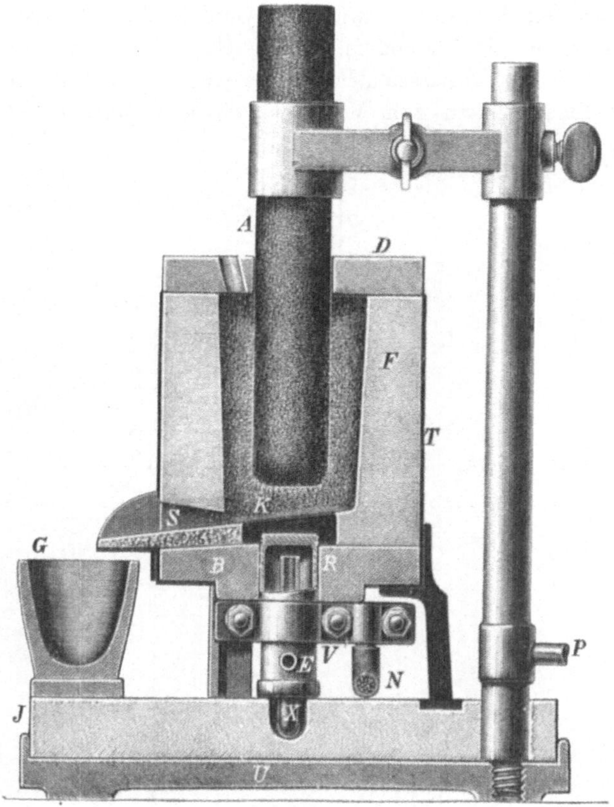

Fig. 469.

Durch geeignete Abänderung des Ofens, des Futters, der Stromzuführung zur Kathode sowie durch die Wahl einer geeigneten, leicht schmelzbaren Beschickung ist durch Kiliani auch die Herstellung von reinem Aluminium in demselben gelungen. Da das Aluminium Kohle aufnimmt, so darf die letztere mit dem flüssigen Metalle nicht in Berührung kommen, weil dasselbe durch die Kohle entwertet wird. Die nähere Einrichtung des Ofens wird geheim gehalten.

Der Ofen von Borchers zur Gewinnung von Aluminium ist aus der Fig. 469 ersichtlich.[1] J ist der Ofen. Das Futter desselben besteht aus Tonerde, Flußspat oder Kryolith. Dasselbe wird erforderlichenfalls durch

---

[1] Borchers, Elektrometallurgie, S. 147, Fig. 86.

um den Ofen gelegte oder in das Futter eingelassene Wasser- oder Kalt-
luftleitungen gekühlt. In das Futter des Bodens ist als Kathode die Stahlplatte K eingelegt. Dieselbe wird durch das eingeschraubte kupferne Kühlrohr R, in welchem Wasser zirkuliert, vor dem Schmelzen geschützt. Das
kalte Wasser tritt durch das Rohr E in R ein, steigt in die Höhe, gelangt
in das Rohr X und fließt in erwärmtem Zustande durch dasselbe ab. Das
negative Kabel N ist durch die Klammer V mit dem Rohr R verbunden,
welches letztere mit der Stahlplatte K
in leitender Verbindung steht. A ist die
aus Kohle bestehende Anode. Dieselbe
ist durch eine Klammer aus Eisen mit
einer Eisenstange, welche in der Eisenplatte U festgeschraubt ist, verbunden.
Die Zuführung des Stromes geschieht
durch die Kupferstange P, welche durch
eine Muffe aus Kupfer mit der gedachten
Eisenstange verbunden ist. Von derselben
ist der Ofen durch die Schamottplatte J
isoliert. Das ausgeschiedene Aluminium
wird zeitweise durch das Stichloch S in
die Gußform G abgelassen, während die
bei dem Prozeß gebildeten Gase durch
im Deckel D angebrachte Öffnungen entweichen. Bei der Inbetriebsetzung des
Apparates legt man zuerst eine kleine
Menge Aluminium auf den Boden desselben und schmilzt dasselbe durch Annäherung der Anode an die Kathode.
Das Aluminium bildet nun die Kathode.
Alsdann führt man die Tonerde mit Fluß-
mitteln (Haloidsalze der Alkalimetalle,

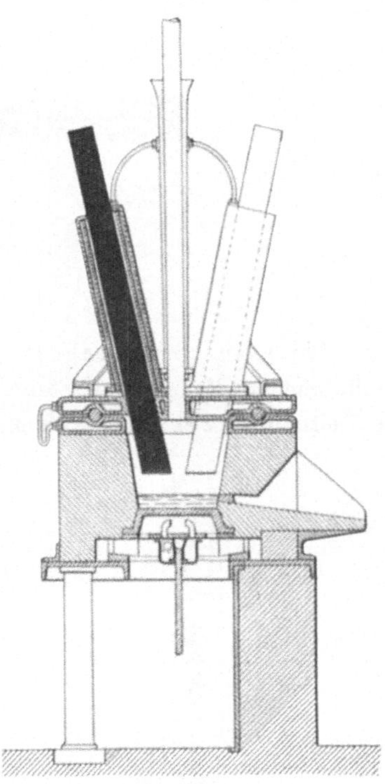

Fig. 470.

Erdalkalimetalle und des Aluminiums selbst) ein. Die Masse schmilzt und
bildet eine die Anode von der Kathode trennende flüssige Schicht, aus
welcher durch den Strom Aluminium und Sauerstoff ausgeschieden werden.
In dem Maße, wie die Tonerde verbraucht wird, setzt man neue Mengen
davon nach.

Der Ofen von Urbanitzky, welcher aus der Fig. 470 ersichtlich ist[1]),
hat gleichfalls einen gekühlten Metallboden. Der Deckel des Ofens ist
gekühlt und die Anode ist ringförmig angeordnet, wodurch eine zentrale
Beschickung ermöglicht ist.

---

[1]) Borchers, Entwicklung, Bau und Betrieb der elektrischen Öfen,
Halle a. S., 1897.

2. Öfen, bei welchen die Erhitzung durch den Widerstand eines mit dem zu erhitzenden Körper in Berührung befindlichen fremden Körpers bewirkt wird.

Diese Öfen arbeiten gleichfalls mit verhältnismäßig niedrigen Spannungen und großen Stromstärken.

Hierhin gehört der Ofen von Borchers, sowie verschiedene Nachbildungen desselben.

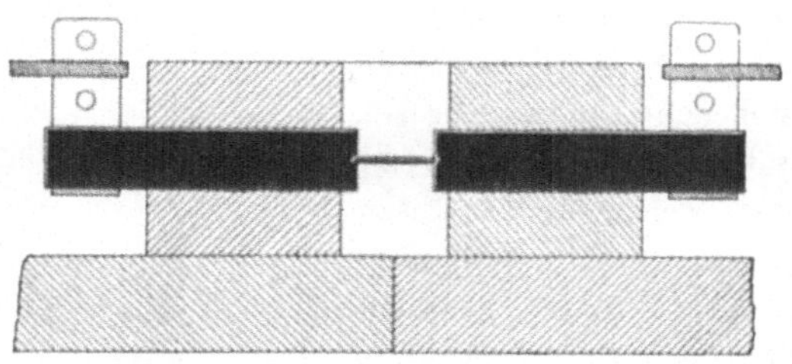

Fig. 471.

Der Ofen von Borchers, welcher aus der Fig. 471[1]) ersichtlich ist, stellt eine aus feuerfesten Steinen hergestellte Heizkammer dar, in welche als Leitungen zwei dicke Kohlenstäbe hineinragen. Zwischen diesen dicken Kohlenstäben ist als Widerstand ein dünner Kohlenstab angebracht. Der letztere wird mit der zu erhitzenden Beschickung umhüllt. Durch den Strom wird der dünne Kohlenstab hoch erhitzt und teilt seine Hitze der Beschickung mit. Borchers wies mit Hilfe dieses Apparates nach, daß sich sämtliche bis dahin für unreduzierbar gehaltene Oxyde durch erhitzten Kohlenstoff reduzieren lassen.

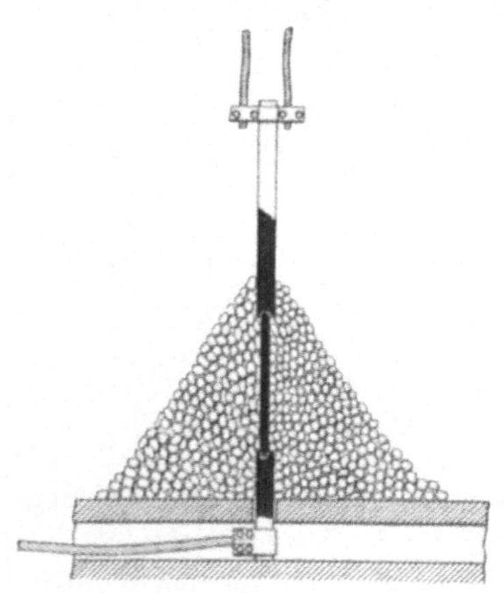

Fig. 472.

Der Ofen von King & Watt, welcher aus Fig. 472 ersichtlich ist[2]), besteht aus der zusammengehäuften Beschickung und einem durch dieselbe hindurchgeführten dünnen Kohlenstaub, welcher zwischen dicke Leitungen aus Kohle eingespannt ist.

3. Öfen, bei welchen die Erhitzung durch den elektrischen Lichtbogen bewirkt wird.

Der Lichtbogen liefert sehr hohe Temperaturen. Für Kohlenelektroden sind diese Temperaturen durch Violle und Gray bestimmt worden. Hiernach läßt sich die Temperatur an der Anode zu 3500° annehmen, während

---

[1]) Borchers, Entwicklung, Bau und Betrieb der elektrischen Öfen.
[2]) Borchers, l. c. S. 24.

sie an der Kathode gegen 270⁰ beträgt. An der Anode kann die Temperatur 3500⁰ nicht übersteigen, weil bei derselben Kohlenstoff unter gewöhnlichem Atmosphärendruck verdampft. Dagegen dürfte die Temperatur des Lichtbogens selbst zwischen 3500 und 4000⁰ liegen. Der Lichtbogen zwischen zwei Metallen oder zwischen einer Metallanode und einer Kathode aus beliebigem Material muß eine niedrigere Temperatur besitzen, da die Metalle bei niedrigeren Temperaturen verdampfen als der Kohlenstoff.

Man unterscheidet die Öfen nach Borchers in solche, bei welchen die zu erhitzende Substanz einen oder beide Pole des Lichtbogens bildet, und in solche, bei welchen sich die zu erhitzende Substanz in einem durch den Lichtbogen erhitzten Raume befindet.

a) Öfen, bei welchen die zu erhitzende Substanz einen oder beide Pole des Lichtbogens bildet.

Zu den Öfen, bei welchen die zu erhitzende Substanz einen Pol des Lichtbogens bildet, gehören die Öfen von Siemens, von der Willson Aluminium Company, von Tenner, Bultier, Thwaite und Allen, von Rathenau und andern.

Zu den Öfen, bei welchen die zu erhitzende Substanz beide Pole des Lichtbogens bildet, gehört der Ofen von Slavianoff.

Die Einrichtung des Ofens von Siemens ist aus der Fig. 473[1]) ersichtlich. Der Strom tritt durch den Boden des Tiegels in die zu schmelzende leitfähige Masse ein, welche die Anode bildet. Der Pol, durch welchen der Strom in den Boden des Tiegels gelangt, ist ein durch Wasser gekühlter Hohlkörper aus Metall. Die Kathode ist durch den Deckel des Tiegels eingehängt und besteht aus Kohle. Der Strom tritt in die zu schmelzende Masse und durchschreitet die zwischen der Oberfläche derselben und der Kathode gelassene Luftschicht unter Bildung eines Lichtbogens. Siemens empfiehlt (in der englischen Patentschrift No. 2110 von 1879), den Tiegel mit einem von einem Strom durchflossenen Drahtsolenoide zu umgeben, um der Neigung des Lichtbogens, zu den Tiegelwänden überzuspringen, entgegen zu wirken.

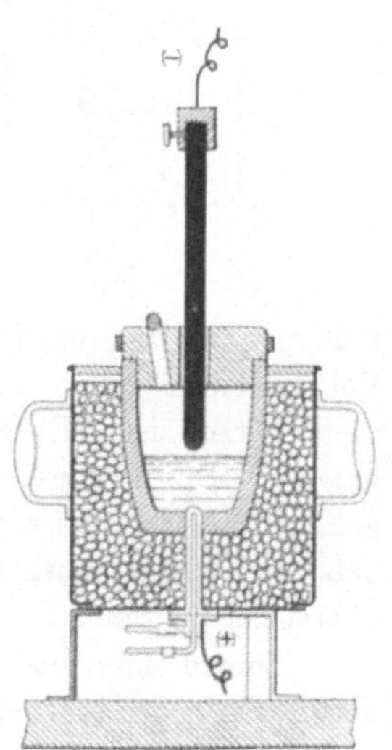

Fig. 473

Der Ofen der Willson Aluminium Company zu Spray N. C. war anfangs zur Fabrikation von Aluminium bestimmt, wurde aber später zur

---

[1]) Borchers, l. c. S. 42.

Herstellung von Kalziumkarbid benutzt. Derselbe ist aus den Fig. 474
und 475[1]) ersichtlich.

Der Ofen besteht aus einem mit Beschickungsvorrichtungen, Gas-
und Flugstaubkanälen verbundenen Schacht und dem fahrbaren Schmelztiegel. Der letztere besteht aus Eisen. Der Boden desselben ist mit
Kohlenplatten belegt und bildet so den einen Pol des Lichtbogens. Das
Futter der Wände des Tiegels wird durch einen unzersetzt bleibenden
Teil der Beschickung gebildet. Die andere (obere) Elektrode besteht
aus 6 Blöcken von Kohlenplatten, welche durch eine Klammer zusammengehalten werden und mit derselben gehoben und gesenkt werden können.

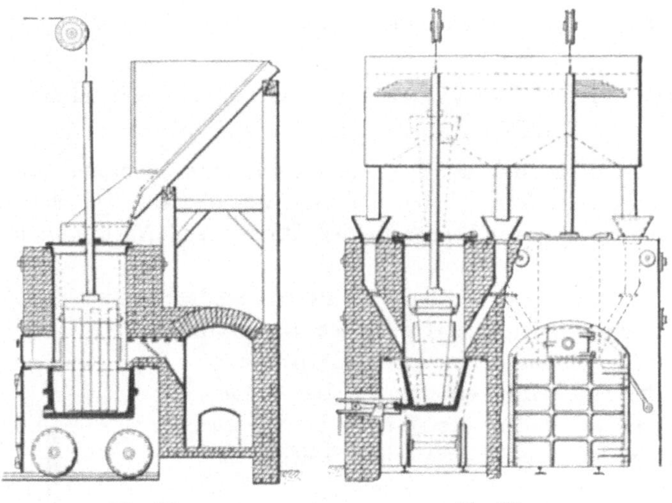

Fig. 474.   Fig. 475.

Soll geschmolzen werden, so senkt man den oberen Pol bis nahe an den
Pol im Tiegel herab und füllt den Tiegel mit der Beschickung, welche
nicht leitend ist. Es wird nun durch einen Wechselstrom ein Lichtbogen
erzeugt. Durch denselben wird die Beschickung geschmolzen und Karbid
gebildet, welches leitend ist. Man hebt nun die obere Elektrode soweit,
daß der von ihr ausgehende Lichtbogen zu den geschmolzenen Massen
überspringen kann.

Sobald eine hinreichende Menge Karbid gebildet worden ist, wird
der Strom unterbrochen und das Karbid wird nach hinreichender Abkühlung aus dem Tiegel entfernt.

Durch die Öfen von Thwaite und Allen wird der Lichtbogen im
Interesse der Vermeidung von Wärmeverlusten durch Ausstrahlung und
im Interesse des ungehinderten Abzuges der Gase aus dem Tiegel tief
innerhalb des zu schmelzenden Materials erzeugt.

---

[1]) Borchers, l. c. S. 44.

Die Einrichtung eines dieser Öfen ist aus der Fig. 476 ersichtlich. Die zu schmelzende Masse, welche leitfähig sein muß, bildet den einen Pol des Lichtbogens. Der andere Pol, ein Kohlenpol, ist mit einem Rohre aus nicht leitendem Material umgeben. Die Beschickung wird in den ringförmigen Raum zwischen diesem Rohr und der Tiegelwandung aufgegeben. Die Verbindung der Pole mit der Stromleitung ergibt sich aus der Figur.

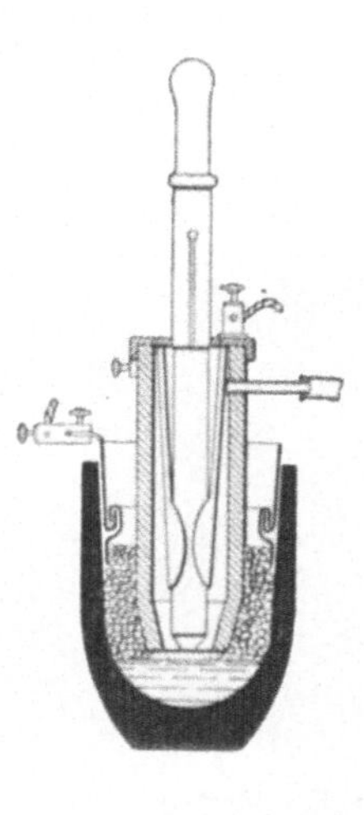

Fig. 476.

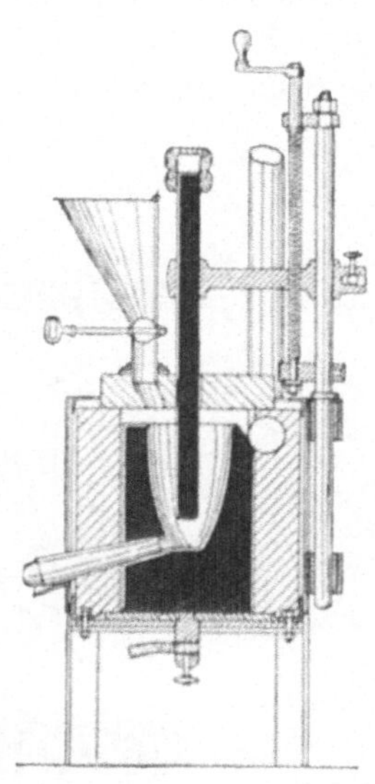

Fig. 477.

Der zu Versuchszwecken benutzte Ofen der Deutschen Gold- und Silberscheideanstalt zu Frankfurt a. M. ist aus der Fig. 477 ersichtlich. Der eine Pol ist der Kohlentiegel, der andere ein Kohlenstab, welcher in den Tiegel hineingehängt ist und sich heben und senken läßt. Die Beschickung wird durch einen im Deckel des Ofens befestigten Trichter eingetragen. Die durch Annäherung des oberen Pols an den Boden des Tiegels geschmolzene Beschickung bildet den unteren Pol.

Bei dem Ofen von Slavianoff werden beide Pole des Lichtbogens von dem einzuschmelzenden Körper gebildet, welcher ein Metall (Eisen) ist. Der positive Pol wird durch einen Stab des einzuschmelzenden Metalles gebildet,

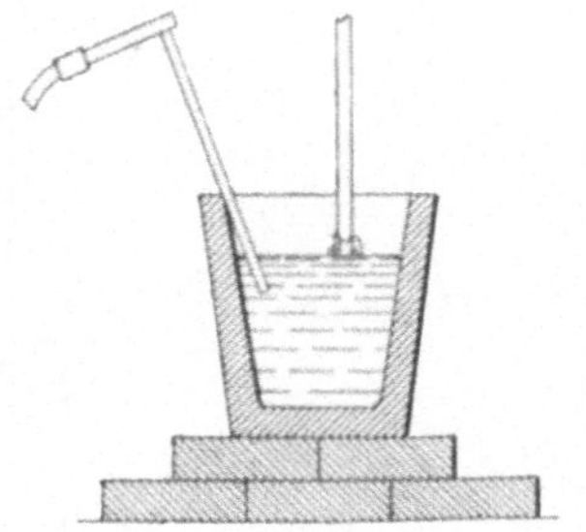

Fig. 478.

während die geschmolzene Masse selbst den negativen Pol darstellt. Die Einrichtung ist aus Fig. 478[1]) ersichtlich.

---

[1]) Borchers, l. c. S. 50.

b) Öfen, bei welchen sich die zu erhitzende Substanz in einem
durch Lichtbogen erhitzten Raume befindet.

Der erste brauchbare Ofen dieser Art ist von Ch. W. Siemens
angegeben worden. Die Einrichtung dieses Ofens ist aus der Fig. 479
ersichtlich. Die Elektroden sind durch die Seitenwände des Tiegels hindurchgeführt. Sie können in dem Maße, wie sie abbrennen, durch
Schneckengetriebe vorgeschoben werden.

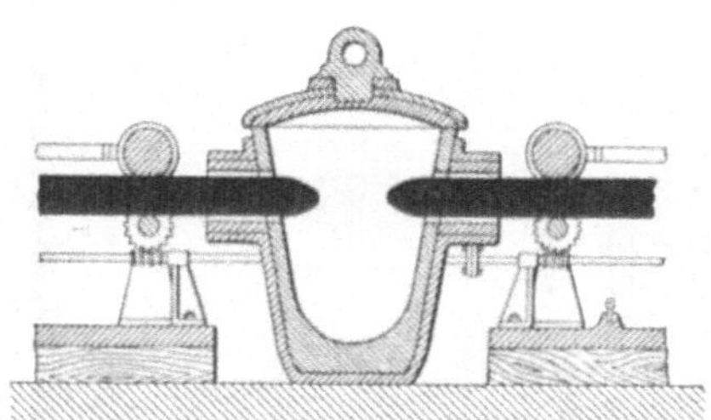

Fig. 479.

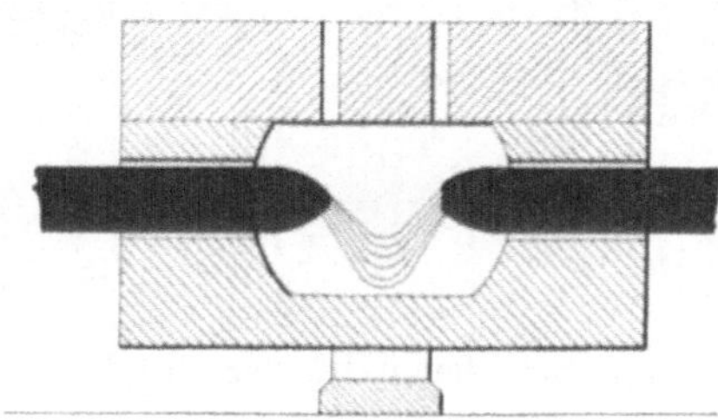

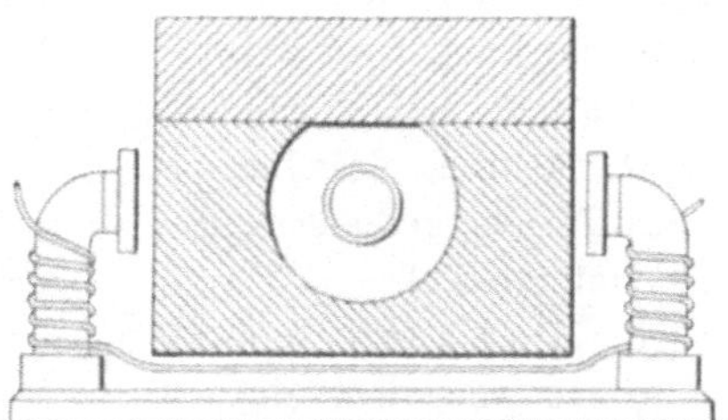

Fig. 480 u. 481.

Bei dem in den Fig. 480 und 481 dargestellten Ofen von Rogerson,
Statter und Stevenson (D. R. P. No. 42022) wird der Lichtbogen durch
einen Hufeisenelektromagneten auf die Sohle des Schmelzraumes gezogen.

Bei dem in Fig. 482 dargestellten Ofen von Lejeune und Ducretet
befindet sich der Schmelztiegel in einem größeren Heizraum, in welchen

durch einen seitlichen Rohrstutzen Gase eingeführt werden können. Die Elektroden sind schräg gestellt. Zur Beobachtung des Schmelzvorganges sind die Vorderwand und die Rückwand des Ofens aus Glimmerplatten hergestellt. Durch einen auf dem Arbeitstisch in der Nähe des Ofens

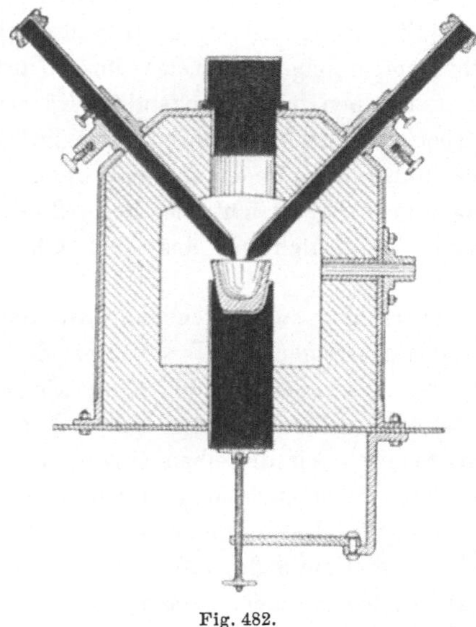

Fig. 482.

angebrachten Elektromagneten soll der Lichtbogen in den Tiegel gezogen werden.

Bei dem Ofen von Moissan-Chaplet erfolgt die Heizung durch mehrere in dem Schmelzraum verteilte Lichtbogen.

B. Die mit den Öfen zusammenhängenden bezw. gleichzeitig mit denselben betriebenen Vorrichtungen.

Diese Vorrichtungen sind, wie schon erwähnt, die Begichtungsvorrichtungen und Gasfänge, die Vorrichtungen zum Auffangen von Flugstaub und Hüttenrauch bezw. von schädlichen Gasen, die Vorrichtungen zur Beschaffung, Erwärmung und Leitung der für die Abscheidungsverfahren erforderlichen Luft und die Gichtaufzüge.

a) Die Begichtungsvorrichtungen.

Die Einführung der zu erhitzenden Körper in die Öfen geschieht bei Flammöfen durch seitliche Öffnungen oder Öffnungen im Gewölbe der Erhitzungskammer, bei Gefäßöfen durch in den Seiten oder im oberen Teile der Gefäße befindliche Öffnungen. Die seitlichen Öffnungen werden, soweit es erforderlich ist, während des Betriebes durch Türen,

Schieber oder Vorsetzstücke verschlossen gehalten. Die oberen Öffnungen werden erforderlichenfalls durch Deckel, Schieber bezw. bei Trichtern auch durch Kegel verschlossen.

Bei Schachtöfen geschieht die Einführung der zu erhitzenden Körper sowohl wie der Brennstoffe an dem oberen Ende derselben, der sogen. Gicht. Dieses Einführen, das sogen. Begichten, muß so geschehen, daß die im Schachte emporsteigenden Gase ihre Wärme möglichst vollständig an die in demselben niederrückenden Körper abgeben, daß sie erforderlichenfalls (bei Reduktionsverfahren) möglichst lange chemisch auf die Beschickung einwirken können und daß die Gase, falls sie benutzt werden sollen (kohlenoxydhaltige Gichtgase, Schweflige Säure), vollständig und ohne Gefährdung der Begichtung aus dem Ofen abgezogen werden können.

Die in den Schachtöfen aufsteigenden Gase haben das Bestreben, an den Seitenwänden aufzusteigen, weil sie hier den geringsten Widerstand finden. Die daselbst aufsteigenden Gase können aber weder ihre Wärme vollständig an die niederrückenden Beschickungs- und Brennstoffsätze abgeben noch chemisch auf dieselben einwirken. Sie müssen deshalb gezwungen werden, ihren Weg nach Möglichkeit durch die Mitte der Beschickungssäule zu nehmen. Das erreicht man dadurch, daß die feineren Teile der Beschickung am Rande der Öfen, die gröberen Teile derselben aber in der Mitte aufgegeben werden. Da die Erze das Bestreben haben, nach der Mitte des Ofens hin vorzurollen, so setzt man den Brennstoff, welcher leichter und poröser als die Beschickung ist, nach Möglichkeit in die Mitte des Ofens.

Bei offener Gicht geschieht das Aufgeben mit Hilfe von Trögen oder Körben oder mit Hilfe von Wagen, deren Boden beweglich ist und über die Gicht so gesenkt werden kann, daß der Inhalt der Wagen in den Ofen herabfällt.

Will man die Gase, welche im Ofen aufsteigen, möglichst vollständig auffangen und nutzbar machen, so arbeitet man mit geschlossener Gicht, wie bei Eisenhochöfen und bei den Schachtöfen zum Rösten von Schwefelmetallen.

Bei solchen Öfen, bei welchen ein Gasverlust während des Beschickens nicht von Nachteil ist, wendet man zum Verschluß der Gichtöffnung Deckel oder Schieber an, wie bei manchen Schachtöfen zum Rösten von Schwefelmetallen.

Soll dagegen während der Begichtung ein Gasverlust nicht eintreten und soll die Beschickung so gesetzt werden, daß die feinen Teile der Beschickung an den Rand, die gröberen Teile derselben und der Brennstoff in die Mitte des Ofens kommen, so wendet man besondere Begichtungsvorrichtungen an. Dieselben finden hauptsächlich bei der Gewinnung des Roheisens in Hochöfen Anwendung, da die Hochofengase wegen ihres Gehaltes an Kohlenoxyd als Brennstoffe verwendet werden.

Die betreffenden Vorrichtungen sind in die Gicht eingehängte Trichter, welche durch bewegliche Kegel, Zylinder oder Glocken verschlossen werden.

Der Trichter mit Kegelverschluß, welcher 1850 von Parry eingeführt ist und daher auch Parryscher Trichter genannt wird, ist nachstehend in Fig. 483 abgebildet.

Der in die Gicht eingehängte Trichter t wird durch den an einer Kette hängenden Kegel b verschlossen. Beschickung bezw. Brennstoff werden in den Raum zwischen Trichter und Kegel gefüllt. Beim Herablassen des Kegels entsteht eine ringförmige Öffnung, durch welche Beschickung bezw. Brennstoff in den Ofen rutschen. Senkt man den Kegel bis auf die Oberfläche der Beschickung, so gelangen die auf demselben herabrutschenden Körper an den Rand des Ofens und bleiben daselbst liegen. Senkt

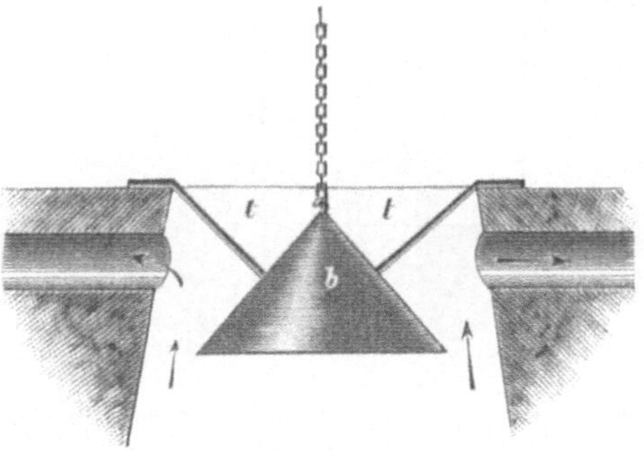

Fig. 483.

man den Kegel nur wenig, so daß er noch hoch über der Beschickungsfläche steht, so rutschen die Körper zuerst an den Rand des Ofens, von wo aus die dickeren Stücke in die Mitte des Ofens rollen. Um nun die feineren Erze an den Rand, den Brennstoff aber in die Mitte des Ofens bringen zu können, setzt man zuerst Brennstoffe und läßt dieselben in den Ofen rutschen, wenn der Kegel noch hoch über der Beschickungsfläche steht; dann erst läßt man die Beschickung folgen. Auf andere Weise ist dieser Zweck auch dadurch erreicht worden, daß man den Trichter und den Kegel an ihren unteren Enden mit einem zylindrischen Ansatz versehen und dem Kegel einen solchen Durchmesser gegeben hat, daß er sich sowohl unter den Trichter senken als auch in demselben in die Höhe ziehen läßt. Beim Heben des Kegels rutschen die Körper in die Mitte des Ofens, beim Senken dagegen an den Rand desselben.

Der Trichter mit Glocken- oder Zylinderverschluß ist von Langen eingeführt worden. Anstatt des Kegels ist bei demselben ein Zylinder oder eine Glocke z in den Trichter eingehängt, wie Fig. 484 zeigt. Der Raum zwischen Trichter a und Glocke bezw. Zylinder z wird mit Beschickung bezw. Brennstoff gefüllt. Beim Heben des Zylinders bezw. der Glocke rutschen die Beschickung bezw. der Brennstoff in den Ofen

herab und bilden in der Mitte des Ofens einen Kegel. Die nachfolgenden
Massen rutschen auf diesem Kegel nach den Wänden des Ofens hin. Man
setzt daher zuerst immer die Kohlen bezw. Koksgicht, damit dieselbe in
der Mitte des Ofens einen Kegel bildet, und dann erst die Erzgicht, welche
auf dem Kohlenkegel nach den Wänden rutscht.

Dieser Verschluß hat vor dem Kegelverschluß den Vorzug, daß der
Ofen bis nahe unter den Trichter gefüllt werden kann, während bei Anwendung des Kegelverschlusses unter dem Trichter immer der nötige Raum
zum Senken des Kegels bleiben muß.

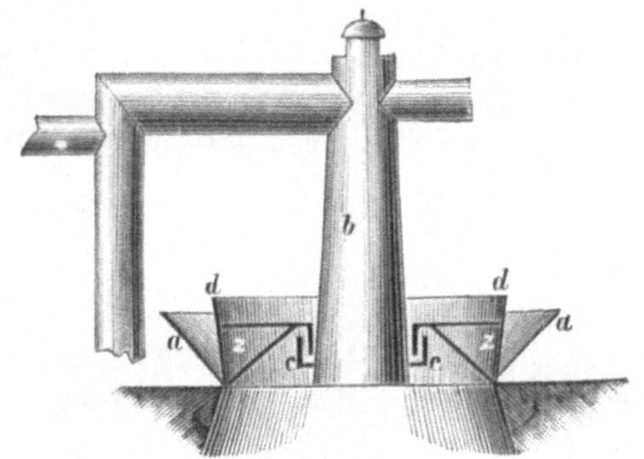

Fig. 484.

Man kann auch Kegel- und Glockenverschluß vereinigen, wie bei
der Vorrichtung von Buderus. In diesem Falle ist in die bewegliche
Glocke ein beweglicher Kegel eingehängt. Die Beschickung bezw. der
Brennstoff werden in den Raum zwischen Glocke und Trichter gefüllt.
Beim Heben der Glocke fallen die Körper in die Mitte des Ofens, beim
gleichzeitigen Senken des Kegels dagegen an den Rand desselben.

b) Die Gasfänge.

Mit den Beschickungsvorrichtungen der gedachten Art sind bei Eisenhochöfen immer, bei anderen Öfen in gewissen Fällen (Verschmelzen von
Kupferschiefer, Rösten von Schwefelmetallen) Vorrichtungen zum Auffangen
der Ofengase verbunden.

Das Auffangen der in Schachtöfen entwickelten Gase geschieht entweder unterhalb der oberen Fläche der Beschickungssäule oder über
derselben. In dem ersteren Falle besitzen die Öfen eine offene, im letzteren
Falle eine geschlossene Gicht.

Das Auffangen der Gase unterhalb der oberen Fläche der Beschickungssäule geschieht entweder zur Seite oder in der Mitte
derselben.

Als Typus für die erstere Art des Auffangens ist der Pfortsche
Gasfang, für die letztere Art der Darbysche Gasfang anzusehen.

Der Pfortsche Gasfang (Fig. 485) ist ein Zylinder aus Eisen, welcher so in die Gicht eingehängt ist, daß zwischen dem Mantel desselben und der Ofenwand ein ringförmiger Raum gebildet wird, in welchen die Gase eintreten. Durch ein in diesen Raum mündendes horizontales Rohr werden die Gase abgeführt.

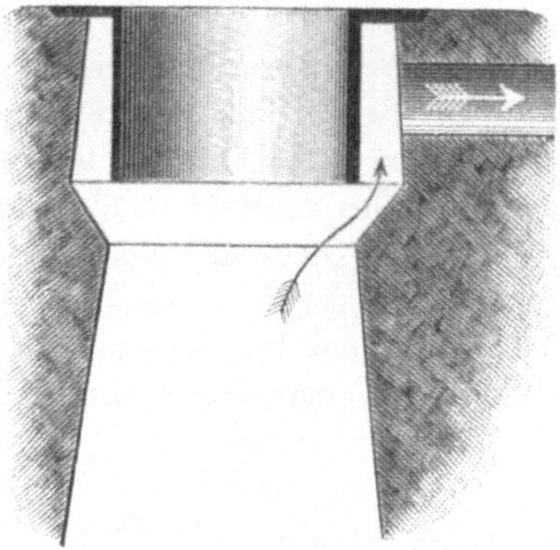

Fig. 485.

Diese Einrichtung hat, wie überhaupt die seitliche Abführung der Gase, den Nachteil, daß die letzteren mehr an den Wänden als in der Mitte des Ofens aufsteigen.

Man hat daher auch die seitliche und die zentrale Gasabführung vereinigt.

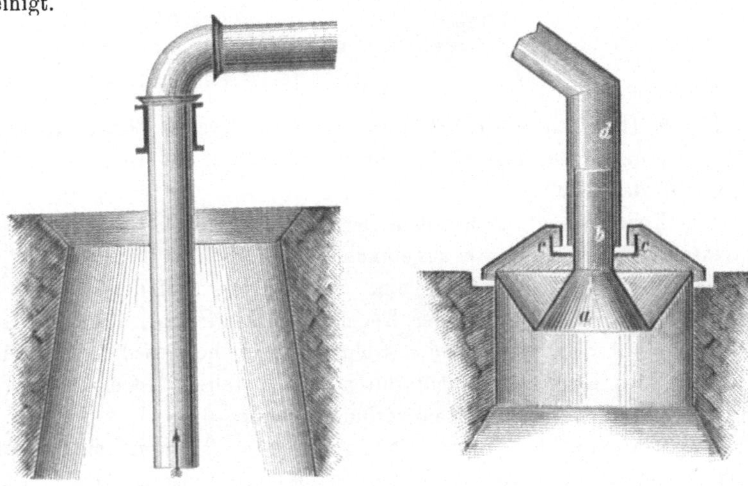

Fig. 486.   Fig. 487.

Der Darbysche Gasfang (Fig. 486) ist ein in die Mitte des Ofens eingehängtes Rohr, welches an seinem oberen Ende mit einem horizontalen Gasableitungsrohre verbunden ist.

Das Zentralrohr ist nach unten zu etwas verjüngt, um die Reibung der Schmelzsäule an demselben zu verringern.

Bei zu starker Wirkung dieses Gasfanges können die aufsteigenden Gase ganz von dem Umfang des Ofens abgezogen werden. Diesem Übelstand hat man durch Vereinigung der zentralen und seitlichen Gasabführung abzuhelfen gesucht.

Das Auffangen der Gase über der Beschickungssäule geschieht gleichfalls entweder an den Wänden oder in der Mitte des Ofens.

Bei seitlicher Abführung der Gase wendet man zur Begichtung gewöhnlich den Trichter mit Kegel- oder Glockenverschluß an, bei Eisenhochöfen die beschriebene Parrysche Vorrichtung mit senkbarem, beweglichem Kegel, bei Ofen, in welchen Schwefelmetalle geröstet oder Kupfererze geschmolzen werden, Kegel oder Glocken, welche gehoben werden können.

Bei zentraler Abführung der Gase wendet man auf vielen Werken die vereinigten Gasabführungs- und Begichtungsvorrichtungen von v. Hoff und von Langen, auch wohl die Vorrichtung von Buderus an.

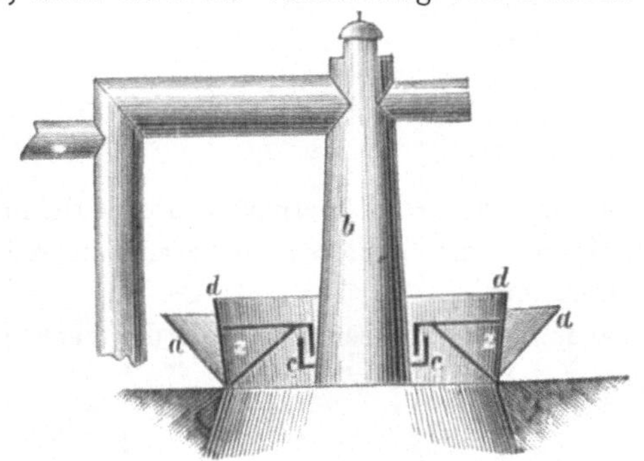

Fig. 488.

Die v. Hoffsche Vorrichtung ist ein Parryscher Trichter, dessen Kegel mit einem zentralen Gasabführungsrohr versehen ist. Dieselbe ist in Fig. 487 dargestellt.

Der Kegel a läuft nach oben in ein Rohr b aus, an welchem eine mit Wasser gefüllte Rinne c angebracht ist. In diese Rinne taucht das eigentliche Gasabführungsrohr d ein. Infolge des auf diese Weise hergestellten Verschlusses kann der Kegel gesenkt werden, ohne daß seine Verbindung mit dem festliegenden Rohr unterbrochen wird. Das Senken und Heben des Kegels geschieht durch zwei parallele Hebel, welche mit dem Kegel durch eiserne Ketten verbunden sind.

Die Langensche Vorrichtung ist ein Trichter mit Glockenverschluß und einem an die Glocke angeschlossenen zentralen Gasableitungsrohr. (Fig. 488.) Die gußeiserne Glocke z hat oben einen umgebogenen Rand, welcher in eine am unteren Ende des Gasableitungsrohres b angebrachte, mit Wasser gefüllte Rinne c eintaucht. Die Glocke ist mit einem Blechringe d umgeben, um das Bedecken der Glocke durch Teile der Beschickung zu verhindern. Die letztere wird in den Raum zwischen Blechring und Trichter a eingeschüttet. Infolge des hydraulischen Ver-

schlusses zwischen Glocke und Gasableitungsrohr kann die Glocke nebst
dem sie umgebenden Blechringe gehoben werden, ohne daß die Aus-
strömung der Gase aus der Glocke in das Gasabführungsrohr unterbrochen
wird. Das Heben der Glocke geschieht, wie bei der v. Hoffschen Vorrichtung, mit Hilfe von Hebeln und Ketten.

Die Buderussche Vorrichtung, Fig. 489, ist eine Vereinigung
der Vorrichtungen von Langen und von v. Hoff. Die Glocke k ist in

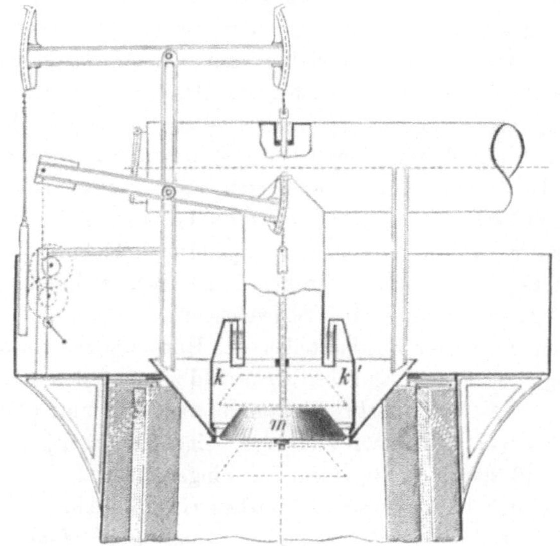

Fig. 489.

der nämlichen Weise wie bei der Langenschen Vorrichtung mit dem zentralen Gasableitungsrohr verbunden. In der Glocke hängt ein hohler Kegel
m, welcher durch Hebel (unabhängig von der Glocke) gesenkt und gehoben werden kann. Die Glocke kann gleichfalls unabhängig vom Kegel
durch Hebel in dem Trichter gehoben bezw. gesenkt werden. Beim Heben
der Glocke und des Kegels rutscht die Beschickung in die Mitte des Ofens,
beim Heben der Glocke und gleichzeitigen Senken des Kegels an den
Rand des Ofens.

c) Die Vorrichtungen zum Auffangen von Flugstaub, Dämpfen und Gasen aus dem Hüttenrauch.

Bei vielen Abscheidungsverfahren auf trockenem Wege treten aus
den Öfen gasförmige bezw. dampfförmige und feste staubförmige Körper
aus, welche nachteilig auf den tierischen und pflanzlichen Organismus einwirken oder noch wertvolle Bestandteile enthalten, die ihrerseits gleichfalls von Nachteil für den animalischen und vegetabilischen Organismus

sein können. Der Hüttenmann muß diese Körper unschädlich zu machen bezw. zu verwerten suchen. In manchen Fällen lassen sich Unschädlichmachung und Verwertung vereinigen, in anderen Fällen muß man sich auf die Unschädlichmachung beschränken. Man nennt die staubförmigen festen Körper, welche den Gasen mechanisch beigemengt sind: „**Flugstaub**". Das Gemenge von Flugstaub und Gasen sowohl als auch das Gemenge von schädlichen bezw. verwertbaren Gasen und Dämpfen mit indifferenten oder wertlosen Gasen bezw. Dämpfen nennt man „**Hüttenrauch**".

Der Flugstaub besteht sowohl aus Teilen der ursprünglichen Beschickung der Öfen, der Brennstoffe und der Asche derselben, welche durch den aus den Öfen entweichenden Gasstrom mechanisch mit fortgerissen sind, als auch aus Körpern, welche sich aus dampfförmigen Metallen oder Verbindungen derselben gebildet haben, besonders aus den Oxyden von Blei, Zink, Antimon, Arsen, aus Schwefelmetallen und aus Sulfaten (besonders Bleisulfat). Die Gase bezw. Dämpfe sind besonders Schweflige Säure, Chlor, Salzsäure, dampfförmige Metalle und Metalloide, wie Blei, Quecksilber, Arsen, Schwefel, ferner Schwefelblei, Antimon- und Arsenverbindungen, Chloride und Schwefelsäure.

Von den gedachten Bestandteilen des Hüttenrauchs wirken besonders Blei, Arsenige Säure und Quecksilber schädlich auf den tierischen Organismus ein. Die fortgesetzte Einatmung von Bleidämpfen ruft beim Menschen die sogen. „Bleikatze" hervor, eine Krankheit, die sich durch Verstopfung und durch Steifwerden der Finger äußert.

Die Arsenige Säure wirkt als starkes Gift tödlich.

Die Quecksilberdämpfe rufen, in geringer Menge eingeatmet, Störungen des Nervensystems hervor, während sie in größerer Menge tödlich wirken.

Von schädlicher Einwirkung auf den vegetabilischen Organismus sind besonders Schweflige Säure, Schwefelsäureanhydrid und Salzsäure. Dampfförmige Schwefelsäure wirkt nach Schroeder und Reich weniger schädlich als Schweflige Säure und Salzsäure. Schon bei einem Gehalte der Luft an Schwefliger Säure von 0,0001 Volumproz. werden nach Stöckhardt die Nadelhölzer angegriffen. Die landwirtschaftlichen Kulturpflanzen werden nach Freitag erst bei einem Gehalte der Luft von über 0,00135 Volumproz. an Schwefliger Säure angegriffen.

Die Entfernung der gedachten Körper aus dem Hüttenrauch geschieht entweder auf mechanischem oder auf chemischem Wege. Versuchsweise hat man auch Elektrizität zur Abscheidung derselben angewendet. Auf chemischem Wege hat man bis jetzt nur saure Dämpfe aus den Gasen abgeschieden, während Flugstaub und metallische Dämpfe auf mechanischem Wege abgeschieden werden.

Man unterscheidet Vorrichtungen zum Auffangen von Flugstaub und metallischen Dämpfen sowie Vorrichtungen zum Auffangen bezw. Unschädlichmachen von sauren Gasen und Chlor.

α) **Die Vorrichtungen zum Auffangen von Flugstaub und metallischen Dämpfen.**

Die Vorrichtungen zum Auffangen von Flugstaub und zur Verdichtung von metallischen Dämpfen aus dem Hüttenrauch gründen sich auf Abkühlung, Filtrieren, Waschen, Flächenberührung, Verminderung der Geschwindigkeit und Änderung der Richtung des Rauchstromes.

Versuchsweise hat man auch gespannte Elektrizität angewendet.

Weder durch die erstgenannten Mittel allein noch durch die Vereinigung derselben in der verschiedensten Weise ist es bis jetzt gelungen, eine vollkommene Abscheidung der angeführten Körper aus dem Hütten rauche zu erzielen. Es bleibt daher hier dem Erfindungsgeiste noch ein weites Feld offen.

Abkühlung des Rauchs.

Besitzt der Hüttenrauch eine hohe Temperatur, so ist die Abkühlung desselben die erste Bedingung für die Abscheidung von festen Körpern und Dämpfen aus demselben. Von besonderer Bedeutung ist die Abkühlung bei der Anwesenheit von metallischen Dämpfen in demselben. Sie muß um so stärker sein, je flüchtiger der zu verdichtende Körper ist. Dieselbe geschieht durch Einleiten des Rauchs in die kühlere Atmosphäre

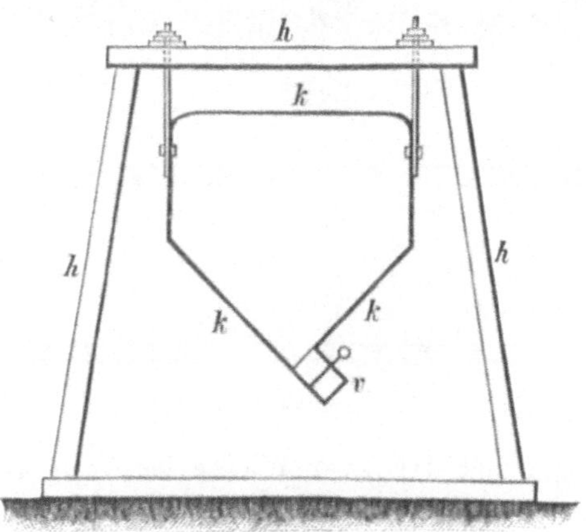

Fig. 490.

weiter Räume, durch die mit Hilfe von Luft oder Wasser gekühlten Wände enger Räume, durch direkte Berührung des Rauchs mit Wasser, durch Berührung desselben mit in die Kühlräume eingeschobenen kalten Gegenständen. Beim Vorhandensein saurer Gase im Rauch empfiehlt es sich, die Wände der Kühlvorrichtungen aus Blei herzustellen.

Eine Luftkühlvorrichtung ist in Fig. 490 dargestellt.

Dieselbe bildet einen aus Eisenblech hergestellten, in einem Holzgerüste h aufgehängten Kanal k. Der Flugstaub sammelt sich auf dem Boden desselben an und wird durch Öffnungen v, die sich in gewissen

Abständen von einander befinden, entfernt. Außer der Abkühlung trägt hier auch die Flächenberührung (d. i. die Reibung des Gasstromes an den Wänden des Kanals) zur Ausscheidung des Flugstaubs aus dem Rauch bei.

Eine Vorrichtung mit indirekter Wasserkühlung ist in den Fig. 491 und 492 dargestellt. (Apparat von Hagen, in Freiberg zum Kühlen von Gasen, welche SO_2 enthalten, angewendet.)

Dieselbe bildet einen aus Bleiblech hergestellten Kanal, dessen Seitenwände und Decke durch Wasser gekühlt werden. Die Seitenwände sind aus zusammengelöteten elliptischen Röhren r zusammengesetzt. Die Decke trägt einen offenen Kühlkasten k.

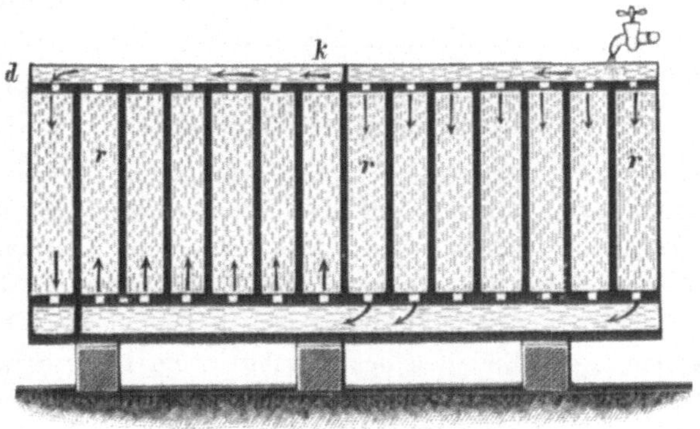

Fig. 491.

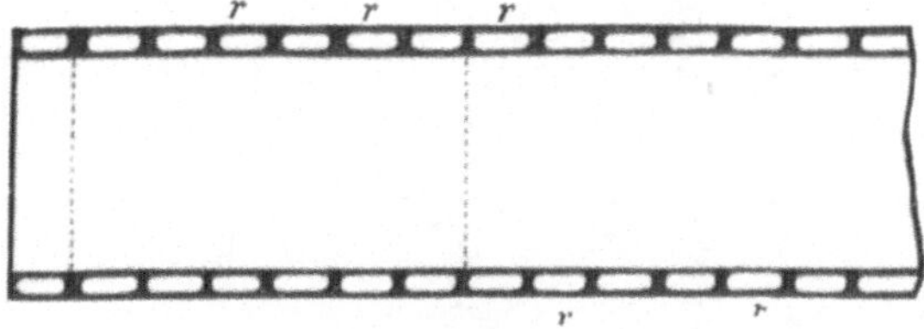

Fig. 492.

Eine Vorrichtung mit direkter Wasserkühlung zeigt Fig. 493.

Die Gase werden durch den Ventilator a aus dem Rohr b in den Kasten e gesaugt und dann durch den ersteren in das Rohr d gepreßt, in welchem sie durch aus der Brause c ausgespritztes Wasser gekühlt werden.

Die Kühlung des Rauches durch in die Kühlräume eingeschobene kalte Gegenstände findet bei der in den Fig. 494—497 abgebildeten Vorrichtung von Schlösser und Ernst statt. Dieselbe besteht aus in den Abzugskanal für die Gase eingelegten Röhren, welche so gekrümmt sind, daß sie den Dämpfen eine möglichst große Berührungsfläche bieten. In diesen Röhren zirkuliert eine kalte Flüssigkeit.

Eine andere Vorrichtung dieser Art, welche sich gut bewährt hat, besteht aus in Türmen aufgehängten, durch Wasser gekühlten Rohrbündeln.

(D. R. P. 45667.) Ein solches Kühlrohrbündel ist in Fig. 498 dargestellt[1]). Dasselbe besteht aus einem Zentralrohr c und sechs engeren Rohren d. (Auf Friedrichshütte in Oberschlesien besitzt das Zentralrohr 42 mm äußeren Durchmesser, die engeren Rohre 20 mm.) Die Länge des Rohrbündels beträgt 5 m. Die Rohre eines Bündels sind an beiden Enden

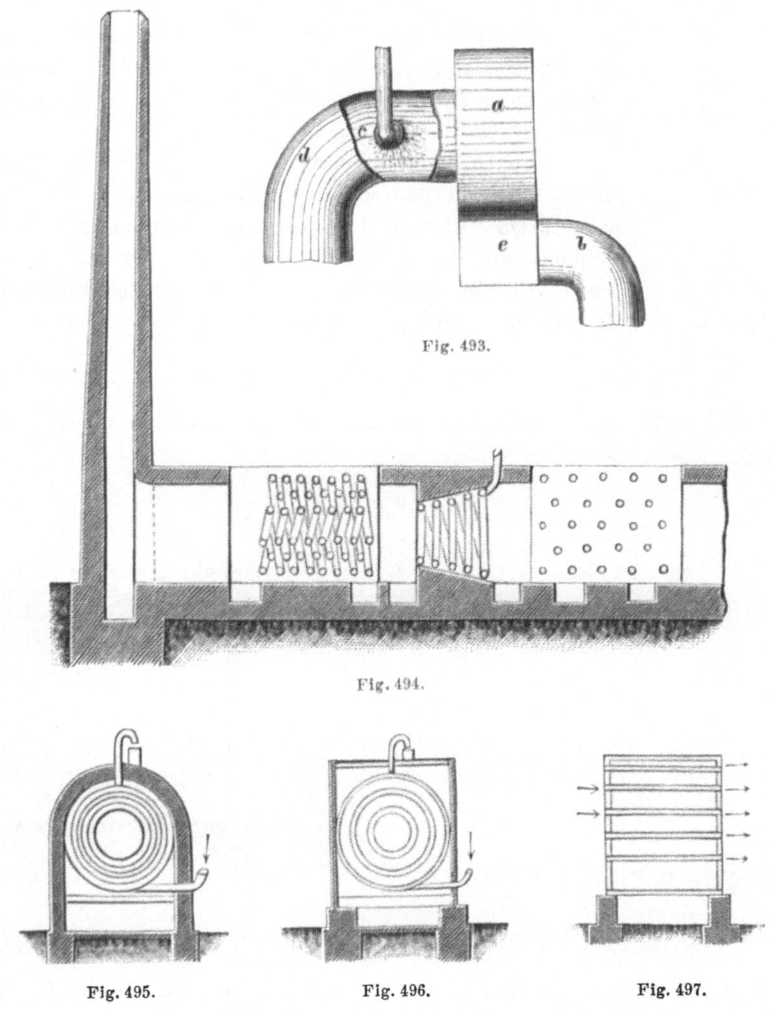

Fig. 493.

Fig. 494.

Fig. 495.   Fig. 496.   Fig. 497.

in gegossene Verbindungsstücke eingelassen. Das obere Verbindungsstück liegt auf dem Turmdeckel e auf. Das Kühlwasser gelangt von einem Verteilungsrohr aus durch einen Schlauch in das Zentralrohr c, fällt in demselben herab und steigt dann durch die Rohre d wieder aufwärts

---

[1]) Saeger, Hygiene der Hüttenarbeiten, S. 541. G. Fischer in Jena.

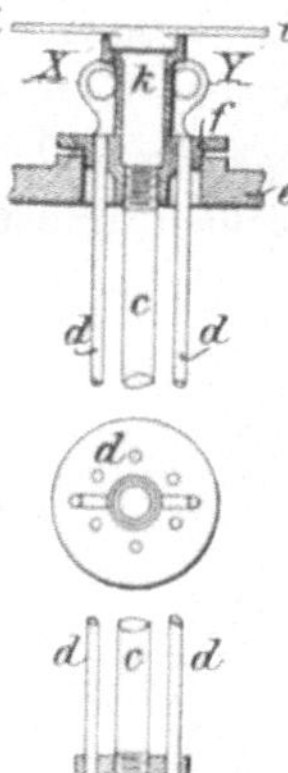

Fig. 498.

auf den Turmdeckel und tritt, nachdem es abgekühlt worden, wieder in den Kreislauf ein. Auf Friedrichshütte in Oberschlesien hängen in gemauerten Türmen für den Rauch von sechs Schachtöfen 180, für den Rauch von zwei Treiböfen 132 Kühlrohrbündel. Es kommt hier die Abkühlung in Verbindung mit der Flächenberührung zur Wirkung.

Die Abkühlung allein genügt zur Abscheidung von Quecksilber und von Schwefel aus dem Hüttenrauche, sobald diese Körper in erheblicher Menge in demselben enthalten sind.

In allen anderen Fällen müssen bei dem abgekühlten sowohl wie bei dem nicht abgekühlten Rauch die oben angeführten Mittel zu Hilfe genommen werden. Die Wirksamkeit derselben hängt von der Natur der zu verdichtenden Massen sowie von der Natur und der Menge des Rauchs, aus welchem dieselben entfernt werden sollen, ab.

Filtrieren.

Das Filtrieren des Hüttenrauchs kann sowohl ohne als auch mit Zuhilfenahme von Wasser geschehen.

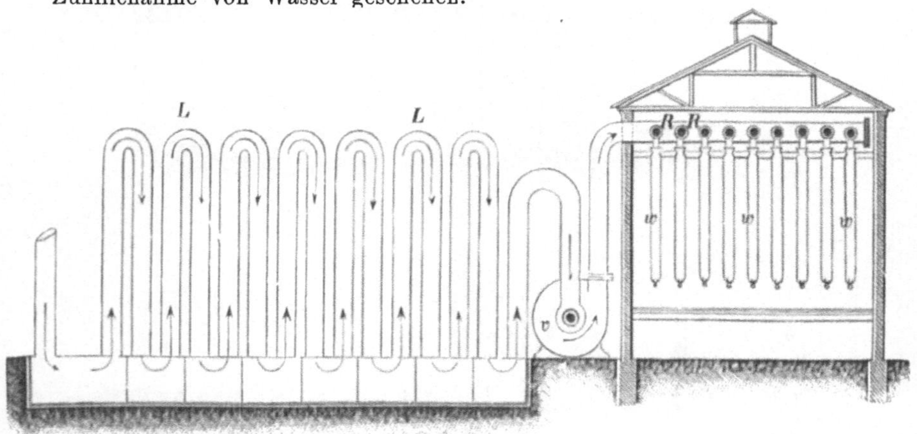

Fig. 499.

Durch die trockene Filtration wird ein Teil des Flugstaubs und der metallischen Dämpfe in den Schachtöfen zurückgehalten. Sie findet ferner Anwendung zur Verdichtung von Bleirauch und zum Niederschlagen von Zinkoxyd (Zinkweiß).

Bei Anwendung von Schachtöfen, welche mit kalter Gicht arbeiten, bilden die im oberen Teile derselben befindlichen Beschickungs- und Brennstoffschichten die Filter. Da diese Schichten verhältnismäßig kalt sind, so wird ein Teil der Metalldämpfe in denselben kondensiert und gleichzeitig ein Teil des Flugstaubs in ihnen zurückgehalten. Diese Körper werden durch die niederrückenden Gichten in den unteren Teil des Ofens zurückgeführt. Die in den Filtern nicht zurückgehaltenen Teile des Flugstaubs und der metallischen Dämpfe werden durch die oben angegebenen Mittel abgeschieden.

Biewend und die Aktiengesellschaft für Zinkindustrie vormals Grillo in Oberhausen (D. R. P. 91896) schlagen zur Kondensation von Zinkdämpfen mit stückförmigem Material (Holzkohle, Koks, Quarz, Bimsstein und dergleichen) angefüllte Kammern aus Mauerwerk vor, in welchen der Weg der Gase durch eingelegte Scheidewände verlängert werden kann. Zum Zwecke der Abkühlung sind die Kammern mit doppelten eisernen Wänden umgeben, in deren Zwischenraum sich Wasser oder Luft bewegt. Die Gase können mit Hilfe einer Umschaltvorrichtung so durch zwei neben einandergelegte Kammern geleitet werden, daß sie dieselben bald in der einen, bald in der entgegengesetzten Richtung durchziehen. Hierdurch soll eine gleichmäßige Temperatur erhalten und die Bildung von staubförmigem Zink vermieden werden. Sind die Zinkdämpfe durch andere Gase stark verdünnt, so erhält man kein flüssiges Zink, sondern Zinkstaub.

Das Rauchfilter von Lewis, welches vorstehend (Fig. 499) dargestellt ist, dient zum Abscheiden von Zinkweiß, seltener von bleihaltigen Bestandteilen aus dem Rauche. Als Filtermaterial dienen Säcke aus Wolle. L L ist die bereits besprochene Luftkühlvorrichtung für den Rauch; v ist ein Ventilator, welcher den Rauch in das Horizontalrohr R treibt, zu dessen beiden Seiten Wollsäcke w herabhängen. Die festen Körper bleiben in den Säcken hängen, während die Gase durch die Poren derselben austreten. Unter den Säcken sind Blechtrichter angebracht, durch welche der Staub in Fässer entleert werden kann.

In diesen Filtern sollen die festen Körper ziemlich vollständig zurückgehalten werden. Für die Verdichtung von Bleirauch, welcher nur in verhältnismäßig geringer Menge in großen Gasmengen enthalten ist, sind sie kostspielig in der Anlage und Unterhaltung.

Ein Filterapparat auf Friedrichshütte, in welchen die bleihaltigen Treibofenrauchgase nach vorgängiger Abkühlung durch Kühlrohrbündel und darauf folgendem Durchführen durch eine Kammer, in welcher Eisendrähte aufgehängt sind, eingeleitet werden, ist aus den Fig. 500 und 501 ersichtlich. Derselbe ist ein Filterkorb mit radial gestellten Filterzellen b aus Flanell. Der Filterkorb hängt in einem Blechgehäuse (von 2 m Höhe und 1,7 m Durchmesser). Die Rauchgase treten durch das Rohr c ein, gelangen in die radialen Zwischenräume zwischen den Filterzellen und dann durch die Flanellwände in diese selbst, wobei die festen Bestandteile des Rauches an den Außenseiten der Zellenwände zurückbleiben. Der filtrierte Rauch zieht in den Zellen aufwärts und gelangt aus denselben durch Öffnungen und durch Schlitze in der Zwischenwand a in den oberen Teil des Gehäuses, aus welchem er durch zwei Exhaustoren d abgesaugt und in den Essenkanal gedrückt wird. Die Entfernung des Flugstaubs von den Zellenwänden geschieht selbsttätig durch einen Luftstrom, welcher durch einen beweglichen Krümmer e in die einzelnen Zellen geführt wird. Die untere

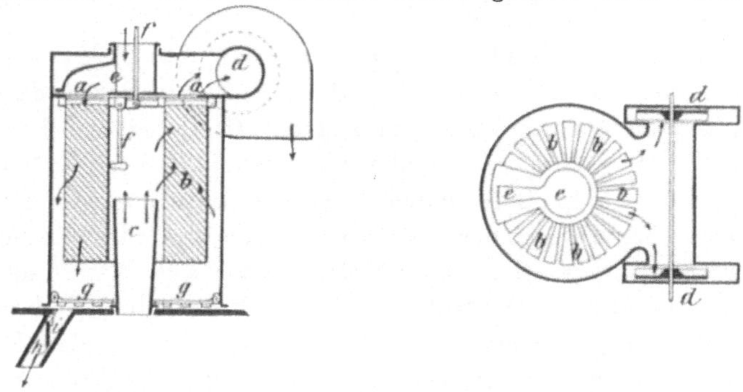

Fig. 500.   Fig. 501.

Öffnung des durch ein Zahnradgetriebe bewegten Krümmers entspricht genau der Öffnung einer Filterzelle. Die Wirkung des Krümmers beruht darauf, daß in den Zellen infolge des Ansaugens der Gase durch den Exhaustor die Spannung derselben geringer ist, als die der äußeren Luft.

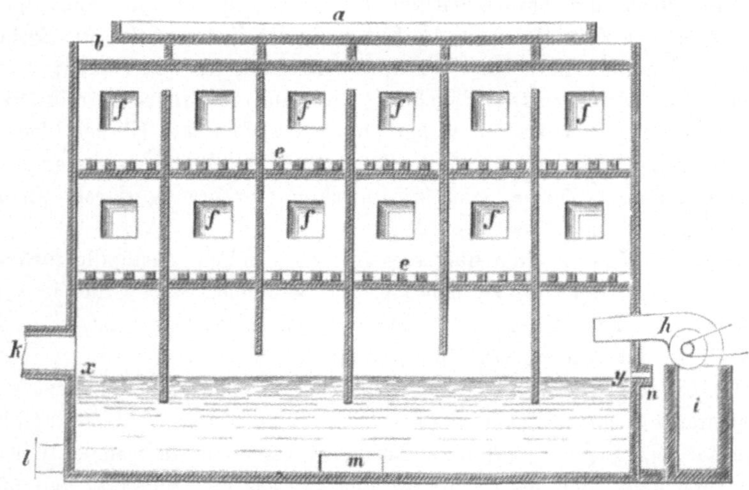

Fig. 502.

Befindet sich der mit der äußeren Luft verbundene Krümmer über einer Zelle, so tritt ein Strom dieser Luft in die Zelle ein, dringt durch das Filtertuch und bläst den an der äußeren Seite desselben abgesetzten Flugstaub ab. Außer dem Luftstrom wirkt auch das Klopfwerk f auf die Entfernung des Flugstaubs hin. Der auf dem Boden des Gehäuses angesammelte Flugstaub wird durch ein Rührwerk g in das Rohr h ausgetragen, aus welchem er in einen Kasten fällt.

Bei der Quecksilbergewinnung hat man zeitweise Filter, welche Hobelspäne als Filtermaterial enthielten, angewendet.

Bei der Zuhilfenahme von Wasser besteht das eigentliche Filter aus Reisig, Dornen, Koks, Steinen oder auch nur aus Sieben.

Fig. 502 zeigt eine zum Verdichten von Bleirauch angewendete Vorrichtung. Auf den Rosten e liegt Reisig. Die Dämpfe werden durch einen Ventilator h in die Vorrichtung eingeblasen. Dieselbe ist durch

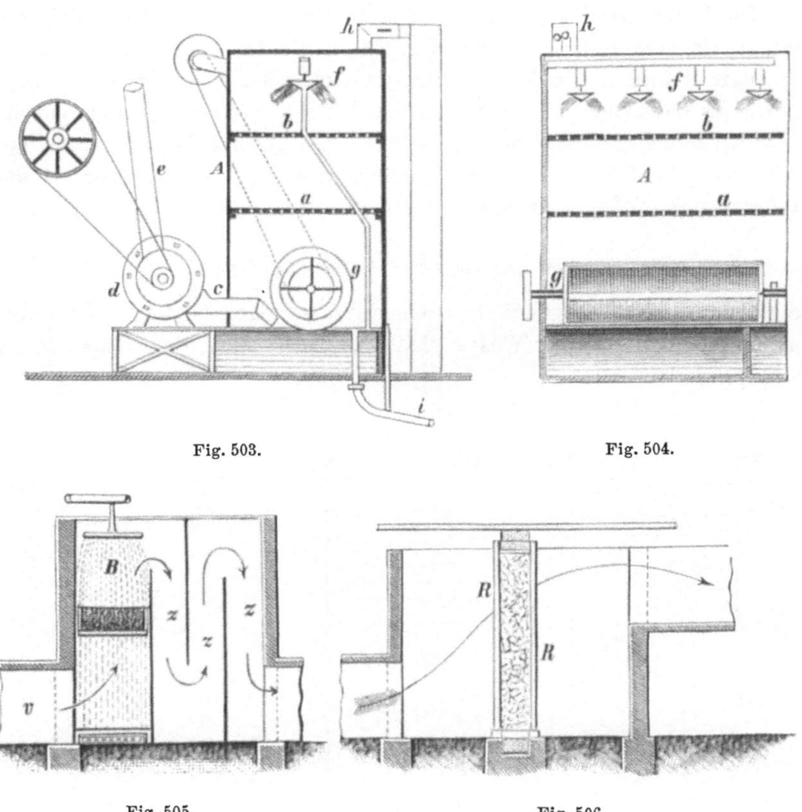

Fig. 503.　　　　　　　　　　　Fig. 504.

Fig. 505.　　　　　　　　　　　Fig. 506.

senkrechte Scheider in einzelne Abteilungen geteilt, so daß der Gasstrom die Filter in auf- und absteigender Richtung durchziehen muß. Aus dem Behälter a werden die Filter mit Wasser berieselt, welches sich auf dem Boden der Vorrichtung ansammelt. Durch das Rohr k ziehen die Gase aus. Die Öffnungen f dienen zum Ausräumen der einzelnen Abteilungen.

Bei der Vorrichtung von Griffith (Figuren 503 und 504) dienen nur Siebe a a und b b als Filter. Durch Brausen f f werden dieselben mit Wasser berieselt. Außerdem werden die Dämpfe noch durch Wasser, welches durch ein Sprührad g eingespritzt wird, gewaschen. Durch den Ventilator d werden die Gase eingeführt und treten durch das Rohr h aus.

Fig. 505 zeigt. ein Filter aus Ziegelsteinen, welche auf einem
Roste liegen. Durch die Brause B wird dasselbe mit Wasser berieselt.
Die Gase treten bei v ein. Die im Filter nicht aufgefangenen Rauch-
körper werden in den Kammern z z niedergeschlagen.

Fig. 506 zeigt ein stehendes Filter. Dasselbe besteht aus Koks,
Steinen oder Reisig, welche Körper durch 2 senkrechte Roste R R zusammengehalten werden.

Die Filtervorrichtungen haben den Nachteil, daß sie den Betrieb von
Ventilatoren zum Einpressen des Rauchs in die Filter erfordern, daß sie
eine öftere Reinigung der Filter verlangen und daß sie bei der Anwendung
von Wasser das Heben desselben auf die Filterkammern notwendig machen.
Der Hüttenrauch der Flammöfen, welcher nur geringe Mengen von Flugstaub und Dämpfen, dagegen sehr große Gasmengen enthält, erfordert dabei noch sehr große Filterflächen.

- Das Waschen des Hüttenrauchs

besteht darin, daß man denselben einem Wasserregen aussetzt oder durch
Wasser durchpreßt. Das Wasser hält die im Rauch enthaltenen festen
Körper zurück.

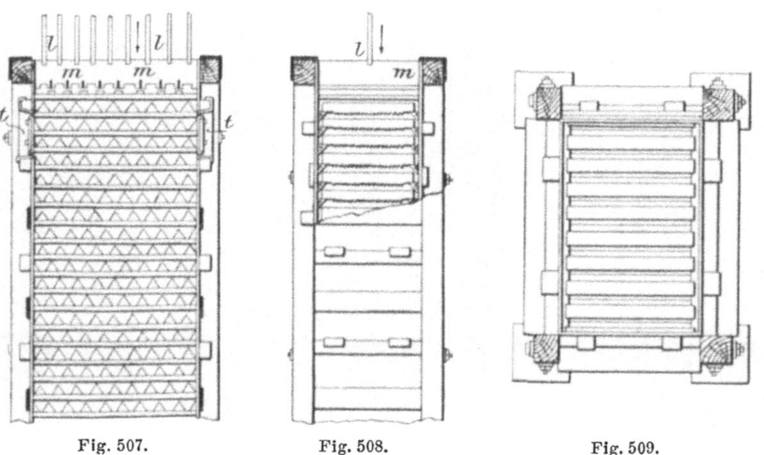

Fig. 507.   Fig. 508.   Fig. 509.

In Freiberg und in Friedrichshütte wird der saure Hüttenrauch in
mit gezahnten Bleidächern ausgesetzten Bleitürmen, wie sie zum Ausfällen des Arsens aus der Schwefelsäure durch Schwefelwasserstoff angewendet werden, gewaschen. Derartige Bleidächer sind aus den Figuren
507—510 ersichtlich. Über die Bleidächer rieselt Wasser. Hier wirken
Wasser und Flächenberührung zusammen auf das Niederschlagen des Flugstaubs. Auf Friedrichshütte in Oberschlesien sind die Bleitürme 7 m hoch
und haben einen Horizontalquerschnitt von 2×3 m. In jedem Turme
liegen 90 Bleidächer von je 3 m Länge und 20 cm Höhe.

Man hat auch den Hüttenrauch mit Hilfe von Schöpf- und Schneckenrädern durch das Wasser hindurchgeführt. Auch hat man denselben durch das Wasser durchgesaugt oder durchgepreßt.

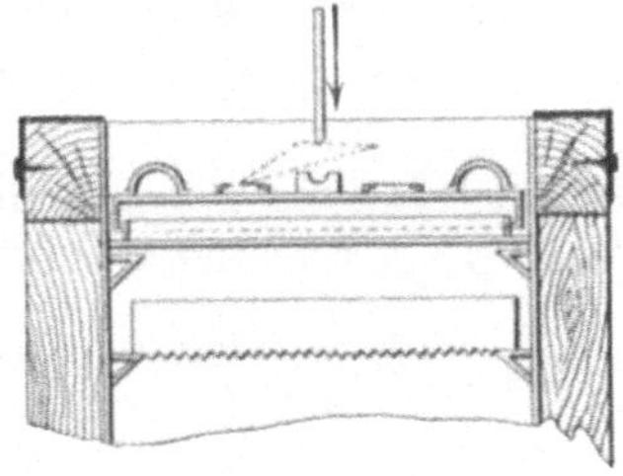

Fig. 510.

Die Flächenberührung

ist ein sehr wirksames und häufig angewendetes Mittel zur Entfernung von festen Körpern aus dem Rauch. Dieselbe ist bei heißem Rauch nur wenig wirksam, von großer Wirkung dagegen bei gekühltem Hüttenrauch. Die betreffenden Vorrichtungen müssen daher, falls nicht eine vor-

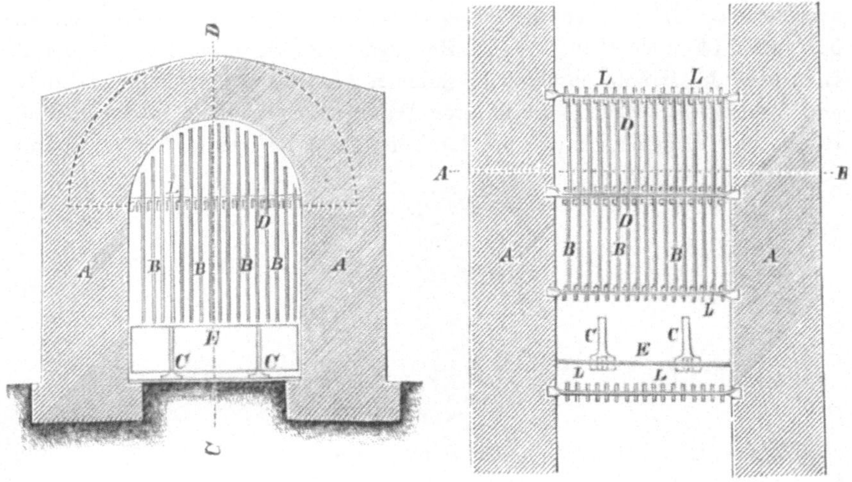

Fig. 511.   Fig. 512.

gängige Kühlung des heißen Rauchs stattfindet, so weit als möglich entfernt von den Öfen, welchen der Rauch entströmt, angebracht werden. Die Flächen werden durch dünne Platten aus Eisenblech oder bei niedriger Temperatur auch durch Pappdeckelplatten geboten. Die Platten sind, um den Zug nicht zu hemmen, parallel der Zugrichtung in Kanälen oder Kammern angebracht. Damit die niedergeschlagenen festen Körper sich auf dem Boden der Kanäle oder der Kammern ansammeln können, werden die Platten vertikal oder stark geneigt aufgestellt. Um zu verhüten, daß

der auf dem Boden niedergeschlagene Flugstaub durch den Zug fortgerissen wird, werden in gewissen Entfernungen (von 5—6 m) Querscheider
in Gestalt von niedrigen Mauern oder Eisenplatten auf der Sohle der
Kanäle oder Kammern angebracht. Die Einrichtung einer derartigen Vorrichtung, wie sie von Freudenberg angegeben ist, erhellt aus den Fig.
511 und 512.

Anstatt der Platten hängt man auch Drähte und Stäbe in die Kanäle
ein. Mit gutem Erfolg werden auf Friedrichshütte in Oberschlesien Drähte

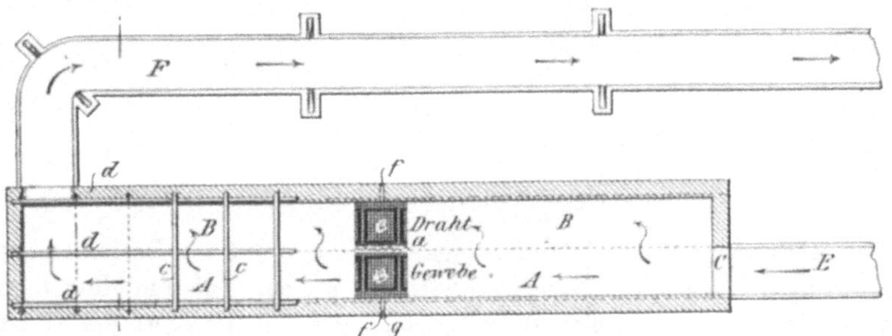

Fig. 513.

angewendet. Die von Rösing angegebene Vorrichtung ist aus den Figuren
513 und 514 ersichtlich[1]). Die Rauchgase gelangen aus einem Kanal
E in eine die Drähte enthaltende Kammer (von 20 m Länge, 2,8 m Breite
und 5 m Höhe), welche durch eine Wand a aus Wellblech (von 4,70 m
Höhe), der Länge nach in zwei Hälften A und B (von je 1,40 m Breite)

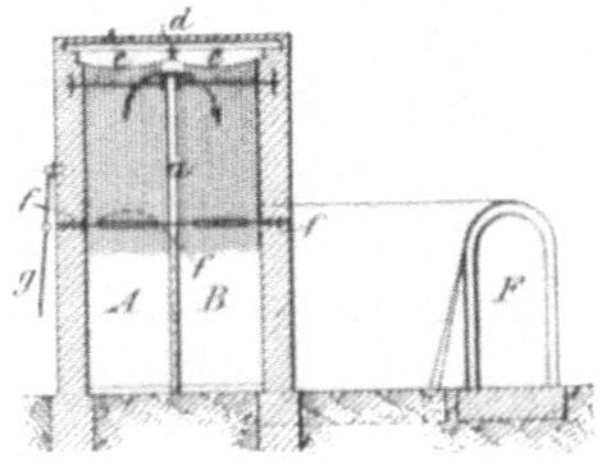

Fig. 514.

geteilt ist. Diese Hälften stehen durch einen an der Decke hinlaufenden
Schlitz (von 20 cm Höhe) mit einander in Verbindung. d d sind 3 Längs-
träger, an welchen mit Hilfe von Laschen ein an der Decke des ganzen
Gewölbes ausgespanntes Drahtnetz e befestigt ist. Dasselbe trägt in jeder
Masche (von 4 qcm Weite) einen 3 m tief in die Kammer herabhängenden
Eisendraht (von 4 mm Stärke). In der Kammer von den angeführten Ab-
messungen hängen 140 000 Stück Drähte mit einer Gesamtoberfläche von
5278 qm. Die Gase nun treten aus dem Kanal E in die eine Hälfte A der
Kammer, ziehen in Berührung mit den Drähten derselben aufwärts und gelangen durch den erwähnten Schlitz in die zweite Hälfte B der Kammer, in

---

[1]) Saeger l. c. S. 544.

welcher sie in Berührung mit den Drähten abwärts ziehen und durch den Kanal F austreten. Die Kanäle E und F sind aus verzinktem Eisenblech hergestellt. Der Flugstaub wird von den Drähten durch Schütteln derselben mit Hilfe des Hebels g und der Zugstange f abgeschüttelt und sammelt sich auf dem Boden der Kammer an.

Verminderung der Geschwindigkeit des Gasstroms.

Die Verminderung der Geschwindigkeit des Rauchstroms befördert das Absetzen der in demselben enthaltenen festen Teile. Man erzielt dieselbe dadurch, daß man die Gase in weite Kammern (Flugstaubkammern) oder Kanäle leitet und sie erst nach dem Durchziehen derselben in die Esse treten läßt. Die Ausscheidung der festen Bestandteile erreicht ihr Maximum, wenn der Rauchstrom auf einige Zeit zum Stillstande gebracht wird. Die Zugverminderung allein ist aber bei weitem nicht so wirksam

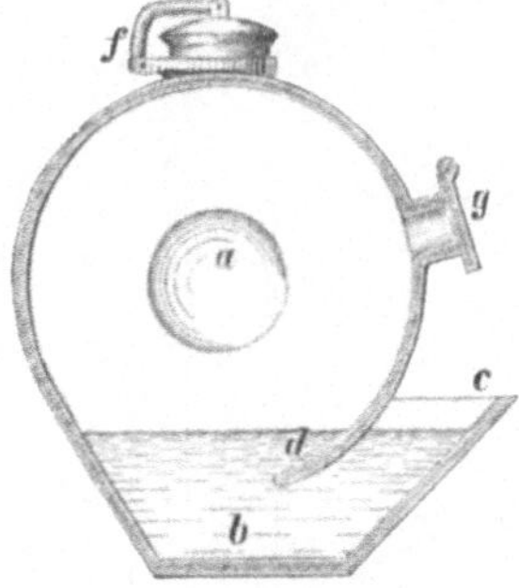

Fig. 515.

wie die Flächenberührung. Aus diesem Grunde sind große Kammern viel weniger wirksam als enge Kanäle, in welchen dem Rauche eine große Berührungsfläche geboten wird. Überhaupt hängt die Menge des aus dem Rauche niedergeschlagenen Flugstaubs nicht von dem räumlichen Inhalt der Kammern und Kanäle, sondern von der Fläche derselben ab. Man verbindet daher die Zugverminderung sowohl mit der Flächenberührung als auch mit anderen Abscheidungsarten.

Eine Vorrichtung, welche die Zugverminderung mit der Abkühlung verbindet, ist das vorstehend dargestellte Lothringer Schneckenrohr (Fig. 515), welches zur Abscheidung des Flugstaubs aus Gichtgasen der Eisenhochöfen häufig Anwendung findet. Dasselbe ist aus Eisenblech angefertigt; der Boden desselben schließt an der einen Seite nicht an, sondern ist so nach aufwärts gebogen, daß man Gezähe in die Vorrichtung einführen und den niedergeschlagenen Flugstaub herausholen kann. Die Abkühlung wird teils durch die das Rohr umgebende Luft, teils durch das auf dem Boden desselben befindliche Wasser bewirkt. Das letztere stellt auch den gasdichten Verschluß des Rohres nach außen her. Die Gase treten durch die Öffnung a in das Rohr ein und durch eine gleiche Öffnung am Ende desselben aus.

Änderung der Richtung des Rauchstroms
bezw. Zugbrechung.

Durch plötzliche Änderung der Zugrichtung des Rauchstroms, die sogen. Zugbrechung, wird gleichfalls die Ausscheidung fester Teile aus demselben gefördert. Dieses Mittel, welches man schon in alten Zeiten angewendet hat, ist um so wirksamer, je weniger heiß die Gase sind. Die betreffenden Vorrichtungen sind zickzackartig gebogene Kanäle oder durch Mauerzungen in verschiedene Abteilungen geteilte Kammern, in welchen

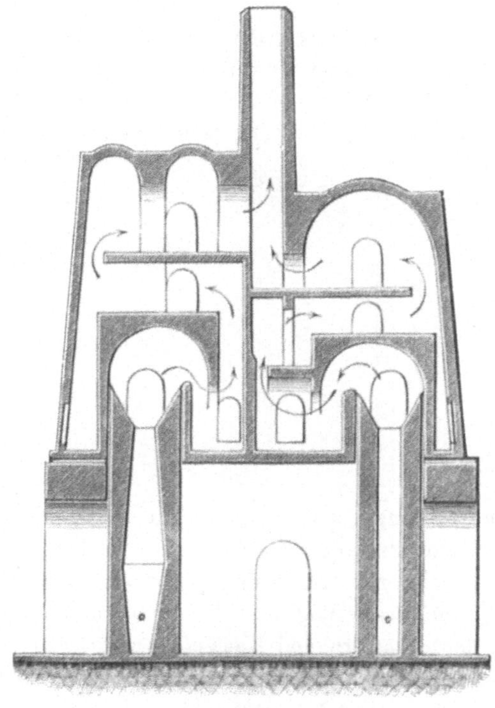

Fig. 516.

der Rauchstrom zu wiederholter Änderung seiner Richtung gezwungen wird. Man nennt derartige Kammern „Flugstaubkammern".

Die älteren Vorrichtungen dieser Art waren unmittelbar über den Öfen angebracht.

Bei Schachtöfen war die Wirkung derselben nur dann eine gute, wenn der Rauch kühl war. Bei Schachtöfen mit flammender (heller) Gicht, wie sie früher meistens in Betrieb standen, wurden die Flugstaubkammern sehr heiß und vermehrten infolgedessen den Zug derartig, daß nur sehr wenig Flugstaub in denselben zur Ablagerung kam. Gegenwärtig werden derartige Flugstaubkammern über den Öfen, deren Einrichtung für die alten Bleigewinnungsöfen des Oberharzes aus Figur 516 ersichtlich ist, nicht mehr gebaut. Die Richtung des Gasstromes ist durch Pfeile angedeutet.

Bei diesen Vorrichtungen kommt außer der Zugbrechung auch die Zugverminderung und Flächenberührung zur Wirkung.

Bei Flammöfen ist die Einrichtung von Flugstaubkammern unmittelbar über denselben fehlerhaft, weil der Rauch im Interesse der Aufrechterhaltung des Zuges in denselben nicht abgekühlt werden darf, so daß nur wenig Flugstaub in denselben zur Ablagerung kommt.

Die neueren Vorrichtungen sind nicht mehr unmittelbar über den Öfen angebracht und besitzen eine weit größere Ausdehnung als die älteren Vorrichtungen. In denselben wirken außer der Zugbrechung auch noch die Abkühlung und Verminderung der Geschwindigkeit des Rauchstroms.

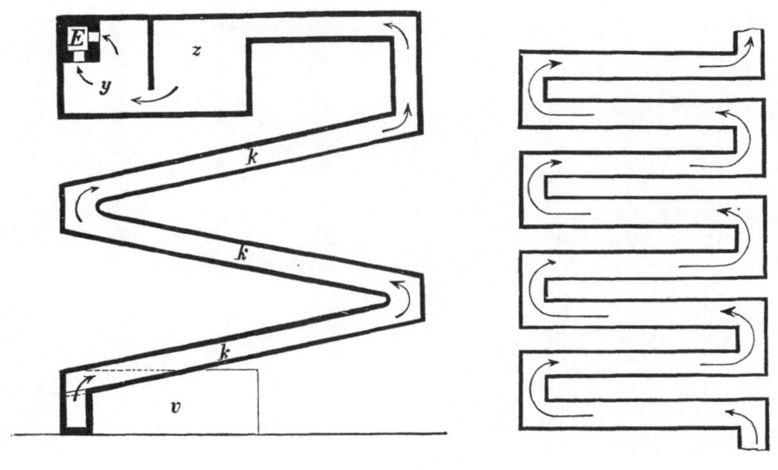

Fig. 517.   Fig. 518.

Fig. 517 zeigt den sogen. Giftfang zum Auffangen von Arseniger Säure, einen von einem Röstofen v ausgehenden zickzackförmigen Kanal k, der in die Flugstaubkammer z mündet, aus welcher die Gase in die Flugstaubkammer y und dann in die Esse E ziehen. Die größte Menge der Arsenigen Säure lagert sich in den Ecken des Kanals ab. Die Wirkung dieser Vorrichtung ist eine unvollkommene, weil die Abkühlung des Rauchstroms nur eine geringe ist und auch die Zugverminderung nur in geringem Grade zur Geltung kommt.

Eine aus rechtwinklig gebogenen Kanälen zusammengesetzte Vorrichtung, wie sie in Freiberg zur Verdichtung von arsen- und bleihaltigem Rauch angewendet wird, ist in Fig. 518 dargestellt. Der Kanal besteht aus Bleiblech und ruht auf gemauerten Füßen. Die Wirkung dieser Vorrichtung ist infolge der Abkühlung des Rauchs durch das Blei eine günstige.

Eine gleichfalls zum Niederschlagen von Arseniger Säure benutzte Vorrichtung, der sogen. Giftturm, Fig. 519, besteht aus einer Reihe über- und nebeneinander liegender Kammern, welche der Rauch von der untersten Kammerreihe an nacheinander durchstreicht, wobei er an den Enden der einzelnen Kammern gebrochen wird und schließlich aus der letzten Kammer in eine über derselben liegende Esse z tritt. Diese Vorrichtung, bei welcher außer der Zugbrechung auch die Zugverminderung zur Geltung kommt, ist nur bei genügender Abkühlung des Rauchs wirksam.

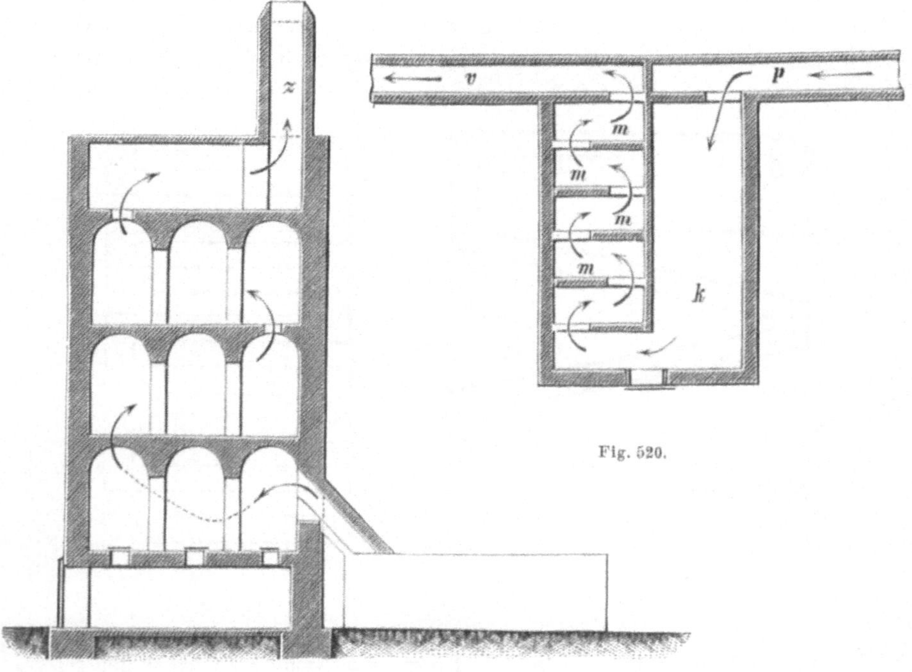

Fig. 520.

Fig. 519.

Die Freiberger Vorrichtung zum Niederschlagen des Flugstaubs aus dem Rauch der Schachtöfen, bei welcher außer der Zugbrechung gleichfalls die Verminderung der Geschwindigkeit des Rauchstroms zur Anwendung gelangt, ist in den Figuren 520 und 521 dargestellt. Der Rauch zieht durch den Kanal p zuerst in die Kammer k und gelangt aus derselben in eine durch Mauerzungen m in einzelne Abteilungen geteilte zweite Kammer, in welcher sich infolge der Zugbrechung und Flächenwirkung ein großer Teil Flugstaub absetzt. Aus derselben tritt er in den Kanal v und aus diesem in die Esse.

Die Vorrichtung zum Niederschlagen des Flugstaubs aus dem Flammofenrauch ist in den Figuren 522 und 523 dargestellt. Der Rauch, dessen Richtung durch Pfeile angedeutet ist, wird durch Mauerzungen wiederholt geteilt, so daß auch hier Geschwindigkeitsverminderung und Flächenberührung zur Wirkung gelangen.

Die Fig. 255 Seite 432 zeigt eine Vorrichtung zur Kondensation von Quecksilberdampf, welche von Czermak angegeben ist. Dieselbe

Fig. 521.

Fig. 522.

Fig. 523.

besteht aus einem System von zweischenkligen, durch Wasser gekühlten Steinzeugrohren J, in welchem der Gasstrom auf- und niederzusteigen gezwungen ist. Die Wirkung derselben, welche sich aus Abkühlung, Flächenberührung und Zugbrechung zusammensetzt, ist eine sehr günstige. Der Dampf ist aber hier kein eigentlicher Hüttenrauch, sondern das Erzeugnis des für die Quecksilbergewinnung aus Zinnober angewendeten Verdampfungsverfahrens.

Von Hering ist eine Vorrichtung angegeben worden, in welcher der Gasstrom gleichfalls eine auf- und absteigende Richtung hat. Außer der Zugbrechung kommen bei derselben noch Flächenberührung und eine starke Verminderung des Zuges zur Geltung.

Dieselbe besteht, wie die nachstehenden Figuren 524—526 darlegen, aus einem hohen, schmalen Kanal, welcher durch Zungen v und Vor-

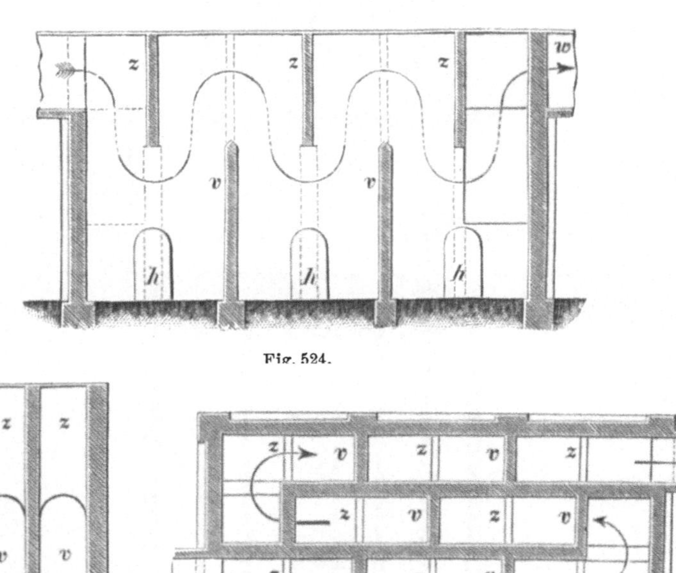

Fig. 524.

Fig. 525.   Fig. 526.

hänge z aus Mauerwerk derartig geteilt ist, daß der bei m eintretende Gasstrom zu einer auf- und abwärts gehenden Bewegung gezwungen wird. Die Flugstaubteilchen fallen hierbei in die durch die Zungen v gebildeten Zellen und setzen sich, da in denselben die Gase ruhen, auf den Boden derselben, von wo sie durch Türen h entfernt werden können.

Diese Vorrichtungen sollen sehr günstig wirken. Beim Vorhandensein metallischer Dämpfe im Rauch ist eine vorgängige Kühlung desselben erforderlich.

Eine auf dem gleichen Prinzip beruhende Vorrichtung zum Ausscheiden des Staubes aus den Gichtgasen der Eisenhochöfen ist von Schrader und Macco (D. R.-P. No. 28 003) angegeben worden. Dieselbe hat, wie die Figuren 527 und 528 zeigen, mehrere Etagen. Die Gase treten bei M ein, durchziehen die Vorrichtung auf dem durch die Pfeile angegebenen Wege und treten bei Z aus.

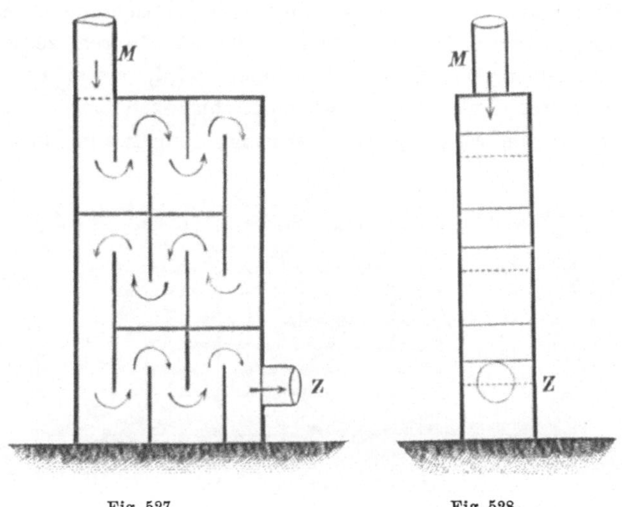

Fig. 527.   Fig. 528.

Anwendung mehrerer Abscheidungsmittel.

Wie schon erwähnt, müssen, wenn die Abscheidung fester Stoffe aus dem Hüttenrauch nur einigermaßen gute Ergebnisse liefern soll, mehrere der gedachten Abscheidungsmittel angewendet werden.

Eine Vorrichtung, welche sich auf die Vereinigung von Abkühlung, Flächenberührung, Zugbrechung und plötzlichem Wechsel in der Geschwindig-

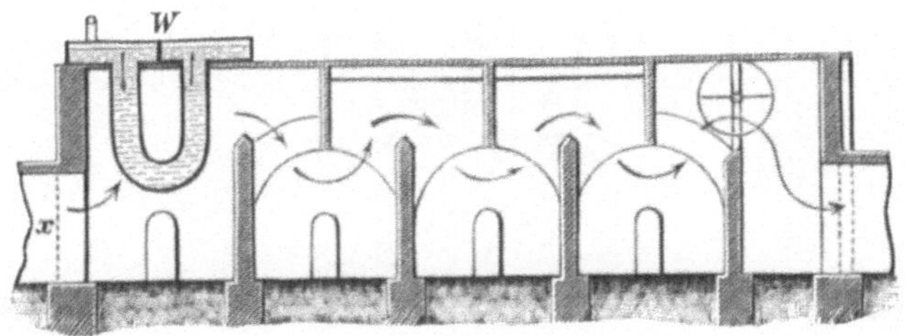

Fig. 529.

keit des Gasstromes gründet, ist von Hering angegeben worden (D. R.-P. No. 38 775 vom 14. Mai 1886). Die Einrichtung derselben erhellt aus den Figuren 529—531.

Dieselbe besteht aus zwei parallelen Hauptkanälen P und P¹, deren jeder an dem Eintrittsende der Gase mit einer Kühlvorrichtung, am Austrittsende derselben nach der Esse hin mit einer Verschlußvorrichtung versehen ist. Im übrigen ist die Einrichtung die nämliche wie bei der oben beschriebenen Heringschen Vorrichtung. Das Prinzip der Vorrichtung ist, die Gase vor dem Eintritt in die Parallelkanäle abzukühlen, sie dann in auf- und absteigender Richtung in Einzelkanäle verteilt bei möglichst großer Flächenberührung so durch die Vorrichtung durchzuführen, daß der Strom abwechselnd in beiden Kanälen durch zeitweises Verschließen derselben zum Stillstand gebracht wird, wobei er die in ihm enthaltenen festen Teile fallen läßt, und ihn dann nach der Esse zu führen. Der Strom wird also gewissermaßen „stückweise hintereinander",

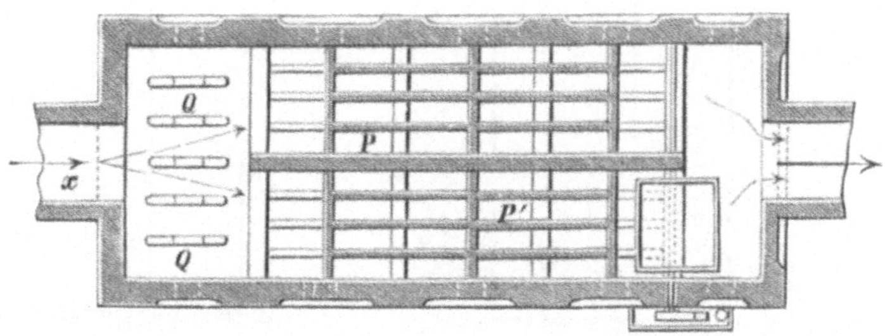

Fig. 530.

wie der Erfinder sich ausdrückt, in Ruhe versetzt. Der Rauch tritt durch den Kanal x in den Kühlraum. Die Kühlung erfolgt durch die eine große Kühlfläche bietenden Eisenrohre Q, in welchen Wasser zirkuliert. Auf der Decke der Vorrichtung befindet sich ein durch den Scheider W in zwei

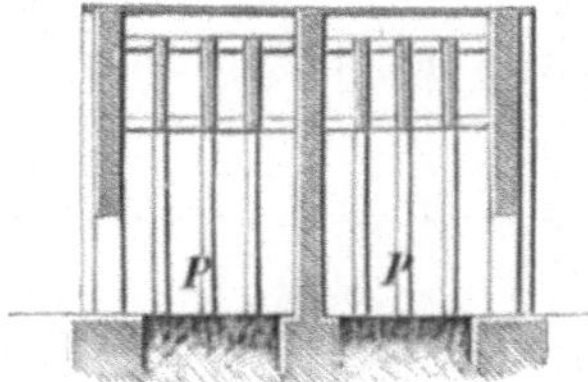

Fig. 531.

Hälften geteilter Kasten. In der einen Hälfte tritt das kalte Wasser ein, fällt in der einen Hälfte des Kühlrohres herab und steigt in der anderen Hälfte desselben in die zweite Hälfte des Kastens empor, um dann abzufließen. Der gekühlte Rauch tritt nun in den einen Parallelkanal. Der letztere wird, sobald der Rauch am Ende desselben angekommen ist, verschlossen, während gleichzeitig der andere Kanal, welcher verschlossen war, geöffnet wird. Die Zeit des Verschlossenhaltens währt so lange, als der Rauch nötig hat, um vom Eintrittsende zum Austrittsende des Kanals zu gelangen. Während dieser Zeit läßt er die in ihm enthaltenen festen Teile fallen. Sobald der Kanal wieder geöffnet wird, zieht der Rauch in die Esse. Gleichzeitig wird der zweite Kanal wieder verschlossen u. s. f.

Als Verschlußvorrichtungen kann man Klappen oder Ventile benutzen.

Die Anlage hat den Vorteil, daß sie gegenüber den gewöhnlichen Flugstaubkanälen oder Flugstaubkammern nur wenig Raum einnimmt und mit geringeren Kosten herzustellen ist.

Anwendung von Elektrizität.

Man hat versuchsweise auch den elektrischen Funken zur Ausscheidung der festen Teile aus dem Hüttenrauch benutzt. Die Wirkung desselben in abgeschlossenen Räumen war zwar eine recht günstige; in den bewegten Rauchgasen dagegen erwies sich dieselbe nach Versuchen auf englischen Bleiwerken (Bagillt) und auf Friedrichshütte in Oberschlesien als sehr gering.

Schließlich sei noch erwähnt, daß starke Erschütterungen, z. B. Schüsse, Donnerschläge, Paukenschläge, das Niederschlagen fester Körper aus dem Hüttenrauch befördern. Im großen ist hiervon indes noch keine Anwendung gemacht worden.

Nach dem Gesagten sind die billigsten und gleichzeitig auch sehr wirksame Vorrichtungen zur Ausscheidung von festen Körpern aus dem Hüttenrauch Räume mit großer Flächenberührung und Geschwindigkeits-Verminderung des Hüttenrauchs in Verbindung mit einer Esse. Ist der Hüttenrauch sehr heiß, so bedarf er einer vorgängigen Kühlung in der oben angegebenen Weise. Die Abkühlung muß um so größer und die Flächenberührung um so ausgedehnter sein, je schwerer verdichtbar die im Hüttenrauche enthaltenen Stoffe sind. Nach dem Vorschlage von Hering soll man in gebirgigen Gegenden die Esse auf einen hohen Berg und neben dieselbe die Flugstaubkammer setzen. Bei Öfen, welche große Mengen von Flugstaub liefern, soll außerdem noch eine zweite, kleinere Flugstaubkammer hinter dem Ofen errichtet werden, weil sich in solchen Fällen erfahrungsmäßig die größere Menge des Flugstaubs in der Nähe des Ofens niederschlägt.

β) **Die Vorrichtungen zum Auffangen bezw. Unschädlichmachen von sauren Gasen und Chlor.**

Von den sauren Gasen kommen besonders Schweflige Säure, dampfförmige Schwefelsäure und Salzsäure in Betracht.

Die Schweflige Säure wird besonders bei der Röstung von Schwefelmetallen und bei Schmelzverfahren (Reaktionsschmelzen) zur Gewinnung von Blei und Kupfer entbunden. Man kann die Unschädlichmachung und gleichzeitige Nutzbarmachung sowie die Unschädlichmachung ohne gleichzeitige Nutzbarmachung derselben unterscheiden.

Die Unschädlichmachung und gleichzeitige Nutzbarmachung der Schwefligen Säure.

Ist der Hüttenrauch so reich an Schwefliger Säure, daß die Gewinnung von Schwefelsäure aus demselben lohnend erscheint — er muß dann mindestens 4 Volumproz. an Schwefliger Säure enthalten —, so wird er nach vorgängiger Absonderung des Flugstaubs aus demselben auf Schwefelsäure verarbeitet. Er kann sowohl in Bleikammern auf Kammersäure als auch mit Hilfe der Kontaktwirkung auf konzentrierte Schwefelsäure bzw. Schwefelsäureanhydrid verarbeitet werden. Die Unschädlichmachung der Schwefligen Säure fällt dann mit der Schwefelsäurefabrikation zusammen, und die betreffenden Vorrichtungen unterscheiden sich in nichts von den Vorrichtungen zur Erzeugung der Kammerschwefelsäure bezw. der Kontaktschwefelsäure. Ein großer Teil von Kammerschwefelsäure, die sogen. „metallurgische Schwefelsäure", wird gegenwärtig aus dem Hüttenrauche erzeugt.

Für die Schwefelsäurefabrikation geeigneten Hüttenrauch erhält man auf trockenem Wege nur in Schachtöfen oder Muffelöfen und zwar bei Anwendung von Schachtöfen nur in solchen Öfen, bei welchen die Verbrennung des Schwefels die für die Unterhaltung der Röstung erforderliche Wärme liefert. Der Hüttenrauch aus Flammöfen, welcher neben Schwefliger Säure Verbrennungsgase von verkohlten oder unverkohlten Brennstoffen enthält, ist wegen des verhältnismäßig geringen Gehaltes an SO_2 (unter 2 Volumproz.) sowie wegen der nachteiligen Einwirkung der Verbrennungsgase auf die Salpetergase zur Schwefelsäurefabrikation nicht geeignet. In der neueren Zeit ist es gelungen, Schwefelmetalle, welche früher nur in Flammöfen abgeröstet wurden, wie Zinkblende und pulverförmigen Kupferkies, mit verhältnismäßig geringen Kosten in Muffelöfen (Ofen von Eichhorn-Liebig, Hasenclever) zu rösten und dadurch für die Schwefelsäurefabrikation geeignete Gase zu erzielen.

Die Herstellung des Schwefelsäureanhydrids wurde zuerst auf der Mulden-Hütte bei Freiberg durch Winkler eingeführt. Zuerst trocknete man den Hüttenrauch (Röstgase von kiesigen Blei- und Silbererzen), indem man ihn in Türmen aufsteigen ließ, in welchen konzentrierte Schwefelsäure herabrieselte, und leitete ihn dann in geschlossene, erhitzte Gefäße, in welchen sich platinierter Asbest befand. Durch denselben wurde infolge der Kontaktwirkung aus Schwefliger Säure und Sauerstoff Schwefelsäureanhydrid gebildet. Der anhydridhaltige Rauch wurde nun in Türme geleitet, in welchen konzentrierte Schwefelsäure herunterrieselte und das Anhydrid absorbierte. Aus der erhaltenen Flüssigkeit wurde das Anhydrid abdestilliert. Der aus den Absorptionstürmen austretende Rauch enthielt noch Schweflige Säure und wurde mit den zur Schwefelsäurefabrikation bestimmten Röstgasen in Bleikammern geleitet.

Es wurde bei Anwendung dieses Verfahrens höchstens die Hälfte

der in den Röstgasen enthaltenen Schwefligen Säure in Anhydrid übergeführt.

Durch Innehaltung einer bestimmten Temperatur in den Kontakt-
apparaten, durch sorgfältige Reinigung der Röstgase von allen bei dem
Verfahren schädlichen Bestandteilen sowie durch zweckmäßige Einrichtung
der Kontaktapparate und Anwendung geeigneter Kontaktsubstanzen ist es
in der neuesten Zeit gelungen, über 95% der in den Röstgasen enthaltenen
Schwefligen Säure in Anhydrid überzuführen. Die Gase werden gewaschen,
entwässert, in die Kontaktapparate geleitet und dann durch Schwefelsäure
absorbiert. Die Bewegung der Gase muß durch drückende oder saugende
Gebläsevorrichtungen bewirkt werden. Bei der beschränkten Verwendung
des Anhydrids stellt man hauptsächlich konzentrierte Schwefelsäure von
66° Bé. an — aufwärts her. Die Herstellung von Kammersäure durch
das Kontaktverfahren ist teurer als durch den Kammerprozeß. Aus den
Röstgasen von Pyrit und Zinkblende wird auf einer Reihe von Werken
hochgrädige Schwefelsäure (von 66° Be. an) durch Kontaktwirkung hergestellt. Auch für die Röstgase von Kupferstein, welcher in Muffeln geröstet
wird, ist eine Anlage im Bau begriffen (Chile). Als Kontaktsubstanz wird
fein verteiltes Platin angewendet, in Freiberg platinierter Asbest. In dem
daselbst angewendeten Winklerschen Patente von 1878 wurde „die der
Ausfärbung einer Zeugfaser gleichkommende chemische Übertragung von
Kontaktsubstanzen auf voluminöse, an sich indifferente Unterlagen" geschützt. — Die Aktiengesellschaft für Zinkindustrie vormals Wilhelm
Grillo und Schröder (D. R.-P. 102 244) benutzt als Träger des Platins
lösliche Salze der Alkalien, der alkalischen Erden und Metallsalze. Die
Kontaktsubstanzen werden dadurch hergestellt, daß man wäßrige Lösungen
der gedachten Salze und eines Platinsalzes mit einander mischt, die erhaltene Flüssigkeit eindampft, die sich hierbei bildenden Salzkrusten
trocknet und dann durch Zerkleinerung auf annähernd gleiche Korngröße
bringt. Das hierbei abfallende Pulver wird von neuem in Wasser gelöst
und wie zuvor behandelt, bis sämtliches Material in eine angemessene
Stück- oder Kornform übergeführt ist. Dasselbe wird nun in die Kontaktapparate eingefüllt. Bei der Erhitzung scheidet sich das Platin in den
Salzen in außerordentlich feiner Verteilung ab.

Aus Röstgasen, welche mindestens 4 Volumproz. Schweflige Säure
enthalten, läßt sich auch flüssige Schweflige Säure herstellen. (Zinkhütte Hamborn bei Oberhausen; Zinkhütte Silesia bei Lipine.)

Bei der bisher nicht ausgedehnten Verwendung der flüssigen Schwefligen Säure (zur Herstellung der Sulfitzellulose, zur Kälteerzeugung, zur
Fabrikation von Zucker, zum Bleichen) und bei den hohen Kosten der
Anlagen zur Herstellung derselben ist nicht zu erwarten, daß die Erzeugung
derselben aus Röstgasen eine größere Verbreitung gewinnen wird. Auf
der Guidohütte bei Chropaczow in Oberschlesien, wo das Verfahren längere
Zeit in Anwendung stand, ist dasselbe eingestellt und durch Fabrikation

von Schwefelsäure ersetzt worden. Das betreffende Verfahren in von Schröder und Hänisch angegeben worden.

Dasselbe (Deutsche Patente 26 181, 27 581, 36 721) besteht darin, die Schweflige Säure aus den Röstgasen durch in einem Koksturme herabtröpfelndes Wasser zu absorbieren, aus diesem Wasser durch Hitze die Schweflige Säure in konzentriertem Zustande, nur mit einem Teile Wasserdampf vermischt, auszutreiben, aus dem Gasgemisch den Wasserdampf durch konzentrierte Schwefelsäure oder Chlorkalzium auszuscheiden und die so erhaltene konzentrierte gasförmige Schweflige Säure mit Hilfe eines Kompressors zu verflüssigen.

Die Absorption der Schwefligen Säure aus den Röstgasen geschieht in mit Wasser berieselten Kokstürmen.

Das Austreiben der Schwefligen Säure aus dem Wasser geschieht in drei verschiedenen Apparaten, in welchen teils die Wärme der Röstgase, teils die latente Wärme des Wasserdampfes, welcher beim Austreiben der Schwefligen Säure aus dem die letztere enthaltenden Wasser entwickelt wird, teils die Wärme des von der Schwefligen Säure befreiten Wassers zur Geltung kommen. Zuerst wird das saure Wasser in ein System von niedrigen aus Blei hergestellten Kammern geführt, in welchen eine Vorwärmung desselben durch das die Kammern umgebende entsäuerte noch heiße Wasser erfolgt. Dann gelangt es in geschlossene Bleipfannen, unter welchen die aus den Öfen austretenden heißen Röstgase hinziehen, ehe sie in den Absorptionsturm treten, und durch Abgabe ihrer Wärme an die Pfannen die in denselben enthaltene Flüssigkeit zum Kochen bringen. Die Schweflige Säure entweicht infolgedessen aus der kochenden Flüssigkeit und tritt in den Entwässerungsapparat. Die kochende noch nicht ganz entsäuerte Flüssigkeit wird aus den Bleipfannen in eine sogen. Kolonne abgelassen, in welcher die letzten Anteile von Schwefliger Säure aus derselben durch direkten Wasserdampf entfernt werden und der Wasserdampf durch eingespritztes kaltes Wasser von der Schwefligen Säure geschieden wird. Das entsäuerte heiße Wasser dient zum Vorwärmen des aus dem Absorptionsturme austretenden sauren Wassers, indem man es aus der Kolonne durch ein System von Bleikammern strömen läßt, welche die das saure Wasser enthaltenden Bleikammern umgeben.

Die Scheidung des Wasserdampfes von der aus dem Wasser ausgetriebenen Schwefligen Säure geschieht am besten dadurch, daß man das Gasgemisch in einem mit Koks gefüllten Turme emporsteigen läßt, in welchem konzentrierte Schwefelsäure herabrieselt, welche alles Wasser aufnimmt.

Die auf diese Weise vollständig entwässerte Schweflige Säure wird durch eine Kompressionspumpe (aus Bronze) verflüssigt und in eisernen Gefäßen von hinreichender Stärke angesammelt. Der zur Verflüssigung anzuwendende Druck beträgt je nach der Jahreszeit 2—3,5 Atmosphären. Die beigemengten schwer zu verdichtenden Gase werden durch ein im

Sammelgefäße angebrachtes Ventil in den Absorptionsturm für die Röstgase entlassen. Die Versendung der flüssigen Schwefligen Säure geschieht in Gefäßen aus Eisen. Dieselbe enthält $99,8\%$ reine SO_2.

Die aus den Zinkblenderöstöfen in Hamborn und Lipine austretenden Röstgase enthalten gegen 6 Volumprozente Schweflige Säure. In den Absorptionstürmen wird die Schweflige Säure aus diesen Gasen bis auf 0,05 Volumprozente absorbiert. Das Wasser, welches aus den Türmen austritt, enthält 12 kg Schweflige Säure im cbm.

Die Einrichtung der Anlage zur Herstellung flüssiger Schwefliger Säure aus den Röstgasen erhellt aus den nachstehenden Figuren 532 und 533[1]).

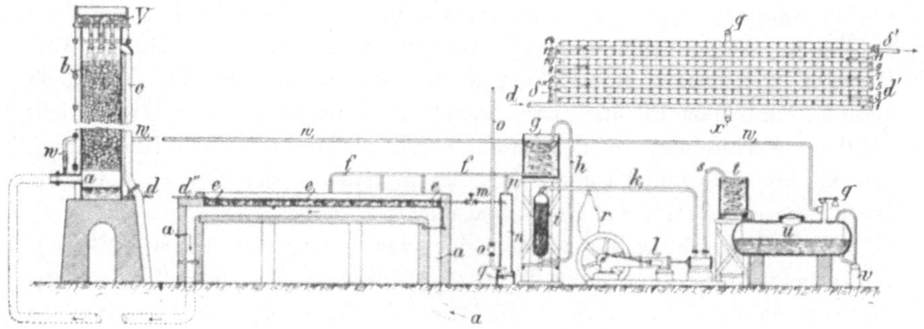

Fig. 532 u. 533.

Die Röstgase gelangen aus den Röstöfen durch den Kanal a in den Absorptionsturm b. Auf dem Wege nach dem letzteren geben sie ihre Hitze an die Bleipfannen e ab. Sie steigen in dem mit Koks gefüllten Bleiturme in die Höhe und werden durch das aus dem Verteilungskasten V in denselben eingeführte Wasser von ihrer Schwefligen Säure befreit. Die am oberen Ende des Turmes anlangenden, aus Stickstoff, Sauerstoff und nur noch sehr geringen Mengen von Schwefliger Säure bestehenden Gase werden durch das absteigende Rohr c in den Essenkanal bezw. in die Esse geführt.

Das die Schweflige Säure gelöst enthaltende Wasser tritt durch das Rohr d am Fuße des Turmes zuerst in einen Vorwärmapparat. Derselbe ist in der Fig. 532 weggelassen, dagegen in der Fig. 533 besonders dargestellt. Derselbe besteht aus einer Reihe flacher, übereinanderliegender Bleikammern von je 4 cm Tiefe. Die Bleikammern bilden 2 Systeme. In dem einen System steigt die zu erwärmende saure Flüssigkeit in die Höhe, während in dem anderen Systeme das heiße entsäuerte Wasser herunterfließt und seine Wärme an die aufsteigende Flüssigkeit abgibt. Die Kammern sind zu diesem Zwecke so übereinandergelegt, daß stets auf

---

[1]) Zeitschr. für angewandte Chemie 1888, S. 448. Lunge, Sodaindustrie Bd. I, S. 264.

eine Kammer des einen Systems eine Kammer des anderen Systems folgt. In den Kammern mit ungeraden Ziffern (1, 3, 5, 7, 9, 11, 13) steigt das saure Wasser in die Höhe, während in den Kammern mit geraden Ziffern (14, 12, 10, 8, 6, 4, 2) das heiße entsäuerte Wasser herunterfließt. Die auf einander folgenden Kammern jedes Systems sind unter sich an einer Seite so mit einander verbunden, daß die Verbindung die ganze Seitenlänge der Kammer einnimmt. Die einzelnen Kammern sind durch im Innern derselben angebrachte Bleistreifen, welche in der Stromrichtung der Flüssigkeiten liegen, abgesteift. Das aus dem Absorptionsturme ausfließende saure Wasser tritt nun bei d in die Kammer 1, steigt bei d' in die Kammer 2, bei d'' in die Kammer 3 u. s. f., bis es bei δ' aus der letzten Kammer (13) angewärmt austritt, um bei d'' in die Bleipfannen e zu fließen. Das entsäuerte heiße Wasser macht den umgekehrten Weg. Dasselbe tritt durch das Rohr q in die oberste Kammer 14, durchfließt dieselbe und gelangt am Ende derselben durch die in der Figur nicht sichtbare Verbindung in die Kammer 12, aus dieser in die Kammer 10 u. s. f., bis es nach Abgabe des größten Teiles seiner Wärme am Ende der Kammer 2 durch das Rohr x ausfließt.

Die so durch das entsäuerte heiße Wasser vorgewärmte saure Flüssigkeit gelangt durch das Rohr d'' in die bedeckten Bleipfannen e, welche sie nach einander durchfließt. Hier wird sie durch die unter den Pfannen hinströmenden heißen Röstgase zum Sieden erhitzt und entläßt infolgedessen die Schweflige Säure mit einem Teile Wasserdampf. Das Gasgemisch strömt durch das Rohr f in die mit Wasser gekühlte Schlange g, in welcher ein Teil des Wasserdampfes kondensiert wird und durch das gedachte Rohr in die Pfannen bezw. in die Kolonne zurückfließt, und dann durch das Rohr h in den Trockenturm i, in welchem durch mit konzentrierter Schwefelsäure getränkte Koks der letzte Anteil des Wasserdampfes zurückgehalten wird. Aus dem Trockenturme gelangt die Schweflige Säure durch das Rohr k in den Kompressor. Zur Regelung der Kompression ist ein Taffetsack r in das Rohr k eingeschaltet. Nach der Größe desselben wird die Bewegung der Pumpe l reguliert. Das Gas wird durch das Rohr s in die Schlange t gedrückt, in welcher es verflüssigt wird. Die flüssige Schweflige Säure fließt aus der Schlange in einen Kessel u aus Schmiedeeisen. Die von der Flüssigkeit mitgerissenen Gase (Sauerstoff und Stickstoff) treten nach Öffnung eines auf dem Kessel angebrachten Ventils q in das Rohr w, welches sie in den Absorptionsturm führt. Aus dem Kessel läßt man die flüssige Schweflige Säure in Flaschen aus Schmiedeeisen v von 50 oder 100 kg Inhalt oder in Kesselwagen von 10 t Inhalt ab.

Die in den Pfannen e zurückgebliebene siedende Flüssigkeit hält noch geringe Mengen von SO_2 zurück. Zur Gewinnung der letzteren läßt man sie durch das Rohr m in die Kolonne n treten. Hier wird sie einerseits durch unten (Rohr o) eintretenden Wasserdampf ausgekocht, während

andererseits am oberen Ende Wasser eingespritzt wird. Die Schweflige Säure und
der Wasserdampf steigen in dem Turm in
die Höhe, werden zum Teil von der herab-
rieselnden Flüssigkeit kondensiert und unten
angekommen wieder ausgetrieben. Von den
am oberen Ende der Kolonne austretenden
Gasen wird der Wasserdampf durch das
eingespritzte Wasser kondensiert, welches
letztere wieder nach unten fließt. Ein Teil
der Schwefligen Säure wird hier durch das
Wasser absorbiert. Da die Menge desselben
aber nur zur Absorption eines verhältnismäßig kleinen Teiles der Schwefligen Säure
ausreicht, so entweicht der größte Teil der
letzteren durch das Rohr p in die Schlange g
und vereinigt sich daselbst mit der aus den
Pfannen e ausgetriebenen Schwefligen Säure.
Die in der Kolonne herabrieselnde Flüssigkeit verliert allmählich ihre Schweflige Säure
und gelangt, durch den Wasserdampf zum
Sieden gebracht, frei von Schwefliger Säure
auf dem Boden der Kolonne an, von wo sie
durch das Rohr q in die oben beschriebenen
Bleikammern tritt und das aus dem Absorptionsturme kommende saure Wasser vor-
wärmt.

　　Die Kolonne, ein im unteren Teile mit
Tontellern, im oberen Teile mit Koks gefüllter
Turm, hat in der letzten Zeit Verbesserungen
erfahren (D. R.-P. 36 721. D. R.-P. 52 025).
Die Einrichtung der Kolonne D. R.-P. 36 721
ist aus Fig. 534 ersichtlich. Durch a treten
die heißen Dämpfe ein; durch die Brause b
wird Wasser eingespritzt; durch das Rohr d
tritt Schweflige Säure aus. Durch das Rohr e
tritt die entsäuerte, bis zum Siedepunkte
erhitzte Flüssigkeit aus. Durch die Ton-
teller wird die herabrieselnde Flüssigkeit
aufgehalten und dadurch der Wirkung des
aufsteigenden Dampfes mehr ausgesetzt.

　　Die Flaschen, in welchen die flüssige
Schweflige Säure zum Versand gelangt, sind aus den Figuren 535 und 536
ersichtlich. Dieselben besitzen ein Auslaßventil c (Schraubenventil), welches

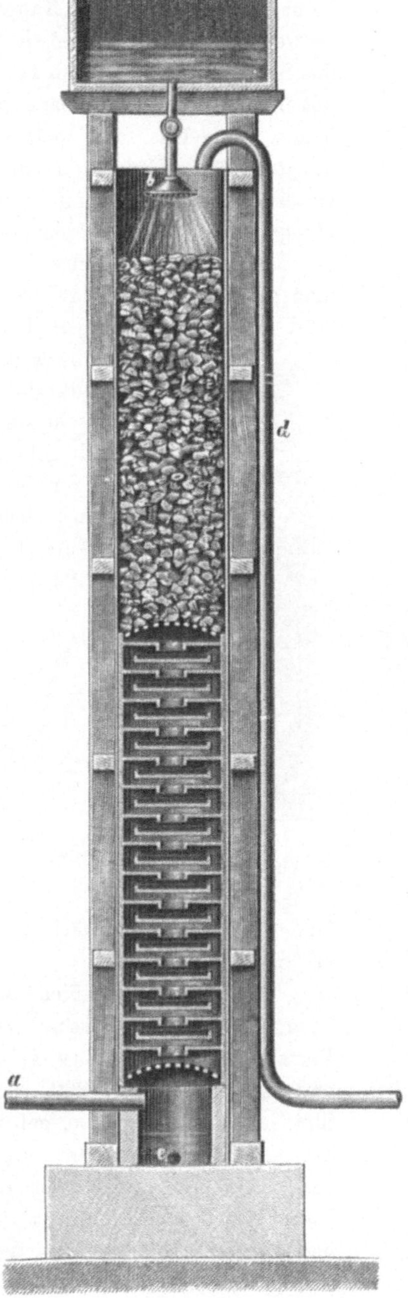

Fig. 534.

beim Versand durch die Kappe a bedeckt wird. Will man SO_2 in Gasform verwenden, so stellt man die Flasche aufrecht (Fig. 535), dreht die Spindel des Schraubenventils c mit Hilfe eines Schlüssels und entfernt den Verschluß des Stutzens b. Es tritt dann gasförmige Schweflige Säure durch den Stutzen b aus. Das Gas tritt so lange aus, bis die Temperatur infolge der Verdunstung der Flüssigkeit auf — 10° sinkt. Ein weiteres Austreten des Gases erfolgt erst, wenn die Flasche von außen wieder eine hinreichende Menge von Wärme aufgenommen hat.

Will man die Schweflige Säure als Flüssigkeit verwenden, so legt man die Flasche so, daß der Stutzen b sich oben befindet (Fig. 536). Es wird dann durch den Druck des Gases flüssige Schweflige Säure durch den Stutzen bezw. durch ein an denselben angeschraubtes Blei- oder Kautschukrohr ausgepreßt. Es kann dann der ganze Inhalt der Flasche an SO_2 durch das bis auf den Boden derselben reichende gebogene Rohr n ausgedrückt werden. Die Flaschen werden zur Vermeidung von Explosionen auf einen Druck von 50 Atmosphären geprüft. Die Dampfspannung der Schwefligen Säure beträgt bei + 10° = 1,26 Atmosphären, bei 20° = 2,24 Atm., bei 30° = 3,51 Atm., bei 40° = 5,15 Atm.

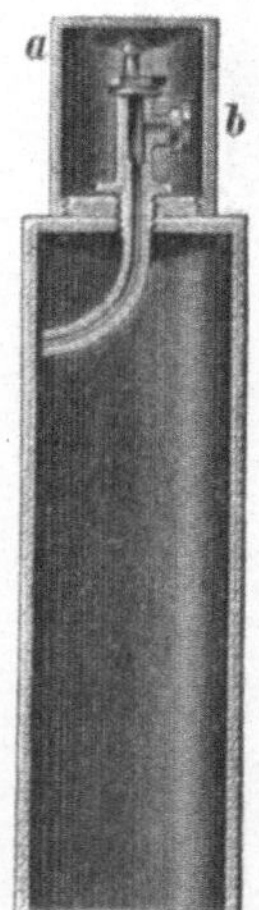

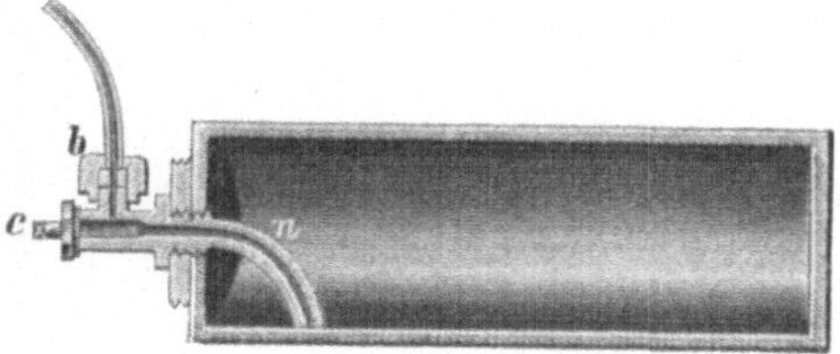

Fig. 535.   Fig. 536.

Man verwahrt die Flaschen am besten an Orten auf, deren Temperatur 40° nicht übersteigt.

Die aus Schachtöfen und Gefäßöfen entbundene Schweflige Säure ist auch zur Herstellung von Natriumsulfat aus Kochsalz nach dem Verfahren von Hargreaves, wie es auf einer Reihe englischer Sodafabriken und seit dem Jahre 1890 auch auf der chemischen Fabrik Rhenania zu Stolberg bei Aachen ausgeführt wird, geeignet. Dasselbe besteht darin, daß man die Röstgase mit Luft und Wasserdampf in durch eine Feuerung von außen erhitzte Zylinder aus Gußeisen leitet, in welchen sich auf einem Eisenroste kugelförmige Stücke von Kochsalz befinden. Es bildet sich hierbei unter Entstehung von Salzsäure Natriumsulfat.

Zur Herstellung von Schwefelwasserstoff sind die Röstgase der Gefäßöfen und Schachtöfen gleichfalls verwendbar, indem man sie gemeinschaftlich mit Wasserdampf durch Schachtöfen leitet, in welchen sich glühende Koks befinden. Die letzteren werden durch zeitweises Durchleiten von Luft glühend erhalten. Der Schwefelwasserstoff bildet sich nach der Gleichung:

$$S\,O_2 + H_2\,O + 3\,C = H_2\,S + 3\,CO.$$

Schwefelwasserstoff wird indes nur selten und nur in beschränktem Maße (zum Ausfällen von Metallen [Cu, Ag] aus Lösungen) angewendet.

Natriumthiosulfat kann man mit Hilfe der Röstgase von Schachtöfen und von Gefäßöfen dadurch erhalten, daß man dieselben in eine Lösung von Schwefelnatrium leitet. Es bildet sich dann unter Ausscheidung von Schwefel das gedachte Salz. Die Verwendung desselben (Extraktion von Silber) ist indes auch eine sehr beschränkte.

Schwefel läßt sich nach verschiedenen Methoden aus dem Hüttenrauch gewinnen.

Die Herstellung desselben kann aus den Röstgasen der Gefäßöfen und Schachtöfen direkt durch Einleiten derselben in Lösungen der Polysulfide des Schwefelnatriums und Schwefelkalziums oder durch Einwirkenlassen der Röstgase auf Schwefelwasserstoff oder auch indirekt nach vorgängiger Ausscheidung der Schwefligen Säure aus denselben und Reduktion der letzteren durch Kohle oder Leuchtgas erfolgen.

Aus Polysulfiden der alkalischen Erden wird man nur dann, wenn dieselben als lästige Nebenerzeugnisse anderer Prozesse (verwitterte Rückstände von der Leblanc-Soda-Fabrikation) kostenlos zur Verfügung stehen, Schwefel herstellen.

Kosmann[1]) schlägt vor, Einfachschwefelkalzium durch Behandeln desselben mit Kohlensäure und Wasser in Kalziumsulfhydrat zu verwandeln, wie es auch Chance bei seinem Verfahren der Verwertung der Rückstände von der Fabrikation der Leblancsoda zur Herstellung von Schwefelwasserstoff bezw. Schwefel tut, und das Kalziumsulfhydrat als Absorptionsmittel für die Schweflige Säure der Flammofenröstgase zu benutzen.

Durch das Kalziumsulfhydrat werden die Säuren des Schwefels unter Bildung von Kalziumsulfit bezw. Kalziumsulfat und unter Ausscheidung von Schwefel absorbiert nach der Gleichung

$$CaS_2H_2 + 2\,H_2SO_3 = CaSO_3 + 3\,S + 3\,H_2O.$$

Man erhält hierbei einen Niederschlag von Kalziumsulfit, Kalziumsulfat und Schwefel.

Bei der Einwirkung von Kohlensäure auf Schwefelkalzium bildet sich zuerst Kalziumsulfhydrat und Kalziumkarbonat nach der Gleichung:

$$3\,CaS + H_2CO_3 = CaCO_3 + CaS_2H_2 + CaS.$$

Bei weiterer Einwirkung von Kohlensäure wird aus dem Kalziumsulfhydrat unter Entstehung von Kalziumkarbonat Schwefelwasserstoff entwickelt nach der Gleichung:

$$CaS_2H_2 + H_2CO_3 = CaCO_3 + 2\,H_2S.$$

---

[1]) Glückauf, Berg- und Hüttenmänn. Ztg. in Essen. No. 35 v. 2. Mai 1894.

Kosmann unterbricht den Prozeß, wenn der größte Teil des Schwefelkalziums in Sulfhydrat übergeführt worden ist, und leitet den entstehenden Schwefelwasserstoff auf eine weitere Portion Einfachschwefelkalzium, welches durch den Schwefelwasserstoff ebenfalls in Sulfhydrat verwandelt wird. Nach Kosmann verläuft dieser Prozeß wie folgt:

$$3\,CaS + H_2\,CO_3 = Ca\,CO_3 + Ca\,S_2\,H_2 + Ca\,S.$$
$$Ca\,S_2\,H_2 + Ca\,S + H_2\,CO_3 = Ca\,CO_3 + Ca\,S_2\,H_2 + H_2\,S.$$
$$Ca\,S + H_2\,S = Ca\,S_2\,H_2.$$

Man erhält hiernach aus 4 Molekülen Schwefelkalzium und 2 Molekülen Kohlensäure 2 Moleküle Kalziumsulfhydrat und 2 Moleküle Kalziumkarbonat oder aus 2 Molekülen Schwefelkalzium 1 Molekül Kalziumsulfhydrat.

Die Kalziumsulfhydratlauge soll mit Hilfe eines Dampfinjektors gleichzeitig mit Wasserdampf in die Röstgase eingeblasen werden. Sie absorbiert die Schweflige Säure nach den Gleichungen:

$$Ca\,S_2\,H_2 + H_2\,SO_3 = Ca\,SO_3 + 2\,H_2\,S.$$
$$2\,H_2\,S + H_2\,SO_3 = 3\,S + 3\,H_2O.$$

Durch 1 Molekül Sulfhydrat werden hiernach 2 Moleküle Schweflige Säure unter Entstehung von 1 Molekül Kalziumsulfit bezw. Kalziumsulfat und unter Ausscheidung von 3 Atomen Schwefel absorbiert.

Da nun zur Herstellung von 1 Molekül Sulfhydrat 2 Moleküle Schwefelkalzium erforderlich sind, so würde man, wenn der Prozeß genau der Theorie entsprechend verliefe, mit 1 Molekül Schwefelkalzium 1 Molekül Schweflige Säure unschädlich machen und dabei $1^1/_2$ Atome Schwefel ausscheiden können.

Den Schwefel erhält man mit Kalziumsulfit bezw. Kalziumsulfat gemengt. Der Schwefel soll aus diesem Gemenge durch Kochen mit Ätzkalk ausgelaugt werden, wodurch man Kalziumpolysulfid erhält, welches letztere als Absorptionsmittel für die Schweflige Säure benutzt werden soll. Hierbei wird der größte Teil des Schwefels unter gleichzeitiger Bildung von Kalziumsulfit und Kalziumsulfat ausgeschieden. Aus dem so erhaltenen Niederschlage soll der Schwefel abdestilliert werden.

Das gut ausgedachte Verfahren ist bis jetzt nicht zur praktischen Ausführung gelangt.

Wenn auch Kalziumsulfhydrat und Kalziumpolysulfid die Schweflige Säure bei weitem besser absorbieren als Kalkmilch, so ist doch zu bedenken, daß die Herstellung der für den Prozeß erforderlichen Kohlensäure (durch Brennen von Kalkstein oder durch Verbrennen von Koks) nicht unerhebliche Kosten verursacht, daß das bei der Herstellung des Sulfhydrats erhaltene Kalziumkarbonat nicht verwertet werden kann und deshalb einen lästigen, viel Raum beanspruchenden Körper bildet, daß die Herstellung des Schwefelkalziums (durch Reduktion von Kalziumsulfat), soweit dasselbe nicht in Form von Leblanc-Sodarückständen zur Verfügung steht, mit nicht unerheblichen Kosten verbunden ist und daß von dem in demselben enthaltenen Kalzium nur die Hälfte in Sulfat bezw. Sulfit verwandelt wird, während die andere Hälfte bei der Herstellung des Sulfhydrats in Karbonat verwandelt wird. Aus dem Sulfit bezw. Sulfat läßt sich das Schwefelkalzium regenerieren, nicht aber aus dem Karbonat. Es ist deshalb zur Herstellung des für die Bildung des Sulfhydrats erforderlichen Schwefelkalziums eine unausgesetzte Zufuhr von Kalziumsulfat (die Hälfte des in den Prozeß gelangten Kalziumsulfats) erforderlich. Schließlich ist erheblich mehr Sulfhydrat erforderlich als die theoretische Berechnung angibt, da in den unschädlich zu machenden Röstgasen der Flammöfen stets Luft und Kohlensäure enthalten sind, welche gleichfalls auf das Sulfhydrat einwirken. Der Sauerstoff der Luft verwandelt das Sulfhydrat teils in Kalziumthiosulfat, teils in Kalziumpolysulfid nach den Gleichungen

$$Ca(SH)_2 + 4O = CaS_2O_3 + 4H_2O \text{ bezw. } Ca(SH)_2 + O = CaS_2 + H_2O.$$

Während das Kalziumpolysulfid Schweflige Säure absorbiert, wird das Thiosulfat von derselben nicht angegriffen. Es ist daher alles Sulfhydrat, welches durch die Luft in Thiosulfat verwandelt wird, für die Absorption der Schwefligen Säure verloren. Dabei ist das entstandene Kalziumpolysulfid für die Absorption der Schwefligen Säure nicht so wirksam wie das Sulfhydrat, indem 2 Moleküle des ersteren nur 3 Moleküle Schweflige Säure absorbieren und nicht 4 wie das Sulfhydrat.

Kohlensäure wirkt auf das Sulfhydrat so ein, daß sich unter Bildung von Schwefelwasserstoff Kalziumkarbonat bildet, so daß das Kalzium des Sulfhydrats der Einwirkung der Schwefligen Säure entzogen wird.

Mit Hilfe von Schwefelwasserstoff kann man dadurch Schwefel aus den Röstgasen erhalten, daß man beide Gase in Holztürmen, in welchen Chlorkalziumlauge herabrieselt, emporsteigen läßt. Der Schwefel scheidet sich dann nach der Gleichung

$$2H_2S + SO_2 = 3S + 2H_2O$$

aus. Die Gase werden am unteren Ende des Turmes eingeführt, während die Chlorkalziumlauge, welche die Ausscheidung des Schwefels in körniger Form veranlaßt, oben einfließt und über alternierend gelegte Holzplatten nach dem unteren Ende des Turmes herabrieselt. Der auf den Platten niedergeschlagene Schwefel tritt mit der Chlorkalziumlauge aus den Türmen in eine Reihe untereinandergestellter Bottiche, in welchen er sich zu Boden setzt, während man die geklärte Lauge von neuem auf die Türme pumpt. Der Schwefel wird nach Schaffners Methode unter Wasser durch Dampf von $2\frac{1}{2}$ Atm. Spannung geschmolzen.

Den Schwefelwasserstoff kann man, falls er nicht als Nebenerzeugnis gewisser Prozesse (Behandeln von Schwefeleisen enthaltenden Schwefelmetallen mit verdünnter Schwefelsäure) erhalten wird, wie oben dargelegt, dadurch herstellen, daß man einen Teil der Röstgase zusammen mit Wasserdampf durch eine Säule glühender Koks leitet. Auch läßt er sich (Ver-

fahren von Chance) durch Behandeln der Rückstände von der Leblanc-
Sodafabrikation (Einfachschwefelkalzium) mit Kohlensäure herstellen.

Dieses Verfahren ist nur dann zu empfehlen, wenn Schwefelwasserstoff ohne große Kosten erhalten werden kann.

Durch Reduktion der Schwefligen Säure mit Hilfe von
Kohle läßt sich Schwefel nur aus konzentrierten Röstgasen, wie sie zur
Herstellung der flüssigen Schwefligen Säure nach dem Verfahren von
Schröder und Hänisch dienen, herstellen.

Aus den Röstgasen der Schacht- und Gefäßöfen läßt er sich daher
nicht direkt, sondern erst nach vorgängiger Konzentration derselben mit
Hilfe von Wasser gewinnen. Bei der früher versuchten Gewinnung des
Schwefels aus verdünnten Röstgasen verbrannte infolge des Gehaltes der-
selben an Luft ein Teil Kohle unnütz und infolge der Verdünnung der
Schwefligen Säure durch indifferente Gase trat nur eine unvollkommene
Reduktion derselben zu Schwefel ein.

Die Gewinnung des Schwefels aus der mit Hilfe von Wasser in der
oben dargelegten Art konzentrierten Schwefligen Säure ist Schröder und
Hänisch patentiert worden.

Die konzentrierte Schweflige Säure wird zuerst durch eine mit glühenden Koks gefüllte Muffel und dann durch eine zweite stehende Muffel,
welche glühende indifferente Körper, sogen. Intaktstoffe, wie Schamottsteine,
Ziegelsteine u. dergl. enthält, geleitet. In der mit Koks gefüllten Muffel
wird ungefähr die Hälfte der Schwefligen Säure zu Schwefel reduziert,
während in der zweiten Muffel die noch vorhandene SO_2 und die in der
ersten Muffel gebildeten Gase Kohlenoxyd, Schwefelkohlenstoff und Kohlen-
oxysulfid so auf einander einwirken, daß Kohlensäure und Schwefel entstehen. Die Schwefeldämpfe und die Kohlensäure treten aus der zweiten
Muffel in eine Kondensationskammer, in welcher der größte Teil des
Schwefels als Flüssigkeit, ein kleiner Teil aber in der Form von Schwefel-
blumen erhalten wird. Bei auf der Grilloschen Zinkhütte Neumühl-Ham-
born ausgeführten Versuchen wurden auf diese Art 99 Volumproz. Schweflige Säure zu Schwefel reduziert. Die aus der Kondensationskammer austretenden Gase enthielten 96—97 Volumproz. Kohlensäure und 2—3 Volumproz. Kohlenoxyd.

Nach dem Patente von Schröder und Hänisch kann die Reduktion
der Schwefligen Säure anstatt durch Koks auch durch Kohlenoxyd, Leuchtgas oder ein kohlenstoffreiches Gasgemisch erfolgen.

Über den ökonomischen Erfolg der Schwefelgewinnung in der gedachten Weise läßt sich ein Urteil nicht abgeben, da sie bisher noch nicht
definitiv ausgeführt worden ist. Die mit Hilfe von Wasser hergestellte
konzentrierte Schweflige Säure ist bisher ausschließlich zur Herstellung
von flüssiger Schwefliger Säure verwendet worden.

Die Verwendung der Röstgase zur Herstellung von Kupferlösungen ist nur unter ganz lokalen Verhältnissen und auch dann nur

in ganz beschränktem Maße möglich, z. B. zum Ausziehen des Kupfers aus armen oxydischen oder gesäuerten Kupfererzen, zur Auflösung des Kupfers aus Gold oder Silber enthaltendem Zementkupfer. Im ersteren Falle läßt man die Röstgase zusammen mit Wasserdampf und Salpetergasen unter die auf einem Rost von Steinen oder Holz liegenden Erze treten.

Im zweiten Falle bedient man sich der Rösslerschen Vorrichtung. Dieselbe, Fig. 537, ist ein Gefäß aus Schmiedeeisen A, in welchem sich eine Lösung von Kupfervitriol befindet. Durch einen Körtingschen Injektor B wird der Rauch, durch einen Verteilungsring·in feine Strahlen zerteilt, in die Flüssigkeit gepreßt. Die Schweflige Säure verwandelt sich hierbei

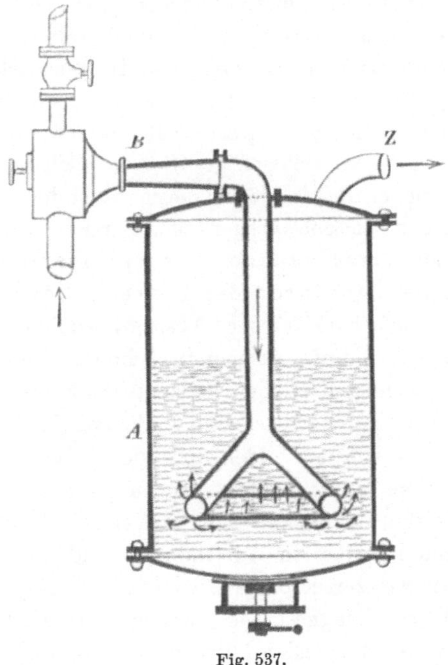

Fig. 537.

in Schwefelsäure, indem das schwefelsaure Kupferoxyd zu schwefelsaurem Kupferoxydul reduziert wird. Die gebildete Schwefelsäure löst das zugesetzte Gold und Silber enthaltende Zementkupfer unter Abscheidung von Gold und Silber auf. Stickstoff und Sauerstoff treten durch das Rohr Z aus. Diese Vorrichtung steht auf der Scheideanstalt in Frankfurt a. M. in Anwendung. Die Gase, welche die Schweflige Säure enthalten, werden beim Auflösen von goldhaltigem Silber in konzentrierter kochender Schwefelsäure entwickelt.

Mit Wasser befeuchtetes metallisches Eisen, von Winkler vorgeschlagen, bewährt sich gut bei Gasen, welche nicht zu arm an Schwefliger Säure sind. Aus der erhaltenen Lösung läßt sich Eisenvitriol gewinnen.

38*

Feucht gehaltenes Eisenoxyd absorbiert die Schweflige Säure langsam unter Bildung von Sulfiten des Eisens welche in Ferri- und Ferrosulfat übergehen. Ferrisulfat absorbiert sie unter Bildung von Ferrosulfat. Beide Körper sind indes wegen der wenig energischen Absorption und wegen des geringen Wertes der Absorptionserzeugnisse nicht zur Anwendung gelangt.

In Belgien (Flône) hat man die Röstgase durch Einleiten derselben in Halden von Alaunerzen unschädlich gemacht und dadurch die letzteren aufgeschlossen.

In manchen Fällen wird die Schweflige Säure des Hüttenrauchs vor ihrer Verwendung konzentriert. Man erreicht die Konzentration derselben am einfachsten durch Mischen des Hüttenrauchs mit an Schwefliger Säure reichen Gasen, — seien dieselben nun aus anderen Öfen (Röstöfen) entbunden oder aus dem Hüttenrauche auf besondere Weise hergestellt. Der erste Fall findet z. B. Anwendung auf den Freiberger Hütten, wo man den an SO_2 armen Rauch von der Röstung schwefelarmer Steine mit dem an Schwefliger Säure reicheren Rauch von der Röstung schwefelreicher Erze mischt. Auf besondere Weise erhält man aus dem Hüttenrauch an Schwefliger Säure reiche Gase dadurch, daß man die letztere an verschiedene Absorptionsmittel bindet und sie dann aus denselben durch die Hitze in konzentrierter Form austreibt. Das einfachste dieser Absorptionsmittel ist das Wasser, welches, wie schon erwähnt, Anwendung findet, wenn die Schweflige Säure behufs Verflüssigung derselben konzentriert werden soll. (Hamborn, Lipine.) Weitere Absorptionsmittel sind Zinkoxyd, basisches Zinkkarbonat und Magnesia. Diese Körper bilden mit der Schwefligen Säure Sulfite, die sich in der Hitze unter Entbindung von konzentrierter Schwefliger Säure leicht zersetzen. Zinkoxyd und basisches Zinkkarbonat standen früher in Lautenthal im Harz in Anwendung, sind aber, weil sich neben dem Sulfit auch schwer zersetzbares Zinksulfat bildete, außer Anwendung gekommen. Auch die Magnesia ist wegen der starken Bildung von Magnesiumsulfat neben Magnesiumsulfit nicht zur definitiven Einführung gelangt.

Die Unschädlichmachung der Schwefligen Säure ohne gleichzeitige Nutzbarmachung derselben.

Die Unschädlichmachung der Schwefligen Säure des Hüttenrauchs ohne gleichzeitige Nutzbarmachung derselben bewirkt man durch Verdünnen des Hüttenrauchs mit Hilfe von Luft, durch die Absorption der Schwefligen Säure aus dem Hüttenrauch mit Hilfe von Wasser und Kalkstein, mit Hilfe von Kalkmilch, durch Einleiten des Hüttenrauchs in Halden, welche die Absorption der Schwefligen Säure bewirkende Körper enthalten.

Die Verdünnung der Schwefligen Säure durch Luft geschieht durch Abführung des Hüttenrauchs in hohe Luftregionen vermittelst hoher Essen.

Die Schweflige Säure wird dann, falls sie nicht in zu großer Menge im Hüttenrauche vorhanden ist, derartig verdünnt, daß sie beim Niederfallen nur noch wenig oder gar nicht nachteilig auf die Vegetation einwirkt. Besonders ist das bei dem aus Flammöfen entweichenden Hüttenrauch der Fall. Am besten stellt man die betreffenden Essen, falls es die Oberflächenbeschaffenheit erlaubt, auf hohe Berge.

Die Höhe und der Querschnitt der Essen hängen von der Menge der in der Zeiteinheit aus denselben austretenden Schwefligen Säure ab. So beträgt beispielsweise die Höhe der Esse der Bleihütte zu Mechernich, welche auf einem Berge steht = 134,6 m, die Höhe der Esse der Zinkhütte zu Hamborn, welche in flacher Gegend steht, = 100 m, bei einem lichten Querschnitt von 2,54 qm.

Die höchste Esse der Welt ist zur Zeit die der Halsbrücker Hütte bei Freiberg mit 140 m Höhe. Da eine Vermehrung der Zugkraft der Esse über 50 m hinaus nicht mehr zu erreichen ist, so fallen die Kosten für die Erhöhung der Esse der Unschädlichmachung der Schwefligen Säure zur Last.

Die Unschädlichmachung der Schwefligen Säure durch hohe Essen ist das billigste Verfahren und erfüllt in vielen Fällen seinen Zweck.

Mit Hilfe von Wasser und Kalkstein, von Kalkmilch und von sonstigen Absorptionsmitteln läßt sich die Schweflige Säure vollständig aus dem Hüttenrauch entfernen, sobald diese Körper in der nötigen Menge angewendet werden. Die bezüglichen Absorptionsvorrichtungen erfordern aber zur Erreichung dieses Zweckes große Querschnitte, bedeutende Flüssigkeitsmengen und kräftige Ventilatoren. Aus diesen Gründen sind die gedachten Arten der Absorption mit hohen Kosten verbunden und belasten das Verfahren, bei welchem die Schweflige Säure entbunden wird, in erheblichem Maße. Sie werden daher nur dann angewendet, wenn die Schweflige Säure eine erhebliche Beschädigung der Umgebung ihrer Erzeugungsstätten hervorruft und es an jeder Möglichkeit der nützlichen Verwendung derselben fehlt.

Bei Anwendung von Wasser und Kalkstein oder Dolomit füllt man Türme mit Bruchstücken dieser letzteren Körper und läßt Wasser durch die Zwischenräume hindurchrieseln. Die Schweflige Säure der von unten in diese Türme eingeführten Gase bildet Kalzium- bezw. Magnesiumsulfit.

Durch Kalkmilch läßt sich die Schweflige Säure gut absorbieren. Es bildet sich hierbei Kalziumsulfit, welches bei Berührung mit Luft allmählich in Kalziumsulfat übergeht. Man erhält daher als Erzeugnis der Absorption ein Gemenge von Kalziumsulfit und Kalziumsulfat. Die Absorption wird so ausgeführt, daß die Röstgase in Türmen einem Regen von Kalkmilch ausgesetzt werden und daß das hierbei erhaltene Produkt, welches noch eine große Menge freies Kalkhydrat enthält, noch einmal als Absorptionsmittel verwendet wird. Auf einer Hütte in Oberschlesien werden die Röstgase mit Hilfe von Essenzug in auf- und absteigender

Richtung durch mit Kalkmilch berieselte Türme gesaugt und treten dann
in eine 100 m hohe Esse, durch welche die letzten Anteile von SO_2 in so
hohe Luftregionen geführt werden, daß sie nicht mehr schädlich einwirken
können. Die in den Türmen niederfallenden Massen werden in Sümpfe
geführt, in welchen sich das Salz absetzt. Dasselbe wird ausgehoben und
zu Halden aufgestürzt, während das über demselben befindliche Wasser
von neuem zur Berieselung verwendet wird.

Die Schweflige Säure läßt sich, wie wir gesehen haben, auch durch
Wasser absorbieren, wenn sie nicht zu stark durch andere Gase verdünnt
ist und eine niedrige Temperatur hat. Versuche, die Röstgase von Flammöfen in mit Wasser berieselten, mit Koks gefüllten Bleitürmen unschädlich

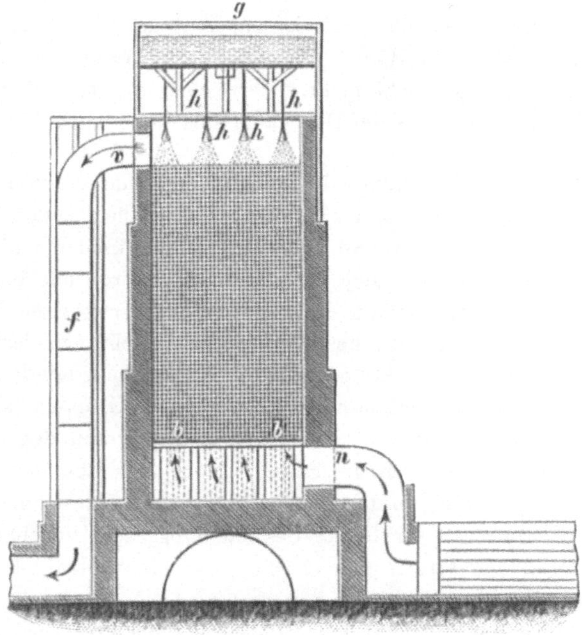

Fig. 538.

zu machen, verliefen nicht nur ungünstig hinsichtlich der Absorption der
Schwefligen Säure, sondern erforderten auch die Beseitigung des Flugstaubes,
die vorgängige Abkühlung der Gase, große Querschnitte der Türme und
kräftige Ventilatoren zur Aufrechterhaltung des Zuges. Für Flammofenröstgase ist daher die Absorption der Schwefligen Säure durch Wasser
allein nicht zur Anwendung gelangt.

Ein Absorptionsturm für Wasser ist in Fig. 538 dargestellt.
Der Rauch tritt durch den Kanal n unter den Rost b, durchdringt die
auf demselben aufgeschichtete Kokssäule und tritt am oberen Ende derselben bei v aus, um durch den senkrechten Kanal f in den Essenkanal

zu entweichen. Das Wasser tritt aus dem Kasten g durch Brauserohre h auf die Kokssäule, rieselt in derselben herab und absorbiert die ihm auf seinem Wege nach unten begegnende Schweflige Säure.

Es sind im vorstehenden nur die definitiv oder auf kürzere Zeit zur Anwendung gelangten Arten der Unschädlichmachung bezw. Nutzbarmachung der Schwefligen Säure des Hüttenrauchs angeführt worden, ohne die zahllosen ergebnislos verlaufenen Versuche, welche nach dieser Richtung hin angestellt worden sind, zu erwähnen. Die Versuche von Plattner und Reich sind von Reich zusammengestellt (Reich, die bisherigen Versuche etc., Freiberg 1858), die Versuche von Winkler im Freiberger Jahrbuch 1880 S. 50 etc., die Versuche von Schnabel in der Preuss. Zeitschrift für das Berg-, Hütten- und Salinenwesen 1881, 29, S. 395 ff. Eine Zusammenstellung der bisherigen Einrichtungen und Versuche enthält das Buch von C. A. Hering, „Die Verdichtung des Hüttenrauchs". Stuttgart 1888.

Unschädlichmachung des Schwefelsäureanhydrids.

In dem Hüttenrauche, welcher Schweflige Säure enthält, sind gewisse Mengen von Schwefelsäureanhydrid enthalten, welcher Körper einen besonders schädlichen Einfluß auf den pflanzlichen Organismus ausübt. Gewöhnlich macht man diesen Körper nicht für sich unschädlich. Derselbe läßt sich durch Wasser nicht gut absorbieren, wohl aber durch Schwefelsäure. Wenn daher die Unschädlichmachung des Anhydrids geboten ist, führt man den Hüttenrauch durch mit Schwefelsäure berieselte, mit Koks gefüllte Türme, in welchen das Anhydrid durch die Schwefelsäure absorbiert wird.

Unschädlichmachung von Salzsäure und Chlor.

Sind Salzsäure, Chlor oder flüchtige Chloride im Hüttenrauch enthalten, wie es z. B. bei dem Rauche von der chlorierenden Röstung der Fall ist, so führt man denselben durch mit Quarz- oder Koksstücken gefüllte Türme aus gebranntem Ton, säurefesten Steinen oder Holz, in welchen die gedachten Körper durch herabrieselndes Wasser absorbiert werden.

Die Anwendung hoher Essen zur Unschädlichmachung hat sich nicht bewährt, weil die betreffenden Gase nur wenig in der Luft diffundieren und daher verhältnismäßig schnell niedersinken.

Die Einrichtung eines Absorptionsturmes für die gedachten Körper ist aus der Fig. 539 ersichtlich.

Der Rauch tritt durch das Rohr m in den ersten der Türme, fällt im zweiten Turm herab, steigt im dritten Turm in die Höhe und fällt im vierten Turm wieder herab, um schließlich durch das Rohr z in den Essenkanal zu entweichen. Die Füllung der Türme besteht aus Koks, Quarzsteinen, Tonscherben oder Chamotterohren, welche Körper auf Rosten liegen. Die Bewässerung der Türme geschieht durch das Rohr R. Das Wasser fließt aus demselben in Kästen mit Siebböden und gelangt von hier aus, in feine Strahlen verteilt, auf die Füllung.

Schwefelwasserstoff wird durch Wasser und Schweflige Säure unschädlich gemacht, wobei sich Schwefel und Wasser bilden.

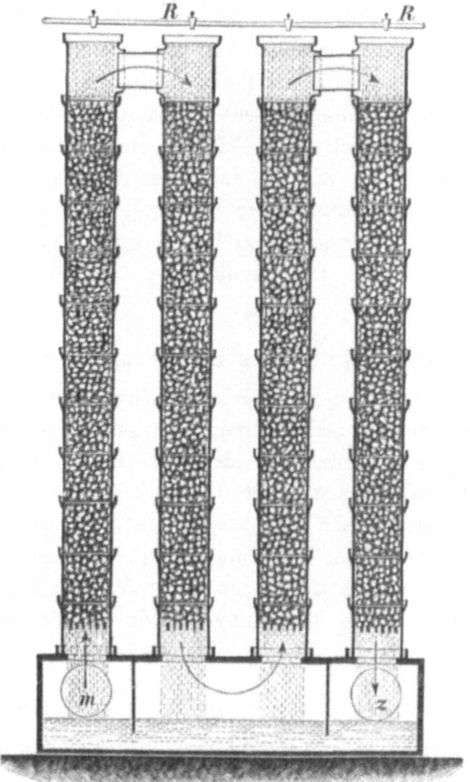

Fig. 539.

d) Die Vorrichtungen zur Beschaffung, Erwärmung und Fortleitung der für die Abscheidungsverfahren in Öfen erforderlichen Luft.

Die Luft dient, wie erwähnt, zur Wärmeerzeugung durch Verbrennung von Brennstoffen und zu Oxydationszwecken. Ihre Wirkung ist eine besonders günstige, wenn sie im zusammengepreßten Zustande verwendet wird, wie es der Fall ist, wenn hohe Beschickungssäulen (Schachtöfen) oder gar flüssige Massen zu durchdringen sind (Bessemer-Verfahren), wenn eine rasche Oxydation gewisser Körper stattfinden soll (Abtreiben) und wenn in kleinen Räumen eine intensive Hitze entwickelt werden soll (Gebläseherde). So bedarf man bei der Gewinnung von Blei, Kupfer, Silber und Zinn in Schachtöfen einer Luft, deren Pressung je nach der Art des Abscheidungsverfahrens und der Größe der Öfen 10 bis 100 mm Quecksilber beträgt, bei der Gewinnung des Eisens in Hochöfen einer Luft, deren Pressung bis 380 mm Quecksilber, in seltenen Fällen sogar bis 760 mm heraufgeht, bei der Gewinnung von Kupfer in Bessemer-Birnen einer Luft von 350 mm Quecksilbersäule, bei der Gewinnung von Flußeisen in Bessemer-Birnen einer Luft von 1000—1500 mm Quecksilber Pressung. In manchen Fällen wird die Luft zur Erzielung hoher Temperaturen vor ihrer Verwendung erwärmt. (Gewinnung des Eisens im Hochofen.)

Die Luft wird immer aus der Atmosphäre beschafft. Sie wird in den Raum, in welchem sie Verwendung finden soll, entweder hineingedrückt oder hineingesaugt.

Im ersteren Falle wird sie mit Hilfe besonderer Vorrichtungen angesaugt, zusammengedrückt und dann in diesem Zustande in den Raum, in welchem sie Verwendung finden soll, hineingepreßt; im letzteren Falle wird mit Hilfe von Saugvorrichtungen die Spannung des Raumes, in welchem die Luft verwendet werden soll, unter die Spannung der Atmosphäre herabgesetzt, so daß Luft aus der Atmosphäre in denselben nachströmen muß.

Wir haben hiernach drückende und saugende Luftbeschaffungs-Vorrichtungen zu unterscheiden. Mit den drückenden Luftbeschaffungsvorrichtungen sind stets Vorrichtungen zur Fortleitung der Luft an den Ort ihrer Verwendung bezw. zur Vorwärmung derselben verbunden. Bei den saugenden Luftbeschaffungsvorrichtungen tritt die Luft direkt aus der Atmosphäre an den Ort ihrer Verwendung, so daß hier die Vorrichtungen zur Fortleitung (bezw. Erwärmung) der Luft wegfallen.

α) **Die drückenden Luftbeschaffungsvorrichtungen.**

Dieselben werden auch (drückende) Gebläsevorrichtungen oder kurz „Gebläse" genannt.

Sie dienen, wie dargelegt, zum Auffangen und Zusammenpressen der Luft sowie zur Fortleitung derselben an den Ort ihrer Verwendung. Die Fortleitung der Luft geschieht durch an die eigentlichen Gebläsevorrichtungen angeschlossene Rohre, welche vor dem Orte der Verwendung der Luft in konisch zulaufende Rohrstücke, die sogen. Düsen oder in Windkasten endigen, aus welchen letzteren die Luft durch Schlitze oder Rohre in den Ofen strömt. In vielen Fällen liegen die Düsen in Metallhülsen oder gekühlten Rohren, den sogen. Formen. Bei gewissen Gebläsevorrichtungen mit intermittierender Wirkung wird kein gleichmäßiger Luftstrom erzeugt. In solchen Fällen müssen, falls nicht sehr weite und lange Rohrleitungen angewendet werden, hinter den Gebläsen Vorrichtungen angebracht sein, welche die Unregelmäßigkeiten des Luftstromes ausgleichen und denselben auf gleiche Spannung setzen. Man nennt derartige Vorrichtungen Regulatoren. Hinter den Regulatoren oder beim Nichtvorhandensein derselben hinter den Gebläsevorrichtungen werden die Vorrichtungen zur Erhitzung des Gebläsewindes eingeschaltet. Wir haben daher zuerst die eigentlichen Gebläsevorrichtungen, dann die Regulatoren, dann die Winderhitzungsvorrichtungen und schließlich die Vorrichtungen zur Fortleitung des Gebläsewindes an den Ort seiner Verwendung zu betrachten.

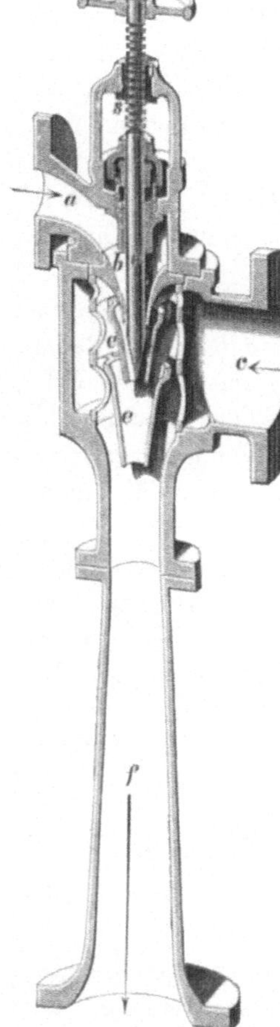

Fig. 540.

Die eigentlichen Gebläsevorrichtungen oder Gebläse.

Die Erzeugung der gepreßten Luft geschieht:

1. mit Hilfe von Dampf,
2. mit Hilfe von Wasser,
3. mit Hilfe fester Flächen.
4. mit gleichzeitiger Hilfe fester Flächen und der Zentrifugalkraft.

Zu den Vorrichtungen der ersten Art gehören die Dampfstrahlgebläse; zu denen der zweiten Art die Wassertrommelgebläse, Wasserstopfengebläse und Wassersäulengebläse; zu denen der dritten Art die Lederbälge, Holzbälge, Kastengebläse, Zylindergebläse, Kapselräder, Cagniardellen, Glockengebläse, Tonnengebläse und Kettengebläse; zu denen der vierten Art die Zentrifugalventilatoren.

Die Erzeugung der gepreßten Luft mit Hilfe von Dampf.
Die Dampfstrahlgebläse.

Dieselben beruhen auf der Tatsache, daß ein Dampfstrahl die ihn zunächst umgebende Luft infolge der Adhäsion mit sich fortreißt und (nach Abnahme seiner ursprünglichen Geschwindigkeit) verdichtet. An Stelle der fortgerissenen Luft strömt kontinuierlich neue Luft nach. (Ebenso wie Dampf wirkt auch ein Strom von komprimierter Luft.)

Die Dampfstrahlgebläse zeichnen sich durch einfache Konstruktion aus, liefern aber nassen Wind von geringer Pressung. Der Wirkungsgrad derselben geht bei niedrigen Spannungen bis 75 %. Man bedient sich derselben nur zur Erzeugung von Unterwind bei der Verbrennung von Brennstoffen.

Derartige Gebläse sind von Siemens und Körting konstruiert worden.

Das bekannteste und am meisten verbreitete ist das nebenstehend, Fig. 540, abgebildete Körtingsche Dampfstrahlgebläse.

Durch das Rohr a strömt Wasserdampf in die Düse b und aus der letzteren in die Saugdüsen e. Durch das Rohr c tritt Luft in die Saugdüsen e e, wird durch den Dampfstrahl mit fortgerissen und schließlich durch das Rohr f in verdichtetem Zustande fortgedrückt. Der kegelförmig zulaufende Dorn d, welcher mit Hilfe eines Handrades und der Schraube s bewegt werden kann, dient zur Regelung der Dampfzufuhr.

Die Erzeugung der gepreſsten Luft mit Hilfe von Wasser.

Das Zusammenpressen der Luft mit Hilfe von Wasser geschieht entweder durch eine ununterbrochene oder durch eine intermittierende Bewegung des Wassers. Auf der ununterbrochenen Bewegung des Wassers beruht das Wassertrommelgebläse; auf der intermittierenden Bewegung desselben beruhen das Wasserstopfengebläse von Althans und das Wassersäulengebläse von Henschel. Das Wassertrommelgebläse findet nur noch selten Anwendung, während die beiden anderen Gebläsevorrichtungen überhaupt nur kurze Zeit in Anwendung gestanden haben.

Das Wassertrommelgebläse

beruht auf der Tatsache, daß ein mit großer Geschwindigkeit durch eine senkrechte Röhre herabfallender Wasserstrahl die Spannung im oberen Teile der Röhre unter die Spannung der Atmosphäre herabsetzt, so daß die den oberen Teil der Röhre umgebende Luft beim Vorhandensein von Öffnungen in der ersteren angesaugt und durch das nachfolgende Wasser zusammengedrückt wird. Die Röhre mündet in ein weites Gefäß, in welchem die Scheidung von Luft und Wasser stattfindet.

Die Einrichtung eines Wassertrommelgebläses mit 2 Einfallröhren ist aus der nachstehenden Fig. 541 ersichtlich.

Durch das Gerinne P strömt Wasser in das Einfallrohr E. Die Menge desselben läßt sich durch die am unteren Ende mit einem Kegel k versehene Stange x regeln. Die Luft wird durch Löcher v im oberen Teile des Rohres, die sogen. Schlucklöcher, angesaugt. Das Einfallrohr mündet in einen unten offenen Holzbottich H (die sogen. Trommel), welcher in einem mit Wasser gefüllten Kasten K zur Aufnahme des niederfallenden Wassers steht. Aus diesem Kasten fließt das Wasser durch ein Gerinne ab.

In der Trommel befindet sich eine sogen. Brechbank B, d. i. ein flacher Kegel, dessen Spitze unter der Achse des Einfallrohres liegt. Dieselbe dient zur Scheidung von Wasser und Luft. Beide Körper gelangen nämlich aus dem Einfallrohre auf die Brechbank; durch die letztere wird das Wasser in feine Tropfen verteilt und dadurch von der Luft getrennt. Das fein zerteilte Wasser fällt in den Wasserkasten, während die Luft durch das Rohr Q in die Windleitung tritt.

Das Material, aus welchem derartige Gebläse gewöhnlich angefertigt werden, ist Holz.

Es werden bis sechs solcher Gebläse mit einem gemeinschaftlichen Wassergerinne und Wasserkasten zu einem Betriebe vereinigt.

Die Gefällhöhe des Wassers nimmt man zu 7—10 m, die Wassermenge pro Sekunde zu 0,061—0,093 cbm; die pro Sekunde gelieferte Windmenge beträgt 0,06—0,07 cbm; die Windpressung beträgt im Durchschnitt 60—70 mm Quecksilbersäule.

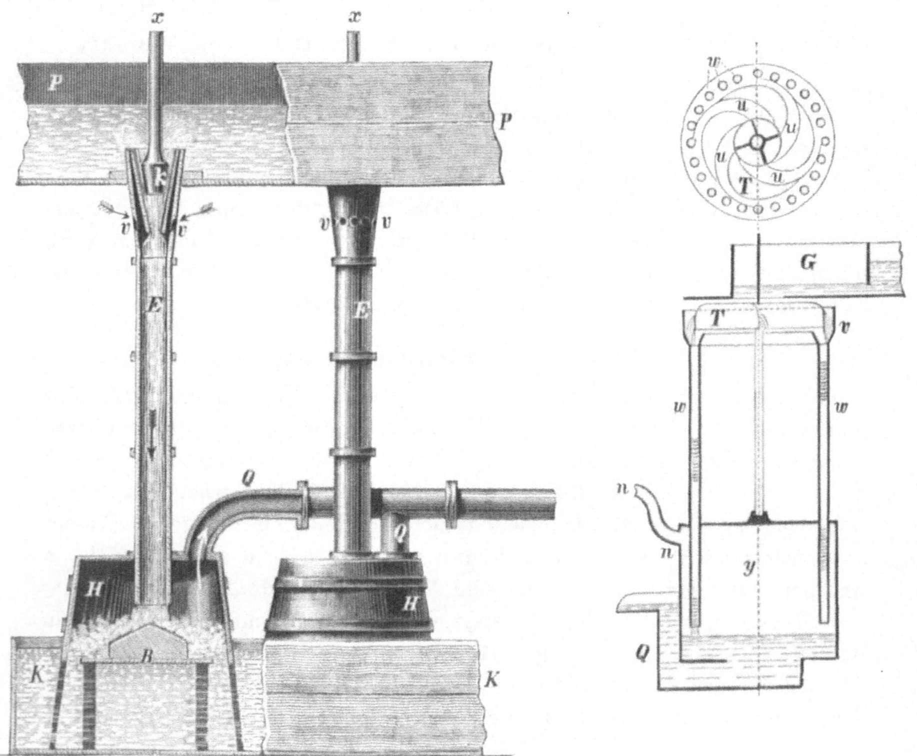

Fig. 541.   Fig. 542 u. 543.

Das Wassertrommelgebläse zeichnet sich durch Einfachheit und Billigkeit der Anlage aus, hat aber einen geringen Wirkungsgrad (0,1 bis 0,15) und liefert feuchten Wind. Man wendet es deshalb nur noch selten und dann in Gegenden mit überflüssigem Betriebswasser an, z. B. in Siebenbürgen, in der Lombardei und in Steiermark.

Das Wasserstopfengebläse und das Wassersäulengebläse.

Diese Gebläse beruhen auf dem Zusammenpressen der Luft durch den unmittelbaren Druck des Wassers. Die Luft befindet sich in Röhren oder Kästen, wird durch Einfließen von Wasser in dieselben zusammengedrückt und entweicht dann durch besondere Öffnungen. Nach der Entfernung des Wassers aus den Röhren bezw. Kästen füllen sich dieselben von neuem mit Luft, welche dann durch Zuströmen neuer Mengen von Wasser wieder zusammengepreßt wird.

Um einen kontinuierlichen Luftstrom zu erhalten, werden mehrere Röhren bezw. Kästen neben- bezw. übereinander angeordnet.

Beide Arten von Gebläsen besitzen eine verwickelte Einrichtung, liefern feuchten Wind von geringer Spannung und sind daher niemals zur definitiven Einführung gelangt. Es sei daher nur kurz die Einrichtung des einfacheren beider Gebläse, des Wasserstopfengebläses von Althans, erläutert. (Figuren 542 und 543).

Ein ringförmiges Gerinne v hat auf seinem Boden eine Reihe kreisförmiger Öffnungen, welche mit senkrechten Röhren w verbunden sind. Die letzteren münden in einen Kasten y, welcher in seinem oberen Teile eine Öffnung n zum Ausströmen der Luft besitzt und unten mit einem Wasserkasten Q zum Ableiten des Wassers in Verbindung steht. Über dem ringförmigen Gerinne ist ein Reaktionsrad T angebracht, welches aus einem höher liegenden Gerinne G mit Wasser gespeist wird. Durch die Bewegung des Reaktionsrades wird das aus den Armen u desselben ausströmende Wasser in das Gerinne bezw. intermittierend in die einzelnen Röhren entleert, fällt in denselben herunter, preßt die Luft zusammen und schiebt dieselbe vor sich her in den Kasten y, in welchem die Scheidung von Luft und Wasser stattfindet. Die Luft tritt in die Windleitung n, während das Wasser in den Kasten gelangt und aus demselben ausfließt.

Das Wassersäulengebläse von Henschel besteht aus einer Reihe übereinander befindlicher Kästen, welche sich abwechselnd mit Luft und Wasser füllen. Durch das Wasser wird die Luft zusammengepreßt und in die Windleitung gedrückt. Der Raum des aus dem Kasten ausfließenden Wassers wird wieder durch Luft eingenommen, welche durch von neuem zufließendes Wasser wieder zusammengepreßt wird u. s. f. Das Öffnen und Schließen der Ventile, welche die Kästen mit einander in Verbindung setzen bezw. von einander abschließen, geschieht durch eine Wassersäulenmaschine.

Das Zusammenpressen der Luft mit Hilfe fester Flächen.

Dasselbe geschieht durch direkten Druck starrer bewegter Körper auf die Luft.

Die Bewegung dieser starren Körper ist entweder eine ununterbrochene oder eine unterbrochene.

Der Raum, in welchem die Verdichtung der Luft erfolgt, ist entweder durch feste Körper oder teils durch feste Körper, teils durch Wasser begrenzt. Im ersteren Falle sind die Wände entweder starr oder teils starr, teils biegsam (Lederbälge).

Zu den Gebläsen mit ununterbrochener Bewegung der drückenden starren Körper gehören die verschiedenen Kapselgebläse (Blower), der Schraubenventilator, die Cagniardelle und das Paternoster- oder Kettengebläse.

Zu den Gebläsen mit unterbrochener Bewegung der drückenden Körper gehören die Balgengebläse, die Kastengebläse, die Zylindergebläse, das Wassertonnengebläse und das Baadersche oder Glockengebläse.

Gebläse mit ununterbrochener Bewegung der drückenden Körper.

Diese Gebläse erzeugen einen ununterbrochenen Windstrom.

Man unterscheidet dieselben in Gebläse, deren Luftverdichtungsraum durch feste Körper begrenzt wird, und in Gebläse, deren Luftverdichtungsraum teils durch feste Körper, teils durch Wasser begrenzt wird. Zu den Gebläsen der ersten Art gehören die Kapselgebläse und der Schraubenventilator, zu den Gebläsen der zweiten Art die Cagniardelle und das Paternostergebläse.

Gebläse mit Begrenzung des Verdichtungsraumes durch feste Körper.

Die Kapselgebläse.

Die Kapselgebläse sind solche Gebläse, welche die Luft durch sich ununterbrochen drehende starre Körper fortbewegen und zusammendrücken. Zu denselben gehören das Kapselgebläse von Root (Root-Blower), von Jäger und das Schraubengebläse von Krigar und Ihssen.

Das Kapselgebläse von Root (Blower) besteht aus zwei sich gegenseitig abschließenden, um parallele Achsen in einem Gehäuse aus Gußeisen in entgegengesetzter Richtung rotierenden Flügeln. Die Einrichtung desselben ist aus den Figuren 544 und 545 ersichtlich. Die Flügel desselben schließen in jeder Lage aneinander sowohl wie an die Wand des Gehäuses dicht an. Es entstehen daher, wie sich aus der Figur 544 ergibt, geschlossene bewegliche Räume, welche durch Teile der Gehäusewand und der Flügel begrenzt werden. Die Gehäusewand ist oben und unten durch je eine über die ganze Länge der Kammer ausgedehnte Öffnung unterbrochen. Gelangen nun die gedachten geschlossenen Räume infolge der Drehung der Flügel unter die obere Öffnung, so tritt von außen Luft in die Räume ein; bei weiterer Drehung der Flügel wird dieselbe mit den wieder geschlossenen Räumen fortgeschoben und durch die untere Öffnung in eine an dieselbe angeschlossene Windleitung ausgedrückt. Man kann auch umgekehrt die Luft durch die untere Öffnung des Gehäuses eintreten und durch die obere Öffnung desselben austreten lassen. Auch können die Ein- und Austrittsöffnungen für den Wind seitlich liegen. Durch eine rasche Umdrehung der Flügel erhält man auf diese Weise einen ununterbrochenen Windstrom.

In Figur 545 sind t und t' die Flügel. Durch den Saughals C tritt die Luft ein, wird durch die Flügel in den gedachten Raum zwischen Gehäusewand und Flügel geschoben und bei weiterer Drehung der letzteren in das Abzugsrohr D gedrückt. Die Flügel bestehen aus eisernen Rippen, welche mit Holz überdeckt sind. Zur Erzielung des erforderlichen dichten Anschlusses der Flügel aneinander und an die Gehäusewand wird eine Dichtung (Liderung), welche aus Graphit oder aus einem Gemenge von Wachs und Graphit besteht, angewendet. Die Windpressung hängt von der Zahl der Umdrehungen der Flügel und der Dichtigkeit des Abschlusses zwischen Flügeln und Gehäusewand ab. Sie geht bis 50 mm Quecksilber. Die Zahl der Umdrehungen der Flügel beträgt 200 — 500 pro Minute. Wegen dieser Umdrehungszahl macht man die Lager des Kapselgebläses breit. Der Antrieb des Gebläses erfolgt durch 2 Riemscheiben.

Das Root-Gebläse hat die Vorteile geringer Anlagekosten ($^1/_6$ der Zylindergebläse, welche die gleiche Windmenge liefern), der Lieferung größerer Windpressung bei geringerer Umdrehungszahl der Flügel, als die Zentrifugalventilatoren, und eines guten Wirkungsgrades. Dagegen hat es den Nachteil der Verringerung des Wirkungsgrades bei zu hohen Spannungen, weil bei denselben die Herstellung eines dichten Abschlusses zwischen den Flügeln unter sich sowohl wie zwischen Flügeln und Gehäusewandung nicht mehr zu ermöglichen ist.

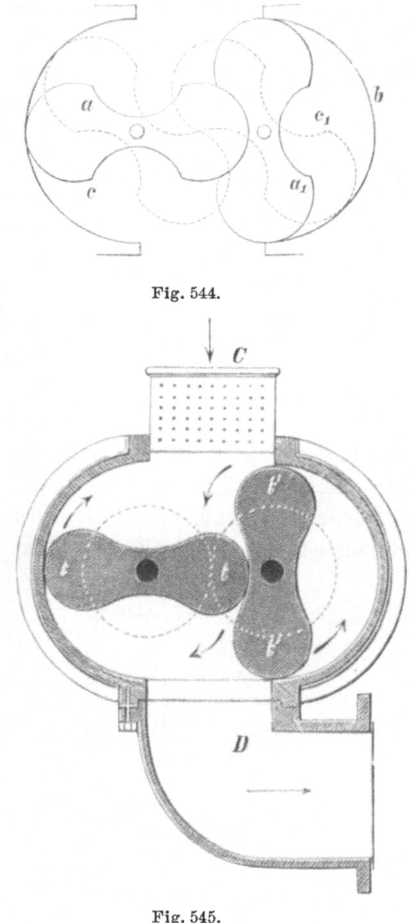

Fig. 544.

Fig. 545.

Man verwendet es mit dem besten Erfolge bei niedrigen und mittleren Pressungen, bei Schachtöfen zum Umschmelzen des Roheisens und besonders bei Schachtöfen für die Kupfer-, Blei- und Silbergewinnung. Außer dem Blower von Root stehen in Nordamerika noch Blower von Baker und von Mc. Kenzie mit Erfolg in Anwendung.

Das Hochdruckgebläse von Jäger in Leipzig stellt eine verbesserte Form des Kapselgebläses dar. Die Einrichtung desselben ist aus Figur 546

ersichtlich. Auf einer kreisförmigen Antriebsscheibe sind drei Kolben k
angebracht. Dieselben bewegen sich in dem ringförmigen Raum a, welcher
durch die Wandungen von zwei ineinander befindlichen feststehenden Zylindern gebildet wird. In dem oberen Teil des Gehäuses befindet sich

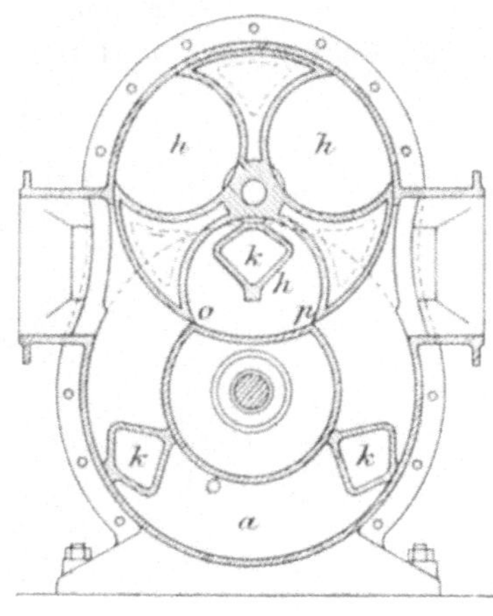

ein drehbarer Steuerzylinder mit den drei
Höhlungen h. Bei der Drehung des Kolben-
körpers und des Steuerzylinders, welche
durch außerhalb liegende Zahnräder mit
gleicher Umdrehungszahl angetrieben werden, gelangen die Kolben k in die Höhlungen h. In denselben werden sie von
der Druckseite zur Saugseite zurück-
geleitet. Die konvexen Zylinderflächen
des Steuerzylinders bewirken an der kon-
kaven feststehenden Zylinderfläche o p die
Dichtung. Der Kolben k schließt beim
Austreten aus der Höhlung h den ringförmigen Raum a am Eintrittsrohr für die
Luft ab und drückt die Luft, welche
sich zwischen ihm und dem vorher-

Fig. 546.

gehenden Kolben befindet, vorwärts, bis zum Austrittsrohr und dann in
dieses hinein.

Das Schraubengebläse von Krigar, welches aus Figur 547 ersichtlich ist, hat gleichfalls 3 in dem ringförmigen Raum a sich bewegende

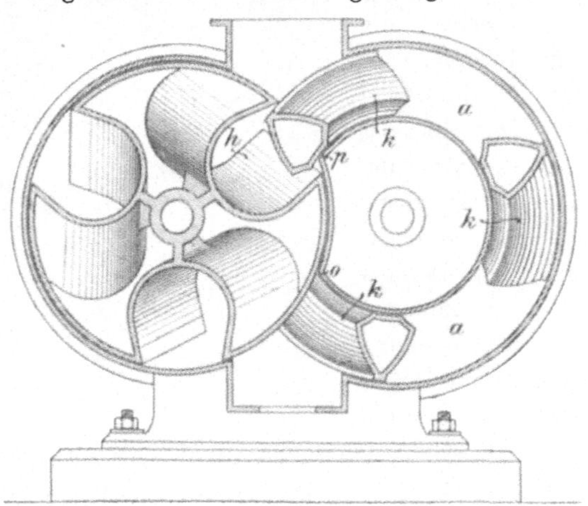

Fig. 547.

Kolben k, welche in die Höhlungen h eines Steuerzylinders eintreten.
Die Kolben liegen indes nicht parallel zur Achse, sondern sind in der
Richtung einer steilen Schraubenlinie angeordnet. Der Zylinder hat in
jeder Längshälfte bis zur Mitte desselben gehende Kolben. Die letzteren

bilden in der einen Hälfte eine linksgängige, in der anderen Hälfte eine rechtsgängige Schraube.

Der Schraubenventilator.

Die Schraubenventilatoren, Figur 548, bestehen aus einem liegenden, in einem zylindrischen Gehäuse G rotierenden Schraubengang oder statt dessen aus einer Welle, an welcher mehrere Flügel t t derartig angebracht sind, daß sie Teile von einem oder mehreren Schraubengängen bilden.

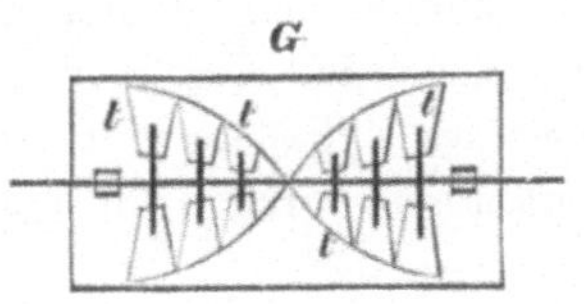

Fig. 548.

Bei der Umdrehung der Welle wird die Luft von der einen Seite des Gehäuses nach der an der anderen Seite derselben angebrachten Windleitung fortgedrückt.

Der Wirkungsgrad dieser Gebläse ist ein sehr niedriger. Sie werden deshalb als blasende Maschinen nicht angewendet.

Gebläse, deren Luftverdichtungsraum teils durch feste Körper, teils durch Wasser begrenzt wird.
Die Cagniardelle.

Diese Gebläsevorrichtung, nach ihrem Erfinder Cagniard-Latour „Cagniardelle" genannt, auch wohl als „Schraubengebläse" bezeichnet, beruht auf dem Fortschieben und Zusammenpressen der Luft durch einen rotierenden schraubenförmig gewundenen Kanal. Die Einrichtung derselben ist die nachstehende. (Figur 549.) Um eine hohle gußeiserne, mit 20^0 geneigte Welle c d ist eine nach einer Schraubenfläche geformte Platte derartig herumgelegt, daß ein Raum von der Gestalt eines Schraubenkanals gebildet wird. Dieser Raum wird von einem zylindrischen Mantel m, welcher luftdicht mit der schraubenförmigen Platte verbunden ist und sich mit derselben dreht, umgeben.

Diese aus Welle, Schraube und Mantel bestehende Vorrichtung ist in einen zum Teil mit Wasser gefüllten Behälter aus Eisen oder Mauerwerk (welches letztere mit Zement bekleidet ist) eingelassen. Der zylindrische Mantel ist an dem höher liegenden Ende offen; an das entgegengesetzte Ende des Mantels ist ein flacher abgestumpfter Kegel angeschlossen, dessen Enden gleichfalls offen sind. Durch das kleinere offene Ende geht die Welle und über derselben das Windleitungsrohr S hindurch.

Wird nun die Vorrichtung durch ein in das Zahnrad z eingreifendes Rad R in Bewegung gesetzt, so wird sich die Mündung des Schraubenkanals abwechselnd im Wasser und über demselben in der Luft befinden.

Die Luft, welche sie aufgenommen hat, wird beim Eintauchen derselben in das Wasser eingeschlossen und durch die Bewegung des Schraubenkanals fortgeschoben. Gelangt die Mündung wieder über das Wasser, so nimmt sie neue Luft auf und führt dieselbe wieder in das Wasser. Es werden daher abwechselnde Schichten von Luft und Wasser in dem Schraubenkanale fortgeschoben. Die Luft wird in dem Maße, wie sie fortgeschoben wird, verdichtet. Luft und Wasser gelangen schließlich in den Raum v, wo die Scheidung beider Körper erfolgt. Die Luft tritt in das Rohr S, welches mit der Windleitung verbunden ist; das Wasser tritt durch das offene kleinere Ende des Kegels in den Wasserbehälter. Bei ununterbrochener Bewegung des Zylinders tritt also in das gedachte Rohr S fortgesetzt Luft ein, während durch die Öffnung des Kegels unausge-

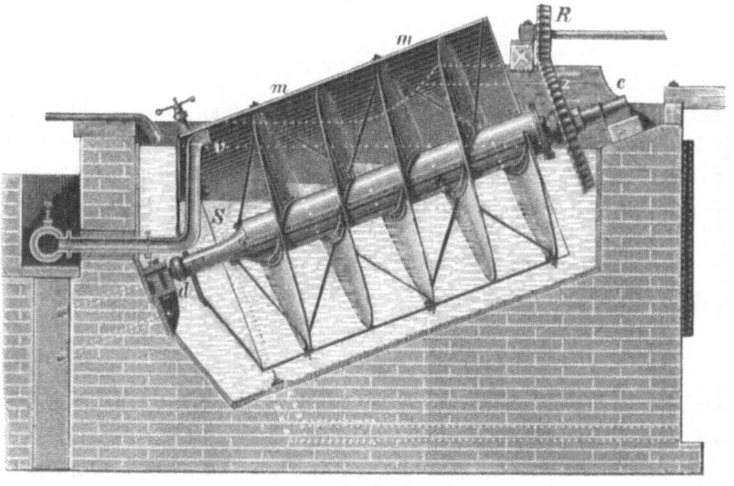

Fig. 549.

setzt Wasser in den Wasserbehälter austritt. Da die Luft auf dem Wege von der oberen Mündung bis zum Ende des Schraubenkanals nur allmählich verdichtet wird, so ist die Spannung der einzelnen Luftschichten um so größer, je näher dieselben dem Austrittsraume liegen. Es liegen daher auch die Spiegel der einzelnen Wasserschichten um so niedriger, je mehr sie dem unteren Ende des Zylinders angenähert sind.

Das beste Material für die Schraubenfläche ist Kupferblech, für den Mantel Gußeisen.

Der Wirkungsgrad der Cagniardelle beträgt 0,88 —0,90. Die Windpressung geht bis 65 mm Quecksilber.

Trotz des hohen Wirkungsgrades, der Erzeugung eines ununterbrochenen Windstromes, der geringen Kraft zum Betriebe und der Einfachheit der Vorrichtung findet die Cagniardelle nur selten Anwendung, weil sie feuchten Wind liefert, schwierig herzustellen ist und weil hohe

Windpressungen (über 65 mm Quecksilbersäule) mit derselben nicht zu erzielen sind. Sie findet noch vereinzelt bei der Kupfer-, Silber- und Bleigewinnung in Schachtöfen sowie zur Erzeugung von Unterwind Anwendung.

Eine ähnliche Wirkungsweise wie die Cagniardelle hatte das wegen seines geringen Wirkungsgrades außer Gebrauch gekommene Schöpfradgebläse (siehe von Hauer, Die Hüttenwesenmaschinen, Seite 122).

<h2 style="text-align:center">Das Paternoster- oder Kettengebläse.</h2>

Bei diesem Gebläse dient das Wasser nicht nur zum Abschließen des Luftverdichtungsraums, sondern wirkt auch als Motor.

Das Kettengebläse, Figur 550, stellt eine über ein Rad d laufende Kette ohne Ende dar, an welcher sich in gewissen Abständen aus zwei Klappen bestehende Scheiben s befinden.

Ein Teil der Kette bewegt sich durch das Rohr T, welches in einen unten offenen, oben mit einem Windrohr y versehenen Kasten z mündet. Der letztere ist in einem weiteren, mit Wasser gefüllten Kasten N befestigt.

Durch eine Lutte v fließt ein Wasserstrom in das Rohr. Das Wasser fällt auf die Scheiben s und setzt, da die letzteren fast den ganzen Querschnitt des Rohres einnehmen, durch sein Gewicht die Kette ohne Ende in eine ununterbrochene Bewegung. Der Zufluß des Wassers ist so eingerichtet, daß der Raum u zwischen je 2 Scheiben nur teilweise mit demselben angefüllt wird, so daß immer eine gewisse Menge Luft in demselben bleibt. Dieselbe wird daher bis in den Kasten z mitgeführt. Hier öffnen sich beim Eintauchen der Scheiben in das Wasser die Klappen derselben nach oben, die Luft entweicht in gepreßtem Zustande in den oberen Teil des Kastens z und aus diesem in das Windleitungsrohr y, während das Wasser in dem Kasten N bleibt.

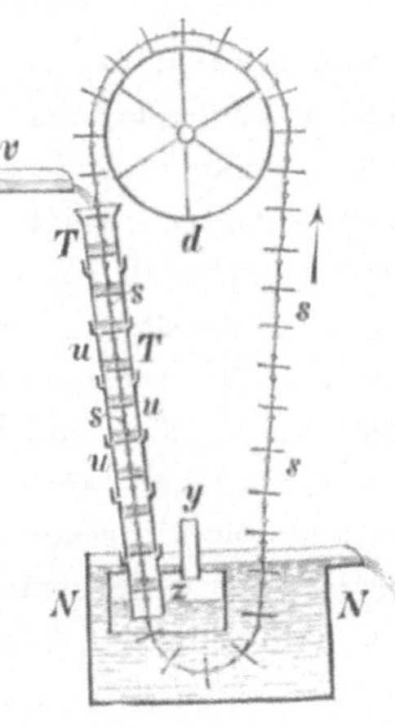

Fig. 550.

Das gedachte Gebläse hat zwar einen guten Wirkungsgrad (0,6), erfordert aber ein hohes Gefälle (10 m), macht viele Reparaturen nötig und liefert feuchten Wind. Es wird daher nicht mehr angewendet.

<h3 style="text-align:center">Gebläse mit unterbrochener Bewegung der
drückenden Körper.</h3>

Diese Gebläse liefern keinen kontinuierlichen Windstrom. Es sind daher Vorrichtungen erforderlich, den letzteren in einen kontinuierlichen Strom von gleicher Spannung zu verwandeln.

Auch diese Gebläse unterscheidet man in solche, deren Verdichtungsraum für die Luft durch feste Körper, und in solche, deren Luft-

39*

verdichtungsraum teils durch feste Körper, teils durch Wasser begrenzt wird.

Zu den Gebläsen der ersten Art gehören die Balgengebläse, die Kastengebläse und die Zylindergebläse, zu den Gebläsen der zweiten Art das Wassertonnengebläse und das Baadersche oder Glockengebläse.

Gebläse mit Begrenzung des Verdichtungsraums durch feste Körper.

Man unterscheidet hier wieder Gebläse, deren Luftverdichtungsraum teils von biegsamen, teils von starren festen Körpern begrenzt wird, und Gebläse, deren Luftverdichtungsraum nur von starren festen Körpern begrenzt wird. Zu den Gebläsen der ersten Art gehören die Lederbälge, zu denen der letzteren Art der hölzerne Spitzbalg, die Kastengebläse und die Zylindergebläse.

Die Lederbälge

beruhen auf dem Prinzip der gewöhnlichen Blasebälge. Zwei durch einen Mantel von gefaltetem Leder verbundene Platten werden abwechselnd einander genähert und von einander entfernt. Bei der Entfernung der Platten von einander dringt Luft durch ein Ventil in den Raum zwischen denselben, während bei der Annäherung der Platten aneinander die Luft zusammengepreßt und durch eine Düse oder ein Ventil ausgedrückt wird. Da die Luft ruckweise austritt, so müssen mit diesen Bälgen Vorrichtungen verbunden sein, welche den ruckweise austretenden Windstrom in einen kontinuierlichen verwandeln. Die Bewegung der drückenden Platte ist entweder eine drehende, in welchem Falle man die Bälge „Spitzbälge" nennt, oder eine geradlinige, in welchem Falle man die Bälge „Zylinderbälge" nennt.

Die Spitzbälge.

Dieselben sind entweder einfach wirkend oder doppeltwirkend.

Der einfach wirkende Spitzbalg Fig. 551 besteht aus dem eigentlichen Balg P und der Vorrichtung zur Erzielung eines gleichmäßigen Windstromes, dem Reservoir oder Regulator Q. Der eigentliche Balg besteht aus der beweglichen Platte oder dem Boden u, aus dem Leder und aus dem unbeweglichen Deckel w, welcher letztere gleichzeitig den Boden des Reservoirs bildet. In dem Boden des Balges ist das sich nach innen öffnende Klappenventil k, in dem Deckel das sich in das Reservoir öffnende Klappenventil x angebracht. Das Reservoir besteht aus dem Boden, dem Leder, dem Deckel T und dem durchbohrten Balgenkopf B mit der Düse f. Der Boden des Balgs kann durch eine an der Kette m wirkende Kraft nach dem Deckel zu bewegt werden, während ihn beim Aufhören der Wirkung dieser Kraft ein Gegengewicht o nach unten zieht. Wird nun der Boden u nach dem Deckel w hin bewegt, so wird die in dem

Balge befindliche Luft zusammengepreßt und durch das geöffnete Ventil x in das Reservoir gepreßt. Bewegt er sich dagegen nach unten, so wird das Ventil k geöffnet und es tritt Luft durch dasselbe in den Balg ein.

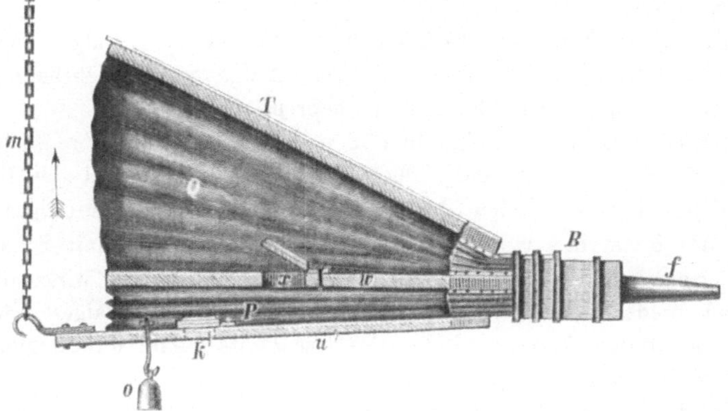

Fig. 551.

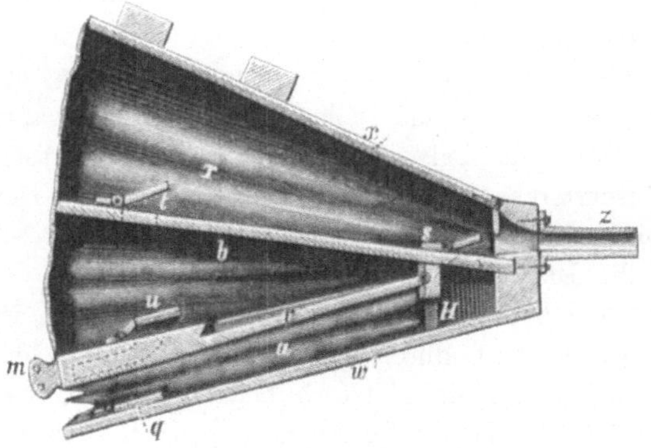

Fig. 552.

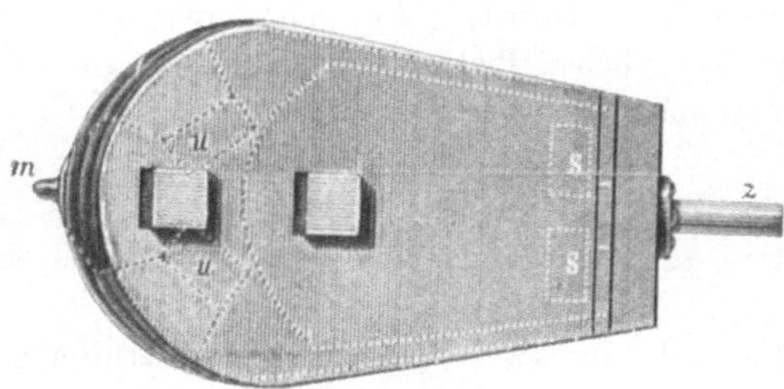

Fig. 553.

Diese Luft wird bei der Aufwärtsbewegung des Bodens wieder in das Reservoir gepreßt u. s. f. Das Reservoir hat mindestens den doppelten räumlichen Inhalt wie der Balg. Sobald dasselbe gefüllt ist, kann ununterbrochen Luft aus demselben ausströmen. Dieselbe nimmt ihren Weg durch den durchbohrten Balgenkopf in die Düse. Durch größere oder geringere Belastung des Deckels des Reservoirs mit Gewichten läßt sich die Windpressung regeln.

Der **doppeltwirkende Spitzbalg** besteht aus 2 Balgen und einem Reservoir, in welches letztere sowohl beim Aufgange als auch beim Niedergange einer beweglichen Platte Wind gepreßt wird.

Derselbe ist in den Figuren 552 und 553 dargestellt. a ist der eine Balg, b der andere Balg und r das Reservoir. Der Deckel des Balges a ist gleichzeitig der Boden des Balges b, der Deckel des Balges b der Boden des Reservoirs r. Der Deckel bezw. Boden v ist mit Scharnieren an der Holzwand H befestigt und kann durch eine bei m wirkende Kraft auf und nieder bewegt werden. Der Boden w des Balges a und der Deckel des Balges b bezw. Boden des Reservoirs r sind unbeweglich. Der Deckel x des Reservoirs ist beweglich.

In den Balg a tritt die Luft durch ein Ventil q im Boden desselben ein, während sie durch ein Ventil s in dem verlängerten Deckel des Balges b bezw. dem Boden des Reservoirs r aus demselben heraustritt. Der Eintritt der Luft in den Balg b erfolgt durch eine in dem Boden desselben angebrachte nach außen gehende Öffnung beziehungsweise durch das dieselbe öffnende und schließende Ventil u, während der Austritt der Luft aus dem Balg durch das im Deckel desselben bezw. im Boden des Reservoirs r angebrachte Ventil t erfolgt. Der Austritt der Luft aus dem Reservoir, dessen Deckel x mit Steinen beschwert ist, geschieht durch die Düse z.

Wird nun die bewegliche Platte v durch die bei m wirkende Kraft aufwärts bewegt, so tritt durch das Ventil q Luft in den Balg a ein, während gleichzeitig die im Balge b befindliche Luft zusammengepreßt und durch das Ventil t in das Reservoir r gedrückt wird. Bei der Bewegung der Platte v nach unten wird die im Balge a befindliche Luft durch das Ventil s in das Reservoir gedrückt, während durch das Ventil u Luft in den Balg b eintritt. Die auf diese Weise beim Auf- und Niedergange der beweglichen Platte in das Reservoir gepreßte Luft strömt durch die Düse z aus.

Der Zylinderbalg.

Der **Zylinderbalg** besteht aus dem eigentlichen Balg und dem Reservoir.

Der Balg besteht aus zwei durch einen zylinderförmigen Ledermantel mit einander verbundenen kreisförmigen Holzplatten, von welchen die eine auf und ab bewegt werden kann. Die bewegliche Platte enthält das Ventil zum Eintritt der Luft in den Balg, die unbewegliche Platte das Ventil zum Austritt derselben in den Regulator, welcher gleichfalls aus kreisförmigen durch einen zylindrischen Ledermantel miteinander verbundenen Platten besteht. Die untere feste Platte desselben bildet gleichzeitig den Deckel des Balges. Die obere Platte des Regulators ist beweglich und mit Steinen beschwert. Die Zylinderbälge können sowohl einfach- als auch doppeltwirkend sein.

Die Einrichtung eines einfach wirkenden Zylinderbalges ist aus der nebenstehenden Zeichnung (Fig. 554) ersichtlich.

a ist der Balg, b der Regulator; P ist der bewegliche Boden, u der unbewegliche Deckel des Balgs. Der letztere besitzt nach außen vorspringende Ränder, mit welchen er auf einem den Balg umgebenden Gerüste befestigt ist. p sind die Ventile für den Eintritt der Luft in den Balg, t die Ventile für den Austritt derselben aus dem Balg in den Regulator. Der bewegliche Boden P wird durch die Zugstangen w aufwärts und abwärts bewegt. Bei der Aufwärtsbewegung wird die im Balg vorhandene Luft in den Regulator gedrückt, während bei der Abwärtsbewegung Luft in den Balg gesaugt wird.

Auf dem Boden des Regulators ist ein Holzzylinder angebracht. Derselbe hat eine Öffnung z, durch welche die Luft aus dem Regulator in die Windleitung entweicht. An dem mit Gewichten beschwerten Deckel des Regulators ist zum Zwecke der Geradführung eine Stange f befestigt, welche durch einen Balken hindurchgeführt ist.

Die Lederbälge (Spitz- und Zylinderbälge) haben nur einen geringen Wirkungsgrad und liefern

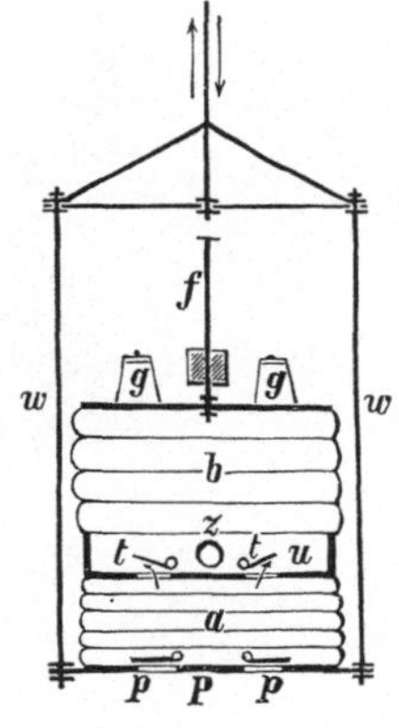

Fig. 554.

Wind von nicht mehr als 17 mm Quecksilber Pressung. Das Leder wird, besonders durch Nässe und Hitze, leicht schadhaft und erfordert daher häufige Reparaturen.

Die Lederbälge finden daher gegenwärtig nur noch Verwendung zum Betrieb von Schmiede- und Schweißfeuern sowie in unkultivierten Ländern auch noch zum Schmelzen von Blei- und Kupfererzen in Schachtöfen.

Der hölzerne Spitzbalg.

Die hölzernen Spitzbälge sind Bälge von der Gestalt der ledernen Spitzbälge. Das Leder ist indes bei denselben durch Holz ersetzt.

Sie bestehen entweder aus einer festliegenden Platte und einem beweglichen Holzmantel oder aus einem festliegenden Holzmantel und einer beweglichen Platte.

Ein Spitzbalg der ersten Art ist durch die nachstehende Fig. 555 erläutert.

p ist eine festliegende mit einem Saugventil q versehene Holzplatte, an welche der Balgenkopf fest angeschlossen ist.

Über dieser Platte ist ein Holzmantel H angebracht, welcher aus einer trapezförmigen Holzplatte z, zwei an derselben befestigten senkrechten Seitenplatten und einer gleichfalls daran befestigten gekrümmten Rückwand besteht. Die Platte z ist um ein am Balgenkopfe angebrachtes Scharnier s drehbar, so daß auch der ganze Mantel auf- und abbewegt werden kann. Zur Erzielung eines möglichst luftdichten Abschlusses zwischen den Seitenwänden des Mantels und der festliegenden Platte p ist die letztere mit einer Liderung aus beweglichen Holzleisten versehen, welche durch Stahlfedern gegen die Seitenwände des Mantels angedrückt werden. Im Balgenkopfe ist ein sich nach außen öffnendes Ventil angebracht. Wird nun der Mantel aufwärts bewegt, so tritt durch das Ventil q

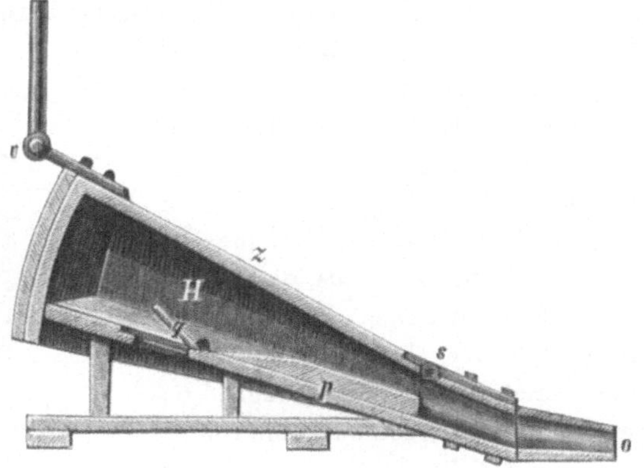

Fig. 555.

Luft in denselben, während bei der Abwärtsbewegung die Luft zusammengedrückt und durch die am Balgenkopfe angebrachte Düse o ausgeblasen wird.

Bei dem Spitzbalg mit festliegendem Mantel ist der Balgenkopf mit dem letzteren fest verbunden und die bewegliche Bodenplatte um ein am Balgenkopfe angebrachtes Scharnier drehbar. Man nennt derartige Bälge: Schämelbälge oder Windholmgebläse (weil sie von Windholm aus Frankreich, wo sie zuerst angewendet wurden, nach Schweden gebracht worden sind).

Die Holzbälge erfordern wegen des größeren Gewichtes der bewegten Teile und wegen der starken Reibung derselben größere Kraft als die Lederbälge, ohne die Leistung derselben zu erreichen. Sie werden daher gegenwärtig nicht mehr angewendet.

Das Kastengebläse.

Dasselbe besteht, wie die Fig. 556 und 557 darlegen, aus einem an der unteren Seite offenen Holzkasten H von rechteckigem oder quadratischem Horizontalquerschnitt, in welchem sich ein Kolben k auf- und abbewegt. Der letztere, welcher aus zwei Lagen kreuzweise übereinander gelegter Bohlen zusammengesetzt ist, enthält zwei sich nach dem Innern des Kastens öffnende Ventile vv. Der dichte Abschluß des Kolbens gegen die Wände des Kastens wird durch eine Lederliderung bewirkt. Im Deckel des Kastens befindet sich das Druckventil w, durch welches Luft in die Windleitung z eintritt. Bei der Abwärtsbewegung des Kolbens tritt Luft durch die Ventile vv in den Kasten ein und wird bei der Aufwärtsbewegung desselben durch das Ventil w in die Windleitung gepreßt. Zur Erzielung eines gleichmäßigen Windstromes läßt man mehrere Kastengebläse ihren Wind in eine gemeinschaftliche Windleitung einblasen. Das Gebläse kann auch doppeltwirkend eingerichtet werden, in welchem Falle

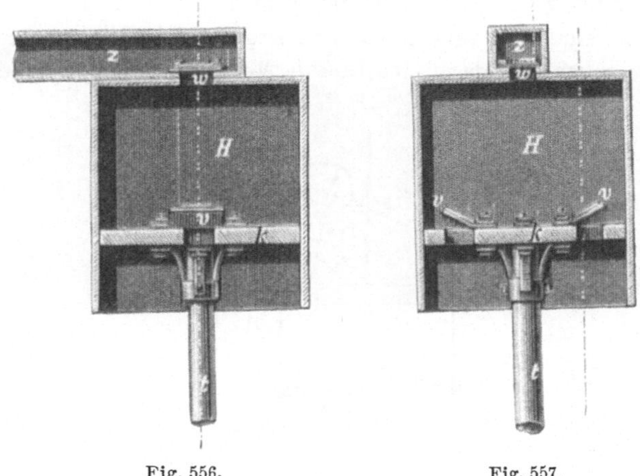

Fig. 556.   Fig. 557.

das Holz durch Eisen zu ersetzen ist. Anstatt doppeltwirkender Kastengebläse wendet man aber zweckmäßiger Zylindergebläse an.

Die Kastengebläse besitzen einen Wirkungsgrad von 0,5. Die mit denselben erzielte Windpressung beträgt bis 150 mm Quecksilbersäule. Über diese Pressung hinaus werden die Windverluste zu groß.

Sie sind gegenwärtig allgemein durch die Zylindergebläse verdrängt worden.

Die Zylindergebläse.

Dieselben haben sich aus den Kastengebläsen entwickelt. Sie finden überall Anwendung, wo eine hohe Pressung des Windes erforderlich ist, besonders beim Betriebe der Eisenhochöfen, bei der Herstellung von Flußeisen in Birnen (Konvertern) oder schwedischen Öfen, sowie beim Kupfer-Bessemer-Prozeß.

Das Zylindergebläse besteht im wesentlichen aus einem hohlen geschlossenen, an den Enden mit Ein- und Austrittsöffnungen für die Luft versehenen Gußeisenzylinder, in welchem durch die Vorwärts- und Rückwärtsbewegung eines Kolbens Luft angesaugt bezw. zusammengepreßt wird. Wird nur bei der Vorwärtsbewegung des Kolbens Luft angesaugt und nur

bei der Rückwärtsbewegung desselben Luft zusammengedrückt, so ist das
Gebläse einfach wirkend. Findet dagegen sowohl bei der Vorwärts-
als auch bei der Rückwärtsbewegung des Kolbens an der einen Seite
desselben ein Ansaugen, an der anderen Seite ein Zusammendrücken von
Luft statt, so ist das Gebläse doppelt wirkend.

Einfach wirkende Gebläse werden gegenwärtig nur noch ausnahmsweise angewendet. Da der Zylinder nur einen Deckel besitzt, so läßt
sich die Liderung des Kolbens leichter erneuern, als bei doppelt wirkenden
Gebläsen.

Das Prinzip der doppelt wirkenden Gebläse erhellt aus Fig. 558.
In dem Zylinder w bewegt sich der Kolben p. In den beiden Deckeln
des Zylinders sind Saugventile a a' und Druckventile b b' angebracht. Die
Saugventile stehen mit der freien Luft in Verbindung, während die Druck-

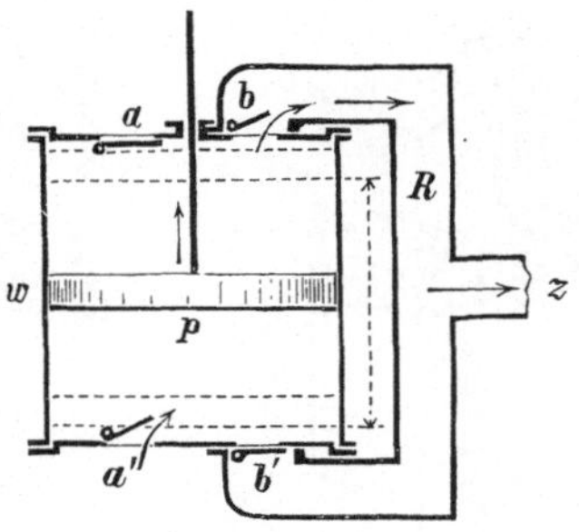

Fig. 558.

ventile in einen Raum R zur Ansammlung der gepreßten Luft münden,
aus welchem die letztere in die Windleitung z tritt. Bewegt sich nun
der Kolben in der Richtung des Pfeiles, so sind die Öffnungen a und b'
geschlossen, während a' und b geöffnet sind. Durch a' wird Luft in den
Zylinder eingesaugt, während durch b Luft in den Windsammelkasten R
bezw. die Windleitung z gepreßt wird. Bewegt sich der Kolben in entgegengesetzter Richtung, so sind a' und b geschlossen, während a und b'
geöffnet sind. Es tritt dann Luft durch a in den Zylinder, während die
bei dem Vorwärtsgange des Kolbens angesaugte Luft durch b' in den
Windsammelkasten gepreßt wird.

Als Motoren benutzt man Dampfmaschinen, Gasmaschinen (welche
durch die Explosion von Hochofengichtgas getrieben werden), Wasserräder
oder Turbinen.

Die Bewegung des Kolbens muß so geschehen, daß der Kolben so
nahe als möglich an die Zylinderdeckel herangeht, damit der Raum,
welcher zwischen Deckel und Kolbenfläche bleibt, der die Leistung des
Gebläses herabziehende sogen. schädliche Raum, möglichst beschränkt
wird. Man erreicht diesen Zweck am besten dadurch, daß man die

Kolbenstange direkt oder indirekt mit der Kurbel einer rotierenden Welle verbindet. Der Kolben erhält dann eine durch die Länge der Kurbel bestimmte unveränderliche Hublänge, so daß er sich dem Zylinderdeckel bis auf einen sehr kleinen Zwischenraum nähern kann. Um dieser Kurbel über den toten Punkt hinwegzuhelfen und um die Drehung möglichst gleichförmig zu machen, bringt man bei Anwendung von Dampfkraft ein Schwungrad auf der Welle an. Bei Anwendung von Wasserkraft wird das letztere durch das Wasserrad ersetzt.

Fehlt die Kurbelwelle, so muß, um eine Beschädigung der Zylinderdeckel zu verhindern, entweder der Kolben schon in einiger Entfernung von den Zylinderdeckeln umgesteuert werden, wodurch ein großer schädlicher Raum entsteht, oder der Kolbenhub muß durch starke Widerlager begrenzt werden, wodurch Erschütterungen herbeigeführt werden. In der neueren Zeit wendet man daher grundsätzlich Kurbelwellen an.

Die Hublänge des Kolbens kann bei stehenden Zylindern größer sein als bei liegenden Zylindern. Bei den letzteren wird nämlich die Kolbenstange leicht durchgebogen und zwar um so leichter, je größer der Hub ist. Bei geringer Hublänge ist die Geschwindigkeit des Kolbens eine größere. Infolgedessen ist auch die Zahl der Hubwechsel eine größere, wodurch wieder infolge des schädlichen Raumes die Leistung der Gebläsemaschine geringer ausfällt. Man macht die Hublänge des Kolbens bei großen Gebläsemaschinen mit stehendem Zylinder bis 3 m, bei großen Gebläsemaschinen mit liegendem Zylinder bis 2 m.

Die Geschwindigkeit des Kolbens macht man nicht zu groß, weil den Vorteilen einer großen Kolbengeschwindigkeit für eine bestimmte Windmenge, nämlich: geringer Durchmesser des Gebläsezylinders, leichtere Konstruktion und billigere Anlage der ganzen Maschine, Vermeidung der Durchbiegung der Kolbenstange bei liegenden Zylindern, erhebliche Nachteile gegenüberstehen, nämlich: die Unvollkommenheit des Ventilabschlusses, die Vergrößerung des schädlichen Raumes und die Gefahr von Beschädigungen der Maschinenteile infolge des raschen Ganges. Man geht daher selten über eine Geschwindigkeit des Kolbens von 1,5 m pro Sekunde hinaus. Nur bei Bessemer-Gebläsen hat man Geschwindigkeiten bis 2,5 m angewendet.

Die wesentlichen Teile des eigentlichen Zylindergebläses.

Der Zylinder besteht, wie schon erwähnt, aus Gußeisen. Bei hohen Spannungen des Windes (bei Bessemer-Gebläsen 1—2 Atmosphären) ist er wohl mit einem Blechmantel umgeben, so daß ein Raum entsteht, in welchem zur Kühlung des Zylinders Wasser zirkulieren kann. An den eigentlichen Zylinder sind der Deckel und der Boden luftdicht angeschraubt. Die Ein- und Auslaßöffnungen für den Wind sind in dem Deckel bezw. dem Boden des Zylinders angebracht. Nur bei rasch gehenden Maschinen, welche große Ventilquerschnitte erfordern, ist man gezwungen, diese

Öffnungen in dem Mantel des Zylinders anzubringen. Hierdurch wird der schädliche Raum vergrößert und die Leistung der Maschine herabgezogen.

Ein liegender Zylinder der erstgedachten Art ist in Fig. 559 dargestellt.

Durchmesser und Länge der Zylinder sind bei liegenden Zylindern geringer als bei stehenden Zylindern. Bei liegenden Zylindern hat nämlich die untere Hälfte derselben das Gewicht des Kolbens zu tragen und wird daher bei der Bewegung des Kolbens in horizontaler Richtung rasch abgenutzt. Je größer der Durchmesser des Zylinders ist, um so größer ist das Gewicht des Kolbens und infolgedessen auch die Abnutzung der unteren Zylinderwandung. Zur tunlichsten Beschränkung dieses Übelstandes geht man daher selten über 2,25 m Durchmesser des Zylinders hinaus. Ferner ist bei liegenden Zylindern die Gefahr einer Durchbiegung der Kolbenstange nahe gelegt. Dieselbe wächst mit der Länge des Gebläsezylinders. Man geht daher mit der Hublänge des Zylinders, wie schon erwähnt, nicht gerne über 2 m hinaus. Das Verhältnis der Hublänge zum Durchmesser des Zylinders ist bei liegenden Zylindern $^4/_5$ bis $^5/_6$, mitunter auch $^1/_1$.

Bei stehenden Zylindern fallen die gedachten Übelstände fort. Man kann ihnen deshalb größere Durchmesser und Längen geben. Bei großen Maschinen macht man den Zylinderdurchmesser bis 3,5 m, die Hubhöhe bis zu 3 m.

Der Kolben besteht aus Gußeisen oder aus Schmiedeeisen. Fig. 560 stellt eine Scheibe aus Gußeisen dar, welche zur Befestigung der Kolbenstange in der Mitte mit einer Nabe versehen ist. Von der Nabe laufen Rippen radial bis zu einem Gußeisenkranz aus, an dessen nach der Zylinderwand hingekehrter Seite die Liderung angebracht wird. Zur Beschränkung des schädlichen Raumes füllt man die hohlen Räume zwischen den Rippen mit Holz aus oder man verschließt die betreffende Seite des Kolbens durch eine Blechplatte d. Aus dem nämlichen Grunde vermeidet man auch vorspringende Gegenstände, z. B. Schraubenköpfe an der Kolbenfläche. Den Kolben macht man bei liegenden Zylindern zur Verminderung des Kolbengewichtes und der durch dasselbe hervorgerufenen Nachteile (Abnutzung der unteren Zylinderwand und der Liderung) möglichst leicht. Man fertigt daher die Deckel sowohl wie die Bodenplatte desselben aus Eisenblech an oder man gibt dem aus Schmiedeeisen herzustellenden Körper des Kolbens die Gestalt eines Radsternes und bedeckt denselben zu beiden Seiten mit Blechscheiben. Die Kolbenstangen müssen möglichst stark konstruiert sein. Bei liegenden Zylindern werden dieselben, um möglichst gegen Durchbiegung geschützt zu sein, durch beide Zylinderdeckel hindurchgeführt und gleiten dann in besonderen Führungen. Aus dem nämlichen Grunde macht man sie bei größeren Gebläsen hohl, wie aus Fig. 559 ersichtlich ist. Zur sicheren

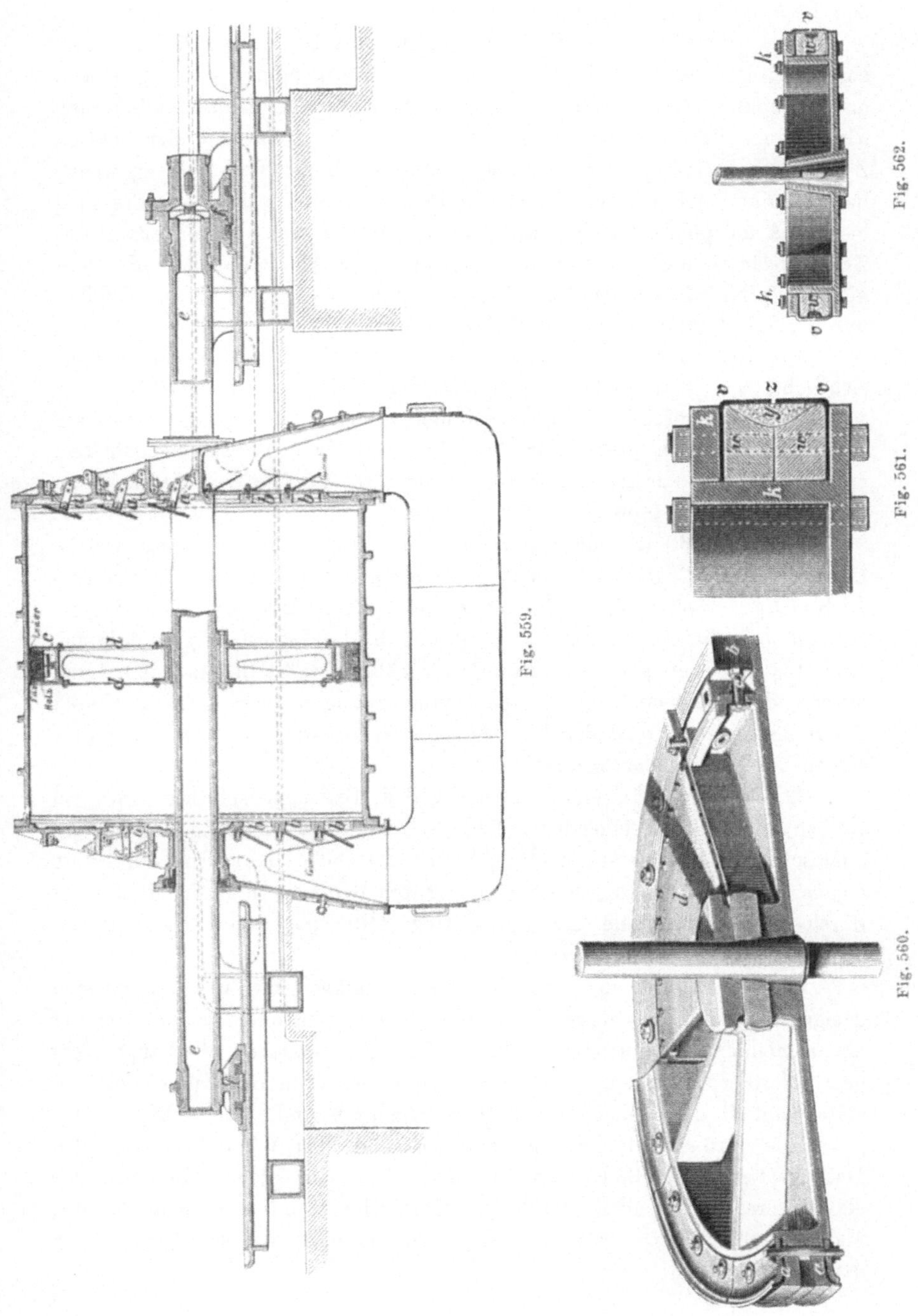

Fig. 559.

Fig. 560.

Fig. 561.

Fig. 562.

und luftdichten Durchführung der Kolbenstangen durch die Zylinderdeckel sind in letzteren Stopfbüchsen von ähnlicher Einrichtung wie bei
den Dampfmaschinen angebracht.

Die Liderung des Kolbens besteht aus Leder, Hanf, Leinwand,
hartem Holz oder Metall. Bei Kolben von liegenden Zylindergebläsen,
mit Ausnahme der liegenden Bessemer-Gebläse, wendet man Metallliderung
nicht an, weil dieselbe durch ihre Härte die Abnutzung der unteren
Zylinderwand (infolge der Belastung derselben durch das Kolbengewicht)
beschleunigt. Bei liegenden Bessemer-Gebläsen, durch welche eine Pressung
bis 2,5 Atmosphären erzeugt wird, wendet man wegen der Erhitzung der
Zylinderwände dagegen Metallliderung an. Die Abnutzung ist indes hier
nicht so groß wie bei den Schachtofengebläsen, weil die Bessemer-Gebläse
nur periodisch und immer nur für kurze Zeit arbeiten.

Ein Kolben mit Lederliderung ist aus den Fig. 561 und 562 ersichtlich. v v sind Lederscheiben, welche bei z zusammenstoßen. Dieselben werden durch ringförmige Holzscheiben w und einen aufgeschraubten
Ring aus Gußeisen oder Holz (den Liderungsring k) zusammengehalten.
y ist ein Raum zur Aufnahme von Wolle, welche letztere das Leder an
die Zylinderwand anpreßt.

Aus Fig. 560 ist eine aus Lederstulpen bestehende Liderung, welche
mit a bezeichnet ist, zu ersehen. In der nämlichen Figur ist auch eine
Liderung, welche aus aufeinander geleimten Ringen von Segel-
leinen besteht, dargestellt. Es ist hier b die Liderung; c sind in bestimmten Entfernungen von einander angebrachte Stellschrauben, durch
welche der Leinwandring an die Zylinderwand angepreßt wird. Durch
die Stellschrauben wird der Ring in dem Maße, wie die Abnutzung desselben vorschreitet, nachgepreßt.

Die Metallliderungen, welche bei Bessemer-Gebläsen und bei
Kolben, die sich in stehenden Zylindern bewegen, Anwendung finden, sind
aufgeschnittene Ringe aus Messing, Stahl oder Gußeisen, welche durch ihre
eigene Elastizität, durch Federn oder durch den gepreßten Wind (welcher
durch besondere Kanäle hinter die Ringe tritt) gegen die Wandung des
Zylinders gedrückt werden.

Zum Schmieren des Kolbens ist fein gepulverter Graphit am meisten
geeignet. Man bringt denselben vor die Saugventile und läßt ihn von der
einströmenden Luft fortreißen. Metallliderungen brauchen überhaupt nicht
geschmiert zu werden, wenn der Druck der Liderung und die Geschwindigkeit des Kolbens nicht übermäßig groß sind.

Die Ein- und Auslaßöffnungen für den Wind liegen in den
Deckeln bezw. den Böden der Zylinder. Nur sehr große Öffnungen, wie
sie bei rasch gehenden Maschinen erforderlich sind, legt man in den
Mantel des Zylinders, wodurch, wie schon erwähnt, der schädliche Raum
vergrößert wird.

Die Einlaßöffnungen für den Wind sind größer als die Austritts-öffnungen für denselben. Die den Verschluß derselben bewirkenden Ventile sind Teller- oder Klappenventile. Am meisten wendet man die Klappenventile an. Gleitende oder drehende Schieberventile, welche ihre Bewegung vom Motor aus erhalten, werden nur selten angewendet. Federnde Plattenventile (Riedler) werden bei schnellgehenden Gebläsen benutzt. Der Querschnitt der Saugventile beträgt bei langsamer Bewegung des Kolbens $\frac{1}{6}$—$\frac{1}{8}$ der Kolbenfläche, bei schnellerer Bewegung $\frac{1}{3}$—$\frac{1}{5}$ derselben. Der Querschnitt der Druckventile beträgt im ersteren Falle $\frac{1}{10}$, im letzteren Falle $\frac{1}{6}$ und darunter der Kolbenfläche.

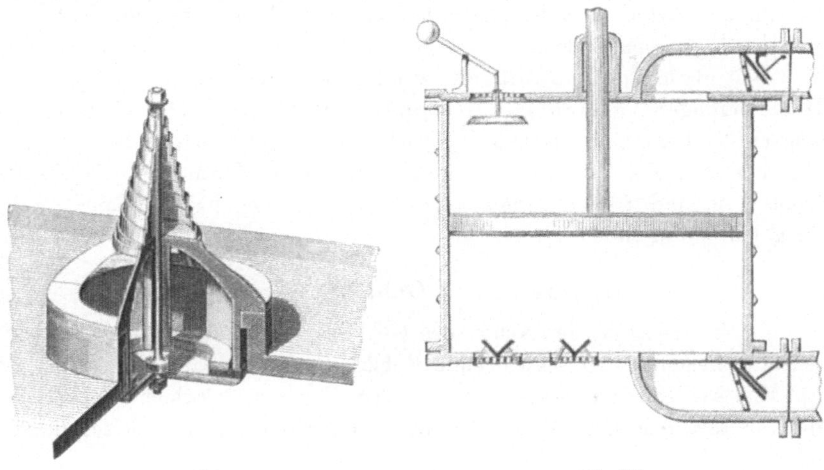

Fig. 563.　　　　　　　Fig. 564.

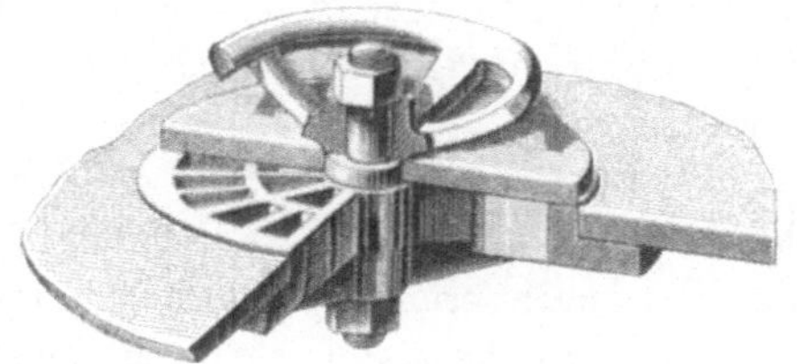

Fig. 565.

Die Tellerventile sind Metallscheiben mit einer den Rand der-selben bildenden Dichtung aus Filz, Leder oder Gummi. Sie erhalten, da sie sich bei der Öffnung gänzlich von ihrem Sitz entfernen, eine Führung und werden durch Federn oder Gegengewichte auf ihren Sitz zurück-gezogen.

Ein Tellerventil mit Spiralfeder zeigt Fig. 563, ein solches mit Gegengewicht Fig. 564.

Den Übergang von den Tellerventilen zu den Klappenventilen bilden Scheiben aus Filz, Leder oder Gummi, welche auf durchbrochene Metallscheiben aufschlagen. Der Verschluß wird in diesem Falle durch das eigene Gewicht der Scheiben bezw. durch den Luftdruck bewirkt. Ein derartiges Ventil zeigt Fig. 565.

Die eigentlichen Klappenventile sind gewöhnlich Lederklappen, welche zwischen zwei Blechplatten eingelegt sind und mit Filz dichten. Sie schlagen, falls sie einigermaßen groß sind, auf einen durchbrochenen Rost auf und schließen sich gleichfalls durch ihr eigenes Gewicht bezw. durch den Luftdruck. Der Ausschlag nach oben ist durch Schutzbleche begrenzt. Für die liegenden Gebläse benutzt man fast ausnahmslos Klappenventile, wie aus Fig. 559 ersichtlich ist. Sie werden in beiden Deckeln des Zylinders aufgehangen und haben in besondere Öffnungen des Deckels eingelassene Sitze.

Bei stehenden Gebläsen wendet man für die Auslaßöffnungen (Drucköffnungen) gleichfalls Klappenventile an, während man als Saugventile, besonders bei hohem Druck, Tellerventile benutzt.

Die aus Kautschukringen bestehenden Ventile der Bessemer-Gebläse, welche früher häufig angewendet wurden, haben sich als sehr wenig haltbar erwiesen.

Anordnung des Gebläsezylinders.

Nach der Lage der Achse des Gebläsezylinders unterscheidet man stehende, liegende und schwingende Gebläse.

Bei stehenden Gebläsen ist entweder ein Balancier erforderlich oder die Kraftmaschine muß sich unter oder über dem Gebläsezylinder befinden.

Balanciermaschinen erfordern wegen des ausgedehnten, von ihnen beanspruchten Raumes und wegen der Notwendigkeit einer sorgfältigen Fundamentierung sehr hohe Anlagekosten und sind schwierig zu beaufsichtigen und zu warten.

Bei der Lage des Gebläsezylinders über oder unter der Kraftmaschine oder Kurbelwelle ist infolge der Ausdehnung des Baues in die Höhe eine kostspielige Fundamentierung erforderlich. Die Gewichte der bewegten Teile (Kolben, Kolbenstangen, Schubstangen) müssen, wenn nicht mehrere Zylinder zusammenarbeiten, ausgeglichen werden.

Bei liegenden Gebläsen ist ein Balancier nicht erforderlich und sämtliche Teile derselben befinden sich nahe am Boden. Es ist daher eine weniger starke Fundamentierung als bei stehenden Maschinen nötig, wodurch die Anlagekosten verringert werden. Auch sind Beaufsichtigung und Wartung bequemer als bei stehenden Gebläsen. Dagegen haben sie den Nachteil, daß das Gewicht des Kolbens nur die untere Seite des Zylinders belastet und daß die Kolbenstange der Gefahr der Durchbiegung ausgesetzt ist. Infolgedessen sind der Durchmesser des Zylinders und der Hub an gewisse Grenzen gebunden. Eine Beschränkung der angeführten Nachteile wird, wie schon früher erwähnt, dadurch erreicht, daß man den

Kolben möglichst leicht herstellt, die Kolbenstange zum Schutze gegen Durchbiegung stark und hohl macht, durch beide Zylinderdeckel hindurchführt und an beiden Seiten des Zylinders in breiten Schlittenführungen gleiten läßt.

Bei den schwingenden Gebläsen, welche man auch „Wackler" nennt, ist der Zylinder um zwei an denselben angegossene oder angeschraubte, in Lagern ruhende Zapfen drehbar. Der Betrieb erfolgt durch eine Kurbelwelle, welche direkt mit der Kurbelstange verbunden werden kann. Diese Gebläse nehmen wenig Raum in Anspruch, erfordern aber eine starke Fundamentierung und haben den Nachteil, daß sie stärker als stehende und liegende Gebläse der Abnutzung unterliegen. Sie werden deshalb nur selten angewendet.

Man unterscheidet nach der Art des Motors Dampfmaschinengebläse oder Dampfgebläse, Gasmaschinengebläse, Wasserradgebläse und Turbinengebläse.

Dampfmaschinengebläse oder Dampfgebläse.

Die Dampfgebläse sind in der neueren Zeit stets mit Kurbelwelle und Schwungrad versehen. Durch die Kurbel wird, wie erwähnt, der Kolbenhub genau begrenzt. Durch das Schwungrad wird die ungleichmäßige Bewegung verhindert und besonders werden Stöße vermieden. Man ist daher in der Lage, mit größerer Expansion bezw. geringerem Verbrauche an Dampf arbeiten zu können als bei Gebläsen ohne Schwungrad.

Man unterscheidet liegende, stehende und schwingende Dampfgebläse.

Die liegenden Dampfgebläse.

Dieselben haben die Vorteile einfacher Konstruktion, geringer Anlagekosten und einer leichten Beaufsichtigung und Wartung, dagegen die Nachteile einer einseitigen Abnutzung der Zylinderwände (weshalb auch Metallliderung bei denselben nicht anwendbar ist) und einer leichten Durchbiegung der Kolbenstangen. Zur Vermeidung dieser Übelstände wendet man leichte Kolben, hohle Kolbenstangen und Schlittenführungen für die letzteren an. Aus denselben Gründen macht man die Größe des Hubes nicht über 2 m und den Durchmesser des Zylinders nicht über 2,25 m. Die Geschwindigkeit des Kolbens macht man bei Maschinen mit 1,25 m Hublänge = 0,8—1 m in der Sekunde, bei Maschinen mit 1,5 m Hubhöhe = 0,9—1 m, bei Maschinen mit 2 m Hubhöhe = 1,06 bis 1,2 m in der Sekunde. Da der Durchmesser des Zylinders nicht über 2—2,25 m geht, so wendet man für größere Windmengen mehrere Zylinder an. Bei einzylindrigen Gebläsen dieser Art wird am besten die Kolbenstange des Dampfzylinders mit der Kolbenstange des Gebläsezylinders gekuppelt. Der Gebläsezylinder wird an dem einen Ende, der

Dampfzylinder in der Mitte und das Schwungrad, welches durch Kurbel und Schubstange betrieben wird, an dem anderen Ende angeordnet. Eine derartige Anordnung zeigt Fig. 566.

Zweizylindergebläse mit Verbunddampfmaschinen sind so eingerichtet, daß der Hochdruckzylinder und der Niederdruckzylinder mit je einem Gebläsezylinder verbunden sind und das Schwungrad auf der gemeinschaftlichen Kurbelwelle sitzt. Fig. 567.

Eine andere Art der Anordnung zweizylindriger Gebläse mit einem gemeinschaftlichen, zwischen den beiden Gebläsezylindern liegenden Dampf-

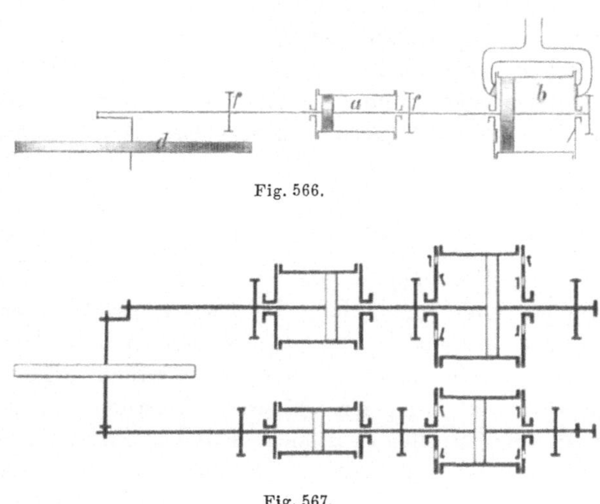

Fig. 566.

Fig. 567.

zylinder (welcher vermittelst Schubstange und Kurbel die gemeinschaftliche Kurbelwelle treibt) und mit je einem Schwungrad auf jeder Seite der Kurbel des Dampfzylinders ist weniger empfehlenswert.

Die liegenden Dampfgebläse erfreuen sich trotz ihrer Nachteile einer ausgebreiteten Anwendung. Zu ihnen gehören die größten Gebläsemaschinen für Eisenhochöfen. Erst seit dem Jahre 1873 (Wiener Weltausstellung) sind die stehenden direkt wirkenden Gebläsemaschinen beim Eisenhüttenwesen in Deutschland mehr in Aufnahme gekommen.

Stehende Dampfgebläse.

Bei den Gebläsen dieser Art erfolgt die Kraftübertragung vom Dampfzylinder auf den Gebläsezylinder entweder durch einen Balancier oder direkt, in welchem letzteren Falle sich der Dampfzylinder entweder über oder unter dem Gebläsezylinder befindet. Aber auch im Falle direkter Kraftübertragung wird zur Begrenzung des Hubes und zur Erzielung einer gleichförmigen Bewegung eine Kurbelwelle nebst Schwungrad angewendet.

Die Balanciermaschinen

sind gegenwärtig allgemein mit Schwungrad versehen. Balanciermaschinen
ohne Schwungrad, wie sie früher gebaut wurden, werden wegen der Gefahr
des Aufschlagens des Kolbens auf Deckel und Boden des Zylinders gegenwärtig nicht mehr angewendet.

Die Balanciermaschinen besitzen die Vorteile großer Standfestigkeit
und Dauerhaftigkeit, hoher Leistungen, großer Hublängen, der gleichmäßigen Abnutzung von Zylinder, Kolben und Kolbenstangen und des
bequemen Anbringens von Luft- und Kondensationspumpen, dagegen die
Nachteile hoher Anlagekosten, sorgfältiger Fundamentierungen, hoher
und langer Gebläsehäuser, indirekter Kraftübertragung und schwieriger
Wartung. Der Durchmesser des Kolbens des Gebläsezylinders ist viel

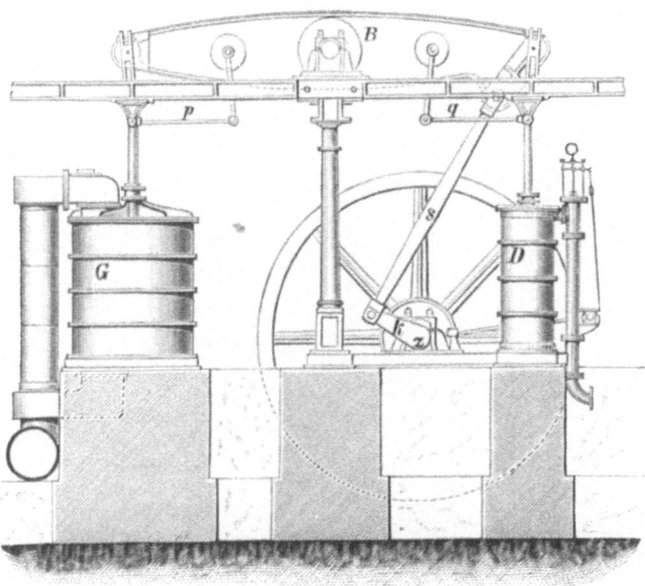

Fig. 568.

größer als der Durchmesser des Kolbens des Dampfzylinders. Es ist
daher beim Emporheben des Kolbens ein größerer Arbeitsaufwand erforderlich als beim Niedergange desselben. Zur Ausgleichung des Kolben-
übergewichtes wird daher ein Gegengewicht an dem einen Ende des
Balanciers angebracht.

Man gibt dem Gebläsezylinder bis 3,5 m Durchmesser und bis 3 m
Hubhöhe. Balanciermaschinen mit 2,5—3 m Hubhöhe machen in der
Minute 10—15 Umdrehungen; die Kolbengeschwindigkeit beträgt demnach
0,8—1,5 m in der Sekunde.

Mehrzylindrige Maschinen wendet man bei dem gedachten großen
Durchmesser des Zylinders und der großen Hubhöhe desselben nur selten

an. Bei denselben ist für jeden Gebläse- und Dampfzylinder ein besonderer
Balancier erforderlich.

Die Einrichtung einer Balanciermaschine mit Kurbel und Schwungrad ist aus der vorstehenden Fig. 568 ersichtlich. D ist der Dampfzylinder, G der Gebläsezylinder, B der Balancier. Die Geradführung der
Kolbenstangen erfolgt durch Parallelogramme p und q. z ist die Kurbelwelle mit Krummzapfen k, s die Schubstange. Die Lage der Kurbelwelle
zwischen dem Dampfzylinder und dem Zapfen des Balanziers bedingt die
aus der Zeichnung ersichtliche schräge Stellung der Schubstange. Diese
Stellung hat den Übelstand, daß die Schubstange einen starken seitlichen
Druck auf den Zapfen des Balanciers ausübt.

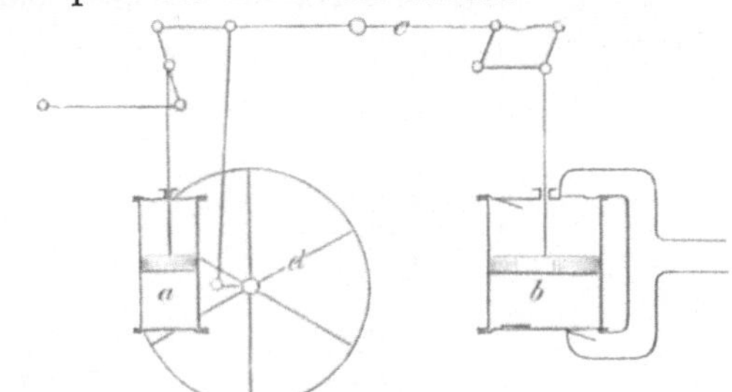

Fig. 569.

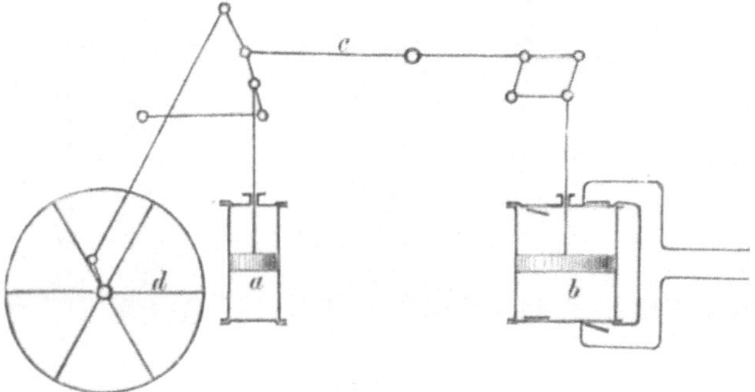

Fig. 570.

Dieser Übelstand wird vermieden, wenn man, wie in Fig. 569 die
Schubstange zwischen Schwingungspunkt des Balanciers und Kolbenstange,
senkrecht über der Kurbelachse, angreifen läßt. Hierdurch wird aber
wieder der neue Übelstand herbeigeführt, daß die Kolbenstange des
Dampfzylinders an einem längeren Hebelarme angreift, als die Schubstange,
so daß die letztere sowohl als der Kurbelzapfen und die Lager der
Schwungradwelle sehr stark in Anspruch genommen werden.

Die gedachten Übelstände lassen sich verhüten, wenn man das
obere Ende der Schubstange an einer hornartigen Verlängerung des
Balanciers über den Angriffspunkt der Kolbenstange hinaus befestigt wie

in Fig. 570. Der Balancier erhält in diesem Falle die Gestalt eines Winkelhebels, wodurch eine größere Länge der Schubstange und eine geringere Länge der Kurbel als bei geradliniger Verlängerung des Balanciers erzielt wird.

Wegen der oben angegebenen Nachteile, besonders wegen der hohen Anlagekosten entschließt man sich bei Neuanlagen von Gebläsemaschinen nur selten für den Bau von Balanciermaschinen. Man zieht denselben gegenwärtig die stehenden direkt wirkenden Gebläsemaschinen vor.

Direkt wirkende Maschinen.

Bei diesen Maschinen stehen die Dampf- bezw. Gebläsezylinder über- oder untereinander. Wenn nur ein einziger Dampfzylinder vorhanden ist, stehen Dampf- und Gebläsezylinder in einer Achse. Zur Begrenzung des Kolbenhubes und zur Erzielung eines gleichförmigen Ganges der Maschine sind auch diese Gebläse mit Kurbelwelle und Schwungrad versehen. Die Kurbelwelle liegt gewöhnlich zu ebener Erde unter den Gebläse- bezw. Dampfzylindern. Die Bewegung der Kurbelwellen erfolgt von den Kolben bezw. Kolbenstangen aus durch Kurbelstangen. Je nach der Übertragung der Bewegung von einem Dampf- bezw. Gebläsekolben aus durch mehrere Kurbelstangen oder nur durch eine einzige Kurbelstange unterscheidet man Gebläse mit doppelten Kurbelstangen und Gebläse mit einer Kurbelstange. Die zum Eisenhochofenbetriebe verwendeten Gebläse der ersten Art mit einem Dampfzylinder nennt man nach dem Orte, wo sie vorzugsweise gebaut werden, Serainggebläse, die der zweiten Art nach der Gegend, in welcher sie zuerst gebaut wurden, Cleveland-Gebläse.

Gebläse mit doppelten Kurbelstangen

erfreuen sich einer großen Verbreitung.

Bei den Gebläsen mit einem Dampfzylinder, Fig. 571, steht der letztere (a) auf der Sohle des Gebläsehauses, während der Gebläsezylinder (b), in einiger Entfernung über demselben, auf einem von Säulen getragenen Rahmen steht. Die beiden Zylindern gemeinschaftliche Kolbenstange trägt ein in senkrechten Führungen gleitendes Querhaupt. Dasselbe ist an beiden Enden mit Zapfen versehen, an welchen die Kurbelstangen angebracht sind. Die letzteren greifen mit ihren unteren Enden in an den Schwungrädern d d angebrachte Zapfen ein und übertragen so die ihnen erteilte Bewegung auf die unter dem Dampfzylinder liegende Kurbelwelle.

Bei Anwendung von mehreren nach dem Woolfschen System oder dem Compoundsystem gebauten Zylindern ist an der oberen Seite des Querhauptes die Kolbenstange des Gebläsezylinders befestigt, während an der unteren Seite desselben die Kolbenstangen der beiden Dampfzylinder angreifen.

Der Durchmesser des Gebläsezylinders beträgt bis 3 m, die Hubhöhe bis höchstens 3 m, selten über 2,8 m. Maschinen mit 2—2,5 m Hubhöhe machen 10—15 Umdrehungen pro Minute, so daß die Kolbengeschwindigkeit = 0,67—1,25 m beträgt. Bei Maschinen von 1,5—2 m Hubhöhe beträgt die Zahl der Umdrehungen 15—20, die Kolbengeschwindigkeit 0,75—1,33 m; bei Maschinen mit weniger als 1,5 m Hubhöhe beträgt die Zahl der Umdrehungen bis 30, die Kolbengeschwindigkeit ungefähr 1,25 m.

Mehrzylindrige Gebläse dieser Art werden nur ausnahmsweise gebaut. Sie besitzen den Vorteil, daß das Gewicht der bewegten Teile beim Niedergange des Kolbens durch passende Stellung der einzelnen Kurbeln gegeneinander ausgeglichen werden kann. Bei Gebläsen mit einem Zylinder muß die Massenausgleichung der bewegten Teile durch Anbringung von Gegengewichten am Kranze der Schwungräder oder durch Anwendung eines sogen. Differentialkolbens im Dampfzylinder bewirkt werden. Der letztere ist ein Dampfkolben, dessen obere Fläche infolge einer Verdickung der Kolbenstange kleiner ist, als die untere Fläche, so daß der Dampf auf die obere Fläche des Kolbens in geringerem Maße einwirken kann, als auf die untere Fläche.

Die Vorteile der gedachten Gebläse sind: die unmittelbare Kraftübertragung, große Hublänge des Kolbens, die Anwendbarkeit großer Zylinderdurchmesser, geringe Grundfläche, einfache Fundamentierung und mäßige Anlagekosten. Die Nachteile sind: große Höhe des Gebläses und Gebläsehauses, schwierige Beaufsichtigung des Betriebes und bei einzylindrigen Maschinen noch die Notwendigkeit der Ausgleichung der bewegten Massen.

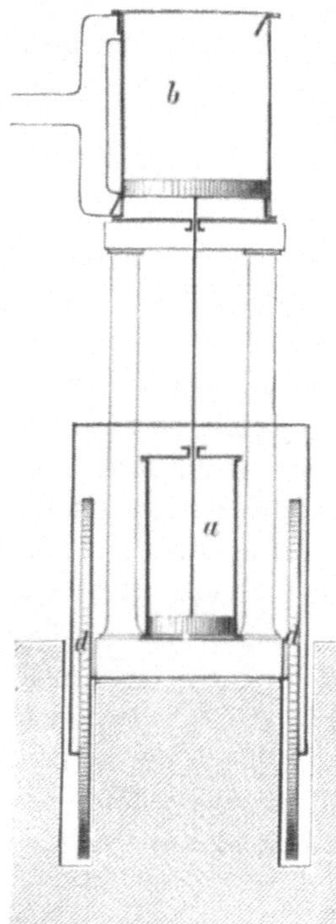

Fig. 571.

Gebläse mit **einer** Kurbelstange.

Bei den Gebläsen mit einer Kurbelstange befindet sich der Dampfzylinder nahe über oder nahe unter dem Gebläsezylinder. Beide Zylinder werden von Säulen oder Ständern getragen. Die Kolbenstange des unteren Zylinders ist nach unten verlängert und durch einen Kreuzkopf, welcher in senkrechten Führungen gleitet, mit der Kurbelstange verbunden. Die letztere greift mit ihrem unteren Ende in die Kurbel der zu ebener Erde befindlichen Schwungradwelle ein. Diese Gebläse werden gewöhnlich mehrzylindrig gebaut, weil sie den Vorteil einer völligen Ausgleichung des Gewichtes der bewegten Massen gewähren. Bei zweizylindrigen Gebläsen findet eine solche Ausgleichung statt, wenn die Kurbeln um 180 ° gegeneinander verwendet sind. Ein gleichmäßiger Windstrom wird hierbei aber nicht erzielt. Bei Verwendung der Kurbeln gegeneinander um 90° erhält man wohl einen gleichmäßigen Windstrom, nicht aber eine vollständige Gewichtsausgleichung.

Bei dreizylindrigen Gebläsen (Drillingsgebläsen) erhält man bei einer Verwendung der Kurbeln gegeneinander um 120° neben der Gewichtsausgleichung auch einen gleichmäßigen Windstrom.

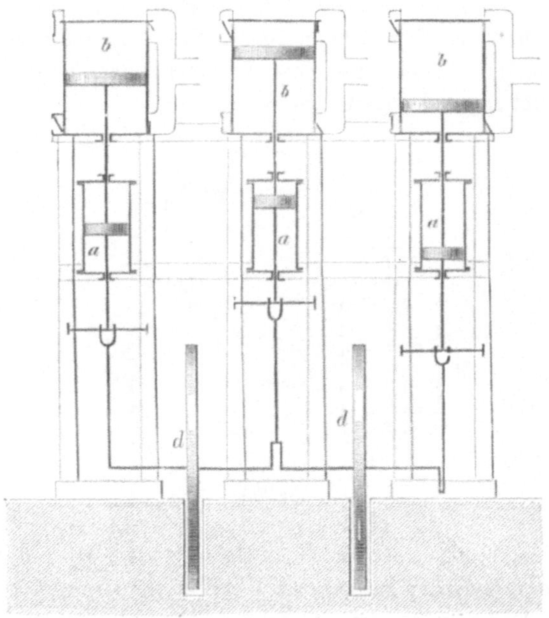

Fig. 572.

Woolfsche Maschinen werden besonders bei zweizylindrigen Gebläsen angewendet. Bei denselben wird die eine Kolbenstange von dem Hochdruckzylinder, die andere von dem Niederdruckzylinder angetrieben.

Ein dreizylindriges Gebläse, sogen. Drillingsgebläse, ist nachstehend (Fig. 572) abgebildet. Bei demselben befinden sich die Dampfzylinder unter den Gebläsezylindern, während bei den eigentlichen Cleveland-Gebläsen die Dampfzylinder über den Gebläsezylindern angebracht sind.

Die beschriebenen Gebläse haben gegenüber den Gebläsen mit doppelten Kurbelstangen den Nachteil, daß für die nämliche Hubhöhe das ganze Gebläse noch höher sein muß als bei den Gebläsen der letzteren Art, weil die Kurbelstangen nicht, wie bei den letzteren n e b e n, sondern u n t e r dem Dampfzylinder liegen. Zur Beschränkung dieses Übelstandes macht man die Hublängen kürzer und den Durchmesser des Gebläsezylinders sowie die Kolbengeschwindigkeit größer.

Gewähren hiernach einzylindrige Gebläse dieser Art keinerlei Vorteile vor den Seraing-Gebläsen, so haben mehrzylindrige Gebläse vor denselben die Vorteile der schon erwähnten Ausgleichung der Gewichte der bewegten Teile ohne Gegengewichte und der Erzeugung eines gleichmäßigen Windstroms.

Schwingende Dampfgebläse.

Diese Gebläse finden wegen der starken Abnutzung derselben infolge der Reibung der Kolbenstange in den Stopfbüchsen gegenwärtig keine Anwendung mehr, da der gedachte Übelstand den Vorteil der geringen Raumbeanspruchung bei weitem überwiegt.

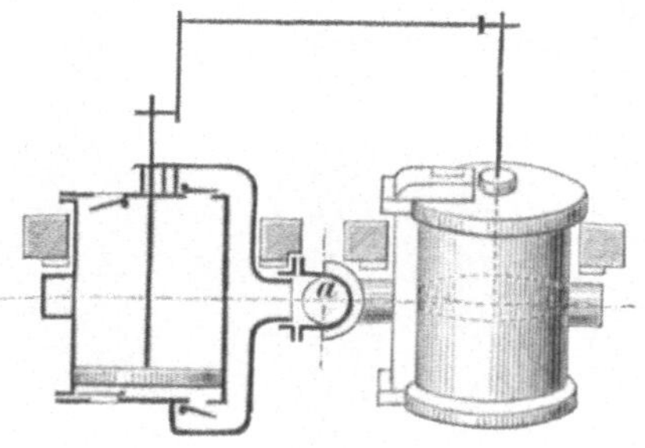

Fig. 573.

Die Einrichtung eines solchen Gebläses ist aus der Figur 573 ersichtlich. Dampfzylinder sowohl wie Gebläsezylinder schwingen beim Betriebe. Die Dampfkolbenstangen sowohl wie die Gebläsekolbenstangen greifen an der nämlichen Kurbelwelle an. Der Wind strömt durch die eine hohle Achse a des Gebläsezylinders in die Windleitung.

Gasmaschinengebläse.

Diese Gebläse werden durch Gichtgas betrieben. Sie werden nur liegend angeordnet. Die Geschwindigkeit derselben stimmt, wie bei den Dampfgebläsen, mit der des Gebläses überein und bedarf daher keiner Übersetzung. Die Zahl der Umdrehungen in der Minute geht bis 90. Als Beispiel sei eine Gichtgasmaschine angeführt, bei welcher der Zylinderdurchmesser 1,3 m, der Hub 1,4 m, der Durchmesser des Gebläsezylinders 1,7 m, der Hub 1,4 m beträgt. Der Gasverbrauch für 1 indizierte PS-Stunde beträgt 2,33 cbm, für eine nutzbare PS-Stunde = 2,85 cbm.

Die Gasgebläse finden bei Eisenhochöfen Anwendung.

Durch Wasserkraft betriebene Zylindergebläse.
A. Wasserradgebläse.

Die Wasserradgebläse wirken entweder direkt, in welchem Falle die Wasserradwelle die Kurbelwelle bildet und die Schubstange mit der Kolbenstange verbunden ist, oder indirekt durch Zahnradübertragung. Der letztere Fall bildet die Regel, da die Wasserräder meistens wegen der geringen Zahl der Umgänge des Wasserrades einer Umsetzung in das Geschwinde bedürfen. Die Begrenzung des Hubes des Gebläsekolbens erfolgt durch die Kurbel. Das Schwungrad wird durch das Wasserrad vertreten. Auf vielen Werken ist neben dem Wassergebläse ein Dampf-

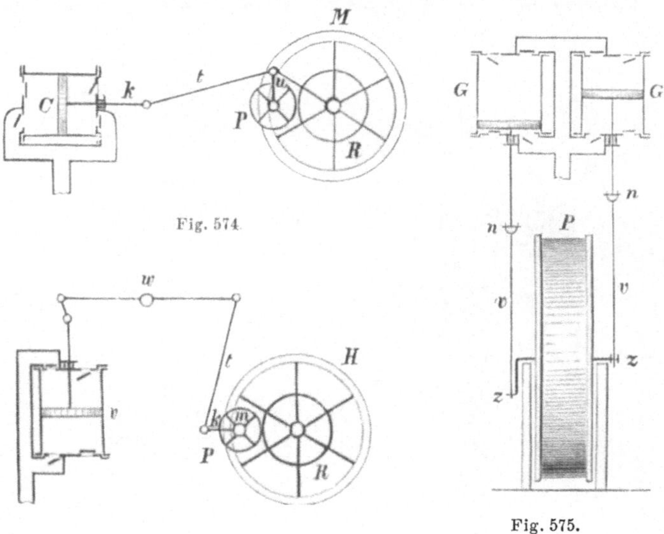

Fig. 574.

Fig. 575.

Fig. 576.

gebläse erforderlich, um bei Wassermangel den erforderlichen Gebläsewind zu liefern.

Man wendet liegende, stehende und schwingende Gebläse an. Diese verschiedenen Anordnungen haben die oben angegebenen Nachteile und Vorteile.

Ein liegendes Gebläse mit Transmission ist in Fig. 574 dargestellt. M ist das Wasserrad; R und P sind Zahnräder; u ist die Kurbel, t die Schubstange, k die Kolbenstange und C der Gebläsezylinder.

Ein stehendes zweizylindriges Gebläse mit direkter Wirkung zeigt Figur 575. P ist das Wasserrad; G G sind die Gebläsezylinder; v v sind die Schubstangen, n n die Gleitstücke, z z die an den Zapfen des Wasserrades angebrachten Kurbeln.

Ein stehendes Gebläse mit Zahnradübertragung und Balancier, wie es häufig angewendet wird, zeigt Fig. 576. H ist das Wasserrad; R und P sind die Zahnräder; m ist die Kurbelwelle, k die Kurbel; t ist die

Schubstange, w der Balancier, v der Gebläsezylinder. Bei 2 Zylindern sind 2 Balanciers erforderlich. In diesem Falle werden die beiden Schubstangen mit 2 um 90^0 verstellten Kurbeln verbunden, welche an den Enden der Kurbelwelle befestigt sind. Das kleinere Zahnrad befindet sich auf der Mitte der Kurbelwelle zwischen den beiden Lagern derselben. Die Kurbelstange kann hier senkrecht unter der Angriffsstelle der Schubstange am Balancier liegen.

Ein schwingendes Wasserradgebläse stellt Fig. 577 dar. w ist die Wasserradwelle, k die Kurbel, p die Kolbenstange; C ist der in den Zapfen z schwingende Zylinder; v ist das Windleitungsrohr, welches mit der Fortsetzung der Windleitung durch einen Lederschlauch verbunden ist.

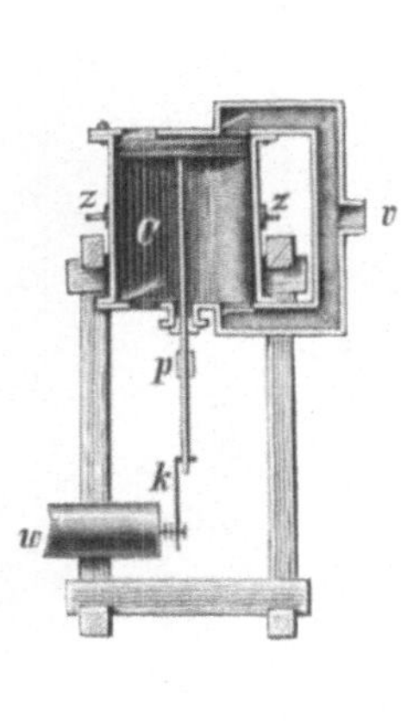

Fig. 577.

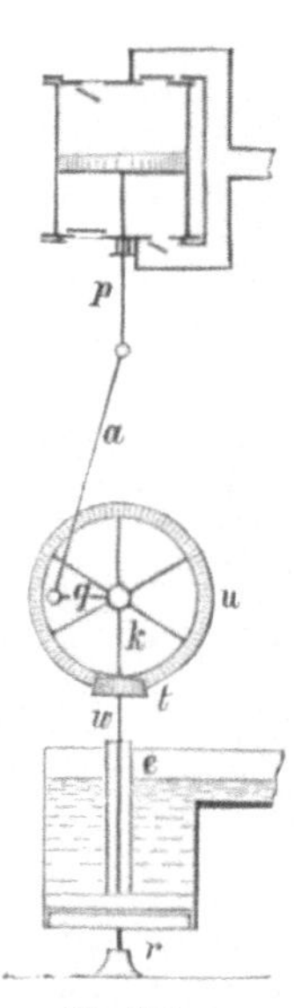

Fig. 578.

Turbinengebläse.

Diese Gebläse bedürfen in den meisten Fällen wegen des raschen Umganges des Turbinenlaufrades einer Umsetzung ins Langsame.

Man wendet stehende und liegende Gebläse an.

Ein von einer Jonval-Turbine betriebenes stehendes Gebläse ist in Fig. 578 dargestellt. r ist das Laufrad; w ist die durch das Eisenrohr e hindurchgeführte stehende Welle. Dieselbe treibt mit Hilfe der konischen Räder t und u die Kurbelwelle k. Die Kurbel q derselben ist mit der Schubstange a und diese letztere mit der Kolbenstange p verbunden.

Dieses stehende Gebläse wird zu einem liegenden Gebläse, wenn Kurbel, Schubstange, Kolbenstange und Zylinder um 90^0 (um die Achse der Kurbelwelle) gedreht werden.

Liegende Turbinen können auch direkt wirkend sein. In diesem Falle ist die Turbinenwelle mit einer Kurbel versehen. Dieselbe treibt eine Schubstange, welche mit dem Kreuzkopfe der Kolbenstange des Gebläsezylinders verbunden ist.

Wirkungsgrad der Zylindergebläse.

Der Wirkungsgrad der Zylindergebläse schwankt je nach der Kolbengeschwindigkeit und der Größe des Hubes zwischen 0,50 und 0,90; im Durchschnitt kann man ihn zu 0,75 annehmen. Er ist um so niedriger, je rascher der Gang und je geringer die Hubhöhe des Kolbens ist, weil mit rascherem Gange die Unvollkommenheit des Abschlusses der Ventile zunimmt und mit der Verminderung der Hubhöhe der schädliche Raum wächst.

Den größten Wirkungsgrad besitzen Gebläse mit großem Hub und mäßiger Kolbengeschwindigkeit. Derselbe beträgt bei solchen Gebläsen bis 0,90, während er z. B. bei Bessemer-Gebläsen, welche sehr rasch gehen, nur bis 0,60 hinaufgeht.

Die von einem Zylindergebläse gelieferte Windmenge W ist $= w \dfrac{Q\,p}{p'}$, wenn man mit Q die Menge der angesaugten Luft, mit p die Spannung derselben, mit p' die Spannung der zusammengepreßten Luft und mit w den Wirkungsgrad des Gebläses bezeichnet. Die Menge der angesaugten Luft Q ist $=$ s . Z . G . O, wenn man mit G den Querschnitt des Kolbens nach Abzug des Querschnitts der Kolbenstange in Quadratmetern, mit O den Kolbenhub in Metern, mit Z die Zahl der Wechsel in der Minute bei einem einfach wirkenden bezw. der Einzelhübe bei einem doppelt wirkenden Gebläse, mit s die Zahl der Gebläsezylinder bezeichnet.

Das Wassertonnengebläse

stellt eine horizontal liegende, zur Hälfte mit Wasser gefüllte Tonne dar, in deren Böden sich die Ein- und Austrittsventile für den Wind befinden. Wird die Tonne in schwingende Bewegung versetzt, so wird Luft angesaugt bezw. ausgeblasen.

a (Fig. 579) ist die Tonne. Dieselbe ist in Zapfen v aufgehängt und kann durch die Schubstange s in eine schaukelnde Bewegung versetzt werden; t ist die bis in das Wasser herabgehende Scheidewand; m und m' sind Saugventile, welche sich nach innen öffnen. Gegenüber denselben im entgegengesetzten Boden der Tonne sind in gleicher Höhe die Druckventile angebracht, welche sich nach außen öffnen. Wird nun die Tonne nach links bewegt, so kommt die Scheidewand in die Lage t'. Hierdurch vergrößert sich der rechts von der Scheidewand befindliche Raum, während der Raum links von der Scheidewand durch Annäherung der letzteren an den Wasserspiegel verkleinert wird. In den vergrößerten Raum tritt durch das Saugventil m' Luft ein, während die Luft im verkleinerten Raume zusammengepreßt wird und durch das eine Druckventil (gegenüber m) entweicht. Bei der Bewegung der Tonne nach der entgegengesetzten Richtung wird der rechts von der Scheidewand gelegene Raum verkleinert und der Raum links von derselben vergrößert. Es tritt dann Luft durch das Druckventil aus und durch das Saugventil m ein. Die zusammengepreßte Luft gelangt aus dem Druckventile in ein mit der Tonne schwingendes Rohr, dessen Ende mit der Windleitung verbunden ist.

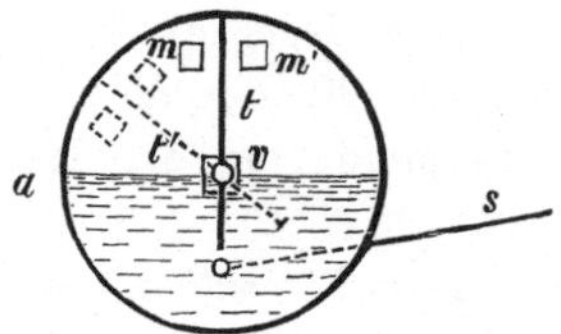

Fig. 579.

Da bei der Drehung die Ventile den Wasserspiegel nicht erreichen dürfen, so bleibt immer ein großer schädlicher Raum vorhanden.

Durch das Wassertonnengebläse werden nur geringe Windmengen von nicht hoher Pressung geliefert. Es wird daher gegenwärtig nicht mehr angewendet.

Das Baadersche oder Glockengebläse

beruht auf dem Prinzipe des Harzer Wettersatzes. In einem teilweise mit Wasser gefüllten Gefäße wird ein unten offener Kasten oder eine Glocke auf und ab bewegt. Bei der Aufwärtsbewegung des Kastens bezw. der Glocke entsteht ein luftleerer Raum; es dringt infolgedessen durch ein Saugventil oder durch ein mit einem Saugventil versehenes Rohr, welches durch den Boden des erstgedachten Gefäßes geführt ist, Luft ein, welche bei der Abwärtsbewegung des Kastens bezw. der Glocke zusammengedrückt wird und durch ein mit einem Druckventile versehenes Rohr austritt.

Dieses Gebläse hat einen großen schädlichen Raum und liefert feuchten Wind von niedriger Spannung. Es wird daher gegenwärtig nicht mehr angewendet.

Das Zusammenpressen der Luft mit gleichzeitiger Hilfe fester Flächen und der Zentrifugalkraft.

Die Gebläse, welche gepreßte Luft mit gleichzeitiger Hilfe fester Flächen und der Zentrifugalkraft erzeugen, nennt man **Zentrifugal-Ventilatoren.** Dieselben bestehen aus einem Flügelrad, welches von einem Gehäuse umschlossen ist. Das Gehäuse hat an einer oder an beiden Seiten zentrale Öffnungen, durch welche Luft angesaugt und infolge der Rotation des Flügelrades von der Achse nach der Peripherie desselben gedrückt und dann fortgeführt wird. Durch die Entfernung von Luft aus dem Raume zwischen den Flügeln sinkt die Spannung der in demselben zurückgebliebenen Luft unter die Spannung der äußeren Luft, so daß die letztere ununterbrochen nachströmt.

Das Abführen der gepreßten Luft aus dem Gehäuse kann sowohl tangential als auch zentral (auf der der Eintrittsöffnung für die Luft entgegengesetzten Seite des Gehäuses) geschehen.

Bei tangentialem Abführen der Luft bildet das Gehäuse am besten eine Spirale um das Rad, so daß sich der Luftkanal nach der Austrittsöffnung hin erweitert; bei zentraler Abführung der Luft dagegen liegt es konzentrisch zum Rade.

Die Flügel oder Schaufeln des Rades sind entweder gerade oder gekrümmt und zwar sowohl einfach als auch doppelt gekrümmt. Die Räder werden am besten seitlich geschlossen. Seitlich offene Räder erfordern infolge des Widerstandes der Luft einen bei weitem höheren Arbeitsaufwand zum Zusammenpressen der Luft als seitlich geschlossene Räder.

Ventilatoren mit tangentialem Austritt der Luft.
Mit geraden Schaufeln.

Die Schaufeln können sowohl radial als auch schräg stehen. Als Beispiel für radiale Stellung derselben sei der in den Fig. 580 und 581 dargestellte Ventilator von Schiele angeführt.

Um das seitlich nicht geschlossene Flügelrad v ist ein konzentrisches Gehäuse w und um das letztere ein exzentrisches Gehäuse x angebracht. Die Luft tritt durch die Öffnung o in das innere Gehäuse, wird an den Umfang desselben gedrückt und tritt daselbst durch den ringförmigen Schlitz p in das äußere exzentrische Gehäuse, aus welchem sie durch die Windleitung y austritt. Die Welle des Flügelrades hat ihr Lager l an der einen Seite des Ventilators. Diese Ventilatoren besitzen 0,25—1 m Durchmesser und liefern bei 600—750 Umdrehungen in der Minute Wind von 23—30 mm Hgsäule Pressung.

Mit gekrümmten Schaufeln.

Hierhin gehören die Ventilatoren von Rittinger und von Lloyd.

Der Ventilator von Rittinger ist in den Fig. 582 und 583 abgebildet. Das Flügelrad besteht aus zwei Gußeisenscheiben m und n, zwischen welchen sich die aus Eisenblech hergestellten gekrümmten Schaufeln befinden. Die Scheibe n ist an einer Nabe aus Gußeisen befestigt, durch welche die Ventilatorwelle w hindurchgeführt ist. H ist das aus Gußeisen hergestellte Gehäuse des Ventilators, an dessen Deckel u der Saughals s befestigt ist. Dasselbe ruht mittelst angegossener Lappen

Fig. 580.

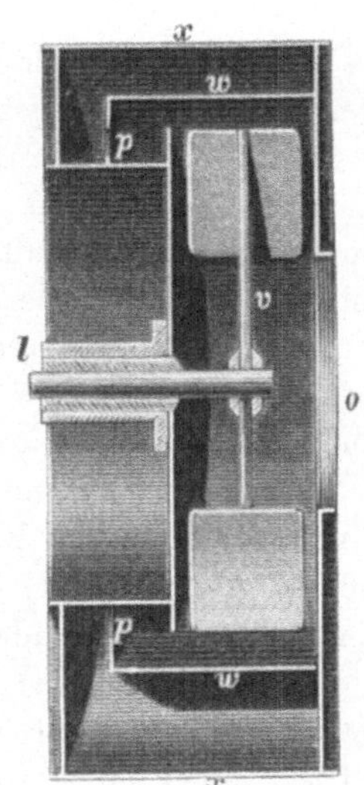

Fig. 581.

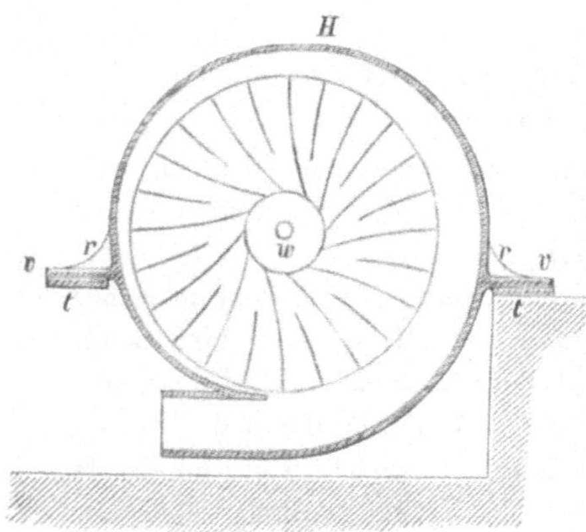

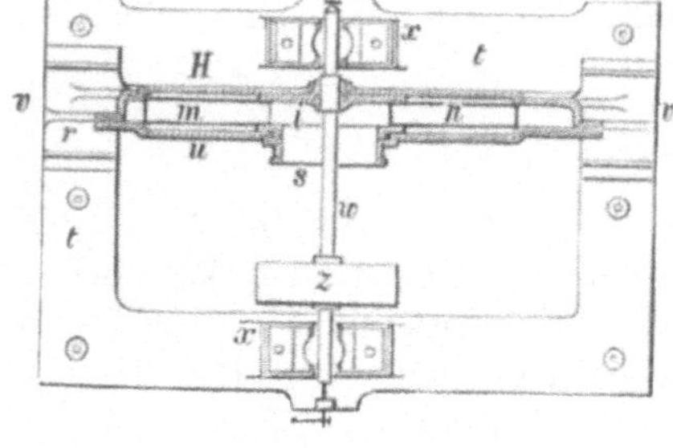

Fig. 582 u. 583.

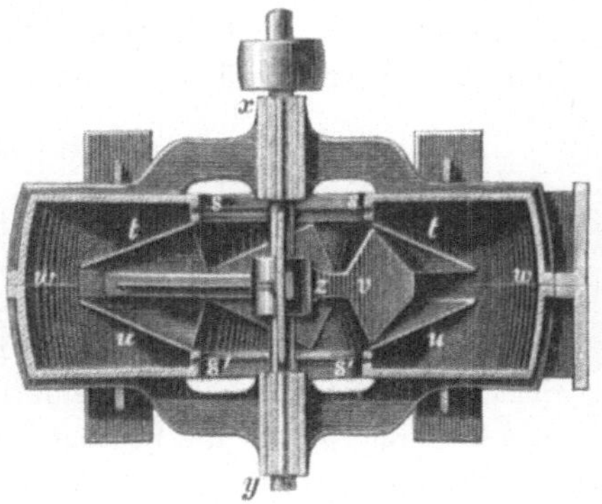

Fig. 584 u. 585.

v, welche durch Rippen r verstärkt sind, auf den Fundamentplatten t. Die Bewegung des Ventilators erfolgt mit Hilfe der Riemscheibe z. Um das durch die Unvollkommenheit des Abschlusses zwischen Radperipherie und Gehäuse veranlaßte Entweichen von Wind in den Raum zwischen den Außenseiten der Radscheibe und dem Gehäuse und von da in den Saughals bezw. zwischen der Nabe des Flügelrades und dem Gehäuse desselben hindurch in das Freie zu verhindern, ist am Saughals zwischen Flügelrad und Gehäuse ein Ring i aus Schmiedeeisen oder Metall eingeschoben, während an der Nabe von außen eine Lederscheibe über die Spindel geschoben und am Gehäuse befestigt wird.

Wegen der schnellen Drehung der Welle nutzen sich die Lager schnell ab. Zur Beschränkung dieses Übelstandes wendet man Kugellager an.

Der Ventilator von Lloyd ist durch die Fig. 584 und 585 dargestellt. Er besteht aus dem mit 6—8 gekrümmten Flügeln v versehenen Flügelrade und dem Gehäuse w. Die Flügel sind durch Arme und Nabe an der in den Lagern x und y ruhenden Welle z befestigt. Das Flügelrad ist seitlich durch die kegelförmig gestalteten Blechscheiben t t und u u geschlossen. Die Luft tritt zentral durch die Öffnungen an den beiden Seiten des Gehäuses s s und s′ s′ ein und durch die Windleitung M aus. Der genaue Anschluß der Öffnungen des Rades an die Öffnungen des Gehäuses wird durch Metallringe oder Filzstreifen bewirkt.

Diese Ventilatoren machen 1200—2000 Umdrehungen in der Minute und liefern Wind von 45 mm Quecksilbersäule Pressung.

Ventilatoren mit zentralem Austritt der Luft.

Hierhin gehört der Ventilator von Schwartzkopff, welcher aus den Fig. 586, 587 und 588 ersichtlich ist.

Das Flügelrad besteht aus einer aus Gußeisen hergestellten konischen Scheibe v, welche mit Flügeln w versehen ist. Dieselben, Fig. 587, sind bis auf eine schwache Krümmung am Ende derselben radial zur Achse des Rades gestellt. Das Flügelrad sitzt auf einer Welle T, welche in 2 Lagern läuft. Das eine Lager o befindet sich in der Mitte des Gehäuses, das andere p außerhalb desselben. Das Gehäuse des Rades besteht aus zwei zusammengeschraubten Teilen R und S. Der Teil R besitzt eine Öffnung q für den Eintritt der Luft in das Flügelrad, während der Teil S durch die Ausströmungsöffnung t t mit der Windleitung verbunden ist. An den Teil S sind neun Leitschaufeln angegossen, deren Form aus Fig. 588 ersichtlich ist. Durch dieselben wird die Luft in die Windleitung geführt.

Die Luft tritt durch die Öffnung N N ein, wird durch die Bewegung des Flügelrades gegen die Peripherie des Gehäuses getrieben und gelangt von hier aus über den Rand der Flügelradscheibe in die andere

Hälfte des Gehäuses, in welcher sie durch die Leitschaufeln nach der Windleitung geführt wird.

Dieser Ventilator hat einen geräuschlosen Gang, macht in der Minute 1440—2880 Umdrehungen und liefert Wind von einer Pressung bis 40 mm Quecksilbersäule.

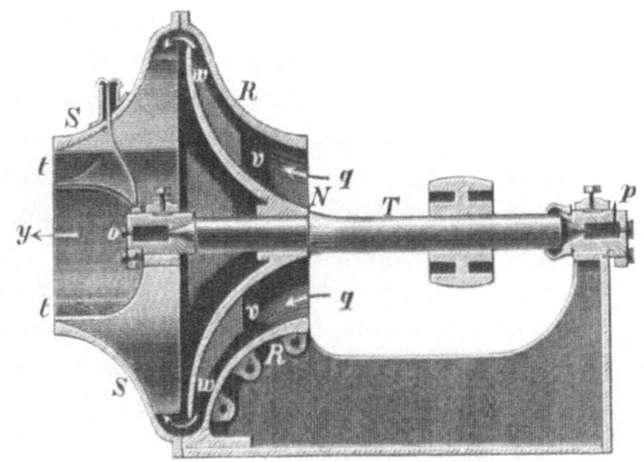

Fig. 586.

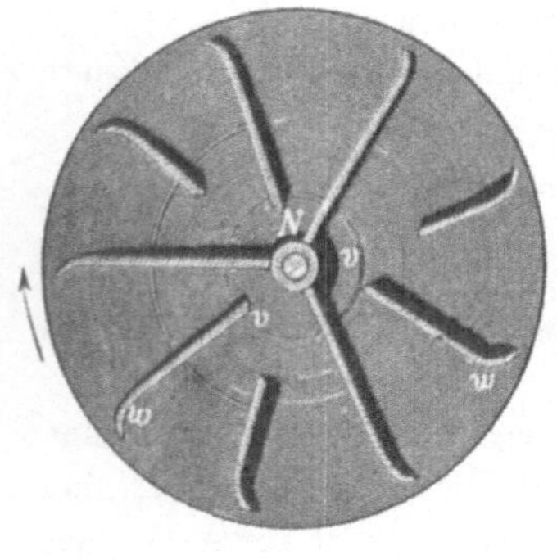

Fig. 587.

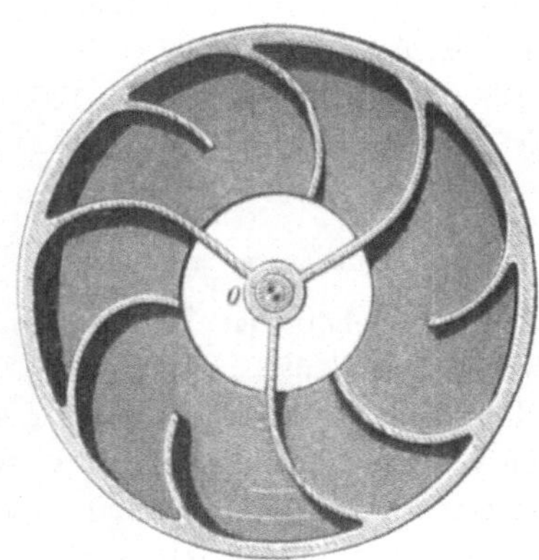

Fig. 588.

Der Wirkungsgrad der Ventilatoren ist 0,25—0,3; der größte Teil der Arbeit ist zur Überwindung der Luft- und Zapfenreibung erforderlich. Die Windmenge hängt sowohl von der Flügelgeschwindigkeit als auch von dem Gehäusevolumen ab die Windpressung dagegen nur von der Flügelgeschwindigkeit, welche leltztere bis 80 m in der Sekunde (Umfangsgeschwindigkeit) geht.

Die höchste Pressung der Ventilatoren beträgt bis 52 mm Quecksilbersäule.

Die Ventilatoren sind billig und einfach in der Anlage und mit Vorteil da zu verwenden, wo große Windmengen von geringer Spannung erforderlich sind.

Sie finden Anwendung zur Erzeugung von Unterwind, zur Erzeugung von Oxydationswind beim Flammofenbetrieb, ferner beim Umschmelzen des Roheisens und bei der Kupfer-, Blei- und Silbergewinnung in Schachtöfen. In der neueren Zeit sind sie vielfach durch die Kapselräder (welche höhere Pressungen liefern als die Ventilatoren) verdrängt worden.

Die Regulatoren.

Der Gebläsewind muß im Interesse eines ungestörten Betriebes der Öfen in einem gleichmäßigen Strome von konstanter Pressung in dieselben eingeführt werden.

Die Zylindergebläse mit einem Zylinder liefern den Wind infolge der wechselnden Kolbengeschwindigkeit und der unvollkommenen Wirkung der Ventile stoßweise und in wechselnder Pressung. Dieser Übelstand läßt sich bei zweizylindrigen Gebläsen durch Stellung der Kurbeln um 90^{0} gegeneinander und noch mehr bei dreizylindrigen Gebläsen durch Verwendung der Kurbeln um 120^{0} gegeneinander beschränken, jedoch wird nicht die Gleichmäßigkeit des Windstromes hergestellt. Es müssen daher Vorkehrungen zur Beseitigung der gedachten Ungleichmäßigkeiten des Windstromes getroffen werden. Dieselben bestehen entweder in der Fortleitung des Windes zum Ofen durch möglichst weite und lange Röhren oder in der Einführung desselben in große, zwischen Gebläsemaschinen und Öfen eingeschaltete Behälter, sogen. Regulatoren. Dieselben werden, wenn eine Erhitzung des Windes geboten ist, durch große steinerne Winderhitzer ersetzt.

Die Regulatoren besitzen entweder einen unveränderlichen oder einen veränderlichen Inhalt. Die Regulatoren der letzteren Art hat man früher bei kleineren Gebläsen angewendet. Gegenwärtig sind dieselben meistens durch Regulatoren mit unveränderlichem Inhalt ersetzt worden.

Die Regulatoren mit unveränderlichem Inhalte werden gegenwärtig allgemein aus Eisenblech hergestellt und erhalten die Form der Kugel, Fig. 589, oder des Zylinders. Zylinderförmige Regulatoren lassen sich leichter herstellen als kugelförmige Regulatoren und werden deshalb auch häufiger angewendet, obwohl die Kugelform bei gleichem Volumen die geringste Oberfläche hat und deshalb kugelförmige Regulatoren weniger Material zu ihrer Herstellung erfordern als zylinderförmige Regulatoren. Dieselben erhalten 2—4 m Durchmesser.

Anstatt der Metallregulatoren hat man früher auch Regulatoren aus Mauerwerk angewendet oder dieselben in nicht klüftigem Gesteine hergestellt.

Der Regulator besitzt eine Eintritts- und eine Austrittsöffnung für den Wind sowie ein Sicherheitsventil.

Der Inhalt des Regulators muß bei einzylindrigen Gebläsen nach
v. Hauer (v. Hauer, Die Hüttenwesensmaschinen) mindestens gleich dem
zwanzigfachen Inhalt des Gebläsezylinders sein; ebenso groß macht man
den Inhalt desselben bei Zwillingsgebläsen, deren Kurbeln um 180°
gegeneinander verwendet sind (Cleveland-Maschinen), da durch diese
Stellung der Kurbeln bei stehenden Maschinen wohl eine Ausgleichung
der bewegten Massen, nicht aber der Ungleichmäßigkeit des Windstroms
stattfindet.

Es gilt zur Zeit als Regel, dem Regulator mindestens das 60 fache
Volumen der in der Sekunde in denselben eingeblasenen Windmenge
zu geben.

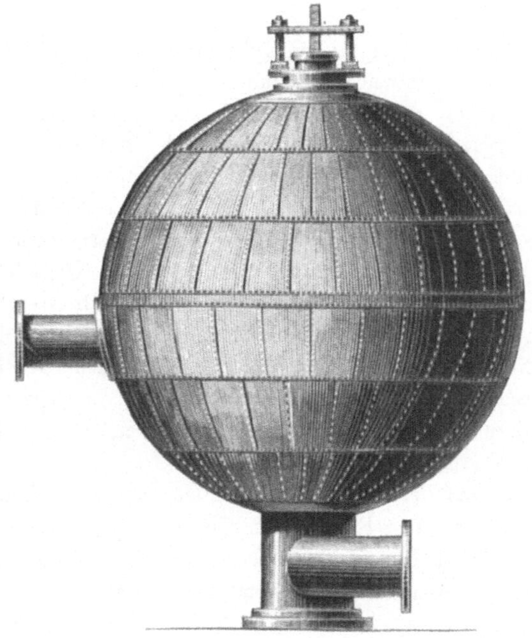

Fig. 589.

Die Regulatoren mit veränderlichem Inhalte, welche viel
weniger zweckmäßig als die Regulatoren mit unveränderlichem Inhalte sind
und nur für kleinere Gebläse Anwendung gefunden haben, sind Balg-,
Kolben- oder Glockenregulatoren.

Die Balgregulatoren sind Lederbälge, bei welchen die Windregulierung durch auf die obere Seite derselben gelegte Gewichte bewirkt wird.

Der Kolbenregulator, Fig. 590, stellt einen stehenden, oben
offenen Zylinder C mit einem in Leitungen l geführten Kolben k dar.

Der Wind tritt bei x ein und bei y aus. Die Regulierung geschieht durch das Gewicht des Kolbens.

Die Glockenregulatoren sind feststehende oder bewegliche Glocken, welche in ein bis zu einem gewissen Niveau mit Wasser gefülltes Gefäß eintauchen. Die Windregulierung geschieht bei den feststehenden Glocken durch das Gewicht einer Wassersäule, bei den beweglichen Glocken außer dem Gewichte einer Wassersäule auch noch durch das Gewicht der Glocke.

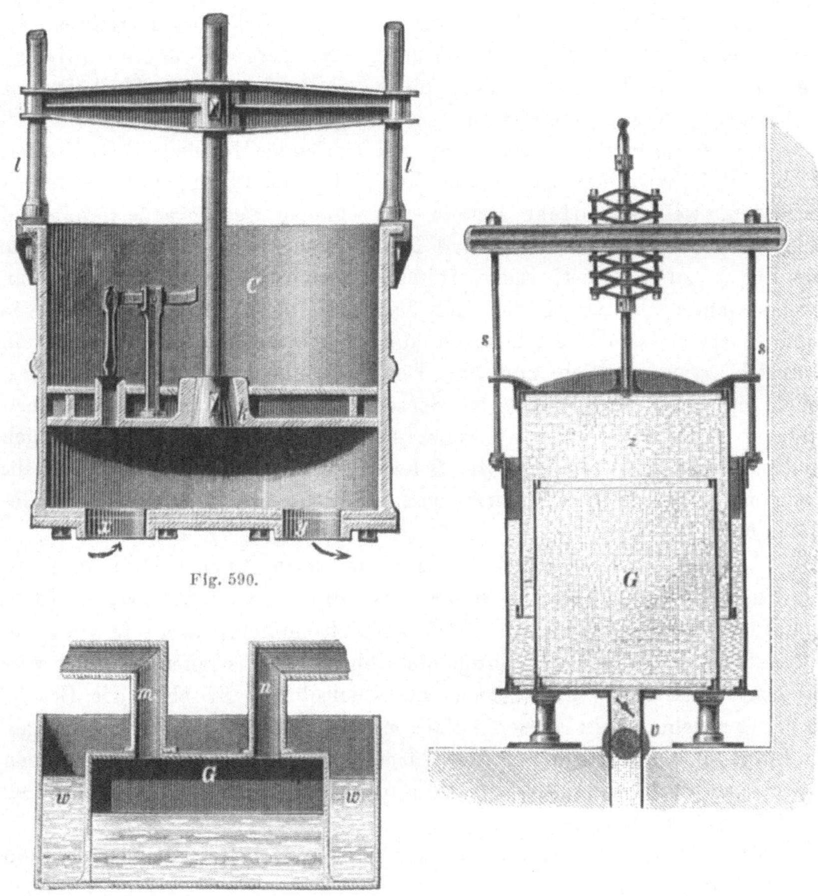

Fig. 590.

Fig. 591.   Fig. 592.

In der Fig. 591 bezeichnet G die unbewegliche Glocke, m die Windeinströmungsöffnung, n die Windausströmungsöffnung. Fig. 592 stellt einen Regulator mit beweglicher Glocke dar, in welchem z die bewegliche, in den Stangen s s gleitende Glocke und v die Einströmungsöffnung für den Wind bezeichnet. Die Ausströmungsöffnung für denselben ist in der Figur nicht sichtbar.

41*

Die Vorrichtungen zur Erhitzung des Gebläsewindes.

Wie bei Besprechung der Verbrennungsvorgänge dargelegt ist, erzielt man durch Erhitzung der Verbrennungsluft eine Erhöhung der Verbrennungstemperatur, da in diesem Falle die Wärmemenge ohne gleichzeitige Vermehrung der Verbrennungserzeugnisse vermehrt wird. Man wird daher auch in den Öfen bei Anwendung heißen Windes eine höhere Temperatur erhalten als bei Anwendung kalten Windes.

Man wendet heißen Wind bei solchen Abscheidungsverfahren an, welche eine hohe Temperatur erfordern, besonders bei der Roheisen-Gewinnung in Hochöfen. Hier dienen die Gichtgase der Hochöfen als Brennstoff für die Winderhitzung.

Bei der Gewinnung von leicht reduzierbaren Metallen (Blei, Kupfer, Silber) in Schachtöfen ist in der Regel eine hohe Temperatur nicht erforderlich, weil nur diese Metalle abgeschieden werden sollen, während die in den betreffenden Erzen und Hüttenerzeugnissen enthaltenen Oxyde des Eisens zu Oxydul reduziert und verschlackt werden sollen. Man wendet daher in diesen Fällen nur ausnahmsweise heißen Wind an, wie zum Beispiel beim Verschmelzen der Kupferschiefer auf Kupferstein (Mansfeld), wo es sich nur um Verflüssigung der strengflüssigen Beschickung und um Trennung der Schwefelmetalle von den Silikaten nach ihren spez. Gewichten handelt, oder bei der Silberroharbeit, wo es sich gleichfalls nur um Trennung von Schwefelmetallen und Silikaten handelt. Auch in diesen Fällen benutzt man Gichtgase zur Erhitzung der Gebläseluft.

Außer beim Schachtofenbetriebe hat man auch bei einigen in Flammöfen und Herdöfen ausgeführten oxydierenden Schmelzverfahren, allerdings mit geringerem Vorteil als bei Schachtöfen, die als Oxydationsmittel dienende Gebläseluft durch die Abhitze der betreffenden Öfen vorgewärmt (Abtreiben, Feinbrennen des Blicksilbers, Frischen des Eisens, Kupfergarmachen). In diesen Fällen müssen die Erhitzungsvorrichtungen im Interesse der Ausnutzung der Wärme der aus den Öfen austretenden gasförmigen Verbrennungserzeugnisse in unmittelbarer Nähe der betreffenden Öfen aufgestellt werden.

Die höchste Temperatur, auf welche man bis jetzt den Gebläsewind erhitzt, beträgt 800°.

Die Erhitzung geschieht entweder in Eisenröhren oder in mit feuerfesten Steinen ausgesetzten Kammern. Man unterscheidet hiernach eiserne Winderhitzer und steinerne Winderhitzer. Bei den eisernen Winderhitzern strömt der Wind durch Eisenröhren, welche in besonderen Heizkammern von außen erhitzt werden und die von ihnen aufgenommene Wärme an den Wind abgeben. Bei den steinernen Winderhitzern strömt der Wind durch Kammern mit einer Füllung von feuerfesten Steinen, die sogen. Wärmespeicher, welche vor dem Durchströmen des Windes durch

Hochofengichtgase erhitzt worden sind. Durch die Berührung des Windes mit den Steinen wird die Wärme derselben auf den Wind übertragen. Da die Wärmespeicher durch die Abgabe der von ihnen aufgenommenen Wärme an den Wind abgekühlt werden und daher nach Ablauf einer gewissen Zeit von neuem erhitzt werden müssen, so sind zur ununterbrochenen Erhitzung des Windes mehrere Winderhitzer (mindestens zwei, welche abwechselnd geheizt werden) erforderlich.

In Eisenröhren läßt sich die Erhitzung des Windes nicht viel über 550⁰ bringen, weil das Eisen bei höheren Temperaturen durch die Einwirkung des Sauerstoffs der Luft oxydiert und rasch zerstört wird.

In steinernen Winderhitzern dagegen lassen sich Temperaturen bis 900⁰ erzielen.

Eiserne Winderhitzer.

Die eisernen Winderhitzer müssen im Interesse einer möglichst vollkommenen Erhitzung des Windes so eingerichtet sein, daß die Röhren eine möglichst große Heizfläche besitzen und daß das sogen. Gegenstromprinzip bei der Erhitzung zur Anwendung kommen kann.

Eine möglichst große Heizfläche erreicht man durch eine Teilung des Windstroms in möglichst viele Zweige und durch Anwendung von Röhren mit oblongem Querschnitt. Das Gegenstromprinzip bringt man dadurch zur Anwendung, daß man den Wind im Erhitzer den umgekehrten Weg machen läßt, wie die Heizgase, daß man ihn also an der kältesten Stelle einführt und an der heißesten Stelle austreten läßt.

Die Röhren werden aus Gußeisen hergestellt, erhalten 13—32 mm Stärke und behalten im Erhitzungsraume ihren Querschnitt bei. Infolge des letzteren Umstandes erhält der erhitzte Wind durch die Ausdehnung desselben mit der Temperaturzunahme eine erheblich größere Geschwindigkeit als der kalte Wind. Die mittlere Geschwindigkeit desselben läßt man 15 m in der Sekunde nicht übersteigen. Man führt die Heizgase für die eisernen Winderhitzer am besten zuerst in eine aus feuerfesten Steinen hergestellte Verbrennungskammer, in welcher sie mit Luft gemischt und entzündet werden. Die brennenden Gase führt man dann aus derselben durch eine Reihe von Öffnungen in den eigentlichen Heizraum. Hierdurch verhindert man die Berührung der unverbrannten Gase mit den verhältnismäßig kalten Röhren, wodurch die Verbrennung erschwert werden würde. Die Verbrennungsluft läßt man am besten durch einen Rost, auf welchem feste Brennstoffe verbrannt werden, in die Verbrennungskammer treten. Hierdurch ist die Möglichkeit der sofortigen Wiederentzündung der Gase für den Fall des Erlöschens der Flamme gegeben, so daß Explosionen nicht eintreten können.

Die Größe der Heizfläche der Röhren beträgt erfahrungsmäßig für 1 cbm Wind in der Minute 1,5—2 qm, wenn der Wind bis 300⁰ erhitzt werden soll, 3—4 qm, wenn er über 300⁰ erhitzt werden soll.

Man unterscheidet Winderhitzer mit liegenden, stehenden und hängenden Röhren. Bei den Erhitzern mit liegenden Röhren wird der Wind durch mehrere Reihen horizontal übereinander liegender, durch Krümmer mit einander verbundener Röhren geführt. Bei den Erhitzern mit stehenden Röhren leitet man den Wind durch senkrechte oder schwach geneigte stehende Röhren, die ihrerseits in horizontalen Röhren oder Kasten stehen, abwechselnd auf- und abwärts. Bei den Erhitzern mit hängenden Röhren wird der Wind in Röhren, welche in den Heizraum eingehängt sind, zuerst abwärts und dann aufwärts geführt.

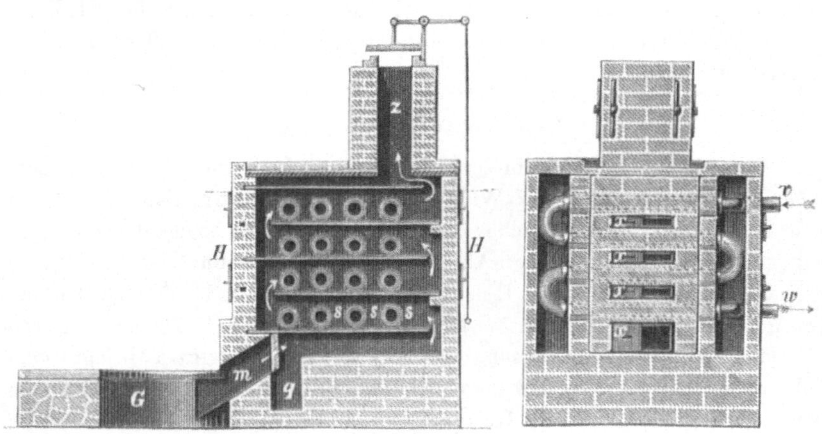

Fig. 593.   Fig. 594.

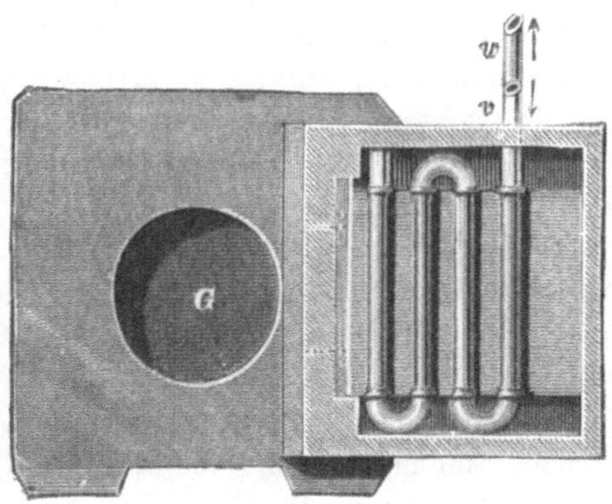

Fig. 595.

Erhitzer mit liegenden Röhren.

Hierhin gehören der Wasseralfinger Erhitzer, der Langensche oder westfälische und der Lothringer oder Doppelröhrenerhitzer.

Der Wasseralfinger Erhitzer ist die älteste im Jahre 1833 in Wasseralfingen eingeführte Winderhitzungsvorrichtung. Er stellt ein einziges

Schlangenrohr mit 16 Windungen dar, welches durch eine über der Gicht des Eisenhochofens angebrachte Heizkammer so durchgeführt ist, daß die Krümmer der Rohrstücke außerhalb der Kammer liegen. In den Fig. 593,

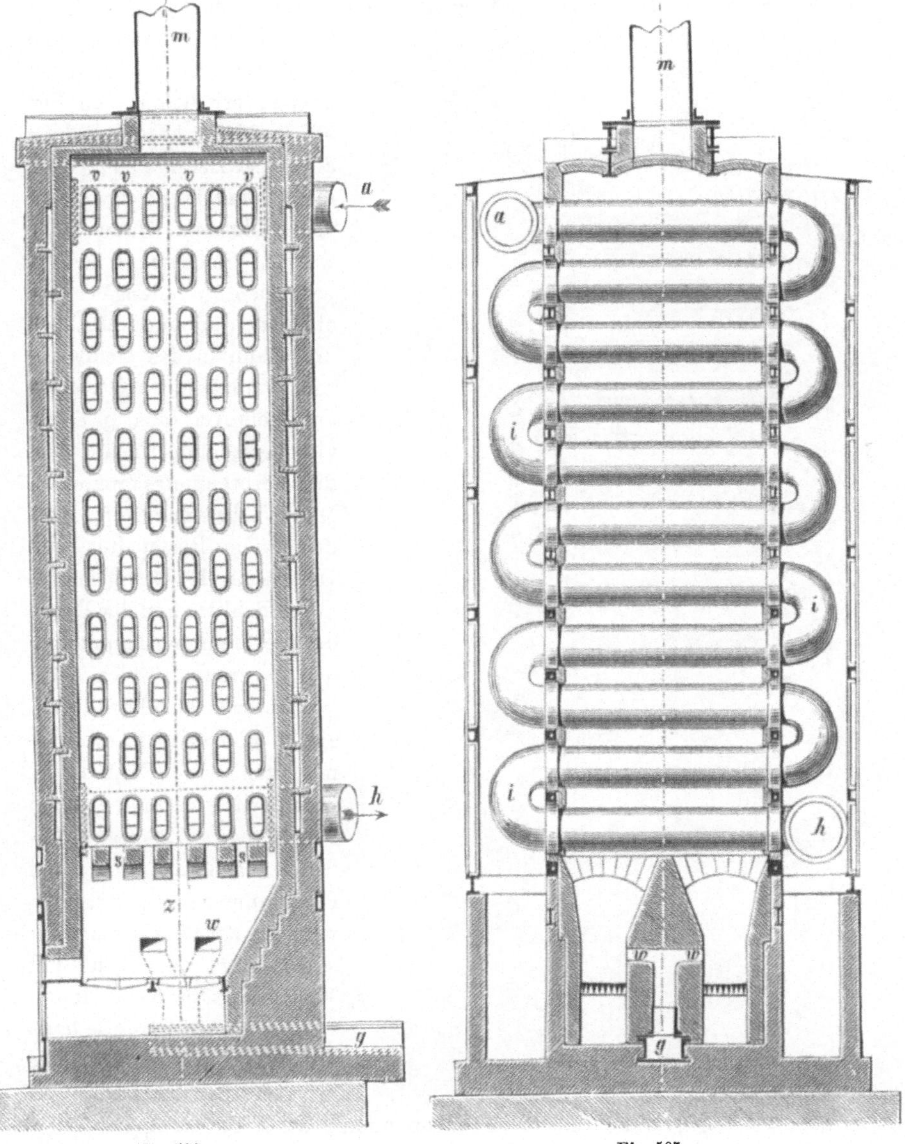

Fig. 596.

Fig. 597.

594 und 595 ist G die Gicht des Hochofens, m der Gaskanal, H die Heizkammer mit der Esse z, v die Eintrittsöffnung des Windes in das Schlangenrohr s, w die Austrittsöffnung für den Wind; xx sind Öffnungen

für den Luftzutritt und zur Entfernung des Gichtstaubes. q ist eine Vertiefung zum Auffangen des Gichtstaubes.

Bei diesem Erhitzer findet eine Verteilung des Windstroms nicht statt. Er wird deshalb gegenwärtig nicht mehr angewendet.

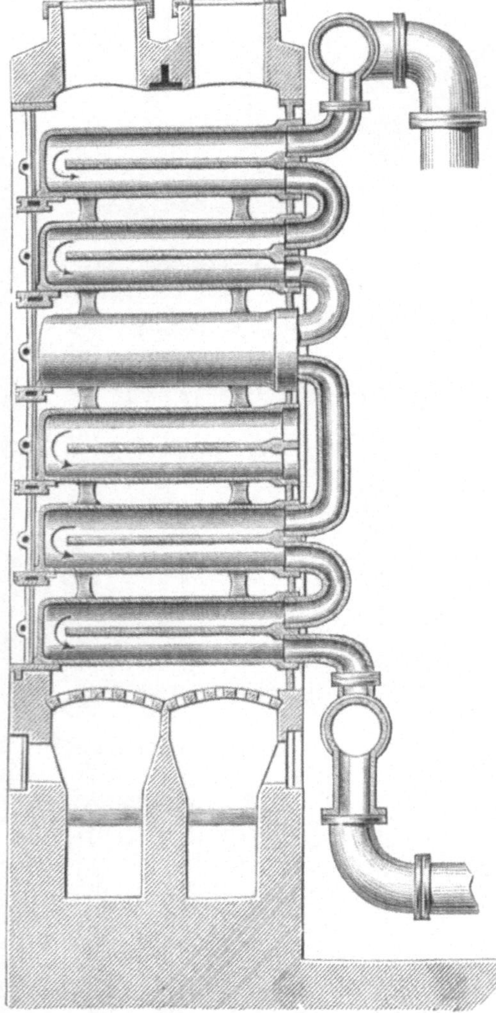

Fig. 598.

Der Langensche oder westfälische Winderhitzer erhellt aus den Fig. 596 u. 597. Ausden Rohren a tritt der zu erhitzende Wind in 6 parallele Zweigrohre v von oblongem Querschnitt, welche die Heizkammer in parallelen Windungen von oben nach unten durchziehen und dann in das Heißwindrohr h münden. Das Gas tritt aus dem Gaskanal g durch vier horizontale Kanäle w in die Verbrennungskammer z. Die Verbrennungsluft tritt durch die Rostspalten ein. Die brennenden Gase gelangen durch Schlitze s in der Decke der Verbrennungskammer in den Heizraum, welchen sie von unten nach oben durchziehen und dann in die Esse m treten. Die Krümmer i, welche die einzelnen geraden Röhren jedes Zweiges verbinden, liegen außerhalb der Heizkammer in einem Raum, welcher zur Verhütung der Abkühlung derselben mit Wänden aus Eisen oderMauerwerk umgeben ist. Die horizontal liegenden Röhren sind mit Verstärkungsrippen versehen, um Formveränderungen derselben infolge der Einwirkung der Hitze zu verhindern.

Der Lothringer Erhitzer oder Doppelröhrenerhitzer. Derselbe ist ein Langenscher Erhitzer, bei welchem die einzelnen geraden Röhren jedes Zweiges durch eine horizontale Scheidewand in zwei Abteilungen geteilt sind, so daß der Wind erst die obere und dann die untere Hälfte des Rohres durchstreichen muß. Die Einrichtung desselben ergibt sich aus der vorstehenden Fig. 598.

Diese Einrichtung gewährt den Vorteil, daß durch dieselbe die Hälfte der sonst erforderlichen Krümmlinge erspart wird, wodurch sich die Anlagekosten verringern; dagegen hat sie den Nachteil, daß die Heizfläche der Röhren eine geringere ist als bei der Langenschen Vorrichtuug und daß die Widerstände für den Durchgang des Windes durch die starken Krümmungen der Röhren erheblich vermehrt werden.

Infolge der schwerfälligen Anordnung, der Lage der Krümmer außerhalb des Feuers und eines erheblichen Aufwandes für Ersatzröhren sind die Erhitzer mit liegenden Röhren mehr und mehr den Erhitzern mit stehenden Röhren gewichen.

Erhitzer mit stehenden Röhren.

Hierhin gehören der Caldersche Erhitzer, der Pistolenröhrenerhitzer, der Cleveländer Doppelröhrenerhitzer und der Erhitzer von Gjers.

Der Caldersche Erhitzer ist ein sogen. Hosenröhrenerhitzer. Bei demselben sind immer je zwei stehende Röhren durch einen Krümmer zu einem einzigen Rohre verbunden, welches man wegen seiner Gestalt „Hosenrohr" nennt.

Die Einrichtung dieses Erhitzers ergibt sich aus den Figuren 599 und 600.

Der Wind tritt zuerst in das horizontal liegende Rohr n, von welchem sich eine Anzahl (4—9) stehender paralleler Hosenröhren m abzweigen und in das Rohr o münden. Durch diese Hosenröhren strömt der Wind in das Rohr o, von dessen Verlängerung sich gleichfalls wieder 4—9 Hosenröhren abzweigen und in die Verlängerung des Rohres n münden. Der Wind

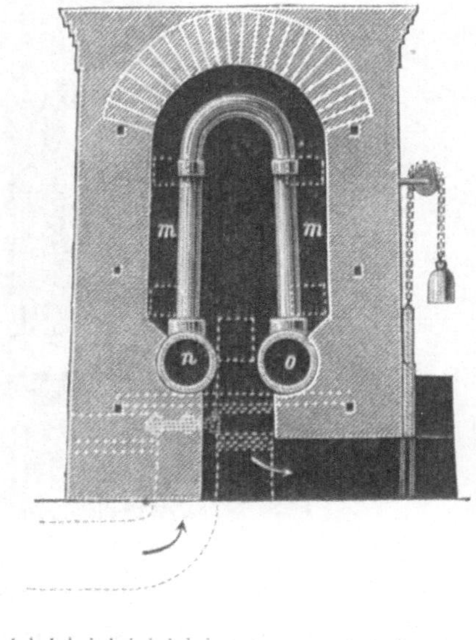

Fig. 599.

strömt aus dem verlängerten Rohre o durch die gedachten Hosenröhren in das verlängerte Rohr n, nimmt also den umgekehrten Weg wie zuerst.

Um ein Zurückströmen desselben in den zuerst durchlaufenen Teil des Rohres n zu vermeiden, ist die Verlängerung des Rohres n durch eine Scheidewand von der ersten Abteilung desselben abgeschlossen. In der weiteren Verlängerung von n sind wieder eine Reihe von Hosenröhren angebracht, welche den Wind in die weitere Verlängerung des Rohres o führen, die gleichfalls durch eine Scheidewand abgeschlossen ist und gewöhnlich den Wind aus dem Erhitzer in das Heißwindrohr entläßt. Der Querschnitt der Hosenröhren, die in an die Fußrohre angegossenen Muffen stehen, ist im Interesse der Wärmeausnutzung oval.

Den Heizraum teilt man zur besseren Ausnutzung der Wärme durch senkrechte Scheidewände in eine oder mehrere den einzelnen Röhrenabteilungen entsprechende Kammern ein. Die aus feuerfesten Steinen hergestellten Scheidewände sind abwechselnd oben und unten mit Schlitzen (in der Figur ist nur ein Schlitz t) zum Durchlassen der Feuergase ver-

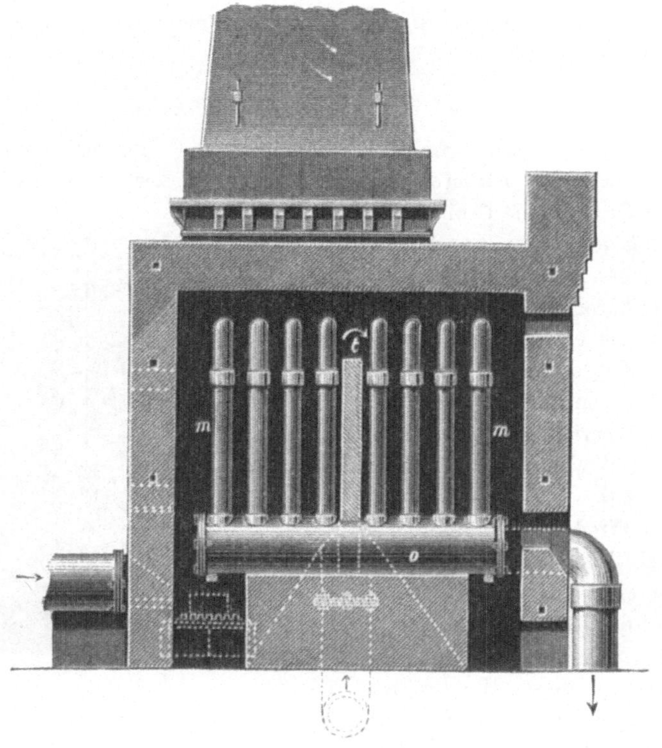

Fig. 600.

sehen. Die Gichtgase treten über einem Rost in der ersten Abteilung ein, vermischen sich hier mit der durch den Rost hindurchgeführten Luft, entzünden sich, gelangen dann durch einen Schlitz im oberen Teile der ersten Scheidewand in die zweite Abteilung des Heizraums und treten aus derselben durch einen Schlitz am Fuße der zweiten Scheidewand in die dritte Abteilung desselben, aus welcher sie in die Esse ziehen.

Die Caldersche Vorrichtung hat den Nachteil, daß die Hosenröhren sehr wenig haltbar sind. Infolge der Formveränderung der Röhren durch

die Hitze und der festen Verbindung der Hosenröhren mit den Fußröhren zu einem Ganzen treten leicht Brüche ein, besonders in den der
Stichflamme ausgesetzten Krümmern. Sie werden deshalb mehr und mehr
durch Erhitzer verdrängt, bei welchen der Wind nicht von dem einen
Fußrohre zum anderen herüberzieht, sondern von vornherein in zwei
parallele Zweige geteilt wird, in welchen er auf- und absteigend den
Feuerraum durchläuft. Zu den Erhitzern dieser Art gehören die Pistolenröhrenerhitzer, der Cleveländer Doppelröhrenerhitzer und der Erhitzer
von Gjers.

Der Pistolenröhrenerhitzer.

Bei dem Pistolenröhrenerhitzer ist jedes einzelne stehende Rohr
durch eine senkrechte Scheidewand in zwei Abteilungen geteilt, welche
nach einander von dem Winde durchströmt wer-
den. In dem Heizraum stehen sich immer zwei
dieser Röhren gegenüber. Die Köpfe derselben
sind gegeneinander gekrümmt und mit angegossenen Nasen versehen. Die letzteren legen sich
gegeneinander und geben dadurch den Röhren
mehr Standfestigkeit. Durch die Krümmung des
Kopfes erhalten die einzelnen Röhren die eigentümliche, einem Pistolenkolben ähnliche Form.

Die Einrichtung dieses Erhitzers ergibt sich
aus der Fig. 601.

Der Wind tritt in zwei parallelen Strömen
durch die Abteilungen a und h der Fußkasten in
den Erhitzer. Auf jedem Fußkasten sind 6—9
Pistolenröhren angebracht. Aus der Abteilung a
tritt der Wind durch die eine Hälfte c der
Pistolenröhren aufsteigend und dann in der anderen
Hälfte d absteigend in die Abteilung b des
Fußkastens, durchzieht die Fortsetzung desselben und macht dann den umgekehrten Weg

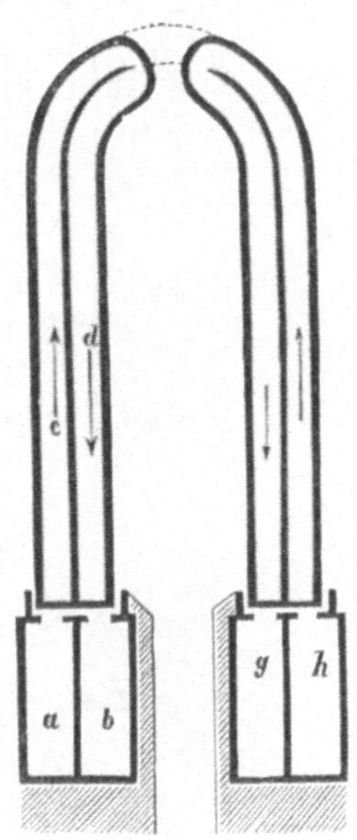

Fig. 601.

in den verlängerten Fußkasten a, um schließlich aus dem Erhitzer in das
gemeinschaftliche Heißwindrohr zu ziehen. Aus h zieht der Wind in
ähnlicher Weise durch eine gleiche Zahl Pistolenröhren nach g und in der
Fortsetzung von g wieder in die Verlängerung von h, um dann gleichfalls
in das gemeinschaftliche Heißwindrohr zu ziehen. Die Feuerkammer ist
hier, wie bei dem Calder-Erhitzer, durch eine Scheidewand in zwei Abteilungen geteilt.

Die Pistolenröhren sind haltbarer als die Hosenröhren, führen aber
durch die starken Krümmungen, welche dem Wind durch die senkrechten
Scheidewände in den Röhren vorgeschrieben sind, erhebliche Pressungs-
Verluste herbei. Sie werden daher gegenwärtig nur noch selten angewendet.

Der Cleveländer Doppelröhrenerhitzer.

Bei diesem Erhitzer wird der Windstrom in eine Reihe (3) paralleler Zweigströme geteilt. Jeder Zweigstrom durchzieht eine Reihe senkrecht stehender, auf einem Fußkasten befestigter Einzelröhren, deren jede durch eine senkrechte Scheidewand in zwei Abteilungen geteilt ist.

Die Einrichtung des Erhitzers ergibt sich aus den Fig. 602 und 603.

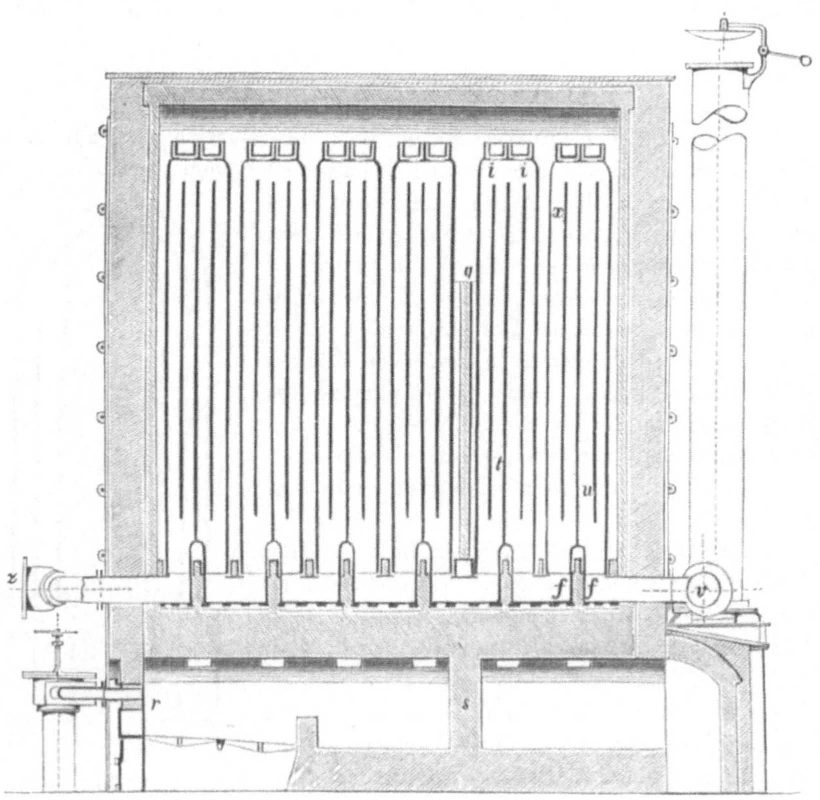

Fig. 602.

Aus dem Rohr v gelangt der Wind in drei Strömen in den Fußkasten f, steigt in der ersten Hälfte u der ersten Einzelröhre aufwärts und in der zweiten Hälfte x derselben abwärts, gelangt wieder in den Fußkasten, durchläuft dann in der nämlichen Weise die zweite Einzelröhre t u. s. f. und gelangt schließlich in die Heißwindleitung z. Die Einzelröhren sind mit angegossenen Verstärkungsrippen i i versehen. Sie sind oben offen und werden daselbst durch einen angeschraubten Deckel verschlossen. Die Gase treten über dem Roste r ein, während die Luft durch diesen Rost streicht und sich dann mit den Gasen mischt. Der

Gasstrom zieht zuerst in die Höhe und dann abwärts. Diese Richtung erhält er durch eine senkrechte gemauerte Scheidewand q, welcher eine Scheidewand s in der Verbrennungskammer entspricht.

Dieser Erhitzer soll sich gut bewähren (Gleiwitz).

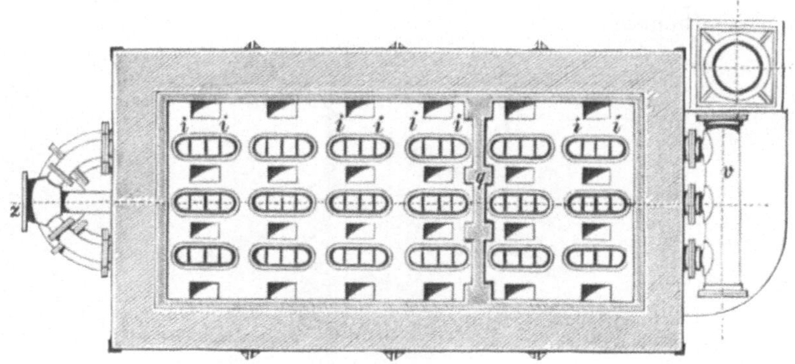

Fig. 603.

Der Erhitzer von Gjers.

Derselbe ist ein Cleveländer-Erhitzer, bei welchem die Röhren mit Scheidewand durch Hosenröhren ersetzt sind. Durch diese Einrichtung wird eine Vergrößerung der Heizfläche und eine Verringerung der Reibung des Windstroms in den Röhren erzielt.

Die Einrichtung des Erhitzers ergibt sich aus der Fig. 604. Der Wind durchzieht in zwei Zweigen die auf Fußkasten stehenden Hosenröhren.

Durch verschließbare Öffnungen in der Decke der Heizkammer lassen sich die Röhren von Staub reinigen.

Vergleichung der Erhitzer mit stehenden und liegenden Röhren.

Bei den Erhitzern mit stehenden Röhren ist das Gegenstromprinzip wegen der Auf- und Abwärtsbewegung der Feuergase nicht so vollkommen zur Anwendung gebracht, wie bei den Erhitzern mit liegenden Röhren, so daß bei gleicher Heizfläche die Wärmeausnutzung weniger vollkommen als bei den letzteren ist. Dagegen sind sie haltbarer als die Erhitzer mit liegenden Röhren, weil sie länger gemacht werden können und dadurch weniger Krümmungen erfordern als die liegenden Röhren und weil die Muffen der Fußröhren nicht der Stichflamme ausgesetzt sind.

Die Anlagekosten sind geringer als bei den Erhitzern mit liegenden Röhren.

Die Erhitzer mit stehenden Röhren werden deshalb trotz des angeführten Nachteils häufig angewendet.

Erhitzer mit hängenden Röhren.

Bei diesen Erhitzern hängen durch senkrechte Scheidewände in zwei Abteilungen geteilte Röhren, welche sich von gemeinschaftlichen Windleitungsröhren abzweigen, in die Heizkammer herab. Gewöhnlich sind zwei Reihen dieser Hängeröhren durch außerhalb des Feuers liegende Krümmer verbunden.

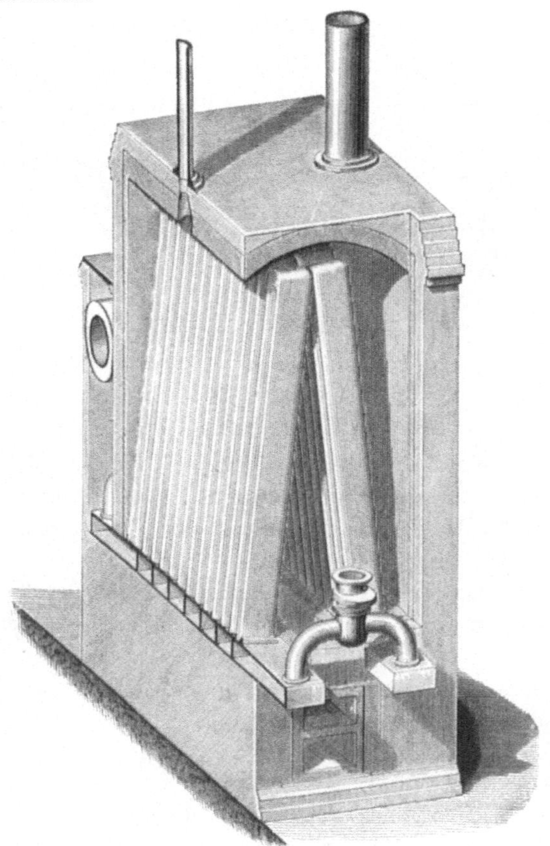

Fig. 604.

Die Einrichtung eines Erhitzers mit hängenden Röhren ergibt sich aus der Fig. 605.

Der Wind strömt aus dem vom Gebläse bezw. Regulator kommenden Rohr v in das Rohr w und aus diesem in vier Zweigen in die in eine gemeinschaftliche Heizkammer eingehängten Röhren, deren jede durch eine Scheidewand in zwei Hälften x und y geteilt ist. In der einen Hälfte x zieht er zuerst abwärts und dann in der anderen Hälfte y aufwärts. Durch Krümmer z, welche außerhalb des Feuers liegen, zieht er dann in die in eine zweite Heizkammer eingehängten Röhren und aus diesen in das Heißwindrohr.

Die Heizgase durchziehen die Heizkammer von unten nach oben und gelangen dann durch Öffnungen in den Seitenwänden in abwärts führende Kanäle, welche in den Essenkanal münden.

Die Heizräume sind durch Eisenplatten abgedeckt.

Diese Erhitzer gewähren den Vorteil, daß die freihängenden Röhren sich frei ausdehnen und zusammenziehen können, besitzen aber hierfür den großen Nachteil, daß einmal entstandene Risse durch das Gewicht

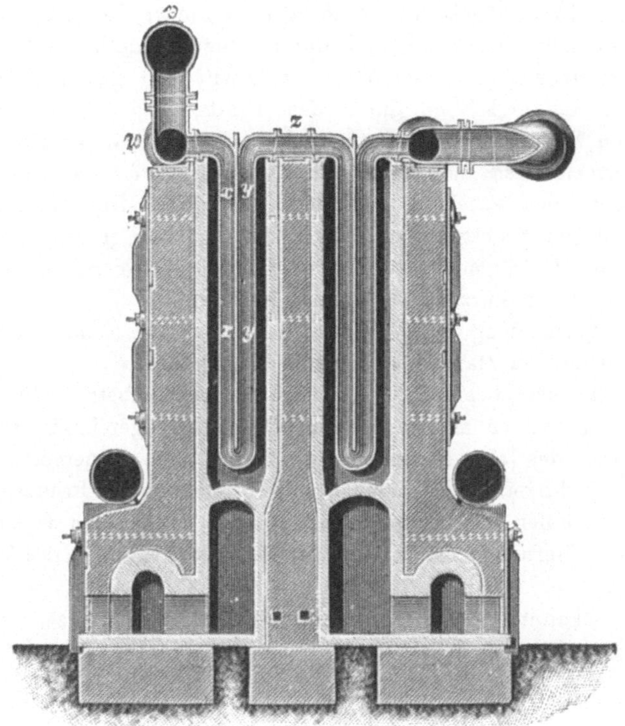

Fig. 605.

der betreffenden Röhre vergrößert werden. Außerdem liegen die Krümmer, wie bei den liegenden Erhitzern, außerhalb des Feuers, so daß ein erheblicher Teil der Rohroberfläche nicht direkt erwärmt wird.

Wegen dieser Nachteile sind die Erhitzer mit hängenden Röhren fast ganz außer Gebrauch gekommen.

Steinerne Winderhitzer.

Die steinernen Winderhitzer sind Kammern, welche derartig mit feuerfesten Steinen ausgesetzt sind, daß bestimmte Zwischenräume zwischen den letzteren verbleiben. Durch diese Zwischenräume leitet man abwechselnd Feuergase und Gebläseluft. Zuerst werden die Steine durch die Feuergase auf Hellrotglut erhitzt, dann stellt man die Gase ab und leitet Gebläsewind durch die Zwischenräume. Während des Durchziehens des Windes führt man die Feuergase in einen zweiten Winderhitzer. Der Wind, welcher den Erhitzer in umgekehrter Richtung wie die Feuergase durchzieht, nimmt einen Teil der Wärme der Steine auf und tritt an der heißesten Stelle des Erhitzers aus demselben aus. Ist nun der letztere infolge der Wärmeabgabe der Steine an den Wind bis zu einem bestimmten Grade abgekühlt, so führt man wieder Feuergase durch denselben und läßt den Windstrom durch eine inzwischen erhitzte zweite Kammer streichen. In dieser Weise wechselt man mit dem Durchleiten von Feuergasen und Wind durch den Erhitzer ab. Infolge der hohen spezifischen Wärme der feuerfesten Steine (0,23—0,26) können dieselben große Wärmemengen aufnehmen und abgeben, ohne daß sich die Temperatur derselben erheblich verändert (20—50°). Den Wechsel in dem Durchleiten von Feuergasen und Wind läßt man bei großen Erhitzern gewöhnlich in Zeiträumen von je zwei Stunden eintreten; bei kleinen Erhitzern muß er in kürzeren Zeiträumen erfolgen.

Zur Vermeidung von Windverlusten ist jede Kammer mit einem luftdicht genieteten Mantel aus Eisenblech umgeben.

Als Heizgase benutzt man beim Eisenhochofenbetrieb die Hochofengichtgase. Dieselben müssen vor der Verwendung gereinigt werden.

Wegen des abwechselnden Durchleitens von Feuergasen und Luft durch die Erhitzer muß jeder Ofen wenigstens zwei Erhitzer erhalten. Der Eisenhochofen ist gewöhnlich mit 3 oder 4 Erhitzern verbunden.

Die steinernen Winderhitzer gestatten die Erhitzung des Windes auf 500—900°.

Die bekanntesten Erhitzer dieser Art sind der Erhitzer von Cowper und der Erhitzer von Whitwell.

Der Erhitzer von Cowper.

Die Einrichtung desselben ergibt sich aus der Fig. 606. Derselbe stellt einen aus feuerfesten Steinen hergestellten zylindrischen, nach oben kuppelförmig abgerundeten, mit einem Eisenblechmantel umgebenen Schacht dar, in welchem sich die Steinfüllung m und eine senkrechte gemauerte Röhre a von kreisförmigem oder elliptischem Horizontalquerschnitt befinden. Die Steinfüllung ruht auf einem durch Gußeisenträger gestützten Plattenrost aus feuerfestem Material, unter welchem sich ein freier Raum befindet. Die Heizgase treten durch den drehbaren Ventilkasten c in den Erhitzer, steigen durch drei Schlitze in das Rohr a, mischen sich mit der durch b eintretenden Verbrennungsluft, ziehen bis zum Ende des Rohres aufwärts, wenden sich dann und ziehen durch die Zwischenräume der Steinfüllung abwärts in den Raum unter derselben und dann durch den Ventilkasten f in den Fuchskanal, welcher sie nach der Esse führt. Die Zwischenräume der Steinfüllung bilden senkrechte Kanäle von quadra-

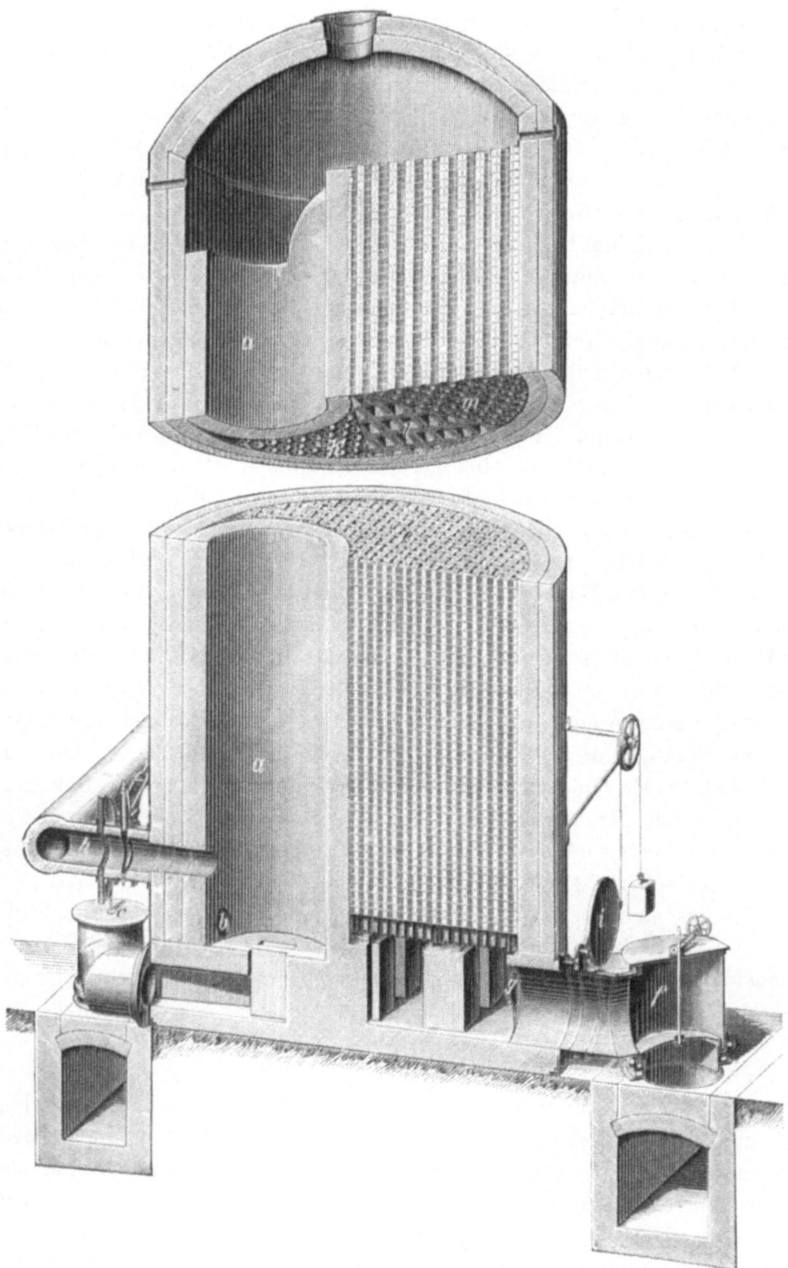

Fig. 606.

tischem, kreisförmigem, sechseckigem oder achteckigem Querschnitt. Ist die Steinfüllung durch die brennenden und verbrannten Gase hinreichend erwärmt, so schließt man die Eintrittsöffnungen für Gas und Verbrennungsluft, sowie die Austrittsöffnung für die verbrannten Gase und öffnet die Eintrittsöffnung g für die Gebläseluft, sowie die Austrittsöffnung h für den heißen Wind. Die Gebläseluft durchzieht nun die heiße Steinfüllung und das Rohr a in umgekehrter Richtung wie die Feuergase und tritt hocherhitzt in das Heißwindrohr h.

Will man den Erhitzer in Betrieb setzen, so müssen zur Erhitzung der Gase auf die Entzündungstemperatur glühende Kohlen auf den Boden des Rohrs a gebracht werden. Später genügt die durch die Verbrennung der Gase erzeugte Temperatur zur Entzündung der frischen Gase.

Die Cowper-Apparate sind in der neueren Zeit 18—26 m hoch und besitzen 6,5 m äußeren Durchmesser. Die Heizfläche des Apparates beträgt 4800—5500 qm. 1 cbm Wind in der Minute erhält 18—32 qm Heizfläche. Die in staubigen Gichtgasen enthaltenen staubförmigen Körper setzen sich in den Kanälen (Heizschächten) der Füllung an. Dieselben müssen daher zeitweise gereinigt werden, zu welchem Zwecke der Erhitzer kalt gelegt werden muß. Die Reinigung erfolgt durch einen Arbeiter, welcher durch ein Mannloch in den kuppelförmigen Raum über der Steinfüllung steigt und eine eiserne an einem Seile hängende Kugel, an der ein Besen befestigt ist, in den verschiedenen Kanälen der Füllungen herabgleiten läßt. Der so abgekehrte Staub fällt in den Raum unter dem Rost und wird durch besondere Reinigungsöffnungen aus demselben ausgezogen.

Die Vorzüge dieses Erhitzers sind eine große Heizfläche und eine durch den großen Querschnitt derselben herbeigeführte langsame Bewegung der Luft durch denselben. Die Schwankungen in der Temperatur der erhitzten Luft betragen bei großen Erhitzern und bei zweistündigen Wechselperioden zwischen 20 und 50⁰.

Er hat den Nachteil, daß bei staubigen Gichtgasen die Kanäle der Füllung leicht durch den Staub verstopft werden, wodurch eine öftere Reinigung derselben bedingt ist. Der Cowper-Apparat erfreut sich zur Zeit einer weit verbreiteten Anwendung.

Erhitzer von Whitwell.

Die Whitwell-Erhitzer sind so eingerichtet, daß die durch dieselben durchziehenden Feuergase sowohl als der in umgekehrter Richtung ziehende Gebläsewind mehreremale auf- und abwärts geführt werden. Bei den älteren Vorrichtungen dieser Art war nur ein einziger breiter Zugkanal vorhanden. Die vielen Krümmungen desselben erschwerten aber die Bewegung des Gasstroms und führten erhebliche Pressungsverluste herbei. Man hat daher in der neuesten Zeit die Anzahl der Krümmungen vermindert, dafür aber den Kanal durch Querwände in eine Reihe paralleler Zweige geteilt.

Ein derartiger neuerer Erhitzer ist in Fig. 607 abgebildet.

Die Gase treten aus der Gasleitung a durch ein Rohr in den Erhitzer und werden mit Hilfe von Luft, welche teils durch die Stutzen k, teils durch die Kühlkanäle l in der Wand des Erhitzers eintritt, verbrannt. Die Feuergase ziehen in dem durch Querscheider in 6 Abteilungen geteilten Raum b aufwärts, gelangen dann in dem in 30 Kanäle geteilten Raum c wieder nach unten, steigen in dem in 6 Abteilungen geteilten

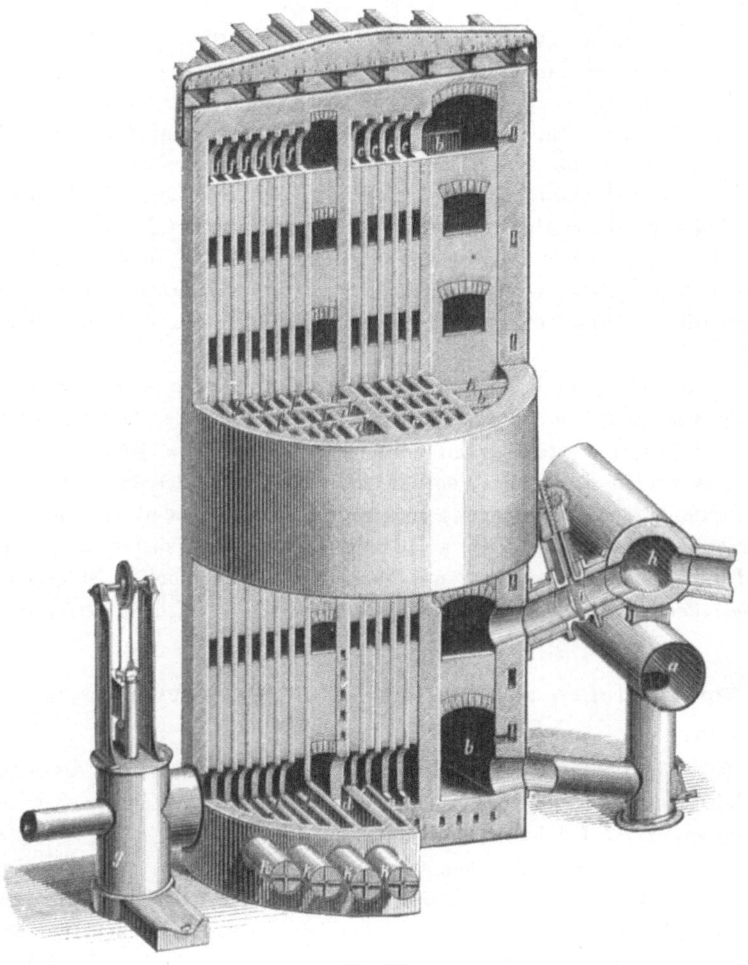

Fig. 607.

Raum d wieder nach oben und ziehen dann in 34 Zweige geteilt durch die Kanäle f f wieder nach unten, um durch das Rohr g in den Essenkanal zu entweichen. Die Gebläseluft macht den umgekehrten Weg. Sie tritt durch das Rohr e ein, durchzieht den Erhitzer und tritt dann in die Heißwindleitung h.

Die Reinigung der Kanäle von Staub und Ruß geschieht von außen. Zu diesem Zwecke sind in der Decke des Erhitzers Öffnungen angebracht. Der Staub wird auf den Boden der Kanäle gekehrt und von dort durch Mannlöcher entfernt.

Die Erhitzer der gedachten Art besitzen 6—7 m Durchmesser und 19—20 m Höhe. Die Heizfläche beträgt 2000—3000 qm. 1 cbm Wind in der Minute erhält 7—14 qm Heizfläche. Die Temperaturschwankungen desselben betragen 50—60°.

Der Vorteil der Whitwell-Erhitzer besteht darin, daß sich dieselben von außen reinigen lassen, also nicht wie die Cowper-Erhitzer bei der Reinigung kalt gelegt werden müssen. Dagegen haben sie den Nachteil einer im Vergleiche mit dem Cowper-Apparat geringen Heizfläche. Sie haben daher nicht die Verbreitung des Cowper-Erhitzers erlangt.

Bei den Erhitzern von Massicks und Crooke erfolgt die Erhitzung des Windes in einer Anzahl ringförmiger, konzentrischer Kanäle.

Als Verschlussvorrichtungen für die Zu- und Ableitungsöffnungen der heißen Gase benutzt man bei den steinernen Winderhitzern Tellerventile. Dieselben werden bei einigen Erhitzern durch Wasser gekühlt.

Zum Einlassen der frischen und zur Abführung der verbrannten Gase benutzt man in der neuesten Zeit mit Erfolg die Vorrichtung von Burgers. Dieselbe stellt einen mit einem Rohransatz versehenen, auf Kugeln laufenden drehbaren Ventilkasten dar, durch dessen Drehung der Rohransatz die Verbindung des Erhitzers mit dem Gasleitungsrohr bezw. Schornstein herbeiführt oder aufhebt. Ist der Ventilkasten so gedreht, daß die Verbindung desselben mit dem Erhitzer aufgehoben ist, so wird die betreffende Öffnung durch einen Gußeisendeckel luftlicht verschlossen.

Die Vorrichtungen zur Fortleitung des Gebläsewindes an den Ort seiner Verwendung.

Die Fortleitung des Gebläsewindes an den Ort seiner Verwendung geschieht durch Röhren aus Gußeisen oder Eisenblech. Eisenblech wendet man vorzugsweise bei heißem Wind an.

Die Heißwindleitung macht man zur Vermeidung von Wärmeverlusten möglichst kurz und umgibt sie aus dem nämlichen Grunde bei Wind, dessen Temperatur 500° nicht übersteigt, äußerlich mit schlechten Wärmeleitern. Hat der Wind eine Temperatur von mehr als 500°, so muß die Leitung vor der Einwirkung des heißen Windes (auf das Eisen) geschützt werden. Man kleidet sie zu diesem Zwecke im Innern mit feuerfester Mauerung oder feuerfester Masse aus. Diese feuerfeste Auskleidung verhindert gleichzeitig Wärmeverluste durch Ausstrahlung, so daß eine äußere Umkleidung der Windleitung mit schlechten Wärmeleitern nicht erforderlich ist.

Nun dehnen sich die Eisenrohre bei der Erhitzung aus und ziehen sich beim Erkalten zusammen. Es ist daher bei längeren Rohrleitungen zur Vermeidung des Eintritts von Brüchen erforderlich, Vorrichtungen in dieselben einzuschalten, welche eine Verlängerung und Verkürzung der Leitungen gestatten. Diese Vorrichtungen nennt man Kompensatoren. Man unterscheidet Teller- oder Scheibenkompensatoren, Heberkompensatoren und Stopfbüchsenkompensatoren.

Die Tellerkompensatoren, Fig. 608, werden am häufigsten angewendet. Sie bestehen aus zwei ineinander verschiebbaren Rohrstutzen, an welche Blechteller angenietet sind. An ihrer Peripherie sind die Blechteller durch U-Eisen mit einander verbunden. Dehnt sich die Leitung aus, so werden die Blechteller zusammengedrückt; zieht sie sich zusammen, so gelangen sie wieder in ihre alte Lage.

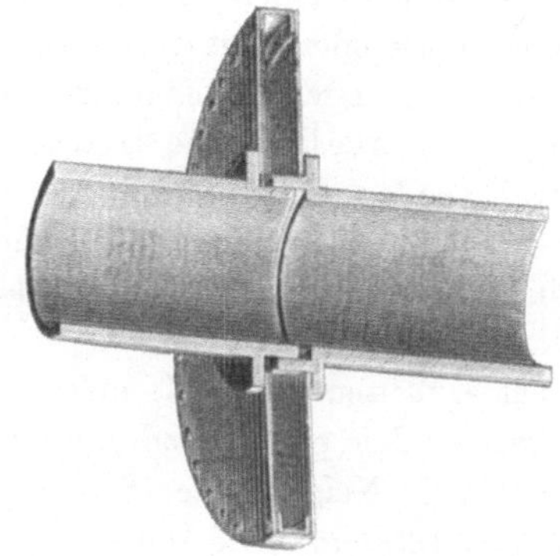

Fig. 608.

Die Heberkompensatoren sind in die Leitung eingeschaltete, heberförmig gekrümmte Rohre aus Eisen- oder Kupferblech, welche sich zusammendrücken bezw. auseinanderziehen lassen, ohne zu zerbrechen. Sie sind nur bei sehr engen Leitungen anwendbar.

Die Stopfbüchsenkompensatoren bestehen aus 2 Rohren. Das eine Rohr endigt an einer Seite in eine Stopfbüchse, während das andere Rohr an einem Ende abgedreht ist, so daß es sich in dem Stopfbüchsenrohre verschieben läßt. Als Packung für die Stopfbüchse dient Asbest.

Die Windleitung endigt entweder in konische Rohrstücke, die sogen. Düsen, welche in entsprechende Öffnungen des Ofens gelegt werden, oder in Windkasten, welche durch Schlitze oder Rohre mit dem Innern des Ofens in Verbindung stehen. Die Düsen wendet man bei Flammöfen, Herdöfen und bei den meisten Schachtöfen, die Windkasten bei manchen Schachtöfen und bei Bessemer-Öfen an.

Die Düsen sind mit dem Windleitungsrohr durch besondere Rohrteile, welche man Düsenstöcke oder Windstöcke nennt, verbunden.

Die letzteren bestehen aus einem vertikalen oder geneigten und aus einem horizontalen an die Düse angeschlossenen Teil. Beide Teile sind durch ein Knierohr mit einander verbunden. Soll der Wind nur an einer Seite des Ofens einströmen, so mündet das Windleitungsrohr direkt in die hier befindlichen Düstenstöcke. Soll er dagegen an mehreren Seiten des Ofens einströmen, so läßt man das Windleitungsrohr in ein Verteilungsrohr ausmünden, welches seinerseits mit den Düsenstücken verbunden ist. Bei Öfen mit kreisförmigem Horizontalquerschnitt ist dasselbe kranzförmig um den Ofen herumgeführt. Die Verteilungsrohre liegen unter oder über dem Niveau der Windeintrittsöffnungen, im ersteren Falle gewöhnlich in der Hüttensohle.

Bei den neueren freistehenden Schachtöfen ist das Verteilungsrohr über dem Niveau der Windeinströmungsöffnungen angebracht. Man legt dasselbe gewöhnlich auf Konsolen, welche an die Tragsäulen oder an den Tragkranz des Ofens angegossen oder angeschraubt sind.

Liegen die Windleitungs- bezw. Verteilungsrohre unter dem Niveau der Windeintrittsöffnungen, so stehen die Düsenstöcke auf denselben, während sie bei hochliegenden Röhren von denselben herabhängen. Düsenstöcke der letzteren Art, wie sie in der neueren Zeit häufig angewendet werden, verhindern den Eintritt von Schlacken in die Windleitung.

Die Düse wird aus Gußeisen oder Eisenblech angefertigt. Sie hat eine konische Form, welche den günstigsten Ausflußkoeffizienten ergibt. Derselbe ist am größten bei 6^0 Neigung der Seiten gegen einander. Die Weite der Düse beträgt 25—130 mm. Die Düsen liegen in Kanälen, deren Wände in der Regel aus Metall bestehen.

Die Düsen müssen zur Regelung ihrer Lage sowohl als zur Ermöglichung der Besichtigung und Auswechselung der Formen in horizontaler und vertikaler Richtung beweglich sein und ganz aus dem Ofen herausgezogen werden können. Bei kaltem Winde kann man diese Beweglichkeit durch Einschaltung eines Lederschlauches zwischen Düse und Düsenstock erreichen. Bei heißem Winde wendet man Kugelgelenke und verschiebbare Rohrstücke an. Ebenso verfährt man bei kaltem Winde, wenn das Leder durch die Hitze des Ofens rasch brüchig wird.

Ein mit Einrichtungen dieser Art versehener Düsenstock ist in Fig. 609 abgebildet. v ist das Verteilungsrohr, w das Anfangsstück des hängenden Düsenstocks, in welchem sich eine Drosselklappe m befindet; n ist der durch das Einsatzstück o mit w verbundene Krümmer, welcher mit Hilfe der Schrauben s in vertikaler Richtung verschoben werden kann, um die Höhenlage der Düse z zu regeln. An den horizontalen Teil des Krümmers n schließt sich ein in demselben verschiebbares Rohr r an, welches durch ein Kugelgelenk k mit einem horizontalen Rohrstück verbunden ist. Das letztere ist am entgegengesetzten Ende mit der Düse z verbunden. Durch die Schraube p erfolgt das Vor- und Zurückschieben bezw. Herausziehen der Düse. q q sind Federn, welche in die am Ende des Rohres r angebrachten Einschnitte eingreifen, um die Düse in ihrer jeweiligen Lage festzuhalten. t ist ein durch eine Glimmerplatte verschlossenes Schauloch; f ist die Form, x ein Einsatzstück zum Verschließen des Zwischenraumes zwischen Düse und Form.

Eine andere Einrichtung der Düsenstöcke ist aus der Fig. 610 ersichtlich. Die einzelnen verschiebbaren, bezw. herauszunehmenden Rohrstücke sind durch Kugelgelenke verbunden.

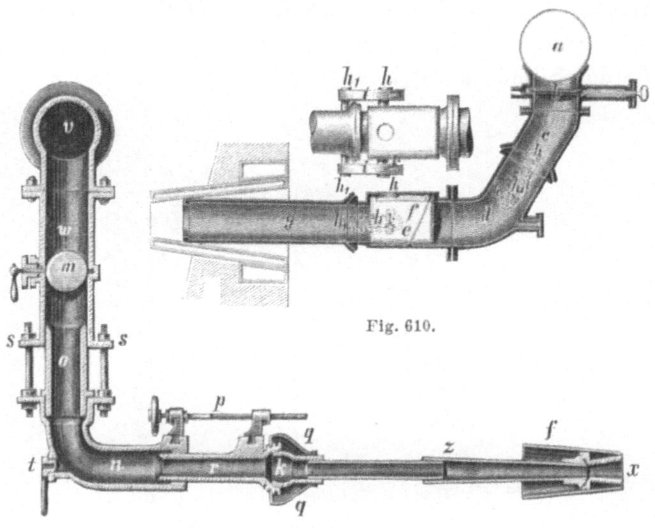

Fig. 610.

Fig. 609.

Die Verbindung geschieht mit Hilfe von Spannringen i, welche über an die Rohrstücke angegossene Zapfen h h' geschoben werden können, und mit Hilfe von Keilen k.

Ein vermittelst einer Stange aufgehängter Düsenstock für Öfen mit sehr hoher Temperatur ist in Fig. 611 dargestellt. Derselbe besteht aus einem doppelwandigen Rohr, welches zwischen den Wandungen mit einer Wärmeschutzmasse ausgefüllt ist (van Vlotenscher Düsenstock). Die Dichtung an den Verbindungsstellen der einzelnen Rohre besteht aus Asbest.

In dem Knierohre ist gewöhnlich ein mit einer Glas- oder Glimmerplatte verschlossenes Schauloch zur Beobachtung der Vorgänge im Innern des Ofens angebracht.

Die Absperrung des Windes geschieht mit Hilfe von in der Windleitung angebrachten Kegelventilen, Schiebern, Drosselklappen oder Hähnen.

Sehr zweckmäßig ist es, wenn der Wind in jedem einzelnen Düsenrohre abgeschlossen werden kann. Bei Öfen mit schwächerer Pressung ist zu diesem Zwecke entweder eine Drosselklappe vorhanden oder das Düsenrohr ist in einem horizontalen Rohransatze beweglich und mit einer Öffnung versehen, welche durch Drehung des Rohres in diesem Ansatze mit dem Windrohre in Verbindung gesetzt bezw. von demselben abgewendet werden kann. Bei Eisenhochöfen mit stärkerer Pressung bringt man Klappen vor den Düsen an, welche durch den Druck des Windes geöffnet werden und das Düsenrohr schließen, sobald der Zufluß des Windes aufhört. Durch diese letztere Einrichtung wird bei Anwendung erhitzten Windes das Einsaugen von Gas aus dem Ofen in die Windleitung (bei der Abkühlung des Düsenständers) und somit die Möglichkeit von Explosionen durch Bildung von Kohlenoxydknallgas in derselben verhindert.

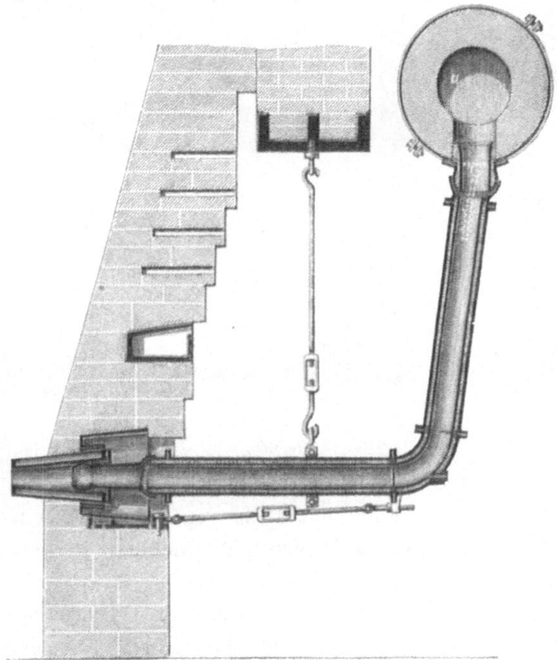

Fig. 611.

Formen.

Die Kanäle, durch welche der Wind in den Ofen geführt wird, sind entweder in den mit Wasser gekühlten Metallwänden des Ofens oder im Mauerwerk desselben angebracht. Im ersteren Falle stellen sie mit Wasser umgebene unbewegliche Metallrohre dar. Im letzteren Falle werden sie in der Regel zum Schutze der Düsen mit einer Auskleidung versehen. Bildet diese Auskleidung ein nach dem Innern des Ofens hin konisch zulaufendes Rohr, welches aus dem Ofen herausgezogen werden kann, so nennt man dieselbe „Form". Die Formen bestehen in der Regel aus Metall, nur in wenigen Fällen aus Ton.

Das Ende der Form nach dem Ofen hin nennt man Formrüssel und die dem Ofeninnern zugekehrte Öffnung desselben Formauge.

Die Metallformen bedürfen bei hohen Ofentemperaturen zum Schutze gegen das Abschmelzen einer Kühlung durch Wasser. Nur bei Anwendung kalten Windes und bei niedrigen Temperaturen können Metallformen ohne Wasserkühlung Verwendung finden. Die letzteren besitzen die Gestalt eines abgestumpften Kegels, auch wohl die eines halb durchgeschnittenen abgestumpften Kegels. Fig. 612. Man nennt im letzteren Falle die untere flache Seite desselben „Blatt", den oberen gewölbten Teil „Brust", „Busen" oder „Bauch". Man stellt die nicht gekühlten Formen aus Gußeisen, Eisenblech oder Kupfer her und macht den Formrüssel weit stärker als das weitere Ende der Form. Den Zwischenraum zwischen Form und Mauerwerk des Ofens stampft man mit feuerfester Masse aus.

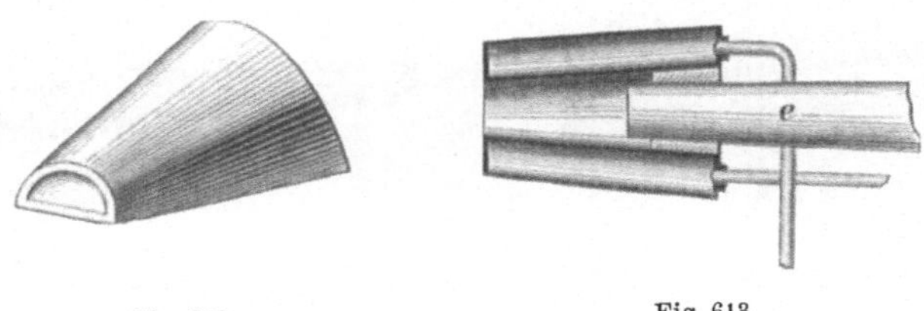

Fig. 612.   Fig. 613.

Die durch Wasser gekühlten Formen, die sogen. Wasserformen, besitzen in der Regel die Gestalt eines abgestumpften Kegels mit doppelten Wänden, wie Fig. 613 ergibt. Diese Gestalt ist der des halben Kegels vorzuziehen, weil bei derselben die Form wegen gleichmäßiger Ausdehnung in der Hitze weniger leicht dem Zerspringen ausgesetzt ist. (Seltener stellen die Wasserformen ein in Gußeisen eingegossenes spiralförmiges Rohr aus Schmiedeeisen dar.)

Man stellt die Wasserformen aus Gußeisen, Schmiedeeisen, Kupfer oder Bronze her.

Die Formen aus Gußeisen sind am meisten der Abnutzung unterworfen. Man verwendet sie bei nicht sehr hohen Temperaturen und kaltem Winde, besonders bei der Kupfer-, Silber- und Bleigewinnung. Formen aus Schmiedeeisen halten länger als Gußeisenformen, sind aber sehr schwierig dicht zu halten. Man wendet daher in der neuesten Zeit bei heißem Winde und hohen Temperaturen (Roheisengewinnung) Formen aus Bronze oder Phosphorbronze an.

Die Wasserformen werden bei kleineren Öfen (Kupfer-, Blei-, Silbergewinnung) in die Formöffnung des Ofens eingesetzt und mit feuerfester Masse umstampft. Bei größeren Öfen (Eisenhochöfen) werden sie in einem mit Wasser gekühlten Rahmen befestigt, welcher ebenso wie die Form aus dem Ofen herausgezogen werden kann. Da nur der Rüssel der Form der Abnutzung unterworfen ist, so hat man in der neuesten Zeit manche Formen mit einem Rüssel, welcher von der Form abgenommen werden kann, versehen. Derselbe wird durch Zughaken an die Form befestigt oder an dieselbe angeschraubt.

Der Hohlraum der Wasserformen (in welchem sich das Kühlwasser befindet) ist am Rüssel geschlossen, an der Rückseite der Form entweder geschlossen oder offen.

Man unterscheidet hiernach geschlossene und offene Formen. In den geschlossenen Formen setzt sich leicht Schlamm und Kesselstein an, besonders in dem am meisten der Erhitzung ausgesetzten Rüssel. Um dieselben bequem reinigen zu können, hat man sie wohl hinten offen ge-

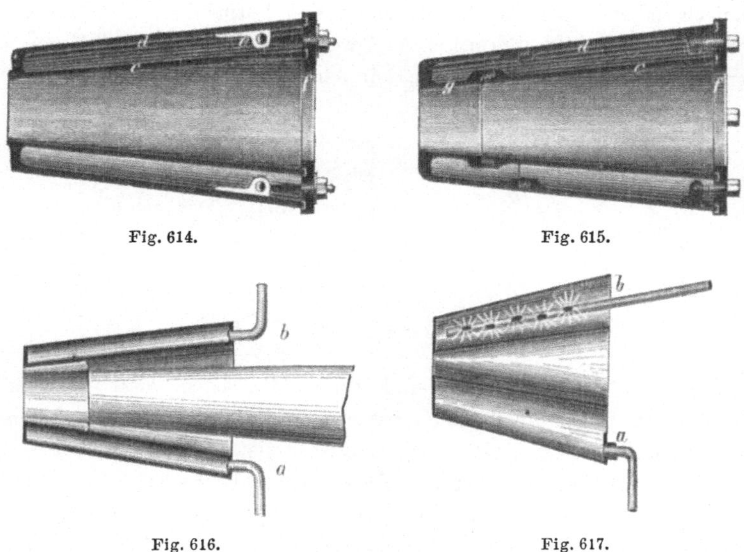

Fig. 614.   Fig. 615.

Fig. 616.   Fig. 617.

gossen und daselbst den Hohlraum mit einem abnehmbaren Deckel versehen. Fig. 614 und 615. Die Befestigung des Deckels f an der Form geschieht durch Zughaken, welche in Ösen (e) eingreifen (Fig. 614) oder durch Schrauben (Fig. 615).

Die Zirkulation des Wassers in den geschlossenen Formen geschieht so, daß dasselbe durch ein dünnes Rohr a (Fig. 616) in den untersten Teil des Hohlraums eintritt und durch ein gleiches Rohr b aus dem obersten Teile desselben austritt. Wollte man das Wasser in den oberen Teil des Hohlraums eintreten lassen und aus dem unteren Teile desselben abführen, so könnte leicht eine Bildung von Wasserdampf eintreten, was bei der erstgedachten Anordnung nicht möglich ist, so lange im Zu- und Abfluß keine Unterbrechung stattfindet. Da der Formrüssel am stärksten gekühlt werden muß, so wird wohl das Rohr, welches das kalte Wasser zuführt, durch den Hohlraum hindurch bis in den Rüssel geführt. (Fig. 617.)

Die Stelle, an welcher das Wasser aus der Form austritt, muß offen liegen, um die Temperatur des abfließenden Wassers beobachten zu können.

Die hinten offenen Formen gestatten eine bequeme Reinigung und werden deshalb bei Wasser, welches viel Schlamm und Kesselstein absetzt, angewendet. Derartige Formen, sogen. Spritzformen, sind von Hilgenstock und Teichmann angegeben worden.

Die Hilgenstocksche Form ist in Fig. 618 abgebildet. a ist die aus Eisenblech angefertigte hinten offene Form, d ist ein schaufelähnliches mit vielen Öffnungen versehenes Mundstück, aus welchem das Wasser in

Fig. 618.

Strahlen gegen die Wände der Form gespritzt wird. Dasselbe sammelt sich im unteren Teile des Hohlraums und fließt aus demselben aus. Die Form befindet sich in einem Kasten aus Eisenblech b, welcher seinerseits durch das Rohr c berieselt wird.

Die Teichmannsche Form ist in Fig. 619 abgebildet. Das Wasser wird in dünnen Strahlen durch die Öffnungen des Rohres b an die Formwände gespritzt, läuft an denselben herab und fließt an der unteren Seite der Form aus.

Über die Zahl und Lage der Formen bei Schachtöfen ist bereits früher das Erforderliche dargelegt worden.

Der Durchmesser des Auges der Form ist gewöhnlich gleich dem Durchmesser des kleineren Endes der Düse.

Um den Wind in die Mitte des Ofens vordringen zu lassen, läßt man bei Schachtöfen den Formrüssel häufig auf eine gewisse, von der Größe des Ofens, der Windpressung, der Windtemperatur und der Art der Beschickung abhängige Entfernung in den Ofen hineinragen (bei Eisenhochöfen bis 300 mm).

Zur Vermeidung von Windverlusten empfiehlt es sich, den Zwischenraum zwischen der Innenwand der Form und der Düse zu schließen. Bei
Anwendung von heißem Winde ist ein derartiger Verschluß notwendig,

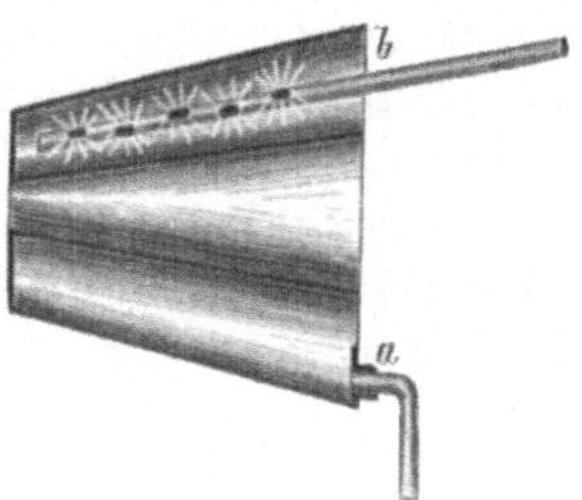

Fig. 619.

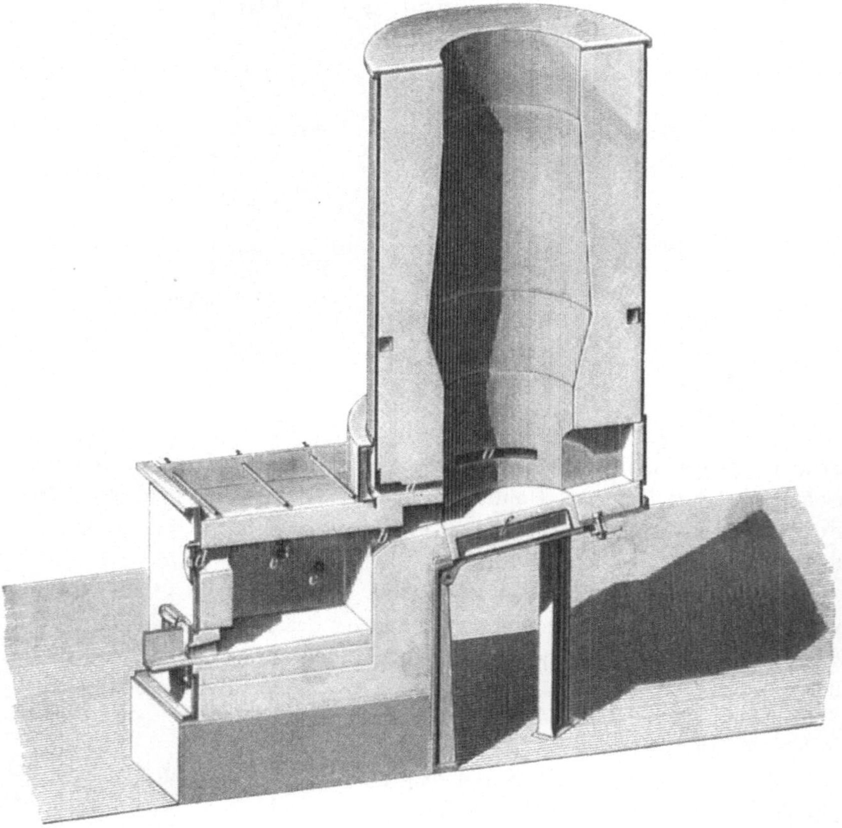

Fig. 620.

weil andernfalls kalte Luft durch die Form angesaugt werden würde. Die
Herstellung dieses Verschlusses geschieht durch Einschieben eines Ton-
oder Metallringes zwischen Düse und Form oder durch Anbringen eines

Wulstes an dem vordern Ende der Düse; oder durch Einlegen eines abgedrehten Einsatzstückes in den vorderen Teil der Form, an welches das gleichfalls abgedrehte Ende der Düse genau anschließt. Die letztere Art des Verschlusses hat sich am besten bewährt.

Die Windkasten und Windschlitze.

Endigt die Windleitung nicht in Düsen, so wendet man Windkasten mit Schlitzen oder mit röhrenförmigen Öffnungen an. Bei Schachtöfen sind die Windkasten kranzförmig um den Ofen herumgelegt; bei Bessemer-

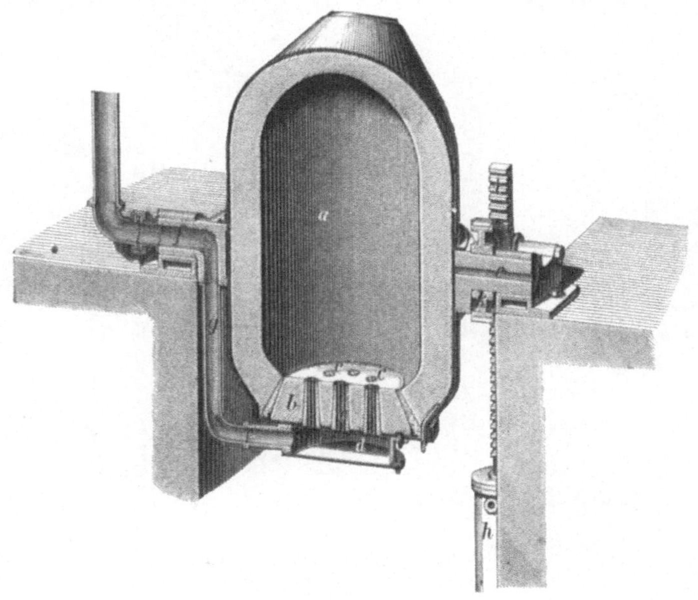

Fig. 621.

Öfen liegen sie entweder unter dem Ofen oder sie sind gleichfalls kranzförmig um den Ofen herumgelegt (Kupfer-Bessemer-Ofen).

Ein Schachtofen (Kupol-Ofen) mit Windkasten und schlitzförmigen Einströmungsöffnungen ist in Fig. 620 dargestellt. a sind die aus dem Windkasten auslaufenden Windschlitze.

Fig. 621 stellt einen Bessemer-Ofen zur Herstellung von Flußeisen mit einem unter dem Ofen angebrachten Windkasten dar. g ist das mit dem Ofen drehbare Windleitungsrohr, welches in den Windkasten d mündet; c c c sind Windeinströmungsöffnungen (Formöffnungen) von konischer Gestalt, welche in dem mit feuerfester Masse ausgekleideten Boden des Ofens angebracht sind. Einen Bessemer-Ofen zur Gewinnung von Kupfer aus Schwefelkupfer mit kranzförmigem Windkasten und seitlichen Windeinströmungsöffnungen zeigen die Figuren 622 und 623.

Berechnung des Durchmessers der Windleitungsrohre.

Der Minimaldurchmesser der Windleitungsrohre berechnet sich in Metern nach der Formel $d = 1{,}13 \sqrt{\dfrac{Q}{v}}$, wenn Q die in der Sekunde durch die Rohre durchzuführende Windmenge in cbm und v die Geschwindigkeit des Windes in Metern pro Sekunde bezeichnet.

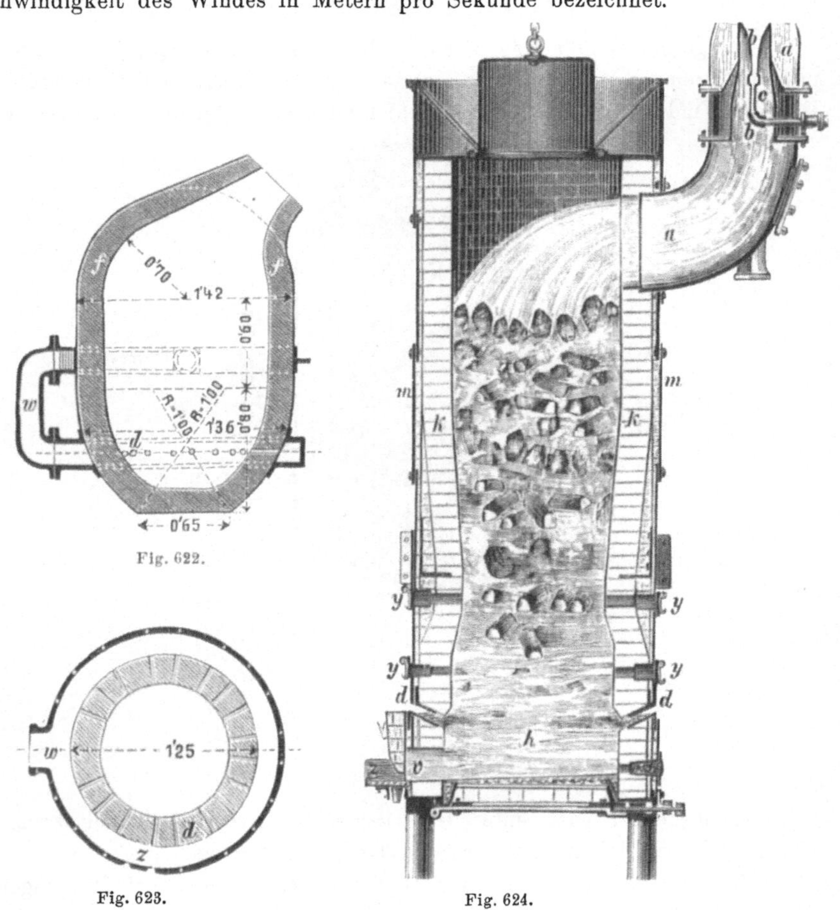

Fig. 622.

Fig. 623.

Fig. 624.

β) Die saugenden Luftbeschaffungsvorrichtungen.

Dieselben wirken in der Weise, daß die Spannung des Raumes, in welchem die Luft verwendet werden soll, unter die Spannung der Atmosphäre herabgesetzt wird, so daß Luft aus der Atmosphäre in diesen Raum nachströmen muß. Bei den Vorrichtungen dieser Art tritt die Luft direkt aus der Atmosphäre an den Ort ihrer Verwendung. Es fallen daher hier die Vorrichtungen zur Fortleitung der Luft fort.

Die saugenden Luftbeschaffungsvorrichtungen sind die Essen und die Exhaustoren.

Die Essen, deren Wirkungsweise und Konstruktion im vierten Abschnitt dargelegt ist, geben nur Pressungen von 1—5 mm Quecksilbersäule. Sie werden in solchen Fällen angewendet, in welchen stärkere Pressungen nicht erforderlich sind, nämlich bei Flammöfen (und zwar sowohl zur Beschaffung der Verbrennungsluft als auch der Oxydationsluft), bei Gefäßöfen zur Beschaffung der Verbrennungsluft und in einigen Fällen (oxydierende Röstung) auch der Oxydationsluft, bei Haufenöfen (Röststadeln) zur Beschaffung der Verbrennungs- bezw. Oxydationsluft. Nur ausnahmsweise verwendet man sie bei Schachtöfen (kastilianische Bleierzschmelzöfen).

Als Exhaustoren benutzt man Dampfinjektoren oder Ventilatoren. Dieselben saugen die Gase aus dem betreffenden Ofenraume und führen sie entweder in eine Esse oder in das Freie.

Dampfinjektoren wendet man bei Schachtöfen zum Umschmelzen des Roheisens, zum Schmelzen von Legierungen sowie bei der Verarbeitung leichtflüssiger Blei- und Kupferbeschickungen an. Ein derartiger Ofen zum Umschmelzen des Roheisens (Herbertz-Ofen) ist in Fig. 624 dargestellt. a ist das Abzugsrohr für die Gase. In demselben ist ein nach oben hin verjüngtes Rohr b und in diesem der Injektor c angebracht. Die Luft tritt durch den bereits früher beschriebenen verstellbaren Schlitz d ein, während die Gase durch das Rohr a austreten und teils in dem Injektorrohr, teils in dem ringförmigen Raum zwischen Gasrohr und Injektorrohr aufsteigen.

Auch zur Unterstützung des Essenzuges wendet man Dampfinjektoren an.

Ventilatoren kommen nur in Betracht, wenn es sich um die Ersparung von Essen, um die Entfernung schädlicher Gase aus Öfen oder um die Verwertung von in den Ofengasen enthaltenen Körpern handelt.

Messung der Spannung des Windes.

Die Spannung des Windes mißt man durch Wassermanometer, Quecksilbermanometer oder Metallmanometer. Die Wassermanometer wendet man bei niedrigem Druck an, da die Wassersäule stärkeren Schwankungen unterworfen ist als die Quecksilbersäule. Die Metallmanometer (von Schäffer und Budenberg, Gäbler) wendet man bei heißem Winde sowie bei hoch gespanntem kalten Winde an. Man erhält aus dem Druck, welcher durch eine Wassersäule gemessen ist, den Druck der entsprechenden Quecksilbersäule, wenn man die Höhe der Wassersäule durch das spez. Gewicht des Quecksilbers = 13,6 dividiert.

Es sind gleichwertig für den Druck:

Wassersäule mm Höhe	Quecksilbersäule mm Höhe	Gewicht g pro qcm	Atmosphären
10	0,736	1	0,0009
13,6	1	1,36	0,0013
731	53,77	73,1	0,07075
10333	760	1,033	1

Messung der Temperatur des Windes.

Zur Messung der Temperatur des erhitzten Windes dienen die bereits besprochenen Pyrometer. Besonders geeignet erscheinen das Pyrometer von Le Chatelier und die Kalorimeter von Fischer und Weinhold.

Die Bestimmung der von den Gebläsen den Öfen zugeführten Windmengen.

Die von den Gebläsen den Öfen zugeführten Windmengen lassen sich nach verschiedenen Methoden bestimmen, von welchen indes keine einzige genaue Resultate liefert. Diese Methoden gründen sich auf die Ermittelung der in einer gewissen Zeit vom Gebläse angesaugten Windmenge, auf die Ermittelung der in einer bestimmten Zeit am Ende der Windleitungen in den Ofen eingeblasenen Windmenge und bei Anwendung von Schachtöfen noch auf die Ermittelung des in einer bestimmten Zeit in denselben verbrauchten Kohlenstoffs sowie auf die Ermittelung der in einer bestimmten Zeit aus denselben austretenden Stickstoffmengen.

Die Bestimmung der dem Ofen zugeführten Windmenge
aus der vom Gebläse angesaugten Windmenge,

wie sie z. B. für die Zylindergebläse aus der Größe der Kolbenfläche und der Kolbengeschwindigkeit ermittelt werden kann, gibt zu hohe Werte, weil auf dem Wege des Windes vom Gebläse nach dem Ofen stets Windverluste eintreten. Das Verhältnis zwischen den ausgeblasenen und den angesaugten Windmengen nennt man Windeffekt. Der letztere schwankt je nach der Länge der Windleitung zwischen 0,50—0,75.

Die Bestimmung der dem Ofen zugeführten Windmenge
aus der in denselben eingeblasenen Windmenge

gibt bessere Resultate, ist aber auch ungenau, weil die Windspannung im Ofen nicht genau ermittelt werden kann und weil die Spannung an den Wänden der Windausströmungsöffnungen infolge der daselbst stattfindenden Reibung geringer ist als in der Mitte derselben.

Die in den Ofen eingeblasene Windmenge ist gleich dem Produkte aus dem Querschnitt der am Ende der Windleitung befindlichen Windausströmungsöffnung (bezw. der Summe der Querschnitte der Windausströmungsöffnungen) in die Geschwindigkeit des austretenden Windes.

Nach von Hauer ist die Windmenge pro Minute (M) auf 0^0 Temperatur und den mittleren Barometerstand reduziert.

$$M = 21110\, \lambda\, d^2 \sqrt{\frac{b + h_2}{1 + \alpha t}}\, , \ (h^1 - h^2)\ cbm,$$

wenn d der Durchmesser der Ausströmungsöffnung,

b der Barometerstand in mm Quecksilber,

$h^1 =$ die am Manometer abgelesene Windspannung ausgedrückt durch die Höhe einer Quecksilbersäule in mm

$h^2 =$ die in gleicher Weise gemessene Windspannung im Ofen,

$\alpha =$ der Ausdehnungskoeffizient der Luft

$$= 0{,}003665 = {}^1\!/_{273},$$

t^1 die Temperatur der Luft in der Windleitung,

λ ein Korrektionsfaktor

$$= 1 - 0{,}03\ \frac{h^1 - h^2}{b + h^2}\ \text{ist.}$$

Reduziert man die Windmenge auf die Temperatur t_s und auf die Spannung p_s des Raumes, aus welchem das Gebläse saugt, so ist die gedachte Windmenge (M_s)

$$M_s = \frac{(1 + \alpha\, t_s)\, \beta}{b}\ M.$$

β ist hier $= 0{,}76$ m.

Unter Zugrundelegung dieser Formeln sind von v. Hauer (v. Hauer, Die Hüttenwesensmaschine, Wien 1867) für die verschiedensten Ausströmungsöffnungen und Windspannungen die entsprechenden Windmengen berechnet und tabellarisch zusammengestellt worden.

Die Bestimmung der Windmenge für Schachtöfen durch Ermittelung des verbrauchten Kohlenstoffs.

Diese Methode, welche gleichfalls nur Annäherungswerte liefert, beruht auf der Annahme, daß der gesamte Kohlenstoff, welcher in der Gestalt von Brennstoff in einer bestimmten Zeit in den Ofen gelangt, durch den Sauerstoff des eingeblasenen Windes zu Kohlenoxyd verbrannt wird bezw. daß aller in den Ofen kommende Sauerstoff zur Bildung von Kohlenoxyd verwendet wird. Man würde daher, wenn diese Voraussetzung richtig wäre, aus der Menge des in einem gewissen Zeitraum im Ofen verbrannten Kohlenstoffs leicht die Menge des in der nämlichen Zeit in den Ofen eingeführten Sauerstoffs und aus dieser die Menge der in den Ofen eingeblasenen Luft berechnen können.

Nun wird aber ein Teil des Kohlenstoffs durch den Sauerstoff der Erze oxydiert, ein anderer Teil desselben wird bei der Roheisengewinnung zur Kohlung des Eisens verwendet. Es muss daher bei der Roheisengewinnung die nach dieser Methode ermittelte Windmenge geringer sein als die wirklich in den Ofen eingeführte Windmenge.

Die Bestimmung der Windmenge aus dem Stickstoffgehalt der Ofengase.

Dieselbe beruht auf der Annahme, daß der Stickstoffgehalt der in den Ofen eingeblasenen Luft unverändert durch den Ofen hindurch geht und als solcher in den Gichtgasen des Ofens wieder gefunden wird. Kennt man daher die Menge des in einer bestimmten Zeit aus dem Ofen austretenden Stickstoffs, so läßt sich die Menge der in dieser Zeit in den Ofen gelangten Luft leicht berechnen.

Zu diesem Zwecke muß die Zusammensetzung der Gichtgase und die in einer bestimmten Zeit aus dem Ofen tretende Menge derselben bekannt sein.

Die Zusammensetzung der Gichtgase ist durch die chemische Analyse zu ermitteln. Die Menge der Gichtgase läßt sich berechnen, wenn man die Menge des in einer bestimmten Zeit in den Ofen eingeführten Kohlenstoffs, die Menge des in den gewonnenen Metallen enthaltenen Kohlenstoffs und das Mengenverhältnis des Kohlenstoffs in den Gichtgasen zu den übrigen Bestandteilen derselben kennt.

Es wird nämlich der im Brennstoff, in den Erzen und in den Zuschlägen enthaltene Kohlenstoff mit Ausnahme des an die Metalle (Eisen) übergegangenen Kohlenstoffs in die Gichtgase übergeführt. Durch Subtraktion des an die Metalle übergegangenen Kohlenstoffs von der Gesamtmenge des in einer bestimmten Zeit in den Ofen eingeführten Kohlenstoffs erhält man die Menge des in einer bestimmten Zeit in die Gichtgase übergeführten Kohlenstoffs, durch das Verhältnis desselben zu den übrigen Bestandteilen der Gichtgase die Menge der letzteren.

Durch Bestimmung des Stickstoffgehaltes in den Gichtgasen läßt sich daher die Menge des in der Zeiteinheit aus dem Ofen austretenden Stickstoffs und hieraus die Menge der in den Ofen eingeführten Luft ermitteln.

Diese Methode soll gute Resultate liefern, ist aber sehr umständlich und dürfte deshalb nur ausnahmsweise zur Anwendung kommen.

e) Die Gichtaufzüge.

Die Gichtaufzüge sind Vorrichtungen zum Heben von Erzen, Hüttenerzeugnissen, Zuschlägen und Brennstoffen auf die Gicht der Schachtöfen. Sie sind nur dann entbehrlich, wenn die Schachtöfen so liegen, daß die Lagerplätze für die gedachten Körper in gleichem Niveau mit der Gicht derselben liegen, in welchem Falle der Transport auf horizontaler Bahn geschieht. In allen anderen Fällen sind Hebevorrichtungen, die Gichtaufzüge, erforderlich. Dieselben heben gewöhnlich in senkrechter, seltener in geneigter Richtung. Als Gichtaufzüge lassen sich alle Vorrichtungen benutzen, welche zum Heben von Lasten auf geringe Höhe dienen. Nachstehend sollen daher nur diejenigen Gichtaufzüge besprochen werden, welche den Hüttenwerken eigentümlich sind.

Als Regel gilt bei denselben, daß die zu hebenden Körper in Wagen oder Karren in die Gichtaufzüge gebracht werden, welche letztere besondere Förderschalen oder Plattformen zur Aufnahme dieser Transportvorrichtungen besitzen.

Die Förderschalen oder Plattformen sind entweder an Seilen oder Ketten (ohne Ende) befestigt, welche heraufgezogen bezw. herabgelassen werden können, oder sie ruhen auf starren zylindrischen Körpern von der Länge der Förderhöhe, welche gehoben, bezw. gesenkt werden können. Man nennt die ersteren: Gichtaufzüge mit Seil- bezw. Kettenförderung, die letzteren Gichtaufzüge mit Förderung ohne Seil bezw. Kette. In beiden Fällen bewegt sich die Förderschale in einem aus Mauerwerk, Holz oder Eisen hergestellten Turm oder Gerüst, dem sogen. Gichtturm. Die Gichtaufzüge besitzen entweder zwei Plattformen bezw. Förderschalen, in welchem Falle die eine Plattform bezw. Schale gehoben wird, während die andere gleichzeitig gesenkt wird; oder nur eine Plattform bezw. Schale, welche abwechselnd gehoben und gesenkt wird. Die Vorrichtungen der ersteren Art nennt man zweitrümmige, die der letzteren Art eintrümmige Aufzüge. Die Gichtaufzüge mit Seilförderung sind zweitrümmig oder eintrümmig, während die Aufzüge mit Förderung ohne Seil eintrümmig sind.

Gichtaufzüge mit Seil- bezw. Kettenförderung.

Die wichtigsten dieser Aufzüge sind: 1. die Aufzüge mit Seilkorb, 2. die Aufzüge mit Kette ohne Ende, 3. die Wassertonnenaufzüge, 4. die hydraulischen und Dampfaufzüge mit Flaschenzugübertragung und 5. der pneumatische Aufzug von Gjers.

Die Seilkorbaufzüge

können sowohl zweitrümmig als auch eintrümmig sein.

Der eintrümmige Seilkorbaufzug besteht aus einem durch einen Motor in Umdrehung versetzten Seilkorb, auf welchem ein Seil auf- bezw. abgewickelt wird, und einer über der Gicht angebrachten Seilscheibe, über welche das gedachte Seil geführt ist, sowie aus der am Ende dieses Seiles befestigten Förderschale. Beim Aufwickeln des Seiles auf dem Seilkorbe wird die Förderschale von der Hüttensohle zur Gicht emporgezogen, beim Abwickeln dagegen von der Gicht nach der Hüttensohle herabgelassen.

Beim zweitrümmigen Aufzug sind zwei Seile in entgegengesetzter Richtung auf dem Seilkorb aufgewickelt und jedes derselben ist über eine besondere Seilscheibe geführt. Bei der Drehung des Seilkorbes wickelt sich das eine Seil auf, das andere ab bezw. wird die eine Schale gehoben, die andere gesenkt. Die zweitrümmigen Aufzüge fördern in der nämlichen Zeit das Doppelte der eintrümmigen Aufzüge und gewähren außerdem noch den Vorteil einer Ausgleichung der Gewichte der Förderschalen und Förderwagen.

Die Drehung der Seilkörbe geschieht durch Dampfmaschinen oder Wasserräder. In manchen Fällen erfolgt die Drehung von einer anderen Zwecken dienenden Maschine aus vermittelst einer von der Haupttransmissionswelle ausgehenden ein- und ausrückbaren Seitentransmission.

Die Dampfmaschinen stellt man am besten seitwärts vom Gichtturme auf die Hüttensohle. Am vorteilhaftesten sind Zwillingsmaschinen ohne Schwungrad.

Bei niedrigen Öfen stellt man auch wohl die Dampfmaschinen an der Gicht auf. Diese Einrichtung bedingt aber eine Verlängerung der Dampfleitung bis zur Gicht und veranlaßt beim Betriebe Erschütterungen des Gichtturms.

Die durch Dampfmaschinen betriebenen zweitrümmigen Seilkorbaufzüge werden wegen ihrer großen Leistungsfähigkeit vorzugsweise angewendet. Die Fördergeschwindigkeit macht man bei kleineren Öfen 0,5 bis 1 m, bei hohen Öfen $= 1 - 2$ m in der Sekunde.

Als Wasserräder verwendet man Kehrräder, wie sie bei der Schachtförderung Anwendung finden.

Ebenso wie bei der Schachtförderung sind auch bei den Gichtaufzügen Sicherheitsvorrichtungen gegen das unbeabsichtigte Niedergehen der Förderschalen und gegen das Hinabfallen von Personen in den Gichtturm angebracht.

Die Aufzüge mit Kette ohne Ende.

Bei den Aufzügen dieser Art hängen die Fördergefäße an einer über 2 Seilscheiben geführten Kette ohne Ende, welche sich ununterbrochen in gleicher Richtung bewegt. Man wendet sowohl eine einzige Kette als auch zwei Ketten an. Die eine von beiden Seilscheiben wird durch einen Motor angetrieben. Man fördert entweder auf einer schiefen Ebene oder senkrecht. Bei der Förderung auf einer schiefen Ebene hängt man die Fördergefäße mit Haken in die Kette ohne Ende ein. Bei der senkrechten Förderung bewegen sich zwei parallele Ketten in der nämlichen Richtung. Die Fördergefäße greifen mit Vorsprüngen oder Ösen in an den Ketten angebrachte Haken oder Stifte ein.

Die Wassertonnenaufzüge.

Dieselben sind zweitrümmige Aufzüge. Sie bestehen aus einer über der Gicht angebrachten Seilscheibe, aus einem über dieselbe geführten Seil und aus den an den Enden desselben befestigten Förderschalen, welche mit einem Wasserbehälter versehen sind. Der Behälter zur Aufnahme des Wassers, die Wassertonne, befindet sich unter dem Boden der Förderschalen, so daß die Wagen bezw. Karren unmittelbar auf den Tonnen stehen. Das Gewicht des von einer Tonne aufzunehmenden Wassers beträgt das $1\,^1/_4 - 1\,^1/_2$ fache der Förderlast. Ist der Aufzug in Ruhe, so befindet sich die eine Förderschale auf der Gicht, die andere auf der Hüttensohle. Füllt man nun die Tonne der auf der Gicht befindlichen, mit dem leeren Wagen beladenen Förderschale mit Wasser, so erhält sie das Übergewicht über die auf der Hüttensohle befindliche mit dem gefüllten Wagen beladene Förderschale und zieht die letztere zur Gicht empor, während sie selbst zur Hüttensohle herabgeht, wo sich die Tonne durch selbsttätiges Öffnen eines Ventils entleert.

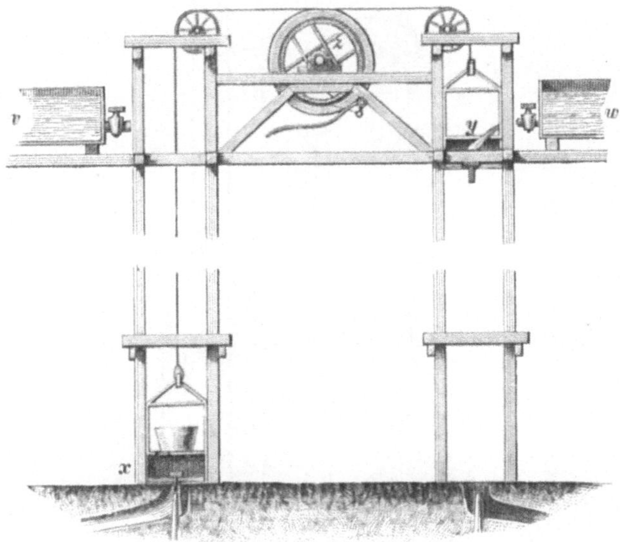

Fig. 625.

Zum Füllen der auf der Gicht befindlichen Tonnen mit Wasser ist ein besonderer Wasserbehälter auf dem Gichtboden aufgestellt, welcher mit Wasser gefüllt erhalten wird. Da sich das Gewicht der niedergehenden Teile durch Zunahme des Seilgewichtes vergrößert und das Gewicht der aufwärts gehenden Teile entsprechend abnimmt, so ist an der Seilscheibe eine Bremse angebracht, durch deren Eingreifen ein zu rasches Niedergehen und ein Aufstoßen der Förderschalen verhindert wird. Ebenso ist eine Vorrichtung vorhanden, durch welche die auf der Gicht angelangte Förderschale festgehalten wird.

Die Einrichtung eines Wassertonnenaufzuges ergibt sich aus der vorstehenden Figur 625. v und w sind die Wasserbehälter, x und y die Tonnen; z ist die Bremsvorrichtung.

Die Wassertonnenaufzüge haben den Vorteil der Einfachheit, sowie geringer Anlage- und Betriebskosten, jedoch den Nachteil des Einfrierens des Wassers und der Bildung von Eis im Gichtturme im Winter. Sie finden beim Metallhüttenbetriebe Anwendung.

Die hydraulischen und Dampfaufzüge mit Flaschenzugübertragung.

Die Aufzüge dieser Art, welche immer eintrümmig sind, können sowohl durch Wasser als auch durch Dampf betrieben werden. Das Seil ist um eine bewegliche und um eine feste Rolle gewickelt und dann über eine im Gichtturm befindliche Seilscheibe geführt. Am Ende dieses

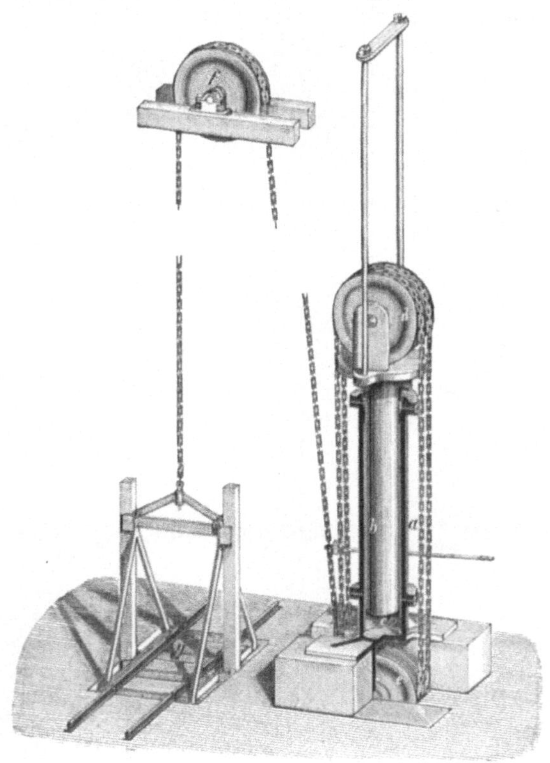

Fig. 626.

Seiles ist die Förderschale befestigt. Die bewegliche Rolle ist mit einem senkrechten Kolben verbunden, welcher in einem Zylinder durch Wasser- oder durch Dampfdruck gehoben wird bezw. durch sein eigenes Gewicht herabsinkt. Die Bewegung des Kolbens wird also hier durch einen Flaschenzug übertragen. Beim Vorhandensein von nur einer beweglichen Rolle beträgt die Förderhöhe das Doppelte des Kolbenhubes. Mehr als eine bewegliche Rolle wendet man gewöhnlich nicht an, weil sonst die zu

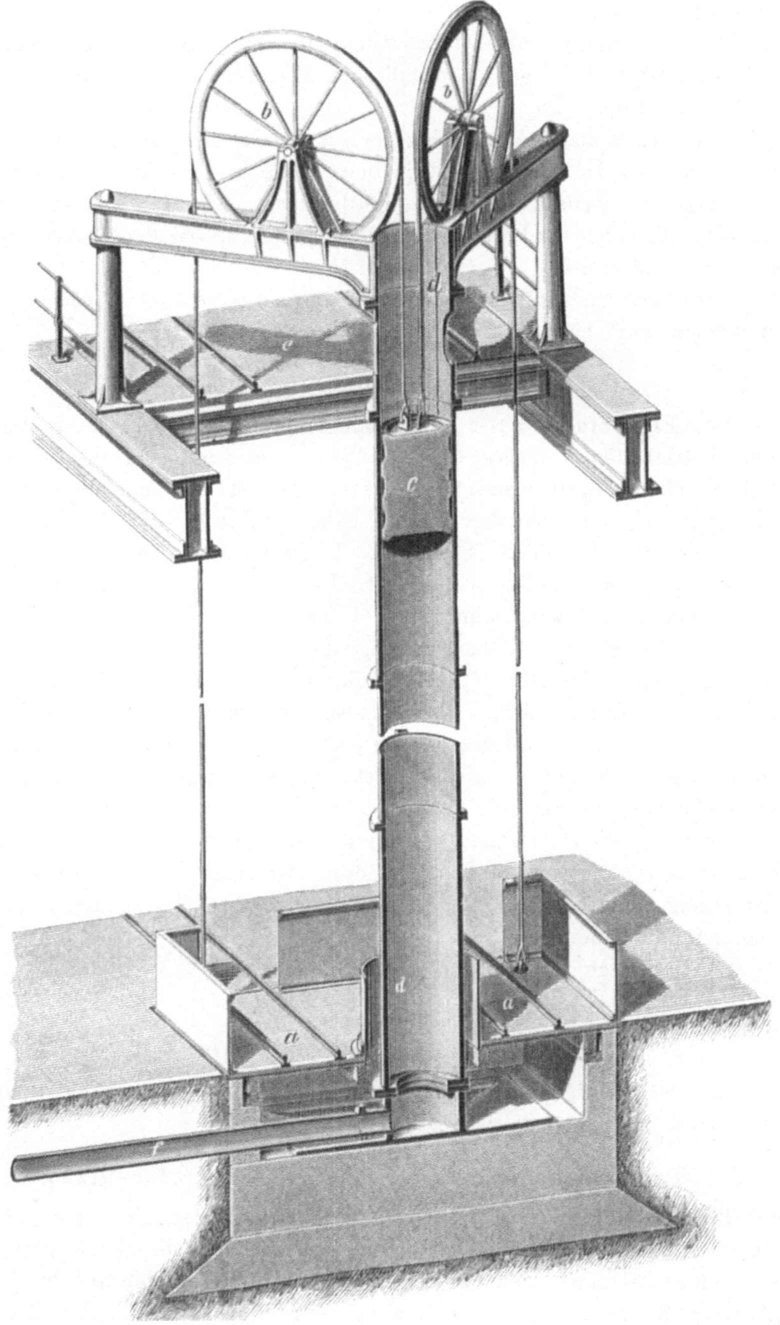

Fig. 627.

überwindenden Widerstände erheblich wachsen und die Gefahr eines Seilbruches vergrößert wird.

Die Einrichtung eines solchen Gichtaufzuges, welcher durch Wasser betrieben wird, eines sogen. hydraulischen Flaschenzuges, erhellt aus der vorstehenden Figur 626.

a ist der Zylinder, in welchem durch Wasserdruck der Kolben b gehoben wird; e ist die feste, d die bewegliche an dem Kolben befestigte Rolle; f ist die Seilscheibe, g die Förderschale. Bei der Aufwärtsbewegung des Kolbens wird die Förderschale gehoben, bei dem Niedergange desselben herabgelassen.

Derartige Gichtaufzüge finden für geringe Förderhöhen Anwendung und werden auch häufig durch Dampf betrieben.

Der pneumatische Aufzug von Gjers.

Die Einrichtung dieses eintrümmigen durch den Druck der Atmosphäre betriebenen Aufzuges ergibt sich aus der vorstehenden Figur 627. An dem oberen Teile eines Kolbens c, welcher in einem oben offenen Zylinder d auf- und abbewegt werden kann, sind 4 Seile befestigt, deren jedes über eine besondere Seilscheibe b geführt ist. Die Enden dieser Seile sind am Fördergefäße a befestigt. Das Gewicht des letzteren, sowie das Gewicht der Wagen und eines Teiles der Ladung derselben wird durch das Gewicht des Kolbens ausgeglichen. Wird nun mit Hilfe einer Luftpumpe durch das Rohr f ein Teil der Luft aus dem Zylinder d ausgepumpt, so treibt der Druck der Atmosphäre den Kolben in dem Zylinder abwärts und die Förderschale wird gehoben; wird dann die Luft unter dem Kolben verdichtet, so wird der letztere nach oben getrieben und das Fördergefäß sinkt herab.

Derartige Aufzüge gehen sanft und gewähren große Sicherheit gegen Unglücksfälle. Dagegen sind sie teuer in der Anlage und erfordern zur Verdünnung der Luft im Zylinder über eine gewisse Grenze hinaus einen hohen Kraftaufwand.

Sie finden auf Eisenhütten Anwendung.

Gichtaufzüge mit Förderung ohne Seil.

Zu den Aufzügen dieser Art gehören die direkt wirkenden hydraulischen und die pneumatischen Aufzüge.

Die hydraulischen Aufzüge oder Wassersäulenaufzüge.

Bei denselben wird ein Kolben, an dessen oberem Ende eine Plattform zur Aufnahme der Förderwagen angebracht ist, gehoben bezw. gesenkt. Der Kolben befindet sich in einem unter der Hüttensohle angebrachten stehenden Zylinder von der Höhe der Förderlänge. Unter den Kolben läßt man von einem höher gelegenen Behälter oder von einem Akkumulator aus Wasser treten. Durch den Druck desselben wird der Kolben in die Höhe getrieben, während er beim Abfließenlassen des Wassers durch sein eigenes Gewicht niedergeht.

Die Einrichtung eines derartigen Aufzuges ergibt sich aus der nachstehenden Figur 628.

m ist der in einem Schachte unter der Hüttensohle befindliche Zylinder, k der Kolben, s die an dem oberen Ende desselben befestigte Förderschale, r das Rohr, durch welches das Druckwasser unter den Kolben geführt wird. Das Abflußrohr für das Druckwasser am tiefsten Punkte des Zylinders ist aus der Zeichnung nicht ersichtlich.

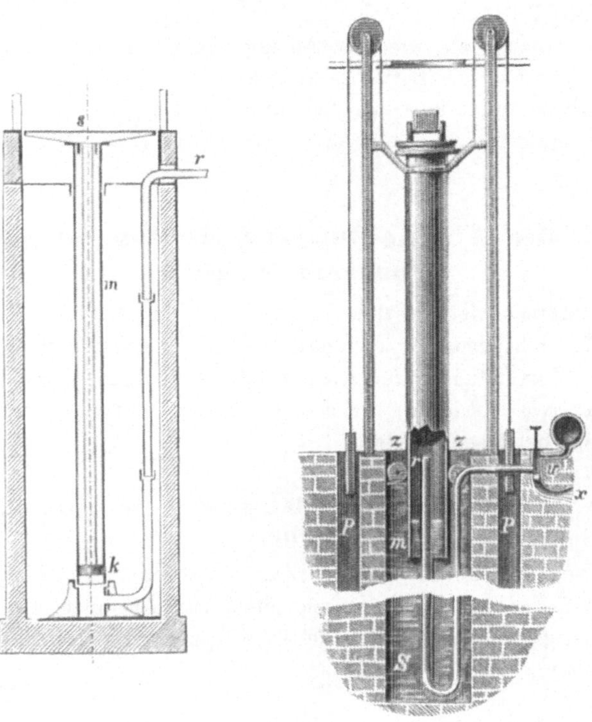

Fig. 628.   Fig. 629.

Durch die bereits besprochene Flaschenzugübertragung läßt sich (bei Anwendung einer einzigen losen Rolle) die Hubhöhe des Kolbens auf die Hälfte herabsetzen. In diesem Falle tritt aber Seilförderung ein.

Die hydraulischen Aufzüge haben den Nachteil, daß sie einen der Zylinderhöhe bezw. der Förderlänge entsprechenden Schacht unter der Hüttensohle erfordern. Man wendet sie deshalb nur für geringere Hubhöhen an.

Direkt wirkende pneumatische Aufzüge.

Bei denselben wendet man zum Heben der Last anstatt des Wassers gepreßte Luft an. Der bekannteste Aufzug dieser Art ist der Aufzug von Gibbon, Figur 629.

In einen unter der Hüttensohle befindlichen, mit Wasser gefüllten Schacht S taucht ein unten bei m offener, oben mit einer Plattform zur Aufnahme der Förderwagen versehener Blechzylinder z ein. Leitet man durch das Rohr r gepreßte Luft in denselben ein, so steigt er aufwärts; läßt man die Luft (nach Öffnung des Rohres x mit Hilfe des Ventils w) austreten, so sinkt er nieder. Das Gewicht des Zylinders wird durch Gegengewichte P P ausgeglichen.

Dieser Aufzug ist, wie der Aufzug von Gjers, durch sanften Gang und große Sicherheit des Betriebes ausgezeichnet, ist indessen teuer in der Anlage und beschränkt in seiner Leistungsfähigkeit, so daß er nur selten Anwendung findet.

2. Die Abscheidungsvorrichtungen auf nassem Wege.

Man unterscheidet dieselben in

A. Vorrichtungen für den nassen Weg im engeren Sinne,

B. in Vorrichtungen für Amalgamationsverfahren, sowie in

C. Hilfsvorrichtungen, welche gleichzeitig mit den Abscheidungs-Vorrichtungen betrieben werden.

A. Die Vorrichtungen für den nassen Weg im engeren Sinne.

Dieselben dienen zum Lösen bezw. Auslaugen, zum Filtrieren, zum Klären, zum Konzentrieren von Flüssigkeiten, zum Ausfällen, zum Trocknen von mit Flüssigkeiten behandelten festen Körpern, zum Krystallisieren und zum Destillieren.

a) Die Vorrichtungen zum Lösen bezw. Auslaugen.

Lösevorrichtungen werden angewendet, wenn der mit dem Lösungsmittel zu behandelnde Körper in möglichst kurzer Zeit entweder vollständig oder mit Hinterlassung eines geringen Rückstandes aufgelöst werden soll.

Auslaugevorrichtungen werden angewendet, wenn der mit dem Lösungsmittel zu behandelnde Körper bei der Lösung einen verhältnismäßig großen Rückstand hinterläßt oder wenn Körper, welche nur einen geringen Rückstand hinterlassen, verhältnismäßig langer Zeit zur Auflösung bedürfen, wie z. B. bei der Scheidung von Kupfer und Silber mit Hilfe von verdünnter Schwefelsäure.

α) **Die Lösevorrichtungen.**

Dieselben stellen Gefäße von der verschiedensten Gestalt dar. Sie bestehen aus einem Materiale, welches weder von dem Lösungsmittel noch von der hergestellten Lösung angegriffen werden darf. So dienen zum Auflösen des Silbers aus Gold-Silberlegierungen mit Hilfe von kochender konzentrierter Schwefelsäure Kessel aus Gußeisen, wie sie nachstehend dargestellt sind (Figuren 630, 631) oder bei kleineren Mengen Porzellangefäße, welche mittelst eines Gerippes aus Gußeisen in einen Gußeisenkessel eingesetzt sind (Figuren 632 und 633), zum Auflösen von Gold

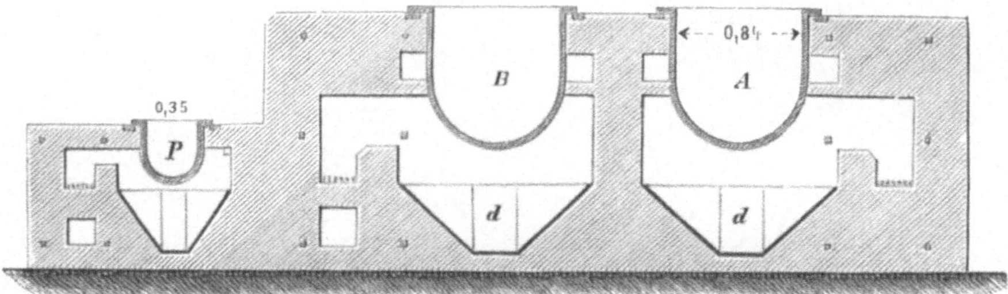

Fig. 630.

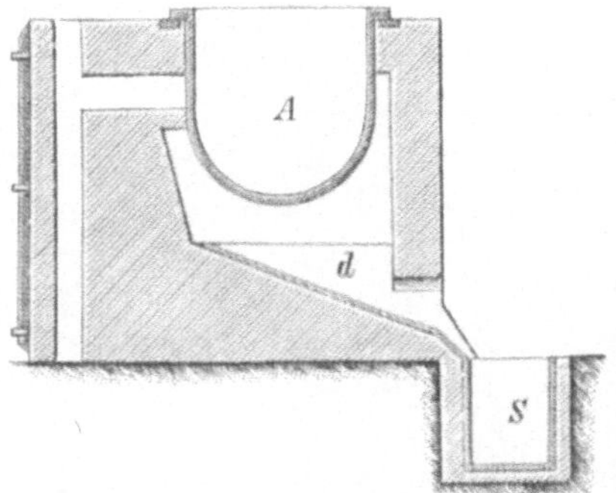

Fig. 631.

aus silberhaltigem Goldschlamm mit Hilfe von Königswasser Porzellangefäße (Fig. 634), welche auf ein Sandbad gesetzt werden, zum Auflösen von Kupferoxyd aus silberhaltigem Kupferoxyd mit Hilfe von verdünnter Schwefelsäure (Freiberg) zylindrische Gefäße aus Blei, zum Auflösen von Kupfersulfat aus einem Gemenge von Silber und Kupfervitriol mit Hilfe von heißem Wasser oder heißer Mutterlauge (Altenau, Oker) Pfannen aus Blei, zum Auflösen von Zinkoxyd aus einem Gemenge von silberhaltigem Blei, Bleioxyd und Zinkoxyd mit Hilfe von Ammoniumkarbonatlösung liegende zylindrische Gefäße aus Schmiedeeisen, zum Auflösen von Schwefeleisen aus einem Schwefelsilber, Schwefelkupfer und Schwefeleisen enthaltenden Stein stehende Bleizylinder. Die

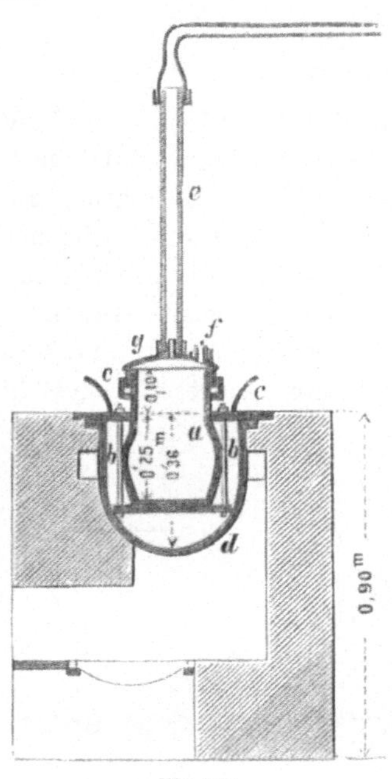

Fig. 632.

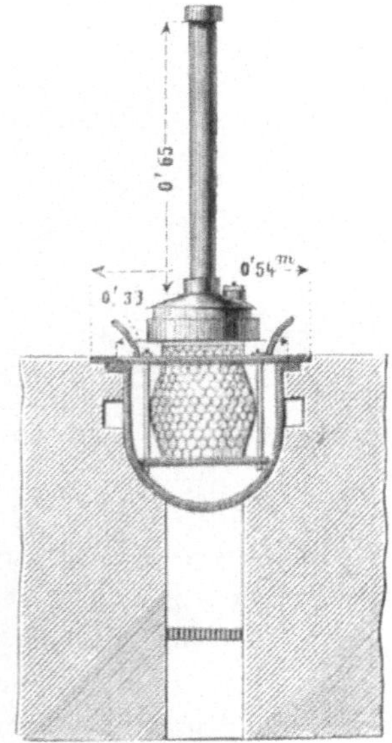

Fig. 633.

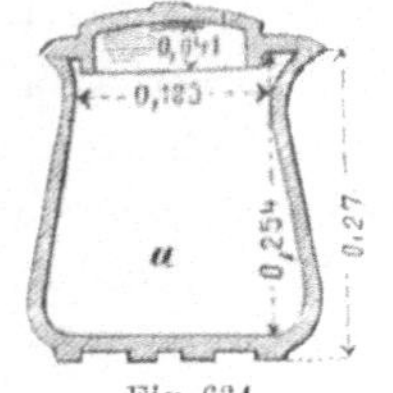

Fig. 634.

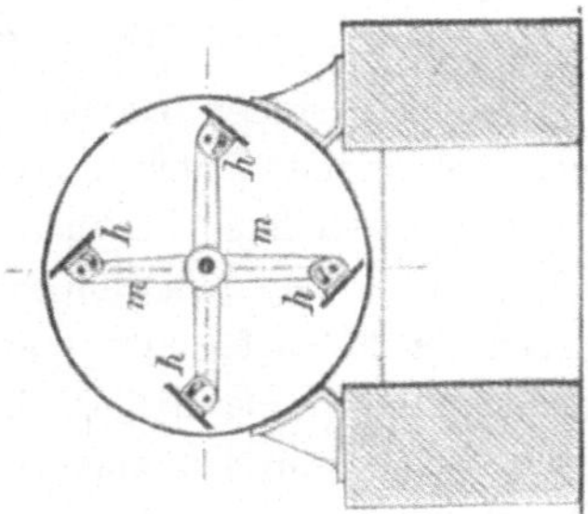

Fig. 635.

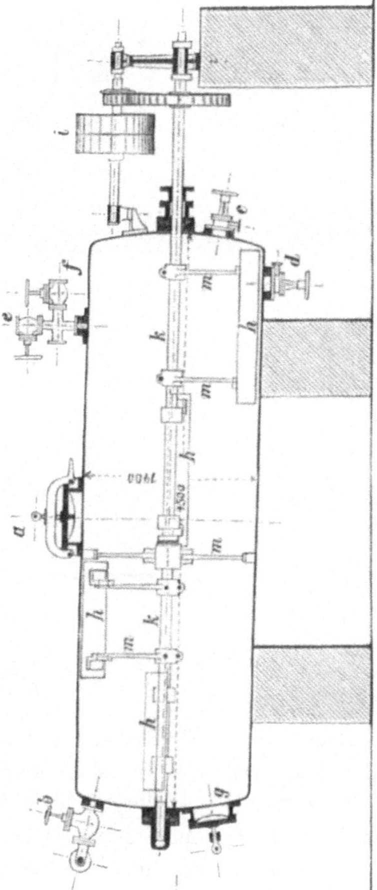

Fig. 636.

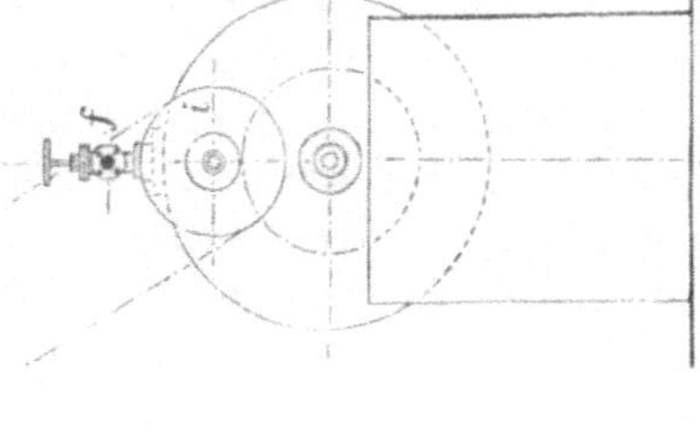

Fig. 637.

Auflösung wird durch Wärme sowohl wie durch Umrühren der zu lösenden Körper befördert. Es sind deshalb die zuletzt genannten Gefäße zum Auflösen von Zinkoxyd und Schwefeleisen mit Rührwerken versehen. Bei Anwendung von flüchtigen Lösungsmitteln müssen die Gefäße während des Betriebes luftdicht verschlossen sein. Ein derartiges Lösegefäß, welches zum Auflösen von Zinkoxyd aus einem Gemenge von Zinkoxyd, Bleioxyd und silberhaltigem Blei mit Hilfe von Ammoniumkarbonat dient, ist in den Figuren 635, 636 und 637 dargestellt. Dasselbe stellt einen zylinderförmigen Kessel aus Schmiedeeisen mit Rührwerk dar. a ist eine durch einen Deckel mit Gummidichtung verschließbare Öffnung zum Einfüllen der Zinkoxyd enthaltenden Massen. b ist das durch ein Ventil verschließbare Rohr zum Einlassen der Ammoniakflüssigkeit; c und d sind gleichfalls durch Ventile verschließbare Öffnungen zum Ablassen der Zinklösung; g ist ein verschließbares Mannloch zum Herausholen der Rückstände; f ist ein Rohr zum Einführen von Waschwasser in das Gefäß; e ist ein Rohr zum Einlassen bezw. Auslassen der Luft. Das Rührwerk besteht aus der Welle k, aus den an derselben befestigten Armen m und aus den an den letzteren befestigten Rührflügeln h. Welle und Arme bestehen aus Schmiedeeisen, die Rührflügel aus Gußeisen. Der Antrieb des Rührwerks erfolgt von der Riemscheibe i aus.

β) **Die Auslaugevorrichtungen.**

Dieselben besitzen wie die Lösegefäße die verschiedenste Gestalt und müssen gleichfalls aus einem Materiale angefertigt sein, welches dem Lösungsmittel sowohl wie dem Erzeugnisse der Lösung Widerstand leistet.

Man unterscheidet Auslaugevorrichtungen, bei welchen die mit dem Lösungsmittel zu behandelnden Massen während der Lösung ruhen, und Auslaugevorrichtungen, in welchen diese Massen zur Beförderung der Lösung bewegt werden.

Auslaugevorrichtungen mit ruhender Masse.

Diese Vorrichtungen sind aus Holz, Mauerwerk, Zement oder Eisen hergestellte Bottiche oder Kasten. Dieselben besitzen in vielen Fällen einen doppelten Boden. Der obere Boden, der sogen. Losboden, auf welchem die auszulaugenden Massen ruhen, ist durchlöchert oder als Rost hergestellt, um die Laugen durchzulassen. Die Löseflüssigkeit läßt man durch die ruhenden Massen hindurchfließen.

Wenn möglich, beobachtet man beim Auslaugen das Prinzip, das frische Lösungsmittel mit erschöpfter Masse und das nahezu gesättigte Lösungsmittel mit frischer Masse zusammenzubringen. Man erhält auf diese Weise auf der einen Seite eine gesättigte Lösung, auf der anderen Seite eine von dem auszulaugenden Metalle befreite Masse.

Früher suchte man diesen Zweck dadurch zu erreichen, daß man die auszulaugende Masse durch eine Reihe von Kasten wandern ließ, welche mit Löseflüssigkeiten von den verschiedensten Sättigungsgraden gefüllt waren, bis sie im letzten Kasten nahezu erschöpft mit reiner Löseflüssigkeit zusammenkam.

Gegenwärtig läßt man nur die Löseflüssigkeiten zirkulieren, während die Masse bis zur völligen Erschöpfung derselben in dem nämlichen Auslaugekasten oder Bottich verbleibt. Man kann hier aber nicht das Verfahren von Buff-Dunlop, wie es beim Auslaugen der Rohsoda benutzt wird, zur Anwendung bringen, nämlich daß man den Flüssigkeitssäulen in verschiedenen Kasten verschiedene Höhen gibt und durch eine höhere Flüssigkeitssäule von geringerem Volumgewichte eine niedrigere Flüssigkeitsäule von höherem Volumgewichte aus einem Kasten in den anderen drückt. Vielmehr läßt man die Flüssigkeit aus den Laugegefäßen in Behälter ablaufen, hebt sie dann mit Hilfe von Pumpen, Schöpfrädern, Injektoren oder Montejus auf neue Laugegefäße und setzt dieses Verfahren bis zur Sättigung der Flüssigkeit fort.

Wenn man, wie es früher in Stadtberge und Linz geschah, Salpetergase, Luft, Schweflige Säure und Wasserdampf durch den Losboden in oxydische Erze führt, stellt man den letzteren aus säurefesten Steinen her, welche ihrerseits auf hochkantig gestellten Steinen ruhen.

Bei Anwendung von Salzsäure als Lösungsmittel bestehen die Kasten oder Bottiche aus Holz und werden mit einer Tonlage umstampft. Bei Anwendung von heißer Eisenchloridlauge müssen die Laugegefäße aus Steinzeug bestehen.

Der Losboden wird durch einen Holzrost oder durch mit Löchern versehene Bohlen gebildet.

Beim Auslaugen chlorierend gerösteter Kupfererze wendet man Holzkästen mit Holzrost oder mit einem aus durchlöcherten Bohlen hergestellten Losboden an.

Ein Laugebottich zum Auslaugen von Silbersulfat oder Chlorsilber ist aus Figur 638 ersichtlich. Der Losboden b ruht auf dem Holzkreuze a. Derselbe ist aus durchlöcherten Bohlen hergestellt. Über demselben befindet sich eine Reisiglage und darüber ein Leinwandfilter. Das letztere wird durch einen Reifen, welcher dicht an die Wand des Bottichs anschließt, festgehalten. Auf das Filter wird die auszulaugende Masse aufgestürzt. Die Flüssigkeit, welche die Masse durchdringt, fließt durch die Öffnung d ab.

Ein neuerer Bottich zum Auslaugen von Chlorsilber aus chlorierend gerösteten Silbererzen mit Hilfe von Natriumthiosulfat, welcher 50 t Röstgut faßt, ist aus den Figuren 639—642 ersichtlich. Um die Seitenwand des Bottichs sind Reifen aus Rundeisen gelegt. Der Filterboden besteht aus Bastgeflecht x, über welchem sich das eigentliche Filter y aus Segeltuch befindet. Der Filterboden ruht auf Holzlatten, welche je 0,0254 m von einander entfernt mit Hilfe von eisernen in Bleiweiß gelegten Schrauben im Boden des Bottichs befestigt sind. Um eine Zirkulation der Flüssigkeit auf dem Boden des Bottichs zu ermöglichen, sind in den Holzlatten bis auf den Boden gehende Einschnitte v v hergestellt. Die Latten gehen nicht bis an die Wand des Bottichs heran, sondern lassen einen Zwischen-

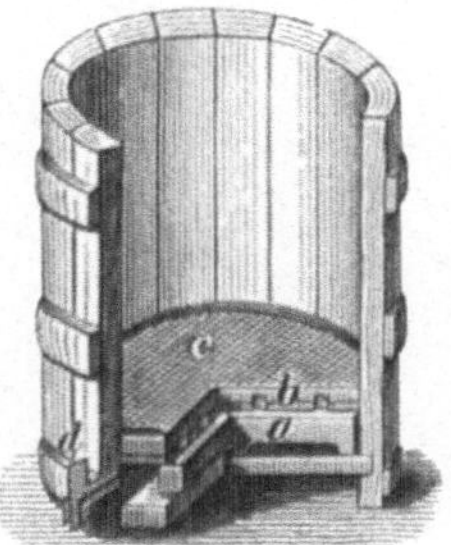

Fig. 638.

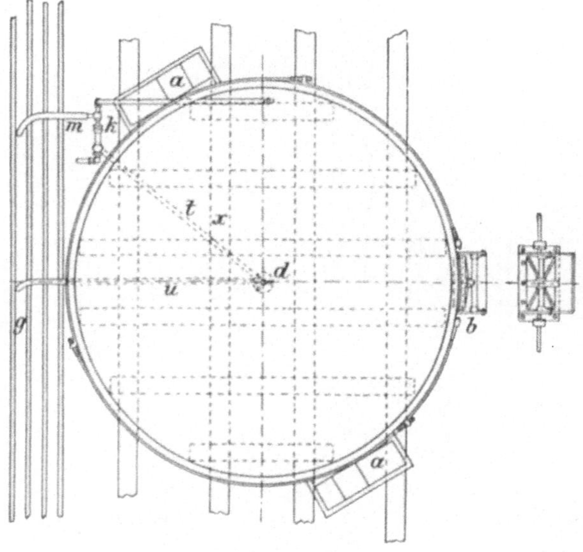

Fig. 639.

raum frei, in welchen ein aus einzelnen Holzlatten zusammengesetzter Reifen r eingelegt wird. Zur Dichtung wird ein starkes Hanfseil s um denselben gelegt und fest eingetrieben. Das Mattengeflecht bedeckt die Latten und den Reifen, während das Filtertuch einen größeren Durchmesser besitzt als der Bottich. Der über die Reifen überragende Teil desselben wird durch das Hanfseil an den Boden und die Seitenwand des Bottichs gepreßt. Das auszulaugende Erz wird auf Schienengeleisen,

welche über die Bottiche laufen, durch Wagen herangebracht und in die
Bottiche entleert. Die Laugeflüssigkeit kann sowohl von oben aus Gerinnen oder Röhren, welche über die Bottiche laufen, in dieselben eingelassen, als auch von unten durch Kautschukschläuche eingeführt werden.
Die Entfernung der Laugen aus dem Bottich erfolgt durch ein in der
Mitte des Bodens angebrachtes Eisenrohr. An dasselbe sind Kautschuk-

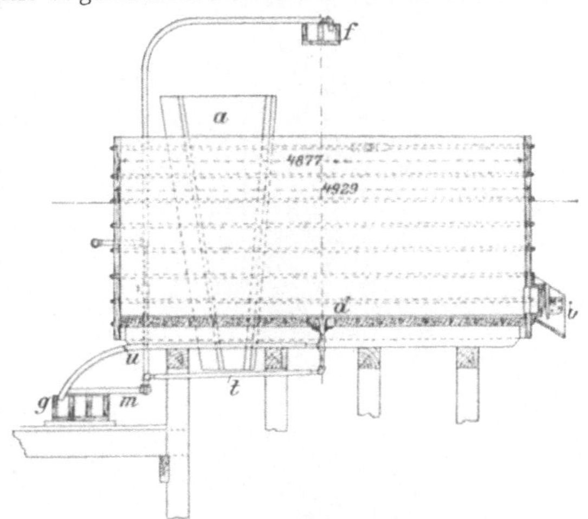

Fig. 640.

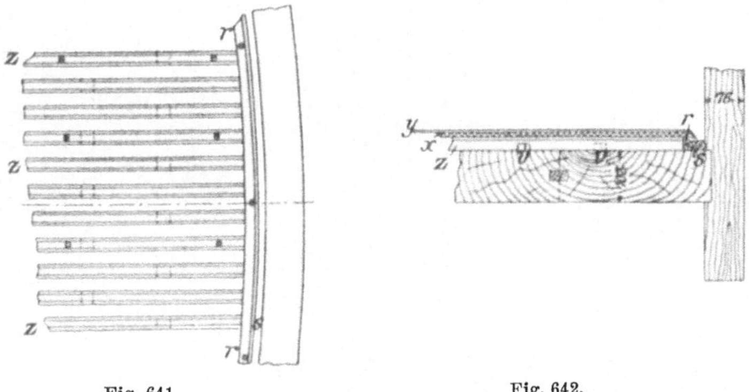

Fig. 641.   Fig. 642.

schläuche u und t angeschlossen, von welchen stets einer beim Abfließenlassen der Lauge verschlossen gehalten werden muß. Durch den Schlauch
u fließt die Lauge in das Gerinne g ab. Der Schlauch t ist mit einem
Körtingschen Injektor verbunden, durch welchen unter dem Filterboden
ein teilweises Vakuum erzeugt werden kann, so daß die Filtration beschleunigt wird. Mit Hilfe des Injektors läßt sich die Flüssigkeit sowohl
durch den mit ihm verbundenen Schlauch m in das Gerinne g als auch
beim Verschluß von m in das über dem Laugebottich befindliche Gerinne f

leiten, aus welchem die Lauge wieder in den Bottich geführt werden kann. Das Entleeren des Bottichs von den ausgelaugten Rückständen kann so geschehen, daß man dieselben ausschaufelt und durch die Lutten a in einen unter dieselben geschobenen Wagen fallen läßt, oder so, daß man dieselben vom Boden des Bottichs durch eine Öffnung, welche bis auf das Filter herabgeht, auszieht oder mit Hilfe von Wasser durch eine kleinere Öffnung b ausspült.

Fig. 643.

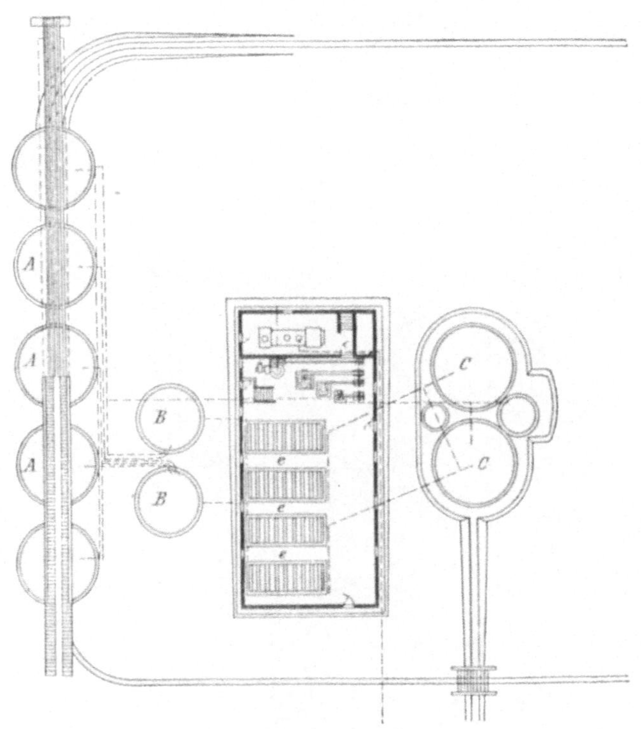

Fig. 644.

Die Gefäße zum Auslaugen des Goldes aus Golderzen mit verdünnter Cyankaliumlösung, wie sie in Transvaal in Anwendung stehen, sind Bottiche aus Holz, Stahlblech oder Mauerwerk. Sie besitzen Filtervorrichtungen. Dieselben bestehen aus einem Lattengestell, über welches ein Filtertuch aus grober Kokosmatte und ein zweites feineres aus Jute

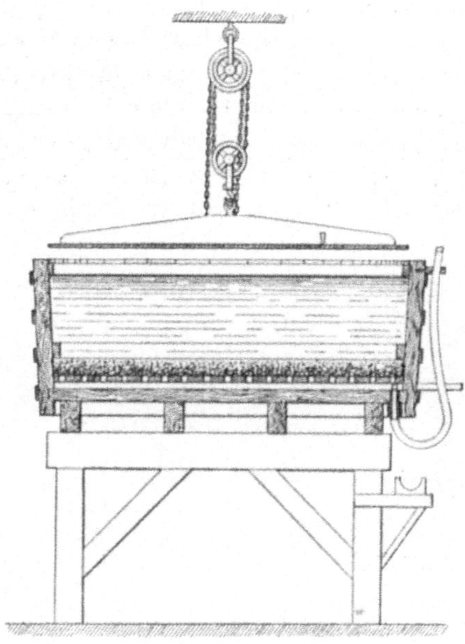

Fig. 645.

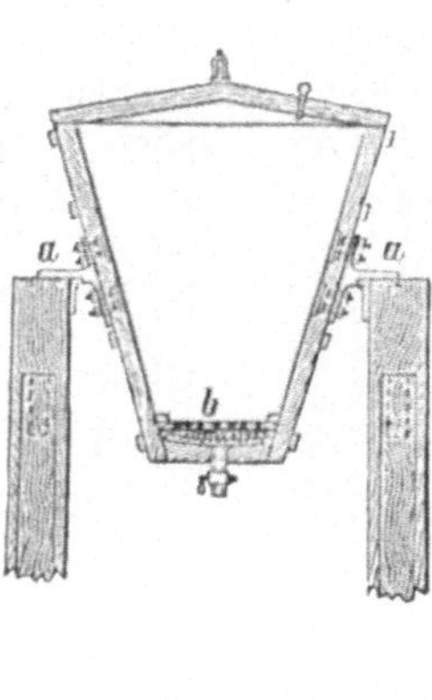

Fig. 646.

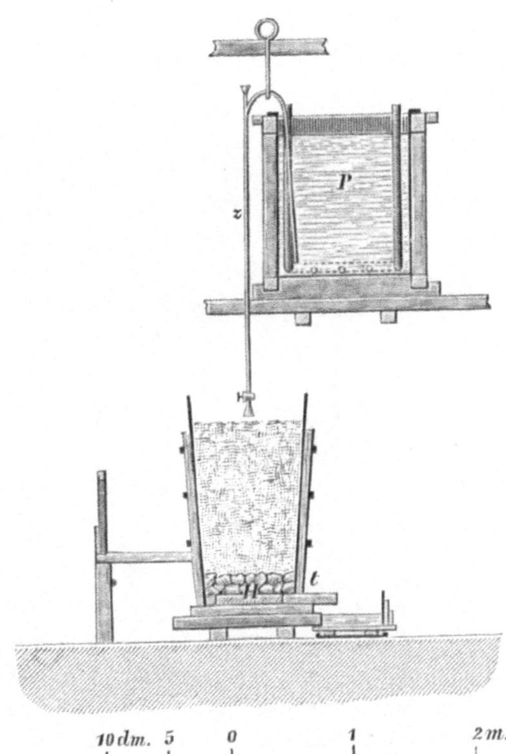

Fig. 647.

gelegt ist. Die Durchmesser der Holz- und Stahlbottiche betragen 8 bis 10 m, die Höhe beträgt $1/4$ des Durchmessers. Gewöhnlich fassen diese Bottiche 200 — 300 t auszulaugender Masse. Sie stehen gewöhnlich auf Pfeilern aus Mauerwerk. Das Abziehen der Laugen geschieht am Boden der Bottiche durch gußeiserne, mit Scheibenventilen versehene Röhren. Die Entfernung der ausgelaugten Massen geschieht durch im Boden der Bottiche angebrachte, durch Türen verschließbare Öffnungen. Die Einrichtung einer Anlage mit Auslaugen der Erze bis zur Erschöpfung des Goldgehaltes ist aus den Figuren 643 und 644 ersichtlich. A A sind die auf Steinpfeilern ruhenden Laugebottiche. B B sind die Sammelbottiche für die Goldlauge. Aus den letzteren läßt man die Lauge in einem ununterbrochenen Strome in die Fallkästen e e fließen, in welchen die Ausfällung des Goldes mit Hilfe des elektrischen Stromes erfolgt. Aus den Fällkästen gelangt die entgoldete Lauge in die Bottiche C C und wird aus denselben mit Hilfe von Pumpen auf die Laugebottiche zurückgeführt.

Die Gefäße zum Auslaugen von Goldchlorid, welches durch Einleiten von Chlorgas in die in diesen Gefäßen enthaltenen goldhaltigen Massen gebildet worden ist, sind meistens Holzbottiche, welche entweder feststehen oder in Zapfen hängen. Sie erhalten äußerlich und innerlich einen dreifachen Anstrich von Teer, Asphaltlack oder Paraffin. Nur bei Kleinbetrieb wendet man Gefäße aus Steingut an. Die feststehenden Bottiche sind zylindrisch und fassen 2 — 5 t Erz. Sie besitzen in einiger Entfernung über dem eigentlichen Boden einen zweiten durchlöcherten Holzboden, auf welchem sich eine Schicht von Quarzstücken in nach oben hin abnehmender Größe befindet. Auf die Quarzschicht folgt eine dünne Sandschicht. Auf dieselbe wird ein Filtertuch aus Segelleinwand gelegt. Die Einrichtung eines derartigen Bottichs ist aus der Figur 645 ersichtlich. Durch das horizontale Rohr am Boden wird das Chlor eingeführt. Die Lauge wird am Boden des Bottichs durch einen Schlauch abgelassen.

Die Einrichtung eines in Zapfen hängenden Bottichs ist aus der Figur 646 ersichtlich. b ist der aus einer durchlöcherten Steinzeugplatte bestehende Losboden. Der Raum zwischen diesem Losboden und dem eigentlichen Boden ist mit Quarzstücken ausgefüllt. Das Chlor wird durch ein Rohr im Boden des Gefäßes eingeführt. Durch die nämliche Öffnung wird auch die Lauge abgelassen.

Die Laugegefäße zum Auflösen des Kupfers aus silberhaltigem Kupfer mit Hilfe von verdünnter Schwefelsäure, wie sie zu Oker und Altenau angewendet werden (Fig. 647), stellen Holzbottiche dar, welche inwendig mit Blei ausgekleidet sind. Auf dem Boden des Bottichs liegen Holzschwellen H, auf welche grobe Kupferstücke gelegt werden. Auf den letzteren werden die Kupfergranalien, aus welchen das Kupfer gelöst werden soll, aufgeschichtet. Die Lauge fließt durch die Öffnung t am Boden des Fasses ab. Die Löseflüssigkeit (Schwefelsäure) wird durch einen am unteren Ende mit einer Brause versehenen Heber z aus einem über dem Gefäße befindlichen Behälter P in den Lösebottich geführt.

Auslaugevorrichtungen, in welchen die Massen
bewegt werden.

Man wendet dieselben sowohl an, um eine schnellere Lösung zu erzielen, als auch um ein Zusammenbacken der Massen während der Lösung zu verhindern.

Derartige Vorrichtungen sind offene Kasten oder Bottiche, in welchen die Massen durch Menschenhand hin und her bewegt werden, ferner unbewegliche stehende oder liegende Zylinder, welche mit Rührwerken versehen sind, oder schließlich rotierende liegende Zylinder ohne Rührwerk.

Rotierende, mit einem Zahnkranz versehene Eisenzylinder wendet man zum Auslaugen von Zinksulfat aus gerösteten blendehaltigen Bleierzen an.

b) Die Filtriervorrichtungen

bezwecken die Scheidung von festen Körpern und Flüssigkeiten mit Hilfe von Filtern.

In vielen Fällen sind die Filter in den Löse- oder Fällgefäßen angebracht. Sie bestehen aus Reisig, Stroh, Pferdehaaren, Leinen, Quarzstücken oder Bleikörnern. Diese Körper sind entweder auf dem Losboden der Auslauge- bezw. Fällgefäße oder vor den Abflußöffnungen derselben angebracht.

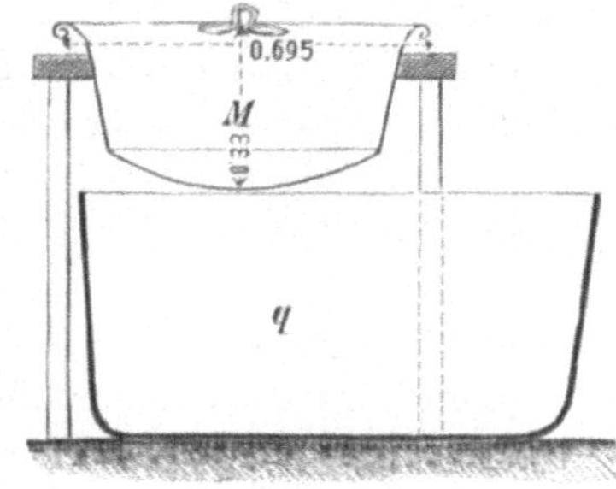

Fig. 648.

In anderen Fällen wendet man selbständige Filtriervorrichtungen an, in welche die zu trennenden Massen hineingebracht werden. In diesen Vorrichtungen geschieht das Filtrieren entweder ohne oder mit Zuhilfenahme von künstlichem Druck. Im ersteren Falle wendet man mit einem Filterstoffe belegte trichter- oder kesselförmige Gefäße, im letzteren Falle die sogen. „Filterpressen" an.

Eine Filtriervorrichtung der ersten Art zeigt Figur 648. Dieselbe dient zum Trennen von Fällsilber und Ferrosulfatlösung bezw. zum Auswaschen des Silberniederschlags in Goldscheideanstalten. Sie besteht aus

einem Kupferkessel M mit durchlöchertem Boden, in welchem sich als
Filter Leinwand befindet.

Die Filterpressen bestehen aus einem System von beweglichen
Kammern, deren breite Seitenwände durchlöchert sind. Jede breite Seitenwand wird mit einem Filtertuche aus Leinwand oder Wollstoff so bedeckt,

Fig. 649.

daß beim Zusammenschieben von je 2 Kammern ein Filtersack entsteht.
Die Ränder der Filtertücher werden so dicht an die Ränder der Kammern
angepreßt, daß an denselben keinerlei Flüssigkeit durchdringen kann.
Durch jede Kammer hindurch geht ein Rohr, so daß beim Zusammenschieben derselben ein langes Rohr entsteht, welches nur durch die Filter-

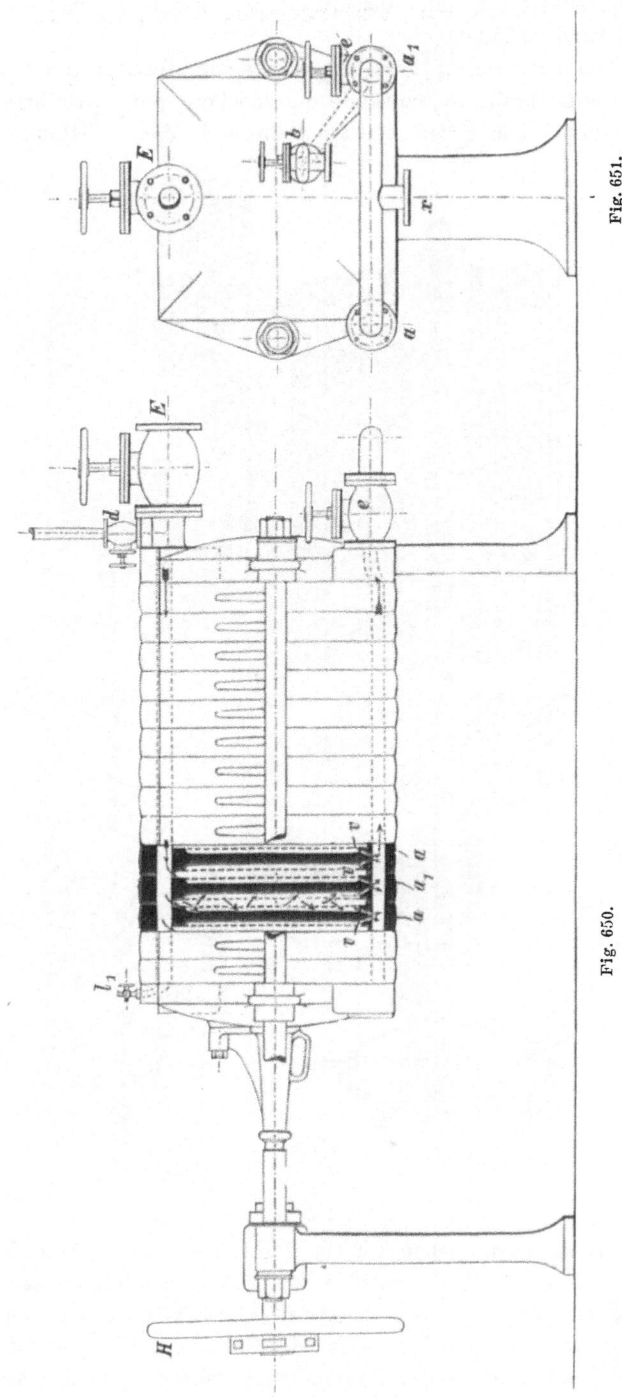

Fig. 651.

Fig. 650.

säcke unterbrochen ist. Die einzelnen Kammern werden mit Hilfe von Schrauben dicht aneinander gepreßt. Alsdann werden die zu scheidenden Massen mit Hilfe von Pumpen, von Dampf- oder Luftdruck (Montejus) in das gedachte Rohr der Presse eingeführt. Die festen Massen bleiben zwischen den Filtertüchern zurück, während die Flüssigkeiten durch das Filtertuch hindurchgehen und durch die durchlöcherten Seitenwände der Kammern in die letzteren hineingelangen, von wo sie durch Öffnungen im unteren Teile der Kammer entweder direkt abfließen oder in ein Rohr gelangen, welches sie abführt. Die in den Filtersäcken verbleibenden festen Massen werden beim Auseinanderschieben der Kammern von den Filtertüchern weggenommen.

Die Filterpressen können sowohl aus Holz wie aus Eisen hergestellt sein.

Die Einrichtung einer Filterpresse zur Trennung fester Körper von nicht flüchtigen Flüssigkeiten ist aus Figur 649 ersichtlich. Dieselbe ist aus 13 Filterkammern zusammengesetzt, welche auf Lagern verschiebbar sind. Durch eine mit der Kammer o verbundene Schraubenspindel werden

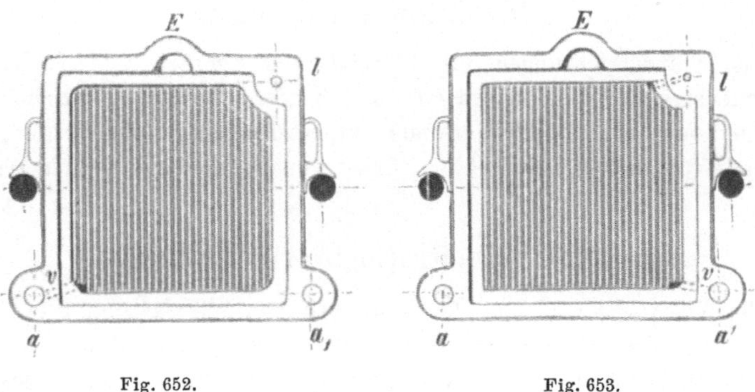

Fig. 652. Fig. 653.

die einzelnen Kammern fest an einander gepreßt, wodurch aus den an den Außenflächen der Kammern eingespannten Filtertüchern die Filtersäcke zwischen je 2 Kammern gebildet werden. Die zu scheidenden Massen werden im oberen Teile der Kammern durch ein daselbst (durch die einzelnen Kammern) gebildetes Rohr eingeführt. Die Flüssigkeit tritt durch die Poren der Filtersäcke und durch die Löcher in den breiten Seitenwänden der Kammern in die letzteren ein, während die festen Massen in den Filtersäcken bleiben. Aus den Kammern tritt die Flüssigkeit durch Hähne in ein vor denselben befindliches Gerinne. Die festen Massen fallen beim Auseinandernehmen der Kammern bezw. der Filtersäcke aus den letzteren heraus.

Eine Filterpresse, welche zur Trennung flüchtiger Flüssigkeiten von festen Körpern bei Luftabschluß dient, ist in den Figuren 650—653 dargestellt. Dieselbe dient zur Scheidung einer Lösung von Zink in Ammoniumkarbonat von silberhaltigem Bleioxyd. Die zu scheidenden

Massen werden durch das Rohr E, dessen Fortsetzung durch die Öffnungen im oberen Teile der einzelnen Filterkammern gebildet wird, mit Hilfe eines Luftkompressors in der Richtung der Pfeile eingeführt und treten aus demselben in die durch punktierte Linien angegebenen Filtersäcke. Die Flüssigkeit tritt in der durch die Pfeile angedeuteten Richtung durch die Poren der Filtersäcke und die Löcher in den breiten Seiten der Filterkammern in die Kanäle v und aus diesen in die durch die einzelnen Filterkammern gebildeten Rohre a bezw. a', welche sich außerhalb der Presse zu dem gemeinschaftlichen Rohre x vereinigen. Das letztere führt die Flüssigkeit in ein geschlossenes Gefäß aus Schmiedeeisen. Damit die Flüssigkeit teils in das Rohr a, teils in das Rohr a' gelangen kann, stehen die Kammern durch die Kanäle v abwechselnd mit a und a' in Verbindung.

Die Filterpressen dienen besonders zur Abscheidung von Schwefelsilber, Jodsilber, basischem Zinkkarbonat und Bleioxyd aus Flüssigkeiten.

c) Die Klärvorrichtungen.

Als Klärvorrichtungen für Flüssigkeiten benutzt man Gefäße der verschiedensten Art, besonders Gerinne, Kasten, Pfannen, Bottiche. Dieselben müssen aus einem Materiale hergestellt sein, welches durch die betreffenden Flüssigkeiten und den Absatz aus denselben nicht angegriffen wird.

d) Die Konzentrationsvorrichtungen.

Die Vorrichtungen zum Konzentrieren von Flüssigkeiten sind Kessel oder Pfannen aus einem Materiale, welches den Flüssigkeiten sowohl wie der Hitze widerstehen muß. Die Erhitzung der Flüssigkeiten geschieht entweder durch direkte Feuerung oder durch Wasserdampf, welcher in einer in dem betreffenden Gefäße befindlichen Schlange zirkuliert.

e) Die Vorrichtungen zum Ausfällen von Körpern aus Flüssigkeiten.

Derartige Vorrichtungen besitzen sehr verschiedenartige Einrichtung und sind aus einem Material hergestellt, welches gegen die Flüssigkeiten sowohl, wie gegen die festen Körper und Gase, mit welchen es in Berührung kommt, widerstandsfähig sein muß.

Zum Ausfällen kleinerer Mengen wertvoller Metalle (Gold, Platin) durch Flüssigkeiten dienen Gefäße aus Glas oder Porzellan. Zum Ausfällen von Schwefelsilber aus Thiosulfatlösungen durch Lösungen der Schwefelmetalle der Alkalien oder alkalischen Erden benutzt man Holzbottiche. Zum Ausfällen von Wismut durch Verdünnen der salzsauren Lösung des Wismuts mit Wasser dienen steinerne Töpfe.

Sollen größere Mengen edler Metalle durch feste Körper ausgefällt werden, so benutzt man als Fällvorrichtungen Bleikasten oder Holzbottiche, in welchen das Fällungsmittel auf einem Losboden aufgeschichtet wird, während die Flüssigkeit durch diese Gefäße hindurchfließt. Gewöhnlich stellt man mehrere dieser Vorrichtungen untereinander, wie beim Ausfällen von Silber durch Eisen aus Lösungen des Chlorsilbers in Kochsalzlauge oder aus Silbersulfatlösungen.

Eine derartige Vorrichtung zum Ausfällen von Silber aus Silbersulfatlösungen ist nachstehend in Fig. 654 dargestellt. a ist das Auslaugegefäß; b ist ein Klärgerinne; c und e sind Fällbottiche. Das zur Ausfällung des Silbers dienende Kupfer liegt auf dem Losboden der Fällgefäße. Die Lauge fließt aus dem ersten Fällgefäß in das Gerinne d und aus diesem in das darunter liegende Fällgefäß e, um schließlich frei von Silber in das Gerinne g zu fließen.

Zum Ausfällen von Kupfer durch Eisen wendet man Gerinne, Kasten, Pfannen und Bottiche an. Eine solche Fällvorrichtung mit Rührwerk ist in Fig. 655 abgebildet. In einem aus Holz angefertigten mit Ton gedichteten Zylinder befindet sich ein aus Holzstäben hergestelltes zylinderförmiges Gitter G. In dem ringförmigen Raum w zwischen Zylinder und Gitter ist ein horizontal liegender Holzrost r angebracht, auf welchem das Fälleisen aufgeschichtet wird. In dem zylindrischen Gitter bewegt sich eine stehende Welle, an welcher ein Rührflügel angebracht ist. Durch den letzteren wird die kupferhaltige Lauge gegen das Eisen geschwemmt. Das aus derselben niedergeschlagene am Eisen anhaftende Kupfer wird durch neue Lauge abgeschwemmt und sammelt sich auf dem Boden z der Fällvorrichtung an.

Beim Ausfällen von Körpern aus flüchtigen Flüssigkeiten wendet man geschlossene Fällgefäße mit Rührwerk an. Ein derartiges Fällgefäß, in welchem aus ammoniakalischen Kupferlösungen Kupfer mit Hilfe von Zink ausgefällt wird, ist in den Figuren 656 und 657 abgebildet. A ist der aus Schmiedeeisen hergestellte zylindrische Fällkessel. Durch e wird die Flüssigkeit eingelassen. a ist die mit Kautschukdichtung versehene Öffnung zum Einbringen des Zinks. h h sind die an der horizontalen Welle w befestigten Rührflügel. Das niedergeschlagene Kupfer sammelt sich auf dem Boden des Gefäßes an und wird durch das Mannloch g aus demselben herausgeschafft. Die kupferfreie Flüssigkeit wird durch c und der Rest derselben durch das Rohr z abgelassen. Durch f wird Waschwasser in das Gefäß eingelassen.

Benutzt man Gase als Fällungsmittel, so sind die Fällvorrichtungen entweder Gefäße, in welche die Gase unter Druck eingeleitet werden, oder Türme, in welchen die Gase emporsteigen, während die Flüssigkeit denselben entgegenrieselt.

Eine Fällvorrichtung dieser Art, wie sie zum Ausfällen von Kupfer durch Schwefelwasserstoff oder von Arsen aus Schwefelsäure durch Schwefelwasserstoff dient, ist nachstehend Fig. 658 abgebildet.

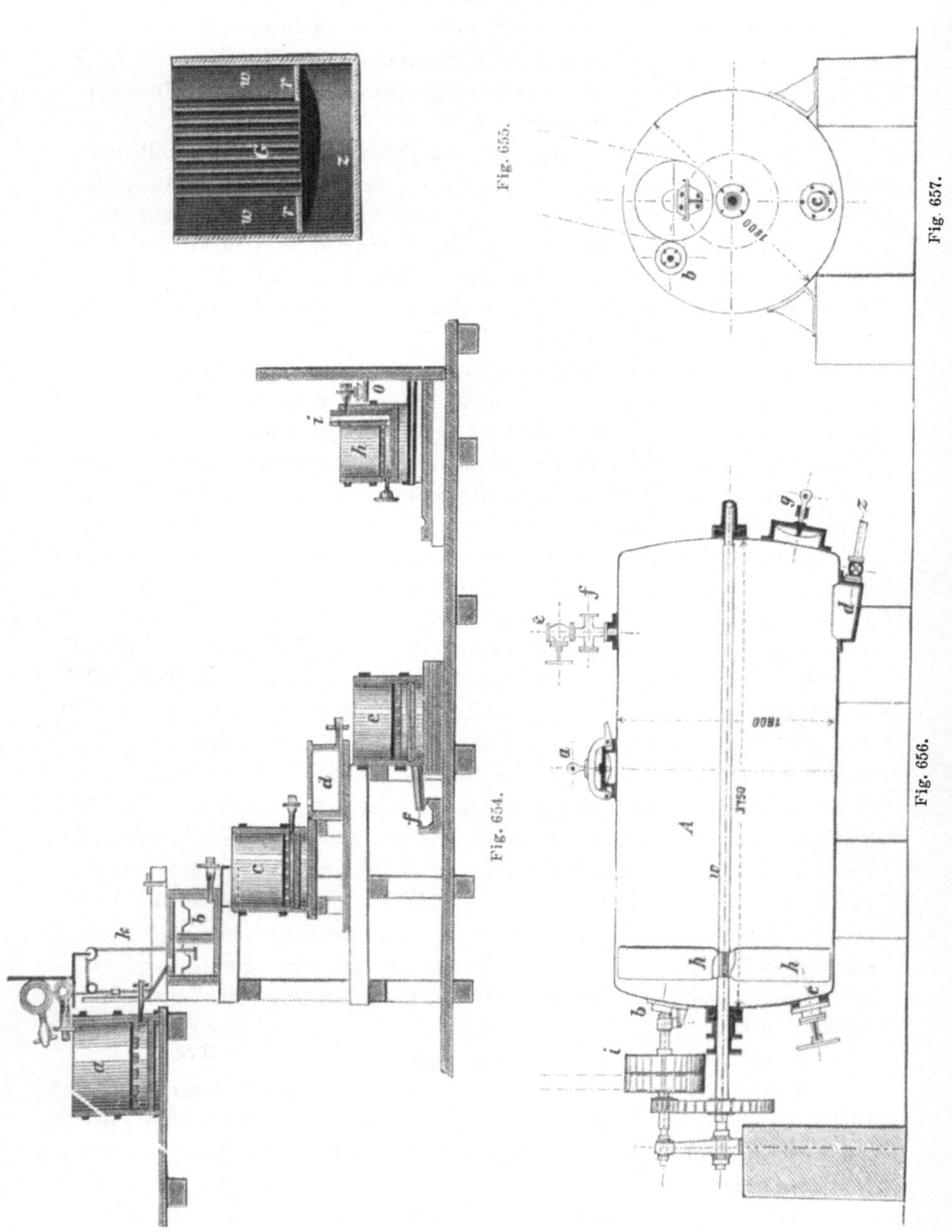
Fig. 655.
Fig. 654.
Fig. 657.
Fig. 656.

H ist ein aus starken Bleiblechen hergestellter mit einem System von Bleidächern T ausgesetzter Turm. Der Schwefelwasserstoff tritt durch

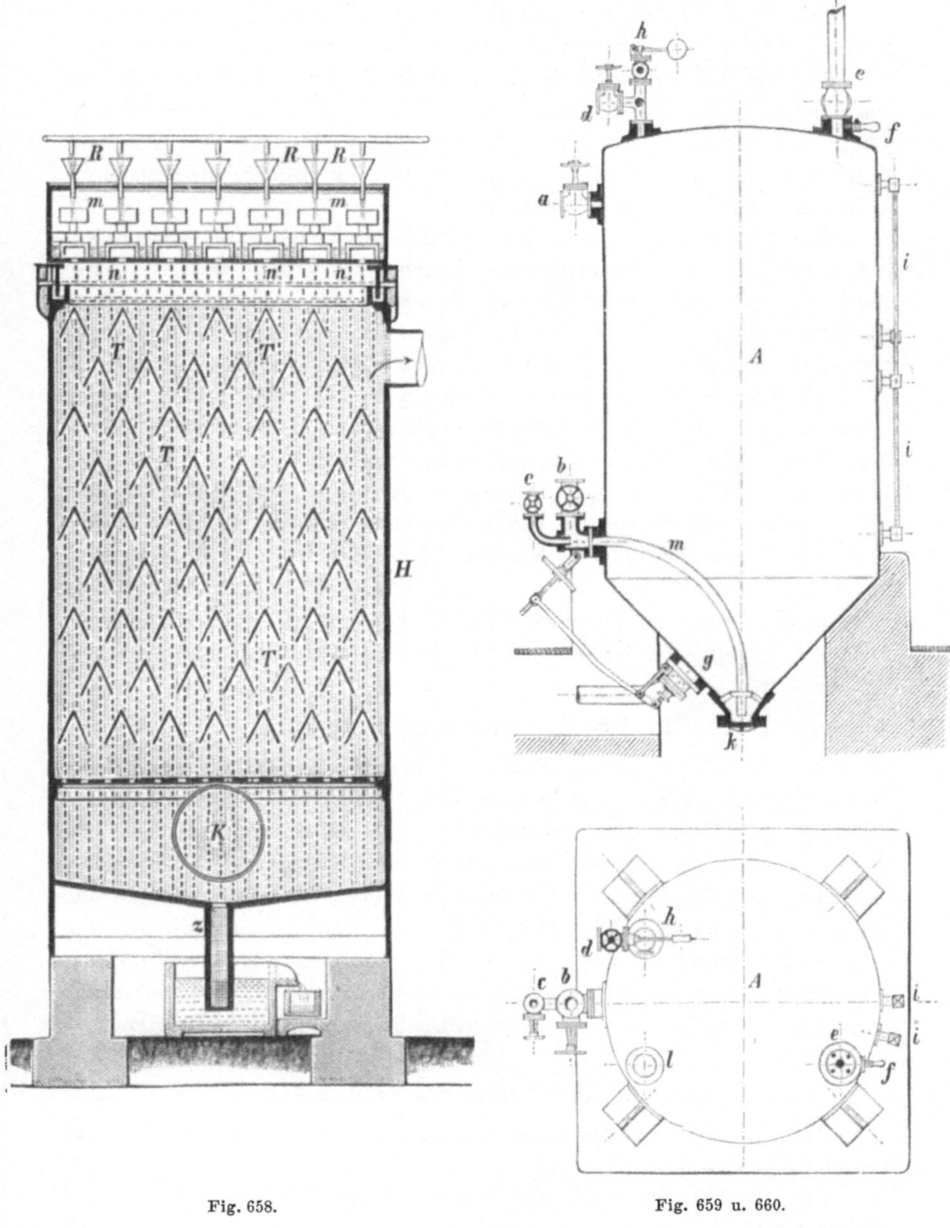

Fig. 658.   Fig. 659 u. 660.

ein Rohr K im unteren Teile des Turmes ein und steigt in die Höhe, während die Flüssigkeit durch Rohre R und die Verteilungsvorrichtungen

m und n möglichst verteilt auf die Bleidächer tritt und sich mit dem
Niederschlage auf dem Boden des Turmes ansammelt, von wo sie durch
ein Rohr z abgelassen wird.

Das Ausfällen von Körpern durch Verflüchtigung des Lösungsmittels findet bei ammoniakalischen Zink- oder Kupferlösungen statt.
Das flüchtige Lösungsmittel wird in diesen Fällen wieder aufgefangen.
Dasselbe geschieht am einfachsten durch Einleiten von gespanntem Wasserdampf in die Flüssigkeit. Eine Vorrichtung zum Ausfällen von basischem
Zinkkarbonat aus einer Lösung von Zinkoxyd in Ammoniumkarbonat ist
in den Figuren 659 und 660 dargestellt.

Die Fällvorrichtung A ist ein zylindrisches, nach unten konisch zulaufendes Gefäß aus Schmiedeeisen. Durch das Rohr a wird die Zinklösung in das Gefäß eingeführt. Durch das Ventil c tritt Abdampf von
Dampfmaschinen in das bis auf den Boden des Gefäßes reichende Rohr m
ein. Falls derselbe nicht genügt, läßt man direkt aus dem Dampfkessel
Wasserdampf durch das Rohr b in das Rohr m treten. Durch diesen
Dampf wird die Flüssigkeit zum Kochen gebracht. Es entweichen Ammoniak, Kohlensäure und Wasserdampf aus derselben durch das Rohr e in
einen Kondensator, während basisches Zinkkarbonat aus derselben ausfällt. Nach dem Austreiben des Ammoniaks verbleibt in dem Gefäße
Wasser und der gedachte Niederschlag. Man entfernt beide Körper durch
das Rohr g, indem man das Rohr e verschließt, g öffnet und durch das
Rohr m noch Wasserdampf durch die Flüssigkeit leitet. Der letztere kann
nicht entweichen und drückt daher die Masse durch das Rohr g aus dem
Gefäße heraus.

f) Die Trockenvorrichtungen.

Als Vorrichtungen zum Trocknen von mit Flüssigkeiten behandelten
festen Körpern benutzt man Flamm- oder Gefäßöfen, Pfannen, Hürden,
Pritschen oder Gefäße, in welchen die zu trocknenden Körper mit gespanntem oder überhitztem Wasserdampf in Berührung gebracht werden.
Vorrichtungen der letzten Art benutzt man beim Austreiben von an den
festen Körpern anhaftenden flüchtigen Körpern, welche man gewinnen will,
z. B. von Ammoniak. Bei gewissen Niederschlägen (Gold, Silber) läßt
man wohl dem Trocknen eine teilweise Entfernung der Flüssigkeit durch
Auspressen derselben mit Hilfe von hydraulischen Pressen vorausgehen.

g) Die Krystallisiervorrichtungen.

Die Krystallisiervorrichtungen sind Kästen oder Lutten von der verschiedensten Größe.

Sie bestehen gewöhnlich aus Holz, welches in vielen Fällen mit
Bleiblech ausgekleidet ist.

In die Krystallisierkästen hängt man häufig Holzstäbe oder Bleistreifen ein, an welchen sich die Krystalle absetzen.

h) Die Destilliervorrichtungen.

Destilliervorrichtungen wendet man an, wenn aus Flüssigkeiten flüchtige Lösungsmittel entfernt werden sollen, z. B. Ammoniak aus ammoniakalischen Zink- oder Kupferlösungen.

Das Destillieren geht am schnellsten, wenn in die gedachten Lösungen gespannter Wasserdampf eingeleitet wird. Die Destilliervorrichtung stellt in diesem Falle einen nach unten hin konisch verjüngten Zylinder aus Schmiedeeisen dar.

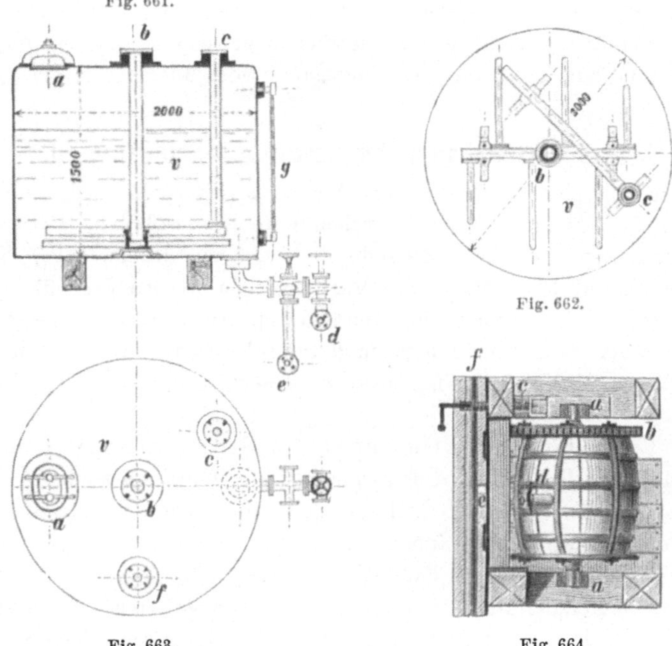

Fig. 661.

Fig. 662.

Fig. 663.

Fig. 664.

Eine derartige Vorrichtung, welche auch gleichzeitig als Fällvorrichtung dient, ist bereits betrachtet und in den Figuren 659 und 660 abgebildet. Das Rohr e dieser Vorrichtung führt Ammoniak, Kohlensäure und einen Teil des Wasserdampfes in eine Reihe von Kondensatoren, in welchen Ammoniak und Kohlensäure durch in denselben vorgeschlagenes Wasser absorbiert werden. Ein Teil des Wasserdampfes wird auf dem Wege nach den Kondensatoren in einem durch Kühlwasser auf einer bestimmten Temperatur erhaltenen Gefäße, dem Dephlegmator zurückgehalten.

Ein Kondensator ist in den Figuren 661—663 dargestellt. Derselbe stellt einen Zylinder v aus Schmiedeeisen dar. Durch das Rohr b treten Ammoniak, Kohlensäure und etwa noch nicht kondensierter Wasserdampf in das zum Teil mit Wasser gefüllte Gefäß ein. Die nicht absorbierten

Gase treten durch das Rohr f (Fig. 663) in einen zweiten Kondensator. Durch das Rohr c wird Kohlensäure eingeführt, um überschüssiges Ammoniak in Ammoniumkarbonat zu verwandeln. Die Flüssigkeiten werden bei e abgelassen. g ist ein Wasserstandszeiger, a ein Mannloch.

B. Die Vorrichtungen für Amalgamationsverfahren.

Die bei der Amalgamation von Silber und Gold angewendeten Vorrichtungen sind die eigentlichen Amalgamiervorrichtungen, in welchen Silber und Gold in Amalgame übergeführt werden, die Waschvorrichtungen, in welchen die in den Rückständen von der Amalgamation verbliebenen Amalgam- und Quecksilberteilchen gewonnen werden, und die Vorrichtungen zur Trennung des Amalgams von überschüssigem Quecksilber.

a) Die eigentlichen Amalgamiervorrichtungen.

Dieselben sind Vorrichtungen der verschiedensten Art, besonders Schalen, Tröge, Mörser, Tische, amalgamierte Kupferplatten, Lutten, Gerinne, Pochwerke, Mühlen, stehende Bottiche mit Rührwerken, Kessel, rotierende Fässer, Pfannen. Diese Vorrichtungen werden des näheren bei der Gewinnung von Silber und Gold durch Amalgamation besprochen. Es sollen daher nachstehend nur einige typische Amalgamiervorrichtungen, nämlich Fässer, Mühlen und Pfannen sowie eine Pochvorrichtung beschrieben werden.

Die Einrichtung der rotierenden Amalgamierfässer ist aus der Figur 664 ersichtlich. Das Amalgamierfaß oder Quickfaß stellt eine horizontal liegende Tonne aus Holz dar, welche an jedem Boden eine eiserne Scheibe mit angegossenen Zapfen besitzt. Diese Zapfen liegen in besonderen Lagern, so daß das Faß rotieren kann. Die Rotation wird durch Eingreifen eines Zahnrades in einen um das Faß gelegten Zahnkranz bewirkt. Das Füllen und Entleeren des Fasses erfolgt durch einen Spund d, welcher während der Rotation durch Bügel und Schrauben verschlossen gehalten wird.

Die Einrichtung einer Amalgamieranlage mit 4 Fässern ist aus den Figuren 665 und 666 ersichtlich. q q sind die Quickfässer, welche durch das zwischen ihnen befindliche Stirnrad k in Rotation versetzt werden. v sind am unteren Ende mit Schläuchen versehene Kasten, durch welche die der Amalgamation zu unterwerfenden Körper in die Fässer eingeführt werden. o ist eine Rinne zum Einführen des Quecksilbers in das Faß. n sind Rinnen, in welche das Amalgam abgelassen wird; t sind Gerinne zur Aufnahme der Amalgamationsrückstände. In diesen Fässern werden Erze und Hüttenerzeugnisse, deren Silber vorher gewöhnlich in Chlorsilber verwandelt worden ist, verarbeitet. Die Zerlegung des Chlorsilbers geschieht in diesen Fässern durch Eisen oder Kupferstücke, worauf die Amalgamation des ausgeschiedenen Silbers durch Quecksilber folgt.

Stehende Amalgamierbottiche mit Rührwerken, sogen. tinas, sind in den Figuren 667 und 668 dargestellt. Die Seitenwände bestehen aus Holz, der Boden ist aus Gußeisen hergestellt. An der senkrechten Achse m befinden sich 2 Rührflügel aus Schmiedeeisen, welche auf dem

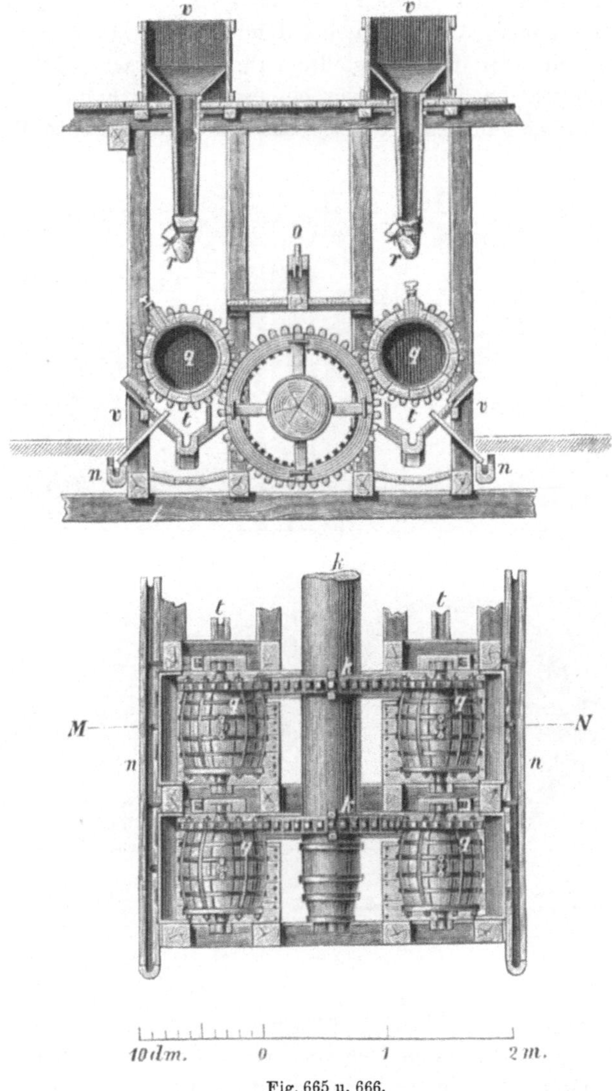

Fig. 665 u. 666.

Boden schleifen und die Erze in innige Berührung mit dem Quecksilber bringen. Die Bewegung des Rührwerks erfolgt durch konische Räder. Die Betriebswelle ist mit Ausrückvorrichtungen versehen, um die Rührwerke außer Betrieb setzen zu können.

Die Einrichtung einer Mühle, sogen. „Quickmühle" zur Amalgamation von Gold ist aus der nebenstehenden Fig. 669 ersichtlich. Dieselbe
besteht aus dem aus Gußeisen hergestellten Mühlbottich und aus dem aus
Holz hergestellten, im Innern trichterförmig ausgetieften Läufer c. Der
Läufer ist an Armen aus Eisen r r so in dem Mühlbottich aufgehängt,
daß er rotieren kann. Am Boden des Läufers sind in bestimmten Entfernungen von einander radial gestellte Zähne angebracht (20). Die Bewegung des Läufers kann durch Kurbeln, wie in der Figur, oder durch
Zahnradübertragung erfolgen. Das Quecksilber wird auf den Boden des

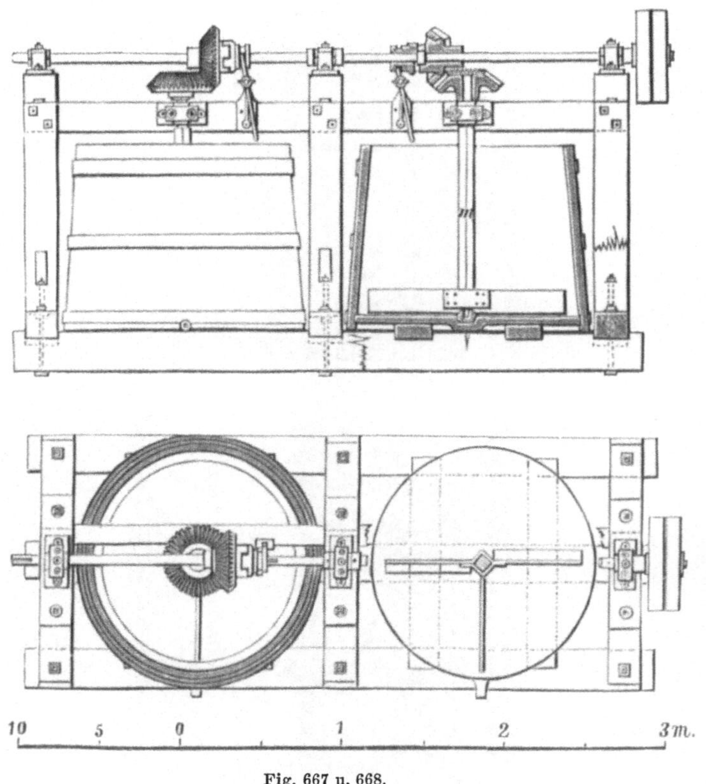

Fig. 667 u. 668.

Bottichs gebracht. Die goldhaltige Erztrübe läßt man aus dem Gerinne a
in den trichterförmigen Raum des Läufers fließen. Aus diesem Raume
tritt sie am Boden des Läufers in den Raum zwischen Läufer und Mühlbottich, wird hier durch die in das Quecksilber eintauchenden Zähne des
rotirenden Läufers mit dem Quecksilber in innige Berührung gebracht und
tritt schließlich im oberen Teile des gedachten Raumes zwischen Läufer
und Mühlbottich durch ein am Mühlbottich angebrachtes Gerinne d aus.
In der Regel läßt man die noch nicht ganz entgoldete Trübe aus der

ersten Mühle in eine zweite Mühle von gleicher Einrichtung fließen (wie in der Figur), in welcher eine weitere Entgoldung stattfindet.

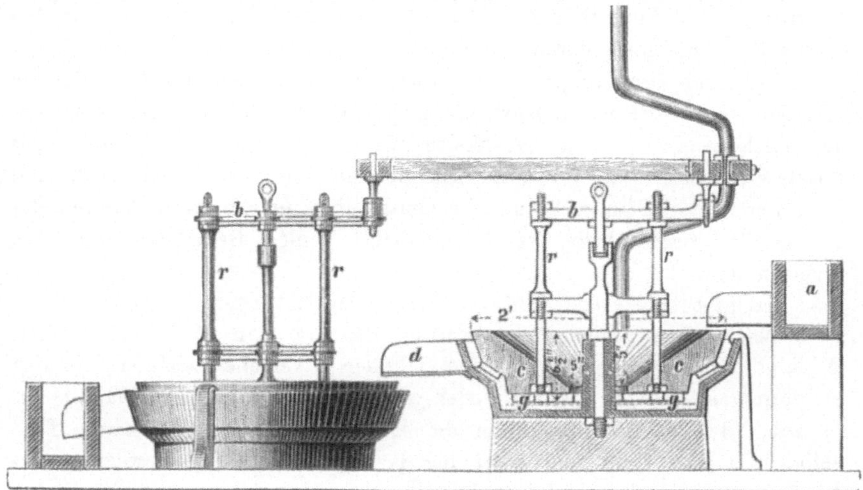

Fig. 669.

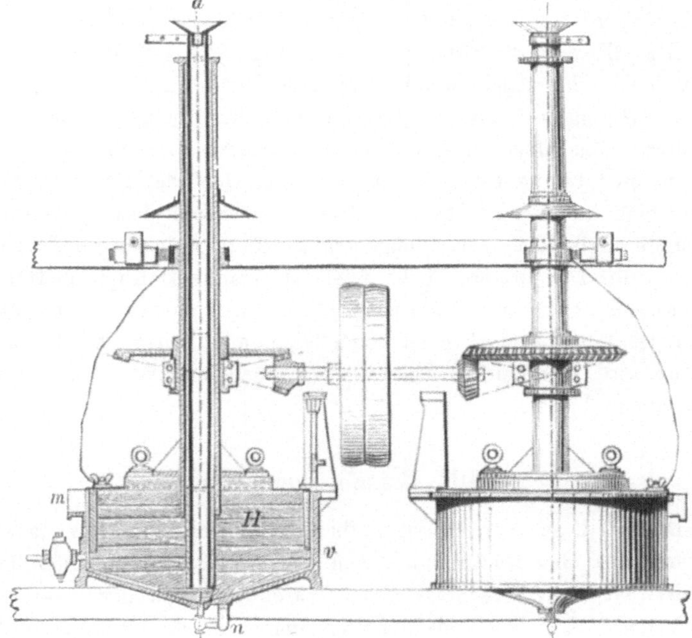

Fig. 670.

Ein anderer Amalgamator ist in Fig. 670 dargestellt. Derselbe besteht aus dem Bottich v und dem Läufer H. Die goldhaltige Trübe wird durch das Rohr a eingeführt, welches in das in dem Bottich befindliche Quecksilber eintaucht. Das Erz sammelt sich unter dem Läufer und wird durch den letzteren in innige Berührung mit dem Quecksilber gebracht. Der Austritt der Trübe erfolgt durch das Rohr m, das Ablassen des Amalgams durch das Rohr n.

Die Amalgamierpfannen, welche hauptsächlich in den Vereinigten Staaten von Nordamerika Anwendung finden, sind Gefäße aus Gußeisen, in welchen ein an einer vertikalen Welle befestigter mit Schuhen aus Eisen versehener Läufer rotiert. Die Schuhe desselben greifen in das auf dem Boden der Pfanne befindliche Quecksilber und bringen dadurch das in dieselbe eingeführte Erz in möglichst innige Berührung mit dem Quecksilber.

Es gibt eine große Zahl von Pfanneneinrichtungen.

Nachstehend (Fig. 671) ist die Pfanne von Horn abgebildet. A ist die Pfanne, B der mit den Schuhen s versehene Läufer. In den ringförmigen Kanälen k k am Boden z der Pfanne zirkuliert Dampf zur Heizung des letzteren, wodurch die Amalgamation befördert wird. Derselbe tritt bei o ein und wird bei p abgelassen. Die Bewegung des Läufers geschieht durch Zahnradübertragung. Durch eine mit Handrad w versehene Schraubenspindel läßt sich der Läufer heben und senken. t und u sind Schaber am äußeren und inneren Rande des Läufers.

Eine Pochvorrichtung ist aus Fig. 672 ersichtlich. b ist ein rotierender Pochstempel, welcher in dem Pochtroge auf- und niedergeht. Die zu pochenden Massen werden durch den Spalt a in den Pochtrog eingeführt. Das Quecksilber, welches in kurzen Zwischenräumen in den Pochtrog eingetragen wird, bildet mit dem Gold der Erze ein Amalgam, welches sich an dem konvexen amalgamierten Kupferblech c ansetzt. Über dem letzteren ist das Sieb d angebracht, durch welches die Trübe ausgetragen wird. Die letztere fließt über amalgamierte Kupferplatten e, auf welchen sich noch ein Teil mitgeführten Goldamalgams absetzt. Das amalgamierte Kupferblech c läßt sich leicht aus dem Pochtroge entfernen. Dasselbe wird von Zeit zu Zeit herausgezogen und von dem anhaftenden Goldamalgam befreit.

b) Die Waschvorrichtungen.

Durch diese Vorrichtungen bezweckt man ein Auswaschen von Amalgam aus den Rückständen von der Amalgamation. Dieselben sind besonders Gerinne, Waschfässer und Waschherde von der verschiedensten Einrichtung. Als der Amalgamation eigentümliche Waschvorrichtungen sind die in den Vereinigten Staaten von Nordamerika gebräuchlichen Settler und die Agitatoren zu erwähnen.

Der Settler oder das Klärfaß ist ein mit einem Rührwerk versehener stehender zylindrischer Bottich, dessen Boden aus Gußeisen besteht, während die Wände gewöhnlich aus Holz hergestellt sind.

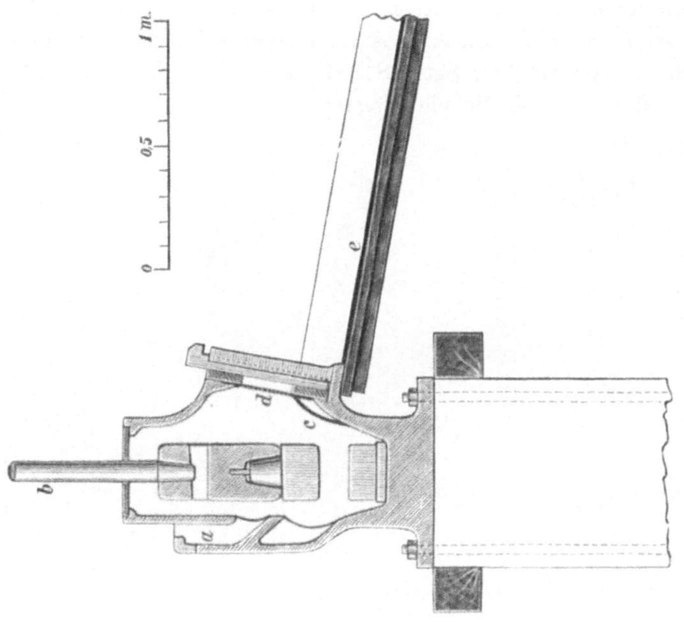

Fig. 672.

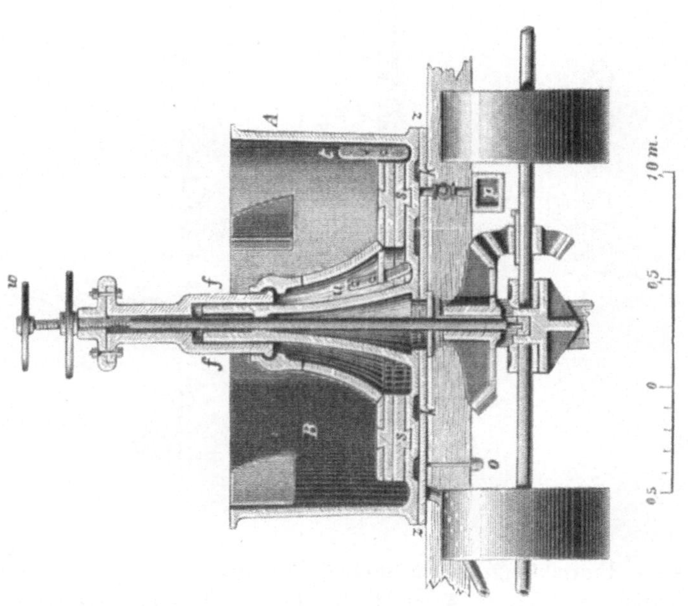

Fig. 671.

Das Rührwerk besteht entweder aus 4 an einer Glocke (driver) befestigten, ein Kreuz bildenden Armen aus Eisen, an welchen sich Schuhe
von der Gestalt einer Pflugschar aus Holz oder Gußeisen befinden, oder
aus einer an der Glocke befestigten Scheibe aus Eisen, welche mit langen,
hölzernen, radial gestellten Schuhen versehen ist.

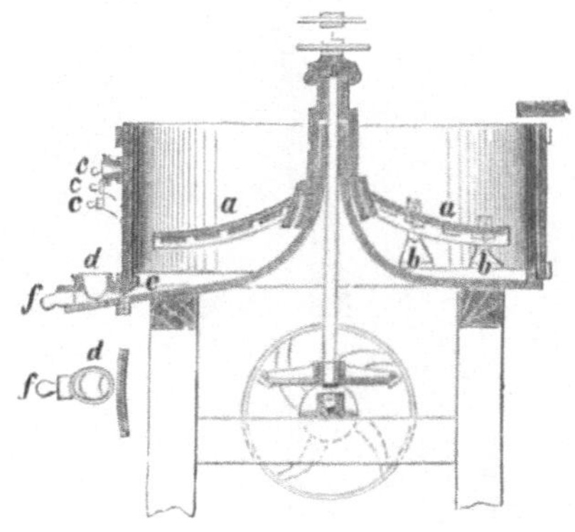

Fig. 673.

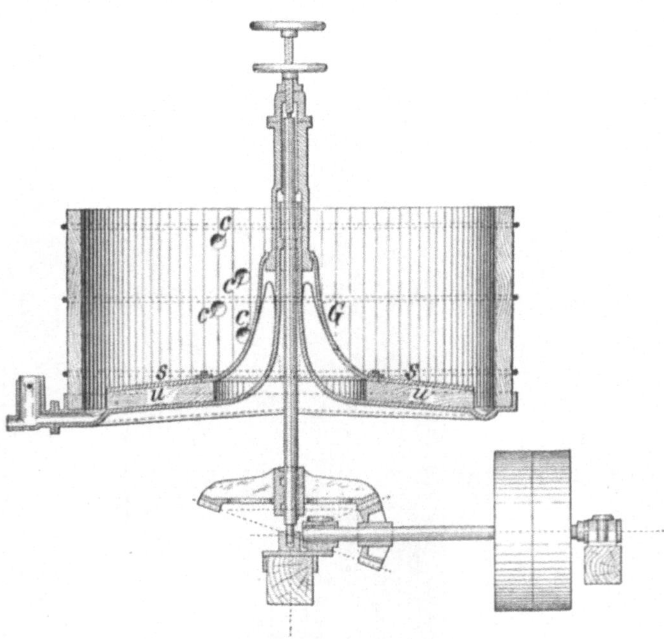

Fig. 674.

Die erste Einrichtung ist aus Fig. 673 ersichtlich. Es sind hier a
die an der Glocke befestigten Arme, b die Holzschuhe. Die letztere Einrichtung, welche gegenwärtig am meisten angewendet wird, ist aus der

Fig. 674 ersichtlich. s ist die an der Glocke G befestigte Eisenscheibe, während u die radial gestellten Holzschuhe sind.

Die Schuhe reichen bis auf den Boden des Settlers und können in der nämlichen Weise wie die Läufer der Pfannen gehoben und gesenkt werden. Der Boden der Settler ist nach der Seitenwand hin geneigt und besitzt an derselben eine Rinne, in welcher sich das flüssige Amalgam ansammelt und aus derselben durch ein Rohr in ein Gefäß außerhalb des Settlers fließt. Dieses Gefäß befindet sich entweder unmittelbar an der Wand des Settlers und wird von Zeit zu Zeit entleert oder es befindet sich unterhalb des Settlers, so daß das Amalgam ununterbrochen aus dem letzteren ausfließen kann. Die erstere Einrichtung ist aus Fig. 673 ersichtlich. Es ist hier d der Amalgambehälter, aus welchem das Amalgam durch Öffnen des Pflockes f abgelassen wird. In der Einrichtung Fig. 674 fließt das Amalgam beständig aus dem Settler aus. In verschiedenen Höhen sind in der Seitenwand des Settlers Abzugsöffnungen C angebracht, durch welche die im Wasser suspendierten Rückstände abgelassen werden.

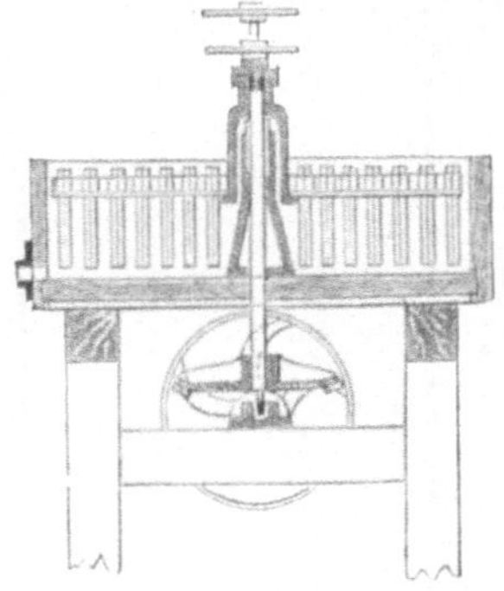

Fig. 675.

Die Einrichtung des Agitators oder Konzentrators ist aus Fig. 675 ersichtlich. Derselbe stellt einen mit Rührwerk versehenen Bottich dar. Das Rührwerk besteht aus einer stehenden Welle, an welcher 4 Arme aus Eisen angebracht sind. An diesen Armen sind herabhängende hölzerne Rührstäbe befestigt. Durch die Bewegung des Rührwerks werden die Massen aufgewühlt und das Amalgam setzt sich auf dem Boden nieder, von wo es durch eine Öffnung abgelassen wird. Durch Schraube und Handrad kann das Rührwerk höher und niedriger gestellt werden.

c) Die Vorrichtungen zur Trennung des Amalgams von überschüfsigem Quecksilber

sind meistens Beutel aus Segeltuch, welche so aufgehängt werden, daß das Quecksilber durch seine eigene Schwere durch die Poren derselben hindurchfiltriert.

Die Segeltuchbeutel werden entweder direkt an einen eisernen Ring angenäht oder an Leder befestigt, welches seinerseits an einen eisernen Ring angenäht ist. Das Gewicht des Amalgams, welches sie aufnehmen, geht bis 600 kg und reicht hin, um den größten Teil des Quecksilbers durch die Poren des Segeltuchs durchzudrücken. In der neueren Zeit hängt man die Beutel zur Verhütung des Diebstahls von Amalgam in eiserne Kasten, welche durch mit Hängeschloß versehene Deckel verschlossen gehalten werden. Ein derartiger Kasten ist aus Fig. 676 ersichtlich. b ist der an dem Eisenring n befestigte Amalgambeutel. Durch das Hängeschloß a wird der Deckel des Kastens verschlossen gehalten. In dem Deckel ist eine Öffnung m angebracht, durch welche das Amalgam in den Beutel fließt. Das abfiltrierte Quecksilber sammelt sich auf dem Boden des Kastens an, von wo es durch die Öffnung p in einen Sammelbehälter geführt wird.

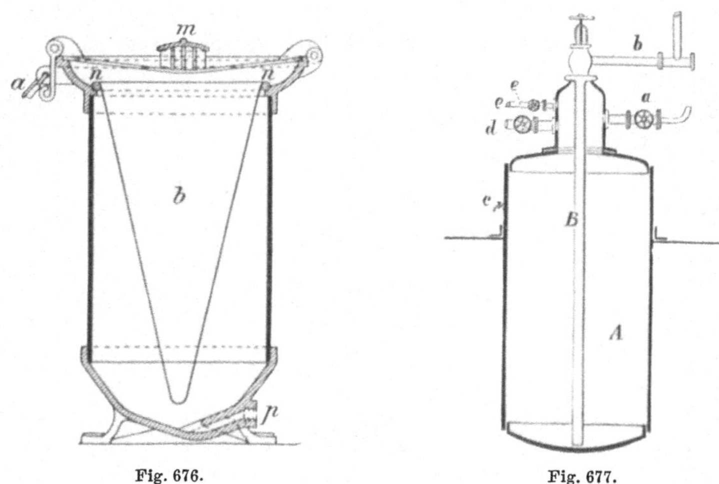

Fig. 676.   Fig. 677.

C. Die Hilfsvorrichtungen,
welche gleichzeitig mit den Abscheidungsvorrichtungen des nassen Weges betrieben werden.

Von diesen Vorrichtungen sind besonders die Vorrichtungen zum Heben von Flüssigkeiten, die Vorrichtungen zur Erzeugung und zum Transport von Gasen und die Vorrichtungen zum Unschädlichmachen von Gasen und Dämpfen zu erwähnen.

a) Vorrichtungen zum Heben von Flüssigkeiten.

Zum Heben von Flüssigkeiten verwendet man Pumpen, Schöpfräder, Injektoren und Druckfässer. Diese Vorrichtungen müssen aus einem Materiale hergestellt sein, welches von der betreffenden Flüssigkeit nicht angegriffen wird.

Die **Druckfässer** (Montejus) sind stehende oder liegende Kessel oder Zylinder, in welche die zu hebende Flüssigkeit eingelassen wird. Bis auf den Boden derselben geht ein Rohr, durch welches die Flüssigkeit an den Ort ihrer Verwendung gedrückt wird. Durch ein zweites Rohr wird komprimierte Luft oder Wasserdampf in das Druckfaß eingeführt. Durch den auf den Spiegel der Flüssigkeit ausgeübten Druck wird dieselbe in dem Steigrohr emporgedrückt.

Die Einrichtung eines **Montejus** ergibt sich aus der vorstehenden Zeichnung Fig. 677.

A ist das Druckfaß, e ein Rohr zum Einlassen der Flüssigkeit in dasselbe, B das Steigrohr, a das Rohr zum Einführen von komprimierter Luft bezw. Wasserdampf auf den Spiegel der Flüssigkeit, d ein Rohr zum Ablassen der Luft bezw. des Wasserdampfes.

Man bedient sich der Montejus zum Heben von Schwefelsäure und von Ammoniakflüssigkeit sowie zum Einführen von schlammförmigen Massen in Filterpressen.

Zum Heben von Quecksilber bedient man sich bei gewissen Amalgamationsverfahren der sogen. **Quecksilberelevatoren**. Ein derartiger Elevator ist ein Becherwerk, welches sich in einem Gehäuse aus Eisen bewegt.

b) Die Vorrichtungen zur Erzeugung und zum Transport von Gasen.

Dieselben sind sehr verschiedenartig und hängen von der Art des Abscheidungsverfahrens ab. Die Gase werden entweder in die Flüssigkeiten hineingedrückt oder sie steigen in Türmen auf, in welchen ihnen die Flüssigkeit entgegenfällt. Im ersteren Falle wendet man die im Entwicklungsgefäße erzeugte Gasspannung an oder man drückt die Gase mit Hilfe von Kompressoren oder Injektoren in die Flüssigkeit oder man saugt sie mit Hilfe von Injektoren durch dieselbe hindurch; im zweiten Falle wendet man erforderlichenfalls Injektoren oder Exhaustoren an.

c) Die Vorrichtungen zum Unschädlichmachen von Gasen und Dämpfen.

Diese Vorrichtungen sind die nämlichen, wie die Vorrichtungen zum Unschädlichmachen von Gasen und Dämpfen, welche bei dem Abscheidungsverfahren auf trockenem Wege entstehen.

Zur Unschädlichmachung von Schwefliger Säure, welche bei der Scheidung von Gold und Silber mit Hilfe von kochender, konzentrierter Schwefelsäure entwickelt wird, wendet man mit großem Vorteil die oben beschriebene Vorrichtung von Roeßler an.

3. Die Abscheidungsvorrichtungen auf elektrometallurgischem Wege.

A. Die eigentlichen Abscheidungsvorrichtungen.

Die Apparate, in welchen die elektrometallurgischen Prozesse auf trockenem Wege ausgeführt werden, sind die bereits früher (S. 546) beschriebenen Öfen, in welchen die Hitze mit Hilfe des elektrischen Stromes erzeugt wird.

Die Apparate, in welchen die elektrometallurgischen Prozesse auf nassem Wege ausgeführt werden, sind je nach der Art des auszuführenden elektrometallurgischen Prozesses verschieden eingerichtet. Nachstehend sollen die wichtigsten bei der Kupferraffination, der Goldscheidung und beim Niederschlagen des Goldes aus Lösungen angewendeten Bäder betrachtet werden.

Das Verfahren der Kupferraffination, mit welchem die Scheidung des Kupfers von Silber und Gold verbunden ist, beruht darauf, daß bei Verwendung der in geeignete Platten gegossenen Legierung als Anode des Stromkreises, einer angesäuerten Kupfervitriollösung als Elektrolyten, von Kupferblechen als Kathoden des Stromkreises und bei Anwendung einer geeigneten Spannung das Kupfer der Anode aufgelöst und an der Kathode niedergeschlagen wird, während die Edelmetalle an der Anode zurückbleiben und als Schlamm auf den Boden des Bades fallen.

Man unterscheidet bei der Kupferraffination Bäder mit parallel geschalteten Elektroden und Bäder mit hintereinander geschalteten Elektroden.

Einrichtung bei Parallelschaltung der Elektroden
(Multipel-System).

Die Bäder bestehen aus Holz und sind mit einem Futter aus Bleiblech oder aus asphaltierter Jute versehen. Der Boden muß so tief unter den unteren Kanten der Elektroden liegen, daß Kurzschlüsse zwischen den letzteren und dem auf dem Boden abgelagerten Schlamm nicht eintreten können. Die Anoden bestehen aus gegossenem Kupfer, welches möglichst rein sein muß. Ist dasselbe unrein, so muß es vorher raffiniert werden. Die Dicke der Anodenplatten beträgt 0,015—0,038 m, die Länge durchschnittlich 1 m, die Breite 0,5—0,6 m. Die Anoden werden gewöhnlich vermittels Ohren an den zwei oberen Ecken derselben an den Anodenleitungsstangen aufgehängt. Auch werden die Anoden vermittels Haken an einer Metallschiene befestigt, in welchem Falle beim Gießen die entsprechenden Löcher für die Haken ausgespart werden. (Fig. 678.) Die Kathoden sind dünne Kupferbleche, welche am besten aus Elektrolytkupfer bestehen. Sie werden mit Hilfe von Kupferblechstreifen an der Kathodenleitstange befestigt. Die Verbindungsstellen müssen über dem Flüssigkeitsspiegel liegen, oder durch einen Paraffinüberzug gegen die Einwirkung der Flüssigkeit geschützt sein. Um den Kupferniederschlag in Plattenform leicht von den Kathoden entfernen zu können, bestreicht man sie mit Petroläther oder Öl oder Paraffin und überzieht ihre Ränder mit Paraffin. Die Leitungsstangen, an welchen die Elektroden aufgehängt werden, bestehen aus Elektrolytkupfer und laufen über die Bäder hin. Sie besitzen einige Zentimeter Stärke und sind so anzuordnen, daß jede Elektrode ohne weiteres entfernt und durch eine neue ersetzt werden kann. Ist die

Fig. 678.

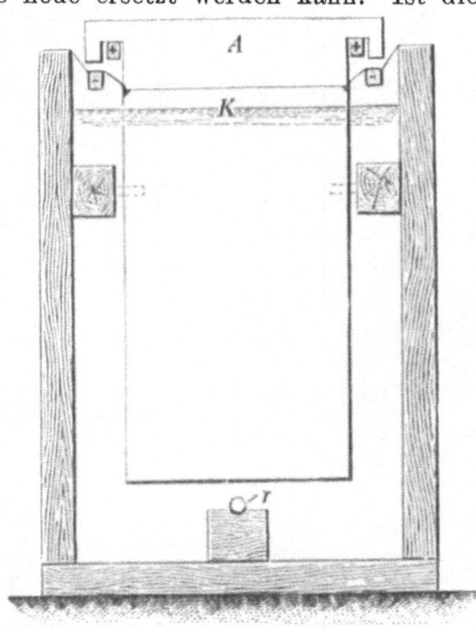

Fig. 679.

Zahl der Anoden in einem Bade == n, so muß die Zahl der Kathoden = n + 1 betragen. Der Abstand der Elektroden von einander beträgt erfahrungsmäßig am besten 5 cm. Die Bäder werden hintereinander geschaltet. Die Einrichtung eines Bades, wie es in älteren Anlagen zu finden ist, ergibt sich aus den Fig. 679—681[1]). L L sind die kupfernen Leitstangen, an welchen die Anodenplatten A und die Kathodenbleche K abwechselnd aufgehängt werden. Die Anodenstangen sind mit + bezeichnet, die Kathodenstangen mit —. Der Weg des elektrischen Stromes ist durch horizontale Pfeile angedeutet. An jeder Längswand des Bades ist eine Holzplatte befestigt, in welche Holzpflöcke eingesetzt sind. Die letzteren halten die einzelnen Elektrodenplatten zur Vermeidung von Kurzschlüssen in dem richtigen Abstand. Der Elektrolyt füllt die Zellen fast bis zur Höhe der untersten Leitungsstangen. Die Art der Hintereinanderschaltung der Bäder, welche bei den neueren Anlagen auf einfachere Weise bewerkstelligt wird, ist aus den Fig. 680 und 681 ersichtlich.

---

[1]) Doeltz in Schnabel, Allgem. Hüttenkunde, I. Aufl., S. 625 und 626.

Die Einrichtung eines neueren Bades ist aus den Fig. 682, 683 und
684 ersichtlich[1]). P sind die Anoden, Q die Kathoden. Die Bäder sind

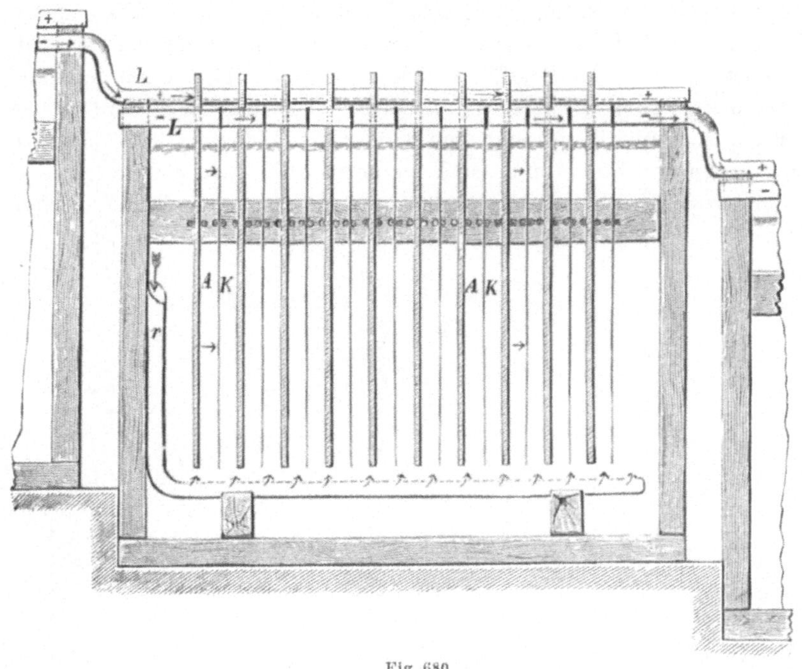

Fig. 680.

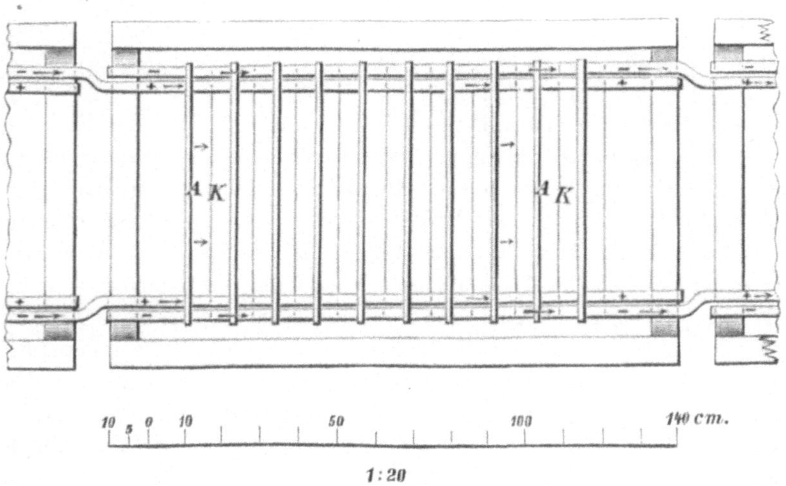

Fig. 681.

mit Blei ausgelegte Holzkästen aus pitch-pine-Holz. Das Bleiblech ist über
den Rand des Kastens umgebogen. Auf den Rand über das Bleiblech ist

____

1) Borchers, Elektrometallurgie, 1896, S. 181.

ein Holzrahmen V gelegt, um die zwei Kupferblechstreifen darstellenden
Stromleitungen (+) und (—) zu isolieren. Das Holz des Rahmens ist mit

Fig. 682.

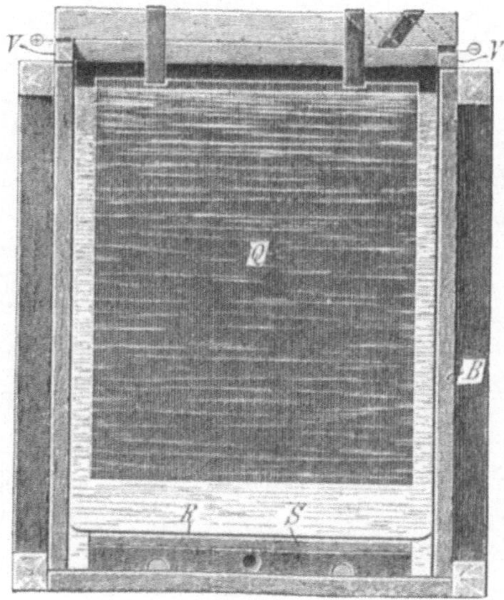

Fig. 683.

Öl oder anderen Flüssigkeiten, welche das Ansaugen von Wasser verhindern, getränkt. Von den Kathodenleitungen werden die an den Ohren

in die Bäder einzuhängenden Anoden durch eine Gummilage X isoliert.
Vor dem Einhängen der Anoden wird das heberförmige Bleirohr T zum
Abfließenlassen des Elektrolyten, sowie der auf einem Holzgestell ruhende,
eine aufgebogene Bleiplatte darstellende Teller R zum Ansammeln des
Anodenschlammes in das Bad eingeführt. Die Kathoden werden mit Hilfe
von zwei Haken aus Kupferblech an Holzleisten aufgehängt. Das Kupfer-

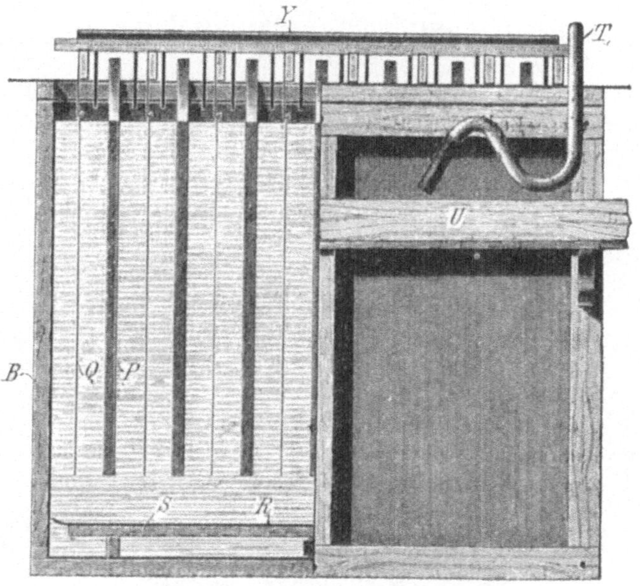

Fig. 684.

blech des einen Hakens ist erheblich länger als das des anderen Hakens.
Dasselbe wird mehrere Male um die Holzleiste herumgewickelt und dann
an die Kathodenleitung (—) angelegt, wodurch die leitende Verbindung
der Kathode mit der ersteren bewirkt ist. Die Bäder sind in einfacher

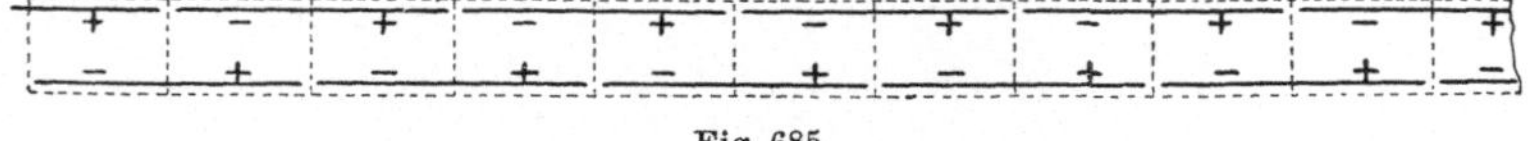

Fig. 685.

und zweckmäßiger Weise, wie aus dem Schema (Fig. 685) ersichtlich ist,
hintereinander geschaltet. Diese Art der Schaltung wird gegenwärtig
grundsätzlich angewendet.

Eine lebhafte Bewegung des Elektrolyten ist, wie früher dargelegt,
für den Erfolg der Elektrolyse von der größten Wichtigkeit. Man hebt
denselben mit Hilfe von Druckluft oder von Pumpen aus Hartblei in ein
Hochreservoir und läßt ihn aus demselben den Bädern zufließen. Aus den
Bädern entfernt man die Lauge mit Hilfe von Abflußröhren oder Hebern

aus Blei. Die Zirkulation des Elektrolyten kann nun so erfolgen, daß er durch alle Bäder oder durch einzelne Gruppen von Bädern fließt, oder so, daß er nur in einem einzigen Bade verbleibt und in demselben bewegt wird. Im ersteren Falle nimmt während der Zirkulation der Gehalt an Säure sowohl wie an Kupfer ab, was im letzteren Falle nicht geschieht. Es verdient daher das Zirkulierenlassen des Elektrolyten in einem und demselben Bade den Vorzug. Im Interesse einer bequemen Zirkulation der Lauge werden im ersten Falle die Bäder treppenförmig angeordnet,

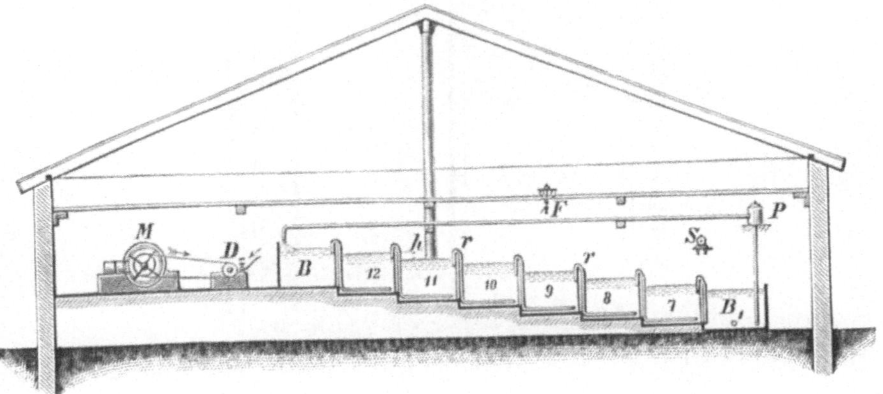

Fig. 686.

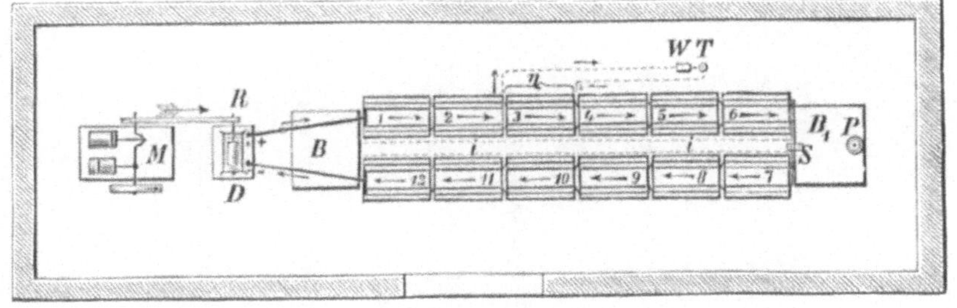

Fig. 687.

wie aus den Fig. 686 und 687[1]) ersichtlich ist. Es sind hier zwei Reihen von Bädern vorhanden. Die Lauge fließt aus dem Sammelgefäße B durch Rohrleitungen aus Blei bis über den Boden der beiden obersten Bäder und tritt aus den durchlöcherten, horizontal liegenden Enden der Rohre aus. Aus den obersten Bädern fließt die Lauge in der nämlichen Weise in die nächst unteren Bäder und gelangt schließlich aus den tiefsten Bädern in den Sammelbehälter B, aus welchem sie durch die Pumpe P

---

[1]) Doeltz in Schnabel, Allgem. Hüttenkunde, I. Aufl., S. 630.

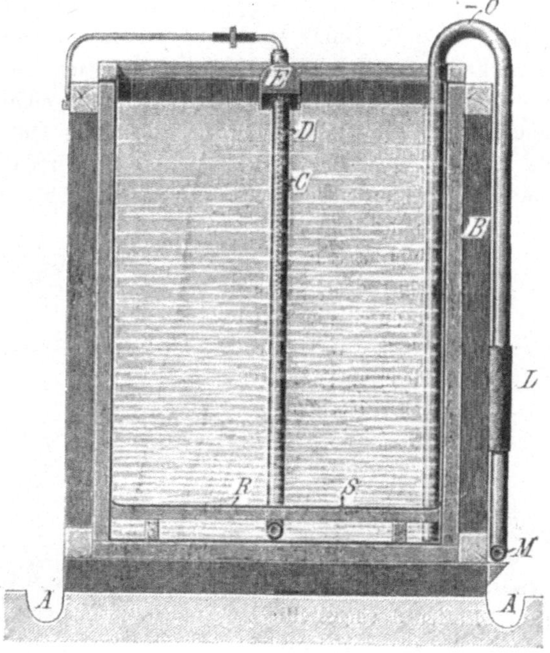

Fig. 688.

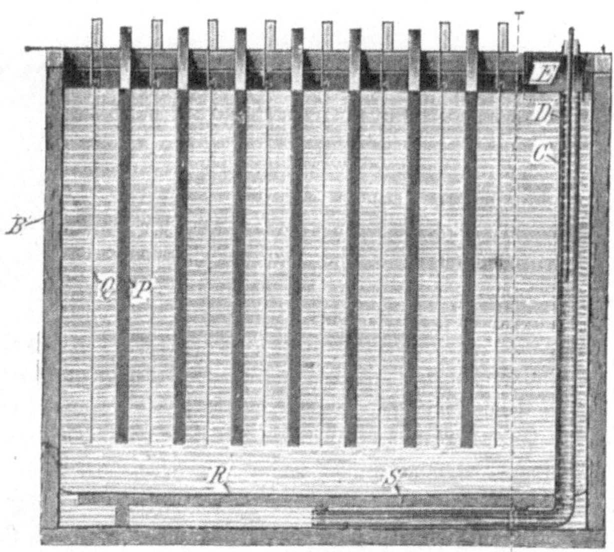

Fig. 689.

wieder in den oberen Sammelbehälter gehoben wird, um von neuem die Bäderreihen zu durchlaufen. M ist die Betriebsdampfmaschine, deren Kraft durch Riemen auf die Dynamomaschine D übertragen wird. Der Weg des elektrischen Stromes von den Klemmschrauben der Maschine aus durch den Stromkreis ist durch Pfeile angedeutet.

Die Zirkulation der Lauge in einem einzigen Bade und gleichzeitig auch die Reinigung derselben geschieht mit Hilfe einer von Werner Siemens und unabhängig davon von den Gebrüdern Borchers in Goslar erfundenen Einrichtung, welche auf der Verminderung des spezifischen Gewichts eines Teiles der im oberen Teile des Bades befindlichen Lauge durch Einblasen eines dünnen Luftstromes in dieselbe beruht. Diese Einrichtung ist aus den der Elektrometallurgie von Borchers entnommenen Fig. 688 und 689 ersichtlich. C ist ein vom Flüssigkeitsspiegel bis auf den Boden des Bades geführtes und unter den Sammelteller für den Anodenschlamm reichendes Bleirohr. Über der oberen Mündung desselben ist eine Bleihaube E angebracht. Durch einen das obere Ende derselben verschließenden Stöpsel ist ein Glasrohr D, welches in eine feine Spitze ausgezogen ist und nicht ganz bis zur oberen Fläche des Bades reicht, hindurchgesteckt. Durch das Glasrohr wird ein Luftstrom in die im Bleirohr befindliche Lauge eingeblasen. Die eingeblasene Luft verteilt sich in Gestalt feiner Bläschen in der Lauge und vermindert dadurch das spezifische Gewicht der über dem unteren Ende des Glasrohres befindlichen Flüssigkeitssäule. Dieselbe wird daher von der außerhalb des Rohres im Bade befindlichen schwereren Laugensäule in die Höhe gedrückt und fließt am oberen Ende des Rohres aus, um sich in der Lauge des Bades zu verteilen. Es strömt nun, so lange Luft eingeblasen wird, am unteren Ende des Bleirohres Lauge in dasselbe ein und am oberen Ende desselben aus. Da die Luft die Flüssigkeit ruhig und gleichmäßig durchdringt, so ist auch die Zirkulation der Lauge eine vollständig gleichmäßige. Die Flüssigkeit wird nur dann aus den Bädern entfernt, wenn sie abgesetzt werden soll. Das Füllen sowohl wie das Entleeren der Bäder erfolgt mit Hilfe einer Rohrleitung M, welche mit jedem einzelnen Bade durch einen Heber O verbunden ist. Dieser Heber ist durch einen Kautschukschlauch L mit einem Stutzen der Rohrleitung verbunden. Während des Betriebes wird der Kautschukschlauch durch eine Klemmschraube geschlossen, so daß elektrische Zweigleitungen durch die Laugenströme nicht eintreten können. Der Zufluß der Lauge zu den Bädern erfolgt von einem höher gelegenen Behälter aus, in welchen die Flüssigkeit durch Druckluft eingeführt wird. Das Entleeren der Behälter geschieht durch Einsaugen der Flüssigkeit durch die gedachten Heber und die Leitung M in ein (als Druckfaß dienendes) Gefäß. Die Gesamtanlage mit den Einrichtungen zur Leitung der Laugen ist aus den Fig. 690, 691 und 692 ersichtlich. k ist ein Druckfaß, d ist ein Behälter für die frische Lauge. Dieselbe wird in das Druckfaß k eingeführt und dann durch Druckluft in den Verteilungs-

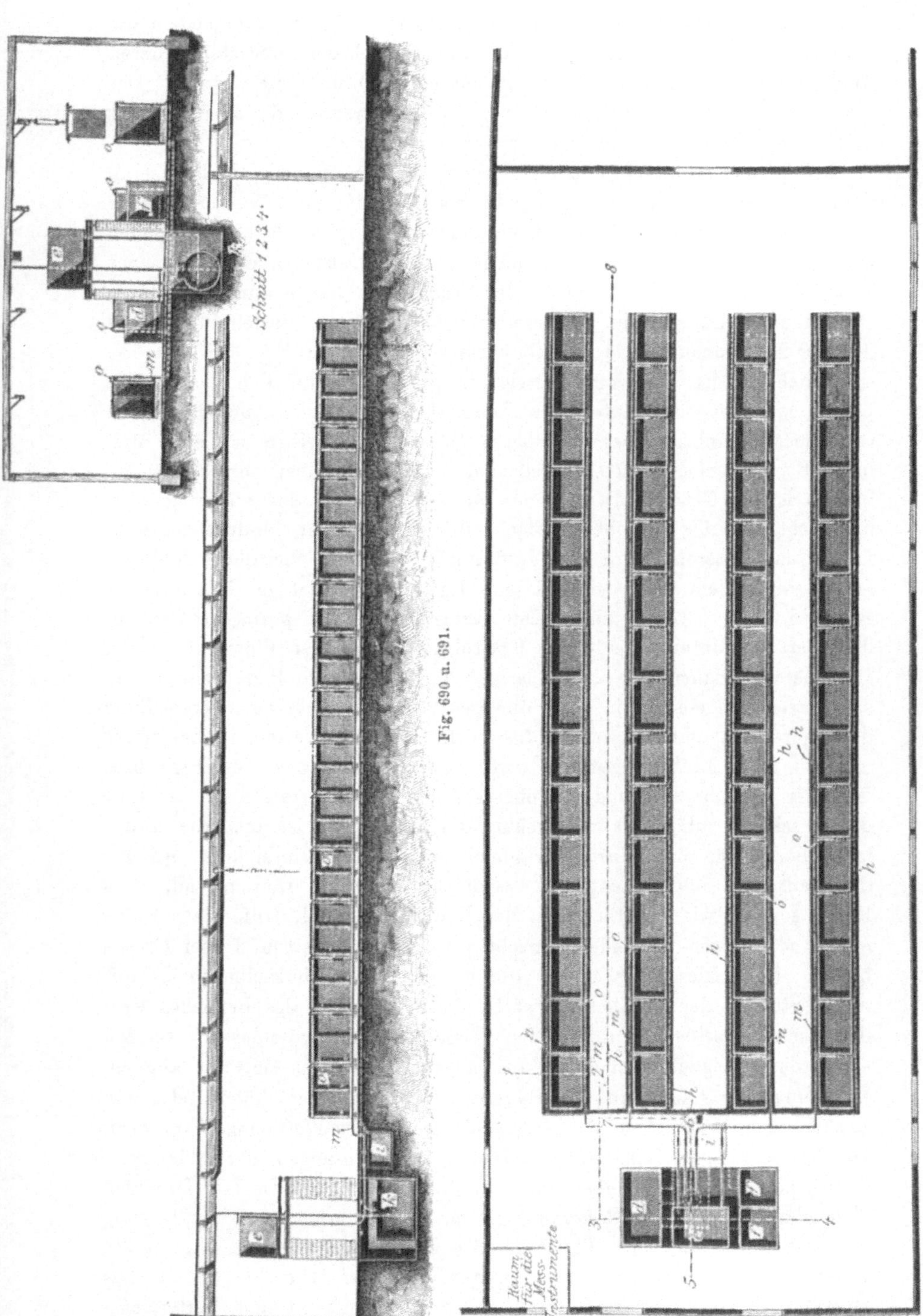
Schnitt 1 2 3 4.
Fig. 690 u. 691.
Fig. 692.
Raum für die Mess-Instrumente

behälter c gedrückt, aus welchem sie durch die Röhrleitungen m und die
Heber o in die einzelnen Bäder gelangt. Durch dieses Druckfaß wird
auch mit Hilfe der Heber o und der Rohrleitungen m die aus den Bädern
zu entfernende Lauge angesaugt und den Apparaten zum Reinigen derselben zugeleitet. h sind Gerinne im Fußboden zum Auffangen von
Laugen, welche beim Lecken der Bäder entweichen. Dieselben führen die
Laugen in einen Behälter i, welcher mit dem Druckfaß in Verbindung
steht. f sind Kästen zum Auswaschen des Anodenschlammes.

In manchen Fällen wird der Elektrolyt auf 40—50° erwärmt.

Durch die Anwendung hoher Stromdichten wird gegenüber niedrigen
Stromdichten eine erhebliche Verkleinerung der Anlage, eine Verminderung
der Menge des in den Bädern erforderlichen Kupfers und eine Verringerung
der Arbeitslöhne ermöglicht. Obwohl der Kraftverbrauch ein größerer
ist, so stellen sich doch infolge der gedachten Vorteile die Betriebskosten
bei einer Stromdichte von 100 Ampère pro qm um 20% niedriger als
bei einer Stromdichte von 30 Ampère pro qm. Bei Anwendung hoher
Stromdichten ist ein reines Kupfer und ein sorgfältiges Reinhalten des
Elektrolyten erforderlich.

Einrichtung bei Hintereinanderschaltung der Elektroden (Series-System).

Die Hintereinanderschaltung der Elektroden findet nur noch
selten statt. Hierhin gehören das System von Hayden, das System von
Smith und das System von Randolph. Bei diesen Systemen fallen die
Kathodenbleche bis auf ein einziges am Ende eines jeden Bades fort,
indem mit Ausnahme dieser Kathodenbleche die in dem Bade angebrachten
Kupferplatten auf der einen Seite Kathoden und auf der anderen Seite
Anoden sind und nur durch den Elektrolyten in leitender Verbindung
stehen. Bei dem einzigen gegenwärtig noch in Anwendung stehenden
System mit Hintereinanderschaltung der Elektroden, dem Hayden-System,
sind die Elektroden senkrecht in die Bäder eingehängt, während sie bei
den Systemen von Smith und Randolph horizontal liegen. Die Schaltung
der Elektroden eines Bades beim Hayden-System ist aus dem Schema
(Fig. 693) ersichtlich.

a ist die Anode, k die Kathode. Die sämtlichen dazwischen befindlichen Elektrodenplatten sind auf der linken Seite Kathoden, auf der
rechten Seite Anoden. Die einzelnen Bäder sind hintereinander geschaltet.
Beim Durchgange des Stromes durch den Stromkreis wandert das Kupfer
in der Richtung vom positiven zum negativen Pol, indem es sich an der
einen (im Schema der rechten) Seite der Platten auflöst und an der gegenüberliegenden Seite der nächsten Platte (im Schema der linken) niederschlägt. Es wird also nach Ablauf einer bestimmten Zeit jede Kupferplatte mit Ausnahme der beiden Endplatten in Elektrolytkupfer verwandelt
sein. Wollte man nun den Strom noch weiter durchleiten, so würde sich

das Elektrolytkupfer wieder auflösen und auf der Nachbarplatte niederschlagen. Der Strom muß daher nach Ablauf einer bestimmten Zeit
unterbrochen werden, um das Elektrolytkupfer aus den Bädern herausnehmen zu können. Damit alle Kupferplatten gleichzeitig in Elektrolytkupfer verwandelt werden, müssen sie genau die gleiche Stärke besitzen.
Sie müssen ferner in dem nämlichen Abstande von einander aufgehängt
sein, damit der Widerstand zwischen ihnen der gleiche ist. Die Platten
werden daher durch Walzen von gegossenem Kupfer hergestellt, dann ausgeschnitten und gerichtet. Die Zahl der in ein Bad eingehängten Platten
beträgt 140—150. Die Stromdichte beträgt 160 Ampère pro qm.

Bei dem jetzt nicht mehr angewendeten System Smith waren die
Platten wagerecht übereinander angebracht. Die oberste Platte wurde
mit dem positiven, die unterste mit dem negativen Pol der Stromleitung
verbunden. Es wurde hier also die untere Seite der oberen Platte aufgelöst und das Kupfer auf der oberen Seite der nächst unteren Platte

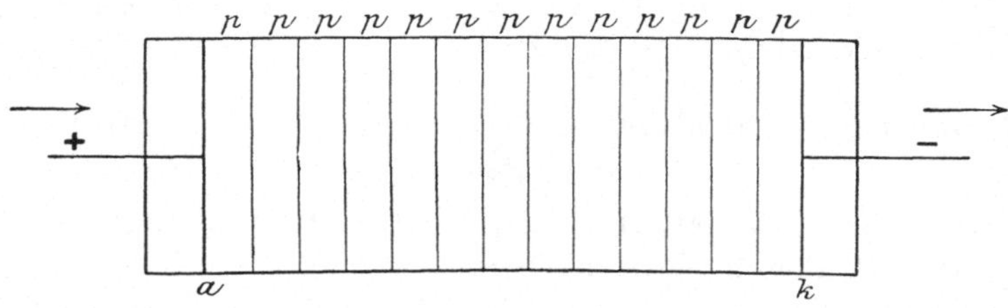

Fig. 693.

niedergeschlagen. Zwischen je zwei Platten war ein Diaphragma aus
Baumwolle angebracht, um die nicht aufgelösten festen Körper zurückzuhalten. Die Zirkulation des Elektrolyten erfolgte in horizontaler Richtung.

Bei dem gleichfalls nicht mehr angewendeten System Randolph
wurden die Platten gleichfalls horizontal übereinander angebracht, dagegen
war die unterste Platte mit dem positiven und die oberste Platte mit
dem negativen Pol der Leitung verbunden. Es wurde also das Kupfer auf
der oberen Seite der Platten aufgelöst und auf der unteren Seite der
nächst oberen Platten niedergeschlagen. Ein Diaphragma war hier nicht
erforderlich. Die Lauge zirkulierte in horizontaler Richtung. Bei beiden
Systemen ließen sich Störungen im Betriebe nur schwierig ermitteln und
beseitigen.

Auch fertige Gegenstände aus Kupfer, besonders Röhren,
werden in den Bädern hergestellt. (Verfahren von Elmore.) Bei der Herstellung der Röhren bilden die Kathoden rotierende Zylinder, auf welchen
das Kupfer niedergeschlagen wird. Bei dem Verfahren von Thofehrn wird
der Elektrolyt unter hohem, hydraulischem Druck in mit einem Kern und
einer Reihe von kleinen Löchern versehene Bleiröhren geführt.

Die Scheidung von Silber und Gold beruht darauf, daß sich bei Verwendung von goldhaltigem Silber als Anode, einer Silberplatte als Kathode, einer stark verdünnten Höllensteinlösung als Elektrolyt das Silber mit Hilfe einer geeigneten Spannung an der Kathode ausscheiden läßt, während das Gold in pulverförmigem Zustande an der Anode verbleibt. Durch Einfüllen der Anode in einen Baumwollensack läßt sich das Gold in dem letzteren auffangen. Das Silber scheidet sich bei der Elektrolyse nicht kompakt, sondern in Krystallen aus, welche die Ent-

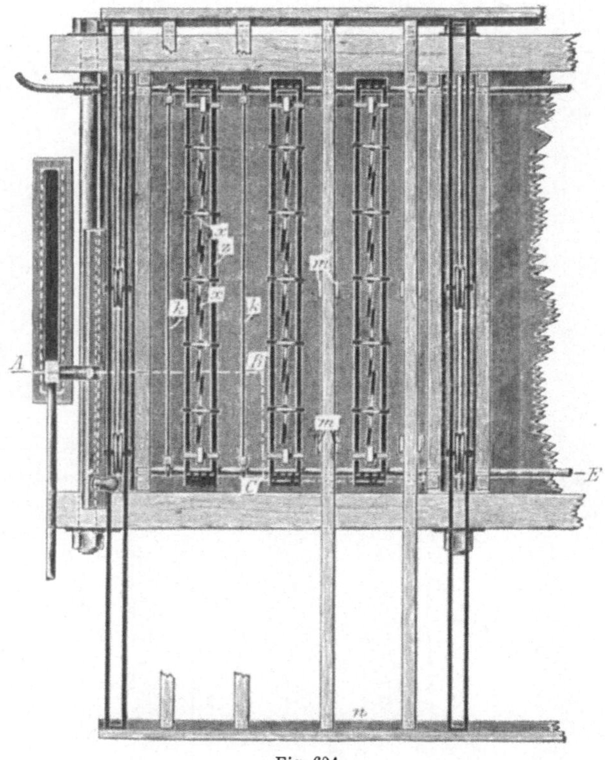

Fig. 694.

stehung von Kurzschlüssen veranlassen. Zur Vermeidung dieses Übelstandes sind besondere Einrichtungen erforderlich. Dieselben bestehen bei Apparaten mit Kathoden, welche während der Elektrolyse in die Bäder eingehängt sind und ihre Lage nicht verändern, aus beweglichen Schabevorrichtungen, welche die Silberkrystalle in den Bädern fortwährend von der Kathode abschaben. Bei den neuesten Apparaten sind nach Art von Transportbändern bewegte Kathoden vorhanden, von welchen das Silber durch besondere Vorrichtungen abgeschabt und außerhalb der Bäder angesammelt wird. Die Einrichtung der erstgedachten Apparate von Moebius ist aus den Fig. 694—698 ersichtlich.

46*

Die Bäder sind inwendig mit einem Teeranstrich versehene Holz-kästen aus pitch-pine von 3,75 m Länge und 0,600 m lichter Weite. Die-selben besitzen je 7 Abteilungen, in deren jeder 3 Anodenreihen und

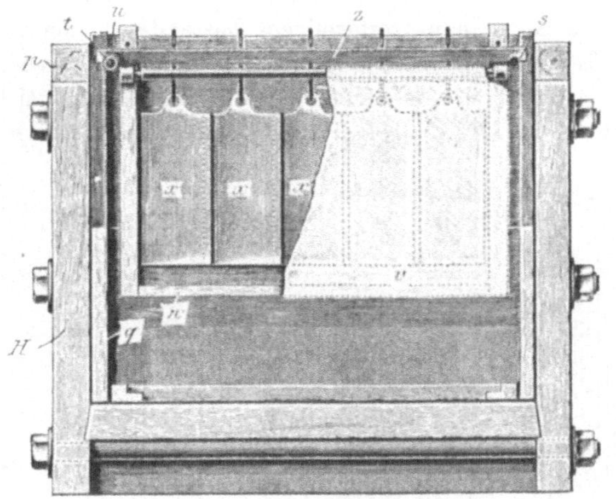

Fig. 695.

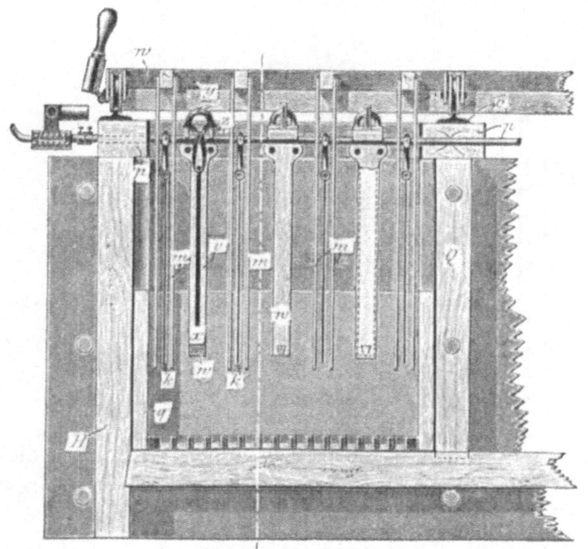

Fig. 696.

4 Kathoden aufgehängt sind. Unter den Elektroden befindet sich ein mit einem Leinwandboden versehener Kasten zur Aufnahme des Silbernieder-schlags. An einem auf den Rändern der Bäder in Rollen laufenden Rahmen sind hölzerne Schaber aufgehängt, welche die durch das Zu-

sammenwachsen der Silberkrystalle gebildeten Kurzschlüsse zerstören und die Bewegung der Lauge bewirken. x sind die mit Hilfe von Haken y an dem Metallrahmen z aufgehängten Anoden. Der Rahmen z steht an seinem einen Ende mit der positiven Stromleitung s in leitender Verbindung, während er an seinem anderen Ende von der negativen Stromleitung t durch eine Isolierschicht u getrennt ist. Die Anoden sind 0,006 bis 0,010 m dick und sind zum Auffangen des bei der Elektrolyse zurück-

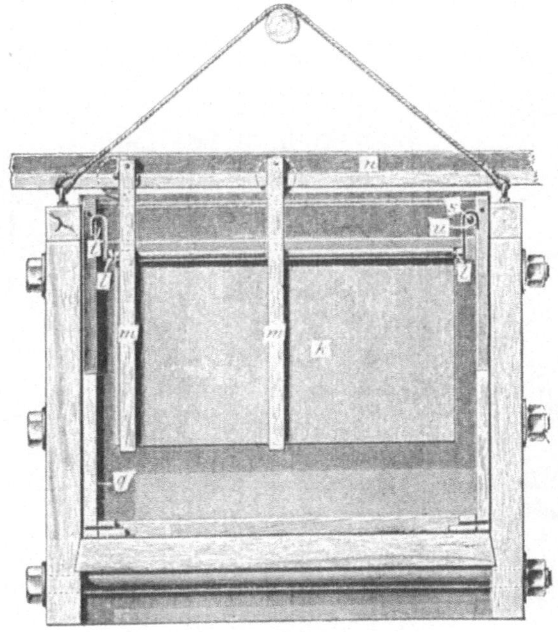

Fig. 697.

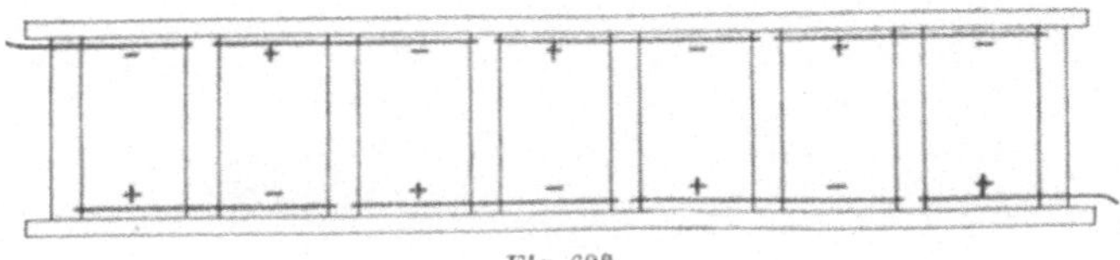

Fig. 698.

bleibenden Goldes mit Säcken v aus Filtertuch umgeben. Diese Säcke sind auf ein an Rahmen z befestigtes Holzgestell w aufgespannt. k sind die aus gewalztem Silberblech hergestellten, mit einem horizontal hängenden Kupferstabe verlöteten Kathoden. Die Kupferstäbe besitzen an ihren über die Seitenkanten der Kathoden vorspringenden Enden Verbindungsklemmen l, von welchen je eine isoliert auf den Kupferstab aufgesetzt ist. Hierdurch ist es ermöglicht, auch die positive Leitung s zum Festhalten der Kathoden, welche nicht leitend mit ihr verbunden sein dürfen zu benutzen. Die Leitungen s (+) und t (—) sind Kupfer-, Messing- oder Bronzestangen. Die einzelnen Abteilungen der Bäder sind hintereinander geschaltet. (Fig. 698.) Die Schabevorrichtungen sind Holzrahmen n, an welchen Holzstäbe m befestigt sind. Die letzteren greifen klammerartig von oben über die Kathoden. An jeder Seite der Kathode befinden sich zwei dieser Holzstäbe. Der Rahmen n, an welchem die Holzstäbe befestigt sind, läßt sich mit Hilfe von Rollen auf Schienen o hin- und herbewegen.

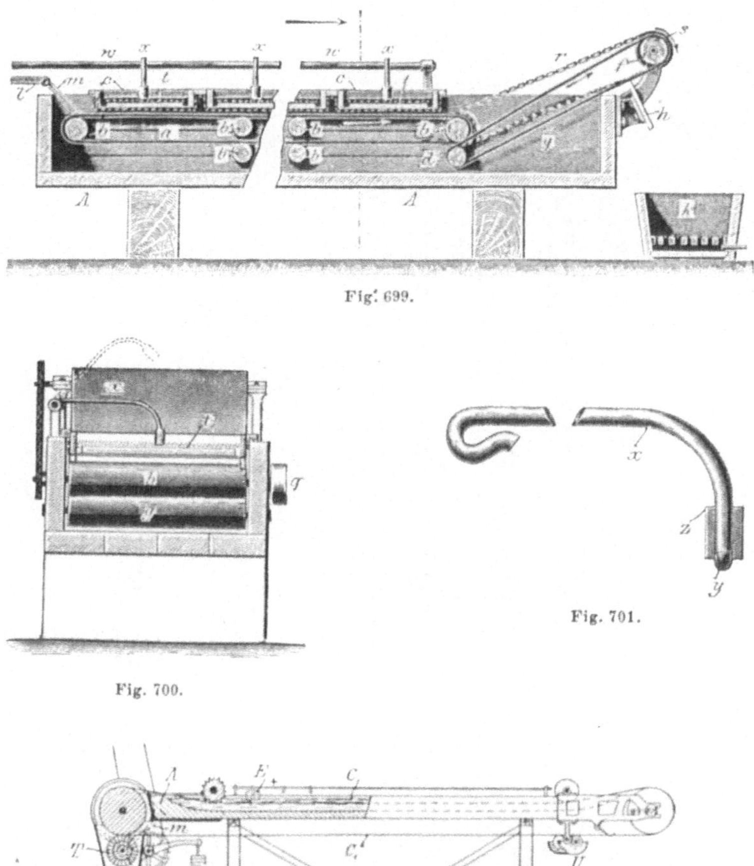

Fig. 699.

Fig. 700.

Fig. 701.

Fig. 702.

Die Schienen ruhen auf Querleisten des Rahmens p. Dieser Rahmen, an welchem die verschiedenen in das Bad eingehängten Teile des ganzen Apparates befestigt sind, läßt sich in die Höhe heben. Die Bewegung der Schabevorrichtung geschieht mit Hilfe einer durch Exzenter hin- und hergeschobenen Gleitschiene. q ist der Sammelkasten für den Silberschlamm. Derselbe ist durch Leisten an dem Elektrodenrahmen befestigt und kann mit dem letzteren aus dem Bade herausgehoben werden.

Der Apparat mit bewegten Kathoden, gleichfalls von Moebius angegeben, ist aus den Fig. 699, 700 und 701 ersichtlich[1]). Die Kathode a
besteht aus einem über Rollen b b laufenden Bande ohne Ende aus Silberblech. Das auf der Kathode ausgeschiedene Silber fällt bei der Bewegung
derselben auf das über die Rollen f f laufende Transportband g und wird
durch dasselbe mit Hilfe des Abstreichers h in das Gefäß k geworfen.
Die Bewegung der Rollen erfolgt durch die Riemscheibe q und das Ketten-
getriebe r s. Die Anoden t sind in Rahmen v angebracht und ruhen auf
Unterlagen aus Filtertuch oder aus porösem Ton. Mit der positiven
Leitung w sind sie durch die Kupferdrähte x verbunden, welche mit einer
Platinkappe y versehen und gegen die Einwirkung des Elektrolyten durch
einen Gummischlauch z geschützt sind. Die Kathoden sind mit der
negativen Leitung l durch die Bürste m verbunden.

Ein vereinfachter Apparat von Moebius und Nebel ist aus der
Fig. 702 ersichtlich.

Die Kathode stellt gleichfalls ein endloses Silberband C C' dar,
welches durch Rollen bewegt wird und den langen Holzkasten A durchzieht. Das auf derselben niedergeschlagene Silber wird bei T abgebürstet
und fällt in einen Sammelkasten. Damit das Silber nicht zu fest an der
Kathode haftet, wird dieselbe auf ihrem Wege außerhalb des Kastens bei
U geölt. E sind die in Zellen befindlichen Anoden.

Die Gewinnung des Goldes aus Cyanidlösungen, welche
außerhalb des Stromkreises hergestellt werden, geschieht gegenwärtig
vielfach nach dem Verfahren von Siemens & Halske. Als Anoden dienen
Eisen- oder Stahlbleche; die Kathoden bestehen aus Blei. Auf den Wor-
cester Werken in Transvaal, wo das Verfahren (im Mai 1894) zuerst in
großem Maßstabe eingeführt wurde, hatte ein Bad $6{,}1 \times 2{,}4 \times 1{,}15$ m
Inhalt. Die Eisenanoden hatten je 2,15 m Länge, 0,92 m Breite und
0,003 m Dicke. Sie standen auf Holzleisten, welche auf dem Boden des
Kastens angebracht waren, und wurden durch seitlich angebrachte Holzleisten in ihrer senkrechten Stellung gehalten. Die Anoden waren, um
Kurzschlüsse durch das sich auf ihrer Oberfläche bildende Berliner Blau
zu vermeiden, in Leinwand gehüllt. Sie reichten abwechselnd bis zum
Boden des Kastens und bis 25 mm Höhe über den Boden. Hierdurch
wurden Abteilungen für die Zirkulation der Lauge gebildet, da jede zweite
Platte ganz untertauchen und bis zum Boden reichen, während die zwischen-
liegenden Platten über den Spiegel des Elektrolyten emporragten und am
Boden einen Durchgang frei ließen. Die Kathoden waren dünne, in einem
Holzrahmen von $0{,}9 \times 18$ m Fläche befestigte Bleifolien. Die Entfernung zwischen den Elektroden, welche durch Holzleisten am Boden und
an den Seitenwänden bestimmt wurde, betrug 0,030 m. In jedem Kasten

---

[1]) Borchers, Elektrometallurgie, S. 224.

befanden sich 87 Kathoden. Die Stromdichte betrug 60 Ampère pro qm, die Spannung 4 Volt.

In der neuesten Zeit hat man die Kathodenfläche bedeutend vergrößert, ohne eine entsprechende Vergrößerung der Fällkasten eintreten zu lassen, indem man die Bleifolie in Streifen von je 3 cm Breite zerschnitten und zur Erzielung eines besseren Kontaktes büschelförmig angeordnet hat.

Bei dem **Pelatan-Clerici-Verfahren** wird das aus der Cyanidlösung durch den Strom ausgeschiedene Gold an Quecksilber gebunden. Das Verfahren bezweckt die gleichzeitige Lösung und Fällung des Goldes in dem nämlichen Apparate. Die Ausführung des Verfahrens geschieht in Holzbottichen. Auf den Boden derselben ist eine amalgamierte Kupferplatte gelegt, über welcher sich eine dünne Schicht von Quecksilber befindet. In jedem Bottich ist eine mit Rührarmen versehene stehende Welle angebracht. An den Rührarmen sind Stahlplatten befestigt, welche

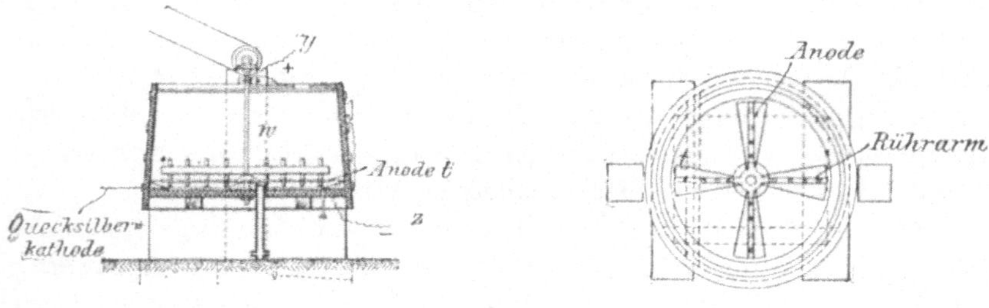

Fig. 703.   Fig. 704.

bis nahe an die amalgamierte Kupferplatte heranreichen. In dem Bottich werden die Erze mit einer Kochsalz und ein Oxydationsmittel enthaltenden Cyankaliumlösung behandelt, während gleichzeitig ein elektrischer Strom durch die letztere hindurchgeschickt wird. Die Anode wird durch die Stahlplatten des Rührwerks, die Kathode durch das Quecksilber gebildet. Der Strom wird durch die stehende Welle des Bottichs zur Anode geführt. Durch die Cyankaliumlösung wird das in feiner Verteilung vorhandene Gold aufgelöst und durch den Strom an dem Quecksilber ausgeschieden, von welchem es aufgenommen wird. Das gröbere Gold gelangt durch die Bewegung des Rührwerks in den unteren Teil des Bottichs und wird hier durch das Quecksilber amalgamiert.

Die Einrichtung eines Bottichs ist aus den Fig. 703 und 704 ersichtlich. Bei y tritt der Strom in die senkrechte Welle w ein und gelangt durch deren 4 Arme zu den Anodenplatten t, welche 10 cm über den amalgamierten Kupferplatten liegen. Der Austritt des Stromes aus der Kathode erfolgt bei Z. Die Bottiche c besitzen 2,50 m Durchmesser und 1,30 m Höhe.

Messen der Stromspannung und der Stromstärke.

Bei dem Betriebe elektrometallurgischer Anlagen ist eine Kontrolle durch Messen der Stromspannung und der Stromstärke erforderlich.

Die Bestimmung der Stromspannung geschieht aus der Stromstärke und dem Widerstand. Ist in einem Stromkreise die Stromstärke A in Ampère und der Widerstand O in Ohm bekannt, so ist die zu messende Spannung V in Volt nach dem Ohmschen Gesetz:

$V = A \cdot O$. Das Messen geschieht mit Hilfe des Galvanometers. Man nennt die Galvanometer zum Messen stärkerer Ströme technische Ampèremeter.

Die technischen Ampèremeter von hohem Widerstand mit Voltskala nennt man Voltmeter.

Das auf den elektrometallurgischen Anlagen am meisten angewendete Voltmeter ist das Torsionsgalvanometer von Siemens & Halske. Dasselbe beruht darauf, daß ein an einem Kokonfaden zwischen zwei konaxiale Drehspulen gehängter Magnet, welcher sich unter dem Einflusse des Erdmagnetismus nordsüdlich stellt, beim Durchgange des Stromes durch die Spulen von einer zur Richtung des Erdmagnetismus senkrechten magnetischen Kraft abgelenkt wird und sich in die durch die Komponente beider auf ihn wirkenden Kräfte gegebene Richtung stellt. Ehe der Magnet in die durch die gemeinsame Wirkung des Erdmagnetismus und des durch die Spulen gehenden Stromes bedingte Gleichgewichtslage kommt, pendelt er eine Zeit lang hin und her.

Zur Vermeidung dieses Übelstandes verbindet man mit dem Magneten drehbare in der Luft schwingende Flügel, welche eine Dämpfung bewirken und den Magneten schnell beruhigen. Mit dem drehbaren Magneten ist eine Spiralfeder verbunden, welche durch eine Schraube angezogen werden kann. Verläßt der Magnet beim Durchgange des Stromes durch die Spulen seine Ruhelage, so führt man ihn durch Anziehen dieser Torsionsfeder in dieselbe zurück. Die Größe der angeführten Schraubendrehung wird an einer Skala abgelesen. Jeder Stromstärke entspricht eine bestimmte Drehung.

Die Einrichtung des Torsionsgalvanometers ist aus den Fig. 705 bis 707[1]) ersichtlich.

S und N sind zwei senkrecht aufgestellte Multiplikatoren. Die Kupferdrahtbewickelung derselben ist mit den Klemmschrauben des Instrumentes verbunden. Zwischen den beiden Multiplikatoren ist der Stahlmagnet mit Hilfe eines Messingstäbchens an einem Kokonfaden aufgehängt. f ist die mit dem Messingstäbchen bezw. mit dem Magneten verbundene Spiralfeder. Dieselbe kann durch die am oberen Ende des Messingstäbchens angebrachte Schraube angezogen werden. Das obere Ende des Gehäuses ist durch eine mit einer Teilung versehene Glasplatte abgeschlossen. Unter derselben spielt ein mit dem Messingstäbchen ver-

---

[1]) Doeltz in Schnabel, Allgem. Hüttenkunde, I. Aufl., S. 633.

bundener Zeiger. Die Luftdämpfung wird durch zwei Glimmerplättchen g
bewirkt. Der Magnet wird nach erfolgter Ablenkung durch Drehung des
auf der Deckplatte des Instrumentes angebrachten Messingknopfes, welcher
einen kleinen Zeiger trägt, in seine Ruhelage zurückversetzt.

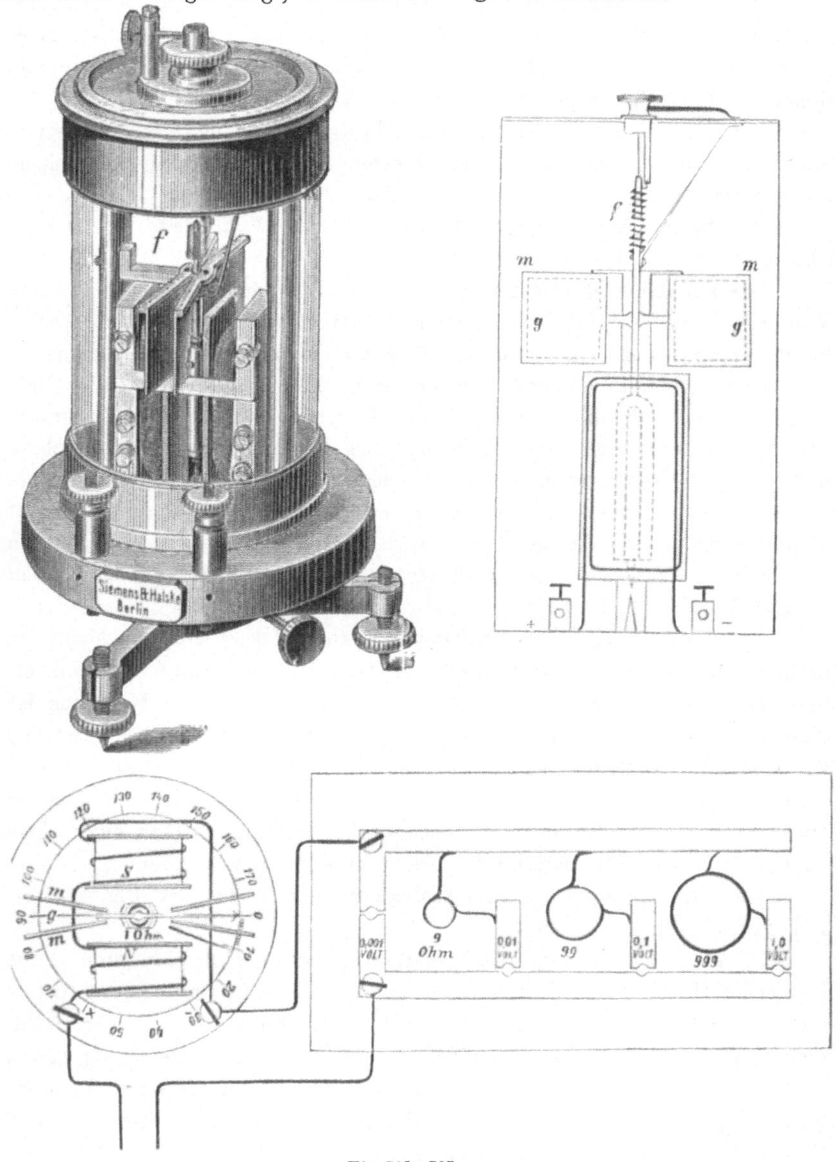

Fig. 705—707.

Die Größe des Torsionswinkels ist der Stromstärke proportional.

Man legt das Instrument als Zweigleitung zwischen die beiden
Punkte, deren Spannungsdifferenz man ermitteln will. Ist der Widerstand

des Instrumentes samst Zuleitungsdrähten sehr groß im Vergleiche zu dem Widerstand des anderen Gabelzweiges, so kann man annehmen, daß sich bei Anführung des Galvanometerzweiges weder die Stromstärke noch die Spannungsdifferenz zwischen den beiden Punkten, an welchen die Abzweigung stattfindet, ändert. Sind die Zuleitungsdrähte am Galvanometer stark und kurz, so ist ihr Einfluß zu vernachlässigen und man kann die Spannungsdifferenz an den Klemmen des Instruments für dieselbe gelten lassen, die an den beiden Abzweigungspunkten des Stromkreises sowohl vor der Anzweigung wie auch nach der Anzweigung des Instrumentes besteht.

Ist die Stromstärke, welche nach der Anzweigung durch den Ausschlag des Instruments angegeben wird, $= \frac{1}{100}$ Ampère und ist der Widerstand des Instrumentes $= 300$ Ohm, so beträgt die Spannungsdifferenz an den Klemmen nach dem Ohmschen Gesetz $V = \frac{1}{100} \times 300 = 3$ Volt. Der Ausschlag bei $\frac{1}{200}$ Ampère ergibt in gleicher Weise eine Klemmenspannung von $1\frac{1}{2}$ Volt. Es läßt sich hiernach für jede Ausschlagsweite der zugehörige Wert der Klemmenspannung angeben. Sind diese Werte auf der Skala des Instruments aufgetragen, so nennt man es, wie dargelegt, Voltmeter. Das Voltmeter läßt sich durch Vorschaltung von Widerständen zum Messen beliebig hoher Spannungen anwenden.

Mißt z. B. ein Instrument von einem Widerstande von 1 Ohm bei 170 Teilen der Skala von je 0,01 Volt nur Spannungen von 0,170 Volt, so schaltet man mit Hilfe eines Widerstandskastens einen metallischen Widerstand von 9, von 99 oder 999 Ohm vor, um einen Gesamtwiderstand von 10, von 100 oder 1000 Ohm zu erhalten, in welchem Falle jeder Teil der Skala Spannungen von 0,01 bezw. 0,1 und 1 Volt entspricht. Man würde deren Spannungen bis 170 Volt messen können. Durch Vorschaltung eines Zusatzwiderstandes von 9999 Ohm erhält man einen Gesamtwiderstand von 10,000 Ohm, so daß ein Skalenteil 10 Volt entspricht, in welchem Falle man Spannungen bis 1700 Volt messen kann.

Die Stromstärke wird durch technische Ampèremeter gemessen. Von denselben seien das Federampèremeter von Kohlrausch und das Ampèremeter von Dolivo-Dobrowolsky erwähnt.

Die Einrichtung des Federampèremeters von Kohlrausch ist aus Fig. 708 ersichtlich. Über der von einem Strome durchflossenen Spirale S ist ein Eisenrohr E an der Neusilberspule f aufgehangen. Das Eisenrohr ist mit einem Zeiger i versehen, welcher bei der Aufwärts- oder Abwärtsbewegung des ersteren an einer vertikalen Skala spielt. Beim Durchgange des Stroms durch die Spirale sucht dieselbe das Eisenrohr gegen die Zugkraft der Feder in sich hinabzuziehen. Je stärker der Strom ist, um so tiefer wird das Eisenrohr herabgezogen.

Das Ampèremeter von Dolivo-Dobrowolsky ist aus den Fig. 709 und 710 ersichtlich. e ist ein auf der Drehachse c sitzender Eisenkern von 4 cg Gewicht. Derselbe hängt an einem durch die Regulier-

gewichte d belasteten Winkelhebel in dem Messingblock b. Ein Teil des
Eisenkerns taucht in die Längshöhlung einer von einem Strom durchflossenen Spule. Dieselbe sucht den Eisenkern um so tiefer hinabzuziehen,
je größer die Stromstärke ist. Beim Herabgehen des Eisenkerns dreht
sich die Achse e und der mit ihr verbundene Zeiger f.

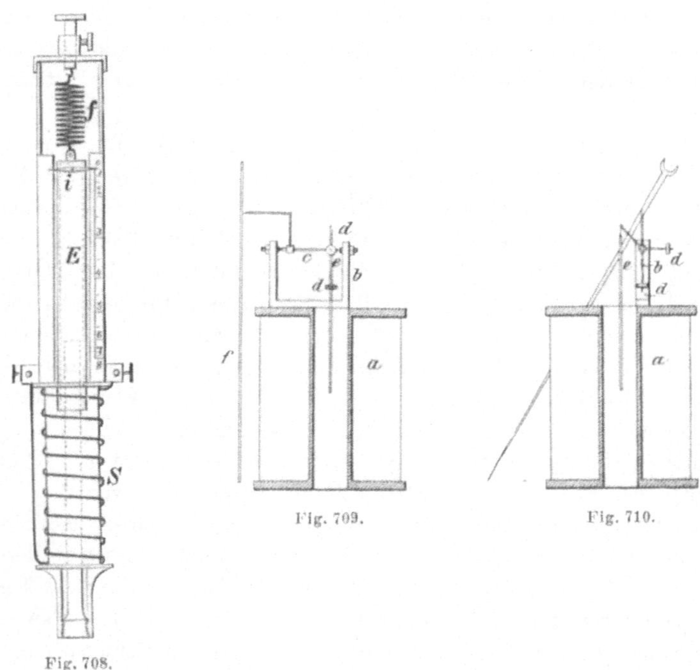

Fig. 708.

Fig. 709.

Fig. 710.

II. Die unabhängig von den Abscheidungsvorrichtungen betriebenen Hilfsvorrichtungen.

Derartige Vorrichtungen sind besonders Vorbereitungsvorrichtungen,
Fördervorrichtungen und Formgebungsvorrichtungen.

1. Die Vorbereitungsvorrichtungen.

Dieselben dienen besonders zum Zerkleinern, zum Verwaschen, zum
Zusammenmengen und zum Trennen von metallhaltigen Körpern, Zuschlägen und feuerfesten Materialien.

A. Die Zerkleinerungsvorrichtungen

sind teils ähnliche Vorrichtungen, wie sie der Bergmann zum Zerkleinern
auf den Aufbereitungsanstalten benutzt, teils Mühlen der verschiedensten
Art. Von den Vorrichtungen der ersteren Art stehen besonders Stein-

brecher, Walzwerke und Pochwerke in Anwendung, von den Mühlen:
Kollermühlen, Mörsermühlen, Kugelmühlen, Mahlmühlen und Schleudermühlen.

Metalle (Silber, Kupfer) zerkleinert (granuliert) man dadurch, daß
man sie im geschmolzenen Zustande in einem dünnen Strahle in ein
Gefäß mit Wasser fließen läßt.

Die Einrichtung der Steinbrecher, Walzwerke und Pochwerke ist in
den Lehrbüchern über Aufbereitungskunde besprochen.

Fig. 711.

Die Einrichtung der bei der Amalgamation angewendeten Zer-
kleinerungs- bezw. Zerkleinerungs- und Amalgamationsapparate (Arrastra,
Huntington-Mühle, Crawford-Mühle etc.) ist in der Metallhüttenkunde
Bd. I bei der Amalgamation des Silbers und Goldes dargelegt. Nachstehend sollen daher nur einige der häufig angewendeten Mühlen betrachtet werden.

Die **Kollermühle** (Fig. 711) besteht aus zwei aufrecht stehenden,
um eine horizontale Achse auf einem Teller T aus Eisen laufenden Walzen.
Diese Walzen bestehen aus natürlichen Steinen oder aus Hartguß.

Die zu zerkleinernden Körper (gröbere Stücke werden auf Steinbrechern vorgebrochen) werden gewöhnlich durch einen Trichter, welcher
sich zwischen den Walzen befindet und mit denselben rotiert, aufgegeben.
Das zerkleinerte Gut wird durch ein gekrümmtes Eisen nach dem Rande
des Mahltrogs geschafft, von wo es durch eine Öffnung in eine Sieb-

trommel gelangt. Das grobe Gut wird durch dieselbe ausgeschieden und
fällt in ein Becherwerk, durch welches es wieder in den Aufgebetrichter
gehoben wird.

Die **Mörsermühle** (Fig. 712) besteht aus einem Mörser a ohne
Boden, in welchem sich eine Keule b bewegt. Die Bewegung derselben
ist derartig, daß sie die zu zerkleinernden Stücke, welche von oben in
den Mörser aufgegeben werden, im oberen Teile desselben zerschlägt, im

Fig. 712.

unteren Teile dagegen fein mahlt. Man verwendet sie zum Mahlen feuerfesten Materials, z. B. von Dolomit, welcher als basisches Futter für gewisse Öfen dient.

Die **Kugelmühlen** sind rotierende Gefäße, gewöhnlich Zylinder,
welche lose Metallkugeln enthalten. Die letzteren bewirken bei der Rotation der Zylinder das Zerkleinern der zu mahlenden Körper. Man verwendet sie besonders zum Zerkleinern von Erzen, von Steinen (Kupferstein)
und von Schlacken (Thomasschlacke).

Eine derartige Kugelmühle mit stetiger Ein- und Austragung, wie
sie vom Grusonwerk in Magdeburg-Buckau angefertigt wird, ist in den

Figuren 713, 714 und 715 dargestellt. Dieselbe bildet einen liegenden, um eine horizontale Achse rotierenden Zylinder. Der Mantel desselben besteht aus Hartguß- oder Stahlstäben b oder aus mit Löchern oder Schlitzen versehenen, entsprechend gebogenen Platten. Die Endflächen des Zylinders sind auf der Innenseite mit Hartgußplatten gepanzerte Platten

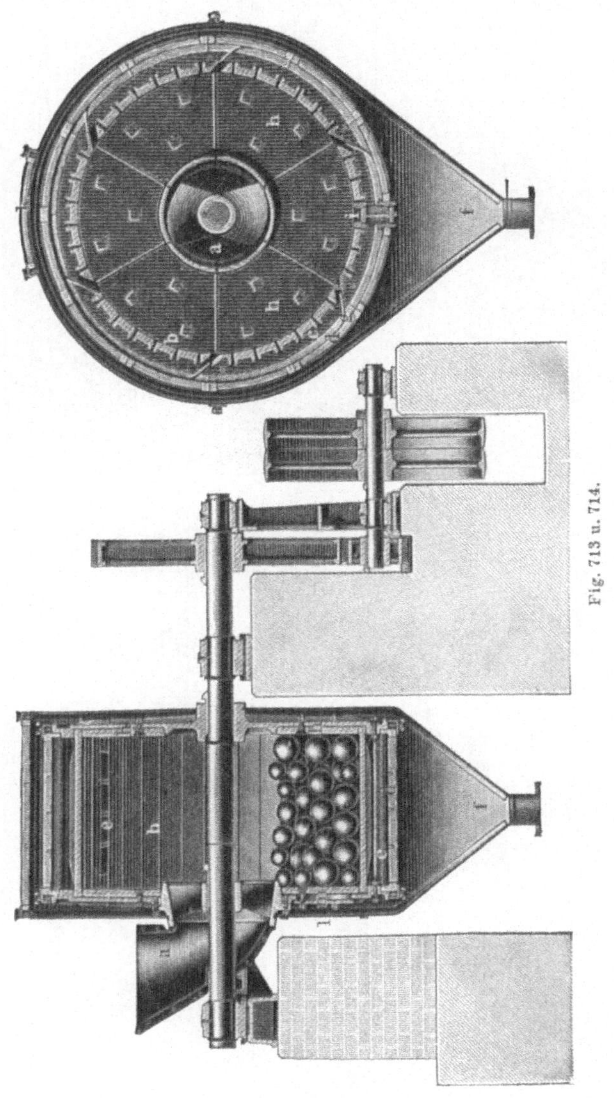

Fig. 713 u. 714.

aus Schmiedeeisen. Dieselben sind durch Nabenscheiben mit der stählernen Welle, um deren Achse der Zylinder rotiert, verbunden. In diesem Zylinder befinden sich Stahlkugeln, durch welche die in denselben eingeführten Körper zerkleinert werden. Der Zylinder ist von einem zylindrischen

Fig. 715.

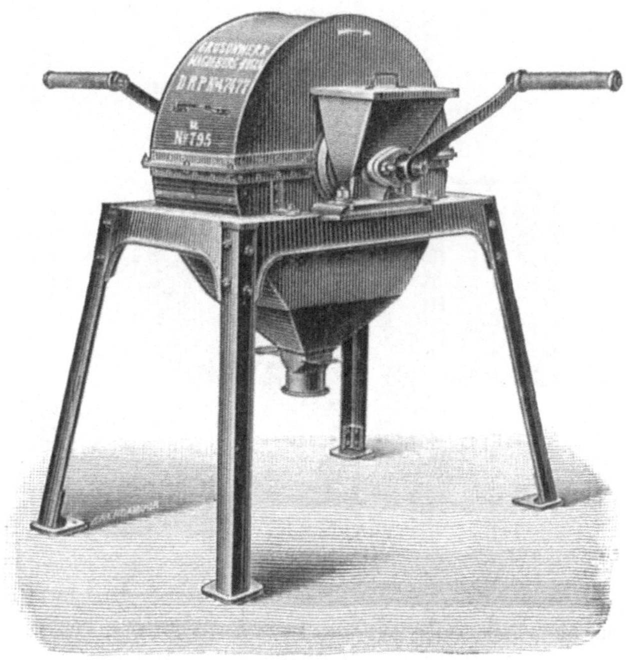

Fig. 716

Siebe c aus gelochtem Stahlblech umgeben. Auf dieses Sieb fallen die durch die Rostspalten des Zylindermantels bezw. durch die Löcher in demselben hindurchfallenden zerkleinerten Körper. Die gröberen Teile der zerkleinerten Körper bleiben auf diesem Siebe liegen, während die feineren Teile derselben durch dasselbe hindurch auf ein noch feineres

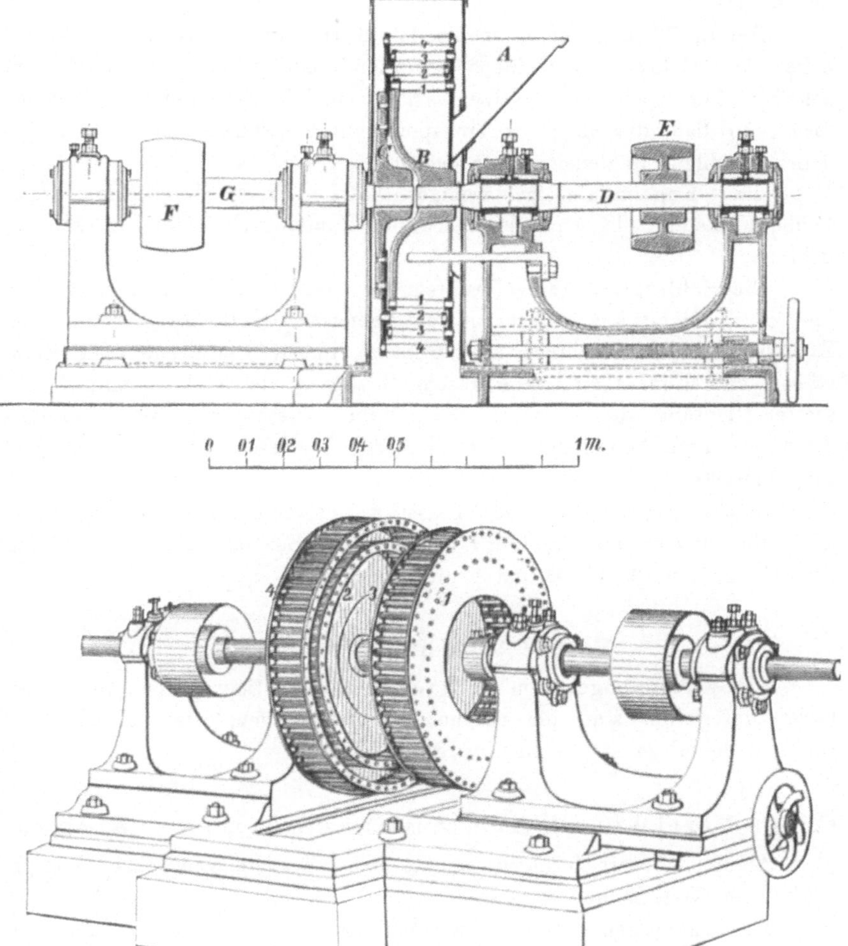

Fig. 717 u. 718.

zylindrisches Sieb d fallen. Dasselbe ist aus Metallgewebe hergestellt und um das Sieb c herumgelegt. Aus diesem zweiten Siebe fallen die feinsten Teile der zerkleinerten Körper in den Trichter f, welcher den unteren Teil eines die Mühle umgebenden Blechgehäuses bildet. Zum Auslassen des Pulvers ist der Trichter an seinem unteren Ende mit einem Schieber versehen. Die auf den Sieben c und d verbliebenen gröberen Teile werden durch die Blechschaufeln g, welche durch die Siebe hindurchgeführt sind, in Kanäle e geführt und gelangen durch dieselben in das Innere des Zylinders zurück, wo sie von neuem gemahlen werden. Die Kanäle e sind in verschiedenen Roststäben, bezw. in den Mantelplatten angebracht.

Die Einführung der zu mahlenden Körper in den Zylinder geschieht durch den Trichter a und eine entsprechende Öffnung in der einen Nabenscheibe. Die Speichen derselben sind nach Art der Schiffsschrauben geformt, so daß dieselben als Transportschnecken wirken und das aufgegebene Mahlgut in den Zylinder befördern.

Eine Kugelmühle für weniger harte Körper (Holzkohle, Steinkohle, Kalkstein, Ton) mit Riemen- oder Handbetrieb ist in Fig. 716 abgebildet.

Die **Schleudermühle** (Desintegrator) besteht aus zwei konzentrisch um die nämliche Achse, aber in entgegengesetzter Richtung rotierenden Zylindern, welche mehrere konzentrische Reihen von Eisen- oder Stahlstäben enthalten. Durch die rasche Bewegung derselben in entgegengesetzter Richtung, bezw. durch die plötzliche Vernichtung der lebendigen Kraft der rasch bewegten, zu zerkleinernden Massen wird die Zerkleinerung bewirkt.

In den Figuren 717 und 718 ist A der Aufgebetrichter. B und C sind die ineinandergesteckten Trommeln mit den alternierend gestellten Stabreihen 1, 2, 3, 4. E und F sind Riemscheiben.

B. Die Waschvorrichtungen.

Die Vorrichtungen zum Verwaschen metallhaltiger Körper und feuerfester Materialien sind die nämlichen Vorrichtungen, wie sie zum Verwaschen der Erze angewendet werden.

C. Die Vorrichtungen zum Zusammenmengen von Körpern.

Als solche Vorrichtungen benutzt man besonders Knetwerke, Stampfwerke und Kugeltonnen.

Die **Knetwerke** dienen hauptsächlich zum Zusammenmengen von Ton mit Schamott, zum Kneten und Zerschneiden von Ton. Dieselben sind bereits bei der Herstellung der Schamottsteine besprochen worden.

Die **Stampfwerke** unterscheiden sich nicht von den Stampfwerken für Erze.

Die **Kugeltonnen,** wie sie wohl noch zur Herstellung von Gestübbe Anwendung finden, sind zum Teil mit Kugeln gefüllte rotierende Tonnen.

D. Die Trennungsvorrichtungen.

Dieselben unterscheiden sich nicht von den auf den Aufbereitungsanstalten angewendeten Trennungsvorrichtungen.

Sie sind besonders Sieb- und Waschvorrichtungen von den verschiedensten Einrichtungen.

2. Die Fördervorrichtungen.

Dieselben sind die nämlichen Vorrichtungen, wie sie in allen anderen Zweigen der Großindustrie zur Anwendung kommen. Es kann daher von einer besonderen Darlegung derselben hier abgesehen werden.

3. Die Formgebungsvorrichtungen.

Dieselben dienen dazu, den Hüttenerzeugnissen die zu ihrer technischen Verwendung geeignete Form zu geben. Hierhin gehören besonders die Hämmer, die Walzwerke und die Pressen.

Dieselben werden, soweit sie sich auf die Formgebung der verschiedenen Arten des Eisens beziehen, in der Eisenhüttenkunde, im übrigen aber in der mechanischen Technologie abgehandelt.

Die Erzeugnisse des Hüttenbetriebes.

———

Die Erzeugnisse der Abscheidungsverfahren sind sowohl Metalle und Verbindungen derselben als auch Metalloide und Verbindungen derselben. Dieselben sind entweder **Enderzeugnisse,** mit deren Gewinnung der Zweck der Abscheidungsverfahren erreicht ist, oder Erzeugnisse, welche noch einer weiteren Behandlung unterworfen werden müssen, ehe sie zu Enderzeugnissen werden, nämlich sogen. **Zwischenerzeugnisse,** oder schließlich **Erzeugnisse,** welche die wertlosen Bestandteile der metallhaltigen Körper aufgenommen haben und nur, wenn sie gewisse Mengen von Metallen zurückhalten oder beim Vorhandensein bestimmter Eigenschaften eine nützliche Verwendung finden, sonst aber als wertlos abgesetzt werden, sogen. „Abfälle".

Die Enderzeugnisse, welche man auch Fertigerzeugnisse, Fertigprodukte oder Endprodukte nennt, sind entweder solche Erzeugnisse, deren Gewinnung der eigentliche Zweck des betreffenden Zugutemachungsverfahrens ist, sogen. **Haupterzeugnisse,** oder solche Erzeugnisse, welche neben den Haupterzeugnissen erhalten werden, sogen. **Nebenerzeugnisse.**

Man bezeichnet die Hüttenerzeugnisse auch wohl nach den Metallen, bei deren Gewinnung sie erzeugt werden, z. B. Blei- bezw. Kupfer- und Silberhüttenerzeugnisse, oder nach der Art des Abscheidungsverfahrens, bei welchem sie fallen, z. B. Erzeugnisse des trockenen, nassen, elektrometallurgischen Weges, Rösterzeugnisse, Schmelz-, Sublimations-, Destillationserzeugnisse.

I. Die Enderzeugnisse.

Die Enderzeugnisse der Abscheidungsverfahren sind Metalle, Legierungen, Kohlenstoff- und Siliziummetalle, Metalloxyde, Schwefelmetalle, Metallsalze, Metalloide und Verbindungen derselben sowie gasförmige Brennstoffe (Gichtgase).

Von den **Metallen** sind zu erwähnen: Aluminium, Antimon, Arsen, Blei, Cadmium, Kobalt, Kupfer, Nickel, Gold, Silber, Quecksilber, Platin, Wismut, Zink und Zinn. Je nach dem Grade der Reinheit nennt man die Metalle fein, raffiniert, gar, roh. Mit fein bezeichnet man die gereinigten Edelmetalle Gold und Silber, mit „raffiniert" die gereinigten übrigen Metalle, mit gar das Kupfer von einem bestimmten Grade der Reinheit (kupferoxydulhaltiges Kupfer), mit roh die noch nicht von fremden Körpern befreiten Metalle.

Von **Legierungen** sind zu nennen: Aluminiumlegierungen, Antimonblei, Kupfernickel, Hartmetall (Zinnkupfer vom englischen Kupfergewinnungsverfahren), Zinnblei.

Die **Kohlen- und Siliziummetalle** sind die Erzeugnisse des Eisenhüttenbetriebes, nämlich Roheisen bezw. schmiedbares Eisen.

Metalloxyde, welche als Enderzeugnisse erfolgen, sind Arsenige Säure (weißes Arsenglas), Bleioxyd (Glätte), Zinkoxyd sowie Gemenge von Zinkoxyd und Bleioxyd.

Schwefelmetalle sind: Schwefelantimon (Antimonium crudum), Schwefelarsen und Zinnober.

Metallsalze sind: Eisenvitriol, Kupfervitriol, Zinkvitriol, Blaufarbenglas.

Von den **Metalloiden** wird nur Schwefel und von den Verbindungen derselben besonders Schwefelsäure (Kammersäure, Englische Schwefelsäure, Oleum, Schwefelsäureanhydrid), ferner flüssige Schweflige Säure, in seltenen Fällen auch Schwefelkohlenstoff auf Hüttenwerken gewonnen.

Gasförmige Brennstoffe, welche auf Hüttenwerken als Nebenerzeugnisse gewonnen werden, sind die oben des näheren betrachteten Gichtgase der Eisenhochöfen und mancher anderen Schachtöfen sowie die Abhitze (d. i. die Verbrennungserzeugnisse) mancher Flammöfen.

Von den gedachten Körpern sind Cadmium, Schwefel, Schweflige Säure, Schwefelsäure, Eisenvitriol, Alaun, Zinkvitriol und Gichtgase als Nebenerzeugnisse des Hüttenbetriebes zu betrachten. Bei den übrigen Körpern hängt es von der Menge und dem Werte derselben im Vergleiche zu der Menge und dem Werte der gleichzeitig mit denselben erhaltenen Erzeugnisse ab, inwieweit man dieselben als Nebenerzeugnisse betrachten will. So ist Arsenige Säure auf manchen Hüttenwerken als Nebenerzeugnis, auf anderen Hüttenwerken als Haupterzeugnis zu betrachten. Zinkoxyd und Zink erhält man bei der Silbergewinnung aus silberhaltigem Blei mit Hilfe von Zink als Nebenerzeugnisse, auf Zinkhütten als Haupterzeugnisse.

Die zusammengesetzten Enderzeugnisse, des Hüttenbetriebes wie Schwefelsäure, Schweflige Säure, Vitriole, Hartblei, Arsenglas werden auch Fabrikate genannt.

II. Die Zwischenerzeugnisse.

Die Zwischenerzeugnisse sind Gemenge von Metallen mit anderen Körpern, ferner Legierungen, Schwefelmetalle, Arsen- und Antimonmetalle, Verbindungen der Metalle mit einem oder mehreren der Elemente Kohlenstoff, Silizium, Phosphor, Metalloxyde, Schweflige Säure und Schwefelwasserstoff.

Die metallhaltigen Zwischenerzeugnisse sind bereits im ersten Abschnitt (s. künstliche Verbindungen der Metalle) als Material für die Metallgewinnung des näheren betrachtet worden.

Schweflige Säure ist insoweit als Zwischenerzeugnis zu betrachten, als sie auf Hüttenwerken auf Schwefelsäure verarbeitet wird. Das geschieht gewöhnlich bei einem Gehalte der Gase an Schwefliger Säure von mindestens 4 Volumprozenten.

Ein ferneres Zwischenerzeugnis ist der Schwefelwasserstoff, welcher sich bei der Behandlung von Schwefeleisen enthaltendem Kupferstein mit Schwefelsäure (zum Zwecke der Konzentration des Schwefelkupfers im Stein) entwickelt und mit Hilfe von Schwefliger Säure und Wasser auf Schwefel verarbeitet wird.

Als Zwischenerzeugnisse sind ferner die sogen. Oxydschlacken und diejenigen Abfälle zu betrachten, deren Metallgehalt ein so hoher ist, daß sie zum Zwecke der Gewinnung derselben einer metallurgischen Behandlung unterworfen werden.

III. Die Abfälle.

Die wichtigsten Abfälle sind: Ofenbrüche, Geschur, Gekrätz, Ofensäue, feste Rückstände von Schmelzverfahren, Sublimations- und Destillationsrückstände, Flugstaub, Schlacken, feste Rückstände von Verfahren auf nassem Wege, Abfalllaugen von Verfahren auf nassem und elektrometallurgischem Wege, wertlose oder unbenutzt entweichende Gase.

Ofenbrüche.

Unter Ofenbrüchen versteht man Ansätze an den Wänden der Öfen und in das Mauerwerk derselben eingedrungene metallhaltige Massen. Dieselben entstehen teils dadurch, daß sich geschmolzene Massen an den Ofenwänden ansetzen und erstarren, teils durch das Eindringen geschmolzener Massen in das Mauerwerk der Öfen, teils durch Ansatz von flüchtigen Körpern an den kälteren Teilen der Öfen. Die in der Nähe der Gicht der Schachtöfen angesetzten Ofenbrüche der letzteren Art nennt man „Gichtschwamm“. Die Ofenbrüche sind, soweit sie nicht aus Teilen des Mauerwerks des Ofens bestehen, Metalle oder Verbindungen derselben. So bestehen die in den kälteren Teilen der Schachtöfen entstandenen Ofenbrüche besonders aus Zinkoxyd (Ofengalmei), welches durch

Verflüchtigung von Zink und darauf folgende Oxydation dieses Metalles entstanden ist, ferner aus Schwefelblei, welches als solches flüchtig ist, aus Bleisulfat, welches durch Oxydation von flüchtigem Schwefelblei entstanden ist, und aus Schwefelzink, welches durch Schwefelung von verflüchtigtem Zink gebildet worden ist. Die in den Ofenbrüchen enthaltenen Metallverbindungen sind häufig krystallisiert, z. B. Schwefelblei, Schwefelzink, Arsenige Säure, Bleisulfat, Antimonoxyd. Die Krystalle bilden sich sowohl beim langsamen Erstarren geschmolzener Massen als auch bei Sublimationsverfahren.

Die Ofenbrüche werden, wie erwähnt, bei hinreichendem Metallgehalte auf die in denselben enthaltenen Metalle verarbeitet.

Geschur und Gekrätz.

Hierunter versteht man Gemenge von Schlacken, Zwischenerzeugnissen, Metallen, Brennstoffen und Ofenbaumaterialien, welche beim Reinigen der Schmelzräume der Öfen erhalten werden. Dieselben werden entweder direkt oder nach vorgängiger Aufbereitung bei den Schmelzverfahren behufs Gewinnung der in ihnen enthaltenen Metalle zugeschlagen.

Die Ofensäue.

Diese Körper, welche man auch Sauen, Bühnen, Wölfe, Bären nennt, sind Eisenmassen, welche sich gegen den Willen des Hüttenmanns auf der Sohle der Schmelzöfen bilden. Das Eisen ist gewöhnlich gekohlt und mit anderen Metallen der Beschickung legiert oder gemengt. Die Säue entstehen sowohl durch Reduktion von Eisenoxyd als auch durch Ausscheidung von Eisen aus Schwefeleisen. Das letztere hat nämlich die Eigenschaft, metallisches Eisen aufzulösen und beim Sinken der Temperatur bis zu einem bestimmten Grade wieder abzuscheiden.

Die Säue werden, falls sich die Ausgewinnung ihres Metallgehaltes lohnt, nach vorgängiger Zerkleinerung, welche häufig mit großen Schwierigkeiten verbunden ist, einer hüttenmännischen Behandlung unterworfen.

Die bei der Gewinnung des Zinns ausgeschiedenen Zinn-Eisenlegierungen nennt man Härtlinge.

Feste Rückstände von Schmelzverfahren.

Derartige Rückstände erhält man bei manchen Schmelzverfahren in Flammöfen und Herdöfen. Hierhin gehören besonders die Rückstände von der Bleigewinnung aus Bleiglanz durch die sogen. Röst- und Reaktionsarbeit sowie die Rückstände von der Aussaigerung von Wismut und Schwefelantimon aus Gesteinen. Die Rückstände von der Bleigewinnung, welche aus Bleisulfat, Bleioxyd, Blei, Schwefelblei und den Verunreinigungen des Bleiglanzes bestehen, sind stets so reich an Blei, daß sie zur Ausgewinnung des letzteren verarbeitet werden müssen.

Sublimations- und Destillationsrückstände.

Sublimationsrückstände erhält man bei der Gewinnung von Arsen, Destillationsrückstände bei der Gewinnung von Zink und Quecksilber. Dieselben werden gewöhnlich abgesetzt. Aus den Rückständen von der Destillation des Zinks aus Erzen werden wohl die metallhaltigen Teile durch Handscheidung ausgeschieden und auf Zink verarbeitet.

Flugstaub.

Der Flugstaub besteht, wie schon früher bei der Darlegung der Vorrichtungen zum Auffangen desselben erwähnt ist, aus staubförmigen Teilen der ursprünglichen Beschickung der Öfen, aus Brennstoffen und der Asche derselben, sowie aus Körpern, welche sich aus dampfförmigen Metallen oder Verbindungen derselben gebildet haben, besonders aus den Oxyden von Blei, Zink, Antimon und Arsen, aus Schwefelmetallen und aus Sulfaten (bes. Bleisulfat).

Der Flugstaub wird in der oben beschriebenen Weise aufgefangen, bezw. unschädlich gemacht und, falls sich die Verarbeitung desselben auf die in ihm enthaltenen Metalle lohnt, für sich oder gemeinschaftlich mit anderen metallhaltigen Körpern zu Gute gemacht.

Die Schlacken.

Als eigentliche Abfälle sind nur diejenigen Schlacken zu betrachten, welche nicht mehr mit Vorteil auf die in ihnen enthaltenen Metalle verarbeitet werden können und auch als Zuschläge, Fluß- oder Auflockerungsmittel keine Verwendung finden. Die Oxydschlacken sind als Zwischenerzeugnisse zu betrachten.

Die Schlacken sind hinsichtlich ihrer Zusammensetzung und Silizierungsstufen im ersten Abschnitte, hinsichtlich ihrer Bildung und Eigenschaften im zweiten Abschnitte des näheren betrachtet worden.

Es erübrigt daher hier nur noch eine Besprechung der Verwendung derselben.

Enthalten die Schlacken nutzbare Metalle in solcher Menge, daß die Gewinnung der letzteren vorteilhaft erscheint, so werden sie selbständig oder in Form von Zuschlägen auf diese Metalle verarbeitet. Die Schlacken dieser Art sind, wie erwähnt, als Zwischenerzeugnisse zu betrachten.

Unabhängig davon, ob die Schlacken nutzbare Metalle enthalten oder nicht, verwendet sie der Hüttenmann bei Schmelzverfahren als Verschlackungsmittel, als Flußmittel, als schützende Decke der ausgebrachten Metalle und Metallverbindungen gegen oxydierende Einflüsse, als Auflockerungsmittel für pulverförmige metallhaltige Körper. Gewisse Schlacken (gare Puddelschlacken) dienen zur Herstellung des Herdes von Flammöfen (Puddelöfen). Schlacken, welche größere Mengen von Phosphorsäure enthalten (Schlacken von der Flußeisengewinnung nach dem basischen Verfahren) dienen zur Herstelluug von phosphorhaltigem Eisen in Hochöfen. Auch diese Schlacken sind nicht als Abfälle, sondern als Zuschläge, bezw. Flußmittel, Auflockerungsmittel und Herdmaterial anzusehen.

Die als Abfälle zu betrachtenden Schlacken finden in gewissen Fällen Verwendung zur Herstellung von Bausteinen, als Material zum Bau von Wegen und Eisenbahnen, zur Herstellung von Schlackensand, Schlackenwolle, Zement. Phosphorsäurehaltige Schlacken (sogen. Phosphatschlacken) von der Herstellung des Flußeisens nach dem basischen Verfahren werden gemahlen und als Düngemittel verwendet.

Die Herstellung von Bausteinen wird auf den Hüttenwerken selbst vorgenommen. Zu diesem Zwecke preßt man die aus den Ofen kommenden flüssigen Schlacken entweder in Formen aus Eisen oder man granuliert dieselben, mengt das erhaltene Pulver mit Kalk und Wasser und preßt das Gemenge mit Hilfe von Maschinen in Formen. Für die erstere Art der Herstellung eignen sich nur saure, längere Zeit hindurch im teigartigen Zustande verharrende Schlacken. Das langsame Erstarren derselben befördert man durch Einmengen von Kokslösche in die flüssigen Schlacken.

Als Wegebaumaterial eignen sich am besten steinige Schlacken von krystallinischem Gefüge. Zur Herstellung desselben läßt man die Schlacken, falls sie nicht spröde sind, in Schlackenwagen laufen und erstarren. Neigen die Schlacken dagegen zur Sprödigkeit, so läßt man sie in Gruben, welche mit Kokslösche angefüttert sind, oder unter einer Decke von Kokslösche oder Schlackengrus langsam erkalten. Man nennt dieses Verfahren „Tempern".

Schlackensand stellt man gleichfalls auf den Hüttenwerken durch Einführen der flüssigen Schlacken in Wasser (Granulieren) oder durch Pochen derselben dar. Im letzteren Falle werden aus den Schlacken der Holzkohlenhochöfen zur Gewinnung von grauem Gießereiroheisen die noch in denselben enthaltenen Eisenkörner genommen. Man nennt das auf diese Weise gewonnene Eisen „Wascheisen". Den Schlackensand verwendet man zur Mörtelbereitung oder mit gelöschtem Kalk gemengt zur Herstellung von Steinen.

Schlackenwolle stellt man dadurch her, daß man flüssige Eisenhochofenschlacke in einem dünnen Strahle durch einen Dampf- oder Windstrahl führt.

Zur Herstellung von Zement wird die basische Schlacke von der Herstellung des Roheisens fein gepulvert und mit gelöschtem Kalk gemengt, worauf das Gemenge gebrannt wird (Schlacken-Puzzolanzement).

Die festen Rückstände von Verfahren auf nassem Wege
werden, wenn sich die Gewinnung von Metallen aus denselben nicht mehr lohnt, abgesetzt.

Die Abfalllaugen von Verfahren auf nassem Wege

werden, falls sie nicht zum Auslaugen, zum Löslichmachen von Metallverbindungen, zur sulfatisierenden Röstung, zum Einbinden von Schlichen,
zur Herstellung fester Salze benutzt werden, ebenfalls abgesetzt, bezw.
vorher unschädlich gemacht.

Die Abfalllaugen der elektro-metallurgischen Verfahren

werden auf Salze oder auf die in ihnen enthaltenen Metalle verarbeitet.

Wertlose Gase

läßt man in das Freie entweichen, wenn dieselben keine schädliche Einwirkung auf den tierischen und pflanzlichen Organismus ausüben.   Hierhin gehören besonders die gasförmigen Erzeugnisse der Verbrennung, des
Glühens von Karbonaten, der Reduktion von Metalloxyden mit Hilfe von
Kohle und Kohlenoxyd.

Wirken die Gase schädlich auf den tierischen oder pflanzlichen
Organismus ein, wie Schweflige Säure, dampfförmige Schwefelsäure,
Schwefelwasserstoff, Salzsäure, Chlor, so müssen sie in Kulturländern unschädlich gemacht werden.   Dieser Unschädlichmachung müssen nicht
nur wertlose Gase unterworfen werden, d. i. solche Gase, welche die
schädlichen Bestandteile in so geringen Mengen enthalten, daß sich die
Nutzbarmachung derselben nicht lohnt, sondern auch diejenigen Gase,
welche wegen hohen Gehaltes an den gedachten Stoffen nutzbar gemacht
werden können.   Gewöhnlich sucht man die Unschädlichmachung derartiger Gase so viel als möglich mit der Nutzbarmachung derselben zu
vereinigen.

Sachregister.

Dissoziation 90.
Dissoziation des Wasserdampfes 90; der Kohlensäure 90; des Kohlenoxyds 90.
Dissoziationstemperatur 90.
Druckfass 711.
Dulongs Formel 102.
Dunkele Gicht 430.
Düse 661.
Düsenstock 661.
Dynamomaschinen 311; für Gleichstrom 312; von Siemens 312, 315.

E.

Einbinden 16.
Einfaches Verdampfen 30.
Eisen. Absoluter Wärmeeffekt 101.
Eisenerzröstofen 366, 367, 368, 440, 443.
Eisenfrischherd 358.
Eisenhochofen 397, 400, 411; schottischer 420; mit Eisenbändern 422.
Eisenoxydsilikate 72.
Eisenoxydulsilikate 72.
Eisensauen 743.
Eiserne Winderhitzer 645; mit liegenden Röhren 646; mit stehenden Röhren 649; mit hängenden Röhren 654.
Elektrische Arbeit 304.
Elektrische Energie 304.
Elektrische Spannung 303.
Elektrischer Effekt 304.
Elektrischer Ofen 300, 546.
Elektrisches Wärmeäquivalent 305.
Elektrische Wärmeerzeugung 298, 546.
Elektrizität zum Niederschlagen von Flugstaub 583.
Elektrochemische Äquivalente 328.
Elektroden 36.
Elektrolyse 36, 319.
Elektrolyt 36, 302.
Elektrolytische Dissoziation 316.
Elektrolytischer Lösungsdruck 321.
Elektrolytische Lösungstension 321.
Elektrometallurgische Verfahren mit unlöslichen Anoden 37; mit löslichen Anoden 38.
Elektrometallurgische Verfahren 21, 35, 327; auf trockenem Wege 37; auf nassem Wege 37.
Elektromotorische Kraft der Polarisation 325.
Elektromotorische Kraft (E.M.K.) 301, 303.
Enderzeugnisse des Hüttenbetriebes 740.
Energiegesetz 305.
Englischer Bleierzschmelzofen 493.
Englischer Treibofen 490.
Englischer Zinkofen 545.
Entgasung unverkohlter Brennstoffe 245.
Entzündungstemperatur 89.
Erdöl 176.

Erdsilikate 72.
Erhitzungskammer 451; feststehende 451; bewegliche 455.
Erhitzungsraum bei Flammöfen 451.
Erhitzung von Gasen und Luft zum Zwecke der Verbrennung der Gase 280.
Erstarrungsart der Schlacken 72.
Erze 4.
Erzeugnisse des Hüttenbetriebes 740.
Erzgicht 426.
Erzsatz 426.
Esse 293; Zugkraft 293; Höhe 295; Querschnitt 296.
Esskohle 170.
Etagenrost 271.
Exeli-Ofen 444.
Exhaustoren 297, 671.
Explosionsklappe 253.

F.

Fälltürme 697.
Fällungsmittel 84.
Fällvorrichtungen 696.
Fairbairns Doppelrost 269.
Faradays Gesetz 308, 323.
Farbe der Schlacken 74.
Fasertorf 144.
Feldmagnet 311.
Festner-Hoffmann-Koksofen 232.
Feste Brennstoffe 134, 178.
Fettkohlen 168, 169.
Feuerbrücke 450.
Feuerfeste Materialien 333.
Feuertellerofen 156.
Feuerung für Kohlenwasserstoffe 276, 293.
Feuerungsanlagen 265; für Kohlenstaub 273.
Feuerungsanlage der Herdflammöfen 449.
Fichet und Heurty-Generator 263.
Filterpressen 693; mit Luftabschluss 695.
Filtriervorrichtungen 692.
Filtrieren des Hüttenrauchs 568; Vorrichtung von Lewis 569; von Griffith 571; auf Friedrichshütte 569.
Fischer-Kalorimeter 95, 132.
Flächenberührung des Hüttenrauchs 573.
Flamme 90.
Flammbarkeit 91.
Flammkohle 169.
Flammloch 451.
Flammofen 346, 438.
Flüssige Brennstoffe 176, 241.
Flüssigkeit der Schlacken 72.
Flugstaub 564, 744.
Flugstaubkammern 576.
Fluß 76.
Flußmittel 76, 81.
Flußspat 74.
Formen 664.